线性代数卷

吴振奎高等数学解题真经

◎ 吴振奎 编著

考研复习——跋涉艰难
名师大家——仙人指路

哈尔滨工業大學出版社
HARBIN INSTITUTE OF TECHNOLOGY PRESS

内容提要

高等数学是大学理工科及经济管理类专业的重要基础课，是培养学生形象思维、抽象思维、创造性思维的重要园地.

本书具有以下特点：广泛使用表格法，使有关内容、解题方法和技巧一目了然；从浩瀚的题海中归纳、总结出的题型解法，对同学们解题具有很大的指导作用；用系列专题分析对教材的重点、难点进行了诠释，对同学们掌握这方面知识起到事半功倍的效果.

本书是针对考研，参加数学竞赛的同学撰写的，对在读的本科生、专科生及数学教师同仁也具有很高的参考价值.

图书在版编目(CIP)数据

吴振奎高等数学解题真经. 线性代数卷/吴振奎编著. —哈尔滨：哈尔滨工业大学出版社，2012.1

ISBN 978-7-5603-3447-9

Ⅰ. ①吴… Ⅱ. ①吴… Ⅲ. ①高等数学－高等学校－题解②线性代数－高等学校－题解Ⅳ. ① O13－44

中国版本图书馆 CIP 数据核字(2011)第 258562 号

策划编辑　刘培杰　张永芹
责任编辑　刘　瑶
出版发行　哈尔滨工业大学出版社
社　　址　哈尔滨市南岗区复华四道街 10 号　邮编 150006
传　　真　0451-86414749
网　　址　http://hitpress.hit.edu.cn
印　　刷　哈尔滨市石桥印务有限公司
开　　本　787mm×960mm　1/16　印张 26.5　字数 784 千字
版　　次　2012 年 1 月第 1 版　2012 年 1 月第 1 次印刷
书　　号　ISBN 978-7-5603-3447-9
定　　价　58.00 元

前言

怎样解(数学)题？这是一个十分沉重，而又不得不去面对的话题，尤其是对青年学子.

我们熟知：干活不能光凭手巧，还要借助家什；做数学题也不能只凭靠聪明，还要注意(掌握运用)方法.数学中的"方法"正如干活的"家什"、过河的"船"和"桥".

面对浩瀚的题海，不少人(特别是初学者)会觉得茫无所措、叫苦不迭.要学好数学，除了掌握基础知识外，更重要的是做题，可关键是怎样去做.是就题论题、按部就班、多多益善？还是择其典型、分析实质、积累经验、掌握方法？当然应取后者.因为只有掌握了方法，才能做到融会贯通、举一反三；只有掌握了方法，才能学以致用、应付万变.

多年的学习与教学实践使我体会到："方法"对于数学学习的重要，它像天文学中的望远镜，物理学中的实验、观察设备，化学中的试剂、仪器等.应该看到：如果不掌握方法，即使你熟悉解答个别类型问题的手段，纵然你所遇到的是似曾相识的题型，可一旦题目稍稍改动，你也将会一筹莫展——因为你没能了解问题的实质，没有掌握独立解决新问题的本领.

在学习数学的过程中你会发现：看十道题，不如做一道题；而做十道题，不如分析透一道题.只要细心、认真，你在求解任何问题过程中，都会有点滴体会，细微发现.把这些点点滴滴的东西积累起来，去分析、去筛选、去归纳、去总结，你也就得到了方法.

俗话说"熟能生巧".在熟练掌握了方法的同时，你也就有了技巧.正是：方法源于实践，技巧来自经验.把经验的涓涓细流汇聚起来，便能涌出技巧的小溪——这恰是智慧江河的源头.

笔者几十年来的经历：学数学、练解题、读文章、做数学、教数学……无论成功与失败、经验与教训、顺利与挫折……它们都成了宝贵的财富.

本书奉献给读者的正是这些.

当然,解数学问题绝对没有什么普遍的、万能的模式,但它仍然存在着某些规律、方法和技巧,掌握了它们,至少可以在大的方向上有所选择,这势必会大大加快解题速度,这对学好数学无疑是重要的.但愿这些能给读者带来益处,这正是笔者撰写本书的目的与愿望.

话再讲回来,方法虽然千变万化、五彩缤纷,但解题步骤却大多雷同.下面给出一个解题步骤的框图——其实你在解题过程中正在或已经自觉不自觉地履行它,不是吗?

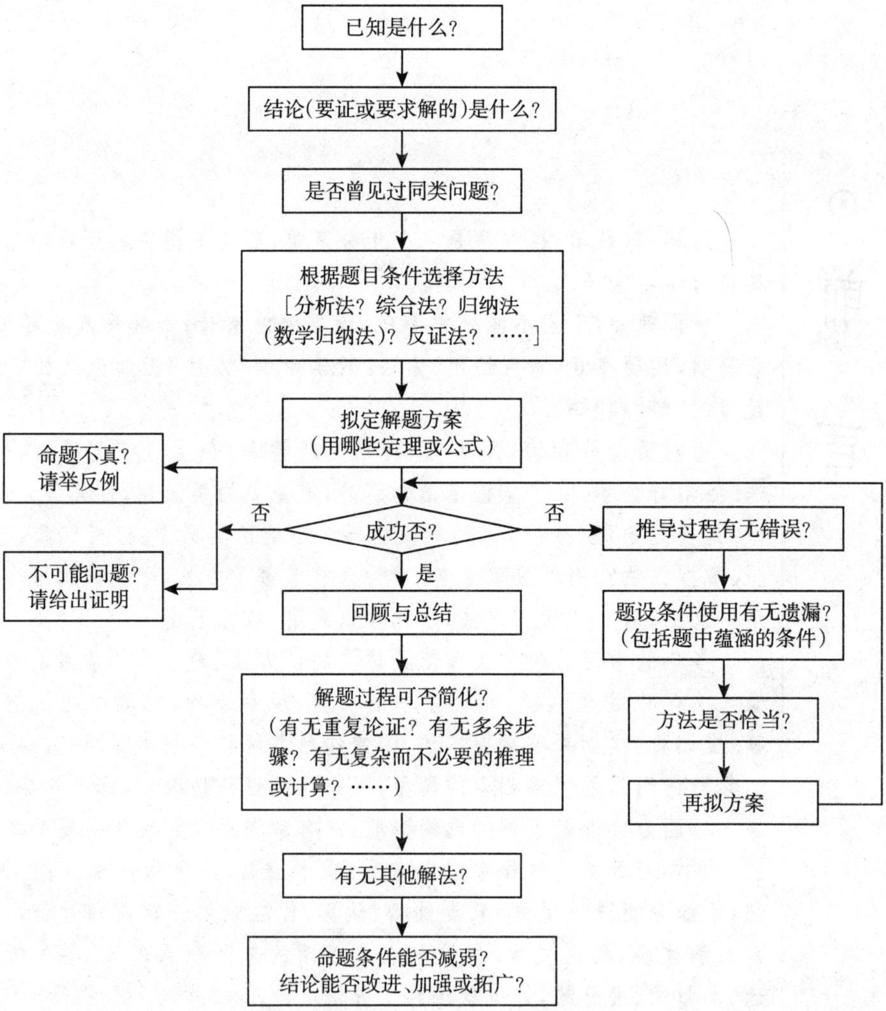

诚挚的批评与指教正是笔者所期待的.

吴振奎

2011 年 5 月于天津

本书各章内容间的关系图

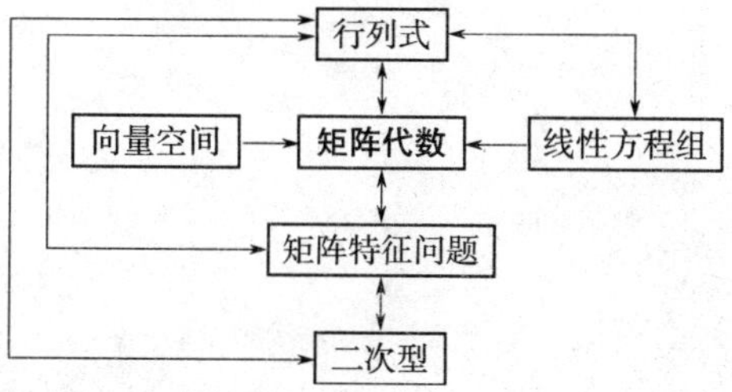

本 书 常 用 记 号

$\boldsymbol{\alpha},\boldsymbol{\beta},\boldsymbol{\gamma},\cdots$表示向量

$\boldsymbol{A},\boldsymbol{B},\boldsymbol{C},\cdots$表示矩阵

$\mathbf{Z}$ 表示整数集

$\mathbf{R}$ 表示实数集

$\mathbf{R}^n$ 表示 n 维实向量集

$\mathbf{R}^{m\times n}$表示 $m\times n$ 阶实矩阵集

$\mathbf{0}$ 表示零向量

$\mathbf{O}$ 表示零矩阵

$\boldsymbol{I}(\boldsymbol{I}_n)$表示($n$ 阶)单位阵

$\det\boldsymbol{A}$ 或$|\boldsymbol{A}|$表示矩阵 $\boldsymbol{A}$ 的行列式

$\mathrm{Tr}\boldsymbol{A}$ 或 $\mathrm{tr}\boldsymbol{A}$ 表示 $\boldsymbol{A}$ 的迹

$\boldsymbol{A}^{\mathrm{T}}$ 表示矩阵 $\boldsymbol{A}$ 的转置

$\boldsymbol{A}^{-1}$表示矩阵 $\boldsymbol{A}$ 的逆矩阵

$\mathrm{r}(\boldsymbol{A})$表示矩阵 $\boldsymbol{A}$ 的秩

$\boldsymbol{A}^*$ 表示 $\boldsymbol{A}$ 的伴随矩阵

$\Longleftrightarrow$表示充要条件

$\mathrm{diag}\{a_1,a_2,\cdots,a_n\}$表示以 a_i 为元素的对角阵

$\boldsymbol{A}=\boldsymbol{PBQ}$(其中 $\boldsymbol{P},\boldsymbol{Q}$ 可逆)表示矩阵 $\boldsymbol{A}$ 等价于矩阵 $\boldsymbol{B}$

$\boldsymbol{A}\sim\boldsymbol{B}(\boldsymbol{A}=\boldsymbol{P}^{-1}\boldsymbol{BP})$表示矩阵 $\boldsymbol{A}$ 相似于矩阵 $\boldsymbol{B}$

$\boldsymbol{A}=\boldsymbol{P}^{\mathrm{T}}\boldsymbol{BP}$(其中 $\boldsymbol{P}$ 可逆)表示矩阵 $\boldsymbol{A}$ 合同于矩阵 $\boldsymbol{B}$

目　录

第 1 章　行列式

第 2 章　矩阵代数

第3章　向量空间

第4章　线性方程组

第5章　矩阵的特征问题

第 6 章　二次型

专题 1　线性代数中的填空题解法

专题 2　线性代数中的选择题解法

第 1 章 行列式

行列式的出现已有300余年历史了.

1674,年日本数学家关孝和在其所著《发微算法》中首先引入此概念.

1693年,莱布尼兹(G. W. Leibniz)著作中也有行列式叙述,但人们仍多认为此概念在西方源于数学家柯西(A. L. Cauchy).

1750年,克莱姆(G. Cramer)出版《线性代数分析导言》一书中已给出行列式的今日形式.

1841年,雅可比(C. G Jacobi)在《论行列式形成与性质》一书中对行列式及其性质、计算作了较系统的阐述.

此后,范德蒙(A. T. Vandermonde)、裴蜀(E. Bezout)、拉普拉斯(P. S. M. de Laplace)等人在行列式研究中也做了许多工作.

但行列式在当今线性代数中似已被淡化,其原因是:首先它的大多数功能已被矩阵运算取代,而矩阵(代数)理论与计算已相当成熟;再者是电子计算机的出现与飞速发展,已省去人们许多机械而繁琐的计算.

然而行列式也有其自身的魅力:技巧性强、形式漂亮,因而它在历年考研中屡有出现.

行列式的主要应用是:①求矩阵(或向量组)的秩;②解线性方程组;③求矩阵特征多项式等.

行列式与矩阵有着密不可分的连带关系,尽管它们在本质上不是一回事(矩阵是数表,而行列式是数).

内 容 提 要

一、矩阵

由 $m\times n$ 个数 $a_{ij}\,(i=1,2,\cdots,m;j=1,2,\cdots,n)$ 排成的(m 行 n 列的)矩形表

$$\mathbf{A}=\begin{pmatrix} a_{11} & a_{12} & \cdots & a_{1n} \\ a_{21} & a_{22} & \cdots & a_{2n} \\ \vdots & \vdots & & \vdots \\ a_{m1} & a_{m2} & \cdots & a_{mn} \end{pmatrix}$$

叫做 m 行 n 列的矩阵. 简记 $\mathbf{A}=(a_{ij})_{m\times n}$. 其中 a_{ij} 叫做 $\mathbf{A}$ 的第 i 行、第 j 列元素.

当 $m=n$ 时，称 $\mathbf{A}$ 为方阵，简称 n 阶矩阵. 且记 $\mathbf{R}^{m\times n}$ 为含实元素 $m\times n$ 阵的全体(集合). 特别地，$1\times n$ 的矩阵称为行向量，$n\times 1$ 的矩阵称为列向量. 向量空间常记 $\mathbf{R}^{1\times n}$ 或 $\mathbf{R}^{n\times 1}$.

二、行列式

1. 行列式的定义

行列式的定义很多，其中较为直接的(构造性的)定义是

$$|\mathbf{A}|=\begin{vmatrix} a_{11} & a_{12} & \cdots & a_{1n} \\ a_{21} & a_{22} & \cdots & a_{2n} \\ \vdots & \vdots & \vdots & \vdots \\ a_{n1} & a_{n2} & \cdots & a_{nn} \end{vmatrix}=\sum_{(i_1 i_2 \cdots i_n)}(-1)^{\tau(i_1 i_2 \cdots i_n)} a_{1i_1} a_{2i_2} \cdots a_{ni_n}$$

其中$(i_1 i_2 \cdots i_n)$是数字 $1,2,\cdots,n$ 的任一排列；$\tau(i_1 i_2 \cdots i_n)$为排列$(i_1 i_2 \cdots i_n)$的**逆序数**.

矩阵(方阵)$\mathbf{A}$ 的行列式常记为 $\det \mathbf{A}$ 或简记成$|\mathbf{A}|$.

注 我们想再强调一点：矩阵与行列式本质区别在于：行列式是数；矩阵只是一个数表.

对于方阵 $\mathbf{A}$ 而言，若 $\mathbf{A}_{ij}$ 为 $\mathbf{A}$ 中划去第 i 行、第 j 列剩下的 $n-1$ 阶矩阵，则$(-1)^{i+j}|A_{ij}|$称为 a_{ij} 的**代数余子式**，它常简记成 A_{ij}. 又 $\mathbf{A}^*=(A_{ji})_{n\times n}=(A_{ij})_{n\times n}^{\mathrm{T}}$ 为 $\mathbf{A}$ 的**伴随矩阵**.

2. 行列式性质

①行、列互换(行变列、列变行)，其值不变，即$|\mathbf{A}|=|\mathbf{A}^{\mathrm{T}}|$，这里 $\mathbf{A}^{\mathrm{T}}$ 表示 $\mathbf{A}$ 转置；

②交换列行式两行(或列)位置，行列式值变号；

③某数乘行列式一行(或列)，等于该数乘行列式值；

④将某行(或列)倍数加到另外一行(或列)，行列式值不变；

⑤若两行(或列)对应元素成比例，则行列式值为零；

⑥(拉普拉斯展开)行列式可按某一行(或列)展开，且

$$\sum_{k=1}^{n} a_{ik} A_{jk}=\delta_{ij}\ |\mathbf{A}|$$

其中

$$\delta_{ij}=\begin{cases}1, & i=j \\ 0, & i\neq j\end{cases} \quad (1\leqslant i,\ j\leqslant n)$$

这里 δ_{ij} 称为 Kronecker 符号. 特别地

$$|\mathbf{A}|=\sum_{k=1}^{n} a_{ik} A_{ik} \quad (i=1,2,\cdots,n)$$

注 拉普拉斯展开实际上是指行列式可以按照某几行(或列)展开，这里只是该展开的特例情形.

⑦若 $\mathbf{A},\mathbf{B}$ 均为 n 阶方阵，则$|\mathbf{AB}|=|\mathbf{A}||\mathbf{B}|$.

⑧$|\mathbf{A}^*|=|\mathbf{A}|^{n-1}$，$\mathbf{A}$ 为 n 阶方程，且 $\mathbf{A}^*$ 为 $\mathbf{A}$ 的伴随矩阵.

⑨$|\mathbf{A}^{-1}|=|\mathbf{A}|^{-1}$，$\mathbf{A}$ 为 n 阶非奇异阵.

⑩$|a\mathbf{A}|=a^n|\mathbf{A}|$，$a\in\mathbf{R}$，且 $\mathbf{A}$ 是 n 阶方阵.

3. 行列式常用计算方法

①用行列式定义(多用于低阶行列式)；

②利用行列式性质，将行列式化成特殊形状(上三角形或下三角形)；

③用拉普拉斯(Laplace)展开；

④利用不同阶数行列式间的递推关系(常结合数学归纳法)；

⑤利用著名行列式(如范德蒙(Vandermonde)行列式)的展开式;

⑥利用矩阵性质等.

4. 几个特殊的行列式*

(1) Vandermonde 行列式

$$\begin{vmatrix} 1 & 1 & \cdots & 1 \\ x_1 & x_2 & \cdots & x_n \\ x_1^2 & x_2^2 & \cdots & x_n^2 \\ \vdots & \vdots & & \vdots \\ x_1^{n-1} & x_2^{n-1} & \cdots & x_n^{n-1} \end{vmatrix} = \prod_{1\leqslant j<i\leqslant n}(x_i - x_j)$$

它的推广情形为:

若

$$f_k(x)=a_{k0}x^k+a_{k1}x^{k-1}+\cdots+a_{k,k-1}x+a_{kk}\quad (k=0,1,2,\cdots,n-1)$$

则

$$\begin{vmatrix} f_0(x_1) & f_0(x_2) & \cdots & f_0(x_n) \\ f_1(x_1) & f_1(x_2) & \cdots & f_1(x_n) \\ \vdots & \vdots & & \vdots \\ f_{n-1}(x_1) & f_{n-1}(x_2) & \cdots & f_{n-1}(x_n) \end{vmatrix} = D\cdot \prod_{1\leqslant i<j\leqslant n}(x_i - x_j)$$

其中,D 为 $f_k(x)(k=0,1,\cdots,n-1)$的系数组成的行列式.

(2) Gram 行列式

设向量 $\boldsymbol{\alpha}_i=(a_{i1},a_{i2},\cdots,a_{in})\in \mathbf{R}^{n\times 1}$,又 $a_{ij}=(\boldsymbol{\alpha}_i,\boldsymbol{\alpha}_j)$或 $\boldsymbol{\alpha}_i^{\mathrm{T}}\boldsymbol{\alpha}_j$ 是 $\boldsymbol{\alpha}_i,\boldsymbol{\alpha}_j$ 的内积,则

$$\begin{vmatrix} (\boldsymbol{\alpha}_1,\boldsymbol{\alpha}_1) & (\boldsymbol{\alpha}_1,\boldsymbol{\alpha}_2) & \cdots & (\boldsymbol{\alpha}_1,\boldsymbol{\alpha}_n) \\ (\boldsymbol{\alpha}_2,\boldsymbol{\alpha}_1) & (\boldsymbol{\alpha}_2,\boldsymbol{\alpha}_2) & \cdots & (\boldsymbol{\alpha}_2,\boldsymbol{\alpha}_n) \\ \vdots & \vdots & & \vdots \\ (\boldsymbol{\alpha}_n,\boldsymbol{\alpha}_1) & (\boldsymbol{\alpha}_n,\boldsymbol{\alpha}_2) & \cdots & (\boldsymbol{\alpha}_n,\boldsymbol{\alpha}_n) \end{vmatrix} = \begin{vmatrix} a_{11} & a_{12} & \cdots & a_{1n} \\ a_{21} & a_{22} & \cdots & a_{2n} \\ \vdots & \vdots & & \vdots \\ a_{n1} & a_{n2} & \cdots & a_{nn} \end{vmatrix}$$

(3) 循环(矩阵)行列式

$$\begin{vmatrix} x_0 & x_1 & x_2 & \cdots & x_{n-1} \\ x_{n-1} & x_0 & x_1 & \cdots & x_{n-2} \\ \vdots & \vdots & \vdots & & \vdots \\ x_1 & x_2 & x_3 & \cdots & x_0 \end{vmatrix} = \prod_{k=0}^{n-1}(x_0+x_1\zeta^k+x_2\zeta^{2k}+\cdots+x_{n-1}\zeta^{(n-1)k})$$

这里 ζ 是 1 的 n 次原根 $\mathrm{e}^{\frac{2\pi}{n}\mathrm{i}}=\cos\dfrac{2\pi}{n}+\mathrm{i}\sin\dfrac{2\pi}{n}$ $\left(\mathrm{e}^{\frac{2\pi}{n}\mathrm{i}}\right.$ 又可记为 $\left.\exp\left\{\dfrac{2\pi}{n}\mathrm{i}\right\}\right)$.

(4) 交错矩阵行列式

$$\begin{vmatrix} 0 & x_{12} & x_{13} & \cdots & x_{1n} \\ -x_{12} & 0 & x_{23} & \cdots & x_{2n} \\ -x_{13} & -x_{14} & 0 & \cdots & x_{3n} \\ \vdots & \vdots & \vdots & & \vdots \\ -x_{1n} & -x_{2n} & -x_{3n} & \cdots & 0 \end{vmatrix} = \begin{cases} 0 & (n\text{ 是奇数}) \\ P_n(\cdots,x_{ij},\cdots)^2 & (n\text{ 是偶数}) \end{cases}$$

这里 $P_n(\cdots,x_{ij},\cdots)$是变量 x_{ij} 的多项式,称为 Pfaff 多项式.

例 题 分 析

一、简单的行列式计算

计算行列式的本身,也许只是一种运算或技巧,它多依据如何巧妙运用行列式性质.然而就其作为问题本身来讲,似乎意义不大,关键还是在于它的应用.下图为行列式的应用关系图,图中"→"表示转化为或相关于等含义:

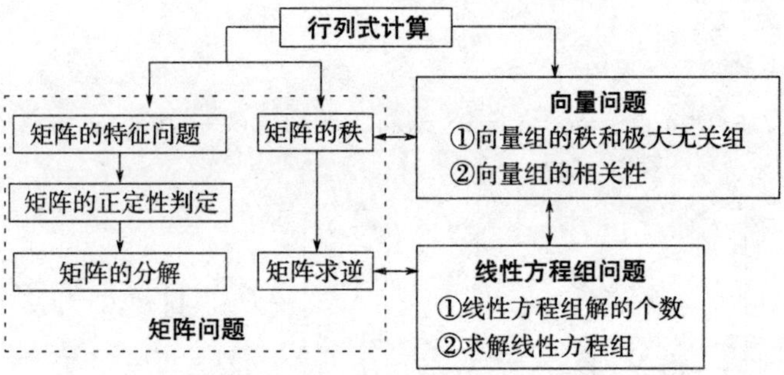

尽管如此,我们还是想介绍一些较为经典的行列式计算问题.它的常用计算方法前文已述,下面来看例题.

一些简单的行列式的计算问题,主要依据行列式的某些性质,结合矩阵初等变换,利用数学归纳法将其降阶.例文之后,我们会提出一些相关问题,目的是通过这些例子、问题,突现"举一反三"之效.

例 1 求行列式 $\begin{vmatrix} a_1 & 0 & 0 & b_1 \\ 0 & a_2 & b_2 & 0 \\ 0 & b_3 & a_3 & 0 \\ b_4 & 0 & 0 & a_4 \end{vmatrix}$ 的值.

解 这是一个 4 阶行列式,其第一行(或列)仅有两个非 0 元,故可按 Laplace 展开、降阶.按行列式第一行展开,有

$$原式=(-1)^{1+1}a_1\begin{vmatrix} a_2 & b_2 & 0 \\ b_2 & a_2 & 0 \\ 0 & 0 & a_4 \end{vmatrix}+(-1)^{1+4}b_1\begin{vmatrix} 0 & a_2 & b_2 \\ 0 & b_3 & a_3 \\ b_4 & 0 & 0 \end{vmatrix}=(a_2a_3-b_2b_3)(a_1a_4-b_1b_4)$$

注 例 1 的推广情形如(计算方法仿例,改为证明问题的目的是将结果告知):

问题 1 证明行列式 $\begin{vmatrix} a & & & & & b \\ & \ddots & & & \iddots & \\ & & a & b & & \\ & & b & a & & \\ & \iddots & & & \ddots & \\ b & & & & & a \end{vmatrix}_{2n\times 2n}=(a^2-b^2)^n$.

解 按 D_{2n} 第一行展开后,再各自按最后一行展开有

$$D_{2n}=a\begin{vmatrix} a & 0 & \cdots & 0 & b & 0 \\ 0 & a & \cdots & b & 0 & 0 \\ \vdots & \vdots & & \vdots & \vdots & \vdots \\ 0 & b & \cdots & a & 0 & 0 \\ b & 0 & \cdots & 0 & a & 0 \\ 0 & 0 & \cdots & 0 & 0 & a \end{vmatrix}+(-1)^{2n+1}b\begin{vmatrix} 0 & a & 0 & \cdots & 0 & b \\ 0 & 0 & a & \cdots & b & 0 \\ \vdots & \vdots & \vdots & & \vdots & \vdots \\ 0 & 0 & b & \cdots & a & 0 \\ 0 & b & 0 & \cdots & 0 & a \\ b & 0 & 0 & \cdots & 0 & 0 \end{vmatrix}=(a^2-b^2)D_{2(n-1)}$$

从而$D_{2n}=(a^2-b^2)D_{2(n-1)}$，递推后可有

$$D_{2n}=(a^2-b^2)D_{2(n-1)}=(a^2-b^2)^2D_{2(n-2)}=\cdots=(a^2-b^2)^{n-1}\begin{vmatrix} a & b \\ b & a \end{vmatrix}=(a^2-b^2)^n$$

它的推广情形，即两对角线上的元素分别换为$a_1,a_2,\cdots,a_{2n}$和$b_1,b_2,\cdots,b_{2n}$，此时行列式的值为

$$D_{2n}=\prod_{k=1}^{n}(a_k a_{2n+1-k}-b_k b_{2n+1-k})$$

即下面问题.

问题 2　证明行列式

$$\begin{vmatrix} a_1 & & & & & b_1 \\ & \ddots & & & \begin{matrix}\cdot^{\cdot^{\cdot}}\end{matrix} & \\ & & a_k & b_k & & \\ & & b_{k+1} & a_{k+1} & & \\ & \begin{matrix}\cdot^{\cdot^{\cdot}}\end{matrix} & & & \ddots & \\ b_{2k} & & & & & a_{2k} \end{vmatrix}=\prod_{i=1}^{k}(a_i a_{2k+1-i}-b_i b_{2k+1-i}).$$

对于它们的计算又可由先建立递推关系，再归纳地计算原行列式值，具体方法可见后例.

例 2　证明行列式等式

$$a_1\begin{vmatrix} a_1 & b_1 & c_1 \\ a_2 & b_2 & c_2 \\ a_3 & b_3 & c_3 \end{vmatrix}=\begin{vmatrix} a_1 & b_1 \\ a_2 & b_2 \end{vmatrix}\begin{vmatrix} a_1 & c_1 \\ a_3 & c_3 \end{vmatrix}-\begin{vmatrix} a_1 & b_1 \\ a_3 & b_3 \end{vmatrix}\begin{vmatrix} a_1 & c_1 \\ a_2 & c_2 \end{vmatrix}$$

证　按行列式性质逆推可有(从式右推向式左)

$$\text{式右}=\begin{vmatrix} a_1 & b_1 \\ a_2 & b_2 \end{vmatrix}(a_1c_3-a_3c_1)-\begin{vmatrix} a_1 & b_1 \\ a_3 & b_3 \end{vmatrix}(a_1c_2-a_2c_1)=$$

$$a_1\left(\begin{vmatrix} a_1 & b_1 \\ a_2 & b_2 \end{vmatrix}c_3-\begin{vmatrix} a_1 & b_1 \\ a_3 & b_3 \end{vmatrix}c_2+\begin{vmatrix} a_2 & b_2 \\ a_3 & b_3 \end{vmatrix}c_1\right)-$$

$$c_1\left(\begin{vmatrix} a_1 & b_1 \\ a_2 & b_2 \end{vmatrix}a_3-\begin{vmatrix} a_1 & b_1 \\ a_3 & b_3 \end{vmatrix}a_2+\begin{vmatrix} a_2 & b_2 \\ a_3 & b_3 \end{vmatrix}a_1\right)=$$

$$a_1\begin{vmatrix} a_1 & b_1 & c_1 \\ a_2 & b_2 & c_2 \\ a_3 & b_3 & c_3 \end{vmatrix}-c_1\begin{vmatrix} a_1 & b_1 & a_1 \\ a_2 & b_2 & a_2 \\ a_3 & b_3 & a_3 \end{vmatrix}=\quad \begin{matrix}\text{(上一步中加减同一项)} \\ \text{(后一行列式有两列相同)}\end{matrix}$$

$$a_1\begin{vmatrix} a_1 & b_1 & c_1 \\ a_2 & b_2 & c_2 \\ a_3 & b_3 & c_3 \end{vmatrix}$$

此方法并不常用，但它还是遵循“化繁为简”的解题原则操作的.

例 3　试计算行列式

$$D=\begin{vmatrix} 1+a^2-b^2-c^2 & 2(ab+c) & 2(ca-b) \\ 2(ab-c) & 1+b^2-c^2-a^2 & 2(bc+a) \\ 2(ac+b) & 2(bc-a) & 1+c^2-a^2-b^2 \end{vmatrix}$$

解 将 D 第1行加上第3行乘以 b,减去第2行乘以 c,得

$$D=\begin{vmatrix}1+a^2+b^2+c^2 & c(1+a^2+b^2+c^2) & -b(1+a^2+b^2+c^2)\\ 2ab-2c & 1+b^2-c^2-a^2 & 2bc+2a\\ 2ac+2b & 2bc-2a & 1+c^2-a^2-b^2\end{vmatrix}=$$

$$(1+a^2+b^2+c^2)\begin{vmatrix}1 & c & -b\\ 2ab-2c & 1+b^2-c^2-a^2 & 2bc+2a\\ 2ac+2b & 2bc-2a & 1+c^2-a^2-b^2\end{vmatrix}=(1+a^2+b^2+c^2)\cdot$$

$$\begin{vmatrix}1 & 0 & 0\\ 2ab-2c & 1+b^2+c^2-a^2-2abc & 2ab^2+2a\\ 2ac+2b & -2a-2ac^2 & 1+c^2-a^2+b^2+2abc\end{vmatrix}=$$

$$(1+a^2+b^2+c^2)[(1+b^2+c^2-a^2)^2+4(a+ac^2)(ab^2+a)]=$$

$$(1+a^2+b^2+c^2)[(1+b^2+c^2-a^2)^2-4a^2b^2c^2+4a^2(b^2+1)(c^2+1)]=$$

$$(1+a^2+b^2+c^2)^3$$

例4 若 a,b,c,d,e,f 皆为实数,试证行列式

$$D=\begin{vmatrix}0 & a & b & c\\ -a & 0 & d & e\\ -b & -d & 0 & f\\ -c & -e & -f & 0\end{vmatrix}$$

是非负的.

证 不妨设 $f\neq 0$,考虑 f 除以 D 的第3行、第3列,得

$$\frac{D}{f^2}=\begin{vmatrix}0 & a & b/f & c\\ -a & 0 & d/f & e\\ -b/f & -d/f & 0 & 1\\ -c & -e & -1 & 0\end{vmatrix}=\ \text{(第1行减}c\text{乘第3行;第2行减}e\text{乘第3行)}$$

$$\begin{vmatrix}bc/f & a+dc/f & b/f & 0\\ -a+be/f & de/f & d/f & 0\\ -b/f & -d/f & 0 & 1\\ -c & -e & -1 & 0\end{vmatrix}=\ \text{(对列实施上述变换)}$$

$$\begin{vmatrix}0 & a+dc/f+be/f & b/f & 0\\ -a+be/f-dc/f & 0 & -d/f & 0\\ -b/f & -d/f & 0 & 1\\ 0 & 0 & -1 & 0\end{vmatrix}=$$

$$\begin{vmatrix}0 & a+cd/f-be/f\\ -a+be/f-cd/f & 0\end{vmatrix}=\ \text{(分块计算)}$$

$$\left(a+\frac{cd}{f}-\frac{be}{f}\right)^2$$

即

$$D=(af+cd-be)^2\geqslant 0$$

若 $f=0$,由分块矩阵行列式知

$$D=(be-cd)^2\geqslant 0$$

例 5 计算行列式 $\begin{vmatrix} 1 & -1 & 1 & x-1 \\ 1 & -1 & x+1 & -1 \\ 1 & x-1 & 1 & -1 \\ x+1 & -1 & 1 & -1 \end{vmatrix}$.

解 此例虽也为 4 阶式，然诸行(列)中 0 元皆无，按行列展开不妥. 稍细观察可发现：每行诸元素和为定值，可用行列变换化简. 将 2,3,4 列加至第 1 列，有

$$原式=\begin{vmatrix} x & -1 & 1 & x-1 \\ x & -1 & x+1 & -1 \\ x & x-1 & 1 & -1 \\ x & -1 & 1 & -1 \end{vmatrix}=x\begin{vmatrix} 1 & -1 & 1 & x-1 \\ 1 & -1 & x+1 & -1 \\ 1 & x-1 & 1 & -1 \\ 1 & -1 & 1 & -1 \end{vmatrix}\begin{pmatrix}\text{将第 1 列加至第 2,4 列,}\\ \text{第 1 列乘“-”号加至第 3 列}\end{pmatrix}=$$

$$x\begin{vmatrix} 1 & 0 & 0 & x \\ 1 & 0 & x & 0 \\ 1 & x & 0 & 0 \\ 1 & 0 & 0 & 0 \end{vmatrix}(\text{按第 4 行展开})=(-1)^{4+1}x\begin{vmatrix} 0 & 0 & x \\ 0 & x & 0 \\ x & 0 & 0 \end{vmatrix}=x^4$$

例 6 若 5 阶行列式 $\begin{vmatrix} a_{11} & a_{12} & \cdots & a_{15} \\ a_{21} & a_{22} & \cdots & a_{25} \\ \vdots & \vdots & & \vdots \\ a_{51} & a_{52} & \cdots & a_{55} \end{vmatrix}=a$，计算下列行列式(其中 $b\neq 0$)

$$D=\begin{vmatrix} a_{11} & (1/b)a_{12} & (1/b^2)a_{13} & (1/b^3)a_{14} & (1/b^4)a_{15} \\ ba_{21} & a_{22} & (1/b)a_{23} & (1/b^2)a_{24} & (1/b^3)a_{25} \\ b^2a_{31} & ba_{32} & a_{33} & (1/b)a_{34} & (1/b^2)a_{35} \\ b^3a_{41} & b^2a_{42} & ba_{43} & a_{44} & (1/b)a_{45} \\ b^4a_{51} & b^3a_{52} & b^2a_{53} & ba_{54} & a_{55} \end{vmatrix}$$

解 将 D 的第一行提出 $1/b^4$，第 2 行提出 $1/b^3$，第 3 行提出 $1/b^2$，第 4 行提出 $1/b$，得

$$D=1/b^{10}\begin{vmatrix} b^4a_{11} & b^3a_{12} & b^2a_{13} & ba_{14} & a_{15} \\ b^4a_{21} & b^3a_{22} & b^2a_{23} & ba_{24} & a_{25} \\ b^4a_{31} & b^3a_{32} & b^2a_{33} & ba_{34} & a_{35} \\ b^4a_{41} & b^3a_{42} & b^2a_{43} & ba_{44} & a_{45} \\ b^4a_{51} & b^3a_{52} & b^2a_{53} & ba_{54} & a_{55} \end{vmatrix}$$

从上行列式第 1,2,3,4 列分别提出 b^4,b^3,b^2,b 有

$$D=b^{10}/b^{10}\begin{vmatrix} a_{11} & a_{12} & \cdots & a_{15} \\ a_{21} & a_{22} & \cdots & a_{25} \\ \vdots & \vdots & & \vdots \\ a_{51} & a_{52} & \cdots & a_{55} \end{vmatrix}=a$$

我们再来看一个例子. 例 7 中行列式相应的矩阵称为三对角阵.

例 7 计算 5 阶行列式 $\begin{vmatrix} 1-a & a & & & \\ -1 & 1-a & a & & \\ & -1 & 1-a & a & \\ & & -1 & 1-a & a \\ & & & -1 & 1-a \end{vmatrix}$①.

解 1 该行列式第 1 行(列)中有较多的 0，故可先按行列展开后再作考虑. 令原式为 D_5，按第 1 行

① 行列式空白处为 0，下同.

展开得递推关系后,反复递推,有

$$D_5=(1-a)D_4+aD_3=(1-a)[(1-a)D_3+aD_3]+aD_3=$$
$$[(1-a)^2+a]D_3+a(1-a)D_2\quad(\text{注意到 }D_2=1-a+a^2)=$$
$$(1-a+a^2)[(1-a)D_2+a(1-a)]+a(1-a)D_2=$$
$$(1-a+a^2)[(1-a)(1-a+a^2)+a(1-a)]+a(1-a)(1-a+a^2)=$$
$$1-a+a^2-a^3+a^4-a^5$$

解 2 将行列式第 1 列视为$(1,-1,0,0,0)^{\mathrm T}+(a,0,0,0,0)^{\mathrm T}$,这样

$$D_5=\begin{vmatrix}1 & a & & & \\ -1 & 1-a & a & & \\ & -1 & 1-a & a & \\ & & -1 & 1-a & a\\ & & & -1 & 1-a\end{vmatrix}+\begin{vmatrix}a & a & & & \\ & 1-a & a & & \\ & -1 & 1-a & a & \\ & & -1 & 1-a & a\\ & & & -1 & 1-a\end{vmatrix}=$$

(将上式在第一个行列式从第 1 行起依次加到第 2 行后,再将所得新的第 2 行加到第 3 行……;第二个行列式按第 1 列展开)

$$1+aD_4\quad(\text{依此递推关系类推})=$$
$$1-a(1-aD_3)=\cdots=1-a+a^2-a^3+a^4-a^5$$

解 3 将后 4 列全部加到第 1 列,有

$$D_5=\begin{vmatrix}1 & a\ \ 0\ \ 0\ \ 0\\ 0 & \\ 0 & D_4\\ 0 & \\ -a & \end{vmatrix}\begin{matrix}(\text{接第 1 列展开,这}\\ \text{里 }D_4\text{ 表示行列式中}\\ D_4\text{ 相应的矩阵})\end{matrix}=D_4+(-1)^{1+5}(-a)\begin{vmatrix}a & & & \\ 1-a & a & & \\ -1 & 1-a & a & \\ & -1 & 1-a & a\end{vmatrix}=$$

$$D_4-a^5=(D_3+a^4)-a^5=(D_2-a^3)+a^4-a^5=(\text{依此关系递推,注意后一项依次交替变号})$$
$$(D_1+a^2)-a^3+a^4-a^5=1-a+a^2-a^3+a^4-a^5$$

下面的例子与前例无大异,只是数字变了,阶数推广到了 n(注意例 7 的结论也可推广到 n 的情形).

例 8 计算 n 阶行列式:$D_n=\begin{vmatrix}2 & -1 & 0 & & & \\ -1 & 2 & -1 & & & \\ & -1 & 2 & -1 & & \\ & & \ddots & \ddots & \ddots & \\ & & & -1 & 2 & -1\\ & & & 0 & -1 & 2\end{vmatrix}_{n\times n}$.

解 将 D_n 的第 2 至第 n 列全部加到第 1 列,得

$$D_n=\begin{vmatrix}1 & -1 & & & & \\ 0 & 2 & -1 & & & \\ & -1 & 2 & -1 & & \\ & & \ddots & \ddots & \ddots & \\ & & -1 & 2 & -1 & \\ 1 & 0 & \cdots & -1 & 2 & \end{vmatrix}_{n\times n}=\quad(\text{按第 1 列展开})$$

$$\begin{vmatrix} 2 & -1 & & & \\ -1 & 2 & -1 & & \\ & \ddots & \ddots & \ddots & \\ & & -1 & 2 & -1 \\ & & & -1 & 2 \end{vmatrix}_{(n-1)阶} + (-1)^{n+1}\begin{vmatrix} -1 & & & & & \\ 2 & -1 & & & & \\ -1 & 2 & -1 & & & \\ & \ddots & \ddots & \ddots & & \\ & & \ddots & \ddots & \ddots & \\ & & & -1 & 2 & -1 \end{vmatrix}_{(n-1)阶} =$$

$$D_{n-1}+(-1)^{n-1}\cdot(-1)^{n-1}=D_{n-1}+1$$

递推后也可有

$$D_n=D_{n-1}+1=D_{n-2}+2=\cdots=D_1+(n-1)=2+(n-1)=n+1$$

注1　例的推广情形为(前文已述,该行列式又称为三对角行列式,与之相应的矩阵称为三对角矩阵):

问题　计算行列式 $D_n=\begin{vmatrix} a & b & & & \\ c & a & b & & \\ & \ddots & \ddots & \ddots & \\ & & c & a & b \\ & & & c & a \end{vmatrix}$.

略解　该问题可分 $bc=0$ 与 $bc\neq0$ 两种情形考虑.对于 $bc=0$,情况较简单.

对于 $bc\neq0$,考虑辅助多项式 $x^2-ax+bc$,其两根 x_1,x_2 满足 $x_1+x_2=a,x_1x_2=bc$.

按第一行展开有 $D_n=aD_{n-1}-bcD_{n-2}$,如此下去可得递推式,最后有

$$\begin{cases} D_n-x_1D_{n-1}=x_2^n \\ D_n-x_2D_{n-1}=x_1^n \end{cases}\quad(n=2,3,\cdots)$$

若 $x_1\neq x_2(a^2-4bc\neq0)$,有 $D_n=\dfrac{x_1^{n+1}-x_2^{n+1}}{x_1-x_2}$,其中 $x_{1,2}=\dfrac{1}{2}(a\pm\sqrt{a^2-4bc})$.

若 $x_1=x_2(a^2-4bc=0)$,由 $D_n=x_1D_{n-1}+x_1^n(n=2,3,\cdots)$,注意到 $D_1=a=x_1+x_2=2x_1$,则有

$$D_n=(n+1)x_1^n=(n+1)\left(\frac{1}{a}\right)^n$$

注2　例7的3种解法中均用到了**递推**方法,相较之下,解法3似较简单,须注意后一项的交替变号(与展开式有关).

仿此方法不难解决下面的问题,它们可视为例8的推论或特殊情形.

问题1　计算行列式 $D_n=\begin{vmatrix} \alpha+\beta & \alpha\beta & & & & \\ 1 & \alpha+\beta & \alpha\beta & & & \\ & 1 & \alpha+\beta & \alpha\beta & & \\ & & \ddots & \ddots & \ddots & \\ & & & 1 & \alpha+\beta & \alpha\beta \\ & & & & 1 & \alpha+\beta \end{vmatrix}_{n\times n}$.

解　记所求行列式为 D_n,按其第1列展开有

$$D_n=(\alpha+\beta)D_{n-1}-\alpha\beta D_{n-2}$$

即

$$D_n-\alpha D_{n-1}=\beta(D_{n-1}-\alpha D_{n-2})$$

注意到

$$D_1=\alpha+\beta,\quad D_2=(\alpha+\beta)^2-\alpha\beta$$

从而有

$$D_n-\alpha D_{n-1}=\beta^2(D_{n-2}-\alpha D_{n-3})=\beta^3(D_{n-3}-\alpha D_{n-4})=\cdots=\beta^{n-1}(D_2-\alpha D_1)=$$

$$\beta^{n-2}[(\alpha+\beta)^2-\alpha\beta-\alpha(\alpha+\beta)]=\beta^n$$

即

$$D_n-\alpha D_{n-1}=\beta^n$$

同理(或由 α,β 对称性)有

$$D_n-\beta D_{n-1}=\alpha^n$$

由上两式有

$$D_n=\frac{\alpha^{n+1}-\beta^{n+1}}{\alpha-\beta}=\alpha^n+\alpha^{n-1}\beta+\cdots+\alpha\beta^{n-1}+\beta^n\quad(\alpha\neq\beta)$$

其实,当 $\alpha=\beta$ 时直接可有

$$D_n=\alpha^n+\alpha^{n-1}\beta+\cdots+\beta^n$$

显然,若能发现

$$D_n=\alpha^n+\alpha^{n-1}\beta+\cdots+\beta^n$$

也可用数学归纳法去证,然而发现此结论并非易事.

下面问题也属此类行列式,它既可视为上面三对角行列式的特例,也可另寻其他解法.

问题 2 计算行 n 阶列式 $D_n=\begin{vmatrix}0&1&&&&\\1&0&1&&&\\&1&0&1&&\\&&\ddots&\ddots&\ddots&\\&&&1&0&1\\&&&&1&0\end{vmatrix}$.

略解 利用例 8 的结论,注意到这里 $\alpha+\beta=0,\alpha\beta=1$,从而可有

$$D_n=\begin{cases}0 & (n=4k\pm1)\\1 & (n=4k)\\-1 & (n=4k+2)\end{cases}$$

问题 3 计算 n 阶行列式 $D_n=\begin{vmatrix}2&-1&&&&\\-1&2&-1&&&\\&-1&2&-1&&\\&&\ddots&\ddots&\ddots&\\&&&-1&2&-1\\&&&&-1&2\end{vmatrix}$.

略解 这里 $\alpha+\beta=-2,\alpha\beta=-1$. 从而 $D_n=n+1$.

该三对角阵是一类极为重要的矩阵.

问题 4 计算 n 阶行列式 $D_n=\begin{vmatrix}3&2&&&&\\1&3&2&&&\\&1&3&2&&\\&&\ddots&\ddots&\ddots&\\&&&1&3&2\\&&&&1&3\end{vmatrix}_{n\times n}$.

若令 $\alpha+\beta=3,\alpha\beta=2$ 解得 α,β 后代入上面问题 1 的答案中,可直接得到结论. 今考虑另外解法.

略解 将 D_n 按第 1 列展开,得

$$D_n=3D_{n-1}-2D_{n-2}=(1+2)D_{n-1}-(1\times2)D_{n-2}$$

故

$$D_n-D_{n-1}=2(D_{n-1}-D_{n-2}) \tag{*}$$

且

$$D_n-2D_{n-1}=D_{n-1}-2D_{n-2} \tag{**}$$

由(*)式有

$$D_n-D_{n-1}=2^{n-2}(D_2-D_1) \tag{1}$$

由(**)式有

$$D_n-2D_{n-1}=D_2-2D_1 \tag{2}$$

2×式(1)－式(4),有

$$D_2=7,\quad D_1=3$$

故

$$D_n=2^{n-1}(D_2-D_1)-(D_2-2D_1)=2^{n-1}\cdot 2^2-1=2^{n+1}-1$$

其实这类问题解法大同小异,归根结底都是用数学归纳递推而得.其他解法,诸如利用矩阵性质及其特征问题等,见后文.下面的问题解法也与例8类同.

问题5 下面的三对角矩阵行列式

$$F_n=\begin{vmatrix} 1 & 1 & & & & \\ -1 & 1 & 1 & & & \\ & -1 & 1 & 1 & & \\ & & \ddots & \ddots & \ddots & \\ & & & -1 & 1 & 1 \\ & & & & -1 & 1 \end{vmatrix}_{n\times n}$$

当 $n=1,2,3,5,\cdots$ 时,可以给出著名的 Fiboncci 数列 1,2,3,5,8,13,….

显然,仿例8的解法可得出 $F_{n+1}=F_n+F_{n-1}$(这也是该数列本身的性质).

此外,结论还可由例的结论直接给出.

顺便讲一句,该数列的通项公式还可表示为

$$F_n=\frac{1}{\sqrt{5}}\left[\left(\frac{1+\sqrt{5}}{2}\right)^n-\left(\frac{1-\sqrt{5}}{2}\right)^n\right]$$

其中,$n=1,2,3,\cdots$.这是用无理数的分幂表示某些整数的典例.

下面的诸问题是例的推广情形(注意字母变化).

问题6 计算 n 阶行列式 $D_n=\begin{vmatrix} 1+x & y & & & & \\ z & 1+x & y & & & \\ & z & 1+x & y & & \\ & & \ddots & \ddots & \ddots & \\ & & & z & 1+x & y \\ & & & & z & 1+x \end{vmatrix}$,其中 $x=yz$.

略解 由

$$D_n=(1+x)D_{n-1}-yzD_{n-2}=(1+x)D_{n-1}-xD_{n-2}$$

有

$$D_n-D_{n-1}=x(D_{n-1}-D_{n-2})=\cdots=x^n$$

故

$$D_n=D_{n-1}+x^n=(D_{n-2}+x^{n-1})+x^n=\cdots=1+x+\cdots+x^n$$

问题 7 计算 n 阶行列式 $D_n=\begin{vmatrix} 1+x^2 & x & & & & \\ x & 1+x^2 & x & & & \\ & x & 1+x^2 & x & & \\ & \ddots & \ddots & \ddots & & \\ & & & x & 1+x^2 & x \\ & & & & x & 1+x^2 \end{vmatrix}$

略解 按第 1 行展开可有递推式

$$D_n=(1+x^2)D_{n-1}-x^2D_{n-2}$$

一般的

$$D_k-D_{k-1}=x^{2(k-2)}(D_2-D_1)$$

令 $k=n,n-1,\cdots,1$ 后,两边相加有

$$D_n-D_1=(x^{2(n-2)}+x^{2(n-3)}+\cdots+x^2+1)(D_2-D_1)$$

即

$$D_n=x^{2n}+x^{2(n-1)}+x^{2(n-2)}+\cdots+x^4+x^2+1$$

下面的命题涉及了三角函数,但其实质仍属三对角行列式问题,尽管命题借用了三角函数的某些特性.

问题 8 试证行列式 $D_n=\begin{vmatrix} \cos\alpha & 1 & 0 & \cdots & 0 & 0 \\ 1 & 2\cos\alpha & 1 & \cdots & 0 & 0 \\ 0 & 1 & 2\cos\alpha & \cdots & 0 & 0 \\ \vdots & \vdots & \vdots & & \vdots & \vdots \\ 0 & 0 & 0 & \cdots & 1 & 2\cos\alpha \end{vmatrix}=\cos n\alpha.$

略证 用数学归纳法.

①当 $n=2$ 时,由 $\begin{vmatrix} \cos\alpha & 1 \\ 1 & 2\cos\alpha \end{vmatrix}=2\cos^2\alpha-1=\cos 2\alpha$,命题为真.

②当小于等于 $n-1$ 时,命题为真,今考虑 n 的情形.

将 D_n 按最后一行展开,有

$$D_n=2(D_{n-1}-D_{n-2})\cos\alpha$$

由归纳假设及三角函数公式,并注意到 $\cos(n-2)\alpha=\cos[(n-1)-1]\alpha$,则有

$$D_{n-2}=\cos(n-2)\alpha=\cos(n-1)\alpha\cos\alpha-\sin(n-1)\alpha\sin\alpha$$

又由归纳假设 $D_{n-1}=\cos(n-1)\alpha$,故

$$D_n=2\cos\alpha\cos(n-1)\alpha-\cos(n-1)\alpha\cos\alpha+\sin(n-1)\alpha\sin\alpha=$$
$$\cos(n-1)\alpha\cos\alpha+\sin(n-1)\alpha\sin\alpha=\cos n\alpha$$

从而命题对所有自然数 n 成立.

问题 9 计算 n 阶行列式 $D_n=\begin{vmatrix} a & b & & & & \\ c & a & b & & & \\ & c & a & b & & \\ & & \ddots & \ddots & \ddots & \\ & & & c & a & b \\ & & & & c & a \end{vmatrix}$.

当 $c=0$ 时,$D_n=a^n$. 当 $c\neq 0$ 时,行列式每行提出因子 c,则它可化为例的情形.

令 $\alpha+\beta=\dfrac{a}{c}$, $\alpha\beta=\dfrac{b}{c}$,有

$$\alpha=\frac{a+\sqrt{a^2-4bc}}{2c},\quad \beta=\frac{a-\sqrt{a^2-4bc}}{2c}$$

当 $\alpha\neq\beta$ 时，有

$$D_n=\frac{(a+\sqrt{a^2-4bc})^{n+1}-(a-\sqrt{a^2-4bc})^{n+1}}{2^{n+1}\sqrt{a^2-4bc}}$$

当 $\alpha=\beta$ 时，有

$$D_n=c^n(n+1)\alpha^n=(n+1)\left(\frac{a}{2}\right)^n$$

关于三对角矩阵行列式还可有下面等式：

问题 10 试证 n 阶行列式 $\begin{vmatrix} a_1 & b_1 & & & & \\ c_1 & a_2 & b_2 & & & \\ & c_2 & a_3 & b_3 & & \\ & & \ddots & \ddots & \ddots & \\ & & & c_{n-2} & a_{n-1} & \\ & & & & c_{n-1} & \end{vmatrix}\begin{vmatrix} a_1 & b_1 & & \\ \ddots & \ddots & \ddots & \\ & c_{n-2} & a_{n-1} & \ddots \\ & & c_{n-1} & a_n \end{vmatrix}=\begin{vmatrix} a_1 & b_1c_1 & & & & \\ 1 & a_2 & b_2c_2 & & & \\ & 1 & a_3 & b_3c_3 & & \\ & & \ddots & \ddots & \ddots & \\ & & & 1 & a_{n-1} & b_{n-1}c_{n-1} \\ & & & & 1 & a_n \end{vmatrix}$.

这是三对角矩阵行列式的一个有趣的性质.

问题的进一步推广情形如下：

问题 11 计算 n 阶行列式 $D_n=\begin{vmatrix} a_0+a_1 & a_1 & & & \\ a_1 & a_1+a_2 & a_2 & & \\ & \ddots & \ddots & \ddots & \\ & & a_{n-2} & a_{n-2}+a_{n-1} & a_{n-1} \\ & & & a_{n-1} & a_{n-1}+a_n \end{vmatrix}$.

它利用递推公式

$$D_n=(a_{n-1}+a_n)D_{n-1}-a_{n-1}^2D_{n-2}$$

有

$$D_n=\left(\sum_{j=0}^{n}\frac{1}{a_j}\right)\cdot\prod_{i=0}^{n}a_i$$

进而，下面的问题也是与例有关的，只不过问题的形式不同而已，它涉及诸如矩阵特征问题、方程组解的分析等. 详细讨论请见后面章节内容.

问题 12 试证矩阵 $\boldsymbol{A}=\begin{pmatrix} 2 & -1 & & & \\ -1 & 2 & -1 & & \\ & \ddots & \ddots & \ddots & \\ & & -1 & 2 & -1 \\ & & & -1 & 2 \end{pmatrix}$ 的 n 个特征根皆正.

问题 13 求证矩阵 $\boldsymbol{A}=\begin{pmatrix} a & 1 & & & \\ 1 & a & 1 & & \\ & \ddots & \ddots & \ddots & \\ & & 1 & a & 1 \\ & & & 1 & a \end{pmatrix}$ 的最大、最小特征根分别满足 $\lambda_{\max}\geqslant a+1$，和

$\lambda_{\min}\leqslant a-1$.

这些问题其中的某些我们后文将述及并解答.

又前面的两例与注释中的问题间的关系请见下表：

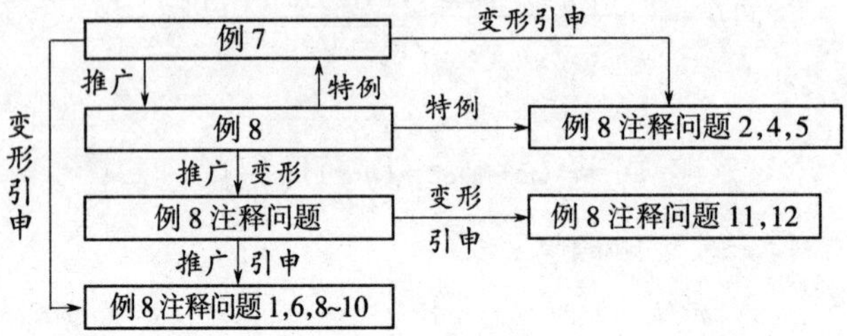

例 9 计算 n 阶行列式 $D_n=\begin{vmatrix} a & b & & & \\ & a & b & & \\ & & \ddots & \ddots & \\ & & & a & b \\ b & & & & a \end{vmatrix}_{n\times n}$.

简析 此行列式虽系 n 阶，但注意到它的第 1 列(或行)仅有两个非 0 元素，Lapace 展开似应为首选方案.

解 按 D_n 第 1 列展开得两个 $n-1$ 阶行列式

$$D_n=(-1)^{1+1}a\begin{vmatrix} a & b & & & \\ & a & b & & \\ & & \ddots & \ddots & \\ & & & a & b \\ & & & & a \end{vmatrix}+(-1)^{1+n}b\begin{vmatrix} b & & & & \\ a & b & & & \\ & a & b & & \\ & & \ddots & \ddots & \\ & & & a & b \end{vmatrix}=a^n+(-1)^{n+1}b^n$$

下面是一个典型行列式问题，它的计算模式几乎是固定的，但其变化及花样是缤纷的——它们以不同形式或问题出现在各类试题中. 这也如前面的三对角阵行列式的计算一样.

例 10 求 n 阶行列式 $D_n=\begin{vmatrix} 0 & 1 & 1 & \cdots & 1 \\ 1 & 0 & 1 & \cdots & 1 \\ 1 & 1 & 0 & \cdots & 1 \\ \vdots & \vdots & \vdots & & \vdots \\ 1 & 1 & 1 & \cdots & 0 \end{vmatrix}$ 的值.

解 1 观察行列式结构，使人想到仿照前面例题的解法. 将第 $2\sim n$ 列分别加至第 1 列，且从加后的第 1 列提出因子 $n-1$，有

$$D_n=(n-1)\begin{vmatrix} 1 & 1 & 1 & \cdots & 1 \\ 1 & 0 & 1 & \cdots & 1 \\ 1 & 1 & 0 & \cdots & 1 \\ \vdots & \vdots & \vdots & & \vdots \\ 1 & 1 & 1 & \cdots & 0 \end{vmatrix}\xlongequal[\text{加至 }2,3,\cdots,n\text{ 行}]{\text{用第 1 行乘}(-1)}(n-1)\begin{vmatrix} 1 & 1 & 1 & \cdots & 1 \\ 0 & -1 & 0 & \cdots & 0 \\ 0 & 0 & -1 & \cdots & 0 \\ \vdots & \vdots & \vdots & & \vdots \\ 0 & 0 & 0 & \cdots & -1 \end{vmatrix}=$$

$$\xlongequal{\text{按第 1 列展开}}(n-1)\cdot(-1)^{1+1}\begin{vmatrix} -1 & & & \\ & -1 & & \\ & & \ddots & \\ & & & -1 \end{vmatrix}=(-1)^{n-1}(n-1)$$

解 2[①]　今用矩阵特征多项式性质考虑此问题. 设行列式 D_n 相对应的矩阵为 $\boldsymbol{A}$, 则

$$|\lambda\boldsymbol{I}-\boldsymbol{A}|=\left|(\lambda+1)\boldsymbol{I}-\begin{pmatrix}1&1&\cdots&1\\1&1&\cdots&1\\\vdots&\vdots&&\vdots\\1&1&\cdots&1\end{pmatrix}\right|=|(\lambda+1)\boldsymbol{I}-\boldsymbol{\alpha\alpha}^{\mathrm{T}}|=|\mu\boldsymbol{I}-\boldsymbol{\alpha\alpha}^{\mathrm{T}}|$$

其中 $\boldsymbol{\alpha}=(1,1,\cdots,1)^{\mathrm{T}}$, 且 $\mu=\lambda+1$.

而矩阵 $\boldsymbol{\alpha\alpha}^{\mathrm{T}}$(秩为 1)的特征多项式有 $n-1$ 重 0 根和 1 个 $\mu=n$ 的根(直接验证$(\boldsymbol{A}+\boldsymbol{I})\boldsymbol{\alpha}=n\boldsymbol{\alpha}$ 可知), 这样 $\boldsymbol{A}$ 的特征多项有 $n-1$ 重 $\lambda=-1$ 的根和 1 重 $\lambda=n-1$ 的根. 从而

$$|\boldsymbol{A}|=(-1)^{n-1}\cdot(n-1)$$

上面的例子显然它只是下面问题的特例(或者说下面问题是上面例子的推广), 我们说过, 该问题是一个典型的行列式计算, 我们将稍花些篇幅来推介它, 因为不少考研试题来源于该问题或求解与它相关的命题.

例 11　计算 n 阶行列式 $D_n=\begin{vmatrix}a&b&\cdots&b&b\\b&a&\cdots&b&b\\\vdots&\vdots&&\vdots&\vdots\\b&b&\cdots&b&a\end{vmatrix}$.

解 1　将第 2 至第 n 列加到第 1 列且提出公因子有

$$D_n=[a+(n-1)b]\begin{vmatrix}1&b&b&\cdots&b\\1&a&b&\cdots&b\\\vdots&\vdots&\vdots&&\vdots\\1&b&b&\cdots&a\end{vmatrix}=[a+(n-1)b]\begin{vmatrix}1&b&b&\cdots&b\\0&a-b&0&\cdots&0\\\vdots&\vdots&\vdots&&\vdots\\0&0&0&\cdots&a-b\end{vmatrix}=$$

$$[a+(n-1)b](a-b)^{n-1}$$

(上一步是第 1 行乘 -1 加至后面诸行, 下面再按第 1 行展开)

解 2　从第 $2\sim n$ 行分别减去第 1 行, 有

$$D_n=\begin{vmatrix}a&b&b&\cdots&b\\b-a&a-b&0&\cdots&0\\b-a&0&a-b&\cdots&\vdots\\\vdots&\vdots&\ddots&\ddots&0\\b-a&0&\cdots&0&a-b\end{vmatrix}=\begin{vmatrix}a+(n-1)b&b&b&\cdots&b\\0&a-b&0&\cdots&0\\\vdots&\ddots&a-b&\ddots&\vdots\\\vdots&&\ddots&\ddots&0\\0&\cdots&0&&a-b\end{vmatrix}=[a+(n-1)b](a-b)^{n-1}$$

(上一步是将第 $2\sim n$ 列加到第 1 列)

解 3　建立逆推公式求解 D_n.

令所求 n 阶行列式为 D_n, 且将第 1 列拆为$(a-b,0,\cdots,0)^{\mathrm{T}}+(b,b,\cdots,b)^{\mathrm{T}}$, 则

$$D_n=\begin{vmatrix}a-b&b&\cdots&b\\0&a&\cdots&b\\\vdots&\vdots&&\vdots\\0&b&\cdots&a\end{vmatrix}+\begin{vmatrix}b&b&\cdots&b\\b&a&\cdots&b\\\vdots&\vdots&&\vdots\\b&b&\cdots&a\end{vmatrix}=(a-b)D_{n-1}+\begin{vmatrix}b&b&\cdots&b\\0&a-b&\cdots&b\\\vdots&\vdots&&\vdots\\0&0&\cdots&a-b\end{vmatrix}=$$

$$(a-b)D_{n-1}+b(a-b)^{n-1}$$

这样

① 为了展现问题或解法的多样式, 我们有时会涉及甚至使用后面章节的内容, 这不会影响本书的层次与结构. 遇此情况以后不再申明.

$$(a-b)D_{n-1}=(a-b)^2D_{n-2}+b(a-b)^{n-1}$$
$$\vdots$$
$$(a-b)^{n-2}D_2=(a-b)^{n-1}D_1+b(a-b)^{n-1}$$

注意到 $D_1=a$，将上诸式两边相加，有

$$D_n=(a-b)^{n-1}[D_1+(n-1)b]=[a+(n-1)b](a-b)^{n-1}$$

注 1 注意到行列式 D 对应的矩阵可写成 $\boldsymbol{A}=b\,\boldsymbol{uv}^{\mathrm{T}}-(b-a)\boldsymbol{I}$ 的形式，其中 $\boldsymbol{u}=(1,1,\cdots,1)^{\mathrm{T}}$，$\boldsymbol{v}=(b,b,\cdots,b)^{\mathrm{T}}$，它有 $n-1$ 重特征根 $a-b$，且有 1 重特征根 $a+(n-1)b$，则

$$D=[a+(n-1)b](a-b)^{n-1}$$

解法详见后文相应章节的例及叙述.

注 2 对于行列式(*)，若其对角线元素分别为 $c_1,c_2,\cdots,c_n$，又记为 $f(x)=\prod_{i=1}^{n}(c_i-x)$，则用数学归纳法可证

$$D=\frac{bf(a)-af(b)}{b-a}$$

注 3 本题还可以通过"加边"(添 1 行、1 列)计算，即

$$D_n=\begin{vmatrix}1 & b & b & \cdots & b & b\\ 0 & a & b & \cdots & b & b\\ 0 & b & a & \cdots & b & b\\ \vdots & \vdots & \vdots & & \vdots & \vdots\\ 0 & b & b & \cdots & a & a\end{vmatrix}$$

将第 1 行乘 -1 分别加到第 $2,3,\cdots,n+1$ 行，再从第 $2\sim n+1$ 列分别提出 $(a-b)$ 后，再将 $2\sim n+1$ 列全部加到第 1 列后，再按第 1 行展开即可. 注意到当 $a=b$ 时，$D=0$.

注 4 前面两例中涉及或运用了矩阵特征多项式性质是：矩阵 $\boldsymbol{A}$ 与元素全为 1 的方阵仅差一个单位阵 $\boldsymbol{I}$，而元素全为 1 的矩阵特征根易求，从而导致解法可行.

利用行列式性质的解法虽嫌呆板，但它却是常用的方法(特征多项式解法适用面不宽)，利用这种方法可解诸如(其中大多来自考研试题、大学生数学竞赛题，请注意式中字母区别与变化)：

问题 1 计算 n 阶行列式

$$D_n=\begin{vmatrix}x & a & a & \cdots & a & a\\ \vdots & \vdots & \vdots & & \vdots & \vdots\\ b & x & a & \cdots & a & a\\ b & b & x & \cdots & a & a\\ \vdots & \vdots & \vdots & & \vdots & \vdots\\ b & b & b & \cdots & a & x\end{vmatrix} \tag{*}$$

问题 2 计算 n 阶行列式

$$D_n=\begin{vmatrix}x_1 & a & \cdots & a\\ b & x_2 & \ddots & \vdots\\ \vdots & \ddots & \ddots & a\\ b & \cdots & b & x_n\end{vmatrix} \tag{**}$$

问题 3 计算 $n+1$ 阶行列式

$$D_{n+1}=\begin{vmatrix}x & a_1 & a_2 & \cdots & a_n\\ a_1 & x & a_2 & \cdots & a_n\\ a_1 & a_2 & x & \cdots & a_n\\ \vdots & \vdots & \vdots & & \vdots\\ a_1 & a_2 & a_3 & \cdots & x\end{vmatrix} \tag{***}$$

上面的问题 1 需分 $a\neq b$ 与 $a=b$ 两种情况讨论. 当 $a\neq b$ 时,答案为 $[b(x-a)^n-a(x-b)^n]/(b-a)$;问题 2 的答案为 $[bf(a)-af(b)]/(b-a)$;其中 $f(t)=\prod_{i=1}^{n}(x_k-t)$;问题 3 可将第 2 ~ $n+1$ 列加到其一列,再提出公因子式解. 其答案为 $\left(x+\sum_{i=1}^{n}a_i\right)\prod_{i=1}^{n}(x-a_i)$. 又(＊＊＊)式显然是(＊)式的另一种变形.

问题 2 的更进一步的推广或延拓即为:

问题 4　计算 n 阶行列式

$$D_n=\begin{vmatrix} x_1 & a_2 & \cdots & a_n \\ a_1 & x_2 & \cdots & a_n \\ \vdots & \vdots & & \vdots \\ a_1 & a_2 & \cdots & x_n \end{vmatrix}\quad (x_i=a_i+b(i=1,2,\cdots,n)) \tag{＊＊＊＊}$$

略解　上面问题中行列式对角元素全为 x,而本题则不同. 记 D_n 的相应矩阵为 $\boldsymbol{B}$. 则

$$\boldsymbol{B}=\begin{pmatrix} a_1 & a_2 & \cdots & a_n \\ a_1 & a_2 & \cdots & a_n \\ \vdots & \vdots & & \vdots \\ a_1 & a_2 & \cdots & a_n \end{pmatrix}+b\boldsymbol{I}=\boldsymbol{A}+b\boldsymbol{I}$$

由 $r(\boldsymbol{A})=1$,知 $\boldsymbol{A}$ 的特征根为 $0,0,\cdots,0,\sum_{i=1}^{n}a_i$. 故 $\boldsymbol{B}$ 的相应特征根为 $b,b,\cdots,b$ 和 $b+\sum_{i=1}^{n}a_i$. 从而

$$D=|A+b\boldsymbol{I}|=b^{n-1}\left(\sum_{i=1}^{n}a_i+b\right)$$

又其特例为计算 $D_n=\begin{vmatrix} a_1 & x & x & \cdots & x \\ x & a_2 & x & \cdots & x \\ \vdots & \vdots & \vdots & & \vdots \\ x & x & x & \cdots & a_n \end{vmatrix}$,这里 $x\neq a_i(i=1,2,\cdots,n)$.

$\left[\textbf{答案}:\prod_{i=1}^{n-1}a_n(a_i-x)+x\sum_{i=1}^{n}\left[\prod_{j=1}^{n}\frac{(a_j-x)}{a_i-x}\right]\right]$

对于同样问题来讲,下面的特例需讨论行列式阶数的奇偶性.

计算 n 阶行列式 $D_n=\begin{vmatrix} a & a+b & \cdots & a+b & a+b \\ a-b & a & \cdots & a+b & a+b \\ \vdots & \vdots & & \vdots & \vdots \\ a-b & a-b & \cdots & a & a+b \\ a-b & a-b & \cdots & a-b & a \end{vmatrix}$.

$\left[\textbf{答案}:D_n=\begin{cases} nb^{n-1}, & n\text{ 为奇数时} \\ b^n, & n\text{ 为偶数时} \end{cases}\right]$

问题 5　若矩阵 $\boldsymbol{A}=\begin{pmatrix} 1 & a & a & \cdots & a \\ a & 1 & a & \cdots & a \\ \vdots & \vdots & \vdots & & \vdots \\ a & a & a & \cdots & 1 \end{pmatrix}$ 的秩为 $n-1$,求 a 的值.

$\left[\textbf{答案}:a=\frac{1}{1-n}\right.$ (解答详见后文). 该命题其实是例的又一变形$\Big]$

下面一道美国大学生数学竞赛(Putnam Exam)试题恰属问题 2 类型. 请看:

问题 6 计算 n 阶行列式 $D_n=\begin{vmatrix}3&1&1&\cdots&1\\1&4&1&\cdots&1\\1&1&5&\cdots&1\\\vdots&\vdots&\vdots&&\vdots\\1&1&1&\cdots&n+1\end{vmatrix}_{(n-1)\times(n-1)}$.

解 1 (递推法)易算得 $D_2=3,D_3=11$. 又对 D_{n+1} 从第末列减去倒数第 2 列、第末行减去倒数第 2 行,得

$$D_{n+1}=\cdots=\begin{vmatrix}3&1&1&\cdots&1&0\\1&4&1&\cdots&1&0\\1&1&5&\cdots&1&0\\\vdots&\vdots&\vdots&&\vdots&\vdots\\1&1&1&\cdots&n+1&-n\\0&0&0&\cdots&-n&2n+1\end{vmatrix}$$

按最后一行展开可有 $D_{n+1}=(2n+1)D_n-n^2D_{n-1}$.

令 $P_n=\dfrac{D_n}{n!}$由上式有

$$P_{n+1}=\frac{2n+1}{n+1}P_n-\frac{n}{n+1}P_{n-1}$$

即

$$P_{n+1}-P_n=\frac{n}{n+1}(P_n-P_{n-1})$$

递推地

$$P_{n+1}-P_n=\frac{3}{n+1}(P_3-P_2)=\frac{1}{n+1}\quad(n=2,3,\cdots)$$

故

$$P_{n+1}=P_2+(P_3-P_2)+(P_4-P_3)+\cdots+(P_{n+1}-P_n)=1+\frac{1}{2}+\frac{1}{3}+\cdots+\frac{1}{n+1}$$

因而

$$D_{n+1}=(n+1)!\sum_{k=1}^{n+1}\frac{1}{k}$$

解 2 令 $D_{n+1}(a_1,\cdots,a_n)=\begin{vmatrix}1+a_1&1&1&\cdots&1\\1&1+a_2&1&\cdots&1\\1&1&1+a_3&\cdots&1\\\vdots&\vdots&\vdots&&\vdots\\1&1&1&\cdots&1+a_n\end{vmatrix}$,仿上可算得(或见前文例的结论)

$$D_{n+1}(a_1,\cdots,a_n)=a_nD_n(a_1,\cdots,a_{n-1})+a_{n-1}D_n(a_1,\cdots,a_{n-2},0)$$

递推算得 $D_{n+1}=\prod\limits_{i=1}^n a_i+\sum\limits_{i=1}^n\prod\limits_{\substack{j=1\\j\neq i}}^n a_j$. 令 $a_i=i+1$,即得 D_{n+1}.

此外,$D_n(a_1,a_2,\cdots,a_{n-1})$ 当 $a_i\neq0(i=1,2,\cdots,n-1)$ 时可写成

$$D_n(a_1,a_2,\cdots,a_{n-1})=a_1a_2\cdots a_{n-1}\left(1+\frac{1}{a_1}+\frac{1}{a_2}+\cdots+\frac{1}{a_{n-1}}\right)$$

亦有 $D_n=n!\sum\limits_{k=1}^n\dfrac{1}{k}$.

解 3 考虑矩阵 $\boldsymbol{B}=(1)_{(n-1)\times n-1}$($n-1$ 阶全 1 元素阵),而 $\boldsymbol{C}=\mathrm{diag}\{2,3,\cdots,n\}$,这样 $\boldsymbol{B}+\boldsymbol{C}$ 的行列式

$|\boldsymbol{B}+\boldsymbol{C}|$ 恰好为 D_n，它恰好为矩阵 $\boldsymbol{B}+\boldsymbol{C}$ 的 $n-1$ 个特征根之积.

考虑 $\boldsymbol{B}+\boldsymbol{C}$ 的特征多项式 $f(\lambda)=|(\boldsymbol{B}+\boldsymbol{C})|-\lambda\boldsymbol{I}|=|\boldsymbol{B}-\mathrm{diag}\{\lambda-2,\lambda-3,\lambda+n\}|=|\boldsymbol{B}-\mu\boldsymbol{I}|$.

而 $\mathrm{r}(\boldsymbol{B})=1$，$\boldsymbol{B}$ 的 $n-1$ 个特征根 $\{\mu_j\}$ 中有 $n-2$ 个 0 和一个 $\lambda=n-1$.

从而 $\boldsymbol{B}+\boldsymbol{C}$ 的 $n-1$ 特征根 $\{\lambda_i\}$ 分别为 $2,3,\cdots,n-1$ 和 $2n-1$.

这样 $|\boldsymbol{B}+\boldsymbol{C}|=(2n-1)(n-1)!$

顺便讲一句，由 $\lambda_i-(i+1)=\mu_j(1\leqslant i,j\leqslant n-1)$ 的取值（μ_j 有 $n-2$ 个 0，一个 $n-1$）不同，$|\boldsymbol{B}+\boldsymbol{C}|$ 含有不同的表达式，然而它们是相等的. 由此还可产生一些等式.

附记　显然它只是下面计算问题的特例或变形而已：

$$\begin{vmatrix} a & b & b & \cdots & b \\ b & a & b & \cdots & b \\ b & b & a & \cdots & b \\ \vdots & \vdots & \vdots & & \vdots \\ b & b & b & \cdots & a \end{vmatrix}=[a+(n-1)b](a-b)^{n-1}$$

不同的是，例中行列式主对角线元素各异，这类问题我们前文也已有叙.

下面的一道美国 Putnam 赛题与问题 3 类同（仍有区别），这里的行列式对应的矩阵对称.

问题 7　若 $\boldsymbol{A}_n=(a_{ij})_{n\times n}$，其中 $a_{ij}=|i-j|$，$1\leqslant i,j\leqslant n$. 又 $D_n=|\boldsymbol{A}_n|$，求证 $D_n=(-1)^{n-1}(n-1)2^{n-2}$.

证　显然题设行列式为

$$D_n=\begin{vmatrix} 0 & 1 & 2 & \cdots & n-1 \\ 1 & 0 & 1 & \cdots & n-2 \\ 2 & 1 & 0 & \cdots & n-3 \\ \vdots & \vdots & \vdots & & \vdots \\ n-2 & n-3 & n-4 & \cdots & 1 \\ n-1 & n-2 & n-3 & \cdots & 0 \end{vmatrix}$$

将 D_n 第 1 列乘 -1 加到其余各列，再将第 1 行加到其余各行，有由题设可知 D_n 形如

$$D_n=\begin{vmatrix} 0 & 1 & 2 & \cdots & n-1 \\ 1 & -1 & 0 & \cdots & n-3 \\ 2 & -1 & -2 & \cdots & n-5 \\ \vdots & \vdots & \vdots & & \vdots \\ n-2 & -1 & -2 & \cdots & -n+3 \\ n-1 & -1 & -2 & \cdots & -n+1 \end{vmatrix}=\begin{vmatrix} 0 & 1 & 2 & \cdots & n-1 \\ 1 & 0 & 2 & \cdots & 2n-4 \\ 2 & 0 & 0 & \cdots & 2n-6 \\ \vdots & \vdots & \vdots & & \vdots \\ n-2 & 0 & 0 & \cdots & 2 \\ n-1 & 0 & 0 & \cdots & 0 \end{vmatrix}=(-1)^n(n-1)2^{2n-2}$$

当然问题还可引申变形如求解：

问题 8　设 $a_k\neq 0(k=2,3,\cdots,n)$，计算行列式

$$D_n=\begin{vmatrix} 1+a_1 & 1 & 1 & \cdots & 1 & 1 \\ 2 & 2+a_2 & 2 & \cdots & 2 & 2 \\ 3 & 3 & 3+a_3 & \cdots & 3 & 3 \\ n-1 & n-1 & n-1 & \cdots & (n-1)+a_{n-1} & n-1 \\ n & n & n & n & n & n+a_n \end{vmatrix}$$

略解 1　将行列式第一行遍乘 $-k$ 加到第 k 行，$(k=2,3,\cdots,n)$ 再将第 k 行遍乘 $-\dfrac{1}{a_k}$ 加到第 1 行有 $(k=2,3,\cdots,n)$

$$D_n=\begin{vmatrix}1+a_1 & 1 & 1 & \cdots & 1 & 1\\ -2a_1 & a_2 & 0 & \cdots & 0 & 0\\ -3a_1 & 0 & a_3 & \cdots & 0 & 0\\ \vdots & \vdots & \vdots & & \vdots & \vdots\\ (-n-1)a_1 & 0 & 0 & \cdots & a_{n-1} & 0\\ -na_1 & 0 & 0 & \cdots & 0 & a_n\end{vmatrix}=\begin{vmatrix}1+\left(1+\sum\limits_{k=2}^{n}\frac{k}{a_k}\right)a_1 & 0 & 0 & \cdots & 0 & 0\\ -2a_1 & a_2 & 0 & \cdots & 0 & 0\\ -3a_1 & 0 & a_3 & \cdots & 0 & 0\\ \vdots & \vdots & \vdots & & \vdots & \vdots\\ -(n-1)a_1 & 0 & 0 & \cdots & a_{n-1} & 0\\ -na_1 & 0 & 0 & \cdots & 0 & a_n\end{vmatrix}=$$

$$\left[1+\left(1+\sum_{k=2}^{n}\frac{k}{a_4}\right)a_1\right]a_2a_3\cdots a_n$$

略解 2 将 D_n 先按第 1 列拆成两个行列式,且将其第 1 个行列式的首列乘 -1 后遍加到各列,有

$$D_n=\begin{vmatrix}1 & 1 & \cdots & 1\\ 2 & 2+a_2 & \cdots & 2\\ \vdots & \vdots & & \vdots\\ n & n & \cdots & n+a_n\end{vmatrix}+\begin{vmatrix}a_1 & 1 & \cdots & 1\\ 0 & 2+a_2 & \cdots & 2\\ \vdots & \vdots & & \vdots\\ 0 & n & \cdots & n+a_n\end{vmatrix}=\begin{vmatrix}1 & 0 & \cdots & 0\\ 2 & a_2 & \cdots & 0\\ \vdots & \vdots & & \vdots\\ n & 0 & \cdots & a_n\end{vmatrix}+a_1D_{n-1}=a_2a_3\cdots a_n+a_1D_{n-1}$$

递推后可有

$$D_n=\sum_{k=1}^{n}ka_1\cdots a_{k-1}a_{k+1}\cdots a_n+a_1a_2\cdots a_n$$

当然,若 $a_1=a_2=\cdots=a_n=a$,则问题可解如:令

$$\boldsymbol{A}=\begin{pmatrix}1 & 1 & \cdots & 1\\ 2 & 2 & \cdots & 2\\ \vdots & \vdots & & \vdots\\ n & n & \cdots & n\end{pmatrix}$$

考虑 $|\boldsymbol{A}-\lambda\boldsymbol{I}|=f(\lambda)$ 可视为 $\boldsymbol{A}$ 的特征多次式(它的根 $\lambda_1=\lambda_2=\cdots=\lambda_{n-1}=0,\lambda_n=\sum\limits_{k=1}^{n}k$),则可将 $\lambda=-a$ 代入 $f(\lambda)=\prod\limits_{k=1}^{n}(\lambda-\lambda_k)=\lambda^{n-1}(\lambda-\prod\limits_{k=1}^{n}k)$ 即可.

下面的美国大学数学竞赛(即 Putnam Exam)试题恰属问题 4 类型.

问题 9 设 $a,b;p_1p_2,\cdots,p_n\in\mathbf{R}$,且 $a\neq b$. 又 $f(x)=\prod\limits_{k=1}^{n}(p_k-x)$. 试证

$$D=\begin{vmatrix}p_1 & a & a & a & \cdots & a & a\\ b & p_2 & a & a & \cdots & a & a\\ b & b & p_3 & a & \cdots & a & a\\ \vdots & \vdots & \vdots & \vdots & & \vdots & \vdots\\ b & b & b & b & \cdots & p_{n-1} & a\\ b & b & b & b & \cdots & b & p_n\end{vmatrix}=\frac{bf(a)-af(b)}{b-a}$$

证 令

$$G(t)=\begin{vmatrix}p_1-t & a-t & a-t & \cdots & a-t & a-t\\ b-t & p_2-t & a-t & \cdots & a-t & a-t\\ \vdots & \vdots & \vdots & & \vdots & \vdots\\ b-t & b-t & b-t & \cdots & p_{n-1}-t & a-t\\ b-t & b-t & b-t & \cdots & b-t & p_n-t\end{vmatrix}$$

则 $G(t)$ 是 t 的多项式,进而又是线性函数. 又 $G(a)=f(a),G(b)=f(b)$.

由线性插值公式可有

$$D=G(0)=\frac{bG(a)-aG(b)}{b-a}=\frac{bf(a)-af(b)}{b-a}$$

附记　数值方法中有关多项式插值问题的著名的 Aitken 引理：

若 a,b 为基点，基点值为 $f(a)$、$f(b)$ 的线性插值公式为

$$f(x)=f(a)\frac{x-b}{a-b}+f(b)\frac{x-a}{b-a}$$

其中 $(a,f(a)),(b,f(b))$ 为结点.

当然，若 $a_1=a_2=\cdots=a_n=a$，则问题可解如：

令 $\boldsymbol{A}=\begin{pmatrix}1&1&\cdots&1\\2&2&\cdots&2\\\vdots&\vdots&\vdots&\vdots\\n&n&\cdots&n\end{pmatrix}$，考虑 $|\boldsymbol{A}-\lambda\boldsymbol{I}|=f(\lambda)$ 可视为 A 的特征多次式，它的根 $\lambda_1=\lambda_2=\cdots=\lambda_{n-1}=0,\lambda_n=\sum\limits_{k=1}^{n}k$，则可将 $\lambda=-a$ 代入 $f(\lambda)=\prod\limits_{k=1}^{n}(\lambda-\lambda_k)=\lambda^{n-1}\left(\lambda-\prod\limits_{k=1}^{n}k\right)$ 即可.

注 5　顺便讲一句，上述问题的另外变形或推广形式(或与上述诸行列式计算有关的其他问题)可见线性方程组问题以及它的引申矩阵特征问题及二次型问题.

问题 10　设齐次线性方程组 $\begin{cases}ax_1+bx_2+bx_3+\cdots+bx_n=0,\\bx_1+ax_2+bx_3+\cdots+bx_n=0,\\\qquad\vdots\\bx_1+bx_2+bx_3+\cdots+ax_n=0.\end{cases}$ 其中 $a\neq0,b\neq0,n\geqslant2$. 讨论 a,b 为何值时方程组仅有零解、有无穷多组解.

问题 11　已知齐次线性方程组

$$\begin{cases}(a_1+b)x_1+a_2x_2+a_3x_3+\cdots+a_nx_n=0\\a_1x_1+(a_2+b)x_2+a_3x_3+\cdots+a_nx_n=0\\a_1x_1+a_2x_2+(a_3+b)x_3+\cdots+a_nx_n=0\\\qquad\vdots\\a_1x_1+a_2x_2+a_3x_3+\cdots+(a_n+b)x_n=0\end{cases}$$

其中 $\sum\limits_{i=1}^{n}a_i\neq0$. 讨论 $a_1,a_2,\cdots,a_n$ 与 b 满足何种条件时(1)方程仅有零解;(2)方程有非零解，且当此时求出它的一个基础解系.

问题 12　设有齐线性方程组

$$\begin{cases}(1+a)x_1+x_2+\cdots+x_n=0\\2x_1+(2+a)x_2+\cdots+2x_n=0\\\qquad\vdots\\nx_1+nx_2+\cdots+(n+a)x_n=0\end{cases}$$

试问 a 为何值时，该方程有非零解，且求其通解.

注意到上面诸方程组的系数矩阵行列式，皆为本例行列式的变形或引申. 下面两个问题是例的另一种出现形式，与矩阵特征问题和二次型有关.

问题 13　若 n 阶方阵 $\boldsymbol{A}=\begin{pmatrix}1&b&\cdots&b\\b&1&\cdots&b\\\vdots&\vdots&&\vdots\\b&b&\cdots&1\end{pmatrix}$. (1)求 $\boldsymbol{A}$ 的特征值和特征向量;(2)求可逆阵 $\boldsymbol{P}$ 使

$P^{-1}AP$ 为对角阵.

问题 14 将二次型 $\sum_{i=1}^{n} x_i^2 + 4\sum_{1\leqslant i<j\leqslant n} x_i x_j$ 化为标准型.

注意到该二次型矩阵为 $A=\begin{pmatrix} 1 & 2 & 2 & \cdots & 2 & 2 \\ 2 & 1 & 2 & \cdots & 2 & 2 \\ \vdots & \vdots & \vdots & & \vdots & \vdots \\ 2 & 2 & 2 & \cdots & 1 & 2 \\ 2 & 2 & 2 & \cdots & 2 & 1 \end{pmatrix}$,从而求其特征问题的特征多项式 $|\lambda I - A|$ 也为上述矩阵行列式.

问题 9～13 的解法中均与本例行列式有关,这些问题的解法详见本书后文相应章节内容类似的问题,我们后文也将会看到.

以上诸例及注中问题间的关系见下图(换言之,这些问题皆可化为或利用例中行列式计算去解):

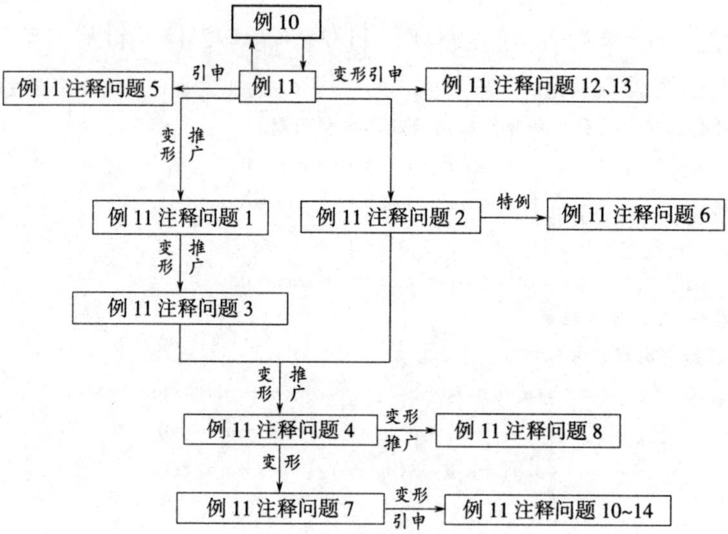

最后我们看一则耳熟能详的著名行列式——Vandemonde 行列式,它的用途可从其知名度中看出.

例 12 设行列式 $D_n=\begin{vmatrix} 1 & 1 & \cdots & 1 \\ a_1 & a_2 & \cdots & a_n \\ a_1^2 & a_2^2 & \cdots & a_n^2 \\ \vdots & \vdots & & \vdots \\ a_1^{n-1} & a_2^{n-1} & \cdots & a_n^{n-1} \end{vmatrix}$,证明 $D_n = \prod_{1\leqslant i<j\leqslant n}(a_i - a_j)$.

证 用数学归纳法.

(1)当 $n=2$ 时,$D_n=\begin{vmatrix} 1 & 1 \\ a_1 & a_2 \end{vmatrix} = a_2 - a_1 = \prod_{1\leqslant i<j\leqslant n}(a_i - a_j)$ 成立.

(2)假定 $n=k-1$ 时,命题真,今考虑 $n=k$ 的情形:

$$D_n=\begin{vmatrix} 1 & 1 & \cdots & 1 \\ a_1 & a_2 & \cdots & a_k \\ \vdots & \vdots & & \vdots \\ a_1^{k-1} & a_2^{k-1} & \cdots & a_k^{k-1} \end{vmatrix} = \quad (\text{第一行乘} -a_k \text{ 加到第 } k \text{ 行}, 2\leqslant k\leqslant n)$$

$$\begin{vmatrix} 1 & 1 & \cdots & 1 \\ 0 & a_2-a_1 & \cdots & a_k-a_1 \\ 0 & a_2^2-a_1a_2 & \cdots & a_k^2-a_1a_k \\ \vdots & \vdots & & \vdots \\ 0 & a_2^{k-1}-a_1a_2^{k-2} & \cdots & a_k^{k-1}-a_1a_k^{k-2} \end{vmatrix} = \text{（按第 1 列展开）}$$

$$\begin{vmatrix} a_2-a_1 & a_3-a_1 & \cdots & a_k-a_1 \\ (a_2-a_1)a_2 & (a_3-a_1)a_2 & \cdots & (a_k-a_1)a_k \\ \vdots & \vdots & & \vdots \\ (a_2-a_1)a_2^{k-2} & (a_3-a_1)a_2^{k-2} & \cdots & (a_k-a_1)a_k^{k-2} \end{vmatrix} = \text{（每列提出公因子）}$$

$$\prod_{i=1}^{k}(a_i-a_1)\begin{vmatrix} 1 & 1 & \cdots & 1 \\ a_2 & a_3 & \cdots & a_k \\ \vdots & \vdots & & \vdots \\ a_2^{k-2} & a_3^{k-2} & \cdots & a_k^{k-2} \end{vmatrix}$$

由归纳假设知

$$\begin{vmatrix} 1 & 1 & \cdots & 1 \\ a_2 & a_3 & \cdots & a_k \\ a_2^2 & a_3^2 & \cdots & a_k^2 \\ \vdots & \vdots & & \vdots \\ a_2^{k-2} & a_3^{k-2} & \cdots & a_k^{k-2} \end{vmatrix} = \prod_{1\leqslant i<j\leqslant n}(a_i-a_j)$$

从而 $D_n=\prod\limits_{1\leqslant i<j\leqslant n}(a_i-a_j)$，即当 $n=k$ 时，命题真. 故对任何自然数结论成立.

注 1　这是著名的范德蒙(A. T. Vandemonde)行列式，它在数学中有着重要的应用. 比如代数中的重要命题：

命题　若 n 次多项式 $f_n(x)=a_0x^n+a_1x^{n-1}+\cdots+a_{n-1}x+a_n$ 有 $n+1$ 个不同的实根，则 $f_n(x)\equiv 0$.

证　设 $\alpha_1,\alpha_2,\cdots,\alpha_{n+1}$ 为 $f_n(x)$ 的 $n+1$ 个不同的实根，这样

$$\begin{cases} a_0\alpha_1^n+a_1\alpha_1^{n-1}+\cdots+a_{n-1}\alpha_1+a_n=0 \\ a_0\alpha_2^n+a_1\alpha_2^{n-1}+\cdots+a_{n-1}\alpha_2+a_n=0 \\ \qquad\vdots \\ a_0\alpha_n^n+a_1\alpha_n^{n-1}+\cdots+a_{n-1}\alpha_n+a_n=0 \\ a_0\alpha_{n+1}^n+a_1\alpha_{n+1}^{n-1}+\cdots+a_{n-1}\alpha_{n+1}+a_n=0 \end{cases}$$

若视上面诸式为 $a_0,a_1,\cdots,a_{n-1},a_n$ 的方程组，则其系数行列式为范德蒙行列式

$$D=\begin{vmatrix} \alpha_1^n & \alpha_1^{n-1} & \cdots & \alpha_1 \\ \alpha_2^n & \alpha_2^{n-1} & \cdots & \alpha_2 \\ \vdots & \vdots & & \vdots \\ \alpha_n^n & \alpha_n^{n-1} & \cdots & \alpha_n \\ \alpha_{n+1}^n & \alpha_{n+1}^{n-1} & \cdots & \alpha_{n+1} \end{vmatrix}$$

因为 $\alpha_1,\alpha_2,\cdots,\alpha_n,\alpha_{n+1}$ 相异，则 $D\neq 0$，从而线性方程组仅有 0 解.

即 $a_0=a_1=\cdots=a_{n-1}=a_n=0$，故 $f_n(x)\equiv 0$.

注 2　注意到下面行列式

$$g(x)=\begin{vmatrix}1 & x & x^2 & \cdots & x^{n-1}\\ 1 & a_1 & a_1^2 & \cdots & a_1^{n-1}\\ \vdots & \vdots & \vdots & & \vdots\\ 1 & a_{n-2} & a_{n-2}^2 & \cdots & a_{n-2}^{n-1}\\ 1 & a_{n-1} & a_{n-1}^2 & \cdots & a_{n-1}^{n-1}\end{vmatrix}$$

是 x 的 $n-1$ 次多项式,且其根分别为 $a_1,a_2,\cdots,a_{n-1}$.

注 3 下面的问题将用到注 1 的结论:

若 n 为正数,$a_1,a_2,\cdots,a_n$ 为 n 个实数,$f_1(x),f_2(x),\cdots,f_n(x)$ 为 n 个次数不大于 $n-2$ 的实系数多项式.求证

$$\begin{vmatrix}f_1(a_1) & f_1(a_2) & \cdots & f_1(a_n)\\ f_2(a_1) & f_2(a_2) & \cdots & f_2(a_n)\\ \vdots & \vdots & & \vdots\\ f_n(a_1) & f_n(a_2) & \cdots & f_n(a_n)\end{vmatrix}=0$$

略证 当 $a_1,a_2,\cdots,a_n$ 中有两数相等时,结论显然成立.今设它们两两皆不相等,考虑辅助行列式函数

$$F(x)=\begin{vmatrix}f_1(x) & f_1(a_2) & \cdots & f_1(a_n)\\ f_2(x) & f_2(a_2) & \cdots & f_2(a_n)\\ \vdots & \vdots & & \vdots\\ f_n(x) & f_n(a_2) & \cdots & f_n(a_n)\end{vmatrix}$$

由题设及行列式性质知,$F(x)$是次数不大于 $n-2$ 的多项式,而其有 $n-1$ 个相异实数根 $a_2,a_3,\cdots,a_n$,从而 $F(x)\equiv 0$.特别地,

$$F(a_1)=\begin{vmatrix}f_1(a_1) & f_1(a_2) & \cdots & f_1(a_n)\\ f_2(a_1) & f_2(a_2) & \cdots & f_2(a_n)\\ \vdots & \vdots & & \vdots\\ f_n(a_1) & f_n(a_2) & \cdots & f_n(a_n)\end{vmatrix}=0$$

注 4 范德蒙行列式的推广形式有:

令 $f_k(x)=a_{k0}x^k+a_{k1}x^{k-1}+\cdots+a_{k,k-1}x+a_{kk}\ (k=0,1,2,\cdots,n-1)$,则

$$\begin{vmatrix}f_0(x_1) & f_0(x_2) & \cdots & f_0(x_n)\\ f_1(x_1) & f_1(x_2) & \cdots & f_1(x_n)\\ \vdots & \vdots & & \vdots\\ f_{n-2}(x_1) & f_{n-2}(x_2) & \cdots & f_{n-2}(x_n)\\ f_{n-1}(x_1) & f_{n-1}(x_2) & \cdots & f_{n-1}(x_n)\end{vmatrix}=\prod_{k=0}^{n-1}a_{k0}\prod_{1\leqslant i<j\leqslant n}(x_i-x_j)$$

它的证明由行列式性质再仿例可得到.

注 5 此外仿例的方法可有结论:

当 $a_1,a_2,\cdots,a_n$ 为整数时,行列式

$$\begin{vmatrix}1 & a_1 & {a_1}^2 & \cdots & {a_1}^{n-1}\\ 1 & a_2 & {a_2}^2 & \cdots & {a_2}^{n-1}\\ \vdots & \vdots & \vdots & & \vdots\\ 1 & a_n & {a_n}^2 & \cdots & {a_n}^{n-1}\end{vmatrix}$$

可被 $1^{n-1}\cdot 2^{n-2}\cdot 3^{n-3}\cdot\cdots\cdot(n-1)$ 整除.

二、与向量、矩阵运算有关的行列式计算

1. 某些简单的涉及向量和矩阵行列计算问题

下面的问题多与向量或矩阵运算有关，当然它们仍是基于行列式的某些性质.

关于这类问题我们在后文“矩阵”一章中还将介绍. 为了方法的完整性，我们这里先举例计讨论一下.

例 1 若向量 $\boldsymbol{\alpha}, \boldsymbol{\beta}, \boldsymbol{\gamma}_i = \in \mathbf{R}^4\ (i=2,3,4)$（四维向量空间），且矩阵 $\boldsymbol{A}=(\boldsymbol{\alpha},\boldsymbol{\gamma}_2,\boldsymbol{\gamma}_3,\boldsymbol{\gamma}_4)$，$\boldsymbol{B}=(\boldsymbol{\beta},\boldsymbol{\gamma}_2,\boldsymbol{\gamma}_3,\boldsymbol{\gamma}_4)$，又 $|\boldsymbol{A}|=4$，$|\boldsymbol{B}|=1$. 求 $|\boldsymbol{A}+\boldsymbol{B}|$.

解 注意到 $\boldsymbol{A}+\boldsymbol{B}=(\boldsymbol{\alpha}+\boldsymbol{\beta},2\gamma_2,2\gamma_3,2\gamma_4)$，再结合行列式的基本性质，则有

$$|\boldsymbol{A}+\boldsymbol{B}|=|(\boldsymbol{\alpha}+\boldsymbol{\beta},2\gamma_2,2\gamma_3,2\gamma_4)|=8|(\boldsymbol{\alpha}+\boldsymbol{\beta},\boldsymbol{\gamma}_2,\boldsymbol{\gamma}_3,\boldsymbol{\gamma}_4)|=$$
$$8[|(\boldsymbol{\alpha},\boldsymbol{\gamma}_2,\boldsymbol{\gamma}_3,\boldsymbol{\gamma}_4)|+|(\boldsymbol{\beta},\boldsymbol{\gamma}_2,\boldsymbol{\gamma}_3,\boldsymbol{\gamma}_4)|]=8(|A|+|B|)=40$$

例 2 若向量 $\boldsymbol{\alpha}_i\in\mathbf{R}^4\ (i=1,2,3)$，及 $\boldsymbol{\beta}_i\in\mathbf{R}^4\ (i=1,2)$，又行列式 $|(\boldsymbol{\alpha}_1,\boldsymbol{\alpha}_2,\boldsymbol{\alpha}_3,\boldsymbol{\beta}_2)|=m$，且 $|(\boldsymbol{\alpha}_1,\boldsymbol{\alpha}_2,\boldsymbol{\beta}_2,\boldsymbol{\beta}_3)|=n$. 求 $|(\boldsymbol{\alpha}_3,\boldsymbol{\alpha}_2,\boldsymbol{\alpha}_1,\boldsymbol{\beta}_1+\boldsymbol{\beta}_2)|$.

解 显然此问题是上例的变形，解法与之类同.

$$原式=|(\boldsymbol{\alpha}_3,\boldsymbol{\alpha}_2,\boldsymbol{\alpha}_1,\boldsymbol{\beta}_1)|+|(\boldsymbol{\alpha}_3,\boldsymbol{\alpha}_2,\boldsymbol{\alpha}_1,\boldsymbol{\beta}_2)|=$$

（前一式交换 1,3 列，后一式选交换 1,3 列，再交换 3,4 列）

$$|(\boldsymbol{\alpha}_1,\boldsymbol{\alpha}_2,\boldsymbol{\alpha}_3,\boldsymbol{\beta}_1)|-|(\boldsymbol{\alpha}_1,\boldsymbol{\alpha}_2,\boldsymbol{\beta}_2,\boldsymbol{\alpha}_3)|=m-n$$

注 类似地还可拟造其他类似的问题，这显然仍是行列式计算问题，具体的计算可见前文的例. 我们来看一个问题.

问题 若 $\boldsymbol{A}\in\mathbf{R}^{3\times3}$，又 $\boldsymbol{A}=(\boldsymbol{a}_1,\boldsymbol{a}_2,\boldsymbol{a}_3)$，且 $|\boldsymbol{A}|=5$. 再设 $\boldsymbol{B}=(\boldsymbol{a}_1+2\boldsymbol{a}_2,3\boldsymbol{a}_1+4\boldsymbol{a}_3,5\boldsymbol{a}_2)$，求 $|\boldsymbol{B}|$.

解 1 考虑行列式的性质，则有

$$|\boldsymbol{B}|=|(\boldsymbol{a}_1,3\boldsymbol{a}_1+4\boldsymbol{a}_3,5\boldsymbol{a}_2)|+|(2\boldsymbol{a}_2,3\boldsymbol{a}_1+4\boldsymbol{a}_3,5\boldsymbol{a}_2)|=$$
$$|(\boldsymbol{a}_1,3\boldsymbol{a}_1,5\boldsymbol{a}_2)|+|(\boldsymbol{a}_1,4\boldsymbol{a}_3,5\boldsymbol{a}_2)|+0=$$
$$0+20|(\boldsymbol{a}_1,\boldsymbol{a}_3,\boldsymbol{a}_2)|+0=-20|\boldsymbol{A}|=-100$$

解 2 考虑矩阵或行列式实施列或行初等变换

$$|\boldsymbol{B}|=5|(\boldsymbol{a}_1+2\boldsymbol{a}_2,3\boldsymbol{a}_1+4\boldsymbol{a}_3,\boldsymbol{a}_2)|=5|(\boldsymbol{a}_1,3\boldsymbol{a}_1+4\boldsymbol{a}_3,\boldsymbol{a}_2)|=$$
$$5|(\boldsymbol{a}_1,4\boldsymbol{a}_3,\boldsymbol{a}_2)|=20|(\boldsymbol{a}_1,\boldsymbol{a}_3,\boldsymbol{a}_2)|=-20|\boldsymbol{A}|=-100$$

解 3 考虑矩阵运算，则由题设 $\boldsymbol{B}=(\boldsymbol{a}_1,\boldsymbol{a}_2,\boldsymbol{a}_3)\begin{pmatrix}1&3&0\\2&0&5\\0&4&0\end{pmatrix}=\boldsymbol{AC}$，又由

$$\det\boldsymbol{C}=\begin{vmatrix}1&3&0\\2&0&5\\0&4&0\end{vmatrix}=-20$$

故

$$|\boldsymbol{B}|=|\boldsymbol{AC}|=|\boldsymbol{A}||\boldsymbol{C}|=-100$$

以上 3 种解法（用行列式性质、列或行初等变换和矩阵乘法）比较而言，显然第 3 种解法直观、简洁. 这里面灵活运用了公式

$$|\boldsymbol{AC}|=|\boldsymbol{A}||\boldsymbol{C}|$$

而其中的关键是计算行列式 $|\boldsymbol{C}|$. 显然，由此可拟造一大批问题，它们可将单纯的计算行列式 $|\boldsymbol{C}|$ 的问题化为矩阵计算，再化为行列式计算.

下面的例题与矩阵的性质及计算有关. 其实它是前文例 5 的一个特例，只是问题提法稍有不同，但因此也将给前例的另一解法.

解此类问题方法有 3 种:一是利用行列式性质;二是利用矩阵行列初等变换;三是利用矩阵性质,特别是 $|\boldsymbol{AB}|=|\boldsymbol{A}||\boldsymbol{B}|$ 等.

例 3 设 $\boldsymbol{A}$ 为 10×10 矩阵,

$$\boldsymbol{A}=\begin{pmatrix}0&1&0&\cdots&0&0\\0&0&1&\cdots&0&0\\\vdots&\vdots&\vdots&&&\vdots\\0&0&0&\cdots&0&1\\10^{10}&0&0&\cdots&0&0\end{pmatrix}$$

计算行列式 $|\boldsymbol{A}-\lambda\boldsymbol{I}|$,其中 $\boldsymbol{I}$ 为 10 阶单位矩阵,λ 为常数.

解 将行列式 $|\boldsymbol{A}-\lambda\boldsymbol{I}|$ 按第 1 列展开,有

$$|\boldsymbol{A}-\lambda\boldsymbol{I}|=\begin{vmatrix}-\lambda&1&0&\cdots&0&0\\0&-\lambda&1&\cdots&0&0\\\vdots&\vdots&\vdots&&\vdots&\vdots\\0&0&0&\cdots&-\lambda&1\\10^{10}&0&0&\cdots&0&-\lambda\end{vmatrix}=$$

$$-\lambda\begin{vmatrix}-\lambda&1&0&\cdots&0\\0&-\lambda&1&\cdots&0\\\vdots&\vdots&\vdots&&\vdots\\0&0&0&\cdots&-\lambda\end{vmatrix}-10^{10}\begin{vmatrix}1&0&0&\cdots&0&0\\-\lambda&1&0&\cdots&0&0\\\vdots&\vdots&\vdots&&\vdots&\vdots\\0&0&0&\cdots&1&0\\10^{10}&0&0&\cdots&-\lambda&1\end{vmatrix}=$$

$$(-\lambda)(-\lambda)^9-10^{10}=\lambda^{10}-10^{10}$$

注 1 以上两例实际上是下面问题的特例或变形:

若 $\boldsymbol{A},\boldsymbol{B}\in\mathbf{R}^{n\times n}$,又它们只有第 j 列不同,其余各列相同,试证 $2^{1-n}|\boldsymbol{A}+\boldsymbol{B}|=|\boldsymbol{A}|+|\boldsymbol{B}|$.

略证 设 $\boldsymbol{A}=(\cdots,\boldsymbol{x},\cdots)$,$\boldsymbol{B}=(\cdots,\boldsymbol{y},\cdots)$ 这里 $\boldsymbol{x}=(x_1,x_2,\cdots,x_n)^{\mathrm{T}}$,$\boldsymbol{y}=(y_1,y_2,\cdots,y_n)^{\mathrm{T}}$.将 $|\boldsymbol{A}+\boldsymbol{B}|=|(\cdots,\boldsymbol{x}+\boldsymbol{y},\cdots)|$ 按第 j 列展开有

$$|\boldsymbol{A}+\boldsymbol{B}|=\sum_{i=1}^{n}(x_i+y_i)2^{n-1}A_{ij}$$

其中 $A_{ij}(i=1,2,\cdots,n)$ 为 $\boldsymbol{A}$ 的 $x_1,x_2,\cdots,x_n$ 的代数余子式.

又

$$\sum_{i=1}^{n}(x_i+y_i)2^{n-1}A_{ij}=2^{n-1}\left(\sum_{i=1}^{n}x_iA_{ij}+\sum_{i=1}^{n}y_iA_{ij}\right)=2^{n-1}(|\boldsymbol{A}|+|\boldsymbol{B}|)$$

故

$$2^{n-1}|\boldsymbol{A}+\boldsymbol{B}|=|\boldsymbol{A}|+|\boldsymbol{B}|$$

注 2 本例的解答也为前文例 5 提供另一种解法.

下面的例子设计很巧,可见拟题者匠心.

例 4 若 $\boldsymbol{A}=(a_{ij})_{n\times m}$,其中 $a_{ij}=\sin(\alpha_i+\beta_j)$,这里 $\alpha_i,\beta_j\in\mathbf{R}(i,j=1,2,\cdots,n)$,求 $|\boldsymbol{A}|$.

解 由三角函数公式 $\sin(\alpha_i+\beta_j)=\sin\alpha_i\cdot\cos\beta_j+\cos\alpha_i\cdot\sin\beta_j$.这样可将矩阵拆成两个矩阵之积,即

$$\boldsymbol{A}=\begin{pmatrix}\sin\alpha_1&\cos\beta_2&0&\cdots&0\\\sin\alpha_2&\cos\beta_2&0&\cdots&0\\\sin\alpha_3&\cos\beta_3&0&\cdots&0\\\vdots&\vdots&\vdots&&\vdots\\\sin\alpha_n&\cos\beta_n&0&\cdots&0\end{pmatrix}\begin{pmatrix}\cos\alpha_1&\cos\alpha_2&\cdots&\cos\alpha_n\\\sin\beta_1&\sin\beta_2&\cdots&\sin\beta_n\\0&0&\cdots&0\\\vdots&\vdots&&\vdots\\0&0&\cdots&0\end{pmatrix}=\boldsymbol{BC}$$

从而$|\boldsymbol{A}|=|\boldsymbol{B}||\boldsymbol{C}|=0$(注意到$|\boldsymbol{B}|=|\boldsymbol{C}|=0$).

接下来也是一个计算$|\boldsymbol{I}+\boldsymbol{A}|$形状行列式的问题.

例5　若$\boldsymbol{A}=(a_{jk})_{n\times n}$,其中$a_{jk}=\cos(j\theta+k\theta)$,$\theta=\dfrac{2\pi}{n}(n\geqslant 0)$.计算行列式$|\boldsymbol{I}+\boldsymbol{A}|$.

解1　令$\boldsymbol{v}=(\mathrm{e}^{\mathrm{i}\theta},\mathrm{e}^{2\mathrm{i}\theta},\cdots,\mathrm{e}^{n\mathrm{i}\theta})$,且$\bar{\boldsymbol{v}}$表示$\boldsymbol{v}$的共轭,由欧拉公式$\cos\alpha=\dfrac{1}{2}(\mathrm{e}^{\mathrm{i}\alpha}+\mathrm{e}^{-\mathrm{i}\alpha})$,

则$\boldsymbol{A}=\dfrac{1}{2}(\boldsymbol{v}^{\mathrm{T}}\boldsymbol{v}+\bar{\boldsymbol{v}}^{\mathrm{T}}\bar{\boldsymbol{v}})$,且矩阵秩$\mathrm{r}(\boldsymbol{A})\leqslant 2$.

又

$$\boldsymbol{v}\boldsymbol{v}^{\mathrm{T}}=\sum_{k=1}^{n}\mathrm{e}^{2k\mathrm{i}\theta}=\frac{\mathrm{e}^{2\mathrm{i}\theta}(\mathrm{e}^{2n\mathrm{i}\theta}-1)}{2\mathrm{e}^{2\mathrm{i}\theta}-1}=0$$

同时

$$\bar{\boldsymbol{v}}\boldsymbol{v}^{\mathrm{T}}=\sum_{k=1}^{n}1=n$$

故

$$\boldsymbol{A}^2=\frac{1}{4}[n(\boldsymbol{v}^{\mathrm{T}}\bar{\boldsymbol{v}}+\bar{\boldsymbol{v}}^{\mathrm{T}}\boldsymbol{v})]\quad 及\quad \boldsymbol{A}^3=\frac{1}{4}n^2\boldsymbol{A}$$

即

$$\boldsymbol{A}^3-\frac{1}{4}n^2\boldsymbol{A}=\boldsymbol{O}$$

显然,多项式$x^3-\dfrac{1}{4}n^2x$是矩阵$\boldsymbol{A}$的化零(最小)多项式,则可知$\boldsymbol{A}$有特征值(根)$0,\pm\dfrac{n}{2}$.又矩阵秩$\mathrm{r}(\boldsymbol{A})\leqslant 2$,知其特征值$\pm\dfrac{n}{2}$是单根.则$\boldsymbol{I}+\boldsymbol{A}$的特征值是

$$\underbrace{1,1,\cdots,1}_{n-2个},1+\frac{n}{2},1-\frac{n}{2}$$

从而

$$\det(\boldsymbol{A}+\boldsymbol{I})=1-\frac{n^2}{4}$$

解2　令$\boldsymbol{u}=(\cos\theta,\cos 2\theta,\cdots,\cos n\theta)^{\mathrm{T}}$,$\boldsymbol{v}=(\sin\theta,\sin 2\theta,\cdots,\sin n\theta)^{\mathrm{T}}$.则

$$\boldsymbol{A}=\boldsymbol{u}\boldsymbol{u}^{\mathrm{T}}-\boldsymbol{v}\boldsymbol{v}^{\mathrm{T}}$$

又

$$\boldsymbol{u}^{\mathrm{T}}\boldsymbol{u}=\frac{n}{2},\quad \boldsymbol{v}^{\mathrm{T}}\boldsymbol{v}=\frac{n}{2},\quad \boldsymbol{u}^{\mathrm{T}}\boldsymbol{v}=\boldsymbol{v}^{\mathrm{T}}\boldsymbol{u}=0$$

而

$$\boldsymbol{A}\boldsymbol{u}=(\boldsymbol{u}\boldsymbol{u}^{\mathrm{T}}-\boldsymbol{v}\boldsymbol{v}^{\mathrm{T}})\boldsymbol{u}=\boldsymbol{u}\boldsymbol{u}^{\mathrm{T}}\boldsymbol{u}-\boldsymbol{v}\boldsymbol{v}^{\mathrm{T}}\boldsymbol{v}=\boldsymbol{u}(\boldsymbol{u}^{\mathrm{T}}\boldsymbol{u})-\boldsymbol{v}(\boldsymbol{v}^{\mathrm{T}}\boldsymbol{u})=(\boldsymbol{u}^{\mathrm{T}}\boldsymbol{u})\boldsymbol{u}$$

同理$\boldsymbol{A}\boldsymbol{v}=-(\boldsymbol{v}^{\mathrm{T}}\boldsymbol{v})\boldsymbol{v}$,此即证$\boldsymbol{u},\boldsymbol{v}$是$\boldsymbol{A}$的相应于特征根$\boldsymbol{u}^{\mathrm{T}}\boldsymbol{u},-\boldsymbol{v}^{\mathrm{T}}\boldsymbol{v}$(这里注意到$\boldsymbol{u}^{\mathrm{T}}\boldsymbol{u}=\dfrac{n}{2}$,且$\boldsymbol{v}^{\mathrm{T}}\boldsymbol{v}=\dfrac{n}{2}$是数)的特征向量.

又$\mathrm{r}(\boldsymbol{A})\leqslant 2$,故$\boldsymbol{A}$的$n$个特征根(值)是$0,0,\cdots,0,\dfrac{n}{2},-\dfrac{n}{2}$.从而

$$\det(\boldsymbol{A}+\boldsymbol{I})=1-\frac{n^2}{4}$$

这也许是一则看上去显然的等式(因为我们总在使用它),其实不然.

例6　若矩阵$\boldsymbol{A},\boldsymbol{B}\in\mathbf{R}^{n\times n}$,则行列式$|\boldsymbol{A}\boldsymbol{B}|=|\boldsymbol{A}||\boldsymbol{B}|$.

证　先考虑下面的事实(命题):

若 P 是 n 阶初等阵,A 是任意 n 阶矩阵,则 $|AP|=|A||P|$,$|PA|=|P||A|$.

这只需直接验算可得结论,下面利用上述结论证明例的问题.分两种情形考虑:

(1)若 B 是可逆阵.则 B 可表示为初等阵 $P_1,P_2,\cdots,P_k$ 之积,即 $B=P_1P_2\cdots P_k$,这样

$$|AB|=|AP_1P_2\cdots P_k|=|A||P_1||P_2|\cdots|P_s|=|A||P_1P_2\cdots P_k|=|A||B|$$

(2)若 B 不可逆.设 $r(B)=s$,则有可逆阵 P,Q 使 $B=P\begin{pmatrix}I_s & \\ & O\end{pmatrix}Q$,且 $s<n$.这时

$$|B|=|P|\begin{vmatrix}I_s & \\ & O\end{vmatrix}|Q|=0$$

又 $r(AB)\leqslant\min\{r(A),r(B)\}\leqslant s<n$,则 $|AB|=0$,从而亦有 $|AB|=0=|A||B|$.

综上,总有 $|AB|=|A||B|$.

注 1 一些参考书中给出下面的一种证法,其实它是不完备的,请你思考一下,问题出在哪里?

证 考虑下面矩阵等式

$$\begin{pmatrix}A & O\\ -I & B\end{pmatrix}\begin{pmatrix}I & B\\ O & I\end{pmatrix}=\begin{pmatrix}A & AB\\ -I & O\end{pmatrix}$$

两边(分块矩阵)取行列式有 $|A||B|\cdot|I|^2=|AB|$,即 $|A||B|=|AB|$.

注 关于此结论的应用,可以拟定一批问题.比如若将矩阵 A(或 B)改写为列向量形式

$$A=(\alpha_1,\ \alpha_2,\cdots,\alpha_n),\quad \alpha_i\in\mathbf{R}^n(i=1,2,\cdots,n)$$

而 B 为某些特殊行列式相应的矩阵,如

$$B=\begin{pmatrix}a & b & \cdots & b & b\\ b & a & \cdots & b & b\\ \vdots & \vdots & & \vdots & \vdots\\ b & b & \cdots & a & b\\ b & b & \cdots & b & a\end{pmatrix}$$

或

$$B_1=\begin{pmatrix}1 & 2 & 3 & \cdots & n-1 & n\\ 2 & 3 & 4 & \cdots & n & 1\\ 3 & 4 & 5 & \cdots & 1 & 2\\ \vdots & \vdots & \vdots & & \vdots & \vdots\\ n & 1 & 2 & \cdots & n-2 & n-1\end{pmatrix}$$

等等,这样可拟造问题:

问题 1 若 n 阶方程 $A=(\alpha_1,\alpha_2,\cdots,\alpha_n)$,其中 $\alpha_i(i=1,2,\cdots,n)$ 为 n 维列向量,且 $|A|=\varepsilon$,又矩阵

$$C=\left(a\alpha_1+b\sum_{k=2}^{n}\alpha_k,a\alpha_2+b\sum_{\substack{k=1\\k\neq 2}}^{n}\alpha_k,a\alpha_3+b\sum_{\substack{k=1\\k\neq 3}}^{n}\alpha_k,a\alpha_n+\sum_{k=1}^{n-1}\alpha_k\right)$$

求 $|C|$.

注意到 $C=AB$(这是问题的关键),则由 $|C|=|AB|=|A||B|=\varepsilon|B|$,因而问题化为计算行列式 $|B|$ 的问题.

同样,若 $C=\left(\sum_{k=1}^{n}k\alpha_k,\sum_{k=1}^{n-1}\alpha_k+\alpha_n,\sum_{k=1}^{n-2}(k+2)\alpha_k+3\alpha_{n-1}+2\alpha_n,\cdots,n\alpha_1+\sum_{k=2}^{n}(k-1)\alpha_k\right)$,则有 $C=AB_1$.

这样可有 $|C|=|AB_1|=|A||B_1|=\varepsilon|B_1|$,从而问题化为计算行列式 $|B_1|$ 的问题.

下面的问题是例的自然推论或应用.

问题2　若矩阵 $A,B\in\mathbf{R}^{n\times n}$，则行列式 $|AB|=|BA|$.

证　只需注意到 $|AB|=|A|\cdot|B|=|B|\cdot|A|=|BA|$.

例7　若 $A,B\in\mathbf{R}^{3\times 3}$，且 $A^2B-A-B=I$，若 $A=\begin{pmatrix}1&0&1\\0&2&0\\-2&0&1\end{pmatrix}$，求 $|B|$.

解　由设 $(A^2-I)B=A+I$ 即 $(A+I)(A-I)B=A+I$. 易验得 $A+I$ 非奇异(可逆)，从而

$$|(A-I)B|=|I|=1$$

而

$$|A-I|=\begin{vmatrix}0&0&1\\0&1&0\\-2&0&0\end{vmatrix}=2$$

故 $|B|=\frac{1}{2}$.

注1　显然 $A-I$ 非奇异(可逆)，若在求解过程得 $B=(A-I)^{-1}$，亦不要真的去求 $(A-I)^{-1}$，因为

$$|B|=|(A-I)^{-1}|=\frac{1}{|A-I|}$$

注2　类似的考题还有不少，其实它们大多是从求矩阵问题的延申(见后文).

例8　若 $A,B\in\mathbf{R}^{n\times n}$，则 $|A+AB|=0\Longleftrightarrow|A|=0$ 或 $|I+B|=0$.

证　注意到 $A+AB=A(I+B)$，由矩阵及行列式性质可有

$$|A+AB|=|A(I+B)|=|A|\cdot|I+B|=0\Longleftrightarrow|A|=0\text{ 或 }|I+B|=0$$

下面的例子涉及正交矩阵，当然，这种矩阵我们后文还要述及它.

例9　若 A,B 均为 n 阶正交阵，且 $|A|+|B|=0$. 试证 $|A+B|=0$.

证1　由设及 $|A+B|=|(A+B)^{\mathrm{T}}|=|A^{\mathrm{T}}+B^{\mathrm{T}}|$ 知

$$|A||A+B|=|A||A^{\mathrm{T}}+B^{\mathrm{T}}|=|A(A^{\mathrm{T}}+B^{\mathrm{T}})|=|AA^{\mathrm{T}}+AB^{\mathrm{T}}|=|I+AB^{\mathrm{T}}|$$

又

$$|B||A+B|=|B||A^{\mathrm{T}}+B^{\mathrm{T}}|=|B(A^{\mathrm{T}}+B^{\mathrm{T}})|=|BA^{\mathrm{T}}+BB^{\mathrm{T}}|=$$
$$|I+BA^{\mathrm{T}}+I|=|(BA^{\mathrm{T}}+I)^{\mathrm{T}}|=|I+AB^{\mathrm{T}}|$$

即

$$|A||A+B|=|B||A+B|\text{ 或 }(|A|-|B|)|A+B|=0$$

由设 $|A|+|B|=0$ 知，$|A|=-|B|$，则 $|A|-|B|=2|A|\neq 0$，故 $|A+B|=0$.

证2　由题设 A,B 为 n 阶正交阵，且 $|A|=-|B|$，因此

$$|AB^{\mathrm{T}}+I|=|AB^{\mathrm{T}}+BB^{\mathrm{T}}|=|(A+B)B^{\mathrm{T}}|=|A+B||B^{\mathrm{T}}|=-|A+B||A^{\mathrm{T}}|=$$
$$-|I+BA^{\mathrm{T}}|=-|(I+BA^{\mathrm{T}})|^{\mathrm{T}}=-|I+AB^{\mathrm{T}}|$$

从而 $|AB^{\mathrm{T}}+I|=0$，即 $|A+B||B^{\mathrm{T}}|=0$，但 $|B^{\mathrm{T}}|\neq 0$，故 $|A+B|=0$.

证3　由于 A,B 为正交阵，则 AB^{-1} 亦为正交阵. 又

$$|AB^{-1}|=|A|+|B|^{-1}=-1$$

知 AB^{-1} 有特征根 -1. 从而

$$|AB^{-1}+I|=|(A+B)B^{-1}|=|A+B||B^{-1}|$$

注意到 $|AB^{-1}+I|=|AB^{-1}-(-1)I|=0$，从而 $|A+B|=0$（注意到 $|B^{-1}|\neq 0$）.

注　证法1,3无本质区别，只是证3略简些. 但想到计算行列式 $|AB^{\mathrm{T}}+I|$ 是解答本题的关键. 下面的问题与例类同.

命题 若$\boldsymbol{A},\boldsymbol{B}$为$n$($n$为奇数)阶正交矩阵,则$|(\boldsymbol{A}-\boldsymbol{B})(\boldsymbol{A}+\boldsymbol{B})|=0$.

略证 $|(\boldsymbol{A}-\boldsymbol{B})(\boldsymbol{A}+\boldsymbol{B})|=|(\boldsymbol{A}-\boldsymbol{B})^{\mathrm{T}}||\boldsymbol{A}+\boldsymbol{B}|=|(\boldsymbol{A}^{\mathrm{T}}-\boldsymbol{B}^{\mathrm{T}})(\boldsymbol{A}+\boldsymbol{B})|=$

$$|\boldsymbol{A}^{\mathrm{T}}\boldsymbol{A}-\boldsymbol{B}^{\mathrm{T}}\boldsymbol{A}+\boldsymbol{A}^{\mathrm{T}}\boldsymbol{B}-\boldsymbol{B}^{\mathrm{T}}\boldsymbol{B}|=|\boldsymbol{A}^{\mathrm{T}}\boldsymbol{B}-\boldsymbol{B}^{\mathrm{T}}\boldsymbol{A}|$$

又

$$|(\boldsymbol{A}-\boldsymbol{B})(\boldsymbol{A}+\boldsymbol{B})|=|(\boldsymbol{A}+\boldsymbol{B})^{\mathrm{T}}||\boldsymbol{A}-\boldsymbol{B}|=|(\boldsymbol{A}+\boldsymbol{B})^{\mathrm{T}}(\boldsymbol{A}-\boldsymbol{B})|=$$

$$|-\boldsymbol{A}^{\mathrm{T}}\boldsymbol{B}+\boldsymbol{B}^{\mathrm{T}}\boldsymbol{A}|=(-1)^n|\boldsymbol{A}^{\mathrm{T}}\boldsymbol{B}-\boldsymbol{B}^{\mathrm{T}}\boldsymbol{A}|$$

注意n是奇数,从而$|(\boldsymbol{A}-\boldsymbol{B})(\boldsymbol{A}+\boldsymbol{B})|=0$.

若$\boldsymbol{u},\boldsymbol{v}\in\mathbf{R}^n$,则$\boldsymbol{u}\boldsymbol{v}^{\mathrm{T}}$常称为秩1矩阵(该矩阵秩为1).下面是一道关于两个矩阵之和行列式问题,其中之一是秩1矩阵.

下面的例子与$\boldsymbol{A}\boldsymbol{A}^{\mathrm{T}}$有关(确切地讲与半正定矩阵有关,详见后文),但它也属于行列式$|\boldsymbol{I}\pm\boldsymbol{A}|$类型.

例10 设$\boldsymbol{A}$是n阶矩阵,满足$\boldsymbol{A}\boldsymbol{A}^{\mathrm{T}}=\boldsymbol{I}$($\boldsymbol{I}$是$n$阶单位矩阵,$\boldsymbol{A}^{\mathrm{T}}$是$\boldsymbol{A}$的转置矩阵),$|\boldsymbol{A}|<0$,求$|\boldsymbol{A}+\boldsymbol{I}|$.

解 由矩阵及其行列式运算性质有

$$|\boldsymbol{A}+\boldsymbol{I}|=|\boldsymbol{A}+\boldsymbol{A}\boldsymbol{A}^{\mathrm{T}}|=|\boldsymbol{A}(\boldsymbol{I}+\boldsymbol{A}^{\mathrm{T}})|=|\boldsymbol{A}||(\boldsymbol{I}+\boldsymbol{A})^{\mathrm{T}}|=|\boldsymbol{A}||\boldsymbol{I}+\boldsymbol{A}|=|\boldsymbol{A}||\boldsymbol{A}+\boldsymbol{I}|$$

有$(1-|\boldsymbol{A}|)|\boldsymbol{A}+\boldsymbol{I}|=0$,由题设$|\boldsymbol{A}|<0$,有$1-|\boldsymbol{A}|>0$.故$|\boldsymbol{A}+\boldsymbol{I}|=0$.

例11 已知$\boldsymbol{A}\in\mathbf{R}^{n\times n}$是正交阵.(1)若$|\boldsymbol{A}|=1$且$n$为奇数时,则$|\boldsymbol{I}-\boldsymbol{A}|=0$;(2)若$|\boldsymbol{A}|=-1$,则行列式$|\boldsymbol{I}+\boldsymbol{A}|=0$.

证 (1)由题设注意到$\boldsymbol{A}\boldsymbol{A}^{\mathrm{T}}=\boldsymbol{I}$,且注意到$n$为奇数,则

$$|\boldsymbol{I}-\boldsymbol{A}|=|\boldsymbol{A}\boldsymbol{A}^{\mathrm{T}}-\boldsymbol{A}|=|\boldsymbol{A}||\boldsymbol{A}^{\mathrm{T}}-\boldsymbol{I}|=|(\boldsymbol{A}-\boldsymbol{I})^{\mathrm{T}}|=|\boldsymbol{A}-\boldsymbol{I}|=(-1)^n|\boldsymbol{I}-\boldsymbol{A}|=-|\boldsymbol{I}-\boldsymbol{A}|$$

故$|\boldsymbol{I}-\boldsymbol{A}|=0$.

(2)$|\boldsymbol{I}+\boldsymbol{A}|=|\boldsymbol{A}\boldsymbol{A}^{\mathrm{T}}+\boldsymbol{A}|=|\boldsymbol{A}||\boldsymbol{A}^{\mathrm{T}}+\boldsymbol{I}|=-|\boldsymbol{A}^{\mathrm{T}}+\boldsymbol{I}|=-|\boldsymbol{A}+\boldsymbol{I}|=-|\boldsymbol{I}+\boldsymbol{A}|$,故$|\boldsymbol{I}+\boldsymbol{A}|=0$.

注 这类$\boldsymbol{I}+\boldsymbol{A}$矩阵行列式的推广形式如下.

命题 若矩阵$\boldsymbol{A}\in\mathbf{R}^{m\times n}$,矩阵$\boldsymbol{B}\in\mathbf{R}^{n\times m}$,则

(1)$\det(\boldsymbol{I}_m+\boldsymbol{A}\boldsymbol{B})=\det(\boldsymbol{I}_n+\boldsymbol{B}\boldsymbol{A})$;

(2)$\det(t\boldsymbol{I}\ +\boldsymbol{B}\boldsymbol{A})=t^{n-m}\det(t\boldsymbol{I}_m+\boldsymbol{A}\boldsymbol{B})$.

对于(1)可以考虑分块矩阵$\begin{vmatrix}\boldsymbol{I}_m & \boldsymbol{A}\\ -\boldsymbol{B} & \boldsymbol{I}_n\end{vmatrix}$左右乘适当的分块矩阵即可,它们的解法详见后文.

矩阵是**数表**,行列式是**数**,但行列式与矩阵概念(包括特征问题等)关系密切,这一点我们后文"矩阵"一章还将述及.先来看几个稍简单的这类问题.

例12 若n阶方阵$\boldsymbol{A}$与$\boldsymbol{B}$仅有第j列不同.则$|\boldsymbol{A}|+|\boldsymbol{B}|=2^{1-n}|\boldsymbol{A}+\boldsymbol{B}|$.

证 设矩阵$\boldsymbol{A}=\underset{\text{第}j\text{列}}{\begin{pmatrix}\cdots & x_1 & \cdots\\ & \vdots & \\ \cdots & x_n & \cdots\end{pmatrix}}$,且矩阵$\boldsymbol{B}=\underset{\text{第}j\text{列}}{\begin{pmatrix}\cdots & y_1 & \cdots\\ & \vdots & \\ \cdots & y_n & \cdots\end{pmatrix}}$.

而

$$\boldsymbol{A}+\boldsymbol{B}=2\begin{pmatrix}\cdots & \frac{1}{2}(x_1+y_1) & \cdots\\ & \vdots & \\ \cdots & \frac{1}{2}(x_n+y_n) & \cdots\end{pmatrix}$$

其中矩阵"…"部分与$\boldsymbol{A}$或$\boldsymbol{B}$相同.

将$|\boldsymbol{A}+\boldsymbol{B}|$按第$j$列展开:

$$|\boldsymbol{A}+\boldsymbol{B}|=(x_1+y_1)2^{n-1}A_{1j}+\cdots+(x_n+y_n)2^{n-1}A_{nj}$$

其中A_{ij}($i=1,2,\cdots,n$)为$\boldsymbol{A}$(或$\boldsymbol{B}$)的$x_1,x_2,\cdots,x_n$(或$y_1,y_2,\cdots,y_n$)的代数余子式,又

$$|\boldsymbol{A}|+|\boldsymbol{B}|=(x_1A_{1j}+\cdots+x_nA_{nj})+(y_1A_{1j}+\cdots+y_nA_{nj})$$

故

$$2^{1-n}|\boldsymbol{A}+\boldsymbol{B}|=(x_1+y_1)_{1j}+\cdots+(x_n+y_n)A_{nj}=|\boldsymbol{A}|+|\boldsymbol{B}|$$

注 它的另一解法可见后文.

2. 与代数余子式和伴随矩阵有关的行列式问题

"代数余子式"在行列式理论中是一个重要的概念,"伴随矩阵"与之密切相关,且它在矩阵计算中有着极为重要的作用.下面关于行列式计算的例子与这些概念有关.

例1 若 $\boldsymbol{A}\in\mathbf{R}^{n\times n}$,且 $\boldsymbol{A}\neq\boldsymbol{O}$,又 $\boldsymbol{A}^*=\boldsymbol{A}^{\mathrm{T}}$,则 $|\boldsymbol{A}|\neq0$.

显然,由 $\boldsymbol{AA}^{\mathrm{T}}=\boldsymbol{AA}^*|\boldsymbol{A}|\boldsymbol{I}$,若 $|\boldsymbol{A}|=0$,则 $\boldsymbol{AA}^{\mathrm{T}}=\boldsymbol{O}$. 可得 $\boldsymbol{A}=\boldsymbol{O}$.

证 由 $\boldsymbol{AA}^*=|\boldsymbol{A}|\boldsymbol{I}$,又 $\boldsymbol{A}^*=\boldsymbol{A}^{\mathrm{T}}$,故 $\boldsymbol{AA}^{\mathrm{T}}=|\boldsymbol{A}|\boldsymbol{I}$.

若 $|\boldsymbol{A}|=0$,则 $\boldsymbol{AA}^{\mathrm{T}}=\boldsymbol{O}$. 设任意 $\boldsymbol{x}\in\mathbf{R}^n$,且 $\boldsymbol{x}\neq\boldsymbol{0}$,总有 $\boldsymbol{x}(\boldsymbol{AA}^{\mathrm{T}})\boldsymbol{x}^{\mathrm{T}}=\boldsymbol{0}$,即 $\boldsymbol{xA}(\boldsymbol{xA})^{\mathrm{T}}=\boldsymbol{0}$.

故 $\boldsymbol{xA}=\boldsymbol{0}$,由 $\boldsymbol{x}$ 任意性知 $\boldsymbol{A}=\boldsymbol{O}$,与题设矛盾!

或由设 $\boldsymbol{A}=\begin{pmatrix}\boldsymbol{\alpha}_1\\\boldsymbol{\alpha}_2\\\vdots\\\boldsymbol{\alpha}_n\end{pmatrix}$,其中 $\boldsymbol{\alpha}_i\in\mathbf{R}^n(i=1,2,\cdots,n)$ 为行向量,由 $\boldsymbol{AA}^{\mathrm{T}}=\boldsymbol{O}$,可有 $\boldsymbol{\alpha}_i\boldsymbol{\alpha}_i^{\mathrm{T}}=0$,故 $\boldsymbol{\alpha}_i=\boldsymbol{0}(i=1,2,\cdots,n)$. 知 $\boldsymbol{A}=\boldsymbol{O}$ 与题设矛盾!

例2 已知三阶的实数矩阵 $\boldsymbol{A}=(a_{ij})_{3\times3}$ 满足条件:(1)$a_{ij}=A_{ij}$,这里 $i,j=1,2,3$,又 A_{ij} 是 $\boldsymbol{A}$ 的代数余子式;(2)$a_{33}=-1$. 试求 $\det\boldsymbol{A}$ 的值.

解 今设

$$\boldsymbol{A}=\begin{pmatrix}a_{11}&a_{12}&a_{13}\\a_{21}&a_{22}&a_{23}\\a_{31}&a_{32}&a_{33}\end{pmatrix},\quad \boldsymbol{A}^*=\begin{pmatrix}A_{11}&A_{21}&A_{31}\\A_{12}&A_{22}&A_{32}\\A_{13}&A_{23}&A_{33}\end{pmatrix}$$

由行列式性质有

$$a_{i1}\boldsymbol{A}_{i1}+a_{i2}\boldsymbol{A}_{i2}+a_{i3}\boldsymbol{A}_{i3}=|\boldsymbol{A}|(i=1,2,3),\quad a_{i1}\boldsymbol{A}_{j1}+a_{i2}\boldsymbol{A}_{j2}+a_{i3}\boldsymbol{A}_{j3}=0\quad(i\neq j)$$

从而有

$$|\boldsymbol{AA}^*|=\det\begin{pmatrix}|\boldsymbol{A}|&0&0\\0&|\boldsymbol{A}|&0\\0&0&|\boldsymbol{A}|\end{pmatrix}=|\boldsymbol{A}|^3$$

由题设 $a_{ij}=\boldsymbol{A}_{ij}$,故 $\boldsymbol{A}^*=\boldsymbol{A}^{\mathrm{T}}$. 从而 $\boldsymbol{AA}^*=\boldsymbol{AA}^{\mathrm{T}}$.

又 $|\boldsymbol{A}^{\mathrm{T}}|=|\boldsymbol{A}|$,因此 $|\boldsymbol{AA}^*|=|\boldsymbol{A}|^3=|\boldsymbol{AA}^{\mathrm{T}}|=|\boldsymbol{A}|^2$. 所以 $|\boldsymbol{A}|^3=|\boldsymbol{A}|^2$. 故 $|\boldsymbol{A}|=0$ 或 $|\boldsymbol{A}|=1$.

但 $a_{33}=-1$,故 $|\boldsymbol{A}|=a_{31}\boldsymbol{A}_{31}+a_{32}\boldsymbol{A}_{32}+a_{33}\boldsymbol{A}_{33}=a_{31}^2+a_{32}^2+(-1)^2$,显然 $|\boldsymbol{A}|\neq0$.

故 $|\boldsymbol{A}|=1$.

注 这本是一道综合题,原题还有一问:求解 $\boldsymbol{Ax}=\boldsymbol{b}$,其中 $\boldsymbol{x}=(x_1,x_2,x_3)^{\mathrm{T}}$,$\boldsymbol{b}=(0,0,1)^{\mathrm{T}}$.

由上知 $\boldsymbol{A}^{-1}=\boldsymbol{A}^*/|\boldsymbol{A}|=\boldsymbol{A}^*$,有 $\boldsymbol{x}=\boldsymbol{A}^{-1}\boldsymbol{b}=\boldsymbol{A}^*\boldsymbol{b}=(a_{31},a_{32},a_{33})^{\mathrm{T}}=(a_{31},a_{32},-1)^{\mathrm{T}}$.

由例题解答的后面部分知 $a_{31}=a_{32}=0$.

这方面的例子还有很多,特别是全国统考之后,下面再来看一个例子,它与本例无本质差异.

例3 若 $\boldsymbol{A}=(a_{ij})_{3\times3}$,且 $a_{ij}=A_{ij}$,又 $a_{11}\neq0$. 求 $|\boldsymbol{A}|$.

解 由题设此处 $a_{ij}=\boldsymbol{A}_{ij}$,即 $\boldsymbol{A}^*=\boldsymbol{A}^{\mathrm{T}}$ 知 $\boldsymbol{A}^*=\boldsymbol{A}^{\mathrm{T}}$(注意到 $a_{ij}=\boldsymbol{A}_{ij}$),从而 $\boldsymbol{AA}^{\mathrm{T}}=\boldsymbol{AA}^*=|\boldsymbol{A}|\boldsymbol{A}$,因而 $|\boldsymbol{AA}^{\mathrm{T}}|=|\boldsymbol{A}||\boldsymbol{A}|$,即 $|\boldsymbol{A}|^2=|\boldsymbol{A}|^3$. 从而 $|\boldsymbol{A}|=0$ 或 1.

但 $a_{11}\neq0$,而 $|\boldsymbol{A}|=a_{11}A_{11}+a_{12}A_{12}+a_{13}A_{13}=a_{11}^2+a_{12}^2+a_{13}^2\neq0$,故 $|\boldsymbol{A}|=1$.

下面的例子是关系到矩阵代数余子式性质的问题.

例 4 设 A_{ik} 是行列式

$$D=\begin{vmatrix} a_{11} & a_{12} & a_{13} & a_{14} \\ a_{21} & a_{22} & a_{23} & a_{24} \\ a_{31} & a_{32} & a_{33} & a_{34} \\ a_{41} & a_{42} & a_{43} & a_{44} \end{vmatrix}$$

相应矩阵元素 a_{ik} 的代数余子式，D_1 是 D 中用 A_{ik} 代替 a_{ik} 所成的行列式. 试证 $D_1=D^3$.

证 将 D 和 D_1 对应的矩阵分别为 $\boldsymbol{C}$ 和 $\boldsymbol{C}_1$，考虑

$$|\boldsymbol{C}\boldsymbol{C}_1^{\mathrm{T}}|=\begin{vmatrix} D & & & \\ & D & & \\ & & D & \\ & & & D \end{vmatrix}=D^4$$

又

$$|\boldsymbol{C}\boldsymbol{C}_1^{\mathrm{T}}|=|\boldsymbol{C}||\boldsymbol{C}_1^{\mathrm{T}}|=|\boldsymbol{C}||\boldsymbol{C}_1|=DD_1$$

从而

$$D^4=DD_1$$

若 $D=0$，可以推得 $D_1=0$(从矩阵 $\boldsymbol{A}$ 与其伴随阵 $\boldsymbol{A}^*$ 秩间关系可以推出)，结论成立.

若 $D\neq 0$，可以推得 $D_1=D^3$.

显然，在行列式问题中计算 $|\boldsymbol{I}+\boldsymbol{A}|$ 这类式子的例子不少，下面是一道稍复杂点的例子.

例 5 已知行列式 $D=\begin{vmatrix} a_{11} & a_{12} & \cdots & a_{1n} \\ a_{21} & a_{22} & \cdots & a_{2n} \\ \vdots & \vdots & & \vdots \\ 1 & -1 & \cdots & (-1)^{n+1} \\ a_{k+1,1} & a_{k+1,2} & \cdots & a_{k+1,n} \\ \vdots & \vdots & & \vdots \\ a_{n1} & a_{n2} & \cdots & a_{nn} \end{vmatrix}$，试计算 $A_{n1}+A_{n2}+\cdots+A_{nn}$，这里 A_{ij} 为 a_{ij} 的代数余子式.

解 考虑行列式 $\widetilde{D}=\begin{vmatrix} a_{11} & a_{12} & \cdots & a_{1n} \\ \vdots & \vdots & & \vdots \\ 1 & -1 & \cdots & (-1)^{n+1} \\ \vdots & \vdots & & \vdots \\ -1 & +1 & \cdots & (-1)^{n} \end{vmatrix}$，因其有两行对应成比例，故 $\widetilde{D}=0$.

其按第 n 行展开即为 $A_{n1}+A_{n2}+\cdots+A_{nn}$，故该和为 0.

“伴随矩阵”在矩阵求逆时甚为有用，关于它也有许多重要性质，这一点我们后文将详述. 先来看关于它的行列式计算问题：

例 6 若 $\boldsymbol{A}$ 是 n 阶非奇异(可逆)矩阵，$\boldsymbol{A}^*$ 是它的伴随矩阵. 试证 $|\boldsymbol{A}^*|=|\boldsymbol{A}|^{n-1}$.

证 由矩阵及行列式性质有

$$\boldsymbol{A}\boldsymbol{A}^*=\begin{pmatrix} a_{11} & a_{12} & \cdots & a_{1n} \\ a_{21} & a_{22} & \cdots & a_{2n} \\ \vdots & \vdots & & \vdots \\ a_{n1} & a_{n2} & \cdots & a_{nn} \end{pmatrix}\begin{pmatrix} A_{11} & A_{21} & \cdots & A_{n1} \\ A_{12} & A_{22} & \cdots & A_{n2} \\ \vdots & \vdots & & \vdots \\ A_{n1} & A_{n2} & \cdots & A_{nn} \end{pmatrix}=\begin{pmatrix} \sum_{i=1}^{n}a_{1i}A_{1i} & \sum_{i=1}^{n}a_{1i}A_{2i} & \cdots & \sum_{i=1}^{n}a_{1i}A_{ni} \\ \sum_{i=1}^{n}a_{2i}A_{1i} & \sum_{i=1}^{n}a_{2i}A_{2i} & \cdots & \sum_{i=1}^{n}a_{2i}A_{ni} \\ \vdots & \vdots & & \vdots \\ \sum_{i=1}^{n}a_{ni}A_{1i} & \sum_{i=1}^{n}a_{ni}A_{2i} & \cdots & \sum_{i=1}^{n}a_{ni}A_{ni} \end{pmatrix}=$$

$$\begin{pmatrix} |A| & 0 & \cdots & 0 \\ 0 & |A| & \cdots & 0 \\ \vdots & \vdots & & \vdots \\ 0 & 0 & \cdots & |A| \end{pmatrix}$$

故

$$|AA^*|=|A||A^*|=|A|^n$$

因为 A 非退化，故 $|A|\neq 0$. 从而 $|A^*|=|A|^{n-1}$.

注 1 利用本题结果，我们不难证明：

问题 若矩阵 A 非奇异（满秩或可逆阵），则 $|A^{-1}|=\dfrac{1}{|A|}$.

证 由 $A^{-1}=\dfrac{A^*}{|A|}$，我们有 $\det(A^{-1})=\det\left(\dfrac{A^*}{|A|}\right)$. 而

$$\det\left(\frac{A^*}{|A|}\right)=\frac{1}{|A|^n}\det A^*=\frac{1}{|A|^n}|A|^{n-1}=\frac{1}{|A|}$$

故 $\det(A^{-1})=\dfrac{1}{|A|}$.

注 2 伴随矩阵 A^* 还有许多性质可见后面的例子.

注 3 其实本题还可简证如：

证 因 $A(A^*/|A|)=I$，则 $AA^*=|A|I$. 故 $|AA^*|=|A|^n$，又 $|AA^*|=|A||A^*|$，从而 $|A^*|=|A|^{n-1}$，注意到 A 可逆即 $|A|\neq 0$.

例 7 若 $A,B\in \mathbf{R}^{n\times n}$，又 $|A|=2$，$|B|=-3$，求 $|2A^*B^{-1}|$.

解 由 $|A|=2$，知 A 非奇异，则 $A^*=|A|A^{-1}$.

$$|2A^*B^{-1}|=|2|A|A^{-1}B^{-1}|=|4A^{-1}B^{-1}|=4^n|A^{-1}|\cdot|B^{-1}|=-\frac{2^{2n-1}}{3}$$

注 由上诸例我们不难发现，遇到伴随阵 A^* 的问题，只需注意到等式 $A'A^*=|A|A^{-1}$（如 A 可递即 $|A|\neq 0$），换言之，A^* 与 A^{-1} 仅差一个常数 $|A|$，因而遇到 A^* 问题若 A 可递，则可视为 A^{-1} 考虑.

例 8 若 $A\in \mathbf{R}^{3\times 3}$，且 $(A)=\dfrac{1}{2}$，计算 $|(3A)^{-1}-2A^*|$.

解 由 $|A|=\dfrac{1}{2}$，知 $A^*=|A|A^{-1}$. 这样有

$$|(3A)^{-1}-2A^*|=\left|\frac{1}{3}A^{-1}-2|A|A^{-1}\right|=\left|\frac{1}{3}A^{-1}-A^{-1}\right|=\left|-\frac{2}{3}A^{-1}\right|=$$

$$\left(-\frac{2}{3}\right)^3|A^{-1}|=-\frac{8}{27}\cdot\frac{1}{|A|}=-\frac{16}{27}$$

例 9 设 A 为 n 阶非零方阵，A^* 是 n 的伴随矩阵，A^{T} 是 A 的转置矩阵. 当 $A^*=A^{\mathrm{T}}$ 时，证明 $|A|\neq 0$.

解 1 由 $A^*=A^{\mathrm{T}}$ 知 $A_{ij}=a_{ij}$，$i,j=1,2,\cdots,n$. 式中 A_{ij} 是矩阵 A 的行列式 $|A|$ 的元素 a_{ij} 的代数余子式. 由于 A 是非零方阵，不妨设 $a_{11}\neq 0$. 把 $|A|$ 按第 1 行展开，有

$$|A|=\sum_{j=1}^{n}a_{1j}A_{1j}=\sum_{j=1}^{n}a_{1j}^2\geqslant a_{11}^2>0$$

解 2 设 A 的行向量依次记为 $\alpha_1,\alpha_2,\cdots,\alpha_n$，则 $A^{\mathrm{T}}=(\alpha_1^{\mathrm{T}},\alpha_2^{\mathrm{T}},\cdots,\alpha_n^{\mathrm{T}})$，把 $A^*=A^{\mathrm{T}}$ 代入公式 $AA^*=|A|I$ 中，有 $AA^{\mathrm{T}}=|A|I$. 下证 $|A|\neq 0$. 用反证法. 假设 $|A|=0$，则有

$$O=AA^{\mathrm{T}}=\begin{pmatrix}\alpha_1\\ \alpha_2\\ \vdots\\ \alpha_n\end{pmatrix}(\alpha_1^{\mathrm{T}},\alpha_2^{\mathrm{T}},\cdots,\alpha_n^{\mathrm{T}})=\begin{pmatrix}\alpha_1\alpha_1^{\mathrm{T}} & \alpha_1\alpha_2^{\mathrm{T}} & \cdots & \alpha_1\alpha_n^{\mathrm{T}}\\ \alpha_2\alpha_1^{\mathrm{T}} & \alpha_2\alpha_2^{\mathrm{T}} & \cdots & \alpha_2\alpha_n^{\mathrm{T}}\\ \vdots & \vdots & & \vdots\\ \alpha_n\alpha_1^{\mathrm{T}} & \alpha_n\alpha_2^{\mathrm{T}} & \cdots & \alpha_n\alpha_n^{\mathrm{T}}\end{pmatrix}$$

则 $\boldsymbol{\alpha}_i\boldsymbol{\alpha}_i^{\mathrm{T}}=\mathbf{0}(i=1,2,\cdots,n)$，即 $\|\boldsymbol{\alpha}_i\|^2=\mathbf{0}$，表明 $\boldsymbol{\alpha}_i=\mathbf{0}$，亦即 $\boldsymbol{A}=\boldsymbol{O}$，这与 $\boldsymbol{A}$ 是非零阵矛盾，故 $|\boldsymbol{A}|\neq 0$.

再来看一个求伴随矩阵的行列式计算问题.

例 10 若 $\boldsymbol{A}\in\mathbf{R}^{n\times n}$，且 $|\boldsymbol{A}|=5$，又 $\boldsymbol{A}^*$ 为 $\boldsymbol{A}$ 的伴随矩阵，求 $|(5\boldsymbol{A}^*)^{-1}|$ 的值.

解 1 由题设及伴随矩阵、逆矩阵性质有

$$|(5\boldsymbol{A}^*)^{-1}|=\frac{1}{|5\boldsymbol{A}^*|}=\frac{1}{5^n|\boldsymbol{A}^*|}=\frac{1}{5^n|5\boldsymbol{A}^{-1}|}=\frac{1}{5^{2n}|\boldsymbol{A}^{-1}|}=\frac{1}{5^{2n}}\cdot|\boldsymbol{A}|=\frac{5}{5^{2n}}=\frac{1}{5^{2n-1}}$$

解 2 由题设及伴随矩阵、逆矩阵性质有

$$|(5\boldsymbol{A}^*)^{-1}|=|(5|\boldsymbol{A}|\boldsymbol{A}^{-1})^{-1}|=|(5^2\boldsymbol{A}^{-1})^{-1}|=\left|\frac{1}{5^2}\boldsymbol{A}\right|=\frac{|\boldsymbol{A}|}{5^{2n}}=\frac{1}{5^{2n-1}}$$

例 11 若行列式 $D=\begin{vmatrix} a_{11} & a_{12} & \cdots & a_{1n}\\ a_{21} & a_{22} & \cdots & a_{2n}\\ \vdots & \vdots & & \vdots\\ 1 & -1 & \cdots & (-1)^{n+1}\\ a_{k+1,1} & a_{k+1,2} & \cdots & a_{k+1,n}\\ \vdots & \vdots & & \vdots\\ a_{n1} & a_{n2} & \cdots & a_{nn}\end{vmatrix}$，计算 $A_{n1}+A_{n2}+\cdots+A_{nn}$，这里 $\boldsymbol{A}_{ij}$ 为 a_{ij} 的代数余子式.

解 考虑 $\widetilde{D}=\begin{vmatrix} a_{11} & a_{12} & \cdots & a_{1n}\\ \vdots & \vdots & & \vdots\\ 1 & -1 & \cdots & (-1)^{n+1}\\ \vdots & \vdots & & \vdots\\ -1 & +1 & \cdots & (-1)^{n}\end{vmatrix}$，因其有两行对应成比例，故 $\widetilde{D}=0$.

其按第 n 行展开即为 $A_{n1}+A_{n2}+\cdots+A_{nn}$，故该和为 0.

下面的例子是一个涉及矩阵性质的行列式问题，我们前文已介绍过，这里利用另一方法，即用代数余子式的概念及其性质来解.

例 12 若 n 阶方阵 $\boldsymbol{A}$ 与 $\boldsymbol{B}$ 仅有第 j 列不同. 则 $|\boldsymbol{A}|+|\boldsymbol{B}|=2^{1-n}|\boldsymbol{A}+\boldsymbol{B}|$.

证 设矩阵 $\boldsymbol{A}=\begin{pmatrix}\cdots & a_1 & \cdots\\ & \vdots & \\ \cdots & a_n & \cdots\end{pmatrix}$（$a_1,\cdots,a_n$ 为第 j 列），设矩阵 $\boldsymbol{B}=\begin{pmatrix}\cdots & b_1 & \cdots\\ & \vdots & \\ \cdots & b_n & \cdots\end{pmatrix}$（$b_1,\cdots,b_n$ 为第 j 列），它们仅第 j 列元素不同.

将 $|\boldsymbol{A}+\boldsymbol{B}|$ 按第 j 列展开有 $|\boldsymbol{A}+\boldsymbol{B}|=\sum\limits_{i=1}^{n}(a_i+b_i)2^{n-1}A_{ij}$，其中 A_{ij} 为 $\boldsymbol{A}$ 的关于 a_i（或 b_i）的代数余子式. 又

$$|\boldsymbol{A}|+|\boldsymbol{B}|=\sum_{i=1}^{n}a_iA_{ij}+\sum_{i=1}^{n}b_iA_{ij}=\sum_{i=1}^{n}(a_{ij}+b_{ij})A_{ij}$$

故

$$2^{1-n}|\boldsymbol{A}+\boldsymbol{B}|=|\boldsymbol{A}|+|\boldsymbol{B}|$$

注 该例前文例注中已有述及，但证法不同.

3. 与矩阵特征问题有关的行列式问题

利用矩阵特征问题性质来计算某些行列式值的例子，我们前文已经介绍过，在后面矩阵特征问题一章，我们还将阐述. 比如前文例

例 1 设 $\boldsymbol{A}$ 为 10×10 矩阵，即

$$A=\begin{pmatrix}0&1&0&\cdots&0&0\\0&0&1&\cdots&0&0\\\vdots&\vdots&\vdots&&\vdots&\vdots\\0&0&0&\cdots&0&1\\10^{10}&0&0&\cdots&0&0\end{pmatrix}$$

计算行列式$|\boldsymbol{A}-\lambda\boldsymbol{I}|$，其中$\boldsymbol{I}$为10阶单位矩阵，$\lambda$为常数.

在那里实际上是按分块矩阵处理的，只是不甚鲜明.

下面的诸例均与矩阵特征根有关或用此概念去解答. 当然，这类与特征问题有关的行列式计算，内容丰富，题目多样. 比如计算$|\boldsymbol{A}\pm\boldsymbol{I}|$问题甚为典型.

例2 若$\boldsymbol{A},\boldsymbol{B}\in\mathbf{R}^{4\times4}$，又$\boldsymbol{A}\sim\boldsymbol{B}$，且$\frac{1}{2},\frac{1}{3},\frac{1}{4},\frac{1}{5}$为$\boldsymbol{A}$的特征根，求$|\boldsymbol{B}^{-1}-\boldsymbol{I}|$.

解 由$\boldsymbol{A}\sim\boldsymbol{B}$，知$\boldsymbol{B}^{-1}$的特征根为2,3,4,5，因它们互异，所以它有不同的特征向量，即有$\boldsymbol{P}$使$\boldsymbol{P}^{-1}\boldsymbol{B}^{-1}\boldsymbol{P}=\text{diag}\{2,3,4,5\}$. 故

$$|\boldsymbol{B}^{-1}-\boldsymbol{I}|=|\boldsymbol{P}^{-1}||\boldsymbol{B}^{-1}-\boldsymbol{I}||P|=|\boldsymbol{P}^{-1}\boldsymbol{B}^{-1}\boldsymbol{P}-\boldsymbol{I}|=$$
$$|\text{diag}\{2-1,3-1,4-1,5-1\}|=|\text{diag}\{1,2,3,4\}|=24$$

注 若$\boldsymbol{B}^{-1}$的特征多项式为$|\boldsymbol{B}^{-1}-\lambda\boldsymbol{I}|$，则$\boldsymbol{B}^{-1}-\boldsymbol{I}$的特征多项式为

$$|(\boldsymbol{B}^{-1}-\boldsymbol{I})-\mu\boldsymbol{I}|=|\boldsymbol{B}^{-1}-(\mu+1)\boldsymbol{I}|$$

有$\mu+1=\lambda$. 即$\boldsymbol{B}^{-1}-\boldsymbol{I}$的特征根为$\boldsymbol{B}^{-1}$的特征根减1.

当然我们不难求解下面问题(仿上一方法)：

问题 若$\boldsymbol{A}\in\mathbf{R}^{n\times n}$，又$2,4,6,\cdots,2n$是$\boldsymbol{A}$的$n$个特征值，计算$|\boldsymbol{A}-3\boldsymbol{I}|$.

$\left[\textbf{答案}:|\boldsymbol{A}-3\boldsymbol{I}|=-\prod_{k=1}^{n}(2k-3)=-(2n-3)!!\right]$

再来几个$\boldsymbol{I}+\boldsymbol{A}$矩阵行列式的计算问题(下一章还要述及)，其中$\boldsymbol{A}$是一些特殊矩阵，如对称阵、正交阵、正定阵等.

例3 若矩阵$\boldsymbol{A}\in\mathbf{R}^{3\times3}$，又向量$\boldsymbol{\alpha}_1,\boldsymbol{\alpha}_2\in\mathbf{R}^{3\times1}$为方程组$\boldsymbol{Ax}=\boldsymbol{0}$的基础解系. 又有非零阵$\boldsymbol{B}$满足关系式$\boldsymbol{AB}=\boldsymbol{B}$，求$|\boldsymbol{I}+\boldsymbol{A}|$.

解 由题设首先知$\text{r}(\boldsymbol{A})=1$(其基础解系有两个线性无关的向量).

设$\boldsymbol{B}=(\boldsymbol{\beta}_1,\boldsymbol{\beta}_2,\boldsymbol{\beta}_3)$，因$\boldsymbol{B}\neq\boldsymbol{O}$，无妨设$\boldsymbol{\beta}_1\neq\boldsymbol{0}$，则由$\boldsymbol{AB}=2\boldsymbol{B}$，可有$\boldsymbol{A\beta}_1=2\boldsymbol{\beta}_2$，知2为$\boldsymbol{A}$的一个特征值(其相应特征向量为$\boldsymbol{\beta}_1$).

从而$\boldsymbol{A}$有特征值0,0,2，这样有可逆阵$\boldsymbol{P}$，使

$$\boldsymbol{P}^{-1}\boldsymbol{AP}=\begin{pmatrix}0&&\\&0&\\&&2\end{pmatrix}\text{或}\begin{pmatrix}0&1&\\&0&\\&&2\end{pmatrix}$$

后者为Jordan阵(因为0是$\boldsymbol{A}$的重特征根，由于矩阵$\boldsymbol{A}$不一定对称，故不一定可对角化). 故

$$|\boldsymbol{I}+\boldsymbol{A}|=|\boldsymbol{P}||\boldsymbol{I}+\boldsymbol{A}||\boldsymbol{P}^{-1}|=|\boldsymbol{I}+\boldsymbol{PAP}^{-1}|=\begin{vmatrix}1&&\\&1&\\&&3\end{vmatrix}=3$$

例4 若$\boldsymbol{A}\in\mathbf{R}^{n\times n}$为正定矩阵，则$|\boldsymbol{A}+\boldsymbol{I}|>1$.

证 若$\boldsymbol{A}$的n个特征值为$\lambda_i(i=1,2,\cdots,n)$，由设$\boldsymbol{A}$正定则$\lambda_i>0(i=1,2,\cdots,n)$，从而$\lambda_i+1>1$，而$\lambda_i+1$为$\boldsymbol{A}+\boldsymbol{I}$的$n$个特征值. 这样由设$\boldsymbol{A}$正定，则有$\boldsymbol{P}$使

$$\boldsymbol{P}^{-1}\boldsymbol{AP}=\text{diag}\{\lambda_1,\lambda_2,\cdots,\lambda_n\}$$

其$\lambda_i>0(i=1,2,\cdots,n)$为矩阵$\boldsymbol{A}$的$n$个特征根. 又

$$|\boldsymbol{A}+\boldsymbol{I}|=|\boldsymbol{P}^{-1}||\boldsymbol{A}+\boldsymbol{I}||\boldsymbol{P}|=|\boldsymbol{P}^{-1}\boldsymbol{A}\boldsymbol{P}+\boldsymbol{I}|=|\mathrm{diag}\{\lambda_1,\lambda_2,\cdots,\lambda_n\}+\boldsymbol{I}|=$$

$$|\mathrm{diag}\{\lambda_1+1,\lambda_1+2,\cdots,\lambda_n+1\}|=\prod_{i=1}^{n}(\lambda_i+1)>1\quad(\text{注意到 }\lambda_i+1>1)$$

我们再来看一个这类例子.

例 5 若 $\boldsymbol{A}\in\mathbf{R}^{n\times n}$,又 $\boldsymbol{A}\boldsymbol{A}^{\mathrm{T}}=\boldsymbol{I}$,且 $|\boldsymbol{A}|<0$. 求 $|\boldsymbol{A}+\boldsymbol{I}|$.

解 1 由 $|\boldsymbol{A}+\boldsymbol{I}|=|\boldsymbol{A}(\boldsymbol{I}+\boldsymbol{A}^{\mathrm{T}})|=|\boldsymbol{A}||(\boldsymbol{I}+\boldsymbol{A}^{\mathrm{T}})^{\mathrm{T}}|=|\boldsymbol{A}||\boldsymbol{A}+\boldsymbol{I}|$,注意到 $\boldsymbol{A}\boldsymbol{A}^{\mathrm{T}}=\boldsymbol{I}$ 及 $|\boldsymbol{A}^{\mathrm{T}}|=|\boldsymbol{A}|$ 再结合矩阵及行列式性质有

$$|\boldsymbol{A}+\boldsymbol{I}|=|\boldsymbol{A}(\boldsymbol{I}+\boldsymbol{A}^{\mathrm{T}})|=|\boldsymbol{A}||(\boldsymbol{I}+\boldsymbol{A}^{\mathrm{T}})^{\mathrm{T}}|=|\boldsymbol{A}||\boldsymbol{A}+\boldsymbol{I}|$$

即 $(1-|\boldsymbol{A}|)|\boldsymbol{A}+\boldsymbol{I}|=0$,因 $|\boldsymbol{A}|<0$,有 $1-|\boldsymbol{A}|\neq0$,故 $|\boldsymbol{A}+\boldsymbol{I}|=0$.

解 2 仿上例前两步再注意到 $\boldsymbol{A}\boldsymbol{A}^{\mathrm{T}}=\boldsymbol{I}$,有

$$|\boldsymbol{A}+\boldsymbol{I}|=|\boldsymbol{A}(\boldsymbol{I}+\boldsymbol{A}^{\mathrm{T}})|=|\boldsymbol{A}||\boldsymbol{I}+\boldsymbol{A}^{\mathrm{T}}|=|\boldsymbol{A}||(\boldsymbol{A}+\boldsymbol{I})\boldsymbol{A}^{\mathrm{T}}|=$$
$$|\boldsymbol{A}||\boldsymbol{I}+\boldsymbol{A}||\boldsymbol{A}^{\mathrm{T}}|=|\boldsymbol{A}||\boldsymbol{I}+\boldsymbol{A}||\boldsymbol{A}|=|\boldsymbol{A}|^2|\boldsymbol{I}+\boldsymbol{A}|$$

(注意到 $|\boldsymbol{A}^{\mathrm{T}}|=|\boldsymbol{A}|$)即 $(1-|\boldsymbol{A}|^2)(\boldsymbol{I}+\boldsymbol{A})=0$,而 $1-|\boldsymbol{A}|^2\neq0$,故 $|\boldsymbol{I}+\boldsymbol{A}|=0$.

下面例子解法中涉及矩阵的特征问题.

解 3 用矩阵特征多项式理论解答. 设 $\boldsymbol{\alpha}_i$ 为 $\boldsymbol{A}$ 的属于 λ_i 的特征向量,则

$$\boldsymbol{A}\boldsymbol{\alpha}_i=\lambda_i\boldsymbol{\alpha}_i,i=1,2,\cdots,n$$

因而有 $\boldsymbol{\alpha}_i^{\mathrm{T}}=\lambda_i\boldsymbol{\alpha}_i^{\mathrm{T}}$,故 $\boldsymbol{\alpha}_i^{\mathrm{T}}\boldsymbol{A}^{\mathrm{T}}\boldsymbol{A}\boldsymbol{\alpha}_i=\lambda_i^2\boldsymbol{\alpha}_i^{\mathrm{T}}\boldsymbol{\alpha}_i$,又由 $\boldsymbol{A}^{\mathrm{T}}\boldsymbol{A}=\boldsymbol{I}$,则 $\boldsymbol{\alpha}_i^{\mathrm{T}}\boldsymbol{\alpha}_i=\lambda_i^2\boldsymbol{\alpha}_i^{\mathrm{T}}\boldsymbol{\alpha}_i$. 知 $\lambda_i^2=1$,即 $\lambda_i=\pm1(i=1,2,\cdots,n)$.

又 $|\boldsymbol{A}|=\prod\limits_{i=1}^{n}\lambda_i<0$,知 λ_i 中至少有一个为 -1,设 $\lambda_j=-1$.

由

$$(\boldsymbol{A}+\boldsymbol{I})\boldsymbol{\alpha}_j=\boldsymbol{A}\boldsymbol{\alpha}_j+\boldsymbol{\alpha}_j=\lambda_i\boldsymbol{\alpha}_j+\boldsymbol{\alpha}_j=-\boldsymbol{\alpha}_j+\boldsymbol{\alpha}_j=\boldsymbol{0}$$

而 $\boldsymbol{\alpha}_j$ 为 $(\boldsymbol{A}+\boldsymbol{I})\boldsymbol{x}=\boldsymbol{0}$ 的非 0 解,而其有非 0 解 $\Longleftrightarrow|\boldsymbol{A}+\boldsymbol{I}|=0$.

注 1 解法 1 较简单,且由解法中只要 $|\boldsymbol{A}|\neq1$,题目结论依然.

又由解法 2 中务请注意 $|\boldsymbol{A}||\boldsymbol{I}+\boldsymbol{A}||\boldsymbol{A}^{\mathrm{T}}|$,千万不可再用题设 $\boldsymbol{A}\boldsymbol{A}^{\mathrm{T}}=\boldsymbol{I}$ 而将此式化为 $|\boldsymbol{I}+\boldsymbol{A}|$,这样变为恒等式后与所求值无助.

而若 n 为奇数,$\boldsymbol{A}\in\mathbf{R}^{n\times n}$,且 $\boldsymbol{A}\boldsymbol{A}^{\mathrm{T}}=\boldsymbol{I}$ 时,总有 $|\boldsymbol{I}-\boldsymbol{A}^2|=0$.

注 2 类似地可考虑下面命题:

命题 若 $\boldsymbol{u},\boldsymbol{v}$ 为两个相互正交的 n 维列向量,试用 n 来表示行列式 $\det(\boldsymbol{u}\boldsymbol{v}^{\mathrm{T}}-\boldsymbol{I})$.

注 3 下面的命题涉及正交矩阵(即 $\boldsymbol{A}^{-1}=\boldsymbol{A}^{\mathrm{T}}$ 的矩阵),它可视为例的推广形式(当然,这种矩阵我们后文还要述及它).

命题 1 若 $\boldsymbol{A},\boldsymbol{B}$ 均为 n 阶正交阵,且 $|\boldsymbol{A}|+|\boldsymbol{B}|=0$. 试证 $|\boldsymbol{A}+\boldsymbol{B}|=0$.

证 1 由设及 $|\boldsymbol{A}+\boldsymbol{B}|=|(\boldsymbol{A}+\boldsymbol{B})^{\mathrm{T}}|=|\boldsymbol{A}^{\mathrm{T}}+\boldsymbol{B}^{\mathrm{T}}|$ 知

$$|\boldsymbol{A}||\boldsymbol{A}+\boldsymbol{B}|=|\boldsymbol{A}||\boldsymbol{A}^{\mathrm{T}}+\boldsymbol{B}^{\mathrm{T}}|=|\boldsymbol{A}(\boldsymbol{A}^{\mathrm{T}}+\boldsymbol{B}^{\mathrm{T}})|=|\boldsymbol{A}\boldsymbol{A}^{\mathrm{T}}+\boldsymbol{A}\boldsymbol{B}^{\mathrm{T}}|=|\boldsymbol{I}+\boldsymbol{A}\boldsymbol{B}^{\mathrm{T}}|$$

又

$$|\boldsymbol{B}||\boldsymbol{A}+\boldsymbol{B}|=|\boldsymbol{B}||\boldsymbol{A}^{\mathrm{T}}+\boldsymbol{B}^{\mathrm{T}}|=|\boldsymbol{B}(\boldsymbol{A}^{\mathrm{T}}+\boldsymbol{B}^{\mathrm{T}})|=|\boldsymbol{B}\boldsymbol{A}^{\mathrm{T}}+\boldsymbol{B}\boldsymbol{B}^{\mathrm{T}}|=$$
$$|\boldsymbol{I}+\boldsymbol{B}\boldsymbol{A}^{\mathrm{T}}+\boldsymbol{I}|=|(\boldsymbol{B}\boldsymbol{A}^{\mathrm{T}}+\boldsymbol{I})^{\mathrm{T}}|=|\boldsymbol{I}+\boldsymbol{A}\boldsymbol{B}^{\mathrm{T}}|$$

即

$$|\boldsymbol{A}||\boldsymbol{A}+\boldsymbol{B}|=|\boldsymbol{B}||\boldsymbol{A}+\boldsymbol{B}|\text{或}(|\boldsymbol{A}|-|\boldsymbol{B}|)|\boldsymbol{A}+\boldsymbol{B}|=0$$

由设 $|\boldsymbol{A}|+|\boldsymbol{B}|=0$ 知 $|\boldsymbol{A}|=-|\boldsymbol{B}|$,则 $|\boldsymbol{A}|-|\boldsymbol{B}|=2|\boldsymbol{A}|\neq0$,故 $|\boldsymbol{A}+\boldsymbol{B}|=0$.

证 2 由题设 $\boldsymbol{A},\boldsymbol{B}$ 为 n 阶正交阵,且 $|\boldsymbol{A}|=-|\boldsymbol{B}|$,这样

$$|\boldsymbol{A}\boldsymbol{B}^{\mathrm{T}}+\boldsymbol{I}|=|\boldsymbol{A}\boldsymbol{B}^{\mathrm{T}}+\boldsymbol{B}\boldsymbol{B}^{\mathrm{T}}|=|(\boldsymbol{A}+\boldsymbol{B})\boldsymbol{B}^{\mathrm{T}}|=|\boldsymbol{A}+\boldsymbol{B}||\boldsymbol{B}^{\mathrm{T}}|=$$

$$-|\boldsymbol{A}+\boldsymbol{B}||\boldsymbol{A}^{\mathrm{T}}|=-|\boldsymbol{I}+\boldsymbol{B}\boldsymbol{A}^{\mathrm{T}}|=-|(\boldsymbol{I}+\boldsymbol{B}\boldsymbol{A}^{\mathrm{T}})|^{\mathrm{T}}=-|\boldsymbol{I}+\boldsymbol{A}\boldsymbol{B}^{\mathrm{T}}|$$

从而 $|\boldsymbol{A}\boldsymbol{B}^{\mathrm{T}}+\boldsymbol{I}|=0$，即 $|\boldsymbol{A}+\boldsymbol{B}||\boldsymbol{B}^{\mathrm{T}}|=0$，但 $|\boldsymbol{B}^{\mathrm{T}}|\neq 0$，故 $|\boldsymbol{A}+\boldsymbol{B}|=0$.

命题 2　若 $\boldsymbol{A},\boldsymbol{B}$ 为两个 n 阶正交阵，且 $|\boldsymbol{A}\boldsymbol{B}|=-1$. 证明 $|\boldsymbol{A}+\boldsymbol{B}|=0$.

证　由设 $|\boldsymbol{A}\boldsymbol{B}|=-1$，即 $|\boldsymbol{A}||\boldsymbol{B}|=-1$，故 $|\boldsymbol{A}^{\mathrm{T}}\boldsymbol{B}|=|\boldsymbol{A}\boldsymbol{B}^{\mathrm{T}}|=|\boldsymbol{A}^{\mathrm{T}}\boldsymbol{B}^{\mathrm{T}}|=-1$.

又 $\boldsymbol{A}^{\mathrm{T}}\boldsymbol{B}$ 仍为正交阵，而 $|\boldsymbol{A}^{\mathrm{T}}\boldsymbol{B}|=-1$，知其有 -1 的特征值. 故 $|-\boldsymbol{I}-\boldsymbol{A}^{\mathrm{T}}\boldsymbol{B}|=0$. 而

$$|\boldsymbol{A}+\boldsymbol{B}|=1-\boldsymbol{A}(-\boldsymbol{I}-\boldsymbol{A}^{-1}\boldsymbol{B})|=|-\boldsymbol{A}||-\boldsymbol{I}-\boldsymbol{A}^{\mathrm{T}}\boldsymbol{B}|=0$$

显然，在行列式问题中计算 $|\boldsymbol{I}+\boldsymbol{A}|$ 这类式子的例子不少.

接下来的问题是计算行列式 $|\boldsymbol{I}+\boldsymbol{A}|$ 问题的引申（我们后文还将介绍），它有时涉及向量与矩阵，有时还涉及矩阵代数余子式、伴随矩阵及矩阵特征问题.

例 6　若矩阵 $\boldsymbol{A}\in\mathbf{R}^{n\times n}$，且 $\boldsymbol{u},\boldsymbol{v}\in\mathbf{R}^{n}$，试证 $|\boldsymbol{A}+\boldsymbol{u}\boldsymbol{v}^{\mathrm{T}}|=|\boldsymbol{A}|+\boldsymbol{v}^{\mathrm{T}}\boldsymbol{A}^{*}\boldsymbol{u}$.

证　设 $\boldsymbol{A}=(a_{ij})_{n\times n}$，$\boldsymbol{u}=(u_1,u_2,\cdots,u_n)^{\mathrm{T}}$，$\boldsymbol{v}=(v_1,v_2,\cdots,v_n)^{\mathrm{T}}$，则

$$\boldsymbol{A}+\boldsymbol{u}\boldsymbol{v}^{\mathrm{T}}=\begin{vmatrix} a_{11}+u_1v_1 & a_{12}+u_1v_2 & \cdots & a_{1n}+u_1v_n \\ a_{21}+u_2v_1 & a_{22}+u_2v_2 & \cdots & a_{2n}+u_2v_n \\ \vdots & \vdots & & \vdots \\ a_{n1}+u_nv_1 & a_{n2}+u_nv_2 & \cdots & a_{nn}+u_nv_n \end{vmatrix}$$

据题设式 $|\boldsymbol{A}+\boldsymbol{u}\boldsymbol{v}^{\mathrm{T}}|$ 可拆成 2^n 个 n 阶行列式之和. 同样由行列式性质则有

$$|\boldsymbol{A}+\boldsymbol{u}\boldsymbol{v}^{\mathrm{T}}|=\begin{vmatrix} a_{11} & a_{12} & \cdots & a_{1n} \\ a_{21} & a_{22} & \cdots & a_{2n} \\ \vdots & \vdots & & \vdots \\ a_{n1} & a_{n2} & \cdots & a_{nn} \end{vmatrix}+\begin{vmatrix} u_1v_1 & a_{12} & \cdots & a_{1n} \\ u_2v_1 & a_{22} & \cdots & a_{2n} \\ \vdots & \vdots & & \vdots \\ u_nv_1 & a_{n2} & \cdots & a_{nn} \end{vmatrix}+$$

$$\begin{vmatrix} a_{11} & u_1v_2 & \cdots & a_{1n} \\ a_{21} & u_2v_2 & \cdots & a_{2n} \\ \vdots & \vdots & & \vdots \\ a_{n1} & u_nv_2 & \cdots & a_{nn} \end{vmatrix}+\cdots+\begin{vmatrix} a_{11} & a_{12} & \cdots & a_{1,n-1} & u_1v_n \\ a_{21} & a_{22} & \cdots & a_{2,n-1} & u_2v_n \\ \vdots & \vdots & & \vdots & \vdots \\ a_{n1} & a_{n2} & \cdots & a_{n,n-1} & u_nv_n \end{vmatrix}=$$

$$|\boldsymbol{A}|+\sum_{j=1}^{n}\sum_{i=1}^{n}u_iv_jA_{ij}$$

这里 A_{ij} 为 $|\boldsymbol{A}|$ 的元素 a_{ij} 的代数余子式. 故 $|\boldsymbol{A}+\boldsymbol{u}\boldsymbol{v}^{\mathrm{T}}|=|\boldsymbol{A}|+\boldsymbol{v}^{\mathrm{T}}\boldsymbol{A}^{*}\boldsymbol{u}$（它有二次型形式）.

注 1　注意到行列式是数，向量、矩阵是数表，而 $\boldsymbol{v}^{\mathrm{T}}\boldsymbol{u}$，$\boldsymbol{v}^{\mathrm{T}}\boldsymbol{A}^{*}\boldsymbol{u}$ 也是数，但 $\boldsymbol{u}\boldsymbol{v}^{\mathrm{T}}$ 是矩阵. 例的另外证法. 可从矩阵特征问题入手.

注 2　下面的问题是例的特殊情形：

命题　若 $\boldsymbol{u},\boldsymbol{v}\in\mathbf{R}^{n\times 1}$，则行列式 $|\boldsymbol{I}+\boldsymbol{u}\boldsymbol{v}^{\mathrm{T}}|=1+\boldsymbol{u}^{\mathrm{T}}\boldsymbol{v}$.

注意到 $\mathrm{r}(\boldsymbol{u}\boldsymbol{v}^{\mathrm{T}})=1$，则 $\boldsymbol{u}^{\mathrm{T}}\boldsymbol{v}$ 为其一个特征根，则 $\boldsymbol{u}\boldsymbol{v}^{\mathrm{T}}=\boldsymbol{P}\mathrm{diag}\{\boldsymbol{v}^{\mathrm{T}}\boldsymbol{u},\boldsymbol{J}_1,\boldsymbol{J}_2,\cdots,\boldsymbol{J}_m\}\boldsymbol{P}^{-1}$，其中 $\boldsymbol{J}_k$ 为 Jordan 阵. 这样

$$\boldsymbol{I}+\boldsymbol{u}\boldsymbol{v}^{\mathrm{T}}=\boldsymbol{P}\begin{pmatrix} 1+\boldsymbol{v}^{\mathrm{T}}\boldsymbol{u} & & & \\ & 1 & * & \\ & & \ddots & \\ & & & 1 \end{pmatrix}\boldsymbol{P}^{-1}$$

两边取行列式可得结论.

例 7　若 $\boldsymbol{A},\boldsymbol{B}\in\mathbf{R}^{3\times 3}$，又 a,b,c 为 $\boldsymbol{A}$ 的三个相异特征根，又 $\boldsymbol{A}^2+2\boldsymbol{A}\boldsymbol{B}+\boldsymbol{A}-\boldsymbol{B}=\boldsymbol{I}$，求 $|\boldsymbol{A}^2+\boldsymbol{B}\boldsymbol{A}|$.

解　由 $|\boldsymbol{A}^2+\boldsymbol{B}\boldsymbol{A}|=|\boldsymbol{A}+\boldsymbol{B}||\boldsymbol{A}|$，故只需计算 $|\boldsymbol{A}+\boldsymbol{B}|$.

由设有 $2\boldsymbol{A}(\boldsymbol{A}+\boldsymbol{B})-(\boldsymbol{A}+\boldsymbol{B})=\boldsymbol{I}-2\boldsymbol{A}+\boldsymbol{A}^2$，即 $(2\boldsymbol{A}-\boldsymbol{I})(\boldsymbol{A}+\boldsymbol{B})=(\boldsymbol{A}-\boldsymbol{I})^2$，故

$$|\boldsymbol{A}+\boldsymbol{B}|=\frac{|\boldsymbol{A}-\boldsymbol{I}|^2}{|2\boldsymbol{A}-\boldsymbol{I}|}=\frac{[(a-1)(b-1)(c-1)]^2}{(2a-1)(2b-1)(2c-1)}$$

注 由解题过程可看出例中$|\boldsymbol{A}+\boldsymbol{B}|$的值与$\boldsymbol{B}$无关,尽管如此,鉴于题设等式知$\boldsymbol{B}$并非任意.

以上诸例有下面关系(见下图):

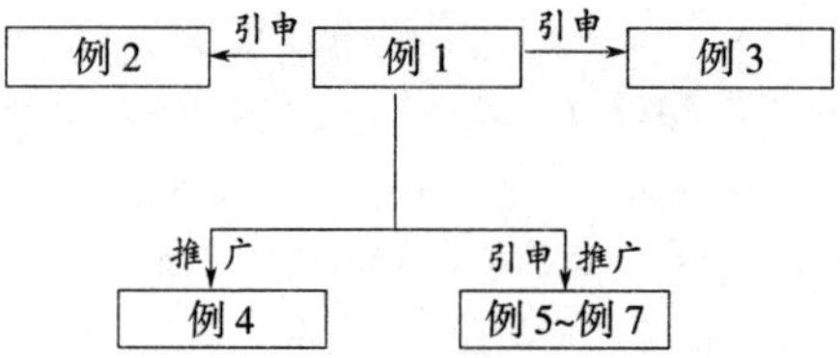

接下来也是一个涉及矩阵特征问题的行列式性质,人称对角占优或对角优势阵问题.

例 8 设$\boldsymbol{A}=(a_{ij})_{n\times n}$,若$|a_{ii}|>\sum\limits_{\substack{j\neq i\\ j=1}}^{n}|a_{ij}|\ (i=1,2,\cdots,n)$,则$\det\boldsymbol{A}\neq 0$.

证 若$\boldsymbol{x}$是属于$\boldsymbol{A}$的特征根λ的特征向量,则$\boldsymbol{Ax}=\lambda\boldsymbol{x}$,其第$i$个分量

$$(\lambda-a_{ii})x_i=\sum_{\substack{j\neq i\\ j=1}}^{n}a_{ij}x_j,\ i=1,2,\cdots,n$$

令$|x_k|=\max\{|x_1|,|x_2|,\cdots,|x_n|\}$,由$\boldsymbol{x}\neq 0$知$x_k\neq 0$.则

$$|\lambda-a_{kk}|=\left|\sum_{\substack{j\neq k\\ j=1}}^{n}a_{kj}x_j\right|\leqslant\sum_{\substack{j\neq k\\ j=1}}^{n}|a_{kj}||x_k|=|x_k|\sum_{\substack{j\neq k\\ j=1}}^{n}|a_{kj}|$$

故$(\lambda-a_{kk})x_k\leqslant\sum\limits_{\substack{j\neq k\\ j=1}}^{n}|a_{kj}|<|a_{kk}|$,知0不是$\boldsymbol{A}$的特征根.

从而$\det\boldsymbol{A}\neq 0$.

注 满足题设矩阵称为**对角优势阵**.此外,若$a_{ii}\geqslant 0$,在题设条件下还可以证明$\det\boldsymbol{A}>0$.显然对矩阵$\boldsymbol{A}$来讲它是可逆或非奇异的.这些我们后文还将述及.

有关$\boldsymbol{A}$的特征问题有关的结论还如(详见后文):

命题 若$\boldsymbol{A}=(a_{ij})_{n\times n}$的$n$个特征值分别为$\lambda_1,\lambda_2,\cdots,\lambda_n$,则

$$\sum_{i=1}^{n}\lambda_i=\mathrm{Tr}(\boldsymbol{A}),\quad(-1)^n|\boldsymbol{A}|=\prod_{i=1}^{n}\lambda_i$$

4. 与分块矩阵相关的行列式问题

利用矩阵的性质也可计算某些行列式,特别是关于一些分块矩阵的行列式问题.请看:

例 1 若行列式

$$D=\begin{vmatrix}1&1&1&1\\1&1&-1&-1\\1&-1&1&-1\\1&-1&-1&1\end{vmatrix},\quad N=\begin{vmatrix}a&-a&b&-b\\a&a&-b&-b\\-b&b&a&-a\\b&b&a&a\end{vmatrix}$$

求$(\boldsymbol{DN})^2$.

解 由行列式性质,$\det(\boldsymbol{AB})=\det\boldsymbol{A}\cdot\det\boldsymbol{B}$,我们显然有

$$\boldsymbol{DN}=\det\left(\begin{pmatrix}1&1&1&1\\1&1&-1&-1\\1&-1&1&-1\\1&-1&-1&1\end{pmatrix}\begin{pmatrix}a&-a&b&-b\\a&a&-b&-b\\-b&b&a&-a\\b&b&a&a\end{pmatrix}\right)=\quad\text{(由矩阵乘法)}$$

$$\det\begin{pmatrix}2a & 2b & 2a & -2b\\ 2a & -2b & -2a & -2b\\ -2b & -2a & 2b & -2a\\ 2b & -2a & 2b & 2a\end{pmatrix}=2^4\cdot\begin{vmatrix}a & b & a & -b\\ a & -b & -a & -b\\ -b & -a & b & -a\\ b & -a & b & a\end{vmatrix}=$$ （第2,4级第3列乘−1加到第1列）

$$2^4\cdot\begin{vmatrix}0 & b & a & -b\\ 2(a-b) & -b & -a & -b\\ -2(a+b) & -a & b & -a\\ 0 & -a & b & a\end{vmatrix}=2^4\cdot\begin{vmatrix}0 & 0 & a & -b\\ 2(a-b) & -2b & -a & -b\\ -2(a+b) & -2a & b & -a\\ 0 & 0 & b & a\end{vmatrix}=$$

（第4列加到第2列，且按2,3行拉普拉斯展开）

$$2^6\cdot\begin{vmatrix}b-a & b\\ a+b & a\end{vmatrix}\cdot\begin{vmatrix}a & -b\\ b & a\end{vmatrix}=2^6(a^2+b^2)^2$$

故

$$(\boldsymbol{DN})^2=2^{12}(a^2+b^2)^4$$

注 本题亦可先分别计算 $\boldsymbol{D},\boldsymbol{N}$，然后再算 $(\boldsymbol{DN})^2$.

再来看一个利用矩阵分块处理行列式问题的例子.

例2 求证行列式 $\begin{vmatrix}1 & 0 & \cdots & 0 & b_1\\ 0 & 1 & \cdots & 0 & b_2\\ \vdots & \vdots & & \vdots & \vdots\\ 0 & 0 & \cdots & 1 & b_n\\ a_1 & a_2 & \cdots & a_n & 0\end{vmatrix}=-\sum\limits_{k=1}^{n}a_kb_k$.

证1 令 $\boldsymbol{x}=(a_1,a_2,\cdots,a_n)^{\mathrm{T}}$，$\boldsymbol{y}=(b_1,b_2,\cdots,b_n)^{\mathrm{T}}$，考虑下面分块矩阵运算

$$\begin{pmatrix}\boldsymbol{I} & \boldsymbol{0}\\ -\boldsymbol{x}^{\mathrm{T}} & 1\end{pmatrix}\begin{pmatrix}\boldsymbol{I} & \boldsymbol{y}\\ \boldsymbol{x}^{\mathrm{T}} & 0\end{pmatrix}=\begin{pmatrix}\boldsymbol{I} & \boldsymbol{y}\\ \boldsymbol{0} & -\boldsymbol{x}^{\mathrm{T}}\boldsymbol{y}\end{pmatrix}$$

两边取行列式

$$\begin{vmatrix}\boldsymbol{I} & \boldsymbol{y}\\ \boldsymbol{x}^{\mathrm{T}} & 0\end{vmatrix}=-\boldsymbol{x}^{\mathrm{T}}\boldsymbol{y}=-\sum_{k=1}^{n}a_kb_k$$

证2 将第 k 列乘 $-b_k(k=1,2,\cdots,n)$ 加到最后一列，则

$$\begin{vmatrix}1 & 0 & \cdots & 0 & 0\\ 0 & 1 & \cdots & 0 & 0\\ \vdots & \vdots & & \vdots & \vdots\\ 0 & 0 & \cdots & 1 & 0\\ a_1 & a_2 & \cdots & a_n & -\sum\limits_{k=1}^{n}a_kb_k\end{vmatrix}=-\sum_{k=1}^{n}a_kb_k$$

注1 本例亦可用数学归纳法去证明.

注2 用证1的向量矩阵记法，例的问题可写为：证明 $\begin{vmatrix}\boldsymbol{I} & \boldsymbol{y}\\ \boldsymbol{x}^{\mathrm{T}} & 0\end{vmatrix}=-\boldsymbol{x}^{\mathrm{T}}\boldsymbol{y}$.

注3 仿例的证明我们不难证得

$$\begin{vmatrix}a_0 & 1 & 1 & \cdots & 1\\ 1 & a_1 & 0 & \cdots & 0\\ 1 & 0 & a_2 & \cdots & 0\\ \vdots & \vdots & \vdots & & \vdots\\ 1 & 0 & 0 & \cdots & a_n\end{vmatrix}=\left(a_0-\sum_{k=1}^{n}\frac{1}{a_k}\right)\prod_{k=1}^{n}a_k$$

显然分别将第 k 行乘 $-\frac{1}{a_{k-1}}(k=2,3,\cdots,n+1)$ 加到第 1 行，然后再按第 1 行展开，则有

$$\begin{vmatrix} a_0-\sum_{k=1}^{n}\frac{1}{a_k} & 0 & 0 & \cdots & 0 \\ 1 & a_1 & 0 & \cdots & 0 \\ 1 & 0 & a_2 & \cdots & 0 \\ \vdots & \vdots & \vdots & & \vdots \\ 1 & 0 & 0 & \cdots & a_n \end{vmatrix} = \left(a_0-\sum_{k=1}^{n}\frac{1}{a_k}\right)\prod_{k=1}^{n}a_k$$

这是一个利用行列式性质的证明问题，关键是对行列式的性质了解清楚.

例 3 若 $\boldsymbol{A}\in\mathbf{R}^{m\times m},\boldsymbol{B}\in\mathbf{R}^{n\times n}$，且 $|\boldsymbol{A}|=a,|\boldsymbol{B}|=b$，又 $\boldsymbol{C}=\begin{pmatrix}\boldsymbol{O} & \boldsymbol{A}\\ \boldsymbol{B} & \boldsymbol{O}\end{pmatrix}$，求 $|\boldsymbol{C}|$.

解 1 这类问题解法有二，其一是用 Laplace(广义)展开；二是用行列式性质交换行列而使之化为分块对角阵 $\begin{vmatrix}\boldsymbol{A} & \boldsymbol{O}\\ \boldsymbol{O} & \boldsymbol{B}\end{vmatrix}$ 形状，而 $\begin{vmatrix}\boldsymbol{A} & \boldsymbol{O}\\ \boldsymbol{O} & \boldsymbol{B}\end{vmatrix}=|\boldsymbol{A}||\boldsymbol{B}|$.

由 Laplace 展开 $|\boldsymbol{C}|$ 的 n 阶子式 $|\boldsymbol{B}|$ 的代数余子式为

$$(-1)^{[(m+1)+(m+2)+\cdots+(m+n)]+[1+2+\cdots+n]}|\boldsymbol{A}|=(-1)^{mn}|\boldsymbol{A}|$$

故

$$|\boldsymbol{C}|=(-1)^{mn}|\boldsymbol{A}||\boldsymbol{B}|=(-1)^{mn}ab$$

解 2 设 $\boldsymbol{C}=(\boldsymbol{\beta}_1,\boldsymbol{\beta}_2,\cdots,\boldsymbol{\beta}_n,\boldsymbol{\alpha}_1,\boldsymbol{\alpha}_2,\cdots,\boldsymbol{\alpha}_n)$，这里 $\boldsymbol{\alpha}_i,\boldsymbol{\beta}_i\in\mathbf{R}^{m+n},i=1,2,\cdots,n$.

$\boldsymbol{\alpha}_1$ 分别与 $\boldsymbol{\beta}_n,\boldsymbol{\beta}_{n-1},\cdots,\boldsymbol{\beta}_1$ 交换位置(共实施 n 次)，有

$$\boldsymbol{C}\to(\boldsymbol{\alpha}_1,\boldsymbol{\beta}_2,\boldsymbol{\beta}_3,\cdots,\boldsymbol{\alpha}_2,\boldsymbol{\alpha}_3,\cdots,\boldsymbol{\alpha}_n)$$

同理 $\boldsymbol{\alpha}_2,\boldsymbol{\alpha}_3,\cdots,\boldsymbol{\alpha}_m$ 各与 $\boldsymbol{\beta}_n,\boldsymbol{\beta}_{n-1},\cdots,\boldsymbol{\beta}_1$ 交换位置，有

$$\boldsymbol{C}\to(\boldsymbol{\alpha}_1,\boldsymbol{\alpha}_2,\cdots,\boldsymbol{\alpha}_n,\boldsymbol{\beta}_1,\boldsymbol{\beta}_2,\cdots,\boldsymbol{\beta}_n)$$

此时 $\boldsymbol{C}\to\begin{vmatrix}\boldsymbol{A} & \boldsymbol{O}\\ \boldsymbol{O} & \boldsymbol{B}\end{vmatrix}=\boldsymbol{C}_1$，而 $|\boldsymbol{C}_1|=|\boldsymbol{A}||\boldsymbol{B}|$，又 $\boldsymbol{C}$ 的列共交换 mn 次列后化为 $\boldsymbol{C}_1$，从而

$$|\boldsymbol{C}|=(-1)^{mn}|\boldsymbol{C}_1|=(-1)^{mn}|\boldsymbol{A}||\boldsymbol{B}|=(-1)^{mn}ab$$

对于分块矩阵行列式其实我们可有更一般的结论：

例 4 试证分块阵行列式 $\begin{vmatrix}\boldsymbol{A} & \boldsymbol{B}\\ \boldsymbol{C} & \boldsymbol{D}\end{vmatrix}=|\boldsymbol{DA}-\boldsymbol{CB}|$，这里 $\boldsymbol{AB}=\boldsymbol{BA}$，且 $|\boldsymbol{A}|\neq0$.

证 考虑两分块阵之积

$$\begin{pmatrix}\boldsymbol{A} & \boldsymbol{B}\\ \boldsymbol{C} & \boldsymbol{D}\end{pmatrix}\begin{pmatrix}\boldsymbol{I} & -\boldsymbol{B}\\ \boldsymbol{O} & \boldsymbol{A}\end{pmatrix}=\begin{pmatrix}\boldsymbol{A} & \boldsymbol{O}\\ \boldsymbol{C} & \boldsymbol{DA}-\boldsymbol{CB}\end{pmatrix}$$

从而

$$\begin{vmatrix}\boldsymbol{A} & \boldsymbol{B}\\ \boldsymbol{C} & \boldsymbol{D}\end{vmatrix}\begin{vmatrix}\boldsymbol{I} & -\boldsymbol{B}\\ \boldsymbol{O} & \boldsymbol{A}\end{vmatrix}=\begin{vmatrix}\boldsymbol{A} & \boldsymbol{O}\\ \boldsymbol{C} & \boldsymbol{DA}-\boldsymbol{CB}\end{vmatrix}$$

即

$$\begin{vmatrix}\boldsymbol{A} & \boldsymbol{B}\\ \boldsymbol{C} & \boldsymbol{D}\end{vmatrix}|\boldsymbol{A}|=|\boldsymbol{A}||\boldsymbol{DA}-\boldsymbol{CB}|$$

因为 $|\boldsymbol{A}|\neq0$，则 $\begin{vmatrix}\boldsymbol{A} & \boldsymbol{B}\\ \boldsymbol{C} & \boldsymbol{D}\end{vmatrix}=|\boldsymbol{DA}-\boldsymbol{CB}|$.

(事实上，当 $|\boldsymbol{A}|=0$ 时，只要 $\boldsymbol{AB}=\boldsymbol{BA}$，上面结论仍为真)

注 这类行列式的另外一种计算模式见后文的例子(分块矩阵问题),对比如,若 $\boldsymbol{A}$ 可逆,则

$$\begin{vmatrix} \boldsymbol{A} & \boldsymbol{B} \\ \boldsymbol{C} & \boldsymbol{D} \end{vmatrix} = |\boldsymbol{A}|\,|\boldsymbol{D}-\boldsymbol{C}\boldsymbol{A}^{-1}\boldsymbol{B}| \quad \text{(Schur 定理)}$$

这只需将 $-\boldsymbol{C}\boldsymbol{A}^{-1}$ 左乘行列式第 1 行并加到第 2 行即可

$$\begin{vmatrix} \boldsymbol{A} & \boldsymbol{B} \\ \boldsymbol{C} & \boldsymbol{D} \end{vmatrix} = \begin{vmatrix} \boldsymbol{A} & \boldsymbol{B} \\ \boldsymbol{O} & \boldsymbol{D}-\boldsymbol{C}\boldsymbol{A}^{-1}\boldsymbol{B} \end{vmatrix} = |\boldsymbol{A}|\,|\boldsymbol{D}-\boldsymbol{C}\boldsymbol{A}^{-1}\boldsymbol{B}|$$

它的另证见后文,在那里是题设 $\boldsymbol{D}$ 可逆,则

$$\begin{vmatrix} \boldsymbol{A} & \boldsymbol{B} \\ \boldsymbol{C} & \boldsymbol{D} \end{vmatrix} = |\boldsymbol{A}-\boldsymbol{B}\boldsymbol{D}^{-1}\boldsymbol{C}|\,|\boldsymbol{D}|$$

由此我们可以得到下面结论:

问题 1 若 $\boldsymbol{A}\in \mathbf{R}^{n\times n}$, $\begin{vmatrix} \boldsymbol{A} & \boldsymbol{A}^2 \\ \boldsymbol{A}^2 & \boldsymbol{A}^3 \end{vmatrix}=0$;(可类比 $\begin{vmatrix} a & a^2 \\ a^2 & a^3 \end{vmatrix}=0$)

问题 2 若 $\boldsymbol{B}\in \mathbf{R}^{m\times n}$, $\boldsymbol{C}\in \mathbf{R}^{n\times m}$, $\boldsymbol{D}\in \mathbf{R}^{n\times n}$,则 $\begin{vmatrix} \boldsymbol{I} & \boldsymbol{B} \\ \boldsymbol{C} & \boldsymbol{D} \end{vmatrix}=|\boldsymbol{D}-\boldsymbol{C}\boldsymbol{B}|$(可类比 $\begin{vmatrix} 1 & b \\ c & d \end{vmatrix}=d-cb$).

仿上我们还可以证明下面命题:

例 5 若 $\boldsymbol{A}\in \mathbf{R}^{m\times n}$, $\boldsymbol{B}\in \mathbf{R}^{n\times m}$,则 $|\boldsymbol{I}_m+\boldsymbol{A}\boldsymbol{B}|=|\boldsymbol{I}_n+\boldsymbol{B}\boldsymbol{A}|$.

从上一解法中可看到,这是一个分块矩阵的行列式计算问题,下面给出两个略证.

证 1 事实上只需考虑等式

$$\begin{pmatrix} \boldsymbol{I}_m & -\boldsymbol{A} \\ \boldsymbol{O} & \boldsymbol{I}_n \end{pmatrix}\begin{pmatrix} \boldsymbol{A}\boldsymbol{B} & \boldsymbol{O} \\ \boldsymbol{B} & \boldsymbol{O} \end{pmatrix}=\begin{pmatrix} \boldsymbol{O} & \boldsymbol{O} \\ \boldsymbol{B} & \boldsymbol{B}\boldsymbol{A} \end{pmatrix}\begin{pmatrix} \boldsymbol{I}_m & -\boldsymbol{A} \\ \boldsymbol{O} & \boldsymbol{I}_n \end{pmatrix}$$

若证 $\boldsymbol{P}=\begin{pmatrix} \boldsymbol{I}_m & -\boldsymbol{A} \\ \boldsymbol{O} & \boldsymbol{I}_n \end{pmatrix}$,则 $|\boldsymbol{P}|=1$,知 $\boldsymbol{P}$ 可逆.这样

$$\boldsymbol{P}\begin{pmatrix} \boldsymbol{A}\boldsymbol{B} & \boldsymbol{O} \\ \boldsymbol{B} & \boldsymbol{O} \end{pmatrix}\boldsymbol{P}^{-1}=\begin{pmatrix} \boldsymbol{O} & \boldsymbol{O} \\ \boldsymbol{B} & \boldsymbol{B}\boldsymbol{A} \end{pmatrix}$$

即

$$\begin{pmatrix} \boldsymbol{A}\boldsymbol{B} & \boldsymbol{O} \\ \boldsymbol{B} & \boldsymbol{O} \end{pmatrix}\sim\begin{pmatrix} \boldsymbol{O} & \boldsymbol{O} \\ \boldsymbol{B} & \boldsymbol{B}\boldsymbol{A} \end{pmatrix}$$

从而

$$\det\left[\lambda \boldsymbol{I}_{m+n}-\begin{pmatrix} \boldsymbol{A}\boldsymbol{B} & \boldsymbol{O} \\ \boldsymbol{B} & \boldsymbol{O} \end{pmatrix}\right]=\det\left(\lambda I_{m+n}-\begin{pmatrix} \boldsymbol{O} & \boldsymbol{O} \\ \boldsymbol{B} & \boldsymbol{B}\boldsymbol{A} \end{pmatrix}\right)$$

即 $\lambda^n|\lambda\boldsymbol{I}_m-\boldsymbol{A}\boldsymbol{B}|=\lambda^m|\lambda\boldsymbol{I}_n-\boldsymbol{B}\boldsymbol{A}|$,令 $\lambda=-1$ 代入上式有

$$(-1)^n|-(\boldsymbol{I}_n+\boldsymbol{A}\boldsymbol{B})|=(-1)^m|-(\boldsymbol{I}_n+\boldsymbol{B}\boldsymbol{A})|$$

从而 $|\boldsymbol{I}_m+\boldsymbol{A}\boldsymbol{B}|=|\boldsymbol{I}_n+\boldsymbol{B}\boldsymbol{A}|$.

当然,我们也可以用矩阵特征值理论来结合题设分别讨论.

证 2 先考虑 m 与 n 相等与否.(1)若 $m=n$.再考虑 $\boldsymbol{A},\boldsymbol{B}$ 可逆与否:

①$\boldsymbol{A},\boldsymbol{B}$ 之一可逆,比如 $\boldsymbol{A}$ 可逆,有 $\boldsymbol{B}\boldsymbol{A}=\boldsymbol{A}^{-1}(\boldsymbol{A}\boldsymbol{B})\boldsymbol{A}$,知 $\boldsymbol{B}\boldsymbol{A}\sim\boldsymbol{A}\boldsymbol{B}$,则有 $|\lambda\boldsymbol{I}-\boldsymbol{A}\boldsymbol{B}|=|\boldsymbol{A}\boldsymbol{I}-\boldsymbol{B}\boldsymbol{A}|$,令 $\lambda=1$ 有 $|\boldsymbol{I}-\boldsymbol{A}\boldsymbol{B}|=|\boldsymbol{I}-\boldsymbol{B}\boldsymbol{A}|$.

②$\boldsymbol{A},\boldsymbol{B}$ 均不可逆,因 $\boldsymbol{A}$ 的实特征根有限,故可有 t_0 使 $t>t_0$ 时 $|\boldsymbol{A}-t\boldsymbol{I}|\neq 0$,即 $\boldsymbol{A}-t\boldsymbol{I}$ 可逆,则它与 $(\boldsymbol{A}-t\boldsymbol{I})\boldsymbol{B}$ 或 $\boldsymbol{B}(\boldsymbol{A}-t\boldsymbol{I})$ 相似($t>t_0$ 时),这样

$$|\lambda\boldsymbol{I}-(\boldsymbol{A}-t\boldsymbol{I})\boldsymbol{B}|=|\lambda\boldsymbol{I}-(\boldsymbol{A}-t\boldsymbol{I})|$$

此为 t 的恒等式,令 $t=0$,得 $|\boldsymbol{I}-\boldsymbol{AB}|=|\boldsymbol{I}-\boldsymbol{BA}|$.

(2)若 $m\neq n$. 设 $n>m$. 令 $\boldsymbol{A}_1=(\boldsymbol{A},\boldsymbol{O})$,$\boldsymbol{B}_1=\begin{pmatrix}\boldsymbol{B}\\\boldsymbol{O}\end{pmatrix}$,则 $\boldsymbol{A}_1\boldsymbol{B}_1=AB$,又 $\boldsymbol{B}_1\boldsymbol{A}_1=\begin{pmatrix}\boldsymbol{BA}&\boldsymbol{O}\\\boldsymbol{O}&\boldsymbol{O}\end{pmatrix}$.

上已证 $|\boldsymbol{I}-\boldsymbol{A}_1\boldsymbol{B}_1|=|\boldsymbol{I}-\boldsymbol{B}_1\boldsymbol{A}_1|$,即 $|\boldsymbol{I}-\boldsymbol{AB}|=\begin{vmatrix}\boldsymbol{I}-\boldsymbol{BA}&\boldsymbol{O}\\\boldsymbol{O}&\boldsymbol{I}\end{vmatrix}=|\boldsymbol{I}-\boldsymbol{BA}|$.

注 由例的结论我们可有:若 $\boldsymbol{\alpha}\in\mathbf{R}^{1\times n}$,$\boldsymbol{I}\in\mathbf{R}^{n\times n}$,$\sigma\in\mathbf{R}$,则 $\det(\boldsymbol{I}-\sigma\boldsymbol{\alpha}^{\mathrm{T}}\boldsymbol{\alpha})=\det(1-\sigma\boldsymbol{\alpha}\boldsymbol{\alpha}^{\mathrm{T}})$,注意 $\boldsymbol{\alpha}^{\mathrm{T}}\boldsymbol{\alpha}$ 是矩阵,$\boldsymbol{\alpha}\boldsymbol{\alpha}^{\mathrm{T}}$ 是数.

又证法 1 中的方法与结论可以互逆,比如可用例的结论证明:

$$|\lambda\boldsymbol{I}_m-\boldsymbol{AB}|=\lambda^m\left|\boldsymbol{I}_m-\frac{1}{\lambda}\boldsymbol{AB}\right|=\lambda^m\left|\boldsymbol{I}_n-\frac{1}{\lambda}\boldsymbol{BA}\right|=\lambda^{m-n}|\lambda\boldsymbol{I}_n-\boldsymbol{BA}|$$

即

$$\lambda^n|\lambda\boldsymbol{I}_m-\boldsymbol{AB}|=\lambda^m|\lambda\boldsymbol{I}_n-\boldsymbol{BA}|$$

下面是我们上例解后谈到的问题,即给出分块矩阵行列式的另一种计算模式(因题设不同).

例 6 设有分块矩阵 $\begin{pmatrix}\boldsymbol{A}&\boldsymbol{B}\\\boldsymbol{C}&\boldsymbol{D}\end{pmatrix}$,其中 $\boldsymbol{D}$ 皆可逆. 试证 $\det\begin{pmatrix}\boldsymbol{A}&\boldsymbol{B}\\\boldsymbol{C}&\boldsymbol{D}\end{pmatrix}=\det[\boldsymbol{A}-\boldsymbol{BD}^{-1}\boldsymbol{C}]\cdot\det\boldsymbol{D}$.

证 设 $\boldsymbol{I}_1$,$\boldsymbol{I}_2$ 分别是与 $\boldsymbol{A}$,$\boldsymbol{D}$ 同阶的单位阵,因

$$\begin{pmatrix}\boldsymbol{I}_1&-\boldsymbol{BD}^{-1}\\\boldsymbol{O}&\boldsymbol{I}_2\end{pmatrix}\begin{pmatrix}\boldsymbol{A}&\boldsymbol{B}\\\boldsymbol{C}&\boldsymbol{D}\end{pmatrix}=\begin{pmatrix}\boldsymbol{I}_1\boldsymbol{A}-\boldsymbol{BD}^{-1}&\boldsymbol{I}_1\boldsymbol{B}-\boldsymbol{BD}^{-1}\boldsymbol{D}\\\boldsymbol{DA}+\boldsymbol{I}_2\boldsymbol{C}&\boldsymbol{OB}+\boldsymbol{I}_2\boldsymbol{D}\end{pmatrix}=\begin{pmatrix}\boldsymbol{A}-\boldsymbol{BD}^{-1}\boldsymbol{C}&\boldsymbol{O}\\\boldsymbol{C}&\boldsymbol{D}\end{pmatrix}$$

故

$$\det\begin{pmatrix}\boldsymbol{I}&-\boldsymbol{BD}^{-1}\\\boldsymbol{O}&\boldsymbol{I}_1\end{pmatrix}\det\begin{pmatrix}\boldsymbol{A}&\boldsymbol{B}\\\boldsymbol{C}&\boldsymbol{D}\end{pmatrix}=\det\begin{pmatrix}\boldsymbol{A}-\boldsymbol{BD}^{-1}\boldsymbol{C}&\boldsymbol{O}\\\boldsymbol{C}&\boldsymbol{D}\end{pmatrix}$$

但

$$\det\begin{pmatrix}\boldsymbol{I}_1&-\boldsymbol{BD}^{-1}\\\boldsymbol{O}&\boldsymbol{I}_2\end{pmatrix}=\det\boldsymbol{II}_1\cdot\det\boldsymbol{II}_2=1$$

又

$$\det\left[\boldsymbol{I}\begin{pmatrix}\boldsymbol{A}-\boldsymbol{BD}^{-1}\boldsymbol{C}&\boldsymbol{O}\\\boldsymbol{C}&\boldsymbol{D}\end{pmatrix}\right]=\det\left[\boldsymbol{I}(\boldsymbol{A}-\boldsymbol{BD}^{-1}\boldsymbol{C})\right]\cdot\det(\boldsymbol{ID})$$

故

$$\det\left[\boldsymbol{I}\begin{pmatrix}\boldsymbol{A}&\boldsymbol{B}\\\boldsymbol{C}&\boldsymbol{D}\end{pmatrix}\right]=\det\left[\boldsymbol{I}(\boldsymbol{A}-\boldsymbol{BD}^{-1}\boldsymbol{C})\right]\cdot\det(\boldsymbol{ID})$$

注 显然例的证法并不简洁,至少不如前文证法.

又下面的命题也只是本命题的特例:设 A,B,C,D 均为 n 阶矩阵,求证:

问题 1 $\det\begin{pmatrix}\boldsymbol{A}&\boldsymbol{B}\\\boldsymbol{B}&\boldsymbol{A}\end{pmatrix}=\det(\boldsymbol{A}+\boldsymbol{B})\cdot\det(\boldsymbol{A}-\boldsymbol{B})$.

证 注意到下面的矩阵等式

$$\begin{pmatrix}\boldsymbol{I}&\boldsymbol{I}\\\boldsymbol{O}&\boldsymbol{I}\end{pmatrix}\begin{pmatrix}\boldsymbol{A}&\boldsymbol{B}\\\boldsymbol{B}&\boldsymbol{A}\end{pmatrix}\begin{pmatrix}\boldsymbol{I}&-\boldsymbol{I}\\\boldsymbol{O}&\boldsymbol{I}\end{pmatrix}=\begin{pmatrix}\boldsymbol{A}+\boldsymbol{B}&\boldsymbol{O}\\\boldsymbol{B}&\boldsymbol{A}-\boldsymbol{B}\end{pmatrix}$$

两边取行列式有

$$\det\begin{pmatrix} \boldsymbol{A} & \boldsymbol{B} \\ \boldsymbol{B} & \boldsymbol{A} \end{pmatrix} = \det(\boldsymbol{A}+\boldsymbol{B}) \cdot \det(\boldsymbol{A}-\boldsymbol{B})$$

附记 它还可通过矩阵行初等变换去解(见后文).类似的分块矩阵的行列式问题还有很多,可见后面的例(它也是后面某些例的特殊情形).

矩阵除了分块还有所谓加边问题(其实我们前文也曾有过介绍).比如

$$\boldsymbol{A}=\begin{pmatrix} 1+a_1 & 1 & 1 & \cdots & 1 \\ 1 & 1+a_2 & 1 & \cdots & 1 \\ 1 & 1 & 1+a_3 & \cdots & 1 \\ \vdots & \vdots & \vdots & & \vdots \\ 1 & 1 & 1 & & 1+a_n \end{pmatrix}, \quad \bar{\boldsymbol{A}}=\begin{pmatrix} -1 & -1 & -1 & \cdots & -1 \\ 0 & & & & \\ 0 & & \boldsymbol{A} & & \\ \vdots & & & & \\ 0 & & & & \end{pmatrix}$$

可视为 $\boldsymbol{A}$ 的加边.而 $|\bar{\boldsymbol{A}}|$ 行列式的计算有时反而相对容易.

将 $|\bar{\boldsymbol{A}}|$ 的第 1 行加到第 i 行($i=2,3,\cdots,n+1$),将第 1 列化 0 后再按第 1 列展开,有

$$|\bar{\boldsymbol{A}}| = \begin{vmatrix} -1 & -1 & -1 & \cdots & -1 \\ -1 & a_1 & 0 & \cdots & 0 \\ -1 & 0 & a_2 & \cdots & 0 \\ \vdots & \vdots & \vdots & & \vdots \\ -1 & 0 & 0 & \cdots & a_n \end{vmatrix} = \cdots = \left(1+\sum_{i=1}^{n}\frac{1}{a_i}\right)\prod_{i=1}^{n} a_i$$

问题 2 若 $\det \boldsymbol{A}\neq 0$,且 $\boldsymbol{AC}=\boldsymbol{CA}$,则 $\det\begin{pmatrix} \boldsymbol{A} & \boldsymbol{B} \\ \boldsymbol{C} & \boldsymbol{D} \end{pmatrix}=\det(\boldsymbol{AD}-\boldsymbol{CB})$.

①又若 $\boldsymbol{A},\boldsymbol{B}$ 可交换,则有 $\det\begin{pmatrix} \boldsymbol{A} & \boldsymbol{B} \\ \boldsymbol{C} & \boldsymbol{D} \end{pmatrix}=\det(\boldsymbol{DA}-\boldsymbol{CB})$.

这可考虑用 $\begin{pmatrix} \boldsymbol{I} & -\boldsymbol{B} \\ \boldsymbol{O} & \boldsymbol{A} \end{pmatrix}$ 右乘矩阵 $\begin{pmatrix} \boldsymbol{A} & \boldsymbol{B} \\ \boldsymbol{C} & \boldsymbol{D} \end{pmatrix}$,然后两边取行列式.

②若 $\boldsymbol{A}=\boldsymbol{I}$,显然 $\det\begin{pmatrix} \boldsymbol{I} & \boldsymbol{B} \\ \boldsymbol{C} & \boldsymbol{D} \end{pmatrix}=\det(\boldsymbol{D}-\boldsymbol{CB})$.

下面的问题只是问题 2 的变形而已(证法不同).

问题 3 设 $\boldsymbol{A}_{11},\boldsymbol{A}_{12},\boldsymbol{A}_{21},\boldsymbol{A}_{22}$ 都是 $m\times m$ 的矩阵,且 $|\boldsymbol{A}_{11}|\neq 0$,又 $\boldsymbol{A}_{11}\boldsymbol{A}_{22}=\boldsymbol{A}_{21}\boldsymbol{A}_{11}$,试证

$$\det\begin{pmatrix} \boldsymbol{A}_{11} & \boldsymbol{A}_{12} \\ \boldsymbol{A}_{21} & \boldsymbol{A}_{22} \end{pmatrix}=\det(\boldsymbol{A}_{11}\boldsymbol{A}_{22}-\boldsymbol{A}_{21}\boldsymbol{A}_{11})$$

特别地,$\det\begin{pmatrix} \boldsymbol{A} & \boldsymbol{A}^2 \\ \boldsymbol{A}^2 & \boldsymbol{A}^3 \end{pmatrix}=0$ 对于问题 2 的证明可见矩阵求秩的例子,或由

$$\begin{pmatrix} \boldsymbol{I} & \boldsymbol{O} \\ -\boldsymbol{CA}^{-1} & \boldsymbol{I} \end{pmatrix}\begin{pmatrix} \boldsymbol{A} & \boldsymbol{B} \\ \boldsymbol{C} & \boldsymbol{D} \end{pmatrix}=\begin{pmatrix} \boldsymbol{A} & \boldsymbol{B} \\ \boldsymbol{O} & \boldsymbol{D}-\boldsymbol{CA}^{-1}\boldsymbol{B} \end{pmatrix}$$

两边取行列式得到.也可见前例的注.若 $\boldsymbol{AC}$ 不可交换,如前文所证则所求行列式值为

$$\det \boldsymbol{A} \cdot \det(\boldsymbol{D}-\boldsymbol{CA}^{-1}\boldsymbol{B})$$

前面两例及其注释的问题间关系可下图:

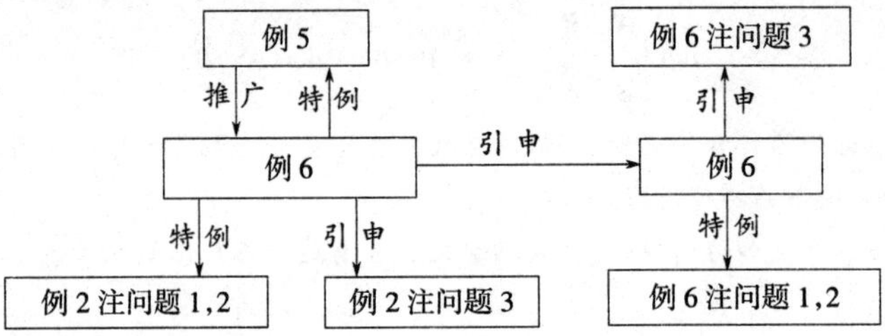

下面的问题可视为上面诸命题的特殊情形. 该命题及其应用我们后文还将述及.

例 7 若 $\boldsymbol{A}\in\mathbf{R}^{n\times n}$ 且满秩, $\boldsymbol{x},\boldsymbol{y}\in\mathbf{R}^n$. 试证:

(1) $\begin{vmatrix}\boldsymbol{A} & \boldsymbol{y}\\ \boldsymbol{x}^{\mathrm{T}} & 0\end{vmatrix}=-\boldsymbol{x}^{\mathrm{T}}\boldsymbol{A}^*\boldsymbol{y}$;(2) $\begin{vmatrix}\boldsymbol{A} & \boldsymbol{y}\\ \boldsymbol{x}^{\mathrm{T}} & a\end{vmatrix}=a|\boldsymbol{A}|-\boldsymbol{x}^{\mathrm{T}}\boldsymbol{A}^*\boldsymbol{y}=(a-\boldsymbol{x}^{\mathrm{T}}\boldsymbol{A}^{-1}\boldsymbol{y})|\boldsymbol{A}|$.

证 (1)考虑下面的分块矩阵运算

$$\begin{pmatrix}\boldsymbol{I} & \boldsymbol{0}\\ -\boldsymbol{x}^{\mathrm{T}}\boldsymbol{A}^{-1} & 1\end{pmatrix}\begin{pmatrix}\boldsymbol{A} & \boldsymbol{y}\\ \boldsymbol{x}^{\mathrm{T}} & 0\end{pmatrix}=\begin{pmatrix}\boldsymbol{A} & \boldsymbol{y}\\ 0 & -\boldsymbol{x}^{\mathrm{T}}\boldsymbol{A}^{-1}\boldsymbol{y}\end{pmatrix}$$

两边取行列式且注意到 $\boldsymbol{A}^*=|\boldsymbol{A}|\boldsymbol{A}^{-1}$ 可有

$$\begin{vmatrix}\boldsymbol{A} & \boldsymbol{y}\\ \boldsymbol{x}^{\mathrm{T}} & 0\end{vmatrix}=(-\boldsymbol{x}^{\mathrm{T}}\boldsymbol{A}^{-1}\boldsymbol{y})|\boldsymbol{A}|=-\boldsymbol{x}^{\mathrm{T}}\boldsymbol{A}^*\boldsymbol{y}$$

(2)注意到行列式性质

$$\begin{vmatrix}\boldsymbol{A} & \boldsymbol{y}\\ \boldsymbol{x}^{\mathrm{T}} & a\end{vmatrix}=\begin{vmatrix}\boldsymbol{A} & \boldsymbol{0}\\ \boldsymbol{x}^{\mathrm{T}} & a\end{vmatrix}+\begin{vmatrix}\boldsymbol{A} & \boldsymbol{y}\\ \boldsymbol{x}^{\mathrm{T}} & 0\end{vmatrix}=a|\boldsymbol{A}|-\boldsymbol{x}^{\mathrm{T}}\boldsymbol{A}^*\boldsymbol{y}=(a-\boldsymbol{x}^{\mathrm{T}}\boldsymbol{A}^{-1}\boldsymbol{y})|\boldsymbol{A}|$$

注 式(1)还表示为下面和的形式:

若 $\boldsymbol{A}=(a_{ij})_{n\times n}$, $\boldsymbol{x}=(x_1,x_2,\cdots,x_n)^{\mathrm{T}}$, $\boldsymbol{y}=(y_1,y_2,\cdots,y_n)^{\mathrm{T}}$, 则

$$\begin{vmatrix}\boldsymbol{A} & \boldsymbol{y}\\ \boldsymbol{x}^{\mathrm{T}} & 0\end{vmatrix}=\sum_{i=1}^{n}\sum_{j=1}^{n}A_{ij}x_iy_i$$

其中 A_{ij} 是 a_{ij} 在 $|\boldsymbol{A}|$ 中的代数余子式.

显然前面提到的问题只是它的特例情形.

上面问题可视为矩阵或行列式加边后的问题. 利用矩阵加边还可计算一些特殊行列式问题(特别是关于两矩阵和的行列式问题),如下面的例子.

例 8 若矩阵 $\boldsymbol{A}=(a_{ij})_{n\times n}$, $\overline{\boldsymbol{A}}=(a_{ij}+x)_{n\times n}$, 则 $|\overline{\boldsymbol{A}}|=|(a_{ij}+x)_{n\times n}|=|\boldsymbol{A}|+x\sum\limits_{i=1}^{n}\sum\limits_{j=1}^{n}A_{ij}$, 这里 A_{ij} 为 a_{ij} 的代数余子式($1\leqslant i,j\leqslant n$).

证 考虑加边行列式,用第 1 行乘 -1 加至其余行后,再按第 1 行展开有

$$\begin{vmatrix}1 & x & \cdots & x\\ 0 & & & \\ \vdots & & \overline{\boldsymbol{A}} & \\ 0 & & & \end{vmatrix}=\begin{vmatrix}1 & x & \cdots & x\\ -1 & & & \\ \vdots & & \overline{\boldsymbol{A}} & \\ -1 & & & \end{vmatrix}=\text{(注意 }\boldsymbol{A}\text{ 与 }\overline{\boldsymbol{A}}\text{ 的区别)}$$

$$|\boldsymbol{A}|-x\begin{vmatrix}-1 & a_{12} & \cdots & a_{1n}\\ -1 & a_{22} & \cdots & a_{2n}\\ \vdots & \vdots & & \vdots\\ -1 & a_{n2} & \cdots & a_{nn}\end{vmatrix}+\cdots+(-1)^{n+2}x\begin{vmatrix}-1 & a_{11} & \cdots & a_{1,n-1}\\ -1 & a_{21} & \cdots & a_{2,n-1}\\ \vdots & \vdots & & \vdots\\ -1 & a_{n1} & \cdots & a_{n,n-1}\end{vmatrix}=$$

$$|\boldsymbol{A}|+x\sum_{i=1}^{n}A_{i1}+x\sum_{i=1}^{n}A_{i2}+\cdots+x\sum_{i=1}^{n}A_{in}=|\boldsymbol{A}|+x\sum_{i=1}^{n}\sum_{j=1}^{n}A_{ij}$$

又注意到行列式 $\begin{vmatrix} 1 & x & \cdots & x \\ 0 & & & \\ \vdots & & \overline{A} & \\ 0 & & & \end{vmatrix} = |\overline{A}|$（按第一列展开即得），从而

$$|\overline{A}| = |A| + x\sum_{i=1}^{n}\sum_{j=1}^{n}A_{ij}$$

注　特别地，当 $x=1$ 时，有

$$\begin{vmatrix} a_{11}+1 & a_{12}+1 & \cdots & a_{1n}+1 \\ a_{21}+1 & a_{22}+1 & \cdots & a_{2n}+1 \\ \vdots & \vdots & & \vdots \\ a_{n1}+1 & a_{n2}+1 & \cdots & a_{nn}+1 \end{vmatrix} = |A| + \sum_{i=1}^{n}\sum_{j=1}^{n}A_{ij}$$

这也为我们求矩阵（或行列式）的全部代数余子式之和提供方便.

下面是一通稍综合的题目，它本身不是分块矩阵，但要用分块阵来解.

例 9　若 $A=\begin{pmatrix} \alpha & \gamma & & \\ \beta & \ddots & \ddots & \\ & \ddots & \ddots & \gamma \\ & & \beta & \alpha \end{pmatrix}$，其中 $\alpha^2=4\beta\gamma$，又 $B=\begin{pmatrix} A & A \\ A & 2A \end{pmatrix}$，试计算 $|B|=\begin{vmatrix} A & A \\ A & 2A \end{vmatrix}$

解　由前面例知 $|A|=(n+1)\left(\dfrac{d}{2}\right)^n$. 这样由

$$|B|=\begin{vmatrix} A & A \\ A & 2A \end{vmatrix}=\begin{vmatrix} A & \\ & A \end{vmatrix}\begin{vmatrix} I & I \\ I & 2I \end{vmatrix}=\begin{vmatrix} A & \\ & A \end{vmatrix}\begin{vmatrix} I & \\ & I \end{vmatrix}=|A|^2=(n+1)^2\left(\frac{\alpha}{2}\right)^{2n}=(n+1)^2\,\frac{\alpha^{2n}}{4^n}$$

当然也可直接从矩阵 B 通过初等变换考虑：

$$B=\begin{pmatrix} A & A \\ A & 2A \end{pmatrix}\to\begin{pmatrix} A & A \\ O & A \end{pmatrix}\to\begin{pmatrix} A & O \\ O & A \end{pmatrix}$$

可有 $|B|=|A|^2$.

其实变换到了上三角阵时已可算出 $|B|$ 的值了.

三、行列式方程及多项式的行列式表示问题

行列式等式中含有未知变元便可视其为行列式方程. 行列式方程不过是将行列式概念与方程问题联系起来而已，看穿了只是行列式计算的另一种变形.

例 1　解方程

$$\begin{vmatrix} a_1 & a_2 & a_3 & a_4+x \\ a_1 & a_2 & a_3+x & a_4 \\ a_1 & a_2+x & a_3 & a_4 \\ a_1+x & a_2 & a_3 & a_4 \end{vmatrix}=0$$

解 1　将方程左行列式的 2,3,4 列加到第 1 列，再提取公因子（从第 1 列）得

$$\left[\left(\sum_{i=1}^{4}a_i\right)+x\right]\begin{vmatrix} 1 & a_2 & a_3 & a_4+x \\ 1 & a_2 & a_3+x & a_4 \\ 1 & a_2+x & a_3 & a_4 \\ 1 & a_2 & a_3 & a_4 \end{vmatrix}=$$（第 1 列分别乘以 $-a_2$，$-a_3$，$-a_4$ 加至第 2,3,4 列）

$$\left(x+\sum_{i=1}^{4}a_i\right)\begin{vmatrix}1 & a_2 & a_3 & a_4+x\\ 0 & 0 & x & -x\\ 0 & x & 0 & -x\\ 0 & 0 & 0 & -x\end{vmatrix}=\text{(按第 1 列展开)}$$

$$\left(x+\sum_{i=1}^{4}a_i\right)\begin{vmatrix}0 & x & -x\\ x & 0 & -x\\ 0 & 0 & -x\end{vmatrix}=\left(x+\sum_{i=1}^{4}a_i\right)x^3$$

故方程解为 $x=0,0,0,-\sum_{i=1}^{4}a_i$.

解 2 将第 2,3,4 列加至第 1 列,有

$$f(x)=\begin{vmatrix}x+\sum a_i & a_2 & a_3 & a_3+x\\ x+\sum a_i & a_2 & a_3+x & a_4\\ x+\sum a_i & a_2+x & a_3 & a_4\\ x+\sum a_i & a_2 & a_3 & a_4\end{vmatrix}=\text{(从第 1 列提取 }x+\textstyle\sum a_i\text{)}$$

$$\left(x+\sum_{i=1}^{4}a_i\right)\begin{vmatrix}1 & a_2 & a_3 & a_4+x\\ 1 & a_2 & a_3+x & a_4\\ 1 & a_2+x & a_3 & a_4\\ 1 & a_2 & a_3 & a_4\end{vmatrix}=\begin{matrix}\text{(将第 1 列乘 }-a_2\text{,第 2 列}\\ \text{乘以 }-a_3\text{,第 3 列乘 }-a_4\\ \text{分别加至第 2,3,4 列)}\end{matrix}$$

$$\left(x+\sum_{i=1}^{4}a_i\right)\begin{vmatrix}1 & 0 & 0 & x\\ 1 & 0 & x & 0\\ 1 & x & 0 & 0\\ 1 & 0 & 0 & 0\end{vmatrix}=\text{(按第 4 行展开)}(-1)^{1+4}\cdot\left(x+\sum_{i=1}^{4}a_i\right)\begin{vmatrix} & & x\\ & x & \\ x & & \end{vmatrix}=\left(x+\sum_{i=1}^{4}a_i\right)x^3$$

故 $f(x)$ 的根为 $x_1=x_2=x_3=0,x_4=-\sum_{i=1}^{4}a_i$.

注 这个行列式我们并不陌生,前面例中已有介绍(交换第 1,4 列再交换第 2,3 列,即化为前面例的形式),不过这里是以方程形式出现而已.

下面是一个以行列式形式给出的三次方程问题.

例 2 试求出方程

$$\begin{vmatrix}0 & a_1-x & a_2-x\\ -a_1-x & 0 & a_3-x\\ -a_2-x & -a_3-x & 0\end{vmatrix}=0,\quad a_1,a_2,a_3\neq 0$$

有重根的充要条件.

解 由行列式性质或三阶行列式计算公式有

$$\begin{vmatrix}0 & a_1-x & a_2-x\\ -a_1-x & 0 & a_3-x\\ -a_2-x & -a_3-x & 0\end{vmatrix}=-2x^3+2(a_1a_2+a_2a_3-a_1a_3)x=0$$

故方程有重根$\Leftrightarrow a_1a_2+a_2a_3-a_1a_3=0$ 或$\frac{1}{a_1}+\frac{1}{a_2}=\frac{1}{a_3}$.

例 3 求 $f(x)=\begin{vmatrix}x-2 & x-1 & x-2 & x-3\\ 2x-2 & 2x-1 & 2x-2 & 2x-3\\ 3x-3 & 3x-2 & 4x-5 & 3x-5\\ 4x & 4x-3 & 5x-7 & 4x-3\end{vmatrix}=0$ 的根的个数,且求之.

解　显然题设式须按行列式性质将其化简后再求 $f(x)$ 的表达式. 列间加减似应作为首选方法. 将第 1 列分别乘 -1 加至第 2,3,4 列,有

$$f(x)=\begin{vmatrix} x-2 & 1 & 0 & -1 \\ 2x-2 & 1 & 0 & -1 \\ 3x-3 & 1 & x-2 & -2 \\ 4x & -3 & x-7 & 3 \end{vmatrix}=\ (\text{再将第 2 列加至第 4 列})$$

$$\left|\begin{array}{cc:cc} x-2 & 1 & 0 & 0 \\ 2x-2 & 1 & 0 & 0 \\ \hdashline 3x-3 & 1 & x-2 & -1 \\ 4x & -3 & x-7 & -2 \end{array}\right|=\ (\text{按式中虚线分块后展开})$$

$$\begin{vmatrix} x-2 & 1 \\ 2x-2 & 1 \end{vmatrix}\cdot\begin{vmatrix} x-2 & -1 \\ x-7 & -2 \end{vmatrix}=5x(x-1)$$

故 $f(x)$ 有根 $x_1=0, x_2=1$.

注 1　此类问题不过是行列式计算的变形而已. 一般来讲,该形式的四阶行列式应与一元四次方程对应,但因行列式的行、列间存在线性相关形式,因而本例实际上与一个一元二次方程等价.

注 2　一般的,一元(实系数)n 次方程有 n 个根(不一定是实根). 此外还有:

命题　若 n 次多项式 $f(x)=\sum\limits_{i=0}^{n}a_ix^{n-i}$ 有 $n+1$ 个相异的实根 $\alpha_i(i=1,2,\cdots,n+1)$,则 $f(x)\equiv 0$.

它的证明我们前文已经给出,其实这个内容属于高等代数理论的.

下面的问题与多项式概念有关,它又可以看成是加边的三对角阵行列式,其计算技巧同三对角行列式. 它也是用行列式形式表现多项式或多项式的行列式形式,这种表示因与矩阵相关,因而又可将多项式问题转化为矩阵问题考虑,这一点是极为重要的,因为人们对矩阵的研究已很成熟. 下面来看例题:

例 4　证明 n 阶行列式

$$D_n=\begin{vmatrix} x & -1 & 0 & \cdots & 0 & 0 \\ 0 & x & -1 & \cdots & 0 & 0 \\ \vdots & \vdots & \vdots & & \vdots & \vdots \\ 0 & 0 & 0 & \cdots & x & -1 \\ a_n & a_{n-1} & a_{n-2} & \cdots & a_2 & a_1+x \end{vmatrix}=x^n+a_1x^{n-1}+a_2x^{n-2}+\cdots+a_{n-1}x+a_n$$

证　因行列式前面诸行每行仅有两个非零元素,考虑展开方法. 依拉普拉斯定理将 D_n 按第 n 行展开有

$$D_n=(-1)^{n+1}a_n\begin{vmatrix} -1 & 0 & \cdots & 0 & 0 \\ x & -1 & \cdots & 0 & 0 \\ \vdots & \vdots & & \vdots & \vdots \\ 0 & 0 & \cdots & -1 & 0 \\ 0 & 0 & \cdots & x & -1 \end{vmatrix}+(-1)^{n+2}a_{n-1}\begin{vmatrix} x & 0 & \cdots & 0 & 0 \\ 0 & -1 & \cdots & 0 & 0 \\ \vdots & \vdots & & \vdots & \vdots \\ 0 & 0 & \cdots & -1 & 0 \\ 0 & 0 & \cdots & x & -1 \end{vmatrix}+\cdots+$$

$$(-1)^{n+(n-2)}a_2\begin{vmatrix} x & -1 & 0 & \cdots & 0 & 0 \\ 0 & x & -1 & \cdots & 0 & 0 \\ \vdots & \vdots & \vdots & & \vdots & \vdots \\ 0 & 0 & 0 & \cdots & x & 0 \\ 0 & 0 & 0 & \cdots & 0 & -1 \end{vmatrix}+(-1)^{n+(n+1)}(a_1+x)\begin{vmatrix} x & -1 & 0 & \cdots & 0 & 0 \\ 0 & x & -1 & \cdots & 0 & 0 \\ \vdots & \vdots & \vdots & & \vdots & \vdots \\ 0 & 0 & 0 & \cdots & x & -1 \\ 0 & 0 & 0 & \cdots & 0 & x \end{vmatrix}=$$

$$(-1)^{n+1}a_n(-1)^{n-1}+(-1)^{n+2}a_{n-1}(-1)^{n-2}x+\cdots+(-1)^{n+(n-2)}a_2(-1)^{n-2}+$$

$$(-1)^{n+(n-1)}(a_1+x)x^{n-1}=a_n+a_{n-1}x+a_{n-2}x^2+\cdots+a_2x^{n-2}+a_1x^{n-1}+x^n$$

注 1 它还可以用递推的办法计算(证明),将 D_n 按第 1 列展开可得关系式

$$D_n=a_n+xD_{n-1}\quad(\text{用数学归纳法可递推下去})$$

再注意到 $D_2=\begin{vmatrix} x & -1 \\ a_2 & x+a_1 \end{vmatrix}=x^2+a_1x+a_2$ 即可.

注 2 更一般的可有结论:

$$\begin{vmatrix} a_0 & -1 & & & & \\ a_1 & x & -1 & & & \\ \vdots & 0 & \ddots & \ddots & & \\ \vdots & \vdots & \ddots & \ddots & \ddots & \\ \vdots & \vdots & & \ddots & \ddots & -1 \\ a_n & 0 & \cdots & \cdots & 0 & x \end{vmatrix}=a_0x^n+a_1x^{n-1}+\cdots+a_{n-1}x+a_n$$

注 3 显然,D_n 是下面矩阵(Frobenius 矩阵)

$$\boldsymbol{G}=\begin{pmatrix} 0 & 1 & 0 & \cdots & 0 & 0 \\ 0 & 0 & 1 & \cdots & 0 & 0 \\ \vdots & \vdots & \vdots & & \vdots & \vdots \\ 0 & 0 & 0 & \cdots & 0 & 1 \\ -a_n & -a_{n-1} & -a_{n-2} & \cdots & -a_2 & -a_1 \end{pmatrix}$$

的特征多项式.对于多项式 $f(x)=x^n+a_1x^{n-1}+\cdots+a_{n-1}x+a_n$ 来讲,$\boldsymbol{G}$ 称为 $f(x)$ 的**友阵**.

顺便指出:对于 $f(x)$ 和 $\boldsymbol{G}$ 来讲,$f(\boldsymbol{G})=\boldsymbol{O}$(Cayley-Hamiltom 定理).

注 4 用行列式表示多项式或方程,使我们联想到平面直角坐标系下过两点 $(x_i,y_i)(i=1,2)$ 的直线方程,过五点 $(x_i,y_i)(i=1,2,\cdots,5)$ 的二次曲线方程和空间坐标系下过不共线的三点 $(x_i,y_i,z_i)(i=1,2,3)$ 的平面方程分别可用行列式开式轻松地给出:

$$\begin{vmatrix} x & y & 1 \\ x_1 & y_1 & 1 \\ x_2 & y_2 & 1 \end{vmatrix}=0,\quad(\text{平面直线方程})$$

$$\begin{vmatrix} x & y & z & 1 \\ x_1 & y_1 & z_1 & 1 \\ x_2 & y_2 & z_2 & 1 \\ x_3 & y_3 & z_3 & 1 \end{vmatrix}=0\quad(\text{空间平面方程})$$

$$\begin{vmatrix} x^2 & y^2 & xy & x & y & 1 \\ x_1^2 & y_1^2 & x_1y_1 & x_1 & y_1 & 1 \\ x_2^2 & y_2^2 & x_2y_2 & x_2 & y_2 & 1 \\ x_3^2 & y_3^2 & x_3y_3 & x_3 & y_3 & 1 \\ x_4^2 & y_4^2 & x_4y_4 & x_4 & y_4 & 1 \\ x_5^2 & y_5^2 & x_5y_5 & x_5 & y_5 & 1 \end{vmatrix}=0\quad(\text{平面二次曲线方程})$$

注 5 其实本命题是矩阵理论中重要结论,因而这类例子考虑起来当然会费些周折——因为它们原本是定理.

又比如柯西(A. L. Cauchy)矩阵

$$C=\begin{pmatrix}\frac{1}{a_1+b_1} & \frac{1}{a_1+b_2} & \cdots & \frac{1}{a_1+b_n}\\ \frac{1}{a_2+b_1} & \frac{1}{a_2+b_2} & \cdots & \frac{1}{a_2+b_n}\\ \vdots & \vdots & & \vdots\\ \frac{1}{a_b+b_1} & \frac{1}{a_n+b_2} & \cdots & \frac{1}{a_n+b_n}\end{pmatrix}$$

其行列式 $\det C=\prod\limits_{j<i}(a_j-a_i)(b_j-b_i)/\prod\limits_{i,j=1}^{n}(a_j+b_j)$.

而下面的矩阵称为希尔伯特(D. Hilbert)阵：

$$H=\begin{pmatrix}1 & \frac{1}{2} & \frac{1}{3} & \cdots & \frac{1}{n}\\ \frac{1}{2} & \frac{1}{3} & \frac{1}{4} & \cdots & \frac{1}{n+1}\\ \frac{1}{3} & \frac{1}{4} & \frac{1}{5} & \cdots & \frac{1}{n+2}\\ \vdots & \vdots & \vdots & & \vdots\\ \frac{1}{n} & \frac{1}{n+1} & \frac{1}{n+2} & \cdots & \frac{1}{2n-1}\end{pmatrix}$$

它的行列式计算更复杂. 这可由上面的 Cauchy 阵行列式结果中直接导出.

[**答案**　$\dfrac{[1!\ 2!\ 3!\ \cdots(n-1)!]^3}{n!\ (n+1)!\ (n+2)!\ \cdots(2n-1)!}$]

这些都是经典问题，但不少考题来自命题的特殊情形(特例，比如计算取 $n=3$ 的情形).

我们来看两个关于行列式多项式问题.

例 5　若 $a_i\in\mathbf{R}$，$i=1,2,\cdots,n$. 又 $f_i(x)(i=1,2,\cdots,n)$为 n 个次数不大于 $n-2$ 的实系数多项式. 求证

$$\begin{vmatrix}f_1(a_1) & f_1(a_2) & \cdots & f_1(a_n)\\ f_2(a_1) & f_2(a_2) & \cdots & f_2(a_n)\\ \vdots & \vdots & & \vdots\\ f_n(a_1) & f_n(a_2) & \cdots & f_n(a_n)\end{vmatrix}=0$$

证　若 $a_i=a_j(i,j=1,2,\cdots,n)$，命题显然为真. 今设 $a_i\neq a_j$，且令

$$F(x)=\begin{vmatrix}f_1(x) & f_1(a_2) & \cdots & f_1(a_n)\\ f_2(x) & f_2(a_2) & \cdots & f_2(a_n)\\ \vdots & \vdots & & \vdots\\ f_n(x) & f_n(a_2) & \cdots & f_n(a_n)\end{vmatrix}$$

由题设知 $f_i(x)$的次数不大于 $n-2$，进而知 $F(x)$的次数不大于 $n-2$.

注意到，当 $x=a_2,a_3,\cdots,a_n$ 时，行列式有两列元素对应相等，从而 $F(x)=0$，由此可知 $F(x)$有 $n-1$ 个相异根，从而 $F(x)\equiv 0$.

特别地，$F(a_1)=0$，即题目中要证的等式成立.

注　此外，利用行列式展开还可进行某些数学命题的推演，如：

对 $n+1$ 阶行列式 $D_{n+1}=\begin{vmatrix}a_{i1} & a_{i2} & \cdots & a_{in} & b_i\\ a_{11} & a_{12} & \cdots & a_{1n} & b_1\\ a_{21} & a_{22} & \cdots & a_{2n} & b_2\\ \vdots & \vdots & & \vdots & \vdots\\ a_{n1} & a_{n2} & \cdots & a_{nn} & b_n\end{vmatrix}$ 按其第 1 行展开，可以证明：$\left(\dfrac{D_1}{D},\dfrac{D_2}{D},\cdots,\dfrac{D_n}{D}\right)$是

线性方程组 $\mathbf{Ax}=\boldsymbol{b}$ 的解，其中 $\mathbf{A}=(a_{ij})_{n\times n}$，$\boldsymbol{x}=(x_1,x_2,\cdots,x_n)^{\mathrm{T}}$，$\boldsymbol{b}=(b_1,b_2,\cdots,b_n)^{\mathrm{T}}$，这里 $D=|\mathbf{A}|\neq 0$，且 D_i 是用 $\boldsymbol{b}$ 替换 D 的第 i 列所得的行列式.

证 由设 D_{n+1} 的第 1 行 $(a_{i1},a_{i2},\cdots,a_{in},b_i)$，当 $i=1,2,\cdots,n$ 时，与下面诸行相同，故 $D_{n+1}=0$. 将其按第 1 行展开有

$$(-1)^{n+1}a_{i1}D_1+(-1)^{n+1}a_{ii}D_2+\cdots+(-1)^{n+1}a_{in}D_n+(-1)^{n+2}b_iD=0$$

即

$$a_{i1}D_1+a_{i2}D_2+\cdots+a_{in}D_n=b_nD,\quad i=1,2,\cdots,n$$

故

$$a_{i1}\frac{D_1}{D}+a_{i2}\frac{D_2}{D}+\cdots+a_{in}\frac{D_n}{D}=b_n,\quad i=1,2,\cdots,n$$

显然 $x_i=\dfrac{D_i}{D}(i=1,2,\cdots,n)$ 是 $\mathbf{Ax}=\boldsymbol{b}$ 的解.

又如：设 $a_i,b_i\in\mathbf{R}^n(i=1,2,\cdots,n+1)$，且 a_i 互异. 又多项式 $f(x)=c_0+c_1x+c_2x^2+\cdots+c_{n-1}x^{n-1}+c_nx^n$ 满足 $f(a_i)=b_i(1\leqslant i\leqslant n+1)$.

用上结论可导出满足上诸关系的 Lagrange 插值公式.

例 6 若 $f(x)=\begin{vmatrix} C_1^0 & 0 & 0 & 0 & \cdots & 0 & x \\ C_2^0 & C_2^1 & 0 & 0 & \cdots & 0 & x^2 \\ C_3^0 & C_3^1 & C_3^2 & 0 & \cdots & 0 & x^3 \\ \vdots & \vdots & \vdots & \vdots & & \vdots & \vdots \\ C_n^0 & C_n^1 & C_n^2 & C_n^3 & \cdots & C_n^{n-1} & x^n \\ C_{n+1}^0 & C_{n+1}^1 & C_{n+1}^2 & C_{n+1}^3 & \cdots & C_{n+1}^{n-1} & x^{n+1} \end{vmatrix}$，试证 $f(x+1)-f(x)=(n+1)!\ x^n$.

证 第 j 列乘 x^{j-1} 加到最末列 $(j=1,2,\cdots,n)$ 且令 $g_k(x)=x^k+C_k^1x^{k-1}+C_k^2x^{k-2}+\cdots+C_k^k$，则

$$f(x)=\begin{vmatrix} C_1^0 & 0 & 0 & 0 & \cdots & 0 & g_1(x) \\ C_2^0 & C_2^1 & 0 & 0 & \cdots & 0 & g_2(x) \\ C_3^0 & C_3^1 & C_3^2 & 0 & \cdots & 0 & g_3(x) \\ \vdots & \vdots & \vdots & \vdots & & \vdots & \vdots \\ C_n^0 & C_n^1 & C_n^2 & C_n^3 & \cdots & C_n^{n-1} & g_n(x) \\ C_{n+1}^0 & C_{n+1}^1 & C_{n+1}^2 & C_{n+1}^3 & \cdots & C_{n+1}^{n-1} & g_{n+1}(x) \end{vmatrix}$$

从而(注意第 k 列乘以 $-x^{k-1}$ 加到第末列，$k=1,2,\cdots,n$)，注意到行列式加减法法则及 $g_k(x+1)-g_k(x)$ 运算，即有

$$f(x+1)-f(x)=\begin{vmatrix} C_1^0 & 0 & 0 & 0 & \cdots & 0 & 1 \\ C_2^0 & C_2^1 & 0 & 0 & \cdots & 0 & 2x+1 \\ C_3^0 & C_3^1 & C_3^2 & 0 & \cdots & 0 & 3x^2+3x+1 \\ \vdots & \vdots & \vdots & \vdots & & \vdots & \vdots \\ C_n^0 & C_n^1 & C_n^2 & C_n^3 & \cdots & C_n^{n-1} & nx^{n-1}+C_n^2x^{n-2}+\cdots+1 \\ C_{n+1}^0 & C_{n+1}^1 & C_{n+1}^2 & C_{n+1}^3 & \cdots & C_{n+1}^{n-1} & (n+1)x^n+C_{n+1}^2x^{n-1}+\cdots+1 \end{vmatrix}=$$

$$\begin{vmatrix} C_1^0 & 0 & 0 & 0 & \cdots & 0 & 0 \\ C_2^0 & C_2^1 & 0 & 0 & \cdots & 0 & 0 \\ C_3^0 & C_3^1 & C_3^2 & 0 & \cdots & 0 & 0 \\ \vdots & \vdots & \vdots & \vdots & & \vdots & \vdots \\ C_n^0 & C_n^1 & C_n^2 & C_n^3 & \cdots & C_n^{n-1} & 0 \\ C_{n+1}^0 & C_{n+1}^1 & C_{n+1}^2 & C_{n+1}^3 & \cdots & C_{n+1}^{n-1} & (n+1)x^n \end{vmatrix}=(n+1)!\ x^n$$

四、行列式求极限、求导及其相关问题

我们前文已述，利用行列式性质证明其他数学分支的问题，是行列式的一个重要用途.

例 1　若数列$\{x_n\}(n=0,1,2,\cdots)$是满足$x_n^2-x_{n-1}x_{n+1}=1(n=1,2,3,\cdots)$的非零实序列. 证明：存在实数 a 使$x_{n-1}=ax_n-x_{n-1}(n\geqslant 1)$.

证　考虑行列式(注意行列式性质)

$$\begin{vmatrix} x_{n-1}+x_{n+1} & x_n+x_{n+2} \\ x_n & x_{n+1} \end{vmatrix}=\begin{vmatrix} x_{n-1} & x_n \\ x_n & x_{n+1} \end{vmatrix}+\begin{vmatrix} x_{n+1} & x_{n+2} \\ x_n & x_{n+1} \end{vmatrix}=-1+1=0$$

这样可有$(x_{n-1}+x_{n+1},x_n+x_{n+2})=c_n(x_n,x_{n+1})$. 即行列式两行成比例，这里 c_n 为实数.
同样$(x_{n-2}+x_n,x_{n-1}+x_{n+1})=c_{n-1}(x_{n-1},x_n)$，这样

$$x_{n-1}+x_{n+1}=c_nx_n=c_{n-1}x_n$$

而 $x_n\neq 0$，得 $c_n=c_{n-1}$，即 c_n 为常数.

注　此证法可将命题结论推广至如下命题.

命题　若数列$\{x_n\}(n=0,1,2,\cdots)$满足

$$\begin{vmatrix} x_n & x_{n+1} & \cdots & x_{n+k} \\ x_{n+1} & x_{n+2} & \cdots & x_{n+k+1} \\ \vdots & \vdots & & \vdots \\ x_{n+k} & x_{n+k+1} & \cdots & x_{n+2k} \end{vmatrix}=cr^n,\quad n=1,2,3,\cdots$$

的非零实数列，则存在实数 $a_1,a_2,\cdots,a_k$，使

$$x_{n+k+1}=a_1x_{n+k}+a_2x_{n+k-1}+\cdots+a_kx_{n+1}+(-1)^krx_n$$

下面的问题涉及矩阵和的行列问题.

例 2　若 m,n 为大于 1 的整数，$a_1,a_2,\cdots,a_{m+1}$ 为实数. 求证：存在 m 个$n\times n$矩阵 $\boldsymbol{A}_1,\boldsymbol{A}_2,\cdots,\boldsymbol{A}_m$ 满足：(1)$\det\boldsymbol{A}_j=a_j(j=1,2,\cdots,m)$；(2)$\det(\boldsymbol{A}_1+\boldsymbol{A}_2+\cdots+\boldsymbol{A}_m)=a_{m+1}$.

证　令矩阵 $\boldsymbol{A}_1,\boldsymbol{A}_2,\cdots,\boldsymbol{A}_m$ 分别为(式中参数 b 待定)

$$\boldsymbol{A}_1=\begin{pmatrix} a_1 & 0 & & & \\ 1 & 1 & & & \\ & & 1 & & \\ & & & \ddots & \\ & & & & 1 \end{pmatrix},\ \boldsymbol{A}_2=\begin{pmatrix} a_2 & b & & & \\ 0 & 1 & & & \\ & & 1 & & \\ & & & \ddots & \\ & & & & 1 \end{pmatrix},\ \cdots,\boldsymbol{A}_i=\begin{pmatrix} a_i & & & & \\ & 1 & & & \\ & & 1 & & \\ & & & \ddots & \\ & & & & 1 \end{pmatrix},\quad i=3,4,\cdots,m.$$

易算得 $\det\boldsymbol{A}_j=a_j\quad(j=1,2,\cdots,m)$，且

$$\boldsymbol{A}_1+\boldsymbol{A}_2+\cdots+\boldsymbol{A}_m=\begin{pmatrix} s & b & & & \\ 1 & m & & & \\ & & m & & \\ & & & \ddots & \\ & & & & m \end{pmatrix}$$

其中 $s=a_1+a_2+\cdots+a_m$，故由 $\det(\boldsymbol{A}_1+\boldsymbol{A}_2+\cdots+\boldsymbol{A}_m)=(sm-b)m^{n-2}$，及题设有$(sm-b)m^{n-2}=a_{m+1}$，得

$$b=sm-a_{m+1}m^{2-n}$$

如果行列式中有变元，则其可视为该变元的函数，这样相应的关于函数的某些问题会提出，比如求导、积分、中值定理等. 我们来看例：

例 3　设函数 $F(x)=\begin{vmatrix} x & x^2 & x^3 \\ 1 & 2x & 3x^2 \\ 0 & 2 & 6x \end{vmatrix}$，求 $F'(x)$和 $F'\left(\dfrac{1}{\sqrt{6}}\right)$.

解 由行列式及导数性质有

$$F'(x)=\begin{vmatrix} x' & (x^2)' & (x^2)' \\ 1 & 2x & 3x^2 \\ 0 & 2 & 6x \end{vmatrix}+\begin{vmatrix} x & x^2 & x^3 \\ 1' & (2x)' & (3x^2)' \\ 0 & 2 & 6x \end{vmatrix}+\begin{vmatrix} x & x^2 & x^3 \\ 1 & 2x & 3x^2 \\ 0' & 2' & (6x)' \end{vmatrix}=$$

$$\begin{vmatrix} 1 & 2x & 3x^2 \\ 1 & 2x & 3x^2 \\ 0 & 2 & 6x \end{vmatrix}+\begin{vmatrix} x & x^2 & x^3 \\ 1 & 2x & 3x^2 \\ 0 & 2 & 6x \end{vmatrix}+\begin{vmatrix} x & x^2 & x^3 \\ 1 & 2x & 3x^2 \\ 0 & 0 & 6 \end{vmatrix}=6\begin{vmatrix} x & x^2 \\ 1 & 2x \end{vmatrix}=6x^2$$

故 $F'\left(\dfrac{1}{\sqrt{6}}\right)=F'(x)\big|_{x=\frac{1}{\sqrt{6}}}=1$.

注 仿例的方法,我们当然可考虑 $\int F(x)\mathrm{d}x$, $\int_a^b F(x)\mathrm{d}x$ 等问题.

例 4 设 $f(x)=\begin{vmatrix} 1 & x-1 & 2x-1 \\ 1 & x-2 & 3x-2 \\ 1 & x-3 & 4x-3 \end{vmatrix}$,证明存在 $\xi\in(0,1)$,使 $f'(\xi)=0$.

证 由设知 $f(x)$是关于 x 的不多于三次的多项式,故它在$[0,1]$上连续,在$(0,1)$内可导,且

$$f(0)=\begin{vmatrix} 1 & -1 & -1 \\ 1 & -2 & -2 \\ 1 & -3 & -3 \end{vmatrix}=0,\quad f(1)=\begin{vmatrix} 1 & 0 & 1 \\ 1 & -1 & 1 \\ 1 & -2 & 1 \end{vmatrix}=0$$

由罗尔(Rolle)中值定理知道,至少存在一点 $\xi\in(0,1)$,使 $f'(\xi)=0$.

注 1 行列式函数求导问题我们可有下面的结论:

若 $a_{ij}(t)(1\leqslant i,j\leqslant n)$是 t 的可导函数,则

$$\frac{\mathrm{d}}{\mathrm{d}t}\begin{vmatrix} a_{11}(t) & a_{12}(t) & \cdots & a_{1n}(t) \\ a_{21}(t) & a_{22}(t) & \cdots & a_{2n}(t) \\ \vdots & \vdots & & \vdots \\ a_{n1}(t) & a_{n2}(t) & \cdots & a_{nn}(t) \end{vmatrix}=\sum_{j=1}^{n}\begin{vmatrix} a_{11}(t) & a'_{1j}(t) & \cdots & a_{1n}(t) \\ a_{21}(t) & a'_{2j}(t) & \cdots & a_{2n}(t) \\ \vdots & \vdots & & \vdots \\ a_{n1}(t) & a'_{nj}(t) & \cdots & a_{nn}(t) \end{vmatrix}$$

这可由行列式展开式及和、积函数求导法则不难证得.

注 2 与微分中值定理的联系中,行列式有着特殊的功效与地位,由于它的形式整齐,便于记忆,常引人注目.下面的问题也属此类:

命题 若 $f(x),g(x),h(x)$在$[a,b]$上连续,在(a,b)内可导,则有 $\xi\in(a,b)$使

$$\begin{vmatrix} f(a) & g(a) & h(a) \\ f(b) & g(b) & h(b) \\ f'(\xi) & g'(\xi) & h'(\xi) \end{vmatrix}=0$$

且由此导出拉格朗日(Lagrange)中值定理和柯西(Cauchy)中值定理.

略解 令 $F(x)=\begin{vmatrix} f(a) & g(a) & h(a) \\ f(b) & g(b) & h(b) \\ f(x) & g(x) & h(x) \end{vmatrix}$,由行列式性质易证 $F(a)=F(b)=0$.

由 Rolle 定理知,有 $\xi\in(a,b)$使 $F'(\xi)=0$(注意行列式微分),即

$$\begin{vmatrix} f(a) & g(a) & h(a) \\ f(b) & g(b) & h(b) \\ f'(\xi) & g'(\xi) & h'(\xi) \end{vmatrix}=0$$

(1)若取 $g(x)=x,h(x)=1$,行列式化为 $\begin{vmatrix} f(a) & a & 1 \\ f(b) & b & 1 \\ f'(\xi) & 1 & 0 \end{vmatrix}=0$,即

$$f(b)-f(a)=f'(\xi)(b-a)$$

此即 Lagrange 中值定理.

(2)若取 $h(x)=1$,行列式化为 $\begin{vmatrix} f(a) & g(a) & 1 \\ f(b) & g(b) & 1 \\ f'(\xi) & g'(\xi) & 1 \end{vmatrix}=0$,即

$$\frac{f(b)-f(a)}{g(b)-g(a)}=\frac{f'(\xi)}{g'(\xi)}$$

此乃 Cauchy 中值定理.

五、行列式问题杂例

下面的问题或是利用行列式的某些性质,或者是将某些常规问题转化成行列式形式(或以行列式形式出现),或者相反.

例 1　若 1326,2743,5148,3874 皆可被 13 整除,则 $D=\begin{vmatrix} 1 & 3 & 2 & 6 \\ 2 & 7 & 4 & 3 \\ 5 & 1 & 4 & 8 \\ 3 & 8 & 7 & 4 \end{vmatrix}$ 亦可被 13 整除.

证　直接先计算行列式不是首选方法,然后从试题形式看也非此目的.倘若在行列式某列能化为 1326,2743,5148,3874 后(它们皆可被 13 整除),问题立刻获解.

将第 1 列乘 1000,第 2 列乘 100,第 3 列乘 10 分别加到第 4 列后,D 变为

$$D=\begin{vmatrix} 1 & 3 & 2 & 1326 \\ 2 & 7 & 4 & 2743 \\ 5 & 1 & 4 & 5148 \\ 3 & 8 & 7 & 3874 \end{vmatrix}$$

从第 4 列提出 13 的因子,则 $D=13D'$,而 D' 亦为整数,从而 D 可被 13 整除.

注　因为 D 的值可能是负,因而题目似应改为"D 的绝对值"可被 13 整除或 D 中有 13 的因子.

这个命题是属于分析和代数的综合问题,若题设不提示 1326,2747,5148,3874 皆可被 13 整除,问题难度加大.类似的问题又如:

问题　试证行列式 $\begin{vmatrix} 2 & 7 & 3 \\ 4 & 6 & 8 \\ 6 & 8 & 9 \end{vmatrix}$ 可被 13 整除.

这只需注意到 273,468,689 皆可被 13 整除即可.

例 2　若 $D=|a_{ij}|_{100\times 100}$,这里 $a_{ij}=ij(1\leqslant i,j\leqslant 100)$.求证:$D$ 的展开式的 100! 项中每项绝对值被 101 除时余数都是 1.

这也是一则涉及整数性质的行列式问题例中用到了"数论"中的 Wilson 定理.

证　D 的展开式中每项(即在不同行又在不同列元素之积,注意到 $a_{ij}=ij$)的绝对值均为$(100!)^2$.

由数论中的 Wilson 定理,注意到 101 为质数知 $100!\equiv -1 \pmod{101}$,故

$$(100!)^2\equiv(-1)^2 \pmod{101}$$

注　数论中的 Wilson 定理是这样叙述的:

Wilson 定理　若 p 为素数,则 $|p|[(p-1)!+1]$.

这是数论中一个著名且有用的定理.

行列式的整除性问题往往会与其相应矩阵的特征问题有关联(综合性较强者),请看:

例 3　证明行列式(其中 a_i 不全为 $0,1\leqslant i\leqslant n$)

$$\begin{vmatrix} a_1^2+k & a_1a_2 & a_1a_3 & \cdots & a_1a_n \\ a_2a_1 & a_2^2+k & a_2a_3 & \cdots & a_2a_n \\ \vdots & \vdots & \vdots & & \vdots \\ a_na_1 & a_na_2 & a_2a_3 & \cdots & a_n^2+k \end{vmatrix}$$

可以被 k^{n-1} 整除,并求其他因子.

解 设 $\boldsymbol{B}=\begin{pmatrix} a_1^2 & a_1a_2 & a_1a_3 & \cdots & a_1a_n \\ a_2a_1 & a_2^2 & a_2a_3 & \cdots & a_2a_n \\ \vdots & \vdots & \vdots & & \vdots \\ a_na_1 & a_na_2 & a_2a_3 & \cdots & a_n^2 \end{pmatrix}$,其列向量对应分量皆成比例,故它们线性相关.

从而秩 $r(\boldsymbol{B})=1$. 故其特多项式

$$|\lambda\boldsymbol{I}-\boldsymbol{B}|=\lambda^n-\mathrm{Tr}(\boldsymbol{B})x^{n-1}+\cdots=\lambda^{n-1}(\lambda-a_1^2-a_2^2-\cdots-a_n^2)$$

应有 $n-1$ 个 0,因而其可被 x^{n-1} 整除. 故

$$|\boldsymbol{B}+k\boldsymbol{I}|=(-1)^n|-k\boldsymbol{I}-\boldsymbol{B}|=k^{n-1}(k+a_1^2+a_2^2+\cdots+a_n^2)$$

从而 $|\boldsymbol{B}+k\boldsymbol{I}|$ 的另一个因子是 $k+a_1^2+a_2^2+\cdots+a_n^2$.

这是一则寻找函数的问题,使得该函数满足给定行列式的某些性质. 它的分析味道似乎更强(应归类到"数学分析"里函数问题中).

例 4 每个 n^2 位的十进制数,对应于一个矩阵的行列式,例如当 $n=2$ 时,整数 8617 对应于行列式 $\det\begin{pmatrix} 8 & 6 \\ 1 & 7 \end{pmatrix}=50$. 试找出一个自变量为 n 的函数,它对应于所有 n^2 位十进制的行列式的和(首位数字假定非零,例如对 $n=2$,共有 9000 个行列式).

解 设所求函数为 $f(n)$. 讨论 n 取不同值的情形.

当 $n=1$ 时是平凡的,此时一阶行列式的和为 $1+2+\cdots+8+9=45$.

考虑 $n\geqslant 2$ 的情形. 由于元素取自 $\{0,1,2,\cdots,8,9\}$ 的每个 $n\times n$ 矩阵,总对应另一矩阵,它由交换该矩阵最后两列得到(若该矩阵与原来矩阵相同,则它的行列式为 0,因为行列式有两列相同).

而交换行列式两列,行列式值变号,故元素取自 $\{0,1,2,\cdots,8,9\}$ 的所有矩阵行列式之和为 0.

然而,我们并非考虑所有的矩阵,而是仅考虑左上角不为 0 的那些.

若 $n\geqslant 3$,则交换最后两列不影响左上角元素,故所求的和仍为零. 故当 $n\geqslant 3$ 时,所求行列式和为 0.

当 $n=2$ 时,则对于和有贡献的仅有形如 $\begin{bmatrix} * & 0 \\ * & * \end{bmatrix}$ 的矩阵行列式,而它们的值仅依赖于对角之上的元素. 而对角线上不同元素的矩阵仅有 10 个,故它们的和为

$$10\sum_{i,j=1}^{9} ij=10\left(\sum_{i=1}^{9} i\right)\left(\sum_{j=1}^{9} j\right)=10\cdot 45\cdot 45=20250$$

综上

$$f(x)=\begin{cases} 45, & n=1 \\ 20250, & n=2 \\ 0, & n\geqslant 3 \end{cases}$$

下面的例子与所谓"杨辉三角形"有关的行列式问题.

例 5 计算 $D_n=\begin{vmatrix} 1 & 1 & 1 & 1 & 1 & \cdots \\ 1 & 2 & 3 & 4 & \cdots & \\ 1 & 3 & 6 & \cdots & & \\ 1 & 4 & \cdots & & & \\ 1 & \cdots & & * & & \\ \cdots & & & & & \end{vmatrix}$,其中它是由数表

$$\begin{array}{ccccccccc} & & & & 1 & & & & \\ & & & 1 & & 1 & & & \\ & & 1 & & 2 & & 1 & & \\ & 1 & & 3 & & 3 & & 1 & \\ 1 & & 4 & & 6 & & 4 & & 1 \\ \cdots & \cdots & \cdots & \cdots & \cdots & \cdots & \cdots & \cdots & \cdots \end{array}$$

即所谓“杨辉三角形”生成.

解　由二项式定理和组合等式 $C_n^k=C_{n-1}^k+C_{n-1}^{k-1}$ 有

$$D_n=\begin{vmatrix}1&1&1&\cdots&1\\1&C_2^1&C_3^1&\cdots&C_n^1\\1&C_3^2&C_4^2&\cdots&C_{n+1}^2\\\vdots&\vdots&\vdots&&\vdots\\1&C_n^{n-1}&C_{n+1}^{n-1}&\cdots&C_{2n-2}^{n-1}\end{vmatrix}$$

从最后一行起每行减去其前一行,再考虑组合公式有

$$D_n=\begin{vmatrix}1&1&1&\cdots&1&1\\0&1&2&\cdots&n-1&n-1\\0&C_2^2&C_3^2&\cdots&C_{n-1}^2&C_n^2\\\vdots&\vdots&\vdots&&\vdots&\vdots\\0&C_{n-2}^{n-2}&C_{n-1}^{n-2}&\cdots&C_{2n-5}^{n-2}&C_{2n-4}^{n-2}\\0&C_{n-1}^{n-1}&C_n^{n-1}&\cdots&C_{2n-4}^{n-1}&C_{2n-3}^{n-1}\end{vmatrix}$$

从最后一行起每列减去其前一列,同样考虑组合公式有

$$D_n=\begin{vmatrix}1&0&0&\cdots&0&0\\0&1&1&\cdots&1&1\\0&1&C_2^1&\cdots&C_{n-2}^1&C_{n-1}^1\\\vdots&\vdots&\vdots&&\vdots&\vdots\\0&1&C_{n-2}^{n-3}&\cdots&C_{2n-6}^{n-3}&C_{2n-5}^{n-3}\\0&1&C_{n-1}^{n-2}&\cdots&C_{2n-5}^{n-2}&C_{2n-4}^{n-2}\end{vmatrix}=D_{n-1}$$

递推地有

$$D_n=D_{n-1}=\cdots=D_2=\begin{vmatrix}1&1\\1&C_2^1\end{vmatrix}=1$$

下面是一个所谓“循环行列式”计算问题,由于问题形式特殊,因而解法也不寻常,这些我们有时也许不会想到,但细细品味你会悟出其中的奥妙.

例 6　试证下面所谓循环行列式等式

$$\begin{vmatrix}x&y&z\\z&x&y\\y&z&x\end{vmatrix}=(x+y+z)(x+\omega y+\omega^2 z)(x+\omega^2 y+\omega z)$$

其中,ω 是 1 的立方根 $(-1+\sqrt{-3})/2$(它是复数).

证　考虑下面行列式变换

$$\begin{vmatrix}x&y&z\\z&x&y\\y&z&x\end{vmatrix}=\begin{vmatrix}x+y+z&y&z\\x+y+z&x&y\\x+y+z&z&x\end{vmatrix}=\quad\text{(后两列加到第 1 列,并提取 }x+y+z\text{)}$$

$$(x+y+z)\begin{vmatrix}1&y&z\\1&x&y\\1&z&x\end{vmatrix}=\quad\text{(第 1 行乘 }\omega\text{,第 3 行乘 }\omega^2\text{ 加到第 2 行,且注意到 }1+\omega+\omega^2=0\text{)}$$

$$(x+y+z)\begin{vmatrix}1&y&z\\0&x+\omega y+\omega^2 z&y+\omega z+\omega^2 x\\1&z&x\end{vmatrix}=\quad\text{(第 1 行乘 }\omega\text{,再乘 }\omega^2\text{ 同时加到第 3 行)}$$

$$(x+y+z)\begin{vmatrix}1 & y & z\\0 & x+\omega y+\omega^2 z & y+\omega z+\omega^2 x\\0 & z+\omega y+\omega^2 y & x+\omega z+\omega^2 z\end{vmatrix}=$$ (第 2 列乘 $-\omega^2$ 加到第 3 列,注意到 $\omega^3=1$)

$$(x+y+z)\begin{vmatrix}1 & y & z-\omega^2 y\\0 & x+\omega y+\omega^2 z & 0\\0 & z+\omega y+\omega^2 y & x+\omega^2 y+\omega z\end{vmatrix}=$$ (按第 1 列展开)

$$(x+y+z)(x+\omega y+\omega^2 z)(x+\omega^2 y+\omega z).$$

这里应随时注意到:$1+\omega+\omega^2=0,\omega^3=1$ 等事实.

注 这可看作是该行列式的一种因式分解式.又利用它可以解某些三次方程.

证 2 考虑下面等式及变换(注意到 $\omega^3=1$ 及 $1+\omega+\omega^2=0$,且 $|A||B|=|AB|$):

$$\begin{vmatrix}x & y & z\\z & x & y\\y & z & x\end{vmatrix}\begin{vmatrix}1 & 1 & 1\\1 & \omega & \omega^2\\1 & \omega^2 & \omega\end{vmatrix}=\begin{vmatrix}x+y+z & x+\omega y+\omega^2 z & x+\omega^2 y+\omega z\\x+y+z & z+\omega x+\omega^2 y & z\\x+y+z & y+\omega z+\omega^2 x & y+\omega z^2+\omega x\end{vmatrix}=$$

$$(x+y+z)(x+\omega y+\omega^2 y)(x+\omega^2 y+\omega z)\begin{vmatrix}1 & 1 & 1\\1 & \omega & \omega^2\\1 & \omega^2 & \omega\end{vmatrix}$$

注意:由于行列式 $\begin{vmatrix}1 & 1 & 1\\1 & \omega & \omega^2\\1 & \omega^2 & \omega\end{vmatrix}\neq 0$,两边除之,即为所求证等式.

注 证 2 的方法虽巧,但不易想到.不过运用此方法可证例的推广情形.

最后来看一道综合题,这里面不仅涉及了行列式计算,还包括线性方程组及矩阵代数,这类问题(包括它的其他解法)我们后文(见矩阵代数及线性方程组两章)还将专门介绍.

例 7 若 $\boldsymbol{A}\in\mathbf{R}^{3\times 3}$,又向量组 $\boldsymbol{x},\boldsymbol{A}\boldsymbol{x},\boldsymbol{A}^2\boldsymbol{x}$ 线性无关,且 $\boldsymbol{A}^3\boldsymbol{x}=3\boldsymbol{A}\boldsymbol{x}-2\boldsymbol{A}^2\boldsymbol{x}$.(1)今记矩阵 $\boldsymbol{P}=(\boldsymbol{x},\boldsymbol{A}\boldsymbol{x},\boldsymbol{A}^2\boldsymbol{x})$,求 $\boldsymbol{B}$ 使 $\boldsymbol{A}=\boldsymbol{P}\boldsymbol{B}\boldsymbol{P}^{-1}$;(2)计算 $|\boldsymbol{A}+\boldsymbol{I}|$.

解 (1)设 $\boldsymbol{B}=\begin{pmatrix}a_1 & a_2 & a_3\\b_1 & b_2 & b_3\\c_1 & c_2 & c_3\end{pmatrix}$,由设 $\boldsymbol{A}\boldsymbol{P}=\boldsymbol{P}\boldsymbol{B}$,则有

$$(\boldsymbol{A}\boldsymbol{x},\boldsymbol{A}^2\boldsymbol{x},\boldsymbol{A}^3\boldsymbol{x})=(\boldsymbol{x},\boldsymbol{A}\boldsymbol{x},\boldsymbol{A}^2\boldsymbol{x})\begin{pmatrix}a_1 & a_2 & a_3\\b_1 & b_2 & b_3\\c_1 & c_2 & c_3\end{pmatrix}$$

由上式可得(两边展开比较)

$$\begin{cases}\boldsymbol{A}\boldsymbol{x}=a_1\boldsymbol{x}+b_1\boldsymbol{A}\boldsymbol{x}+c_1\boldsymbol{A}^2\boldsymbol{x} & ①\\\boldsymbol{A}^2\boldsymbol{x}=a_2\boldsymbol{x}+b_2\boldsymbol{A}\boldsymbol{x}+c_2\boldsymbol{A}^2\boldsymbol{x} & ②\\\boldsymbol{A}^3\boldsymbol{x}=a_3\boldsymbol{x}+b_3\boldsymbol{A}\boldsymbol{x}+c_3\boldsymbol{A}^2\boldsymbol{x} & ③\end{cases}$$

这样由

$$3\boldsymbol{A}\boldsymbol{x}-2\boldsymbol{A}^2\boldsymbol{x}=\boldsymbol{A}^3\boldsymbol{x}=a_3\boldsymbol{x}+b_3\boldsymbol{A}\boldsymbol{x}+c_3\boldsymbol{A}^2\boldsymbol{x} \qquad ④$$

又因向量组 $\boldsymbol{x},\boldsymbol{A}\boldsymbol{x},\boldsymbol{A}^2\boldsymbol{x}$ 线性无关,故由式①有 $a_1=c_1=0,b_1=1$;由式②有 $a_2=b_2=0,c_2=1$;由式④有 $a_3=0,b_3=3,c_3=-2$.

从而所求矩阵

$$\boldsymbol{B}=\begin{pmatrix}0 & 0 & 0\\1 & 0 & 3\\0 & 1 & -2\end{pmatrix}$$

(2)因 $\boldsymbol{A}\sim\boldsymbol{B}$,故 $\boldsymbol{A}+\boldsymbol{I}\sim\boldsymbol{B}+\boldsymbol{I}$,从而 $|\boldsymbol{A}+\boldsymbol{I}|=|\boldsymbol{B}+\boldsymbol{I}|$,因而

$$|\boldsymbol{A}+\boldsymbol{I}|=\begin{vmatrix}1 & 0 & 0\\ 1 & 1 & 3\\ 0 & 1 & -1\end{vmatrix}=-4$$

习　　题[1]

1.计算下列行列式值

(1) $\begin{vmatrix}x & y & y & y & y\\ z & x & y & y & y\\ z & z & x & y & y\\ z & z & z & x & y\\ z & z & z & z & x\end{vmatrix}$　　(2) $\begin{vmatrix}a^2 & (a+1)^2 & (a+2)^2 & (a+3)^2\\ b^2 & (b+1)^2 & (b+2)^2 & (b+3)^2\\ c^2 & (c+1)^2 & (c+2)^2 & (c+3)^2\\ d^2 & (d+1)^2 & (d+2)^2 & (d+3)^2\end{vmatrix}$

(3) $\begin{vmatrix} & & & & 1\\ & & & 2 & \\ & & \iddots & & \\ & n-1 & & & \\ n & & & & \end{vmatrix}$　　(4) $\begin{vmatrix}0 & 1 & & & \\ 1 & 0 & 1 & & \\ & \ddots & \ddots & \ddots & \\ & & 1 & 0 & 1\\ & & & 1 & 0\end{vmatrix}$

(5) $\begin{vmatrix}2 & 1 & & & \\ 1 & 2 & 1 & & \\ & \ddots & \ddots & \ddots & \\ & & 1 & 2 & 1\\ & & & 1 & 2\end{vmatrix}$　　(6) $\begin{vmatrix}\cos\theta & 1 & 0 & 0 & \cdots & 0 & 0\\ 1 & 2\cos\theta & 1 & 0 & \cdots & 0 & 0\\ 0 & 1 & 2\cos\theta & 1 & \cdots & 0 & 0\\ \vdots & \vdots & \vdots & \vdots & & \vdots & \vdots\\ 0 & 0 & 0 & 0 & \cdots & 1 & 2\cos\theta\end{vmatrix}$

(7) $\begin{vmatrix}-a_1 & a_1 & & & \\ & -a_2 & a_2 & & \\ & & \ddots & \ddots & \\ & & & -a_{n-1} & a_{n-1}\\ a_n & 1 & \cdots & 1 & -a_n\end{vmatrix}$　　(8) $\begin{vmatrix}a & \cdots & a & 0\\ \vdots & \iddots & \iddots & b\\ a & \iddots & \iddots & \vdots\\ 0 & b & \cdots & b\end{vmatrix}$

(9) $\begin{vmatrix}a & 1 & 1 & \cdots & 1\\ 1 & a & 1 & \cdots & 1\\ \vdots & \vdots & \vdots & & \vdots\\ 1 & 1 & 1 & \cdots & a\end{vmatrix}$　　(10) $\begin{vmatrix}1 & \omega^{-1} & \omega^{-2} & — & \omega^{-n+1}\\ \omega^{-n+1} & 1 & \omega^{-1} & \cdots & \omega^{-n+2}\\ \omega^{-n+2} & \omega^{-n+1} & 1 & \cdots & \omega^{-n+3}\\ \vdots & \vdots & \vdots & & \vdots\\ \omega^{-1} & \omega^{-2} & \omega^{-3} & \cdots & 1\end{vmatrix}$

其中 ω 是 $x^n=1$ 的任一根.

(11) $\begin{vmatrix}x & a_1 & a_2 & \cdots & a_n\\ a_1 & x & a_2 & \cdots & a_n\\ a_1 & a_2 & x & \cdots & a_n\\ \vdots & \vdots & \vdots & & \vdots\\ a_1 & a_2 & a_3 & \cdots & x\end{vmatrix}$　　(12) $\begin{vmatrix}1+a_1 & 1 & 1 & \cdots & 1\\ 1 & 1+a_2 & 1 & \cdots & 1\\ 1 & 1 & 1+a_2 & \cdots & 1\\ \vdots & \vdots & \vdots & & \vdots\\ 1 & 1 & 1 & \cdots & 1+a_n\end{vmatrix}$

1　有些习题可能已出现在前面例中,正好,那就请你做做看,是否真的看懂了那些例子.后面情况类同,不再一一申明.

2.用行列式性质证明.

(1)$\begin{vmatrix}2&0&4\\3&2&3\\4&4&2\end{vmatrix}$能被7整除. (2)$\begin{vmatrix}1&0&4\\3&2&5\\4&1&6\end{vmatrix}$能被13整除. (3)$\begin{vmatrix}2&2&2&7\\4&0&6&1\\5&3&7&1\\7&9&9&1\end{vmatrix}$能被131整除.

3.若 $\varphi_1+\varphi_2+\varphi_3=0$,则 $\begin{vmatrix}1&\cos\varphi_3&\cos\varphi_2\\\cos\varphi_3&1&\cos\varphi_1\\\cos\varphi_2&\cos\varphi_1&1\end{vmatrix}=0$.

[**提示**:令 $\varphi_1=\alpha_2-\alpha_3,\varphi_2=\alpha_3-\alpha_1,\varphi_3=\alpha_1-\alpha_2$]

4.证明下面等式 $\begin{vmatrix}(a+b)^2&c^2&c^2\\a^2&(b+c)^2&a^2\\b^2&b^2&(c+a)^2\end{vmatrix}=2abc(a+b+c)^3$.

5.证明下面等式 $\begin{vmatrix}1&2&3&\cdots&n\\-1&0&3&\cdots&n\\-1&-2&0&\cdots&n\\\vdots&\vdots&\vdots&&\vdots\\-1&-2&-3&\cdots&0\end{vmatrix}=n!$.

6.试证奇数阶反对称矩阵行列式的值为零.

7.设 $F(x)=\begin{vmatrix}x&x^2&x^3\\1&2x&3x^2\\0&1&3x\end{vmatrix}$,求 $F'(x)$.

8.求行列式$|\boldsymbol{A}|$的所有代数余子式之和,其中

$$\boldsymbol{A}=\begin{pmatrix}&&&1&0\\&&1/2&&0\\&1/3&&\iddots&0\\&\iddots&\iddots&&\vdots\\1/(n-1)&\iddots&&&0\\0&\cdots&0&0&1/n\end{pmatrix}$$

$\left[\textbf{答}:(-1)^{\frac{1}{2}(n-1)(n-2)}\frac{1}{2}\cdot\frac{n(n+1)}{n!}\right]$

第 2 章

矩阵代数

矩阵一词系 1850 年英国数学家薛尔维斯特(J. J. Sylvester)首先倡用，它原指组成行列式的数字阵列.

矩阵的性质研究是在行列式理论研究中逐渐发展的.

凯莱(A. Cayley)于 1858 年定义了矩阵的某些运算，发表《矩阵论研究报告》，因而他成了矩阵论的创始人. 德国数学家弗罗伯尼(F. G. Frobenius)于 1879 年引进矩阵秩的概念，且做了较丰富的工作(发表在《克雷尔杂志》上).

尔后，矩阵作为一种独立的数学分支迅速发展起来.

20 世纪 40 年代，为响应电子计算机出现而诞生了矩阵数值分析. 1947 年，冯 · 纽曼(Ven Neumann)等人提出分析误差的条件数;1948 年，图灵(A. Turing)给出了矩阵的 LU 分解，矩阵的另一种分解 QR 分解的实际应用在 20 世纪 50 年代末得以实现. 这一切使矩阵计算得以迅猛发展.

如今，矩阵已成为一种重要的数学工具，它的理论和方法在数学和其他科技领域(如数值分析、优化理论、微分方程、概率统计、运筹学、控制论、系统工程、数量经济等)都有广泛应用，甚至经济管理、社会科学等方面亦然.

内 容 提 要

一、矩阵的运算

矩阵的运算见下表.

运　算	记号与法则	性　　质
相　等	若 $\boldsymbol{A}=(a_{ij})_{m\times n}$，$\boldsymbol{B}=(b_{ij})_{m\times n}$，且 $a_{ij}=b_{ij}\,(1\leqslant i\leqslant m,1\leqslant j\leqslant n)$，则 $\boldsymbol{A}=\boldsymbol{B}$	—
加(减)法	$\boldsymbol{A}\pm\boldsymbol{B}=(a_{ij}\pm b_{ij})_{m\times n}$ (运算产生零矩阵和负矩阵)	$\boldsymbol{A}\pm\boldsymbol{B}=\boldsymbol{B}\pm\boldsymbol{A}$ $(\boldsymbol{A}\pm\boldsymbol{B})\pm\boldsymbol{C}=\boldsymbol{A}\pm(\boldsymbol{B}\pm\boldsymbol{C})$

续表

运　算	记号与法则	性　　质
数　乘	$\alpha\boldsymbol{A}=(\alpha a_{ij})_{m\times n}$	$\alpha(\boldsymbol{A}+\boldsymbol{B})=\alpha A+\alpha\boldsymbol{B}$ $(\alpha+\beta)\boldsymbol{A}=\alpha\boldsymbol{A}+\beta\boldsymbol{A}$ $\alpha(\beta\boldsymbol{A})=(\alpha\beta)\boldsymbol{A}$
乘　法	$\boldsymbol{AB}=\boldsymbol{C}=(c_{ij})_{m\times n}$ $c_{ij}=\sum\limits_{k=1}^{n}a_{ik}b_{kj}$ $\begin{pmatrix}i=1,2,\cdots,m\\ j=1,2,\cdots,p\end{pmatrix}$ 其中 $\boldsymbol{A}=(a_{ij})_{m\times n},\boldsymbol{B}=(b_{ij})_{n\times p}$	$(\boldsymbol{AB})\boldsymbol{C}=\boldsymbol{A}(\boldsymbol{BC})=\boldsymbol{ABC}$ $(\boldsymbol{A}+\boldsymbol{B})\boldsymbol{C}=\boldsymbol{AC}+\boldsymbol{BC}$ $\boldsymbol{A}(\boldsymbol{B}+\boldsymbol{C})=\boldsymbol{AB}+\boldsymbol{AC}$ $\alpha(\boldsymbol{AB})=(\alpha\boldsymbol{A})\boldsymbol{B}=\boldsymbol{A}(\alpha\boldsymbol{B})$ 对 $\boldsymbol{A}$ 的多项式 $f(\boldsymbol{A}),g(\boldsymbol{A})$ 有 $f(\boldsymbol{A})g(\boldsymbol{A})=g(\boldsymbol{A})f(\boldsymbol{A})$
转　置	$\boldsymbol{A}^{\mathrm{T}}=\boldsymbol{B}=(b_{ij})_{m\times n}$ $(b_{ij})_{m\times n}=(a_{ji})_{m\times n}$	$(\boldsymbol{A}+\boldsymbol{B})^{\mathrm{T}}=\boldsymbol{A}^{\mathrm{T}}+\boldsymbol{B}^{\mathrm{T}}$ $(\alpha\boldsymbol{A})^{\mathrm{T}}=\alpha\boldsymbol{A}^{\mathrm{T}}$ $(\boldsymbol{AB})^{\mathrm{T}}=\boldsymbol{B}^{\mathrm{T}}\boldsymbol{A}^{\mathrm{T}}$ $(\boldsymbol{A}^{k})^{\mathrm{T}}=(\boldsymbol{A}^{\mathrm{T}})^{k}$
取行列式	$\boldsymbol{A},\boldsymbol{B}\in\mathbf{R}^{n\times n}$ $\det\boldsymbol{A}=\lvert\boldsymbol{A}\rvert$	$\lvert\boldsymbol{AB}\rvert=\lvert\boldsymbol{A}\rvert\lvert\boldsymbol{B}\rvert$ $\lvert\alpha\boldsymbol{A}\rvert=\alpha^{n}\lvert\boldsymbol{A}\rvert$

注　矩阵乘法一般无交换律.

n 阶方阵 $\boldsymbol{A}=(a_{ij})_{n\times n}$ 主对角线诸元素和,即 $\sum\limits_{i=1}^{n}a_{ii}$,称为 $\boldsymbol{A}$ 的迹,记作 $\mathrm{Tr}(\boldsymbol{A})$ 或 $\mathrm{Tr}(\boldsymbol{A})$.

二、矩阵的秩

矩阵 $\boldsymbol{A}$ 的秩即为 $\boldsymbol{A}$ 的不等于零的子式中的最高阶数,记为 $\mathrm{r}(\boldsymbol{A})$.

n 阶矩阵 $\boldsymbol{A}$,若 $\mathrm{r}(\boldsymbol{A})=n$,则称其为满秩(亦称可逆、非奇异、非退化等)阵;若 $\mathrm{r}(\boldsymbol{A})<n$,则 $\boldsymbol{A}$ 称为降秩(亦称不可逆、奇异、退化)阵.

若 $\boldsymbol{A},\boldsymbol{B}\in\mathbf{R}^{n\times n}$,由 $\mathrm{r}(\boldsymbol{A})+\mathrm{r}(\boldsymbol{B})\geqslant\mathrm{r}\begin{pmatrix}\boldsymbol{A}\\ \boldsymbol{B}\end{pmatrix}=\mathrm{r}\begin{pmatrix}\boldsymbol{A}+\boldsymbol{B}\\ \boldsymbol{B}\end{pmatrix}\geqslant\mathrm{r}(\boldsymbol{A}+\boldsymbol{B})$ 有矩阵的性质:

(1) $\mathrm{r}(\boldsymbol{A})-\mathrm{r}(\boldsymbol{B})\leqslant\mathrm{r}(\boldsymbol{A}\pm\boldsymbol{B})\leqslant\mathrm{r}(\boldsymbol{A})+\mathrm{r}(\boldsymbol{B})$;

(2) $\mathrm{r}(\boldsymbol{A})+\mathrm{r}(\boldsymbol{B})-n\leqslant\mathrm{r}(\boldsymbol{AB})\leqslant\min\{\mathrm{r}(\boldsymbol{A}),\mathrm{r}(\boldsymbol{B})\}$;(Sylvester 不等式)

(3)若 $\boldsymbol{A}$ 是非奇异(满秩或可逆)阵,则 $\mathrm{r}(\boldsymbol{AB})=\mathrm{r}(\boldsymbol{B}),\mathrm{r}(\boldsymbol{CA})=\mathrm{r}(\boldsymbol{C})$;

(4)初等变换(见后面内容)不改变矩阵的秩;

(5) $\mathrm{r}(\boldsymbol{A})=\mathrm{r}(\boldsymbol{AA}^{\mathrm{T}})=\mathrm{r}(\boldsymbol{A}^{\mathrm{T}}\boldsymbol{A})$.

向量组与矩阵的比较见下表.

三、初等变换与初等矩阵

初等变换　指对矩阵实施的下列变换:①交换其两行(或列);②用非零数乘矩阵某一行(或列);③将其某一行(或列)的 k 倍加到另外一行(或列).

向 量 组	矩 阵
n 维向量组 $\boldsymbol{a}_1,\boldsymbol{a}_2,\cdots,\boldsymbol{a}_m$ 的秩为 r	若 $\boldsymbol{A}=\begin{pmatrix}\boldsymbol{a}_1\\ \vdots\\ \boldsymbol{a}_m\end{pmatrix}$ 有 $\mathrm{r}(\boldsymbol{A})=r$.
$r=m$	$\boldsymbol{A}$ 的 m 级子式有一个解不为 0； $\boldsymbol{A}\boldsymbol{x}=\boldsymbol{0}$，仅有零解
$r=m=n$	$\|\boldsymbol{A}\|\neq 0$；或 $\boldsymbol{A}$ 非奇异

注 向量组 $\boldsymbol{a}_1,\boldsymbol{a}_2,\cdots,\boldsymbol{a}_m$ 的秩多化为矩阵的秩去讨论，这将是方便的.

初等矩阵 对单位矩阵 $\boldsymbol{I}$(又记为 $\boldsymbol{E}$)，有 $\boldsymbol{I}=\mathrm{diag}\{1,1,\cdots,1\}$，即

$$\boldsymbol{I}=\mathrm{diag}\{1,1,\cdots,1\}=\begin{pmatrix}1 & & & \\ & 1 & & \\ & & \ddots & \\ & & & 1\end{pmatrix}$$

实施一次初等变换得到的矩阵.

初等矩阵有下列三种：$\boldsymbol{P}(i,j)$，$\boldsymbol{P}(i(k))$ 和 $\boldsymbol{P}(i,i(k)+j)$ 或简记 $\boldsymbol{P}(i(k),j)$，它们有时也记成 $\boldsymbol{E}(i,j)$，$\boldsymbol{E}(i(k))$，$\boldsymbol{E}(i(k),j)$ 或者 $\boldsymbol{I}(i,j)$，$\boldsymbol{I}(i(k))$，$\boldsymbol{I}(i(k),j)$.

$$\boldsymbol{P}(i,j)=\begin{pmatrix}1 & & & & & & \\ & \ddots & & & & & \\ & & 0 & & & 1 & \\ & & & 1 & & & \\ & & & & \ddots & & \\ & & & & & 1 & \\ & & 1 & & & 0 & \\ & & & & & & \ddots & \\ & & & & & & & 1\end{pmatrix}\begin{matrix}\\ \\ \text{第 } i \text{ 行}\\ \\ \\ \\ \text{第 } j \text{ 行}\\ \\ \\ \end{matrix}$$

用初等阵去乘矩阵 A

左乘矩阵 A	**右乘矩阵 A**
$\boldsymbol{A}$ 互换 i,j 行	$\boldsymbol{A}$ 互换 i,j 列

对应上面初等变换(1)

$$\boldsymbol{P}(i(k))=\begin{pmatrix}1 & & & & & \\ & \ddots & & & & \\ & & 1 & & & \\ & & & k & & \\ & & & & 1 & \\ & & & & & \ddots & \\ & & & & & & 1\end{pmatrix}\begin{matrix}\\ \\ \\ \text{第 } i \text{ 行}\\ \\ \\ \\ \end{matrix}$$

左乘矩阵 A	**右乘矩阵 A**
$\boldsymbol{A}$ 第 i 行乘以 k	$\boldsymbol{A}$ 第 i 列乘以 k

对应上面初等变换(2)

$$\boldsymbol{P}(i(k),j)=\begin{pmatrix}1 & & & & & \\ & \ddots & & & & \\ & & 1 & & & \\ & & & \ddots & & \\ & & k & & 1 & \\ & & & & & \ddots & \\ & & & & & & 1\end{pmatrix}\begin{matrix}\\ \\ \text{第 } i \text{ 行}\\ \\ \text{第 } j \text{ 行}\\ \\ \\ \end{matrix}$$

左乘矩阵 A	**右乘矩阵 A**
第 i 行乘以 k 加至第 j 行	第 i 列乘以 k 加至第 j 列

对应上面相等变换(3)

初等矩阵的作用 初等矩阵左乘矩阵 $\boldsymbol{A}$，相当于对 $\boldsymbol{A}$ 的行实施由 $\boldsymbol{I}$ 到该初等阵产生的同样变换；右乘矩阵 $\boldsymbol{A}$，相当于对 $\boldsymbol{A}$ 的列实施由 $\boldsymbol{I}$ 到该初等阵产生的同样变换(简记左行右列).

注 初等还可以写成 $\boldsymbol{I}-\sigma\boldsymbol{u}\boldsymbol{v}^{\mathrm{T}}$ 形式,其中 $\boldsymbol{u},\boldsymbol{v}\in\mathbf{R}^n,\sigma\in\mathbf{R}$,具体地讲:

$$\boldsymbol{P}(i,j)=\boldsymbol{I}-(\boldsymbol{e}_i-\boldsymbol{e}_j)^{\mathrm{T}},\quad \boldsymbol{P}(i(k))=\boldsymbol{I}-(1-k)\boldsymbol{e}_i\boldsymbol{e}_i^{\mathrm{T}},\quad \boldsymbol{P}(i(k),j)=\boldsymbol{I}+k\boldsymbol{e}_i\boldsymbol{e}_j^{\mathrm{T}}$$

四、矩阵等价

若矩阵 $\boldsymbol{B}$ 可以从矩阵 $\boldsymbol{A}$ 经过一系列初等变换得到,则称矩阵 $\boldsymbol{B}$ 与矩阵 $\boldsymbol{A}$ 等价,记作$\boldsymbol{A}\simeq\boldsymbol{B}$.

任何矩阵均可等价于(或经过初等行列变换可化为)矩阵

$$\mathrm{diag}\{1,\cdots,1,0,\cdots,0\}=\begin{pmatrix}1&&&&\\&\ddots&&&\\&&1&&\\&&&0&\\&&&&\ddots\\&&&&&0\end{pmatrix}=\begin{pmatrix}I_r&\boldsymbol{O}\\\boldsymbol{O}&\boldsymbol{O}\end{pmatrix}$$

该矩阵又称为等价标准型.

两个矩阵等价的充要条件:

(1)存在初等矩阵 $\boldsymbol{P}_1,\boldsymbol{P}_2,\cdots,\boldsymbol{P}_s;\boldsymbol{Q}_1,\boldsymbol{Q}_2,\cdots,\boldsymbol{Q}_t$ 使 $\boldsymbol{B}=\boldsymbol{P}_1\boldsymbol{P}_2\cdots\boldsymbol{P}_s\boldsymbol{A}\boldsymbol{Q}_1\boldsymbol{Q}_2\cdots\boldsymbol{Q}_t$;

(2)存在非奇异矩阵 $\boldsymbol{P},\boldsymbol{Q}$ 使 $\boldsymbol{B}=\boldsymbol{PAQ}$;

(3)$\boldsymbol{A},\boldsymbol{B}$ 同阶且 $\mathrm{r}(\boldsymbol{A})=\mathrm{r}(\boldsymbol{B})$;

(4)$\boldsymbol{A},\boldsymbol{B}$ 有相同的等价标准型.

五、逆矩阵

逆矩阵 若有矩阵 $\boldsymbol{B}$ 使 $\boldsymbol{AB}=\boldsymbol{BA}=\boldsymbol{I}$,则称矩阵 $\boldsymbol{A}$ 可逆(又称为非奇异、满秩),且称矩阵 $\boldsymbol{B}$ 为 $\boldsymbol{A}$ 的逆矩阵,记作 $\boldsymbol{A}^{-1}$.

逆矩阵性质

(1)$(\boldsymbol{A}^{-1})^{-1}=\boldsymbol{A}$; (2)$(\boldsymbol{A}^{\mathrm{T}})^{-1}=(\boldsymbol{A}^{-1})^{\mathrm{T}}$; (3)$(\boldsymbol{AB})^{-1}=\boldsymbol{B}^{-1}\boldsymbol{A}^{-1}$;

(4)$|\boldsymbol{A}^{-1}|=\dfrac{1}{|\boldsymbol{A}|}$; (5)$(\alpha\boldsymbol{A})^{-1}=\dfrac{1}{\alpha}\boldsymbol{A}^{-1}$($\alpha$ 为非 0 常数).

矩阵可逆的充要条件

(1)$\boldsymbol{A}$ 满秩(非奇异)或$|\boldsymbol{A}|\neq0$;

(2)$\boldsymbol{A}$ 的 n 个行(或列)向量线性无关;

(3)$\boldsymbol{A}$ 可经过行、列初等变换化为单位矩阵;

(4)$\boldsymbol{A}$ 可表示为一些初等矩阵的乘积.

逆矩阵的求法

(1)伴随矩阵法

$$\boldsymbol{A}^{-1}=\frac{\boldsymbol{A}^*}{|\boldsymbol{A}|}=\frac{1}{|\boldsymbol{A}|}\begin{pmatrix}A_{11}&A_{21}&\cdots&A_{n1}\\A_{12}&A_{22}&\cdots&A_{n2}\\\vdots&\vdots&&\vdots\\A_{12}&A_{2n}&\cdots&A_{nn}\end{pmatrix}$$

其中 $\boldsymbol{A}^*$ 称为 $\boldsymbol{A}$ 的伴随矩阵(A_{ij} 为 a_{ij} 的代数余子式,注意 $\boldsymbol{A}^*$ 中元素为(A_{ji}));

(2)初等变换法(记录矩阵法)

$$(\boldsymbol{A}\vdots\boldsymbol{I})\xrightarrow{\text{初等行变换}}(\boldsymbol{I}\vdots\boldsymbol{A}^{-1})$$

或

$$\begin{pmatrix}\boldsymbol{A}\\\boldsymbol{I}\end{pmatrix}\xrightarrow{\text{初等列变换}}\begin{pmatrix}\boldsymbol{I}\\\boldsymbol{A}^{-1}\end{pmatrix}$$

即在上述变换中,当 $\boldsymbol{A}$ 变为 $\boldsymbol{I}$ 时,$\boldsymbol{I}$ 变为 $\boldsymbol{A}^{-1}$.

(3)解线性方程组法

设 $\boldsymbol{X}=(x_{ij})_{n\times n}$,则矩阵方程 $\boldsymbol{AX}=\boldsymbol{I}$(可化为线性方程组)的解 $\boldsymbol{X}$,即为 $\boldsymbol{A}$ 的逆矩阵.

(4)利用 Cayley—Hamilton 定理

注　由前文我们可以看出初等矩阵的逆矩阵亦可从初等矩阵**定义**及**乘法效果**直接推出,详见下表:

写成 $\boldsymbol{I}-\sigma\boldsymbol{u}^{\mathrm{T}}\boldsymbol{v}$	行列式	逆矩阵	P^*	$\boldsymbol{P}^n$
$\boldsymbol{P}(i,j)=\boldsymbol{I}-(e_i,e_j)(e_i-e_j)^{\mathrm{T}}$	-1	$\boldsymbol{P}(i,j)$	$-\boldsymbol{P}(i,j)$	$\boldsymbol{I}$,当 n 为偶数 $\boldsymbol{P}(i,j)$,当 n 为奇数
$\boldsymbol{P}(i(k))=\boldsymbol{I}-(1-k)e_je_n^{\mathrm{T}}$	k	$\boldsymbol{P}(i(1/k))$	$k\cdot\boldsymbol{P}(i(1/k))$	$\boldsymbol{P}(i(k^n))$
$\boldsymbol{P}(i,j(k))=\boldsymbol{I}-ke_je_i^{\mathrm{T}}$	1	$\boldsymbol{P}(i(-k),j)$	$\boldsymbol{P}(i(-k),j)$	$\boldsymbol{P}(i(nk),j)$

伴随矩阵性质

(1)$\mathrm{r}(\boldsymbol{A}^*)=\begin{cases} n, & 若\ \mathrm{r}(\boldsymbol{A})=n; \\ 1, & 若\ \mathrm{r}(\boldsymbol{A})=n-1; \\ 0, & 若\ \mathrm{r}(\boldsymbol{A})<n-1. \end{cases}$

(2)$\boldsymbol{AA}^*=\boldsymbol{A}^*\boldsymbol{A}=|\boldsymbol{A}|\boldsymbol{I}$,若 $\boldsymbol{A}^{-1}$ 存在,则 $\boldsymbol{A}^*=|\boldsymbol{A}|\boldsymbol{A}^{-1}$.

(3)$|\boldsymbol{A}^*|=|\boldsymbol{A}|^{n-1}\quad(n\geqslant 2)$.

(4)$(\boldsymbol{A}^*)^*=|\boldsymbol{A}^{n-2}\boldsymbol{A}$.

(5)$(\boldsymbol{AB})^*=\boldsymbol{B}^*\boldsymbol{A}^*$.

(6)$(\boldsymbol{A}^*)^{-1}=\dfrac{\boldsymbol{A}}{|\boldsymbol{A}|}$.

六、一些特殊矩阵

一些特殊矩阵见下表.

名　称　记　号	定　　义	性　　质
零阵 $\boldsymbol{O}$	$\boldsymbol{O}=(0)_{m\times n}$	$\boldsymbol{A}\pm\boldsymbol{O}=\boldsymbol{A},\quad 0\cdot\boldsymbol{A}=\boldsymbol{O}$
负阵 $-\boldsymbol{A}$	若 $\boldsymbol{A}=(a_{ij})_{m\times n}$, 则 $-\boldsymbol{A}=(-a_{ij})_{m\times n}$	$\boldsymbol{A}+(-\boldsymbol{A})=\boldsymbol{O}$, $-(-\boldsymbol{A})=\boldsymbol{A}$
单位阵 $\boldsymbol{I}$ 或 $\boldsymbol{E}$	$\boldsymbol{I}=\begin{pmatrix} 1 & & \\ & \ddots & \\ & & 1 \end{pmatrix}$ 常记为 $\mathrm{diag}\{1,1,\cdots,1\}$	$\lvert\boldsymbol{I}\rvert=1$, $\boldsymbol{AI}=\boldsymbol{IA}=\boldsymbol{A}$
数量阵 $\boldsymbol{I}_k$	$\boldsymbol{I}_k=k\boldsymbol{I}$($k$ 是数)	$k\boldsymbol{I}+l\boldsymbol{I}=(k+l)\boldsymbol{I}$, $(k\boldsymbol{I})(l\boldsymbol{I})=(kl)\boldsymbol{I}$, $(k\boldsymbol{I})^{-1}=k^{-1}\boldsymbol{I}(k\neq 0)$
对角阵 $\boldsymbol{D}$	$\boldsymbol{D}=\begin{pmatrix} d_1 & & \\ & \ddots & \\ & & d_n \end{pmatrix}$ 又记 $\mathrm{diag}\{d_1,\cdots,d_n\}$	若 $\lvert\boldsymbol{D}\rvert=d_1d_2\cdots d_n$,$d_1\neq 0$,则 $\boldsymbol{D}$ 有逆, 且 $\boldsymbol{D}^{-1}=\mathrm{diag}\{d_1^{-1},d_2^{-1},\cdots,d_n^{-1}\}$, $\boldsymbol{DA}=(d_ia_{ij})$,$\boldsymbol{AD}=(d_ia_{ij})$

续表

名称记号	定义	性质
秩 1 矩阵	$\boldsymbol{A}=\boldsymbol{\alpha}\boldsymbol{\beta}^{\mathrm{T}}$	$\mathrm{r}(\boldsymbol{A})=1,\lvert\boldsymbol{A}\rvert=0$, $\mathrm{Tr}(\boldsymbol{A})=\boldsymbol{\beta}^{\mathrm{T}}\boldsymbol{\alpha}=\boldsymbol{\alpha}^{\mathrm{T}}\boldsymbol{\beta}$
上三角阵 (转置为下三角阵)	$\boldsymbol{A}=\begin{pmatrix} a_1 & a_{12} & \cdots & a_{1n} \\ & a_{22} & \cdots & a_{2n} \\ & \boldsymbol{O} & \ddots & \vdots \\ & & & a_{nn} \end{pmatrix}$	若 $\boldsymbol{A},\boldsymbol{B}$ 为上(下)三角阵,则 $\boldsymbol{A}+\boldsymbol{B},\boldsymbol{AB},k\boldsymbol{A},\boldsymbol{A}^{-1}$ 均为上(下)三角阵,且 $\lvert\boldsymbol{A}\rvert=a_{11}a_{22}\cdots a_{nn}$
对称阵	$\boldsymbol{A}^{\mathrm{T}}=\boldsymbol{A}$	若 $\boldsymbol{A},\boldsymbol{B}$ 为对称阵,则 $\boldsymbol{A}\pm\boldsymbol{B},\boldsymbol{AB}$ 仍为对称阵
反对称阵	$\boldsymbol{A}^{\mathrm{T}}=-\boldsymbol{A}$	若 $\boldsymbol{A},\boldsymbol{B}$ 为反对称阵,则 $\boldsymbol{A}\pm\boldsymbol{B},\boldsymbol{AB}$ 仍为反对称阵; 奇数阶反对称阵行列式为 0
幂等阵	$\boldsymbol{A}^2=\boldsymbol{A}$	若 $\boldsymbol{A}\neq\boldsymbol{I}$,则 $\boldsymbol{A}$ 为奇异阵
幂零阵	$\boldsymbol{A}^2=\boldsymbol{O}$	$\boldsymbol{A}$ 为奇异阵,$\boldsymbol{A}\pm\boldsymbol{I}$ 为非奇异阵
幂幺阵 (对合阵)	$\boldsymbol{A}^k=\boldsymbol{I}$	$\boldsymbol{A}$ 为非奇异阵,且 $\boldsymbol{A}^{-1}=\boldsymbol{A}^{k-1}$
伴随矩阵 $\boldsymbol{A}^*$	$\boldsymbol{A}^*=\begin{pmatrix} A_{11} & A_{21} & \cdots & A_{n2} \\ A_{12} & A_{22} & \cdots & A_{n2} \\ \vdots & \vdots & & \vdots \\ A_{1n} & A_{2n} & \cdots & A_{nn} \end{pmatrix}$	$\boldsymbol{A}^{-1}=\dfrac{\boldsymbol{A}^*}{\lvert\boldsymbol{A}\rvert}$(若 $\boldsymbol{A}$ 可逆) $\lvert\boldsymbol{A}\rvert=\lvert\boldsymbol{A}\rvert^{n-r}(n\geqslant 2)$ $(\boldsymbol{A}^*)^*=\lvert\boldsymbol{A}\rvert^{n-2}A$ $(\boldsymbol{AB})^*=\boldsymbol{B}^*\boldsymbol{A}^*$ $(\boldsymbol{A}^*)^{-1}=(\boldsymbol{A}^{-1})^*=\dfrac{\boldsymbol{A}}{\lvert\boldsymbol{A}\rvert}$ $\mathrm{r}(\boldsymbol{A}^*)=\begin{cases} n, & 若\ \mathrm{r}(\boldsymbol{A})=n \\ 1, & 若\ \mathrm{r}(\boldsymbol{A})=n-1 \\ 0, & 若\ \mathrm{r}(\boldsymbol{A})=n-1 \end{cases}$
正交矩阵	满足 $\boldsymbol{AA}^{\mathrm{T}}=\boldsymbol{AA}^{\mathrm{T}}=\boldsymbol{I}$ 或 $\boldsymbol{A}^{-1}=\boldsymbol{A}^{\mathrm{T}}$ 的矩阵	若 $\boldsymbol{A}$ 正交阵,则 $\boldsymbol{A}^{-1},\boldsymbol{A}^*$ 也是正交阵,同阶正交阵之积仍是正交阵;$\lvert\boldsymbol{A}\rvert=\pm 1$

矩阵 $\boldsymbol{A}=(a_{ij})_{m\times n}$ 是正交矩阵的充要条件(δ_{ij} 称为 Kronecker 记号):

(1) $\displaystyle\sum_{k=1}^{n}a_{ik}a_{jk}=\delta_{ij}=\begin{cases}1, & i=j;\\ 0, & i\neq j.\end{cases}\quad(i,j=1,2,\cdots,n)$

(2) $\displaystyle\sum_{k=1}^{n}a_{ki}a_{kj}=\delta_{ij}=\begin{cases}1, & i=j;\\ 0, & i\neq j.\end{cases}\quad(i,j=1,2,\cdots,n)$

(3)$\boldsymbol{A}$ 的 n 个行(列)向量组是单正交向量组.

(4)由定义 $\boldsymbol{A}^{-1}=\boldsymbol{A}^{\mathrm{T}}$.

七、矩阵关系表

矩阵之间的关系(等价、合同、相似)见下表：

关　系	定　　义	性　　质
等　价	P,Q 非奇异(可逆)矩阵，若 $A=PBQ$ 则称 A,B 等价，记 $A\approx B$ 或 $A\cong B$ A 可由矩阵初等变换为 B	$A\cong A$(对称性) 若 $A\cong B$，则 $B\cong A$(反身性) 若 $A\cong B$，$B\cong C$ 则 $A\cong C$(传递性) 若 A、B 同阶，则 $A\approx B\Longleftrightarrow \mathrm{r}(A)=\mathrm{r}(B)$
相　合 (合同)	P 非奇异矩阵，若 $A=P^{\mathrm{T}}BP$，则称 A,B 相合(合同)	若 A、B 对正交阵 P 相似，则 A,B 相合(因 $P^{\mathrm{T}}=P^{-1}$)； 若 A、B 相合，则 $\mathrm{r}(A)=\mathrm{r}(B)$； 若 A、B 正定，则它们定相合
相　似	若 P 为非奇异(可逆)矩阵，又 $A=P^{-1}BP$ 则称 A,B 相似，记 $A\sim B$	①$A\sim A$；　②若 $A\sim B$，则 $B\sim A$； ③若 $A\sim B$，$B\sim C$，则 $A\sim C$， ④若 $A\sim B$，则 $\lvert A\rvert=\lvert B\rvert$； ⑤又若 A,B 非奇异，则 $A^{-1}\sim B^{-1}$； ⑥若 $A_1\sim B_1$，$A_2\sim B_2$，则 $A_1+A_2\sim B_1+B_2$，$kA_1\sim kB_1$， $f(A)\sim f(B)$($f(x)$ 为 x 的多项式)

矩阵等价、合同与相似间的关系如下：

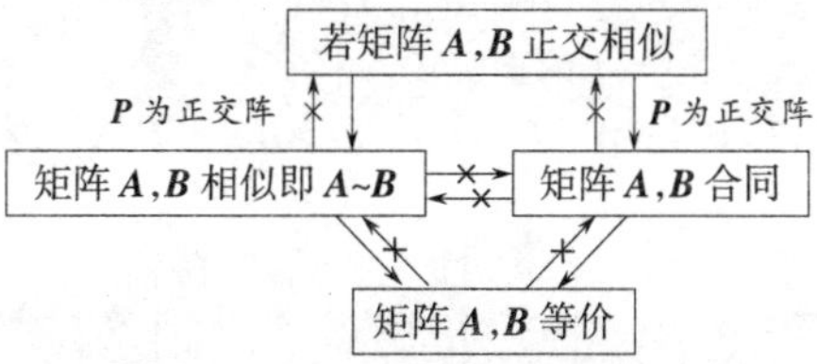

注意：上面关系从下至上逆推一般不成立，且矩阵等价关系是最泛的一种(关系)，只要矩阵同阶且秩相等，则它们就等价.

又矩阵相似与合同是两个不同概念，请见后文例.

八、一些特殊矩阵对某些运算的保形性

一些特殊矩阵对某些运算的保形性见下表.

运算 / A,B	$aA+bB$	A^{-1}	A^{T}	AB	$P^{-1}AP$	特　征　值
实对称阵	√	√	√	×	×	实　数
正交阵	×	√	√	√	×	$\lvert\lambda\rvert=\pm 1$
对角阵	√	√	√	√	×	$\lambda_i=d_{ii}$ (d_{ii} 为对角元)
可逆矩阵	×	√	√	√	√	非零
上(下)三角阵	√	√	下(上)	×	√	为对角线元素

注　“√”表示该运算使矩阵保持原来特性，“×”表示不保持原来特性.

例 题 分 析

一、矩阵的一般运算

对于线性代数来讲，矩阵是其重要的内容和支撑，因而我们会花稍多的篇幅介绍这方面问题.

这里我们将分矩阵的一般运算、矩阵的秩和矩阵求逆三大问题分类介绍，最后再讨论矩阵的一般性质.

1. 一些简单的矩阵计算与证明问题

我们先来看一些简单的矩阵计算或证明问题.

例 1 若 $\boldsymbol{A}=(a_{ij})_{3\times3}$，$\boldsymbol{B}=\begin{pmatrix} a_{21} & a_{22} & a_{23} \\ a_{11} & a_{12} & a_{13} \\ a_{31}+a_{11} & a_{32}+a_{12} & a_{33}+a_{13} \end{pmatrix}$，又 $\boldsymbol{P}_1=\begin{pmatrix} 0 & 1 & 0 \\ 1 & 0 & 0 \\ 0 & 0 & 1 \end{pmatrix}$，$\boldsymbol{P}_2=\begin{pmatrix} 1 & 0 & 0 \\ 0 & 1 & 0 \\ 1 & 0 & 1 \end{pmatrix}$，求证 $\boldsymbol{P}_1\boldsymbol{P}_2\boldsymbol{A}=\boldsymbol{B}$.

解 问题涉及矩阵初等变换，而它又与初等阵有关，注意初等阵乘及矩阵的“左行右列”的效果，则 $\boldsymbol{B}$ 系由 $\boldsymbol{A}$ 的第 1 行加至第 3 行后，再对换第 1、2 行而来.

注意到：

$\boldsymbol{P}_2\boldsymbol{A}$ 是将 $\boldsymbol{A}$ 的第 1 行加至第 3 行；$\boldsymbol{P}_1\boldsymbol{P}_2\boldsymbol{A}=\boldsymbol{P}_1(\boldsymbol{P}_2\boldsymbol{A})$ 是在此基础上调换第 1、2 行而致. 故

$$\boldsymbol{P}_1\boldsymbol{P}_2\boldsymbol{A}=\boldsymbol{B}$$

例 2 设 $\boldsymbol{A}$ 是 n 阶可逆方阵，将 $\boldsymbol{A}$ 的第 i 行和第 j 行对换后得到的矩阵记为 $\boldsymbol{B}$. (1)证明 $\boldsymbol{B}$ 可逆；(2)求 $\boldsymbol{A}\boldsymbol{B}^{-1}$.

解 (1)设 $\boldsymbol{I}(i,j)$ 表示 $\boldsymbol{I}$ 的第 i,j 行交换的初等矩阵，则 $\boldsymbol{B}=\boldsymbol{I}(i,j)\boldsymbol{A}$. 两边取行列式，有

$$|\boldsymbol{B}|=|\boldsymbol{I}(i,\ j)|\,|\boldsymbol{A}|=-|\boldsymbol{A}|\neq0$$

故矩阵 $\boldsymbol{B}$ 可逆(注意到 $|I(i,j)|=-1$ 的事实).

(2)由题设知 $\boldsymbol{B}=\boldsymbol{I}(i,j)\boldsymbol{A}$，有 $\boldsymbol{B}^{-1}=\boldsymbol{A}^{-1}\boldsymbol{I}^{-1}(i,j)$，故 $\boldsymbol{A}\boldsymbol{B}^{-1}=\boldsymbol{I}^{-1}(i,j)=\boldsymbol{I}(i,j)$.

例 3 已知矩阵

$$\boldsymbol{A}=\begin{pmatrix} 11 & 17 & 25 & 19 & 16 \\ 24 & 10 & 13 & 15 & 3 \\ 12 & 5 & 14 & 2 & 18 \\ 23 & 4 & 1 & 8 & 22 \\ 6 & 20 & 7 & 21 & 9 \end{pmatrix}$$

试从 $\boldsymbol{A}$ 的既不同行又不同列元素中取 5 个，使其中最小的元素值最大.

解 既然是从 $\boldsymbol{A}$ 中的既不同行又不同列元素中取，则从其中间 3×3 子阵

$$\begin{pmatrix} 10 & 13 & 15 \\ 5 & 14 & 2 \\ 4 & 1 & 8 \end{pmatrix}$$

中至少取一个元素，其中最大的为 15，选取它且将其打上“( )”，余下再从其余行列取数，这样可以得到取矩阵中打“( )”的诸数，如

$$\begin{pmatrix} 11 & 17 & (25) & 19 & 16 \\ 24 & 10 & 13 & (15) & 3 \\ 12 & 5 & 14 & 2 & (18) \\ (23) & 4 & 1 & 8 & 22 \\ 6 & (20) & 7 & 21 & 9 \end{pmatrix}$$

注　这个例子与“运筹学”中指派问题有关联，有兴趣的读者无妨参阅一下，学过运筹学的读者一定有体会.

对于代数方程　$ax+1=a^2+x$，它的求解不会有困难，移项、提取公因子…有$(a-1)x=a^2-1$，而$a^2-1=(a-1)(a+1)$，因而当$a-1\neq 0$时，有$x=a+1$.

将0(零阵)视为“0”，将$\boldsymbol{I}$视为“1”，且将可逆(满秩、非奇异)视为“非0”，将$\boldsymbol{A}^{-1}$视为“$\dfrac{1}{a}$”，矩阵的许多运算与代数(初等)运算**类比**，而无障碍(但要注意矩阵运算的特殊性，如乘法的不可交换等). 下面这类问题当然可看成**矩阵方程**求解问题.

例 4　若矩阵$\boldsymbol{A},\boldsymbol{B},\boldsymbol{I}\in\mathbf{R}^{3\times 3}$，又$\boldsymbol{AB}+\boldsymbol{I}=\boldsymbol{A}^2+\boldsymbol{B}$，且$\boldsymbol{A}=\begin{pmatrix}1&0&1\\0&2&0\\-1&0&1\end{pmatrix}$，求$\boldsymbol{B}$.

解　由设有

$$(\boldsymbol{A}-\boldsymbol{I})\boldsymbol{B}=\boldsymbol{A}^2-\boldsymbol{I}=(\boldsymbol{A}-\boldsymbol{I})(\boldsymbol{A}+\boldsymbol{I})$$

故$|\boldsymbol{A}-\boldsymbol{I}|\neq 0$，则

$$\boldsymbol{B}=\boldsymbol{A}+\boldsymbol{I}=\begin{pmatrix}2&0&1\\0&3&0\\-1&0&2\end{pmatrix}$$

注　这类问题在近年考研试题中屡见不鲜，比如：

问题 1　若矩阵$\boldsymbol{A},\boldsymbol{X},\boldsymbol{B}\in\mathbf{R}^{3\times 3}$，又$\boldsymbol{AX}+\boldsymbol{I}=\boldsymbol{A}^2+\boldsymbol{X}$，且$\boldsymbol{A}=\begin{pmatrix}1&0&1\\0&2&0\\1&0&1\end{pmatrix}$，求$\boldsymbol{X}$.

[**提示**：由题设有$\boldsymbol{AX}-\boldsymbol{X}=\boldsymbol{A}^2-\boldsymbol{I}$，即$(\boldsymbol{A}-\boldsymbol{I})\boldsymbol{X}=\boldsymbol{A}^2-\boldsymbol{I}=(\boldsymbol{A}-\boldsymbol{I})(\boldsymbol{A}+\boldsymbol{I})$，由$\boldsymbol{A}-\boldsymbol{I}$非奇异，有$\boldsymbol{X}=\boldsymbol{A}+\boldsymbol{I}$.]

问题 2　若矩阵$\boldsymbol{A},\boldsymbol{B}\in\mathbf{R}^{3\times 3}$，又$\boldsymbol{AB}=\boldsymbol{A}+2\boldsymbol{B}$，且$\boldsymbol{A}=\begin{pmatrix}4&2&3\\1&1&0\\-1&2&3\end{pmatrix}$，求$\boldsymbol{B}$.

[**提示**：这里与例相较仅需多一步求逆运算即可，由$\boldsymbol{AB}=\boldsymbol{A}+2\boldsymbol{B}$，有$\boldsymbol{AB}-2\boldsymbol{B}=\boldsymbol{A}$，即$(\boldsymbol{A}-2\boldsymbol{I})\boldsymbol{B}=\boldsymbol{A}$，又$|\boldsymbol{A}-2\boldsymbol{I}|\neq 0$，有$\boldsymbol{B}=(\boldsymbol{A}-2\boldsymbol{I})^{-1}\boldsymbol{A}$]

问题 3　若矩阵$\boldsymbol{A},\boldsymbol{B}\in\mathbf{R}^{3\times 3}$，又$\boldsymbol{AB}-\boldsymbol{B}=\boldsymbol{A}$，且$\boldsymbol{B}=\begin{pmatrix}1&-3&0\\2&1&0\\0&0&2\end{pmatrix}$，求$\boldsymbol{A}$.

[**提示**：由设有$\boldsymbol{AB}-\boldsymbol{A}-\boldsymbol{B}+\boldsymbol{I}=\boldsymbol{I}$，即$(\boldsymbol{A}-\boldsymbol{I})(\boldsymbol{B}-\boldsymbol{I})=\boldsymbol{I}$，则$\boldsymbol{A}=(\boldsymbol{B}-\boldsymbol{I})^{-1}+\boldsymbol{I}$，这里关键在于配方]

问题 4　若矩阵$\boldsymbol{A}=\begin{pmatrix}0&1&0\\-1&1&1\\-1&0&-1\end{pmatrix}$，$\boldsymbol{B}=\begin{pmatrix}1&-1\\2&0\\5&-2\end{pmatrix}$，又$\boldsymbol{X}\in\mathbf{R}^{3\times 2}$，又$\boldsymbol{X}=\boldsymbol{AX}+\boldsymbol{B}$，求$\boldsymbol{X}$.

[**提示**：由$\boldsymbol{X}=\boldsymbol{AX}+\boldsymbol{B}$，知$\boldsymbol{X}-\boldsymbol{AX}=\boldsymbol{B}$，即$(\boldsymbol{I}-\boldsymbol{A})\boldsymbol{X}=\boldsymbol{B}$，故$\boldsymbol{X}=(\boldsymbol{I}-\boldsymbol{A})^{-1}\boldsymbol{B}$]

问题 5　若矩阵$\boldsymbol{A}=\begin{pmatrix}1&1&-1\\0&1&1\\0&0&-1\end{pmatrix}$，又$\boldsymbol{B},\boldsymbol{I}\in\mathbf{R}^{3\times 3}$，且$\boldsymbol{A}^2-\boldsymbol{AB}=\boldsymbol{I}$，求$\boldsymbol{B}$.

[**提示**：由题设$\boldsymbol{AB}=\boldsymbol{A}^2-\boldsymbol{I}$有$\boldsymbol{B}=\boldsymbol{A}-\boldsymbol{A}^{-1}$]

问题 6　三阶阵$\boldsymbol{A},\boldsymbol{B},\boldsymbol{C}$满足$\boldsymbol{A}^{-1}\boldsymbol{BA}=6\boldsymbol{A}+\boldsymbol{BA}$，且$\boldsymbol{A}=\mathrm{diag}\left\{\dfrac{1}{3},\dfrac{1}{4},\dfrac{1}{7}\right\}$，求$\boldsymbol{B}$.

[**提示**：先右乘$\boldsymbol{A}^{-1}$于题设式，有$\boldsymbol{A}^{-1}\boldsymbol{B}-\boldsymbol{B}=6\boldsymbol{I}$，从而$\boldsymbol{B}=6(\boldsymbol{A}^{-1}-\boldsymbol{I})^{-1}$. **答**：$\boldsymbol{B}=\mathrm{diag}\{3,2,1\}$]

下面的例子涉及矩阵转置,显然要用到矩阵的转置或逆的性质.

例 5 若矩阵 $B=\begin{pmatrix}1&-1&0&0\\0&1&-1&0\\0&0&1&-1\\0&0&0&1\end{pmatrix}$, $C=\begin{pmatrix}2&1&3&4\\0&2&1&3\\0&0&2&1\\0&0&0&2\end{pmatrix}$,又 $A(I-C^{-1}B)^{\mathrm{T}}C^{\mathrm{T}}=I$,求 A.

解 注意到

$$(I-C^{-1}B)^{\mathrm{T}}=I^{\mathrm{T}}-(C^{-1}B)^{\mathrm{T}}=I-B^{\mathrm{T}}(C^{-1}B)^{\mathrm{T}}=I-B^{\mathrm{T}}(C^{\mathrm{T}})^{-1}$$

从而

$$(I-C^{-1}B)^{\mathrm{T}}C^{\mathrm{T}}=C^{\mathrm{T}}-B^{\mathrm{T}}$$

又由

$$A(I-C^{-1}B)^{\mathrm{T}}C^{\mathrm{T}}=A(C^{\mathrm{T}}-B^{\mathrm{T}})=A(C-B)^{\mathrm{T}}=I$$

有

$$A=[(C-B)^{\mathrm{T}}]^{-1}=(C^{\mathrm{T}}-B^{\mathrm{T}})^{-1}=\begin{pmatrix}1&&&\\2&1&\boldsymbol{O}&\\3&2&1&\\4&3&2&1\end{pmatrix}^{-1}=\begin{pmatrix}1&&&\\-2&1&\boldsymbol{O}&\\1&-2&1&\\0&1&-2&1\end{pmatrix}$$

注 这里涉及矩阵求逆运算,该问题将在后文专门介绍.下面的问题与例相仿.

问题 若矩阵 $B=\begin{pmatrix}1&2&-3&-2\\&1&2&-3\\&\boldsymbol{O}&1&2\\&&&1\end{pmatrix}$, $C=\begin{pmatrix}1&2&0&1\\&1&2&0\\&\boldsymbol{O}&1&2\\&&&1\end{pmatrix}$,又 $(2I-C^{-1}B)A^{\mathrm{T}}=C^{-1}$,求 A.

略解 题设等式两边左乘 C 有

$$(2C-B)A^{\mathrm{T}}=I$$

从而有

$$A^{\mathrm{T}}=(2C-B)^{-1}=\begin{pmatrix}1&-2&1&0\\&1&-2&1\\&\boldsymbol{O}&1&-2\\&&&1\end{pmatrix},\quad A=(A^{\mathrm{T}})=\begin{pmatrix}1&&&\\-2&1&\boldsymbol{O}&\\1&-2&1&\\0&1&-2&1\end{pmatrix}$$

例 6 已知矩阵 $A=\begin{pmatrix}1/2&1/2&1/3\\1/2&-1/2&1\\0&0&-1/3\end{pmatrix}$, $B=\begin{pmatrix}1&1&1\\1&-1&1\\-2&0&1\end{pmatrix}$,又 $C=A^{-1}(ABA-B^{-1})$,试求矩阵 C.

解 1 由题设及矩阵运算性质有

$$C=A^{-1}ABA-A^{-1}B^{-1}=BA-A^{-1}B^{-1}=BA-(BA)^{-1}$$

又 $BA=\begin{pmatrix}1&0&1\\0&1&-1\\-1&-1&-1\end{pmatrix}$,则可求 $(BA)^{-1}=\begin{pmatrix}2&1&1\\-1&0&-1\\-1&-1&-1\end{pmatrix}$,故

$$C=BA-(BA)^{-1}=\begin{pmatrix}-1&-1&0\\1&1&0\\0&0&0\end{pmatrix}$$

解 2 由解 1 知 $C=BA-A^{-1}B^{-1}$,由题设可求得

$$A^{-1}=\begin{pmatrix}1&1&4\\1&-1&-2\\0&0&-3\end{pmatrix},\quad B^{-1}=\begin{pmatrix}1/6&1/6&-1/3\\1/2&-1/2&0\\1/3&1/3&1/3\end{pmatrix}$$

故

$$C=BA-A^{-1}B^{-1}=\begin{pmatrix}-1&-1&0\\1&1&0\\0&0&0\end{pmatrix}$$

解 3 由 $C=A^{-1}(CBA-B^{-1})$，再由题设可求得

$$AB=\begin{pmatrix}1/3&0&4/3\\-2&1&1\\2/3&0&-1/3\end{pmatrix},\quad ABA-B^{-1}=\begin{pmatrix}0&0&0\\-1&-1&0\\0&0&0\end{pmatrix}$$

则

$$C=A^{-1}(ABA-B^{-1})=\begin{pmatrix}-1&-1&0\\1&1&0\\0&0&0\end{pmatrix}$$

例 7 若矩阵 A 是 $B=\begin{pmatrix}1&-1&1\\2&1&0\\2&1&1\end{pmatrix}$ 的逆矩阵，求 $(A+2I)^{-1}(A^2-4I)$，其中 I 为 3 阶单位阵.

解 由 $|B|=1$，则有

$$A=B^{-1}=B^*=\begin{pmatrix}1&2&-1\\-1&-1&1\\-1&-3&2\end{pmatrix}$$

又由 $A^2-4I=(A+2I)(A-2I)$，故

$$(A+2I)^{-1}(A^2-4I)=A-2I=\begin{pmatrix}-1&2&-1\\-1&-3&1\\-1&-3&0\end{pmatrix}$$

再来看一个例子，严格地讲它属于矩阵方程方面的命题.

例 8 若 $A=\begin{pmatrix}1&0&0\\1&1&0\\1&1&1\end{pmatrix}$，$B=\begin{pmatrix}0&1&1\\1&0&1\\1&1&0\end{pmatrix}$，又 $X\in \mathbf{R}^{3\times 3}$ 且满足 $AXB+BXB=AXB+BXA+I$，求 X.

解 类比于从方程 $axb+bxb=axb+bxa+1$，求 x. 仿上例可有：

$$(AXA-AXB)-(BXA-BXB)=I$$

则

$$AX(A-B)+BX(B-A)=I$$

即

$$AX(A-B)-BX(A-B)=I\text{ 或 }(A-B)X(A-B)=I$$

若 $A-B$ 非奇异，可有

$$X=(A-B)^{-1}(A-B)^{-1}=[(A-B)^{-1}]^2$$

注意到 $|A-B|=1$，知 $A-B$ 非奇异(可逆).

又 $(A-B)^{-1}=\begin{pmatrix}1&1&2\\0&1&1\\0&0&1\end{pmatrix}$，则 $X=[(A-B)^{-1}]^2=\begin{pmatrix}1&2&5\\0&1&2\\0&0&1\end{pmatrix}$.

注 与前面例相较，除了矩阵乘逆运算外，未有差异. 然而类似的考题几乎年年都有(见前例注).

问题 设矩阵 A 的伴随矩阵 $A^*=\begin{pmatrix}1 & & & \\ 1 & 0 & & O \\ 1 & 0 & 1 & \\ 0 & -3 & 0 & 8\end{pmatrix}$，且 $ABA^{-1}=BA^{-1}+3I$，其中 I 为 4 阶单位矩阵，求矩阵 B.

解 1 仿前面问题解法先把 B 的表达式给出，再用 A^* 表示 A^{-1}. 题设式右乘 A，左乘 A^* 有

$$A^*AB=A^*B+3A^*A$$

而 $AA^*=|A|I$，故 $|A|B=A^*B=3|A|I$，从而

$$B=3|A|(|A|I-A^*)^{-1}$$

因 $|A^*|=|A|^{n-1}$，又 $|A^*|=8$，知 $|A|=2$. 则

$$B=6(2I-A^*)^{-1}=6\begin{pmatrix}1 & & & \\ 0 & 1 & & O \\ -1 & 0 & 1 & \\ 0 & 3 & 0 & -6\end{pmatrix}^{-1}=\begin{pmatrix}6 & & & \\ 0 & 6 & & O \\ 6 & 0 & 6 & \\ 0 & 3 & 0 & -1\end{pmatrix}$$

解 2 题设式右乘 A 有 $AB=B+3A$，从而 $B=3(A-I)^{-1}A$.

因解 1 知 $|A|=2$，又 $A=|A|(A^*)^{-1}=2(A^*)^{-1}$，故

$$B=3[2(A^*)^{-1}-I]^{-1}\cdot 2(A^*)^{-1}=\begin{pmatrix}6 & & & \\ 0 & 6 & & O \\ 6 & 0 & 6 & \\ 0 & 3 & 0 & -1\end{pmatrix}$$

下面是另一种求矩阵方程的例. 请看：

例 9 设矩阵 $A=\begin{pmatrix}0 & 1 & 0\\ 0 & 0 & 1\\ 1 & 0 & 0\end{pmatrix}$，求所有与 A 可交换的(即 $AB=BA$)矩阵 B.

解 设所求矩阵 $B=\begin{pmatrix}b_{11} & b_{12} & b_{13}\\ b_{21} & b_{22} & b_{23}\\ b_{31} & b_{32} & b_{33}\end{pmatrix}$，由题设 $AB=BA$ 可有

$$AB=\begin{pmatrix}b_{21} & b_{22} & b_{23}\\ b_{31} & b_{32} & b_{33}\\ b_{11} & b_{12} & b_{13}\end{pmatrix}=\begin{pmatrix}b_{13} & b_{11} & b_{12}\\ b_{23} & b_{21} & b_{22}\\ b_{33} & b_{31} & b_{32}\end{pmatrix}=BA \tag{*}$$

比较相等矩阵的元素可得矩阵 $B=\begin{pmatrix}b_{11} & b_{12} & b_{13}\\ b_{13} & b_{11} & b_{12}\\ b_{12} & b_{13} & b_{11}\end{pmatrix}$ 或 $\begin{pmatrix}a & b & c\\ c & a & b\\ b & c & a\end{pmatrix}$ 形状，其中 a,b,c 为任意实数.

注 1 其实 A 是经过交换 1、3 行，又交换 1、2 行的初等阵之积，它左乘某矩阵效果为交换其 1、3 行，再交换其 1、2 行；它右乘某矩阵效果为交换其 1、3 列，再交换其 1、2 列.

如此，上面式(*)结论似乎显然.

注 2 涉及这类交矩阵行列交换问题较抽象的结论还有：

(1)若 A 与 B 可交换，且 A 可逆，则 A^{-1} 与 B 亦可交换.

这只需注意到若 $AB=BA$，两边左乘 A^{-1}，则 $A^{-1}AB=A^{-1}BA$，即 $B=A^{-1}BA$. 两边右乘 A^{-1} 有

$$BA^{-1}=A^{-1}BAA^{-1}=A^{-1}B.$$

(2)试证与所有矩阵皆可交换的矩阵为数量阵，即形如 $\mathrm{diag}\{a,a,\cdots,a\}$ 的矩阵.

其证明详见前文例.

下面的两个例子涉及向量运算.

例 10　若 $\boldsymbol{a}_1=(1,2,2)^{\mathrm{T}}$, $\boldsymbol{a}_2=(2,-2,1)^{\mathrm{T}}$, $\boldsymbol{a}_3=(-2,-1,2)^{\mathrm{T}}$, 又 $\boldsymbol{A}\in\mathbf{R}^{3\times 3}$ 且 $\boldsymbol{A}\boldsymbol{a}_k=k\boldsymbol{a}_k(k=1,2,3)$, 求 $\boldsymbol{A}$.

解　问题化为矩阵运算是方便的. 令 $\boldsymbol{P}=(\boldsymbol{a}_1,\boldsymbol{a}_2,\boldsymbol{a}_3)$, $\boldsymbol{B}=(\boldsymbol{a}_1,2\boldsymbol{a}_2,3\boldsymbol{a}_3)$, 依题设有 $\boldsymbol{AP}=\boldsymbol{B}$, 又 $|\boldsymbol{P}|\neq 0$, 则 $\boldsymbol{A}=\boldsymbol{BP}^{-1}$. 故

$$\boldsymbol{A}=\boldsymbol{BP}^{-1}=(\boldsymbol{a}_1,2\boldsymbol{a}_2,3\boldsymbol{a}_3)\cdot\frac{1}{9}\cdot\begin{pmatrix}1&2&2\\2&-2&1\\-2&-1&2\end{pmatrix}=\frac{1}{3}\begin{pmatrix}7&0&-2\\0&5&-2\\-2&-2&2\end{pmatrix}$$

注　此题若为由线性方程组反求矩阵, 似乎走了弯路, 当然问题又可视为矩阵特征问题, 因为

$$\boldsymbol{A}(\boldsymbol{a}_1,\boldsymbol{a}_2,\boldsymbol{a}_3)=(\boldsymbol{a}_1,2\boldsymbol{a}_2,3\boldsymbol{a}_3)$$

$\boldsymbol{a}_k$ 可视为 $\boldsymbol{A}$ 的属特征根 $\lambda_k=k$ 的特征向量.

例 11　若矩阵 $\boldsymbol{A}\in\mathbf{R}^{n\times n}$, 则 $\boldsymbol{A}$ 可表为一个数量阵($k\boldsymbol{I}$)与一个迹(Tr)为 **0** 的矩阵之和.

证　设 $\mathrm{Tr}\,\boldsymbol{A}=m$, 可令 $k=\dfrac{m}{n}$, 则 $\boldsymbol{A}=k\boldsymbol{I}+(\boldsymbol{A}-k\boldsymbol{I})$ 为所求. 注意到 $\mathrm{Tr}(\boldsymbol{A}-k\boldsymbol{I})=\mathrm{Tr}\,\boldsymbol{A}-\mathrm{Tr}(kJ)=0$.

例 12　若矩阵 $\boldsymbol{A}\in\mathbf{R}^{2\times 2}$, 又矩阵 $\boldsymbol{B}\in\mathbf{R}^{2\times 2}$ 且使 $\boldsymbol{AB}-\boldsymbol{BA}=\boldsymbol{A}$, 则 $\boldsymbol{A}^2=\boldsymbol{O}$.

证　由 $\boldsymbol{AB}-\boldsymbol{BA}=\boldsymbol{A}$, 有

$$\mathrm{Tr}\boldsymbol{A}=\mathrm{Tr}(\boldsymbol{AB}-\boldsymbol{BA})=\mathrm{Tr}\,\boldsymbol{AB}-\mathrm{Tr}\,\boldsymbol{BA}=0$$

由上可令 $\boldsymbol{A}=\begin{pmatrix}a&b\\c&-a\end{pmatrix}$, 则

$$\boldsymbol{A}^2=\begin{pmatrix}a&b\\c&-a\end{pmatrix}\begin{pmatrix}a&b\\c&-a\end{pmatrix}=\begin{pmatrix}a^2+bc&0\\0&a^2+bc\end{pmatrix}$$

故 $|\boldsymbol{A}|=\pm(a^2+bc)$. 又由 $\boldsymbol{A}=\begin{pmatrix}a&b\\c&-a\end{pmatrix}$ 有 $|\boldsymbol{A}|=-(a^2+bc)$.

再由 $\boldsymbol{AB}-\boldsymbol{BA}=\boldsymbol{A}$ 有 $\boldsymbol{AB}=\boldsymbol{BA}+\boldsymbol{A}=(\boldsymbol{B}+\boldsymbol{I})\boldsymbol{A}$, 两边取行列式有 $|\boldsymbol{A}|+|\boldsymbol{B}|=|\boldsymbol{B}+\boldsymbol{I}|\,|\boldsymbol{A}|$.

若 $|\boldsymbol{A}|\neq 0$, 化简后 $|\boldsymbol{B}|=|\boldsymbol{B}+\boldsymbol{I}|$.

同理由 $\boldsymbol{BA}=\boldsymbol{AB}-\boldsymbol{A}=\boldsymbol{A}(\boldsymbol{B}-\boldsymbol{I})$, 两边取行列式可证 $|\boldsymbol{B}|=|\boldsymbol{B}-\boldsymbol{I}|$(若 $|\boldsymbol{A}|\neq 0$). 故

$$|\boldsymbol{B}+\boldsymbol{I}|=|\boldsymbol{B}-\boldsymbol{I}|=|\boldsymbol{B}| \tag{$*$}$$

再令 $\boldsymbol{B}=\begin{pmatrix}e&f\\g&h\end{pmatrix}$, 则由式($*$)可推得 $e+h=1$, 且 $e+h=-1$, 矛盾, 此即说 $|\boldsymbol{A}|=0$.

注意到 $\boldsymbol{A}^2=\begin{pmatrix}a^2+bc&0\\0&a^2+bc\end{pmatrix}$ 及 $|\boldsymbol{A}|=\pm(a^2+bc)$, 从而 $\boldsymbol{A}^2=\boldsymbol{O}$.

例 13　若 $\boldsymbol{J}$ 是元素全为 1 的 n 阶矩阵, $\boldsymbol{X}$ 是 n 阶矩阵, 证明矩阵方程 $\boldsymbol{X}=\boldsymbol{XJ}+\boldsymbol{JX}$ 仅有零解(即 $\boldsymbol{X}$ 是一个 n 阶零矩阵).

证　由题设知矩阵 $\boldsymbol{X}\in\mathbf{R}^{n\times n}$, 矩阵 $\boldsymbol{J}\in\mathbf{R}^{n\times n}$, 又

$$\boldsymbol{X}=\boldsymbol{XJ}+\boldsymbol{JX} \tag{$*$}$$

当 $n=1$ 时, 由 $x=x+x$, 得 $x=0$;

当 $n>1$ 时, 式($*$)两边左、右乘 $\boldsymbol{J}$, 且注意到 $\boldsymbol{J}^2=n\boldsymbol{J}$, 则

$$\boldsymbol{JXJ}=\boldsymbol{JXJ}^2+\boldsymbol{J}^2\boldsymbol{XJ}=2n\boldsymbol{JXJ}$$

即 $(2n-1)\boldsymbol{JXJ}=\boldsymbol{O}$, 亦即 $JXJ=\boldsymbol{O}$.

将式($*$)两边左乘 J, 则有

$$JX=JXJ+J^2X=O+nJX$$

即$(n-1)JX=O$,亦即$JX=O$.

类似地仿上可有$XJ=O$.

将$JX=O,XJ=O$代入式(*)可有$X=O$.

例 14 若$A\in\mathbf{R}^{n\times n}$且为可逆职,又$X\in\mathbf{R}^{n\times n}$且$\mathrm{Tr}(X)\neq 0$($\mathrm{Tr}(X)$为矩阵$X$的迹),使$X=AYA^{-1}-A^{-1}YA$总成立的矩阵$Y$不存在.

证 注意到下面的等式变形

$$|AYA^{-1}-\lambda I|=|A(Y-\lambda I)A^{-1}|=|A||Y-\lambda I||A^{-1}|=|Y-\lambda I|$$

同理$|A^{-1}YA-\lambda I|=|Y-\lambda I|$.

由于矩阵$C=(c_{ij})_{n\times n}$的迹$\mathrm{Tr}(C)$为其特征多项式$|C-\lambda I|$中λ^{n-1}的系数.再由$\mathrm{Tr}(B+C)=\mathrm{Tr}(B)+\mathrm{Tr}(C)$,故$\mathrm{Tr}(AYA^{-1})=\mathrm{Tr}(A^{-1}YA)$,即$\mathrm{Tr}(AYA^{-1}-A^{-1}YA)=0$.

由题设$\mathrm{Tr}(X)\neq 0$,故满足题设表达式中的Y不存在.

例 15 若$A\in\mathbf{R}^{n\times n}$,记$A=(a_{ij})_{n\times n}$,且$a_{ii}=0(i=1,2,\cdots,n)$,总有$B,C\in\mathbf{R}^{n\times n}$使$A=BC-CB$.

解 令$B-(b_{ij})_{n\times n},C=(c_{ij})_{n\times n}$,这里当$i\neq j$时,$b_{ij}=c_{ij}=\dfrac{a_{ij}}{j-i}$,且$b_{ii}=0,c_{ii}=i(1\leqslant i\leqslant n,1\leqslant j\leqslant n)$.

若记矩阵$BC-CB=(d_{ij})_{n\times n}$,则当$i\neq j$时

$$d_{ij}=\sum_{k=1}^{a}b_{ik}c_{kj}-\sum_{k=1}^{h}c_{ik}b_{kj}=\sum_{\substack{k=1\\k\neq i,j}}^{n}b_{ik}b_{kj}-\sum_{\substack{k=1\\k\neq i,j}}^{n}b_{ik}b_{kj}+b_{ij}j-ib_{ij}=$$
$$(j-i)b_{ij}=a_{ij}\quad(1\leqslant i\leqslant n,1\leqslant j\leqslant n)$$

当$i=j$时,$d_{ij}=0=a_{ii}(1\leqslant i\leqslant n)$.

从而$A=BC-CB$.

例 16 若$\boldsymbol{\alpha}=\left(\dfrac{1}{2},0,\cdots,0,\dfrac{1}{2}\right)$是$n$维向量,又$A=I-\boldsymbol{\alpha}^{\mathrm{T}}\boldsymbol{\alpha},B=I+2\boldsymbol{\alpha}\boldsymbol{\alpha}^{\mathrm{T}}$,则$AB=I$.

证 注意到

$$(I-\boldsymbol{\alpha}^{\mathrm{T}}\boldsymbol{\alpha})(I+2\boldsymbol{\alpha}\boldsymbol{\alpha}^{\mathrm{T}})=I-\boldsymbol{\alpha}^{\mathrm{T}}\boldsymbol{\alpha}+2\boldsymbol{\alpha}^{\mathrm{T}}\boldsymbol{\alpha}-2\boldsymbol{\alpha}^{\mathrm{T}}\boldsymbol{\alpha}\boldsymbol{\alpha}^{\mathrm{T}}\boldsymbol{\alpha}=I+\boldsymbol{\alpha}^{\mathrm{T}}\boldsymbol{\alpha}-2(\boldsymbol{\alpha}^{\mathrm{T}}\boldsymbol{\alpha})\boldsymbol{\alpha}^{\mathrm{T}}\boldsymbol{\alpha}$$

这里$\boldsymbol{\alpha}^{\mathrm{T}}\boldsymbol{\alpha}$是数,这样因

$$AB=(I-\boldsymbol{\alpha}^{\mathrm{T}}\boldsymbol{\alpha})(I+2\boldsymbol{\alpha}^{\mathrm{T}}\boldsymbol{\alpha})=I+\boldsymbol{\alpha}^{\mathrm{T}}\boldsymbol{\alpha}-2(\boldsymbol{\alpha}\boldsymbol{\alpha}^{\mathrm{T}})\boldsymbol{\alpha}^{\mathrm{T}}\boldsymbol{\alpha}$$

又由$\boldsymbol{\alpha}\boldsymbol{\alpha}^{\mathrm{T}}=\dfrac{1}{4}$,则

$$AB=I+\boldsymbol{\alpha}^{\mathrm{T}}\boldsymbol{\alpha}-\boldsymbol{\alpha}^{\mathrm{T}}\boldsymbol{\alpha}=I$$

注 1 ①由题目结论知A,B互逆.

②显然$\boldsymbol{\alpha}\boldsymbol{\alpha}^{\mathrm{T}}=\dfrac{1}{2}$是必要的,故题中条件$\boldsymbol{\alpha}$只需满足$\boldsymbol{\alpha}\boldsymbol{\alpha}^{\mathrm{T}}=\dfrac{1}{2}$即可.

③若$\boldsymbol{\alpha}$是行向量,注意到$\boldsymbol{\alpha}^{\mathrm{T}}\boldsymbol{\alpha}$是矩阵,而$\boldsymbol{\alpha}\boldsymbol{\alpha}^{\mathrm{T}}$是数(若$\boldsymbol{\alpha}$是列向量则$\boldsymbol{\alpha}\boldsymbol{\alpha}^{\mathrm{T}}$是矩阵,$\boldsymbol{\alpha}^{\mathrm{T}}\boldsymbol{\alpha}$是数).

④矩阵$\boldsymbol{\alpha}^{\mathrm{T}}\boldsymbol{\alpha}$是秩1阵,此外还有:

命题 1 若$\boldsymbol{\alpha}\in\mathbf{R}^{n\times 1}$,且$\boldsymbol{\alpha}^{\mathrm{T}}\alpha=1$,则$P=I-2\boldsymbol{\alpha}^{\mathrm{T}}\boldsymbol{\alpha}$为正交矩阵.

命题 2 若$\boldsymbol{\alpha}\in\mathbf{R}^{n\times 1}$,则$P=I-\dfrac{2}{\boldsymbol{\alpha}^{\mathrm{T}}\boldsymbol{\alpha}}\boldsymbol{\alpha}\boldsymbol{\alpha}^{\mathrm{T}}$是正交矩阵.

证 由公式$(A+B)^{\mathrm{T}}=A^{\mathrm{T}}+B^{\mathrm{T}}$,及$(AB)^{\mathrm{T}}=B^{\mathrm{T}}A^{\mathrm{T}}$,有$\left(I-\dfrac{2}{\boldsymbol{\alpha}^{\mathrm{T}}\boldsymbol{\alpha}}\boldsymbol{\alpha}\boldsymbol{\alpha}^{\mathrm{T}}\right)^{\mathrm{T}}=I-\dfrac{2}{\boldsymbol{\alpha}^{\mathrm{T}}\boldsymbol{\alpha}}\boldsymbol{\alpha}\boldsymbol{\alpha}^{\mathrm{T}}$,而

$$\left(I-\frac{2}{\boldsymbol{\alpha}^{\mathrm{T}}\boldsymbol{\alpha}}\boldsymbol{\alpha}\boldsymbol{\alpha}^{\mathrm{T}}\right)\left(I-\frac{2}{\boldsymbol{\alpha}^{\mathrm{T}}\boldsymbol{\alpha}}\boldsymbol{\alpha}\boldsymbol{\alpha}^{\mathrm{T}}\right)^{\mathrm{T}}=\left(I-\frac{2}{\boldsymbol{\alpha}^{\mathrm{T}}\boldsymbol{\alpha}}\boldsymbol{\alpha}\boldsymbol{\alpha}^{\mathrm{T}}\right)\left(I-\frac{2}{\boldsymbol{\alpha}^{\mathrm{T}}\boldsymbol{\alpha}}\boldsymbol{\alpha}\boldsymbol{\alpha}^{\mathrm{T}}\right)=I-\frac{4}{\boldsymbol{\alpha}^{\mathrm{T}}\boldsymbol{\alpha}}\boldsymbol{\alpha}\boldsymbol{\alpha}^{\mathrm{T}}-\frac{4}{(\boldsymbol{\alpha}^{\mathrm{T}}\boldsymbol{\alpha})^2}\boldsymbol{\alpha}(\boldsymbol{\alpha}^{\mathrm{T}}\boldsymbol{\alpha})\boldsymbol{\alpha}^{\mathrm{T}}=$$
$$I-\frac{4}{\boldsymbol{\alpha}^{\mathrm{T}}\boldsymbol{\alpha}}\boldsymbol{\alpha}\boldsymbol{\alpha}^{\mathrm{T}}-\frac{4}{(\boldsymbol{\alpha}^{\mathrm{T}}\boldsymbol{\alpha})^2}(\boldsymbol{\alpha}^{\mathrm{T}}\boldsymbol{\alpha})\boldsymbol{\alpha}\boldsymbol{\alpha}^{\mathrm{T}}=I-\frac{4}{\boldsymbol{\alpha}^{\mathrm{T}}\boldsymbol{\alpha}}\boldsymbol{\alpha}\boldsymbol{\alpha}^{\mathrm{T}}-\frac{4}{\boldsymbol{\alpha}^{\mathrm{T}}\boldsymbol{\alpha}}\boldsymbol{\alpha}\boldsymbol{\alpha}^{\mathrm{T}}=I$$

此即说 $I-\frac{2}{\alpha^{T}\alpha}\alpha\alpha^{T}$ 为正交矩阵.

注2　显然下面问题是本命题的特例:

问题　设 $H=I-2\omega\omega^{T}$. 其中 I 为 n 阶单位阵;ω 为 n 维单位列向量. 试证:(1)H 是对称矩阵;(2)H 是正交矩阵.

注2　前文已述形如 $I-\sigma uv^{T}$(其中 u,v 为 n 维列向量,σ 为常数)的矩阵称为**初等矩阵**,且记为 $E(u,v;\sigma)$ 或 $I(u,v;\sigma)$. 它们有下述性质:

(1)$\det[E(u,v;\sigma)]=1-\sigma v^{T}u$;

(2)若 $E(u,v;\sigma)$ 非奇异,则 $E^{-1}(u,v;\sigma)=E(u,v;\tau)$,其中 $\tau=\frac{\sigma}{\sigma v^{T}u-1}$.

注3　这里再行强调一下:对 n 维列向量 u,v 来讲,$u^{T}v$ 是数,uv^{T} 是 $n\times n$ 矩阵.

上两命题其实无异. 关于这类问题详见后文.

再来看两个证明问题.

例17　若矩阵 $C,D,A\in\mathbf{R}^{n\times n}$,又若 $CAA^{T}=DAA^{T}$,则 $CA=DA$.

证　由设 $CAA^{T}=DAA^{T}$,因为要证 $CA=DA$,只需证 $CA-DA=0$ 即可. 则考虑:

$$\begin{aligned}(DA-CA)(DA-CA)^{T}=(DA-CA)(A^{T}D^{T}-A^{T}C^{T})=\\ DAA^{T}D^{T}-DAA^{T}C^{T}-CAA^{T}D^{T}+CAA^{T}C^{T}=\\ (DAA^{T}-CAA^{T})(D^{T}-C^{T})=O\end{aligned}$$

由 $DA-CA$ 是实方阵,又 $(DA-CA)(DA-CA)^{T}=O$,故 $DA-CA=O$,从而 $DA=CA$.

注　关于 AA^{T} 矩阵秩及其他问题的讨论,后文还将述及.

例18　若矩阵 $A,B\in\mathbf{R}^{n\times n}$,又 $A^{2}=A,B^{2}=B$,且 $(A-B)^{2}=A+B$,试证 $AB=BA=O$.

证　由矩阵运算性质有

$$(A-B)^{2}=A^{2}-AB-BA+B^{2}=A-AB-BA+B$$

又 $(A-B)^{2}=A+B$,则

$$AB+BA=O \tag{*}$$

从而

$$A(AB+BA)B=AB+(AB)^{2}=O \tag{**}$$

又 $A(AB+BA)A=ABA+ABA=2ABA=O$. 即 $2ABA=O$.

两边右乘 B 有:上式 $2ABAB=O$,即 $2(AB)^{2}=O$,或 $(AB)^{2}=O$.

代入式(**)有 $AB=O$,再代入式(*)得 $BA=O$.

2. 涉及 A^{*} 的问题

下面的例子中涉及伴随阵 A^{*},这是由 A^{*} 的某些特性($A^{*}A=AA^{*}=|A|I$)使然.

例1　已知三阶矩阵 A 的逆阵为 $A^{-1}=\begin{pmatrix}1&1&1\\1&2&1\\1&1&3\end{pmatrix}$,试求 A 的伴随矩阵 A^{*} 的逆矩阵.

解　由矩阵 A 可逆知 $A^{*}=|A|A^{-1}$,从而

$$(A^{*})^{-1}=\frac{1}{|A|}A=|A^{-1}|A,\quad |A^{-1}|=\det\begin{pmatrix}1&1&1\\1&2&1\\1&1&3\end{pmatrix}=2$$

以下用记录矩阵(初等变换)求 $A=(A^{-1})^{-1}$.

$$[A^{-1}\vdots I]\to\begin{pmatrix}1&0&0&\vdots&5/2&-1&-1/2\\0&1&0&\vdots&-1&1&0\\0&0&1&\vdots&-1/2&0&1/2\end{pmatrix}=[I\vdots A]$$

故

$$(\boldsymbol{A}^*)^{-1}=2\begin{pmatrix}5/2&-1&-1/2\\-1&1&0\\-1/2&0&1/2\end{pmatrix}=\begin{pmatrix}5&-2&-1\\-2&2&0\\-1&0&1\end{pmatrix}$$

例 2 若矩阵 $\boldsymbol{A}=\begin{pmatrix}1&0&0\\0&-2&0\\0&0&1\end{pmatrix}$,又 $\boldsymbol{A}^*\boldsymbol{BA}=2\boldsymbol{BA}-8\boldsymbol{I}$,求 $\boldsymbol{B}$.

解 若 $|\boldsymbol{A}|\neq0$,则 $\boldsymbol{A}$ 可逆,且 $\boldsymbol{A}^*=|\boldsymbol{A}|\boldsymbol{A}^{-1}$,或 $\boldsymbol{A}^*\boldsymbol{A}=|\boldsymbol{A}|$.

由题设有 $2\boldsymbol{BA}-\boldsymbol{A}^*\boldsymbol{BA}=8\boldsymbol{I}$,右乘 $\boldsymbol{A}^{-1}$ 有 $2\boldsymbol{B}-\boldsymbol{A}^*\boldsymbol{B}=8\boldsymbol{A}^{-1}$,左乘 $\boldsymbol{A}$(去掉 $\boldsymbol{A}^*$),得 $2\boldsymbol{AB}-|\boldsymbol{A}|\boldsymbol{B}=8\boldsymbol{I}$,从而 $(2\boldsymbol{A}-|\boldsymbol{A}|\boldsymbol{I})\boldsymbol{B}=8\boldsymbol{I}$,故

$$\boldsymbol{B}=8(2\boldsymbol{A}-|\boldsymbol{A}|\boldsymbol{I})^{-1}=\mathrm{diag}\{2,-4,2\}$$

注 若 $|\boldsymbol{A}|\neq0$,将 $\boldsymbol{A}^*$ 视为 $\boldsymbol{A}^{-1}$ 差一个倍数 $|\boldsymbol{A}|$ 是可行的且方便.这类问题还可见下例.

问题 若矩阵 $\boldsymbol{A}=\begin{pmatrix}1&1&-1\\-1&1&1\\1&-1&1\end{pmatrix}$,又 $\boldsymbol{A}^*\boldsymbol{X}=\boldsymbol{A}^{-1}+2\boldsymbol{X}$,求 $\boldsymbol{X}$.

略解 由题设式左乘 $\boldsymbol{A}$ 后有 $\boldsymbol{AA}^*\boldsymbol{X}=\boldsymbol{I}+2\boldsymbol{AX}$,即 $(\boldsymbol{AA}^*-2\boldsymbol{A})\boldsymbol{X}=\boldsymbol{I}$ 或 $(|\boldsymbol{A}|\boldsymbol{I}-2\boldsymbol{A})\boldsymbol{X}=\boldsymbol{I}$,则矩阵 $\boldsymbol{X}$ 可逆,且 $\boldsymbol{X}=(|\boldsymbol{A}|\boldsymbol{I}-2\boldsymbol{A})^{-1}$,又

$$|\boldsymbol{A}|=4,\quad \boldsymbol{X}=\left(4\boldsymbol{I}-2\begin{pmatrix}1&-1&1\\1&1&-1\\-1&1&1\end{pmatrix}\right)^{-1}=\frac{1}{4}\begin{pmatrix}1&1&0\\0&1&1\\1&0&1\end{pmatrix}$$

下面的例子与例 2 无本质差异,包括解法.

例 3 若矩阵 $\boldsymbol{A}^*=\begin{pmatrix}1&&&\\1&0&&\boldsymbol{O}\\1&0&1&\\0&-3&0&8\end{pmatrix}$,且 $\boldsymbol{ABA}^{-1}=\boldsymbol{BA}^{-1}+3\boldsymbol{I}$,求 $\boldsymbol{B}$.

解 1 先把 $\boldsymbol{B}$ 的表达式求出,再用 $\boldsymbol{A}^*$ 去表示 $\boldsymbol{A}^{-1}$.题设式右乘 $\boldsymbol{A}$,左乘 $\boldsymbol{A}^*$ 有 $\boldsymbol{A}^*\boldsymbol{AB}=\boldsymbol{A}^*\boldsymbol{B}+3\boldsymbol{A}^*\boldsymbol{A}$,而 $\boldsymbol{AA}^*=|\boldsymbol{A}|\boldsymbol{I}$,故 $|\boldsymbol{A}|\boldsymbol{B}=\boldsymbol{A}^*\boldsymbol{B}=3|\boldsymbol{A}|\boldsymbol{I}$,从而 $\boldsymbol{B}=3|\boldsymbol{A}|(|\boldsymbol{A}|\boldsymbol{I}-\boldsymbol{A}^*)^{-1}$.

因 $|\boldsymbol{A}^*|=|\boldsymbol{A}|^{n-1}$,又 $|\boldsymbol{A}^*|=8$,知 $|\boldsymbol{A}|=2$.则

$$\boldsymbol{B}=6(2\boldsymbol{I}-\boldsymbol{A}^*)^{-1}=\begin{pmatrix}6&&&\\0&6&&\boldsymbol{O}\\6&0&6&\\0&3&0&-1\end{pmatrix}$$

解 2 题设式右乘 $\boldsymbol{A}$ 有 $\boldsymbol{AB}=\boldsymbol{B}+3\boldsymbol{A}$,从而 $\boldsymbol{B}=3(\boldsymbol{A}-\boldsymbol{I})^{-1}\boldsymbol{A}$.

因解 1 知

$$|\boldsymbol{A}|=2,\text{又 }\boldsymbol{A}=|\boldsymbol{A}|(\boldsymbol{A}^*)^{-1}=2(\boldsymbol{A}^*)^{-1}$$

故

$$\boldsymbol{B}=3[2(\boldsymbol{A}^*)^{-1}-\boldsymbol{I}]^{-1}\cdot 2(\boldsymbol{A}^*)^{-1}=\begin{pmatrix}6&&&\\0&6&&\boldsymbol{O}\\6&0&6&\\0&3&0&-1\end{pmatrix}$$

注 解 1 与解 2 相较稍简,在解 2 中两次求逆(双重逆)是烦琐的,遇到此类问题(或解答过程中遇到)一般应再考虑他途,比如后文将介绍 $(\boldsymbol{A}^{-1}+\boldsymbol{B}^{-1})^{-1}=\boldsymbol{A}(\boldsymbol{A}+\boldsymbol{B})^{-1}\boldsymbol{B}$,如题目给的是 $\boldsymbol{A},\boldsymbol{B}$,显然仅须求

一次逆即可，即是化为 $A^{-1}+B^{-1}=[A(A+B)^{-1}B]^{-1}$ 来考虑.

本例 A^* 有其自身特征，故由解法 1 解决不困难.

例 4　设 $A\in\mathbf{R}^{3\times 3}$，且 $\det A=0$，又 $A_{ij}=a_{ij}{}^2$，其中 A_{ij} 为 A 的元素 a_{ij} 的代数余子式. 试证 $A=O$.

证　若矩阵 $A=\begin{pmatrix}a&b&c\\d&e&f\\g&h&i\end{pmatrix}$，又 $A^*=\begin{pmatrix}a^2&d^2&g^2\\b^2&e^2&h^2\\c^2&f^2&i^2\end{pmatrix}$，由 $\det A=0$，知 $\mathrm{r}(A)<3$，从而 $\mathrm{r}(A^*)\leqslant 1$.

这样可知，A^* 的 2 阶子式均为 0.

$$\det\begin{pmatrix}a^2&d^2\\b^2&e^2\end{pmatrix}=a^2e^2-b^2d^2=0,\quad \det\begin{pmatrix}b^2&c^2\\e^2&f^2\end{pmatrix}=b^2f^2-c^2e^2=0,\quad \det\begin{pmatrix}c^2&f^2\\a^2&d^2\end{pmatrix}=c^2d^2-a^2f^2=0$$

故

$$ae=\pm bd,\quad bf=\pm ce,\quad cd=\pm af$$

若上式负号全成立，则 $abcdef=-abcdef$，知 a,b,c,d,e,f 中至少有一个为 0.

若至少有一个等式取正号，则 A 的一个 2 阶子式为 0，则 A^* 中仍有一个元素为 0.

又秩 $\mathrm{r}(A^*)\leqslant 1$，知 A^* 至少有一行(或一列)全为 0，从而 A 至少有一行(或一列)全为 0.

这样 A 的其他行(或列)的代数余子式皆为 0，从而 B 的所有其他行(或列)元素全为 0. 故 $A=O$.

例 5　设 A 为 n 阶非零方阵，A^* 是 n 的伴随矩阵，A^{T} 是 A 的转置矩阵. 当 $A^*=A^{\mathrm{T}}$ 时，证明 $|A|\neq 0$.

解 1　由 $A^*=A^{\mathrm{T}}$ 知 $A_{ij}=a_{ij}\,(i,j=1,2,\cdots,n)$，式中 A_{ij} 是矩阵 A 的行列式 $|A|$ 的元素 a_{ij} 的代数余子式.

由于 A 是非零方阵，不妨设 $a_{11}\neq 0$. 把 $|A|$ 按第 1 行展开，有

$$|A|=\sum_{j=1}^{n}a_{1j}A_{1j}=\sum_{j=1}^{n}a_{1j}^2\geqslant a_{11}^2>0$$

解 2　设 A 的行向量依次记为 $\boldsymbol{\alpha}_1,\boldsymbol{\alpha}_2,\cdots,\boldsymbol{\alpha}_n$，则 $A^{\mathrm{T}}=(\boldsymbol{\alpha}_1^{\mathrm{T}},\boldsymbol{\alpha}_2^{\mathrm{T}},\cdots,\boldsymbol{\alpha}_n^{\mathrm{T}})$，把 $A^*=A^{\mathrm{T}}$ 代入公式 $AA^*=|A|I$ 中，有 $AA^{\mathrm{T}}=|A|I$. 下证 $|A|\neq 0$. 用反证法. 假设 $|A|=0$，则有

$$O=AA^{\mathrm{T}}=\begin{pmatrix}\boldsymbol{\alpha}_1\\\boldsymbol{\alpha}_2\\\vdots\\\boldsymbol{\alpha}_n\end{pmatrix}(\boldsymbol{\alpha}_1^{\mathrm{T}},\boldsymbol{\alpha}_2^{\mathrm{T}},\cdots,\boldsymbol{\alpha}_n^{\mathrm{T}})=\begin{pmatrix}\boldsymbol{\alpha}_1\boldsymbol{\alpha}_1^{\mathrm{T}}&\boldsymbol{\alpha}_1\boldsymbol{\alpha}_2^{\mathrm{T}}&\cdots&\boldsymbol{\alpha}_1\boldsymbol{\alpha}_n^{\mathrm{T}}\\\boldsymbol{\alpha}_2\boldsymbol{\alpha}_1^{\mathrm{T}}&\boldsymbol{\alpha}_2\boldsymbol{\alpha}_2^{\mathrm{T}}&\cdots&\boldsymbol{\alpha}_2\boldsymbol{\alpha}_n^{\mathrm{T}}\\\vdots&\vdots&&\vdots\\\boldsymbol{\alpha}_n\boldsymbol{\alpha}_1^{\mathrm{T}}&\boldsymbol{\alpha}_n\boldsymbol{\alpha}_2^{\mathrm{T}}&\cdots&\boldsymbol{\alpha}_n\boldsymbol{\alpha}_n^{\mathrm{T}}\end{pmatrix}$$

则 $\boldsymbol{\alpha}_i\boldsymbol{\alpha}_i^{\mathrm{T}}=\mathbf{0}\,(i=1,2,\cdots,n)$，即 $\|\boldsymbol{\alpha}_i\|^2=0$，表明 $\boldsymbol{\alpha}_i=\mathbf{0}$，亦即 $A=O$，这与 A 是非零阵矛盾，故 $|A|\neq 0$.

例 6　若矩阵 $A,B\in\mathbf{R}^{n\times n}$ 且非奇异，则(1) $(AB)^*=B^*A^*$；(2) $(A^*)^*=|A|^{n-2}A$.

证　(1)由设知矩阵 AB 非奇异，且

$$(AB)^*(AB)=|AB|I$$

从而

$$(AB)^*=|AB|(AB)^{-1}=|A||B|B^{-1}A^{-1}=(|B|B^{-1})(|A|A^{-1})=B^*A^*$$

(2)**证 1**　由 $A^*(A^*)^*=|A|^{n-1}$ 两边同乘以 $\dfrac{A}{|A|}$，有

$$\frac{A}{|A|}A^*(A^*)^*=\frac{A}{|A|}|A|^{n-1}I=|A|^{n-2}A$$

即 $I(A^*)^*=|A|^{n-2}A$，从而 $(A^*)^*=|A|^{n-2}A$.

(2)**证 2**　由 $A^*=|A|A^{-1}$(注意 A 非异)，则

$$(A^*)^*=|A^*|(A^*)^{-1}=||A|A^{-1}|\cdot(|A|A^{-1})^{-1}=|A|^n\cdot|A|^{-1}\cdot|A|^{-1}\cdot(A^{-1})^{-1}=|A|^{n-2}A$$

注 1　若 A 可逆(非奇异)，则 $|A^*|=|A|^{n-1}$，这可见前一例.

注 2　对于(1)若 $AB=BA$，则可有 $A^*B^*=B^*A^*$.

对于(2),仿上可以归纳出伴随矩阵 $\boldsymbol{A}^*$ 的一个性质:

命题 矩阵 $\{[(\boldsymbol{A}^*)^*]^*\cdots\}^*$($k$ 次 $*$),当 k 是奇数时,为 $a\boldsymbol{A}^{-1}$;当 k 是偶数时,为 $b\boldsymbol{A}$. 其中 a,b 系由 $|\boldsymbol{A}|^r$ 的方幂给出.

更确切的结论请你归纳总结一下.

我们已多次强调,若 $\boldsymbol{A}$ 可逆,则 $\boldsymbol{A}$ 的伴随阵 $\boldsymbol{A}^*=|\boldsymbol{A}|\boldsymbol{A}^{-1}$,换言之,其与 $\boldsymbol{A}^*$ 与 $\boldsymbol{A}^{-1}$ 的逆阵仅差一个常数.

例 7 设 $\boldsymbol{A}=(a_{ij})_{n\times n}$,又秩 $\mathrm{r}(\boldsymbol{A})=n-1$. 则有常数 k 使 $(\boldsymbol{A}^*)^2=k\boldsymbol{A}^*$,这里 $\boldsymbol{A}^*$ 为 $\boldsymbol{A}$ 的伴随矩阵.

证 由设 $\mathrm{r}(\boldsymbol{A})=n-1$,知 $\mathrm{r}(\boldsymbol{A}^*)=1$.

从而有 n 维列向量 $\boldsymbol{\alpha},\boldsymbol{\beta}$ 使 $\boldsymbol{A}^*=\boldsymbol{\alpha}\boldsymbol{\beta}^{\mathrm{T}}$.

而 $(\boldsymbol{A}^*)^2=(\boldsymbol{\alpha}\boldsymbol{\beta}^{\mathrm{T}})^2=\boldsymbol{\alpha}\boldsymbol{\beta}^{\mathrm{T}}\boldsymbol{\alpha}\boldsymbol{\beta}^{\mathrm{T}}=\boldsymbol{\alpha}(\boldsymbol{\beta}^{\mathrm{T}}\boldsymbol{\alpha})\boldsymbol{\beta}^{\mathrm{T}}=(\boldsymbol{\beta}^{\mathrm{T}}\boldsymbol{\alpha})\boldsymbol{\alpha}\boldsymbol{\beta}^{\mathrm{T}}$,

这里 $\boldsymbol{\beta}^{\mathrm{T}}\boldsymbol{\alpha}$ 为数,亦为所求常数 k.

例 8 若矩阵 $\boldsymbol{A}=\begin{pmatrix} 0 & & & & \\ \vdots & a_1 & & & \boldsymbol{O} \\ \vdots & & a_2 & & \\ \vdots & & & \ddots & \\ a_n & \cdots & \cdots & \cdots & a_{n-1} \end{pmatrix}$,其中 $a_i\neq 0(1\leqslant i\leqslant n)$. 求 $\sum\limits_{i=1}^{n}A_{ki}$,这里系求 $\boldsymbol{A}_{ki}$ 为的第 k 行代数余子式和.

解 由 $\boldsymbol{A}^*=(A_{ik})_{n\times n}=|\boldsymbol{A}|\boldsymbol{A}^{-1}$,由设知 $\boldsymbol{A}$ 可逆. 又设

$$\boldsymbol{A}_1=\begin{pmatrix} a_1 & & & \\ & a_2 & & \\ & & \ddots & \\ & & & a_{n-1} \end{pmatrix}\Rightarrow \boldsymbol{A}_1^{-1}=\begin{pmatrix} a_1^{-1} & & & \\ & a_2^{-1} & & \\ & & \ddots & \\ & & & a_{n-1}^{-1} \end{pmatrix}$$

这样 $\boldsymbol{A}^*=|\boldsymbol{A}|\begin{pmatrix} & a_n^{-1} \\ \boldsymbol{A}_1^{-1} & \end{pmatrix}$,从而

$$\sum_{i=1}^{n}A_{ki}=|\ \boldsymbol{A}\ |\ a_k^{-1}=(-1)^{n+1}\prod_{i=1,i\neq k}^{n}a_i$$

注 类似地我们还可有,若 $\boldsymbol{A}^*$ 为 $\boldsymbol{A}$ 的伴随阵,则 $\boldsymbol{A}^*$ 的 m 阶余子式 $A_{ij}^*=|\boldsymbol{A}|^{m-1}A_{ij}$,其中 A_{ij} 为 $\boldsymbol{A}$ 的相应 m 阶代数余子式.

其实可以考虑下面矩阵乘法(注意到矩阵代数余子式性质).

$$\begin{pmatrix} A_{11} & A_{12} & \cdots & A_{1n} \\ A_{21} & A_{22} & \cdots & A_{2n} \\ \vdots & \vdots & & \vdots \\ A_{m1} & A_{m2} & \cdots & A_{mn} \\ \boldsymbol{O} & & I_{n-m} & \end{pmatrix}\begin{pmatrix} a_{11} & a_{12} & \cdots & a_{1n} \\ a_{21} & a_{22} & \cdots & a_{2n} \\ \vdots & \vdots & & \vdots \\ a_{n1} & a_{n2} & \cdots & a_{nn} \end{pmatrix}=\begin{pmatrix} \boldsymbol{I}_m & & & \boldsymbol{O} \\ a_{m+1,1} & a_{m+1,2} & \cdots & a_{m+1,n} \\ a_{m+2,1} & a_{m+2,2} & \cdots & a_{m+2,n} \\ \vdots & \vdots & & \vdots \\ a_{n1} & a_{n2} & \cdots & a_{nn} \end{pmatrix}$$

两边取行列式可有

$$|A_{ij}|_{m\times m}|\boldsymbol{A}|=\begin{vmatrix} a_{m+1,m+1} & a_{m+1,m+2} & \cdots & a_{m+1,n} \\ a_{m+2,m+1} & a_{m+2,m+2} & \cdots & a_{m+2,n} \\ \vdots & \vdots & & \vdots \\ a_{n,m+1} & a_{n,m+2} & \cdots & a_{nn} \end{vmatrix}$$

例 9 若 $\boldsymbol{A}^*,\boldsymbol{B}^*$ 分别是 n 阶矩阵 $\boldsymbol{A},\boldsymbol{B}$ 的伴随矩阵,求 $\boldsymbol{C}=\begin{pmatrix} \boldsymbol{A} & \\ & \boldsymbol{B} \end{pmatrix}$ 的伴随阵 $\boldsymbol{C}^*$.

解 1　注意到$|\boldsymbol{C}|=|\boldsymbol{A}||\boldsymbol{B}|$，且$\boldsymbol{C}\boldsymbol{C}^*=|\boldsymbol{C}|\boldsymbol{I}_{2n}=|\boldsymbol{A}||\boldsymbol{B}|\boldsymbol{I}_{2n}$，又

$$\boldsymbol{C}\begin{pmatrix}|\boldsymbol{B}|\boldsymbol{A}^* & \\ & |\boldsymbol{A}|\boldsymbol{B}^*\end{pmatrix}=\begin{pmatrix}\boldsymbol{A} & \\ & \boldsymbol{B}\end{pmatrix}\begin{pmatrix}|\boldsymbol{B}|\boldsymbol{A}^* & \\ & |\boldsymbol{A}|\boldsymbol{B}^*\end{pmatrix}=\begin{pmatrix}|\boldsymbol{B}|\boldsymbol{A}\boldsymbol{A}^* & \\ & |\boldsymbol{B}|\boldsymbol{B}\boldsymbol{B}^*\end{pmatrix}=$$
$$\begin{pmatrix}|\boldsymbol{B}||\boldsymbol{A}|\boldsymbol{I} & \\ & |\boldsymbol{A}||\boldsymbol{B}|\boldsymbol{I}\end{pmatrix}=|\boldsymbol{C}|\boldsymbol{I}_{2n}$$

故

$$\boldsymbol{C}^*=\begin{pmatrix}|\boldsymbol{B}|\boldsymbol{A}^* & \\ & |\boldsymbol{A}|\boldsymbol{B}^*\end{pmatrix}$$

解 2　由分块矩阵乘法可有

$$\begin{pmatrix}\boldsymbol{A} & \\ & \boldsymbol{B}\end{pmatrix}\begin{pmatrix}\boldsymbol{A}^* & \\ & \boldsymbol{B}^*\end{pmatrix}=\begin{pmatrix}\boldsymbol{A}\boldsymbol{A}^* & \\ & \boldsymbol{B}\boldsymbol{B}^*\end{pmatrix}=\begin{pmatrix}|\boldsymbol{A}|\boldsymbol{I}_n & \\ & |\boldsymbol{B}|\boldsymbol{I}_n\end{pmatrix}$$

则

$$\begin{pmatrix}\boldsymbol{A} & \\ & \boldsymbol{B}\end{pmatrix}\begin{pmatrix}|\boldsymbol{B}|\boldsymbol{A}^* & \\ & |\boldsymbol{A}|\boldsymbol{B}^*\end{pmatrix}=\begin{pmatrix}|\boldsymbol{A}||\boldsymbol{B}|\boldsymbol{I}_n & \\ & |\boldsymbol{A}||\boldsymbol{B}|\boldsymbol{I}_n\end{pmatrix}=|\boldsymbol{A}||\boldsymbol{B}|\boldsymbol{I}_{2n}$$

注意到$\boldsymbol{C}\boldsymbol{C}^*=|\boldsymbol{C}|\boldsymbol{I}_{2n}=|\boldsymbol{A}||\boldsymbol{B}|\boldsymbol{I}_{2n}$，故$\boldsymbol{C}^*=\begin{pmatrix}|\boldsymbol{B}|\boldsymbol{A}^* & \\ & |\boldsymbol{A}|\boldsymbol{B}^*\end{pmatrix}$.

注　若$\boldsymbol{C}=\begin{pmatrix} & \boldsymbol{A}\\ \boldsymbol{B} & \end{pmatrix}$，则$\boldsymbol{C}$的伴随阵为$\begin{pmatrix} & |\boldsymbol{A}|\boldsymbol{B}^*\\ |\boldsymbol{B}|\boldsymbol{A}^* & \end{pmatrix}$，这一点可直接验证.

3. A 的方幂问题

一般来讲，计算$\boldsymbol{A}$的方幂问题方法常有：

①直接计算（当n较小时）；

②试算、归纳，找出规律，再用数学归纳法；

③先将$\boldsymbol{A}$用$\boldsymbol{P}$通过$\boldsymbol{P}^{-1}\boldsymbol{A}\boldsymbol{P}$化为对角阵后再去计算（多与$\boldsymbol{A}$的特征问题有关）.

当然对于具体问题须用有针对性的灵活方法.

例 1　若向量$\boldsymbol{\alpha}=(1,2,3)^{\mathrm{T}}$，$\boldsymbol{\beta}=(1,\frac{1}{2},\frac{1}{3})^{\mathrm{T}}$，又矩阵$\boldsymbol{A}=\boldsymbol{\alpha}\boldsymbol{\beta}^{\mathrm{T}}$，求$\boldsymbol{A}^n$.

解　注意到$\boldsymbol{\alpha}\boldsymbol{\beta}^{\mathrm{T}}$是矩阵，而$\boldsymbol{\alpha}^{\mathrm{T}}\boldsymbol{\beta}$是数. 这样可有

$$\boldsymbol{A}^n=\boldsymbol{\alpha}\boldsymbol{\beta}^{\mathrm{T}}\cdot\boldsymbol{\alpha}\boldsymbol{\beta}^{\mathrm{T}}\cdot\cdots\cdot\boldsymbol{\alpha}\boldsymbol{\beta}^{\mathrm{T}}=\boldsymbol{\alpha}(\boldsymbol{\beta}^{\mathrm{T}}\boldsymbol{\alpha})(\boldsymbol{\beta}^{\mathrm{T}}\boldsymbol{\alpha})\cdots(\boldsymbol{\beta}^{\mathrm{T}}\boldsymbol{\alpha})\boldsymbol{\beta}^{\mathrm{T}}=(\boldsymbol{\beta}^{\mathrm{T}}\boldsymbol{\alpha})^{n-1}\boldsymbol{\alpha}\boldsymbol{\beta}^{\mathrm{T}}=3^{n-1}\boldsymbol{A}=$$
$$3^{n-1}\begin{pmatrix}1 & 1/2 & 1/3\\ 2 & 1 & 2/3\\ 3 & 2/3 & 1\end{pmatrix}$$

例 2　若矩阵$\boldsymbol{A}=\begin{pmatrix}1 & 0 & 1\\ 0 & 2 & 0\\ 1 & 0 & 1\end{pmatrix}$，求$\boldsymbol{A}^n-2\boldsymbol{A}^{n-1}(n\geqslant 2)$.

解　此类问题似与求$\boldsymbol{A}^n$问题不尽相同（它是在求方幂差），可先试算再决计. 由设有

$$\boldsymbol{A}^2=\begin{pmatrix}2 & 0 & 2\\ 0 & 4 & 0\\ 2 & 0 & 2\end{pmatrix}=2\boldsymbol{A}$$

知$\boldsymbol{A}^2-2\boldsymbol{A}=\boldsymbol{O}$，从而$\boldsymbol{A}^n-2\boldsymbol{A}^{n-1}=\boldsymbol{A}^{n-2}(\boldsymbol{A}^2-2\boldsymbol{A})=\boldsymbol{O}$.

注 此题妙在 $A^2=2A$,此亦为出题者匠心,然 $A^2=2A$ 系巧合?非矣,考虑 A 的特征多项式

$$f(\lambda)=|\lambda I-A|=\lambda(\lambda-2)^2$$

由凯莱一哈密顿定理知 $f(A)=O$,从而易知 A 的最小(化零)多项式(使 A 化零的次数最低的多项式,由 $f(\lambda)$ 因子之积组成)是 $\lambda^2-2\lambda$,从而 $A^2-2A=O$.

对于一般矩阵 A 来讲,若 $\varphi(\lambda)$ 为其最小多项式,则 $\varphi(A)=O$. 用其可构造命题如:计算 $\Phi(A)=g(A)\varphi(A)$,显然它为零矩阵 O. 此外问题还可以翻新花样,比如:

问题 1 若 4 阶方阵 $A=\begin{pmatrix}-1&1&1&-1\\1&-1&-1&1\\1&-1&-1&1\\-1&1&1&-1\end{pmatrix}$,求 A^6.

略解 由 $A^2=-4A$($A^2+4A=O$,即 $\lambda^2+4\lambda$ 为 A 的最小多项式),而 $A^4=16A^2=-64A$,则

$$A^6=A^2\cdot A^4=(-4A)(-64A)=4\times64A^2=4\times64\times(-4A)=-1024A$$

或仿例的方法去解,注意到 $r(A)=1$,则 A 可表为 $\alpha^T\beta$ 形式,其中 α、β 为 4 阶行向量. 这样

$$(\alpha^T\beta)^6=\alpha^T\beta\alpha^T\beta\cdots\alpha^T\beta=\alpha^T(\beta\alpha^T)(\beta\alpha^T)\cdots(\beta\alpha^T)\beta=(\beta\alpha^T)^5\alpha^T\beta$$

只需求出 α,β 即可. 事实上 $\alpha=(1,-1,-1,1)$,$\beta=(-1,1,1,-1)$. 且 $\beta\alpha^T=-4$,从而

$$A^6=(-4)^5A=-1024A$$

与例和问题 1 解法类同的问题还可见:

问题 2 若 $A=\begin{pmatrix}1&0&1\\0&2&0\\1&0&1\end{pmatrix}$,求 A^{16}.

问题 3 若 $A=\begin{pmatrix}1&0&0\\1&0&1\\0&1&0\end{pmatrix}$ 满足 $A^n=A^{n-1}+A^2-I(n\geqslant3)$,求 A^{100}.(详见后面的例)

下面亦是一通独具匠心的、具有深刻数学背景的题目:

例 3 若矩阵 $A=\dfrac{1}{2}\begin{pmatrix}1&-\sqrt{3}\\\sqrt{3}&1\end{pmatrix}$,又 $A^6=I$(单位阵),求 A^{11}.

解 注意到 $A^6=I$,由 $A^{11}=A^{12}\cdot A^{-1}=(A^6)^2\cdot A^{-1}=A^{-1}$,则

$$A^{11}=(A^6)^2A^{-1}=A^{-1}=\frac{1}{2}\begin{pmatrix}1&\sqrt{3}\\-\sqrt{3}&1\end{pmatrix}$$

注 ①这里 $A^{11}=A^{12}\cdot A^{-1}=A^{-1}$ 体现出题者的匠心;

②题目有着深刻的数学背景,平面直角坐标系中的点 $M(a,b)$ 乘以

$$P=\begin{pmatrix}\cos\varphi&-\sin\varphi\\\sin\varphi&\cos\varphi\end{pmatrix}$$

后得到点 $M'(a',b')$,即 $(a',b')^T=P(a,b)^T$.

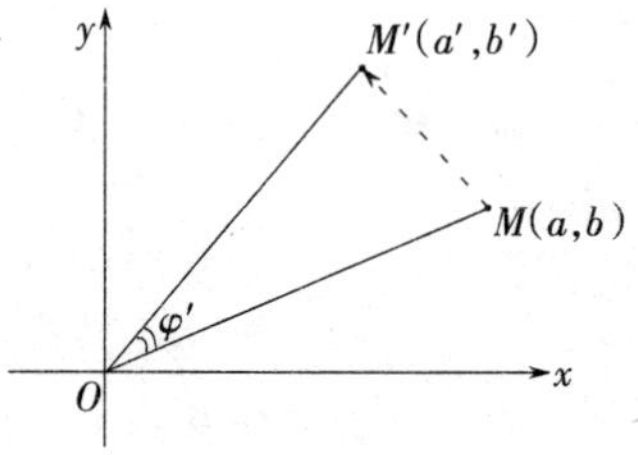

其几何意义相当于 M 绕 O 逆时针旋 φ' 角后的位置 M',见右图. 故称 P 为旋转变换矩阵,其实可以用数学归纳法证明(证明见后文)

$$P^n=\begin{pmatrix}\cos\varphi&-\sin\varphi\\\sin\varphi&\cos\varphi\end{pmatrix}^n=\begin{pmatrix}\cos n\varphi&-\sin n\varphi\\\sin n\varphi&\cos n\varphi\end{pmatrix}$$

注意到例中 $\varphi=\pi/3$,因此

$$A^6=\begin{pmatrix}\cos\pi/3 & -\sin\pi/3\\ \sin\pi/3 & \cos\pi/3\end{pmatrix}^6=\begin{pmatrix}1&0\\0&1\end{pmatrix}$$

即旋转 6 次后回到始点(因为 $6\cdot\pi/3=2\pi$).

这样

$$A^{-1}=\begin{pmatrix}\cos(-\pi/3) & -\sin(-\pi/3)\\ \sin(-\pi/3) & \cos(-\pi/3)\end{pmatrix}=\begin{pmatrix}1/2 & \sqrt{3}/2\\ -\sqrt{3}/2 & 1/2\end{pmatrix}$$

当然,若题设条件"$A^6=I$"不给,问题难度加大,然而题目味道要浓许多.

此外,若注意 A 是正交阵,即 $A^{-1}=A^{\mathrm{T}}$,则结论显然多了.

当然,如果问题再延拓一下可求 A^{-11}. 注意到:$A^{-11}=(A^{11})^{-1}=(A^{-1})^{-1}=A$.

例 4　若 $B=\begin{pmatrix}1&0&0\\0&0&0\\0&0&-1\end{pmatrix}$,$P=\begin{pmatrix}1&0&0\\2&-1&0\\2&1&1\end{pmatrix}$,又 $AP=PB$,求 A,A^5.

解　B 是对角阵,而 $|P|\neq0$,有 $A=PBP^{-1}$. 由题设知 $|P|\neq0$,即知 P 非奇异(可逆),因而有

$$A=PBP^{-1}=\begin{pmatrix}1&0&0\\2&-1&0\\2&1&1\end{pmatrix}\begin{pmatrix}1&0&0\\0&0&0\\0&0&-1\end{pmatrix}\begin{pmatrix}1&0&0\\2&-1&0\\-4&1&1\end{pmatrix}=\begin{pmatrix}1&0&0\\2&0&0\\6&-1&-1\end{pmatrix}$$

而

$$A^n=(PBP^{-1})(PBP^{-1})\cdots(PBP^{-1})=PB(P^{-1}P)B(P^{-1}P)\cdots(P^{-1}P)BP^{-1}=PB^nP^{-1}$$

注意到 $B^5=B$,从而

$$A^5=PB^5P^{-1}=PBP^{-1}=A$$

注　这显然是对"若 $A=\begin{pmatrix}1&0&0\\2&0&0\\6&-1&-1\end{pmatrix}$,求 A^5"问题的引申处理,题目给出了使 A 对角化的方阵 P. 而对上述问题考研试题中亦多有出现,比如:

问题 1　若矩阵 $A=\dfrac{1}{3}\begin{pmatrix}-1&0&2\\0&1&2\\2&2&0\end{pmatrix}$,求 A^{100}.

略解　由 $|\lambda I-A|=9\lambda(\lambda-1)(\lambda+1)$,知 $\lambda_1=0,\lambda_2=1,\lambda_3=-1$ 为 A 的三个特征根,其相应的特征向量可求得

$$\xi_1=(2,-2,1)^{\mathrm{T}},\quad \xi_2=(1,2,2)^{\mathrm{T}},\quad \xi_1=(-2,-1,-2)^{\mathrm{T}}$$

如是 $P=\left(\dfrac{\xi_1}{\|\xi_1\|},\dfrac{\xi_2}{\|\xi_2\|},\dfrac{\xi_3}{\|\xi_3\|}\right)=\dfrac{1}{3}\begin{pmatrix}2&1&-2\\-2&2&-1\\1&2&2\end{pmatrix}$,且 $P^{-1}AP=\mathrm{diag}\{0,1,-1\}$.

故 $A=P\mathrm{diag}\{0,1,-1\}P^{-1}$. 注意到 $P^{\mathrm{T}}=P^{-1}$,从而

$$A^{100}=P(\mathrm{diag}\{0,1,-1\})^{100}P^{-1}=P\mathrm{diag}\{0,1,1\}P^{\mathrm{T}}=\frac{1}{9}\begin{pmatrix}5&4&-2\\4&5&2\\-2&2&8\end{pmatrix}$$

显然这里用了 $P^{-1}P=I$ 及 $(\mathrm{diag}\{\lambda_1,\lambda_2,\lambda_3\})^k=\mathrm{diag}\{\lambda_1^k,\lambda_2^k,\lambda_3^k\}$ 的结论.

顺便讲一句,同样可由 A^{100} 求 A^{-100},注意到 $A^{-100}=(A^{100})^{-1}$ 即可.

当然对于不可对角化矩阵的方幂,除了一些可用归纳法找出规律的算题处,有些还须用矩阵特征多项式质去考虑,比如:

问题2 若 $\boldsymbol{A}=\begin{pmatrix}3/2 & 1/2\\ -1/2 & 1/2\end{pmatrix}$,求 $\boldsymbol{A}^{100}$ 和 $\boldsymbol{A}^{-7}$.

略解 由 $\boldsymbol{A}$ 的特征多项式 $f(x)=(\lambda-1)^2$,又由 λ^{100} 可表示为 $(\lambda-1)^2$ 的多项式:

$$\lambda^{100}=g(\lambda)(\lambda-1)^2+a\lambda+b$$

两边求微导.再令 $\lambda=1$ 代入可得 $a=100$,将 $a=100$ 代入上式,再在上式令 $\lambda=1$ 可得 $b=-99$.从而由

$$f(\boldsymbol{A})=(\boldsymbol{A}-\boldsymbol{I})^2=\boldsymbol{O}$$

得

$$\boldsymbol{A}^{100}=100\boldsymbol{A}-99\boldsymbol{I}$$

即 $\boldsymbol{A}^{100}=\begin{pmatrix}50 & 50\\ -50 & -49\end{pmatrix}$.类似地,$\boldsymbol{A}^7=\begin{pmatrix}9/2 & 7/2\\ -7/2 & 5/2\end{pmatrix}$,且 $\boldsymbol{A}^{-7}=(\boldsymbol{A}^7)^{-1}=\begin{pmatrix}-5/2 & -7/2\\ 7/2 & 9/2\end{pmatrix}$.

计算矩阵的方幂,我们还可用某些逆推公式(如果存在),比如:

例5 设 $\boldsymbol{A}=\begin{pmatrix}1 & 0 & 0\\ 1 & 0 & 1\\ 0 & 1 & 0\end{pmatrix}$,试证当 $n\geqslant 3$ 时,恒有 $\boldsymbol{A}^n=\boldsymbol{A}^{n-2}+\boldsymbol{A}^2-\boldsymbol{I}$,其中 n 为自然数,并利用它计算 $\boldsymbol{A}^{100}$.

证 因涉及 $\boldsymbol{A}$ 的 n 次幂,故可用数学归纳法证明.

(1)当 $n=3$ 时,注意到

$$\boldsymbol{A}^3=\boldsymbol{A}^2\cdot\boldsymbol{A}=\begin{pmatrix}1 & 0 & 0\\ 1 & 0 & 1\\ 0 & 1 & 0\end{pmatrix}^2\begin{pmatrix}1 & 0 & 0\\ 1 & 0 & 1\\ 0 & 1 & 0\end{pmatrix}=\begin{pmatrix}1 & 0 & 0\\ 1 & 1 & 0\\ 1 & 0 & 1\end{pmatrix}\begin{pmatrix}1 & 0 & 0\\ 1 & 0 & 1\\ 0 & 1 & 1\end{pmatrix}=\begin{pmatrix}1 & 0 & 0\\ 2 & 0 & 1\\ 1 & 1 & 0\end{pmatrix}$$

而

$$\boldsymbol{A}^{3-2}+\boldsymbol{A}^2-\boldsymbol{I}=\begin{pmatrix}1 & 0 & 0\\ 1 & 0 & 1\\ 0 & 1 & 0\end{pmatrix}+\begin{pmatrix}1 & 0 & 0\\ 1 & 1 & 0\\ 1 & 0 & 1\end{pmatrix}-\begin{pmatrix}1 & 0 & 0\\ 0 & 1 & 0\\ 0 & 0 & 1\end{pmatrix}=\begin{pmatrix}1 & 0 & 0\\ 2 & 0 & 1\\ 1 & 1 & 0\end{pmatrix}$$

知 $\boldsymbol{A}^3=\boldsymbol{A}+\boldsymbol{A}^2-\boldsymbol{I}=\boldsymbol{A}^{3-2}+\boldsymbol{A}^2-\boldsymbol{I}$,命题成立.

(2)设 $n=k$ 时命题等式成立,则当 $n=k+1$ 时,有

$$\boldsymbol{A}^{k+1}=\boldsymbol{A}^k\cdot\boldsymbol{A}=(\boldsymbol{A}^{k-2}+\boldsymbol{A}^2-\boldsymbol{I})\boldsymbol{A}=\boldsymbol{A}^{(k+1)-2}+\boldsymbol{A}^3-\boldsymbol{A}=\boldsymbol{A}^{(k+1)-2}+(\boldsymbol{A}^{3-2}+\boldsymbol{A}^2-\boldsymbol{I})-\boldsymbol{A}=\boldsymbol{A}^{(k+1)-2}+\boldsymbol{A}^2-\boldsymbol{I}$$

命题也成立,故 $n\geqslant 3$ 为任何自然数时,命题俱真.

由上

$$\boldsymbol{A}^{100}=\boldsymbol{A}^{98}+\boldsymbol{A}^2-\boldsymbol{I}=\boldsymbol{A}^{96}+2\boldsymbol{A}^2-2\boldsymbol{I}=\cdots=\boldsymbol{A}^2+49\boldsymbol{A}^2-49\boldsymbol{I}=50\boldsymbol{A}^2-49\boldsymbol{I}$$

故

$$\boldsymbol{A}^{100}=50\boldsymbol{A}^2-49\boldsymbol{I}=\begin{pmatrix}1 & 0 & 0\\ 50 & 1 & 0\\ 50 & 0 & 1\end{pmatrix}$$

注 这方面的问题在考研试题中常有出现,这一点已经介绍过,比如:

问题1 若 $\boldsymbol{p}=(1,2,1)^{\mathrm{T}}$,$\boldsymbol{q}=(2,-1,2)^{\mathrm{T}}$,$\boldsymbol{A}=\boldsymbol{p}\boldsymbol{q}^{\mathrm{T}}$,求 $\boldsymbol{A}$,$\boldsymbol{A}^2$ 及 $\boldsymbol{A}^{100}$.

问题2 若矩阵 $\boldsymbol{P}=\begin{pmatrix}2 & & \boldsymbol{O}\\ 2 & -1 & \\ 2 & 1 & 1\end{pmatrix}$,$\boldsymbol{B}=\begin{pmatrix}1 & & \\ & 0 & \\ & & -1\end{pmatrix}$,又 $\boldsymbol{AP}=\boldsymbol{PB}$,求 $\boldsymbol{A}$ 及 $\boldsymbol{A}^5$.

问题3 若矩阵 $\boldsymbol{A}=\begin{pmatrix}\mathbf{1} & \mathbf{0} & \mathbf{1}\\ \mathbf{0} & \mathbf{2} & \mathbf{0}\\ \mathbf{1} & \mathbf{0} & \mathbf{1}\end{pmatrix}$,求 $\boldsymbol{A}^n-2\boldsymbol{A}^{n-2}(n\geqslant 2)$.

下面的矩阵方幂中含有参数，一般来讲，此类问题是先要依据计算找到规律，即归纳出等式后，再进行处理.

对于下面求 $\mathbf{A}^n$ 的问题，可用将 $\mathbf{A}$ 先化为对角阵的方法处理，由于题设 $\mathbf{A}$ 的特征根 **1** 为 **3** 重根，当 $\alpha=0$ 时，$r(\mathbf{A}-\mathbf{I})=2$，即找不到 **3** 个无关的特征向量，因此无法对角化. 此外可用试算法找出规律后再行归纳.

例 6　若矩阵 $\mathbf{A}=\begin{pmatrix}1&\alpha&\beta\\0&1&\alpha\\0&0&1\end{pmatrix}$，求 $\mathbf{A}^2,\mathbf{A}^3$，且推导出 $\mathbf{A}^n$.

解　直接验算不难有

$$\mathbf{A}^2=\begin{pmatrix}1&\alpha&\beta\\0&1&\alpha\\0&0&1\end{pmatrix}\begin{pmatrix}1&\alpha&\beta\\0&1&\alpha\\0&0&1\end{pmatrix}=\begin{pmatrix}1&2\alpha&\alpha^2+2\beta\\0&0&2\alpha\\0&0&1\end{pmatrix}$$

$$\mathbf{A}^3=\mathbf{A}^2\cdot\mathbf{A}=\begin{pmatrix}1&2\alpha&\alpha^2+2\beta\\0&0&2\alpha\\0&0&1\end{pmatrix}=\begin{pmatrix}1&\alpha&\beta\\0&1&\alpha\\0&0&1\end{pmatrix}=\begin{pmatrix}1&3\alpha&3\alpha^2+3\beta\\0&1&3\alpha\\0&0&1\end{pmatrix}=$$

$$\begin{pmatrix}1&3\alpha&(1+2)\alpha^2+3\beta\\0&1&3\alpha\\0&0&1\end{pmatrix}=\begin{pmatrix}1&3\alpha&C_3^2\alpha^2+3\beta\\0&1&3\alpha\\0&0&1\end{pmatrix}$$

应用数学归纳法，我们不难证明(无妨再算，一两步便能发现规律)：

$$\mathbf{A}^n=\begin{pmatrix}1&n\alpha&C_n^2\alpha^2+n\beta\\0&1&n\alpha\\0&0&1\end{pmatrix}\tag{$*$}$$

(1)当 $n=1$ 时显然成立.

(2)设当 $n=k$ 时结论成立. 今考虑 $n=k+1$ 的情形

$$\mathbf{A}^{k+1}=\mathbf{A}^k\cdot\mathbf{A}=\begin{pmatrix}1&k\alpha&C_k^2\alpha^2+k\beta\\0&1&k\alpha\\0&0&1\end{pmatrix}\begin{pmatrix}1&\alpha&\beta\\0&1&\alpha\\0&0&1\end{pmatrix}=\begin{pmatrix}1&(k+1)\alpha&C_{k+1}^2\alpha^2+(k+1)\beta\\0&1&(k+1)\alpha\\0&0&1\end{pmatrix}$$

故当 $n=k+1$ 时命题成立，从而对任何自然数 n 式($*$)成立.

注 1　由此例看出：计算上(下)三角阵的方幂大多是依照例的方法归纳的(其关键是 $\mathbf{A}$ 的方幂中的第 1 行第 3 列元素中 α^2 的系数 C_n^2 的总结与发现，它通常是凭经验或多算几步来实现了，一般上(下)三角阵的方幂运算多是有规律可循的)，因而在计算一般矩阵方幂时，常常先将它通过变换化成三角阵，然后再计算它的方幂(这便与所谓矩阵分解内容有关)，这方面的例子可见后面有关部分.

注 2　特别的，当 $\mathbf{A}$ 是约当(Jordan)形，可有

命题　若矩阵 $\mathbf{A}=\begin{pmatrix}\lambda&1&&\\&\lambda&\ddots&\\&&\ddots&1\\&&&\lambda\end{pmatrix}_{k\times k}$，可有 $\mathbf{A}^k=\begin{pmatrix}\lambda^k&C_k^1\lambda^{k-2}&C_k^2\lambda^{k-2}&\cdots&C_k^{k-1}\lambda\\&\lambda^k&C_k^1\lambda^{k-1}&\cdots&C_k^{k-2}\lambda^2\\&&\ddots&&\vdots\\&&&\ddots\quad\ddots&\vdots\\&&&\lambda^k&C_k^1\lambda^{k-1}\\&&&&\lambda^k\end{pmatrix}$.

它亦可用数学归纳法证得：

(1)当 $k=1$ 时，命题显然真；

(2)当 $k=s$ 时,有等式

$$A^s=\begin{pmatrix}\lambda^s & C_s^1\lambda^{s-1} & C_s^2\lambda^{s-2} & \cdots & C_s^{k-1}\lambda^{s-k+1}\\ & \lambda^s & C_s^2\lambda^{s-1} & \cdots & C_s^{k-2}\lambda^{s-k+2}\\ & & \ddots & \ddots & \vdots\\ & & & \ddots \quad \ddots & \vdots\\ & & & \lambda^s & C_s^1\lambda^{s-1}\\ & & & & \lambda^s\end{pmatrix}$$

这里规定当 $k-t>s$ 时,$C_s^{k-t}=0$. 注意到 $A^{s+1}=A^s\cdot A$,由矩阵乘法及组合等式 $C_s^t+C_s^{t+1}=C_{s+1}^{t+1}$ 可得 A^{s+1} 的式子真.

故命题对一般 k 成立.

注 3 矩阵 $R_n=\begin{pmatrix}\mathbf{0} & I_{n-1}\\ 1 & \mathbf{0}\end{pmatrix}$ 称为基本循环阵,可以证明:(1) $R_n^k=\begin{pmatrix}O & I_{n-k}\\ I_k & O\end{pmatrix}$;(2) $R_n^n=I^n$.

再来看一个例子,它在前文例的注释中已提及过,这里再详细介绍一下.

例 7 试证:当 n 为自然数时,有

$$\begin{pmatrix}\cos\varphi & -\sin\varphi\\ \sin\varphi & \cos\varphi\end{pmatrix}^n=\begin{pmatrix}\cos n\varphi & -\sin n\varphi\\ \sin n\varphi & \cos n\varphi\end{pmatrix}$$

证 用数学归纳法.

(1)当 $n=1$,命题显然成立.

(2)设当 $n=k$ 时,命题成立. 今考虑 $n=k+1$ 的情形

$$\begin{pmatrix}\cos\varphi & -\sin\varphi\\ \sin\varphi & \cos\varphi\end{pmatrix}^{k+1}=\begin{pmatrix}\cos\varphi & -\sin\varphi\\ \sin\varphi & \cos\varphi\end{pmatrix}^k\begin{pmatrix}\cos\varphi & -\sin\varphi\\ \sin\varphi & \cos\varphi\end{pmatrix}=$$

$$\begin{pmatrix}\cos k\varphi & -\sin k\varphi\\ \sin k\varphi & \cos k\varphi\end{pmatrix}\begin{pmatrix}\cos\varphi & -\sin\varphi\\ \sin\varphi & \cos\varphi\end{pmatrix}=\begin{pmatrix}\cos(k+1)\varphi & -\sin(k+1)\varphi\\ \sin(k+1)\varphi & \cos(k+1)\varphi\end{pmatrix}$$

这里只需注意到正、余弦函数的和、差角公式即可.

综上,$n=k+1$ 命题亦真,从而对任何自然数命题都成立.

注 1 本题的变形问题为:

命题 1 试证矩阵方幂极限 $\lim\limits_{n\to\infty}\begin{pmatrix}1 & \alpha/n\\ -\alpha/n & 1\end{pmatrix}^n=\begin{pmatrix}\cos\alpha & \sin\alpha\\ -\sin\alpha & \cos\alpha\end{pmatrix}$.

这只需注意到关系式

$$\begin{pmatrix}1 & \alpha/n\\ -\alpha/n & 1\end{pmatrix}=\sqrt{1+\alpha^2/n^2}\begin{pmatrix}n/\sigma & \alpha/\sigma\\ -\alpha/\sigma & n/\sigma\end{pmatrix}$$

这里 $\sigma=\sqrt{n^2+\alpha^2}$. 令 $\cos\varphi=\dfrac{n}{\sigma}$,$\sin\varphi=\dfrac{\alpha}{\sigma}$,则

$$\begin{pmatrix}1 & \alpha/n\\ -\alpha/n & 1\end{pmatrix}^n=(1+\alpha^2/n^2)^{\frac{n}{2}}\begin{pmatrix}\cos\varphi & \sin\varphi\\ -\sin\varphi & \cos\varphi\end{pmatrix}^n$$

注意到 $\lim\limits_{n\to\infty}\left(1+\dfrac{\alpha^2}{n^2}\right)^{\frac{n}{2}}=1$ 及 $\lim\limits_{n\to\infty}\sin n\varphi=\sin\alpha$ 即可.

类似涉及矩阵方幂的极限问题可见:

命题 2 若 $A=\begin{pmatrix}1 & \dfrac{x}{h}\\ -\dfrac{x}{h} & 1\end{pmatrix}$,计算 $\lim\limits_{x\to0}\left\{\lim\limits_{n\to\infty}\left[\dfrac{1}{x}(A^n-I)\right]\right\}$.

解　由题设矩阵 $\boldsymbol{A}$ 可表示为

$\boldsymbol{A}=a\begin{pmatrix}\cos\varphi & \sin\varphi\\ -\sin\varphi & \cos\varphi\end{pmatrix}$，其中 $a=\sqrt{1+\dfrac{x^2}{n^2}}$，$\varphi=\arcsin\dfrac{x}{\sqrt{h^2+x^2}}$.

则 $\boldsymbol{A}^n=a^n\begin{pmatrix}\cos\varphi & \sin\varphi\\ -\sin\varphi & \cos\varphi\end{pmatrix}^n=a^n\begin{pmatrix}\cos n\varphi & \sin n\varphi\\ -\sin n\varphi & \cos n\varphi\end{pmatrix}$，而当 $n\to\infty$ 时，$a\to1$，且 $\cos n\varphi\to\cos x$（或 $\cos n\varphi=\cos x+\boldsymbol{o}(1)$）.

$$\sin n\varphi=\sin\left(n\arcsin\frac{x}{\sqrt{n^2+x^2}}\right)=\sin\left(\frac{nx}{\sqrt{n^2+x^2}}+\boldsymbol{o}(\frac{1}{h})\right)=\sin x+\boldsymbol{o}(1)$$

故 $\lim\limits_{n\to\infty}(\boldsymbol{A}^n-\boldsymbol{I})=\begin{pmatrix}\cos x-1 & \sin x\\ -\sin x & \cos x-1\end{pmatrix}$，注意到 $\lim\limits_{x\to0}\dfrac{\sin x}{x}=1$，从而

$$\lim_{x\to0}\left\{\lim_{n\to\infty}\left[\frac{1}{x}(\boldsymbol{A}^n-\boldsymbol{I})\right]\right\}=\begin{pmatrix}0 & 1\\ -1 & 0\end{pmatrix}$$

注 2　本例的几何意义是明显的. 题设方阵系平面直角坐标系经旋转 φ 角后新系到旧系的过渡矩阵. 实施 n 次后相当于旋转 $n\varphi$ 角.

说得具体点，即点 $M(x,y)$ 经变换：$(x,y)\boldsymbol{A}$ 后的结果相当于将点 $M(x,y)$ 顺时针方向旋转 φ 角后的新点 M' 位置（见右图）.

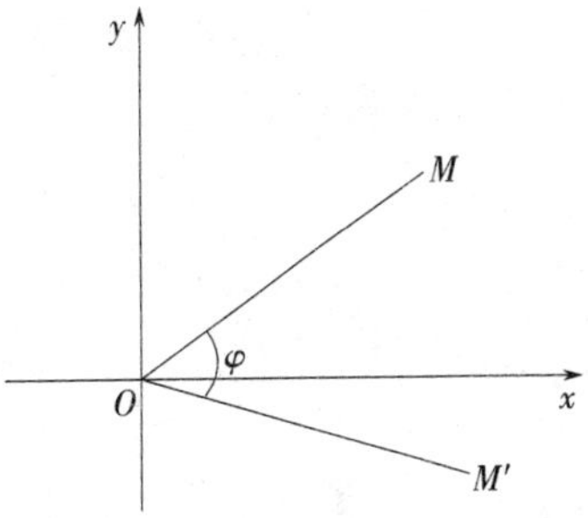

再来看一个分块矩阵计算问题.

例 8　设 $\boldsymbol{A}=\begin{pmatrix}3 & 4 & 0 & 0\\ 4 & -3 & 0 & 0\\ 0 & 0 & 2 & 4\\ 0 & 0 & 0 & 2\end{pmatrix}$，求 $|\boldsymbol{A}^{2k}|$ 及 $\boldsymbol{A}^{2k}$（k 为正整数）.

解　设 $\boldsymbol{A}=\begin{pmatrix}\boldsymbol{A}_1 & \boldsymbol{O}\\ \boldsymbol{O} & \boldsymbol{A}_2\end{pmatrix}$，其中 $\boldsymbol{A}_1=\begin{pmatrix}3 & 4\\ 4 & -3\end{pmatrix}$，$\boldsymbol{A}_2=\begin{pmatrix}2 & 4\\ 0 & 2\end{pmatrix}$. 由分块矩阵（准对角块）性质有

$$|\boldsymbol{A}^{2k}|=|\boldsymbol{A}|^{2k}=|\boldsymbol{A}_1|^{2k}|\boldsymbol{A}_2|^{2k}=100^{2k}=10^{4k}$$

而 $\boldsymbol{A}^{2k}=\begin{pmatrix}\boldsymbol{A}_1^{2k} & \boldsymbol{O}\\ \boldsymbol{O} & \boldsymbol{A}_2^{2k}\end{pmatrix}$. 又 $\boldsymbol{A}_1^2=\begin{pmatrix}3 & 4\\ 4 & -3\end{pmatrix}\begin{pmatrix}3 & 4\\ 4 & -3\end{pmatrix}=\begin{pmatrix}25 & 0\\ 0 & 25\end{pmatrix}=\begin{pmatrix}5^2 & 0\\ 0 & 5^2\end{pmatrix}$，故

$$\boldsymbol{A}_1^{2k}=\begin{pmatrix}5^2 & 0\\ 0 & 5^2\end{pmatrix}^k=\begin{pmatrix}5^{2k} & 0\\ 0 & 5^{2k}\end{pmatrix}$$

再 $A_2^2=2^2\begin{pmatrix}1 & 2\\ 0 & 1\end{pmatrix}^2=2^2\begin{pmatrix}1 & 2\cdot2\\ 0 & 1\end{pmatrix}$，归纳地有 $A_2^n=2^n\begin{pmatrix}1 & 2n\\ 0 & 1\end{pmatrix}$. 从而

$$\boldsymbol{A}_2^{2k}=2^{2k}\cdot\begin{pmatrix}1 & 2\cdot2k\\ 0 & 1\end{pmatrix}=4^k\begin{pmatrix}1 & 4k\\ 0 & 1\end{pmatrix}=\begin{pmatrix}4^k & k4^{k+1}\\ 0 & 4^k\end{pmatrix}$$

故

$$\boldsymbol{A}^{2k}=\begin{pmatrix}\boldsymbol{A}_1^{2k} & \boldsymbol{O}\\ \boldsymbol{O} & A_2^{2k}\end{pmatrix}=\begin{pmatrix}5^{2k} & 0 & & \\ 0 & 5^{2k} & & \\ & & 4^k & k4^{k+1}\\ & & 0 & 4^k\end{pmatrix}$$

注　由最后一式亦可有 $|\boldsymbol{A}^{2k}|=10^{4k}$.

再来看两个求矩阵乘积方幂的例子.

例 9 已知矩阵 $\boldsymbol{A}=\begin{pmatrix}1&1\\0&1\end{pmatrix}$，矩阵 $\boldsymbol{B}=\begin{pmatrix}1&2\\3&4\end{pmatrix}$，试求 $(\boldsymbol{B}^{-1}\boldsymbol{A}\boldsymbol{B})^n$，$n$ 为自然数.

解 应用数学归纳法不难证得 $\boldsymbol{A}^n=\begin{pmatrix}1&n\\0&1\end{pmatrix}$. 又 $\boldsymbol{B}^{-1}=\begin{pmatrix}-2&1\\3/2&-1/2\end{pmatrix}$，再由

$$(\boldsymbol{B}^{-1}\boldsymbol{A}\boldsymbol{B})^n=(\boldsymbol{B}^{-1}\boldsymbol{A}\boldsymbol{B})(\boldsymbol{B}^{-1}\boldsymbol{A}\boldsymbol{B})\cdots(\boldsymbol{B}^{-1}\boldsymbol{A}\boldsymbol{B})=\boldsymbol{B}^{-1}A^n\boldsymbol{B}$$

故

$$(\boldsymbol{B}^{-1}\boldsymbol{A}\boldsymbol{B})^n=\begin{pmatrix}-2&1\\3/2&-1/2\end{pmatrix}\begin{pmatrix}1&n\\0&1\end{pmatrix}\begin{pmatrix}1&2\\3&4\end{pmatrix}=\begin{pmatrix}1-6n&-8n\\9n/2&1-6n\end{pmatrix}$$

注 本题中的方法及结论 $\begin{pmatrix}1&1\\0&1\end{pmatrix}^n=\begin{pmatrix}1&n\\0&1\end{pmatrix}$ 是重要的和常用的.

接下来的命题是关于矩阵幂的反问题.

例 10 试将矩阵 $\boldsymbol{A}=\begin{pmatrix}2&2\\3&5\end{pmatrix}$ 表示成若干 $\begin{pmatrix}1&0\\x&1\end{pmatrix}$ 和 $\begin{pmatrix}1&y\\0&1\end{pmatrix}$ 形式矩阵之积.

解 注意到下面矩阵乘积

$$\begin{pmatrix}1&y\\0&1\end{pmatrix}\begin{pmatrix}1&0\\x&1\end{pmatrix}=\begin{pmatrix}1+xy&y\\x&1\end{pmatrix}$$

再考虑 $\begin{pmatrix}1&y\\0&1\end{pmatrix}\begin{pmatrix}1+xy&y\\x&1\end{pmatrix}$ 与 $\begin{pmatrix}1+xy&y\\x&1\end{pmatrix}\begin{pmatrix}1&y\\0&1\end{pmatrix}$；$\begin{pmatrix}1&0\\x&1\end{pmatrix}\begin{pmatrix}1+xy&y\\x&1\end{pmatrix}$ 与 $\begin{pmatrix}1+xy&y\\x&1\end{pmatrix}\begin{pmatrix}1&0\\x&1\end{pmatrix}$，以及 $\begin{pmatrix}1+xy&y\\x&1\end{pmatrix}^2$ 等后，可以推算出

$$\boldsymbol{A}=\begin{pmatrix}2&3\\3&5\end{pmatrix}=\left[\begin{pmatrix}1&0\\1&1\end{pmatrix}\begin{pmatrix}1&1\\0&1\end{pmatrix}\right]^2$$

注 由题设可知 $|\boldsymbol{A}|=\begin{vmatrix}2&3\\3&5\end{vmatrix}=1$，注意到 $\begin{pmatrix}1&y\\0&1\end{pmatrix}\begin{pmatrix}1&0\\x&1\end{pmatrix}=\begin{pmatrix}1+xy&y\\x&1\end{pmatrix}$，及矩阵乘积行列式性质可判断 $x=y=1$.

例 11 若 $\boldsymbol{A}\in\mathbf{R}^{2\times2}$. (1) $\boldsymbol{A}^2=-\boldsymbol{I}\Leftrightarrow\boldsymbol{A}=\begin{pmatrix}\pm\sqrt{pq-1}&-p\\q&\mp\sqrt{pq-1}\end{pmatrix}$，其中 p,q 满足 $pq\geqslant1$；(2) 不存在 $\boldsymbol{A}$ 使 $\boldsymbol{A}^2=\begin{pmatrix}-1&0\\0&-1-\varepsilon\end{pmatrix}$，其中 $\varepsilon>0$.

解 设矩阵 $\boldsymbol{A}=\begin{pmatrix}a&b\\c&d\end{pmatrix}$，则 $\boldsymbol{A}^2=\begin{pmatrix}a^2+bc&(a+d)b\\(a+d)b&bc+d^2\end{pmatrix}$.

(1) 由题设 $\boldsymbol{A}^2=-\boldsymbol{I}$，则有

$$\begin{cases}a^2+bc=-1 & ①\\(a+d)b=0 & ②\\(a+d)c=0 & ③\\bc+d^2=-1 & ④\end{cases}$$

若 $a+d\neq0$，由式②有 $b=0$，由式①有 $a^2=-1$，这是不可能的. 故 $a=-d$.

(2) 类似地由题设可有方程组

$$\begin{cases} a^2+bc=-1 & ⑤ \\ (a+d)b=0 & ⑥ \\ (a+d)c=0 & ⑦ \\ bc+d^2=-1-\varepsilon & ⑧ \end{cases}$$

同样 $a+d\neq 0$ 不可能成立，从而 $a=-d$，联立式⑤和式⑧得 $\varepsilon=0$，与题设矛盾！

故不存在这样的矩阵 $\boldsymbol{A}$ 使 $\boldsymbol{A}^2=\begin{pmatrix}-1 & 0\\ 0 & -1-\varepsilon\end{pmatrix}$.

下面的例子涉及矩阵多项式运算.

例 12　若矩阵 $\boldsymbol{A}\in\mathbf{R}^{n\times n}$，又 $\boldsymbol{A}+\boldsymbol{I}$ 可逆，且 $f(\boldsymbol{A})=(\boldsymbol{I}-\boldsymbol{A})(\boldsymbol{I}+\boldsymbol{A})^{-1}$. 试证(1)$[\boldsymbol{I}+f(\boldsymbol{A})](\boldsymbol{I}+\boldsymbol{A})=2\boldsymbol{I}$;(2)$f(f(\boldsymbol{A}))=\boldsymbol{A}$.

证　(1)由题设且注意到下面式子的变换可有：

$$[\boldsymbol{I}+f(\boldsymbol{A})](\boldsymbol{I}+\boldsymbol{A})=[\boldsymbol{I}+(\boldsymbol{I}-\boldsymbol{A})(\boldsymbol{I}+\boldsymbol{A})^{-1}](\boldsymbol{I}+\boldsymbol{A})=(\boldsymbol{I}+\boldsymbol{A})+(\boldsymbol{I}-\boldsymbol{A})=2\boldsymbol{I}$$

(2)将 $f(\boldsymbol{A})$ 代替 $\boldsymbol{A}$ 代入题设式，有

$$f(f(\boldsymbol{A}))=[\boldsymbol{I}-f(\boldsymbol{A})][\boldsymbol{I}+f(\boldsymbol{A})]^{-1}$$

而由(1)可得

$$[\boldsymbol{I}+f(\boldsymbol{A})]^{-1}=\frac{1}{2}(\boldsymbol{I}+\boldsymbol{A})$$

代入上式有

$$f(f(\boldsymbol{A}))=[\boldsymbol{I}-(\boldsymbol{I}-\boldsymbol{A})(\boldsymbol{I}+\boldsymbol{A})^{-1}]\cdot\frac{1}{2}(\boldsymbol{I}+\boldsymbol{A})=\frac{1}{2}[(\boldsymbol{I}+\boldsymbol{A})(\boldsymbol{I}-\boldsymbol{A})]=\boldsymbol{A}$$

注　类似的涉及矩阵转置与求逆关系的例子在考研试题较常见，如：

问题　化简 $(\boldsymbol{BC}^{\mathrm{T}}-\boldsymbol{I})^{\mathrm{T}}(\boldsymbol{AB}^{-1})^{\mathrm{T}}+[(\boldsymbol{BA}^{-1})^{\mathrm{T}}]^{-1}$.

4. 某些特殊矩阵的计算问题

幂等阵、幂零阵、幂幺阵、对合阵、对合阵、正交阵、三对角阵、循环矩阵…是矩阵中较特殊的分类，由于它们具有“与众不同”的个性，因而更会引起人们的兴趣和关注.

下面是一个求解特殊矩阵的例，它涉及正交矩阵.

例 1　写出二阶正交矩阵的全部可能形式.

解　设 $\boldsymbol{A}=\begin{pmatrix}a & b\\ c & d\end{pmatrix}$ 为正交矩阵，由

$$\boldsymbol{A}^{\mathrm{T}}\boldsymbol{A}=\begin{pmatrix}a & c\\ b & d\end{pmatrix}\begin{pmatrix}a & b\\ c & d\end{pmatrix}=\begin{pmatrix}a^2+c^2 & ab+cd\\ ab+cd & b^2+c^2\end{pmatrix}=\begin{pmatrix}1 & 0\\ 0 & 1\end{pmatrix}$$

$$\boldsymbol{A}\boldsymbol{A}^{\mathrm{T}}=\begin{pmatrix}a & b\\ c & d\end{pmatrix}\begin{pmatrix}a & c\\ b & d\end{pmatrix}=\begin{pmatrix}a^2+b^2 & ac+bd\\ ac+bd & c^2+d^2\end{pmatrix}=\begin{pmatrix}1 & 0\\ 0 & 1\end{pmatrix}$$

故

$$a^2+b^2=a^2+c^2=b^2+c^2=c^2+d^2=1 \tag{①}$$

且

$$ab+cd=ac+bd=0 \tag{②}$$

令 $a=\cos\alpha$，由式①中 $a^2+c^2=1$，有 $c=\pm\sin\alpha$.

若 $c=-\sin\alpha$ 时，由 $\sin(\pm\alpha)=\pm\sin\alpha$，$\cos(\pm\alpha)=\sin\alpha$，故无妨使 $a=\cos\beta$，$c=\sin\beta$，β 为任意角.

又由式②可令 $b=\pm c=\pm\cos\beta$，$d=\mp a\mp\cos\beta$，故

$$\boldsymbol{A}=\begin{pmatrix}\cos\beta & -\sin\beta\\ \sin\beta & \cos\beta\end{pmatrix}\text{或}\begin{pmatrix}\cos\beta & \sin\beta\\ \sin\beta & -\cos\beta\end{pmatrix}$$

至此已经看出二阶正交阵的大致面貌，它代表的几何意义前文已有提及. 下面是一个与上例类同的问题，它是求可交换阵的题目.

例 2 设矩阵 $\boldsymbol{A}\in\mathbf{R}^{2\times 2}$，且它不是数量阵. 试证 $\mathbf{R}^{2\times 2}$ 上能与 $\boldsymbol{A}$ 交换的 2 阶矩阵 $\boldsymbol{X}$ 有形式 $\boldsymbol{X}=\alpha\boldsymbol{I}+\beta\boldsymbol{A}$，其中 $\alpha,\beta\in\mathbf{R}$.

证 设 $\boldsymbol{A}=\begin{pmatrix}a & b\\ c & d\end{pmatrix}$，且 $\boldsymbol{X}=\begin{pmatrix}x & y\\ z & w\end{pmatrix}$. 由 $\boldsymbol{AX}=\boldsymbol{XA}$ 有

$$\begin{cases}bz=yc & ①\\ ay+bw=xb+yd & ②\\ cx+dz=za+wc & ③\end{cases}$$

当 $b=c=0$ 时，由于 $\boldsymbol{A}$ 为非数量阵，故 $b\neq d$，则上方程组简化为

$$ay=dy,\quad dz=az\ \text{可有}\ y=z=0.\ \text{故}$$

$$\boldsymbol{X}=\begin{pmatrix}x & 0\\ 0 & w\end{pmatrix}=\left[x-\frac{a(x-w)}{a-d}\right]\boldsymbol{I}+\left(\frac{x-w}{a-d}\right)\boldsymbol{A}$$

当 $b\neq 0$ 或 $c\neq 0$ 时，无妨设 $b\neq 0$，则上方程组简化为

$$z=\frac{c}{b}y,\quad w=x-\frac{a-d}{b}y$$

故

$$\boldsymbol{X}=\frac{1}{b}\begin{pmatrix}bx-ay+dy & by\\ cy & bx-ay+dy\end{pmatrix}=\left(\frac{bx-ay}{b}\right)\boldsymbol{I}+\frac{y}{b}\boldsymbol{A}$$

对 n 阶方阵来讲，若 $\boldsymbol{A}^k=\boldsymbol{A}$，则称 $\boldsymbol{A}$ 为幂等阵. 下面来看一个关于幂等阵的问题.

例 3 若 $\boldsymbol{A}$ 是 n 阶方阵，且 $\boldsymbol{A}^2=\boldsymbol{A}$(幂等阵)，则 $(\boldsymbol{A}+\boldsymbol{I})^k=\boldsymbol{I}+(2^k-1)\boldsymbol{A}$，这里 k 为自然数.

证 用数学归纳法.

(1)当 $k=2$ 时，$(\boldsymbol{A}+\boldsymbol{I})^2=\boldsymbol{A}^2+2\boldsymbol{A}+\boldsymbol{I}=\boldsymbol{I}+(2^2-1)\boldsymbol{A}$，命题真.

(2)设当 $k=m$ 时，命题真，即

$$(\boldsymbol{A}+\boldsymbol{I})^m=\boldsymbol{I}+(2^m-1)\boldsymbol{A}$$

今考虑 $k=m+1$ 的情形：

$$(\boldsymbol{A}+\boldsymbol{I})^{m+1}=[\boldsymbol{I}+(2^m-1)\boldsymbol{A}](\boldsymbol{A}+\boldsymbol{I})=\boldsymbol{A}+(2^m-1)\boldsymbol{A}^2+\boldsymbol{I}+(2^m-1)\boldsymbol{A}=$$
$$\boldsymbol{I}+(1+2^m-1+2^m-1)\boldsymbol{A}=\boldsymbol{I}+(2^{m+1}-1)\boldsymbol{A}$$

即 $k=m+1$ 时命题亦成立，从而对任何自然数命题真.

单位阵 $\boldsymbol{I}$ 也是一种幂等阵，因为 $\boldsymbol{I}^2=\boldsymbol{I}$，下面来看一个例子.

例 4 若矩阵 $\boldsymbol{P}\in\mathbf{R}^{m\times m}$，$\boldsymbol{Q}\in\mathbf{R}^{n\times m}$，且 $\mathrm{r}(\boldsymbol{Q})=m$. 试证若 $\boldsymbol{Q}=\boldsymbol{QP}$，则 $\boldsymbol{P}=\boldsymbol{I}$.

证 由设 $\mathrm{r}(\boldsymbol{Q})=m$，知其有 m 阶子式不为 0，则有 $K_1\in\mathbf{R}^{n\times n}$ 使 $\boldsymbol{K}_1\boldsymbol{Q}=\begin{pmatrix}\boldsymbol{Q}_1\\ \boldsymbol{Q}_2\end{pmatrix}$，这里 $Q_1\in\mathbf{R}^{m\times m}$，且 $|\boldsymbol{Q}_1|\neq 0$，$\boldsymbol{Q}_2$ 为 $(n-m)\times m$ 阶阵.

这样由 Q_1 可逆，令 $\boldsymbol{G}=(\boldsymbol{Q}_1^{-1},\boldsymbol{O})$，这里 $\boldsymbol{O}\in\mathbf{R}^{m\times(n-m)}$，则有

$$(\boldsymbol{Q}_1^{-1},\boldsymbol{O})(\boldsymbol{K}_1\boldsymbol{Q})=(\boldsymbol{Q}_1^{-1},\boldsymbol{O})\begin{pmatrix}\boldsymbol{Q}_1\\ \boldsymbol{Q}_2\end{pmatrix}=\boldsymbol{I}_m$$

取 $\boldsymbol{K}=\boldsymbol{GK}_1$，$\in\mathbf{R}^{m\times n}$，$\boldsymbol{KQ}=\boldsymbol{I}$. 故若 $\boldsymbol{Q}=\boldsymbol{QP}$，这样有 $\boldsymbol{KQ}=\boldsymbol{KPQ}$，从而 $\boldsymbol{P}=\boldsymbol{I}$.

同样称 $A^k=O$ 的矩阵 A 为幂零矩阵. 先来看一个这方面问题(其他性质后文还将述及).

例 5　求使 $A^2=O$ 的二阶实(幂零)矩阵的一切形式.

解　设 $A=\begin{pmatrix} a & b \\ c & d \end{pmatrix}$, 由题设 $A^2=O$ 可得

$$a^2+bc=0,\quad b(a+d)=0,\quad c(a+d)=0,\quad d^2+bc=0$$

当 $b=c=0$ 时, 可得 $a=d=0$, 从而 $A=O$.

当 $b\neq 0$ 时, 这样有 $a+d=0$, 得 $d=-a, c=-a^2/b$, 则可得矩阵

$$A=\begin{pmatrix} a & b \\ -a^2/b & -a \end{pmatrix}$$

当 $c\neq 0$ 时, 仿上可得

$$A=\begin{pmatrix} a & -a^2/c \\ c & -a \end{pmatrix}$$

注　从例也可看出: 对于矩阵 A 来讲, 即便有 $A^2=O$, 也未必推出 $A=O$. 请看:

$$A=\begin{pmatrix} a & a \\ -a & -a \end{pmatrix}\neq O$$

但 $A^2=O$. 顺便讲一句, 若 A 对称, 则可从 $A^2=O$ 推得 $A=O$.

类似的, 若 $A^2=I, B^2=I$, 不一定有 $(AB)^2=I$. 比如:

若矩阵 $A=\begin{pmatrix} 1 & 2 \\ 0 & -1 \end{pmatrix}$, $B=\begin{pmatrix} 1 & 3 \\ 0 & -1 \end{pmatrix}$, 容易算得 $A^2=B^2=I$, 但 $(AB)^2=\begin{pmatrix} 1 & 2 \\ 0 & 1 \end{pmatrix}\neq I$.

此处还有 $(AB)^m=\begin{pmatrix} 1 & m \\ 0 & 1 \end{pmatrix}$, 这可用数学归纳法证得.

下面的问题也涉及幂零阵的性质.

例 6　若 $A^m=O, B^n=O$, 即它们是幂零阵, 且 $AB=BA$, 试证 AB 和 $A+B$ 也是幂零阵.

证　由设 $AB=BA$, 则有

$$(AB)^{mn}=A^{mn}B^{mn}=(A^m)^n(B^n)^m=O$$

又

$$(A+B)^{mn}=A^{mn}+C_{mn}^1A^{mn-1}B+C_{mn}^2A^{mn-2}B^2+\cdots+B^{mn}$$

以上各项中或 A 的指数大于 m, 或 B 的指数大于 n, 即每一项皆为零矩阵, 从而 $(A+B)^{mn}=O$.

下面的问题属于循环矩阵的内容. 这类矩阵不仅在行列式计算中展现特性, 在矩阵计算中也是如此. 请看:

例 7　若矩阵 $A=\begin{pmatrix} 0 & 1 & & & \\ & 0 & 1 & & \\ & & \ddots & \ddots & \\ & & & 0 & 1 \\ 1 & & & & 0 \end{pmatrix}=\begin{pmatrix} \mathbf{0} & I_{n-1} \\ 1 & \mathbf{0} \end{pmatrix}$, 试证 $A^k=\begin{pmatrix} O & I_{n-k} \\ I_k & O \end{pmatrix}$, $k=1,2,\cdots,n-1$, 且 $A^n=I_n$. 且称 A 为基础循环阵.

证　设 $e_i=(0,\cdots,0,1,0,\cdots,0)^{\mathrm{T}}$, 即第 i 位为 1, 则 $A=(e_n,e_1,e_2,\cdots,e_{n-1})$.

由　$Ae_1=e_n, Ae_s=e_{s-1}, s=2,3,\cdots,n$, 可用数学归纳法证明命题.

(1) 当 $k=1$ 时, 命题显然成立.

(2) 设当 $k-1$ 时, 命题真, 即

$$A^{k-1}=\begin{pmatrix} O & I_{n-k+1} \\ I_{k-1} & O \end{pmatrix}=(e_{n-k+2},e_{n-k+3},\cdots,e_n,e_1,e_2,\cdots,e_{n-k+1})$$

故

$$\begin{aligned} A^k=AA^{k-1}=A(e_{n-k+2},e_{n-k+3},\cdots,e_n,e_1,e_2,\cdots,e_{n-k+1})= \\ (Ae_{n-k+2},Ae_{n-k+3},\cdots,Ae_n,Ae_1,Ae_2,\cdots,Ae_{n-k+1})= \\ (e_{n-k+1},e_{n-k+2},\cdots,e_{n-1},e_n,e_{n+1},\cdots,e_{n-k})=\begin{pmatrix} O & I_{n-k} \\ I_k & O \end{pmatrix} \end{aligned}$$

即命题对 k 时亦成立. 故

$$A^n=AA^{n-1}=A\begin{pmatrix} 0 & 1 \\ I_{n-k} & 0 \end{pmatrix}=A(e_2,e_3,\cdots,e_n,e_1)=(e_1,e_2,\cdots,e_{n-1},e_n)=I_n$$

注 对于一般循环矩阵而言,若矩阵

$$C=\begin{pmatrix} c_0 & c_1 & c_2 & \cdots & c_{n-2} \\ c_{n-1} & c_0 & c_1 & \cdots & c_{n-3} \\ \vdots & \vdots & \vdots & & \vdots \\ c_2 & c_3 & c_4 & \cdots & c_0 \\ c_0 & c_2 & c_3 & \cdots & c_{n-1} \end{pmatrix}$$

为循环矩阵,则它可表示成

$$\begin{aligned} C=c_0I_n+c_1\begin{pmatrix} 0 & I_{n-1} \\ 1 & 0 \end{pmatrix}+c_2\begin{pmatrix} O & I_{n-2} \\ I_2 & O \end{pmatrix}+\cdots+c_{n-2}\begin{pmatrix} O & I_2 \\ I_{n-2} & O \end{pmatrix}+c_{n-1}\begin{pmatrix} 0 & 1 \\ I_{n-1} & 0 \end{pmatrix}= \\ c_0I_n+c_1\begin{pmatrix} 0 & I_{n-1} \\ 1 & 0 \end{pmatrix}+c_2\begin{pmatrix} 0 & I_{n-1} \\ 1 & 0 \end{pmatrix}^2+\cdots+c_{n-2}\begin{pmatrix} 0 & I_{n-1} \\ 1 & 0 \end{pmatrix}^{n-2}+c_{n-1}\begin{pmatrix} 0 & I_{n-1} \\ 1 & 0 \end{pmatrix}^{n-1} \end{aligned}$$

由此可知:两循环矩阵之积仍为循环阵.

对称矩阵、反对阵矩阵有许多重要的性质. 下面关于它们迹的关系式,也甚为精彩.

例 8 (1)若矩阵 $A\in\mathbf{R}^{n\times n}$,则 M 可写成 $A=R+S+cI$. 其中 R 是反对称阵;S 是对称阵;$c\in\mathbf{R}$;又 I 是单位阵,且迹 $\mathrm{Tr}(S)=0$.

(2)证明 $\mathrm{Tr}(A^2)=\mathrm{Tr}(R^2)+\mathrm{Tr}(S^2)+\frac{1}{n}[\mathrm{Tr}(A)]^2$.

解 (1)令 $R=\frac{1}{2}(A-A^{\mathrm{T}})$,$S=\frac{1}{2}(A+A^{\mathrm{T}})-\alpha I$,又 $\alpha=\frac{1}{2}\mathrm{Tr}(A)$. 则

$$A=R+S+\alpha I$$

$$\mathrm{Tr}\left[\frac{1}{2}(A+A^{\mathrm{T}})-\alpha I\right]=\mathrm{Tr}(A-\alpha I)=\mathrm{Tr}\left[A-\frac{1}{2}\mathrm{Tr}(A)I\right]=0$$

(2)注意到

$$A^2=R^2+S^2+\alpha^2I+2\alpha R+2\alpha S+RS+SR$$

由于 R 是反对称阵,则 $\mathrm{Tr}(R)=0$,又 $\mathrm{Tr}(S)=0$,此外

$$\mathrm{Tr}(RS)=\mathrm{Tr}[(RS)^{\mathrm{T}}]=\mathrm{Tr}(S^{\mathrm{T}}R^{\mathrm{T}})=\mathrm{Tr}(-SR)=-\mathrm{Tr}(SR)$$

故

$$\mathrm{Tr}(RS+SR)=0$$

从而

$$\mathrm{Tr}(A^2)=\mathrm{Tr}(R^2)+\mathrm{Tr}(S^2)+\frac{1}{n}[\mathrm{Tr}(A)]^2$$

注 类似的问题前文已遇见过,那里只是讲“任何矩阵皆可表示为一个对称矩阵和一个反对称矩阵之和”,本例是它的推广或变形.

二、矩阵的秩

1. 一些简单的矩阵秩

判断或求矩阵的秩是考研试题中一类重要题型.这个问题前文已有接触并了解,在那里是借助秩的概念来解题的.下面的问题直接与秩概念有关.先请看一些较简单的问题.

求具体给定的矩阵的秩,通常用初等变换将矩阵化为上(下)三角阵,然后通过求三角阵的秩,进而求得原来矩阵的秩——因为初等变换不改变矩阵的秩.

例1 求矩阵 $\boldsymbol{A}$ 的秩,这里 $\boldsymbol{A}=\begin{pmatrix}-2 & -8 & 6 & -8 & -4\\ 1 & 5 & -6 & 6 & 8\\ 2 & 6 & -4 & 4 & 6\\ 1 & 3 & 0 & 2 & 1\\ 4 & 6 & 2 & -4 & 18\end{pmatrix}$.

解 对 $\boldsymbol{A}$ 作如下行、列初等变换

$$\boldsymbol{A}\to\begin{pmatrix}1 & 4 & -3 & 4 & 2\\ 1 & -1 & 3 & -2 & -2\\ 0 & -2 & 2 & -4 & 2\\ 0 & 1 & -3 & 2 & 1\\ 0 & -10 & 14 & -20 & 10\end{pmatrix}\to\begin{pmatrix}1 & 4 & -3 & 4 & 2\\ 0 & 1 & -3 & 2 & 1\\ 0 & 0 & -4 & 0 & 4\\ 0 & 0 & 0 & 0 & 0\\ 0 & 0 & -16 & 0 & 20\end{pmatrix}\to$$

$$\begin{pmatrix}1 & 4 & -3 & 4 & 2\\ 0 & 1 & -3 & 2 & 1\\ 0 & 0 & 1 & 0 & -1\\ 0 & 0 & 0 & 0 & 4\\ 0 & 0 & 0 & 0 & 0\end{pmatrix}\to\begin{pmatrix}1 & 4 & -3 & 2 & 4\\ 0 & 1 & -3 & 1 & 2\\ 0 & 0 & 1 & -1 & 0\\ 0 & 0 & 0 & 4 & 0\\ 0 & 0 & 0 & 0 & 0\end{pmatrix}$$

故

$$\mathrm{r}(\boldsymbol{A})=\mathrm{r}(\widetilde{\boldsymbol{A}})=4$$

其实像例这样直接去求矩阵秩的考题不很多,它通常从其他面目或形式出现.

例2 若矩阵 $\boldsymbol{A}=\begin{pmatrix}1 & 2 & -2\\ 4 & t & 3\\ 3 & -1 & 1\end{pmatrix}$,$\boldsymbol{B}\neq\boldsymbol{O}$,但 $\boldsymbol{AB}=\boldsymbol{O}$,求 t.

解 由 $\boldsymbol{B}\neq\boldsymbol{O}$,又 $\boldsymbol{AB}=\boldsymbol{O}$,知秩 $\mathrm{r}(\boldsymbol{A})<3$,因满秩矩阵乘另外一矩阵后,不改变另外矩阵的秩.即 $\boldsymbol{A}$ 为奇异阵(或不可逆阵).

这样 $\boldsymbol{A}$ 的行列式 $|\boldsymbol{A}|=7t+21=0$,得 $t=-3$.

注 这是一则综合试题,既涉及矩阵秩的概念,又要求行列式计算及待定常数,下列亦如此.

例3 若 n 阶矩阵 $\boldsymbol{A}=\begin{pmatrix}1 & a & a & \cdots & a\\ a & 1 & a & \cdots & a\\ \vdots & \vdots & \vdots & & \vdots\\ a & a & a & \cdots & 1\end{pmatrix}$,又 $\mathrm{r}(\boldsymbol{A})=n-1\ (n\geqslant 3)$,求 a.

解 由设 $\mathrm{r}(\boldsymbol{A})=n-1$,知 $\boldsymbol{A}$ 奇异,从而 $|\boldsymbol{A}|=0$.而

$$A=\begin{vmatrix}1&a&a&\cdots&a\\a&1&a&\cdots&a\\\vdots&\vdots&\vdots&&\vdots\\a&a&a&\cdots&1\end{vmatrix}$$（第 2,3,…,n 行加至第 1 行后，再从第 1 行提取公因子 $[(n-1)a+1]$）

$$[(n-1)a+1]\begin{vmatrix}1&1&1&\cdots&1\\a&1&a&\cdots&a\\\vdots&\vdots&\vdots&&\vdots\\a&a&a&\cdots&1\end{vmatrix}=$$（第 1 行乘 $-a$ 加至第 2～n 行）

$$[(n-1)a+1]\begin{vmatrix}1&1&\cdots&1\\&1-a&&\\&&\ddots&\\&&&1-a\end{vmatrix}=$$（按第 1 列展开）

$$[(n-1)a+1](1-a)^{n-1}$$

由 $|A|=0$，即 $[(n-1)a+1](1-a)^{n-1}=0$. 得 $a=1$ 或 $\frac{1}{1-n}$.

当 $n=1$ 时，$r(A)=1$，与题设不符，故 $a=\frac{1}{1-n}$.

注 若记矩阵 $A_1=(a_{ij})_{n\times n}=\begin{pmatrix}a&a&a&\cdots&a\\a&a&a&\cdots&a\\\vdots&\vdots&\vdots&&\vdots\\a&a&a&\cdots&a\end{pmatrix}$，知 $r(A_1)=1(a\neq0)$，这样 $|\lambda I-A_1|=0$ 有 $n-1$ 重 0 特征根，另一特征根为 na，这只需注意到

$$A_1(1,1,\cdots,1)^{T}=na(1,1,\cdots,1)^{T}$$

而

$$|[\lambda-(a-1)]I-A|=|\mu I-A|$$

知 $\mu=\lambda+1-a$，则知 A 有 $n-1$ 重特征根 $1-a$ 和一重的特征根 $(n-1)a+1$. 则

$$|A|=[(n-1)a+1]^{n-1}$$

请注意：这里涉及的行列式曾在“行列式”一章中有过重点阐述. 我们也再次看到与该行列式有关的命题多种多样，千变万化的事实.

例 4 若 $a_i\neq0,b_i\neq0(i=1,2,\cdots,n)$，又 $A=\begin{pmatrix}a_1b_1&a_1b_2&\cdots&a_1b_n\\a_2b_1&a_2b_2&\cdots&a_2b_n\\\vdots&\vdots&&\vdots\\a_nb_1&a_nb_2&\cdots&a_nb_n\end{pmatrix}$，求 $r(A)$.

解 令 $A_1=(a_1,a_2,\cdots,a_n)^{T}$，$B_1=(b_1,b_2,\cdots,b_n)$ 易验算 $A=A_1B_1$，从而

$$r(A)\leqslant r(A_1),\quad r(A)\leqslant r(B_1)$$

又 $a_i\neq0,b_i\neq0(i=1,2,\cdots,n)$，知 $r(A_1)=1$，$r(B_1)=1$，而 $A\neq0$，知 $r(A)\geqslant1$.

综上 $r(A)=1$.

注 显然 $a_i\neq0,b_i\neq0(i=1,2,\cdots,n)$ 条件过强，其实只需某个 $a_k\neq0,b_l\neq0$ 即可(结论同上).

例 5 若 A 是 n 阶矩阵，且 $r(A)=1$，试证存在两个 n 维列向量 $\boldsymbol{a},\boldsymbol{b}$ 使 $A=\boldsymbol{a}\boldsymbol{b}^{T}$.

证 记 $A=(\boldsymbol{a}_1,\boldsymbol{a}_2,\cdots,\boldsymbol{a}_n)$ 其 $\boldsymbol{a}_i(i=1,2,\cdots,n)$ 为 A 的列向量.

由 $r(A)=1$，则 $\boldsymbol{a}_i$ 中至少有一个非 0，无妨设 $\boldsymbol{a}_1\neq0$，且其他每一列向量均与 $\boldsymbol{a}_1$ 平行或其对应分量成

比例,即存在常数 $k_2,k_3,\cdots,k_n$,使 $\boldsymbol{a}_i=k_i\boldsymbol{a}_1(i=2,3,\cdots,n)$.

于是

$$\boldsymbol{A}=(\boldsymbol{a}_1,k_2\boldsymbol{a}_1,\cdots,k_n\boldsymbol{a}_1)=\boldsymbol{a}_1\quad(1,k_2,\cdots,k_n)$$

令 $\boldsymbol{a}=\boldsymbol{a}_1,\boldsymbol{b}=(1,k_2,\cdots,k_n)$,则 $A=\boldsymbol{a}\boldsymbol{b}^{\mathrm{T}}$.

注　这个命题给出秩 1 矩阵的一种分解.关于矩阵分解后文还将述及.又这个问题是上列的反问题.而这里秩为 1 的矩阵常称为**秩 1 阵**,它在某些数学公式中很有用.

例 6　若向量 $\boldsymbol{\alpha},\boldsymbol{\beta}\in\mathbf{R}^{3\times1}$,又矩阵 $\boldsymbol{A}=\boldsymbol{\alpha}\boldsymbol{\alpha}^{\mathrm{T}}+\boldsymbol{\beta}\boldsymbol{\beta}^{\mathrm{T}}$,证明(1)$\mathrm{r}(\boldsymbol{A})\leqslant2$,(2)若 $\boldsymbol{\alpha},\boldsymbol{\beta}$ 线性相关,则 $\mathrm{r}(\boldsymbol{A})<2$.

证　(1)由矩阵秩关系有

$$\mathrm{r}(\boldsymbol{A})=\mathrm{r}(\boldsymbol{\alpha}\boldsymbol{\alpha}^{\mathrm{T}}+\boldsymbol{\beta}\boldsymbol{\beta}^{\mathrm{T}})\leqslant\mathrm{r}(\boldsymbol{\alpha}\boldsymbol{\alpha}^{T})+\mathrm{r}(\boldsymbol{\beta}\boldsymbol{\beta}^{\mathrm{T}})\leqslant\mathrm{r}(\boldsymbol{\alpha})+\mathrm{r}(\boldsymbol{\beta})\leqslant2$$

(2)若 $\boldsymbol{\alpha},\boldsymbol{\beta}$ 线性相关,无妨设 $\boldsymbol{\beta}=k\boldsymbol{\alpha}$.则

$$\boldsymbol{A}=\boldsymbol{\alpha}\boldsymbol{\alpha}^{\mathrm{T}}+\boldsymbol{\beta}\boldsymbol{\beta}^{\mathrm{T}}=(1+k^2)\boldsymbol{\alpha}\boldsymbol{\alpha}^{\mathrm{T}}$$

故

$$\mathrm{r}(\boldsymbol{A})=\mathrm{r}((1+k^2)\boldsymbol{\alpha}\boldsymbol{\alpha}^{\mathrm{T}})=\mathrm{r}(\boldsymbol{\alpha}\boldsymbol{\alpha}^{\mathrm{T}})\leqslant1<2$$

接下来是一个三对角矩阵问题,这类矩阵在"行列式"一章曾有较多述及,那里讲的是这类矩阵行列式计算,这里介绍的是它的另外问题——矩阵可逆性,也即满秩问题.

例 7　若 $\boldsymbol{A}=\begin{pmatrix}2 & \lambda & & & & \\ 1/2 & 2 & 1/2 & & & \\ & 1/2 & 2 & 1/2 & & \\ & & \ddots & \ddots & \ddots & \\ & & & 1/2 & 2 & 1/2 \\ & & & & 1/2 & 2 & 1/2\end{pmatrix}$,试证当 $\lambda<4$ 时,$\boldsymbol{A}$ 为可逆阵.

证　设 $\boldsymbol{D}_n(\lambda)=\det\boldsymbol{A}=|\boldsymbol{A}|$,由前一章例知,若 $\lambda=\frac{1}{2}$,每行提出公因子 $\frac{1}{2}$ 可套用三对角行列式计算公式,得

$$\Delta_n=\boldsymbol{D}_n\left(\frac{1}{2}\right)=\frac{(2+\sqrt{3})^{n+1}-(2-\sqrt{3})^{n+1}}{2^{n+1}\sqrt{3}}\qquad(*)$$

又按$|\boldsymbol{A}|$的第一列展开得

$$|\boldsymbol{A}|=2\Delta_{n-1}-\frac{\lambda}{2}\Delta_{n-2}$$

由式($*$)知 $\Delta_k>0(k=2,3,\cdots,n)$,又由式($*$)有

$$\Delta_{n-1}-\Delta_{n-2}=\frac{1}{2^n}[(2+\sqrt{3})^{n-1}+(2-\sqrt{3})^{n-1}]>0$$

故 $\Delta_{n-1}-\Delta_{n-2}$,因而 $\lambda=4$ 时,有

$$2\Delta_{n-1}-\frac{\lambda}{2}\Delta_{n-2}>2\Delta_{n-1}-2\Delta_{n-2}>0$$

从而$|\boldsymbol{A}|\neq0$,即知 $\boldsymbol{A}$ 非奇异(可逆).

2. 矩阵乘积的秩

例 1　若 $\boldsymbol{A}\in\mathbf{R}^{s\times n},\boldsymbol{B}\in\mathbf{R}^{n\times m}$,试证 $\mathrm{r}(\boldsymbol{AB})\leqslant\min\{\mathrm{r}(\boldsymbol{A}),\mathrm{r}(\boldsymbol{B})\}$.

证 1　设 $\mathrm{r}(\boldsymbol{A})=r,\mathrm{r}(\boldsymbol{B})=s$,则有可有可逆阵 $\boldsymbol{P},\boldsymbol{Q},\boldsymbol{R},\boldsymbol{S}$,故

$$\boldsymbol{PAQ}=\begin{pmatrix}I_r & \\ & \boldsymbol{O}\end{pmatrix},\quad\boldsymbol{RBS}=\begin{pmatrix}I_s & \\ & \boldsymbol{O}\end{pmatrix}$$

而

$$\boldsymbol{PABS}=\boldsymbol{PAQQ}^{-1}\boldsymbol{R}^{-1}\boldsymbol{RBS}=(\boldsymbol{PAQ})(\boldsymbol{Q}^{-1}\boldsymbol{R}^{-1})(\boldsymbol{RBS})=\begin{pmatrix}I_r & \\ & \boldsymbol{O}\end{pmatrix}\boldsymbol{Q}^{-1}\boldsymbol{R}^{-1}\begin{pmatrix}I_s & \\ & \boldsymbol{O}\end{pmatrix}=$$

$$\begin{pmatrix}I_r & \\ & \boldsymbol{O}\end{pmatrix}C_{m\times n}\begin{pmatrix}I_s & \\ & \boldsymbol{O}\end{pmatrix}=\begin{pmatrix}C_{r\times s} & \\ & \boldsymbol{O}\end{pmatrix}$$

故

$$\mathrm{r}(\boldsymbol{AB})=\mathrm{r}(\boldsymbol{PABS})\leqslant\min\{r,s\}$$

证 2 由题设矩阵 $\boldsymbol{A},\boldsymbol{B}$ 分别为 $\boldsymbol{A}=(a_{ij})_{s\times n}$，$\boldsymbol{B}=(b_{ij})_{n\times m}$. 再令 $\boldsymbol{b}_i=(b_{i1},b_{i2},\cdots,b_{in})$，$i=1,2,\cdots,n$. 故

$$\boldsymbol{AB}=\begin{pmatrix}a_{11} & a_{12} & \cdots & a_{1n}\\ a_{21} & a_{22} & \cdots & a_{2n}\\ \vdots & \vdots & & \vdots\\ a_{s1} & a_{s2} & \cdots & a_{sn}\end{pmatrix}\begin{pmatrix}\boldsymbol{b}_1\\ \boldsymbol{b}_2\\ \vdots\\ \boldsymbol{b}_n\end{pmatrix}=\begin{pmatrix}\sum_{i=1}^n a_{1i}\boldsymbol{b}_i\\ \sum_{i=1}^n a_{2i}\boldsymbol{b}_i\\ \vdots\\ \sum_{i=1}^n a_{si}\boldsymbol{b}_i\end{pmatrix}$$

此即说 $\boldsymbol{AB}$ 的行向量可由 $\boldsymbol{B}$ 的行向量线性表出，故 $\mathrm{r}(\boldsymbol{AB})\leqslant\mathrm{r}(\boldsymbol{B})$.

类似地，令 $\boldsymbol{a}_i=(a_{1i},a_{2i},\cdots,a_{ni})^{\mathrm{T}}$，其中 $i=1,2,\cdots,n$. 故

$$\boldsymbol{AB}=(\boldsymbol{a}_1,\boldsymbol{a}_2,\cdots,\boldsymbol{a}_n)\begin{pmatrix}b_{11} & b_{12} & \cdots & b_{1m}\\ b_{21} & b_{22} & \cdots & b_{2m}\\ \vdots & \vdots & & \vdots\\ b_{n1} & b_{n2} & \cdots & a_{nm}\end{pmatrix}=\left(\sum_{n=1}^n\boldsymbol{a}_ib_{i1},\sum_{i=1}^n\boldsymbol{a}_ib_{i2},\cdots,\sum_{i=1}^n\boldsymbol{a}_ib_{im}\right)$$

此又说 $\boldsymbol{AB}$ 的列向量可由 $\boldsymbol{A}$ 的列向量线性表出，故 $\mathrm{r}(\boldsymbol{AB})\leqslant\mathrm{r}(\boldsymbol{A})$.

综上可有，$\mathrm{r}(\boldsymbol{AB})\leqslant\min\{\mathrm{r}(\boldsymbol{A}),\mathrm{r}(\boldsymbol{B})\}$.

下面的证法与证 1 基本无异，只是叙述方式不同，无妨看一下.

证 3 设 $\mathrm{r}(\boldsymbol{A})=r_1$ 及 $\mathrm{r}(\boldsymbol{B})=r_2$，且 $\mathrm{r}(\boldsymbol{AB})=r$. 有可逆阵 $\boldsymbol{P},\boldsymbol{Q}$ 使 $\boldsymbol{PAQ}=\begin{pmatrix}\boldsymbol{I}_{r_1} & \\ & \boldsymbol{O}\end{pmatrix}$，令 $\boldsymbol{Q}^{-1}\boldsymbol{B}=\begin{pmatrix}\boldsymbol{B}_1\\ \boldsymbol{B}_2\end{pmatrix}$，则

$$r=\mathrm{r}(\boldsymbol{AB})=\mathrm{r}(\boldsymbol{PAQQ}^{-1}\boldsymbol{B})$$

而

$$\boldsymbol{PAQQ}^{-1}\boldsymbol{B}=\begin{pmatrix}\boldsymbol{I}_{r_1} & \\ & \boldsymbol{O}\end{pmatrix}\begin{pmatrix}\boldsymbol{B}_1\\ \boldsymbol{B}_2\end{pmatrix}=\begin{pmatrix}\boldsymbol{B}_1\\ \boldsymbol{O}\end{pmatrix}$$

又由

$$r_2=\mathrm{r}(\boldsymbol{Q}^{-1}\boldsymbol{B})=\mathrm{r}\begin{pmatrix}\boldsymbol{B}_1\\ \boldsymbol{B}_2\end{pmatrix}\leqslant\mathrm{r}(\boldsymbol{B}_1)+\mathrm{r}(\boldsymbol{B}_2)\leqslant r+(n-r_1)$$

故

$$r\geqslant r_1+r_2-n$$

注 1 把矩阵的行或列写成向量形式，从而可把矩阵中某些问题转化为向量组的问题去考虑.

注 2 对方阵而言，若 $\boldsymbol{A},\boldsymbol{B}$ 之一满秩(非奇异)，则 $\boldsymbol{AB}$ 的秩等于另一矩阵的秩. 比如 $\boldsymbol{A}$ 满秩，则有 $\mathrm{r}(\boldsymbol{AB})=\mathrm{r}(\boldsymbol{B})$；同理若 $\boldsymbol{B}$ 满秩，有 $\mathrm{r}(\boldsymbol{AB})=\mathrm{r}(\boldsymbol{A})$.

我们再来看一个例，它是 Sylvester 不等式的一个端.

例 2 设矩阵 $\boldsymbol{A}=(a_{ij})_{k\times n}$，$\boldsymbol{B}=(b_{ji})_{n\times m}$，试证 $\mathrm{r}(\boldsymbol{AB})\geqslant\mathrm{r}(\boldsymbol{A})+\mathrm{r}(\boldsymbol{B})-n$.

证　设矩阵秩 $r(\boldsymbol{A})=r_1$，$r(\boldsymbol{B})=r_2$，$r(\boldsymbol{AB})=r$. 又由设知有逆矩阵 $\boldsymbol{P},\boldsymbol{Q}$ 使 $\boldsymbol{PAQ}=\begin{pmatrix}\boldsymbol{I}_{r_1} & \boldsymbol{O}\\ \boldsymbol{O} & \boldsymbol{O}\end{pmatrix}$.

设 $\boldsymbol{Q}^{-1}B=\begin{pmatrix}\boldsymbol{C}_1\\ \boldsymbol{C}_2\end{pmatrix}$，其中 $\boldsymbol{C}_1$ 阶数为 $r_1\times m$，$\boldsymbol{C}_2$ 阶数为 $(n-r_1)\times m$. 又满秩矩阵与另一矩阵相乘不改变其秩，则 $r=r(\boldsymbol{AB})=r(\boldsymbol{PAQQ}^{-1}\boldsymbol{B})$. 注意到

$$\boldsymbol{PAQQ}^{-1}\boldsymbol{B}=\begin{pmatrix}\boldsymbol{I}_{r_1} & \boldsymbol{O}\\ \boldsymbol{O} & \boldsymbol{O}\end{pmatrix}\begin{pmatrix}\boldsymbol{C}_1\\ \boldsymbol{C}_2\end{pmatrix}=\begin{pmatrix}\boldsymbol{C}_1\\ \boldsymbol{O}\end{pmatrix}$$

从而 $r(\boldsymbol{C}_1)=r$，但 $r(\boldsymbol{Q}^{-1}\boldsymbol{B})=r_2$，注意 $\boldsymbol{C}_1,\boldsymbol{C}_2$ 的阶与秩关系，故

$$r_2=r(\boldsymbol{Q}^{-1}\boldsymbol{B})\leqslant r(\boldsymbol{C}_1)+r(\boldsymbol{C}_2)\leqslant r+(n-r_1)$$

即

$$r\geqslant r_1+r_2-n$$

综上两例，即注意到 $r(\boldsymbol{AB})\leqslant\min\{r(\boldsymbol{A}),r(\boldsymbol{B})\}$，则有

$$r(\boldsymbol{A})+r(\boldsymbol{B})-n\leqslant r(\boldsymbol{AB})\leqslant\min\{r(\boldsymbol{A}),r(\boldsymbol{B})\}$$

此式称为 Sylvester 不等式. 这是一个十分著名且解题中非常有用的不等式.

注　由上结论可以证明例的推广命题：

命题　若矩阵 $\boldsymbol{A}_i\in\mathbf{R}^{n\times n}$，$(i=1,2,\cdots,p)$，且 $\prod_{i=1}^{p}\boldsymbol{A}_i=\boldsymbol{O}$，则 $\sum_{i=1}^{p}r(\boldsymbol{A}_i)\leqslant n(p-1)$.

它的证明详见后文.

关于矩阵和秩的不等式，可从下面关系式中清楚地看到：

$$r(\boldsymbol{A})-r(\boldsymbol{B})\leqslant r(\boldsymbol{A}\pm\boldsymbol{B})\leqslant r\begin{pmatrix}\boldsymbol{A}\pm\boldsymbol{B}\\ \boldsymbol{B}\end{pmatrix}=r\begin{pmatrix}\boldsymbol{A}\\ \boldsymbol{A}\pm\boldsymbol{B}\end{pmatrix}=r\begin{pmatrix}\boldsymbol{A}\\ \boldsymbol{B}\end{pmatrix}\leqslant r(\boldsymbol{A})+r(\boldsymbol{B})$$

这只需当心矩阵初等变换不改变其秩即可.

下面看几个稍稍简单些的例子.

例 3　若矩阵 $\boldsymbol{A}\in\mathbf{R}^{m\times n}$，$\boldsymbol{C}\in\mathbf{R}^{n\times n}$ 且满秩，又 $r(\boldsymbol{A})=r$，$\boldsymbol{B}=\boldsymbol{AC}$ 且 $r(\boldsymbol{B})=r_1$，则 $r=r_1$.

证 1　由设知 $\boldsymbol{C}$ 满秩，则 $r=r(\boldsymbol{A})=r(\boldsymbol{AC})=r(B)=r_1$.

证 2　由设 $\boldsymbol{B}=\boldsymbol{AC}$，有 $r_1=r(\boldsymbol{B})=r(\boldsymbol{AC})\leqslant r(\boldsymbol{A})=r$，又 $\boldsymbol{C}$ 满秩有 $\boldsymbol{A}=\boldsymbol{BC}^{-1}$，则 $r=r(\boldsymbol{A})=r(\boldsymbol{BC}^{-1})\leqslant r(\boldsymbol{B})=r_1$. 故 $r=r_1$.

注　满秩矩阵乘某矩阵(若可行)后不改变其秩，这一点是重要而常用的判定性质，类似的问题如：

问题　若矩阵 $\boldsymbol{A}\in\mathbf{R}^{4\times 3}$ 且，$r(\boldsymbol{A})=2$，又 $\boldsymbol{B}=\begin{pmatrix}1 & 0 & 2\\ 0 & 2 & 0\\ -1 & 0 & 3\end{pmatrix}$，求 $r(\boldsymbol{AB})$.

略解　$|\boldsymbol{B}|=6\neq 0$，知 $r(\boldsymbol{B})=3$，从而 $r(\boldsymbol{AB})=r(\boldsymbol{A})=2$.

例 4　若矩阵 $\boldsymbol{A}\in\mathbf{R}^{m\times n}$，$\boldsymbol{B}\in\mathbf{R}^{n\times p}$，$C=\boldsymbol{AB}$，试证：若 $r(\boldsymbol{A})=n$，则 $r(\boldsymbol{C})=r(\boldsymbol{B})$；又若 $r(\boldsymbol{B})=n$，则 $r(\boldsymbol{C})=r(\boldsymbol{A})$.

证　若 $r(\boldsymbol{A})=n$，则 $m\geqslant n$，无妨设 $\boldsymbol{A}$ 的前 n 行线性无关，且构成一个满秩阵 $\boldsymbol{A}_1$，又后 $m-n$ 行构成 $\boldsymbol{A}_2$. 则

$$\boldsymbol{C}=\boldsymbol{AB}=\begin{pmatrix}\boldsymbol{A}_1\\ \boldsymbol{A}_2\end{pmatrix}\boldsymbol{B}=\begin{pmatrix}\boldsymbol{A}_1\boldsymbol{B}\\ \boldsymbol{A}_2\boldsymbol{B}\end{pmatrix}$$

这样

$$r(\boldsymbol{C})=r(\boldsymbol{AB})\geqslant r(\boldsymbol{A}_1\boldsymbol{B})=r(\boldsymbol{B})$$

但 $r(\boldsymbol{AB})\leqslant r(\boldsymbol{B})$，故 $r(\boldsymbol{C})=r(\boldsymbol{B})$. 同理可证若 $r(\boldsymbol{B})=n$，则 $r(\boldsymbol{C})=r(\boldsymbol{A})$.

例 5 设 $\boldsymbol{A}$ 是秩为 r 的 $m\times r$ 矩阵($m>r$),$\boldsymbol{B}$ 是 $r\times s$ 矩阵,证明:

(1)存在非奇异矩阵 $\boldsymbol{P}$,使 $\boldsymbol{PA}$ 的后 $m-r$ 行全为 0;

(2)$\mathrm{r}(\boldsymbol{AB})=\mathrm{r}(\boldsymbol{B})$,这里 $\mathrm{r}(\boldsymbol{AB})$ 表示矩阵 $\boldsymbol{AB}$ 的秩.

证 (1)用 $\boldsymbol{a}_j$($j=1,2,\cdots,m$)表示 $\boldsymbol{A}$ 的行向量,即

$$\boldsymbol{A}=\begin{pmatrix}\boldsymbol{a}_1\\\boldsymbol{a}_2\\\vdots\\\boldsymbol{a}_m\end{pmatrix}_{m\times r}$$

因 $\mathrm{r}(\boldsymbol{A})=r$,则存在足标 $i_1<i_2<\cdots<i_r$,使得 $\boldsymbol{a}_{i_1},\boldsymbol{a}_{i_2},\cdots,\boldsymbol{a}_{i_r}$ 线性无关,由此知矩阵

$$\boldsymbol{A}_{rr}=\begin{pmatrix}\boldsymbol{a}_{i_1}\\\boldsymbol{a}_{i_2}\\\vdots\\\boldsymbol{a}_{i_r}\end{pmatrix}_{m\times r}$$

非奇异(可逆或满秩).对 $\boldsymbol{A}$ 作初等行变换

$$\boldsymbol{A}\xrightarrow[i_1\text{ 行}\longleftrightarrow 1\text{ 行}]{\text{交换}}\begin{pmatrix}\boldsymbol{a}_{i_1}\\\boldsymbol{a}_2\\\vdots\\\boldsymbol{a}_1\\\vdots\\\boldsymbol{a}_m\end{pmatrix}\xrightarrow[i_2\text{ 行}\longleftrightarrow 2\text{ 行}]{\text{交换}}\cdots\xrightarrow[i_r\text{ 行}\longleftrightarrow r\text{ 行}]{\text{交换}}\begin{pmatrix}\boldsymbol{a}_{i_1}\\\vdots\\\boldsymbol{a}_{i_r}\\\boldsymbol{a}_{i_{r+1}}\\\vdots\\\boldsymbol{a}_{i_m}\end{pmatrix}$$

也就是存在 $m\times n$ 阶的非奇导矩阵(一些初等矩阵的乘积)$\boldsymbol{P}_1$,使得

$$\boldsymbol{P}_1\boldsymbol{A}=\begin{pmatrix}\boldsymbol{A}_{rr}\\\boldsymbol{A}_{m-r,r}\end{pmatrix}$$

其中

$$\boldsymbol{A}_{m-r,r}=\begin{pmatrix}\boldsymbol{a}_{i_{r+1}}\\\vdots\\\boldsymbol{a}_{i_m}\end{pmatrix}$$

由于 $\mathrm{r}(\boldsymbol{A}_{rr})=r=\mathrm{r}(\boldsymbol{A})$,所以存在数组 $\{a_{k_j}\}$,使

$$\boldsymbol{a}_{i_{r+k}}=\sum_{j=1}^{r}a_{k_j}\boldsymbol{a}_{i_j},\quad k=1,2,\cdots,m-r$$

对 $\boldsymbol{P}_1\boldsymbol{A}$ 作初等变换:

$$\boldsymbol{P}_1\boldsymbol{A}\xrightarrow[(k=1,2,\cdots,m-r)]{\text{变换 }\boldsymbol{a}_{i_{r+k}}-\sum\limits_{j=1}^{r}a_{k_j}\boldsymbol{a}_{i_j}}\begin{pmatrix}\boldsymbol{A}_{rr}\\\boldsymbol{O}\end{pmatrix}$$

即存在 $m\times m$ 阶的非奇异矩阵(一些初等矩阵的乘积)$\boldsymbol{P}_2$,使得

$$\boldsymbol{P}_2(\boldsymbol{P}_1\boldsymbol{A})=\begin{pmatrix}\boldsymbol{A}_{rr}\\\boldsymbol{O}\end{pmatrix}$$

令 $\boldsymbol{P}=\boldsymbol{P}_2\boldsymbol{P}_1$ 则 $\boldsymbol{P}$ 非奇异,并且

$$\boldsymbol{PA}=(\boldsymbol{P}_2\boldsymbol{P}_1)\boldsymbol{A}=\boldsymbol{P}_2(\boldsymbol{P}_1\boldsymbol{A})=\begin{pmatrix}\boldsymbol{A}_{rr}\\\boldsymbol{O}\end{pmatrix}$$

(2)对于任意矩阵 $\boldsymbol{Q}$,若 $\boldsymbol{C}$ 非奇异且 $\boldsymbol{CQ}$ 有意义,则 $\mathrm{r}(\boldsymbol{CQ})=\mathrm{r}(\boldsymbol{Q})$.

事实上,首先有 $\mathrm{r}(\boldsymbol{CQ})\leqslant\mathrm{r}(\boldsymbol{Q})$. 另一方面 $\boldsymbol{Q}=\boldsymbol{C}^{-1}\cdot\boldsymbol{CQ}$,所以 $\mathrm{r}(\boldsymbol{Q})\leqslant\mathrm{r}(\boldsymbol{CQ})$.

因此 $\mathrm{r}(\boldsymbol{CQ})=\mathrm{r}(\boldsymbol{Q})$. 根据(1)有

$$\boldsymbol{P}(\boldsymbol{AB})=(\boldsymbol{PA})\boldsymbol{B}=\begin{pmatrix}\boldsymbol{A}_{rr}\\ \boldsymbol{O}\end{pmatrix}\boldsymbol{B}=\begin{pmatrix}\boldsymbol{A}_{rr}\boldsymbol{B}\\ \boldsymbol{O}\end{pmatrix}$$

由 $\boldsymbol{P},\boldsymbol{A}_{rr}$ 非奇异,故

$$\mathrm{r}(\boldsymbol{AB})=\mathrm{r}\begin{pmatrix}\boldsymbol{A}_{rr}\boldsymbol{B}\\ \boldsymbol{O}\end{pmatrix}=\mathrm{r}(\boldsymbol{A}_{rr}\boldsymbol{B})=\mathrm{r}(\boldsymbol{B})$$

下面的问题也与矩阵秩有关.

例 6　若矩阵 $\boldsymbol{P}\in\mathbf{R}^{m\times m}$,$\boldsymbol{Q}\in\mathbf{R}^{n\times m}$,又 $\mathrm{r}(\boldsymbol{Q})=m$. 若 $\boldsymbol{Q}=\boldsymbol{QP}$,则 $\boldsymbol{P}=\boldsymbol{I}$.

证　令 $\boldsymbol{C}=\boldsymbol{P}-\boldsymbol{I}=(c_{ij})_{m\times m}$,且设 $\boldsymbol{Q}=(q_{ij})_{n\times m}$,因 $\mathrm{r}(\boldsymbol{Q})=m$,则 $m\leqslant n$.

又设 $\boldsymbol{Q}=\begin{pmatrix}\boldsymbol{Q}_1\\ \boldsymbol{Q}_2\end{pmatrix}$,其中 $\boldsymbol{Q}_1\in\mathbf{R}^{m\times m}$,且 $|\boldsymbol{Q}_1|\neq 0$. 由设 $\boldsymbol{Q}=\boldsymbol{QP}$,即 $\boldsymbol{Q}(\boldsymbol{P}-\boldsymbol{I})=\boldsymbol{O}$,或 $\boldsymbol{QC}=\boldsymbol{O}$. 则

$\boldsymbol{QC}=\begin{pmatrix}\boldsymbol{Q}_1\boldsymbol{C}\\ \boldsymbol{Q}_2\boldsymbol{C}\end{pmatrix}=\boldsymbol{O}$. 得 $\boldsymbol{Q}_1\boldsymbol{C}=\boldsymbol{O}$,因 $\boldsymbol{Q}_1$ 满秩,知 $\boldsymbol{C}=\boldsymbol{P}-\boldsymbol{I}=\boldsymbol{O}$,即 $\boldsymbol{P}=\boldsymbol{I}$.

例 7　若矩阵 $\boldsymbol{A},\boldsymbol{B}\in\mathbf{R}^{n\times n}$ 且 $\boldsymbol{A}\neq\boldsymbol{O},\boldsymbol{B}\neq\boldsymbol{O}$,但 $\boldsymbol{AB}=\boldsymbol{O}$,则 $\mathrm{r}(\boldsymbol{A})<n$,且 $\mathrm{r}(\boldsymbol{B})<n$.

解 1　由 $\boldsymbol{AB}=\boldsymbol{O}$,则 $\mathrm{r}(\boldsymbol{A})+\mathrm{r}(\boldsymbol{B})\leqslant n$. 又 $\boldsymbol{A}\neq\boldsymbol{O},\boldsymbol{B}\neq\boldsymbol{O}$,则 $\mathrm{r}(\boldsymbol{A})>0,\mathrm{r}(\boldsymbol{B})>0$. 故

$$\mathrm{r}(\boldsymbol{A})<n \text{ 且 } \mathrm{r}(\boldsymbol{B})<n$$

解 2　由 $\boldsymbol{B}\neq\boldsymbol{O}$,知方程组 $\boldsymbol{Ax}=\boldsymbol{0}$ 有非零解,故 $\mathrm{r}(\boldsymbol{A})<n$;

又 $\boldsymbol{A}\neq\boldsymbol{O}$,知 $\boldsymbol{y}^{\mathrm{T}}\boldsymbol{B}=\boldsymbol{0}$ 有非零解,故 $\mathrm{r}(\boldsymbol{B})<n$.

注 1　解 1 中 $\mathrm{r}(\boldsymbol{A})+\mathrm{r}(\boldsymbol{B})\leqslant n$ 结论严格的证如:

设 $\boldsymbol{B}=(\boldsymbol{b}_1,\boldsymbol{b}_2,\cdots,\boldsymbol{b}_n)$,由 $\boldsymbol{AB}=(\boldsymbol{Ab}_1,\boldsymbol{Ab}_2,\cdots,\boldsymbol{Ab}_n)=\boldsymbol{O}$ 知 $\boldsymbol{Ab}_i=\boldsymbol{0}(i=1,2,\cdots,n)$.

即 $\boldsymbol{b}_i$ 为 $\boldsymbol{Ax}=\boldsymbol{0}$ 的解,若 $\mathrm{r}(\boldsymbol{A})=k$,知方程组基础解系有 $n-k$,从而

$$\mathrm{r}(B)\leqslant n-k$$

则

$$\mathrm{r}(\boldsymbol{A})+\mathrm{r}(\boldsymbol{B})\leqslant k+(n-k)=n \tag{$*$}$$

其实这个问题在全国统考前作为许多院校考研题目,又如:

问题 1　若 $\boldsymbol{A},\boldsymbol{B}$ 为 n 阶方阵,且 $\mathrm{r}(\boldsymbol{A})=s,\mathrm{r}(\boldsymbol{B})=t$,又 $\boldsymbol{AB}=\boldsymbol{O}$,则 $s+t\leqslant n$.

另证　今设 $B=(\boldsymbol{b}_1,\boldsymbol{b}_2,\cdots,\boldsymbol{b}_n)$,其中 $\boldsymbol{b}_i=(b_{1i},b_{2i},\cdots,b_{ni})^{\mathrm{T}}$,其中 $i=1,2,\cdots,n$.

显然 $\boldsymbol{b}_i$ 均为齐次方程组 $\boldsymbol{Ax}=\boldsymbol{0}(*)$的解.

又 $\mathrm{r}(\boldsymbol{A})=s$,故齐次方程组($*$)的基础解系含有 $n-s$ 个向量.

而 $\mathrm{r}(\boldsymbol{B})=t$,即$\{\boldsymbol{b}_1,\boldsymbol{b}_2,\cdots,\boldsymbol{b}_n\}$的秩为 t,故 $t\leqslant n-s$. 因此 $s+t\leqslant n$.

这个问题显然是前面提到的 Sylvester 不等式的特例情形.

注 2　关于矩阵秩的问题,又常常化为线性方程组解的问题去考虑,这有时也是方便的.

而在题设条件下还可有下面的结论:

问题 2　已知 $\boldsymbol{A},\boldsymbol{B}\in\mathbf{R}^{n\times n}$,且 $\boldsymbol{AB}=\boldsymbol{O}$,若 $\boldsymbol{A}$ 给定,则必存在满足题设的矩阵 $\boldsymbol{B}$ 使 $\mathrm{r}(\boldsymbol{A})+\mathrm{r}(\boldsymbol{B})=k$,其中,$k$ 满足 $\mathrm{r}(\boldsymbol{A})\leqslant k\leqslant n$.

证明可见后面的例 20.

利用前面式($*$)的结论可以证明:

问题 3　若 $\boldsymbol{A}\in\mathbf{R}^{n\times n}$,且 $\boldsymbol{A}^2=\boldsymbol{A}$,则 $\mathrm{r}(\boldsymbol{A})+\mathrm{r}(\boldsymbol{I}-\boldsymbol{A})=n$.

略证 一方面由 $A^2=A$ 有 $A(I-A)=O$，则 $r(A)+r(I-A)\leqslant n$. 另外

$$n=r(I)=r[(I-A)+A]\leqslant r(I-A)+r(A)$$

这只需注意到 $r(A)+r(B)\geqslant r\begin{pmatrix}A\\B\end{pmatrix}\geqslant r\begin{pmatrix}A+B\\B\end{pmatrix}\geqslant r(A+B)$ 即可.

综上 $r(A)+r(I-A)=n$.

以上例及诸问题间关系如下：

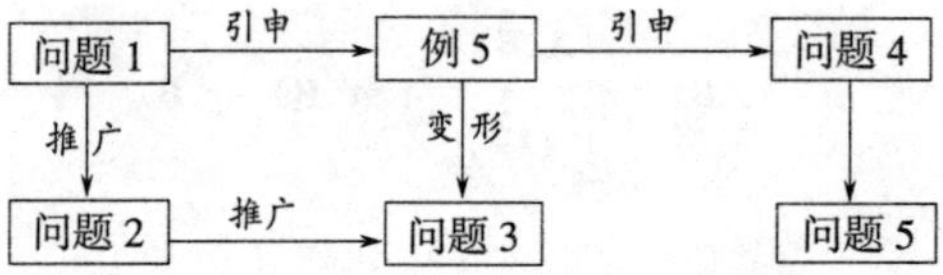

此外，对于矩阵乘积的秩还有下面命题：

命题 1 若矩阵 $A,B,C\in\mathbf{R}^{n\times n}$，则 $r(ABC)\geqslant r(AB)+r(BC)-r(B)$.

命题 2 若矩阵 $A\in\mathbf{R}^{n\times n}$，则 $r(A^3)+r(A)\geqslant 2r(A^2)$.

证 由初等变换矩阵 A 可化为 $A=P\begin{pmatrix}I_{r_1} & \\ & O\end{pmatrix}Q$，令 $P=(M,H)$，$Q=\begin{pmatrix}N\\T\end{pmatrix}$，则

$$A=(M,H)\begin{pmatrix}I_{r_1} & \\ & O\end{pmatrix}\begin{pmatrix}N\\T\end{pmatrix}=MN$$

由

$$r(A^3)=r(AAA)=r(AMNA)=r[(AM)(NA)]\geqslant r(AM)+r(NA)-r(A)\geqslant$$
$$r(AMN)+r(MNA)-r(A)=r(A^2)+r(A^2)-r(A)$$

故

$$r(A^3)+r(A)\geqslant 2r(A^2)$$

显然，后一命题是前一命题的特殊情形.

例 8 若 A 为 $m\times n$ 实矩阵，B 为 $n\times 1$ 实矩阵，试证(1)$AB=O$ 与 $A^TAB=O$ 等价；(2)A^TA 与 A 同秩.

解 (1)由设 $AB=O$，两边同乘 A^T 有 $A^TAB=O$；

反之，若 $A^TAB=O$，由 $[A^T(AB)]^T=O^T$，即 $(AB)^TA=O$，这样可有 $(AB)^TAB=O$，即向量 AB 自身内积为 0，从 $AB=O$.

综上

$$AB=O\Longleftrightarrow A^TAB=O$$

(2)由 $AB=O\Longleftrightarrow A^TAB=O$，可有 $AX=O\Longleftrightarrow A^TAX=O$，故 A 与 A^TA 同秩.

此外(2)还可证如：若 $x\in\mathbf{R}^n$，则

$$A^TAx=0\Longleftrightarrow Ax=0$$

显然由 $Ax=0$ 两边左乘 A^T 有 $A^TAx=0$.

若 $A^TAx=0$，两边左乘 x^T 有 $x^TA^TAx=0$，即 $(Ax)^TAx=0$，从而 $Ax=0$.

例 9 设矩阵 $A\in\mathbf{R}^{m\times n}$，$B\in\mathbf{R}^{n\times p}$，$C\in\mathbf{R}^{p\times s}$，又 $r(A)=n$，$r(C)=p$，且 $ABC=O$，试证 $B=O$.

证 由设 $r(A^TA)=n$，故 A^TA 可逆. 同理 $r(CC^T)=p$，知 CC^T 可逆.

用 $(A^TA)^{-1}A^T$ 左乘 $ABC=O$ 两边，$C^T(CC^T)^{-1}$ 右乘两边，式左为

$$(A^TA)^{-1}A^TABCC^T(CC^T)^{-1}=(A^TA)^T(A^TA)B(CC^T)(CC^T)^{-1}=B$$

由 $ABC=O$，故 $B=O$.

例 10 若矩阵 A 可逆，且满足 $A^2+AB+B^2=O$，则矩阵 B 和 $A+B$ 皆可逆.

证 由设 $A^2+AB+B^2=O$，则有

$$A^2+(A+B)B=O$$

又 A 可逆，则 $(A+B)B$ 必可逆，否则由 $-A^2=(A+B)B$，知

$$r(-A^2)=r(A^2)=r[(A+B)B]$$

又 $r(A^2)=r(A)$，从而 $(A+B)B$ 可逆. 又

$$r[(A+B)B]\leqslant\min\{r(A+B),r(B)\}$$

从而矩阵 B 和 $A+B$ 均可逆.

例 11　若 $A,B\in R^{n\times n}$，且 $r(A)+r(B)\leqslant n$. 则存在 n 阶可逆阵 M，使 $AMB=O$.

证　设 $r(A)=r$，且 $r(B)=s$. 由题设知 $r+s\leqslant n$. 这样又有可逆阵 P,Q,R,S 使

$$A=P\begin{pmatrix}I_r & \\ & O\end{pmatrix}Q,\quad B=R\begin{pmatrix}O & \\ & I_s\end{pmatrix}S$$

如此一来

$$AB=P\begin{pmatrix}I_r & \\ & O\end{pmatrix}QR\begin{pmatrix}O & \\ & I_s\end{pmatrix}S$$

取 $M=Q^{-1}R^{-1}$，这样

$$AMB=P\begin{pmatrix}I_r & \\ & O\end{pmatrix}Q(Q^{-1}R^{-1})R\begin{pmatrix}O & \\ & I_s\end{pmatrix}S=P\begin{pmatrix}I_r & \\ & O\end{pmatrix}\begin{pmatrix}O & \\ & I_r\end{pmatrix}S=POS=O$$

例 12　(1)若 $A,B\in R^{m\times n}$，又 $r(A)=r_1$，$r(B)=r_2$，且 $r_1\neq r_2$. 则 $A+B\neq O$；(2)若 $A,B,C\in R^{n\times n}$，且 AB 可逆，C 不可逆，则 $A+BC\neq O$.

证　(1)用反证法. 若设 $A+B=O$，则 $A=-B$，由 $r(B)=r(-B)=r(A)$，矛盾！

(2)由设知 BC 不可逆，而 A 可逆. 由上知 $A+BC\neq O$.

例 13　若矩阵 $A\in R^{n\times n}$，又有唯一矩阵 $B\in R^{n\times n}$ 使 $ABA=A$. 试证 $BAB=B$.

证　用反证法证明. 矩阵 A 可逆. 若不然，可设 $r(A)=r<n$.

这样有可逆阵 P,Q 使 $A=P\begin{pmatrix}I_r & \\ & O\end{pmatrix}Q$. 令 $C=Q^{-1}\begin{pmatrix}O & \\ & I_{n-r}\end{pmatrix}$，此时

$$ACA=P\begin{pmatrix}I_r & \\ & O\end{pmatrix}QQ^{-1}\begin{pmatrix}O & \\ & I_{n-r}\end{pmatrix}A=POA=O$$

若存在 B 使 $ABA=A$，则

$$A(B+C)A=ABA+ACA=ABA=A$$

这与唯一的 B 满足 $ABA=A$ 相抵(注意 $C\neq O$)，故 $B+C\neq B$. 故 A 可逆.

由 $ABA=A$，两边左乘 A^{-1}，右乘 B，则有 $A^{-1}(ABA)B=A^{-1}(A)B$，即 $BAB=B$.

注　从上几例均涉及矩阵乘积为零矩阵 O 的问题，这类问题中矩阵秩的结论是关联的.

例 14　若 $A\in R^{n\times n}$，则必有在正整数 m，使 $r(A^m)=r(A^{m+1})$.

证　注意到 $r(AB)\leqslant r(A)$ 的事实. 由矩阵乘积的秩性质有

$$r(A)\geqslant r(A^2)\geqslant r(A^3)\geqslant\cdots\geqslant r(A^k)\geqslant\cdots$$

由于 $r(A)$ 有限，上不等式经有限步之后必将相等，即存在 m，使 $r(A^m)=r(A^{m+1})$.

注　这是一则使用"抽屉原理"进行证明的命题.

其实，类似于关于矩阵乘积秩的 Sylvester 不等式，有人还作了推广，请看：

例 15　设矩阵 A,B,C 为三个矩阵(不一定是方阵)，且乘积 ABC 有意义(即可以进行). 试证

$$r(ABC) \geqslant r(AB) + r(BC) - r(B) \text{(Frobenius 不等式)}$$

证 1 注意到下面分块矩阵乘法

$$\begin{pmatrix} I & -A \\ O & I \end{pmatrix}\begin{pmatrix} AB & O \\ B & BC \end{pmatrix}\begin{pmatrix} I & -C \\ O & I \end{pmatrix} = \begin{pmatrix} O & -ABC \\ B & O \end{pmatrix}$$

故由分块矩阵秩的性质及上面等式有

$$r(AB) + r(BC) = r\begin{pmatrix} AB & O \\ O & BC \end{pmatrix} \leqslant r\begin{pmatrix} AB & O \\ B & BC \end{pmatrix}$$

及

$$r\begin{pmatrix} AB & O \\ B & BC \end{pmatrix} = r\begin{pmatrix} O & -ABC \\ B & O \end{pmatrix} = r(ABC) + r(B)$$

从而

$$r(AB) + r(BC) - r(B) \leqslant r(ABC)$$

证 2 设矩阵 $B \in \mathbf{R}^{m\times n}$,且 $r(B) = r$,则存可逆阵 P,Q 使

$$B = P\begin{pmatrix} I_1 & O \\ O & O \end{pmatrix}Q$$

其中,$P \in \mathbf{R}^{m\times m}$,$Q \in \mathbf{R}^{n\times n}$. 将 P,Q 适当分块为 $P(M,S)$,$Q = \begin{pmatrix} N \\ T \end{pmatrix}$,则

$$B = (M,S)\begin{pmatrix} I_s & O \\ O & O \end{pmatrix}\begin{pmatrix} N \\ T \end{pmatrix} = MN$$

从而

$$r(ABC) = r(AMNC) \geqslant r(AM) + r(NC) - r \geqslant r(AMN) + r(MNC) - r(B) = r(AB) + r(BC) - r(B)$$

注 利用上面结论不难证明下面的命题:

命题 若 $A \in \mathbf{R}^{n\times n}$,则 $r(A^3) + r(A) \geqslant 2r(A^2)$.

略证 由例的结论可有

$$r(ABC) + r(B) \geqslant r(AB) + r(BC)$$

再令 $B = C = A$ 代入上式即可.

下面的例子也是上例的某些应用.

例 16 设矩阵秩 $r(AB) = r(B)$,试证 $r(ABC) = r(BC)$,这里 C 为任何使矩阵乘法可行的矩阵.

证 首先

$$r(ABC) \leqslant \min\{r(A), r(BC)\} \leqslant r(BC)$$

由上例知

$$r(ABC) \geqslant r(AB) + r(BC) - r(B)$$

而 $r(AB) = r(B)$,从而 $r(ABC) \geqslant r(BC)$. 综上 $r(ABC) = r(BC)$.

注 它的推广情形可见前例或见后文.

例 17 若矩阵 $A \in \mathbf{R}^{n\times n}$,且 $r(A) = r(A^2)$,则 $r(A^k) = r(A)$,其中 $k \in \mathbf{N}$.

证 注意到下面变换(由矩阵初等变换)及矩秩性质有

$$r(A^2) + r(A^2) = r\begin{pmatrix} A^2 & O \\ O & A^2 \end{pmatrix} \leqslant r\begin{pmatrix} A^2 & O \\ A & A^2 \end{pmatrix} = r\begin{pmatrix} A^2 & -A^3 \\ A & O \end{pmatrix} = r\begin{pmatrix} O & -A^3 \\ A & O \end{pmatrix} = r(A) + r(A^3)$$

由设 $r(A) = r(A^2)$,故 $r(A^2) \leqslant r(A^3)$. 又 $r(A^3) = r(A^2 \cdot A) \leqslant r(A^2)$,从而 $r(A^2) = r(A^3)$. 归纳地可有

$$r(A^3) = r(A^4) = \cdots$$

即 $r(\boldsymbol{A}^k)=r(\boldsymbol{A})$.

例 18　若矩阵 $\boldsymbol{A}\in\mathbf{R}^{m\times n}$，证明 $r(\boldsymbol{A}^{\mathrm{T}}\boldsymbol{A})=r(\boldsymbol{A})=r(\boldsymbol{A}^{\mathrm{T}})=r(\boldsymbol{A}\boldsymbol{A}^{\mathrm{T}})$.

证　先来证 $r(\boldsymbol{A}^{\mathrm{T}}\boldsymbol{A})=r(\boldsymbol{A})$. 由 $\boldsymbol{Ax}=\boldsymbol{0}$，可有 $\boldsymbol{A}^{\mathrm{T}}\boldsymbol{Ax}=\boldsymbol{0}$，则 $\boldsymbol{Ax}=\boldsymbol{0}$ 的解均为 $\boldsymbol{A}^{\mathrm{T}}\boldsymbol{Ax}=\boldsymbol{0}$ 的解. 反过来，若 $\boldsymbol{A}^{\mathrm{T}}\boldsymbol{Ax}=0$，亦有 $\boldsymbol{x}^{\mathrm{T}}\boldsymbol{A}^{\mathrm{T}}\boldsymbol{Ax}=\boldsymbol{0}$，即 $(\boldsymbol{Ax})^{\mathrm{T}}(\boldsymbol{Ax})=0$.

由向量内积性质知 $\boldsymbol{Ax}=\boldsymbol{0}$，知 $\boldsymbol{A}^{\mathrm{T}}\boldsymbol{Ax}=0$ 的解亦为 $\boldsymbol{Ax}=\boldsymbol{0}$ 的解.

从而 $\boldsymbol{Ax}=\boldsymbol{0}$ 与 $\boldsymbol{A}^{\mathrm{T}}\boldsymbol{Ax}=\boldsymbol{0}$ 同解. 故 $r(\boldsymbol{A})=r(\boldsymbol{A}^{\mathrm{T}}\boldsymbol{AB})$. 同理可证 $r(\boldsymbol{A})=r(\boldsymbol{A}\boldsymbol{A}^{\mathrm{T}})$. 又 $r(\boldsymbol{A})=r(\boldsymbol{A}^{\mathrm{T}})$，故

$$r(\boldsymbol{A})=r(\boldsymbol{A}^{\mathrm{T}})=r(\boldsymbol{A}^{\mathrm{T}}\boldsymbol{A})=r(\boldsymbol{A}\boldsymbol{A}^{\mathrm{T}})$$

注　有了前例的结论，不难证明许多其他问题，比如：

命题　若矩阵 $\boldsymbol{A}\in\mathbf{R}^{n\times n}$，且 $\boldsymbol{A}$ 正定对称，则对任意 $\boldsymbol{B}\in\mathbf{R}^{n\times n}$ 皆有 $r(\boldsymbol{B})=r(\boldsymbol{B}^{\mathrm{T}}\boldsymbol{AB})$.

证　由设 $\boldsymbol{A}$ 正定，则有可逆阵 $\boldsymbol{Q}$ 使 $\boldsymbol{A}=\boldsymbol{Q}^{\mathrm{T}}\boldsymbol{Q}$（详见后面章节）. 这样

$$r(\boldsymbol{B}^{\mathrm{T}}\boldsymbol{Q}^{\mathrm{T}}\boldsymbol{QB})=r[(\boldsymbol{QB})^{\mathrm{T}}(\boldsymbol{QB})]=r(\boldsymbol{QB})=r(\boldsymbol{B})$$

这里注意到 $\boldsymbol{Q}$ 可逆即可.

又如，利用例的结论可以证明线性方程组 $\boldsymbol{Ax}=\boldsymbol{0}$ 与 $\boldsymbol{A}^{\mathrm{T}}\boldsymbol{Ax}=\boldsymbol{0}$ 的同解性等.

下面也是一个关于矩阵乘积秩的问题.

例 19　若 $\boldsymbol{A}\in\mathbf{R}^{m\times n}$，$\boldsymbol{B}\in\mathbf{R}^{n\times p}$，$\boldsymbol{C}=\boldsymbol{AB}$，试证：若 $r(\boldsymbol{A})=n$，则 $r(\boldsymbol{C})=r(\boldsymbol{B})$；又若 $r(\boldsymbol{B})=n$，则 $r(\boldsymbol{C})=r(\boldsymbol{A})$.

证　若 $r(\boldsymbol{A})=n$，则 $m\geqslant n$，不妨设 $\boldsymbol{A}$ 的前 n 行线性无关，且构成一个满秩阵 $\boldsymbol{A}_1$，又后 $m-n$ 行构成 $\boldsymbol{A}_2$，则

$$\boldsymbol{C}=\boldsymbol{AB}=\begin{pmatrix}\boldsymbol{A}_1\\ \boldsymbol{A}_2\end{pmatrix}\boldsymbol{B}=\begin{pmatrix}\boldsymbol{A}_1\boldsymbol{B}\\ \boldsymbol{A}_2\boldsymbol{B}\end{pmatrix}$$

这样 $r(\boldsymbol{C})=r(\boldsymbol{AB})\geqslant r(\boldsymbol{A}_1\boldsymbol{B})=r(\boldsymbol{B})$. 但 $r(\boldsymbol{AB})\leqslant r(\boldsymbol{B})$，故 $r(\boldsymbol{C})=r(\boldsymbol{B})$.

同理可证若 $r(\boldsymbol{B})=n$，则 $r(\boldsymbol{C})=r(\boldsymbol{A})$.

注　类似地还可证明（亦可用线性方程组理论）有下面的结论：

命题　若 $\boldsymbol{A},\boldsymbol{B}\in\mathbf{R}^{n\times n}$，且 $r(\boldsymbol{A})=r(\boldsymbol{BA})$，则 $r(\boldsymbol{A}^2)=r(\boldsymbol{BA}^2)$.

例 20　已知 $\boldsymbol{A},\boldsymbol{B}\in\mathbf{R}^{n\times n}$，且 $\boldsymbol{AB}=\boldsymbol{O}$，若 $\boldsymbol{A}$ 给定，则必存在满足题设的矩阵 $\boldsymbol{B}$ 使 $r(\boldsymbol{A})+r(\boldsymbol{B})=k$，其中 k 满足 $r(\boldsymbol{A})\leqslant k\leqslant n$.

解　设 $r(\boldsymbol{A})=r$，则存在 $\boldsymbol{P},\boldsymbol{Q}$（非奇异），使

$$\boldsymbol{PAQ}=\begin{pmatrix}\boldsymbol{I}_r & \\ & \boldsymbol{O}\end{pmatrix}\Rightarrow\boldsymbol{A}=\boldsymbol{P}^{-1}\begin{pmatrix}\boldsymbol{I}_r & \\ & \boldsymbol{O}\end{pmatrix}\boldsymbol{Q}^{-1}$$

对于 $r\leqslant k\leqslant n$ 的 k，可令 $\boldsymbol{B}=\boldsymbol{Q}\begin{pmatrix}\boldsymbol{O} & & \\ & \boldsymbol{I}_{k-r} & \\ & & \boldsymbol{O}\end{pmatrix}\boldsymbol{P}$，显然 $r(\boldsymbol{B})=k-r$.

此时

$$\boldsymbol{AB}=\boldsymbol{P}^{-1}\begin{pmatrix}\boldsymbol{I}_r & \\ & \boldsymbol{O}\end{pmatrix}\boldsymbol{Q}^{-1}\boldsymbol{Q}\begin{pmatrix}\boldsymbol{O} & & \\ & \boldsymbol{I}_{k-r} & \\ & & \boldsymbol{O}\end{pmatrix}\boldsymbol{P}=\boldsymbol{P}^{-1}\begin{pmatrix}\boldsymbol{I}_r & \\ & \boldsymbol{O}\end{pmatrix}\begin{pmatrix}\boldsymbol{O} & & \\ & \boldsymbol{I}_{k-r} & \\ & & \boldsymbol{O}\end{pmatrix}\boldsymbol{P}=\boldsymbol{O}$$

同时

$$r(\boldsymbol{A})+r(\boldsymbol{B})=(k-r)+r=k$$

注　由上结论我们可以证明例的推广命题：

命题　若矩阵 $\boldsymbol{A}_i\in\mathbf{R}^{n\times n}(i=1,2,\cdots,p)$，且 $\prod\limits_{i=1}^{p}\boldsymbol{A}_i=\boldsymbol{O}$，则秩和 $\sum\limits_{i=1}^{p}r(\boldsymbol{A}_i)\leqslant n(p-1)$.

解　反复利用秩不等式 $r(\boldsymbol{A})+r(\boldsymbol{B})-n\leqslant r(\boldsymbol{AB})$，可有 $r(\boldsymbol{A}_1\boldsymbol{A}_2\cdots\boldsymbol{A}_p)\geqslant r(\boldsymbol{A}_1)+r(\boldsymbol{A}_1\boldsymbol{A}_2\cdots\boldsymbol{A}_p)-n\geqslant$

$$r(A_1)+r(A_2)+r(A_1A_2\cdots A_p)-2n\geqslant\cdots\geqslant r(A_1)+r(A_2)+\cdots+r(A_p)-(p-1)n.$$

又由题设知 $r(A_1A_2\cdots A_p)=0$. 故 $\sum_{i=1}^{p}r(A_i)\leqslant n(p-1)$.

3. $I-A$ 类矩阵的秩

下面的例子均涉及矩阵 $I-A$ 的秩问题,此类问题亦为近年来考研常见题型. 请看:

例 1 若矩阵 $A,B\in\mathbf{R}^{n\times n}$,且 $r(A-I)=p$,$r(B-I)=q$,则 $r(AB-I)\leqslant p+q$.

证 注意到将 $AB-I$ 变形,分解有 $AB-I=A(B-I)+(A-I)$. 由前文例的注知

$$r(AB-I)=r[A(B-I)+(A-I)]\leqslant r[A(B-I)]+r(A-I)\leqslant r(B-I)+r(A-I)=p+q$$

注 正如初等数学变换中常使用加减一项技巧一样,线性代数中此技巧亦常用,不过这里的对象是向量和矩阵. 这里的目的是凑出 $A-I$,$B-I$ 的项来.

例 2 若矩阵 $P,Q\in\mathbf{R}^{n\times n}$,且 $P^2=P$,$Q^2=Q$. 又 $I-(P+Q)$ 非奇异. 试证 $r(A)=r(B)$.

证 由该 $I-(P+Q)$ 满秩,且注意到 $P^2=P$,$Q^2=Q$,故

$$r(P)=r\{P[I-(P+Q)]\}=r\{P-P^2-PQ\}=r(PQ)$$

$$r(Q)=r\{[I-(P+Q)]Q\}=r\{Q-PQ-Q^2\}=r(PQ)$$

故

$$r(P)=r(Q)$$

例 3 若矩阵 $A\in\mathbf{R}^{s\times n}$,求证 $r(I_n-A^{\mathrm{T}}A)-r(I_s-AA^{\mathrm{T}})=n-s$.

证 1 考虑 $B=\begin{pmatrix}I_s & A\\ A^{\mathrm{T}} & I_n\end{pmatrix}$,注意到 B 经不同的列的初等变换,可分别化为

$$B\xrightarrow{\text{矩阵列初等变换}}\begin{pmatrix}I_s-AA^{\mathrm{T}} & A\\ O & I_n\end{pmatrix}\tag{*}$$

$$B\xrightarrow{\text{矩阵列初等变换}}\begin{pmatrix}I_s & O\\ A^{\mathrm{T}} & I_n-A^{\mathrm{T}}A\end{pmatrix}\tag{**}$$

由式(*)知

$$r(B)=r(I_s-AA^{\mathrm{T}})+r(I_n)$$

由(**)知

$$rB=r(I_s)+r(I_n-A^{\mathrm{T}}A)$$

由上两式知

$$r(I_n-A^{\mathrm{T}}A)-r(I_s-AA^{\mathrm{T}})=n-s$$

上面解法系由矩阵初等变换来完成的,下面考虑用另外办法——矩阵乘法构造对角阵,其实它是矩阵经过初等变换时的另一种表达方式而已. 此方法看上去技巧性较强,问题关键是找出这些矩阵等式,而发现它们也许并不困难(请与上面证法做个比较,注意这里是广义的初等矩阵).

证 2 今考虑下面矩阵运算关系式

$$\begin{pmatrix}I_s & -A\\ O & I_n\end{pmatrix}\begin{pmatrix}I_s & A\\ A^{\mathrm{T}} & I_n\end{pmatrix}\begin{pmatrix}I_s & O\\ -A^{\mathrm{T}} & I_n\end{pmatrix}=\begin{pmatrix}I_s-AA^{\mathrm{T}} & O\\ O & I_n\end{pmatrix}$$

则

$$r\begin{pmatrix}I_s & A\\ A^{\mathrm{T}} & I_n\end{pmatrix}=r(I_s-AA^{\mathrm{T}})+r(I_n)=r(I_s-AA^{\mathrm{T}})+n$$

又

$$\begin{pmatrix} I_s & O \\ -A^T & I_n \end{pmatrix}\begin{pmatrix} I_s & A \\ A^T & I_n \end{pmatrix}\begin{pmatrix} I_s & -A \\ O & I_n \end{pmatrix}=\begin{pmatrix} I_s & O \\ O & I_n-A^TA \end{pmatrix}$$

故

$$\mathrm{r}\begin{pmatrix} I_s & A \\ A^T & I_n \end{pmatrix}=\mathrm{r}(I_s)+\mathrm{r}(I_n-A^TA)=s+\mathrm{r}(I_n-A^TA)$$

综上

$$\mathrm{r}(I_n-A^TA)+\mathrm{r}(I_s-AA^T)=n-s$$

例 4　若矩阵 $A,B\in \mathbf{R}^{n\times n}$，且 $ABA=B^{-1}$，试证 $\mathrm{r}(I-AB)+\mathrm{r}(I+AB)=n$.

证 1　由设 $ABA=B^{-1}$，则有 $ABAB=I$，即 $(AB)^2=I$. 令 $AB=C$，故有 $C^2=I$. 从而只需证 $\mathrm{r}(I-C)+\mathrm{r}(I+C)=n$. 事实上，一方面由前面的例注知 $\mathrm{r}(P+Q)\leqslant \mathrm{r}(P)+\mathrm{r}(Q)$，故

$$\mathrm{r}[(I+C)+(I-C)]=\mathrm{r}(2I)\leqslant \mathrm{r}(I-C)+\mathrm{r}(I+C)$$

而 $\mathrm{r}(2I)=n$，故

$$\mathrm{r}(I-C)+\mathrm{r}(I-+C)\geqslant n \qquad ①$$

另一方面由关于矩阵乘积秩的 Sylvester 不等式有

$$\mathrm{r}(C)\geqslant \mathrm{r}(A)+\mathrm{r}(B)-n$$

而 $I-C^2=O$，显然有

$$0=\mathrm{r}[(I-C)(I+C)]\geqslant \mathrm{r}(I-C)+\mathrm{r}(I+C)-n$$

即

$$\mathrm{r}(I-C)+\mathrm{r}(I+C)\leqslant n \qquad ②$$

由式①及式②有

$$\mathrm{r}(I-C)+\mathrm{r}(I+C)=n$$

证 2　由设 $(I-AB)+(I+AB)=2I$ 知

$$\mathrm{r}(I-AB)+\mathrm{r}(I+AB)\geqslant \mathrm{r}(2I)=n$$

又

$$(I-AB)(I+AB)=I^2-(AB)^2=I-ABAB=I-B^{-1}B=I-I=O$$

则

$$\mathrm{r}(I-A)+\mathrm{r}(I+AB)\leqslant n$$

综上

$$\mathrm{r}(I-A)+\mathrm{r}(I+A)=n$$

满足关系式 $A^k=I$ 的阵矩称为幂幺阵，请看关于它的问题：

例 5　若矩阵 $A\in \mathbf{R}^{3\times 3}$，且 $A^2=I$，但 $A\neq I$. 证明 $[\mathrm{r}(A-I)-1][\mathrm{r}(A+I)-1]=0$.

证　由设 $A\neq I$，知 $\mathrm{r}(A-I)\geqslant 1$. 又由 $A^2=I$ 即 $A^2-I=O$，有 $(A-I)(A+I)=O$. 从而

$$\mathrm{r}(A-I)\leqslant 2,\ \mathrm{r}(A+I)\leqslant 2$$

又由 $(A-I)(A+I)=O$，且 $A\in \mathbf{R}^{3\times 3}$，由 Sylvester 不等式，有

$$\mathrm{r}(A+I)+\mathrm{r}(A-I)-3\leqslant \mathrm{r}[(A+I)(A-I)]=0$$

从而 $\mathrm{r}(A+I)+\mathrm{r}(A-I)\leqslant 3$，知 $\mathrm{r}(A+I)$，$\mathrm{r}(A-I)$ 中至少有一个 1. 故

$$[\mathrm{r}(A+I)-1][\mathrm{r}(A-I)-1]=0$$

在 $A^k=I$ 的幂幺矩阵中，对于 $k=2$ 的常称为对合阵. 下面的命题也是涉及幂幺矩阵秩的问题.

例 6　若 A 为二阶方阵，且 $A^2=I$，又 $A\neq \pm I$，则 $\mathrm{r}(A+I)=\mathrm{r}(A-I)=1$.

证　由设 $A^2-I=O$ 有 $(A+I)(A-I)=O$. 今设 $\mathrm{r}(A+I)=s$，$\mathrm{r}(A-I)=t$，由前面例注的结论知：

$$\mathrm{r}[(A+I)(A-I)]\geqslant s+t-2$$

又由题设 $A^2-I=O$ 知 $r[(A+I)(A-I)]=0$. 从而

$$s+t-2=0 \qquad (*)$$

又 $A\neq\pm I$, 故 $A\pm I\neq O$. 从而 $s\neq0,t\neq0$. 再由式(*)知 $s=t=1$(注意到 $s\geqslant0,t\geqslant0$).

其实对一般情形,可将命题推广为

例 7 若 A 为 n 阶幂幺阵(即 $A^2=I$ 的矩阵),则 $r(A+I)+r(A-I)=n$.

证 1 一方面,由 $A^2=I$ 知 $(A+I)(A-I)=O$, 从而

$$r(A+I)+r(A-I)\leqslant n$$

另一方面,由下面算式

$$r(A+I)+r(A-I)\geqslant r(A+I+A-I)=r(2A)=r(A)=n$$

故

$$r(A+I)+r(A-I)=n$$

证 2 一方面

$$r(A+I)+r(A+I)\geqslant r[(A+I)+(A-I)]=r(A)=n$$

注意到 $A^2=I$, 知 $|A|=1$. 又

$$(A+I)(A-I)=A^2+A-A-I=O$$

从而

$$r(A+I)+r(A-I)\leqslant n$$

其实对于上面命题有下面逆命题引申.换言之,例中前提与结论是充要的.

例 8 若矩阵 $A\in\mathbf{R}^{n\times n}$, 且 $r(A+I)+r(A-I)=n$, 则 A 是幂幺阵,即 $A^2=I$.

证 由题设且注意下面的运算及矩阵秩的性质

$$n=r(A+I)+r(A-I)=r\begin{pmatrix}A+I & O\\ O & A-I\end{pmatrix}=r\begin{pmatrix}A+I & O\\ A+I & A-I\end{pmatrix}=r\begin{pmatrix}A+I & O\\ A+I & I-A\end{pmatrix}=$$

$$r\begin{pmatrix}A+I & A+I\\ A+I & 2I\end{pmatrix}=r\begin{pmatrix}-\frac{1}{2}(A+I)^2+A+I & O\\ A+I & 2I\end{pmatrix}=r\begin{pmatrix}\frac{1}{2}(I-A)^2 & O\\ A+I & 2I\end{pmatrix}=$$

$$r\begin{pmatrix}\frac{1}{2}(I-A)^2 & O\\ O & 2I\end{pmatrix}=r\left[\frac{1}{2}(I-A)^2\right]+r(2I)=r(I-A^2)+r(I)$$

由单位阵 I 的秩 $r(I)=n$, 从而 $r(I-A^2)=0$, 故 $A^2=I$.

注 例的另一种推广命题是(详见前文):

命题 若 $A\in\mathbf{R}^{s\times n}$, 则 $r(I_n-A^TA)-r(I_s-AA^T)=n-s$.

与之类似的问题还有如,对于幂等矩阵而言,有

问题 2 若 $A\in\mathbf{R}^{n\times n}$, 且 $A^2=A$(即幂等阵),则 $r(A)+r(A-I)=n$.

证 一方面 $A^2=A$, 即 $A(I-A)=O$, 则 $r(A)+r(I-A)\leqslant n$.

另一方面, $n=r(I)=r[A+(I-A)]\leqslant r(A)+r(I-A)$.

综合上有

$$r(A)+r(I-A)=n$$

注 1 显然本例是前面问题"若 $A,B\in\mathbf{R}^{n\times n}$, 又 $AB=O$, 则 $r(A)+r(B)\leqslant n$"的推广,这里换种方法再将问题略加说明.

今令 $B=(b_1,b_2,\cdots,b_n)$, 则 $AB=(Ab_1,Ab_2,\cdots,Ab_n)=O$, 即 $AX=O$ 有 n 组解,若 $r(A)=r$, 此即说 $b_1,b_2,\cdots,b_n$ 可由其中 $n-r$ 个无关向量线性表出,即 $r(B)\leqslant n-r$. 从而

$$r(A)+r(B)\leqslant r+(n-r)=n$$

又由 $\begin{pmatrix} I-AB \\ I+AB \end{pmatrix} \xrightarrow{\text{行初等变换}} \begin{pmatrix} 2I \\ I+AB \end{pmatrix} \longrightarrow \begin{pmatrix} I \\ I+AB \end{pmatrix}$，同样可有(矩阵经初等变换不改变其秩)

$$\mathrm{r}(I-AB)+\mathrm{r}(I+AB)\geqslant \mathrm{r}\begin{pmatrix} I-AB \\ I+AB \end{pmatrix}=\mathrm{r}\begin{pmatrix} I \\ I+AB \end{pmatrix}\geqslant \mathrm{r}(I)=n$$

注 2　本例亦可用上例结论去证，注意它们均系幂等阵．又命题题设与结论是充要的，换言之，反过来则有：

命题　设矩阵 $A\in \mathbf{R}^{n\times n}$，又 $\mathrm{r}(A)+\mathrm{r}(A-I)=n$，则 $A^2=A$.

证　注意到下面的矩阵演化(行、列初等变换)及其秩的性质

$$n=\mathrm{r}(A)+\mathrm{r}(A-I)=\mathrm{r}\begin{pmatrix} A & O \\ O & A-I \end{pmatrix}=\mathrm{r}\begin{pmatrix} A & O \\ A & -A+I \end{pmatrix}=\mathrm{r}\begin{pmatrix} A & A \\ A & I \end{pmatrix}=$$

$$\mathrm{r}\begin{pmatrix} A-A^2 & O \\ A & I \end{pmatrix}=\mathrm{r}\begin{pmatrix} A-A^2 & O \\ O & I \end{pmatrix}=\mathrm{r}(A-A^2)+\mathrm{r}(I)$$

由 $\mathrm{r}(I)=n$，从而 $\mathrm{r}(A-A^2)=0$，即 $A=A^2$.

下面也是两则幂等矩阵的命题.

例 9　若 A 为 n 阶矩阵，且 $A^2=A$，但 $A\neq I$，则 A 是奇异阵.

证　(1)由设 $A^2=A$，有 $A^2-A=O$，即 $A(A-I)=O$.

又 $A\neq I$，或 $A-I\neq O$，若 A 是非奇异阵，则

$$\mathrm{r}[A(A-I)]=\mathrm{r}(A-I)\neq 0$$

但 $A(A-I)=O$，故 $\mathrm{r}(A-I)=0$，与上矛盾！从而，A 是奇异阵.

例 10　若矩阵 $P,Q\in \mathbf{R}^{n\times n}$，且 $P^2=P,Q^2=Q$. 又 $I-(P+Q)$非奇异. 试证秩$\mathrm{r}(A)=\mathrm{r}(B)$.

证　由该 $I-(P+Q)$满秩，且注意到 $P^2=P,Q^2=Q$，故

$$\mathrm{r}(P)=\mathrm{r}\{P[I-(P+Q)]\}=\mathrm{r}\{P-P^2-PQ\}=\mathrm{r}(PQ)$$

$$\mathrm{r}(Q)=\mathrm{r}\{[I-(P+Q)]Q\}=\mathrm{r}\{Q-PQ-Q^2\}=\mathrm{r}(PQ)$$

故 $\mathrm{r}(P)=\mathrm{r}(Q)$.

秩 $\mathrm{r}(I\pm AB)$的讨论，人们可以拟造许多命题，这里 A,B 多为某些特殊或有特定关系的矩阵.

例 11　若矩阵 $A,B\in \mathbf{R}^{n\times n}$，且 $ABA=B^{-1}$，试证 $\mathrm{r}(I-AB)+\mathrm{r}(I+AB)=n$.

证　由设及$(I-AB)+(I+AB)=2I$，知

$$\mathrm{r}(I-AB)+\mathrm{r}(I+AB)\geqslant \mathrm{r}(2I)=n$$

又$(I-AB)(I+AB)=I^2-(AB)^2=I-ABAB=I-B^{-1}B=I-I=O$，则 $\mathrm{r}(I-AB)+\mathrm{r}(I+AB)\leqslant n$. 从而 $\mathrm{r}(I-AB)+\mathrm{r}(I+AB)=n$.

下面例子可视为上例的反问题，它的证明涉及矩阵特征问题.

例 12　若矩阵 $A,B\in \mathbf{R}^{n\times n}$，且 $ABA=B^{-1}$，试证 $\mathrm{r}(I-AB)+\mathrm{r}(I-BA)=n$，则 $\mathrm{r}(A)=n$，

证　由 B 可逆，知 AB 与 BA 有相同的特征多项式(因 $B(AB)B^{-1}=BA$，即 AB 与 BA 相似)，故它们有相同的特征根.

又$|\lambda I-(I-AB)|=|(\lambda-1)I+AB|$，且$|\lambda I-(I+BA)|=|(\lambda-1)I-BA|$.

由题设知 AB 有 k 个-1 的特征根，而 BA 有 $n-k$ 个 1 的特征根. 从而 AB 有 k 个-1，$n-k$ 个 1 的特征根，这样

$$AB\sim \mathrm{diag}\{1,1,\cdots 1,-1,-1,\cdots,-1\}$$

知 AB 满秩(可逆)，又 B 可逆，从而 A 可逆.

它的推广或引申可见后文.

下面的矩阵等式证明中涉及了幂零矩阵方幂秩的问题. 请看：

例 13 若 $\boldsymbol{A}\in\mathbf{R}^{2\times 2}$ 且 $\boldsymbol{A}^5=\boldsymbol{O}$,试证 $(\boldsymbol{I}-\boldsymbol{A})^{-1}=\boldsymbol{I}+\boldsymbol{A}$.

证 由设 $|\boldsymbol{A}^5|=|\boldsymbol{A}|^5=0$,知 $|\boldsymbol{A}|=0$,且 $r(\boldsymbol{A})\leqslant 1$.

若 $r(\boldsymbol{A})=0$,即 $\boldsymbol{A}=\boldsymbol{O}$,则结论显然成立.

若 $r(\boldsymbol{A})=1$,知其列元素成比例设

$$\boldsymbol{A}=\begin{pmatrix}a_1 & ka_1\\ a_2 & ka_2\end{pmatrix}=\begin{pmatrix}a_1\\ a_2\end{pmatrix}(1,k)$$

则

$$\boldsymbol{A}^2=\begin{pmatrix}a_1\\ a_2\end{pmatrix}(1,k)\cdot\begin{pmatrix}a_1\\ a_2\end{pmatrix}(1,k)=\begin{pmatrix}a_1\\ a_2\end{pmatrix}\left[(1,k)\begin{pmatrix}a_1\\ a_2\end{pmatrix}\right](1,k)=(a_1+ka_2)\begin{pmatrix}a_1\\ a_2\end{pmatrix}(1,k)=(a_1+ka_2)\boldsymbol{A}=\lambda\boldsymbol{A}$$

由此可得 $\lambda=a_1+ka_2$. 故

$$\boldsymbol{A}^3=\boldsymbol{A}^2\cdot\boldsymbol{A}=\lambda\boldsymbol{A}\boldsymbol{A}=\lambda^2\boldsymbol{A},\quad \boldsymbol{A}^4=\boldsymbol{A}^2\boldsymbol{A}^2=\lambda^3\boldsymbol{A},\quad \boldsymbol{A}^5=\lambda^4\boldsymbol{A}=\boldsymbol{O}$$

且 $\boldsymbol{A}\neq\boldsymbol{O}$,故 $\lambda=0$,从而 $\boldsymbol{A}^2=\lambda\boldsymbol{A}=\boldsymbol{O}$. 而

$$(\boldsymbol{I}-\boldsymbol{A})(\boldsymbol{I}+\boldsymbol{A})=\boldsymbol{I}^2-\boldsymbol{A}+\boldsymbol{A}-\boldsymbol{A}^2=\boldsymbol{I}-\boldsymbol{A}^2=\boldsymbol{I}$$

知 $(\boldsymbol{I}-\boldsymbol{A})^{-1}=\boldsymbol{I}+\boldsymbol{A}$.

例 14 若 $\boldsymbol{A}$ 为 n 阶矩阵,且 $\boldsymbol{A}^3=\boldsymbol{O}$(它被称为幂零阵),试证 $\boldsymbol{I}-\boldsymbol{A}$ 为非奇异阵.

证 由设 $\boldsymbol{A}^3=\boldsymbol{O}$,故有 $\boldsymbol{I}-\boldsymbol{A}^3=\boldsymbol{I}$. 又

$$\boldsymbol{I}-\boldsymbol{A}^3=(\boldsymbol{I}-\boldsymbol{A})(\boldsymbol{I}+\boldsymbol{A}+\boldsymbol{A}^2)$$

故

$$(\boldsymbol{I}-\boldsymbol{A})(\boldsymbol{I}+\boldsymbol{A}+\boldsymbol{A}^2)=\boldsymbol{I}$$

即 $\boldsymbol{I}+\boldsymbol{A}+\boldsymbol{A}^2$ 为 $\boldsymbol{I}-\boldsymbol{A}$ 的逆阵,从而 $\boldsymbol{I}-\boldsymbol{A}$ 为非奇异阵(因其有逆).

注 1 这种指出矩阵的逆阵而证明矩阵非奇异的方法是构造性的,也十分巧妙.

注 2 类似的问题及推广可见：

命题 1 若 $\boldsymbol{A}$ 为 n 阶方阵,且其满足 $\boldsymbol{A}^2+\boldsymbol{A}+\boldsymbol{I}=\boldsymbol{O}$,则矩阵 $\boldsymbol{A}$ 非奇异,并且 $\boldsymbol{A}^{-1}=-(\boldsymbol{A}+\boldsymbol{I})$.

命题 2 若 $\boldsymbol{A}$ 为 n 阶方阵,又 $\boldsymbol{A}^k=\boldsymbol{O}$($k$ 为正整数),试证 $(\boldsymbol{I}-\boldsymbol{A})^{-1}=\boldsymbol{I}+\boldsymbol{A}+\boldsymbol{A}^2+\cdots+\boldsymbol{A}^{k-1}$.

提示 此题与例无本质差异,只是上题的推广而已,注意到由 $\boldsymbol{A}^k=\boldsymbol{O}$ 有

$$\boldsymbol{I}^k-\boldsymbol{A}^k=\boldsymbol{I}$$

从而 $\boldsymbol{I}-\boldsymbol{A}^k=(\boldsymbol{I}-\boldsymbol{A})(\boldsymbol{I}+\boldsymbol{A}+\boldsymbol{A}^2+\cdots+\boldsymbol{A}^{k-1})$ 即可.

命题 3 若 $\boldsymbol{A}\in\mathbf{R}^{n\times n}$,且 $\boldsymbol{A}^3=2\boldsymbol{I}$. 求证矩阵 $\boldsymbol{B}=\boldsymbol{A}^2-2\boldsymbol{A}-2\boldsymbol{I}$ 满秩并求 $\boldsymbol{B}^{-1}$.

证 由题设矩阵 $\boldsymbol{A}^3=2\boldsymbol{I}$,知 $|\boldsymbol{A}|\neq 0$,且

$$(\boldsymbol{A}-\boldsymbol{I})(\boldsymbol{A}^2+\boldsymbol{A}+\boldsymbol{I})=\boldsymbol{I} \qquad ①$$

又 $\boldsymbol{A}^3+8\boldsymbol{I}=10\boldsymbol{I}$,有

$$(\boldsymbol{A}+2\boldsymbol{I})(\boldsymbol{A}^2-2\boldsymbol{A}+4\boldsymbol{I})=10\boldsymbol{I} \qquad ②$$

知 $|\boldsymbol{A}+2\boldsymbol{I}|\neq 0$,易证

$$(\boldsymbol{A}^2+\boldsymbol{A}+\boldsymbol{I})\boldsymbol{B}=\boldsymbol{A}(\boldsymbol{A}+2\boldsymbol{I})$$

由 $|\boldsymbol{A}|\neq 0$, $|\boldsymbol{A}+2\boldsymbol{I}|\neq 0$,知 $\boldsymbol{B}$ 非奇异(满秩),且

$$\boldsymbol{B}^{-1}=(\boldsymbol{A}+2\boldsymbol{I})^{-1}\boldsymbol{A}^{-1}(\boldsymbol{A}^2+\boldsymbol{A}+\boldsymbol{I})$$

由式①及式②有

$$(\boldsymbol{A}^2+\boldsymbol{A}+\boldsymbol{I})^{-1}=\boldsymbol{A}-\boldsymbol{I},\quad (\boldsymbol{A}+2\boldsymbol{I})^{-1}=\frac{1}{10}(\boldsymbol{A}^2-2\boldsymbol{A}+4\boldsymbol{I})$$

又由 $\boldsymbol{A}^3=2\boldsymbol{I}$,即 $\boldsymbol{A}\cdot\frac{1}{2}\boldsymbol{A}^2=\boldsymbol{I}$,知 $\boldsymbol{A}^{-1}=\frac{1}{2}\boldsymbol{A}^2$. 故

$$B^{-1}=(A+2I)^{-1}A^{-1}(A^2+A+I)=\frac{1}{20}(A^2-2A+4I)\cdot A^2\cdot(A^2+A+I)=\frac{1}{10}(A^2+3A+4I)$$

命题 4　若 A 是 n 阶方阶，有常数项不为 0 的多项式 $f(x)$ 使 $f(A)=O$，则 A 的特征根全不为 0.

关于第 3 题只需注意到非奇异阵的特征值全不为 0 即可.

这里想再强调一下，矩阵的某些运算可与代数式运算类比，只需找准对应关系.

对矩阵 A 的多项式而言，乘法是可交换的，即

$$f(A)g(A)=g(A)f(A)$$

特别地

$$(I-A)(I+A)=I^2-A^2=(I+A)(I-A)$$

满秩矩阵又称非奇异阵或可逆矩阵，这类矩阵的秩即为其阶数 n，下面我们来看看这类问题.

例 15　若矩阵 $A\in\mathbf{R}^{n\times n}$，且满足 $A^3-6A^2+11A-6I=O$. 试确定 k 值范围使 $kI+A$ 可逆.

解　由题设若 λ 为 A 的特征值，由 Cayley-Hamilton 定理 $\lambda^3-6\lambda^2+11\lambda-6=0$，即

$$(\lambda-1)^3(\lambda-2)(\lambda-3)=0$$

知其三根分别为 $\lambda_1=1,\lambda_2=2,\lambda_3=3$，从而

$$|A-\lambda_i I|=0,\quad i=1,2,3$$

故知当 $k\neq-1$ 或 -3 时，$kI+A$ 可逆.

例 16　若 $A\in\mathbf{R}^{n\times n}$，且 $\xi\in\mathbf{R}^n$ 非 $\mathbf{0}$，又 $A=I-\xi\xi^{\mathrm{T}}$，则(1)$A^2=A\Leftrightarrow\xi\xi^{\mathrm{T}}=1$；(2)$\xi\xi^{\mathrm{T}}=1$ 时，A 不可逆.

证　(1)由

$$A^2=(I-\xi\xi^{\mathrm{T}})(I-\xi\xi^{\mathrm{T}})=I-2\xi\xi^{\mathrm{T}}+\xi(\xi^{\mathrm{T}}\xi)\xi^{\mathrm{T}}=I-(2-\xi^{\mathrm{T}}\xi)\xi\xi^{\mathrm{T}}$$

又 $A^2=A$，知

$$(2-\xi^{\mathrm{T}}\xi)\xi\xi^{\mathrm{T}}=\xi\xi^{\mathrm{T}}$$

即

$$(\xi^{\mathrm{T}}\xi-1)\xi\xi^{\mathrm{T}}=O$$

而 $\xi\xi^{\mathrm{T}}\neq O(\xi\neq O)$，故 $\xi^{\mathrm{T}}\xi=1$，反之亦然.

(2)而当 $\xi^{\mathrm{T}}\xi=1$ 时 $A-A^2=O\Rightarrow A(I-A)=O$.

又

$$I-A=\xi^{\mathrm{T}}\xi\neq O$$

必有 $\mathrm{r}(A)<n$，即 A 不可逆.

关于这一点我们还可证如：记 $I-A=(a_1,a_2,\cdots,a_n)$，即

$$A(I-A)=(Aa_1,Aa_2,\cdots,Aa_n)=(\mathbf{0},\mathbf{0},\cdots,\mathbf{0})$$

知 $Ax=\mathbf{0}$ 有非零解，从而 $|A|=0$，即 A 不可逆.

注 1　此外(2)还可用反证法证如：

假若 A 可逆，由 $A^2=A$ 有 $A=I$，与 $A=I-\xi\xi^{\mathrm{T}}$ 比较有 $\xi\xi^{\mathrm{T}}=O$，从而 $\xi=\mathbf{0}$.

注 2　此类问题只要思路对头，一般不会证错，与之类似的问题有：

问题 1　若向量 ω 是 n 维单位列向量，则 $I-2\omega\omega^{\mathrm{T}}$ 是正交矩阵.

问题 2　若向量 $a\in\mathbf{R}^n$，$a\neq\mathbf{0}$，则 $I-\frac{2}{a^{\mathrm{T}}a}aa^{\mathrm{T}}$ 是正交矩阵.

前文已述，形如 $I-v\xi\xi^{\mathrm{T}}$ 的矩阵称为初等矩阵，它有许多独特的性质.

利用特征根、特征向量有时也可解某些矩阵秩的问题. 请看下面的例子.

例 17　若矩阵 $S=(s_{ij})_{n\times n}$ 为 n 阶反对称阵，试证 $I-S$ 为满秩矩阵.

证　设 λ 是 S 的特征值，x 为相应(复的)特征向量. 则 $Sx=\lambda x$，$\overline{Sx}=\overline{\lambda x}$，这里 $\bar{x}$ 表示 x 的共轭. 而

$$\bar{x}^{\mathrm{T}}(Sx)=-\bar{x}^{\mathrm{T}}S^{\mathrm{T}}x=-(\overline{Sx})^{\mathrm{T}}x=-(\overline{Sx})^{\mathrm{T}}x$$

即 $\lambda\bar{x}^{\mathrm{T}}x=-\bar{\lambda}\bar{x}^{\mathrm{T}}x$,因 x 非零,故 $\lambda+\bar{\lambda}=0$.

显然 S 的特征值是 0 或纯虚数.故

$$f(\lambda)\big|_{\lambda=1}=|\lambda I-S|_{\lambda=1}=|\lambda I-S|\neq 0$$

即 $I-S$ 非奇异(满秩或可逆).

它的另外证法又见后文例的注.

4. 分块矩阵的秩

下面求矩阵秩的例子涉及分块矩阵.

例 1 给定矩阵 $\begin{pmatrix} A & 0 \\ 0 & B \end{pmatrix}$ 中,若 $\mathrm{r}(A)=s$,$\mathrm{r}(B)=t$,则 $\mathrm{r}\begin{pmatrix} A & 0 \\ 0 & B \end{pmatrix}=s+t$.

证 由设存在可逆矩阵 $P_1,Q_1;P_2,Q_2$ 使

$$P_1AQ_1=\begin{pmatrix} I_s & O \\ O & O \end{pmatrix},\quad P_2BQ_2=\begin{pmatrix} I_t & O \\ O & O \end{pmatrix}$$

则

$$\begin{pmatrix} P_1 & O \\ O & P_2 \end{pmatrix}\begin{pmatrix} A & O \\ O & B \end{pmatrix}\begin{pmatrix} Q_1 & O \\ O & Q_2 \end{pmatrix}=\begin{pmatrix} P_1AQ_1 & O \\ O & P_2BQ_2 \end{pmatrix}=\begin{pmatrix} I_s & O & & \\ O & O & & \\ & & I_t & O \\ & & O & O \end{pmatrix}$$

注意到 $\begin{pmatrix} P_1 & O \\ O & P_2 \end{pmatrix}$,$\begin{pmatrix} Q_1 & O \\ O & Q_2 \end{pmatrix}$ 均为可逆阵,从而 $\mathrm{r}\begin{pmatrix} A & O \\ O & B \end{pmatrix}=s+t$.

例 2 若矩阵 $X=\begin{pmatrix} A & B \\ C & D \end{pmatrix}$,其中 $A,B,C,D\in\mathbf{R}^{n\times n}$,且彼此可交换.试证 X 可逆$\Longleftrightarrow AD-BC$ 可逆.

证 $\Leftarrow$由设 A,B,C,D 可交换,考虑下面的矩阵运算

$$\begin{pmatrix} A & B \\ C & D \end{pmatrix}\begin{pmatrix} D & -B \\ -C & A \end{pmatrix}=\begin{pmatrix} AD-BC & BA-AB \\ CD-DC & DA-CB \end{pmatrix}=\begin{pmatrix} AD-BC & O \\ O & AD-BC \end{pmatrix}$$

显然若 $AD-BC$ 可逆,则上式右矩阵可逆,进而 X 可逆.

$\Rightarrow$若 X 可逆,考虑$(AD-BC)v=0$ 的向量 v.由 $\begin{pmatrix} A & B \\ C & D \end{pmatrix}\begin{pmatrix} Dv \\ -Cv \end{pmatrix}=0$ 及 $\begin{pmatrix} A & B \\ C & D \end{pmatrix}\begin{pmatrix} -Bv \\ Av \end{pmatrix}=0$,可有

$$Dv=Cv=Bv=Av=0$$

即 $X\begin{pmatrix} v \\ v \end{pmatrix}=0$,当 X 可逆时,$v=0$.

即$(AD-BC)v=0$ 仅有零解,从而 $AD-BC$ 可逆.

例 3 若非奇异阵 $A\in\mathbf{R}^{n\times n}$,且 $A^{\mathrm{T}}=-A$(反对称),$b\in\mathbf{R}^n$,又 $B=\begin{pmatrix} A & b \\ b^{\mathrm{T}} & 0 \end{pmatrix}$,证明$\mathrm{r}(B)=n$.

证 1 由奇数阶反对称阵的行列式为 0,知 A 的阶为偶数.又由 $\mathrm{r}(B)\geqslant\mathrm{r}(A)=n$,又 n 为偶数,B 为奇数阶.

令矩阵 $C=\begin{pmatrix} A & -b \\ b^{\mathrm{T}} & 0 \end{pmatrix}$,显然 $C^{\mathrm{T}}=-C$,且$|C|=0$(奇数阶).但

$$|B|=|B^{\mathrm{T}}|=\begin{vmatrix} A^{\mathrm{T}} & b \\ b^{\mathrm{T}} & 0 \end{vmatrix}=\begin{vmatrix} -A & b \\ b^{\mathrm{T}} & 0 \end{vmatrix}=\begin{vmatrix} A & -b \\ b^{\mathrm{T}} & 0 \end{vmatrix}=|C|=0$$

且 $|\boldsymbol{A}|\neq 0$，故 $\mathrm{r}(\boldsymbol{B})=n$.

证 2　由证 1 有

$$|\boldsymbol{B}|=\begin{vmatrix}\boldsymbol{A} & \boldsymbol{b}\\ \boldsymbol{b}^{\mathrm{T}} & 0\end{vmatrix}=\begin{vmatrix}\boldsymbol{A} & -\boldsymbol{b}\\ \boldsymbol{b}^{\mathrm{T}} & 0\end{vmatrix}+\begin{vmatrix}\boldsymbol{A} & \boldsymbol{b}-\boldsymbol{b}\\ \boldsymbol{b}^{\mathrm{T}} & 0\end{vmatrix}+\begin{vmatrix}\boldsymbol{A} & \boldsymbol{0}\\ \boldsymbol{b}^{\mathrm{T}} & 0\end{vmatrix}=0$$

又 $\mathrm{r}(\boldsymbol{A})=n$，从而 $\mathrm{r}(\boldsymbol{B})=n$.

证 3　因为奇数阶反对称矩阵的行列式值为 0，则 $\boldsymbol{C}$ 为奇数 m 阶反对称阵.

由 $|\boldsymbol{C}^{\mathrm{T}}|=|\boldsymbol{C}|$，又 $\boldsymbol{C}^{\mathrm{T}}=-\boldsymbol{C}$，故

$$|\boldsymbol{C}|=|-\boldsymbol{C}|=(-1)^m|\boldsymbol{C}|=-|\boldsymbol{C}|，m \text{ 是奇数}$$

即 $|\boldsymbol{C}|=-|\boldsymbol{C}|$，故 $|\boldsymbol{C}|=0$.

而 $\boldsymbol{A}$ 系非奇异(可逆)反对称阵，故 $\boldsymbol{A}$ 的阶 n 为偶数. 令 $\widetilde{\boldsymbol{B}}=\begin{pmatrix}\boldsymbol{A} & \boldsymbol{b}\\ -\boldsymbol{b}^{\mathrm{T}} & 0\end{pmatrix}$，则 $\widetilde{\boldsymbol{B}}$ 为反对称 $n+1$ 阶矩阵，由 n 是偶数，故 $n+1$ 为奇数，从而 $|\widetilde{\boldsymbol{B}}|=0$.

而 $|\boldsymbol{B}|=-|\widetilde{\boldsymbol{B}}|=0$，且 $\boldsymbol{B}$ 的子阵 $\boldsymbol{A}$ 的行列式不为 0. 从而 $\mathrm{r}(\boldsymbol{B})=n$.

注　构造辅助矩阵 $\boldsymbol{C}$ 是一个重要技巧(这里构造的是反对称阵)，类似的方法前文多处有述. 又本命题亦可用后面例的结论去考虑：

$$\det\begin{pmatrix}\boldsymbol{A} & \boldsymbol{B}\\ \boldsymbol{C} & \boldsymbol{D}\end{pmatrix}=\det[\boldsymbol{D}-\boldsymbol{B}\boldsymbol{A}^{-1}\boldsymbol{C}]\det\boldsymbol{A}$$

注意到 $\boldsymbol{b}^{\mathrm{T}}\boldsymbol{A}\boldsymbol{b}=\boldsymbol{0}$($\boldsymbol{A}$ 是反对称矩阵)，故题中矩阵 $\boldsymbol{B}$ 的行列式为 0.

此外我们还可有下面命题：

命题 1　若矩阵 $\boldsymbol{A}^{\mathrm{T}}=-\boldsymbol{A}$，则 $\mathrm{r}(\boldsymbol{A})$ 定为偶数.

该命题还可以推广为：

命题 2　若矩阵 $\boldsymbol{A}$ 是非奇异反对称阵，则 $\boldsymbol{B}=\begin{pmatrix}\boldsymbol{A} & \boldsymbol{C}\\ \boldsymbol{C}^{\mathrm{T}} & \boldsymbol{O}\end{pmatrix}$ 是奇异阵，其中 $\boldsymbol{C}$ 是 $n\times(2k+1)$ 阶矩阵.

例 4　设矩阵 $\boldsymbol{A},\boldsymbol{B}$ 为行数相同的两矩阵，$\boldsymbol{C}=(\boldsymbol{A},\boldsymbol{B})$，试证 $\mathrm{r}(\boldsymbol{C})\leqslant\mathrm{r}(\boldsymbol{A})+\mathrm{r}(\boldsymbol{A})$.

证　设 $\mathrm{r}(\boldsymbol{A})=t$，$\mathrm{r}(\boldsymbol{B})=s$. 又经过一些初等变换：$\boldsymbol{A}\rightarrow\begin{pmatrix}\boldsymbol{I}_t & \boldsymbol{O}\\ \boldsymbol{O} & \boldsymbol{O}\end{pmatrix}$，$\boldsymbol{B}\rightarrow\begin{pmatrix}\boldsymbol{I}_s & \boldsymbol{O}\\ \boldsymbol{O} & \boldsymbol{O}\end{pmatrix}$，则

$$\boldsymbol{C}=\begin{pmatrix}\boldsymbol{A} & \boldsymbol{O}\\ \boldsymbol{O} & \boldsymbol{B}\end{pmatrix}\rightarrow\begin{pmatrix}\boldsymbol{I}_t & \boldsymbol{O} & & \\ \boldsymbol{O} & \boldsymbol{O} & & \\ & & \boldsymbol{I}_s & \boldsymbol{O}\\ & & \boldsymbol{O} & \boldsymbol{O}\end{pmatrix}$$

知其秩为 $t+s$，故

$$\mathrm{r}(\boldsymbol{C})=t+s=\mathrm{r}(\boldsymbol{A})+\mathrm{r}(\boldsymbol{B})$$

又由初等变换有

$$\begin{pmatrix}\boldsymbol{A} & \boldsymbol{O}\\ \boldsymbol{O} & \boldsymbol{B}\end{pmatrix}\rightarrow\begin{pmatrix}\boldsymbol{A} & \boldsymbol{B}\\ \boldsymbol{O} & \boldsymbol{B}\end{pmatrix}=\approx{\boldsymbol{C}}$$

显然 $\boldsymbol{C}=(\boldsymbol{A},\boldsymbol{B})$ 为上面右边矩阵的子块，故

$$\mathrm{r}(\boldsymbol{C})\leqslant\mathrm{r}(\overset{\approx}{\boldsymbol{C}})=\mathrm{r}(\widetilde{\boldsymbol{C}})=\mathrm{r}(\boldsymbol{A})+\mathrm{r}(\boldsymbol{B})$$

注 1　利用初等变换处理矩阵秩的问题，是方便和直观的，这里的关键是如何构造“新矩阵”.

注 2　仿照本例的方法我们不难证明 $\mathrm{r}(\boldsymbol{A}+\boldsymbol{B})\leqslant\mathrm{r}(\boldsymbol{A})+\mathrm{r}(\boldsymbol{B})$.

结论几乎是显然的(前文已有介绍)，注意到下面的事实即可(注意其中矩阵的行初等变换)

$$r(\boldsymbol{A})+r(\boldsymbol{B})\geqslant r\begin{pmatrix}\boldsymbol{A}\\ \boldsymbol{B}\end{pmatrix}=r\begin{pmatrix}\boldsymbol{A}+\boldsymbol{B}\\ \boldsymbol{B}\end{pmatrix}\geqslant r(\boldsymbol{A}+\boldsymbol{B})$$

由此我们还有结论：$r(\boldsymbol{A}-\boldsymbol{B})\geqslant r(\boldsymbol{A})-r(\boldsymbol{B})$，显然它等价于 $r(\boldsymbol{A}-\boldsymbol{B})+r(\boldsymbol{B})\geqslant r(\boldsymbol{A})$.

关于矩阵秩的更复杂的(指形式上)例子可见：

例 5 若 $\boldsymbol{A},\boldsymbol{B},\boldsymbol{C},\boldsymbol{D}$ 为 $n(n\geqslant 1)$ 阶方阵，设矩阵 $\boldsymbol{G}=\begin{pmatrix}\boldsymbol{A} & \boldsymbol{B}\\ \boldsymbol{C} & \boldsymbol{D}\end{pmatrix}$. 又若 $\boldsymbol{AC}=\boldsymbol{CA},\boldsymbol{AD}=\boldsymbol{CB}$，且 $\det\boldsymbol{A}\neq 0$，求证 $n\leqslant r(\boldsymbol{G})<2n$.

证 今考虑下面分块矩阵乘法

$$\begin{pmatrix}\boldsymbol{I} & \boldsymbol{O}\\ -\boldsymbol{CA}^{-1} & \boldsymbol{I}\end{pmatrix}\begin{pmatrix}\boldsymbol{A} & \boldsymbol{B}\\ \boldsymbol{C} & \boldsymbol{D}\end{pmatrix}=\begin{pmatrix}\boldsymbol{A} & \boldsymbol{B}\\ \boldsymbol{O} & \boldsymbol{D}-\boldsymbol{CA}^{-1}\boldsymbol{B}\end{pmatrix}$$

两边取行列式有

$$\begin{vmatrix}\boldsymbol{A} & \boldsymbol{B}\\ \boldsymbol{C} & \boldsymbol{D}\end{vmatrix}=|\boldsymbol{A}||\boldsymbol{D}-\boldsymbol{CA}^{-1}\boldsymbol{B}|=|\boldsymbol{A}(\boldsymbol{D}-\boldsymbol{CA}^{-1}\boldsymbol{B})|=|\boldsymbol{AD}-\boldsymbol{CB}|=0$$

故

$$r(\boldsymbol{G})<2n$$

又在矩阵 $\boldsymbol{G}$ 中，因 $|\boldsymbol{A}|\neq 0$，即至少有一个 n 阶子式不为零，故 $r(\boldsymbol{G})\geqslant n$.

综上

$$n\leqslant r(\boldsymbol{G})<2n$$

注 由题设条件还可有下面关于引列式计算公式：

命题 若 $\boldsymbol{A},\boldsymbol{B},\boldsymbol{C},\boldsymbol{D}\in\mathbf{R}^{n\times n}$，且 $\boldsymbol{AC}=\boldsymbol{CA}$. 则 $\begin{vmatrix}\boldsymbol{A} & \boldsymbol{B}\\ \boldsymbol{C} & \boldsymbol{D}\end{vmatrix}=|\boldsymbol{AD}-\boldsymbol{CB}|$.

证 分两种情形考虑.

(1)若 $|\boldsymbol{A}|\neq 0$，考虑到分块矩阵乘法

$$\begin{pmatrix}\boldsymbol{I} & \boldsymbol{O}\\ -\boldsymbol{CA}^{-1} & \boldsymbol{I}\end{pmatrix}\begin{pmatrix}\boldsymbol{A} & \boldsymbol{B}\\ \boldsymbol{C} & \boldsymbol{D}\end{pmatrix}=\begin{pmatrix}\boldsymbol{A} & \boldsymbol{B}\\ \boldsymbol{O} & \boldsymbol{D}-\boldsymbol{CA}^{-1}\boldsymbol{B}\end{pmatrix}$$

两边取行列式有(式左第一个矩阵行列式值为 1)

$$\begin{vmatrix}\boldsymbol{A} & \boldsymbol{B}\\ \boldsymbol{C} & \boldsymbol{D}\end{vmatrix}=\begin{vmatrix}\boldsymbol{A} & \boldsymbol{B}\\ \boldsymbol{O} & \boldsymbol{D}-\boldsymbol{CA}^{-1}\boldsymbol{B}\end{vmatrix}=|\boldsymbol{A}(\boldsymbol{D}-\boldsymbol{CA}^{-1}\boldsymbol{B})|=|\boldsymbol{AD}-\boldsymbol{ACA}^{-1}\boldsymbol{B}|=|\boldsymbol{AD}-\boldsymbol{CAA}^{-1}\boldsymbol{B}|=|\boldsymbol{AD}-\boldsymbol{CB}|$$

(2)若 $|\boldsymbol{A}|=0$，设 $\lambda_1,\lambda_2,\cdots,\lambda_m$ 为其非 0 特征根. 故有 $u>0$ 使 $0<\lambda<u$，且使 $\lambda\boldsymbol{I}+\boldsymbol{A}$ 均非奇异. 由题设 $\boldsymbol{AC}=\boldsymbol{CA}$，则 $(\lambda\boldsymbol{I}+\boldsymbol{A})\boldsymbol{C}=\boldsymbol{C}(\lambda\boldsymbol{I}+\boldsymbol{A})$，再由上面等式有(注意 $\lambda\boldsymbol{I}+\boldsymbol{A}$ 非奇异)

$$\begin{vmatrix}\lambda\boldsymbol{I}+\boldsymbol{A} & \boldsymbol{B}\\ \boldsymbol{C} & \boldsymbol{D}\end{vmatrix}=|(\lambda\boldsymbol{I}+\boldsymbol{A})\boldsymbol{D}-\boldsymbol{CB}|$$

上式两边皆为 λ 的 n 次多项式，由于它的根多于 n 个，故上式为恒等式.

特别地，当 $\lambda=0$ 时，有等式 $\begin{vmatrix}\boldsymbol{A} & \boldsymbol{B}\\ \boldsymbol{C} & \boldsymbol{D}\end{vmatrix}=|\boldsymbol{AD}-\boldsymbol{CB}|$.

下面关于 $\boldsymbol{I}-\boldsymbol{A}$ 秩的问题，我们前文已经介绍，它的一种证法也是属于分块矩阵的. 比如考虑(详见前文)：

命题 若 $\mathbf{A}\in\mathbf{R}^{s\times n}$，则 $r(\boldsymbol{I}_n-\mathbf{A}^{\mathrm{T}}\mathbf{A})-r(\boldsymbol{I}_s-\mathbf{A}\mathbf{A}^{\mathrm{T}})=n-s$.

以上分块矩阵使用的技巧有时较难想到，只有多看、多想、多分析、多总结方可得知式中的奥妙. 此类例子(将某些问题转化为分块矩阵乘法处理)我们后文还会遇到，这是矩阵代数的重要技巧之一. 其实

在行列式一节我们已经遇到过这类例子.

5. 伴随阵、幂等阵、对合阵、正交阵、对角占优阵、…的秩

某些特殊矩阵如:伴随阵、幂等阵、对合阵、幂幺阵、幂零阵等有许多特有的性质.下面,我们将较为集中地分别谈谈与这些矩阵有关的一些命题.

我们先来看两个求矩阵 $\boldsymbol{A}^*$ 秩的例子.关于 $\boldsymbol{A}^*$ 秩的结论很重要很有用,我们须牢记.

例1 若矩阵 $\boldsymbol{A}^*$ 是 n 阶矩阵 $\boldsymbol{A}$ 的伴随阵,则

$$\mathrm{r}(\boldsymbol{A}^*)=\begin{cases} n, & \text{若 } \mathrm{r}(\boldsymbol{A})=n \\ 1, & \text{若 } \mathrm{r}(\boldsymbol{A})=n-1 \\ 0, & \text{若 } \mathrm{r}(\boldsymbol{A})<n-1 \end{cases}$$

证 下面分三种情况讨论:

(1)若 $\mathrm{r}(\boldsymbol{A})=n$,即 $\boldsymbol{A}$ 可逆,可由 $\boldsymbol{A}^*=|\boldsymbol{A}|\boldsymbol{A}^{-1}$,知 $\mathrm{r}(\boldsymbol{A}^*)=n$.

(2)若 $\mathrm{r}(\boldsymbol{A})=n-1$,则 $\boldsymbol{A}$ 至少有一个 $n-1$ 阶子式不为 0,则 $\boldsymbol{A}^*$ 至少有一个元素 $\boldsymbol{A}_{ij}$ 不为 0,知 $\mathrm{r}(\boldsymbol{A}^*)\geqslant 1$.

又由 $|\boldsymbol{A}|=0$,知 $\boldsymbol{A}\boldsymbol{A}^*=|\boldsymbol{A}|\boldsymbol{I}=\boldsymbol{O}$,则 $\mathrm{r}(\boldsymbol{A})+\mathrm{r}(\boldsymbol{A}^*)\leqslant n$,由 $\mathrm{r}(\boldsymbol{A})=n-1$,知 $\mathrm{r}(\boldsymbol{A}^*)\leqslant 1$.

由 $\mathrm{r}(\boldsymbol{A}^*)\geqslant 1$,又 $\mathrm{r}(\boldsymbol{A}^*)\leqslant 1$,知 $\mathrm{r}(\boldsymbol{A}^*)=1$.

(3)若 $\mathrm{r}(\boldsymbol{A})<n-1$,则 $\boldsymbol{A}$ 的任意 $n-1$ 阶子式全为 0,即 $\boldsymbol{A}^*$ 的元素全为 0,即 $\boldsymbol{A}^*=\boldsymbol{O}$,从而 $\mathrm{r}(\boldsymbol{A}^*)=0$.

下面的例子中也涉及矩阵的代数余子式问题.

例2 若 $\boldsymbol{A}=(a_{ij})\in\mathbf{R}^{m\times n}$,且 $\mathrm{r}(\boldsymbol{A})=m$,又 $\boldsymbol{B}=(a_{ij})\in\mathbf{R}^{(n-m)\times n}$,且 $\boldsymbol{C}=\begin{pmatrix}\boldsymbol{A}\\ \boldsymbol{B}\end{pmatrix}$ 可逆.令 $\boldsymbol{X}=(B_{ij})_{(n-m)\times n}$,其中 B_{ij} 是 b_{ij} 在 $\boldsymbol{C}$ 中的代数余子式,试证 $\boldsymbol{AX}=\boldsymbol{O}$,且 $\mathrm{r}(\boldsymbol{X})=n-m$.

解 由题设知矩阵 $\boldsymbol{C}$ 为

$$\boldsymbol{C}=\begin{pmatrix} a_{11} & a_{12} & \cdots & a_{1n} \\ \vdots & \vdots & & \vdots \\ a_{m1} & a_{m2} & \cdots & a_{mn} \\ b_{11} & b_{22} & \cdots & b_{1n} \\ \vdots & \vdots & & \vdots \\ b_{n-m,1} & b_{n-m,2} & \cdots & b_{n-m,n} \end{pmatrix}$$

这样 $\boldsymbol{AX}$ 的每个元素表示 $\boldsymbol{C}$ 中前 m 行中某一行乘另一行元素的代数余子式,它们的和为 0,从而

$$\boldsymbol{AX}=\boldsymbol{O}$$

又由矩阵 $\boldsymbol{C}$ 可逆,知 $\boldsymbol{C}^*$ 也可逆,即 $\boldsymbol{X}$ 的 $n-m$ 列线性无关,从而 $\mathrm{r}(\boldsymbol{X})=n-m$.

下面的例子是属于幂等阵性质的.

例3 若矩阵 $\boldsymbol{A}\in\mathbf{R}^n$,又 $\boldsymbol{A}^2=\boldsymbol{A}$,则(1)有 $\boldsymbol{P}$ 使 $\boldsymbol{P}^{-1}\boldsymbol{AP}=\begin{pmatrix}\boldsymbol{I}_r & \boldsymbol{O}\\ \boldsymbol{O} & \boldsymbol{O}\end{pmatrix}$,(2)$\boldsymbol{A}$ 可分解为两个实对称阵之积,这里 r 为 $\boldsymbol{A}$ 的秩 $\mathrm{r}(\boldsymbol{A})$.

证 (1)若有可逆阵 $\boldsymbol{R},\boldsymbol{T}$ 使 $\boldsymbol{R}^{-1}\boldsymbol{AT}=\begin{pmatrix}\boldsymbol{I}_r & \\ & \boldsymbol{O}\end{pmatrix}$,令 $\boldsymbol{T}^{-1}\boldsymbol{R}=\begin{pmatrix}\boldsymbol{B}_1 & \boldsymbol{B}_2\\ \boldsymbol{B}_3 & \boldsymbol{B}_4\end{pmatrix}$,则

$$\boldsymbol{R}^{-1}\boldsymbol{AR}=(\boldsymbol{R}^{-1}\boldsymbol{AT})(\boldsymbol{T}^{-1}\boldsymbol{R})=\begin{pmatrix}\boldsymbol{I}_r & \\ & \boldsymbol{O}\end{pmatrix}\begin{pmatrix}\boldsymbol{B}_1 & \boldsymbol{B}_2\\ \boldsymbol{B}_3 & \boldsymbol{B}_4\end{pmatrix}=\begin{pmatrix}\boldsymbol{B}_1 & \boldsymbol{B}_2\\ \boldsymbol{O} & \boldsymbol{P}\end{pmatrix}$$

又由 $A^2=\boldsymbol{A}$,则

$$\begin{pmatrix}\boldsymbol{B}_1 & \boldsymbol{B}_2\\ \boldsymbol{O} & \boldsymbol{O}\end{pmatrix}=\boldsymbol{R}^{-1}\boldsymbol{AR}=(\boldsymbol{R}^{-1}\boldsymbol{AR})^2=\begin{pmatrix}\boldsymbol{B}_1 & \boldsymbol{B}_2\\ \boldsymbol{O} & \boldsymbol{O}\end{pmatrix}^2=\begin{pmatrix}\boldsymbol{B}_1{}^2 & \boldsymbol{B}_1\boldsymbol{B}_2\\ \boldsymbol{O} & \boldsymbol{O}\end{pmatrix}$$

故$(\boldsymbol{B}_1,\boldsymbol{B}_2)=\boldsymbol{B}_1(\boldsymbol{B}_1,\boldsymbol{B}_2)$，亦

$$(\boldsymbol{B}_1-\boldsymbol{I})(\boldsymbol{B}_1,\boldsymbol{B}_2)=\boldsymbol{O}=\boldsymbol{O}(\boldsymbol{B}_1,\boldsymbol{B}_2)$$

由$(\boldsymbol{B}_1,\boldsymbol{B}_2)$为列满秩，从而$\boldsymbol{B}_1-\boldsymbol{I}=\boldsymbol{O}$，则

$$\boldsymbol{R}^{-1}\boldsymbol{A}\boldsymbol{R}=\begin{pmatrix}\boldsymbol{I}_r & \boldsymbol{B}_2\\ \boldsymbol{O} & \boldsymbol{O}\end{pmatrix}$$

注意到

$$\begin{pmatrix}\boldsymbol{I}_r & \boldsymbol{B}_2\\ \boldsymbol{O} & \boldsymbol{I}_{n-r}\end{pmatrix}\begin{pmatrix}\boldsymbol{I}_r & \boldsymbol{B}_2\\ \boldsymbol{O} & \boldsymbol{O}\end{pmatrix}\begin{pmatrix}\boldsymbol{I}_r & -\boldsymbol{B}_2\\ \boldsymbol{O} & \boldsymbol{I}_{n-r}\end{pmatrix}=\begin{pmatrix}\boldsymbol{I}_r & \\ & \boldsymbol{O}\end{pmatrix}$$

(2)令矩阵$\boldsymbol{S}_1=\boldsymbol{P}\begin{pmatrix}\boldsymbol{I}_r & \boldsymbol{O}\\ \boldsymbol{O} & \boldsymbol{O}\end{pmatrix}\boldsymbol{A}^{\mathrm{T}}$，$\boldsymbol{S}_2=(\boldsymbol{P}^{-1})^{\mathrm{T}}\boldsymbol{P}^{-1}$，则$\boldsymbol{A}=\boldsymbol{S}_1\boldsymbol{S}_2$.

例 4 证明：若矩阵$\boldsymbol{A}\in\mathbf{R}^{n\times n}$，又$\boldsymbol{A}^2=\boldsymbol{A}$，则$\mathrm{r}(\boldsymbol{A})+\mathrm{r}(\boldsymbol{I}-\boldsymbol{A})=n$.

证 一方面$\boldsymbol{A}^2=\boldsymbol{A}$，即$\boldsymbol{A}(\boldsymbol{I}-\boldsymbol{A})=0$，则

$$\mathrm{r}(\boldsymbol{A})+\mathrm{r}(\boldsymbol{I}-\boldsymbol{A})\leqslant n$$

另一方面

$$n=\mathrm{r}(\boldsymbol{I})=\mathrm{r}[\boldsymbol{A}+(\boldsymbol{I}-\boldsymbol{A})]\leqslant\mathrm{r}(\boldsymbol{A})+\mathrm{r}(\boldsymbol{I}-\boldsymbol{A})$$

综合上有

$$\mathrm{r}(\boldsymbol{A})+\mathrm{r}(\boldsymbol{I}-\boldsymbol{A})=n$$

注 本例亦可用上例结论去证，注意它们均系幂等阵.

例 5 若$\boldsymbol{A}$为n阶矩阵，且$\boldsymbol{A}^2=\boldsymbol{A}$，但$\boldsymbol{A}\neq\boldsymbol{I}$，则$\boldsymbol{A}$是奇异阵.

证 (1)由设$\boldsymbol{A}^2=\boldsymbol{A}$，有$\boldsymbol{A}^2-\boldsymbol{A}=\boldsymbol{O}$，即$\boldsymbol{A}(\boldsymbol{A}-\boldsymbol{I})=\boldsymbol{O}$. 又$\boldsymbol{A}\neq\boldsymbol{I}$，或$\boldsymbol{A}-\boldsymbol{I}\neq\boldsymbol{O}$，若$\boldsymbol{A}$是非奇异阵，则

$$\mathrm{r}[\boldsymbol{A}(\boldsymbol{A}-\boldsymbol{I})]=\mathrm{r}(\boldsymbol{A}-\boldsymbol{I})\neq 0$$

但$\boldsymbol{A}(\boldsymbol{A}-\boldsymbol{I})=\boldsymbol{O}$，故$\mathrm{r}(\boldsymbol{A}-\boldsymbol{I})=\mathbf{0}$，与上矛盾！从而，$\boldsymbol{A}$是奇异阵.

注 1 前文例注中已述，对于幂等阵$\boldsymbol{A}$还有$\mathrm{r}(\boldsymbol{A})+\mathrm{r}(\boldsymbol{A}-\boldsymbol{I})=n$.

注 2 若矩阵$A\in\mathbf{R}^{n\times n}$，又$A^2=\boldsymbol{A}$，则$\boldsymbol{I}-2\boldsymbol{A}$可逆.

这只需注意到$(\boldsymbol{I}-2\boldsymbol{A})^2=\boldsymbol{I}-4\boldsymbol{A}+4\boldsymbol{A}^2=\boldsymbol{I}$，从而$(\boldsymbol{I}-2\boldsymbol{A})^{-1}=\boldsymbol{I}-2\boldsymbol{A}$.

注 3 更进一步，我们还可以有$\mathrm{r}(\boldsymbol{A})=\mathrm{Tr}(\boldsymbol{A})=\sum\limits_{i=1}^{n}a_{ii}$，这只需注意到

$$\mathrm{Tr}(\boldsymbol{A})=\mathrm{Tr}(\boldsymbol{P}\boldsymbol{A}\boldsymbol{P}^{-1})=\mathrm{Tr}\begin{pmatrix}\boldsymbol{I}_r & \\ & \boldsymbol{O}\end{pmatrix}$$

即可，注意相似矩阵的迹相等(详见后文).

利用矩阵迹(即矩阵主对角上元素之和)也可解决或处理一些关于矩阵秩的问题，它也涉及幂等阵请看下面的例子.

例 6 设$\boldsymbol{A}_1,\boldsymbol{A}_2,\cdots,\boldsymbol{A}_k$是$k$个$n$阶实对称矩阵，其中$1\leqslant k\leqslant n$，又$\sum\limits_{i=1}^{n}\boldsymbol{A}_i=\boldsymbol{I}$，则下述命题等价：①$\boldsymbol{A}_1,\boldsymbol{A}_2,\cdots,\boldsymbol{A}_k$均为幂等阵；②$\sum\limits_{i=1}^{k}\mathrm{r}(\boldsymbol{A}_i)=n$.

证 ①⇒②：由$\boldsymbol{A}_i^2=\boldsymbol{A}_i(i=1,2,\cdots,k)$，从而

$$\mathrm{r}(\boldsymbol{A}_i)=\mathrm{Tr}(\boldsymbol{A}_i),\quad i=1,2,\cdots,k$$

故

$$\sum_{i=1}^{k}\mathrm{r}(\boldsymbol{A}_i)=\sum_{i=1}^{k}\mathrm{Tr}(\boldsymbol{A}_i)=\mathrm{Tr}\sum_{i=1}^{k}\boldsymbol{A}_i=\mathrm{Tr}(\boldsymbol{I})=n$$

②⇒①：设 $r(\boldsymbol{A}_i)=r_i(i=1,2,\cdots,n)$，再令

$$\boldsymbol{B}_i=\boldsymbol{A}_1+\boldsymbol{A}_2+\cdots+\boldsymbol{A}_{i-1}+\boldsymbol{A}_{i+1}+\cdots+\boldsymbol{A}_k=\sum_{\substack{j=1\\j\neq i}}^{k}\boldsymbol{A}_j$$

由设 $\boldsymbol{A}_k$ 是实对称阵，则有正交阵 $\boldsymbol{T}$ 使

$$\boldsymbol{A}_i=\boldsymbol{T}\mathrm{diag}\{\lambda_1,\lambda_2,\cdots,\lambda_{r_i},0,\cdots,0\}\boldsymbol{T}^{\mathrm{T}}=\boldsymbol{T\Lambda T}^{\mathrm{T}} \qquad ①$$

故

$$\boldsymbol{I}=\boldsymbol{A}_i+\boldsymbol{B}_i=\boldsymbol{T\Lambda}_i\boldsymbol{T}^{\mathrm{T}}+\boldsymbol{B}_i=\boldsymbol{T}(\boldsymbol{\Lambda}_i+\boldsymbol{B})\boldsymbol{T}^{\mathrm{T}} \qquad ②$$

其中 $\boldsymbol{B}=\boldsymbol{T}^{\mathrm{T}}\boldsymbol{B}_i\boldsymbol{T}$. 用 $\boldsymbol{T}^{\mathrm{T}}$ 左乘 $\boldsymbol{T}$ 右乘上式有

$$\mathrm{diag}\{\lambda_1,\lambda_2,\cdots,\lambda_{r_i},0,\cdots,0\}+\boldsymbol{B}=\boldsymbol{I}$$

则

$$\boldsymbol{B}=\mathrm{diag}\{1-\lambda_1,1-\lambda_2,\cdots,1-\lambda_{r_i},1,\cdots,1\}+\boldsymbol{B}=\boldsymbol{I} \qquad ③$$

故

$$r(\boldsymbol{B}_i)=r(\boldsymbol{B})\geqslant n-r_i$$

又 $r(\boldsymbol{B})=r\left(\sum\limits_{\substack{j=1\\j\neq i}}^{k}\boldsymbol{A}_j\right)\leqslant\sum\limits_{\substack{j=1\\j\neq i}}^{k}\boldsymbol{A}_j=n-r_i$，因而可有

$$r(\boldsymbol{B})=n-r_i=r(\boldsymbol{B}_i)$$

由式 ③ 知 $\lambda_1=\lambda_2=\cdots=\lambda_{r_i}=1$，代入式 ① 有

$$\boldsymbol{A}_i=\boldsymbol{T}\mathrm{diag}\{1,1,\cdots,1,0,0,\cdots,0\}\boldsymbol{T}^{\mathrm{T}}$$

故

$$\boldsymbol{A}_i^2=\boldsymbol{A}_i\quad(i=1,2,\cdots,k)$$

所谓幂幺矩阵是指 $\boldsymbol{A}^2=\boldsymbol{I}$ 的矩阵，它也称为对合阵. 下面的命题是属于幂幺阵的.

例 7　若 $\boldsymbol{A}$ 为二阶方阵，且 $\boldsymbol{A}^2=\boldsymbol{I}$，又 $\boldsymbol{A}\neq\pm\boldsymbol{I}$，则 $r(\boldsymbol{A}+\boldsymbol{I})=r(\boldsymbol{A}-\boldsymbol{I})=1$.

证　由设 $\boldsymbol{A}^2-\boldsymbol{I}=\boldsymbol{O}$ 有 $(\boldsymbol{A}+\boldsymbol{I})(\boldsymbol{A}-\boldsymbol{I})=\boldsymbol{O}$. 今设 $r(\boldsymbol{A}+\boldsymbol{I})=s$，$r(\boldsymbol{A}-\boldsymbol{I})=t$，由前面例注的结论知

$$r[(\boldsymbol{A}+\boldsymbol{I})(\boldsymbol{A}-\boldsymbol{I})]\geqslant s+t-2$$

又由题设 $\boldsymbol{A}^2-\boldsymbol{I}=\boldsymbol{O}$ 知 $r[(\boldsymbol{A}+\boldsymbol{I})(\boldsymbol{A}-\boldsymbol{I})]=0$. 从而

$$s+t-2=0 \qquad (*)$$

又 $\boldsymbol{A}\neq\pm\boldsymbol{I}$，故 $\boldsymbol{A}\pm\boldsymbol{I}\neq\boldsymbol{O}$. 从而 $s\neq0,t\neq0$. 再由 (*) 知 $s=t=1$（注意到 $s\geqslant0,t\geqslant0$）.

注 1　前文例注已述：对幂幺阵 $\boldsymbol{A}\in\mathbf{R}^{n\times n}$ 来讲，总有

$$r(\boldsymbol{I}+\boldsymbol{A})+r(\boldsymbol{I}-\boldsymbol{A})=n$$

注 2　类似地我们可有：

命题　若 $\boldsymbol{A}$ 为三阶幂幺阵（$\boldsymbol{A}^2=\boldsymbol{I}$），且 $\boldsymbol{A}\neq\pm\boldsymbol{I}$，则 $r(\boldsymbol{A}+\boldsymbol{I})$，$r(\boldsymbol{A}-\boldsymbol{I})$ 中，必有之一为 1.

本命题亦可由幂幺阵特征根只能是 0 和 ±1 去考虑证明（见后面的例）.

下面的例子是一个变形的幂幺矩阵问题. 这个问题我们前文已有证明，这里再给出它的一种证法.

例 8　设 $\boldsymbol{A},\boldsymbol{B}$ 为两个 n 阶矩阵，又若 $\boldsymbol{ABA}=\boldsymbol{B}^{-1}$. 试证 $r(\boldsymbol{I}-\boldsymbol{AB})+r(\boldsymbol{I}+\boldsymbol{AB})=n$.

证　由设 $\boldsymbol{ABA}=\boldsymbol{B}^{-1}$，则有 $\boldsymbol{ABAB}=\boldsymbol{I}$，即 $(\boldsymbol{AB})^2=\boldsymbol{I}$，令 $\boldsymbol{AB}=\boldsymbol{C}$，故 $\boldsymbol{C}^2=\boldsymbol{I}$.

从而只需证 $r(\boldsymbol{I}-\boldsymbol{C})+r(\boldsymbol{I}+\boldsymbol{C})=n$. 事实上，一方面由前文例注知

$$r(\boldsymbol{P}+\boldsymbol{Q})\leqslant r(\boldsymbol{P})+r(\boldsymbol{Q})$$

故

$$r[(\boldsymbol{I}+\boldsymbol{C})+(\boldsymbol{I}-\boldsymbol{C})]=r(2\boldsymbol{I})\leqslant r(\boldsymbol{I}-\boldsymbol{C})+r(\boldsymbol{I}+\boldsymbol{C})$$

注意到 $r(2\boldsymbol{I})=n$，故

$$r(\boldsymbol{I}-\boldsymbol{C})+r(\boldsymbol{I}+\boldsymbol{C})\geqslant n \qquad (*)$$

另一方面关于矩阵乘积秩的 Sylvester 不等式知

$$r(\boldsymbol{C})\geqslant r(\boldsymbol{A})+r(\boldsymbol{B})-n$$

而由上证知 $\boldsymbol{I}-\boldsymbol{C}^2=\boldsymbol{O}$,显然有

$$0=r[(\boldsymbol{I}-\boldsymbol{C})(\boldsymbol{I}+\boldsymbol{C})]\geqslant r(\boldsymbol{I}-\boldsymbol{C})+r(\boldsymbol{I}+\boldsymbol{C})-n$$

即

$$r(\boldsymbol{I}-\boldsymbol{C})+r(\boldsymbol{I}+\boldsymbol{C})\leqslant n \qquad (**)$$

由式(*)及(**)有 $r(\boldsymbol{I}-\boldsymbol{C})+r(\boldsymbol{I}+\boldsymbol{C})=n$.

注 1 本例应可视为前面"若 $\boldsymbol{A}\in\mathbf{R}^{s\times n}$,则 $r(\boldsymbol{I}_n-\boldsymbol{A}^{\mathrm{T}}\boldsymbol{A})-r(\boldsymbol{I}_s-\boldsymbol{A}\boldsymbol{A}^{\mathrm{T}})=n-s$"命题的变形或引申. 此外,本例题亦可利用幂幺阵的特征值性质去证明.

注 2 关于对合阵和幂等阵间还有下面有趣的命题:

命题 1 若 $\boldsymbol{A}$ 是幂等阵,则 $2\boldsymbol{A}-\boldsymbol{I}$ 必是对合阵;

命题 2 若 $\boldsymbol{B}$ 是对合阵,则 $\frac{1}{2}(\boldsymbol{B}+\boldsymbol{I})$ 必是幂等阵.

下面的例子是关于正交阵的.

例 9 (1)若 $\boldsymbol{A},\boldsymbol{B}$ 都是正交阵,且 $\frac{|\boldsymbol{A}|}{|\boldsymbol{B}|}=-1$,则 $r[(\boldsymbol{A}+\boldsymbol{B})^*]\leqslant 1$.

(2)若 $\boldsymbol{A}$ 是正交阵,且 $|\boldsymbol{A}|=-1$,则 $\boldsymbol{A}+\boldsymbol{I}$ 奇异(不可逆).

(3)若 $\boldsymbol{A},\boldsymbol{B}$ 是正交阵,且 $|\boldsymbol{A}|+|\boldsymbol{B}|=0$,则 $|\boldsymbol{A}+\boldsymbol{B}|=0$.

证 (1)由设 $\boldsymbol{A},\boldsymbol{B}$ 正交阵知 $\boldsymbol{A}\boldsymbol{B}^{-1}$ 是正交阵,且由 $|\boldsymbol{A}\boldsymbol{B}^{-1}|=\frac{|\boldsymbol{A}|}{|\boldsymbol{B}|}=-1$.

由正交矩阵性质知 -1 为 $\boldsymbol{A}\boldsymbol{B}^{-1}$ 的一个特征根,这样

$$|-\boldsymbol{I}-\boldsymbol{A}\boldsymbol{B}^{-1}|=0 \qquad (*)$$

又

$$|-\boldsymbol{I}-\boldsymbol{A}\boldsymbol{B}^{-1}|=|-\boldsymbol{B}-\boldsymbol{A}||\boldsymbol{B}^{-1}|=(-1)^n|\boldsymbol{B}^{-1}||\boldsymbol{A}+\boldsymbol{B}|$$

由 $\boldsymbol{B}$ 正定知 $|\boldsymbol{B}|\neq 0$,有 $|\boldsymbol{B}^{-1}|\neq 0$,从而由式(*)有 $|\boldsymbol{A}+\boldsymbol{B}|=0$,知

$$r(\boldsymbol{A}+\boldsymbol{B})\leqslant n-1$$

由伴随矩阵性质,故

$$r[(\boldsymbol{A}+\boldsymbol{B})^*]\leqslant 1$$

(2)由 $\boldsymbol{A}$ 是正交阵且 $|\boldsymbol{A}|=-1$,知 $\boldsymbol{A}$ 有特征根 -1,即 $|\boldsymbol{A}+\boldsymbol{I}|=0$,故 $\boldsymbol{I}+\boldsymbol{A}$ 奇异.

或若取 $\boldsymbol{B}=\boldsymbol{I}$,再由(1)亦可直接证得.

(3)由 $|\boldsymbol{A}|+|\boldsymbol{B}|=0$,即 $|\boldsymbol{A}|=-|\boldsymbol{B}|$,或 $\frac{|\boldsymbol{A}|}{|\boldsymbol{B}|}=-1$,由(1)证知 $|\boldsymbol{A}+\boldsymbol{B}|=0$.

注 (3)即说 $\boldsymbol{A}+\boldsymbol{B}$ 是奇异(不可逆)阵,或 $r(\boldsymbol{A}+\boldsymbol{B})\leqslant n-1$.

例 10 若 $\boldsymbol{A},\boldsymbol{B}$ 是 n 阶正交阵,且 $|\boldsymbol{A}|+|\boldsymbol{B}|=0$. 则 $\boldsymbol{A}+\boldsymbol{B}$ 不可逆.

证 由题设知行列式 $|\boldsymbol{A}\boldsymbol{A}^{\mathrm{T}}|=|\boldsymbol{B}\boldsymbol{B}^{\mathrm{T}}|=1$,有 $|\boldsymbol{A}|^2=|\boldsymbol{B}|^2=1$.

又 $|\boldsymbol{A}|+|\boldsymbol{B}|=0$,即 $|\boldsymbol{A}|=-|\boldsymbol{B}|$,无妨设 $|\boldsymbol{A}|=1$, $|\boldsymbol{B}|=-1$.

再由 $\boldsymbol{A}+\boldsymbol{B}=\boldsymbol{A}(\boldsymbol{A}^{\mathrm{T}}+\boldsymbol{B}^{\mathrm{T}})\boldsymbol{B}$(注意到 $\boldsymbol{A}^{\mathrm{T}}=\boldsymbol{A}^{-1}$, $\boldsymbol{B}^{\mathrm{T}}=\boldsymbol{B}^{-1}$),有

$$|\boldsymbol{A}+\boldsymbol{B}|=|\boldsymbol{A}||\boldsymbol{A}^{\mathrm{T}}+\boldsymbol{B}^{\mathrm{T}}||\boldsymbol{B}|=-|\boldsymbol{A}+\boldsymbol{B}|$$

从而 $|\boldsymbol{A}+\boldsymbol{B}|=0$,即 $\boldsymbol{A}+\boldsymbol{B}$ 不可逆.

注 正交矩阵之和未必是正交阵. 请看若矩阵

$$\boldsymbol{A}=\begin{pmatrix}1&&&\\&-1&&\\&&1&\\&&&1\end{pmatrix},\quad \boldsymbol{B}=\begin{pmatrix}1&&&\\&-1&&\\&&-1&\\&&&1\end{pmatrix}$$

容易验证 $AA^{\mathrm{T}} = BB^{\mathrm{T}} = I$，故它们均为正交阵.

但注意到 $A+B=\begin{pmatrix}2&&&\\&-2&&\\&&0&\\&&&2\end{pmatrix}$，而 $(A+B)^{\mathrm{T}}(A+B)=\begin{pmatrix}4&&&\\&4&&\\&&0&\\&&&4\end{pmatrix}$，显然它不是正交阵.

最后我们还想指出一点，利用"严格对角占优阵"或"对角优势阵"亦可判断 A 可逆. 具体地讲其基于(前文我们曾介绍过)：

Hadamard 定理　若 $A=(a_{ij})_{n\times n}\in\mathbf{R}^{n\times n}$，又 $|a_{ii}|>\sum\limits_{\substack{j=1\\j\neq i}}^{n}a_{ij}$，称 A 为严格对角占优(优势)阵. 试证严格对角占优(优势)阵非奇异(可逆).

证　若不然，设 A 奇异，则 $Ax=0$ 有非 0 解 $x=(x_1,x_2,\cdots,x_n)^{\mathrm{T}}$，即

$$\sum_{j=1}^{n}a_{ij}x_j=0\quad(i=1,2,\cdots,n)，或\ a_{ij}x_i=-\sum_{\substack{j=1\\j\neq i}}^{n}a_{ij}x_j\quad(i=1,2,\cdots,n)$$

从而

$$|a_{ij}||x_i|=\left|-\sum_{\substack{j=1\\j\neq i}}^{n}|a_{ij}||x_i|\right|\leqslant\sum_{\substack{j=1\\j\neq i}}^{n}|a_{ij}||x_i|,\quad i=1,2,\cdots,n$$

令 $|x_t|=\max\{|x_1|,|x_2|,\cdots,|x_n|\}$，上不等中第 t 个不等式为

$$|a_{tt}||x_i|\leqslant\sum_{\substack{j=1\\j\neq t}}^{n}|a_{ij}||x_i|\leqslant\sum_{\substack{j=1\\j\neq t}}^{n}|a_{ij}||x_t|$$

由设 x_i 不全为 $0(i=1,2,\cdots n)$，故 $|x_t|\neq 0$. 从而 $|a_{tt}|\leqslant\sum\limits_{\substack{j=1\\j\neq i}}^{n}|a_{ij}|$，与设矛盾!

注　显然，下面问题可循上面证明思路考虑：

问题 1　若已知矩阵 $A=(a_{ij})_{n\times n}$，且 $\sum\limits_{j=1}^{n}|a_{ij}|<1(i=1,2,\cdots,n)$. 试证 $I-A$ 可逆.

略证　令 $x=(x_1,x_2,\cdots,x_n)^{\mathrm{T}}\in\mathbf{R}^n$，且令 $y=(I-A)x$.

选 k 使 $|x_k|=\max\{|x_1|,|x_2|,\cdots,|x_n|\}$. 故有

$$|y_k|=\left|x_k-\sum_{j=1}^{n}a_{kj}x_j\right|\geqslant|x_k|-\sum_{j=1}^{n}|a_{kj}||x_j|\geqslant|x_k|-\sum_{j=1}^{n}|a_{kj}||x_k|=|x_k|\left(1-\sum_{j=1}^{n}|a_{kj}|\right)>0$$

问题 2　若已知矩阵 $A=(a_{ij})_{n\times n}$，其中 $a_{ii}>0(i=1,2,\cdots,n)$，且 $a_{ij}\leqslant 0(i\neq j;i,j=1,2,\cdots,n)$，又矩阵元素列和 $\sum\limits_{i=1}^{n}a_{ij}>0(j=1,2,\cdots,n)$，则 $\det A>0$.

三、矩阵的逆阵及求法

求逆是矩阵的一种重要运算，共方法至少有四种：

①用公式 $A^{-1}=\dfrac{A^*}{|A|}$；

②用记录矩阵 $(A\ \vdots\ I)\xrightarrow[\text{初等变换}]{(\text{行})}(I\ \vdots\ A^{-1})$(亦可用列初等变换)；

③解线性方程组；

④用 Cayley-Hamilton 定理.

在前面的矩阵运算例中，我们已经遇到过这类问题，这里着重介绍矩阵求逆的某些问题. 常见的题型有下面几类：

1. 较简单的矩阵求逆问题

矩阵求逆的办法很多,只要掌握它们,解这类问题就不困难,这方面例子我们不打算多举,下面仅举一例说明.

例 1 求矩阵 $\boldsymbol{A}=\begin{pmatrix}1&-1&0&0\\-1&1&-1&0\\0&-1&1&-1\\0&0&-1&1\end{pmatrix}$ 的逆矩阵 $\boldsymbol{A}^{-1}$.

解 直接计算 $|\boldsymbol{A}|$ 及它的各主子式有:$|\boldsymbol{A}|=-1$,且

$$\boldsymbol{A}_{11}=-1,\quad \boldsymbol{A}_{21}=0,\quad \boldsymbol{A}_{31}=1,\quad \boldsymbol{A}_{41}=1;\quad \boldsymbol{A}_{12}=0,\quad \boldsymbol{A}_{22}=0,\quad \boldsymbol{A}_{32}=1,\quad \boldsymbol{A}_{42}=1$$

$$\boldsymbol{A}_{13}=1,\quad \boldsymbol{A}_{23}=1,\quad \boldsymbol{A}_{33}=0,\quad \boldsymbol{A}_{43}=0;\quad \boldsymbol{A}_{14}=1,\quad \boldsymbol{A}_{24}=1,\quad \boldsymbol{A}_{34}=0,\quad \boldsymbol{A}_{44}=-1$$

依 $\boldsymbol{A}^{-1}$ 公式,从而可得

$$\boldsymbol{A}^{-1}=\frac{\boldsymbol{A}^*}{|\boldsymbol{A}|}=\begin{pmatrix}1&0&-1&-1\\0&0&-1&-1\\-1&-1&0&0\\-1&-1&0&1\end{pmatrix}$$

注 我们已讲过,用记录矩阵法将 $(\boldsymbol{A}\vdots\boldsymbol{I})$ 实施行的初等变换化为 $(\boldsymbol{I}\vdots\boldsymbol{B})$ 形状后,$\boldsymbol{B}$ 即为 $\boldsymbol{A}^{-1}$.

当然也可将 $\begin{pmatrix}\boldsymbol{A}\\\boldsymbol{I}\end{pmatrix}$ 对列实施初等变换化为 $\begin{pmatrix}\boldsymbol{I}\\\boldsymbol{B}\end{pmatrix}$ 后,同样有 $\boldsymbol{B}=\boldsymbol{A}^{-1}$.

其实这种直接求矩阵逆的考题不多见,它们多以其他形式出现(抽象的问题较多).

例 2 若非奇异阵 $\boldsymbol{A}\in\mathbf{R}^{n\times n}$ 的每行元素和皆为 a,则 $\boldsymbol{A}^{-1}$ 的每行元素和皆为 a^{-1}.

证 由设有 $\boldsymbol{A}\begin{pmatrix}1\\1\\\vdots\\1\end{pmatrix}=\begin{pmatrix}a\\a\\\vdots\\a\end{pmatrix}$,则 $\boldsymbol{A}^{-1}\begin{pmatrix}a\\a\\\vdots\\a\end{pmatrix}=\begin{pmatrix}1\\1\\\vdots\\1\end{pmatrix}$. 又由 $\boldsymbol{A}$ 非奇异知 $a\neq0$,故由 $a\boldsymbol{A}^{-1}\begin{pmatrix}1\\1\\\vdots\\1\end{pmatrix}=\begin{pmatrix}1\\1\\\vdots\\1\end{pmatrix}$,有

$$\boldsymbol{A}^{-1}\begin{pmatrix}1\\1\\\vdots\\1\end{pmatrix}=\frac{1}{a}\begin{pmatrix}1\\1\\\vdots\\1\end{pmatrix}=\begin{pmatrix}1/a\\1/a\\\vdots\\1/a\end{pmatrix}=\begin{pmatrix}a^{-1}\\a^{-1}\\\vdots\\a^{-1}\end{pmatrix}$$

上式即说 $\boldsymbol{A}^{-1}$ 的每行元素和分别为 a^{-1}.

下面的问题要用一些技巧,但它们基于矩阵性质.

例 3 求下面 n 阶矩阵 $\boldsymbol{A}$ 的逆:

$$\boldsymbol{A}=\begin{pmatrix}0&1&1&\cdots&1\\1&0&1&\cdots&1\\1&1&0&\cdots&1\\\vdots&\vdots&\vdots&&\vdots\\1&1&1&\cdots&0\end{pmatrix}_{n\times n}$$

解 令 $\boldsymbol{E}=\begin{pmatrix}1&1&\cdots&1\\1&1&\cdots&1\\\vdots&\vdots&&\vdots\\1&1&\cdots&1\end{pmatrix}_{n\times n}$,则 $\boldsymbol{E}=[(1,1,\cdots,1)^{\mathrm{T}}(1,1,\cdots,1)]$. 又 $\boldsymbol{A}=\boldsymbol{E}-\boldsymbol{I}$,其中 $\boldsymbol{I}$ 为 n 阶单位阵. 由 $\boldsymbol{E}^2=(\boldsymbol{e}^{\mathrm{T}}\boldsymbol{e})^2=\boldsymbol{e}^{\mathrm{T}}\boldsymbol{e}\boldsymbol{e}^{\mathrm{T}}\boldsymbol{e}=\boldsymbol{e}^{\mathrm{T}}(\boldsymbol{e}\boldsymbol{e}^{\mathrm{T}})\boldsymbol{e}=n\boldsymbol{e}^{\mathrm{T}}\boldsymbol{e}=n\boldsymbol{E}$,且注意到

$$(\boldsymbol{E}-\boldsymbol{I})(c\boldsymbol{E}-\boldsymbol{I})=c\boldsymbol{E}^2-(c+1)\boldsymbol{E}+\boldsymbol{I}=[cn-(c+1)]\boldsymbol{E}+\boldsymbol{I}$$

若 $cn-(c+1)=0$，即 $c=\dfrac{1}{n-1}$，则

$$(\boldsymbol{E}-\boldsymbol{I})(c\boldsymbol{E}-\boldsymbol{I})=\boldsymbol{I}$$

即 $c\boldsymbol{E}-\boldsymbol{I}$ 为 $\boldsymbol{E}-\boldsymbol{I}$ 的逆，从而

$$\boldsymbol{A}^{-1}=(\boldsymbol{E}-\boldsymbol{I})^{-1}=c\boldsymbol{E}-\boldsymbol{I}=\frac{1}{n-1}\begin{pmatrix}2-n & 1 & \cdots & 1\\ 1 & 2-n & \cdots & 1\\ \vdots & \vdots & & \vdots\\ 1 & 1 & \cdots & 2-n\end{pmatrix}$$

2. 与矩阵多项式有关的求逆问题

矩阵和、积分求技巧性很强，而利用矩阵多项式的性质求逆，更为灵活，一旦了解掌握它往往会起到事半功倍之效.

其总的原则仍是依仗阵求逆的方法，与之不同的是：

若矩阵多项式(函数) $f(\boldsymbol{A})=\boldsymbol{O}$，又 $f(x)=a_0x^m+a_1x^{m-1}+\cdots+a_{m-1}x+a_m$ 的常数项 $a_m\neq0$，则 $f(\boldsymbol{A})=\boldsymbol{O}$ 可改写为

$$\boldsymbol{A}(a_0\boldsymbol{A}^{m-1}+a_1\boldsymbol{A}^{m-2}+\cdots+a_{m-1}\boldsymbol{I})=a_m\boldsymbol{I}$$

这样 $a_m^{-1}(a_0\boldsymbol{A}^{m-1}+a_1\boldsymbol{A}^{m-2}+\cdots+a_{m-1}\boldsymbol{I})$ 即为 $\boldsymbol{A}$ 的逆阵.

先来看一个矩阵积求逆的问题，这类问题难度不大，依公式即可. 对矩阵积的逆，我们在后文还将介绍.

例 1　若矩阵 $\boldsymbol{A}=\begin{pmatrix}1&0&0&0\\1&1&0&0\\0&0&1&0\\0&0&0&1\end{pmatrix}$，且矩阵 $\boldsymbol{B}=\begin{pmatrix}1&0&0&0\\0&2&0&0\\0&0&3&0\\0&0&0&4\end{pmatrix}$，求 $(\boldsymbol{AB})^{-1}$.

解　由 $(\boldsymbol{AB})^{-1}=\boldsymbol{B}^{-1}\boldsymbol{A}^{-1}$，注意到 $\boldsymbol{A}$ 系初等矩阵 $\boldsymbol{P}(1(1),2)$，知 $\boldsymbol{P}^{-1}(1(1),2)=\boldsymbol{P}(1(-1),2)$，又 $\boldsymbol{B}$ 为对角阵，故

$$\boldsymbol{A}^{-1}=\begin{pmatrix}1&0&0&0\\-1&1&0&0\\0&0&1&0\\0&0&0&1\end{pmatrix},\quad \boldsymbol{B}^{-1}=\begin{pmatrix}1&0&0&0\\0&1/2&0&0\\0&0&1/3&0\\0&0&0&1/4\end{pmatrix}$$

从而

$$(\boldsymbol{AB})^{-1}=\boldsymbol{B}^{-1}\boldsymbol{A}^{-1}=\begin{pmatrix}1&0&0&0\\-1/2&1/2&0&0\\0&0&1/3&0\\0&0&0&1/4\end{pmatrix}$$

注　它还可以用分块矩阵乘法及求逆公式去解.

例 2　设矩阵 $\boldsymbol{V}=\begin{pmatrix}1&0&0\\0&\cos\theta&-\sin\theta\\0&\sin\theta&\cos\theta\end{pmatrix}$，其中 $\cos\dfrac{\theta}{2}\neq0$. 证明 $\boldsymbol{I}+\boldsymbol{V}$ 可逆，且

$$(\boldsymbol{I}-\boldsymbol{V})(\boldsymbol{I}+\boldsymbol{V})^{-1}=\tan\frac{\theta}{2}\begin{pmatrix}0&0&0\\0&0&1\\0&-1&0\end{pmatrix}$$

证　由 $\cos\dfrac{\theta}{2}\neq0$，则 $\dfrac{\theta}{2}\neq k\pi+\dfrac{\pi}{2}$，即 $\theta\neq2k\pi+\pi(k=0,\pm1,\pm2,\cdots)$.

这时 $\cos\theta\neq 1$,即 -1 不是 $\boldsymbol{V}$ 的特征根. 故 $|\lambda\boldsymbol{I}-\boldsymbol{A}|\neq 0$,即 $|\boldsymbol{I}+\boldsymbol{U}|\neq 0$,从而 $\boldsymbol{I}+\boldsymbol{U}$ 可逆. 容易验证

$$\tan\frac{\theta}{2}\begin{pmatrix}0&0&0\\0&0&1\\0&-1&0\end{pmatrix}(\boldsymbol{I}+\boldsymbol{U})=\boldsymbol{I}-\boldsymbol{U}$$

故

$$(\boldsymbol{I}-\boldsymbol{U})(\boldsymbol{I}+\boldsymbol{U})^{-1}=\tan\frac{\theta}{2}\begin{pmatrix}0&0&0\\0&0&1\\0&-1&0\end{pmatrix}$$

下面是一些抽象矩阵问题. 先来看一个与初等变换有关的例子.

例 3 设 $\boldsymbol{A}$ 是 n 阶可逆方阵,将 $\boldsymbol{A}$ 的第 i 行和第 j 行对换后得到的矩阵记为 $\boldsymbol{B}$. (1) 证明 $\boldsymbol{B}$ 可逆;(2) 求 $\boldsymbol{A}\boldsymbol{B}^{-1}$.

解 (1)设 $\boldsymbol{I}(i,j)$ 表示第 i,j 行交换的初等矩阵,则 $\boldsymbol{B}=\boldsymbol{I}(i,j)\boldsymbol{A}$. 两边取行列式,有

$$|\boldsymbol{B}|=|\boldsymbol{I}(i,j)||\boldsymbol{A}|=-|\boldsymbol{A}|\neq 0$$

故 $\boldsymbol{B}$ 可逆(注意到 $|\boldsymbol{I}(i,j)|=-1$ 的事实).

(2)由题设知 $\boldsymbol{B}=\boldsymbol{I}(i,j)\boldsymbol{A}$,有 $\boldsymbol{B}^{-1}=\boldsymbol{A}^{-1}\boldsymbol{I}^{-1}(i,j)$,故

$$\boldsymbol{A}\boldsymbol{B}^{-1}=\boldsymbol{I}^{-1}(i,j)=\boldsymbol{I}(i,j)$$

例 4 若两不同的矩阵 $\boldsymbol{A},\boldsymbol{B}\in\mathbf{R}^{n\times n}$,且 $\boldsymbol{A}^3=\boldsymbol{B}^3$,又 $\boldsymbol{A}^2\boldsymbol{B}=\boldsymbol{B}^2\boldsymbol{A}$. 试证 $\boldsymbol{A}^2+\boldsymbol{B}^2$ 不可逆.

解 (反证法)今若使 $\boldsymbol{A}^2+\boldsymbol{B}^2$ 可逆,注意下面运算:

$$\boldsymbol{A}-\boldsymbol{B}=(\boldsymbol{A}^2+\boldsymbol{B}^2)^{-1}(\boldsymbol{A}^2+\boldsymbol{B}^2)(\boldsymbol{A}-\boldsymbol{B})=(\boldsymbol{A}^2+\boldsymbol{B}^2)^{-1}[(\boldsymbol{A}^2+\boldsymbol{B}^2)(\boldsymbol{A}-\boldsymbol{B})]=$$
$$(\boldsymbol{A}^2+\boldsymbol{B}^2)^{-1}(\boldsymbol{A}^3+\boldsymbol{B}^2\boldsymbol{A}-\boldsymbol{A}^2\boldsymbol{B}-\boldsymbol{B}^3)=\boldsymbol{O}$$

由题设 $\boldsymbol{A}^3=\boldsymbol{B}^3$,且 $\boldsymbol{A}^2\boldsymbol{B}=\boldsymbol{B}^2\boldsymbol{A}$,从而 $\boldsymbol{A}=\boldsymbol{B}$,与题设矛盾! 从而 $\boldsymbol{A}^2+\boldsymbol{B}^2$ 不可逆.

例 5 若 $\boldsymbol{A},\boldsymbol{B}\in\mathbf{Z}^{2\times 2}$(即元素皆为整数的 2 阶矩阵,$\mathbf{Z}$ 为整数集,严格地是整数环),又 $\boldsymbol{A},\boldsymbol{A}+\boldsymbol{B},\boldsymbol{A}+2\boldsymbol{B},\boldsymbol{A}+3\boldsymbol{B}$ 和 $\boldsymbol{A}+4\boldsymbol{B}$ 皆可逆,且其逆矩阵的元素亦为整数. 证明 $\boldsymbol{A}+5\boldsymbol{B}$ 可逆,且其元素亦为整数.

证 显然对于可逆阵 $\boldsymbol{C}\in\mathbf{Z}^{2\times 2}$,且 $\boldsymbol{C}^{-1}\in\mathbf{Z}^{2\times 2}$ 来讲,有 $\det\boldsymbol{C}=\pm 1$.

考虑函数 $f(x)=\det(\boldsymbol{A}+x\boldsymbol{B})$,由题设知 $f(0)$, $f(1)$, $f(2)$, $f(3)$, $f(4)$ 的值均为 ± 1,且对 $+1$ 或 -1 来讲,至少有一个取 3 次.

但 $f(x)$ 的次数小于等于 2,这样二次多项式 $f(x)$ 对三个不同值皆取同一值,则 $f(x)=\text{const}$(常数)即 ± 1.

如果是 $f(5)=\det(\boldsymbol{A}+5\boldsymbol{B})=\pm 1$,即 $\boldsymbol{A}+5\boldsymbol{B}$ 可逆且其逆矩阵元素亦为整数.

例 6 若 $\boldsymbol{A}$ 是元素全为整数的 n 阶可逆方阵,试证 $\boldsymbol{A}^{-1}$ 元素亦为整数 $\Longleftrightarrow|\boldsymbol{A}|=\pm 1$.

证 $\Rightarrow$ 由设 $\boldsymbol{A}$ 与 $\boldsymbol{A}^{-1}$ 元素皆为整数,知 $|\boldsymbol{A}|$ 与 $|\boldsymbol{A}^{-1}|$ 皆为整数,注意到 $|\boldsymbol{A}^{-1}|=|\boldsymbol{A}|^{-1}$,故 $|\boldsymbol{A}|=\pm 1$.

$\Leftarrow$ 若 $\boldsymbol{A}$ 的元素皆为整数,则 $\boldsymbol{A}^*$ 的元素亦为整数. 注意到 $\boldsymbol{A}^{-1}=|\boldsymbol{A}|^{-1}\boldsymbol{A}^*$,又 $|\boldsymbol{A}|=\pm 1$,从而知 $\boldsymbol{A}^{-1}$ 元素亦全为整数.

我们知道:若矩阵 $\boldsymbol{A}$ 的特征多项式为 $f(\lambda)$,则 $f(\boldsymbol{A})=\boldsymbol{O}$,称为 Cayley-Hamilton 定理. 利用它有时也可求矩阵逆.

例 7 若矩阵 $\boldsymbol{A}=\begin{pmatrix}1&1&-1\\2&1&0\\1&-1&0\end{pmatrix}$,试利用 Cayley-Hamilton 定理求 $\boldsymbol{A}^{-1}$.

解 由 $|\boldsymbol{A}|\neq 0$ 知 $\boldsymbol{A}$ 可逆. 又由矩阵 $\boldsymbol{A}$ 的特征多项式

$$|\lambda\boldsymbol{I}-\boldsymbol{A}|=\begin{vmatrix}\lambda-1&-1&1\\-2&\lambda-1&0\\-1&1&\lambda\end{vmatrix}=\lambda^3-2\lambda^2-3$$

又由 Cayley-Hamilton 定理有

$$\boldsymbol{A}^3-2\boldsymbol{A}^2-3\boldsymbol{I}=\boldsymbol{O}\Rightarrow\frac{1}{3}\boldsymbol{A}(\boldsymbol{A}^2-2\boldsymbol{A})=\boldsymbol{I}$$

则

$$\boldsymbol{A}^{-1}=\frac{1}{2}\boldsymbol{A}^2-\frac{2}{3}\boldsymbol{A}=\frac{1}{3}\begin{pmatrix}1&1&-1\\2&1&0\\1&-1&0\end{pmatrix}^2-\frac{2}{3}\begin{pmatrix}1&1&-1\\2&1&0\\1&-1&0\end{pmatrix}=\frac{1}{3}\begin{pmatrix}0&1&1\\0&1&-2\\-1&2&-2\end{pmatrix}$$

注 1 这是方阵求逆的另一种方法,它们优点是求逆过程仅涉及矩阵的方幂(即特征多项式须计算行列式外).有时是方便的.

如果认为此定理超纲,本题亦可改换成下面的形式:

若 $\boldsymbol{A}$ 为题设矩阵,(1)计算 $\boldsymbol{A}^3-2\boldsymbol{A}^2-3\boldsymbol{I}$;(2)求 $\boldsymbol{A}^{-1}$.

注 2 当然结论或求逆方法还可以推广为:

命题 若 $\boldsymbol{A}\in\mathbf{R}^{n\times n}$,又 $\varphi(x)=a_mx^m+a_{m-1}x^{m-1}+\cdots+a_1x+a_0$,其中 $a_0\neq0$,且 $\varphi(\boldsymbol{A})=\boldsymbol{O}$,则 $\boldsymbol{A}$ 可逆,且求其逆.

证 由题设得知 $\varphi(\boldsymbol{A})=a_m\boldsymbol{A}^m+a_{m-1}\boldsymbol{A}^{m-1}+\cdots+a_1\boldsymbol{A}+a_0\boldsymbol{I}=\boldsymbol{O}$,再注意到 $a_0\neq0$,故

$$\frac{a_m}{a_0}\boldsymbol{A}^m+\frac{a_{m-1}}{a_0}\boldsymbol{A}^{m-1}+\cdots+\frac{a_1}{a_0}\boldsymbol{A}=-\boldsymbol{I}$$

或

$$\left(-\frac{a_m}{a_0}\boldsymbol{A}^{m-1}-\frac{a_{m-1}}{a_0}\boldsymbol{A}^{m-2}-\cdots-\frac{a_1}{a_0}\boldsymbol{I}\right)\boldsymbol{A}=\boldsymbol{I}$$

从而 $\boldsymbol{A}$ 可逆,且

$$\boldsymbol{A}^{-1}=-\frac{a_m}{a_0}\boldsymbol{A}^{m-1}-\frac{a_{m-1}}{a_0}\boldsymbol{A}^{m-2}-\cdots-\frac{a_1}{a_0}\boldsymbol{I}$$

下面的例子也与矩阵的特征问题有关.

例 8 若矩阵 $\boldsymbol{A},\boldsymbol{B}$ 可逆,且 $\boldsymbol{A}^{-1}\boldsymbol{BAB}^{-1}$ 有一特征根为 1,则 $\boldsymbol{AB}-\boldsymbol{BA}$ 不可逆.

证 由设 $\boldsymbol{A}^{-1}\boldsymbol{BAB}^{-1}$ 有一特征根为 1,即有

$$|\boldsymbol{I}-\boldsymbol{A}^{-1}\boldsymbol{BAB}^{-1}|=0$$

故

$$|\boldsymbol{A}|\cdot|\boldsymbol{I}-\boldsymbol{A}^{-1}\boldsymbol{BAB}^{-1}|\cdot|\boldsymbol{B}|=0$$

即 $|\boldsymbol{AB}-\boldsymbol{BA}|=0$,知 $\boldsymbol{AB}-\boldsymbol{BA}$ 不可逆.

例 9 若 $\boldsymbol{A}\in\mathbf{R}^{n\times n}$,且 $|\boldsymbol{A}|\neq0$,将 $\boldsymbol{A}$ 的第 i 行与第 j 行互换后得 $\boldsymbol{B}$.(1)试证 $\boldsymbol{B}$ 可逆;(2)求 $\boldsymbol{AB}^{-1}$.

证 (1)由设 $|\boldsymbol{A}|\neq0$,知 $\boldsymbol{A}$ 非奇异.又 $\boldsymbol{B}$ 系由 $\boldsymbol{A}$ 经初等变换而得,而初等变换不改变矩阵的秩,故 $|\boldsymbol{B}|\neq0$(由行列式知识知道:$|\boldsymbol{B}|=|\boldsymbol{A}|$),故 $\boldsymbol{B}$ 满秩(可逆).

解 (2)$\boldsymbol{AB}^{-1}=\boldsymbol{A}(\boldsymbol{I}_{ij}\boldsymbol{A})^{-1}=\boldsymbol{AA}^{-1}(\boldsymbol{I}_{ij})^{-1}=\boldsymbol{I}_{ij}^{-1}=\boldsymbol{I}_{ij}$,这里 $\boldsymbol{I}_{ij}$ 系初等阵(单位阵 $\boldsymbol{I}$ 交换第 i 行与第 j 行所得矩阵 $\boldsymbol{I}(i,j)$ 或 $\boldsymbol{P}(i,j)$ 的简记).

例 10 若矩阵 $\boldsymbol{A},\boldsymbol{B},\boldsymbol{C}\in\mathbf{R}^{n\times n}$,又 $\boldsymbol{ABC}=\boldsymbol{I}$,其中 $\boldsymbol{I}$ 为 n 阶单位阵,则 $\boldsymbol{BCA}=\boldsymbol{I}$.

证 由 $\boldsymbol{ABC}=\boldsymbol{I}$,知$(\boldsymbol{AB})\boldsymbol{C}=\boldsymbol{A}(\boldsymbol{BC})=\boldsymbol{I}$,即 $\boldsymbol{AB}$ 与 $\boldsymbol{C}$ 互逆,$\boldsymbol{A}$ 与 $\boldsymbol{BC}$ 互逆(一般的,若 $\boldsymbol{XY}=\boldsymbol{I}$,则 $\boldsymbol{X},\boldsymbol{Y}$ 互逆,且 $\boldsymbol{XY}=\boldsymbol{YX}$).故

$$\boldsymbol{I}=\boldsymbol{ABC}=\boldsymbol{A}(\boldsymbol{BC})=(\boldsymbol{BC})\boldsymbol{A}=\boldsymbol{BCA}$$

注 由命题条件及上面证明可有结论

$$\boldsymbol{ABC}=\boldsymbol{BCA}=\boldsymbol{CAB}$$

3. $\boldsymbol{I}\pm\boldsymbol{A}$ 或 $\boldsymbol{I}\pm\boldsymbol{AB}$ 的逆

有矩阵计算及证明问题,$\boldsymbol{I}\pm\boldsymbol{A}$ 或 $\boldsymbol{I}\pm\boldsymbol{AB}$ 一类问题引起人们极大兴趣与关注,这类问题花样繁多,甚

有韵味,因而经常出现在考研、竞赛等各类试题.其中更有一类特殊矩阵为众人青睐,即形如 $\boldsymbol{I}\pm\boldsymbol{\alpha\beta}^{\mathrm{T}}$ 者,其中 $\boldsymbol{\alpha},\boldsymbol{\beta}\in\mathbf{R}^{n\times1}$,这里面的出彩处多发生在 $\boldsymbol{\beta}^{\mathrm{T}}\boldsymbol{\alpha}$ 是数,而 $\boldsymbol{\alpha\beta}^{\mathrm{T}}$ 是矩阵上.

例 1 若矩阵 $\boldsymbol{A}=\begin{pmatrix}1&&&\\-2&3&&\\&-4&5&\\&&-6&7\end{pmatrix}$,又 $\boldsymbol{B}=(\boldsymbol{I}+\boldsymbol{A})^{-1}(\boldsymbol{I}-\boldsymbol{A})$.求 $(\boldsymbol{I}+\boldsymbol{B})^{-1}$.

解 由于 $\boldsymbol{I}-\boldsymbol{A}$ 不一定可逆,故若用 $(\boldsymbol{I}-\boldsymbol{A})^{-1}$ 去乘式子两边显然不妥,但 $(\boldsymbol{I}+\boldsymbol{A})^{-1}$ 存在(问题要求的结论),无妨用 $\boldsymbol{I}+\boldsymbol{A}$ 左乘式两边试试看.

由设有 $(\boldsymbol{I}+\boldsymbol{A})\boldsymbol{B}=\boldsymbol{I}-\boldsymbol{A}$,即 $\boldsymbol{B}+\boldsymbol{AB}=\boldsymbol{I}-\boldsymbol{A}$,或 $\boldsymbol{B}+\boldsymbol{AB}+\boldsymbol{A}=\boldsymbol{I}$,从而

$$(\boldsymbol{I}+\boldsymbol{A})(\boldsymbol{I}+\boldsymbol{B})=2\boldsymbol{I}\quad\text{或}\quad\frac{1}{2}(\boldsymbol{I}+\boldsymbol{A})(\boldsymbol{I}+\boldsymbol{B})=\boldsymbol{I}$$

则 $\boldsymbol{I}+\boldsymbol{B}$ 与 $\frac{1}{2}(\boldsymbol{I}+\boldsymbol{A})$ 互逆.故

$$(\boldsymbol{I}+\boldsymbol{B})^{-1}=\frac{1}{2}(\boldsymbol{I}+\boldsymbol{A})=\begin{pmatrix}1&&&\\-1&2&&\\&-2&3&\\&&-3&4\end{pmatrix}$$

注 如果是代数式 $a+ab+b+1=(a+1)(b+1)$,你会认为显然,换成矩阵后一时不见得想通,这种**类比**是重要和值得借鉴的,用此方法考虑的例子在历年考研试题中常常出现,比如:

问题 若矩阵 $\boldsymbol{A}=\begin{pmatrix}5&0&0\\1&5&0\\0&1&5\end{pmatrix}$,求 $(\boldsymbol{A}+\boldsymbol{I})^{-1}(\boldsymbol{A}^2+3\boldsymbol{A}+2\boldsymbol{I})$.

略解 这只需注意到 $\boldsymbol{A}^2+3\boldsymbol{A}+2\boldsymbol{I}=(\boldsymbol{A}+\boldsymbol{I})(\boldsymbol{A}+2\boldsymbol{I})$,此时所求式子为:$\boldsymbol{A}+2\boldsymbol{I}$,计算它显然不困难.

例 2 设矩阵 $\boldsymbol{A},\boldsymbol{B}\in\mathbf{R}^{3\times3}$,且 $\boldsymbol{AB}=2\boldsymbol{A}+\boldsymbol{B}$,又 $\boldsymbol{B}=\begin{pmatrix}2&0&2\\0&4&0\\2&0&2\end{pmatrix}$,求 $(\boldsymbol{A}-\boldsymbol{I})^{-1}$.

解 由 $\boldsymbol{AB}=2\boldsymbol{A}+\boldsymbol{B}$,有 $\boldsymbol{AB}-\boldsymbol{B}=2\boldsymbol{A}$ 即

$$(\boldsymbol{A}-\boldsymbol{I})\boldsymbol{B}-2\boldsymbol{A}=\boldsymbol{O}$$

从而 $(\boldsymbol{A}-\boldsymbol{I})\boldsymbol{B}-(2\boldsymbol{A}-2\boldsymbol{I})=2\boldsymbol{I}$(式右凑出 $\boldsymbol{I}$),即

$$\frac{1}{2}(\boldsymbol{A}-\boldsymbol{I})(\boldsymbol{B}-\boldsymbol{I})=\boldsymbol{I}$$

这就是说 $\frac{1}{2}(\boldsymbol{B}-\boldsymbol{I})$ 是 $\boldsymbol{A}-\boldsymbol{I}$ 的逆,从而

$$(\boldsymbol{A}-\boldsymbol{I})^{-1}=\frac{1}{2}(\boldsymbol{B}-\boldsymbol{I})=\begin{pmatrix}0&0&1\\0&1&0\\1&0&0\end{pmatrix}$$

注 这类问题我们前文已说过,它们多是大同小异,包括由所给条件去求某些矩阵(请见前文),比如:

问题 若 $\boldsymbol{A},\boldsymbol{B}\in\mathbf{R}^{3\times3}$ 且,且 $2\boldsymbol{A}^{-1}\boldsymbol{B}=\boldsymbol{B}-4\boldsymbol{I}$.(1)证明 $\boldsymbol{A}-2\boldsymbol{I}$ 可逆;(2)若 $\boldsymbol{B}=\begin{pmatrix}1&-2&0\\1&2&0\\0&0&2\end{pmatrix}$,求 $\boldsymbol{A}$.

略解 (1)由题设有 $\boldsymbol{AB}-2\boldsymbol{B}-4\boldsymbol{A}=\boldsymbol{O}$,(类比于 $ab-2b-4a$ 的分解出 $a-2$ 的因子).从而

$$(\boldsymbol{A}-2\boldsymbol{I})(\boldsymbol{B}-4\boldsymbol{I})=8\boldsymbol{I}\Rightarrow(\boldsymbol{A}-2\boldsymbol{I})\cdot\frac{1}{8}(\boldsymbol{B}-4\boldsymbol{I})=\boldsymbol{I}$$

故知 $A-2I$ 可逆，且

$$(A-2I)^{-1}=\frac{1}{8}(B-4I)$$

(2)由上式两边求逆可解得

$$A=2I+8(B-4I)^{-1}$$

这样由题设

$$(B-4I)^{-1}=\begin{pmatrix}-1/4 & 1/4 & 0\\ -1/8 & 3/8 & 0\\ 0 & 0 & -1/2\end{pmatrix}\Rightarrow A=2I+8(B-4I)^{-1}=\begin{pmatrix}0 & 2 & 0\\ -1 & -1 & 0\\ 0 & 0 & -2\end{pmatrix}$$

例 3　若矩阵 $A\in\mathbf{R}^{n\times n}$，且 $A^2-3A-2I=O$，则 A 可逆，且求之.

证　由设有 $A(A-3I)=2I$，即 $A\cdot\frac{1}{2}(A-3I)=I$，知 A 与 $\frac{1}{2}(A-3I)$ 互逆. 故 $A^{-1}=\frac{1}{2}(A-3I)$.

例 4　若矩阵 $A,B\in\mathbf{R}^{n\times n}$，且 $|B|\neq 0$. 又 $A-I$ 可逆. 且 $(A-I)^{-1}=(B-I)^{\mathrm{T}}$，求证 A 可逆.

证　由设 $(A-I)^{-1}=(B-I)^{\mathrm{T}}$ 有

$$I=(A-I)(B-I)^{\mathrm{T}}=(A-I)(B^{\mathrm{T}}-I)=AB^{\mathrm{T}}-B^{\mathrm{T}}-A+I$$

故 $A(B^{\mathrm{T}}-I)=B^{\mathrm{T}}$，又 $|B|=|B^{\mathrm{T}}|\neq 0$，知 B 可逆.

从而 $A(B^{\mathrm{T}}-I)(B^{\mathrm{T}})^{-1}=I$，则 A 可逆且 $(B^{\mathrm{T}}-I)B^{-\mathrm{T}}$ 是其逆.

例 5　若矩阵 $A^2=A$（幂等阵），则 $I+A$ 可逆，且求之.

证　注意到下面矩阵式运算

$$(I+A)(I-\frac{1}{2}A)=I+\frac{1}{2}A-\frac{1}{2}A^2=I-\frac{1}{2}(A-A^2)=I$$

知 $I+A$ 可逆，且 $I-\frac{1}{2}A$ 为其逆.

注 1　类似的可有命题：

命题　若 $A\in\mathbf{R}^{n\times n}$，且 $A^2=A$，则 $I-2A$ 可逆，且求之. 注意到由题设 $A^2-A=O$ 有 $4A^2-4A+I=I$，即 $(2A-I)^2=(I-2A)^2=I$，故 $(I-2A)^{-1}=I-2A$.

注 2　这类问题解法比较单一，无论问题如何变换花样，方法几乎无异. 请看

问题 1　若 $A\in\mathbf{R}^{n\times n}$，又 $A^3=3A(A-I)$，则 $I-A$ 可逆，试求之.

略解　由题设有 $A^3-3A^2+3A=O$，即 $-A^3+3A^2 3A+I=I$，或 $(I-A)^3=I$，则 $(I-A)^{-1}=(I-A)^2$.

问题 2　若 $A\in\mathbf{R}^{n\times n}$，又 $A+I,A+2I$ 非奇异，且 $A^3+2A^2-A-3I=O$，则 $I-A$ 非奇异，求之.

问题 3　若 $A\in\mathbf{R}^{n\times n}$，又 $A^3=3A(A-I)$，则 $I-A$ 非奇异，且求之.

提示　问题 2，注意到 $(A-I)(A^2+3A+2I)=I$；问题 3 注意到 $(I-A)^3=I$ 即可.

问题 4　若 $A\in\mathbf{R}^{n\times n}$，又 $A^3+3A^2+7I=O$，则 A 是可逆且求 $(A^2)^{-1}$.

提示　注意到 $(A+3I)A^2=-7I$，且 $|A+3I||A^2|=|-7I|\neq 0$，知 A^2 进而 A 可逆. 且 $(A^2)^{-1}=-\frac{1}{7}(A+3I)$.

问题 5　若 $A,B\in\mathbf{R}^{n\times n}$，又 B 可逆，且 $A^2+AB+B^2=O$. 求 $(A+B)^{-1}$.

提示　注意到 $A^2+AB=A(A+B)=-B^2$，知 $A+B$ 可逆.

从而 $-(B^2)^{-1}A(A+B)=I$，则 $(A+B)^{-1}=-(B^2)^{-1}A$. 由解法显然可以看出 A 可逆.

下面问题可视为上例的推广（其实类似的例子我们前文已见过）.

例 6　若 $A,B\in\mathbf{R}^{n\times n}$，又 $A^2=B^2=I$，且 $|A|+|B|=0$，证明 $A+B$ 不可逆.

证　由题设且注意到

$$|A||A+B||A(A+B)|=|A^2+A|=|I+A|=|B^2+AB|=|B(B+A)|=|B||B+A|=|B||A+B|$$

故

$$(|\boldsymbol{A}|-|\boldsymbol{B}|)|\boldsymbol{A}+\boldsymbol{B}|=0$$

又$|\boldsymbol{A}^2|=|\boldsymbol{A}|^2=1$,$|\boldsymbol{B}^2|=|\boldsymbol{B}|=1$,且$|\boldsymbol{A}|+|\boldsymbol{B}|=0$,从而$|\boldsymbol{A}|-|\boldsymbol{B}|\neq 0$,故$|\boldsymbol{A}+\boldsymbol{B}|=0$. 即$\boldsymbol{A}+\boldsymbol{B}$不可逆.

在上面诸例中我们已经看到不少涉及求$\boldsymbol{I}\pm\boldsymbol{A}$逆的问题. 其实全国考研统考前已有不少与之有关的此类命题,请看:

例 7 若矩阵$\boldsymbol{A}\in\mathbf{R}^{n\times n}$,且$\boldsymbol{A}^3=2\boldsymbol{I}$. 求证$\boldsymbol{B}=\boldsymbol{A}^2-2\boldsymbol{A}-2\boldsymbol{I}$满秩并求$\boldsymbol{B}^{-1}$.

证 由$\boldsymbol{A}^3=2\boldsymbol{I}$,知$|\boldsymbol{A}|\neq 0$,且

$$(\boldsymbol{A}-\boldsymbol{I})(\boldsymbol{A}^2+\boldsymbol{A}+\boldsymbol{I})=\boldsymbol{I} \tag{$*$}$$

又$\boldsymbol{A}^3+8\boldsymbol{I}=10\boldsymbol{I}$,有

$$(\boldsymbol{A}+2\boldsymbol{I})(\boldsymbol{A}^2-2\boldsymbol{A}+4\boldsymbol{I})=10\boldsymbol{I} \tag{$**$}$$

知$|\boldsymbol{A}+2\boldsymbol{I}|\neq 0$,易证

$$(\boldsymbol{A}^2+\boldsymbol{A}+\boldsymbol{I})\boldsymbol{B}=\boldsymbol{A}(\boldsymbol{A}+2\boldsymbol{I})$$

由$|\boldsymbol{A}|\neq 0$,$|\boldsymbol{A}+2\boldsymbol{I}|\neq 0$,知$\boldsymbol{B}$非奇异(满秩),且

$$\boldsymbol{B}^{-1}=(\boldsymbol{A}+2\boldsymbol{I})^{-1}\boldsymbol{A}^{-1}(\boldsymbol{A}^2+\boldsymbol{A}+\boldsymbol{I})$$

由式($*$)及式($**$)有

$$(\boldsymbol{A}^2+\boldsymbol{A}+\boldsymbol{I})^{-1}=\boldsymbol{A}-\boldsymbol{I},(\boldsymbol{A}+2\boldsymbol{I})^{-1}=\frac{1}{10}(\boldsymbol{A}^2-2\boldsymbol{A}+4\boldsymbol{I})$$

又由$\boldsymbol{A}^3=2\boldsymbol{I}$即$\boldsymbol{A}\cdot\frac{1}{2}\boldsymbol{A}^2=\boldsymbol{I}$知$\boldsymbol{A}^{-1}=\frac{1}{2}\boldsymbol{A}^2$. 故

$$\boldsymbol{B}^{-1}=(\boldsymbol{A}+2\boldsymbol{I})^{-1}\boldsymbol{A}^{-1}(\boldsymbol{A}^2+\boldsymbol{A}+\boldsymbol{I})=\frac{1}{20}(\boldsymbol{A}^2-2\boldsymbol{A}+4\boldsymbol{I})\cdot\boldsymbol{A}^2\cdot(\boldsymbol{A}^2+\boldsymbol{A}+\boldsymbol{I})=$$

$$\frac{1}{10}(\boldsymbol{A}^2+3\boldsymbol{A}+4\boldsymbol{I})=\frac{1}{10}\boldsymbol{A}^2+\frac{3}{10}\boldsymbol{A}+\frac{2}{5}\boldsymbol{I}$$

注 本例还可结合矩阵特征值考虑:

由设$\boldsymbol{A}^3=2\boldsymbol{I}$,知$\boldsymbol{A}$的特征值满足,$\lambda^3=2$,即$\lambda^3-2=0$,从而知$0,1,-2$不是其根. 故

$$|\boldsymbol{B}|=|\boldsymbol{A}||\boldsymbol{A}-\boldsymbol{I}||\boldsymbol{A}+2\boldsymbol{I}|\neq 0$$

从而$\boldsymbol{B}$可逆. 设$\boldsymbol{B}^{-1}=a\boldsymbol{A}^2+b\boldsymbol{A}+c\boldsymbol{I}$,由$\boldsymbol{B}\boldsymbol{B}^{-1}=\boldsymbol{I}$可定出

$$a=1/10,\quad b=3/10,\quad c=2/5$$

例 8 若$\boldsymbol{A}$为n阶矩阵,且$\boldsymbol{A}^3=\boldsymbol{O}$.(它被称为幂零阵),试证$\boldsymbol{I}-\boldsymbol{A}$为非奇异阵.

证 由设$\boldsymbol{A}^3=\boldsymbol{O}$,故有$\boldsymbol{I}-\boldsymbol{A}^3=\boldsymbol{I}$. 又

$$\boldsymbol{I}-\boldsymbol{A}^3=(\boldsymbol{I}-\boldsymbol{A})(\boldsymbol{I}+\boldsymbol{A}+\boldsymbol{A}^2)$$

故

$$(\boldsymbol{I}-\boldsymbol{A})(\boldsymbol{I}+\boldsymbol{A}+\boldsymbol{A}^2)=\boldsymbol{I}$$

即$\boldsymbol{I}+\boldsymbol{A}+\boldsymbol{A}^2$为$\boldsymbol{I}-\boldsymbol{A}$的逆阵,从而$\boldsymbol{I}-\boldsymbol{A}$为非奇异阵(因其有逆).

注 1 这种指出矩阵的逆阵而证明矩阵非奇异的方法是构造性的,也十分巧妙.

注 2 类似的问题及推广可见:

问题 1 若$\boldsymbol{A}$为n阶方阵,且$\boldsymbol{A}^2+\boldsymbol{A}+\boldsymbol{I}=\boldsymbol{O}$,则$\boldsymbol{A}$非奇异.

问题 2 若$\boldsymbol{A}$为n阶方阵,又$\boldsymbol{A}^k=\boldsymbol{O}$($k$为正整数),试证$(\boldsymbol{I}-\boldsymbol{A})^{-1}=\boldsymbol{I}+\boldsymbol{A}+\boldsymbol{A}^2+\cdots+\boldsymbol{A}^{k-1}$.

提示 此题与上题无本质差异,只是上题的推广而已,注意到由$\boldsymbol{A}^k=\boldsymbol{O}$有$\boldsymbol{I}^k-\boldsymbol{A}^k=\boldsymbol{I}$.

从而$\boldsymbol{I}-\boldsymbol{A}^k=(\boldsymbol{I}-\boldsymbol{A})(\boldsymbol{I}+\boldsymbol{A}+\boldsymbol{A}^2+\cdots+\boldsymbol{A}^{k-1})$即可.

问题 3 若$\boldsymbol{A}\in\mathbf{R}^{n\times n}$,且有$m\in\mathbf{N}$(自然数),使$(\boldsymbol{I}+\boldsymbol{A})^m=\boldsymbol{O}$,则$\boldsymbol{A}$可逆.

略解 由矩阵二项和幂展开有

$$(I+A)^m=\sum_{k=0}^{m}C_m^kA^kI^{m-k}=\left(\sum_{k=1}^{m}C_m^kA^{k-1}\right)A+I=O$$

从而可得

$$-\left(\sum_{k=1}^{m}C_m^kA^{k-1}\right)A=I\Rightarrow-\sum_{k=1}^{m}C_m^kA^{k-1}\text{ 为 }A^{-1}$$

下面的例子可视为 $I\pm A$ 求逆问题的推广或引申.

例 9　若 A,B 为 n 阶矩阵,又 $I-AB$ 可逆,则 $I-BA$ 也可逆.

证 1　注意到下面分块矩阵乘法:

$$\begin{pmatrix}I & O\\ A & I\end{pmatrix}\begin{pmatrix}I & B\\ O & I-AB\end{pmatrix}=\begin{pmatrix}I & B\\ A & I\end{pmatrix}$$

故

$$|I-AB|=\begin{vmatrix}I & B\\ A & I\end{vmatrix}=(-1)^n\begin{vmatrix}B & I\\ I & A\end{vmatrix}=(-1)^{2n}\begin{vmatrix}I & A\\ B & I\end{vmatrix}=|I-BA|$$

因 $I-AB$ 可逆,故 $I-AB$ 也可逆.

证 2　由 $A(I-BA)=(I-AB)A$,又 $I-AB$ 可逆,有

$$A=(I-AB)^{-1}A(I-BA)$$

又

$$I=(I-BA)+BA=(I-BA)+B[(I-AB)^{-1}A(I-BA)]=[I+B(I-AB)^{-1}A](I-BA)$$

故 $I-BA$ 可逆,且

$$(I-BA)^{-1}=I+B(I-AB)^{-1}A$$

证 3　这是一个看上去很巧,但不易想到的证法.

若 $I-AB$ 可逆,则有矩阵 C,使 $C(I-AB)=(I-AB)C=I$. 故 $CAB=ABC=C-I$,又由

$$(I-BA)(I+BCA)=I-BA-BCA-BABCA=I-BA+BCA-B(C-I)A=$$
$$I-B(I-C)A+B(I-C)A=I$$

同理

$$(I+BCA)(I-BA)=I$$

故

$$(I-BA)^{-1}=I+BCA$$

证 4　(反证法)设矩阵 $I-BA$ 不可逆,则存在非 0 向量 x 使

$$(I-BA)x=0\Rightarrow x=BAx$$

记 $y=Ax$,因 $x=BAx=By$,故 $y\neq 0$. 注意到

$$(I-AB)y=y-ABy=y-ABAx=y-Ax=y-y=0$$

从而知矩阵 $I-AB$ 为不可逆(非满秩或退化)矩阵,与题设矛盾!

注　从问题形式上看,我们也许会想到:"若 $A\in \mathbf{R}^{s\times n}$,有 $\mathrm{r}(I_n-A^{\mathrm{T}}A)-\mathrm{r}(I_s-AA^{\mathrm{T}})=n-s$"的命题,那里的分块矩阵解法与本例类同.

此外证 1 看上去很巧,但这种分块矩阵不易想到,证 2 看上去较繁,但它不仅方法自然,还直接给出了 $(I-B)^{-1}$ 的表达式(证 3 也是).

另外本题还可证如(它与矩阵特征多项式概念有关):分两种情况

(1)若 A 可逆,则由

$$|A-AB|=|A(I-BA)A^{-1}|=|A|\,|I-BA|A|=|I-BA|$$

知若 $I-AB$ 可逆,$I-BA$ 也可逆.

(2)若 A 不可逆,令 $A_1=A+\lambda I$,必存在 u,使当 $\lambda>u$ 时 A_1 可逆.

这样有$|I-A_1B|=|I-BA_1|$,即

$$|I-(A+\lambda I)B|=|I-B(A+\lambda I)|$$

令$f_1(\lambda)=|I-(A+\lambda I)B|$, $f_2(\lambda)=|I-B(A+\lambda I)|$,这里$f_1(\lambda)$,$f_2(\lambda)$都是$\lambda$的$n$次多项式,又当$\lambda>u$时$f_1(\lambda)\equiv f_2(\lambda)$.

当$\lambda=0$时,则有$|I-AB|=|I-BA|$,也有若$I-AB$可逆,则$I-BA$也可逆.

此外,不准验证:由$A(I-BA)=(I-AB)A$,可有

$$A=(I-AB)^{-1}A(I-BA)$$

又由矩阵多项式变换

$$I=(I-BA)+BA=(I-BA)+B(I-AB)^{-1}A(I-BA)=[I+B(I-AB)^{-1}A](I-BA)$$

故

$$(I-BA)^{-1}=I+B(I-AB)^{-1}A$$

从而$I-BA$非奇异(这里直接给出$I-BA$的逆阵.)

又由该结论还可以证明AB与BA有相同的特征多项式.回想一下,类似的证法前文我们曾介绍过.

例 10 若矩阵$A,I-A,I-A^{-1}$均可逆,试证$(I-A)^{-1}+(I-A^{-1})^{-1}=I$.

证 将欲证式两边左乘$I-A^{-1}$,有

$$(I-A^{-1})(I-A)^{-1}+I=I-A^{-1}$$

再将上式两边右乘$I-A$,可有

$$(I-A^{-1})+(I-A)=(I-A^{-1})(I-A)$$

即有$AA^{-1}=I$,只需将此过程逆推即可.

例 11 若$A,B\in R^{n\times n}$,且$A,B,AB-I$均可逆.则(1)$A-B^{-1}$可逆并求其逆;(2)$(A-B^{-1})^{-1}-A^{-1}$可逆,其逆为$ABA-A$.

证 (1)由设$A-B^{-1}=ABB^{-1}-B^{-1}=(AB-I)B^{-1}$,故

$$|A-B^{-1}|=|AB-I||B^{-1}|\neq 0$$

知$A-B^{-1}$可逆,且$A-B^{-1}$的逆矩阵为

$$[(AB-I)R^{-1}]^{-1}=B(AB-I)^{-1}$$

(2)由下面矩阵乘法

$$[(A-B^{-1})^{-1}-A^{-1}](ABA-A)=[B(AB-I)^{-1}-A^{-1}]$$
$$(AB-I)A=BA-A^{-1}(ABA-A)=I$$

故$(A-B^{-1})^{-1}-A^{-1}$可逆且$ABA-A$是其逆.

下面的例子既涉及矩阵求逆问题,又涉及对称矩阵、正交阵等概念.

例 12 当$I+AB$为可逆矩阵时,试证明$(I+AB)^{-1}A$为对称矩阵.

证 注意到下面式子运算:

$$[(I+AB)^{-1}A]^{T}=A^{T}[(I+AB)^{-1}]^{T}=A[(I+AB)^{T}]^{-1}=A(I+B^{T}A^{-1})^{-1}=A(I+BA)^{-1}=$$
$$[(I+BA)A^{-1}]^{-1}=(A^{-1}+B)^{-1}=[A^{-1}(I+AB)]^{-1}=(I+AB)^{-1}A$$

故$(I+AB)^{-1}A$为对称矩阵.

注 命题还可证如:因可逆矩阵的逆阵为原矩阵,故只需证

$$[(I+AB)^{-1}A]^{-1}=A^{-1}(I+AB)=A^{-1}+B$$

为对称矩阵即可.

下面的问题与前例类同.

例 13 若A是实对称阵,S是反对称阵且$AS=SA$,又$A-S$可逆.求证$(A+S)(A-S)^{-1}$是正交阵.

证 由设$AS=SA$,则

$$(A+S)(A-S)=A^2+SA-AS-S^2=A^2-S^2=(A-S)(A+S)$$

又$(\boldsymbol{A}-\boldsymbol{S})^{\mathrm{T}}=\boldsymbol{A}^{\mathrm{T}}-\boldsymbol{S}^{\mathrm{T}}=\boldsymbol{A}+\boldsymbol{S}$，而$\boldsymbol{A}-\boldsymbol{S}$可逆，故$\boldsymbol{A}+\boldsymbol{S}$亦可逆. 从而

$$\begin{aligned}&[(\boldsymbol{A}+\boldsymbol{S})(\boldsymbol{A}-\boldsymbol{S})^{-1}]^{\mathrm{T}}[(\boldsymbol{A}+\boldsymbol{S})(\boldsymbol{A}-\boldsymbol{S})^{-1}]=\\&[(\boldsymbol{A}-\boldsymbol{S})^{-1}]^{\mathrm{T}}(\boldsymbol{A}+\boldsymbol{S})^{\mathrm{T}}(\boldsymbol{A}+\boldsymbol{S})(\boldsymbol{A}-\boldsymbol{S})^{-1}=\\&[(\boldsymbol{A}-\boldsymbol{S})^{\mathrm{T}}]^{-1}(\boldsymbol{A}^{\mathrm{T}}+\boldsymbol{S}^{\mathrm{T}})(\boldsymbol{A}+\boldsymbol{S})(\boldsymbol{A}-\boldsymbol{S})^{-1}=\\&(\boldsymbol{A}+\boldsymbol{S})^{-1}(\boldsymbol{A}-\boldsymbol{S})(\boldsymbol{AB}+\boldsymbol{S})(\boldsymbol{A}-\boldsymbol{S})^{-1}=\\&(\boldsymbol{A}+\boldsymbol{S})^{-1}(\boldsymbol{A}+\boldsymbol{S})(\boldsymbol{AB}-\boldsymbol{S})(\boldsymbol{A}-\boldsymbol{S})^{-1}=\boldsymbol{I}\end{aligned}$$

即$(\boldsymbol{A}+\boldsymbol{S})(\boldsymbol{A}-\boldsymbol{S})^{-1}$是正交矩阵.

矩阵$\boldsymbol{A}+\boldsymbol{u}\boldsymbol{v}^{\mathrm{T}}$(其中$\boldsymbol{u},\boldsymbol{v}\in\mathbf{R}^{n}$，$\boldsymbol{A}\in\mathbf{R}^{n\times n}$)，是一类特殊矩阵，它有许多特有的性质，请见例子.

例 14　若$\boldsymbol{A},\boldsymbol{B}$皆为$n$($n$是奇数)阶正交阵，则$(\boldsymbol{A}-\boldsymbol{B})(\boldsymbol{A}+\boldsymbol{B})$不可逆(即它是奇异阵).

证　由题设知$\boldsymbol{A}^{\mathrm{T}}=\boldsymbol{B}^{\mathrm{T}}\boldsymbol{B}=\boldsymbol{I}$. 又$|\boldsymbol{A}^{\mathrm{T}}|=|\boldsymbol{A}|$，$|\boldsymbol{B}^{\mathrm{T}}|=|\boldsymbol{B}|$，则有

$$\begin{aligned}|(\boldsymbol{A}-\boldsymbol{B})(\boldsymbol{A}+\boldsymbol{B})|&=|\boldsymbol{A}-\boldsymbol{B}||\boldsymbol{A}+\boldsymbol{B}|=|(\boldsymbol{A}-\boldsymbol{B})^{\mathrm{T}}||\boldsymbol{A}+\boldsymbol{B}|=|(\boldsymbol{A}^{\mathrm{T}}-\boldsymbol{B}^{\mathrm{T}})(\boldsymbol{A}+\boldsymbol{B})|=\\&|\boldsymbol{A}^{\mathrm{T}}\boldsymbol{A}+\boldsymbol{A}^{\mathrm{T}}\boldsymbol{B}-\boldsymbol{B}^{\mathrm{T}}\boldsymbol{A}-\boldsymbol{B}^{\mathrm{T}}\boldsymbol{B}|=|\boldsymbol{A}^{\mathrm{T}}\boldsymbol{B}-\boldsymbol{B}^{\mathrm{T}}\boldsymbol{A}|\end{aligned}$$

又

$$\begin{aligned}|(\boldsymbol{A}-\boldsymbol{B})(\boldsymbol{A}+\boldsymbol{B})|&=|\boldsymbol{A}-\boldsymbol{B}||\boldsymbol{A}+\boldsymbol{B}|=|\boldsymbol{A}+\boldsymbol{B}||\boldsymbol{A}-\boldsymbol{B}|=|(\boldsymbol{A}+\boldsymbol{B})^{\mathrm{T}}||\boldsymbol{A}-\boldsymbol{B}|=\\&|(\boldsymbol{A}+\boldsymbol{B})^{\mathrm{T}}(\boldsymbol{A}-\boldsymbol{B})|=|-\boldsymbol{A}^{\mathrm{T}}\boldsymbol{B}+\boldsymbol{B}^{\mathrm{T}}\boldsymbol{A}|=(-1)^{n}|\boldsymbol{A}^{\mathrm{T}}\boldsymbol{B}-\boldsymbol{B}^{\mathrm{T}}\boldsymbol{A}|=\\&-|\boldsymbol{A}^{\mathrm{T}}\boldsymbol{B}-\boldsymbol{B}^{\mathrm{T}}\boldsymbol{A}|\end{aligned}$$

从而$|\boldsymbol{A}^{\mathrm{T}}\boldsymbol{B}-\boldsymbol{B}^{\mathrm{T}}\boldsymbol{A}|=-|\boldsymbol{A}^{\mathrm{T}}\boldsymbol{B}-\boldsymbol{B}^{\mathrm{T}}\boldsymbol{A}|$，则$|\boldsymbol{A}^{\mathrm{T}}\boldsymbol{B}-\boldsymbol{B}^{\mathrm{T}}\boldsymbol{A}|=0$. 故$(\boldsymbol{A}-\boldsymbol{B})(\boldsymbol{A}+\boldsymbol{B})$为奇异(不可逆)矩阵.

由

$$(\boldsymbol{A}^{-1}+\boldsymbol{B})^{\mathrm{T}}=(\boldsymbol{A}^{-1})^{\mathrm{T}}+\boldsymbol{B}^{\mathrm{T}}=(\boldsymbol{A}^{\mathrm{T}})^{-1}+\boldsymbol{B}=\boldsymbol{A}^{-1}+\boldsymbol{B}$$

故$\boldsymbol{A}^{-1}+\boldsymbol{B}$为对称矩阵，从而$(\boldsymbol{A}^{-1}+\boldsymbol{B})^{-1}=(\boldsymbol{I}+\boldsymbol{AB})^{-1}\boldsymbol{A}$亦为对称矩阵.

对于$\boldsymbol{I}\pm\boldsymbol{\alpha}\boldsymbol{\beta}^{\mathrm{T}}(\boldsymbol{\alpha},\boldsymbol{\beta}\in\mathbf{R}^{n\times1})$问题，逐渐成为各类命题的新宠，其实它们并不难，它们的出现与最优关化理论不无关系，在那里涉及挠动矩阵即属此类(见后文).

例 15　若$\boldsymbol{A}\in\mathbf{R}^{n\times n}$，又$\boldsymbol{u},\boldsymbol{v}\in\mathbf{R}^{n}$，则(1)$|\boldsymbol{A}+\boldsymbol{u}\boldsymbol{v}^{\mathrm{T}}|=\boldsymbol{A}+\boldsymbol{v}^{\mathrm{T}}\boldsymbol{A}^{*}\boldsymbol{u}$；(2)当$\boldsymbol{v}^{\mathrm{T}}\boldsymbol{u}\neq\beta^{-1}$时，则$\boldsymbol{I}-\beta\boldsymbol{u}\boldsymbol{v}^{\mathrm{T}}$可逆；(3)当$\boldsymbol{A}$可逆，且$1+\boldsymbol{v}^{\mathrm{T}}\boldsymbol{A}^{-1}\boldsymbol{u}$时，$\boldsymbol{A}+\boldsymbol{u}\boldsymbol{v}^{\mathrm{T}}$可逆.

证　(1)这个问题我们前文已证，这里再给出一个证法.

先来叙述一个事实：若$\boldsymbol{A},\boldsymbol{B}\in\mathbf{R}^{n\times n}$，又$\Delta_{\boldsymbol{A}}$表示$\boldsymbol{A}$的一个子式，$\Delta_{\boldsymbol{B}}$表示$\boldsymbol{B}$中与之对应的代数余子式(规定 0 阶子式为 1)，则

$$|\boldsymbol{A}+\boldsymbol{B}|=\sum_{1\leqslant i,j\leqslant 1}(\Delta_{\boldsymbol{A}}\Delta_{\boldsymbol{B}})_{i,j}$$

其中$1\leqslant i,j\leqslant n$表示全部可能的$i,j$.

若$\boldsymbol{B}=\boldsymbol{u}\boldsymbol{v}^{\mathrm{T}}$，又知$\mathrm{r}(\boldsymbol{B})\leqslant1$，知$\boldsymbol{B}$的 2 阶子式全为 0.

记$\boldsymbol{u}=(\xi_1,\xi_2,\cdots,\xi_n)^{\mathrm{T}}$，$\boldsymbol{v}=(\eta_1,\eta_2,\cdots,\eta_n)^{\mathrm{T}}$，且$\boldsymbol{B}=(\xi_i\eta_j)_{n\times n}$，记$\boldsymbol{A}^{*}=(a_{ij}{}^{*})$，则$a_{ij}{}^{*}=A_{ij}$，则

$$|\boldsymbol{A}+\boldsymbol{u}\boldsymbol{v}^{\mathrm{T}}|=|\boldsymbol{A}|+\sum_{1\leqslant i,j\leqslant n}\xi_i\eta_jA_{ij}=|\boldsymbol{A}|+\boldsymbol{v}^{\mathrm{T}}\boldsymbol{A}^{*}\boldsymbol{u}$$

(2)由上知$|\boldsymbol{I}-\beta\boldsymbol{u}\boldsymbol{v}^{\mathrm{T}}|=|\boldsymbol{I}|+\boldsymbol{v}^{\mathrm{T}}\boldsymbol{I}^{*}(-\beta\boldsymbol{u})=1-\beta\boldsymbol{v}^{\mathrm{T}}\boldsymbol{u}$. 由$\boldsymbol{v}^{\mathrm{T}}\boldsymbol{u}\neq\beta^{-1}$，故$1-\beta\boldsymbol{v}^{\mathrm{T}}\boldsymbol{u}\neq0$，从而$\boldsymbol{I}-\beta\boldsymbol{u}\boldsymbol{v}^{\mathrm{T}}$可逆.

(3)**证 1**　由$\boldsymbol{A}^{*}=|\boldsymbol{A}|\boldsymbol{A}^{-1}$，有

$$|\boldsymbol{A}+\boldsymbol{u}\boldsymbol{v}^{\mathrm{T}}|=|\boldsymbol{A}|+\boldsymbol{v}^{\mathrm{T}}\boldsymbol{A}^{*}\boldsymbol{u}=|\boldsymbol{A}|+|\boldsymbol{A}|\boldsymbol{v}^{\mathrm{T}}\boldsymbol{A}^{-1}\boldsymbol{u}=|\boldsymbol{A}|(1+\boldsymbol{v}^{\mathrm{T}}\boldsymbol{A}^{-1}\boldsymbol{u})\neq0$$

知$\boldsymbol{A}+\boldsymbol{u}\boldsymbol{v}^{\mathrm{T}}$可逆.

证 2　令$\boldsymbol{C}=\begin{pmatrix}1&-\boldsymbol{v}^{\mathrm{T}}\\\boldsymbol{u}&\boldsymbol{A}\end{pmatrix}$，则经初等变换

$$\boldsymbol{C}\to\begin{pmatrix}1&\boldsymbol{0}\\\boldsymbol{0}&\boldsymbol{A}+\boldsymbol{u}\boldsymbol{v}^{\mathrm{T}}\end{pmatrix}\boldsymbol{C}_1,\quad 且\ \boldsymbol{C}\to\begin{pmatrix}1+\boldsymbol{v}^{\mathrm{T}}\boldsymbol{A}^{-1}\boldsymbol{u}&\boldsymbol{0}\\\boldsymbol{0}&\boldsymbol{A}\end{pmatrix}=\boldsymbol{C}_2$$

由$|\boldsymbol{C}_1|=|\boldsymbol{C}_2|$有

$$|\boldsymbol{A}+\boldsymbol{u}\boldsymbol{v}^{\mathrm{T}}|=1+\boldsymbol{v}^{\mathrm{T}}\boldsymbol{A}^{\mathrm{T}}\boldsymbol{u}|\boldsymbol{A}|$$

又由设$|\boldsymbol{A}|\neq 0$,且$1+\boldsymbol{v}^{\mathrm{T}}\boldsymbol{A}^{\mathrm{T}}\boldsymbol{u}\neq 0$.

故可有$|\boldsymbol{A}+\boldsymbol{u}\boldsymbol{v}^{\mathrm{T}}|\neq 0$,即矩阵$\boldsymbol{A}+\boldsymbol{u}\boldsymbol{v}^{\mathrm{T}}$可逆.

例 16 设$\boldsymbol{A}=\boldsymbol{I}-\boldsymbol{\xi}\boldsymbol{\xi}^{\mathrm{T}}$,其中$\boldsymbol{I}$是$n$阶单位矩阵,$\boldsymbol{\xi}$是$n$维非零列向量,$\boldsymbol{\xi}^{\mathrm{T}}$是$\boldsymbol{\xi}$的转置.证明:(1)$\boldsymbol{A}^2=\boldsymbol{A}$的充要条件是$\boldsymbol{\xi}^{\mathrm{T}}\boldsymbol{\xi}=1$;(2)当$\boldsymbol{\xi}^{\mathrm{T}}\boldsymbol{\xi}=1$时,$\boldsymbol{A}$是不可逆矩阵.

证 (1)由题设及矩阵乘法性质有

$$\boldsymbol{A}^2=(\boldsymbol{I}-\boldsymbol{\xi}\boldsymbol{\xi}^{\mathrm{T}})(\boldsymbol{I}-\boldsymbol{\xi}\boldsymbol{\xi}^{\mathrm{T}})=\boldsymbol{I}-2\boldsymbol{\xi}\boldsymbol{\xi}^{\mathrm{T}}+\boldsymbol{\xi}(\boldsymbol{\xi}^{\mathrm{T}}\boldsymbol{\xi})\boldsymbol{\xi}^{\mathrm{T}}=\boldsymbol{I}-(2-\boldsymbol{\xi}^{\mathrm{T}}\boldsymbol{\xi})\boldsymbol{\xi}\boldsymbol{\xi}^{\mathrm{T}}$$

又$\boldsymbol{A}^2=\boldsymbol{A}$及$\boldsymbol{A}=\boldsymbol{I}-\boldsymbol{\xi}\boldsymbol{\xi}^{\mathrm{T}}$,知$(2-\boldsymbol{\xi}^{\mathrm{T}}\boldsymbol{\xi})\boldsymbol{\xi}\boldsymbol{\xi}^{\mathrm{T}}=\boldsymbol{\xi}\boldsymbol{\xi}^{\mathrm{T}}$,即$(\boldsymbol{\xi}^{\mathrm{T}}\boldsymbol{\xi}-1)\boldsymbol{\xi}\boldsymbol{\xi}^{\mathrm{T}}=\boldsymbol{O}$.

而$\boldsymbol{\xi}\boldsymbol{\xi}^{\mathrm{T}}\neq\boldsymbol{O}$(注意$\boldsymbol{\xi}\neq\boldsymbol{0}$),故$\boldsymbol{\xi}^{\mathrm{T}}\boldsymbol{\xi}=1$.反之亦然.

(2)用反证法.假设$\boldsymbol{A}$可逆,由$\boldsymbol{A}^2=\boldsymbol{A}$有$\boldsymbol{A}=\boldsymbol{I}$,又题设$\boldsymbol{A}=\boldsymbol{I}-\boldsymbol{\xi}\boldsymbol{\xi}^{\mathrm{T}}$,则$\boldsymbol{\xi}\boldsymbol{\xi}^{\mathrm{T}}=\boldsymbol{O}$,从而$\boldsymbol{\xi}=\boldsymbol{0}$.此与题设$\boldsymbol{\xi}$是非零向量相抵,故$\boldsymbol{A}$不可逆.

例 17 若列向量$\boldsymbol{\alpha},\boldsymbol{\beta}\in\mathbf{R}^{n\times 1}$,又$\boldsymbol{\alpha}^{\mathrm{T}}\boldsymbol{\beta}=2$,则$\boldsymbol{A}=\boldsymbol{I}+\boldsymbol{\alpha}\boldsymbol{\beta}^{\mathrm{T}}$可逆,且求之.

解 若令$\boldsymbol{A}^{-1}=\boldsymbol{I}-k\boldsymbol{\alpha}\boldsymbol{\beta}^{\mathrm{T}}$,由$\boldsymbol{A}\boldsymbol{A}^{-1}=\boldsymbol{I}$可由

$$(\boldsymbol{I}+\boldsymbol{\alpha}\boldsymbol{\beta}^{\mathrm{T}})(\boldsymbol{I}-k\boldsymbol{\alpha}\boldsymbol{\beta}^{\mathrm{T}})=\boldsymbol{I}-k\boldsymbol{\alpha}(\boldsymbol{\beta}^{\mathrm{T}}\boldsymbol{\alpha})\boldsymbol{\beta}^{\mathrm{T}}+(1-k)\boldsymbol{\alpha}\boldsymbol{\beta}^{\mathrm{T}}=\boldsymbol{I}-2k\boldsymbol{\alpha}\boldsymbol{\beta}^{\mathrm{T}}+(1-k)\boldsymbol{\alpha}\boldsymbol{\beta}^{\mathrm{T}}=\boldsymbol{I}+(1-3k)\boldsymbol{\alpha}\boldsymbol{\beta}^{\mathrm{T}}=\boldsymbol{I}$$

知$(1-3k)\boldsymbol{\alpha}\boldsymbol{\beta}^{\mathrm{T}}=\boldsymbol{O}$.又由$\boldsymbol{\alpha}^{\mathrm{T}}\boldsymbol{\beta}=2$知$\boldsymbol{\alpha},\boldsymbol{\beta}$皆非零向量,得$1-3k=0$,即$k=1/3$.故$\boldsymbol{A}$可逆,且

$$\boldsymbol{A}^{-1}=\boldsymbol{I}-1/3\boldsymbol{\alpha}\boldsymbol{\beta}^{\mathrm{T}}$$

例 18 $\boldsymbol{\mu},\boldsymbol{v}\in\mathbf{R}^{n\times 1}$且非$\boldsymbol{0}$,又$\alpha,\beta\in\mathbf{R}$.证明$(\boldsymbol{I}-\alpha\boldsymbol{\mu}\boldsymbol{v}^{\mathrm{T}})^{-1}=\boldsymbol{I}-\beta\boldsymbol{\mu}\boldsymbol{v}^{\mathrm{T}}$,又$\alpha=0$时$\beta=0$;$\alpha\neq 0$时$\beta\neq 0$.且$\alpha^{-1}+\beta^{-1}=\boldsymbol{v}^{\mathrm{T}}\boldsymbol{\mu}$.

证 若$\alpha=0$,则$\boldsymbol{I}-\alpha\boldsymbol{\mu}\boldsymbol{v}^{\mathrm{T}}=\boldsymbol{I}$,知$\beta\boldsymbol{\mu}\boldsymbol{v}^{\mathrm{T}}=\boldsymbol{O}$,而$\boldsymbol{\mu}\boldsymbol{v}^{\mathrm{T}}\neq\boldsymbol{O}$(因$\boldsymbol{\mu},\boldsymbol{v}$非0),故$\beta=\boldsymbol{0}$.

又若$\alpha=0$,由上知$\beta\neq 0$.再由题设注意到

$$(\boldsymbol{I}-\alpha\boldsymbol{\mu}\boldsymbol{v}^{\mathrm{T}})(\boldsymbol{I}-\beta\boldsymbol{\mu}\boldsymbol{v}^{\mathrm{T}})=\boldsymbol{I}-(\alpha+\beta)\boldsymbol{\mu}\boldsymbol{v}^{\mathrm{T}}+\alpha\beta\boldsymbol{\mu}+(\boldsymbol{v}^{\mathrm{T}}\boldsymbol{\mu})\boldsymbol{v}=\boldsymbol{I}$$

知$\alpha+\beta=\alpha\beta(\boldsymbol{v}^{\mathrm{T}}\boldsymbol{\mu})$,故

$$\frac{1}{\alpha}+\frac{1}{\beta}=\boldsymbol{v}^{\mathrm{T}}\boldsymbol{\mu}$$

下面的所谓挠动矩阵求逆的式子在最优化课程中是一个极为重要的公式.

例 19 若$\boldsymbol{A}\in\mathbf{R}^{n\times n}$非奇异,$\boldsymbol{u},\boldsymbol{v}\in\mathbf{R}^n$.证明存在$\alpha$使$(\boldsymbol{A}+\boldsymbol{u}\boldsymbol{v}^{\mathrm{T}})^{-1}=\boldsymbol{A}^{-1}-\frac{1}{\alpha}\boldsymbol{A}^{-1}\boldsymbol{u}\boldsymbol{v}^{\mathrm{T}}\boldsymbol{A}^{-1}$,且求$\alpha$.

解 若$\boldsymbol{u}=\boldsymbol{0},\boldsymbol{v}=\boldsymbol{0}$结论显然真.今设$\boldsymbol{u}\neq\boldsymbol{0},\boldsymbol{v}\neq\boldsymbol{0}$.由

$$(\boldsymbol{A}+\boldsymbol{u}\boldsymbol{v}^{\mathrm{T}})\left(\boldsymbol{A}^{-1}-\frac{1}{\alpha}\boldsymbol{A}^{-1}\boldsymbol{u}\boldsymbol{v}^{\mathrm{T}}\boldsymbol{A}^{-1}\right)=I+\boldsymbol{u}\boldsymbol{v}^{\mathrm{T}}\boldsymbol{A}^{-1}-\frac{1}{\alpha}\boldsymbol{u}\boldsymbol{v}^{\mathrm{T}}\boldsymbol{A}^{-1}-\frac{1}{\alpha}\boldsymbol{u}\boldsymbol{v}^{\mathrm{T}}\boldsymbol{A}^{-1}\boldsymbol{u}\boldsymbol{v}^{\mathrm{T}}\boldsymbol{A}^{-1}$$

由设及上式应有

$$\boldsymbol{u}\boldsymbol{v}^{\mathrm{T}}\boldsymbol{A}^{-1}-\frac{1}{\alpha}\boldsymbol{u}\boldsymbol{v}^{\mathrm{T}}\boldsymbol{A}^{-1}\frac{1}{\alpha}\boldsymbol{u}\boldsymbol{v}^{\mathrm{T}}\boldsymbol{A}^{-1}\boldsymbol{u}\boldsymbol{v}^{\mathrm{T}}\boldsymbol{A}^{-1}=\boldsymbol{O}$$

即$\alpha(\boldsymbol{u}\boldsymbol{v}^{\mathrm{T}}\boldsymbol{A}^{-1})=(\boldsymbol{I}+\boldsymbol{u}\boldsymbol{v}^{\mathrm{T}}\boldsymbol{A}^{-1})\boldsymbol{u}\boldsymbol{v}^{\mathrm{T}}\boldsymbol{A}^{-1}$,两边右乘$\boldsymbol{A}\boldsymbol{v}$有

$$\alpha\boldsymbol{u}\boldsymbol{v}^{\mathrm{T}}\boldsymbol{A}^{-1}\boldsymbol{A}\boldsymbol{v}=(\boldsymbol{I}+\boldsymbol{u}\boldsymbol{v}^{\mathrm{T}}\boldsymbol{A}^{-1})\boldsymbol{u}\boldsymbol{v}^{\mathrm{T}}\boldsymbol{A}^{-1}\boldsymbol{A}\boldsymbol{v}$$

注意到$\boldsymbol{A}^{-1}\boldsymbol{A}=\boldsymbol{I},\boldsymbol{u}^{\mathrm{T}}\boldsymbol{v}=a\neq 0$,则有$\alpha\boldsymbol{u}=(\boldsymbol{I}+\boldsymbol{u}\boldsymbol{v}^{\mathrm{T}}\boldsymbol{A}^{-1})\boldsymbol{u}$,

即$\alpha\boldsymbol{u}=\boldsymbol{u}+\boldsymbol{u}\boldsymbol{v}^{\mathrm{T}}A^{-1}\boldsymbol{u}$或$\alpha\boldsymbol{u}^{\mathrm{T}}=\boldsymbol{u}^{\mathrm{T}}+\boldsymbol{u}^{\mathrm{T}}(\boldsymbol{A}^{-1})^{\mathrm{T}}\boldsymbol{u}\boldsymbol{v}^{\mathrm{T}}$,两边右乘$\boldsymbol{u}$有

$$\alpha\boldsymbol{u}^{\mathrm{T}}\boldsymbol{u}=\boldsymbol{u}^{\mathrm{T}}\boldsymbol{u}+\boldsymbol{u}^{\mathrm{T}}(\boldsymbol{A}^{-1})\boldsymbol{v}\boldsymbol{u}^{\mathrm{T}}\boldsymbol{u}$$

由$\boldsymbol{u}^{\mathrm{T}}\boldsymbol{u}=b\neq 0$,故$\alpha=1+\boldsymbol{u}^{\mathrm{T}}(\boldsymbol{A}^{-1})^{\mathrm{T}}\boldsymbol{v}$.注意到上过程只需逆推即可.

注 此例与"最优化方法"中著名的 Sherman-Morrison 公式有关,该公式即

命题 $\boldsymbol{A}\in\mathbf{R}^{n\times n}$非奇异,$\boldsymbol{u},\boldsymbol{v}\in\mathbf{R}^n$,又$1+\boldsymbol{u}^{\mathrm{T}}\boldsymbol{A}^{-1}\boldsymbol{u}\neq 0$,则$(\boldsymbol{A}+\boldsymbol{u}\boldsymbol{v}^{\mathrm{T}})^{-1}=\boldsymbol{A}^{-1}-\dfrac{\boldsymbol{A}^{-1}\boldsymbol{u}\boldsymbol{v}^{\mathrm{T}}\boldsymbol{A}^{-1}}{1+\boldsymbol{v}^{\mathrm{T}}\boldsymbol{A}^{-1}\boldsymbol{u}}$,其中$\boldsymbol{A}+$

uv^T 称为 A 的挠动矩阵.

显然它可视为上例结论的推广.

下面是一个矩阵和的求逆公式,它很重要,公式虽然给出,但要自己导出这个公式,恐这非易事.

例 20　若 A,B 可逆,验证矩阵等式 $(A+B)^{-1}=A^{-1}-A^{-1}(A^{-1}+B^{-1})^{-1}A^{-1}$.

证　注意到下面的式子及变换

$$(A+B)[A^{-1}-A^{-1}(A^{-1}+B^{-1})A^{-1}]=$$
$$I+BA^{-1}-(I+BA^{-1})(A^{-1}+B^{-1})A^{-1}=$$
$$I+BA^{-1}-B(B^{-1}+A^{-1})(A^{-1}+B^{-1})^{-1}A^{-1}=$$
$$I+BA^{-1}-B(A^{-1}+B^{-1})(A^{-1}+B^{-1})^{-1}A^{-1}=$$
$$I+BA^{-1}-BA^{-1}=I$$

故

$$(A+B)^{-1}=A^{-1}-A^{-1}(A^{-1}+B^{-1})^{-1}A^{-1}$$

注 1　这种通过矩阵相乘等于单位矩阵去直接验证矩阵的逆阵方法,是基本和常用的.

当然我们还可以右乘 $A+B$ 阵去验证,即计算 $[A^{-1}-A^{-1}(A^{-1}+B^{-1})A^{-1}](A+B)$ 亦可.

注 2　与之类似的命题有:

问题　验证公式:若 $A,B\in \mathbf{R}^{n\times n}$,且 $A,B,A+B,A^{-1}+B^{-1}$ 均满秩(可逆),则

$$(A^{-1}+B^{-1})^{-1}=A(A+B)^{-1}B=B(A+B)^{-1}A$$

事实上

$$A^{-1}+B^{-1}=A^{-1}(I+AB^{-1})=A^{-1}(B+A)B^{-1}$$

从而

$$(A^{-1}+B^{-1})^{-1}=[A^{-1}(B+A)B^{-1}]^{-1}=B(B+A)^{-1}A$$

显然 $(A+B)^{-1}=B^{-1}(A^{-1}+B^{-1})^{-1}A^{-1}$ 可从上式直接得到.

注 3　由例及上注亦可有

$$(A+B)^{-1}=A^{-1}(A^{-1}+B^{-1})B^{-1}=B^{-1}(A^{-1}+B^{-1})A^{-1}$$

又若注意到下面矩阵运算:

$$(A+B)[A^{-1}-A^{-1}(A^{-1}+B^{-1})A^{-1}]=(A+B)^{-1}B+B^{-1}A(A+B)^{-1}B=(I+B^{-1}A)(A+B)^{-1}B=$$
$$(I+B^{-1}A)[B^{-1}(A+B)]^{-1}=(I+B^{-1}A)(B^{-1}A+I)^{-1}=I$$

显然是对例结论直接证明.

注 4　下面的问题与例 19 无异,但解法利用了例 20 的结论后,则显简洁许多.

问题　若 A 非奇异,$\alpha,\beta\in \mathbf{R}^n$,且 $1+\beta^TA^{-1}\alpha\neq 0$,求 $(A+\alpha\beta^T)^{-1}$.

解　由 $A+\alpha\beta^T=A[I-A^{-1}\alpha(-\beta^T)]$,且注意到 $1+\beta^TA^{-1}\alpha$ 是数,则

$$[I-(A^{-1}\alpha)(-\beta)]^{-1}=I+(A^{-1}\alpha)[1-(-\beta)^TA^{-1}\alpha]^{-1}(-\beta^T)=I-\frac{A^{-1}\alpha\beta^T}{1+\beta^TA^{-1}\alpha}$$

故

$$(A+\alpha\beta^T)^{-1}=A^{-1}-\frac{A^{-1}\alpha\beta^T a^{-1}}{1+\beta^TA^{-1}\alpha}\quad \text{(Sherman-Morrison 公式)}$$

我们这里又一次推导出 S－M 公式.

特别地我们还有公式(前文已有介绍,见例 19)

$$(I-AB)^{-1}=I+A(I-BA)^{-1}B \qquad (*)$$

显然它是 S－M 公式的推广或引申,而它同时是例 8 公式的特例.

其实这些例子与问题之间是有联系的,找出这种联系,往往很重要,我们可以从中了解例子、问题的来龙去脉,比如上例与其注释中问题间关系如下图:

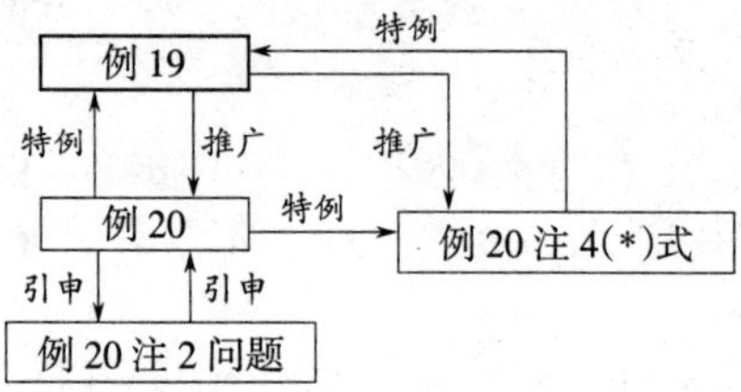

注 4 与之类同的例子可见分块矩阵求逆问题.

4. 伴随矩阵求逆问题

伴随矩阵 $\boldsymbol{A}^*$ 有其自身的特性(注意到如果 $\boldsymbol{A}$ 满秩,它与 $\boldsymbol{A}^{-1}$ 仅差因子 $|\boldsymbol{A}|$),当 $\boldsymbol{A}$ 可逆时它与 $\boldsymbol{A}^{-1}$ 的密切关系因而成为出题者挖掘金矿的富矿床.

例 1 若矩阵 $\boldsymbol{A}=\begin{pmatrix}1&0&0\\2&2&0\\3&4&5\end{pmatrix}$,求 $(\boldsymbol{A}^*)^{-1}$,这里 $\boldsymbol{A}^*$ 为 $\boldsymbol{A}$ 的伴随矩阵.

解 由设及伴随矩公式有 $\boldsymbol{A}^*=|\boldsymbol{A}|\boldsymbol{A}^{-1}$,则有

$$(\boldsymbol{A}^*)^{-1}=(|\boldsymbol{A}|\boldsymbol{A}^{-1})^{-1}=\frac{\boldsymbol{A}}{|\boldsymbol{A}|}$$

故

$$(\boldsymbol{A}^*)^{-1}=\frac{1}{10}\begin{pmatrix}1&0&0\\2&2&0\\3&4&5\end{pmatrix}=\begin{pmatrix}1/10&0&0\\1/5&1/5&0\\3/10&2/5&1/2\end{pmatrix}$$

注意到 $|\boldsymbol{A}|=10$,

注 求 $(\boldsymbol{A}^{-1})^{-1}$ 谁也不会先求 $\boldsymbol{A}$ 的逆 $\boldsymbol{A}^{-1}$,再求 $\boldsymbol{A}^{-1}$ 的逆 $(\boldsymbol{A}^{-1})^{-1}$,若熟知 $\boldsymbol{A}^*=|\boldsymbol{A}|\boldsymbol{A}^{-1}$,这类问题便迎刃而解了.

下面的诸题与实质上本例无异(仿例的方法可解):

问题 1 若矩阵 $\boldsymbol{A}=\begin{pmatrix}1&1&1\\1&2&1\\1&1&3\end{pmatrix}$,求 $[(\boldsymbol{A}^*)]^{-1*}$.

答案 仿例解法可有 $(\boldsymbol{A}^*)^{-1}=(|\boldsymbol{A}|\boldsymbol{A}^{-1})^{-1}=\begin{pmatrix}5&-2&-1\\-2&2&0\\-1&0&1\end{pmatrix}$,接下来再考虑求其伴随阵.

问题 2 若矩阵 $\boldsymbol{A}=\frac{1}{2}\begin{pmatrix}2&0&0\\0&1&3\\0&2&5\end{pmatrix}$,求 $[(\boldsymbol{A}^*)^*]^{-1}$.

例 2 若矩阵 $\boldsymbol{A}\in\mathbf{R}^{n\times n}(n\geqslant 2)$,非奇异,则 $(\boldsymbol{A}^*)^*=|\boldsymbol{A}|^{n-2}\boldsymbol{A}$,且求 $[(\boldsymbol{A}^*)^*]^{-1}$.

解 由题设 $\boldsymbol{A}$ 非奇异,知 $\boldsymbol{A}^*=|\boldsymbol{A}|\boldsymbol{A}^{-1}$,则

$$(\boldsymbol{A}^*)^*=||\boldsymbol{A}|\boldsymbol{A}^{-1}|(|\boldsymbol{A}|\boldsymbol{A}^{-1})^{-1}=|\boldsymbol{A}|^n\cdot|\boldsymbol{A}|^{-1}\cdot\frac{1}{|\boldsymbol{A}|}\cdot(\boldsymbol{A}^{-1})^{-1}=|\boldsymbol{A}|^{n-2}\boldsymbol{A}$$

故

$$[(\boldsymbol{A}^*)^*]^{-1}=\frac{1}{|\boldsymbol{A}|^{n-2}}\boldsymbol{A}^{-1}=|\boldsymbol{A}|^{2-n}\boldsymbol{A}^{-1}$$

注 历年来此类问题或与此类问题相关的考研试题多多,比如:

问题 1 若矩阵 $\boldsymbol{A}\in\mathbf{R}^{n\times n}$ 可逆,则 $\boldsymbol{A}^*$ 亦可逆,且 $(\boldsymbol{A}^*)^{-1}=(\boldsymbol{A}^{-1})^*$.

问题 2 若矩阵 $\boldsymbol{A}\in\mathbf{R}^{n\times n}$,则 $|\boldsymbol{A}^*|=|\boldsymbol{A}|^{n-1}$.(详见前面章节)

问题 3　若 λ 是非奇异阵 $\boldsymbol{A}$ 的一个特征根，则 $\dfrac{|\boldsymbol{A}|}{\lambda}$ 是 $\boldsymbol{A}^*$ 的一个特征根.（详见后文）

伴随矩阵 $\boldsymbol{A}^*$ 与 $\boldsymbol{A}$ 的逆阵联合起来去拟造命题，但有时它也与 $\boldsymbol{A}^{\mathrm{T}}$ 以及某些特殊矩阵合起来拟造命题.

例 3　若矩阵 $\boldsymbol{A}\in\mathbf{R}^{n\times n}$，且 $\boldsymbol{A}\neq\boldsymbol{0}$，又 $\boldsymbol{A}^*=\boldsymbol{A}^{\mathrm{T}}$. 试证可逆.

证 1　由 $\boldsymbol{A}^*$ 性质 $\boldsymbol{A}\boldsymbol{A}^*=\boldsymbol{A}^*\boldsymbol{A}=|\boldsymbol{A}|\boldsymbol{I}$，及 $\boldsymbol{A}^*=\boldsymbol{A}^{\mathrm{T}}$，则

$$\boldsymbol{A}\boldsymbol{A}^*=\boldsymbol{A}\boldsymbol{A}^{\mathrm{T}}=|\boldsymbol{A}|\boldsymbol{I}$$

若 $\boldsymbol{A}$ 不可逆，则 $|\boldsymbol{A}|=0$，则有 $\boldsymbol{A}\boldsymbol{A}^{\mathrm{T}}=\boldsymbol{0}$. 设 $\boldsymbol{A}=\begin{pmatrix}\boldsymbol{a}_1\\ \boldsymbol{a}_2\\ \vdots\\ \boldsymbol{a}_n\end{pmatrix}$，则 $\boldsymbol{a}_i\,,\boldsymbol{a}_i^{\mathrm{T}}=0(i=1,2,\cdots,n)$.

从而 $\boldsymbol{a}_i=\boldsymbol{0}(i=1,2,\cdots,n)$，知 $\boldsymbol{A}=\boldsymbol{O}$，与题设矛盾！故 $\boldsymbol{A}$ 不可逆不真，从而 $\boldsymbol{A}$ 可逆.

证 2　由矩阵 $\boldsymbol{A}$ 其伴随矩阵与 $\boldsymbol{A}^*$ 秩的关系：

$$\mathrm{r}(\boldsymbol{A}^*)=\begin{cases}n, & 若\ \mathrm{r}(\boldsymbol{A})=n\\ 1, & 若\ \mathrm{r}(\boldsymbol{A})=n-1\\ 0, & 若\ \mathrm{r}(\boldsymbol{A})<n-1\end{cases}$$

由题设 $\mathrm{r}(\boldsymbol{A}^*)=\mathrm{r}(\boldsymbol{A}^{\mathrm{T}})=\mathrm{r}(\boldsymbol{A})$，知 $\mathrm{r}(\boldsymbol{A})$ 只能为 n 或 0.

当 $\mathrm{r}(\boldsymbol{A})=n$ 时，知 $\boldsymbol{A}$ 可逆；若 $\mathrm{r}(\boldsymbol{A})=0$，则 $\boldsymbol{A}=\boldsymbol{O}$，与题设矛盾. 故 $\boldsymbol{A}$ 可逆.

下面例子是前面例 1 的一般情形.

例 4　若 $\boldsymbol{A}$ 为 n 阶可逆矩阵，则 $\boldsymbol{A}^*$ 也可逆，且求 $(\boldsymbol{A}^*)^{-1}$.

证　由 $\boldsymbol{A}^{-1}=\dfrac{\boldsymbol{A}^*}{|\boldsymbol{A}|}$，故 $\boldsymbol{A}^*=|\boldsymbol{A}|\boldsymbol{A}^{-1}$. 又 $|\boldsymbol{A}|\neq 0$ 知，$\boldsymbol{A}^{-1}$ 可逆，故 $\boldsymbol{A}^*=|\boldsymbol{A}|\boldsymbol{A}^{-1}$ 也可逆.

因 $\boldsymbol{A}^*=|\boldsymbol{A}|\boldsymbol{A}^{-1}$，故

$$(\boldsymbol{A}^*)^{-1}=(|\boldsymbol{A}|\boldsymbol{A}^{-1})^{-1}=\frac{1}{|\boldsymbol{A}|}(\boldsymbol{A}^{-1})^{-1}=\frac{\boldsymbol{A}}{|\boldsymbol{A}|}$$

注 1　在题设条件下可求证：(1)$\boldsymbol{A}^*$ 是可逆阵；(2)$(\boldsymbol{A}^*)^{-1}=(\boldsymbol{A}^{-1})^*$.

注意到 $(\boldsymbol{A}^{-1})^*=|\boldsymbol{A}^{-1}|(\boldsymbol{A}^{-1})^{-1}=|\boldsymbol{A}^{-1}|\boldsymbol{A}=|\boldsymbol{A}|^{-1}\boldsymbol{A}$，及 $(\boldsymbol{A}^*)^{-1}=(|\boldsymbol{A}|\boldsymbol{A}^{-1})^{-1}=|\boldsymbol{A}|^{-1}\boldsymbol{A}$ 即可.

注 2　关于 $\boldsymbol{A}^*$ 秩的更一般的结论我们务须牢记 $\mathrm{r}(\boldsymbol{A}^*)$ 的结论.

由此只需注意到 $\boldsymbol{A}^*\boldsymbol{A}=|\boldsymbol{A}|\boldsymbol{I}=\boldsymbol{O}$，从而 $\mathrm{r}(\boldsymbol{A}^*)+\mathrm{r}(\boldsymbol{A})\leqslant n$ 即可.

例 5　若 $\boldsymbol{A},\boldsymbol{B}\in\mathbf{R}^{n\times n}$，且它们非奇异(可逆或满秩)，则：(1)$(\boldsymbol{A}\boldsymbol{B})^*=\boldsymbol{B}^*\boldsymbol{A}^*$；(2)$(\boldsymbol{A}^*)^*=|\boldsymbol{A}|^{n-2}\boldsymbol{A}$；(3)求 $[(\boldsymbol{A}^*)^*]^{-1}$.

证　(1)由设知 $\boldsymbol{A}\boldsymbol{B}$ 非奇异，且 $(\boldsymbol{A}\boldsymbol{B})^*(\boldsymbol{A}\boldsymbol{B})=|\boldsymbol{A}\boldsymbol{B}|$，从而

$$(\boldsymbol{A}\boldsymbol{B})^*=|\boldsymbol{A}\boldsymbol{B}|(\boldsymbol{A}\boldsymbol{B})^{-1}=|\boldsymbol{A}|\,|\boldsymbol{B}|\boldsymbol{B}^{-1}\boldsymbol{A}^{-1}=(|\boldsymbol{B}|\boldsymbol{B}^{-1})(|\boldsymbol{A}|\boldsymbol{A}^{-1})=\boldsymbol{B}^*\boldsymbol{A}^*$$

(2)**证 1**　由 $\boldsymbol{A}^*(\boldsymbol{A}^*)^*=|\boldsymbol{A}|^{n-1}$ 两边同乘以 $\dfrac{\boldsymbol{A}}{|\boldsymbol{A}|}$，有

$$\frac{\boldsymbol{A}}{|\boldsymbol{A}|}\boldsymbol{A}^*(\boldsymbol{A}^*)^*=\frac{\boldsymbol{A}}{|\boldsymbol{A}|}|\boldsymbol{A}|^{n-1}\boldsymbol{I}=|\boldsymbol{A}|^{n-2}\boldsymbol{A}$$

即 $\boldsymbol{I}(\boldsymbol{A}^*)^*=|\boldsymbol{A}|^{n-2}\boldsymbol{A}$，从而 $(\boldsymbol{A}^*)^*=|\boldsymbol{A}|^{n-2}\boldsymbol{A}$.

这里注意到若 $\boldsymbol{A}$ 可逆(非奇异)，则 $|\boldsymbol{A}^*|=|\boldsymbol{A}|^{n-1}$.

证 2　由 $\boldsymbol{A}^*=|\boldsymbol{A}|\boldsymbol{A}^{-1}$(注意 $\boldsymbol{A}$ 非异)，则

$$\begin{aligned}(\boldsymbol{A}^*)^*=|\boldsymbol{A}^*|(\boldsymbol{A}^*)^{-1}=\big||\boldsymbol{A}|\boldsymbol{A}^{-1}\big|\cdot(|\boldsymbol{A}|\boldsymbol{A}^{-1})^{-1}=\\ |\boldsymbol{A}|^n\cdot|\boldsymbol{A}|^{-1}\cdot|\boldsymbol{A}|^{-1}\cdot(\boldsymbol{A}^{-1})^{-1}=|\boldsymbol{A}|^{n-2}\boldsymbol{A}\end{aligned}$$

(3)由题设 $\boldsymbol{A}$ 非奇异，知 $\boldsymbol{A}^*=|\boldsymbol{A}|\boldsymbol{A}^{-1}$，则有

$$(\boldsymbol{A}^*)^*=\big||\boldsymbol{A}|\boldsymbol{A}^{-1}\big|(|\boldsymbol{A}|\boldsymbol{A}^{-1})^{-1}=|\boldsymbol{A}|^n\cdot|\boldsymbol{A}|^{-1}\cdot\frac{1}{|\boldsymbol{A}|}\cdot(\boldsymbol{A}^{-1})^{-1}=|\boldsymbol{A}|^{n-2}\boldsymbol{A}$$

故

$$[(A^*)^*]^{-1}=\frac{1}{|A|^{n-2}}A^{-1}=|A|^{2-n}A^{-1}$$

注 1 对于(1),若 $AB=BA$,我们还可有 $A^*B^*=B^*A^*$.

对于(2),仿上我们可以归纳出伴随矩阵 A^* 的一个性质:

命题 矩阵$\{[(A^*)^*]^*\cdots\}^*$(k 次 $*$)若 k 是奇数时,为 aA^{-1};k 是偶数时为 bA,其中 a,b 系由$|A|^r$的方幂给出.

更确切的结论请你归纳总结一下.

注 2 历年来此问题或与此有关的类似的试题还有:

(1)若 A 为 n 阶矩阵,且非奇异(即可逆),则 $|A^*|=|A|^{n-1}$.

(2)若 A 为 n 阶矩阵,且非奇异,则 $(A^*)^{-1}=(A^{-1})^*$.

(3)若 A 为 n 阶矩阵,且非奇异,又 λ 是 A 的一个特征值,则 $|A|\lambda^{-1}$ 是 A^* 的一个特征值.

5. 正交矩阵的逆阵

从某种意义上,对于正交矩阵 P 而言,由于 $PP^T=P^TP=I$,从而 P^T 可视为 P 的逆阵——特殊的逆阵,因而关于正交矩阵的某些问题,可视为矩阵的逆阵问题的变形.

我们先来看看涉及正交矩阵概念或判断的例子.

例 1 若 $a\neq 0$ 是 n 维列向量,试证 $I-\frac{2}{a^Ta}aa^T$ 是正交矩阵.

证 由公式$(A+B)^T=A^T+B^T$,及$(AB)^T=B^TA^T$,有$\left(I-\frac{2}{a^Ta}aa^T\right)^T=I-\frac{2}{a^Ta}aa^T$. 而

$$\left(I-\frac{2}{a^Ta}aa^T\right)\left(I-\frac{2}{a^Ta}aa^T\right)^T=\left(I-\frac{2}{a^Ta}aa^T\right)\left(I-\frac{2}{a^Ta}aa^T\right)=I-\frac{4}{a^Ta}aa^T-\frac{4}{(a^Ta)^2}a(a^Ta)a^T=$$

$$I-\frac{4}{a^Ta}aa^T-\frac{4}{(a^Ta)^2}(a^Ta)aa^T=I-\frac{4}{a^Ta}aa^T-\frac{4}{a^Ta}aa^T=I$$

此即说 $I=\frac{2}{a^Ta}aa^T$ 为正交矩阵.

注 1 显然下面问题是本命题的特例:

问题 设 $H=I-2\omega\omega^T$,其中 I 为 n 阶单位阵,ω 为 n 维单位列向量,试证:(1)H 是对称矩阵;(2)H 是正交矩阵.

注 2 前文已述形如 $I-\sigma uv^T$(其中 u,v 为 n 维列向量,σ 为常数)的矩阵称为**初等矩阵**,且记为 $E(u,v;\sigma)$ 或 $I(u,v;\sigma)$. 它们有下述性质:

(1)$\det[E(u,v;\sigma)]=1-\sigma v^Tu$.

(2)若 $E(u,v;\sigma)$ 非奇异,则 $E^{-1}(u,v;\sigma)=E(u,v;\tau)$,其中 $\tau=\frac{\sigma}{\sigma v^Tu-1}$.

(3)若 $u=u=\omega$ 时,且 $\omega\omega^T=1$,且 $I-2\omega\omega^T$ 是正交阵.

注 3 这里再行强调一下:对 n 维列向量 u,v 来讲,u^Tv 是数,uv^T 是 $n\times n$ 矩阵.

例 2 (1)若 A 是正交矩阵,则 $|A|=\pm 1$. (2)若 A 是正交阵,则 A^* 也是正交阵. (3)若 $A=(a_{ij})_{n\times n}$ 是正交阵,则 $a_{ij}=\pm A_{ij}$(代数余子式). 请说明如何确定符号.

证 (1)由设 A 是正交阵,故 $A^T=A^{-1}$,即 $A^TA=I$,有 $|A^TA|=|I|=1$.

又 $|A^TA|=|A^T||A|=|A|^2$,故 $|A|=\pm 1$.

(2)由 $A^{-1}=\frac{A^*}{|A|}$,故 $A^*=|A|A^{-1}=|A|A^T$,这是因为 A 是正交矩阵. 故

$$(A^*)^T=(|A|A^T)^T=|A|(A^T)^T=|A|A=A^*$$

而

$$A^*(A^*)^T=|A|A^T\cdot|A|A=|A|^2A^TA=|A|^2I=I$$

注意到 A 是正交阵，故 $|A|=\pm1$.

(3) $|A|=\pm1$，又 $AA^*=|A|I=\pm I$，故 $A^*=\pm A^{-1}=\pm A^T$，即 $a_{ij}=\pm A_{ij}$.

当 $|A|=1$ 时，$a_{ij}=A_{ij}$；当 $|A|=-1$ 时，$a_{ij}=-A_{ij}$.

注 又本题结论(2)亦可由 $(AB)^*=B^*A^*$ 性质去考虑. 由

$$(I-A)(I+A)=I^2-A^2=(I+A)(I-A)$$

知 $I+A$ 和 $I-A$ 可交换，利用该性质可解决一些涉及 $I\pm A$ 的问题. 结合验证矩阵 A 的正交性，常用 $A^TA=AA^T=I$ 去完成. 这方面一个更复杂的例子(它在前文例的注中已经提及)可见：

例 3 若 A 是反对称实阵，试证：(1) $A+I$ 为可逆阵；(2) 若 $B=(A-I)(A+I)^{-1}$，则 B 是正交阵.

证 (1) 对任意非零 n 维列向量 x，有 $x^T(A+I)x=x^TAx+x^TIx=x^Tx>0$.

注意 A 是反对称阵，因而 $x^TAx=0$. 故 $A+I$ 是正定矩阵，显然它非奇异(即可逆).

(2) **证 1** 对于 B 的正交性我们只需注意到

$$B^T=[(A-I)(A+I)^{-1}]^T=[(A+I)^{-1}]^T(A-I)^T=[(A+I)^T]^{-1}(A-I^T)=-(I-A)^{-1}(A+I)$$

$$B^TB=-(I-A)^{-1}(A+I)\cdot(A-I)(A-I)^{-1}=-(I-A)^{-1}(A^2-I)(A+I)^{-1}=$$
$$-(I-A)^{-1}(A-I)\cdot(A+I)(A+I)^{-1}=(I-A)^{-1}(I-A)\cdot I=I\cdot I=I$$

类似地可验证 $BB^T=I$. 这里运用了 $(A-I)(A+I)=A^2-I=(A+I)(A-I)$，即它们可交换的关系式.

证 2 (1) 由反对称阵的特征根是 0 或纯虚数，-1 不是其特征根，则 $|I+A|=(-1)^n|-I-A|\neq0$，知 $I+A$ 可逆.

(2) 注意到下面的变换(运算)及 $A^T=-A$ 且 $(B^{-1})^T=(B^T)^{-1}$ 有

$$(I-A)(I+A)^{-1}[(I-A)(I+A)^{-1}]^T=$$
$$(I-A)(I+A)^{-1}[(I+A)^{-1}]^T(I-A)^T=$$
$$(I-A)(I+A)^{-1}[(I+A)^T]^{-1}(I-A)=$$
$$(I-A)(I+A)^{-1}[(I+A)^T]^{-1}(I-A)=$$
$$(I-A)(I+A)^{-1}(I-A)^{-1}(I+A)=$$
$$(I-A)[(I-A)(I+A)]^{-1}(I+A)=$$
$$(I-A)(I^2-A^2)^{-1}(I+A)=$$
$$(I-A)[(I+A)(I-A)]^{-1}(I+A)=$$
$$(I-A)(I-A)^{-1}(I+A)^{-1}(I+A)=I$$

注 1 类似地在题设条件下可证若 $A+I$ 可逆，$I-A$ 亦可逆. 更一般地还可以有结论：

问题 1 若 A 为 n 阶实对称矩阵，S 为 n 阶实反对称矩阵，又 $AS=SA$，且 $A-S$ 非奇异，试证 $(A+S)(A-S)^{-1}$ 为正交矩阵.

问题 2 若 A 是 n 阶正交矩阵，$I+A$ 非奇异，则 A 可表示成 $(I+S)(I+S)^{-1}$ 形式，其中 A 为反对称矩阵.

略证 令矩阵 $S=(I+A)(I-A)^{-1}$，其中 $A^T=A^{-1}$，则

$$S^T=[(I-A)^{-1}]^T(I+A)^T=[(I-A)^T]^{-1}(I+A)^T=(I-A^T)^{-1}(I+A^T)=(I-A^{-1})^{-1}(I+A^{-1})=$$
$$[A^{-1}(A-I)]^{-1}[A^{-1}(A+I)]=(A-I)^{-1}AA^{-1}(A+I)=(A-I)^{-1}(A+I)=-(I-A)^{-1}(I+A)=-S$$

注意到下面的矩阵运算

$$(I+A)[(I-A)(I+A)^{-1}]=[(I+A)(I-A)](I+A)^{-1}=(I-A^2)(I+A)^{-1}=$$
$$(I-A)[(I+A)(I+A)^{-1}]=I-A$$

及

$$(I+A)[(I+A)^{-1}(I-A)]=[(I+A)(I+A)^{-1}](I-A)=I-A$$

再注意到 $I+A$ 的可逆性，从而 $(I+A)^{-1}(I-A)=(I-A)(I+A)^{-1}$，即它们可交换.

仿例中(1)的证法，我们还可有：

命题 若 $\boldsymbol{A}$ 是 n 阶实对称正定阵，$\boldsymbol{S}$ 是 n 阵反对称(实)方阵，则 $\det(\boldsymbol{A}+\boldsymbol{S})>0$.

这只需注意到：任意非零 n 维列向量 $\boldsymbol{x}$，由 $\boldsymbol{x}^{\mathrm{T}}(\boldsymbol{A}+\boldsymbol{S})\boldsymbol{x}=\boldsymbol{x}^{\mathrm{T}}\boldsymbol{A}\boldsymbol{x}+\boldsymbol{x}^{\mathrm{T}}\boldsymbol{S}\boldsymbol{x}=\boldsymbol{x}^{\mathrm{T}}\boldsymbol{A}\boldsymbol{x}>0$，故 $\boldsymbol{A}+\boldsymbol{S}$ 为正定阵，从而 $\det(\boldsymbol{A}+\boldsymbol{S})>0$.

注 2 若 $\boldsymbol{A}^{\mathrm{T}}=\boldsymbol{A}$(对称阵)或 $\boldsymbol{A}^{\mathrm{T}}=-\boldsymbol{A}$(反对称阵)或 $\boldsymbol{A}^{\mathrm{T}}=\boldsymbol{A}^{-1}$(正交阵)，则 $\boldsymbol{A}$ 均满足 $\boldsymbol{A}\boldsymbol{A}^{\mathrm{T}}=\boldsymbol{A}^{\mathrm{T}}\boldsymbol{A}$(称之为正规矩阵).

6. 分块矩阵的逆矩阵

分块矩阵似乎是矩阵研究的一大发展，人们从数拓展到向量，再从向量拓展到矩阵，已从研究单个数字拓展到研究一堆数字，再把矩阵再拓展便出现了分块矩阵. 这类矩阵命题很多，比如它的求逆问题一般涉及四个子块的分块方式，具体的讲常有

$$\text{若 } \boldsymbol{X}=\begin{pmatrix}\boldsymbol{A} & \boldsymbol{B}\\ \boldsymbol{O} & \boldsymbol{C}\end{pmatrix}\text{，则 } \boldsymbol{X} \text{ 的逆 } \boldsymbol{X}^{-1}=\begin{pmatrix}\boldsymbol{A}^{-1} & -\boldsymbol{A}^{-1}\boldsymbol{B}\boldsymbol{C}^{-1}\\ \boldsymbol{O} & \boldsymbol{C}^{-1}\end{pmatrix}$$

$$\text{若 } \boldsymbol{Y}=\begin{pmatrix}\boldsymbol{A} & \boldsymbol{O}\\ \boldsymbol{B} & \boldsymbol{C}\end{pmatrix}\text{，则 } \boldsymbol{Y} \text{ 的逆 } \boldsymbol{Y}^{-1}=\begin{pmatrix}\boldsymbol{A}^{-1} & \boldsymbol{O}\\ -\boldsymbol{C}^{-1}\boldsymbol{B}\boldsymbol{A} & \boldsymbol{C}^{-1}\end{pmatrix}$$

$$\text{若 } \boldsymbol{Z}=\begin{pmatrix}\boldsymbol{O} & \boldsymbol{A}\\ \boldsymbol{C} & \boldsymbol{B}\end{pmatrix}\text{，则 } \boldsymbol{Z} \text{ 的逆 } \boldsymbol{Z}^{-1}=\begin{pmatrix}-\boldsymbol{C}^{-1}\boldsymbol{B}\boldsymbol{A}^{-1} & \boldsymbol{C}^{-1}\\ \boldsymbol{A}^{-1} & \boldsymbol{O}\end{pmatrix}$$

它们的可直接通过矩阵乘法验证，此外逆亦可用初等变换的记录矩阵法获得，比如：

$$\left(\begin{array}{cc:cc}\boldsymbol{A} & \boldsymbol{B} & \boldsymbol{I}_1 & \\ \boldsymbol{O} & \boldsymbol{C} & & \boldsymbol{I}_2\end{array}\right)\xrightarrow[-\boldsymbol{B}\boldsymbol{C}^{-1}\text{加至上块}]{\text{(行)下块左乘}}\left(\begin{array}{cc:cc}\boldsymbol{A} & \boldsymbol{O} & \boldsymbol{I}_1 & -\boldsymbol{B}\boldsymbol{C}^{-1}\\ \boldsymbol{O} & \boldsymbol{C} & \boldsymbol{O} & \boldsymbol{I}\end{array}\right)$$

$$\xrightarrow[\text{下块左乘 } \boldsymbol{C}^{-1}]{\text{上块右乘 } \boldsymbol{A}^{-1}}\left(\begin{array}{cc:cc}\boldsymbol{I}_1 & \boldsymbol{O} & \boldsymbol{A}^{-1} & -\boldsymbol{A}^{-1}\boldsymbol{B}\boldsymbol{C}^{-1}\\ \boldsymbol{O} & \boldsymbol{I}_2 & \boldsymbol{O} & \boldsymbol{C}^{-1}\end{array}\right)=(\boldsymbol{I}\,\vdots\,\boldsymbol{X}^{-1})$$

其他分块求逆方法类同. 特别地

$$\begin{pmatrix}\boldsymbol{A} & \boldsymbol{O}\\ \boldsymbol{O} & \boldsymbol{B}\end{pmatrix}^{-1}=\begin{pmatrix}\boldsymbol{A}^{-1} & \boldsymbol{O}\\ \boldsymbol{O} & \boldsymbol{B}^{-1}\end{pmatrix},\quad \begin{pmatrix}\boldsymbol{O} & \boldsymbol{A}\\ \boldsymbol{B} & \boldsymbol{O}\end{pmatrix}^{-1}=\begin{pmatrix}\boldsymbol{O} & \boldsymbol{B}^{-1}\\ \boldsymbol{A}^{-1} & \boldsymbol{O}\end{pmatrix}$$

下面来看具体例子.

例 1 若分块矩阵 $\boldsymbol{A}=\begin{pmatrix}5 & 2 & & \\ 2 & 1 & & \\ & & 1 & -2\\ & & 1 & 1\end{pmatrix}$，试求 $\boldsymbol{A}^{-1}$.

解 这是一道典型的分块矩阵求逆的例. 由分块矩阵求逆公式

$$\boldsymbol{A}^{-1}=\begin{pmatrix}\begin{pmatrix}5 & 2\\ 2 & 1\end{pmatrix}^{-1} & \\ & \begin{pmatrix}1 & -2\\ 1 & 1\end{pmatrix}^{-1}\end{pmatrix}=\begin{pmatrix}1 & -2 & & \\ -2 & 5 & & \\ & & 1/3 & 2/3\\ & & -1/3 & 1/3\end{pmatrix}$$

这里每个子块求逆用公式或记录矩阵法皆可.

注 遇到 4 阶以上矩阵求逆，首先想到分块(如果矩阵 0 元较多，分布块状)，不行再用记录矩阵办法，求逆公式此时不宜用(计算 4 阶以上行列式较复杂、繁琐，特别当矩阵不是特殊形式如上、下三角阵、对角阵等的情形时).

下面的例子我们见过，但接下来的解法是将它视为分块矩阵处理的，这有时显得简便.

例 2 若矩阵 $\boldsymbol{A}=\begin{pmatrix}3 & 0 & 0\\ 1 & 4 & 0\\ 0 & 0 & 3\end{pmatrix}$，求矩阵 $(\boldsymbol{A}-2\boldsymbol{I})^{-1}$.

解 先计算 $\boldsymbol{A}-2\boldsymbol{I}$，再去求 $(\boldsymbol{A}-2\boldsymbol{I})^{-1}$. 由题设有

$$\boldsymbol{A}-2\boldsymbol{I}=\begin{pmatrix}1&0&0\\1&2&0\\0&0&1\end{pmatrix}\xlongequal{\text{分块}}\left(\begin{array}{cc:c}1&0&0\\1&2&0\\ \hdashline 0&0&1\end{array}\right)$$

这样便可有

$$(\boldsymbol{A}-2\boldsymbol{I})^{-1}=\begin{pmatrix}\begin{pmatrix}1&0\\1&2\end{pmatrix}^{-1}&\begin{matrix}0\\0\end{matrix}\\ \begin{matrix}0&0\end{matrix}&1^{-1}\end{pmatrix}=\begin{pmatrix}1&0&0\\-1/2&1/2&0\\0&0&1\end{pmatrix}$$

下面的例子看上去是求 $\boldsymbol{A}$，但实际上是计算矩阵的逆，这样题设算式稍须变形运算后，方可分块求逆.

例3 若矩阵 $\boldsymbol{A},\boldsymbol{B}\in\mathbf{R}^{n\times n}$，又 $\boldsymbol{A}+\boldsymbol{B}=\boldsymbol{AB}$. (1)试证 $\boldsymbol{A}-\boldsymbol{I}$ 可逆；(2)若 $\boldsymbol{B}=\begin{pmatrix}1&-3&0\\2&1&0\\0&0&2\end{pmatrix}$，求矩阵 $\boldsymbol{A}$.

证 (1)依题设条件要证 $\boldsymbol{A}-\boldsymbol{I}$ 可逆，只需考虑有无 $\boldsymbol{X}$ 使 $(\boldsymbol{A}-\boldsymbol{I})\boldsymbol{X}=\boldsymbol{I}$.

由 $\boldsymbol{A}+\boldsymbol{B}=\boldsymbol{AB}$，有 $\boldsymbol{AB}-\boldsymbol{A}-\boldsymbol{B}=\boldsymbol{O}$，这样可有(等式两边同时加上 $\boldsymbol{I}$)

$$\boldsymbol{AB}-\boldsymbol{A}-\boldsymbol{B}+\boldsymbol{I}=\boldsymbol{I}\quad\text{或}\quad(\boldsymbol{A}-\boldsymbol{I})(\boldsymbol{B}-\boldsymbol{I})=\boldsymbol{I}$$

此即说 $\boldsymbol{A}-\boldsymbol{I}$ 可逆，且 $(\boldsymbol{A}-\boldsymbol{I})^{-1}=\boldsymbol{B}-\boldsymbol{I}$.

解 (2)由(1)中 $(\boldsymbol{A}-\boldsymbol{I})(\boldsymbol{B}-\boldsymbol{I})=\boldsymbol{I}$ 知 $\boldsymbol{A}=(\boldsymbol{B}-\boldsymbol{I})^{-1}+\boldsymbol{I}$，故

$$\boldsymbol{A}=\begin{pmatrix}0&-3&0\\2&0&0\\0&0&1\end{pmatrix}^{-1}+\boldsymbol{I}=\begin{pmatrix}0&1/2&0\\-1/3&0&0\\0&0&1\end{pmatrix}+\boldsymbol{I}=\begin{pmatrix}1&1/2&0\\-1/3&1&0\\0&0&2\end{pmatrix}$$

注1 试想一下，如果 $a+b=ab$ 代数式要凑出 $a-1$ 因子，则式中出现某个常数并不难：因为 $ab-a-b=(a-1)(b-1)-1$，对于矩阵来讲可类比给出.

注2 $\boldsymbol{A}$ 亦可由题设 $\boldsymbol{A}+\boldsymbol{B}=\boldsymbol{AB}$ 得 $\boldsymbol{A}=\boldsymbol{B}(\boldsymbol{B}-\boldsymbol{I})^{-1}$ 求 $\boldsymbol{A}$，但这样做不便有二：①从题设及前面变形中无法看出 $\boldsymbol{B}-\boldsymbol{I}$ 可逆；②要做矩阵乘法，题中解法是做矩阵加法，显然较矩阵乘法简便.

但(2)的解法是依(1)证明过程中的结论而为.

一般来讲在解题中：某命题有几个结论时，后面的计算或证明往往要用到前面的结果.

分块矩阵求逆问题我们开头已经讲过，除了用记录矩阵方法外，我们还可以用待定未知数(解矩阵方程组)方法另求. 请看例：

例4 若矩阵 $\boldsymbol{X}=\begin{pmatrix}\boldsymbol{O}&\boldsymbol{A}\\\boldsymbol{B}&\boldsymbol{O}\end{pmatrix}$，这里 $\boldsymbol{A},\boldsymbol{B}$ 是可逆子块，求 $\boldsymbol{X}^{-1}$.

解1 考虑记录矩阵(假设 $\boldsymbol{A},\boldsymbol{B}$ 同阶)

$$\left(\begin{array}{cc:cc}\boldsymbol{O}&\boldsymbol{A}&\boldsymbol{I}_1&\boldsymbol{O}\\\boldsymbol{B}&\boldsymbol{O}&\boldsymbol{O}&\boldsymbol{I}_2\end{array}\right)\xrightarrow[\text{下块}]{\text{上块加至}}\left(\begin{array}{cc:cc}\boldsymbol{O}&\boldsymbol{A}&\boldsymbol{I}_1&\boldsymbol{O}\\\boldsymbol{B}&\boldsymbol{A}&\boldsymbol{I}_1&\boldsymbol{I}_2\end{array}\right)\xrightarrow[\text{下至上块}]{\text{上块乘}-1}\left(\begin{array}{cc:cc}-\boldsymbol{B}&\boldsymbol{O}&\boldsymbol{O}&-\boldsymbol{I}_2\\\boldsymbol{B}&\boldsymbol{A}&\boldsymbol{I}_1&\boldsymbol{I}_2\end{array}\right)$$

$$\xrightarrow[\text{下块}]{\text{上块加至}}\left(\begin{array}{cc:cc}-\boldsymbol{B}&\boldsymbol{O}&\boldsymbol{O}&-\boldsymbol{I}_1\\\boldsymbol{O}&\boldsymbol{A}&\boldsymbol{I}_1&\boldsymbol{O}\end{array}\right)\xrightarrow[\text{下块右乘}\boldsymbol{A}^{-1}]{\text{上块左乘}-\boldsymbol{B}^{-1}}\left(\begin{array}{cc:cc}\boldsymbol{I}_2&\boldsymbol{O}&\boldsymbol{O}&\boldsymbol{B}^{-1}\\\boldsymbol{O}&\boldsymbol{I}_1&\boldsymbol{A}^{-1}&\boldsymbol{O}\end{array}\right)$$

故

$$\boldsymbol{X}^{-1}=\begin{pmatrix}\boldsymbol{O}&\boldsymbol{B}^{-1}\\\boldsymbol{A}^{-1}&\boldsymbol{O}\end{pmatrix}$$

解2 令 $\boldsymbol{X}^{-1}=\begin{pmatrix}\boldsymbol{X}_1&\boldsymbol{X}_2\\\boldsymbol{X}_3&\boldsymbol{X}_4\end{pmatrix}$，由 $\begin{pmatrix}\boldsymbol{X}_1&\boldsymbol{X}_2\\\boldsymbol{X}_3&\boldsymbol{X}_4\end{pmatrix}\begin{pmatrix}\boldsymbol{O}&\boldsymbol{A}\\\boldsymbol{B}&\boldsymbol{O}\end{pmatrix}=\begin{pmatrix}\boldsymbol{I}_1&\boldsymbol{O}\\\boldsymbol{O}&\boldsymbol{I}_2\end{pmatrix}$，按分块矩阵乘法法则乘后再比较两

边可有

$$\begin{cases}X_2B=I_1\\X_1A=O\\X_4B=O\\X_3A=I_2\end{cases}\Rightarrow\begin{cases}X_2=B^{-1}\\X_1=O\\X_4=O\\X_3=A^{-1}\end{cases}$$

从而 $X^{-1}=\begin{pmatrix}O & B^{-1}\\ A^{-1} & O\end{pmatrix}$.

注 结论 $\begin{pmatrix} & A\\ B & \end{pmatrix}^{-1}=\begin{pmatrix} & B^{-1}\\ A^{-1} & \end{pmatrix}$ 和 $\begin{pmatrix}A & \\ & B\end{pmatrix}^{-1}=\begin{pmatrix}A^{-1} & \\ & B^{-1}\end{pmatrix}$ 一样在许多时候甚为有用,特别是涉及矩阵求逆及某些行列式计算时.比如:

问题 若 n 阶矩阵 $A=\begin{pmatrix}0 & a_1 & & & \\ & 0 & a_2 & & \\ & & \ddots & \ddots & \\ & & & 0 & a_{n-1}\\ a_n & & & & 0\end{pmatrix}$,试求 A^{-1}.

略解 显然如果想到了矩阵分块且注意对角阵的求逆公式有

$$A=\left(\begin{array}{c|cccc}0 & a_1 & & & \\ 0 & 0 & a_2 & & \\ \vdots & & \ddots & \ddots & \\ 0 & & & 0 & a_{n-1}\\ \hline a_n & 0 & 0 & \cdots & 0\end{array}\right)$$

则

$$A^{-1}=\left(\begin{array}{ccc|c}0 & \cdots & 0 & 1/a_n\\ \hline 1/a_1 & & & 0\\ & \ddots & & \vdots\\ & & 1/a_{n-1} & 0\end{array}\right)$$

再来看一个稍复杂些的例子.其实这种矩阵分块与上例注中问题一样可看作是"加边",一矩阵加上一行,一列和一个数凑成一个高一阶的矩阵(从某种意义上讲它与二次型有着关联).它显然有许个性.

例 5 若矩阵 $A\in\mathbf{R}^{n\times n}$ 非奇异,且向量 $\boldsymbol{\alpha}\in\mathbf{R}^n$ 及 $b\in\mathbf{R}$(常数),又

$$P=\begin{pmatrix}I & 0\\ -\boldsymbol{\alpha}^{\mathrm{T}}A^* & |A|\end{pmatrix},\quad Q=\begin{pmatrix}A & \boldsymbol{\alpha}\\ \boldsymbol{\alpha}^{\mathrm{T}} & b\end{pmatrix}$$

(1)化简矩阵 PQ;(2)试证矩阵 Q 可逆 $\Longleftrightarrow \boldsymbol{\alpha}^{\mathrm{T}}A^{-1}\boldsymbol{\alpha}\neq b$.

解 (1)由题设及分块矩阵乘法有

$$PQ=\begin{pmatrix}A & \boldsymbol{\alpha}\\ -\boldsymbol{\alpha}^{\mathrm{T}}A^*A+|A|\boldsymbol{\alpha}^{\mathrm{T}} & -\boldsymbol{\alpha}^{\mathrm{T}}A^*\boldsymbol{\alpha}+b|A|\end{pmatrix}=\begin{pmatrix}A & \boldsymbol{\alpha}\\ O & |A|(b-\boldsymbol{\alpha}^{\mathrm{T}}A^{-1}\boldsymbol{\alpha})\end{pmatrix}$$

这里运用了 A^* 的性质 $A^*A=|A|I, A^*=|A|A^{-1}$ 等.

(2)$\Rightarrow$若 Q 可逆,则由 $|A|\neq0$,从而 $|P|\neq0$,知 P 可逆,从而 $|PQ|\neq0$.

而 $|PQ|=|A|\cdot|A|(b-\boldsymbol{\alpha}^{\mathrm{T}}A^{-1}\boldsymbol{\alpha})=(b-\boldsymbol{\alpha}^{\mathrm{T}}A^{-1}\boldsymbol{\alpha})|A|^2$,因 $|A|\neq0$,故 $b-\boldsymbol{\alpha}^{\mathrm{T}}A^{-1}\boldsymbol{\alpha}\neq0$ 即 $b\neq\boldsymbol{\alpha}^{\mathrm{T}}A^{-1}\boldsymbol{\alpha}$.

$\Leftarrow$若 $b\neq\boldsymbol{\alpha}^{\mathrm{T}}A^{-1}\boldsymbol{\alpha}$,则 $b-\boldsymbol{\alpha}^{\mathrm{T}}A^{-1}\boldsymbol{\alpha}\neq0$,从而 $|PQ|\neq0$.

又 $|PQ|=|P||Q|$，且 $|P|\neq 0$，从而 $|Q|\neq 0$，即 Q 可逆.

注 1　本例是将求 Q 可逆条件，通过分块矩阵乘法转化为求 PQ 的可逆情形处理. 这在处理某些矩阵问题时往往起到事半功倍之效(前面我们也遇到过这类情况)，这是处理矩阵问题一项技巧性极高的方法.

注 2　本例涉及了 A 的伴随矩阵 A^*，粗略地看，A^* 其实与 A^{-1} 是等同的，它们仅差一个因子 $|A|$ 而已. 若 A 可逆，由 $A^*=|A|A^{-1}$ 已明确显现 A^* 的本质，这样在求解某些涉及 A^* 的问题时，可以方便地将其化为 A^{-1} 问题处理. 从感觉、上讲，A^{-1} 似乎较 A^* 更易为人们接受.

再来看一个关于非奇异矩阵和对称矩阵的例子. 它是一个普通矩阵问题去用分块矩阵处理的.

例 6　若 A 是对角线元素为 0 的四阶实对称可逆矩阵，I 为四阶单位矩阵，又

$$B=\mathrm{diag}\{0,0,k,0\}=\begin{pmatrix}0&&&\\&0&&\\&&k&\\&&&l\end{pmatrix}\quad(k>0,l>0)$$

试计算 $I+AB$，且指出 A 中元素满足何条件时，$I+AB$ 为可逆矩阵.

解　若设 $A=(a_{ij})_{4\times 4}$，则由 A 的对角线元素为 0 且 $A^{\mathrm{T}}=A$ 有

$$I+AB=\begin{pmatrix}1&&&\\&1&&\\&&1&\\&&&1\end{pmatrix}+\begin{pmatrix}0&a_{12}&a_{13}&a_{14}\\a_{12}&0&a_{23}&a_{24}\\a_{13}&a_{23}&0&a_{34}\\a_{14}&a_{24}&a_{34}&0\end{pmatrix}\cdot\begin{pmatrix}0&&&\\&0&&\\&&k&\\&&&l\end{pmatrix}=$$

(将后面矩阵 A,B 皆按虚线分块再相乘)

$$\begin{pmatrix}1&&&\\&1&&\\&&1&\\&&&1\end{pmatrix}+\begin{pmatrix}0&0&ka_{13}&la_{14}\\0&0&ka_{23}&la_{24}\\0&0&0&la_{34}\\0&0&ka_{34}&0\end{pmatrix}=\begin{pmatrix}1&0&ka_{13}&la_{14}\\0&1&ka_{23}&la_{24}\\0&0&1&la_{34}\\0&0&ka_{34}&1\end{pmatrix}$$

由分块矩阵行列式公式有

$$|I+AB|=\begin{vmatrix}1&0\\0&1\end{vmatrix}\cdot\begin{vmatrix}1&la_{34}\\ka_{34}&1\end{vmatrix}=1-kla_{34}^2$$

故当 $a_{34}\neq\pm\dfrac{1}{\sqrt{kl}}$ 时，$I+AB$ 为可逆矩阵.

分块矩阵对计算(或证明)某些矩阵问题带来方便(这在前面的例中已经看到)，特别是得到了某些结论之后.

例 7　设 A 和 B 为可逆矩阵，$X=\begin{pmatrix}O&A\\B&O\end{pmatrix}$ 为分块矩阵，求 X^{-1}.

解　设 X 的逆矩阵为 $X^{-1}=\begin{pmatrix}X_{11}&X_{12}\\X_{21}&X_{22}\end{pmatrix}$，则由 $XX^{-1}=\begin{pmatrix}I_1&O\\O&I_2\end{pmatrix}$($I_1,I_2$ 为分块单位矩阵)，可知

$$\begin{pmatrix}O&A\\B&O\end{pmatrix}\begin{pmatrix}X_{11}&X_{12}\\X_{21}&X_{22}\end{pmatrix}=\begin{pmatrix}I_1&O\\O&I_2\end{pmatrix}$$

即

$$\begin{pmatrix}AX_{21}&AX_{22}\\BX_{11}&BX_{12}\end{pmatrix}=\begin{pmatrix}I_1&O\\O&I_2\end{pmatrix}$$

从而 $AX_{21}=I_1$，$BX_{11}=O$，$BX_{12}=I_2$.

由于 $\boldsymbol{A},\boldsymbol{B}$ 可逆,则 $\boldsymbol{X}_{21}=\boldsymbol{A}^{-1},\boldsymbol{X}_{12}=\boldsymbol{B}^{-1}$,且 $\boldsymbol{X}_{11}=\boldsymbol{O},\boldsymbol{X}_{22}=\boldsymbol{O}$. 故

$$\boldsymbol{X}^{-1}=\begin{pmatrix}\boldsymbol{O} & \boldsymbol{B}^{-1}\\ \boldsymbol{A}^{-1} & \boldsymbol{O}\end{pmatrix}$$

例 8 设方阵 $\boldsymbol{A}=\begin{pmatrix}\boldsymbol{B} & \boldsymbol{u}\\ \boldsymbol{v} & a\end{pmatrix}$ 可逆,其中矩阵 $\boldsymbol{B}\in\mathbf{R}^{(n-1)\times(n-1)},\boldsymbol{u}\in\mathbf{R}^{(n-1)\times 1},\boldsymbol{v}\in\mathbf{R}^{1\times(n-1)}$,又 a 为非 0 实数,且已知 $\boldsymbol{B}^{-1}$,同时 $a\neq\boldsymbol{vBu}$,求证

$$\boldsymbol{A}^{-1}=\begin{pmatrix}\boldsymbol{B}^{-1}+x\boldsymbol{B}^{-1}\boldsymbol{uv}b^{-1} & -x\boldsymbol{B}^{-1}\boldsymbol{u}\\ -x\boldsymbol{v}\boldsymbol{B}^{-1} & x\end{pmatrix}$$

其中 $x=\dfrac{1}{a-\boldsymbol{vB}^{-1}\boldsymbol{u}}$.

证 设 $\boldsymbol{A}^{-1}=\begin{pmatrix}\boldsymbol{X} & \boldsymbol{y}\\ \boldsymbol{z} & x\end{pmatrix}$,其中 $\boldsymbol{X}\in\mathbf{R}^{(n-1)\times(n-1)},\boldsymbol{y}\in\mathbf{R}^{(n-1)\times 1},\boldsymbol{z}\in\mathbf{R}^{1\times(n-1)},x\in\mathbf{R}$ 为实数.

由 $\boldsymbol{A}^{-1}\boldsymbol{A}=\boldsymbol{I}$ 即 $\begin{pmatrix}\boldsymbol{X} & \boldsymbol{y}\\ \boldsymbol{z} & x\end{pmatrix}\begin{pmatrix}\boldsymbol{B} & \boldsymbol{u}\\ \boldsymbol{v} & a\end{pmatrix}=\begin{pmatrix}\boldsymbol{I}_{n-1} & \boldsymbol{0}\\ \boldsymbol{0} & 1\end{pmatrix}$,根据矩阵乘法有

$$\begin{cases}\boldsymbol{XB}+\boldsymbol{Yv}=\boldsymbol{I}_{n-1} & ①\\ \boldsymbol{Xu}+\boldsymbol{y}a=\boldsymbol{0} & ②\\ \boldsymbol{zB}+x\boldsymbol{v}=\boldsymbol{0} & ③\\ \boldsymbol{zu}+xa=1 & ④\end{cases}$$

由式①有

$$\boldsymbol{X}=\boldsymbol{B}^{-1}-\boldsymbol{yvB}^{-1} \qquad ⑤$$

由式③有

$$\boldsymbol{z}=-x\boldsymbol{v}b^{-1} \qquad ⑥$$

将式⑥代入式④,得

$$(-x\boldsymbol{vB}^{-1})\boldsymbol{v}+ax=1$$

即有

$$x=\frac{1}{a-\boldsymbol{vB}^{-1}\boldsymbol{u}} \qquad ⑦$$

将式⑤代入式②,得

$$(\boldsymbol{B}^{-1}-\boldsymbol{yv}b^{-1})\boldsymbol{v}+\boldsymbol{y}a=0$$

故

$$\boldsymbol{y}=-\frac{\boldsymbol{B}^{-1}\boldsymbol{u}}{a-\boldsymbol{v}b^{-1}\boldsymbol{u}}=-x\boldsymbol{B}^{-1}\boldsymbol{u} \qquad ⑧$$

将式⑧代入式⑥,得

$$\boldsymbol{z}=\boldsymbol{B}^{-1}+x\boldsymbol{B}^{-1}\boldsymbol{uvB}^{-1} \qquad ⑨$$

综上可有

$$\boldsymbol{A}^{-1}=\begin{pmatrix}\boldsymbol{B}^{-1}+x\boldsymbol{B}^{-1}\boldsymbol{uvB}^{-1} & -x\boldsymbol{B}^{-1}\boldsymbol{u}\\ -x\boldsymbol{vB}^{-1} & x\end{pmatrix}$$

其中 $x=\dfrac{1}{a-\boldsymbol{vB}^{-1}\boldsymbol{u}}$.

例 9 设有分块矩阵 $\begin{pmatrix}\boldsymbol{A} & \boldsymbol{B}\\ \boldsymbol{C} & \boldsymbol{D}\end{pmatrix}$,其中 $\boldsymbol{A},\boldsymbol{D}$ 均为可逆阵,试证:若 $\boldsymbol{A}-\boldsymbol{BD}^{-1}$ 可逆(满秩),则(1)该分块

矩阵 $\begin{pmatrix} A & B \\ C & D \end{pmatrix}$ 可逆；(2) $(A-BD^{-1}C)^{-1}=A^{-1}-A^{-1}B(CA^{-1}B-D)^{-1}CA^{-1}$.

证　(1)注意到下面的分块矩阵等式

$$\begin{pmatrix} I_1 & -BD^{-1} \\ O & I_2 \end{pmatrix}\begin{pmatrix} A & B \\ C & D \end{pmatrix}=\begin{pmatrix} A-BD^{-1}C & O \\ C & D \end{pmatrix}$$

两边取行列式有

$$\begin{vmatrix} A & B \\ C & D \end{vmatrix}=|A-BD^{-1}C|\cdot|D|$$

由 $|D|\neq 0$，且 $|A-BD^{-1}C|\neq 0$，知 $\begin{vmatrix} A & B \\ C & D \end{vmatrix}\neq 0$，即 $\begin{pmatrix} A & B \\ C & D \end{pmatrix}$ 非奇异.

(2)因 $AA^{-1}=I$，又设 I_1 是与 D 同阶单位矩阵，故由矩阵乘法运算有

$$\begin{aligned}&(A-BD^{-1}C)[A^{-1}-A^{-1}B(CA^{-1}B-D)^{-1}CA^{-1}]=\\ &I-B(CA^{-1}B-D)^{-1}CA^{-1}-BD^{-1}CA^{-1}+BD^{-1}CA^{-1}B(CA^{-1}B-D)^{-1}CA^{-1}=\\ &I+B[(D^{-1}CAB-I_1)(CA^{-1}B-D)^{-1}-D^{-1}]CA^{-1}\end{aligned}$$

又因

$$D^{-1}CA^{-1}B-I_1=D^{-1}CA^{-1}B-D^{-1}D=D^{-1}(CA^{-1}B-D)$$

故

$$(D^{-1}CA^{-1}B-I_1)(CA^{-1}B-D)^{-1}=D^{-1}(CA^{-1}B-D)(CA^{-1}B-D)^{-1}=D^{-1}$$

因而

$$(D^{-1}CA^{-1}B-I_1)(CA^{-1}B-D)^{-1}-D^{-1}=O$$

所以

$$(A-BD^{-1}C)[A^{-1}-A^{-1}B(CA^{-1}B-D)^{-1}CA^{-1}]=I$$

即

$$(A-BD^{-1}C)^{-1}=A^{-1}-A^{-1}B(CA^{-1}B-D)^{-1}CA^{-1}$$

注 1　下面诸问题与例类同（请注意它们的区别与联系）：

问题 1　若 $\begin{pmatrix} A & B \\ C & D \end{pmatrix}$ 是对称阵，又 D 为非奇异阵，则该矩阵 $\begin{pmatrix} A & B \\ C & D \end{pmatrix}$ 与矩阵 $\begin{pmatrix} A-BD^{-1}C & O \\ O & D \end{pmatrix}$ 合同.

我们还可有更一般的结论：

问题 2　若矩阵 $\begin{pmatrix} A & B \\ C & D \end{pmatrix}$ 可逆 $\Longleftrightarrow A-BD^{-1}C$ 和 $D-CA^{-1}B$ 可逆.

问题 3　若 $A\in\mathbf{R}^{n\times n}$ 且可逆，而 $B\in\mathbf{R}^{n\times m}$，$C\in\mathbf{R}^{m\times n}$，$D\in\mathbf{R}^{m\times m}$. 当且仅当 $T=(D-CA^{-1}B)^{-1}$ 存在时，$Z^{-1}=\begin{pmatrix} A & B \\ C & D \end{pmatrix}^{-1}$ 存在，且 $Z^{-1}=\begin{pmatrix} A^{-1}+A^{-1}BTCA^{-1} & -A^{-1}BT \\ -TCA^{-1} & T \end{pmatrix}$.

问题 4　若 $A,B\in\mathbf{R}^{n\times n}$，且 $A+B$ 及 $A-B$ 可逆，则 $D=\begin{pmatrix} A & B \\ B & A \end{pmatrix}$ 可逆，求之.

解 1　显然，矩阵 D 的行列式经变换有（依行列式性质）

$$|D|=\begin{vmatrix} A & B \\ B & A \end{vmatrix}=\begin{vmatrix} A+B & B \\ B+A & A \end{vmatrix}=\begin{vmatrix} A+B & B \\ O & A-B \end{vmatrix}=|A+B|\cdot|A-B|\neq 0$$

令 $D^{-1}=\begin{pmatrix} D_1 & D_2 \\ D_3 & D_4 \end{pmatrix}$，由 $DD^{-1}=I_{2n}=\begin{pmatrix} I_n & \\ & I_n \end{pmatrix}$，按分块阵乘法再比较两边有

$$AD_1+BD_3=I_n,\quad BD_1+AD_3=O,\quad AD_2+BD_4=O,\quad BD_2+AD_4=I_n$$

得 $D_1=D_4=\frac{1}{2}[(A+B)^{-1}+(A-B)^{-1}]$，且 $D_2=D_3=\frac{1}{2}[(A+B)^{-1}-(A-B)^{-1}]$.

此处问题还可解如：

另解 令矩阵 $X=\begin{pmatrix}X_1 & X_2\\ X_3 & X_4\end{pmatrix}$，这里 $X_i\in\mathbf{R}^{n\times n}(i=1\sim4)$. 这样可由

$$\begin{pmatrix}A & B\\ B & A\end{pmatrix}\begin{pmatrix}X_1 & X_2\\ X_3 & X_4\end{pmatrix}=\begin{pmatrix}I_n & O\\ O & I_n\end{pmatrix}$$

得

$$\begin{cases}AX_2+BX_3=I_n\\ AX_2+BX_4=O\\ BX_1+AX_3=O\\ BX_2+AX_4=I_n\end{cases}$$

由上可解得

$$X_1=X_4=\frac{1}{2}[(A+B)^{-1}+(A-B)^{-1}]$$

$$X_2=X_3=\frac{1}{2}[(A+B)^{-1}-(A-B)^{-1}]$$

从而矩阵 $D^{-1}=X=\begin{pmatrix}X_1 & X_2\\ X_3 & X_4\end{pmatrix}$.

注 这里是构造性证法，直接给出矩阵 D 的递，当然也就证明了 D 可逆.

问题 5 若矩阵 $A,B,C,D\in\mathbf{R}^{n\times n}$，且 $AC=CA$，则 $\begin{vmatrix}A & B\\ C & D\end{vmatrix}=|AD-BC|$.

注 2 利用本题结果，我们不难证明下在面的命题，它们在前文我们已经介绍过：

问题 6 设分块矩阵 $A=\begin{pmatrix}A_{11} & A_{12}\\ 0 & A_{22}\end{pmatrix}$，其中 $A_{ij}(i,j=1,2)$ 表示 $n_i\times n_j$ 阶矩阵.

(1)试证 A 为可逆矩阵 $\Longleftrightarrow A_{11},A_{22}$ 均为可逆矩阵；

(2)试求 A^{-1}(注意 A_{11}^{-1},A_{22}^{-1} 为 A_{11},A_{22} 的逆矩阵).

该问题亦可直接去解(不用例的结果)，或者如前文曾述用分块记录矩阵方法(若运算能进行的话)去解如：

$$\left(\begin{array}{cc:cc}A_{11} & A_{12} & I_1 & \\ O & A_{22} & & I_2\end{array}\right)\longrightarrow\left(\begin{array}{cc:cc}A_{11} & O & I_1 & -A_{12}A_{22}^{-1}\\ O & A_{22} & O & I_2\end{array}\right)\longrightarrow\left(\begin{array}{cc:cc}I_1 & & A_{11}^{-1} & -A_{11}^{-1}A_{12}A_{22}^{-1}\\ & I_2 & O & A_{22}^{-1}\end{array}\right)$$

问题 7 对于分块矩阵 $\begin{pmatrix}A & B\\ C & D\end{pmatrix}$ 来讲：

(1)若 A 可逆，则有

$$\begin{pmatrix}A & B\\ C & D\end{pmatrix}=\begin{pmatrix}I & O\\ CA^{-1} & I\end{pmatrix}\begin{pmatrix}A & O\\ O & D-CA^{-1}B\end{pmatrix}\begin{pmatrix}I & A^{-1}B\\ O & I\end{pmatrix}$$

(2)若 D 可逆，则有

$$\begin{pmatrix}A & B\\ C & D\end{pmatrix}=\begin{pmatrix}I & BD^{-1}\\ O & I\end{pmatrix}\begin{pmatrix}A-BD^{-1}C & O\\ O & D\end{pmatrix}\begin{pmatrix}I & O\\ D^{-1}C & I\end{pmatrix}$$

对于例的结论来讲更一般的可有如下拓广：

例 10　若 $\boldsymbol{A}\in \mathbf{R}^{m\times n}$，$\boldsymbol{D}\in \mathbf{R}^{n\times n}$，且它们均可逆，则分块阵 $\boldsymbol{H}=\begin{pmatrix}\boldsymbol{A} & \boldsymbol{B}\\ \boldsymbol{C} & \boldsymbol{D}\end{pmatrix}$ 可逆$\Longleftrightarrow \boldsymbol{A}-\boldsymbol{B}\boldsymbol{D}^{-1}\boldsymbol{C}$ 和 $\boldsymbol{D}-\boldsymbol{C}\boldsymbol{A}^{-1}\boldsymbol{B}$ 可逆.

证 1　由题设 $\boldsymbol{A}$ 可逆考虑(前文已有证)

$$\begin{pmatrix}\boldsymbol{A} & \boldsymbol{B}\\ \boldsymbol{C} & \boldsymbol{D}\end{pmatrix}\begin{pmatrix}\boldsymbol{I} & -\boldsymbol{A}^{-1}\boldsymbol{B}\\ \boldsymbol{O} & \boldsymbol{I}\end{pmatrix}=\begin{pmatrix}\boldsymbol{A} & \boldsymbol{O}\\ \boldsymbol{C} & \boldsymbol{D}-\boldsymbol{C}\boldsymbol{A}^{-1}\boldsymbol{B}\end{pmatrix}$$

则两边取行列式有

$$\begin{vmatrix}\boldsymbol{A} & \boldsymbol{B}\\ \boldsymbol{C} & \boldsymbol{D}\end{vmatrix}=\begin{vmatrix}\boldsymbol{A} & \boldsymbol{O}\\ \boldsymbol{C} & \boldsymbol{D}-\boldsymbol{C}\boldsymbol{A}^{-1}\boldsymbol{B}\end{vmatrix}=|\boldsymbol{A}|\,|\boldsymbol{C}\boldsymbol{A}^{-1}\boldsymbol{B}| \qquad ①$$

同样，由 $\boldsymbol{D}$ 可逆考虑

$$\begin{pmatrix}\boldsymbol{A} & \boldsymbol{B}\\ \boldsymbol{C} & \boldsymbol{D}\end{pmatrix}\begin{pmatrix}\boldsymbol{I} & \boldsymbol{O}\\ -\boldsymbol{D}^{-1}\boldsymbol{C} & \boldsymbol{I}\end{pmatrix}=\begin{pmatrix}\boldsymbol{A}-\boldsymbol{B}\boldsymbol{D}^{-1}\boldsymbol{C} & \boldsymbol{B}\\ \boldsymbol{O} & \boldsymbol{D}\end{pmatrix}$$

则

$$\begin{vmatrix}\boldsymbol{A} & \boldsymbol{B}\\ \boldsymbol{C} & \boldsymbol{D}\end{vmatrix}=\begin{vmatrix}\boldsymbol{A}-\boldsymbol{B}\boldsymbol{D}^{-1}\boldsymbol{C} & \boldsymbol{B}\\ \boldsymbol{O} & \boldsymbol{D}\end{vmatrix}=|\boldsymbol{A}-\boldsymbol{B}\boldsymbol{D}^{-1}\boldsymbol{C}|\,|\boldsymbol{D}| \qquad ②$$

因 $|\boldsymbol{A}|\neq 0$，$|\boldsymbol{D}|\neq 0$，由式①和式②知

矩阵 $\boldsymbol{H}$ 可逆$\Longleftrightarrow|\boldsymbol{D}-\boldsymbol{C}\boldsymbol{A}^{-1}\boldsymbol{B}|\neq 0$，且$|\boldsymbol{A}-\boldsymbol{B}\boldsymbol{D}^{-1}\boldsymbol{C}|\neq 0\Longleftrightarrow\boldsymbol{D}-\boldsymbol{C}\boldsymbol{A}^{-1}\boldsymbol{B}$ 和 $\boldsymbol{A}-\boldsymbol{B}\boldsymbol{D}^{-1}\boldsymbol{C}$ 可逆(非奇异).

证 2　由题设 $\boldsymbol{A},\boldsymbol{D}$ 可逆，考虑

$$\begin{pmatrix}\boldsymbol{A} & \boldsymbol{B}\\ \boldsymbol{C} & \boldsymbol{D}\end{pmatrix}\begin{pmatrix}-\boldsymbol{A}^{-1} & \boldsymbol{O}\\ \boldsymbol{O} & \boldsymbol{D}^{-1}\end{pmatrix}\begin{pmatrix}\boldsymbol{A} & \boldsymbol{B}\\ \boldsymbol{C} & \boldsymbol{D}\end{pmatrix}=\begin{pmatrix}\boldsymbol{B}\boldsymbol{D}^{-1}\boldsymbol{C}-\boldsymbol{A} & \boldsymbol{O}\\ \boldsymbol{O} & \boldsymbol{D}-\boldsymbol{C}\boldsymbol{A}^{-1}\boldsymbol{B}\end{pmatrix}$$

两边取行列式有

$$\begin{vmatrix}\boldsymbol{A} & \boldsymbol{B}\\ \boldsymbol{C} & \boldsymbol{D}\end{vmatrix}^2|-\boldsymbol{A}^{-1}|\,|\boldsymbol{D}^{-1}|=|\boldsymbol{B}\boldsymbol{D}^{-1}\boldsymbol{C}-\boldsymbol{A}|\,|\boldsymbol{D}-\boldsymbol{C}\boldsymbol{A}^{-1}\boldsymbol{B}|$$

从而

$$\begin{vmatrix}\boldsymbol{A} & \boldsymbol{B}\\ \boldsymbol{C} & \boldsymbol{D}\end{vmatrix}\neq 0\Longleftrightarrow|\boldsymbol{B}\boldsymbol{D}^{-1}\boldsymbol{C}-\boldsymbol{A}|\,|\boldsymbol{D}-\boldsymbol{C}\boldsymbol{A}^{-1}\boldsymbol{B}|\neq 0\Longleftrightarrow|\boldsymbol{B}\boldsymbol{D}^{-1}\boldsymbol{C}-\boldsymbol{A}|\neq 0$$

且$|\boldsymbol{D}-\boldsymbol{C}\boldsymbol{A}^{-1}\boldsymbol{B}|\neq 0\Longleftrightarrow$矩阵 $\boldsymbol{B}\boldsymbol{D}^{-1}\boldsymbol{C}-\boldsymbol{A}$ 和 $\boldsymbol{D}-\boldsymbol{C}\boldsymbol{A}^{-1}\boldsymbol{B}$ 可逆.

四、矩阵的一般性质

1. 矩阵与矩阵间的关系

矩阵与矩阵之间关系有等价、相似、合同等，区分它们有时尚须费些脑筋，关键是找出它们的区别与联系.

例 1　今有矩阵

$$\boldsymbol{A}=\begin{pmatrix}1 & 0 & 0\\ 0 & 2 & 0\\ 0 & 0 & -1\end{pmatrix},\quad \boldsymbol{B}=\begin{pmatrix}1 & -1 & 0\\ -1 & 2 & 0\\ 0 & 0 & 3\end{pmatrix},\quad \boldsymbol{C}=\begin{pmatrix}-2 & 0 & 0\\ 0 & 1 & 0\\ 0 & 0 & 1\end{pmatrix},\quad \boldsymbol{D}=\begin{pmatrix}0 & 1 & 0\\ 1 & 0 & 0\\ 0 & 0 & 2\end{pmatrix}$$

问 $\boldsymbol{B},\boldsymbol{C},\boldsymbol{D}$ 中(1)哪些与 $\boldsymbol{A}$ 等价？(2)哪些与 $\boldsymbol{A}$ 合同？(3)哪些与 $\boldsymbol{A}$ 相似？

解　(1)由 $\mathrm{r}(\boldsymbol{A})=\mathrm{r}(\boldsymbol{B})=\mathrm{r}(\boldsymbol{C})=\mathrm{r}(\boldsymbol{D})=3$. 故矩阵 $\boldsymbol{B},\boldsymbol{C},\boldsymbol{D}$ 皆与矩阵 $\boldsymbol{A}$ 等价.

(2)注意到下面矩阵等式，若令

$$P=\begin{pmatrix} & & \sqrt{2} \\ & 1/\sqrt{2} & \\ 1 & & \end{pmatrix},\quad Q=\begin{pmatrix} 0 & 1 & 1/\sqrt{2} \\ 0 & 1 & 0 \\ 1/\sqrt{2} & -1/\sqrt{2} & 0 \end{pmatrix}$$

则 $\boldsymbol{PAP}^{\mathrm{T}}=\boldsymbol{C}$, $\boldsymbol{QDQ}^{\mathrm{T}}=\boldsymbol{A}$. 故矩阵 $\boldsymbol{C},\boldsymbol{D}$ 与 $\boldsymbol{A}$ 合同. 但 $\boldsymbol{B}$ 不与 $\boldsymbol{A}$ 合同,用反证法.

若不然有可逆阵 $\boldsymbol{X}$ 使 $\boldsymbol{X}^{\mathrm{T}}\boldsymbol{AX}=\boldsymbol{B}$,则有 $|\boldsymbol{B}|=|\boldsymbol{X}|^2|\boldsymbol{A}|$.

从而 $|\boldsymbol{A}|$ 与 $|\boldsymbol{B}|$ 同号,但由题设知 $|\boldsymbol{A}|<0$, $|\boldsymbol{B}|>0$,矛盾!

(3)首先 $|\boldsymbol{A}|\neq|\boldsymbol{B}|$,知 $\boldsymbol{B}$ 与 $\boldsymbol{A}$ 不相似. 又 $\boldsymbol{A}$ 与 $\boldsymbol{C}$ 的特征根不相同,故 $\boldsymbol{C}$ 与 $\boldsymbol{A}$ 不相似?

而 $\boldsymbol{A}$ 与 $\boldsymbol{D}$ 有相同特征根,且均可用相似变换化为相同的对角阵,故 $\boldsymbol{A}\sim\boldsymbol{D}$.

例 2 证明:若矩阵 $\boldsymbol{A},\boldsymbol{B}\in\mathbf{R}^{n\times n}$,则 $\boldsymbol{AB}-\boldsymbol{BA}\neq\boldsymbol{I}$.

证 设矩阵 $\boldsymbol{A}=(a_{ij})_{n\times n}$, $\boldsymbol{B}=(b_{ij})_{n\times n}$,则

$$\boldsymbol{AB}-\boldsymbol{BA}=\begin{pmatrix} \sum_{k=1}^n a_{1k}b_{k1} & & & \\ & \sum_{k=1}^n a_{2k}b_{k2} & * & \\ * & & \ddots & \\ & & & \sum_{k=1}^n a_{nk}b_{kn} \end{pmatrix}-\begin{pmatrix} \sum_{k=1}^n b_{1k}a_{k1} & & & \\ & \sum_{k=1}^n b_{2k}a_{k2} & * & \\ * & & \ddots & \\ & & & \sum_{k=1}^n b_{kn}a_{nk} \end{pmatrix}$$

其中 $*$ 表示相应矩阵元素(省略). 从而 $\boldsymbol{AB}-\boldsymbol{BA}$ 的全对角元素之和为

$$\sum_{i=1}^n\left(\sum_{k=1}^n a_{ik}b_{ki}-\sum_{k=1}^n b_{ik}a_{ki}\right)=\sum_{i=1}^n\sum_{k=1}^n a_{ik}b_{ki}-\sum_{i=1}^n\sum_{k=1}^n b_{ik}a_{ki}=0$$

从而 $\boldsymbol{AB}-\boldsymbol{BA}$ 的主对角线上元素不能全为 1,即 $\boldsymbol{AB}-\boldsymbol{BA}\neq\boldsymbol{I}$.

下面的例是关于"秩 1 矩阵"(秩为 1 的矩阵)的一个性质.

例 3 若矩阵 $\boldsymbol{A}\in\mathbf{R}^{n\times n}$,且 $\mathrm{r}(\boldsymbol{A})=1$. 证明(1) $\boldsymbol{A}=\boldsymbol{uv}^{\mathrm{T}}$;(2) $\boldsymbol{A}^2=k\boldsymbol{A}$,其中 k 为某个常数.

解 (1)由题设 $\mathrm{r}(\boldsymbol{A})=1$,则 $\boldsymbol{A}$ 的任意两行皆成比例. 设

$$\boldsymbol{A}=\begin{pmatrix} a_1b_1 & a_1b_2 & \cdots & a_1b_n \\ a_2b_1 & a_2b_2 & \cdots & a_2b_n \\ \vdots & \vdots & & \vdots \\ a_nb_1 & a_nb_2 & \cdots & a_nb_n \end{pmatrix}=\begin{pmatrix} a_1 \\ a_2 \\ \vdots \\ a_n \end{pmatrix}(b_1,b_2,\cdots,b_n)=\boldsymbol{uv}^{\mathrm{T}}$$

其中 $\boldsymbol{u}=(a_1,a_2,\cdots,a_n)^{\mathrm{T}}$, $\boldsymbol{v}=(b_1,b_2,\cdots,b_n)^{\mathrm{T}}$.

(2)由 $\boldsymbol{A}=\boldsymbol{uv}^{\mathrm{T}}$,则 $\boldsymbol{A}^2=(\boldsymbol{uv}^{\mathrm{T}})^2=\boldsymbol{uv}^{\mathrm{T}}\boldsymbol{uv}^{\mathrm{T}}=\boldsymbol{u}(\boldsymbol{v}^{\mathrm{T}}\boldsymbol{u})\boldsymbol{v}^{\mathrm{T}}=k\boldsymbol{uv}^{\mathrm{T}}$,这里 $k=\boldsymbol{v}^{\mathrm{T}}\boldsymbol{u}$ 是数.

例 4 试证明与所有 n 阶非奇异矩阵可以交换的 n 阶矩阵必为:(1)对角阵;(2)数量阵(即 $a\boldsymbol{I}$,其中 $a\in\mathbf{R}$, $\boldsymbol{I}$ 为单位阵).

证 (1)设 $\boldsymbol{A}=(a_{ij})_{n\times n}$,今特别取

$$\boldsymbol{B}=\mathrm{diag}\{1,2,\cdots,n\}=(\boldsymbol{e}_1,2\boldsymbol{e}_2,3\boldsymbol{e}_3,\cdots,n\boldsymbol{e}_n)=\begin{pmatrix} \boldsymbol{e}_1^{\mathrm{T}} \\ 2\boldsymbol{e}_2^{\mathrm{T}} \\ \vdots \\ n\boldsymbol{e}_n^{\mathrm{T}} \end{pmatrix}$$

由题设 $\boldsymbol{AB}=\boldsymbol{BA}$,即 $\boldsymbol{A}(\boldsymbol{e}_1,2\boldsymbol{e}_2,\cdots,n\boldsymbol{e}_n)=\begin{pmatrix} \boldsymbol{e}_1^{\mathrm{T}} \\ 2\boldsymbol{e}_2^{\mathrm{T}} \\ \vdots \\ n\boldsymbol{e}_n^{\mathrm{T}} \end{pmatrix}\boldsymbol{A}$,有 $ia_{ij}=ja_{ij}\ (1\leqslant i,j\leqslant n)$,

故当 $i\neq j$ 时，$a_{ij}=0\ (1\leqslant i,j\leqslant n)$. 则 $\boldsymbol{A}$ 是对角阵

$$\boldsymbol{A}=\text{diag}\{a_{11},a_{22},\cdots,a_{nn}\}$$

(2)取初等阵 $\boldsymbol{P}_{ij}=(\boldsymbol{e}_1,\cdots,\boldsymbol{e}_{i-1},\boldsymbol{e}_j,\boldsymbol{e}_{i+1},\cdots,\boldsymbol{e}_{j-1},\boldsymbol{e}_i,\boldsymbol{e}_{j+1},\cdots,\boldsymbol{e}_n)$.

由 $\boldsymbol{AP}_{ij}=\boldsymbol{P}_{ij}\boldsymbol{A}$，可得 $a_{ii}=a_{jj}\ (i\neq j,1\leqslant i,j\leqslant n)$，即 $\boldsymbol{A}=a\boldsymbol{I}$.

矩阵乘积的伴随矩阵与它们的伴随矩阵乘积的关系可见下例.

例 5 若 $\boldsymbol{A},\boldsymbol{B}$ 为 n 阶可逆矩阵，试证$(\boldsymbol{AB})^*=\boldsymbol{B}^*\boldsymbol{A}^*$.

证 由$(\boldsymbol{AB})^*=|\boldsymbol{AB}|(\boldsymbol{AB})^{-1}=|\boldsymbol{A}||\boldsymbol{B}|\boldsymbol{B}^{-1}\boldsymbol{A}^{-1}=|\boldsymbol{B}|\boldsymbol{B}^{-1}\cdot|\boldsymbol{A}|\boldsymbol{A}^{-1}=\boldsymbol{B}^*\boldsymbol{A}^*$.

注 若 $\boldsymbol{A},\boldsymbol{B}$ 不可逆时，$(\boldsymbol{AB})^*=\boldsymbol{B}^*\boldsymbol{A}^*$ 亦成立. 这时通过$(\boldsymbol{AB})^*$的元素与 $\boldsymbol{B}^*\boldsymbol{A}^*$ 相应元素比较可得结论.

下面的例子也涉及了矩阵的迹概念.

例 6 若矩阵 $\boldsymbol{A}\in\mathbf{R}^{n\times m}$，又对任意 $\boldsymbol{M}\in\mathbf{R}^{n\times n}$ 皆有 $\text{Tr}(\boldsymbol{AM})=0$，则 $\boldsymbol{A}=\boldsymbol{0}$.

证 设 $\boldsymbol{A}=(a_{ij})_{n\times m}$，又设 $\boldsymbol{E}_{ij}$ 为(i,j)处元素为 1，其余元素为 0 的矩阵.

由题设对任意 $\boldsymbol{E}_{ij}$ 皆有 $\text{Tr}(\boldsymbol{AE}_{ij})=a_{ji}=0,1\leqslant i\leqslant m,1\leqslant j\leqslant n$，从而 $\boldsymbol{A}=\boldsymbol{0}$.

再来看几个矩阵等式的证明问题.

例 7 若矩阵 $\boldsymbol{C},\boldsymbol{D},\boldsymbol{A}\in\mathbf{R}^{n\times n}$，又若 $\boldsymbol{CAA}^{\mathrm{T}}=\boldsymbol{DAA}^{\mathrm{T}}$，则 $\boldsymbol{CA}=\boldsymbol{DA}$.

证 由设 $\boldsymbol{CAA}^{\mathrm{T}}=\boldsymbol{DAA}^{\mathrm{T}}$，因为要证 $\boldsymbol{CA}=\boldsymbol{DA}$，只需证 $\boldsymbol{CA}-\boldsymbol{DA}=\boldsymbol{0}$ 即可. 则考虑：

$$(\boldsymbol{DA}-\boldsymbol{CA})(\boldsymbol{DA}-\boldsymbol{CA})^{\mathrm{T}}=(\boldsymbol{DA}-\boldsymbol{CA})(\boldsymbol{A}^{\mathrm{T}}\boldsymbol{D}^{\mathrm{T}}-\boldsymbol{A}^{\mathrm{T}}\boldsymbol{C}^{\mathrm{T}})=\boldsymbol{DAA}^{\mathrm{T}}\boldsymbol{D}^{\mathrm{T}}-\boldsymbol{DAA}^{\mathrm{T}}\boldsymbol{C}^{\mathrm{T}}-\boldsymbol{CAA}^{\mathrm{T}}\boldsymbol{D}^{\mathrm{T}}+\boldsymbol{CAA}^{\mathrm{T}}\boldsymbol{C}^{\mathrm{T}}=(\boldsymbol{DAA}^{\mathrm{T}}-\boldsymbol{CAA}^{\mathrm{T}})(\boldsymbol{D}^{\mathrm{T}}-\boldsymbol{C}^{\mathrm{T}})=\boldsymbol{O}$$

由 $\boldsymbol{DA}-\boldsymbol{CA}$ 是实方阵，又$(\boldsymbol{DA}-\boldsymbol{CA})(\boldsymbol{DA}-\boldsymbol{CA})^{\mathrm{T}}=\boldsymbol{O}$，故 $\boldsymbol{DA}-\boldsymbol{CA}=\boldsymbol{O}$，从而 $\boldsymbol{DA}=\boldsymbol{CA}$.

注 关于 $\boldsymbol{AA}^{\mathrm{T}}$ 矩阵秩及其他问题的讨论，我们前文已有述及.

例 8 设矩阵 $\boldsymbol{A}\in\mathbf{R}^{m\times n},\boldsymbol{B}\in\mathbf{R}^{n\times p},\boldsymbol{C}\in\mathbf{R}^{p\times s}$，又 $\text{r}(\boldsymbol{A})=n,\text{r}(\boldsymbol{C})=p$，且 $\boldsymbol{ABC}=\boldsymbol{O}$，试证 $\boldsymbol{B}=\boldsymbol{O}$.

证 由设 $\text{r}(\boldsymbol{A}^{\mathrm{T}}\boldsymbol{A})=n$，故 $\boldsymbol{A}^{\mathrm{T}}\boldsymbol{A}$ 可逆. 同理 $\text{r}(\boldsymbol{CC}^{\mathrm{T}})=p$，知 $\boldsymbol{CC}^{\mathrm{T}}$ 可逆.

用$(\boldsymbol{A}^{\mathrm{T}}\boldsymbol{A})^{-1}\boldsymbol{A}^{\mathrm{T}}$ 左乘 $\boldsymbol{ABC}=\boldsymbol{O}$ 两边，$C^{\mathrm{T}}(\boldsymbol{CC}^{\mathrm{T}})^{-1}$右乘两边，式左为

$$(\boldsymbol{A}^{\mathrm{T}}\boldsymbol{A})^{-1}\boldsymbol{A}^{\mathrm{T}}\boldsymbol{ABCC}^{\mathrm{T}}(\boldsymbol{CC}^{\mathrm{T}})^{-1}=(\boldsymbol{A}^{\mathrm{T}}\boldsymbol{A})^{\mathrm{T}}(\boldsymbol{A}^{\mathrm{T}}\boldsymbol{A})\boldsymbol{B}(\boldsymbol{CC}^{\mathrm{T}})(\boldsymbol{CC}^{\mathrm{T}})^{-1}=\boldsymbol{B}$$

由 $\boldsymbol{ABC}=\boldsymbol{O}$，故 $\boldsymbol{B}=\boldsymbol{O}$.

注 以上两例均涉及矩阵乘积为 $\boldsymbol{0}$(零矩阵)的问题，这类问题中矩阵秩的结论是相互关联的.

下面的问题也与矩阵秩有关.

例 9 若 $\boldsymbol{P}\in\mathbf{R}^{m\times m},\boldsymbol{Q}\in\mathbf{R}^{n\times m}$，又 $\text{r}(\boldsymbol{Q})=m$. 若 $\boldsymbol{Q}=\boldsymbol{QP}$，则 $\boldsymbol{P}=\boldsymbol{I}$.

证 令 $\boldsymbol{C}=\boldsymbol{P}-\boldsymbol{I}=(c_{ij})_{m\times m}$，且设 $\boldsymbol{Q}=(q_{ij})_{n\times m}$，因 $\text{r}(\boldsymbol{Q})=m$，则 $m\leqslant n$.

又设 $\boldsymbol{Q}=\begin{pmatrix}\boldsymbol{Q}_1\\ \boldsymbol{Q}_2\end{pmatrix}$，其中 $\boldsymbol{Q}_1\in\mathbf{R}^{m\times m}$，且 $|\boldsymbol{Q}_1|\neq0$.

由设 $\boldsymbol{Q}=\boldsymbol{QP}$，即 $\boldsymbol{Q}(\boldsymbol{P}-\boldsymbol{I})=\boldsymbol{O}$，或 $\boldsymbol{QC}=\boldsymbol{O}$，则 $\boldsymbol{QC}=\begin{pmatrix}\boldsymbol{Q}_1\boldsymbol{C}\\ \boldsymbol{Q}_2\boldsymbol{C}\end{pmatrix}=\boldsymbol{O}$，得 $\boldsymbol{Q}_1\boldsymbol{C}=\boldsymbol{O}$，因 $\boldsymbol{Q}_1$ 满秩.

知 $C=P-I=\boldsymbol{O}$，即 $P=I$.

例 10 若 $\boldsymbol{A},\boldsymbol{B}\in\mathbf{R}^{n\times n}$，且 $\boldsymbol{A}$ 可逆，又 $2\boldsymbol{A}^{-1}\boldsymbol{B}=\boldsymbol{B}-4\boldsymbol{I}$，则 $\boldsymbol{AB}=\boldsymbol{BA}$.

证 由题设等式两边右乘以 $\boldsymbol{A}$ 有 $2\boldsymbol{B}=\boldsymbol{AB}-4\boldsymbol{A}$，故$(\boldsymbol{A}-2\boldsymbol{I})\boldsymbol{B}=4\boldsymbol{A}$，从而$(\boldsymbol{A}-2\boldsymbol{I})\boldsymbol{BA}^{-1}/4=\boldsymbol{I}$，知

$$(\boldsymbol{A}-2\boldsymbol{I})^{-1}=\frac{1}{4}\boldsymbol{BA}^{-1} \qquad ①$$

再对题设等式两边左乘以 $\boldsymbol{AB}$ 有

$$2\boldsymbol{B}=\boldsymbol{AB}-4\boldsymbol{I}\Rightarrow\boldsymbol{AB}-2\boldsymbol{B}-4\boldsymbol{A}=\boldsymbol{O}$$

注意到$(\boldsymbol{A}-2\boldsymbol{I})\boldsymbol{B}-4(\boldsymbol{A}-2\boldsymbol{I})-8\boldsymbol{I}=\boldsymbol{O}$，即

$$(A-2I)(B-4I)=8I$$

有

$$(A-2I)^{-1}=\frac{1}{8}(B-4I)=\frac{1}{8}(2A^{-1}B)=\frac{1}{4}A^{-1}B \quad ②$$

从而由式①及式②有 $A^{-1}B=BA^{-1}$，又由

$$A^{-1}AB=IB=BI=BA^{-1}A=(BA^{-1})A=(A^{-1}B)A=A^{-1}BA$$

故 $A^{-1}AB=A^{-1}BA$，即 $AB=BA$.

矩阵的逆可以有一些推广如广义逆、右逆、左逆等.请看：

例 11 若 $A\in \mathbf{R}^{n\times n}$，$B\in \mathbf{R}^{n\times k}$，又若 $BA=I_n$，则称 B 为 A 的一个左逆.试证(1)A 存在左逆$\Longleftrightarrow A$ 的列线性无关；(2)A 存在唯一左逆$\Longleftrightarrow A$ 可逆.

证 (1)$\Rightarrow$由 $BA=I_n$，由矩阵乘积秩的性质有

$$n=\mathrm{r}(BA)\leqslant \mathrm{r}(A)\leqslant n$$

故 $\mathrm{r}(A)=n$，从而 A 的列线性无关.

$\Leftarrow$由 $\mathrm{r}(A)=n$，又 $\mathrm{r}(A^{\mathrm{T}}A)=\mathrm{r}(A)=n$，故 $A^{\mathrm{T}}A$ 可逆.

令 $B=(A^{\mathrm{T}}A)^{-1}A^{\mathrm{T}}$，则 $BA=(B^{\mathrm{T}}A)^{\mathrm{T}}A^{\mathrm{T}}A=I_n$.

(2)$\Rightarrow$若 A 右逆唯一，由(1)$\mathrm{r}(A)=n$，又 $BA=I_n$，则 $I_n=A^{\mathrm{T}}B^{\mathrm{T}}=A^{\mathrm{T}}(b_1,b_2,\cdots,b_n)$，其中 b_i 为 B 的行向量转置.则

$$A^{\mathrm{T}}b_i=e_i,e_i=(0,\cdots,0,1,0,\cdots,0)^{\mathrm{T}},\quad i=1,2,\cdots,n$$

由于 B 唯一，从而 $A^{\mathrm{T}}b_i=e_i$ 解唯一.故 $A^{\mathrm{T}}x=0$ 只有零解，又 $AA^{\mathrm{T}}x=0$ 与 $A^{\mathrm{T}}x=0$ 同解(证明详见后文)，从而 $A^{\mathrm{T}}x=0$ 仅有零解，则 $|AA^{\mathrm{T}}|\neq 0$.

但 $k=\mathrm{r}(AA^{\mathrm{T}})=\mathrm{r}(A)$.又 $\mathrm{r}(A)=n$，从而 $k=n$.故 A 是方阵且可逆.

$\Leftarrow$由 A^{-1}存在，而 $A^{-1}A=I$，知 A^{-1}是唯一的右逆.

矩阵相似、合同等是矩阵间的一种关系，它在某种程度上反映这些矩阵之间内含的联系.请看矩阵相似的一个例子.

例 12 设 $A_1,A_2,B_1,B_2\in \mathbf{R}^{n\times n}$，其中 A_2,B_2 可逆.试证存在可逆矩阵 P,Q 使 $PA_iQ=B_i(i=1,2)$成立$\Longleftrightarrow A_1A_2^{-1}$ 和 $B_1B_2^{-1}$ 相似.

证 (必要性)若有可逆阵 P,Q 使 $PA_iQ=B_i(i=1,2)$，则

$$A_1=P^{-1}B_1Q^{-1},A_2^{-1}=QB_2^{-1}P$$

故

$$A_1A_2^{-1}=(P^{-1}B_1Q^{-1})(QB_2^{-1}P)=P^{-1}B_1B_2^{-1}P=P^{-1}(B_1B_2^{-1})P$$

即

$$A_1A_2^{-1}\sim B_1B_2^{-1}$$

(充分性)设 $A_1A_2^{-1}\sim B_1B_2^{-1}$，则有可逆阵 P 使 $A_1A_2^{-1}=P^{-1}(B_1B_2^{-1})P$，

则

$$A_1=P^{-1}B_1B_2^{-1}PA_2\text{，且 }PA_1=B_1B_2^{-1}PA_2$$

令 $A_2^{-1}P^{-1}B_2=Q$，可有

$$PA_1Q=B_1(B_2^{-1}PA_2)(A_2^{-1}P^{-1}B_2)=B_1$$

及

$$PA_2Q=PA_2(A_2^{-1}P^{-1}B_2)=B_2$$

即有可逆阵 P,Q 使 $PA_iQ=B_i(i=1,2)$.

2. 某些特殊矩阵的性质

有许多特殊矩阵，如前文给过的秩 1 矩阵、数量矩阵(又称纯量矩阵)，以及后文将看到的幂等矩阵、

幂零矩阵、对称矩阵、反对称矩阵、正交矩阵、正定(对称)矩阵(我们将二次型一章专门讨论它)等,它们自身有一些特殊性质值得人们关注.

先来看对称矩阵问题. 若 $\boldsymbol{A}^{\mathrm{T}}=\boldsymbol{A}$ 则称矩阵 $\boldsymbol{A}$ 对称.

例 1 若矩阵 $\boldsymbol{A}\in\mathbf{R}^{n\times n}$,则 $\boldsymbol{A}^{\mathrm{T}}=\boldsymbol{A}\Longleftrightarrow\boldsymbol{A}\boldsymbol{A}^{\mathrm{T}}=\boldsymbol{A}^2$.

证 $\Leftarrow$显然,$\boldsymbol{K}=\boldsymbol{A}-\boldsymbol{A}^{\mathrm{T}}$ 为 n 阶反对称阵. 由

$$\mathrm{Tr}(\boldsymbol{K}\boldsymbol{K}^{\mathrm{T}})=\mathrm{Tr}[(\boldsymbol{A}-\boldsymbol{A}^{\mathrm{T}})(\boldsymbol{A}-\boldsymbol{A}^{\mathrm{T}})^{\mathrm{T}}]=\mathrm{Tr}[\boldsymbol{A}\boldsymbol{A}^{\mathrm{T}}-(\boldsymbol{A}^{\mathrm{T}})^{\mathrm{T}}-\boldsymbol{A}^2-\boldsymbol{A}^{\mathrm{T}}\boldsymbol{A}]$$

又 $\mathrm{Tr}[(\boldsymbol{A}^{\mathrm{T}})^2]=\mathrm{Tr}[(\boldsymbol{A}^2)^{\mathrm{T}}]=\mathrm{Tr}(\boldsymbol{A})^2$,又 $\mathrm{Tr}(\boldsymbol{A}^{\mathrm{T}}\boldsymbol{A})=\mathrm{Tr}(\boldsymbol{A}\boldsymbol{A}^{\mathrm{T}})$,故 $\mathrm{Tr}(\boldsymbol{K}\boldsymbol{K}^{\mathrm{T}})=2\mathrm{Tr}(\boldsymbol{A}\boldsymbol{A}^{\mathrm{T}}-\boldsymbol{A}^2)=0$.

记 $\boldsymbol{K}=(k_{ij})$,则 $\sum\limits_{i,\,j=1}^{n}k_{ij}^2=\mathrm{Tr}(\boldsymbol{K}\boldsymbol{K}^{\mathrm{T}})=0$,知 $k_{ij}=0(1\leqslant i,\ j\leqslant n)$,即 $\boldsymbol{K}=-\boldsymbol{A}^{\mathrm{T}}=\boldsymbol{O}$,故 $\boldsymbol{A}=\boldsymbol{A}^{\mathrm{T}}$.

$\Rightarrow$显然.

例 2 若矩阵 $\boldsymbol{A},\boldsymbol{B}\in\mathbf{R}^{n\times n}$,且 $\boldsymbol{A}^{\mathrm{T}}=\boldsymbol{A},\boldsymbol{B}^{\mathrm{T}}=\boldsymbol{B}$,则$(\boldsymbol{A}\boldsymbol{B})^{\mathrm{T}}=\boldsymbol{A}\boldsymbol{B}$(即 $\boldsymbol{A}\boldsymbol{B}$ 仍为对称阵)$\Longleftrightarrow\boldsymbol{A}\boldsymbol{B}=\boldsymbol{B}\boldsymbol{A}$.

证 $\Leftarrow$若 $\boldsymbol{A}\boldsymbol{B}=\boldsymbol{B}\boldsymbol{A}$,则由 $\boldsymbol{A}^{\mathrm{T}}=\boldsymbol{A},\boldsymbol{B}^{\mathrm{T}}=\boldsymbol{B}$,有

$$\boldsymbol{A}\boldsymbol{B}=\boldsymbol{A}^{\mathrm{T}}\boldsymbol{B}^{\mathrm{T}}=(\boldsymbol{B}\boldsymbol{A})^{\mathrm{T}}=(\boldsymbol{A}\boldsymbol{B})^{\mathrm{T}}$$

$\Rightarrow$若$(\boldsymbol{A}\boldsymbol{B})^{\mathrm{T}}=\boldsymbol{A}\boldsymbol{B}$,则 $\boldsymbol{A}\boldsymbol{B}=(\boldsymbol{A}\boldsymbol{B})^{\mathrm{T}}=\boldsymbol{B}^{\mathrm{T}}\boldsymbol{A}^{\mathrm{T}}=\boldsymbol{B}\boldsymbol{A}$.

注 由本例结论可证明下面的命题:

命题 若矩阵 $\boldsymbol{A},\boldsymbol{B}$ 为 n 阶正定矩阵,则 $\boldsymbol{A}\boldsymbol{B}$ 亦为正定矩阵$\Longleftrightarrow\boldsymbol{A}\boldsymbol{B}=\boldsymbol{B}\boldsymbol{A}$.

例 3 若矩阵 $\boldsymbol{A},\boldsymbol{B}$ 均为 n 阶实对称矩阵,又若 $\boldsymbol{A}\boldsymbol{B}+\boldsymbol{I}$ 可逆,试证$(\boldsymbol{A}\boldsymbol{B}+\boldsymbol{I})^{-1}\boldsymbol{A}$ 为对称矩阵.

证 此问题前文已有证,这里再给一种证法. 只需注意到下面的运算:

$$[(\boldsymbol{A}\boldsymbol{B}+\boldsymbol{I})^{-1}\boldsymbol{A}]^{\mathrm{T}}=\boldsymbol{A}^{\mathrm{T}}[(\boldsymbol{A}\boldsymbol{B}+\boldsymbol{I})^{-1}]^{\mathrm{T}}=\boldsymbol{A}(\boldsymbol{B}^{\mathrm{T}}\boldsymbol{A}^{\mathrm{T}}+\boldsymbol{I})^{-1}=\boldsymbol{A}(\boldsymbol{B}\boldsymbol{A}+\boldsymbol{I})^{-1}[(\boldsymbol{B}\boldsymbol{A}+\boldsymbol{I})\boldsymbol{A}\boldsymbol{B}^{-1}]^{-1}=$$
$$(\boldsymbol{B}+\boldsymbol{A}^{-1})^{-1}=[\boldsymbol{A}^{-1}(\boldsymbol{A}\boldsymbol{B}+\boldsymbol{I})]^{-1}=(\boldsymbol{A}\boldsymbol{B}+\boldsymbol{I})^{-1}\boldsymbol{A}$$

即$(\boldsymbol{A}\boldsymbol{B}+\boldsymbol{I})^{-1}\boldsymbol{A}$ 为对称矩阵.

例 4 若矩阵 $\boldsymbol{A},\boldsymbol{B}$ 为对称矩阵,且 $|\boldsymbol{A}|\neq0$,又 $\boldsymbol{I}+\boldsymbol{A}\boldsymbol{B}$ 可逆. 试证$(\boldsymbol{I}+\boldsymbol{A}\boldsymbol{B})^{-1}\boldsymbol{A}$ 为对称矩阵.

证 由题设且注意到下面矩阵运算

$$(\boldsymbol{I}+\boldsymbol{A}\boldsymbol{B})^{-1}\boldsymbol{A}=[\boldsymbol{A}^{-1}(\boldsymbol{I}+\boldsymbol{A}\boldsymbol{B})]^{-1}=(\boldsymbol{A}^{-1}+\boldsymbol{B})^{-1}$$

由题设 $\boldsymbol{A},\boldsymbol{B}$ 对称,故 $\boldsymbol{A}^{-1},\boldsymbol{B}^{-1}$ 对称,且 $\boldsymbol{A}^{-1}+\boldsymbol{B}$ 和$(\boldsymbol{A}^{-1}+\boldsymbol{B})^{-1}$亦对称,从而$(\boldsymbol{I}+\boldsymbol{A}\boldsymbol{B})^{-1}\boldsymbol{A}\boldsymbol{B}$ 对称.

例 5 若矩阵 $\boldsymbol{A},\boldsymbol{B},\boldsymbol{C}\in\mathbf{R}^{n\times n}$,且 $\boldsymbol{A}^{\mathrm{T}}=\boldsymbol{A}$(对称),$\boldsymbol{B}^{\mathrm{T}}=\boldsymbol{B}$(对称),$\boldsymbol{C}^{\mathrm{T}}=-\boldsymbol{C}$(反对称),又 $\boldsymbol{A}^2+\boldsymbol{B}^2=\boldsymbol{C}^2$. 证明$\boldsymbol{A}=\boldsymbol{B}=\boldsymbol{C}$.

证 设 $\boldsymbol{A}=(a_{ij})_{n\times n},\boldsymbol{B}=(b_{ij})_{n\times n},\boldsymbol{C}=(c_{ij})_{n\times n}$. 由设有

$$a_{ij}=a_{ji},\quad b_{ij}=b_{ji},\quad c_{ij}=-c_{ji}$$

又设 $\boldsymbol{A}^2+\boldsymbol{B}^2=(u_{ij})_{n\times n},\boldsymbol{C}^2=(v_{ij})_{n\times n}$,考虑它们的对角元

$$u_{ii}=\sum_{j=1}^{n}(a_{ij}^2+b_{ij}^2),\quad v_{ii}=-\sum_{j\neq i}c_{ji}^2,\quad i=1,2,\cdots,n$$

由 $\boldsymbol{A}^2+\boldsymbol{B}^2=\boldsymbol{C}^2$,有$\sum\limits_{j=1}^{n}(a_{ij}^2+b_{ij}^2)+\sum\limits_{j\neq i}c_{ji}^2=0$,及 $\boldsymbol{A},\boldsymbol{B},\boldsymbol{C}$ 为实数阵,从而

$$a_{ij}=b_{ij}=0\quad(j=1,2,\cdots,n),c_{ji}=0(i\neq j)$$

又 $\boldsymbol{C}^{\mathrm{T}}=-c$,知 $C_{ij}=0(i=1,2,\cdots,n)$. 故

$$\boldsymbol{A}=\boldsymbol{B}=\boldsymbol{C}=\boldsymbol{O}$$

下面几例与幂等矩阵有关,所谓幂等阵系指满足关系 $\boldsymbol{A}^2=\boldsymbol{A}$ 的矩阵 $\boldsymbol{A}$.

例 6 若矩阵 $\boldsymbol{A},\boldsymbol{B},\boldsymbol{I},\in\mathbf{R}^{n\times n}$,且 $\boldsymbol{A}=\frac{1}{2}(\boldsymbol{B}+\boldsymbol{I})$,证明 $\boldsymbol{A}^2=\boldsymbol{A}\Longleftrightarrow\boldsymbol{B}^2=\boldsymbol{I}$.

证 $\Leftarrow$若 $\boldsymbol{B}^2=\boldsymbol{I}$,注意到

$$\boldsymbol{A}^2=\left[\frac{1}{2}(\boldsymbol{B}+\boldsymbol{I})\right]^2=\frac{1}{4}(\boldsymbol{B}^2+2\boldsymbol{B}+\boldsymbol{I})=\frac{1}{4}(2\boldsymbol{B}+2\boldsymbol{I})=\frac{1}{2}(\boldsymbol{B}+\boldsymbol{I})=\boldsymbol{A}$$

$\Rightarrow$若 $\boldsymbol{A}^2=\boldsymbol{A}$ 即$\frac{1}{4}(\boldsymbol{B}^2+2\boldsymbol{B}+\boldsymbol{I})=\frac{1}{2}(\boldsymbol{B}+\boldsymbol{I})$,或$\frac{1}{4}\boldsymbol{B}^2+\frac{1}{4}\boldsymbol{I}=\frac{1}{2}\boldsymbol{I}$,故 $\boldsymbol{B}^2=\boldsymbol{I}$.

例 7 若矩阵 $\boldsymbol{A},\boldsymbol{B}\in\mathbf{R}^{n\times n}$,又 $\boldsymbol{A}^2=\boldsymbol{A},\boldsymbol{B}^2=\boldsymbol{B}$,且$(\boldsymbol{A}-\boldsymbol{B})^2=\boldsymbol{A}+\boldsymbol{B}$,试证 $\boldsymbol{AB}=\boldsymbol{BA}=\boldsymbol{O}$.

证 由$(\boldsymbol{A}-\boldsymbol{B})^2=\boldsymbol{A}^2-\boldsymbol{AB}-\boldsymbol{BA}+\boldsymbol{B}^2=\boldsymbol{A}-\boldsymbol{AB}-\boldsymbol{BA}+\boldsymbol{B}$,又$(\boldsymbol{A}-\boldsymbol{B})^2=\boldsymbol{A}+\boldsymbol{B}$,则

$$\boldsymbol{AB}+\boldsymbol{BA}=\boldsymbol{O} \qquad ①$$

从而

$$\boldsymbol{A}(\boldsymbol{AB}+\boldsymbol{BA})\boldsymbol{B}=\boldsymbol{AB}+(\boldsymbol{AB})^2=\boldsymbol{O} \qquad ②$$

又 $\boldsymbol{A}(\boldsymbol{AB}+\boldsymbol{BA})\boldsymbol{A}=\boldsymbol{ABA}+\boldsymbol{ABA}=2\boldsymbol{ABA}=\boldsymbol{O}$. 即

$$2\boldsymbol{ABA}=\boldsymbol{O} \qquad ③$$

式③两边右乘 $\boldsymbol{B}$ 有:$2\boldsymbol{ABAB}=\boldsymbol{O}$,即 $2(\boldsymbol{AB})^2=\boldsymbol{O}$,或$(\boldsymbol{AB})^2=\boldsymbol{O}$.

代入式②有 $\boldsymbol{AB}=\boldsymbol{O}$,再代入式①得 $\boldsymbol{BA}=\boldsymbol{O}$.

例 8 若矩阵 $\boldsymbol{A}\in\mathbf{R}^{n\times n}$,则 $\boldsymbol{A}=\boldsymbol{BC}$,其中 $\boldsymbol{B}$ 为可逆阵,$\boldsymbol{C}$ 为幂等阵(即满足 $\boldsymbol{C}^2=\boldsymbol{C}$).

证 设 $\mathrm{r}(\boldsymbol{AB})=k$,则有可逆阵 $\boldsymbol{P},\boldsymbol{Q}$ 使

$$\boldsymbol{PAQ}=\begin{pmatrix}\boldsymbol{I}_k & \\ & \boldsymbol{O}\end{pmatrix}\Rightarrow\boldsymbol{A}=\boldsymbol{P}^{-1}\begin{pmatrix}\boldsymbol{I}_k & \\ & \boldsymbol{O}\end{pmatrix}\boldsymbol{Q}^{-1}$$

注意到

$$\boldsymbol{A}=\boldsymbol{P}^{-1}\begin{pmatrix}\boldsymbol{I}_k & \\ & \boldsymbol{O}\end{pmatrix}\boldsymbol{Q}^{-1}=\boldsymbol{P}^{-1}\boldsymbol{Q}^{-1}\boldsymbol{Q}\begin{pmatrix}\boldsymbol{I}_k & \\ & \boldsymbol{O}\end{pmatrix}\boldsymbol{Q}^{-1}=(\boldsymbol{QP})^{-1}\boldsymbol{Q}\begin{pmatrix}\boldsymbol{I}_k & \\ & \boldsymbol{0}\end{pmatrix}\boldsymbol{Q}^{-1}$$

再注意到

$$\left[\boldsymbol{Q}\begin{pmatrix}\boldsymbol{I}_k & \\ & \boldsymbol{O}\end{pmatrix}\boldsymbol{Q}^{-1}\right]^2=\boldsymbol{Q}\begin{pmatrix}\boldsymbol{I}_k & \\ & \boldsymbol{O}\end{pmatrix}\boldsymbol{Q}^{-1}\boldsymbol{Q}\begin{pmatrix}\boldsymbol{I}_k & \\ & \boldsymbol{O}\end{pmatrix}\boldsymbol{Q}^{-1}=\boldsymbol{Q}\begin{pmatrix}\boldsymbol{I}_k & \\ & \boldsymbol{O}\end{pmatrix}\boldsymbol{Q}^{-1}$$

其为幂等阵,可令 $\boldsymbol{B}=(\boldsymbol{QP})^{-1},\boldsymbol{C}=\boldsymbol{Q}\begin{pmatrix}\boldsymbol{I}_k & \\ & \boldsymbol{O}\end{pmatrix}\boldsymbol{Q}^{-1}$即为所求.

下面的问题涉及所谓**幂零矩阵**,即满足 $\boldsymbol{A}^s=\boldsymbol{O}$ 的矩阵 $\boldsymbol{A}$.

例 9 若矩阵 $\boldsymbol{A}\in\mathbf{R}^{2\times 2}$ 且 $\boldsymbol{A}^5=\boldsymbol{O}$,试证$(\boldsymbol{I}-\boldsymbol{A})^{-1}=\boldsymbol{I}+\boldsymbol{A}$.

证 由设$|\boldsymbol{A}^5|=|\boldsymbol{A}|^5=0$,知$|\boldsymbol{A}|=0$,且 $\mathrm{r}(\boldsymbol{A})\leqslant 1$.

若 $\mathrm{r}(\boldsymbol{A})=0$,即 $\boldsymbol{A}=\boldsymbol{O}$,则结论显然成立;

若 $\mathrm{r}(\boldsymbol{A})=1$,知其列元素成比例. 设 $\boldsymbol{A}=\begin{pmatrix}a_1 & ka_1\\ a_2 & ka_2\end{pmatrix}=\begin{pmatrix}a_1\\ a_2\end{pmatrix}(1,k)$. 则

$$\boldsymbol{A}^2=\begin{pmatrix}a_1\\ a_2\end{pmatrix}(1,k)\cdot\begin{pmatrix}a_1\\ a_2\end{pmatrix}(1,k)=\begin{pmatrix}a_1\\ a_2\end{pmatrix}\left[(1,k)\begin{pmatrix}a_1\\ a_2\end{pmatrix}\right](1,k)=$$

$$(a_1+ka_2)\begin{pmatrix}a_1\\ a_2\end{pmatrix}(1,k)=(a_1+ka_2)\boldsymbol{A}=\lambda\boldsymbol{A}$$

这里 $\lambda=a_1+ka_2$. 故

$$\boldsymbol{A}^3=\boldsymbol{A}^2\cdot\boldsymbol{A}=\lambda\boldsymbol{AA}=\lambda^2\boldsymbol{A},\boldsymbol{A}^4=\boldsymbol{A}^2\boldsymbol{A}^2=\lambda^3\boldsymbol{A},\boldsymbol{A}^5=\lambda^4\boldsymbol{A}=\boldsymbol{O}$$

且 $\boldsymbol{A}\neq\boldsymbol{O}$,故 $\lambda=0$. 从而 $\boldsymbol{A}^2=\lambda\boldsymbol{A}=\boldsymbol{O}$. 而

$$(\boldsymbol{I}-\boldsymbol{A})(\boldsymbol{I}+\boldsymbol{A})=\boldsymbol{I}^2-\boldsymbol{A}+\boldsymbol{A}-\boldsymbol{A}^2=\boldsymbol{I}-\boldsymbol{A}^2=\boldsymbol{I}$$

知

$$(\boldsymbol{I}-\boldsymbol{A})^{-1}=\boldsymbol{I}+\boldsymbol{A}$$

对称和反对称矩阵性质我们前文已经谈到,下面来看一个它们与所谓**正交矩阵**相关联的例子.

例 10　设矩阵 $\boldsymbol{A}$ 是正交矩阵，则若 $\boldsymbol{S}$ 是对称阵时，$\boldsymbol{A}^{-1}\boldsymbol{SA}$ 亦为对称阵；若 $\boldsymbol{S}$ 是反对称阵的，$\boldsymbol{A}^{-1}\boldsymbol{SA}$ 亦为反对称阵.

证　由设 $\boldsymbol{A}$ 是正交阵，则 $\boldsymbol{A}^{\mathrm{T}}=\boldsymbol{A}^{-1}$. 又 $(\boldsymbol{A}^{-1}\boldsymbol{SA})^{\mathrm{T}}=\boldsymbol{A}^{\mathrm{T}}\boldsymbol{S}^{\mathrm{T}}(\boldsymbol{A}^{-1})^{\mathrm{T}}=\boldsymbol{A}^{-1}\boldsymbol{S}^{\mathrm{T}}\boldsymbol{A}$，从而

若 $\boldsymbol{S}^{\mathrm{T}}=\boldsymbol{S}$，则 $(\boldsymbol{A}^{-1}\boldsymbol{SA})^{\mathrm{T}}=\boldsymbol{A}^{-1}\boldsymbol{S}^{\mathrm{T}}\boldsymbol{A}=\boldsymbol{A}^{-1}\boldsymbol{SA}$，知 $\boldsymbol{A}^{-1}\boldsymbol{SA}$ 为对称阵；

若 $\boldsymbol{S}^{\mathrm{T}}=-\boldsymbol{S}$，则 $(\boldsymbol{A}^{-1}\boldsymbol{SA})^{\mathrm{T}}=\boldsymbol{A}^{-1}\boldsymbol{S}^{\mathrm{T}}\boldsymbol{A}=-\boldsymbol{A}^{-1}\boldsymbol{SA}$，知 $\boldsymbol{A}^{-1}\boldsymbol{SA}$ 为反对称阵.

下面的例子是关于正交矩阵的，它也涉及代数余子式的概念.

例 11　若矩阵 $\boldsymbol{A}=(a_{ij})_{n\times n}$ 是正交矩阵，证明 $a_{ij}=\pm A_{ij}$，其中 A_{ij} 为 a_{ij} 的代数余子式.

证　由设知 $|\boldsymbol{A}|=\pm1$，又 $\boldsymbol{AA}^*=|\boldsymbol{A}|\boldsymbol{I}=\pm\boldsymbol{I}$，及 $\boldsymbol{A}^{\mathrm{T}}=\boldsymbol{A}^{-1}$，从而 $\boldsymbol{A}^*=\pm\boldsymbol{A}^{-1}=\pm\boldsymbol{A}^{\mathrm{T}}$，即

$$\begin{pmatrix} A_{11} & A_{21} & \cdots & A_{n1} \\ A_{12} & A_{22} & \cdots & A_{n2} \\ \vdots & \vdots & & \vdots \\ A_{1n} & A_{2n} & \cdots & A_{nn} \end{pmatrix}=\pm\begin{pmatrix} a_{11} & a_{21} & \cdots & a_{n1} \\ a_{12} & a_{22} & \cdots & a_{n2} \\ \vdots & \vdots & & \vdots \\ a_{1n} & a_{2n} & \cdots & a_{nn} \end{pmatrix}$$

从而

$$a_{ij}=\pm A_{ij}\text{ 或 }a_{ij}=\begin{cases} A_{ij}, & \text{若}|\boldsymbol{A}|=1 \\ -A_{ij}, & \text{若}|\boldsymbol{A}|=-1 \end{cases}$$

例 12　若矩阵 $\boldsymbol{A}$ 是正交矩阵，则(1) $|\boldsymbol{A}|=\pm1$；(2) $\boldsymbol{A}^*$ 也是正交阵.

证　(1)由设 $\boldsymbol{A}$ 是正交阵，故 $\boldsymbol{A}^{\mathrm{T}}=\boldsymbol{A}^{-1}$. 即 $\boldsymbol{A}^{\mathrm{T}}\boldsymbol{A}=\boldsymbol{I}$，有 $|\boldsymbol{A}^{\mathrm{T}}\boldsymbol{A}|=|\boldsymbol{I}|=1$.

又 $|\boldsymbol{A}^{\mathrm{T}}\boldsymbol{A}|=|\boldsymbol{A}^{\mathrm{T}}||\boldsymbol{A}|=|\boldsymbol{A}|^2$，故 $|\boldsymbol{A}|=\pm1$.

(2)由 $\boldsymbol{A}^{-1}=\dfrac{\boldsymbol{A}^*}{|\boldsymbol{A}|}$，故 $\boldsymbol{A}^*=|\boldsymbol{A}|\boldsymbol{A}^{-1}=|\boldsymbol{A}|\boldsymbol{A}^{\mathrm{T}}$，这是因为 $\boldsymbol{A}$ 是正交矩阵.

故 $(\boldsymbol{A}^*)^{\mathrm{T}}=(|\boldsymbol{A}|\boldsymbol{A}^{\mathrm{T}})^{\mathrm{T}}=|\boldsymbol{A}|(\boldsymbol{A}^{\mathrm{T}})^{\mathrm{T}}=|\boldsymbol{A}|\boldsymbol{A}=\boldsymbol{A}^*$，而

$$\boldsymbol{A}^*(\boldsymbol{A}^*)^{\mathrm{T}}=|\boldsymbol{A}|\boldsymbol{A}^{\mathrm{T}}\cdot|\boldsymbol{A}|\boldsymbol{A}=|\boldsymbol{A}|^2\boldsymbol{A}^{\mathrm{T}}\boldsymbol{A}=|\boldsymbol{A}|^2\boldsymbol{I}=\boldsymbol{I}$$

注意到 $\boldsymbol{AB}$ 是正交阵，故 $|\boldsymbol{A}|=\pm1$.

注　*又本题结论(2)亦可由 $(\boldsymbol{AB})^*=\boldsymbol{B}^*\boldsymbol{A}^*$ 性质去考虑.*

正交矩阵而许多特性，人们往往会花些篇幅研究它. 下面的例子也是关于正交阵的.

下面的例子是关于正交阵的，其中的一些我们前文曾介绍过.

例 13　(1)若 $\boldsymbol{A},\boldsymbol{B}$ 都是正交阵，且 $\dfrac{|\boldsymbol{A}|}{|\boldsymbol{B}|}=-1$，则 $\mathrm{r}[(\boldsymbol{A}+\boldsymbol{B})^*]\leqslant1$.

(2)若 $\boldsymbol{A}$ 是正交阵，且 $|\boldsymbol{A}|=-1$，则 $\boldsymbol{A}+\boldsymbol{I}$ 奇异(不可逆).

(3)若 $\boldsymbol{A},\boldsymbol{B}$ 是正交阵，且 $|\boldsymbol{A}|+|\boldsymbol{B}|=0$，则 $|\boldsymbol{A}+\boldsymbol{B}|=0$.

证　(1)由设 $\boldsymbol{A},\boldsymbol{B}$ 正交阵知 $\boldsymbol{A}^{-1}$ 是正交阵，且由 $|\boldsymbol{AB}^{-1}|=\dfrac{|\boldsymbol{A}|}{|\boldsymbol{B}|}=-1$，

由正交矩阵性质知 -1 为 $\boldsymbol{AB}^{-1}$ 的一个特征根，这样

$$|-\boldsymbol{I}-\boldsymbol{AB}^{-1}|=0 \tag{$*$}$$

又 $|-\boldsymbol{I}-\boldsymbol{AB}^{-1}|=|-\boldsymbol{B}-\boldsymbol{A}||\boldsymbol{B}^{-1}|=(-1)^n|\boldsymbol{B}^{-1}||\boldsymbol{A}+\boldsymbol{B}|$，由 $\boldsymbol{B}$ 正定知 $|\boldsymbol{B}|\neq0$，有 $|\boldsymbol{B}^{-1}|\neq0$，从而由式($*$)有 $|\boldsymbol{A}+\boldsymbol{B}|=0$，知

$$\mathrm{r}(\boldsymbol{A}+\boldsymbol{B})\leqslant n-1$$

由伴随矩阵性质，故 $\mathrm{r}[(\boldsymbol{A}+\boldsymbol{B})^*]\leqslant1$.

(2)由 $\boldsymbol{A}$ 是正交阵且 $|\boldsymbol{A}|=-1$，知 $\boldsymbol{A}$ 有特征根 -1，即 $|\boldsymbol{A}+\boldsymbol{I}|=0$，故 $\boldsymbol{I}+\boldsymbol{A}$ 奇异. 或若取 $\boldsymbol{B}=\boldsymbol{I}$，再由(1)亦可直接证得.

(3)由 $|\boldsymbol{A}|+|\boldsymbol{B}|=0$，即 $|\boldsymbol{A}|=-|\boldsymbol{B}|$，或 $\dfrac{|\boldsymbol{A}|}{|\boldsymbol{B}|}=-1$，由(1)证知 $|\boldsymbol{A}+\boldsymbol{B}|=0$.

注　*(3)即说 $\boldsymbol{A}+\boldsymbol{B}$ 是奇异(不可逆)阵，或 $\mathrm{r}(\boldsymbol{A}+\boldsymbol{B})\leqslant n-1$.*

验证矩阵 $\boldsymbol{A}$ 的正交性，常用 $\boldsymbol{A}^{\mathrm{T}}\boldsymbol{A}=\boldsymbol{A}\boldsymbol{A}^{\mathrm{T}}=\boldsymbol{I}$ 去完成，这方面一个更复杂的例子在前文例的注中已经提及，这里再将问题复述一遍.

例 14 若 $\boldsymbol{A}$ 是反对称实阵，试证：(1) $\boldsymbol{A}+\boldsymbol{I}$ 为可逆阵；(2)若 $\boldsymbol{B}=(\boldsymbol{A}-\boldsymbol{I})(\boldsymbol{A}+\boldsymbol{I})^{-1}$，则 $\boldsymbol{B}$ 是正交阵.

证明详见前文.

注 类似地在题设条件下可证若 $\boldsymbol{A}+\boldsymbol{I}$ 可逆，$\boldsymbol{I}-\boldsymbol{A}$ 亦可逆. 更一般地还可以有结论.

命题 1 若 $\boldsymbol{A}$ 为 n 阶实对称矩阵，而 $\boldsymbol{S}$ 为 n 阶实反对称矩阵，又 $\boldsymbol{AS}=\boldsymbol{SA}$，且 $\boldsymbol{A}-\boldsymbol{S}$ 非奇异，试证 $(\boldsymbol{A}+\boldsymbol{S})(\boldsymbol{A}-\boldsymbol{S})^{-1}$ 为正交矩阵.

仿例中(1)的证法，我们还可有：

命题 2 若 $\boldsymbol{A}$ 是 n 阶实对称正定阵，而 $\boldsymbol{S}$ 是 n 阵反对称(实)方阵，则行列式 $\det(\boldsymbol{A}+\boldsymbol{S})>0$.

这只需注意到：任意非零 n 维列向量 $\boldsymbol{x}$，由

$$\boldsymbol{x}^{\mathrm{T}}(\boldsymbol{A}+\boldsymbol{S})\boldsymbol{x}+\boldsymbol{x}^{\mathrm{T}}\boldsymbol{S}\boldsymbol{x}=\boldsymbol{x}^{\mathrm{T}}\boldsymbol{A}\boldsymbol{x}=\boldsymbol{x}^{\mathrm{T}}\boldsymbol{A}\boldsymbol{x}>0$$

故 $\boldsymbol{A}+\boldsymbol{S}$ 为正定阵，从而 $\det(\boldsymbol{A}+\boldsymbol{S})>0$.

顺便讲一句，由此还又有 $\det(\boldsymbol{A}+\boldsymbol{S})>0$，从而 $\boldsymbol{I}+\boldsymbol{S}$ 可逆.

最后来看看这些特殊矩阵的分块情形.

例 15 若分块矩阵 $\boldsymbol{P}=\begin{pmatrix}\boldsymbol{A} & \boldsymbol{B}\\ \boldsymbol{O} & \boldsymbol{C}\end{pmatrix}$ 是正交阵，其中 $\boldsymbol{A}\in\mathbf{R}^{m\times m}$，$\boldsymbol{C}\in\mathbf{R}^{n\times n}$. 证明 $\boldsymbol{A},\boldsymbol{C}$ 均为正交阵，且 $\boldsymbol{B}=\boldsymbol{O}$.

证 由设 $\boldsymbol{P}\boldsymbol{P}^{\mathrm{T}}=\boldsymbol{I}$，注意到

$$\begin{pmatrix}\boldsymbol{A} & \boldsymbol{B}\\ \boldsymbol{O} & \boldsymbol{C}\end{pmatrix}\begin{pmatrix}\boldsymbol{A} & \boldsymbol{B}\\ \boldsymbol{O} & \boldsymbol{C}\end{pmatrix}^{\mathrm{T}}=\begin{pmatrix}\boldsymbol{A} & \boldsymbol{B}\\ \boldsymbol{O} & \boldsymbol{C}\end{pmatrix}\begin{pmatrix}\boldsymbol{A}^{\mathrm{T}} & \boldsymbol{O}\\ \boldsymbol{B}^{\mathrm{T}} & \boldsymbol{C}^{\mathrm{T}}\end{pmatrix}=\begin{pmatrix}\boldsymbol{A}\boldsymbol{A}^{\mathrm{T}}+\boldsymbol{B}\boldsymbol{B}^{\mathrm{T}} & \boldsymbol{B}\boldsymbol{C}^{\mathrm{T}}\\ \boldsymbol{C}\boldsymbol{B}^{\mathrm{T}} & \boldsymbol{C}\boldsymbol{C}^{\mathrm{T}}\end{pmatrix}$$

又

$$\begin{pmatrix}\boldsymbol{A} & \boldsymbol{B}\\ \boldsymbol{O} & \boldsymbol{C}\end{pmatrix}\begin{pmatrix}\boldsymbol{A} & \boldsymbol{B}\\ \boldsymbol{O} & \boldsymbol{C}\end{pmatrix}^{\mathrm{T}}=\begin{pmatrix}\boldsymbol{I}_m & \boldsymbol{O}\\ \boldsymbol{O} & \boldsymbol{I}_m\end{pmatrix}$$

从而

$$\boldsymbol{A}\boldsymbol{A}^{\mathrm{T}}+\boldsymbol{B}\boldsymbol{B}^{\mathrm{T}}=\boldsymbol{I}_m,\quad \boldsymbol{B}\boldsymbol{C}^{\mathrm{T}}=\boldsymbol{O},\quad \boldsymbol{C}\boldsymbol{B}^{\mathrm{T}}=\boldsymbol{O},\quad \boldsymbol{C}\boldsymbol{C}^{\mathrm{T}}=\boldsymbol{I}_n$$

因为 $\boldsymbol{C}$ 为正交阵，知其满秩，从而由 $\boldsymbol{C}\boldsymbol{B}^{\mathrm{T}}=\boldsymbol{O}$，知 $\boldsymbol{B}=\boldsymbol{O}$. 这样 $\boldsymbol{A}\boldsymbol{A}^{\mathrm{T}}=\boldsymbol{I}_m$，$\boldsymbol{C}\boldsymbol{C}^{\mathrm{T}}=\boldsymbol{I}_n$.

矩阵 $\boldsymbol{A}$ 与 $\boldsymbol{B}$ 合同指有可阵 $\boldsymbol{P}$ 使 $\boldsymbol{A}=\boldsymbol{P}\boldsymbol{B}\boldsymbol{P}^{\mathrm{T}}$，当然关系 $\boldsymbol{A}=\boldsymbol{P}\boldsymbol{B}\boldsymbol{P}^{-1}$ 成立时则称 $\boldsymbol{A},\boldsymbol{B}$ 相似，而 $\boldsymbol{A}=\boldsymbol{P}\boldsymbol{B}\boldsymbol{Q}$ ($\boldsymbol{P},\boldsymbol{Q}$ 可逆)时则称 $\boldsymbol{A},\boldsymbol{B}$ 等价.

例 16 若分块矩阵 $\begin{pmatrix}\boldsymbol{A} & \boldsymbol{B}\\ \boldsymbol{C} & \boldsymbol{D}\end{pmatrix}$ 对称，又 $\boldsymbol{A}$ 可逆，同该分块矩阵与 $\begin{pmatrix}\boldsymbol{A} & \boldsymbol{O}\\ \boldsymbol{O} & \boldsymbol{D}-\boldsymbol{C}\boldsymbol{A}^{-1}\boldsymbol{B}\end{pmatrix}$ 合同.

证 注意到下面分块矩阵运算

$$\begin{pmatrix}\boldsymbol{I} & \boldsymbol{O}\\ -\boldsymbol{C}\boldsymbol{A}^{-1} & \boldsymbol{I}\end{pmatrix}\begin{pmatrix}\boldsymbol{A} & \boldsymbol{B}\\ \boldsymbol{C} & \boldsymbol{D}\end{pmatrix}\begin{pmatrix}\boldsymbol{I} & -\boldsymbol{A}^{-1}\boldsymbol{B}\\ \boldsymbol{O} & \boldsymbol{I}\end{pmatrix}=\begin{pmatrix}\boldsymbol{A} & \boldsymbol{O}\\ \boldsymbol{O} & \boldsymbol{D}-\boldsymbol{C}\boldsymbol{A}^{-1}\boldsymbol{B}\end{pmatrix}$$

由设 $\begin{pmatrix}\boldsymbol{A} & \boldsymbol{B}\\ \boldsymbol{C} & \boldsymbol{D}\end{pmatrix}=\begin{pmatrix}\boldsymbol{A} & \boldsymbol{B}\\ \boldsymbol{C} & \boldsymbol{D}\end{pmatrix}^{\mathrm{T}}=\begin{pmatrix}\boldsymbol{A}^{\mathrm{T}} & \boldsymbol{C}^{\mathrm{T}}\\ \boldsymbol{B}^{\mathrm{T}} & \boldsymbol{D}^{\mathrm{T}}\end{pmatrix}$，即 $\boldsymbol{A}^{\mathrm{T}}=\boldsymbol{A}$，$\boldsymbol{B}^{\mathrm{T}}=\boldsymbol{C}$，这样

$$\begin{pmatrix}\boldsymbol{I} & \boldsymbol{O}\\ -\boldsymbol{C}\boldsymbol{A}^{-1} & \boldsymbol{I}\end{pmatrix}^{\mathrm{T}}=\begin{pmatrix}\boldsymbol{I} & (-\boldsymbol{C}\boldsymbol{A}^{-1})^{\mathrm{T}}\\ \boldsymbol{O} & \boldsymbol{I}\end{pmatrix}=\begin{pmatrix}\boldsymbol{I} & -(\boldsymbol{A}^{-1})^{\mathrm{T}}\boldsymbol{C}^{\mathrm{T}}\\ \boldsymbol{O} & \boldsymbol{I}\end{pmatrix}=\begin{pmatrix}\boldsymbol{I} & -\boldsymbol{A}^{-1}\boldsymbol{C}^{\mathrm{T}}\\ \boldsymbol{O} & \boldsymbol{I}\end{pmatrix}=\begin{pmatrix}\boldsymbol{I} & -\boldsymbol{A}^{-1}\boldsymbol{B}\\ \boldsymbol{O} & \boldsymbol{I}\end{pmatrix}$$

令 $\boldsymbol{P}=\begin{pmatrix}\boldsymbol{I} & \boldsymbol{O}\\ -\boldsymbol{C}\boldsymbol{A}^{-1} & \boldsymbol{I}\end{pmatrix}$，则 $\boldsymbol{P}\begin{pmatrix}\boldsymbol{A} & \boldsymbol{B}\\ \boldsymbol{C} & \boldsymbol{D}\end{pmatrix}\boldsymbol{P}^{\mathrm{T}}=\begin{pmatrix}\boldsymbol{A} & \boldsymbol{O}\\ \boldsymbol{O} & \boldsymbol{D}-\boldsymbol{C}\boldsymbol{A}^{-1}\boldsymbol{B}\end{pmatrix}$.

最后我们看一个涉及矩阵迹的不等式问题.

例 17　设 $A,B\in\mathbf{R}^{n\times n}$，且 $A^{\mathrm{T}}=A,B^{\mathrm{T}}=B$，又 A 的特征值彼此相异. 则迹 $\mathrm{Tr}(ABAB)\leqslant\mathrm{Tr}(A^2B^2)$.

证　由设 $A^{\mathrm{T}}=A$，则有正交阵 T 使 $T^{-1}AT=C$，这里 C 为对角阵. 记 $T^{-1}BT=D$. 注意到相似矩阵有相同的特征多项式，从而它们的特征根之和即矩阵迹相等，即

$$\mathrm{Tr}(ABAB)=\mathrm{Tr}(T^{-1}ABABT)$$

又

$$T^{-1}ABABT=(T^{-1}AT)(T^{-1}BT)(T^{-1}AT)(T^{-1}BT)=CBCB$$

则 $\mathrm{Tr}(ABAB)+\mathrm{Tr}(CBCB)$.

仿上有 $\mathrm{Tr}(A^2B^2)+\mathrm{Tr}(T^{-1}A^2B^2T)=\mathrm{Tr}(T^{-1}AABBT)=\mathrm{Tr}(C^2B^2)$.

记 $C=(c_{ij}),C=(d_{ij}),1\leqslant i,j\leqslant n$. 因 D 是对称阵，于是

$$\mathrm{Tr}(CDCD)=\sum_{i,j=1}^{n}c_{ii}c_{jj}d_{ij}d_{ji}=\sum_{1\leqslant i<j\leqslant n}2c_{ii}c_{jj}d_{ij}^2+\sum_{i=1}^{n}c_{ii}^2d_{ii}^2$$

$$\mathrm{Tr}(C^2D^2)=\sum_{i,j=1}^{n}c_{ii}^2d_{ij}^2=\sum_{1\leqslant i<j\leqslant n}(c_{ii}^2+c_{jj}^2)d_{ij}^2+\sum_{i=1}^{n}c_{ii}^2d_{ii}^2$$

故

$$\mathrm{Tr}(CDCD)-\mathrm{Tr}(C^2D^2)=\sum_{1\leqslant i<j\leqslant n}(2c_{ii}c_{jj}-c_{ii}^2-c_{jj}^2)b_{ij}^2=-\sum_{1\leqslant i<j\leqslant n}(c_{ii}-c_{jj})^2b_{ij}^2\leqslant 0$$

由设知 $c_{ii}\neq c_{jj}$，从而 $b_{ij}=0$，上式等号成立，此时 $AB=BA$.

五、矩阵表为矩阵和、矩阵积

矩阵表为某些矩阵和和积，可视为矩阵的和、积分解(与整数的和、积分解类同)，这对于矩阵计算来讲是十分重要的. 先来看矩阵的和分解.

例 1　任何矩阵皆可表示为一个对称矩阵与一个反对称矩阵之和.

证　设矩阵 $A\in\mathbf{R}^{n\times n}$，注意到

$$A=\frac{1}{2}A+\frac{1}{2}A+\frac{1}{2}A^{\mathrm{T}}-\frac{1}{2}A^{\mathrm{T}}=\frac{1}{2}(A+A^{\mathrm{T}})+\frac{1}{2}(A-A^{\mathrm{T}})$$

容易验证

$$(A+A^{\mathrm{T}})^{\mathrm{T}}=A^{\mathrm{T}}+(A^{\mathrm{T}})^{\mathrm{T}}=A+A^{\mathrm{T}}$$

$$(A-A^{\mathrm{T}})^{\mathrm{T}}=A^{\mathrm{T}}-(A^{\mathrm{T}})^{\mathrm{T}}=A^{\mathrm{T}}-A=-(A-A^{\mathrm{T}})$$

知它们分别为对称阵和反对称阵.

从而 $\frac{1}{2}(A+A^{\mathrm{T}})$ 与 $\frac{1}{2}(A-A^{\mathrm{T}})$ 亦分别为对称阵和反对称阵.

例 2　试证任何矩阵皆可表示为一个纯量矩阵(即 kI 形式的矩阵)与一个迹为 0 的矩阵之和.

证　设 $A\in\mathbf{R}^{n\times n}$，且 $\mathrm{Tr}(A)=a$. 令 $B=A-\frac{a}{n}I$，则 $A=B+\frac{a}{n}I$，这里 $\frac{a}{n}I$ 为纯量矩阵，而 B 满足

$$\mathrm{Tr}(B)=\mathrm{Tr}(A)-\mathrm{Tr}\left(\frac{a}{n}I\right)=a-a=0$$

例 3　若 A 是 n 阶矩阵，且 $\mathrm{r}(A)=1$，试证存在两个 n 维列向量 a,b 使 $A=ab^{\mathrm{T}}$.

证　记 $A=(a_1,a_2,\cdots,a_n)$，其 $a_i(i=1,2,\cdots,n)$ 为 A 的列向量.

由 $\mathrm{r}(A)=1$，则 a_i 中至少有一个非 $\mathbf{0}$，无妨设 $a_1\neq\mathbf{0}$，且其他每一列向量均与 a_1B 平行或其对应分量成比例，即存在常数 $k_2,k_3,\cdots,k_n$，使 $a_i=k_ia_1(i=2,3,\cdots,n)$.

于是 $A=(a_1,k_2a_1,\cdots,k_na_1)=a_1(1,k_2,\cdots,k_n)$. 令 $a=a_1,b=(1,k_2,\cdots,k_n)$，则 $A=ab^{\mathrm{T}}$.

注　这个命题给出秩 1 矩阵的一种分解形状. 这里是将原问题作了简化，原来命题如下.

命题　若 $A\in\mathbf{R}^{m\times n}$，则 $\mathrm{r}(A)\leqslant 1\Longleftrightarrow$ 有 $x\in\mathbf{R}^m,y\in\mathbf{R}^n$ 使 $A=xy^{\mathrm{T}}$.

证　(必要性)若 $\mathrm{r}(A)\leqslant 1$，则 $\mathrm{r}(A)=0$，显然命题真.

当 $\mathrm{r}(A)=1$ 时，A 有一个列向量不为 $\mathbf{0}$，其余皆为它的某个倍数，无妨设第 1 列 $\boldsymbol{\alpha}_1=(a_{11},a_{21},\cdots,$

$a_{m1})^{\mathrm{T}}\neq\mathbf{0}$,则

$$\boldsymbol{A}=\begin{pmatrix}a_{11}&k_2a_{11}&\cdots&k_na_{11}\\a_{21}&k_2a_{21}&\cdots&k_na_{21}\\\vdots&\vdots&&\vdots\\a_{m1}&k_2a_{m1}&\cdots&k_na_{m1}\end{pmatrix}=\begin{pmatrix}a_{11}\\a_{21}\\\vdots\\a_{m1}\end{pmatrix}(1,k_2,\cdots,k_n)$$

(充分性)设 $\boldsymbol{A}=\boldsymbol{x}\boldsymbol{y}^{\mathrm{T}}=\begin{pmatrix}x_1\\x_2\\\vdots\\x_m\end{pmatrix}(y_1,y_2,\cdots,y_n)$,则有

$$\mathrm{r}(\boldsymbol{A})=\mathrm{r}(\boldsymbol{x}\boldsymbol{y}^{\mathrm{T}})\leqslant\min\{\mathrm{r}(\boldsymbol{x}),\mathrm{r}(\boldsymbol{y}^{\mathrm{T}})\}=1$$

下面的例子也是涉及秩1矩阵的一个性质.

例4 设 $\boldsymbol{B}=\boldsymbol{A}\boldsymbol{A}^{\mathrm{T}}$,其中 $\boldsymbol{A}=(a_1,a_2,\cdots,a_n)^{\mathrm{T}}$,且 $a_i(i=1,2,\cdots,n)$ 为非零实数,试证 $\boldsymbol{B}^k=l\boldsymbol{B}$,且求 l(k 是正整数).

证 由题设 $\boldsymbol{B}=\boldsymbol{A}\boldsymbol{A}^{\mathrm{T}}$,则 $\boldsymbol{B}^k$ 可表示为

$$\boldsymbol{B}^k=\underbrace{(\boldsymbol{A}\boldsymbol{A}^{\mathrm{T}})(\boldsymbol{A}\boldsymbol{A}^{\mathrm{T}})\cdots(\boldsymbol{A}\boldsymbol{A}^{\mathrm{T}})}_{k\text{个}}=\boldsymbol{A}\underbrace{(\boldsymbol{A}^{\mathrm{T}}\boldsymbol{A})(\boldsymbol{A}^{\mathrm{T}}\boldsymbol{A})\cdots(\boldsymbol{A}^{\mathrm{T}}\boldsymbol{A})}_{(k-1)\text{个}}\boldsymbol{A}^{\mathrm{T}}=\left(\sum_{i=1}^{n}a_i^{\ 2}\right)^{k-1}\boldsymbol{A}\boldsymbol{A}^{\mathrm{T}}=l\boldsymbol{B}$$

其中 $l=\left(\sum\limits_{i=1}^{n}a_i^{\ 2}\right)^{k-1}$.

下面是关于矩阵的乘积分解问题.

例5 若有对称非奇异矩阵 $\boldsymbol{R}$ 使 $\boldsymbol{R}\boldsymbol{A}=\boldsymbol{A}^{\mathrm{T}}\boldsymbol{R}$,则 $\boldsymbol{A}$ 可分解为两个实对称矩阵之积,且其一可逆.

证 由设有 $\boldsymbol{A}=\boldsymbol{R}^{-1}\boldsymbol{A}^{\mathrm{T}}\boldsymbol{R}$,或 $\boldsymbol{A}\boldsymbol{R}^{-1}=\boldsymbol{R}^{-1}\boldsymbol{A}^{\mathrm{T}}$. 令 $\boldsymbol{R}^{-1}\boldsymbol{A}^{\mathrm{T}}=\boldsymbol{S}$,则 $\boldsymbol{A}=\boldsymbol{S}\boldsymbol{R}$. 注意到

$$\boldsymbol{S}^{\mathrm{T}}=(\boldsymbol{R}^{-1}\boldsymbol{A}^{\mathrm{T}})^{\mathrm{T}}=\boldsymbol{A}(\boldsymbol{R}^{-1})^{\mathrm{T}}=\boldsymbol{A}\boldsymbol{R}^{-1}=\boldsymbol{R}^{-1}\boldsymbol{A}^{\mathrm{T}}$$

知 $\boldsymbol{S}$ 对称. 又 $\boldsymbol{R}$ 对称非奇异,故 $\boldsymbol{A}$ 可分解为两实对称阵之积,且其一可逆.

注1 其实对一般实矩阵来讲,上述分解亦成立.

注2 请注意:对称矩阵之积未必是对称阵,比如:

$$\boldsymbol{A}=\begin{pmatrix}1&3\\3&2\end{pmatrix},\quad \boldsymbol{B}=\begin{pmatrix}2&1\\1&2\end{pmatrix}$$

它们均为对称阵,但 $\boldsymbol{A}\boldsymbol{B}=\begin{pmatrix}5&7\\8&7\end{pmatrix}$ 非对称.

其实若 $\boldsymbol{A},\boldsymbol{B}$ 为对称阵,即 $\boldsymbol{A}^{\mathrm{T}}=\boldsymbol{A},\boldsymbol{B}^{\mathrm{T}}=\boldsymbol{B}$,而由 $(\boldsymbol{A}\boldsymbol{B})^{\mathrm{T}}=\boldsymbol{B}^{\mathrm{T}}\boldsymbol{A}^{\mathrm{T}}=\boldsymbol{B}\boldsymbol{A}$ 未必能推出它等于 $\boldsymbol{A}\boldsymbol{B}$(未必对称),若使 $\boldsymbol{A}\boldsymbol{B}$ 亦对称,这必须加上一个条件:$\boldsymbol{A},\boldsymbol{B}$ 可换即 $\boldsymbol{A}\boldsymbol{B}=\boldsymbol{B}\boldsymbol{A}$.

例6 设 $\boldsymbol{A}\in\mathbf{R}^{m\times n}$,又 $\mathrm{r}(\boldsymbol{A})=r>0$. 试证:有 $\boldsymbol{F}\in\mathbf{R}^{m\times r},\boldsymbol{G}\in\mathbf{R}^{r\times n}$,且 $\mathrm{r}(\boldsymbol{F})=\mathrm{r}(\boldsymbol{G})=r$,使 $\boldsymbol{A}=\boldsymbol{F}\boldsymbol{G}$.

证 由设有可逆阵 $P\in\mathbf{R}^{m\times m}$ 和 $Q\in\mathbf{R}^{n\times n}$ 使

$$\boldsymbol{A}=\boldsymbol{P}\begin{pmatrix}\boldsymbol{I}_r&\boldsymbol{O}\\\boldsymbol{O}&\boldsymbol{O}\end{pmatrix}\boldsymbol{Q}=\boldsymbol{P}\begin{pmatrix}\boldsymbol{I}_r\\\boldsymbol{O}\end{pmatrix}(\boldsymbol{I}_r\boldsymbol{O})\boldsymbol{Q}$$

令 $\boldsymbol{F}=\boldsymbol{P}\begin{pmatrix}\boldsymbol{I}_r\\\boldsymbol{O}\end{pmatrix},\boldsymbol{G}=(\boldsymbol{I}_r\boldsymbol{O})\boldsymbol{Q}$,则 $\boldsymbol{F},\boldsymbol{G}$ 为所求. 事实上 $\boldsymbol{F}\in\mathbf{R}^{m\times r},\boldsymbol{G}\in\mathbf{R}^{r\times n}$,且 $\mathrm{r}(\boldsymbol{F})=r,\mathrm{r}(\boldsymbol{G})=r$.

与之类似的问题可见下面例子.

例7 设 $\boldsymbol{A}\in\mathbf{R}^{n\times n}$,且 $\mathrm{r}(\boldsymbol{A})=r$. 试证 $\boldsymbol{A}^2=\boldsymbol{A}\Longleftrightarrow$ 存在矩阵 $\boldsymbol{B}\in\mathbf{R}^{r\times n}$ 和 $\boldsymbol{C}\in\mathbf{R}^{n\times r}$,且 $\mathrm{r}(\boldsymbol{B})=\mathrm{r}(\boldsymbol{C})=r$ 使 $\boldsymbol{A}=\boldsymbol{C}\boldsymbol{B}$,且 $\boldsymbol{B}\boldsymbol{C}=\boldsymbol{I}_r$.

证　⇒由设 $\boldsymbol{A}^2=\boldsymbol{A}$，则有可逆阵 $\boldsymbol{T}$ 使

$$\boldsymbol{A}=\boldsymbol{T}^{-1}\begin{pmatrix}\boldsymbol{I}_r & \boldsymbol{O}\\ \boldsymbol{O} & \boldsymbol{O}\end{pmatrix}\boldsymbol{T}=\boldsymbol{T}^{-1}\begin{pmatrix}\boldsymbol{I}_r\\ \boldsymbol{O}\end{pmatrix}(\boldsymbol{I}_r,\boldsymbol{O})\boldsymbol{T}$$

令 $\boldsymbol{B}=(\boldsymbol{I}_r,\boldsymbol{O})\boldsymbol{T}\in\mathbf{R}^{r\times n}$，$\boldsymbol{C}=\boldsymbol{T}^{-1}\begin{pmatrix}\boldsymbol{I}_r\\ \boldsymbol{O}\end{pmatrix}\in\mathbf{R}^{n\times n}$，且 $\mathrm{r}(\boldsymbol{B})=\mathrm{r}(\boldsymbol{C})=r$. 则 $\boldsymbol{CB}=\boldsymbol{I}_r$.

⇐由题设可有

$$\boldsymbol{A}^2=(\boldsymbol{CB})(\boldsymbol{CB})=\boldsymbol{C}(\boldsymbol{BC})\boldsymbol{B}=\boldsymbol{CI}_r\boldsymbol{B}=\boldsymbol{CB}=\boldsymbol{A}$$

下面的诸例与矩阵分块或分块矩阵有关.

例 8　设矩阵 $\boldsymbol{A}\in\mathbf{R}^n$ 且可逆，试证 $2n$ 阶矩阵 $\begin{pmatrix}\boldsymbol{A} & \boldsymbol{O}\\ \boldsymbol{O} & \boldsymbol{A}^{-1}\end{pmatrix}$ 总可表示成若干形如 $\begin{pmatrix}\boldsymbol{I} & \boldsymbol{P}\\ \boldsymbol{O} & \boldsymbol{I}\end{pmatrix}$，$\begin{pmatrix}\boldsymbol{I} & \boldsymbol{O}\\ \boldsymbol{Q} & \boldsymbol{I}\end{pmatrix}$ 矩阵之积.

证　注意到下面矩阵等式

$$\begin{pmatrix}\boldsymbol{I} & -\boldsymbol{I}\\ \boldsymbol{O} & \boldsymbol{I}\end{pmatrix}\begin{pmatrix}\boldsymbol{I} & \boldsymbol{O}\\ \boldsymbol{I}-\boldsymbol{A}^{-1} & \boldsymbol{I}\end{pmatrix}\begin{pmatrix}\boldsymbol{I} & \boldsymbol{A}\\ \boldsymbol{O} & \boldsymbol{I}\end{pmatrix}\begin{pmatrix}\boldsymbol{A} & \boldsymbol{O}\\ \boldsymbol{O} & \boldsymbol{A}^{-1}\end{pmatrix}\begin{pmatrix}\boldsymbol{I} & \boldsymbol{O}\\ \boldsymbol{I}-\boldsymbol{A} & \boldsymbol{I}\end{pmatrix}=\begin{pmatrix}\boldsymbol{I} & \boldsymbol{O}\\ \boldsymbol{O} & \boldsymbol{I}\end{pmatrix}$$

因而可有

$$\begin{pmatrix}\boldsymbol{A} & \boldsymbol{O}\\ \boldsymbol{O} & \boldsymbol{A}^{-1}\end{pmatrix}=\begin{pmatrix}\boldsymbol{I} & \boldsymbol{A}\\ \boldsymbol{O} & \boldsymbol{I}\end{pmatrix}^{-1}\begin{pmatrix}\boldsymbol{I} & \boldsymbol{O}\\ \boldsymbol{I}-\boldsymbol{A}^{-1} & \boldsymbol{I}\end{pmatrix}^{-1}\begin{pmatrix}\boldsymbol{I} & -\boldsymbol{I}\\ \boldsymbol{O} & \boldsymbol{I}\end{pmatrix}^{-1}\begin{pmatrix}\boldsymbol{I} & \boldsymbol{O}\\ \boldsymbol{I}-\boldsymbol{A} & \boldsymbol{I}\end{pmatrix}^{-1}=$$

$$\begin{pmatrix}\boldsymbol{I} & -\boldsymbol{A}\\ \boldsymbol{O} & \boldsymbol{I}\end{pmatrix}\begin{pmatrix}\boldsymbol{I} & \boldsymbol{O}\\ \boldsymbol{A}^{-1}-\boldsymbol{I} & \boldsymbol{I}\end{pmatrix}\begin{pmatrix}\boldsymbol{I} & \boldsymbol{I}\\ \boldsymbol{O} & \boldsymbol{I}\end{pmatrix}\begin{pmatrix}\boldsymbol{I} & \boldsymbol{O}\\ \boldsymbol{A}-\boldsymbol{I} & \boldsymbol{I}\end{pmatrix}$$

例 9　设矩阵 $\boldsymbol{A}\in\mathbf{R}^{n\times n}$，必有可逆(非奇异阵)$\boldsymbol{P}$，使 $\boldsymbol{AP}=(\boldsymbol{Q},\boldsymbol{O})$，这里 $\boldsymbol{Q}^{\mathrm{T}}\boldsymbol{Q}=\boldsymbol{I}$.

证　设 $\mathrm{r}(\boldsymbol{A})=r$，则存在可逆阵 $\boldsymbol{P}$，使

$$\boldsymbol{A}_{11}=(\boldsymbol{a}_1,\boldsymbol{a}_2,\cdots,\boldsymbol{a}_r,\boldsymbol{0},\boldsymbol{0},\cdots,\boldsymbol{0})$$

其中 $\boldsymbol{a}_1,\boldsymbol{a}_2,\cdots,\boldsymbol{a}_r$ 线性无关.

将其标准化，故存在可逆阵 $\boldsymbol{T}$ 使

$$(\boldsymbol{a}_1,\boldsymbol{a}_2,\cdots,\boldsymbol{a}_r,\boldsymbol{0},\boldsymbol{0},\cdots,\boldsymbol{0})^{\mathrm{T}}=(\boldsymbol{b}_1,\boldsymbol{b}_2,\cdots,\boldsymbol{b}_r,\boldsymbol{0},\boldsymbol{0},\cdots,\boldsymbol{0})$$

其中

$$\boldsymbol{b}_i{}^{\mathrm{T}}\boldsymbol{b}_j=\begin{cases}1, & 若\ i=j\ 时\\ 0, & 若\ i\neq j\ 时\end{cases}$$

则

$$\boldsymbol{AP}_1\boldsymbol{T}=(\boldsymbol{Q},\boldsymbol{O})\quad 或\quad \boldsymbol{A}(\boldsymbol{P}_1\boldsymbol{T})=(\boldsymbol{Q},\boldsymbol{O})$$

令 $\boldsymbol{P}_1\boldsymbol{T}=\boldsymbol{P}$，则 $\boldsymbol{P}$ 非奇异，且 $\boldsymbol{AP}=(\boldsymbol{Q},\boldsymbol{O})$. 又 $\boldsymbol{Q}=(\boldsymbol{b}_1,\boldsymbol{b}_2,\cdots,\boldsymbol{b}_r)$，则

$$\boldsymbol{Q}^{\mathrm{T}}\boldsymbol{Q}=\mathrm{diag}\{1,1,\cdots,1\}=\boldsymbol{I}_r$$

例 10　若 $\boldsymbol{A}\in\mathbf{R}^n$，又 $\boldsymbol{A}^2=\boldsymbol{A}$，则(1)有 $\boldsymbol{P}$ 使 $\boldsymbol{P}^{-1}\boldsymbol{AP}=\begin{pmatrix}\boldsymbol{I}_r & \boldsymbol{O}\\ \boldsymbol{O} & \boldsymbol{O}\end{pmatrix}$，(2)$\boldsymbol{A}$ 可分解为两个实对称阵之积，这里 r 为 $\boldsymbol{A}$ 的秩 $\mathrm{r}(\boldsymbol{A})$.

证　(1)若有可逆阵 $\boldsymbol{R},\boldsymbol{T}$ 使 $\boldsymbol{R}^{-1}\boldsymbol{AT}=\begin{pmatrix}\boldsymbol{I}_r & \\ & \boldsymbol{O}\end{pmatrix}$，令 $\boldsymbol{T}^{-1}\boldsymbol{R}=\begin{pmatrix}\boldsymbol{B}_1 & \boldsymbol{B}_2\\ \boldsymbol{B}_3 & \boldsymbol{B}_4\end{pmatrix}$，则

$$\boldsymbol{R}^{-1}\boldsymbol{AR}=(\boldsymbol{R}^{-1}\boldsymbol{AT})(\boldsymbol{T}^{-1}\boldsymbol{R})=\begin{pmatrix}\boldsymbol{I}_r & \\ & \boldsymbol{O}\end{pmatrix}\begin{pmatrix}\boldsymbol{B}_1 & \boldsymbol{B}_2\\ \boldsymbol{B}_3 & \boldsymbol{B}_4\end{pmatrix}=\begin{pmatrix}\boldsymbol{B}_1 & \boldsymbol{B}_2\\ \boldsymbol{O} & \boldsymbol{O}\end{pmatrix}$$

又由 $A^2=A$,则

$$\begin{pmatrix} B_1 & B_2 \\ O & O \end{pmatrix}=R^{-1}AR=(R^{-1}AR)^2=\begin{pmatrix} B_1 & B_2 \\ O & O \end{pmatrix}^2=\begin{pmatrix} B_1^2 & B_1B_2 \\ O & O \end{pmatrix}$$

故 $(B_1,B_2)(B_1,B_2)^2=B_1(B_1,B_2)$,亦即

$$(B_1-I)(B_1,B_2)=O=O(B_1,B_2)$$

由 (B_1,B_2) 为列满秩,从而 $B_1-I=O$,则 $R^{-1}AR=\begin{pmatrix} I_r & B_2 \\ O & O \end{pmatrix}$.

注意到

$$\begin{pmatrix} I_r & B_2 \\ O & I_{n-r} \end{pmatrix}\begin{pmatrix} I_r & B_2 \\ O & O \end{pmatrix}\begin{pmatrix} I_r & -B_2 \\ O & I_{n-r} \end{pmatrix}=\begin{pmatrix} I_r & \\ & O \end{pmatrix}$$

(2)令 $S_1=P\begin{pmatrix} I_r & O \\ O & O \end{pmatrix}A^{\mathrm T}$,$S_2=(P^{-1})^{\mathrm T}P^{-1}$,则 $A=S_1S_2$.

习　　题

1. 叙述两种矩阵求逆的方法,且求 $\begin{pmatrix} 1 & 2 & 3 \\ 2 & 4 & 5 \\ 0 & 1 & 0 \end{pmatrix}$ 的逆矩阵.

2. 求下列矩阵的逆.

(1) $\begin{pmatrix} 1 & 1 & 0 \\ 0 & 1 & 1 \\ 1 & 0 & 1 \end{pmatrix}$　(2) $\begin{pmatrix} 0 & 2 & 1 \\ -1 & 1 & 4 \\ 2 & -1 & -3 \end{pmatrix}$　(3) $\begin{pmatrix} 1 & 2 & 0 & 0 \\ 0 & 2 & 0 & 0 \\ 0 & 0 & 3 & 2 \\ 0 & 0 & 0 & 1 \end{pmatrix}$

(4) $\begin{pmatrix} 1 & 2 & 3 & 4 \\ 0 & 1 & 2 & 3 \\ 0 & 0 & 1 & 2 \\ 0 & 0 & 0 & 1 \end{pmatrix}$　(5) $\begin{pmatrix} 2 & 7 & 2 & -3 \\ 2 & 5 & 1 & -2 \\ 5 & 7 & 0 & 0 \\ 3 & 4 & 0 & 0 \end{pmatrix}$　(6) $\begin{pmatrix} 3 & 7 & -4 & 1 & 0 \\ -2 & -5 & 9 & 0 & -1 \\ 0 & 0 & -1 & 0 & 0 \\ 0 & 0 & 0 & 4 & 0 \\ 0 & 0 & 0 & 0 & -1 \end{pmatrix}$

3. 试证与一切同阶非奇异阵可交换的矩阵是数量阵.

4. 若 $A=\begin{pmatrix} 0 & 1 & & \\ & 0 & 1 & \\ & & 0 & 1 \\ & & & 0 \end{pmatrix}$,试证当且仅当 $B=\begin{pmatrix} a & b & c & d \\ & a & b & c \\ & & a & b \\ & & & a \end{pmatrix}$ 时,$AB=BA$.

5. 设 $A=\begin{pmatrix} 0 & 1 & 0 \\ 0 & 0 & 1 \\ 1 & 0 & 0 \end{pmatrix}$,求所有与 A 可交换的(即 $AB=BA$)矩阵 B.

6. 若 $A=\begin{pmatrix} 1 & 0 & 0 \\ -1 & 2 & 0 \\ 1 & 4 & 3 \end{pmatrix}$,求 A^{*1},$A^{\mathrm T}A$,及行列式 $|(4I-A)^{\mathrm T}(4I-A)|$.

7. 若 $A=\begin{pmatrix} 1 & 0 & 1 \\ 0 & 2 & 0 \\ 0 & 0 & 1 \end{pmatrix}$,求 $(A+3I)^{-1}(A^2-9I)$.

8. 若 $\boldsymbol{A}=\frac{1}{2}\begin{pmatrix}2 & 0 & 0\\0 & 1 & 3\\0 & 2 & 5\end{pmatrix}$，求 $|\boldsymbol{A}|$，$\boldsymbol{A}^{-1}$，$(\boldsymbol{A}^{*})^{-1}$.

9. 设 $\boldsymbol{A}=\begin{pmatrix}a & b\\c & d\end{pmatrix}$，$\boldsymbol{B}=\begin{pmatrix}e & f\\g & h\end{pmatrix}$，且各元素均非零，又 $\boldsymbol{AB}=\boldsymbol{I}$.（1）试用 e,f,g,h 表示 a,b,c,d；（2）证明 $|\boldsymbol{A}|=\frac{d}{e}$.

10. 两二阶方阵 $\boldsymbol{A},\boldsymbol{B}$ 满足 $\boldsymbol{A}=\boldsymbol{B}^2$，则称 $\boldsymbol{B}$ 是 $\boldsymbol{A}$ 的平方根，若规定矩阵元素必须是实数，求 $\boldsymbol{A}$ 有平方根的充要条件.

11.（1）若 $\boldsymbol{A},\boldsymbol{B}$ 可交换，且 $\boldsymbol{A}$ 是可逆阵，则 $\boldsymbol{A}^{-1}$，$\boldsymbol{B}^{-1}$ 也可换.

（2）若 $\boldsymbol{A},\boldsymbol{B}$ 是同阶可逆矩阵，则 $(\boldsymbol{AB})^{-1}=\boldsymbol{B}^{-1}\boldsymbol{A}^{-1}$.

12. 若 $\boldsymbol{A}$ 为 n 阶矩阵，$\boldsymbol{A}^{*}$ 为 $\boldsymbol{A}$ 的伴随阵：

（1）试证 $\boldsymbol{A}\cdot\boldsymbol{A}^{*}=|\boldsymbol{A}|\cdot\boldsymbol{I}$；

（2）若 $\boldsymbol{A}$ 为非奇异，试证 $\boldsymbol{A}^{-1}=\frac{1}{|\boldsymbol{A}|}\boldsymbol{A}^{*}$；

（3）试证 $(a\boldsymbol{A})^{*}=a^{n-1}\boldsymbol{A}^{*}$（$a$ 为实数）；

（4）若 $\mathrm{r}(\boldsymbol{A})=n$，则 $\mathrm{r}(\boldsymbol{A}^{*})=n$；

（5）若 $\boldsymbol{A}$ 非奇异，则 $(\boldsymbol{A}^{-1})^{*}=(\boldsymbol{A}^{*})^{-1}$；

（6）若 $\boldsymbol{A}$ 非奇异，试证 $(\boldsymbol{A}^{*})^{*}=|\boldsymbol{A}|^{n-2}\boldsymbol{A}$.

13. 若 $\boldsymbol{A},\boldsymbol{B}$ 是 n 阶矩阵，问下列结论是否成立？

（1）若 $\boldsymbol{AB}=\boldsymbol{O}$，则 $\boldsymbol{A}=\boldsymbol{O}$ 或 $\boldsymbol{B}=\boldsymbol{O}$；

（2）$(\boldsymbol{A}+\boldsymbol{B})^2=\boldsymbol{A}^2+2\boldsymbol{AB}+\boldsymbol{B}^2$；

（3）$(\boldsymbol{AB})^{\mathrm{T}}=\boldsymbol{A}^{\mathrm{T}}\boldsymbol{B}^{\mathrm{T}}$；

（4）若 $\boldsymbol{A},\boldsymbol{B}$ 可逆，则 $(\boldsymbol{AB})^{-1}=B^{-1}\boldsymbol{A}^{-1}$；

（5）$|k\boldsymbol{A}|=k|\boldsymbol{A}|$，$k$ 为常数.

14.（1）若 $\boldsymbol{A}$ 是正交矩阵，且 $|\boldsymbol{A}|=-1$，则 $\boldsymbol{A}+\boldsymbol{I}$ 必不可逆；（2）若 $\boldsymbol{A}$ 是反对称实矩阵，则 $\boldsymbol{A}+\boldsymbol{I}$ 必可逆，且 $(\boldsymbol{A}+I)^{-1}(\boldsymbol{A}-I)$ 为正交阵.

[**提示**：（2）设 $\boldsymbol{x}$ 是 $\boldsymbol{A}$ 关于特征值 λ 的特征向量，则由 $\bar{\boldsymbol{x}}^{\mathrm{T}}(\boldsymbol{Ax})=-\bar{\boldsymbol{x}}^{\mathrm{T}}\boldsymbol{A}^{\mathrm{T}}\boldsymbol{x}=-(\boldsymbol{Ax})^{\mathrm{T}}\boldsymbol{x}=-(\overline{\boldsymbol{Ax}})^{\mathrm{T}}\boldsymbol{x}$，即 $\lambda\bar{\boldsymbol{x}}^{\mathrm{T}}\boldsymbol{x}=-\bar{\lambda}\bar{\boldsymbol{x}}^{\mathrm{T}}\boldsymbol{x}$，亦即 $\lambda+\bar{\lambda}=0$，知 $\boldsymbol{A}$ 的特征值只能是 0 或纯虚数，这样可有 $f(\lambda)|_{\lambda=-1}=|\lambda\boldsymbol{I}-\boldsymbol{A}|_{\lambda=-1}=|\boldsymbol{I}+\boldsymbol{A}|\neq 0$]

注　本题另一证法可见正文例的解法.

15.（1）设 $\boldsymbol{A}=\begin{pmatrix}1/\sqrt{2} & a & 0\\0 & 0 & 1\\b & c & 0\end{pmatrix}$. 试问：（1）$a,b,c$ 满足何关系时，$\boldsymbol{A}$ 为可逆阵？（2）a,b,c 满足何关系时，$\boldsymbol{A}$ 是对称阵？（3）a,b,c 满足何关系时，$\boldsymbol{A}$ 为正交阵？

16. 设矩阵 $\boldsymbol{A}=\begin{pmatrix}2x & 0 & 0\\0 & \cos\pi/123 & \sin\pi/123\\0 & \sin\pi/123 & \cos\pi/123\end{pmatrix}$，试问：（1）$x$ 取何值时，$\boldsymbol{A}$ 为可逆（非奇异）阵；（2）x 取何值时，$\boldsymbol{A}$ 为正交阵.

17. 若 $\boldsymbol{A}=\begin{pmatrix}1/2 & -1/\sqrt{2} & -1/2\\-1/\sqrt{2} & 0 & -1/\sqrt{2}\\-1/2 & -1/\sqrt{2} & 1/2\end{pmatrix}$，叙述正交矩阵的定义，证明 $\boldsymbol{A}$ 是正交阵.

18. 我们可用两种方法计算下面行列式问题:

问题 若 $\boldsymbol{A}\in\mathbf{R}^{4\times4}$,且 $\boldsymbol{A}^2-\boldsymbol{A}+\boldsymbol{I}=\boldsymbol{O}$,又 $|\boldsymbol{A}|=2$. 求 $|\boldsymbol{A}-\boldsymbol{I}|$.

解 1 由设有 $\boldsymbol{A}^2-\boldsymbol{A}=-\boldsymbol{I}$,即 $\boldsymbol{A}(\boldsymbol{A}-\boldsymbol{I})=-\boldsymbol{I}$,从而 $|\boldsymbol{A}|\,|\boldsymbol{A}-\boldsymbol{I}|=|-\boldsymbol{I}|=1$. 又由 $|\boldsymbol{A}|=2$,可知 $|\boldsymbol{A}-\boldsymbol{I}|=\dfrac{1}{2}$.

解 2 由设有 $\boldsymbol{A}^2-\boldsymbol{A}=-\boldsymbol{I}$,由 $\boldsymbol{A}\in\mathbf{R}^{4\times4}$,知 $|\boldsymbol{A}^2|=|\boldsymbol{A}-\boldsymbol{I}|$,即 $|\boldsymbol{A}-\boldsymbol{I}|=|\boldsymbol{A}|^2=4$.

请问:哪种解法对?

[**答:**两解法无可挑剔,原因是题目错了,因为满足 $\boldsymbol{A}^2-\boldsymbol{A}+\boldsymbol{I}=\boldsymbol{O}$ 的 $\boldsymbol{A}$,其行列式 $|\boldsymbol{A}|\neq2$]

第 3 章 向量空间

向量其实只是一种特殊的矩阵($1\times n$ 或 $n\times 1$). 向量概念是由复数概念扩张而来。1843 年,哈密顿(W. R. Hamilton)的"四元数"概念的同时,引入了向量概念,从而开创它的计算与理论研究.

1844 年,德国数学家格拉斯曼(G. H. Grassmann)发表《线性扩张论》,提出"n 维超复数"概念,即 n 元有序数组,相当于今天的向量概念.此外,他还定义了超复数的运算,且将 Euclid 几何的许多概念拓广至高维空间.

向量空间的现代定义是由皮亚诺(G. Peano)于 1888 年引入的.不久,以函数乃至线性变换为元素的抽象向量空间随之建立.即 1906 年法国数学家费雷歇(M. Fréchet)开创了抽象空间研究,包括无穷维向量空间(如今空间维数概念已拓至分数,产生"分形"这门新的数学分支).

内 容 提 要

一、线性空间

定义了加法与数乘的集合 $\boldsymbol{L}$,对其中任意元素 $\boldsymbol{a},\boldsymbol{b}\in\boldsymbol{L}$ 及数 λ,μ 均有:

(1)$\boldsymbol{a}+\boldsymbol{b}\in\boldsymbol{L},\lambda\boldsymbol{a}\in\boldsymbol{L}$;

(2)$\boldsymbol{a}+\boldsymbol{b}=\boldsymbol{b}+\boldsymbol{a}$,有零元 $\boldsymbol{0}$,$\boldsymbol{a}$ 有负元 $-\boldsymbol{a}$;

(3)$(\lambda\mu)\boldsymbol{a}=\lambda(\mu\boldsymbol{a}),1\boldsymbol{a}=\boldsymbol{a}$;

(4)$(\lambda+\mu)\boldsymbol{a}=\lambda\boldsymbol{a}+\mu\boldsymbol{a},\lambda(\boldsymbol{a}+\boldsymbol{B})=\lambda\boldsymbol{a}+\lambda\boldsymbol{b}$.

则称 $\boldsymbol{L}$ 为线性空间.

具体有线性空间:
- n 维向量空间(实向量空间常记 $\mathbf{R}^n$ 或 $\mathbf{R}^{n\times 1}$,$\mathbf{R}^{1\times n}$,复向量空间记 $\boldsymbol{C}^n$,$\boldsymbol{C}^{n\times 1}$ 或 $\boldsymbol{C}^{1\times n}$)
- $m\times n$ 阶矩阵空间(实矩阵空间常记 $\mathbf{R}^{m\times n}$,复矩阵空间记 $\boldsymbol{C}^{m\times n}$)
- 函数空间
- ……

二、向量空间

1. 向量

n 个数 $a_1,a_2,\cdots,a_n$ 组成的有序数组$(a_1,a_2,\cdots,a_n)$称为一个 n 维向量,记 $\boldsymbol{\alpha}=(a_1,a_2,\cdots,a_n)$,其中 a_i 称为第 i 个分量.有时我们也用列向量$(a_1,a_2,\cdots,a_n)^{\mathrm{T}}$ 表示.

2. 向量运算

若 n 维向量 $\boldsymbol{\alpha}=(a_1,a_2,\cdots,a_n)$，$\boldsymbol{\beta}=(b_1,b_2,\cdots,b_n)$，又 k 为数，则向量运算见下表.

运　算	定　义	记　号
相　等	$a_i=b_i(i=1,2,\cdots,n)$	$\boldsymbol{\alpha}=\boldsymbol{\beta}$
加　法	$(a_1+b_1,\cdots,a_n+b_n)$	$\boldsymbol{\alpha}=\boldsymbol{\beta}$
数　乘	$(ka,ka_2,\cdots,ka_n)$	$k\boldsymbol{a}$
数积(内积)	$a_1b_1+a_2b_2+\cdots+a_nb_n$	$\boldsymbol{\alpha}\cdot\boldsymbol{\beta}$ 或 $(\boldsymbol{\alpha},\boldsymbol{\beta})$

注　向量内积(又称数积)性质：

①$(\boldsymbol{\alpha},\boldsymbol{\beta})=(\boldsymbol{\beta},\boldsymbol{\alpha})$；

②$(a\boldsymbol{\alpha}\pm b\boldsymbol{\beta},\boldsymbol{\gamma})=a(\boldsymbol{\alpha},\boldsymbol{\gamma})\pm b(\boldsymbol{\beta},\boldsymbol{\gamma})$；

③$(\boldsymbol{a},\boldsymbol{\alpha})\geqslant 0$，且 $(\boldsymbol{a},\boldsymbol{\alpha})=0\Leftrightarrow\boldsymbol{a}=0$；

④$|(\boldsymbol{\alpha},\boldsymbol{\beta})|\leqslant|\boldsymbol{\alpha}||\boldsymbol{\beta}|$，其中 $|\boldsymbol{\alpha}|=\sqrt{(\boldsymbol{\alpha},\boldsymbol{\alpha})}$，$|\boldsymbol{\beta}|=\sqrt{(\boldsymbol{\beta},\boldsymbol{\beta})}$(Cauchy 不等式).

此外$(0,0,\cdots,0)$称为**零向量**，记作 $\mathbf{0}$(或 $\boldsymbol{\theta}$.)；

又$(-a_1,-a_2,\cdots,-a_n)$称为$(a_1,a_2,\cdots,a_n)=\boldsymbol{\alpha}$ 的**负向量**，记作$-\boldsymbol{\alpha}$.

n 维向量对加法与数乘运算构成线性空间，常记成及 $\mathbf{R}^n$(实向量空间)或 $\mathbf{C}^n$(复向量空间).

3. 线性相关与无关

线性组合与线性表出　若 $\boldsymbol{\beta},\boldsymbol{\alpha}_1,\boldsymbol{\alpha}_2,\cdots,\boldsymbol{\alpha}_m$ 都是 n 维向量，且有常数 $k_1,k_2,\cdots,,k_m$ 使

$$\boldsymbol{\beta}=\sum_{i=1}^{m}k_i\boldsymbol{\alpha}_i$$

则称 $\boldsymbol{\beta}$ 为 $\boldsymbol{\alpha}_1,\boldsymbol{\alpha}_2,\cdots,\boldsymbol{\alpha}_m$ 的线性组合，又称 $\boldsymbol{\beta}$ 可由 $\boldsymbol{\alpha}_1,\boldsymbol{\alpha}_2,\cdots,\boldsymbol{\alpha}_m$ 线性表出，记

$$\boldsymbol{\beta}\leftarrow\{\boldsymbol{\alpha}_1,\boldsymbol{\alpha}_2,\cdots,\boldsymbol{\alpha}_m\}$$

又 $\boldsymbol{\beta}\not\leftarrow\{\boldsymbol{\alpha}_1,\boldsymbol{\alpha}_2,\cdots,\boldsymbol{\alpha}_m\}$表示 $\boldsymbol{\beta}$ 不能由向量组$\{\boldsymbol{\alpha}_1,\boldsymbol{\alpha}_2,\cdots,\boldsymbol{\alpha}_m\}$线性表示.

线性相关　对于向量 $\boldsymbol{\alpha}_1,\boldsymbol{\alpha}_2,\cdots,\boldsymbol{\alpha}_m$，若存在不全为零的常数 $k_1,k_2,\cdots,,k_m$ 使

$$\sum_{i=1}^{m}k_i\boldsymbol{\alpha}_i=\mathbf{0}$$

则称向量 $\boldsymbol{\alpha}_1,\boldsymbol{\alpha}_2,\cdots,\boldsymbol{\alpha}_m$ 线性相关；否则称线性无关.

极大线性无关组　向量组的部分向量满足：①部分组本身线性无关；②再添组内一个向量则部分组便线性相关，则称该部分组为极大线性无关组.

向量组的秩　极大无关组中向量的个数称为该向量组的秩.

求向量组的秩，常把它们先写成矩阵形式，再用初等变换求出矩阵的秩，它也恰为该向量组的秩.

等价向量组　已知两个向量组：

(Ⅰ)：$\boldsymbol{\alpha}_1,\boldsymbol{\alpha}_2,\cdots,\boldsymbol{\alpha}_s$ 或$\{\boldsymbol{\alpha}_1,\boldsymbol{\alpha}_2,\cdots,\boldsymbol{\alpha}_s\}$；

(Ⅱ)：$\boldsymbol{\beta}_1,\boldsymbol{\beta}_2,\cdots,\boldsymbol{\beta}_r$ 或$\{\boldsymbol{\beta}_1,\boldsymbol{\beta}_2,\cdots,\boldsymbol{\beta}_r\}$.

若(Ⅰ)←(Ⅱ)，且(Ⅱ)←(Ⅰ)，则称向组(Ⅰ)、(Ⅱ)等价，常记(Ⅰ)≃(Ⅱ)或(Ⅰ)～(Ⅱ).

等价向量组有性质：

(1)等价的线性无关向量组所含向量个数相同；

(2)向量组与其极大线性无关组等价；

(3)等价向量组的秩相同.

向量组线性相关、无关的判定

若向量组：$\boldsymbol{\alpha}_i=(\alpha_{i1},\alpha_{i2},\cdots,\alpha_{in})^{\mathrm{T}}$，$i=1,2,\cdots,m$，又记 $\boldsymbol{A}=(\boldsymbol{\alpha}_1,\boldsymbol{\alpha}_2,\cdots,\boldsymbol{\alpha}_n)$，则向量线性相关、无关的

判定见下表.

线性相关判定	① $\boldsymbol{Ax}=\boldsymbol{0}$ 有非零解 $\boldsymbol{x}=(x_1,\cdots,x_m)^{\mathrm{T}}$； ②组中某一向量可由其他向量线性表出； ③多于 n 个的 n 维向量组； ④包含零向量的向量组； ⑤向量组中的部分向量线性相关,则该组向量(整体)线性相关； ⑥若向量组 $\boldsymbol{\alpha}_1,\boldsymbol{\alpha}_2,\cdots,\boldsymbol{\alpha}_r$ 可由 $\boldsymbol{\beta}_1,\boldsymbol{\beta}_2,\cdots,\boldsymbol{\beta}_s$ 线性表出,且 $r>s$,则 $\boldsymbol{\alpha}_1,\boldsymbol{\alpha}_2,\cdots,\boldsymbol{\alpha}_r$ 一定线性相关
线性无关判定	① $\boldsymbol{Ax}=\boldsymbol{0}$ 仅有零解； ②线性无关组的部分向量也线性无关； ③若 n 维向量组 $\boldsymbol{\alpha}_1,\boldsymbol{\alpha}_2,\cdots,\boldsymbol{\alpha}_s$ 线性无关,则在每个向量上添加 k 个分量,变成的 s 个 $n+k$ 维向量的组后它们仍然线性无关； ④非零的正交向量组线性无关

4. 向量组的正交

对于两个 n 维向量 $\boldsymbol{\alpha}=(a_1,a_2,\cdots,a_n)^{\mathrm{T}}$,$\boldsymbol{\beta}=(b_1,b_2,\cdots,b_n)^{\mathrm{T}}$,若$(\boldsymbol{\alpha},\boldsymbol{\beta})=0$ 或 $\boldsymbol{\alpha}^{\mathrm{T}}\boldsymbol{\beta}=0$(若 $\boldsymbol{\alpha},\boldsymbol{\beta}$ 为行向量则记 $\boldsymbol{\alpha}\boldsymbol{\beta}^{\mathrm{T}}=0$),则称向量 $\boldsymbol{\alpha},\boldsymbol{\beta}$ 互相正交.

若向量组 $\boldsymbol{\alpha}_1,\boldsymbol{\alpha}_2,\cdots,\boldsymbol{\alpha}_s$ 中任意两向量都正交,则称该**向量组正交**. 正交向量组有性质：

(1)正交向量组线性无关；

(2)零向量与任何向量都正交.

向量组正交化方法(施密特(Schmidt)正交化)

设 $\boldsymbol{\alpha}_1,\boldsymbol{\alpha}_2,\cdots,\boldsymbol{\alpha}_s$ 是一组线性无关向量. 令

$$\boldsymbol{\beta}_1=\boldsymbol{\alpha}_1,\ \boldsymbol{\beta}_i=\boldsymbol{\alpha}_i-\sum_{k=1}^{i-1}\frac{(\boldsymbol{\alpha}_i,\boldsymbol{\beta}_k)}{(\boldsymbol{\beta}_i,\boldsymbol{\beta}_k)}\boldsymbol{\beta}_k\quad(i=1,2,\cdots,s)$$

则 $\boldsymbol{\beta}_1,\boldsymbol{\beta}_2,\cdots,\boldsymbol{\beta}_s$ 是一组两两正交向量,且 $\boldsymbol{\alpha}_1,\boldsymbol{\alpha}_2,\cdots,\boldsymbol{\alpha}_s$ 与 $\boldsymbol{\beta}_1,\boldsymbol{\beta}_2,\cdots,\boldsymbol{\beta}_s$ 等价.

再令 $\boldsymbol{\gamma}_i=\dfrac{\boldsymbol{\beta}_i}{|\boldsymbol{\beta}_i|}(i=1,2,\cdots,s)$,则 $\boldsymbol{\gamma}_1,\boldsymbol{\gamma}_2,\cdots,\boldsymbol{\gamma}_s$ 为单位正交向量组.

5. 向量的长度

设向量 $\boldsymbol{\alpha}=(\alpha_1,\alpha_2,\cdots,\alpha_n)^{\mathrm{T}}$,则称 $\sqrt{(\boldsymbol{\alpha},\boldsymbol{\alpha})}=\sqrt{\alpha_1^2+\alpha_2^2,\cdots+\alpha_n^2}$ 为向量 $\boldsymbol{\alpha}$ 的长,且记为 $|\boldsymbol{\alpha}|$.

长为 1 的向量叫**单位向量**.

任何非零向量均可单位化(又称法化、归一化、单位标准化):$\boldsymbol{\alpha}_0=\boldsymbol{\alpha}/|\boldsymbol{\alpha}|$.

6. 基与坐标

若向量空间 L 中的任何向量 $\boldsymbol{x}$ 均可用 L 中一组线性无关向量 $\alpha_1,\alpha_2,\cdots,\alpha_n$ 的线性组合表示：

$$\boldsymbol{x}=\lambda_1\boldsymbol{\alpha}_1+\lambda_2\boldsymbol{\alpha}_2+\cdots+\lambda_n\boldsymbol{\alpha}_{\ n}=\sum_{i=1}^{n}\lambda_i\boldsymbol{\alpha}_i$$

则称 $\boldsymbol{\alpha}_1,\boldsymbol{\alpha}_2,\cdots,\boldsymbol{\alpha}_n$ 为 L 的一组基,而$(\lambda_1,\lambda_2,\cdots,\lambda_n)$称为 $\boldsymbol{x}$ 关于基$(\boldsymbol{\alpha}_1,\boldsymbol{\alpha}_2,\cdots,\boldsymbol{\alpha}_n)$的坐标.

$$\boldsymbol{e}_1=(1,0,\cdots,0),\quad \boldsymbol{e}_2=(0,1,0,\cdots,0),\quad \cdots,\quad \boldsymbol{e}_n=(0,\cdots,0,1)$$

称为 n **维向量空间标准基**.

一般的,对于 $\boldsymbol{L}$ 的一组基 $\boldsymbol{\alpha}_1,\boldsymbol{\alpha}_2,\cdots,\boldsymbol{\alpha}_n$ 若满足:$(\boldsymbol{\alpha}_i,\boldsymbol{\alpha}_j)=\delta_{ij}(1\leqslant i,j\leqslant n)$,则称该基为**标准正交基**.

其中 $\delta_{ij}=\begin{cases}1, & i=j;\\ 0, & i\neq j\end{cases}$ 为 Kronecker 符号.

三、线性变换*

若 $\boldsymbol{x}\in\mathbb{L}$ ($\mathbb{L}$ 为线性空间),经某种运算 $\mathscr{T}$ 使 $\mathscr{T}\boldsymbol{x}\in\mathbb{L}$,且对于数 $\lambda,\mu\in\mathbf{R}$ 及 $\boldsymbol{y}\in\mathbb{L}$ 总有 $\mathscr{T}(\lambda\boldsymbol{x}+\mu\boldsymbol{y})=\lambda\mathscr{T}\boldsymbol{x}+\mu\mathscr{T}\boldsymbol{y}$,则称 $\mathscr{T}$ 为 $\mathbb{L}$ 上的**一个线性变换**.

$\mathbb{L}$ 到 $\mathbb{L}$ 上(常记 $\mathbb{L}\to\mathbb{L}$)的线性变换 $\mathscr{T}$,使 $\mathscr{T}\boldsymbol{x}=\mathbf{0}$ 的 $\boldsymbol{x}$ 构成的子空间叫做**零空间**.

若记线性变换 $\boldsymbol{x}=\boldsymbol{C}\boldsymbol{y}(*)$,其中 $\boldsymbol{C}=(c_{ij})_{n\times n}$,$\boldsymbol{x}=(x_1,x_2,\cdots,x_n)^{\mathrm{T}}$,$\boldsymbol{y}=(y_1,y_2,\cdots,y_n)^{\mathrm{T}}$ 就是 $\boldsymbol{x}$ 到 $\boldsymbol{y}$ 的一个线性变换.

若 $|\boldsymbol{C}|\neq0$,则称该变换为**可逆(或非退化)变换**,且此时有 $\boldsymbol{y}=\boldsymbol{C}^{-1}\boldsymbol{x}$.

当 $\boldsymbol{C}$ 是正交阵时,称该变换为**正交线性变换**,简称**正交变换**.

又若有由 $\boldsymbol{y}_1,\boldsymbol{y}_2,\cdots,\boldsymbol{y}_n$ 到 $\boldsymbol{z}_1,\boldsymbol{z}_2,\cdots,\boldsymbol{z}_n$ 的线性变换 $\boldsymbol{y}=\boldsymbol{D}\boldsymbol{z}(**)$,其中 $\boldsymbol{D}=(d_{ij})_{n\times n}$,$\boldsymbol{z}=(z_1,z_2,\cdots,z_n)^{\mathrm{T}}$,则

$$\boldsymbol{x}=\boldsymbol{C}\boldsymbol{y}=\boldsymbol{C}(\boldsymbol{D}\boldsymbol{z})=(\boldsymbol{C}\boldsymbol{D})\boldsymbol{z}$$

仍是一个线性变换,且称为线性变换$(*)$与$(**)$的积.

向量是特殊的矩阵,因而研究向量问题一是可借用矩阵理论来处理,再者可将向量问题**化为矩阵**去解决.而线性空间理论是矩阵理论与线性方程组理论结合发展.

由于向量是一种特殊的矩阵,这样就为解向量问题提供了线索与方法,有时将这类问题**化为矩阵问题讨论**将是方便和有效的.

向量又与线性方程组问题有关联,所谓向量组线性相关性的讨论,常依线性方程理论去完成.

向量问题与矩阵理论、线性方程组问题关系如下图:

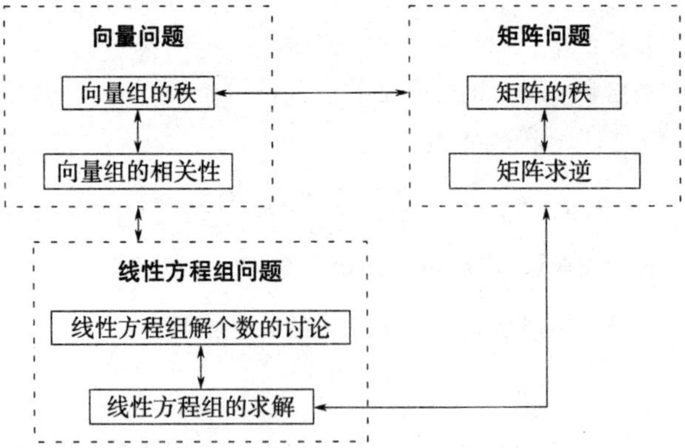

向量组的秩或向量的相关性讨论,是全国研究生统考试题出现较多的一类题型,其实当它们转化为矩阵讨论(除某些情形外)时,有时会变得轻松.

例 题 分 析

一、向量组的秩与向量的极大无关组

向量组的秩通常可化为矩阵的秩来处理,但由于向量的特殊性(自身性质),有些问题可有其特殊方法解法.关于向量组的秩比如可有

命题 对向量组(Ⅰ)、(Ⅱ)而言，若组(Ⅰ)←组(Ⅱ)(即组(Ⅰ)可由组(Ⅱ)线性表出)，则秩r(Ⅰ)≤r(Ⅱ)；又若组(Ⅰ)～组(Ⅱ)("～"表示等价，即(Ⅰ)←(Ⅱ)，且(Ⅱ)←(Ⅰ))，则 r(Ⅰ)=r(Ⅱ).

将向量组问题先化为矩阵处理，再利用这个命题可以解许多关于向量组秩的问题.

例1 若向量 $\boldsymbol{\alpha}_1=(1,2,3,4)^{\mathrm{T}},\boldsymbol{\alpha}_2=(2,3,4,5)^{\mathrm{T}},\boldsymbol{\alpha}_3=(3,4,5,6)^{\mathrm{T}},\boldsymbol{\alpha}_4=(4,5,6,7)^{\mathrm{T}}$. 求向量组$\{\boldsymbol{\alpha}_1,\boldsymbol{\alpha}_2,\boldsymbol{\alpha}_3,\boldsymbol{\alpha}_4\}$的秩 $\mathrm{r}\{\boldsymbol{\alpha}_1,\boldsymbol{\alpha}_2,\boldsymbol{\alpha}_3,\boldsymbol{\alpha}_4\}$.

解 向量组$\{\boldsymbol{\alpha}_1,\boldsymbol{\alpha}_2,\boldsymbol{\alpha}_3,\boldsymbol{\alpha}_4\}$显然可视为矩阵. 令

$$\boldsymbol{\eta}_1=(1,1,1,1)^{\mathrm{T}},\quad \boldsymbol{\eta}_2=(2,2,2,2)^{\mathrm{T}},\quad \boldsymbol{\eta}_3=(3,3,3,3)^{\mathrm{T}}=3\boldsymbol{\eta}_1$$

则

$$\boldsymbol{A}=(\boldsymbol{\alpha}_1,\boldsymbol{\alpha}_2,\boldsymbol{\alpha}_3,\boldsymbol{\alpha}_4)=(\boldsymbol{\alpha}_1,\boldsymbol{\alpha}_1+\boldsymbol{\eta}_1,\boldsymbol{\alpha}_1+\boldsymbol{\eta}_2,\boldsymbol{\alpha}_1+\boldsymbol{\eta}_3)\xrightarrow{\text{列初等变换}}(\boldsymbol{\alpha}_1,\boldsymbol{\eta}_1,\boldsymbol{\eta}_2,\boldsymbol{\eta}_3)=(\boldsymbol{\alpha}_1,\boldsymbol{\eta}_1,2\boldsymbol{\eta}_1,3\boldsymbol{\eta}_1)$$

显然 $\mathrm{r}(\boldsymbol{A})=2$，故 $\mathrm{r}\{\boldsymbol{\alpha}_1,\boldsymbol{\alpha}_2,\boldsymbol{\alpha}_3,\boldsymbol{\alpha}_4\}=2$.

例2 若向量 $\boldsymbol{\alpha}_1=(1,2,-1,1)^{\mathrm{T}},\boldsymbol{\alpha}_2=(2,0,t,0)^{\mathrm{T}},\boldsymbol{\alpha}_3=(0,-4,5,-2)^{\mathrm{T}}$，且该向量组的秩 $\mathrm{r}\{\boldsymbol{\alpha}_1,\boldsymbol{\alpha}_2,\boldsymbol{\alpha}_3\}=2$，求 t.

解 令 $\boldsymbol{A}=(\boldsymbol{\alpha}_1,\boldsymbol{\alpha}_2,\boldsymbol{\alpha}_3)=\begin{pmatrix}1&2&0\\2&0&-4\\-1&t&5\\1&0&-2\end{pmatrix}$，又 $\mathrm{r}(A)=2$，则其3阶子式 $\begin{vmatrix}1&2&0\\2&0&-4\\-1&t&5\end{vmatrix}=0$，解得 $t=3$.

例3 若给定向量组(Ⅰ)：$\boldsymbol{\alpha}_1=(1,2,-3)^{\mathrm{T}},\boldsymbol{\alpha}_2=(3,0,1)^{\mathrm{T}},\boldsymbol{\alpha}_3,=(9,6,-7)^{\mathrm{T}}$ 和向量组(Ⅱ)：$\boldsymbol{\beta}_1=(0,1,1)^{\mathrm{T}},\boldsymbol{\beta}_2=(a,2,1)^{\mathrm{T}},\boldsymbol{\beta}_3=(b,1,0)^{\mathrm{T}}$. 又两向量组的秩 r(Ⅰ)=r(Ⅱ)，且 $\boldsymbol{\beta}_3\leftarrow\{\boldsymbol{\alpha}_1,\boldsymbol{\alpha}_2,\boldsymbol{\alpha}_3\}$，求 a,b 的值.

解1 令

$$\boldsymbol{A}=(\boldsymbol{\alpha}_1,\boldsymbol{\alpha}_2,\boldsymbol{\alpha}_3)=\begin{pmatrix}1&3&9\\2&0&6\\-3&1&-7\end{pmatrix}\xrightarrow[\substack{1\text{列}\times3,2\text{列}\times2\\\text{加至第3列}}]{\text{列初等变换}}\begin{pmatrix}1&3&0\\2&0&0\\-3&1&0\end{pmatrix}$$

因为 $\mathrm{r}(\boldsymbol{A})=2$，且 $\boldsymbol{\alpha}_1,\boldsymbol{\alpha}_2$ 是(Ⅰ)的极大无关组. 所以 r(Ⅰ)=r(Ⅱ).

故 $|B|=|(\boldsymbol{\beta}_1,\boldsymbol{\beta}_2,\boldsymbol{\beta}_3)|=0$，得 $a=3b$.

又 $\boldsymbol{\beta}_3\leftarrow\{\boldsymbol{\alpha}_1,\boldsymbol{\alpha}_2,\boldsymbol{\alpha}_3\}\leftarrow\{\boldsymbol{\alpha}_1,\boldsymbol{\alpha}_2\}$，则 $\boldsymbol{\alpha}_1,\boldsymbol{\alpha}_2,\boldsymbol{\beta}_3$ 线性相关. 故 $|(\boldsymbol{\alpha}_1,\boldsymbol{\alpha}_2,\boldsymbol{\beta}_3)|=0$，得 $b=5$.

因而 $a=3b=15,b=5$.

解2 今考虑 $\overline{\boldsymbol{A}}=(\boldsymbol{\alpha}_1,\boldsymbol{\alpha}_2,\boldsymbol{\alpha}_3,\boldsymbol{\beta})$经行初等变换可化为

$$(\boldsymbol{\alpha}_1,\boldsymbol{\alpha}_2,\boldsymbol{\alpha}_3,\boldsymbol{\beta})\rightarrow\begin{pmatrix}1&3&9&b\\0&1&2&1/6(2b-1)\\0&0&0&1/10(5-b)\end{pmatrix}$$

则 $\boldsymbol{\beta}\leftarrow\{\boldsymbol{\alpha}_1,\boldsymbol{\alpha}_2,\boldsymbol{\alpha}_3\}$，即 $\boldsymbol{Ax}=\boldsymbol{\beta}$ 有非零解，则 $\mathrm{r}(\overline{\boldsymbol{A}})=\mathrm{r}(\boldsymbol{A})$，知$(5-b)/10=0$，得 $b=5$.

又由解1知$|\boldsymbol{B}|=0$，得 $a=3b$，故 $a=15,b=5$.

例4 若向量组(Ⅰ)，$\{\boldsymbol{\alpha}_1,\boldsymbol{\alpha}_2,\boldsymbol{\alpha}_3\}$，(Ⅱ)：$\{\boldsymbol{\alpha}_1,\boldsymbol{\alpha}_2,\boldsymbol{\alpha}_3,\boldsymbol{\alpha}_4\}$，(Ⅲ)：$\{\boldsymbol{\alpha}_1,\boldsymbol{\alpha}_2,\boldsymbol{\alpha}_3,\boldsymbol{\alpha}_5\}$. 又它们的秩 r(Ⅰ)=r(Ⅱ)=3，r(Ⅲ)=4. 试证 $\mathrm{r}\{\boldsymbol{\alpha}_1,\boldsymbol{\alpha}_2,\boldsymbol{\alpha}_3,\boldsymbol{\alpha}_5-\boldsymbol{\alpha}_4\}=4$.

证1 由设 r(Ⅰ)=r(Ⅱ)=3，知 $\boldsymbol{\alpha}_4\leftarrow\{\boldsymbol{\alpha}_1,\boldsymbol{\alpha}_2,\boldsymbol{\alpha}_3\}$，令 $\boldsymbol{\alpha}_4=k_1\boldsymbol{\alpha}_1+k_2\boldsymbol{\alpha}_2+k_3\boldsymbol{\alpha}_3$，故

$$\boldsymbol{A}=(\boldsymbol{\alpha}_1,\boldsymbol{\alpha}_2,\boldsymbol{\alpha}_3,\boldsymbol{\alpha}_5-\boldsymbol{\alpha}_4)=(\boldsymbol{\alpha}_1,\boldsymbol{\alpha}_2,\boldsymbol{\alpha}_3,\boldsymbol{\alpha}_5-(k_1\boldsymbol{\alpha}_1+k_2\boldsymbol{\alpha}_2+k_3\boldsymbol{\alpha}_3))\xrightarrow{\text{列初等变换}}(\boldsymbol{\alpha}_1,\boldsymbol{\alpha}_2,\boldsymbol{\alpha}_3,\boldsymbol{\alpha}_5)=\boldsymbol{B}$$

从而 $\mathrm{r}(\boldsymbol{A})=\mathrm{r}(\boldsymbol{B})=$r(Ⅲ)=4.

证2 由证1知 $\boldsymbol{\alpha}_4=k_1\boldsymbol{\alpha}_1+k_2\boldsymbol{\alpha}_2+k_3\boldsymbol{\alpha}_3$. 今考虑若有 $\lambda_i(i=1,2,3,4)$使

$$\lambda_1\boldsymbol{\alpha}_1+\lambda_2\boldsymbol{\alpha}_2+\lambda_3\boldsymbol{\alpha}_3+\lambda_4(\boldsymbol{\alpha}_5-\boldsymbol{\alpha}_4)=\boldsymbol{0}\qquad(*)$$

即

$$\lambda_1\boldsymbol{\alpha}_1+\lambda_2\boldsymbol{\alpha}_2+\lambda_3\boldsymbol{\alpha}_3+\lambda_4[\boldsymbol{\alpha}_5-(k_1\boldsymbol{\alpha}_1+k_2\boldsymbol{\alpha}_2+k_3\boldsymbol{\alpha}_3)]=\mathbf{0}$$

或

$$(\lambda_1-k_1\lambda_4)\boldsymbol{\alpha}_1+(\lambda_2-k_2\lambda_4)\boldsymbol{\alpha}_2+(\lambda_3-k_3\lambda_4)\boldsymbol{\alpha}_3+\lambda_4\boldsymbol{\alpha}_5=\mathbf{0}$$

又因 r(Ⅲ)=4,知 $\boldsymbol{\alpha}_1,\boldsymbol{\alpha}_2,\boldsymbol{\alpha}_3,\boldsymbol{\alpha}_5$ 线性无关,因而有

$$\begin{cases}\lambda_1 & & & -k_1\lambda_4=0\\ & \lambda_2 & & -k_2\lambda_4=0\\ & & \lambda_3 & -k_3\lambda_4=0\\ & & & \lambda_4=0\end{cases}$$

解得

$$\lambda_1=\lambda_2=\lambda_3=\lambda_4=0$$

由(*)知 $\boldsymbol{\alpha}_1,\boldsymbol{\alpha}_2,\boldsymbol{\alpha}_3,\boldsymbol{\alpha}_5-\boldsymbol{\alpha}_4$ 线性无关,从而 $\mathrm{r}\{\boldsymbol{\alpha}_1,\boldsymbol{\alpha}_2,\boldsymbol{\alpha}_3,\boldsymbol{\alpha}_5-\boldsymbol{\alpha}_4\}=4$.

证 3 由设 r(Ⅰ)=r(Ⅱ)=3,则 $\boldsymbol{\alpha}_4=k_1\boldsymbol{\alpha}_1+k_2\boldsymbol{\alpha}_2+k_3\boldsymbol{\alpha}_3$.

若 $\boldsymbol{\alpha}_1,\boldsymbol{\alpha}_2,\boldsymbol{\alpha}_3,\boldsymbol{\alpha}_5-\boldsymbol{\alpha}_4$ 线性相关,则 $\boldsymbol{\alpha}_5-\boldsymbol{\alpha}_4\leftarrow\{\boldsymbol{\alpha}_1,\boldsymbol{\alpha}_2,\boldsymbol{\alpha}_3\}$(注意到 $\boldsymbol{\alpha}_1,\boldsymbol{\alpha}_2,\boldsymbol{\alpha}_3$ 线性无关),从而有

$$\boldsymbol{\alpha}_5-\boldsymbol{\alpha}_4=\lambda_1\boldsymbol{\alpha}_1+\lambda_2\boldsymbol{\alpha}_2+\lambda_3\boldsymbol{\alpha}_3$$

即

$$\boldsymbol{\alpha}_5=\sum_{i=1}^{3}\lambda_i\boldsymbol{\alpha}_i+\boldsymbol{\alpha}_4=\sum_{i=1}^{3}\lambda_i\boldsymbol{\alpha}_i+\sum_{i=1}^{3}k_i\boldsymbol{\alpha}_i=\sum_{i=1}^{3}(\lambda_i+k_i)\boldsymbol{\alpha}_i$$

因而 $\boldsymbol{\alpha}_5\leftarrow\{\boldsymbol{\alpha}_1,\boldsymbol{\alpha}_2,\boldsymbol{\alpha}_3\}$ 与 $\mathrm{r}\{\boldsymbol{\alpha}_1,\boldsymbol{\alpha}_2,\boldsymbol{\alpha}_3,\boldsymbol{\alpha}_5\}=4$ 相抵!

故 $\boldsymbol{\alpha}_1,\boldsymbol{\alpha}_2,\boldsymbol{\alpha}_3,\boldsymbol{\alpha}_5-\boldsymbol{\alpha}_4$ 线性无关,知 $\mathrm{r}\{\boldsymbol{\alpha}_1,\boldsymbol{\alpha}_2,\boldsymbol{\alpha}_3,\boldsymbol{\alpha}_5-\boldsymbol{\alpha}_4\}=4$.

例 5 设 $\boldsymbol{a}_1,\boldsymbol{a}_2,\cdots,\boldsymbol{a}_k$ 是一组 n 维向量,其秩为 r;又 $\boldsymbol{b}_1,\boldsymbol{b}_2,\cdots,\boldsymbol{b}_l$ 是另一组 n 维向量,其秩为 s,证明向量组 $\{\boldsymbol{a}_i+\boldsymbol{b}_j\mid i=1,2,3,\cdots,k;j=1,2,3,\cdots,l\}$ 的秩不超过 $\min\{r+s,n\}$.

证 若 $n\leqslant r+s$,则结论显然成立.

若 $n>r+s$,不失一般性,今设 $\boldsymbol{a}_1,\boldsymbol{a}_2,\cdots,\boldsymbol{a}_r$ 和 $\boldsymbol{b}_1,\boldsymbol{b}_2,\cdots,\boldsymbol{b}_s$ 分别为题设两组向量的极大线性无关组.

则向量组 $\{\boldsymbol{a}_i+\boldsymbol{b}_j\mid i=1,2,3,\cdots,k;j=1,2,3,\cdots,l\}$ 中任意向量均可由 $r+s$ 个向量 $\boldsymbol{a}_1,\boldsymbol{a}_2,\cdots,\boldsymbol{a}_r,\boldsymbol{b}_1,\boldsymbol{b}_2,\cdots,\boldsymbol{b}_s$ 线性表出.

故向量组 $\{\boldsymbol{a}_i+\boldsymbol{b}_j\}$ 的秩不超过 $r+s=\min\{r+s,n\}$,即 $\mathrm{r}\{\boldsymbol{a}_i+\boldsymbol{b}_j\}\leqslant\min\{r+s,n\}$.

注 我们想再强调一下:向量是矩阵的特例,而许多向量问题若化为矩阵问题考虑,则方便得多.比如本例可解如下.设

$$\boldsymbol{A}=(\boldsymbol{a}_1+\boldsymbol{b}_1,\boldsymbol{a}_1+\boldsymbol{b}_2,\cdots,\boldsymbol{a}_k+\boldsymbol{b}_l,\boldsymbol{a}_1,\boldsymbol{a}_2,\cdots,\boldsymbol{a}_k,\boldsymbol{b}_1,\boldsymbol{b}_2,\cdots,\boldsymbol{b}_l)\text{(经矩阵列初等变换)}\rightarrow(\mathbf{0},\mathbf{0},\cdots,\mathbf{0},\boldsymbol{a}_1,\boldsymbol{a}_2,\cdots,\boldsymbol{a}_k,\boldsymbol{b}_1,\boldsymbol{b}_2,\cdots,\boldsymbol{b}_l)$$

则

$$\mathrm{r}\{\boldsymbol{a}_i+\boldsymbol{b}_j\}\leqslant\mathrm{r}(\boldsymbol{A})\leqslant\min\{r+s,n\}$$

这里只需注意矩阵秩的性质即可.

又如:多于 n 个 n 维向量必线性相关,若从矩阵角度看结论几乎显然.

比如 $\boldsymbol{a}_i\in\mathbf{R}^n(i=1,2,\cdots,n+1)$ 且为列向量,考虑矩阵

$$\boldsymbol{A}=(\boldsymbol{a}_1,\boldsymbol{a}_2,\cdots,\boldsymbol{a}_{n+1})_{n\times(n+1)}$$

显然 $n\times(n+1)$ 的矩阵 $\boldsymbol{A}$ 的秩 $\mathrm{r}(\boldsymbol{A})\leqslant n$,故 $\boldsymbol{a}_1,\boldsymbol{a}_2,\cdots,\boldsymbol{a}_{n+1}$ 线性相关.其余可看后文例注.

下面来看一下向量组线性表出问题.

例 6 若向量 $\boldsymbol{\alpha}_1=(1,1,1,3)^{\mathrm{T}},\boldsymbol{\alpha}_2=(-1,-3,5,1)^{\mathrm{T}},\boldsymbol{\alpha}_3=(3,2,-1,p+2)^{\mathrm{T}},\boldsymbol{\alpha}_4=(-2,-6,10,p)^{\mathrm{T}}$.(1)$p$ 为何值时 $\{\boldsymbol{\alpha}_1,\boldsymbol{\alpha}_2,\boldsymbol{\alpha}_3,\boldsymbol{\alpha}_4\}$ 线性无关?写出 $\boldsymbol{\alpha}=(4,1,6,10)^{\mathrm{T}}$ 用 $\boldsymbol{\alpha}_1\sim\boldsymbol{\alpha}_4$ 的线性表出式;(2)p 为何值时 $\{\boldsymbol{\alpha}_1,\boldsymbol{\alpha}_2,\boldsymbol{\alpha}_3,\boldsymbol{\alpha}_4\}$ 线性相关?求其秩和向量极大无关组.

解 (1)考虑矩阵 $(\boldsymbol{\alpha}_1,\boldsymbol{\alpha}_2,\boldsymbol{\alpha}_3,\boldsymbol{\alpha}_4\vdots\boldsymbol{\alpha})$ 经行初等变换化为

$$(\boldsymbol{\alpha}_1,\boldsymbol{\alpha}_2,\boldsymbol{\alpha}_3,\boldsymbol{\alpha}_4 \vdots \boldsymbol{\alpha}) \to \left(\begin{array}{cccc:c} 1 & -1 & 3 & -2 & 3 \\ & -2 & -1 & -4 & -4 \\ & \boldsymbol{O} & 1 & 0 & 1 \\ & & & p-2 & 1-p \end{array}\right)$$

显然，$p\neq 2$ 时，$\mathrm{r}(\boldsymbol{\alpha}_1,\boldsymbol{\alpha}_2,\boldsymbol{\alpha}_3,\boldsymbol{\alpha}_4)=4$，即 $\boldsymbol{\alpha}_1,\boldsymbol{\alpha}_2,\boldsymbol{\alpha}_3,\boldsymbol{\alpha}_4$ 线性无关. 若令 $\boldsymbol{\alpha}=\sum_{i=1}^{4}k_i\boldsymbol{\alpha}_i$，有

$$(k_1,k_2,k_3,k_4)=\left(2,\frac{3p-4}{p-2},1,\frac{1-p}{p-2}\right)$$

(2)由上知 $p=2$ 时，$\boldsymbol{\alpha}_1,\boldsymbol{\alpha}_2,\boldsymbol{\alpha}_3,\boldsymbol{\alpha}_4$ 线性相关，且 $\mathrm{r}(\boldsymbol{\alpha}_1,\boldsymbol{\alpha}_2,\boldsymbol{\alpha}_3,\boldsymbol{\alpha}_4)=3$，知其极大无关组为$\{\boldsymbol{\alpha}_1,\boldsymbol{\alpha}_2,\boldsymbol{\alpha}_3\}$或$\{\boldsymbol{\alpha}_1,\boldsymbol{\alpha}_3,\boldsymbol{\alpha}_4\}$.

注　此处将$(\boldsymbol{\alpha}_1,\boldsymbol{\alpha}_2,\boldsymbol{\alpha}_3,\boldsymbol{\alpha}_4 \vdots \boldsymbol{\alpha})$一并实施行初等变换，可谓一举双得(注意捎带着 $\boldsymbol{\alpha}$).

类似的试题还有很多，比如：

问题 1　若 $\boldsymbol{\alpha}_1=(1,1,1)^{\mathrm{T}},\boldsymbol{\alpha}_2=(1,2,3)^{\mathrm{T}},\boldsymbol{\alpha}_3=(1,3,t)^{\mathrm{T}}$，问(1)$t$ 为何值时$\{\boldsymbol{\alpha}_1,\boldsymbol{\alpha}_2,\boldsymbol{\alpha}_3\}$线性无关？(2)$t$ 为何值时它们线性相关？相关时用 $\boldsymbol{\alpha}_1,\boldsymbol{\alpha}_2$ 表出 $\boldsymbol{\alpha}_3$.

略解　由$|\boldsymbol{A}|=|(\boldsymbol{\alpha}_1,\boldsymbol{\alpha}_2,\boldsymbol{\alpha}_3)|=t-5$，则

(1)$t\neq 5$ 时，$\{\boldsymbol{\alpha}_1,\boldsymbol{\alpha}_2,\boldsymbol{\alpha}_3\}$线性无关；

(2)$t=5$ 时，$\{\boldsymbol{\alpha}_1,\boldsymbol{\alpha}_2,\boldsymbol{\alpha}_3\}$线性相关，且 $t=5$ 时：由 $\boldsymbol{A}\xrightarrow{\text{初等变换}}\begin{pmatrix}1 & 0 & -1\\0 & 1 & 2\\0 & 0 & 0\end{pmatrix}$，显然 $\boldsymbol{\alpha}_1-2\boldsymbol{\alpha}_2+\boldsymbol{\alpha}_3=\boldsymbol{0}$，即 $\boldsymbol{\alpha}_3=2\boldsymbol{\alpha}_2-\boldsymbol{\alpha}_1$.

问题 2　求向量组 $\boldsymbol{\alpha}_1=(1,-2,2,4)^{\mathrm{T}},\boldsymbol{\alpha}_2=(0,3,1,2)^{\mathrm{T}},\boldsymbol{\alpha}_3=(3,0,7,14)^{\mathrm{T}},\boldsymbol{\alpha}_4=(1,-2,2,0)^{\mathrm{T}},\boldsymbol{\alpha}_5=(2,1,5,10)^{\mathrm{T}}$ 的极大无关组.

略解　$(\boldsymbol{\alpha}_1,\boldsymbol{\alpha}_2,\boldsymbol{\alpha}_3,\boldsymbol{\alpha}_4,\boldsymbol{\alpha}_5)\to\begin{pmatrix}1 & 0 & 0 & 0 & 0\\-1 & 3 & 3 & -1 & 3\\2 & 1 & 1 & 0 & 1\\4 & 2 & 2 & 4 & 2\end{pmatrix}\to\begin{pmatrix}1 & 0 & 0 & 0 & 0\\-1 & 3 & -1 & 0 & 0\\2 & 1 & 0 & 0 & 0\\4 & 2 & -4 & 0 & 0\end{pmatrix}$

具体变换(列初等变换)

$$(\boldsymbol{\alpha}_1,\boldsymbol{\alpha}_2,\boldsymbol{\alpha}_3,\boldsymbol{\alpha}_4,\boldsymbol{\alpha}_5)\to(\boldsymbol{\alpha}_1,\boldsymbol{\alpha}_2,\boldsymbol{\alpha}_3-2\boldsymbol{\alpha}_1,\boldsymbol{\alpha}_4-\boldsymbol{\alpha}_1,\boldsymbol{\alpha}_5-2\boldsymbol{\alpha}_1)\to$$
$$(\boldsymbol{\alpha}_1,\boldsymbol{\alpha}_2,\boldsymbol{\alpha}_4-\boldsymbol{\alpha}_1,\boldsymbol{\alpha}_3-2\boldsymbol{\alpha}_1-\boldsymbol{\alpha}_2,\boldsymbol{\alpha}_5-2\boldsymbol{\alpha}_1-\boldsymbol{\alpha}_2)$$

知$\{\boldsymbol{\alpha}_1,\boldsymbol{\alpha}_2,\boldsymbol{\alpha}_4\}$是向量组的极大无关组.

二、向量组的线性相关、无关及线性表出

向量组的相关性与向量组的秩其实是一个问题的不同提法而已. 请看这方面的例：

例 1　若 $\boldsymbol{\alpha}_1=(1,1,0)^{\mathrm{T}},\boldsymbol{\alpha}_2=(1,3,-1)^{\mathrm{T}},\boldsymbol{\beta}_3=(5,3,t)^{\mathrm{T}}$. 讨论 $\boldsymbol{\alpha}_1,\boldsymbol{\alpha}_2,\boldsymbol{\alpha}_3$ 的相关性.

解　考虑 $\boldsymbol{A}=(\boldsymbol{\alpha}_1,\boldsymbol{\alpha}_2,\boldsymbol{\alpha}_3)$，而$|\boldsymbol{A}|=2t-2$，

故当 $t\neq 1$ 时，$|\boldsymbol{A}|\neq 0,\mathrm{r}(\boldsymbol{A})=3$，则 $\boldsymbol{\alpha}_1,\boldsymbol{\alpha}_2,\boldsymbol{\alpha}_3$ 线性无关；

而当 $t=1$ 时，$|\boldsymbol{A}|=0,\mathrm{r}(\boldsymbol{A})<3$，则 $\boldsymbol{\alpha}_1,\boldsymbol{\alpha}_2,\boldsymbol{\alpha}_3$ 线性相关.

例 2　设线性方程组 $\boldsymbol{a}=(a_1,a_2,a_3),\boldsymbol{b}=(b_1,b_2,b_3),\boldsymbol{c}=(c_1,c_2,c_3)$线性无关，证明向量组 $\boldsymbol{d}=(a_1,a_2,a_3,a_4),\boldsymbol{e}=(b_1,b_2,b_3,b_4),\boldsymbol{f}=(c_1,c_2,c_3,c_4)$也线性无关.

解　用反证法. 假定题设向量组 $\boldsymbol{d}=(a_1,a_2,a_3,a_4),\boldsymbol{e}=(b_1,b_2,b_3,b_4),\boldsymbol{f}=(c_1,c_2,c_3,c_4)$线性相关，则存在有不全为零的 $k_i(i=1,2,3)$，使得有

$$k_1\boldsymbol{d}+k_2\boldsymbol{e}+k_3\boldsymbol{f}=\boldsymbol{0}$$

即

$$\begin{pmatrix} a_1 & b_1 & c_1 \\ a_2 & b_2 & c_2 \\ a_3 & b_3 & c_3 \\ a_4 & b_4 & c_4 \end{pmatrix}\begin{pmatrix} k_1 \\ k_2 \\ k_3 \end{pmatrix}=\begin{pmatrix} 0 \\ 0 \\ 0 \\ 0 \end{pmatrix}$$

此时,显然也有

$$\begin{pmatrix} a_1 & b_1 & c_1 \\ a_2 & b_2 & c_2 \\ a_3 & b_3 & c_3 \end{pmatrix}\begin{pmatrix} k_1 \\ k_2 \\ k_3 \end{pmatrix}=\begin{pmatrix} 0 \\ 0 \\ 0 \end{pmatrix}$$

即

$$k_1\boldsymbol{a}+k_2\boldsymbol{b}++k_3\boldsymbol{c}=\boldsymbol{0}$$

因而 $\boldsymbol{a},\boldsymbol{b},\boldsymbol{c}$ 是线性相关的,这与所设矛盾,即得证 $\boldsymbol{d},\boldsymbol{e},\boldsymbol{f}$ 也是线性无关.

例 3 若 $\boldsymbol{\alpha}_1,\boldsymbol{\alpha}_2,\cdots,\boldsymbol{\alpha}_5\in\mathbf{R}^n$,且它们线性无关,又 $\boldsymbol{\beta}_1=\boldsymbol{\alpha}_1+\boldsymbol{\alpha}_2$,$\boldsymbol{\beta}_2=\boldsymbol{\alpha}_2+\boldsymbol{\alpha}_3$,$\boldsymbol{\beta}_3=\boldsymbol{\alpha}_2+\boldsymbol{\alpha}_4$,$\boldsymbol{\beta}_4=\boldsymbol{\alpha}_4+\boldsymbol{\alpha}_5$,$\boldsymbol{\beta}_5=\boldsymbol{\alpha}_5+\boldsymbol{\alpha}_1$. 证明 $\boldsymbol{\beta}_1,\boldsymbol{\beta}_2,\boldsymbol{\beta}_3,\boldsymbol{\beta}_4,\boldsymbol{\beta}_5$ 也线性无关.

证 若令 $k_1\boldsymbol{\beta}_1+k_2\boldsymbol{\beta}_2+k_3\boldsymbol{\beta}_3+k_4\boldsymbol{\beta}_4+k_5\boldsymbol{\beta}_5=0$,即

$$(k_1+k_5)\boldsymbol{\alpha}_1+(k_1+k_2)\boldsymbol{\alpha}_2+(k_1+k_3)\boldsymbol{\alpha}_3+(k_3+k_4)\boldsymbol{\alpha}_4+(k_4+k_5)\boldsymbol{\alpha}_5=0$$

由于题设 $\boldsymbol{\alpha}_1,\boldsymbol{\alpha}_2,\cdots,\boldsymbol{\alpha}_5$ 线性无关,则

$$\begin{cases} k_1 & & & & +k_5=0 \\ k_1+k_2 & & & & =0 \\ & k_2+k_3 & & & =0 \\ & & k_3+k_4 & & =0 \\ & & & k_4+k_5 & =0 \end{cases}$$

解得 $k_1=k_2=k_3=k_4=k_5=0$. 故 $\boldsymbol{\beta}_1,\boldsymbol{\beta}_2,\boldsymbol{\beta}_3,\boldsymbol{\beta}_4,\boldsymbol{\beta}_5$. 线性无关.

例 4 设向量组 $\boldsymbol{a}_1,\boldsymbol{a}_2,\boldsymbol{a}_3$ 线性无关,问当常数 l,m 满足什么条件时,向量组 $l\boldsymbol{a}_2-\boldsymbol{a}_1,m\boldsymbol{a}_3-\boldsymbol{a}_2,\boldsymbol{a}_1-\boldsymbol{a}_3$ 也线性无关.

解 若 $k_1(l\boldsymbol{a}_2-\boldsymbol{a}_1)+k_2(m\boldsymbol{a}_3-\boldsymbol{a}_2)+k_3(\boldsymbol{a}_1-\boldsymbol{a}_3)=\boldsymbol{0}$,即

$$(-k_1+k_3)\boldsymbol{a}_1+(k_1l-k_2)\boldsymbol{a}_2+(k_2m+k_3)\boldsymbol{a}_3=\boldsymbol{0}$$

从而得方程组 $\begin{cases} k_1- & k_3=0, \\ lk_1-k_2 & =0, \\ mk_2-k_3=0. \end{cases}$ 又方程组系数行列式 $\begin{vmatrix} -1 & 0 & 1 \\ l & -1 & 0 \\ 0 & m & -1 \end{vmatrix}=lm-1$,当 $lm\neq 1$ 时,方程组有唯一零解,即向量组

$$l\boldsymbol{a}_2-\boldsymbol{a}_1,\quad m\boldsymbol{a}_2-\boldsymbol{a}_3,\quad \boldsymbol{a}_1-\boldsymbol{a}_3$$

也线性无关.

例 5 设 $\boldsymbol{\alpha}_1,\boldsymbol{\alpha}_2,\cdots,\boldsymbol{\alpha}_s$ 是 $\mathbf{R}^n$ 上一组线性相关的向量,但 $\boldsymbol{\alpha}_1,\boldsymbol{\alpha}_2,\cdots,\boldsymbol{\alpha}_s$ 中任意 $s-1$ 个向量都线性无关. 试证:存在全不为零的数 $k_1,k_2,\cdots,k_s$ 使 $k_1\boldsymbol{\alpha}_1+k_2\boldsymbol{\alpha}_2+\cdots+k_s\boldsymbol{\alpha}_s=\boldsymbol{0}$.

证 由设 $\boldsymbol{\alpha}_1,\boldsymbol{\alpha}_2,\cdots,\boldsymbol{\alpha}_s$ 线性相关,则存在一组不全为零的数 $k_1,k_2,\cdots,k_s$,使

$$k_1\boldsymbol{\alpha}_1+k_2\boldsymbol{\alpha}_2+\cdots+k_s\boldsymbol{\alpha}_s=\boldsymbol{0}$$

下证 k_i 全不为零$(i=1,2,\cdots,s)$. 若不然,今设 $k_t=0\ (1\leqslant t\leqslant s)$,由上式有

$$k_1\boldsymbol{\alpha}_1+k_2\boldsymbol{\alpha}_2+\cdots+k_{t-1}\boldsymbol{\alpha}_{t-1}+k_{t+1}\boldsymbol{\alpha}_{t+1}+\cdots+k_s\boldsymbol{\alpha}_s=\boldsymbol{0}$$

由于 $k_1,k_2,\cdots,k_{t-1},k_{t+1},\cdots,k_s$ 不全为零,知 $\boldsymbol{\alpha}_1,\boldsymbol{\alpha}_2,\cdots,\boldsymbol{\alpha}t-1,\boldsymbol{\alpha}t+1,\cdots,\boldsymbol{\alpha}s$ 这 $s-1$ 个向量线性相关,与题设矛盾!

从而 $k_t=0$ 的假设不真，即 $k_i(i=1,2,\cdots,s)$ 全不为零.

注　在例的题设条件下结论还可为：

(1) 若 $\sum_{i=1}^{s} k_i\boldsymbol{\alpha} i=\mathbf{0}$，则 k_i 或者全为 0，或者全不为 $0(i=1,2,\cdots,n)$；

(2)若有 $k_i,l_i(i=1,2,\cdots,n)$ 使

$$k_1\boldsymbol{\alpha}_1+k_2\boldsymbol{\alpha}_2+\cdots+k_s\boldsymbol{\alpha}_s=\mathbf{0} \quad ①$$

$$l_1\boldsymbol{\alpha}_1+l_2\boldsymbol{\alpha}_2+\cdots+l_s\boldsymbol{\alpha}_s=\mathbf{0} \quad ②$$

其中 $l_1\neq0$，则 $\frac{k_1}{l_1}=\frac{k_2}{l_2}=\cdots=\frac{k_s}{l_s}$.

略证　(1)例子中已证.

(2)题设 $l_1\neq0$，由证明(1)知 l_2,l_3,l_s 全不为零.而对于 k_i 有两种可能.

(i)若 $k_1=k_2=\cdots=k_s=0$，则

$$\frac{k_1}{l_1}=\frac{k_2}{l_2}=\cdots=\frac{k_s}{l_s}=0$$

(ii)若 k_i 全不为 $0(i=1,2,\cdots,s)$，考虑 $l_1\times$①式$-k_1\times$②式有

$$0\boldsymbol{\alpha}_1+(l_1k_2-k_1l_2)\boldsymbol{\alpha}_2+\cdots+(l_1k_s-k_1l_s)\boldsymbol{\alpha}_s=\mathbf{0}$$

由 $\boldsymbol{\alpha}_1,\boldsymbol{\alpha}_2,\cdots,\boldsymbol{\alpha} s$ 线性无关(任意 $s-1$ 个向量线性无关)性可有

$$l_1k_2-k_1l_1=l_2k_3-k_1l_3=\cdots=l_1k_s-k_1l_s=0$$

故

$$\frac{k_1}{l_1}=\frac{k_2}{l_2}=\frac{k_3}{l_3}=\cdots=\frac{k_s}{l_s}$$

下面来看一下向量组线性表出问题.

例6　若 $\boldsymbol{\alpha}_1=(a,2,10)^{\mathrm{T}},\boldsymbol{\alpha}_2=(-2,1,5)^{\mathrm{T}},\boldsymbol{\alpha}_3=(-1,1,4)^{\mathrm{T}},\boldsymbol{\beta}=(1,b,c)^{\mathrm{T}}$.问 a,b,c 满足什么条件时(1) $\boldsymbol{\beta}$ 唯一地由 $\{\boldsymbol{\alpha}_1,\boldsymbol{\alpha}_2,\boldsymbol{\alpha}_3\}$ 线性表出？(2) $\boldsymbol{\beta}\not\leftarrow\{\boldsymbol{\alpha}_1,\boldsymbol{\alpha}_2,\boldsymbol{\alpha}_3\}$？(3) $\boldsymbol{\beta}\leftarrow\{\boldsymbol{\alpha}_1,\boldsymbol{\alpha}_2,\boldsymbol{\alpha}_3\}$，但不唯一.

解　令 $\mathbf{A}=(\boldsymbol{\alpha}_1,\boldsymbol{\alpha}_2,\boldsymbol{\alpha}_3)$，考虑

$$\mathbf{A}(k_1,k_2,k_3)^{\mathrm{T}}=\boldsymbol{\beta} \quad (*)$$

由

$$\det\mathbf{A}=\begin{vmatrix} a & -2 & -1 \\ 2 & 1 & 1 \\ 10 & 5 & 4 \end{vmatrix}=-a-4$$

(1)当 $a\neq-4$ 时，有 $k_i(i=1,2,3)$ 使得 $\boldsymbol{\beta}=k_1\boldsymbol{\alpha}_1+k_2\boldsymbol{\alpha}_2+k_3\boldsymbol{\alpha}_3$，即 $\boldsymbol{\beta}\not\leftarrow\{\boldsymbol{\alpha}_1,\boldsymbol{\alpha}_2,\boldsymbol{\alpha}_3\}$且唯一；

(2)当 $a=-4$ 时，将 $(\mathbf{A}\vdots\boldsymbol{\beta})$ 实施初等变换化为

$$\overline{\mathbf{A}}=(\mathbf{A}\vdots\boldsymbol{\beta})\to\left(\begin{array}{ccc:c} 0 & 0 & 1 & 2b+1 \\ 2 & 1 & 0 & -b-1 \\ 0 & 0 & 0 & 3b-c-1 \end{array}\right)$$

当 $3b-c-1\neq0$ 时，$\mathrm{r}(\mathbf{A})\neq\mathrm{r}(\overline{\mathbf{A}})$，则方程组(*)无解，$\boldsymbol{\beta}\not\leftarrow\{\boldsymbol{\alpha}_1,\boldsymbol{\alpha}_2,\boldsymbol{\alpha}_3\}$；

(3) $a=-4$，且 $3b-c-1=0$ 时，$\mathrm{r}(\mathbf{A})=\mathrm{r}(\overline{\mathbf{A}})=2$，方程组(*)有无量多组解，此时 $\boldsymbol{\beta}\leftarrow\{\boldsymbol{\alpha}_1,\boldsymbol{\alpha}_2,\boldsymbol{\alpha}_3\}$但不唯一.

注1　对于(3)来说，$\boldsymbol{\beta}$ 的一般表示为

$$\boldsymbol{\beta}=k\boldsymbol{\alpha}_1-(2k+b+1)\boldsymbol{\alpha}_2+(2b+1)\boldsymbol{\alpha}_3$$

注2　由于题设等定常数较多(3个)，故此处仅能给出满足题设条件的关系；当待定系数较少时，它们一般可具体求出值来.

此外 $(\mathbf{A}\vdots\boldsymbol{\beta})$ 在初等变换(注意捎带了 $\boldsymbol{\beta}$)也为本例解答带来方便，这一点在前面例中已有述及.类似

的问题还有许多,比如:

问题 1 若 $\boldsymbol{\alpha}_1=(1,4,0,2)^{\mathrm{T}},\boldsymbol{\alpha}_2=(2,7,1,3)^{\mathrm{T}},\boldsymbol{\alpha}_3=(0,1,-1,a)^{\mathrm{T}},\boldsymbol{\beta}=(3,10,6,4)^{\mathrm{T}}$. 问 a,b 取何值,(1)$\boldsymbol{\beta}\not\leftarrow\{\boldsymbol{\alpha}_1,\boldsymbol{\alpha}_2,\boldsymbol{\alpha}_3\}$? (2)$\boldsymbol{\beta}\leftarrow\{\boldsymbol{\alpha}_1,\boldsymbol{\alpha}_2,\boldsymbol{\alpha}_3\}$?

略解 由

$$(\boldsymbol{\alpha}_1,\boldsymbol{\alpha}_2,\boldsymbol{\alpha}_3,\vdots\boldsymbol{\beta})=(\boldsymbol{A}\vdots\boldsymbol{\beta})\rightarrow\left(\begin{array}{ccc|c}1&0&0&0\\2&0&3&0\\0&-1&1&-2\\0&0&a-1&0\\0&0&b-2&0\end{array}\right)$$

(1)若 $b\neq2,Ax=\boldsymbol{\beta}$ 无解,则 $\boldsymbol{\beta}\not\leftarrow\{\boldsymbol{\alpha}_1,\boldsymbol{\alpha}_2,\boldsymbol{\alpha}_3\}$;

(2)若 $b=2,a\neq1$ 时,$\boldsymbol{Ax}=\boldsymbol{\beta}$ 有唯一解 $\boldsymbol{x}_0=(-1,2,0)$,即 $\boldsymbol{\beta}=-\boldsymbol{\alpha}_1+2\boldsymbol{\alpha}_2$;

而当 $b=2,a=1$ 时,$\boldsymbol{Ax}=\boldsymbol{\beta}$ 有无穷多解

$$\boldsymbol{x}_1=k(-2,1,1)^{\mathrm{T}}+\boldsymbol{x}_0$$

有

$$\boldsymbol{\beta}=-(2k+1)\boldsymbol{\alpha}_1+(k+2)\boldsymbol{\alpha}_2+k\boldsymbol{\alpha}_3\quad(k\in\mathbf{R})$$

问题 2 若 $\boldsymbol{\alpha}_1=(1,0,2,3)^{\mathrm{T}},\boldsymbol{\alpha}_2=(1,1,3,5)^{\mathrm{T}},\boldsymbol{\alpha}_3=(1,-1,a+2,1)^{\mathrm{T}},\boldsymbol{\alpha}_4=(1,2,4,a+8)^{\mathrm{T}},\boldsymbol{\beta}=(1,1,b+3,5)$. 问 a,b 为何值时,(1)$\boldsymbol{\beta}\not\leftarrow\{\boldsymbol{\alpha}_1,\boldsymbol{\alpha}_2,\boldsymbol{\alpha}_3,\boldsymbol{\alpha}_4\}$? (2)$\boldsymbol{\beta}\xrightarrow{(\text{唯一})}\{\boldsymbol{\alpha}_1,\boldsymbol{\alpha}_2,\boldsymbol{\alpha}_3,\boldsymbol{\alpha}_4\}$?

略解 由$(\boldsymbol{\alpha}_1,\boldsymbol{\alpha}_2,\boldsymbol{\alpha}_3,\vdots\boldsymbol{\beta})\rightarrow\left(\begin{array}{cccc|c}1&1&1&1&1\\0&1&-1&2&1\\0&0&a+1&0&b\\0&0&0&a+1&0\end{array}\right)$,仿上可有:

(1)若 $a=-1,b=0$,则 $\boldsymbol{\beta}\not\leftarrow\{\boldsymbol{\alpha}_1,\boldsymbol{\alpha}_2,\boldsymbol{\alpha}_3,\boldsymbol{\alpha}_4\}$;

(2)若 $a\neq-1$,则 $\boldsymbol{\beta}\xleftarrow{\text{唯一}}\{\boldsymbol{\alpha}_1,\boldsymbol{\alpha}_2,\boldsymbol{\alpha}_3,\boldsymbol{\alpha}_4\}$.

问题 3 若 $\boldsymbol{\alpha}_1=(1+\lambda,1,1)^{\mathrm{T}},\boldsymbol{\alpha}_2=(1,1+\lambda,1)^{\mathrm{T}},\boldsymbol{\alpha}_3=(1,1,1+\lambda)^{\mathrm{T}},\boldsymbol{\beta}=(0,\lambda,\lambda^2)^{\mathrm{T}}$. 问 λ 为何值时(1)$\boldsymbol{\beta}\leftarrow\{\boldsymbol{\alpha}_1,\boldsymbol{\alpha}_2,\boldsymbol{\alpha}_3\}$(分唯一、不唯一情形)? (2)$\boldsymbol{\beta}\not\leftarrow\{\boldsymbol{\alpha}_1,\boldsymbol{\alpha}_2,\boldsymbol{\alpha}_3\}$?

略解 由$|\boldsymbol{A}|=|(\boldsymbol{\alpha}_1,\boldsymbol{\alpha}_2,\boldsymbol{\alpha}_3)|=\lambda^2(\lambda+3)$,则有

(1)当 $\lambda\neq0$ 且 $\lambda\neq3$ 时,$\boldsymbol{\beta}\xleftarrow{\text{唯一}}\{\boldsymbol{\alpha}_1,\boldsymbol{\alpha}_2,\boldsymbol{\alpha}_3,\boldsymbol{\alpha}_4\}$;但当 $\lambda=0$ 时,$\boldsymbol{\beta}\xleftarrow{\text{不唯一}}\{\boldsymbol{\alpha}_1,\boldsymbol{\alpha}_2,\boldsymbol{\alpha}_3,\boldsymbol{\alpha}_4\}$;

(2)当 $\lambda=-3$ 时,$(\boldsymbol{A}\vdots\boldsymbol{\beta})\rightarrow\left(\begin{array}{ccc|c}0&0&0&6\\0&-3&3&-12\\1&1&-2&9\end{array}\right)$,故 $\mathrm{r}(\boldsymbol{A})<\mathrm{r}(\boldsymbol{A}\vdots\boldsymbol{\beta})$,

问题 4 设 $\boldsymbol{\alpha}_1=(1,2,0)^{\mathrm{T}},\boldsymbol{\alpha}_2=(1,a+2,-3a)^{\mathrm{T}},\boldsymbol{\alpha}_3=(-1,-b-2,a+2b)^{\mathrm{T}},\boldsymbol{\beta}=(1,3,-3)^{\mathrm{T}}$. 试讨论当 a,b 为何值时:

(1)$\boldsymbol{\beta}$ 不能由 $\boldsymbol{\alpha}_1,\boldsymbol{\alpha}_2,\boldsymbol{\alpha}_3$ 线性表示;

(2)$\boldsymbol{\beta}$ 可由 $\boldsymbol{\alpha}_1,\boldsymbol{\alpha}_2,\boldsymbol{\alpha}_3$ 唯一地线性表示,并求出表示式;

(3)$\boldsymbol{\beta}$ 可由 $\boldsymbol{\alpha}_1,\boldsymbol{\alpha}_2,\boldsymbol{\alpha}_3$ 线性表示,但表示式不唯一,并求出表示式.

略解 设有数 k_1,k_2,k_3,使得 $k_1\boldsymbol{\alpha}_1+k_2\boldsymbol{\alpha}_2+k_3\boldsymbol{\alpha}_3=\boldsymbol{\beta}$. (*)

记 $\boldsymbol{A}=(\boldsymbol{\alpha}_1,\boldsymbol{\alpha}_2,\boldsymbol{\alpha}_3)$. 对矩阵$(\boldsymbol{A}\vdots\boldsymbol{\beta})$施以初等行变换,有

$$(\boldsymbol{A}\vdots\boldsymbol{\beta})=\left(\begin{array}{ccc|c}1&1&-1&1\\2&a+2&-b-2&3\\0&-3a&a+2b&-3\end{array}\right)\rightarrow\left(\begin{array}{ccc|c}1&1&-1&1\\0&a&-b&1\\0&0&a-b&0\end{array}\right)$$

(1) 当 $a=0$，且 b 为任意常数时，有

$$(\boldsymbol{A} \vdots \boldsymbol{\beta}) \to \left(\begin{array}{ccc:c} 1 & 1 & -1 & 1 \\ 0 & 0 & -b & 1 \\ 0 & 0 & 0 & -1 \end{array}\right)$$

可知 $\mathrm{r}(\boldsymbol{A}) \neq \mathrm{r}(\boldsymbol{A} \vdots \boldsymbol{\beta})$. 故方程组（$*$）无解，$\boldsymbol{\beta}$ 不能由 $\boldsymbol{\alpha}_1,\boldsymbol{\alpha}_2,\boldsymbol{\alpha}_3$ 线性表示.

(2) 当 $\boldsymbol{\alpha} \neq \boldsymbol{0}$，且 $a \neq b$ 时，$\mathrm{r}(\boldsymbol{A})=\mathrm{r}(\boldsymbol{A} \vdots \boldsymbol{\beta})=3$，故方程组（$*$）有唯一解

$$k_1=1-\frac{1}{a}, \quad k_2=\frac{1}{a}, \quad k_3=0$$

则 $\boldsymbol{\beta}$ 可由 $\boldsymbol{\alpha}_1,\boldsymbol{\alpha}_2,\boldsymbol{\alpha}_3$ 唯一地线性表示，其表示式为

$$\boldsymbol{\beta}=\left(1-\frac{1}{a}\right)\boldsymbol{\alpha}_1+\frac{1}{a}\boldsymbol{\alpha}_2$$

(3) 当 $a=b \neq 0$ 时，对 $(\boldsymbol{A} \vdots \boldsymbol{\beta})$ 施以初等行变换，有

$$(\boldsymbol{A} \vdots \boldsymbol{\beta}) \to \left(\begin{array}{ccc:c} 1 & 0 & 0 & 1-\frac{1}{a} \\ 0 & 1 & -1 & \frac{1}{a} \\ 0 & 0 & 0 & 0 \end{array}\right)$$

可知 $\mathrm{r}(\boldsymbol{A})=\mathrm{r}(\boldsymbol{A} \vdots \boldsymbol{\beta})=2$，故方程组（$*$）有无穷多解，其全部解为

$$k_1=1-\frac{1}{a}, \quad k_2=\left(\frac{1}{a}+c\right), \quad k_3=c$$

其中 c 为任意常数. 则 $\boldsymbol{\beta}$ 可由 $\boldsymbol{\alpha}_1,\boldsymbol{\alpha}_2,\boldsymbol{\alpha}_3$ 线性表示，但表示式不唯一，其表示式为

$$\boldsymbol{\beta}=\left(1-\frac{1}{a}\right)\boldsymbol{\alpha}_1+\left(\frac{1}{a}+c\right)\boldsymbol{\alpha}_2+c\boldsymbol{\alpha}_3$$

例 7　若 $\boldsymbol{\alpha}_1,\boldsymbol{\alpha}_2,\boldsymbol{\alpha}_3$ 线性相关，而 $\boldsymbol{\alpha}_1,\boldsymbol{\alpha}_2,\boldsymbol{\alpha}_4$ 线性无关. 试问：(1) $\boldsymbol{\alpha}_1$ 可否由 $\boldsymbol{\alpha}_2,\boldsymbol{\alpha}_3$ 线性表出？(2) $\boldsymbol{\alpha}_4$ 可否由 $\boldsymbol{\alpha}_1,\boldsymbol{\alpha}_2,\boldsymbol{\alpha}_3$ 线性表出？

解　(1) $\{\boldsymbol{\alpha}_1,\boldsymbol{\alpha}_2,\boldsymbol{\alpha}_3\}$ 线性相关，而 $\{\boldsymbol{\alpha}_1,\boldsymbol{\alpha}_2,\boldsymbol{\alpha}_4\}$ 线性无关，从而 $\boldsymbol{\alpha}_2,\boldsymbol{\alpha}_3$ 线性无关，则有 $\boldsymbol{\alpha}_1 \longleftarrow \{\boldsymbol{\alpha}_2,\boldsymbol{\alpha}_3\}$.

(2) 若 $\boldsymbol{\alpha}_4 \longleftarrow \{\boldsymbol{\alpha}_1,\boldsymbol{\alpha}_2,\boldsymbol{\alpha}_3\}$，而 $\boldsymbol{\alpha}_1 \longleftarrow \{\boldsymbol{\alpha}_2,\boldsymbol{\alpha}_3\}$.

从而 $\boldsymbol{\alpha}_4 \longleftarrow \{\boldsymbol{\alpha}_2,\boldsymbol{\alpha}_3\}$，即 $\{\boldsymbol{\alpha}_1,\boldsymbol{\alpha}_2,\boldsymbol{\alpha}_4\}$ 线性相关，与题设矛盾.

因此 $\boldsymbol{\alpha}_4 \not\longleftarrow \{\boldsymbol{\alpha}_1,\boldsymbol{\alpha}_2,\boldsymbol{\alpha}_3\}$.

例 8　若 m 个 n 维向量 $\boldsymbol{\alpha}_1,\boldsymbol{\alpha}_2,\cdots,\boldsymbol{\alpha}_m$ 线性相关，且其中任意 $m-1$ 个向量皆线性无关. 证明：这 n 个向量中任何一个向量皆可由其余 $n-1$ 个向量线性表出.

证　由设 $\boldsymbol{\alpha}_1,\boldsymbol{\alpha}_2,\cdots,\boldsymbol{\alpha}_m$ 线性相关，则有不全为 0 的实数，$k_1,k_2,\cdots,k_m$ 使

$$k_1\boldsymbol{\alpha}_1+k_2\boldsymbol{\alpha}_2+\cdots+k_m\boldsymbol{\alpha}_m=\boldsymbol{0}$$

下证 $k_1,k_2,\cdots,k_m$ 皆不为 0.（反证法）若不然，设 $k_i=0$，则有

$$k_1\boldsymbol{\alpha}_1+k_2\boldsymbol{\alpha}_2+\cdots+k_{i-1}\boldsymbol{\alpha}_{i-1}+k_{i+1}\boldsymbol{\alpha}_{i+1}+\cdots+k_m\boldsymbol{\alpha}_m=\boldsymbol{0}$$

上述 $k_1,k_2,\cdots,k_{i-1},k_{i+1},\cdots,k_m$ 不全为 0，即说 $\boldsymbol{\alpha}_1,\boldsymbol{\alpha}_2,\boldsymbol{\alpha}_{i-1},\cdots,\boldsymbol{\alpha}_m$ 线性相关，与题设矛盾！

这样

$$\boldsymbol{\alpha}_i=-\frac{k_1}{k_i}\boldsymbol{\alpha}_1-\frac{k_2}{k_i}\boldsymbol{\alpha}_2-\cdots-\frac{k_{i-1}}{k_i}\boldsymbol{\alpha}_{i-1}-\frac{k_{i+1}}{k_i}\boldsymbol{\alpha}_{i+1}-\cdots-\frac{k_m}{k_i}\boldsymbol{\alpha}_m$$

下面的例子也是关于向量线性表出问题的.

例 9　设 $\boldsymbol{\alpha}_i,\boldsymbol{\beta}_i \in \mathbf{R}^{2m-1}$，$i=1,2,\cdots,m$，且 $\boldsymbol{\alpha}_1,\boldsymbol{\alpha}_2,\cdots,\boldsymbol{\alpha}_m$ 线性无关，$\boldsymbol{\beta}_1,\boldsymbol{\beta}_2,\cdots,\boldsymbol{\beta}_m$ 线性无关，试证有关 $\boldsymbol{\xi} \in \mathbf{R}^{2m-1}$ 使其即可由 $\boldsymbol{\alpha}_1,\boldsymbol{\alpha}_2,\cdots,\boldsymbol{\alpha}_m$ 线性表出，又可由 $\boldsymbol{\beta}_1,\boldsymbol{\beta}_2,\cdots,\boldsymbol{\beta}_m$ 线性表出.

解　由题设及 $m+1$ 个 n 维向量（这里是 $2m$ 个 $2m-1$ 维向量）线性相关，知有不全为 0 的 k_i 和 $l_i(1 \leqslant i \leqslant m)$ 使

$$\sum_{i=1}^{m} k_i \boldsymbol{\alpha}_i + \sum_{j=1}^{m} l_j \boldsymbol{\beta}_j = \mathbf{0} \tag{*}$$

显然 k_i 和 l_i 均不全为 $0(1 \leqslant i \leqslant m)$，否则比如 $k_1 = k_2 = \cdots = k_m = 0$，则 l_i 不全为 $0(1 \leqslant i \leqslant m)$，由式(*)知

$$\sum_{j=1}^{m} l_j \boldsymbol{\beta}_j = \mathbf{0}$$

与题设$\{\boldsymbol{\beta}_i\}(1 \leqslant i \leqslant m)$线性无关与题设相抵！

取 $\boldsymbol{\xi} = \sum_{i=1}^{m} k_i \boldsymbol{\alpha}_i = -\sum_{j=1}^{m} l_j \boldsymbol{\beta}_j$ 即为所求.

例 10 若向量组 $\boldsymbol{\alpha}_1, \boldsymbol{\alpha}_2, \cdots, \boldsymbol{\alpha}_r$ 线性无关. 而向量组 $\boldsymbol{\alpha}_1, \boldsymbol{\alpha}_2, \cdots, \boldsymbol{\alpha}_r, \boldsymbol{\beta}$ 线性相关，则 $\boldsymbol{\beta}$ 必为 $\boldsymbol{\alpha}_1, \boldsymbol{\alpha}_2, \cdots, \boldsymbol{\alpha}_r$ 的线性组合，且其表示法唯一.

证 由题设 $\boldsymbol{\alpha}_1, \boldsymbol{\alpha}_2, \cdots, \boldsymbol{\alpha} r, \boldsymbol{\beta}$ 线性相关，故存在不全为 0 的数 $k_i(i=1,2,\cdots,r+1)$使

$$\sum_{i=1}^{r} k_i \boldsymbol{\alpha}_i + k_{r+1} \boldsymbol{\beta} = \mathbf{0}$$

若 $k_{r+1} = 0$，则 $k_1, k_2, \cdots, k_r$ 不全为 0，而 $\sum_{i=1}^{r} k_i \boldsymbol{\alpha}_i = \mathbf{0}$ 与设相抵！故 $k_{r+1} \neq 0$. 于是

$$\boldsymbol{\beta} = \sum_{i=1}^{r} \left(-\frac{k_i}{k_{r+1}}\right) \boldsymbol{\alpha}_i = \sum_{i=1}^{r} l_i \boldsymbol{\alpha}_i \tag{①}$$

这里 $l_i = -\frac{k_i}{k_{r+1}}(i = 1,2,\cdots,r)$.

下证表示法唯一性，若不然，今设另有数组 $m_i(i = 1,2,\cdots,r)$ 使

$$\boldsymbol{\beta} = \sum_{i=1}^{r} m_i \boldsymbol{\alpha}_i \tag{②}$$

由式 ① − 式 ② 有

$$\sum_{i=1}^{r} (l_i - m_i) \boldsymbol{\alpha}_i = \mathbf{0}$$

但 $\boldsymbol{\alpha}_1, \boldsymbol{\alpha}_2, \cdots, \boldsymbol{\alpha}_r$ 线性无关，故仅当 $l_i - m_i = 0(i=1,2,\cdots,r)$时上式真. 即 $m_i = l_i(i=1,2,\cdots,r)$，亦说 $\boldsymbol{\beta}$ 由 $\boldsymbol{\alpha}_1, \boldsymbol{\alpha}_2, \cdots, \boldsymbol{\alpha}_r$ 表示唯一.

注 关于 $\boldsymbol{\beta}$ 由 $\boldsymbol{\alpha}_1, \boldsymbol{\alpha}_2, \cdots, \boldsymbol{\alpha}_r$ 线性表出唯一性的问题中，$\boldsymbol{\alpha}_1, \boldsymbol{\alpha}_2, \cdots, \boldsymbol{\alpha}_r$ 线性无关是充要的，这可见下面命题.

命题 若量 $\boldsymbol{\beta}$ 可以用向量组 $\boldsymbol{\alpha}_1, \boldsymbol{\alpha}_2, \cdots, \boldsymbol{\alpha}_r$ 线性表出，试证表示法是唯一的充要条件是 $\boldsymbol{\alpha}_1, \boldsymbol{\alpha}_2, \cdots, \boldsymbol{\alpha}_r$ 线性无关.

证 充分性已证，现证必要性，用反证法.

若 $\boldsymbol{\beta}$ 由 $\boldsymbol{\alpha}_1, \boldsymbol{\alpha}_2, \cdots, \boldsymbol{\alpha}_r$ 唯一线性表出，而 $\boldsymbol{\alpha}_1, \boldsymbol{\alpha}_2, \cdots, \boldsymbol{\alpha}_r$ 线性相关，则有不全为 0 的数 $k_i(i=1,2,\cdots,r)$ 和 $l_i(i=1,2,\cdots,n)$使

$$\sum_{i=1}^{r} k_i \boldsymbol{\alpha}_i = \mathbf{0} \tag{*}$$

又

$$\boldsymbol{\beta} = \sum_{i=1}^{r} l_i \boldsymbol{\alpha}_i \tag{**}$$

上两式两边相加有

$$\boldsymbol{\beta} + \mathbf{0} = \boldsymbol{\beta} = \sum_{i=1}^{r} (l_i + k_i) \boldsymbol{\alpha}_i$$

由 $k_i(i=1,2,\cdots,r)$不全为 0，故 l_i 与 $l_i + k_i(i=1,2,\cdots,r)$不全相等，从而 $\boldsymbol{\beta}$ 由 $\boldsymbol{\alpha}_1, \boldsymbol{\alpha}_2, \cdots, \boldsymbol{\alpha}_r$ 有两种

不同的线性表示，与题设唯一性相抵！

上面 $\boldsymbol{\alpha}_1,\boldsymbol{\alpha}_2,\cdots,\boldsymbol{\alpha}_r$ 线性相关假设不真，故 $\boldsymbol{\alpha}_1,\boldsymbol{\alpha}_2,\cdots,\boldsymbol{\alpha}_r$ 线性无关.

上例实际上涉及了两个向量组的相关性问题.

讨论两个向量组等价，只需证两个向量组可以相互线性表示即可；而讨论两个向量组不等价，只需指出其中一组有一个向量不能由另一组线性表示即可. 此外线性表示问题又可转化为对应非齐次线性方程组是否有解的问题，这一般可通过化增广矩阵为阶梯形来判断.

比如一个向量 $\boldsymbol{\beta}_1$ 是否可由三维向量 $\boldsymbol{\alpha}_1,\boldsymbol{\alpha}_2,\boldsymbol{\alpha}_3$ 线性表示，只需用初等行变换化增广矩阵 $(\boldsymbol{\alpha}_1,\boldsymbol{\alpha}_2,\boldsymbol{\alpha}_3|\boldsymbol{\beta}_1)$ 为阶梯形讨论，而一组向量 $\boldsymbol{\beta}_1,\boldsymbol{\beta}_2,\boldsymbol{\beta}_3$ 是否可由 $\boldsymbol{\alpha}_1,\boldsymbol{\alpha}_2,\boldsymbol{\alpha}_3$ 线性表示，则可对矩阵 $(\boldsymbol{\alpha}_1,\boldsymbol{\alpha}_2,\boldsymbol{\alpha}_3,\boldsymbol{\beta}_1,\boldsymbol{\beta}_2,\boldsymbol{\beta}_3)$ 作初等行变换化阶梯形，然后仿上进行讨论即可.

例 11　设有向量组(Ⅰ)：$\boldsymbol{\alpha}_1=(1,0,2)^{\mathrm{T}},\boldsymbol{\alpha}_2=(1,1,3)^{\mathrm{T}},\boldsymbol{\alpha}_3=(1,-1,a+2)^{t}$ 和向量组(Ⅱ)：$\boldsymbol{\beta}_1=(1,2,a+3)^{\mathrm{T}},\boldsymbol{\beta}_2=(2,1,a+6)^{\mathrm{T}},\boldsymbol{\beta}_3=(2,1,a+4)^{\mathrm{T}}$. 试问：当 a 为何值时，向量组(Ⅰ)与(Ⅱ)等价？当 a 为何值时，向量组(Ⅰ)与(Ⅱ)不等价？

解　考虑对下面矩阵作初等行变换，有

$$(\boldsymbol{\alpha}_1,\boldsymbol{\alpha}_2,\boldsymbol{\alpha}_3 \vdots \boldsymbol{\beta}_1,\boldsymbol{\beta}_2,\boldsymbol{\beta}_3)\to\left(\begin{array}{ccc:ccc}1&0&2&-1&1&1\\0&1&-1&2&1&1\\0&0&a+1&a-1&a+1&a-1\end{array}\right)$$

(1)当 $a\neq-1$ 时

$$\det(\boldsymbol{\alpha}_1,\boldsymbol{\alpha}_2,\boldsymbol{\alpha}_3)=a+1\neq0,\quad \mathrm{r}(\boldsymbol{\alpha}_1,\boldsymbol{\alpha}_2,\boldsymbol{\alpha}_3)=3$$

故线性方程组 $x_1\boldsymbol{\alpha}_1+x_2\boldsymbol{\alpha}_2+x_3\boldsymbol{\alpha}_3=\boldsymbol{\beta}_i(i=1,2,3)$ 均有唯一解. 知，$\boldsymbol{\beta}_1$，$\boldsymbol{\beta}_2$，$\boldsymbol{\beta}_3$ 可由向量组(Ⅰ)线性表示. 又

$$\det(\boldsymbol{\beta}_1,\boldsymbol{\beta}_2,\boldsymbol{\beta}_3)=6\neq0,\quad \mathrm{r}(\boldsymbol{\beta}_1,\boldsymbol{\beta}_2,\boldsymbol{\beta}_3)=3$$

故 $\boldsymbol{\alpha}_1,\boldsymbol{\alpha}_2,\boldsymbol{\alpha}_3$ 可由向量组(Ⅱ)线性表示. 因此向量组(Ⅰ)与(Ⅱ)等价.

(2)当 $a=-1$ 时，有

$$(\boldsymbol{\alpha}_1,\boldsymbol{\alpha}_2,\boldsymbol{\alpha}_3 \vdots \boldsymbol{\beta}_1,\boldsymbol{\beta}_2,\boldsymbol{\beta}_3)\to\left(\begin{array}{ccc:ccc}1&0&2&-1&1&1\\0&1&-1&2&1&1\\0&0&0&-2&0&-2\end{array}\right)$$

由于 $\mathrm{r}(\boldsymbol{\alpha}_1,\boldsymbol{\alpha}_2,\boldsymbol{\alpha}_3)\neq\mathrm{r}(\boldsymbol{\alpha}_1,\boldsymbol{\alpha}_2,\boldsymbol{\alpha}_3 \vdots \boldsymbol{\beta}_1)$，知线性方程组 $x_1\boldsymbol{\alpha}_1+x_2\boldsymbol{\alpha}_2+x_3\boldsymbol{\alpha}_3=\boldsymbol{\beta}_1$ 无解，故向量 $\boldsymbol{\beta}_1$ 不能由 $\boldsymbol{\alpha}_1,\boldsymbol{\alpha}_2,\boldsymbol{\alpha}_3$ 线性表示. 因此，向量组(Ⅰ)与(Ⅱ)不等价.

注 1　涉及参数讨论时，一般联想到利用行列式判断，因此，本题也可这样分析：

因为行式 $|(\boldsymbol{\alpha}_1,\boldsymbol{\alpha}_2,\boldsymbol{\alpha}_3)|=a+1$，$|(\boldsymbol{\beta}_1,\boldsymbol{\beta}_2,\boldsymbol{\beta}_3)|=6\neq0$，可见：

(1)当 $a\neq-1$ 时，秩 $\mathrm{r}(\boldsymbol{\alpha}_1,\boldsymbol{\alpha}_2,\boldsymbol{\alpha}_3)=\mathrm{r}(\boldsymbol{\beta}_1,\boldsymbol{\beta}_2,\boldsymbol{\beta}_3)=3$，因此三维列向量组 $\boldsymbol{\alpha}_1,\boldsymbol{\alpha}_2,\boldsymbol{\alpha}_3$ 与 $\boldsymbol{\beta}_1,\boldsymbol{\beta}_2,\boldsymbol{\beta}_3$ 等价，即向量组(Ⅰ)与(Ⅱ)等价.

(2)当 $a=-1$ 时，秩 $\mathrm{r}(\boldsymbol{\alpha}_1,\boldsymbol{\alpha}_2,\boldsymbol{\alpha}_3)=2$，而行列式 $|(\boldsymbol{\alpha}_1,\boldsymbol{\alpha}_3,\boldsymbol{\beta}_1)|=4\neq0$，可见

$$\mathrm{r}(\boldsymbol{\alpha}_1,\boldsymbol{\alpha}_2,\boldsymbol{\alpha}_3)=2\neq\mathrm{r}(\boldsymbol{\alpha}_1,\boldsymbol{\alpha}_2,\boldsymbol{\alpha}_3,\boldsymbol{\beta}_1)=3$$

因此线性方程组 $x_1\boldsymbol{\alpha}_1+x_2\boldsymbol{\alpha}_2+x_3\boldsymbol{\alpha}_3=\boldsymbol{\beta}_1$ 无解，故向量 $\boldsymbol{\beta}_1$ 不能由 $\boldsymbol{\alpha}_1,\boldsymbol{\alpha}_2,\boldsymbol{\alpha}_3$ 线性表示.

即向量组(Ⅰ)与(Ⅱ)不等价.

注 2　向量组(Ⅰ)与(Ⅱ)等价，相当于 $\{\boldsymbol{\alpha}_1,\boldsymbol{\alpha}_2,\boldsymbol{\alpha}_3\}$ 与 $\{\boldsymbol{\beta}_1,\boldsymbol{\beta}_2,\boldsymbol{\beta}_3\}$ 均为整个向量组 $\{\boldsymbol{\alpha}_1,\boldsymbol{\alpha}_2,\boldsymbol{\alpha}_3,\boldsymbol{\beta}_1,\boldsymbol{\beta}_2,\boldsymbol{\beta}_3\}$ 的一个极大无关组，这时问题转化为求向量组 $\{\boldsymbol{\alpha}_1,\boldsymbol{\alpha}_2,\boldsymbol{\alpha}_3,\boldsymbol{\beta}_1,\boldsymbol{\beta}_2,\boldsymbol{\beta}_3\}$ 的极大无关组，这也可通过初等行变换化阶梯形进行讨论.

关于向量组的相关性问题多与线性方程组的解有关，这类问题更详细的讨论，放在后面一节去阐述.

例 12　已知两向量组有相同的秩，且其中的一组可由另一组线性表出，试证该两向量组等价.

证　设两向量组分别为

$$(\mathrm{I}): \boldsymbol{\alpha}_1, \boldsymbol{\alpha}_2, \cdots, \boldsymbol{\alpha}_s \quad (\mathrm{II}): \boldsymbol{\beta}_1, \boldsymbol{\beta}_2, \cdots, \boldsymbol{\beta}_t$$

且它们的秩均为 r,又(Ⅰ)可由(Ⅱ)线性表出,故向量组

$$(\mathrm{III}): \boldsymbol{\alpha}_1, \boldsymbol{\alpha}_2, \cdots, \boldsymbol{\alpha}_s, \boldsymbol{\beta}_1, \boldsymbol{\beta}_2, \cdots, \boldsymbol{\beta}_t$$

与向量组(Ⅱ)等价,故其秩为 r.

又若 $\boldsymbol{\alpha}_{i1}, \boldsymbol{\alpha}_{i2}, \cdots, \boldsymbol{\alpha}_{is}$(*)为(Ⅰ)的最大线性无关组,它也是(Ⅲ)的最大线性无关组.因而向量组(Ⅱ)亦可由最大(线性)无关组(*)线性表出,于是(Ⅱ)可由(Ⅰ)线性表出.

故向量组(Ⅰ)与(Ⅱ)等价.

注 1 一般的,若$\{\boldsymbol{\alpha}_1, \boldsymbol{\alpha}_2, \cdots, \boldsymbol{\alpha}_s\} \leftarrow \{\boldsymbol{\beta}_1, \boldsymbol{\beta}_2, \cdots, \boldsymbol{\beta}_t\}$即(Ⅰ)可由(Ⅱ)线性表出,则 r(Ⅰ)$\leqslant$r(Ⅱ).用矩阵方法其可证如:设 $\boldsymbol{A}=\begin{pmatrix}\boldsymbol{\alpha}_1\\ \vdots \\ \boldsymbol{\alpha}_s\end{pmatrix}$,$\boldsymbol{B}=\begin{pmatrix}\boldsymbol{\beta}_1\\ \vdots \\ \boldsymbol{\beta}_t\end{pmatrix}$则考虑

$$\mathrm{r}(\boldsymbol{A}) \leqslant \mathrm{r}\begin{pmatrix}\boldsymbol{\alpha}_1\\ \vdots \\ \boldsymbol{\alpha}_s \\ \boldsymbol{\beta}_1\\ \vdots \\ \boldsymbol{\beta}_t\end{pmatrix} = \mathrm{r}\begin{pmatrix}\boldsymbol{A}\\ \boldsymbol{B}\end{pmatrix} = \mathrm{r}\begin{pmatrix}\boldsymbol{O}\\ \boldsymbol{B}\end{pmatrix} = \mathrm{r}(\boldsymbol{B})$$

从而

$$\mathrm{r}(\boldsymbol{A}) \leqslant \mathrm{r}\begin{pmatrix}\boldsymbol{A}\\ \boldsymbol{B}\end{pmatrix} = \mathrm{r}(\boldsymbol{B})$$

注意到向量组(Ⅰ)可由组(Ⅱ)线性表出,即说矩阵 $\boldsymbol{A}$ 可通过行减 $\boldsymbol{B}$ 的初等变换化 $\boldsymbol{O}$.

对于维相同的两个向量组,若它们秩相等 r(Ⅰ)=r(Ⅱ),则它们可以互相表出.这可由

$$\begin{pmatrix}\boldsymbol{A}\\ \boldsymbol{O}\end{pmatrix} \leftarrow \begin{pmatrix}\boldsymbol{A}\\ \boldsymbol{B}\end{pmatrix} \rightarrow \begin{pmatrix}\boldsymbol{O}\\ \boldsymbol{B}\end{pmatrix}$$

其中←或→表示矩阵经初等变换后可化为之意.

注 2 上例注我们已指出:某些向量秩问题化为矩阵秩讨论是方便的,特别是涉及向量组的问题,它们通常又化为矩阵和的秩问题考虑,这一点务请留心.关于矩阵和的秩我们前文曾指出,这里再重申一遍(结论几乎显然)

$$\mathrm{r}(\boldsymbol{A})-\mathrm{r}(\boldsymbol{B}) \leqslant \mathrm{r}(\boldsymbol{A}+\boldsymbol{B}) \leqslant \mathrm{r}\begin{pmatrix}\boldsymbol{A}+\boldsymbol{B}\\ \boldsymbol{B}\end{pmatrix} = \mathrm{r}\begin{pmatrix}\boldsymbol{A}\\ \boldsymbol{A}+\boldsymbol{B}\end{pmatrix} = \mathrm{r}\begin{pmatrix}\boldsymbol{A}\\ \boldsymbol{B}\end{pmatrix} \leqslant \mathrm{r}(\boldsymbol{A})+\mathrm{r}(\boldsymbol{B})$$

三、向量组的相关性与矩阵、线性方程组研究

向量组与矩阵关系密切,这在前文已有述及,这里再从向量组角度谈几个例子.此外,我们还将线性方程组一节详谈这类问题.

例 1 若矩阵 $\boldsymbol{A} \in \mathbf{R}^{n\times m}$,$\boldsymbol{B} \in \mathbf{R}^{n\times m}$($n<m$).又 $\boldsymbol{AB}=\boldsymbol{I}$,则 $\boldsymbol{B}$ 列线性无关.

证 1 由设 $\boldsymbol{B} \in \mathbf{R}^{n\times m}$,则 $\mathrm{r}(\boldsymbol{B}) \leqslant n$.

又 $\mathrm{r}(\boldsymbol{B}) \geqslant \mathrm{r}(\boldsymbol{AB}) = \mathrm{r}(\boldsymbol{I}) = n$,故 $\mathrm{r}(\boldsymbol{B})=n$,即 $\boldsymbol{B}$ 的列线性无关.

证 2 设 $\boldsymbol{B}=(\boldsymbol{\beta}_1, \boldsymbol{\beta}_2, \cdots, \boldsymbol{\beta}_n)$,其中 $\boldsymbol{\beta}_i \in \mathbf{R}^m$ ($i=1,2,\cdots,n$)为列向量.

今若有 k_i 使 $\sum\limits_{i=1}^{n} k_i\boldsymbol{\beta}_i = \mathbf{0}$,即 $\boldsymbol{B}(k_1, k_2, \cdots, k_n)^{\mathrm{T}}=\mathbf{0}$,亦有 $\boldsymbol{AB}(k_1, k_2, \cdots, k_n)^{\mathrm{T}}=\mathbf{0}$,但 $\boldsymbol{AB}=\boldsymbol{I}$.

故仅有 $k_1=k_2=\cdots=k_n=0$,从而 $\boldsymbol{B}$ 的列线性无关.

注 下面的问题与本例无异.

问题 设 $\boldsymbol{A}$ 是 $m\times n$ 矩阵,$\boldsymbol{B}$ 是 $n\times m$ 矩阵,$\boldsymbol{I}$ 是 n 阶单位矩阵($m>n$).已知 $\boldsymbol{BA}=\boldsymbol{I}$.试判断 $\boldsymbol{A}$ 的列向量是否线性相关?为什么?

例2　若 $\boldsymbol{\alpha}_i\in\mathbf{R}^n(i=1,2,\cdots,n)$，则向量组 $\{\boldsymbol{\alpha}_1,\boldsymbol{\alpha}_2,\cdots,\boldsymbol{\alpha}_n\}$ 线性无关 $\Longleftrightarrow|\mathbf{A}^{\mathrm{T}}\mathbf{A}|\neq0$，其中 $\mathbf{A}=(\boldsymbol{\alpha}_1,\boldsymbol{\alpha}_2,\cdots,\boldsymbol{\alpha}_n)$.

证　$\Rightarrow$ 设 $\{\boldsymbol{\alpha}_1,\boldsymbol{\alpha}_2,\cdots,\boldsymbol{\alpha}_n\}$ 线性无关，则 $|\mathbf{A}|\neq0$，故 $|\mathbf{A}^{\mathrm{T}}\mathbf{A}|=|\mathbf{A}^{\mathrm{T}}||\mathbf{A}|=|\mathbf{A}|^2\neq0$.

$\Leftarrow$ 若 $|\mathbf{A}^{\mathrm{T}}\mathbf{A}|\neq0$，则 $|\mathbf{A}|\neq0$，即 $\{\boldsymbol{\alpha}_1,\boldsymbol{\alpha}_2,\cdots,\boldsymbol{\alpha}_n\}$ 线性无关.

注　其实对任何实矩阵 $\mathbf{A}$ 而言，$\mathbf{A}^{\mathrm{T}}\mathbf{A}$ 是半正定阵. 又若 $\mathbf{A}$ 非奇异，则 $\mathbf{A}^{\mathrm{T}}\mathbf{A}$ 是正定阵. 这样，还可有：若 $\boldsymbol{\alpha}_1,\boldsymbol{\alpha}_2,\cdots,\boldsymbol{\alpha}_n$ 线性无关，记 $\mathbf{A}=(\boldsymbol{\alpha}_1,\boldsymbol{\alpha}_2,\cdots,\boldsymbol{\alpha}_n)$，则 $|\mathbf{A}^{\mathrm{T}}|>0$.

另外，本例是下面命题的另一种叙述：

命题　若 $\boldsymbol{\alpha}_i\in\mathbf{R}^n(i=1,2,\cdots,n)$，则向量组 $\{\boldsymbol{\alpha}_1,\boldsymbol{\alpha}_2,\cdots,\boldsymbol{\alpha}_n\}$ 线性无关 $\Longleftrightarrow D=|(\boldsymbol{\alpha}_i,\boldsymbol{\alpha}_j)_{n\times n}|=|(\boldsymbol{\alpha}_i^{\mathrm{T}}\boldsymbol{\alpha}_j)_{n\times n}|\neq0$，这里 D 是由 $\boldsymbol{\alpha}_i^{\mathrm{T}}\boldsymbol{\alpha}_j(i=1,2,\cdots,n)$ 组成的 n 阶行列式(格拉姆(Gram)行列式)：

$$D=\begin{vmatrix}(\boldsymbol{\alpha}_1,\boldsymbol{\alpha}_1)&(\boldsymbol{\alpha}_1,\boldsymbol{\alpha}_2)&\cdots&(\boldsymbol{\alpha}_1,\boldsymbol{\alpha}_n)\\(\boldsymbol{\alpha}_2,\boldsymbol{\alpha}_1)&(\boldsymbol{\alpha}_2,\boldsymbol{\alpha}_2)&\cdots&(\boldsymbol{\alpha}_2,\boldsymbol{\alpha}_n)\\\vdots&\vdots&&\vdots\\(\boldsymbol{\alpha}_n,\boldsymbol{\alpha}_1)&(\boldsymbol{\alpha}_n,\boldsymbol{\alpha}_2)&\cdots&(\boldsymbol{\alpha}_n,\boldsymbol{\alpha}_n)\end{vmatrix}=\begin{vmatrix}\boldsymbol{\alpha}_1^{\mathrm{T}}\boldsymbol{\alpha}_1&\boldsymbol{\alpha}_1^{\mathrm{T}}\boldsymbol{\alpha}_2&\cdots&\boldsymbol{\alpha}_1^{\mathrm{T}}\boldsymbol{\alpha}_n\\\boldsymbol{\alpha}_2^{\mathrm{T}}\boldsymbol{\alpha}_1&\boldsymbol{\alpha}_2^{\mathrm{T}}\boldsymbol{\alpha}_2&\cdots&\boldsymbol{\alpha}_2^{\mathrm{T}}\boldsymbol{\alpha}_n\\\vdots&\vdots&&\vdots\\\boldsymbol{\alpha}_n^{\mathrm{T}},\boldsymbol{\alpha}_1&\boldsymbol{\alpha}_n^{\mathrm{T}}\boldsymbol{\alpha}_2&\cdots&\boldsymbol{\alpha}_n^{\mathrm{T}}\boldsymbol{\alpha}_n\end{vmatrix}$$

显然 $D=|\mathbf{A}^{\mathrm{T}}\mathbf{A}|$，其中 $\mathbf{A}=(\boldsymbol{\alpha}_1,\boldsymbol{\alpha}_2,\cdots,\boldsymbol{\alpha}_n)$.

略证　记 $\mathbf{A}=(\boldsymbol{\alpha}_1,\boldsymbol{\alpha}_2,\cdots,\boldsymbol{\alpha}_n)$，则 $\boldsymbol{\alpha}_1,\boldsymbol{\alpha}_2,\cdots,\boldsymbol{\alpha}_n$ 线性无关的充要条件是 $|\mathbf{A}|\neq0$. 又由

$$\mathbf{A}^{\mathrm{T}}\mathbf{A}=\begin{pmatrix}\boldsymbol{\alpha}_1^{\mathrm{T}}\\\boldsymbol{\alpha}_2^{\mathrm{T}}\\\vdots\\\boldsymbol{\alpha}_n^{\mathrm{T}}\end{pmatrix}(\boldsymbol{\alpha}_1,\boldsymbol{\alpha}_2,\cdots,\boldsymbol{\alpha}_n)=\begin{pmatrix}\boldsymbol{\alpha}_1^{\mathrm{T}}\boldsymbol{\alpha}_1&\boldsymbol{\alpha}_1^{\mathrm{T}}\boldsymbol{\alpha}_2&\cdots&\boldsymbol{\alpha}_1^{\mathrm{T}}\boldsymbol{\alpha}_n\\\boldsymbol{\alpha}_2^{\mathrm{T}}\boldsymbol{\alpha}_1&\boldsymbol{\alpha}_2^{\mathrm{T}}\boldsymbol{\alpha}_2&\cdots&\boldsymbol{\alpha}_2^{\mathrm{T}}\boldsymbol{\alpha}_n\\\vdots&\vdots&&\vdots\\\boldsymbol{\alpha}_n^{\mathrm{T}}\boldsymbol{\alpha}_1&\boldsymbol{\alpha}_n^{\mathrm{T}}\boldsymbol{\alpha}_2&\cdots&\boldsymbol{\alpha}_n^{\mathrm{T}}\boldsymbol{\alpha}_n\end{pmatrix}$$

上式两边取行列式，有

$$D=|\mathbf{A}^{\mathrm{T}}\mathbf{A}|=|\mathbf{A}^{\mathrm{T}}|\cdot|\mathbf{A}|=|\mathbf{A}|^2$$

故 $|\mathbf{A}|\neq0$ 与 $D\neq0$ 等价. 由此得出，$D\neq0$ 是向量组 $\boldsymbol{\alpha}_1,\boldsymbol{\alpha}_2,\cdots,\boldsymbol{\alpha}_n$ 线性无关的充分必要条件.

例3　若 $\boldsymbol{\alpha}_i\in\mathbf{R}^n(i=1,2,\cdots,t)$ 是方程组 $\mathbf{A}\mathbf{x}=\mathbf{0}$ 的基础解系，又 $\mathbf{A}\boldsymbol{\beta}\neq\mathbf{0}$，则向量组 $\{\boldsymbol{\beta},\boldsymbol{\beta}+\boldsymbol{\alpha}_1,\boldsymbol{\beta}+\boldsymbol{\alpha}_2,\cdots,\boldsymbol{\beta}+\boldsymbol{\alpha}_t\}$ 线性无关.

证1　若不然设 $\{\boldsymbol{\beta},\boldsymbol{\beta}+\boldsymbol{\alpha}_1,\cdots,\boldsymbol{\beta}+\boldsymbol{\alpha}_t\}$ 线性相关，可有向量组 $\{\boldsymbol{\beta},\boldsymbol{\alpha}_1,\boldsymbol{\alpha}_2,\cdots,\boldsymbol{\alpha}_t\}$ 亦线性相关，但 $\{\boldsymbol{\alpha}_1,\boldsymbol{\alpha}_2,\cdots,\boldsymbol{\alpha}_t\}$ 线性无关，从而 $\boldsymbol{\beta}\leftarrow\{\boldsymbol{\alpha}_1,\boldsymbol{\alpha}_2,\cdots,\boldsymbol{\alpha}_t\}$，设 $\boldsymbol{\beta}=\sum\limits_{i=1}^{t}k_i\boldsymbol{\alpha}_i$. 则 $\mathbf{A}\boldsymbol{\beta}=\sum\limits_{i=1}^{t}k_i\mathbf{A}\boldsymbol{\alpha}_i=\mathbf{0}$ 与题设矛盾！

故向量组 $\{\boldsymbol{\beta},\boldsymbol{\beta}+\boldsymbol{\alpha}_1,\cdots,\boldsymbol{\beta}+\boldsymbol{\alpha}_t\}$ 线性无关.

证2　若有 k 及 k_i 使 $k\boldsymbol{\beta}+\sum\limits_{i=1}^{t}k_i(\boldsymbol{\beta}+\boldsymbol{\alpha}_i)=\mathbf{0}$，即

$$\left(k+\sum_{i=1}^{t}k_i\right)\boldsymbol{\beta}=-\sum_{i=1}^{t}k_i\boldsymbol{\alpha}_i \qquad (*)$$

两边左乘矩阵 $\mathbf{A}$ 有

$$\left(k+\sum_{i=1}^{t}k_i\right)\mathbf{A}\boldsymbol{\beta}=-\sum_{i=1}^{t}k_i(\mathbf{A}\boldsymbol{\alpha}_i) \qquad (**)$$

又由式(*)知 $\sum\limits_{i=1}^{t}k_i\boldsymbol{\alpha}_i=\mathbf{0}$，但 $\{\boldsymbol{\alpha}_i\}$ 是基础解系故它们线性无关，从而 $k_1=k_2=\cdots=k_t=0$，由式(**)知 $k=0$.

故向量组 $\{\boldsymbol{\beta},\boldsymbol{\beta}+\boldsymbol{\alpha}_1,\cdots,\boldsymbol{\beta}+\boldsymbol{\alpha}_t\}$ 线性无关.

例4　若 $\mathbf{A}\in\mathbf{R}^{n\times n}$，且 $\mathbf{A}^k\mathbf{x}=\mathbf{0}(k\in\mathbf{Z}^+)$ 有解 $\boldsymbol{\alpha}$，但 $\mathbf{A}^{k-1}\boldsymbol{\alpha}\neq\mathbf{0}$. 证明向量组 $\{\boldsymbol{\alpha}_1,\mathbf{A}\boldsymbol{\alpha}_1,\cdots,\mathbf{A}^{k-1}\boldsymbol{\alpha}\}$ 线性无关.

证　若有 λ_i 使

$$\sum_{i=1}^{n}\lambda_i \boldsymbol{A}^{i-1}\boldsymbol{\alpha}=\mathbf{0}\quad(\text{这里规定 } \boldsymbol{A}^0=\boldsymbol{I}) \tag{*}$$

又 $\boldsymbol{A}^k\boldsymbol{\alpha}=\mathbf{0}$,但 $\boldsymbol{A}^{k-1}\boldsymbol{\alpha}\neq\mathbf{0}$,知 $\boldsymbol{A}^{k+l}\boldsymbol{\alpha}=\mathbf{0}(l=1,2,\cdots,n)$.

将式(*)两端同乘 $\boldsymbol{A}^{k-1}$,且注意上面结论有 $\lambda_1\boldsymbol{A}^{k-1}\boldsymbol{\alpha}=\mathbf{0}$,由 $\boldsymbol{A}^{k-1}\boldsymbol{\alpha}\neq\mathbf{0}$,知 $\lambda_1=0$.

类似地,将(*)式两端依次乘 $\boldsymbol{A}^{k-2},\boldsymbol{A}^{k-3},\cdots,\boldsymbol{A}$,可分别得到 $\lambda_2=\lambda_3=\cdots=\lambda_k=0$.

从而向量组$\{\boldsymbol{\alpha},\boldsymbol{A\alpha},\boldsymbol{A}^2\boldsymbol{\alpha},\cdots,\boldsymbol{A}^{k-1}\boldsymbol{\alpha}\}$线性无关.

例 5 若 $\boldsymbol{\alpha}_1,\boldsymbol{\alpha}_2,\cdots,\boldsymbol{\alpha}_n\in\mathbf{R}^n$ 为 n 个线性无关的向量,又 $\boldsymbol{A}\in\mathbf{R}^{n\times n}$. 证明 $\mathrm{r}(\boldsymbol{A})=n\Leftrightarrow\boldsymbol{A\alpha}_1,\boldsymbol{A\alpha}_2,\cdots,\boldsymbol{A\alpha}_n$,线性无关.

证 $\Rightarrow$令 $\boldsymbol{B}=(\boldsymbol{\alpha}_1,\boldsymbol{\alpha}_2,\cdots,\boldsymbol{\alpha}_n)$,由设知$|\boldsymbol{B}|\neq0$. 由 $\boldsymbol{AB}=(\boldsymbol{A\alpha}_1,\boldsymbol{A\alpha}_2,\cdots,\boldsymbol{A\alpha}_n)$,若 $\mathrm{r}(\boldsymbol{A})=n$,有$|\boldsymbol{A}|\neq0$. 而$|\boldsymbol{AB}|=|\boldsymbol{A}||\boldsymbol{B}|\neq0$,故 $\boldsymbol{A\alpha}_1,\boldsymbol{A\alpha}_2,\cdots,\boldsymbol{A\alpha}_n$ 线性无关.

$\Leftarrow$若 $\boldsymbol{A\alpha}_1,\boldsymbol{A\alpha}_2,\cdots,\boldsymbol{A\alpha}_n$ 线性无关,知$|\boldsymbol{AB}|\neq0$,即$|\boldsymbol{A}||\boldsymbol{B}|\neq0$. 故$|\boldsymbol{A}|\neq0$,从而 $\mathrm{r}(\boldsymbol{A})=n$.

前文我们讨论了向量组相关性与矩阵的关系,其实这类问题还与线性方程组的解的讨论有着密切的联系,正因如此,这类问题多以综合题面貌出现. 我们这里将部分此类问题的讨论放在本章里为凸现向量组的内容.

例 6 若向量 $\boldsymbol{\alpha}_1,\boldsymbol{\alpha}_2,\cdots,\boldsymbol{\alpha}_s(s\geqslant2)$线性无关,记 $\boldsymbol{\beta}_1=\boldsymbol{\alpha}_1+\boldsymbol{\alpha}_2,\boldsymbol{\beta}_2=\boldsymbol{\alpha}_2+\boldsymbol{\alpha}_3,\cdots,\boldsymbol{\beta}_{s-1}=\boldsymbol{\alpha}_{s-1}+\boldsymbol{\alpha}_s,\boldsymbol{\beta}_s=\boldsymbol{\alpha}_s+\boldsymbol{\alpha}_1$. 讨论 $\boldsymbol{\beta}_1,\boldsymbol{\beta}_2,\cdots,\boldsymbol{\beta}_s$ 的相关性.

解 设 $k_i(i=1,2,\cdots,s)$使 $\sum\limits_{i=1}^{s}k_i\boldsymbol{\beta}_i=\mathbf{0}$,即

$$(k_1+k_2)\boldsymbol{\alpha}_1+\sum_{i=2}^{s}(k_{i-1}+k_1)\boldsymbol{\alpha}_i=\mathbf{0}$$

由题设 $\boldsymbol{\alpha}_1,\boldsymbol{\alpha}_2,\cdots,\boldsymbol{\alpha}_s$ 线性无关,则

$$\begin{cases}k_1 & & & +k_s=0\\ k_1+k_2 & & & =0\\ & k_2+k_3 & & =0\\ & & \vdots & \\ & & k_{s-1}+k_s & =0\end{cases} \tag{*}$$

由方程组(*)系数行列式 $D=\begin{vmatrix}1 & & & 1\\ 1 & 1 & & \\ & \ddots & \ddots & \\ & & 1 & 1\end{vmatrix}=1+(-1)^{1+s}=\begin{cases}0, & \text{若 } s \text{ 为偶数}\\ 2, & \text{若 } s \text{ 为奇数}\end{cases}$

故 s 为奇数时,$D\neq0$,方程组(*)仅有 0 解,知$\{\boldsymbol{\beta}_i\}$线性无关;

而 s 为偶数时,$D=0$,方程组(*)有非 0 解,知$\{\boldsymbol{\beta}_i\}$线性相关.

注 下面的问题只是本命题的变形.

问题 设 n 阶矩阶 $\boldsymbol{A}$ 的 n 个列向量为 $\boldsymbol{a}_i=(\boldsymbol{a}_{1i},\boldsymbol{a}_{2i},\cdots,\boldsymbol{a}_{ni})^{\mathrm{T}}(i=1,2,\cdots,n)$;$n$ 阶矩阵 $\boldsymbol{B}$ 的 n 个列向量为 $\boldsymbol{a}_1+\boldsymbol{a}_2,\boldsymbol{a}_2+\boldsymbol{a}_3,\cdots,\boldsymbol{a}_{n-1}+\boldsymbol{a}_n,\boldsymbol{a}_n+\boldsymbol{a}_1$. 试问当 $r_A=n$ 时,线性齐次方程组 $\boldsymbol{Bx}=\mathbf{0}$ 是否有非零解? 并证明你的结论.

例 7 设 $\boldsymbol{\alpha}_i=(a_{i1},a_{i2},\cdots,a_{in})^{\mathrm{T}}(i=1,2,\cdots,r,r<n)$是 n 维实向量,且 $\boldsymbol{\alpha}_1,\boldsymbol{\alpha}_2,\cdots,\boldsymbol{\alpha}_r$ 线性无关. 又 $\boldsymbol{\beta}=(b_1,b_2,\cdots,b_n)^{\mathrm{T}}$ 是线性方程组

$$\begin{cases}a_{11}x_1+a_{12}x_2+\cdots+a_{1n}x_n=0\\ a_{21}x_1+a_{22}x_2+\cdots+a_{2n}x_n=0\\ \qquad\vdots\\ a_{r1}x_1+a_{r2}x_2+\cdots+a_{rn}x_n=0\end{cases} \tag{*}$$

的非零解，试判断向量组 $\boldsymbol{\alpha}_1,\boldsymbol{\alpha}_2,\cdots,\boldsymbol{\alpha}_r,\boldsymbol{\beta}$ 的相关性.

解 1　今考虑若

$$\sum_{i=1}^{r}k_i\boldsymbol{\alpha}_i+k\boldsymbol{\beta}=\mathbf{0} \tag{**}$$

因为 $\boldsymbol{\beta}$ 是式(*)的解，且 $\boldsymbol{\beta}\neq 0$，故 $\boldsymbol{\alpha}_i^{\mathrm{T}}\boldsymbol{\beta}=0$ 即 $\boldsymbol{\beta}^{\mathrm{T}}\boldsymbol{\alpha}_i=0(i=1,2,\cdots,r)$.

两边左乘 $\boldsymbol{\beta}^{\mathrm{T}}$ 有 $\sum\limits_{i=1}^{r}\boldsymbol{\beta}^{\mathrm{T}}\boldsymbol{\alpha}_i+k\boldsymbol{\beta}^{\mathrm{T}}\boldsymbol{\beta}=0$. 从而 $k\boldsymbol{\beta}^{\mathrm{T}}\boldsymbol{\beta}=0$，又 $\boldsymbol{\beta}\neq\mathbf{0}$，知 $k=0$.

又由式(**)有 $\sum\limits_{i=1}^{r}k_i\boldsymbol{\alpha}_i=\mathbf{0}$，由$\{\boldsymbol{\alpha} i\}$ 线性无关性，知 $k_i=0(i=1,2,\cdots,r)$.

而再由 $\boldsymbol{\beta}\neq\mathbf{0}$，知 $k=0$. 故$\{\boldsymbol{\alpha}_1,\boldsymbol{\alpha}_2,\cdots,\boldsymbol{\alpha} r,\boldsymbol{\beta}\}$线性无关.

解 2　设有一组数 $k_1,k_2,\cdots,k_r,k$，使得

$$k_1\boldsymbol{\alpha}_1+k_2\boldsymbol{\alpha}_2+\cdots+k_r\boldsymbol{\alpha}_r+k\boldsymbol{\beta}=\mathbf{0} \tag{*}$$

把 $\boldsymbol{\beta}=(b_1,b_2,\cdots,b_n)^{\mathrm{T}}$，代人方程组中，并用向量形式可表示为

$$\boldsymbol{\alpha}_i^{\mathrm{T}}\boldsymbol{\beta}=0\quad(i=1,2,\cdots,r) \tag{**}$$

在式(*)两边左乘 $\boldsymbol{\beta}^{\mathrm{T}}$，得

$$k_1\boldsymbol{\beta}^{\mathrm{T}}\boldsymbol{\alpha}_1+k_2\boldsymbol{\beta}^{\mathrm{T}}\boldsymbol{\alpha}_2+\cdots+k_r\boldsymbol{\beta}^{\mathrm{T}}\boldsymbol{\alpha}_r+k\boldsymbol{\beta}^{\mathrm{T}}\boldsymbol{\beta}=0 \tag{***}$$

由式(**)和式(***)得 $k\boldsymbol{\beta}^{\mathrm{T}}\boldsymbol{\beta}=0$，但 $\boldsymbol{\beta}^{\mathrm{T}}\boldsymbol{\beta}\neq 0$，故 $k=0$.

于是式(*)变为 $k_1\boldsymbol{\alpha}_1+k_2\boldsymbol{\alpha}_2+\cdots+k_r\boldsymbol{\alpha}_r=\mathbf{0}$. 由于向量组 $\boldsymbol{\alpha}_1,\boldsymbol{\alpha}_2,\cdots,\boldsymbol{\alpha}_n$ 线性无关，所以 $k_1=k_2=\cdots=k_r=0$，因此，向量组 $\boldsymbol{\alpha}_1,\boldsymbol{\alpha}_2,\cdots,\boldsymbol{\alpha}_r,\boldsymbol{\beta}$ 线性无关.

例 8　若向量 $\boldsymbol{\alpha}_1,\boldsymbol{\alpha}_2,\cdots,\boldsymbol{\alpha}_t\in\mathbf{R}^n$，其中 $t>2$，且它们线性无关. 试证向量组.

$$\begin{gathered}\boldsymbol{\beta}_1=\boldsymbol{\alpha}_2+\boldsymbol{\alpha}_3+\cdots+\boldsymbol{\alpha}_{t-1}+\boldsymbol{\alpha}_t\\ \boldsymbol{\beta}_2=\boldsymbol{\alpha}_2+\boldsymbol{\alpha}_3+\cdots+\boldsymbol{\alpha}_{t-1}+\boldsymbol{\alpha}_t\\ \vdots\\ \boldsymbol{\beta}_t=\boldsymbol{\alpha}_1+\boldsymbol{\alpha}_2+\boldsymbol{\alpha}_3+\cdots+\boldsymbol{\alpha}_{t-1}\end{gathered}$$

也线性无关.

证　设有 $k_1,k_2,\cdots,k_t$ 使 $k_1\boldsymbol{\beta}_1+k_2\boldsymbol{\beta}_2+\cdots+k_t\boldsymbol{\beta}_t=\mathbf{0}$. 即

$$(k_2+k_3+\cdots+k_t)\boldsymbol{\alpha}_1+(k_1+k_3+\cdots+k_t)\boldsymbol{\alpha}_2+\cdots+(k_1+k_2+\cdots+k_{t-1})\boldsymbol{\alpha}_t=\mathbf{0}$$

由题设 $\boldsymbol{\alpha}_1,\boldsymbol{\alpha}_2,\cdots,\boldsymbol{\alpha}_t$ 线性无关，故

$$\begin{cases}k_2+k_3+\cdots+k_{t-1}+k_t=0\\ k_1+k_3+\cdots+k_{t-1}+k_t=0\\ \quad\vdots\\ k_1+k_2+k_3+\cdots+k_{t-1}+k_t=0\end{cases} \tag{*}$$

以上诸式相加得

$$(k_1+k_2+k_3+\cdots+k_t)(t-1)=0$$

由 $t>2$，则 $t-1\neq 0$，得

$$k_1+k_2+k_3+\cdots+k_t=0 \tag{**}$$

用(**)式分别减去式(*)中诸式可有

$$k_1=k_2=\cdots=k_t=0$$

因而向量组 $\boldsymbol{\beta}_1,\boldsymbol{\beta}_2,\cdots,\boldsymbol{\beta}_t$ 也线性无关.

例 9　设$\{\boldsymbol{\alpha}_1,\boldsymbol{\alpha}_2,\cdots,\boldsymbol{\alpha}_t\}$，$\{\boldsymbol{\beta}_1,\boldsymbol{\beta}_2,\cdots,\boldsymbol{\beta}_s\}$为 $\mathbf{R}^n$ 上的两组向量，又$\{\boldsymbol{\beta}_1,\boldsymbol{\beta}_2,\cdots,\boldsymbol{\beta}_s\}$可由$\{\boldsymbol{\alpha}_1,\boldsymbol{\alpha}_2,\cdots,\boldsymbol{\alpha}_t\}$线性表出

$$\begin{cases}\boldsymbol{\beta}_1=a_{11}\boldsymbol{\alpha}_1+a_{12}\boldsymbol{\alpha}_2+\cdots+a_{1t}\boldsymbol{\alpha}_t\\ \boldsymbol{\beta}_2=a_{21}\boldsymbol{\alpha}_1+a_{22}\boldsymbol{\alpha}_2+\cdots+a_{2t}\boldsymbol{\alpha}_t\\ \qquad\vdots\\ \boldsymbol{\beta}_s=a_{s1}\boldsymbol{\alpha}_1+a_{s2}\boldsymbol{\alpha}_2+\cdots+a_{st}\boldsymbol{\alpha}_t\end{cases}$$

令其系数矩阵 $\boldsymbol{A}=(a_{ij})_{s\times t}$,试证:(1) $\mathrm{r}\{\boldsymbol{\beta}_1,\boldsymbol{\beta}_2,\cdots,\boldsymbol{\beta}_s\}\leqslant\mathrm{r}(\boldsymbol{A})$;(2) $\{\boldsymbol{\alpha}_1,\boldsymbol{\alpha}_2,\cdots,\boldsymbol{\alpha}_t\}$ 线性相关,则 $\mathrm{r}\{\boldsymbol{\beta}_1,\boldsymbol{\beta}_2,\cdots,\boldsymbol{\beta}_s\}=\mathrm{r}(\boldsymbol{A})$.

证 (1)设 $\mathrm{r}(\boldsymbol{A})=r$,无妨设 $\boldsymbol{A}$ 的前 r 行向量线性无关,则 $\boldsymbol{A}$ 的每行皆可由它们线性表出,即

$$(a_{i1},a_{i2},\cdots,a_{it})=\left(\sum_{j=1}^{r}k_{ij}a_{j1},\sum_{j=1}^{r}k_{ij}a_{j2},\cdots,\sum_{j=1}^{r}k_{ij}a_{jt}\right)$$

其中 $i=1,2,\cdots,s$. 又由题设及上式可有

$$\boldsymbol{\beta}_i=\left(\sum_{j=1}^{r}k_{ij}a_{i1}\right)\boldsymbol{\alpha}_1+\left(\sum_{j=1}^{r}k_{ij}a_{i2}\right)\boldsymbol{\alpha}_2+\cdots+\left(\sum_{j=1}^{r}k_{ij}a_{it}\right)\boldsymbol{\alpha}_t=$$
$$\sum_{j=1}^{r}\left[k_{ij}(a_{i1}\boldsymbol{\alpha}_1+a_{i2}\boldsymbol{\alpha}_2+\cdots+a_{it}\boldsymbol{\alpha}_t)\right]=\sum_{j=1}^{r}k_{ij}\,\boldsymbol{\beta}_{3j}\quad(i=1,2,\cdots,s)$$

上式表明 $\{\boldsymbol{\beta}_1,\boldsymbol{\beta}_2,\cdots,\boldsymbol{\beta}_s\}\leftarrow\{\boldsymbol{\beta}_1,\boldsymbol{\beta}_2,\cdots,\boldsymbol{\beta}_r\}$,即

$$\mathrm{r}\{\boldsymbol{\beta}_1,\boldsymbol{\beta}_2,\cdots,\boldsymbol{\beta}_r\}\leqslant\mathrm{r}\{\boldsymbol{\beta}_1,\boldsymbol{\beta}_2,\cdots,\boldsymbol{\beta}_s\}\leqslant r=\mathrm{r}(\boldsymbol{A})$$

(2) 若设有 $l_1,l_2,\cdots,l_r$ 使 $\sum\limits_{i=1}^{r}l_i\boldsymbol{\beta}_i=\boldsymbol{0}$,即

$$(a_{11}l_1+a_{21}l_2+\cdots+a_{r1}l_r)\boldsymbol{\alpha}_1+(a_{12}l_1+a_{22}l_2+\cdots+a_{r2}l_r)\boldsymbol{\alpha}_2+\cdots+$$
$$(a_{1t}l_1+a_{2t}l_2+\cdots+a_{rt}l_t)\boldsymbol{\alpha}_t=\boldsymbol{0}$$

考虑 $l_1,l_2,\cdots,l_r$ 的线性方程组

$$\begin{cases}a_{11}l_1+a_{21}l_2+\cdots+a_{r1}l_r=0\\ a_{12}l_1+a_{22}l_2+\cdots+a_{r2}l_r=0\\ \qquad\vdots\\ a_{1t}l_1+a_{2t}l_2+\cdots+a_{rt}l_t=0\end{cases}\qquad(*)$$

因其系数恰为 $\boldsymbol{A}$ 的前 r 行,它们线性无关,且秩为 r,故式(*)仅有零解

$$l_1=l_2=\cdots=l_r=0$$

又由题设 $\boldsymbol{\alpha}_1,\boldsymbol{\alpha}_2,\cdots,\boldsymbol{\alpha}_t$ 线性无关,从而 $\boldsymbol{\beta}_1,\boldsymbol{\beta}_2,\cdots,\boldsymbol{\beta}_r$ 线性无关.

由(1) 知 $\{\boldsymbol{\beta}_1,\boldsymbol{\beta}_2,\cdots,\boldsymbol{\beta}_s\}\leftarrow\{\boldsymbol{\beta}_1,\boldsymbol{\beta}_2,\cdots,\boldsymbol{\beta}_r\}$,从而 $\mathrm{r}\{\boldsymbol{\beta}_1,\boldsymbol{\beta}_2,\cdots,\boldsymbol{\beta}_s\}=r=\mathrm{r}(\boldsymbol{A})$.

例 10 若 $\boldsymbol{\alpha}_1$ 为矩阵 $\boldsymbol{A}$ 的特征向量,即 $(\boldsymbol{A}-\lambda\boldsymbol{I})\boldsymbol{\alpha}_1=\boldsymbol{0}$,又向量组 $\boldsymbol{\alpha}_1,\boldsymbol{\alpha}_2,\cdots,\boldsymbol{\alpha}_s$ 满足 $(\boldsymbol{A}-\lambda\boldsymbol{I})\boldsymbol{\alpha}_{i+1}=\boldsymbol{\alpha}_i\,(i=1,2,\cdots,s-1)$,证明 $\boldsymbol{\alpha}_1,\boldsymbol{\alpha}_2,\cdots,\boldsymbol{\alpha}_s$ 线性无关.

证 若设 $l_1\boldsymbol{\alpha}_1+l_2\boldsymbol{\alpha}_2+\cdots+l_s\boldsymbol{\alpha}_s=\boldsymbol{0}$,两边左乘 $\boldsymbol{A}-\lambda\boldsymbol{I}$,则

$$(\boldsymbol{A}-\lambda\boldsymbol{I})(l_1\boldsymbol{\alpha}_1+l_2\boldsymbol{\alpha}_2+\cdots+l_s\boldsymbol{\alpha}_s)=\boldsymbol{0}$$

即

$$l_2\boldsymbol{\alpha}_1+l_3\boldsymbol{\alpha}_2+\cdots+l_s\boldsymbol{\alpha}_{s-1}=\boldsymbol{0}$$

上式反复左乘 $\boldsymbol{A}-\lambda\boldsymbol{I}$ 可有 $l_s\boldsymbol{\alpha}_1=\boldsymbol{0}$,但由 $\boldsymbol{\alpha}_1\neq\boldsymbol{0}$(其为 $\boldsymbol{A}$ 的特征向量),故 $l_s=0$.

代入 $l_1\boldsymbol{\alpha}_1+l_2\boldsymbol{\alpha}_2+\cdots+l_s\boldsymbol{\alpha}_s=\boldsymbol{0}$ 式,仿上步骤可依次证得

$$l_{s-1}=0,\quad l_{s-2}=0,\quad\cdots,\quad l_2=0,\quad l_1=0$$

故向量 $\boldsymbol{\alpha}_1,\boldsymbol{\alpha}_2,\cdots,\boldsymbol{\alpha}_s$ 线性无关.

例 11 若 $t_1,t_2,\cdots,t_r$ 是 r 个非零互异实数,又 $r\leqslant n$. 试证明 n 维向量组 $\boldsymbol{\alpha}_1=(t_1,t_1^2,\cdots,t_1^n)$,$\boldsymbol{\alpha}_2=(t_2,t_2^2,\cdots,t_2^n)$,$\cdots$,$\boldsymbol{\alpha}_r=(t_r,t_r^2,\cdots,t_r^n)$ 线性无关.

证 (1)若 $r=n$,今考虑常数组 $k_i\,(i=1,2,\cdots,n)$ 使

$$\sum_{i=1}^{r} k_i \boldsymbol{\alpha}_i = \mathbf{0}$$

即对应方程组

$$\sum_{i=1}^{r} k_i t_i^j = 0 \quad (j = 1,2,\cdots,r) \tag{*}$$

其系数行列式

$$\begin{vmatrix} t_1 & t_2 & \cdots & t_n \\ t_1^2 & t_2^2 & \cdots & t_n^2 \\ \vdots & \vdots & & \vdots \\ t_1^n & t_2^n & \cdots & t_n^n \end{vmatrix} = \prod_{i=1}^{n} t_i \begin{vmatrix} 1 & 1 & \cdots & 1 \\ t_1 & t_2 & \cdots & t_n \\ \vdots & \vdots & & \vdots \\ t_2^{n-1} & t_2^{n-2} & \cdots & t_n^{n-1} \end{vmatrix} = \prod_{i=1}^{n} t_i \Big[\prod_{1 \leqslant j < i \leqslant n} (t_i - t_j) \Big] \neq 0$$

故(*)仅有 0 解 $k_i = 0 (i=1,2,\cdots,n)$，从而 $\boldsymbol{\alpha}_1, \boldsymbol{\alpha}_2, \cdots \boldsymbol{\alpha}_n$ 线性无关.

(2)当 $1 \leqslant r < n$ 时，可添加向量($t_{r+1}, t_{r+2}, \cdots, t_n$ 非零，且与 $t_1 \sim t_r$ 均互异).

$$\boldsymbol{\alpha}_{r+1} = (t_{r+1}, t_{r+1}^2, \cdots, t_{r+1}^n), \quad \boldsymbol{\alpha}_{r+2} = (t_{r+2}, t_{r+2}^2, \cdots, t_{r+2}^n), \quad \cdots, \quad \boldsymbol{\alpha}_{r+1} = (t_n, t_n^2, \cdots, t_n^n)$$

由 $t_i (i=1,2,\cdots,n)$ 互异且非零，由前面证明知 $\boldsymbol{\alpha}_1, \boldsymbol{\alpha}_2, \cdots, \boldsymbol{\alpha}_n$ 线性无关，而其部分向量组 $\boldsymbol{\alpha}_1, \boldsymbol{\alpha}_2, \cdots, \boldsymbol{\alpha}_r$ 也线性无关.

注　这里我们运用了范德蒙行列式的性质. 前文已指出：范德蒙行列式是一种重要的行列式，许多数学问题常与该行列式有关，它的展开式我们应当熟记.

另外，与该行列式有关的问题可见后面的例子或习题.

例 12　试证若向量组 $\boldsymbol{\alpha}_1, \boldsymbol{\alpha}_2, \cdots, \boldsymbol{\alpha}_m$ $(m \geqslant 2)$ 线性无关，当且仅当 m 为奇数时，向量组 $\boldsymbol{\alpha}_1 + \boldsymbol{\alpha}_2, \boldsymbol{\alpha}_2 + \boldsymbol{\alpha}_3, \cdots, \boldsymbol{\alpha}_{m-1} + \boldsymbol{\alpha}_m, \boldsymbol{\alpha}_m + \boldsymbol{\alpha}_1$ 也线性无关.

证　设 $\lambda_1(\boldsymbol{\alpha}_1 + \boldsymbol{\alpha}_2) + \lambda_2(\boldsymbol{\alpha}_2 + \boldsymbol{\alpha}_3) + \cdots + \lambda_{m-1}(\boldsymbol{\alpha}_{m-1} + \boldsymbol{\alpha}_m) - \lambda_m \boldsymbol{\alpha}_m + \boldsymbol{\alpha}_1 = \mathbf{0}$. 即

$$(\lambda_1 + \lambda_m)\boldsymbol{\alpha}_1 + (\lambda_1 + \lambda_2)\boldsymbol{\alpha}_2 + \cdots + (\lambda_{n-1} - \lambda_n)\boldsymbol{\alpha}_m = \mathbf{0}$$

由设 $\boldsymbol{\alpha}_1, \boldsymbol{\alpha}_2, \cdots, \boldsymbol{\alpha}_m$ 线性无关，故

$$\lambda_1 + \lambda_m = \lambda_1 + \lambda_m = \cdots = \lambda_{m-1} + \lambda_m = 0 \tag{*}$$

该线性方程组的系数行列式为

$$D_m = \begin{vmatrix} 1 & 0 & 0 & \cdots & 0 & 1 \\ 1 & 1 & 0 & \cdots & 0 & 0 \\ 0 & 1 & 1 & \cdots & 0 & 0 \\ \vdots & \vdots & \vdots & & \vdots & \vdots \\ 0 & 0 & 0 & \cdots & 1 & 1 \end{vmatrix}$$

当 $m=2k$ 时，$D_m = 0$(按其第一行展开即可)，则方程组(*)有非零解，即 $\lambda_1, \lambda_2, \cdots, \lambda_m$ 不全为 0，知 $\boldsymbol{\alpha}_1 + \boldsymbol{\alpha}_2, \boldsymbol{\alpha}_2 + \boldsymbol{\alpha}_3, \cdots, \boldsymbol{\alpha}_{m-1} + \boldsymbol{\alpha}_m, \boldsymbol{\alpha}_m + \boldsymbol{\alpha}_1$ 线性相关.

当 $m=2k+1$ 时，$D_m = 2$，方程组(*)有唯一零解，即 $\lambda_1 = \lambda_2 = \cdots = \lambda_m = 0$，知 $\boldsymbol{\alpha}_1 + \boldsymbol{\alpha}_2, \boldsymbol{\alpha}_2 + \boldsymbol{\alpha}_3, \cdots, \boldsymbol{\alpha}_{m-1} + \boldsymbol{\alpha}_m, \boldsymbol{\alpha}_m + \boldsymbol{\alpha}_1$ 线性无关.

注　前文我们已说过，如果引进所谓 Gram 矩阵概念，即若 $\boldsymbol{\alpha}_1, \boldsymbol{\alpha}_2, \cdots, \boldsymbol{\alpha}_m \in \mathbf{R}^n$，则

$$\boldsymbol{G} = \begin{pmatrix} (\boldsymbol{\alpha}_1, \boldsymbol{\alpha}_1) & (\boldsymbol{\alpha}_1, \boldsymbol{\alpha}_2) & \cdots & (\boldsymbol{\alpha}_1, \boldsymbol{\alpha}_m) \\ (\boldsymbol{\alpha}_2, \boldsymbol{\alpha}_1) & (\boldsymbol{\alpha}_2, \boldsymbol{\alpha}_2) & \cdots & (\boldsymbol{\alpha}_2, \boldsymbol{\alpha}_m) \\ \vdots & \vdots & & \vdots \\ (\boldsymbol{\alpha}_m, \boldsymbol{\alpha}_1) & (\boldsymbol{\alpha}_m, \boldsymbol{\alpha}_2) & \cdots & (\boldsymbol{\alpha}_m, \boldsymbol{\alpha}_m) \end{pmatrix}$$

称为向量组 $\boldsymbol{\alpha}_1, \boldsymbol{\alpha}_2, \cdots, \boldsymbol{\alpha}_m$ 的 Gram 矩阵. 可以证明：

命题　向量组 $\boldsymbol{\alpha}_1, \boldsymbol{\alpha}_2, \cdots, \boldsymbol{\alpha}_m$ 线性无关 $\Longleftrightarrow \boldsymbol{G}$ 非奇异(可逆，满秩或 $|\boldsymbol{G}| \neq 0$).

利用此结论可证许多这类涉及向量组相关性与否的证明.

某些函数空间也可以构成线性空间,因而它们也有相应的线性空间中元素的性质,请看:

例 13 设 $\mathbf{V}$ 是 $\mathbf{R}$ 上的次数不大于 3 的多项式所组成的向量空间. 试讨论 $\boldsymbol{\mu},\boldsymbol{\nu},\boldsymbol{\omega}\in\mathbf{V}$,的线性相关性,其中 $\boldsymbol{\mu}=t^3-4t^2-2t+3$,$\boldsymbol{\nu}=t^3+6t^2-t+4$,$\boldsymbol{\omega}=3t^3+8t^2-8t+7$.

解 设有常数 $\alpha_1,\alpha_2,\alpha_3$ 使 $\alpha_1\boldsymbol{\mu}+\alpha_2\boldsymbol{\nu}+\alpha_3\boldsymbol{\omega}=\mathbf{0}$,将 $\boldsymbol{\mu},\boldsymbol{\nu},\boldsymbol{\omega}$ 的表达式代入,且比较等式两端 t 方幂的系数可有

$$\begin{cases}\alpha_1+\alpha_2+3\alpha_3=0\\4\alpha_1+6\alpha_2+8\alpha_3=0\\2\alpha_1+\alpha_2+8\alpha_3=0\\3\alpha_1+4\alpha_2+7\alpha_3=0\end{cases}$$

即

$$\begin{pmatrix}1&1&3\\4&6&8\\2&1&8\\3&4&7\end{pmatrix}\begin{pmatrix}\alpha_1\\\alpha_2\\\alpha_3\\\alpha_3\end{pmatrix}=\begin{pmatrix}0\\0\\0\\0\end{pmatrix}$$

易知该方程组有无穷多组解,故至少有一组不全为 0 的解. 故 $\boldsymbol{\mu},\boldsymbol{\nu},\boldsymbol{\omega}$ 线性相关.

例 14 设 $f_1(x),f_2(x),\cdots,f_n(x)$ 是 n 个在 $[a,b]$ 上连续的函数,试证:$f_1(x),f_2(x),\cdots,f_n(x)$ 线性相关的充要条件是

$$\begin{vmatrix}\alpha_{11}&\alpha_{12}&\cdots&\alpha_{1n}\\\alpha_{21}&\alpha_{22}&\cdots&\alpha_{2n}\\\vdots&\vdots&&\vdots\\\alpha_{n1}&\alpha_{n2}&\cdots&\alpha_{nn}\end{vmatrix}=0 \qquad (*)$$

其中 $\alpha_{ij}=\int_a^b f_i(x)f_j(x)\mathrm{d}x\ (i,j=1,2,\cdots,n)$.

证 1 *必要性*. 若 $f_i(x)(i=1,2,\cdots,n)$ 是线性相关的,则存在不全为 0 的实数 $k_1,k_2,\cdots,k_n$ 使

$$\sum_{i=1}^n k_i f_i(x)=0,\quad x\in[a,b]$$

则对于 $1\leqslant j\leqslant n$ 有

$$\int_a^b\Big[\sum_{i=1}^n k_i f_i(x)\Big]f_j(x)\mathrm{d}x=0$$

即

$$\sum_{i=1}^n k_i\alpha_{ij}=0\quad(j=1,2,\cdots,n)$$

上面关于 k_i 的线性齐次方程组有非零解,故其系数行列式 $|(\alpha_{ij})_{n\times n}|=0$.

充分性 若行列式 $|(\alpha_{ij})_{n\times n}|=0$,则有不全为 0 的数 $k_1,k_2,\cdots,k_n$ 使

$$\sum_{i=1}^n k_i\alpha_{ij}=0\quad(j=1,2,\cdots,n)$$

即

$$\sum_{i=1}^n k_i\int_a^b f_i(x)f_j(x)\mathrm{d}x=\int_a^b\Big[\sum_{i=1}^n k_i f_i(x)\Big]f_j(x)\mathrm{d}x=0\quad(j=1,2,\cdots,n)$$

记 $g(x)=\sum_{i=1}^n k_i f_i(x)=0$. 即有

$$\int_a^b g(x)f_i(x)\mathrm{d}x=0\quad(j=1,2,\cdots,n)$$

(1)若 $g(x)=0$,即 $\sum_{i=1}^{n}k_i f_i(x)=0$ 知 $f_1(x),f_2(x),\cdots,f_n(x)$ 线性相关;

(2)若 $g(x)\neq 0$,设 $\mathbf{V}$ 是 $f_1(x), f_2(x),\cdots, f_n(x)$的生成空间,如果 $f_1(x), f_2(x),\cdots, f_n(x)$线性无关,则它们是 $\mathbf{V}$ 的一组基.

又 $g(x)$是 $\mathbf{V}$ 中的非零元素,且它与 $\mathbf{V}$ 的基中每一元素都正交,这是不可能的.

故 $f_1(x), f_2(x),\cdots, f_n(x)$线性无关不妥.

综上, $f_1(x), f_2(x),\cdots, f_n(x)$线性相关.

证 2　⇐由设 $\det\boldsymbol{G}=0$,则矩阵 $\boldsymbol{G}$ 是奇异(不可逆)阵.

则方程线 $\boldsymbol{Gx}=\mathbf{0}$ 有非零解 $x=a=(a_1,a_2,\cdots,a_n)$. 由

$$0=\boldsymbol{a}^{\mathrm{T}}\boldsymbol{Ga}=\sum_{i=1}^{n}\sum_{j=1}^{n}\int_a^b a_i f(x)-f_j(x)\mathrm{d}x=\int_a^b\Big[\sum_{i=1}^{n}a_i f_i(x)\Big]^2\mathrm{d}x$$

题设 f_i 在$[a,b]$上连续$(i=1,2,\cdots,n)$,从而$\sum_{i=1}^{n}a_i f_i(x)=0$.

故$\{f_1,f_2,\cdots,f_n\}$在$[a,b]$上线性相关.

⇒若$\{f_1, f_2,\cdots, f_n\}$线性相关,则某个 f_i 可表为其余函数 $f_j(j\neq i)$的线性组合.

从而 $\boldsymbol{G}$ 的某一行是其余行的线性组合,故$|\boldsymbol{G}|=0$.

注　由此可看出下面命题(我们前文已有述即有关 Gram 行列式的命题)显然是该命题的特例:

命题　证明向量组 $\boldsymbol{\alpha}_1,\boldsymbol{\alpha}_2,\cdots,\boldsymbol{\alpha}_n$ 为线性相关的充要条件是矩阵 $\boldsymbol{C}=(c_{ij})_{n\times n}$ 的行列式为零,其中 $c_{ij}=(\boldsymbol{\alpha}_i,\boldsymbol{\alpha}_j)$.

向量与向量的关系除了相关性外,还有正交问题,这一点上例已有涉及.再请看下面有关正交向量组性质的例子.

例 15　n 维向量空间 $\mathbf{R}^n$. 中向量 $\boldsymbol{\alpha}=(a_1,a_2,\cdots,a_n)$即 $\boldsymbol{\beta}=(b_1,b_2,\cdots,b_n)$正交定义为$(\boldsymbol{\alpha},\boldsymbol{\beta})=\sum_{i=1}^{n}a_ib_i=0$. 今若 $\boldsymbol{\alpha}_1,\boldsymbol{\alpha}_2,\cdots,\boldsymbol{\alpha}_{n-1}$是 $\mathbf{R}^n$ 中 $n-1$ 个线性无关向量. 又向量 $\boldsymbol{\beta}_1$, $\boldsymbol{\beta}_2$ 分别和 $\boldsymbol{\alpha}_1,\boldsymbol{\alpha}_2,\cdots,\boldsymbol{\alpha}_{n-1}$正交,则 $\boldsymbol{\beta}_1$ 和 $\boldsymbol{\beta}_2$ 线性相关.

证　用反证法.今若不然,假设后 $\boldsymbol{\beta}_1,\boldsymbol{\beta}_2$ 线性无关,将它们正交化.

令 $\boldsymbol{\beta}_1^*=\boldsymbol{\beta}_1$, $\boldsymbol{\beta}_2^*=\boldsymbol{\beta}_2-\dfrac{(\boldsymbol{\beta}_2,\boldsymbol{\beta}_1)}{(\boldsymbol{\beta}_1^*,\boldsymbol{\beta}_1)}\boldsymbol{\beta}_1$. 则$(\boldsymbol{\beta}_1^*,\boldsymbol{\beta}_2^*)=0$,且易知 $\boldsymbol{\beta}_1^*,\boldsymbol{\beta}_2^*$ 分别与 $\boldsymbol{\alpha}_1,\boldsymbol{\alpha}_2,\cdots,\boldsymbol{\alpha}_{n-1}$正交.

今证 $\boldsymbol{\alpha}_1,\boldsymbol{\alpha}_2,\cdots,\boldsymbol{\alpha}_{n-1},\boldsymbol{\beta}_1^*,\boldsymbol{\beta}_2^*$ 线性无关.若设

$$l_1\boldsymbol{\alpha}_1+l_2\boldsymbol{\alpha}_2+\cdots+l_{n-1}\boldsymbol{\alpha}_{n-1}+l_n\boldsymbol{\beta}_1^*+l_{n+1}\boldsymbol{\beta}_2^*=\mathbf{0} \tag{$*$}$$

用 $\boldsymbol{\beta}_1^*$ 与上式两端做内积,由正交性知

$$l_n(\boldsymbol{\beta}_1^*,\boldsymbol{\beta}_1^*)=0$$

又$(\boldsymbol{\beta}_1^*,\boldsymbol{\beta}_1^*)\neq 0$,故 $l_n=0$. 同理用 $\boldsymbol{\beta}_0^*$ 与前式两端做内积可有 $l_{n-1}=0$.

则$(*)$式化为

$$l_1\boldsymbol{\alpha}_1+l_2\boldsymbol{\alpha}_2+\cdots+l_{n-1}\boldsymbol{\alpha}_{n-1}=\mathbf{0}$$

又由 $\boldsymbol{\alpha}_1,\boldsymbol{\alpha}_2,\cdots,\boldsymbol{\alpha}_{n-1}$线性无关知 $l_1=l_2=\cdots=l_{n-1}=0$,再 $l_n=l_{n+1}=0$,故知向量组 $\boldsymbol{\alpha}_1,\boldsymbol{\alpha}_2,\cdots,\boldsymbol{\alpha}_{n-1}$, $\boldsymbol{\beta}_1^*,\boldsymbol{\beta}_2^*$ 线性无关.

但 $n+1$ 个 n 维向量必线性相关,上面结论不真,此由 $\boldsymbol{\beta}_1,\boldsymbol{\beta}_2$ 线性无关的假设所至.故 $\boldsymbol{\beta}_1,\boldsymbol{\beta}_2$ 线性无关.

注 1　说到向量组正交问题我们想顺便讲一下概念的推广——向量 G 共轭问题:

若 $\boldsymbol{G}\in\mathbf{R}^{n\times n}$ 正定阵,又 $\boldsymbol{\alpha}_1,\boldsymbol{\alpha}_2,\cdots,\boldsymbol{\alpha}_m\in\mathbf{R}^n$,且 $\boldsymbol{\alpha}_i^{\mathrm{T}}\boldsymbol{G}\boldsymbol{\alpha}_j=0(i\neq j)$,则称 $\boldsymbol{\alpha}_1,\boldsymbol{\alpha}_2,\cdots,\boldsymbol{\alpha}_m$ 是 $\boldsymbol{G}$ 共轭的.

显然,当 $\boldsymbol{G}=\boldsymbol{I}$ 时,向量组共轭性等价于正交性.容易证明:

命题　若 $\boldsymbol{\alpha}_1,\boldsymbol{\alpha}_2,\cdots,\boldsymbol{\alpha}_m$ 是 $\boldsymbol{G}$ 共轭向量组,则它们必线性无关.

证 设 $a_1\boldsymbol{\alpha}_1^{\mathrm{T}}+a_2\boldsymbol{\alpha}_2^{\mathrm{T}}+\cdots+a_m\boldsymbol{\alpha}_m^{\mathrm{T}}=\mathbf{0}$,两边左乘 $\boldsymbol{G}\boldsymbol{\alpha}_k(k=1,2,3,\cdots,m)$,有

$$a_1\boldsymbol{\alpha}_1^{\mathrm{T}}\boldsymbol{G}\boldsymbol{\alpha}_k+a_2\boldsymbol{\alpha}_2^{\mathrm{T}}\boldsymbol{G}\boldsymbol{\alpha}_k+\cdots+a_k\boldsymbol{\alpha}_n^{\mathrm{T}}\boldsymbol{G}\boldsymbol{\alpha}_k+\cdots+a_m\boldsymbol{\alpha}_m^{\mathrm{T}}\boldsymbol{G}\boldsymbol{\alpha}_n=0$$

由于 $\boldsymbol{\alpha}_i^{\mathrm{T}}\boldsymbol{G}\boldsymbol{\alpha}_j=0$,这里 $i\neq j$,从而上式化为

$$a_k\boldsymbol{\alpha}_k^{\mathrm{T}}\boldsymbol{G}\boldsymbol{\alpha}_k=0$$

因为 $\boldsymbol{\alpha}_k\neq\mathbf{0}$,又 $\boldsymbol{G}$ 正定阵,故 $\boldsymbol{\alpha}_n^{\mathrm{T}}\boldsymbol{G}\boldsymbol{\alpha}_n>0$,则 $a_k=0$.

注意到 $k=1,2,\cdots,m$,从而 $a_k=0(k=1,2,\cdots,m)$.

故 $\boldsymbol{\alpha}_1,\boldsymbol{\alpha}_2,\cdots,\boldsymbol{\alpha}_n$ 线性无关.

注 2 其实向量 $\boldsymbol{G}$ 共轭是向量正交概念的推广,显然 $\boldsymbol{G}=\boldsymbol{I}$,即为正交概念.

此外,对任意 $\mathbf{R}^n$ 中 n 个线性无关向量 $\boldsymbol{\beta}_1,\boldsymbol{\beta}_2,\cdots,\boldsymbol{\beta}_n$,下面变换生成的向量组是 $\boldsymbol{G}$ 共轭的:

$$\boldsymbol{\alpha}_1=\boldsymbol{\beta}_1,\ \boldsymbol{\alpha}_{k+1}=\boldsymbol{\beta}_{k+1}-\sum_{i=1}^{k}\frac{\boldsymbol{\beta}_{k+1}^{\mathrm{T}}\boldsymbol{G}\boldsymbol{\alpha}_i}{\boldsymbol{\alpha}_i^{\mathrm{T}}\boldsymbol{G}\boldsymbol{\alpha}_i}\boldsymbol{\alpha}_i(k=1,2,\cdots,n-1)$$

这个公式与 Schmidt 正交化过程类同.如有兴趣,读者不妨自行验证.

四、向量的坐标及基变换

向量的坐标其实是 n 维空间点的坐标的另一种叙述,本质上讲与点的坐标无异.

例 1 某 3 维向量空间基底是 $\boldsymbol{\alpha}_1=(1,1,0)^{\mathrm{T}}$,$\boldsymbol{\alpha}_2=(1,1,1)^{\mathrm{T}}$,$\boldsymbol{\alpha}_3=(0,1,1)^{\mathrm{T}}$,求 $\boldsymbol{\beta}=(2,0,0)^{\mathrm{T}}$ 在此基底下的坐标.

解 设 $\boldsymbol{\beta}$ 在此空间坐标为(x_1,x_2,x_3),则

$$\boldsymbol{\beta}=x_1\boldsymbol{\alpha}_1+x_2\boldsymbol{\alpha}_2+x_3\boldsymbol{\alpha}_3$$

即

$$\begin{pmatrix}2\\0\\0\end{pmatrix}=x_1\begin{pmatrix}1\\1\\0\end{pmatrix}+x_2\begin{pmatrix}1\\0\\1\end{pmatrix}+x_3\begin{pmatrix}0\\0\\1\end{pmatrix}$$

解得

$$(x_1,x_2,x_3)=(1,1,-1)$$

注 对 3 维空间而言,只要$|(\boldsymbol{\alpha}_1,\boldsymbol{\alpha}_2,\boldsymbol{\alpha}_3)|\neq0$,则 $\boldsymbol{\alpha}_1,\boldsymbol{\alpha}_2,\boldsymbol{\alpha}_3$ 可作为该空间的一个基.当然这有时也涉及正交基、标准正交基问题,它常用 Schmidt 正交化方法处理.这方面的例子如:

问题 若 $\boldsymbol{B}\in\mathbf{R}^{5\times4}$,$\mathrm{r}(\boldsymbol{B})=2$.又 $\boldsymbol{\alpha}_1=(1,1,2,3)^{\mathrm{T}}$,$\boldsymbol{\alpha}_2=(-1,1,4,-1)^{\mathrm{T}}$,$\boldsymbol{\alpha}_3=(5,-1,-8,9)^{\mathrm{T}}$ 是 $\boldsymbol{B}\boldsymbol{x}=\mathbf{0}$的解向量,求 $\boldsymbol{B}\boldsymbol{x}=\mathbf{0}$ 的解空间的一个标准正交组.

它的解法我们将在"线性方程组"一章中给出.

基的变换问题往往还涉及矩阵运算,请看:

例 2 若 $\boldsymbol{\alpha}_1=(1,0,-1)^{\mathrm{T}}$,$\boldsymbol{\alpha}_2=(1,0,-1)^{\mathrm{T}}$,$\boldsymbol{\alpha}_3=(1,0,1)^{\mathrm{T}}$ 和 $\boldsymbol{\beta}_1=(1,2,1)^{\mathrm{T}}$,$\boldsymbol{\beta}_2=(2,3,4)^{\mathrm{T}}$,$\boldsymbol{\beta}_3=(3,4,3)^{\mathrm{T}}$ 是三维向量空间的两组基.求由基$\{\boldsymbol{\alpha}_1,\boldsymbol{\alpha}_2,\boldsymbol{\alpha}_3\}$到基$\{\boldsymbol{\beta}_1,\boldsymbol{\beta}_2,\boldsymbol{\beta}_3\}$的过渡矩阵.

解 设过渡矩阵为 $\boldsymbol{C}$,依题设有$(\boldsymbol{\beta}_1,\boldsymbol{\beta}_2,\boldsymbol{\beta}_3)=(\boldsymbol{\alpha}_1,\boldsymbol{\alpha}_2,\boldsymbol{\alpha}_3)\boldsymbol{C}$,从而

$$\boldsymbol{C}=(\boldsymbol{\alpha}_1,\boldsymbol{\alpha}_2,\boldsymbol{\alpha}_3)^{-1}(\boldsymbol{\beta}_1,\boldsymbol{\beta}_2,\boldsymbol{\beta}_3)=\begin{pmatrix}0&1&0\\1/2&0&-1/2\\1/2&1&1/2\end{pmatrix}(\boldsymbol{\beta}_1,\boldsymbol{\beta}_2,\boldsymbol{\beta}_3)=\begin{pmatrix}2&3&4\\0&-1&0\\-1&0&-1\end{pmatrix}$$

注 注意到由基$\{\boldsymbol{\alpha}_i\}$到基$\{\boldsymbol{\beta}_i\}$的过渡矩阵 $\boldsymbol{C}$ 可由$(\boldsymbol{\beta}_1,\boldsymbol{\beta}_2,\cdots,\boldsymbol{\beta}_n)=(\boldsymbol{\alpha}_1,\boldsymbol{\alpha}_2,\cdots,\boldsymbol{\alpha}_n)\boldsymbol{C}$ 给出.或者具体地 $\boldsymbol{C}=(\boldsymbol{\alpha}_1,\boldsymbol{\alpha}_2,\cdots,\boldsymbol{\alpha}_n)^{-1}(\boldsymbol{\beta}_1,\boldsymbol{\beta}_2,\cdots,\boldsymbol{\beta}_n)$.

例 3 设 $\mathscr{T}$为 $\mathbf{R}^3\to\mathbf{R}^3$ 的线性变换,已知:

$$\mathscr{T}(1,0,0)=(1,0,1),\quad \mathscr{T}(0,1,0)=(2,1,1),\quad \mathscr{T}(0,0,1)=(-1,1,-2)$$

(1)用矩阵 $\mathbf{A}$ 表示此变换 $\mathscr{T}(x_1,x_2,x_3)=(x_1,x_2,x_3)\mathbf{A}$;(2)设 $\mathscr{T}(\mathbf{R}^3)=\mathbf{U}$,求 $\mathbf{U}$ 的一个基底;(3)求

出使满足 $\mathcal{T}\boldsymbol{x}=\mathbf{0}(\boldsymbol{x}\in\mathbf{R}^3)$ 的点 $\boldsymbol{x}$ 的全体.

解 (1)设 $\boldsymbol{e}_1=(1,0,0),\boldsymbol{e}_2=(0,1,0),\boldsymbol{e}_3=(0,0,1)$. 由题设有

$$\mathcal{T}(\boldsymbol{e}_1)=\boldsymbol{e}_1+\boldsymbol{e}_3,\quad \mathcal{T}(\boldsymbol{e}_2)=2\boldsymbol{e}_1+\boldsymbol{e}_2+\boldsymbol{e}_3,\quad \mathcal{T}(\boldsymbol{e}_3)=-\boldsymbol{e}_1+\boldsymbol{e}_2-2\boldsymbol{e}_3$$

故

$$\boldsymbol{A}^{\mathrm{T}}=\begin{pmatrix}1&0&1\\2&1&1\\-1&1&-2\end{pmatrix}\text{或 }\boldsymbol{A}=\begin{pmatrix}1&2&-1\\0&1&1\\1&1&2\end{pmatrix}$$

(2)因 $\boldsymbol{e}_1,\boldsymbol{e}_2,\boldsymbol{e}_3$ 是 $\mathbf{R}^3$ 的一组基,又 $|\boldsymbol{A}|=0$, $\mathrm{r}(\boldsymbol{A})=2$,且 $(1,0,1)$ 与 $(2,1,1)$ 线性无关,

故 $(1,0,1)$ 与 $(2,1,1)$ 为 $\mathbf{U}$ 的一个基底.

实因 $\mathbf{U}$ 的任何一个向量 $\boldsymbol{y}$ 在 $\mathbf{R}^3$ 中的均有原象

$$\boldsymbol{x}=\alpha_1\boldsymbol{x}_1+\alpha_2\boldsymbol{x}_2+\alpha_3\boldsymbol{x}_3\quad(\alpha_1,\alpha_2,\alpha_3\text{ 为实数})$$

而

$$\boldsymbol{y}=\mathcal{T}(\boldsymbol{x})=\alpha_1\mathcal{T}(\boldsymbol{x}_1)+\alpha_2\mathcal{T}(\boldsymbol{x}_2)+\alpha_3\mathcal{T}(\boldsymbol{x}_3)=\alpha_1\boldsymbol{y}_1+\alpha_2\boldsymbol{y}_2+\alpha_3\boldsymbol{y}_3$$

注意到 $\boldsymbol{y}_2=3\boldsymbol{y}_1+\boldsymbol{y}_3$,故

$$\boldsymbol{y}=(a_1+3a_2)\boldsymbol{y}_1+(a_2+a_3)\boldsymbol{y}_3$$

(3)设所求 $\boldsymbol{x}=(x_1,x_2,x_3)^{\mathrm{T}}$,则由 $\mathcal{T}\boldsymbol{x}=\mathbf{0}$ 有

$$\begin{cases}x_1+2x_2-x_3=0\\ \qquad x_2+x_3=0\\ x_1+x_2-2x_3=0\end{cases}$$

解得 $\boldsymbol{x}=(x_1,x_2,x_3)^{\mathrm{T}}=(3t,-t,t)^{\mathrm{T}}$,其中 t 为任意实数.

注 (3)中满足 $\mathcal{T}(\boldsymbol{x})=\mathbf{0}$ 的全体 $\boldsymbol{x}$ 称为 $\mathcal{T}$ 的零空间.

例 4 设 $\mathcal{T}:\mathbf{R}^3\to\mathbf{R}^3$ 是定义在 $\mathbf{R}^3$ 上的线性变换,又 $\boldsymbol{i},\boldsymbol{j},\boldsymbol{k}$ 是 $\mathbf{R}^3$ 的一组基,$\mathcal{T}$ 使得

$$\mathcal{T}(\boldsymbol{k})=\boldsymbol{i}+2\boldsymbol{j},\quad \mathcal{T}(\boldsymbol{j}+\boldsymbol{k})=\boldsymbol{j}+\boldsymbol{k},\quad \mathcal{T}(\boldsymbol{i}+\boldsymbol{j}+\boldsymbol{k})=\boldsymbol{i}+\boldsymbol{j}-\boldsymbol{k}$$

(1)求变换 $\mathcal{T}$ 关于此组基所对应的矩阵;(2)求 $\mathcal{T}$ 的秩;(3)求 $\mathcal{T}$ 的零空间;(4)在 $\mathbf{R}^3$ 中另取一组基

$$\boldsymbol{e}_1=2\boldsymbol{i}+3\boldsymbol{j}-2\boldsymbol{k},\quad \boldsymbol{e}_2=\boldsymbol{i},\quad \boldsymbol{e}_3=\boldsymbol{j}-\boldsymbol{k}$$

求变换 $\mathcal{T}$ 关于此组新基所对应的矩阵.

解 (1)由 $\mathcal{T}$ 是 $\mathbf{R}^3\to\mathbf{R}^3$ 的线性变换,故

$$\mathcal{T}(\boldsymbol{k})=\boldsymbol{i}+2\boldsymbol{j},\mathcal{T}(\boldsymbol{i}+\boldsymbol{k})=\mathcal{T}(\boldsymbol{j})+\mathcal{T}(\boldsymbol{k})=\boldsymbol{j}+\boldsymbol{k},\mathcal{T}(\boldsymbol{i}+\boldsymbol{j}+\boldsymbol{k})=\mathcal{T}(\boldsymbol{i})+\mathcal{T}(\boldsymbol{j})+\mathcal{T}(\boldsymbol{k})=\boldsymbol{i}+\boldsymbol{j}-\boldsymbol{k}$$

故

$$\mathcal{T}(\boldsymbol{i})=\boldsymbol{i}-2\boldsymbol{k},\mathcal{T}(\boldsymbol{j})=-\boldsymbol{i}-\boldsymbol{j}+\boldsymbol{k},\mathcal{T}(\boldsymbol{k})=\boldsymbol{i}+2\boldsymbol{j}$$

从而

$$\mathcal{T}(\boldsymbol{i},\boldsymbol{j},\boldsymbol{k})=(\boldsymbol{i},\boldsymbol{j},\boldsymbol{k})\begin{pmatrix}1&-1&1\\0&-1&2\\-2&1&0\end{pmatrix}$$

故 $\mathcal{T}$ 在基 $\boldsymbol{i},\boldsymbol{j},\boldsymbol{k}$ 下矩阵为

$$\boldsymbol{A}=\begin{pmatrix}1&-1&1\\0&-1&2\\-2&1&0\end{pmatrix}$$

(2)由线性变换 $\mathcal{T}$ 的秩即为 $\boldsymbol{A}$ 的秩,不难计算 $\mathrm{r}(\boldsymbol{A})=2$,故 $\mathcal{T}$ 的秩为 2.

(3)设 $\boldsymbol{x}=x_1\boldsymbol{i}+x_2\boldsymbol{j}+x_3\boldsymbol{k}\in\mathcal{T}^{-1}(\mathbf{0})$(即 $\mathcal{T}$ 的零空间),由 $\mathcal{T}(\boldsymbol{x})=\mathbf{0}$ 有 $\boldsymbol{A}\boldsymbol{x}=\mathbf{0}$.

由 $\mathrm{r}(\boldsymbol{A})=2$,得基础解系 $\boldsymbol{x}=(1,2,1)^{\mathrm{T}}$,即 $\boldsymbol{x}=\boldsymbol{i}+2\boldsymbol{j}+\boldsymbol{k}$ 为 $\mathcal{T}^{-1}(\mathbf{0})$ 的基.

(4)由设有$(\boldsymbol{e}_1,\boldsymbol{e}_2,\boldsymbol{e}_3)=(\boldsymbol{i},\boldsymbol{j},\boldsymbol{k})\begin{pmatrix}2&1&0\\3&0&1\\-2&0&-1\end{pmatrix}$,在 $\mathbf{R}^3$ 中由基 $\boldsymbol{i},\boldsymbol{j},\boldsymbol{k}$ 到基 $\boldsymbol{e}_1,\boldsymbol{e}_2,\boldsymbol{e}_3$ 的过渡矩阵为

$$\boldsymbol{X}=\begin{pmatrix}3&1&0\\3&0&1\\-2&0&-1\end{pmatrix}$$

又

$$\boldsymbol{X}^{-1}=\begin{pmatrix}0&1&1\\1&-2&-2\\0&-2&-3\end{pmatrix}$$

故 $\mathscr{T}$ 在基 $\boldsymbol{e}_1,\boldsymbol{e}_2,\boldsymbol{e}_3$ 下的矩阵为

$$\boldsymbol{B}=\boldsymbol{X}^{-1}\boldsymbol{AX}=\begin{pmatrix}-8&-2&-2\\13&5&2\\17&6&3\end{pmatrix}$$

我们再来看一个例子,它也涉及线性变换问题.

例 5 设 $\mathscr{T}$ 为 $\mathbf{R}^3\to\mathbf{R}^3$ 的线性变换,又 $\mathscr{T}$ 关于基 $\boldsymbol{\varepsilon}_1,\boldsymbol{\varepsilon}_2,\boldsymbol{\varepsilon}_3$ 的矩阵为

$$\boldsymbol{A}=\begin{pmatrix}\alpha_{11}&\alpha_{12}&\alpha_{13}\\\alpha_{21}&\alpha_{22}&\alpha_{23}\\\alpha_{31}&\alpha_{32}&\alpha_{33}\end{pmatrix}$$

(1)求 $\mathscr{T}$ 对于基 $\boldsymbol{\varepsilon}_3,\boldsymbol{\varepsilon}_2,\boldsymbol{\varepsilon}_1$ 的矩阵;(2)求 $\mathscr{T}$ 对于基 $\boldsymbol{\varepsilon}_1,k\boldsymbol{\varepsilon}_2,\boldsymbol{\varepsilon}_3$ 的矩阵;(3)求 $\mathscr{T}$ 对于基 $\boldsymbol{\varepsilon}_1+\boldsymbol{\varepsilon}_2,\boldsymbol{\varepsilon}_3$ 的矩阵.

解 (1)由题设有$(\boldsymbol{\varepsilon}_3,\boldsymbol{\varepsilon}_2,\boldsymbol{\varepsilon}_1)=(\boldsymbol{\varepsilon}_1,\boldsymbol{\varepsilon}_2,\boldsymbol{\varepsilon}_3)\begin{pmatrix}0&0&1\\0&1&0\\1&0&0\end{pmatrix}$,

从而有过渡阵 $\boldsymbol{C}_1=\begin{pmatrix}0&0&1\\0&1&0\\1&0&0\end{pmatrix}$,又 $\boldsymbol{C}_1^{-1}=\begin{pmatrix}0&0&1\\0&1&0\\1&0&0\end{pmatrix}$,故 T 对 $\boldsymbol{\varepsilon}_3,\boldsymbol{\varepsilon}_2,\boldsymbol{\varepsilon}_1$ 的矩阵

$$\boldsymbol{B}_1=\boldsymbol{C}_1^{-1}\boldsymbol{AC}_1=\begin{pmatrix}\alpha_{33}&\alpha_{32}&\alpha_{31}\\\alpha_{23}&\alpha_{22}&\alpha_{21}\\\alpha_{13}&\alpha_{12}&\alpha_{11}\end{pmatrix}$$

(2)由$(\boldsymbol{\varepsilon}_1,k\boldsymbol{\varepsilon}_2,\boldsymbol{\varepsilon}_3)=(\boldsymbol{\varepsilon}_1,\boldsymbol{\varepsilon}_2,\boldsymbol{\varepsilon}_3)\begin{pmatrix}1&0&0\\0&k&0\\0&0&1\end{pmatrix}$,可求得过渡阵 $\boldsymbol{C}_2=\begin{pmatrix}1&0&0\\0&k&0\\0&0&1\end{pmatrix}$,又 $\boldsymbol{C}_2^{-1}=\begin{pmatrix}1&0&0\\0&1/k&0\\0&0&1\end{pmatrix}$,

则 $\mathscr{T}$ 对 $\boldsymbol{\varepsilon}_1,k\boldsymbol{\varepsilon}_2,\boldsymbol{\varepsilon}_3$ 的矩阵

$$\boldsymbol{B}_2=\boldsymbol{C}_2^{-1}\boldsymbol{AC}_2=\begin{pmatrix}\alpha_{11}&k\alpha_{12}&\alpha_{13}\\\alpha_{21}/k&\alpha_{22}&\alpha_{23}/k\\\alpha_{31}&\alpha_{32}&\alpha_{33}\end{pmatrix}$$

(3)由$(\boldsymbol{\varepsilon}_1+\boldsymbol{\varepsilon}_2,\boldsymbol{\varepsilon}_2,\boldsymbol{\varepsilon}_3)=(\boldsymbol{\varepsilon}_1,\boldsymbol{\varepsilon}_2,\boldsymbol{\varepsilon}_3)\begin{pmatrix}1&0&0\\1&1&0\\0&0&1\end{pmatrix}$,可求得过渡阵 $\boldsymbol{C}_3=\begin{pmatrix}1&0&0\\1&1&0\\0&0&1\end{pmatrix}$,又 $\boldsymbol{C}_3^{-1}=\begin{pmatrix}1&0&0\\-1&1&0\\0&0&1\end{pmatrix}$,

则 $\mathscr{T}$ 对 $\boldsymbol{\varepsilon}_1+\boldsymbol{\varepsilon}_2,\boldsymbol{\varepsilon}_2,\boldsymbol{\varepsilon}_3$ 的矩阵

$$B_3=C_3^{-1}AC_3=\begin{pmatrix} \alpha_{11}+\alpha_{12} & \alpha_{12} & \alpha_{13} \\ \alpha_{21}+\alpha_{22}-\alpha_{11}-\alpha_{12} & \alpha_{22}-\alpha_{12} & \alpha_{23}-\alpha_{13} \\ \alpha_{31}+\alpha_{32} & \alpha_{32} & \alpha_{33} \end{pmatrix}$$

例 6　若向量组 $\boldsymbol{\alpha}_1,\boldsymbol{\alpha}_2,\cdots,\boldsymbol{\alpha}_n$ 是 n 维向量空间 $\mathbf{V}$ 的一组基，证明：向量组 $\boldsymbol{\alpha}_1+\boldsymbol{\alpha}_2,\boldsymbol{\alpha}_1+\boldsymbol{\alpha}_2+\boldsymbol{\alpha}_3,\cdots,\boldsymbol{\alpha}_1+\boldsymbol{\alpha}_2+\cdots+\boldsymbol{\alpha}_n$ 仍是 $\mathbf{V}$ 的一组基，又若向量 $\boldsymbol{\alpha}$ 关于前组基 $\boldsymbol{\alpha}_1,\boldsymbol{\alpha}_2,\cdots,\boldsymbol{\alpha}_n$ 的坐标是$(n,n-1,\cdots,2,1)$，求 $\boldsymbol{\alpha}$ 关于后组基的坐标.

解　若令

$$\boldsymbol{\beta}_1=\boldsymbol{\alpha}_1,\quad \boldsymbol{\beta}_2=\boldsymbol{\alpha}_1+\boldsymbol{\alpha}_2,\quad \cdots,\quad \boldsymbol{\beta}_n=\boldsymbol{\alpha}_1+\boldsymbol{\alpha}_2+\cdots+\boldsymbol{\alpha}_n$$

由 $\sum_{i=1}^{n}k_i\boldsymbol{\alpha}_i=\mathbf{0}$($k_i$ 为常数，$i=1,2,\cdots,n$) 有

$$(k_1+k_2+\cdots+k_n)\boldsymbol{\alpha}_1+(k_2+k_3+\cdots+k_n)\boldsymbol{\alpha}_2+\cdots+k_n\boldsymbol{\alpha}_n=\mathbf{0}$$

由于 $\boldsymbol{\alpha}_1,\boldsymbol{\alpha}_2,\cdots,\boldsymbol{\alpha}_n$ 为基，则它们线性无关，必有

$$\begin{cases} k_1+k_2+\cdots+k_n=0 \\ \qquad k_2+\cdots+k_n=0 \\ \qquad\qquad \vdots \\ \qquad\qquad\quad k_n=0 \end{cases}$$

即 $k_1=k_2=\cdots=k_n=0$，因而 $\boldsymbol{\beta}_1,\boldsymbol{\beta}_2,\cdots,\boldsymbol{\beta}_n$ 线性无关，故它们可以为 n 维线性空间 $\mathbf{V}$ 的一组基.

又由旧基到新基的过渡矩阵为

$$\boldsymbol{C}=\begin{pmatrix} 1 & 1 & \cdots & 1 & 1 \\ & 1 & \cdots & 1 & 1 \\ & & \ddots & \vdots & \vdots \\ & \boldsymbol{O} & & 1 & 1 \\ & & & & 1 \end{pmatrix}$$

而

$$\boldsymbol{C}^{-1}=\begin{pmatrix} 1 & -1 & & & \\ & 1 & -1 & \boldsymbol{O} & \\ & & \ddots & \ddots & \\ & \boldsymbol{O} & & 1 & -1 \\ & & & & 1 \end{pmatrix}$$

故向量 $\boldsymbol{\alpha}$ 关于基 $\boldsymbol{\beta}_1,\boldsymbol{\beta}_2,\cdots,\boldsymbol{\beta}_n$ 的坐标为

$$\boldsymbol{C}^{-1}(n,n-1,\cdots,1)^{\mathrm{T}}=(1,1,\cdots,1)^{\mathrm{T}}$$

由于矩阵在加法与数乘运算下构成线性空间，因而它同样也有线性变换的问题，请看：

例 7　已知线性变换 $\mathscr{T}$ 在基

$$\boldsymbol{I}=\begin{pmatrix} 1 & 0 \\ 0 & 1 \end{pmatrix},\quad \boldsymbol{\sigma}_x=\begin{pmatrix} 0 & 1 \\ 1 & 0 \end{pmatrix},\quad \boldsymbol{\sigma}_y=\begin{pmatrix} 0 & -i \\ i & 0 \end{pmatrix},\quad \boldsymbol{\sigma}_z=\begin{pmatrix} 1 & 0 \\ 0 & -1 \end{pmatrix}$$

下的矩阵为

$$\boldsymbol{F}=\begin{pmatrix} & & & 1 \\ & & 1 & \\ & 1 & & \\ 1 & & & \end{pmatrix}$$

求它在基 $\boldsymbol{e}_{11}=\begin{pmatrix} 1 & 0 \\ 0 & 0 \end{pmatrix},\boldsymbol{e}_{12}=\begin{pmatrix} 0 & 1 \\ 0 & 0 \end{pmatrix},\boldsymbol{e}_{21}=\begin{pmatrix} 0 & 0 \\ 1 & 0 \end{pmatrix},\boldsymbol{e}_{22}=\begin{pmatrix} 0 & 0 \\ 0 & 1 \end{pmatrix}$ 上的矩阵表示.

解 先求出新基 $\boldsymbol{e}_{11},\boldsymbol{e}_{12},\boldsymbol{e}_{21},\boldsymbol{e}_{22}$ 在旧基 $\boldsymbol{I},\boldsymbol{\sigma}_x,\boldsymbol{\sigma}_y,\boldsymbol{\sigma}_z$ 下的坐标.设

$$\boldsymbol{e}_{11}=\begin{pmatrix}1&0\\0&0\end{pmatrix}=k_1\boldsymbol{I}+k_2\boldsymbol{\sigma}_x+k_3\boldsymbol{\sigma}_y+k_4\boldsymbol{\sigma}_z=k_1\begin{pmatrix}1&0\\0&0\end{pmatrix}+k_2\begin{pmatrix}0&1\\0&0\end{pmatrix}+k_3\begin{pmatrix}0&-i\\i&0\end{pmatrix}+k_4\begin{pmatrix}1&0\\0&-1\end{pmatrix}$$

得

$$\begin{cases}k_1 & & +k_4=0\\ & k_2-ik_3 & =0\\ & k_2+ik_3 & =0\\ k_1 & & -k_4=0\end{cases}$$

解得 $k_1=k_4=\dfrac{1}{2},k_2=k_3=0$. 故 $\boldsymbol{e}_{11}=\dfrac{1}{2}\boldsymbol{I}+\dfrac{1}{2}\boldsymbol{\sigma}_x$.

同理

$$\boldsymbol{e}_{12}=\frac{1}{2}(\boldsymbol{\sigma}_x+\boldsymbol{\sigma}_y),\quad \boldsymbol{e}_{21}=\frac{1}{2}(\boldsymbol{\sigma}_x-\boldsymbol{\sigma}_y),\quad \boldsymbol{e}_{22}=\frac{1}{2}(\boldsymbol{I}-\boldsymbol{\sigma}_z)$$

综上

$$(\boldsymbol{e}_{11},\boldsymbol{e}_{12},\boldsymbol{e}_{21},\boldsymbol{e}_{22})=(\boldsymbol{I},\boldsymbol{\sigma}_x,\boldsymbol{\sigma}_y,\boldsymbol{\sigma}_z)\cdot\frac{1}{2}\begin{pmatrix}1&0&0&1\\0&1&1&0\\0&i&-i&0\\1&0&0&-1\end{pmatrix}=(\boldsymbol{I},\boldsymbol{\sigma}_x,\boldsymbol{\sigma}_y,\boldsymbol{\sigma}_z)\boldsymbol{P}$$

又由 $\boldsymbol{P}$ 可求得 $\boldsymbol{P}^{-1}=\begin{pmatrix}1&0&0&1\\0&1&-i&0\\0&1&i&0\\1&0&0&-1\end{pmatrix}$,则线性变换 $\mathscr{F}$ 在 $(\boldsymbol{e}_{11},\boldsymbol{e}_{12},\boldsymbol{e}_{21},\boldsymbol{e}_{22})$ 下的矩阵

$$\boldsymbol{B}=\boldsymbol{P}^{-1}\boldsymbol{F}\boldsymbol{P}=\begin{pmatrix}1&0&0&0\\0&0&-i&0\\0&i&0&0\\0&0&0&-1\end{pmatrix}$$

例 8 已知 $\mathbf{V}$ 是所有二阶方阵 $\begin{pmatrix}a_{11}&a_{12}\\a_{21}&a_{22}\end{pmatrix}$(其中 a_{ij} 为实数,$i,j=1,2$)的集合,对矩阵加法和数乘矩阵构成实数域上的线性空间.

(1)证明 $\boldsymbol{e}_1=\begin{pmatrix}1&0\\0&0\end{pmatrix},\boldsymbol{e}_2=\begin{pmatrix}0&1\\0&0\end{pmatrix},\boldsymbol{e}_3=\begin{pmatrix}0&0\\1&0\end{pmatrix},\boldsymbol{e}_4=\begin{pmatrix}0&0\\0&1\end{pmatrix}$ 是 $\mathbf{V}$ 的一组基底;

(2)证明 $\mathbf{V}$ 中的变换 $\mathscr{L}$:$\mathscr{L}(\mathbf{A})=\mathbf{A}^{\mathrm{T}}(\mathbf{A}\in\mathbf{V})$ 是 $\mathbf{V}$ 的线性变换,且求 $\mathscr{L}$ 的特征值与特征向量.

证 (1)若 $k_1\boldsymbol{e}_1+k_2\boldsymbol{e}_2+k_3\boldsymbol{e}_3+k_4\boldsymbol{e}_4=0$,即

$$k_1\begin{pmatrix}1&0\\0&0\end{pmatrix}+k_2\begin{pmatrix}0&1\\0&0\end{pmatrix}+k_3\begin{pmatrix}0&0\\1&0\end{pmatrix}+k_4=\begin{pmatrix}0&0\\1&0\end{pmatrix}=\begin{pmatrix}k_1&k_2\\k_3&k_4\end{pmatrix}=\begin{pmatrix}0&0\\0&0\end{pmatrix}$$

可有 $k_1=k_2=k_3=k_4=0$,此即说 $\boldsymbol{e}_1,\boldsymbol{e}_2,\boldsymbol{e}_3,\boldsymbol{e}_4$ 线性无关.

又对任何 $\mathbf{A}=\begin{pmatrix}a_{11}&a_{12}\\a_{13}&a_{14}\end{pmatrix}\in\mathbf{V}$,有 $\mathbf{A}$ 均可由 $\boldsymbol{e}_1,\boldsymbol{e}_2,\boldsymbol{e}_3,\boldsymbol{e}_4$ 线性表出

$$\mathbf{A}=a_{11}\boldsymbol{e}_1+a_{12}\boldsymbol{e}_2+a_{13}\boldsymbol{e}_3+a_{14}\boldsymbol{e}_4$$

故 $\boldsymbol{e}_1,\boldsymbol{e}_2,\boldsymbol{e}_3,\boldsymbol{e}_4$ 为 $\mathbf{V}$ 的一组基.

(2)任取 $\mathbf{A},\boldsymbol{B}\in\mathbf{V}$,由题设

$$\mathscr{L}(\boldsymbol{A})=\boldsymbol{A}^{\mathrm{T}},\quad \mathscr{L}(\boldsymbol{B})=\boldsymbol{B}^{\mathrm{T}}$$

从而

$$\mathscr{L}(\boldsymbol{A}+\boldsymbol{B})=(\boldsymbol{A}+\boldsymbol{B})^{\mathrm{T}}=\boldsymbol{A}^{\mathrm{T}}+\boldsymbol{B}^{\mathrm{T}}=\mathscr{L}(\boldsymbol{A})+\mathscr{L}(\boldsymbol{B})$$

且

$$\mathscr{L}(k\boldsymbol{A})=(k\boldsymbol{A})^{\mathrm{T}}=k\boldsymbol{A}^{\mathrm{T}}=k\mathscr{L}(\boldsymbol{A})\quad (k\text{ 为实数})$$

故 $\mathscr{L}$ 是 $\mathbf{V}$ 上的线性变换. 注意到 $\boldsymbol{e}_1^{\mathrm{T}}=\boldsymbol{e}_1,\boldsymbol{e}_2^{\mathrm{T}}=\boldsymbol{e}_3,\boldsymbol{e}_3^{\mathrm{T}}=\boldsymbol{e}_2,\boldsymbol{e}_4^{\mathrm{T}}=\boldsymbol{e}_4$. 则

$$\mathscr{L}(\boldsymbol{e}_1,\boldsymbol{e}_2,\boldsymbol{e}_3,\boldsymbol{e}_4)=(\mathscr{L}(\boldsymbol{e}_1),\mathscr{L}(\boldsymbol{e}_2),\mathscr{L}(\boldsymbol{e}_3),\mathscr{L}(\boldsymbol{e}_4))=(\boldsymbol{e}_1^{\mathrm{T}},\boldsymbol{e}_2^{\mathrm{T}},\boldsymbol{e}_3^{\mathrm{T}},\boldsymbol{e}_4^{\mathrm{T}})=(\boldsymbol{e}_1,\boldsymbol{e}_3,\boldsymbol{e}_2,\boldsymbol{e}_4)=$$

$$(\boldsymbol{e}_1,\boldsymbol{e}_2,\boldsymbol{e}_3,\boldsymbol{e}_4)\begin{pmatrix}1&0&0&0\\0&0&1&0\\0&1&0&0\\0&0&0&1\end{pmatrix}=(\boldsymbol{e}_1,\boldsymbol{e}_2,\boldsymbol{e}_3,\boldsymbol{e}_4)\boldsymbol{D}$$

故 $\mathscr{L}$ 在 $\boldsymbol{e}_1,\boldsymbol{e}_2,\boldsymbol{e}_3,\boldsymbol{e}_4$ 下的矩阵为 $\boldsymbol{D}$. 由之, $\mathscr{L}$ 的特征问题即为矩阵 $\boldsymbol{D}$ 的特征问题.

又 $\boldsymbol{D}$ 的特征多项式 $f(\lambda)=|\boldsymbol{D}-\lambda\boldsymbol{I}|=(1-\lambda)^3(\lambda+1)$, 则矩阵 $\boldsymbol{D}$ 进尔变换 $\mathscr{L}$ 的特征值为

$$\lambda_1=\lambda_2=\lambda_3=1,\quad \lambda_4=-1$$

由 $(\boldsymbol{D}-\lambda_i\boldsymbol{I})\boldsymbol{x}=\boldsymbol{0}\,(i=1,2,3,4)$, 可解得相应于 $\lambda_i\,(i=1,2,3,4)$ 的特征向量分别为

$$\boldsymbol{a}_1=\boldsymbol{e}_1,\quad \boldsymbol{a}_2=\boldsymbol{e}_4,\quad \boldsymbol{a}_3=\boldsymbol{e}_2+\boldsymbol{e}_3,\quad \boldsymbol{a}_4=\boldsymbol{e}_2-\boldsymbol{e}_3$$

下面是一个稍微复杂些的例子, 它涉及了分析的内容.

例 9　在多项式域 $\mathbf{P}[x]_n$ 中 $(n>1)$ 求微分变换 $\boldsymbol{D}f(x)=f'(x)$ 的特征多项式, 且证明 $\boldsymbol{D}$ 在任何一组基下的矩阵都不能是对角阵. $\mathbf{P}[x]$ 表示数域 $\mathbf{P}$ 上次数小于 n 的 x 的多项式全体及零构成的线性空间.

证　在空间 $\mathbf{P}[x]_n$ 中, 微分变换 $\boldsymbol{D}f(x)=f'(x)$ 在基 $1,x,\dfrac{x^2}{2!},\cdots,\dfrac{x^{n-1}}{(n-1)!}$ 下的矩阵(注意到导数 $\left[\dfrac{x^{k-1}}{(k-1)!}\right]'=\dfrac{x^{k-2}}{(k-2)!}$ 的事实)

$$\boldsymbol{M}=\begin{pmatrix}0&1&&\boldsymbol{O}&\\&0&1&&\\&&\ddots&\ddots&\\&\boldsymbol{O}&&0&1\\&&&&0\end{pmatrix}$$

故

$$|\lambda\boldsymbol{I}-\boldsymbol{M}|=\begin{vmatrix}\lambda&-1&&&\\&\lambda&-1&\boldsymbol{O}&\\&&\ddots&\ddots&\\&\boldsymbol{O}&&\lambda&-1\\&&&&\lambda\end{vmatrix}=\lambda^n$$

知 $\boldsymbol{M}$ 仅有特征值 $\lambda=0$. 又将 $\lambda=0$ 代入 $(\lambda\boldsymbol{I}-\boldsymbol{M})\boldsymbol{x}=\boldsymbol{0}$ 有

$$(0\cdot\boldsymbol{I}-\boldsymbol{M})\begin{pmatrix}x_1\\x_2\\\vdots\\x_n\end{pmatrix}=-\boldsymbol{M}\begin{pmatrix}x_1\\x_2\\\vdots\\x_n\end{pmatrix}=\boldsymbol{0}$$

其基础解系为 $(1,0,\cdots,0)$, 即属于 $\lambda=0$ 的特征向量只有一个.

故由 $\dim\mathbf{P}[x]_n=n>1$, 知 $\boldsymbol{D}$ 在任意基底下矩阵均不能是对角阵. 这里 $\dim\mathbf{P}[x]_n$ 表示多项式域 $\mathbf{P}[x]_n$ 的维数.

习　　题

1. 判断下列向量是否线性无关？并求出极大无关组.

(1)$\boldsymbol{\alpha}_1=(1,2,3,-1)$,$\boldsymbol{\alpha}_2=(3,2,1,-1)$,$\boldsymbol{\alpha}_3=(2,3,1,1)$,$\boldsymbol{\alpha}_4=(2,2,2,-1)$,$\boldsymbol{\alpha}_5=(5,5,2,0)$;

(2)$\boldsymbol{\alpha}_1=(2,1,2,2,-4)$,$\boldsymbol{\alpha}_2=(1,1,-1,0,2)$,$\boldsymbol{\alpha}_3=(0,1,2,1,-1)$,$\boldsymbol{\alpha}_4=(-1,-1,-1,-1,1)$,$\boldsymbol{\alpha}_5=(1,2,1,1,1)$.

2. 判断向量 $\boldsymbol{\alpha}_1=(1,-2,0,3)$,$\boldsymbol{\alpha}_2=(2,5,-1,0)$,$\boldsymbol{\alpha}_3=(3,4,1,2)$是否线性相关.

3. 试问单位向量 $\boldsymbol{e}_1=(1,0,0)$,$\boldsymbol{e}_2=(0,1,0)$,$\boldsymbol{e}_3=(0,0,1)$可否表示成 $\boldsymbol{\alpha}_1=(1,2,3)$,$\boldsymbol{\alpha}_2=(2,3,1)$,$\boldsymbol{\alpha}_3=(-1,1,12)$的线性组合？

4. (1)讨论 λ 取何值时,向量组 $\boldsymbol{\beta}_1=(6,\lambda+1,7)$,$\boldsymbol{\beta}_2=(\lambda,2,2)$,$\boldsymbol{\lambda}_3=(\lambda,1,0)$线性相关.

(2)已知 $\boldsymbol{\alpha}_1=(1\ 2,3)$,$\boldsymbol{\alpha}_2=(3,-1,2)$,$\boldsymbol{\alpha}_3=(2,3,c)$. ①$c$ 为何值时,$\boldsymbol{\alpha}_1,\boldsymbol{\alpha}_2,\boldsymbol{\alpha}_3$ 线性无关？②c 为何值时,$\boldsymbol{\alpha}_1,\boldsymbol{\alpha}_2,\boldsymbol{\alpha}_3$ 线性相关？且将 $\boldsymbol{\alpha}_3$ 表示为 $\boldsymbol{\alpha}_1,\boldsymbol{\alpha}_2$ 的线性组合.

5. (1)若向量 $\boldsymbol{\alpha},\boldsymbol{\beta},\boldsymbol{\gamma}$ 线性无关,则 $3\boldsymbol{\alpha}+2\boldsymbol{\beta}+\boldsymbol{\gamma}$,$2\boldsymbol{\alpha}-3\boldsymbol{\beta}-4\boldsymbol{\gamma}$,$-5\boldsymbol{\alpha}+4\boldsymbol{\beta}-\boldsymbol{\gamma}$ 线性无关.

(2)若向量 $\boldsymbol{\alpha}_1,\boldsymbol{\alpha}_2,\boldsymbol{\alpha}_3$ 线性无关,问 $\boldsymbol{k}$ 为何值时,$\boldsymbol{\alpha}_2-\boldsymbol{\alpha}_1$,$k\boldsymbol{\alpha}_3-\boldsymbol{\alpha}_2$,$\boldsymbol{\alpha}_1-\boldsymbol{\alpha}_3$ 也线性无关？

(3)若向量 $\boldsymbol{\alpha}_1,\boldsymbol{\alpha}_2,\boldsymbol{\alpha}_3,\boldsymbol{\alpha}_4$ 线性无关,试判断向量 $\boldsymbol{\alpha}_1+\boldsymbol{\alpha}_2$,$\boldsymbol{\alpha}_2+\boldsymbol{\alpha}_3$,$\boldsymbol{\alpha}_3+\boldsymbol{\alpha}_4$,$\boldsymbol{\alpha}_4+\boldsymbol{\alpha}_1$ 是否线性相关？

(4)若向量 $\boldsymbol{\alpha}_1,\boldsymbol{\alpha}_2,\boldsymbol{\alpha}_3,\boldsymbol{\alpha}_4,\boldsymbol{\alpha}_5$ 线性无关,则向量 $\boldsymbol{\alpha}_1+\boldsymbol{\alpha}_2$,$\boldsymbol{\alpha}_2+\boldsymbol{\alpha}_3$,$\boldsymbol{\alpha}_3+\boldsymbol{\alpha}_4$,$\boldsymbol{\alpha}_4+\boldsymbol{\alpha}_5$,$\boldsymbol{\alpha}_5+\boldsymbol{\alpha}_1$ 线性无关.

注　我们不难把(3)、(4)的结果推广为(见正文例):

命题　若 $\boldsymbol{\alpha}_1,\boldsymbol{\alpha}_2,\cdots,\boldsymbol{\alpha}_n$($n$ 为奇数)线性无关,则 $\boldsymbol{\alpha}_1+\boldsymbol{\alpha}_2$,$\boldsymbol{\alpha}_2+\boldsymbol{\alpha}_3$,$\cdots$,$\boldsymbol{\alpha}_{n-1}+\boldsymbol{\alpha}_n$,$\boldsymbol{\alpha}n+\boldsymbol{\alpha}_1$ 也线性无关.

6. 若四维向量组 $\boldsymbol{\alpha}_{i4}=(\alpha_{i1},\alpha_{i2},\alpha_{i3},\alpha_{i4})^{\mathrm{T}}(i=1,2,3)$线性无关,则五维向量组 $\boldsymbol{\alpha}_{i5}=(\boldsymbol{\alpha}_{i1},\boldsymbol{\alpha}_{i2},\boldsymbol{\alpha}_{i3},\boldsymbol{\alpha}_{i4},\boldsymbol{\alpha}_{i5})^{\mathrm{T}}(i=1,2,3)$也线性无关.

7. (1)若向量组 $\boldsymbol{\alpha}_1,\boldsymbol{\alpha}_2,\cdots,\boldsymbol{\alpha}_k$ 线性相关,当 $n>k$ 时,向量组 $\boldsymbol{\alpha}_1,\boldsymbol{\alpha}_2,\cdots,\boldsymbol{\alpha}_k,\cdots,\boldsymbol{\alpha}_n$ 是否线性相关？

(2)若向量组 $\boldsymbol{\alpha}_1,\boldsymbol{\alpha}_2,\cdots,\boldsymbol{\alpha}_k$ 线性无关,当 $m<k$ 时,向量组 $\boldsymbol{\alpha}_1,\boldsymbol{\alpha}_2,\cdots,\boldsymbol{\alpha}_m$ 是否线性无关？当 $m>k$ 时情况如何？

8. 试证若向量组 $\boldsymbol{\alpha}_1,\boldsymbol{\alpha}_2,\cdots,\boldsymbol{\alpha}_m$ 线性无关,则它的任一部分向量也一定线性无关.

注　本题与上面 7(2)题实则相同.

9. 若向量 $\boldsymbol{\alpha}$ 是向量 $\boldsymbol{\alpha}_1,\boldsymbol{\alpha}_2,\cdots,\boldsymbol{\alpha}_s$ 的线性组合,但不是 $\boldsymbol{\alpha}_1,\boldsymbol{\alpha}_2,\cdots,\boldsymbol{\alpha}_{s-1}$ 的线性组合,则 $\boldsymbol{\alpha}_s$ 是 $\boldsymbol{\alpha}_1,\boldsymbol{\alpha}_2,\cdots,\boldsymbol{\alpha}_{s-1},\boldsymbol{\alpha}$ 的线性组合.

10. 若向量组 $\boldsymbol{\alpha}_1,\boldsymbol{\alpha}_2,\cdots,\boldsymbol{\alpha}_r,\cdots,\boldsymbol{\alpha}_s$(*)的每个向量,均可被 $\boldsymbol{\alpha}_1,\boldsymbol{\alpha}_2,\cdots,\boldsymbol{\alpha}_r$ 线性表出,则 $\boldsymbol{\alpha}_1,\boldsymbol{\alpha}_2,\cdots,\boldsymbol{\alpha}_r$ 是向量组(*)的一个极大线性无关组.

11. 证明向量组 $\boldsymbol{\alpha}_1,\boldsymbol{\alpha}_2,\cdots,\boldsymbol{\alpha}_l,\cdots,\boldsymbol{\alpha}_{k-1},c_1\boldsymbol{\alpha}_l+c_2\boldsymbol{\alpha}_k,\boldsymbol{\alpha}_{k+1},\cdots,\boldsymbol{\alpha}_n$,其中 $c_2\neq0$,线性无关的充要条件是:$\boldsymbol{\alpha}_1,\boldsymbol{\alpha}_2,\cdots,\boldsymbol{\alpha}_l,\cdots,\boldsymbol{\alpha}_{k-1},\boldsymbol{\alpha}_k,\boldsymbol{\alpha}_{k+1},\cdots,\boldsymbol{\alpha}_n$ 线性无关.

12. 已知向量组 $\boldsymbol{\alpha}_1,\boldsymbol{\alpha}_2,\cdots,\boldsymbol{\alpha}_s,\boldsymbol{\alpha}_{s+1}(s\geqslant1)$线性无关;向量组 $\boldsymbol{\beta}_1,\boldsymbol{\beta}_2,\cdots,\boldsymbol{\beta}_s$ 可表示为 $\boldsymbol{\beta}i=\boldsymbol{\alpha}_i+t_i\boldsymbol{\alpha}_{s+1}(i=1,2,\cdots,s)$,其中 $t_i(i=1,2,\cdots,s)$是数. 试证向量组 $\boldsymbol{\beta}_1,\boldsymbol{\beta}_2,\cdots,\boldsymbol{\beta}_s$ 也线性无关.

13. 在 n 维向量空间 $\mathbf{R}^n$ 中,若 $\boldsymbol{\alpha}_k=(\alpha_{k1},\alpha_{k2},\cdots,\alpha_{kn})(k=1,2,\cdots,n)$线性无关,试证必存在实数 $t_1,t_2,\cdots,t_n$ 使 $t_1\boldsymbol{\alpha}_1+t_2\boldsymbol{\alpha}_2+\cdots+t_n\boldsymbol{\alpha}_n=(c,0,\cdots,0)$,其中 $c\neq0$.

14. 已知三维线性空间 $\mathbf{V}$ 的一组基底为:$\boldsymbol{\alpha}_1=(1,1,0)$,$\boldsymbol{\alpha}_2=(0,0,2)$,$\boldsymbol{\alpha}_3=(0,3,2)$. 求向量 $\boldsymbol{\alpha}=(5,8,-2)$在 $\mathbf{V}$ 中的坐标.

15. 设 $\boldsymbol{\alpha}_1=(2,0,0)$,$\boldsymbol{\alpha}_2=(0,1,-1)$,$\boldsymbol{\alpha}_3=(5,6,0)$. (1)试证 $\boldsymbol{\alpha}_1,\boldsymbol{\alpha}_2,\boldsymbol{\alpha}_3$ 构成三维空间的一个基底;(2)求 $\boldsymbol{\alpha}=(1,8,-2)$在$\{\boldsymbol{\alpha}_1,\boldsymbol{\alpha}_2,\boldsymbol{\alpha}_3\}$下的坐标,(3)求由 $\boldsymbol{\alpha}_1,\boldsymbol{\alpha}_2,\boldsymbol{\alpha}_3$,构成的标准正交基.

16. 设$\{\boldsymbol{i},\boldsymbol{j},\boldsymbol{k}\}$是 $\mathbf{R}^3$ 上的一个基底,求 $\boldsymbol{\alpha}=\boldsymbol{i}-\boldsymbol{j}-\boldsymbol{k}$ 在 $\mathbf{R}^3$ 上另一基底$\{\boldsymbol{i},\boldsymbol{i}+\boldsymbol{j},\boldsymbol{i}+\boldsymbol{j}+\boldsymbol{k}\}$下的坐标.

17. 一线性变换 $\mathscr{T}$ 将(1,1)变到(3,2,1);将(1,−2)变到(0,−7,−5),试求表示 $\mathscr{T}$ 的矩阵.

18. $\mathscr{T}$是 $\mathbf{R}^3$ 上的一个线性变换,且将 $\mathbf{R}^3$ 上的一组基 $\boldsymbol{i},\boldsymbol{j},\boldsymbol{k}$ 变为:$\mathscr{T}(\boldsymbol{i})=\boldsymbol{i},\mathscr{T}(\boldsymbol{j})=\boldsymbol{i}-\boldsymbol{j},\mathscr{T}(\boldsymbol{k})=\boldsymbol{i}+\boldsymbol{j}$.求$\mathscr{T}$在 $\boldsymbol{i},\boldsymbol{j},\boldsymbol{k}$ 下的矩阵,且求 $\mathbf{R}^3$ 的子空间 $W=\{\boldsymbol{x}\in\mathbf{R}^3\mid\mathscr{T}(\boldsymbol{x})=\mathbf{0}\}$.

19. 若 $\mathbf{R}^3$ 上的线性变换 $\mathscr{T}$ 在基 $\boldsymbol{\alpha}_1=(1,1,0),\boldsymbol{\alpha}_2=(1,2,0),\boldsymbol{\alpha}_3=(0,2,-1)$上的矩阵是

$$\mathbf{A}=\begin{pmatrix}2 & 0 & 3\\0 & -2 & -1\\1 & -1 & 4\end{pmatrix}$$

又向量 $\boldsymbol{\alpha}$ 在基 $\boldsymbol{\beta}_1=(1,2,3),\boldsymbol{\beta}_2=(1,3,5),\boldsymbol{\beta}_3=(0,2,1)$下坐标为$(1,-2,1)$每求 $\mathscr{T}(\boldsymbol{\alpha})$在基 $\boldsymbol{\beta}_1,\boldsymbol{\beta}_2,\boldsymbol{\beta}_3$ 下的坐标.

20. 二维向量空间 $\mathbf{R}^2$ 中,线性变换 $\mathscr{T}_1$ 对于基 $\boldsymbol{\alpha}_1=(1,2),\boldsymbol{\alpha}_2=(2,1)$的矩阵是$\begin{pmatrix}1 & 2\\2 & 3\end{pmatrix}$,$\mathscr{T}_2$ 对于基 $\boldsymbol{\beta}_1=(1,1),\boldsymbol{\beta}_2=(1,2)$的矩阵是$\begin{pmatrix}3 & 3\\2 & 4\end{pmatrix}$,求 $\mathscr{T}_1+\mathscr{T}_2$ 对于基 $\boldsymbol{\beta}_1,\boldsymbol{\beta}_2$ 及 $\mathscr{T}_1\mathscr{T}_2$ 对于基 $\boldsymbol{\alpha}_1,\boldsymbol{\alpha}_2$ 的矩阵.

21. 给定三维线性空间的两组基:$\boldsymbol{\varepsilon}_1=(1,0,1),\boldsymbol{\varepsilon}_2=(2,1,0),\boldsymbol{\varepsilon}_3=(1,1,1),\boldsymbol{\eta}_1=(1,2,-1),\boldsymbol{\eta}_2=(2,2,-1),\boldsymbol{\eta}_3=(2,-1,-1)$.设 $\mathscr{T}$是该空间的线性变换,且 $\mathscr{T}(\boldsymbol{\varepsilon}_i)=\boldsymbol{\eta}_i(i=1,2,3)$.试写出由基 $\boldsymbol{\varepsilon}_1,\boldsymbol{\varepsilon}_2,\boldsymbol{\varepsilon}_3$ 到基 $\boldsymbol{\eta}_1,\boldsymbol{\eta}_2,\boldsymbol{\eta}_3$ 的过渡矩阵.

22. 设 $\boldsymbol{\varepsilon}_1,\boldsymbol{\varepsilon}_2,\boldsymbol{\varepsilon}_3,\boldsymbol{\varepsilon}_4$ 是四维线性空间 $\mathbf{V}$ 的一组基;已知线性变换 $\mathscr{T}$在这组基下的矩阵为

$$\begin{pmatrix}1 & 0 & 2 & 1\\-1 & 2 & 1 & 3\\1 & 2 & 5 & 5\\2 & -1 & 1 & -2\end{pmatrix}$$

求 $\mathscr{T}$在基 $\boldsymbol{\eta}_1=\boldsymbol{\varepsilon}_1-2\boldsymbol{\varepsilon}_2+\boldsymbol{\varepsilon}_4,\boldsymbol{\eta}_2=3\boldsymbol{\varepsilon}_1-\boldsymbol{\varepsilon}_3-\boldsymbol{\varepsilon}_4,\boldsymbol{\eta}_3=\boldsymbol{\varepsilon}_3+\boldsymbol{\varepsilon}_4,\boldsymbol{\eta}_4=2\boldsymbol{\varepsilon}_4$ 下的矩阵.

23. 设 $\mathbf{M}$ 为所有 3×4 阶矩阵集合,它对于矩阵的加法及数乘构成一个线性空间,问 $\mathbf{M}$ 的维数是多少? 指出 $\mathbf{M}$ 的一组基,且求矩阵

$$\mathbf{A}=\begin{pmatrix}1 & 2 & 3 & 4\\5 & 6 & 7 & 8\\9 & 10 & 11 & 12\end{pmatrix}$$

在该基下的坐标.

24. 设三维欧氏空间 $\mathbf{V}$ 的基底 $\boldsymbol{e}_1=(1,0,0),\boldsymbol{e}_2=(0,1,0),\boldsymbol{e}_3=(0,0,1)$,求一组法正交基底 $\boldsymbol{\varepsilon}_1,\boldsymbol{\varepsilon}_2,\boldsymbol{\varepsilon}_3$ 使 $\boldsymbol{e}_1,\boldsymbol{e}_2,\boldsymbol{e}_3$ 的过渡矩阵为

$$\mathbf{C}=\begin{pmatrix}c_{11} & 0 & 0\\c_{21} & c_{22} & 0\\c_{31} & c_{32} & c_{33}\end{pmatrix}$$

其中 $c_{ii}>0(i=1,2,3)$,且求出过渡矩阵 $\mathbf{C}$.

第 4 章

线性方程组

我国古算书《九章算术》中已有"方程"概念，对于线性方程组，书中给出如何用"算筹"去演解（今人称筹算），而书中方程组系数排列成的数阵，实际上相当于今日的矩阵，而其中的算法相当于今天的矩阵运算.

宋、元时期的数学家秦九韶于 1247 年完成的《数书九章》，已给出相当于今天的对增广矩阵实施初等变换解方程组的方法.

莱布尼兹(G. W. Leibniz)于 1693 年曾用行列式法解二元线性方程组；麦克劳林(C. Maclaurin)创立了解三、四元线性方程组的方法.

1750 年，瑞士数学家克莱姆(C. Cramer)建立了解线性方程组的"克莱姆(Cramer)法则".

1820 年前后，高斯(C. F. Gauss)给出解线性方程组的消去法（它常作为大地测量学发展的一部分）.

如今矩阵理论已成为解线性方程组的有力工具.

内 容 提 要

线性方程组

线性齐次、非齐次方程组

若

$$\boldsymbol{A}=\begin{pmatrix} a_{11} & a_{12} & \cdots & a_{1n} \\ a_{21} & a_{22} & \cdots & a_{2n} \\ \vdots & \vdots & & \vdots \\ a_{m1} & a_{m2} & \cdots & a_{mn} \end{pmatrix}, \quad \boldsymbol{x}=\begin{pmatrix} x_1 \\ x_2 \\ \vdots \\ x_n \end{pmatrix}, \quad \boldsymbol{b}=\begin{pmatrix} b_1 \\ b_2 \\ \vdots \\ b_m \end{pmatrix}$$

则 $\boldsymbol{Ax}=\boldsymbol{b}$ 称为**线性方程组**，如果 $\boldsymbol{b}=\boldsymbol{0}$，则称为**线性齐次方程组**.

齐次线性方程的基础解系　若 $\boldsymbol{x}_1,\boldsymbol{x}_2,\cdots,\boldsymbol{x}_s$ 是方程组 $\boldsymbol{Ax}=\boldsymbol{0}$ 的一组解，且满足：①它们线性无关；②方程组任一解均可由它们的线性组合表出；则 $\boldsymbol{x}_1,\boldsymbol{x}_2,\cdots,\boldsymbol{x}_s$ 称为该方程组的**基础解系**.

若 $\mathrm{r}(\boldsymbol{A})=s<n$，则齐次方程 $\boldsymbol{Ax}=\boldsymbol{0}$ 的基础解系中含 $n-s$ 个线性无关的解向量，其通解可由这些解向量的线性组合表出.

非齐次线性方程的导出组　齐次线性方程组 $\boldsymbol{Ax}=\boldsymbol{0}$ 称为非齐次线性方程组 $\boldsymbol{Ax}=\boldsymbol{b}$ 的**导出组**.

对于非齐次方程组 $\boldsymbol{Ax}=\boldsymbol{b}$ 的任一解均可表示为 $\boldsymbol{Ax}=\boldsymbol{b}$ 的一个特解与其导出组 $\boldsymbol{Ax}=\boldsymbol{0}$ 的某个解之

和；而其通解为 $Ax=b$ 的一个特解与其导出组 $Ax=0$ 的基础解系的线性组合表出.

线性方程组 $Ax=b$ 的解具体地讲可有下表：

方　程	解的判断	解的性质
线性齐次 $\boldsymbol{Ax}=\boldsymbol{0}(*)$ $\boldsymbol{A}\in\mathbf{R}^{m\times n}$	①仅有 0 解$\Longleftrightarrow \mathrm{r}(\boldsymbol{A})=n$ ②有非 0 解$\Longleftrightarrow \mathrm{r}(\boldsymbol{A})<n$(若 $m=n$,则仅有 0 解$\Longleftrightarrow \|\boldsymbol{A}\|\neq 0$;又有非 0 解$\Longleftrightarrow \|\boldsymbol{A}\|=0$) ③解空间(可构成向量空间)维数为 $n-\mathrm{r}(\boldsymbol{A})$	①$\boldsymbol{x}_1,\boldsymbol{x}_2$ 是方程的解则 $k_1\boldsymbol{x}_1+k_2\boldsymbol{x}_2$ 亦是方程的解 ②若 $\mathrm{r}(\boldsymbol{A})=r$,则方程基础解系中含 $n-r$ 个解向量 ③若 $\boldsymbol{x}_1,\boldsymbol{x}_2,\cdots,\boldsymbol{x}_r$ 方程的基础解系,则方程组全部解是 $\sum_{i=1}^{r}k_i\boldsymbol{x}_i$,其中 k_i 是任意常数(又称其为通解)
线性非齐次 $\boldsymbol{Ax}=\boldsymbol{b}(**)$ $\boldsymbol{A}\in\mathbf{R}^{m\times n}$	①方程组有解$\Longleftrightarrow \mathrm{r}(\boldsymbol{A})=\mathrm{r}(\bar{\boldsymbol{A}})$,其中 $\bar{\boldsymbol{A}}=(\boldsymbol{A},\boldsymbol{b})$称为 $\boldsymbol{A}$ 的增广矩阵 $\mathrm{r}(\boldsymbol{A})=\mathrm{r}(\bar{\boldsymbol{A}})=n$,方程组有唯一解 $\mathrm{r}(\boldsymbol{A})=\mathrm{r}(\bar{\boldsymbol{A}})<n$,方程组有无穷多组解 $\mathrm{r}(\boldsymbol{A})\neq\mathrm{r}(\bar{\boldsymbol{A}})$方程组无解 ②若 $m=n$ 则方程若有解且解是 $\boldsymbol{x}_i=D_i/D$,其中 $D=\|\boldsymbol{A}\|$,D_i 是将 $\boldsymbol{A}$ 的第 i 列换成 $\boldsymbol{b}$ 后所得行列式值(Cramer 规则) ③若 $m=n$,则方程有唯一解$\Longleftrightarrow\boldsymbol{A}$ 非奇异(可逆),且有 $\boldsymbol{x}=\boldsymbol{A}^{-1}\boldsymbol{b}$ ④若 $\mathrm{r}(\boldsymbol{A})=\boldsymbol{r}$,则方程组基础解系个数为 $\boldsymbol{n}-\mathrm{r}(\boldsymbol{A})+1=\boldsymbol{n}-\boldsymbol{r}+1$ ⑤解不构成向量空间	①若 $\boldsymbol{x}_1,\boldsymbol{x}_2$ 是$(**)$的解,则 $\boldsymbol{x}_1-\boldsymbol{x}_2$ 是$(*)$的解 ②若 $\boldsymbol{x}_1$ 是$(*)$的解,$\boldsymbol{x}_2$ 是$(**)$的解,则 $\boldsymbol{x}_2\pm\boldsymbol{x}_1$ 仍是$(**)$的解 ③ 若 $y=\sum_{i=1}^{s}k_i\boldsymbol{x}_i$ 是$(*)$的通解,且 $\boldsymbol{x}_0$ 是$(**)$的一个特解,则 $\boldsymbol{x}_0+\boldsymbol{y}$是$(**)$的通解 ④ 若 $\boldsymbol{x}_i(i=1\sim k)$ 是$(**)$的解,则 $\sum_{i=1}^{k}\lambda_i\boldsymbol{x}_i$ 亦是$(**)$的解,这里 $\sum_{i=1}^{k}\lambda_i=1$.

解齐次与非齐次线性方程组的步骤框图如下：

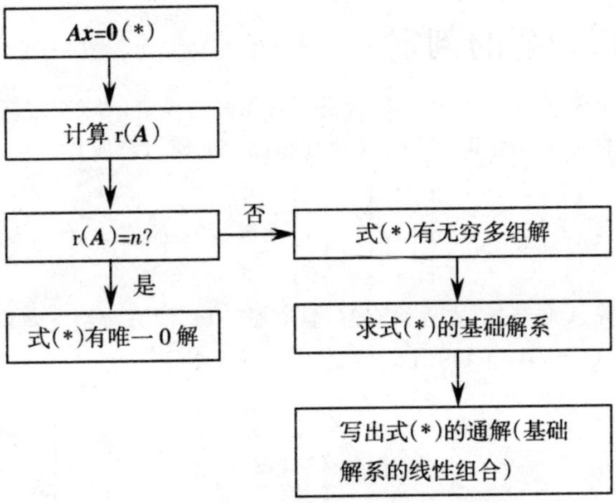

线性非齐次方程组解法步骤见下图.

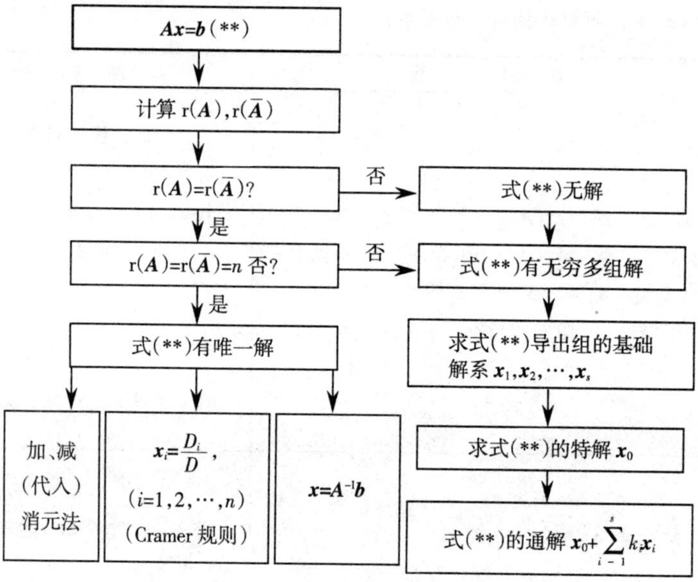

线性方程组的问题有四:一是线性方程组解的判定问题(与矩阵问题有关);二是求解线性方程组(特解或通解);三是不同线性方程组的同解性;四是与向量空间及矩阵特征问题的关联(或应用).它们之间的关系如下

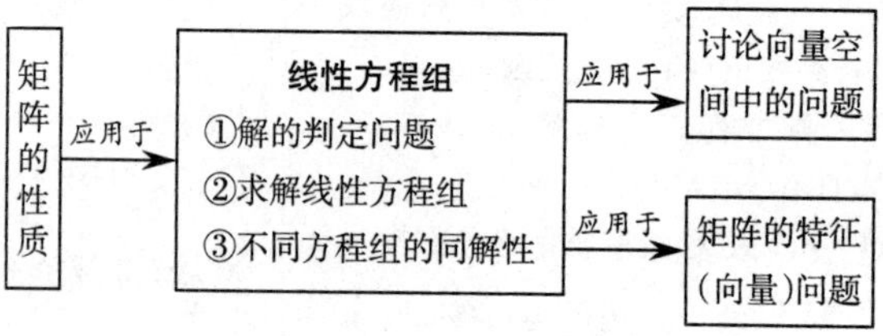

例 题 分 析

一、方程组有、无解的判定

对于线性方程 $\boldsymbol{Ax}=\boldsymbol{b}$ 来讲,$r(\boldsymbol{A})=r(\boldsymbol{A}|\boldsymbol{b})$否是其有无解的界定;对齐次方程组 $\boldsymbol{Ax}=\boldsymbol{0}$ 来说,其仅有零解的条件是 $\boldsymbol{A}$ 的列线性无关($\boldsymbol{A}\in\mathbf{R}^{m\times n}$).这类试题多围绕此两内容展开.

例 1 若方程组 $\boldsymbol{Ax}=\begin{pmatrix}1&2&1\\2&3&a+1\\1&a&-2\end{pmatrix}\begin{pmatrix}x_1\\x_2\\x_3\end{pmatrix}=\begin{pmatrix}1\\3\\0\end{pmatrix}$ 无解,求 a 的值.

解 显然若系数矩阵 $\boldsymbol{A}$ 非奇异,方程组有解,且有唯一解;故方程组无解的情形应多在 $\boldsymbol{A}$ 奇异(不可逆)时发生.考虑 $|\boldsymbol{A}|=(3-a)(a+1)$,当 $a=3$ 或 -1 时,$\boldsymbol{A}$ 奇异.

①当 $a=3$ 时

$$\left(\begin{array}{ccc:c}1&2&1&1\\2&3&4&3\\1&2&-2&0\end{array}\right)\xrightarrow{\text{行初等变换}}\left(\begin{array}{ccc:c}1&2&1&1\\0&-1&3&1\\0&0&0&0\end{array}\right)$$

即 $r(\bar{A})=r(A)=2$，方程有无穷多组解.

②当 $a=-1$ 时，$r(\bar{A})=3$，而 $r(A)=2$，方程组无解.

注 求 $r(\bar{A})$时，只需算一个 3 阶行列即可.

例 2 若方程组$\begin{cases} x_1+x_2 = -a_1 \\ x_2+x_3 = a_2 \\ x_3+x_4 = -a_3 \\ x_4+x_1 = a_4 \end{cases}$有解，求 $a_1 \sim a_4$ 满足的条件.

解 通过行初等变换化为阶梯形后，只需使 $r(\bar{A}) = r(A)$. 考虑增广矩阵

$$(A \mid b) = \left(\begin{array}{cccc:c} 1 & 1 & & & -a_1 \\ & 1 & 1 & & a_2 \\ & & 1 & 1 & -a_3 \\ 1 & & & 1 & a_4 \end{array}\right) \xrightarrow{\text{行初等变换}} \left(\begin{array}{cccc:c} 1 & 1 & & & -a_1 \\ & 1 & 1 & & a_2 \\ & & 1 & 1 & -a_3 \\ 0 & 0 & 0 & 0 & \sum_{i=1}^{4} a_i \end{array}\right)$$

易见 $r(A) = 3$，若方程组有解则有 $r(\bar{A}) = 3$，故 $a_1 + a_2 + a_3 + a_4 = 0$.

例 3 若 $A \in \mathbf{R}^{m\times n}$，则 $Ax=0$ 仅有零解$\Leftrightarrow A$ 列线性无关.

证 1 若 $Ax=0$仅有零解$\Leftrightarrow r(A)=n$，

而 A 的列秩$=r(A)=n$，即 A 的列线性无关.

证 2 $\Leftarrow$令 $A=(\alpha_1,\alpha_2,\cdots,\alpha_n)$，其中 $\alpha_i \in \mathbf{R}^m (i=1,2,\cdots,n)$线性无关.

若 $\sum_{i=1}^{n} k_i\alpha_i = 0$，仅当 $k_1 = k_2 = \cdots = k_n=0$.

$\Rightarrow$若 $Ax=0$ 仅有零解，即若 $x=(x_1,x_2,\cdots,x_n)^T$ 是其解，

即 $\sum_{i=1}^{n} x_i\alpha_i = 0$ 时，当且仅当 $x_1 = x_2 = \cdots = x_n = 0$，此即说 A 的列线性无关.

注 这类问题还有一些，比如：

问题 1 若 $A \in \mathbf{R}^{m\times n}$，又 $x=(x_1,x_2,\cdots,x_n)^T$，则 $Ax=0$ 有非零解$\Leftrightarrow r(A)<n$.

显然，$r(A)<n$ 即说 A 的列相关，再由例的结论 $Ax=0$ 有非零解.

又下面的命题稍难，但它仍是涉及齐次方程仅是否有零解的判定问题.

问题 2 若 A 是 n 阶正定矩阵，B 是 n 阶反对称矩阵. 则方程$(A+B)x=0$仅有零解.

简证 （用反证法）若$(A+B)x=0$ 有非零解 x，则 $x^T(A+B)x=0$，注意到

$$0=x^T(A+B)x=x^TAx+x^TBx=x^TAx>0$$

上式显然矛盾（注意到 B 是反对称阵，因而有 $x^TBx=0$）！故方程仅有零解.

若方程仅有零解，则$|A+B|\neq 0$. 因而由题设还可有$|A+B|\neq 0$.

例 4 若 $B \in \mathbf{R}^{3\times 3}$且为非零矩阵，又 A 为下面方程组的系数矩阵

$$\begin{cases} x_1+2x_2-2x_3=0 \\ 2x_1-x_2+\lambda x_3=0 \\ 3x_1+x_2-x_3=0 \end{cases} \tag{*}$$

同时 $AB=O$. (1)求 λ 值；(2)试证$|B|=0$.

简析 由设知 $B\neq O$，则 B 至少有一个非零列，从而 $Ax=0$ 有非零解，知$|A|=0$.

解 (1)由上知$|A|=0$. 而$|A|=1-\lambda=0$，得 $\lambda=1$.

(2)由设 $AB=O$，但 $A\neq O$，从而 $r(B)<3$.

故$|B|=0$.（否则 $A=ABB^{-1}=OB^{-1}=O$ 与前矛盾！）

接下来是一个含参数方程组求解问题，这里要对参数进行讨论.

例 5 对 λ 的不同取值,讨论下面方程的可解性,且求解.

$$\begin{cases}(\lambda+1)x_1+x_2+x_3=\lambda^2+2\lambda\\ x_1+(\lambda+1)x_2+x_3=\lambda^2+2\lambda^2\\ x_1+x_2+(\lambda+1)x_3=\lambda^4+2\lambda^3\end{cases}$$

解 方程组系数行列数

$$D=\begin{vmatrix}\lambda+1 & 1 & 1\\ 1 & \lambda+1 & 1\\ 1 & 1 & \lambda+1\end{vmatrix}=\lambda^2(\lambda+3)$$

(1)当 $\lambda\neq 0$ 且 $\lambda\neq -3$ 时,方程组有唯一解

$$x_1=\frac{(\lambda+2)(2-\lambda^2)}{\lambda+3},\quad x_2=\frac{(\lambda+2)(2\lambda-1)}{\lambda+3},\quad x_2=\frac{(\lambda+2)(\lambda^3+2\lambda^2-\lambda-1)}{\lambda+3}$$

(2)当 $\lambda=0$ 时,原方程组与下面方程同解

$$x_1+x_2+x_3=0$$

故其有无穷多组解 $x_1=-k_1-k_2,x_2=k_1,x_3=k_2$($k_1,k_2$ 为任意实数).

(3)当 $\lambda=-3$ 时,原方程组化为

$$\begin{cases}-2x_1+x_2+x_3=-3\\ x_1-2x_2+x_3=-9\\ x_1+x_2-2x_3=27\end{cases}$$

因其系数矩阵与其增广矩阵秩不一,故原方程组无解.

例 6 若 (a,b,c) 是 $\boldsymbol{A}\in\mathbf{R}^{3\times 3}$ 的第一行,它们不全零又矩阵(k 为常数)

$$\boldsymbol{B}=\begin{pmatrix}1 & 2 & 3\\ 2 & 4 & 6\\ 3 & 6 & k\end{pmatrix}$$

且 $\boldsymbol{AB}=\boldsymbol{O}$,求线性方程组 $\boldsymbol{Ax}=\boldsymbol{0}$ 的通解.

解 由题设 $\boldsymbol{AB}=\boldsymbol{O}$,知 $\mathrm{r}(\boldsymbol{A})+\mathrm{r}(\boldsymbol{B})\leqslant 3$. 又 $\boldsymbol{A}\neq\boldsymbol{O},\boldsymbol{B}\neq\boldsymbol{O}$. 故 $1\leqslant\mathrm{r}(\boldsymbol{A}),\mathrm{r}(\boldsymbol{B})\leqslant 2$.

(1)若 $\mathrm{r}(\boldsymbol{A})=2$,则 $\boldsymbol{AB}=\boldsymbol{O}$ 知线性方程组 $\boldsymbol{Ax}=\boldsymbol{0}$ 的基础解系为 $(1,2,3)^{\mathrm{T}}$,从而方程组通解为 $\boldsymbol{x}=t(1,2,3,)^{\mathrm{T}}$,其中 t 是任意常数.

(2)若 $\mathrm{r}(\boldsymbol{A})=1$,考虑 $\boldsymbol{B}$ 中参数 k:

若 $k\neq 9$,则由 $\boldsymbol{AB}=\boldsymbol{O}$ 知线性方程组 $\boldsymbol{Ax}=\boldsymbol{0}$ 有基础解系 $\boldsymbol{\alpha}_1=(1,2,3)^{\mathrm{T}},\boldsymbol{\alpha}_2=(3,6,k)^{\mathrm{T}}$,从而方程组通解为 $\boldsymbol{x}=t_1\boldsymbol{\alpha}_1+t_2\boldsymbol{\alpha}_2=t_1(1,2,3)^{\mathrm{T}}+t_2(3,6,k)^{\mathrm{T}}$,其中 t_1,t_2 为任意常数.

若 $k=9$,知 $\boldsymbol{\alpha}_1=(1,2,3)^{\mathrm{T}}$ 是线性方程组 $\boldsymbol{Ax}=\boldsymbol{0}$ 的解.

此外,由于 $\boldsymbol{Ax}=\boldsymbol{0}$ 与 $ax_1+bx_2+cx_3=0$ 同解,又因 a,b,c 不全为 0,无妨设 $a\neq 0$,则向量 $\boldsymbol{\beta}=(-b/a,1,0)^{\mathrm{T}}$ 与 $\boldsymbol{\alpha}_1$ 线性无解.此时方程组 $\boldsymbol{Ax}=\boldsymbol{0}$ 的通解为 $\boldsymbol{x}=t_1\boldsymbol{\alpha}_1+t_2\boldsymbol{\beta}$,其中 t_1,t_2 为任意常数.

例 7 若 $\boldsymbol{A}\in\mathbf{R}^{m\times n}$,又 $\boldsymbol{x}=(x_1,x_2,\cdots,x_n)^{\mathrm{T}},\boldsymbol{b}=(b_1,b_2,\cdots,b_n)^{\mathrm{T}}$,则 $\boldsymbol{A}^{\mathrm{T}}\boldsymbol{Ax}=\boldsymbol{A}^{\mathrm{T}}\boldsymbol{b}$ 一定有解.

证 考察到增广矩阵 $(\boldsymbol{A}^{\mathrm{T}}\boldsymbol{A}\vdots\boldsymbol{A}^{\mathrm{T}}\boldsymbol{b})$:因

$$\mathrm{r}(\boldsymbol{A}^{\mathrm{T}}\boldsymbol{A})\leqslant\mathrm{r}(\boldsymbol{A}^{\mathrm{T}}\boldsymbol{A}\vdots\boldsymbol{A}^{\mathrm{T}}\boldsymbol{b})=\mathrm{r}(\boldsymbol{A}^{\mathrm{T}}(\boldsymbol{A}\vdots\boldsymbol{b}))\leqslant\mathrm{r}(\boldsymbol{A}^{\mathrm{T}})=\mathrm{r}(\boldsymbol{A})=\mathrm{r}(\boldsymbol{A}^{\mathrm{T}}\boldsymbol{A})$$

故 $\mathrm{r}(\boldsymbol{A}^{\mathrm{T}}\boldsymbol{A}\vdots\boldsymbol{A}^{\mathrm{T}}\boldsymbol{b})=\mathrm{r}(\boldsymbol{A}^{\mathrm{T}}\boldsymbol{A})$,从而知方程组 $\boldsymbol{A}^{\mathrm{T}}\boldsymbol{Ax}=\boldsymbol{A}^{\mathrm{T}}\boldsymbol{b}$ 定有解.

再来看一个与上例类同的例子,它涉及方程有解的充要条件.

例 8 若 $\boldsymbol{A}\in\mathbf{R}^{m\times n}$,则 $\boldsymbol{Ax}=\boldsymbol{b}$ 有解 $\Longleftrightarrow$ 若 $\boldsymbol{A}^{\mathrm{T}}\boldsymbol{z}=\boldsymbol{0}$ 有 $\boldsymbol{b}^{\mathrm{T}}\boldsymbol{z}=\boldsymbol{0}$.

证 $\Rightarrow$ 由 $(\boldsymbol{Ax})^{\mathrm{T}}=\boldsymbol{b}^{\mathrm{T}}$,有 $\boldsymbol{x}^{\mathrm{T}}\boldsymbol{A}^{\mathrm{T}}=\boldsymbol{b}^{\mathrm{T}}$. 若 $\boldsymbol{A}^{\mathrm{T}}\boldsymbol{z}=\boldsymbol{0}$ 有 $\boldsymbol{x}^{\mathrm{T}}\boldsymbol{A}^{\mathrm{T}}\boldsymbol{z}=0$,从而 $\boldsymbol{b}^{\mathrm{T}}\boldsymbol{z}=0$.

$\Leftarrow$ 若由 $\boldsymbol{A}^{\mathrm{T}}\boldsymbol{z}=\boldsymbol{0}$,有 $\boldsymbol{b}^{\mathrm{T}}\boldsymbol{z}=0$,则 $\begin{pmatrix}\boldsymbol{A}^{\mathrm{T}}\\ \boldsymbol{b}^{\mathrm{T}}\end{pmatrix}\boldsymbol{z}=\boldsymbol{0}$ 与 $\boldsymbol{A}^{\mathrm{T}}\boldsymbol{z}=\boldsymbol{0}$ 同解,故

$$\mathrm{r}(\boldsymbol{A})=\mathrm{r}(\boldsymbol{A}^{\mathrm{T}})=\mathrm{r}\left[\begin{pmatrix}\boldsymbol{A}^{\mathrm{T}}\\ \boldsymbol{b}^{\mathrm{T}}\end{pmatrix}\right]=\mathrm{r}[(\boldsymbol{A},\boldsymbol{b})^{\mathrm{T}}]=\mathrm{r}[(\boldsymbol{A},\boldsymbol{b})]$$

从而知方程组 $\boldsymbol{Ax}=\boldsymbol{b}$ 有解.

再来看一个与矩阵有关的例子.

例 9 若 $\boldsymbol{A}\in\mathbf{R}^{m\times n}$，$\boldsymbol{R}\in\mathbf{R}^{m\times n}$，及 $\boldsymbol{B}\in\mathbf{R}^{m\times m}$ 且可逆. 又 $\boldsymbol{BA}$ 的行向量皆为 $\boldsymbol{Rx}=\boldsymbol{0}$ 的解，则 $\boldsymbol{A}$ 的每个行向量亦为它的解.

解 由设显然有 $\boldsymbol{R}(\boldsymbol{BA})^{\mathrm{T}}=\boldsymbol{O}$，即 $\boldsymbol{RA}^{\mathrm{T}}\boldsymbol{B}^{\mathrm{T}}=(\boldsymbol{RA}^{\mathrm{T}})\boldsymbol{B}^{\mathrm{T}}=\boldsymbol{O}$.

又 B 非奇异，从而 $\boldsymbol{RA}^{\mathrm{T}}=\boldsymbol{O}$.（注意 $\boldsymbol{B}$ 右乘 $\boldsymbol{RA}^{\mathrm{T}}$ 满秩不改变 $\boldsymbol{RA}^{\mathrm{T}}$ 的秩）

注 此题若不用矩阵方法解较繁.

下面的问题看上去似乎显然，然而细细品味恐非如此. 因为条件是充要的，无疑增加了问题的难度.

例 10 证明方程组 $\boldsymbol{Ax}=\boldsymbol{b}$，其中

$$\boldsymbol{A}=\begin{pmatrix}a_{11}&a_{12}&\cdots&a_{1n}\\a_{21}&a_{22}&\cdots&a_{2n}\\\vdots&\vdots&&\vdots\\a_{n1}&a_{n2}&\cdots&a_{nn}\end{pmatrix},\quad \boldsymbol{x}=\begin{pmatrix}x_1\\x_2\\\vdots\\x_n\end{pmatrix},\quad \boldsymbol{b}=\begin{pmatrix}b_1\\b_2\\\vdots\\b_n\end{pmatrix}$$

对任何 $\boldsymbol{b}$ 均有解的 $\Longleftrightarrow|\boldsymbol{A}|\neq0$.

证 $\Leftarrow$若 $|\boldsymbol{A}|\neq0$，知 $\boldsymbol{A}$ 非奇异（可逆），即 $\mathrm{r}(\boldsymbol{A})=n$，从而对任何 $\boldsymbol{b}\in\mathbf{R}^n$ 均有 $\mathrm{r}(\boldsymbol{A}\vdots\boldsymbol{b})=n$，从而 $\boldsymbol{Ax}=\boldsymbol{b}$ 有解，或 $\boldsymbol{b}=\boldsymbol{A}^{-1}\boldsymbol{x}$.

$\Rightarrow$记 $\boldsymbol{A}=(\boldsymbol{\alpha}_1,\boldsymbol{\alpha}_2,\cdots,\boldsymbol{\alpha}_n)$，其中 $\boldsymbol{\alpha}_i=(a_{i1},a_{i2},\cdots,a_{in})^{\mathrm{T}}$，则方程组可写为 $x_1\boldsymbol{\alpha}_1+x_2\boldsymbol{\alpha}_2+\cdots+x_n\boldsymbol{\alpha}_n=\boldsymbol{b}$.

由于 $\boldsymbol{b}$ 的任意性，知任何向量 $\boldsymbol{b}$ 皆可由 $\boldsymbol{\alpha}_1,\boldsymbol{\alpha}_2,\cdots,\boldsymbol{\alpha}_n$ 线性表出.

特别地 n 维单位坐标向量 $\boldsymbol{e}_1,\boldsymbol{e}_2,\cdots,\boldsymbol{e}_n$ 亦可由 $\boldsymbol{\alpha}_1,\boldsymbol{\alpha}_2,\cdots,\boldsymbol{\alpha}_n$ 线性表出，则向量组的秩

$$\mathrm{r}(\boldsymbol{e}_1,\boldsymbol{e}_2,\cdots,\boldsymbol{e}_n)\leqslant\mathrm{r}(\boldsymbol{\alpha}_1,\boldsymbol{\alpha}_2,\cdots,\boldsymbol{\alpha}_n)$$

又 $\boldsymbol{\alpha}_1,\boldsymbol{\alpha}_2,\cdots,\boldsymbol{\alpha}_n$ 也可由 $\boldsymbol{e}_1,\boldsymbol{e}_2,\cdots,\boldsymbol{e}_n$ 线性表出，同样向量组的秩

$$\mathrm{r}(\boldsymbol{\alpha}_1,\boldsymbol{\alpha}_2,\cdots,\boldsymbol{\alpha}_n)\leqslant\mathrm{r}(\boldsymbol{e}_1,\boldsymbol{e}_2,\cdots,\boldsymbol{e}_n)$$

故

$$\mathrm{r}(\boldsymbol{\alpha}_1,\boldsymbol{\alpha}_2,\cdots,\boldsymbol{\alpha}_n)=\mathrm{r}(\boldsymbol{e}_1,\boldsymbol{e}_2,\cdots,\boldsymbol{e}_n)=n$$

由上知 $\boldsymbol{A}$ 为满秩即可逆阵，从而 $|\boldsymbol{A}|\neq0$.

在上一章我们曾遇到过下面类似的问题，不过那里仅讨论了向量组的相关性.

例 11 设矩阵 $\boldsymbol{A}$ 的 n 个列向量为 $\boldsymbol{\alpha}_i=(a_{1i},a_{2i},\cdots,a_{ni})^{\mathrm{T}}\ (i=1,2,\cdots,n)$，$n$ 阶矩阵 $\boldsymbol{B}$ 的 n 个列向量为

$$\boldsymbol{\alpha}_1+\boldsymbol{\alpha}_2,\quad \boldsymbol{\alpha}_2+\boldsymbol{\alpha}_3,\quad \cdots,\quad \boldsymbol{\alpha}_{n-1}+\boldsymbol{\alpha}_n,\quad \boldsymbol{\alpha}_n+\boldsymbol{\alpha}_1$$

试问：当 $\boldsymbol{A}$ 的秩 $\mathrm{r}(\boldsymbol{A})=n$ 时，线性齐次方程组 $\boldsymbol{Bx}=\boldsymbol{0}$ 是否有非零解？证明你的结论.

解 设有常数 $k_1,k_2,\cdots,k_n$ 使

$$k_1(\boldsymbol{\alpha}_1+\boldsymbol{\alpha}_2)+k_2(\boldsymbol{\alpha}_2+\boldsymbol{\alpha}_3)+\cdots+k_{n-1}(\boldsymbol{\alpha}_{n-1}+\boldsymbol{\alpha}_n)+k_n(\boldsymbol{\alpha}_n+\boldsymbol{\alpha}_1)=\boldsymbol{0}\tag{*}$$

即

$$(k_n+k_1)\boldsymbol{\alpha}_1+(k_1+k_2)\boldsymbol{\alpha}_2+\cdots+(k_{n-1}+k_n)\boldsymbol{\alpha}_n=0$$

由题设 $\mathrm{r}(\boldsymbol{A})=n$，知 $\boldsymbol{\alpha}_1,\boldsymbol{\alpha}_2,\cdots,\boldsymbol{\alpha}_n$ 线性无关. 从而

$$\begin{cases}k_1 & & +k_n=0\\k_1+k_2 & & =0\\\quad\vdots & & \\ & k_{n-1} & +k_n=0\end{cases}\tag{**}$$

其系数行列式 $D=\begin{vmatrix}1&0&0&\cdots&0&1\\1&1&0&\cdots&0&0\\\vdots&\vdots&\vdots&&\vdots&\vdots\\0&0&0&\cdots&0&1\\0&0&0&\cdots&1&1\end{vmatrix}=\begin{cases}0,\ n\text{ 为偶数时};\\2,\ n\text{ 为奇数时}.\end{cases}$ 则

(1)当 n 为偶数时,方程组(**)有非零解,即有不全为 0 的 k_i 使前面式子(*)成立,亦即 $\boldsymbol{\alpha}_1+\boldsymbol{\alpha}_2$, $\boldsymbol{\alpha}_2+\boldsymbol{\alpha}_3,\cdots,\boldsymbol{\alpha}_{n-1}+\boldsymbol{\alpha}_n,\boldsymbol{\alpha}_n+\boldsymbol{\alpha}_1$ 线性相关,

此时 $\mathrm{r}(\boldsymbol{B})<n$,知方程组 $\boldsymbol{Bx}=\mathbf{0}$ 有非零解;

(2)当 n 为奇数时,方程组(**)仅有零解满足式(*),此时 $\boldsymbol{\alpha}_1+\boldsymbol{\alpha}_2,\boldsymbol{\alpha}_2+\boldsymbol{\alpha}_3,\cdots,\boldsymbol{\alpha}_{n-1}+\boldsymbol{\alpha}_n,\boldsymbol{\alpha}_n+\boldsymbol{\alpha}_1$ 线性无关.

此时 $\mathrm{r}(\boldsymbol{B})=n$,知方程组 $\boldsymbol{Bx}=\mathbf{0}$ 仅有零解.

下面是一个稍稍复杂的例子,它涉及向量组的正交概念.

例 12 试证:实系数线性方程组

$$\sum_{j=1}^{m}a_{ij}x_i=b_i\quad(i=1,2,\cdots,m)\tag{1}$$

有解的充要条件是属于 $\mathbf{R}^m$ 的向量 $\boldsymbol{\beta}=(b_1,b_2,\cdots,b_m)$ 与齐次线性方程组

$$\sum_{j=1}^{m}a_{ij}x_i=0\quad(i=1,2,\cdots,m)\tag{2}$$

的解空间正交.

证 必要性.若(1)有解 $c_1,c_2,\cdots,c_n$,即

$$\sum_{j=1}^{m}a_{ij}c_j=b_i\quad(i=1,2,\cdots,m)$$

又设 $d_1,d_2,\cdots,d_m$ 为(2)的任一解,考虑:

$$\sum_{j=1}^{m}b_id_i=\sum_{i=1}^{n}\Big(\sum_{j=1}^{n}a_{ij}c_j\Big)d_i=\sum_{j=1}^{n}\Big(\sum_{i=1}^{m}a_{ij}d_i\Big)=\sum_{j=1}^{n}c_j\cdot 0=0$$

即 $(b_1,b_2,\cdots,b_m)$ 与 $(d_1,d_2,\cdots,d_m)$ 正交.

充分性.若 $(b_1,b_2,\cdots,b_n)$ 与齐次方程组(2)的任意解正交,则方程组:

$$\begin{cases}a_{11}x_1+\cdots+a_{m1}x_m=0\\a_{21}x_1+\cdots+a_{m2}x_m=0\\\quad\vdots\\a_{2n}x_1+\cdots+a_{mn}x_m=0\end{cases}\quad\text{与}\quad\begin{cases}a_{11}x_1+\cdots+a_{m1}x_m=0\\\quad\vdots\\a_{1n}x_1+\cdots+a_{mn}x_m=0\\b_1x_1+\cdots+b_mx_m=0\end{cases}$$

同解,故矩阵的秩

$$\mathrm{r}\begin{pmatrix}a_{11}&a_{21}&\cdots&a_{m1}\\a_{12}&a_{22}&\cdots&a_{m2}\\\vdots&\vdots&&\vdots\\a_{1n}&a_{2n}&\cdots&a_{mn}\end{pmatrix}=\mathrm{r}\begin{pmatrix}a_{11}&a_{21}&\cdots&a_{m1}\\\vdots&\vdots&&\vdots\\a_{1n}&a_{2n}&\cdots&a_{mn}\\b_1&b_2&\cdots&b_m\end{pmatrix}$$

而它们的转置矩阵即为线性方程组

$$\sum_{j=1}^{n}a_{ij}x_j=b_i\quad(i=1,2,\cdots,m)$$

的系数矩阵及其增广矩阵,从而该方程组有解.

二、方程组解的个数讨论

关于方程组解的个数讨论，实质上仍是关于矩阵秩的计算问题. 先来看一个齐次方程解的个数问题.

1. 方程组含有一个参数问题

再来看一个非齐次方程组的例子.

例 1　λ 为何值时，方程组$\begin{cases}2x_1+\lambda x_2-x_3=1\\ \lambda x_1-x_2+x_3=2\\ 4x_1+5x_2-5x_3=-1\end{cases}$ 有唯一解？无穷多解？无解？

解 1　对方程组增广矩阵实施行初等变换

$$\left(\begin{array}{ccc:c}2&\lambda&-1&1\\ \lambda&-1&1&2\\ 4&5&-5&-1\end{array}\right)\xrightarrow[\text{变换}]{\text{行初等}}\left(\begin{array}{ccc:c}2&\lambda&-1&1\\ \lambda+2&\lambda-1&0&3\\ 5\lambda+4&0&0&9\end{array}\right)$$

这样可有：

(1)$\lambda\neq-\dfrac{4}{5}$，且 $\lambda\neq1$ 时，方程组有唯一解（因 $r(\boldsymbol{A})=r(\bar{\boldsymbol{A}})=3$）；

(2)$\lambda=-\dfrac{4}{5}$，方程组无解（因 $r(\boldsymbol{A})=2$，$r(\bar{\boldsymbol{A}})=3$）；

(3)$\lambda=1$ 时，变换后的增广矩阵为$\left(\begin{array}{ccc:c}2&1&-1&1\\ 3&0&0&3\\ 9&0&0&0\end{array}\right)$，此时方程组有无穷多解 $\boldsymbol{x}=(1,-1+k,k)^{\mathrm{T}}$，其中 k 是常数（因 $r(\boldsymbol{A})=r(\bar{\boldsymbol{A}})=2<3$）.

解 2　考虑方程组系数行列式

$$D=\begin{vmatrix}2&\lambda&-1\\ \lambda&-1&1\\ 4&5&-5\end{vmatrix}=(\lambda-1)(5\lambda+4)$$

(1)当 $\lambda\neq1$ 时，且 $\lambda\neq-\dfrac{4}{5}$时，方程组有唯一解；

(2)当 $\lambda=1$ 时，方程组增广矩阵经初等变换可化为

$$\bar{\boldsymbol{A}}\to\left(\begin{array}{ccc:c}1&-1&1&2\\ 0&1&-1&-1\\ 0&0&0&0\end{array}\right)\text{ 或 }\left(\begin{array}{ccc:c}2&1&-1&1\\ 3&0&0&3\\ 9&0&0&9\end{array}\right)$$

均可知方程组有无穷多组解：$\boldsymbol{x}=(1,-1+k,k)^{\mathrm{T}}$，这里 k 是给定常数.

(3)当 $\lambda=-\dfrac{4}{5}$时，方程组无解（道理同上）.

注　解法 1 稍简，因为解法 2 中求得 $D=0$ 时的 λ 值后，具体讨论时仍须代入方程组中再对其系数阵实施变换；而方法 1 可一举两得.

上面的例子是方程组中有一个参数，但参数仅出现在各方程的一侧，下面的例子参数出现在方程两端.

例 2　k 为何值时，线性方程组$\begin{cases}x_1+x_2+kx_3=4\\ -x_1+kx_2+x_3=k^2\\ x_1-x_2+2x_3=-4\end{cases}$ 有唯一解、无解、无穷多解？在有解情况下，求出其全部解.

解 将题设方程组的增广矩阵进行行初等变换化为

$$\overline{A}=\left(\begin{array}{ccc:c}1&1&k&4\\-1&k&1&k^2\\1&-1&2&-4\end{array}\right)\to\left(\begin{array}{ccc:c}1&1&k&4\\0&2&k-2&8\\0&0&(k+1)(4-k)/2&k(k-4)\end{array}\right)\qquad ①$$

当 $k\neq-1$ 且 $k\neq4$ 时，$|A|\neq0$，方程组有唯一解. 此时的同解方程组为

$$\begin{cases}x_1+x_2+kx_3=4 & ②\\ 2x_2+(k-2)x_3=8 & ③\\ (k+1)(4-k)x_3=2k(k-4) & ④\end{cases}$$

由式④解得 $x_3=\dfrac{-2k}{k+1}$. 把 x_3 的解代入式③和式②后，得

$$x_1+x_2-\frac{2k^2}{k+1}=4 \qquad ⑤$$

$$2x_2-\frac{2(k-2)k}{k+1}=8 \qquad ⑥$$

由式⑥解得 $x_2=4+\dfrac{(k-2)k}{k+1}$，再代入式⑤，解得 $x_1=\dfrac{k^2+2k}{k+1}$.

当 $k=-1$ 时，由式①知秩 $r(A)=2\neq r(\overline{A})=3$，方程组无解.

当 $k=4$ 时，继续对式①作初等行变换：

$$\overline{A}\to\left(\begin{array}{ccc:c}1&1&4&4\\0&2&2&8\\0&0&0&0\end{array}\right)\to\left(\begin{array}{ccc:c}1&1&4&4\\0&1&1&4\\0&0&0&0\end{array}\right)\to\left(\begin{array}{ccc:c}1&0&3&0\\0&1&1&4\\0&0&0&0\end{array}\right)$$

由此知 $r(A)=r(\overline{A})=2<3$(未知量个数)，方程组有无穷多解. 此时的同解方程组为

$$\begin{cases}x_1=-3x_3\\ x_2=-x_3+4\end{cases}$$

令 $x_3=k$(k 为任意常数)，得方程组的全部解为

$$(x_1,x_2,x_3)=k(-3,-1,1)+(0,4,0)$$

2. 方程组含有两个参数的问题

下面的问题涉及两个参数，其解法同类于一个参数，这里仅举一例.

例 已知线性方程组

$$\begin{cases}x_1+x_2-2x_3+3x_4=0\\ 2x_1+x_2-6x_3+4x_4=-1\\ 3x_1+2x_2+px_3+7x_4=-1\\ x_1-x_2-6x_3-x_4=t\end{cases}$$

讨论参数 p,t 取何值时，方程组有解、无解；当有解时，试用其导出组的基础解系表示通解.

解 对方程组的增广矩阵 $\overline{A}=[A\ \vdots\ b]$ 作初等行变换，使之成为阶梯形

$$\overline{A}=[A\ \vdots\ b]=\left(\begin{array}{cccc:c}1&1&-2&3&0\\2&1&-6&4&-1\\3&2&p&7&-1\\1&-1&-6&-1&t\end{array}\right)\to\left(\begin{array}{cccc:c}1&1&-2&3&0\\0&1&2&2&1\\0&0&p+8&0&0\\0&0&0&0&t+2\end{array}\right)\qquad (*)$$

(1)当 $t\neq-2$ 时，对于任意 p，有 $r(A)\neq r(\overline{A})$，方程组无解.

(2)当 $t=-2$ 时，$r(A)=r(\overline{A})$，方程组有解，又分如下两种情况.

①当 $p\neq-8$ 时，$r(A)=r(\overline{A})$，$=3<4$(未知量个数)，继续对矩阵(*)作初等行变换：

$$\overline{\mathbf{A}}\to\left(\begin{array}{cccc:c}1&0&-4&1&-1\\0&1&2&2&1\\3&0&p+8&0&0\\3&0&0&0&0\end{array}\right)\to\left(\begin{array}{cccc:c}1&0&0&1&-1\\0&1&0&2&1\\0&0&1&0&0\\0&0&0&0&0\end{array}\right)$$

原方程组的同解方程组为$\begin{cases}x_1=-x_4-1,\\x_2=-2x_4+1,\\x_3=0.\end{cases}$令 $x_4=k$(k 为任意常数),得原方程组通解为

$$(x_1,x_2,x_3,x_4)=(1,2,0,1)+(-1,1,0,0)$$

②当 $p=-8$ 时,$\mathrm{r}(\mathbf{A})=\mathrm{r}(\overline{\mathbf{A}})=2<4$,继续对前面矩阵(*)作初等行变换

$$\overline{\mathbf{A}}\to\left(\begin{array}{cccc:c}1&0&-4&1&-1\\0&1&2&2&1\\0&0&0&0&0\\0&0&0&0&0\end{array}\right)$$

原方程组的同解方程组为

$$\begin{cases}x_1=4x_3-x_4-1\\x_2=-2x_3-2x_4+1\end{cases}$$

令 $x_3=k_1,x_4=k_2$(k_1,k_2 为任意常数),原方程组通解为

$$(x_1,x_2,x_3,x_4)=k_1(4,-2,1,0)+(-1,-2,1,0)+(-1,1,0,0)$$

问题　a,b 为何值时,方程组

$$\begin{cases}x_1+x_2+x_3+x_4=0\\x_2+2x_3+2x_4=1\\-x_2+(a-3)x_3-2x_4=b\\3x_1+2x_2+x_3+ax_4=-1\end{cases}$$

有唯一解?无解?无穷解(写出通解)?

[**答**:$a\neq1$ 时有唯一解;$a=1,b\neq1$,无解;$a=1,b=-1$ 时,有无穷的解.通解 $k_1(1,-2,2,0)^{\mathrm{T}}+k_2(1,-2,0,0)^{\mathrm{T}}+(-1,1,0,0)^{\mathrm{T}}$,其中 $k_1,k_2\in\mathbf{Z}$]

3. 方程组含有多个参数的问题

我们前文已讲过,行列式的主要用途还是讨论方程组解的情况(其实这完全可由矩阵代替),因而一些著名的行列式常被用来拟造方程组解讨论的问题.请看涉及范德蒙行列式的问题,显然它含有多个参数.

例 1　若$\begin{cases}x_1+x_2+x_3=0\\ax_1+bx_2+cx_3=0\\a^2x_1+b^2x_2+c^2x_3=0\end{cases}$,(1)$a,b,c$ 为何关系时方程组仅有 0 解?(2)a,b,c 为何关系时方程组有无穷多解?

解　此例系普通的标准问题,注意其系数行列式为范德蒙行列式.系数行列式

$$D=\begin{vmatrix}1&1&1\\a&b&c\\a^2&b^2&c^2\end{vmatrix}\xlongequal[c_3-c_1]{c^2-c_1}\begin{vmatrix}1&0&0\\a&b-a&c-a\\a^2&b^2-c^2&c^2-a^2\end{vmatrix}=(a-b)(b-c)(c-a)$$

(1)当 $a\neq b,b\neq c,c\neq a$ 时,$D\neq0$,方程组仅有零解.

(2)a 与 b,b 与 c,c 与 a 之间相等与不等的关系还分四种情况;并且都有无穷多解.

①当 $a=b\neq c$ 时,同解方程组为

$$\begin{cases}x_1+x_2+x_3=0\\x_3=0\end{cases}\quad\text{可化为}\quad\begin{cases}x_1=-x_2\\x_3=0\end{cases}$$

令 $x_2=k_1$(k_1 为任意常数),方程组全部解为 $k_1(-1,1,0)^{\mathrm{T}}$.

②当 $a=c\neq b$ 时,同解方程组为

$$\begin{cases}x_1+x_2+x_3=0\\x_2=0\end{cases}\quad 可化为 \quad \begin{cases}x_1=-x_3\\x_2=0\end{cases}$$

令 $x_3=k_2$(k_2 为任意常数),方程组全部解为 $k_2(-1,0,1)^{\mathrm{T}}$.

③当 $b=c\neq a$ 时,同解方程组为

$$\begin{cases}x_1+x_2+x_3=0\\x_1=0\end{cases}\quad 可化为 \quad \begin{cases}x_1=0\\x_2=-x_3\end{cases}$$

④当 $a=b=c$ 时,同解方程组为 $x_1+x_2+x_3=0$,即 $x_1=-x_2-x_3$.令 $x_2=k_4$,$x_3=k_5$(k_4 和 k_5 皆为任意常数),方程组的全部解为 $k_4(-1,1,0)^{\mathrm{T}}+k_5(-1,0,1)^{\mathrm{T}}$.

综上 a,b,c 关系及解的情况见下表(表中 k_i 为常数):

a,b,c 关系	$a=b\neq c$	$a=c\neq b$	$b=c\neq a$	$a=b=c$
同解方程组	$\begin{cases}x_1+x_2+x_3=0\\x_3=0\end{cases}$	$\begin{cases}x_1+x_2+x_3=0\\x_2=0\end{cases}$	$\begin{cases}x_1+x_2+x_3=0\\x_1=0\end{cases}$	$x_1+x_2+x_3=0$ $x_3=0$
解 $\boldsymbol{x}$	$k_1(1,-1,0)^{\mathrm{T}}$	$k_2(1,0,-1)^{\mathrm{T}}$	$k_3(0,1,-1)^{\mathrm{T}}$	$k_4(-1,1,0)^{\mathrm{T}}$ $k_5(-1,0,1)^{\mathrm{T}}$

注 由于题中参数较多,故问题多解情况的讨论须全面(分各种情形).

例 2 讨论当 a,b,c 满足什么条件时,方程组

$$\begin{cases}x_1+ax_2+a^2x_3=a^3\\x_1+bx_2+b^2x_3=b^3\\x_1+cx_2+c^2x_3=c^3\end{cases}$$

有唯一解? 无穷多解? 无解?

解 考虑方程组系数矩阵 $\mathbf{A}$ 和增广矩阵 $\overline{\mathbf{A}}$

$$\mathbf{A}=\begin{pmatrix}1&a&a^2\\1&b&b^2\\1&c&c^2\end{pmatrix},\quad \overline{\mathbf{A}}=\left(\begin{array}{ccc:c}1&a&a^3&a^3\\1&b&b^2&b^3\\1&c&c^2&c^3\end{array}\right)$$

(1)若 a,b,c 皆不相同,则方程组有唯一解.

实因 $|\mathbf{A}|$ 是范德蒙行列式,当 a,b,c 相异时,$|\mathbf{A}|\neq0$,故方程组有唯一解.

(2)若 a,b,c 中至少有两数相等,则方程组有无穷多组解.

这是因为 $\mathrm{r}(\mathbf{A})=\mathrm{r}(\overline{\mathbf{A}})=r$(它们行向量线性无关的个数相同)且 $r<3$,故方程组有无穷多组解.

综上,若 a,b,c 皆不相等时,方程组有唯一组解,否则,方程组有无穷多组解;又方程组不可能无解.

这类问题我们稍后还将介绍.下面的例子涉及一些特殊矩阵.

例 3 设 $\mathbf{A}=(a_{ij})_{n\times n}$,且 $\sum\limits_{j=1}^{n}a_{ij}=0(i=1,2,\cdots,n)$,又 $\mathrm{r}(\mathbf{A})=n-1$.求 $\mathbf{A}\boldsymbol{x}=\mathbf{0}$ 的通解.

解 显然,$\boldsymbol{\alpha}=(1,1,\cdots,1)^{\mathrm{T}}$ 是 $\mathbf{A}\boldsymbol{x}=\mathbf{0}$ 的一个解.

又 $\mathrm{r}(\mathbf{A})=n-1$,知方程组基础解系是仅一个无关解,故方程组通解为

$$k\boldsymbol{\alpha}=k(1,1,\cdots,1)^{\mathrm{T}}\quad(k\in\mathbf{R})$$

注 这种具体指出存在的方法我们在求矩阵特征根、特征向量时也将遇到.比如:

向量 $\boldsymbol{\alpha}=(1,1,\cdots,1)^{\mathrm{T}}$ 是 $\boldsymbol{A}=\begin{pmatrix}1&1&\cdots&1\\1&1&\cdots&1\\\vdots&\vdots&&\vdots\\1&1&\cdots&1\end{pmatrix}_{n\times n}$ 的属于特征根 n（n 是 $\boldsymbol{A}$ 的唯一非 0 特征根）的特征向量，实因 $\boldsymbol{A\alpha}=n\boldsymbol{\alpha}$.

此方法又称为构造法或构造性证明.

例 4　若线性方程组 $\boldsymbol{Ax}=\boldsymbol{b}$，其中

$$\boldsymbol{A}=\begin{pmatrix}\sqrt{3}&1&\sqrt{2}\\\sqrt{3}&1&\sqrt{2}\\0&-2&\sqrt{2}\end{pmatrix},\quad \boldsymbol{b}=\begin{pmatrix}1\\2\\3\end{pmatrix}$$

(1)计算 $\boldsymbol{AA}^{\mathrm{T}}$；(2)求解方程组.

解　(1)容易算得

$$\boldsymbol{AA}^{\mathrm{T}}=\begin{pmatrix}6&&\\&6&\\&&6\end{pmatrix}=6\begin{pmatrix}1&&\\&1&\\&&1\end{pmatrix}=6\boldsymbol{I}$$

(2)由 $\boldsymbol{AA}^{\mathrm{T}}=6\boldsymbol{I}$，则 $\left(\frac{1}{\sqrt{6}}\boldsymbol{A}\right)\left(\frac{1}{\sqrt{6}}\boldsymbol{A}\right)^{\mathrm{T}}=\boldsymbol{I}$，知 $\frac{1}{\sqrt{6}}\boldsymbol{A}$ 为正交矩阵，从而 $\left(\frac{1}{\sqrt{6}}\boldsymbol{A}\right)^{-1}=\left(\frac{1}{\sqrt{6}}\boldsymbol{A}\right)^{\mathrm{T}}$.

又由题设方程组有 $\frac{1}{\sqrt{6}}\boldsymbol{Ax}=\frac{1}{\sqrt{6}}\boldsymbol{b}$，从而

$$\boldsymbol{x}=\left(\frac{1}{\sqrt{6}}\boldsymbol{A}\right)^{\mathrm{T}}\cdot\frac{1}{\sqrt{6}}\boldsymbol{b}=\frac{1}{6}\boldsymbol{A}^{\mathrm{T}}\boldsymbol{b}=\frac{1}{6}(-\sqrt{3},-3,5\sqrt{2})^{\mathrm{T}}$$

注　这里利用了正交矩阵性质，去解方程组时避免了矩阵求逆.

利用线性方程组的性质也可解决一些其他数学问题. 这里仅举一例说明，此例是代数中关于多项式(方程)的一个至要命题，该例我们前文曾有介绍. 它是一个关于整系数方程组的问题.

例 5　若多项式 $f(x)=\sum\limits_{i=1}^{n}a_ix^{n-i}(a_i\in\mathbf{R})$ 有 $n+1$ 个相异实数. 则 $f(x)\equiv 0$.

解　设 $x_i(i=1,2,\cdots,n,n+1)$ 为 $f(x)$ 的 $n+1$ 个不同实根，则

$$\begin{cases}a_0x_1^n+a_1x_1^{n-1}+a_2x_1^{n-2}+\cdots+a_{n-1}x_1+a_n=0\\a_0x_2^n+a_1x_2^{n-1}+a_2x_2^{n-2}+\cdots+a_{n-1}x_2+a_n=0\\\vdots\\a_0x_n^n+a_1x_n^{n-1}+a_2x_n^{n-2}+\cdots+a_{n-1}x_n+a_n=0\\a_0x_{n+1}^n+a_1x_{n+1}^{n-1}+a_2x_{n+1}^{n-2}+\cdots+a_{n-1}x_{n+1}+a_n=0\end{cases}\qquad(*)$$

它可视为多项式系数 $a_0,a_1,a_2,\cdots,a_n$ 的线性方程组，其(方程组)系数阵行列式是范德蒙行列式，因题设 x_i 互不相同有

$$D=\begin{vmatrix}1&x_1&x_1^2&\cdots&x_1^n\\1&x_2&x_2^2&\cdots&x_2^n\\\vdots&\vdots&\vdots&&\vdots\\1&x_n&x_n^2&\cdots&x_n^n\\1&x_{n+1}&x_{n+1}^2&\cdots&x_{n+1}^n\end{vmatrix}\neq 0$$

知(*)仅有零解 $a_i=0(i=0,1,2,\cdots,n)$，从而 $f(x)\equiv 0$.

4. 涉及向量的线性与方程组问题

下面的例子涉及向量问题,这些我们前文已有介绍.

例 1 已知三阶矩阵 $\boldsymbol{B}\neq\boldsymbol{O}$,且 $\boldsymbol{B}$ 的每一个列向量都是以下方程组的解

$$\begin{cases}x_1+2x_2-2x_3=0\\2x_1-x_2+\lambda x_3=0\\3x_1+x_2-x_3=0\end{cases}$$

(1)求 λ 的值;(2)证明 $|\boldsymbol{B}|=0$.

解 (1)将齐次线性方程组记为 $\boldsymbol{Ax}=\boldsymbol{0}$,并记 $\boldsymbol{B}=(\boldsymbol{\beta}_1,\boldsymbol{\beta}_2,\boldsymbol{\beta}_3)$,依题意 $\boldsymbol{\beta}_1,\boldsymbol{\beta}_2,\boldsymbol{\beta}_3$ 均为方程组的解,且不全为零,即 $A\boldsymbol{x}=\boldsymbol{0}$ 有非零解,故其系数行列式为零,即

$$|\boldsymbol{A}|=\begin{vmatrix}1&2&-2\\2&-1&\lambda\\3&1&-1\end{vmatrix}=5(\lambda-1)=0$$

得 $\lambda=1$.

(2)由 $\boldsymbol{A\beta}_1=\boldsymbol{0},\boldsymbol{A\beta}_2=\boldsymbol{0},\boldsymbol{A\beta}_3=\boldsymbol{0}$ 可有

$$(\boldsymbol{A\beta}_1,\boldsymbol{A\beta}_2,\boldsymbol{A\beta}_3)=\boldsymbol{A}(\boldsymbol{\beta}_1,\boldsymbol{\beta}_2,\boldsymbol{\beta}_3)=\boldsymbol{O}$$

即 $\boldsymbol{AB}=\boldsymbol{O}$.

今证 $|\boldsymbol{B}|=0$. 用反证法. 假设 $|\boldsymbol{B}|\neq0$,则 $\boldsymbol{B}$ 可逆,将 $\boldsymbol{AB}=\boldsymbol{O}$ 的两端右乘以 $\boldsymbol{B}^{-1}$,得 $\boldsymbol{A}=\boldsymbol{O}$,这与 $\boldsymbol{A}$ 为非零矩阵相矛盾,故 $|\boldsymbol{B}|=0$.

例 2 设 $\boldsymbol{\alpha}_i=(a_{i1},a_{i2},\cdots,a_{in})^{\mathrm{T}}(i=1,2,\cdots,r,r<n)$ 是 n 维实向量,且 $\boldsymbol{\alpha}_1,\boldsymbol{\alpha}_2,\cdots,\boldsymbol{\alpha}_r$ 线性无关. 又 $\boldsymbol{\beta}=(b_1,b_2,\cdots,b_n)^{\mathrm{T}}$ 是线性方程组

$$\begin{cases}a_{11}x_1+a_{12}x_2+\cdots+a_{1n}x_n=0\\a_{21}x_1+a_{22}x_2+\cdots+a_{2n}x_n=0\\\qquad\vdots\\a_{r1}x_1+a_{r2}x_2+\cdots+a_{rn}x_n=0\end{cases}\qquad①$$

的非零解,试判断向量组 $\boldsymbol{\alpha}_1,\boldsymbol{\alpha}_2,\cdots,\boldsymbol{\alpha}_r,\boldsymbol{\beta}$ 的相关性.

解 1 今考虑若有 $k_1,k_2,\cdots,k_r$ 和 k 使

$$\sum_{i=1}^{r}k_i\boldsymbol{\alpha}_i+k\boldsymbol{\beta}=\boldsymbol{0}\qquad②$$

因为 $\boldsymbol{\beta}$ 是方程组①的解,且 $\boldsymbol{\beta}\neq0$,故 $\boldsymbol{\alpha}_i^{\mathrm{T}}\boldsymbol{\beta}=0$ 即 $\boldsymbol{\beta}^{\mathrm{T}}\boldsymbol{\alpha}_i=0(i=1,2,\cdots,r)$.

两边左乘 $\boldsymbol{\beta}^{\mathrm{T}}$ 有 $\sum\limits_{i=1}^{r}\boldsymbol{\beta}^{\mathrm{T}}\boldsymbol{\alpha}_i+k\boldsymbol{\beta}^{\mathrm{T}}\boldsymbol{\beta}=0$. 从而 $k\boldsymbol{\beta}^{\mathrm{T}}\boldsymbol{\beta}=0$,又 $\boldsymbol{\beta}\neq\boldsymbol{0}$,知 $k=0$.

又由式②有 $\sum\limits_{i=1}^{r}k_i\boldsymbol{\alpha}_i=\boldsymbol{0}$,由 $\{\boldsymbol{\alpha}_i\}$ 线性无关性,知 $k_i=0(i=1,2,\cdots,r)$.

而再由 $\boldsymbol{\beta}\neq0$,知 $k=0$. 故 $\{\boldsymbol{\alpha}_1,\boldsymbol{\alpha}_2,\cdots,\boldsymbol{\alpha}_r,\boldsymbol{\beta}\}$ 线性无关.

解 2 设有一组数 $k_1,k_2,\cdots,k_r,k$,使得

$$k_1\boldsymbol{\alpha}_1+k_2\boldsymbol{\alpha}_2+\cdots+k_r\boldsymbol{\alpha}_r+k\boldsymbol{\beta}=0\qquad②$$

把 $\boldsymbol{\beta}=(b_1,b_2,\cdots,b_n)^{\mathrm{T}}$,代入方程组①中,并用向量形式可表示为

$$\boldsymbol{\alpha}_i^{\mathrm{T}}\boldsymbol{\beta}=0\quad(i=1,2,\cdots,r)\qquad③$$

在式②两边左乘 $\boldsymbol{\beta}^{\mathrm{T}}$ 得

$$k_1\boldsymbol{\beta}^{\mathrm{T}}\boldsymbol{\alpha}_1+k_2\boldsymbol{\beta}^{\mathrm{T}}\boldsymbol{\alpha}_2+\cdots+k_r\boldsymbol{\beta}^{\mathrm{T}}\boldsymbol{\alpha}_r+k\boldsymbol{\beta}^{\mathrm{T}}\boldsymbol{\beta}=0\qquad④$$

由式③和式④得 $k\boldsymbol{\beta}^{\mathrm{T}}\boldsymbol{\beta}=0$,但 $\boldsymbol{\beta}^{\mathrm{T}}\boldsymbol{\beta}\neq0$,故 $k=0$.

于是式②变为 $k_1\boldsymbol{\alpha}_1+k_2\boldsymbol{\alpha}_2+\cdots+k_r\boldsymbol{\alpha}_r=0$. 由于向量组 $\boldsymbol{\alpha}_1,\boldsymbol{\alpha}_2,\cdots,\boldsymbol{\alpha}_n$ 线性无关,所以 $k_1=k_2=\cdots=$

$k_r=0$，因此，向量组 $\boldsymbol{\alpha}_1,\boldsymbol{\alpha}_2,\cdots,\boldsymbol{\alpha}_r,\boldsymbol{\beta}$ 线性无关.

例 3　若矩阵 $\boldsymbol{A}\in\mathbf{R}^{n\times n}$，且方程组 $\boldsymbol{A}^k\boldsymbol{x}=\mathbf{0}(k\in\mathbf{Z}^+)$ 有解向量 $\boldsymbol{\alpha}$，但 $\boldsymbol{A}^{k-1}\boldsymbol{\alpha}\neq\mathbf{0}$. 证明向量组 $\{\boldsymbol{\alpha}_1,\boldsymbol{A}\boldsymbol{\alpha}_1,\cdots,\boldsymbol{A}^{k-1}\boldsymbol{\alpha}\}$ 线性无关.

证　若有 λ_i 使

$$\sum_{i=1}^{k}\lambda_i\boldsymbol{A}^{i-1}\boldsymbol{\alpha}=\mathbf{0}\ (\text{这里规定 } \boldsymbol{A}^0=\boldsymbol{I}) \tag{$*$}$$

又 $\boldsymbol{A}^k\boldsymbol{\alpha}=\mathbf{0}$，但 $\boldsymbol{A}^{k-1}\boldsymbol{\alpha}\neq\mathbf{0}$，知 $\boldsymbol{A}^{k+l}\boldsymbol{\alpha}=\mathbf{0}\ (l=1,2,\cdots,n)$.

将式($*$)两端同乘 $\boldsymbol{A}^{k-1}$，且注意上面结论有 $\lambda_1\boldsymbol{A}^{k-1}\boldsymbol{\alpha}=\mathbf{0}$，由 $\boldsymbol{A}^{k-1}\boldsymbol{\alpha}\neq\mathbf{0}$，知 $\lambda_1=0$.

类似地，将式($*$)两端依次乘 $\boldsymbol{A}^{k-2},\boldsymbol{A}^{k-3},\cdots,\boldsymbol{A}$，可分别得到

$$\lambda_2=\lambda_3=\cdots=\lambda_k=0$$

从而 $\{\boldsymbol{\alpha},\boldsymbol{A}\boldsymbol{\alpha},\boldsymbol{A}^2\boldsymbol{\alpha},\cdots,\boldsymbol{A}^{k-1}\boldsymbol{\alpha}\}$ 线性无关.

例 4　若向量组 $\boldsymbol{\alpha}_i\in\mathbf{R}^n(i=1,2,\cdots,t)$ 是方程组 $\boldsymbol{A}\boldsymbol{x}=\mathbf{0}$ 的基础解系，又 $\boldsymbol{A}\boldsymbol{\beta}\neq\mathbf{0}$，则向量组 $\{\boldsymbol{\beta},\boldsymbol{\beta}+\boldsymbol{\alpha}_1,\boldsymbol{\beta}+\boldsymbol{\alpha}_2,\cdots,\boldsymbol{\beta}+\boldsymbol{\alpha}_t\}$ 线性无关.

证 1　反证法. 若不然，设 $\{\boldsymbol{\beta},\boldsymbol{\beta}+\boldsymbol{\alpha}_1,\cdots,\boldsymbol{\beta}+\boldsymbol{\alpha}_t\}$ 线性相关，由此可有向量组 $\{\boldsymbol{\beta},\boldsymbol{\alpha}_1,\boldsymbol{\alpha}_2,\cdots,\boldsymbol{\alpha}_t\}$ 亦线性相关.

但 $\{\boldsymbol{\alpha}_1,\boldsymbol{\alpha}_2,\cdots,\boldsymbol{\alpha}_t\}$ 线性无关，从而 $\boldsymbol{\beta}\leftarrow\{\boldsymbol{\alpha}_1,\boldsymbol{\alpha}_2,\cdots,\boldsymbol{\alpha}_t\}$，设 $\boldsymbol{\beta}=\sum_{i=1}^{t}k_i\boldsymbol{\alpha}_i$，则 $\boldsymbol{A}\boldsymbol{\beta}=\sum_{i=1}^{t}k_i\boldsymbol{A}\boldsymbol{\alpha}_i=\mathbf{0}$ 与题设矛盾！故 $\{\boldsymbol{\beta},\boldsymbol{\beta}+\boldsymbol{\alpha}_1,\cdots,\boldsymbol{\beta}+\boldsymbol{\alpha}_t\}$ 线性无关.

证 2　若有 k 及 k_i 使 $k\boldsymbol{\beta}+\sum_{i=1}^{t}k_i(\boldsymbol{\beta}+\boldsymbol{\alpha}_i)=\mathbf{0}$，即

$$\left(k+\sum_{i=1}^{t}k_i\right)\boldsymbol{\beta}=-\sum_{i=1}^{t}k_i\boldsymbol{\alpha}_i \tag{①}$$

两边左乘 $\boldsymbol{A}$ 有

$$\left(k+\sum_{i=1}^{t}k_i\right)\boldsymbol{A}\boldsymbol{\beta}=-\sum_{i=1}^{t}k_i(\boldsymbol{A}\boldsymbol{\alpha}_i) \tag{②}$$

又由式 ① 知 $\sum_{i=1}^{t}k_i\boldsymbol{\alpha}_i=\mathbf{0}$，但 $\{\boldsymbol{\alpha}_i\}$ 是基础解系故它们线性无关，从而 $k_1=k_2=\cdots=k_t=0$，由式②知 $k=0$. 故 $\{\boldsymbol{\beta},\ \boldsymbol{\beta}+\boldsymbol{\alpha}_1,\cdots,\ \boldsymbol{\beta}+\boldsymbol{\alpha}_t\}$ 线性无关.

例 5　若 $\boldsymbol{\alpha}_1=(1,1,2,3)^{\mathrm{T}},\boldsymbol{\alpha}_2=(-1,1,4,-1)^{\mathrm{T}},\boldsymbol{\alpha}_3=(5,-1,-8,9)^{\mathrm{T}}$ 是方程组 $\boldsymbol{B}\boldsymbol{x}=\mathbf{0}$ 的解向量，这儿 $\boldsymbol{B}\in\mathbf{R}^{5\times4}$，且 $\mathrm{r}(\boldsymbol{B})=2$. 求 $\boldsymbol{B}\boldsymbol{x}=\mathbf{0}$ 解空间的一个标准正交基.

解　由设 $\mathrm{r}(\boldsymbol{B})=2$，又变元个数为 4，则方程组解空间的维数是 2.

容易验证 $\boldsymbol{\alpha}_1,\boldsymbol{\alpha}_2$ 线性无关，故它们可以是 $\boldsymbol{B}\boldsymbol{x}=\mathbf{0}$ 解空间上的一个基，将基正交化(Schmidt 正交化)：

$$\boldsymbol{\beta}_1=\boldsymbol{\alpha}_1=(1,1,2,3)^{\mathrm{T}},\quad \boldsymbol{\beta}_2=\boldsymbol{\alpha}_2-\frac{(\boldsymbol{\alpha}_2,\boldsymbol{\beta}_1)}{(\boldsymbol{\beta}_1,\boldsymbol{\beta}_1)}\boldsymbol{\beta}_1=\left(-\frac{4}{3},\frac{2}{3},\frac{10}{3},-2\right)^{\mathrm{T}}$$

再将它们单位(标准)化(或归一化)

$$\boldsymbol{\eta}_1=\frac{\boldsymbol{\beta}_1}{\|\boldsymbol{\beta}_1\|}=\frac{1}{\sqrt{15}}(1,1,2,3)^{\mathrm{T}},\quad \boldsymbol{\eta}_2=\frac{\boldsymbol{\beta}_2}{\|\boldsymbol{\beta}_2\|}=\frac{1}{\sqrt{39}}(-2,1,5,3)^{\mathrm{T}}$$

例 6　若 $\{\boldsymbol{\alpha}_i\}(i=1,2,\cdots,s)$ 是方程组 $\boldsymbol{A}\boldsymbol{x}=\mathbf{0}$ 的一个基础解系. 又 $\boldsymbol{\beta}_1=t_1\boldsymbol{\alpha}_1+t_2\boldsymbol{\alpha}_2,\boldsymbol{\beta}_2=t_1\boldsymbol{\alpha}_2+t_2\boldsymbol{\alpha}_3,\cdots,\boldsymbol{\beta}_s=t_1\boldsymbol{\alpha}_s+t_2\boldsymbol{\alpha}_1$. 试问当 t_1,t_2 满足何关系时，$\{\boldsymbol{\beta}_i\}(i=1,2,\cdots,s)$ 亦为 $\boldsymbol{A}\boldsymbol{x}=\mathbf{0}$ 的一个基础解系.

解　显然 $\boldsymbol{\beta}_i(i=1,2,\cdots,s)$ 是 $\boldsymbol{A}\boldsymbol{x}=\mathbf{0}$ 的解. 又 $\sum_{i=1}^{s}k_i\boldsymbol{\beta}_i=\mathbf{0}$，即

$$(t_1k_1+t_2k_s)\boldsymbol{\alpha}_1+(t_2k_1+t_2k_2)\boldsymbol{\alpha}_2+\cdots+(t_2k_{s-1}+t_1k_s)\boldsymbol{\alpha}_s=\mathbf{0}$$

由于 $\{\boldsymbol{\alpha}_i\}(i=1,2,\cdots,s)$ 线性无关，故若

$$T(k_1,k_2,\cdots,k_s)^{\mathrm{T}}=\begin{pmatrix} t_1 & 0 & 0 & \cdots & 0 & t_2 \\ t_2 & t_1 & 0 & \cdots & 0 & 0 \\ 0 & t_2 & t_1 & \cdots & 0 & 0 \\ \vdots & \vdots & \vdots & & \vdots & \vdots \\ 0 & 0 & 0 & \cdots & t_2 & t_1 \end{pmatrix}\begin{pmatrix} k_1 \\ k_2 \\ k_3 \\ \vdots \\ k_s \end{pmatrix}=\mathbf{0} \qquad (*)$$

由 $|\boldsymbol{T}|=t_1^s+(-1)^{s+1}t_2^s$,故当 $\begin{cases} s\text{ 为偶数时}, t_1\neq\pm t_2; \\ s\text{ 为奇数时}, t_1\neq -t_2. \end{cases}$ 这时,$|\boldsymbol{T}|\neq 0$.

此时式($*$)只有零解,知$\{\boldsymbol{\beta}_i\}$线性无关,从而它亦为 $\boldsymbol{Ax}=\mathbf{0}$ 的一个基础解系.

注 下面的问题和解法与例无异.

问题 若 $\boldsymbol{\alpha}_1,\boldsymbol{\alpha}_2,\boldsymbol{\alpha}_3$ 是方程组 $\boldsymbol{Ax}=\mathbf{0}$ 的一个基础解系,则 $\boldsymbol{\alpha}_1+\boldsymbol{\alpha}_2,\boldsymbol{\alpha}_2+\boldsymbol{\alpha}_3,\boldsymbol{\alpha}_3+\boldsymbol{\alpha}_1$ 也是方程组的一个基础解系.

证 显然 $\boldsymbol{\alpha}_1+\boldsymbol{\alpha}_2,\boldsymbol{\alpha}_2+\boldsymbol{\alpha}_3,\boldsymbol{\alpha}_3+\boldsymbol{\alpha}_1$ 是 $\boldsymbol{Ax}=\mathbf{0}$ 的解(因 $\boldsymbol{\alpha}_i$ 是 $\boldsymbol{Ax}=\mathbf{0}$ 的解),关键证明 $\boldsymbol{\alpha}_1+\boldsymbol{\alpha}_2,\boldsymbol{\alpha}_2+\boldsymbol{\alpha}_3,\boldsymbol{\alpha}_3+\boldsymbol{\alpha}_1$ 线性无关即可.若有 $k_i(i=1,2,3)$使

$$k_1(\boldsymbol{\alpha}_1+\boldsymbol{\alpha}_2)+k_2(\boldsymbol{\alpha}_2+\boldsymbol{\alpha}_3)+k_3(\boldsymbol{\alpha}_3+\boldsymbol{\alpha}_1)=\mathbf{0}$$

即

$$(k_1+k_3)\boldsymbol{\alpha}_1+(k_1+k_2)\boldsymbol{\alpha}_2+(k_2+k_3)\boldsymbol{\alpha}_3=\mathbf{0}$$

由题设 $\boldsymbol{\alpha}_1,\boldsymbol{\alpha}_2,\boldsymbol{\alpha}_3$ 线性无关,则($*$)$\begin{cases} k_1+k_3=0, \\ k_1+k_2=0, \\ k_2+k_3=0. \end{cases}$ 而 $D=\begin{vmatrix} 1 & 0 & 1 \\ 1 & 1 & 0 \\ 0 & 1 & 1 \end{vmatrix}\neq 0$,知方程组($*$)仅有 0 解,即 $k_1=k_2=k_3=0$.

从而 $\boldsymbol{\alpha}_1+\boldsymbol{\alpha}_2,\boldsymbol{\alpha}_2+\boldsymbol{\alpha}_3,\boldsymbol{\alpha}_3+\boldsymbol{\alpha}_1$ 线性无关,故它们亦是 $\boldsymbol{Ax}=\mathbf{0}$ 的一个基础解系.

最后看两个几何问题,当然它与方程组的解有着密切的联系.

例 7 已知平面上三条不同直线的方程分别为

$$l_1: ax+2by+3c=0,\quad l_2: bx+2cy+3a=0,\quad l_3: cx+2ay+3b=0$$

试证:该三条直线交于一点的充分必要条件为 $a+b+c=0$.

证 1 (必要性)设三条直线 l_1,l_2,l_3 交于一点,则线性方程组

$$\begin{cases} ax+2by=-3c \\ bx+2cy=-3a \\ cx+2ay=-3b \end{cases}$$

有唯一解,故其系数矩阵 $\mathbf{A}=\begin{pmatrix} a & 2b \\ b & 2c \\ c & 2a \end{pmatrix}$ 与增广矩阵 $\overline{\mathbf{A}}=\left(\begin{array}{cc:c} a & 2b & -3c \\ b & 2c & -3b \\ c & 2a & -3b \end{array}\right)$ 的秩均为 2,于是 $|\overline{\mathbf{A}}|=0$.即

$$|\overline{\mathbf{A}}|=\left|\begin{array}{cc:c} a & 2b & -3c \\ b & 2c & -3b \\ c & 2a & -3b \end{array}\right|=6(a+b+c)[a^2+b^2+c^2-ab-ac-bc]=$$

$$3(a+b+c)[(a-b)^2+(b-c)^2+(c-a)^2]$$

但依题设$(a-b)^2+(b-c)^2+(c-a)^2\neq 0$,故 $a+b+c=0$.

(充分性)由 $a+b+c=0$,则由上证明可知$|\overline{\mathbf{A}}|=0$,故 $\mathrm{r}(\overline{\mathbf{A}})<3$.由

$$\begin{vmatrix} a & 2b \\ b & 2c \end{vmatrix}=2(ac-b^2)=-2[a(a+b)+b^2]=-2\left[\left(a+\frac{1}{2}b\right)^2+\frac{3}{4}b^2\right]\neq 0$$

故 $\mathrm{r}(\mathbf{A})=2$.于是

$$\mathrm{r}(\mathbf{A})=\mathrm{r}(\boldsymbol{P}\overline{\mathbf{A}})=2$$

因此方程组($*$)有唯一解,即三直线 l_1,l_2,l_3 交于一点.

证 2 (必要性)设三直线交于一点(x_0,y_0). 则$(x_0,y_0,1)^T$为$\boldsymbol{Ax}=\boldsymbol{0}$的非零解,其中

$$\boldsymbol{A}=\begin{pmatrix}a & 2b & 3c\\ b & 2c & 3a\\ c & 2a & 3b\end{pmatrix}$$

于是$|\boldsymbol{A}|=0$. 而行列式

$$|\boldsymbol{A}|=\begin{vmatrix}a & 2b & 3c\\ b & 2c & 3a\\ c & 2a & 3b\end{vmatrix}=-6(a+b+c)[a^2+b^2+c^2-qb-ac-bc]=$$

$$-3(a+b+c)[(a-b)^2+(b-c)^2+(c-a)^2]$$

依题设$(a-b)^2+(b-c)^2+(c-a)^2\neq 0$,故$a+b+c=0$.

(充分性)考虑线性方程组

$$\begin{cases}ax+2by=-3c\\ bx+2cy=-3a\\ cx+2ay=-3b\end{cases}\qquad (*)$$

将$(*)$的三个方程相加,并由$a+b+c=0$可知,方程组$(*)$等价于方程组

$$\begin{cases}ax+2by=-3c\\ bx+2cy=-3a\end{cases}\qquad (**)$$

又由于

$$\begin{vmatrix}a & 2b\\ b & 2c\end{vmatrix}=2(ac-b^2)=-2[a(a+b)+b^2]=-[a^2+b^2+(a+b)^2]\neq 0$$

故方程组$(**)$有唯一解,进而方程组$(*)$有唯一解,即三直线l_1,l_2,l_3交于一点.

注 1 本题将三条直线的位置关系转化为方程组的解的判定,而解的判定问题又可转化为矩阵的秩计算,进而转化为行列式的计算.它的推广情形可见前文例注.

注 2 本题结论又推广为:

命题 平面上n个直线$l_i:a_ix+b_iy+c_i=0(i=1,2,\cdots,n)$相交于一点$\Leftrightarrow \mathrm{r}(\boldsymbol{A})=\mathrm{r}(\overline{\boldsymbol{A}})=2$,其中

$$\boldsymbol{A}=\begin{pmatrix}a_1 & b_1\\ a_2 & b_2\\ \vdots & \vdots\\ a_n & b_n\end{pmatrix},\quad \overline{\boldsymbol{A}}=\begin{pmatrix}a_1 & b_1 & c_1\\ a_2 & b_2 & c_2\\ \vdots & \vdots & \vdots\\ a_n & b_n & b_n\end{pmatrix}$$

略证 $\Rightarrow$由设$\boldsymbol{A}$为$2\times n$矩阵,则$\mathrm{r}(\boldsymbol{A})\leqslant 2$. 若$\mathrm{r}(\boldsymbol{A})=\mathrm{r}(\overline{\boldsymbol{A}})=1$,方程组有无穷多组解,即直线无穷多个公共点,不妥. 故

$$\mathrm{r}(\boldsymbol{A})=\mathrm{r}(\overline{\boldsymbol{A}})=2$$

$\Leftarrow$若$\mathrm{r}(\boldsymbol{A})=\mathrm{r}(\overline{\boldsymbol{A}})=2$,由 Cramer 规则方程组有唯一解. 即直线有唯一交点.

在各种数学竞赛中,涉及线性方程组的问题不多,即使有这类题目,它们也将是另一种"面孔",比如以矩阵、向量形式,或以微分方程组及其他形式等. 换言之,线性方程组的问题较这类问题似乎容易些,"改头换面"为增加问题难度与趣味. 来看例子.

例 8 给定实数$a_i,b_i(i=1,2,3,4)$,且$a_1b_2-a_2b_1\neq 0$. 考虑线性方程组

$$\begin{cases}a_1x_1+a_2x_2+a_3x_3+a_4x_4=0\\ b_1x_1+b_2x_2+b_3x_3+b_4x_4=0\end{cases}$$

的$x_i(i=1,2,3,4)$全不为零的解集. 每个这样的解确定一个"正、负号四重组". (1)确定不同四重组的最大可能数目,证明你的结论;(2)研究上述的四重组个数达最大时,实数$a_i,b_i(i=1,2,3,4)$应当满足的条件.

解 (1)若 x_3,x_4 为自由变元,则有

$$x_1=A_1x_3+B_1x_4,\quad x_2=A_2x_3+B_2x_4,\quad x_3=x_3,\quad x_4=x_4$$

其中 $A_1=\dfrac{a_2b_3-a_3b_2}{a_1b_2-a_2b_1}$,类似地 A_2,B_1,B_2 亦可由 a_i,b_i 表示.

则$\{O;x_3,x_4\}$平面内每个点对应唯一个解(x_1,x_2,x_3,x_4),而 x_1 的符号取决于(x_3,x_4)相对于直线 $A_1x_3+B_1x_4$ 的位置,即点(x_3,x_4)在此直线一侧为正,另一侧为负.

同理 x_2,x_3,x_4 的符号分别按它们在 $A_2x_3+B_2x_4=0,x_3=0,x_4=0$ 两侧情况而定.

而上述 4 条直线均过原点 O,它们至多可将平面分成 8 个区域,每个区域内的点对应直线方程全不为零的解所确定的一个"正负号四重组",故所有不同四重组最大个数是 8 个.

(2)当且仅当 4 条直线不同时,才有最大数 8,它等价于条件为

$$A_1\neq 0,\quad A_2\neq 0,\quad B_1\neq 0,\quad B_2\neq 0,\quad A_1B_2-A_2B_1\neq 0$$

它们亦可表示为 $a_ib_j-a_jb_i\neq 0,\ 1\leqslant i<j\leqslant 4$.

三、方程组的基础解系与通解

这类问题其实是讨论向量的相关性问题,不同的是掺入了方程组解、基础解系、解空间、通解等概念.

例 1 若 $\boldsymbol{\alpha}_1,\boldsymbol{\alpha}_2,\boldsymbol{\alpha}_3$ 是方程组 $\boldsymbol{Ax}=\boldsymbol{0}$ 的一个基础解系,则 $\boldsymbol{\alpha}_1+\boldsymbol{\alpha}_2,\boldsymbol{\alpha}_2+\boldsymbol{\alpha}_3,\boldsymbol{\alpha}_3+\boldsymbol{\alpha}_1$ 也是方程组的一个基础解系.

证 关键证明 $\boldsymbol{\alpha}_1+\boldsymbol{\alpha}_2,\boldsymbol{\alpha}_2+\boldsymbol{\alpha}_3,\boldsymbol{\alpha}_3+\boldsymbol{\alpha}_1$ 线性无关即可.显然 $\boldsymbol{\alpha}_1+\boldsymbol{\alpha}_2,\boldsymbol{\alpha}_2+\boldsymbol{\alpha}_3,\boldsymbol{\alpha}_3+\boldsymbol{\alpha}_1$ 是 $\boldsymbol{Ax}=\boldsymbol{0}$ 的解(因 $\boldsymbol{\alpha}_i$ 是 $\boldsymbol{Ax}=\boldsymbol{0}$ 的解),下证它们线性无关.若有 $k_i(i=1,2,3)$使

$$k_1(\boldsymbol{\alpha}_1+\boldsymbol{\alpha}_2)+k_2(\boldsymbol{\alpha}_2+\boldsymbol{\alpha}_3)+k_3(\boldsymbol{\alpha}_3+\boldsymbol{\alpha}_1)=\boldsymbol{0}$$

即

$$(k_1+k_3)\boldsymbol{\alpha}_1+(k_1+k_2)\boldsymbol{\alpha}_2+(k_2+k_3)\boldsymbol{\alpha}_3=\boldsymbol{0}$$

由题设 $\boldsymbol{\alpha}_1,\boldsymbol{\alpha}_2,\boldsymbol{\alpha}_3$ 线性无关,故有

$$\begin{cases}k_1+k_3=0\\k_1+k_2=0\\k_2+k_3=0\end{cases}\qquad (*)$$

而系数行列式 $D=\begin{vmatrix}1&0&1\\1&1&0\\0&1&1\end{vmatrix}\neq 0$,知方程组$(*)$仅有 0 解,即 $k_1=k_2=k_3=0$.

从而 $\boldsymbol{\alpha}_1+\boldsymbol{\alpha}_2,\boldsymbol{\alpha}_2+\boldsymbol{\alpha}_3,\boldsymbol{\alpha}_3+\boldsymbol{\alpha}_1$ 线性无关,故它们亦是 $\boldsymbol{Ax}=\boldsymbol{0}$ 的一个基础解系.

例 2 已知 4 阶方阵 $\boldsymbol{A}=(\boldsymbol{\alpha}_1,\boldsymbol{\alpha}_2,\boldsymbol{\alpha}_3,\boldsymbol{\alpha}_4)$,这里 $\boldsymbol{\alpha}_1,\boldsymbol{\alpha}_2,\boldsymbol{\alpha}_3,\boldsymbol{\alpha}_4$ 均为 4 维列向量,其中 $\boldsymbol{\alpha}_2,\boldsymbol{\alpha}_3,\boldsymbol{\alpha}_4$ 线性无关,又 $\boldsymbol{\alpha}_1=2\boldsymbol{\alpha}_2-\boldsymbol{\alpha}_3$,如果 $\boldsymbol{\beta}=\boldsymbol{\alpha}_1+\boldsymbol{\alpha}_2+\boldsymbol{\alpha}_3+\boldsymbol{\alpha}_4$,求线性方程组 $\boldsymbol{Ax}=\boldsymbol{\beta}$ 的通解.

解 由题设知所求通解等于 $\boldsymbol{Ax}=\boldsymbol{0}$ 的通解与 $\boldsymbol{Ax}=\boldsymbol{\beta}$ 的一个特解之和.

设 $\boldsymbol{x}=(x_1,x_2,x_3,x_4)^{\mathrm{T}}$,则 $\boldsymbol{Ax}=\boldsymbol{0}$ 为$(2\boldsymbol{\alpha}_2-\boldsymbol{\alpha}_3)x_1+\boldsymbol{\alpha}_2x_2+\boldsymbol{\alpha}_3x_3+\boldsymbol{\alpha}_4x_4=\boldsymbol{0}$,即

$$(2x_1+x_2)\boldsymbol{\alpha}_2+(-x_1+x_3)\boldsymbol{\alpha}_3+x_4\boldsymbol{\alpha}_4=\boldsymbol{0}$$

由 $\boldsymbol{\alpha}_2,\boldsymbol{\alpha}_3,\boldsymbol{\alpha}_4$ 线性无关,知$\begin{cases}2x_1+x_2=0,\\-x_1+x_3=0,\\x_4=0.\end{cases}$其通解为

$$(x_1,x_2,x_3,x_4)^{\mathrm{T}}=k(1,-2,1,0)^{\mathrm{T}}$$

其中 k 是为任意常数.

又易看出$(1,1,1,1)^{\mathrm{T}}$ 是 $\boldsymbol{Ax}=\boldsymbol{\beta}$ 的一个特解.故所求通解为

$$\boldsymbol{x}=(1,1,1,1)^{\mathrm{T}}+k(1,-2,1,0)^{\mathrm{T}}\quad(\text{其中 } k \text{ 为任意常数})$$

例 3　若$\{\boldsymbol{\alpha}_1,\boldsymbol{\alpha}_2,\cdots,\boldsymbol{\alpha}_n\}$是齐次方程组$\boldsymbol{Ax}=\mathbf{0}$的一个基础解系，$\boldsymbol{\beta}$不是$\boldsymbol{Ax}=\mathbf{0}$的解(即$\boldsymbol{A\beta}\neq\mathbf{0}$)，则向量组$\{\boldsymbol{\beta},\ \boldsymbol{\beta}+\boldsymbol{\alpha}_1,\ \boldsymbol{\beta}+\boldsymbol{\alpha}_2,\cdots,\ \boldsymbol{\beta}+\boldsymbol{\alpha}_t\}$线性无关.

证　设有$k_i(i=1,2,\cdots,t)$使

$$k_0\boldsymbol{\beta}+\sum_{i=1}^{t}k_i(\boldsymbol{\beta}+\boldsymbol{\alpha}_i)=\mathbf{0}$$

即

$$(k_0+\sum_{i=1}^{t}k_i)\boldsymbol{\beta}=-\sum_{i=1}^{t}k_i\boldsymbol{\alpha}_i \tag{$*$}$$

由$\boldsymbol{\alpha}_i$是$\boldsymbol{Ax}=\mathbf{0}$的解，上式两边左乘$\boldsymbol{A}$有

$$(k_0+\sum_{i=1}^{t}k_i)\boldsymbol{A\beta}=-\sum_{i=1}^{t}\boldsymbol{A\alpha}_i=\mathbf{0}$$

但$\boldsymbol{A\beta}\neq\mathbf{0}$，知$\boldsymbol{\beta}\neq\mathbf{0}$，故只有

$$k_0+\sum_{i=1}^{t}k_i=0 \tag{$**$}$$

由式($*$)知$\sum_{i=1}^{t}k_i\boldsymbol{\alpha}_i=\mathbf{0}$，但$\{\boldsymbol{\alpha}_1,\boldsymbol{\alpha}_2,\cdots,\boldsymbol{\alpha}_t\}$线性无关，从而仅有

$$k_1=k_2=\cdots=k_t=0$$

又由式($**$)知$k_0=0$，从而$k_i=0(i=1,2,\cdots,t)$，即$\{\boldsymbol{\beta}_1,\ \boldsymbol{\beta}+\boldsymbol{\alpha}_1,\ \boldsymbol{\beta}+\boldsymbol{\alpha}_2,\cdots,\ \boldsymbol{\beta}+\boldsymbol{\alpha}_t\}$线性无关.

注　这里左乘矩阵$\boldsymbol{A}$是证线性方程组解相关性的常用方法.

例 4　若$\boldsymbol{\alpha}_1=(1,1,2,3)^{\mathrm{T}}$，$\boldsymbol{\alpha}_2=(-1,1,4,-1)^{\mathrm{T}}$，$\boldsymbol{\alpha}_3=(5,-1,-8,9)^{\mathrm{T}}$是方程组$\boldsymbol{Bx}=\mathbf{0}$的解向量，这里$\boldsymbol{B}\in\mathbf{R}^{5\times4}$，且$\mathrm{r}(\boldsymbol{B})=2$. 求$\boldsymbol{Bx}=\mathbf{0}$解空间的一个标准正交基.

解　由设$\mathrm{r}(\boldsymbol{B})=2$，又变元个数为 4，则方程组解空间的维数是 2.

容易验证$\boldsymbol{\alpha}_1,\boldsymbol{\alpha}_2$线性无关，故它们可以是$\boldsymbol{Bx}=\mathbf{0}$解空间上的一个基，将基正交化(Schmidt)：

$$\boldsymbol{\beta}_1=\boldsymbol{\alpha}_1=(1,1,2,3)^{\mathrm{T}},\quad \boldsymbol{\beta}_2=\boldsymbol{\alpha}_2-\frac{(\boldsymbol{\alpha}_2,\boldsymbol{\beta}_1)}{(\boldsymbol{\beta}_1,\boldsymbol{\beta}_1)}\boldsymbol{\beta}_1=(-\frac{4}{3},\frac{2}{3},\frac{10}{3},-2)^{\mathrm{T}}$$

再将它们单位(标准)化(或归一化)，有

$$\boldsymbol{\eta}_1=\frac{\boldsymbol{\beta}_1}{\|\boldsymbol{\beta}_1\|}=\frac{1}{\sqrt{15}}(1,1,2,3)^{\mathrm{T}},\quad \boldsymbol{\eta}_2=\frac{\boldsymbol{\beta}_2}{\|\boldsymbol{\beta}_2\|}=\frac{1}{\sqrt{39}}(-2,1,5,3)^{\mathrm{T}}$$

例 5　若$\boldsymbol{\alpha}=(1,2,1)^{\mathrm{T}}$，$\boldsymbol{\beta}=(1,\frac{1}{2},0)^{\mathrm{T}}$，$\boldsymbol{\gamma}=(0,0,8)^{\mathrm{T}}$，$\boldsymbol{A}=\boldsymbol{\alpha\beta}^{\mathrm{T}}$，$\boldsymbol{B}=\boldsymbol{\beta\alpha}^{\mathrm{T}}$. 求解方程组$2\boldsymbol{B}^2\boldsymbol{A}^2\boldsymbol{x}=\boldsymbol{A}^4\boldsymbol{x}+\boldsymbol{B}^4\boldsymbol{x}+\boldsymbol{\gamma}$.

解　由题设矩阵$\boldsymbol{A}=\boldsymbol{\alpha\beta}^{\mathrm{T}}$，则

$$\boldsymbol{A}^2=2\boldsymbol{\beta}^{\mathrm{T}}\boldsymbol{\alpha\beta}^{\mathrm{T}}=\boldsymbol{\alpha}(\boldsymbol{\beta}^{\mathrm{T}}\boldsymbol{\alpha})\boldsymbol{\beta}^{\mathrm{T}}=(\boldsymbol{\beta}^{\mathrm{T}}\boldsymbol{\alpha})\boldsymbol{\alpha\beta}^{\mathrm{T}}$$

同理$\boldsymbol{A}^n=(\boldsymbol{\beta}^{\mathrm{T}}\boldsymbol{\alpha})^{n-1}\boldsymbol{A}$. 又$\boldsymbol{B}=\boldsymbol{\beta}^{\mathrm{T}}\boldsymbol{\alpha}=2$，则题设方程组化为$16\boldsymbol{Ax}=8\boldsymbol{Ax}+16\boldsymbol{x}+\boldsymbol{\gamma}$，即

$$8(\boldsymbol{A}-2\boldsymbol{I})\boldsymbol{x}=\boldsymbol{\gamma}\quad 或\quad (\boldsymbol{A}-2\boldsymbol{I})\boldsymbol{x}=\frac{1}{8}\boldsymbol{\gamma}$$

亦或

$$\begin{pmatrix}-1&-1/2&0\\2&-1&0\\1&1/2&-2\end{pmatrix}\begin{pmatrix}x_1\\x_2\\x_3\end{pmatrix}=\begin{pmatrix}0\\0\\1\end{pmatrix} \tag{$*$}$$

又$\mathrm{r}(\boldsymbol{A}-2\boldsymbol{I})=2$，易求得$\boldsymbol{\eta}=k(1,2,1)^{\mathrm{T}}$是上方程组($*$)的导出方程组的通解.

又$\boldsymbol{x}_0=(0,0,-\frac{1}{2})^{\mathrm{T}}$是上方程组($*$)的一个特解，

故 $\boldsymbol{x}=\boldsymbol{\eta}+\boldsymbol{x}_0=k(1,2,1)^{\mathrm{T}}+(0,0,-\frac{1}{2})^{\mathrm{T}}=(k,2k,k-\frac{1}{2})^{\mathrm{T}}$ 是方程组的通解.

注 显然由 $\mathrm{r}(\boldsymbol{A}-2\boldsymbol{I})=2$,知 $\boldsymbol{A}-2\boldsymbol{I}$ 奇异,故不可冒然由 $8(\boldsymbol{A}-2\boldsymbol{I})\boldsymbol{x}=\boldsymbol{\gamma}$ 去写出

$$\boldsymbol{x}=\frac{1}{8}(\boldsymbol{A}-2\boldsymbol{I})^{-1}\boldsymbol{\gamma}$$

此外考虑矩阵 $\boldsymbol{A}-2\boldsymbol{I}\xrightarrow{\text{列初等变换}}\begin{pmatrix}-1&0&0\\2&0&0\\1&0&-2\end{pmatrix}$,知 $\mathrm{r}(\boldsymbol{A}-2I)=2$.

例 6 若 $\{\boldsymbol{\alpha}_i\}(i=1,2,\cdots,s)$ 是方程组 $\boldsymbol{Ax}=\boldsymbol{0}$ 的一个基础解系. 又 $\boldsymbol{\beta}_1=t_1\boldsymbol{\alpha}_1+t_2\boldsymbol{\alpha}_2,\boldsymbol{\beta}_2=t_1\boldsymbol{\alpha}_2+t_2\boldsymbol{\alpha}_3,\cdots,\boldsymbol{\beta}_s=t_1\boldsymbol{\alpha}_s+t_2\boldsymbol{\alpha}_1$. 试问当 t_1,t_2 满足何关系时,$\{\boldsymbol{\beta}_i\}(i=1,2,\cdots,s)$亦为 $\boldsymbol{Ax}=\boldsymbol{0}$ 的一个基础解系.

解 显然 $\boldsymbol{\beta}_i(i=1,2,\cdots,s)$ 是 $\boldsymbol{Ax}=\boldsymbol{0}$ 的解又 $\sum_{i=1}^{s}k_i\boldsymbol{\beta}_i=\boldsymbol{0}$,即

$$(t_1k_1+t_2k_s)\boldsymbol{\alpha}_1+(t_2k_1+t_2k_2)\boldsymbol{\alpha}_2+\cdots+(t_2k_{s-1}+t_1k_s)\boldsymbol{\alpha}_s=0$$

由于$\{\boldsymbol{\alpha}_i\}(i=1,2,\cdots,s)$线性无关,故若

$$T(k_1,k_2,\cdots,k_s)^{\mathrm{T}}=\begin{pmatrix}t_1&0&0&\cdots&0&t_2\\t_2&t_1&0&\cdots&0&0\\0&t_2&t_1&\cdots&0&0\\\vdots&\vdots&\vdots&&\vdots&\vdots\\0&0&0&\cdots&t_2&t_1\end{pmatrix}\begin{pmatrix}k_1\\k_2\\k_3\\\vdots\\k_s\end{pmatrix}=\boldsymbol{0}\qquad(*)$$

由 $|\boldsymbol{T}|=t_1^s+(-1)^{s+1}t_2^s$,故当 $\begin{cases}s\text{ 为偶数时},t_1\neq\pm t_2\\s\text{ 为奇数时},t_1\neq -t_2\end{cases}$,这时 $|T|\neq 0$,此时$(*)$只有零解,知$\{\boldsymbol{\beta}_i\}$线性无关,从而它亦为 $\boldsymbol{Ax}=\boldsymbol{0}$ 的一个基础解系.

注 例中行列式我们并不陌生(详见前文):显然下面问题是本例的特殊情形.

问题 若 $\boldsymbol{\alpha}_i(i=1,2,3,4)$是 $\boldsymbol{Ax}=\boldsymbol{0}$ 的一个基础解系. 又 $\boldsymbol{\beta}_1=\boldsymbol{\alpha}_1+t\boldsymbol{\alpha}_2$, $\boldsymbol{\beta}_2=\boldsymbol{\alpha}_2+t\boldsymbol{\alpha}_3$, $\boldsymbol{\beta}_3=\boldsymbol{\alpha}_3+\boldsymbol{\alpha}_4$, $\boldsymbol{\beta}_4=\boldsymbol{\alpha}_4+t\boldsymbol{\alpha}_1$. 讨论 t 满足什么关系时 $\boldsymbol{\beta}_i(i=1,2,3,4)$也是 $\boldsymbol{Ax}=\boldsymbol{0}$ 的一个基解系.

解 显然 $\boldsymbol{\beta}_i(i=1,2,3,4)$亦为 $\boldsymbol{Ax}=\boldsymbol{0}$ 的解,只需使 $\boldsymbol{\beta}_i$ 线性无关即可. 由设

$$(\boldsymbol{\beta}_1,\boldsymbol{\beta}_2,\boldsymbol{\beta}_3,\boldsymbol{\beta}_4)=(\boldsymbol{\alpha}_1,\boldsymbol{\alpha}_2,\boldsymbol{\alpha}_3,\boldsymbol{\alpha}_4)\begin{pmatrix}1&0&0&t\\t&1&0&0\\0&t&1&0\\0&0&t&1\end{pmatrix}=(\boldsymbol{\alpha}_1,\boldsymbol{\alpha}_2,\boldsymbol{\alpha}_3,\boldsymbol{\alpha}_4)\boldsymbol{T}$$

由 $|\boldsymbol{T}|=t^4-1$,故 $t\neq\pm 1$ 时,$|\boldsymbol{T}|\neq 0$,知$\{\boldsymbol{\beta}_i\}(i=1,2,3,4)$是 $\boldsymbol{Ax}=\boldsymbol{0}$ 的基础解系.

下面的方程问题是以矩阵、向量形式出现的.

例 7 设 $\boldsymbol{\alpha}=(1,2,1)^{\mathrm{T}}$, $\boldsymbol{\beta}=(1,1/2,0)^{\mathrm{T}}$,$\boldsymbol{\gamma}=(0,0,8)^{\mathrm{T}}$,$\boldsymbol{A}=\boldsymbol{\alpha\beta}^{\mathrm{T}}$,$b=\boldsymbol{\beta}^{\mathrm{T}}\boldsymbol{\alpha}$,其中 $\boldsymbol{\beta}^{\mathrm{T}}$ 是 $\boldsymbol{\beta}$ 的转置,求解方程 $2b^2\boldsymbol{A}^2\boldsymbol{x}=\boldsymbol{A}^4\boldsymbol{x}+d^4\boldsymbol{x}+\boldsymbol{\gamma}$.

解 由题设得

$$\boldsymbol{A}=\begin{pmatrix}1\\2\\1\end{pmatrix}\left(1,\frac{1}{2},0\right)=\begin{pmatrix}1&1/2&0\\2&1&0\\1&1/2&0\end{pmatrix},\quad b=\left(1,\frac{1}{2},0\right)\begin{pmatrix}1\\2\\1\end{pmatrix}=2$$

又

$$\boldsymbol{A}^2=\boldsymbol{\alpha\beta}^{\mathrm{T}}\boldsymbol{\alpha\beta}^{\mathrm{T}}=\boldsymbol{\alpha}(\boldsymbol{\beta}^{\mathrm{T}}\boldsymbol{\alpha})\boldsymbol{\beta}^{\mathrm{T}}=2\boldsymbol{A}$$

则

$$\boldsymbol{A}^4=\boldsymbol{A}^2\cdot\boldsymbol{A}^2=2\boldsymbol{A}\cdot 2\boldsymbol{A}=4\boldsymbol{A}^2=8\boldsymbol{A}$$

把以上各式代入原方程，经化简可得(其中 $\boldsymbol{I}$ 是 3 阶单位矩阵)

$$8(\boldsymbol{A}-2\boldsymbol{I})\boldsymbol{x}=\boldsymbol{\gamma}$$

令 $\boldsymbol{x}=(x_1,x_2,x_3)^{\mathrm{T}}$，代入上式，得到非齐次线性方程组

$$\begin{cases}-8x_1+4x_2 \qquad\qquad =0\\ 16x_1 \qquad\quad -8x_3=0\\ 8x_1+4x_2-16x_3=8\end{cases} \tag{$*$}$$

对上方程组增广矩阵作初等行变换(设 $\boldsymbol{e}_i$ 为单位矩阵 $\boldsymbol{I}$ 的第 i 列)：

$$\overline{\boldsymbol{A}}=\left(\begin{array}{ccc:c}-8 & 4 & 0 & 0\\ 16 & -8 & 0 & 0\\ 8 & 4 & -16 & 8\end{array}\right)\xrightarrow[\text{变 }\boldsymbol{e}_1]{\text{第 1 列}}\left(\begin{array}{ccc:c}1 & -1/2 & 0 & 0\\ 0 & 0 & 0 & 0\\ 0 & 8 & -16 & 8\end{array}\right)\xrightarrow[\text{变 }\boldsymbol{e}_3]{\text{第 2 列}}\left(\begin{array}{ccc:c}1 & 0 & -1 & 1/2\\ 0 & 0 & 0 & 0\\ 0 & 1 & -2 & 1\end{array}\right)$$

由此知 $\mathrm{r}(\boldsymbol{A}\vdots\boldsymbol{b})=\mathrm{r}(\boldsymbol{A})=2$，原方程组有解，其同解方程组为

$$\begin{cases}x_1=x_3+1/2\\ x_2=2x_3+1\end{cases} \tag{$**$}$$

由同解方程组($**$)求原方程组($*$)的通解有两种方法：

①令 $x_3=0$ 得方程组($*$)的一个特解 $\boldsymbol{\beta}_0=(1/2,1,0)^{\mathrm{T}}$. 方程组($*$)的导出组同解于 $x_1=x_3,x_2=2x_3$.

令 $x_3=1$，得该方程组的基础解 $\boldsymbol{\beta}_1=(1,2,1)^{\mathrm{T}}$.

于是所求方程的通解为 $\boldsymbol{x}=\boldsymbol{\beta}_0+k\boldsymbol{\beta}_1$，即 $\boldsymbol{x}=(1/2,1,0)^{\mathrm{T}}+k(1,2,1)^{\mathrm{T}}$(其中 k 为任意常数).

②或令 $x_3=k$(任意常数)，由($**$)得通解

$$\boldsymbol{x}=(k+1/2,2k+1,k)^{\mathrm{T}}=k(1,2,1)^{\mathrm{T}}+(1/2,1,0)^{\mathrm{T}}$$

5. 涉及特殊行列式的线性方程组

我们再来讨论涉及某些特殊行列式的方程组的通解问题. 关于与范德蒙行列式有关的问题，前文已介绍. 下面先来看几个涉及其他特殊行列式的齐次方程的例子.

例 1　设齐次线性方程组

$$\begin{cases}ax_1+bx_2+bx_3+\cdots+bx_n=0\\ bx_1+ax_2+bx_3+\cdots+bx_n=0\\ \qquad\qquad\vdots\\ bx_1+bx_2+bx_3+\cdots+ax_n=0\end{cases}$$

其中 $a\neq0,b\neq0,n\geqslant2$，试讨论 a,b 为何值时方程组仅有零解？有无穷多组解？在有无穷多组解时，求出全部解，并用基础解系表示全部解.

解　设方程的系数矩阵用 $\boldsymbol{A}$ 表示，则利用行元素相加法，可得

$$|\boldsymbol{A}|=\begin{vmatrix}a & b & b & \cdots & b\\ b & a & b & \cdots & b\\ b & b & a & \cdots & b\\ \vdots & \vdots & \vdots & & \vdots\\ b & b & b & \cdots & a\end{vmatrix}=[a+(n-1)b](a-b)^{n-1}$$

(1)当 $a\neq b$ 且 $a\neq(1-n)b$ 时，方程组仅有零解.

(2)当 $a=b$ 时，对系数矩阵 $\boldsymbol{A}$ 作行初等变换，有

$$\boldsymbol{A}=\begin{pmatrix}a & a & a & \cdots & a\\ a & a & a & \cdots & a\\ \vdots & \vdots & \vdots & & \vdots\\ a & a & a & \cdots & a\end{pmatrix}\rightarrow\begin{pmatrix}1 & 1 & 1 & \cdots & 1\\ 0 & 0 & 0 & \cdots & 0\\ \vdots & \vdots & \vdots & & \vdots\\ 0 & 0 & 0 & \cdots & 0\end{pmatrix}$$

原方程组的同解方程组为 $x_1+x_2+\cdots+x_n=0$,其基础解系为

$$\boldsymbol{\alpha}_1=(-1,1,0,\cdots,0)^{\mathrm T},\quad \boldsymbol{\alpha}_2=(-1,0,1,\cdots,0)^{\mathrm T},\quad \cdots,\quad \boldsymbol{\alpha}_{n-1}=(-1,0,0,\cdots,1)^{\mathrm T}$$

方程组的全部解是

$$x=c_1\boldsymbol{\alpha}_1+c_2\boldsymbol{\alpha}_2+\cdots+c_{n-1}\boldsymbol{\alpha}_{n-1}(c_1,c_2,\cdots,c_{n-1}\text{为任意常数})$$

(3)当 $a=(1-n)b$ 时,对系数矩阵 $\boldsymbol{A}$ 作行初等交换,有

$$\boldsymbol{A}=\begin{pmatrix}(1-n)b & b & \cdots & b & b\\ b & (1-n)b & \cdots & b & b\\ b & b & \cdots & b & b\\ \vdots & \vdots & & \vdots & \vdots\\ b & b & \cdots & b & (1-n)b\end{pmatrix}\to$$

$$\begin{pmatrix}1-n & 1 & \cdots & 1 & 1\\ 1 & 1-n & \cdots & 1 & 1\\ 1 & 1 & \cdots & 1 & 1\\ \vdots & \vdots & & \vdots & \vdots\\ 1 & 1 & \cdots & 1 & 1-n\end{pmatrix}\to\begin{pmatrix}1 & 0 & \cdots & 0 & -1\\ 0 & 1 & \cdots & 0 & -1\\ \vdots & \vdots & & \vdots & \vdots\\ 0 & 0 & \cdots & 1 & -1\\ 0 & 0 & \cdots & 0 & 0\end{pmatrix}$$

原方程组的同解方程组为

$$x_1=x_n,\quad x_2=x_n,\quad \cdots,\quad x_{n-1}=x_n$$

其基础解系为 $\boldsymbol{\beta}=(1,1,\cdots,1)^{\mathrm T}$. 故方程组的全部解是 $\boldsymbol{x}=c\boldsymbol{\beta}$($c$ 为任意常数).

例 2 已知齐次线性方程组

$$\begin{cases}(a_1+b)x_1+a_2x_2+a_3x_3+\cdots+a_nx_n=0\\ a_1x_1+(a_2+b)x_2+a_3x_3+\cdots+a_nx_n=0\\ a_1x_1+a_2x_2+(a_3+b)x_3+\cdots+a_nx_n=0\\ \qquad\vdots\\ a_1x_1+a_2x_2+a_3x_3+\cdots+(a_n+b)x_n=0\end{cases}$$

其中 $\sum\limits_{i=1}^n a_i\neq 0$. 试讨论 $a_1,a_2,\cdots,a_n$ 和 b 满足何种关系时:(1) 方程组仅有零解;(2) 方程组有非零解. 在有非零解时,求此方程组的一个基础解系.

解 方程组的系数行列式(系数矩阵设为 $\boldsymbol{A}$)

$$|\boldsymbol{A}|=\begin{vmatrix}a_1+b & a_2 & a_3 & \cdots & a_n\\ a_1 & a_2+b & a_3 & \cdots & a_n\\ a_1 & a_2 & a_3+b & \cdots & a_n\\ \vdots & \vdots & \vdots & & \vdots\\ a_1 & a_2 & a_3 & \cdots & a_n+b\end{vmatrix}=b^{n-1}(b+\sum_{i=1}^n a_i)$$

(1) 当 $b\neq 0$ 时且 $b+\sum\limits_{i=1}^n a_i\neq 0$ 时,$\mathrm{r}(\boldsymbol{A})=n$,方程组仅有零解.

(2)当 $b=0$ 时,原方程组的同解方程组为 $a_1x_1+a_2x_2+\cdots+a_nx_n=0$.

由 $\sum\limits_{i=1}^n a_i\neq 0$ 可知,$a_i(i=1,2,\cdots,n)$ 不全为零. 不妨设 $a_1\neq 0$,得原方程组的一个基础解系为

$$\boldsymbol{\alpha}_1=\left(-\frac{a_2}{a_1},1,0,\cdots,0\right)^{\mathrm T},\quad \boldsymbol{\alpha}_1=\left(-\frac{a_3}{a_1},1,0,\cdots,0\right)^{\mathrm T},\quad \cdots,\quad \boldsymbol{\alpha}_1=\left(-\frac{a_n}{a_1},1,0,\cdots,0\right)^{\mathrm T}$$

当 $b=-\sum\limits_{i=1}^n a_i$ 时,有 $b\neq 0$,原方程组的系数矩阵可化为

$$\begin{pmatrix} a_1-\sum_{i=1}^n a_i & a_2 & \cdots & a_n \\ a_1 & a_2-\sum_{i=1}^n a_i & \cdots & a_n \\ \vdots & \vdots & & \vdots \\ a_1 & a_2 & \cdots & a_n-\sum_{i=1}^n a_i \end{pmatrix} \to$$

(将第 1 行的 -1 倍加到其余各行，再从第 2 行到第 n 行同乘以 $-1\Big/\sum_{i=1}^n a_i$ 倍，然后将第 n 行 $-a_n$ 倍到第 2 行的 $-a_2$ 倍到第 1 行，再将第 1 行移到最后一行)

$$\begin{pmatrix} a_1-\sum_{i=1}^n a_i & a_2 & a_3 & \cdots & a_n \\ -1 & 0 & 1 & \cdots & 0 \\ \vdots & \vdots & \vdots & & \vdots \\ -1 & 0 & 0 & \cdots & 1 \\ 0 & 0 & 0 & \cdots & 0 \end{pmatrix} \to \begin{pmatrix} -1 & 1 & 0 & \cdots & 0 \\ -1 & 0 & 1 & \cdots & 0 \\ \vdots & \vdots & \vdots & & \vdots \\ -1 & 0 & 0 & \cdots & 1 \\ 0 & 0 & 0 & \cdots & 0 \end{pmatrix}$$

由此得原方程组的同解方程组为

$$x_2=x_1,\quad x_3=x_1,\quad \cdots,\quad x_n=x_1$$

故原方程组的一个基础解系为

$$\boldsymbol{\alpha}=(1,1,\cdots,1)^{\mathrm{T}}$$

注　本题关键仍在于解讨论行列式 $|\boldsymbol{A}|$，而该行列式我们已在前文中重点介绍过(行列式一节)．另外，当 $b=-\sum_{i=1}^n a_i$ 时，方程组系数矩阵的秩为 $n-1$(因为存在 $n-1$ 阶子式不为零)，且显然 $\boldsymbol{\alpha}=(1,1,\cdots,1)^{\mathrm{T}}$ 为方程组的一非零解，即可作为基础解系．

例 3　设有齐次线性方程组

$$\begin{cases} (1+a)x_1+x_2+\cdots+x_n=0 \\ 2x_1+(2+a)x_2+\cdots+2x_n=0 \\ \quad\vdots \\ nx_1+nx_2+\cdots+(n+a)x_n=0 \end{cases} \tag{*}$$

试问 $a(n\geqslant 2)$ 取何值时，该方程组有非零解，并求出其通解．

解 1　对方程组的系数矩阵 $\boldsymbol{A}$ 作初等行变换，有

$$\boldsymbol{A}=\begin{pmatrix} 1+a & 1 & 1 & \cdots & 1 \\ 2 & 2+a & 2 & \cdots & 2 \\ \vdots & \vdots & \vdots & & \vdots \\ n & n & n & \cdots & n+a \end{pmatrix} \to \begin{pmatrix} 1+a & 1 & 1 & \cdots & 1 \\ -2a & a & 0 & \cdots & 0 \\ \vdots & \vdots & \vdots & & \vdots \\ -na & 0 & 0 & \cdots & a \end{pmatrix}=\boldsymbol{B}$$

当 $a=0$ 时，$\mathrm{r}(\boldsymbol{A})=1<n$，故方程组有非零解．

这时方程组(*)的同解方程组为

$$x_1+x_2+\cdots+x_s=0 \tag{**}$$

由此得(**)的基础解系为

$$\boldsymbol{\eta}_1=(-1,1,0,\cdots,0)^{\mathrm{T}},\quad \boldsymbol{\eta}_2=(-1,0,1,\cdots,0)^{\mathrm{T}},\quad \cdots,\quad \boldsymbol{\eta}_{n-1}=(-1,0,0,\cdots,1)^{\mathrm{T}}$$

于是方程组(*)的通解为 $\boldsymbol{x}=k_1\boldsymbol{\eta}_1+\cdots+k_{n-1}\boldsymbol{\eta}_{n-1}$，其中 $k_1,\cdots,k_{n-1}$ 为任意常数．

当 $a\neq 0$ 时,对矩阵 $\boldsymbol{B}$ 作初等行变换,有

$$\boldsymbol{B}\to\begin{pmatrix}1+a & 1 & 1 & \cdots & 1\\ -2 & 1 & 0 & \cdots & 0\\ \vdots & \vdots & \vdots & & \vdots\\ -n & 0 & 0 & \cdots & 1\end{pmatrix}\to\begin{pmatrix}a+n(n+1)/2 & 0 & 0 & \cdots & 0\\ -2 & 1 & 0 & \cdots & 0\\ \vdots & \vdots & \vdots & & \vdots\\ -n & 0 & 0 & \cdots & 1\end{pmatrix}$$

可知 $a=-n(n+1)/2$ 时,$\mathrm{r}(\boldsymbol{A})=n-1<n$,故方程组也有非零解.

这时方程组(*)的同解方程组为

$$\begin{cases}-2x_1+x_2 & =0\\ -3x_1 \quad +x_3 & =0\\ \qquad\vdots & \\ -nx_1 \qquad +x_n & =0\end{cases}\qquad (***)$$

由此得方程组(***)的基础解系为 $\boldsymbol{\eta}=(1,2,\cdots,n)^{\mathrm{T}}$,于是方程组(*)的通解为 $\boldsymbol{x}=k\boldsymbol{\eta}$,其中 k 是任意常数.

解 2 方程组的系数行列式为

$$\boldsymbol{A}=\begin{vmatrix}1+a & 1 & 1 & \cdots & 1\\ 2 & 2+a & 2 & \cdots & 2\\ \vdots & \vdots & \vdots & & \vdots\\ n & n & n & \cdots & n+a\end{vmatrix}=\left[a+\frac{1}{2}n(n+1)\right]a^{n-1}$$

当 $|\boldsymbol{A}|=0$,即 $a=0$ 或 $a=-\frac{1}{2}n(n+1)$ 时,方程组有非零解.

当 $a=0$ 时,对系数矩阵 $\boldsymbol{A}$ 作初等行变换,有

$$\boldsymbol{A}=\begin{pmatrix}1 & 1 & 1 & \cdots & 1\\ 2 & 2 & 2 & \cdots & 2\\ \vdots & \vdots & \vdots & & \vdots\\ n & n & n & \cdots & n\end{pmatrix}\to\begin{pmatrix}1 & 1 & 1 & \cdots & 1\\ 0 & 0 & 0 & \cdots & 0\\ \vdots & \vdots & \vdots & & \vdots\\ 0 & 0 & 0 & 0 & 0\end{pmatrix}$$

故方程组的同解方程组为 $x_1+x_2+\cdots+x_n=0$,由此得基础解系为

$$\boldsymbol{\eta}_1=(-1,1,0,\cdots,0)^{\mathrm{T}},\quad \boldsymbol{\eta}_2=(-1,0,1,\cdots,0)^{\mathrm{T}},\quad \cdots,\quad \boldsymbol{\eta}_{n-1}=(-1,0,0,\cdots,1)^{\mathrm{T}}$$

于是方程组的通解为

$$\boldsymbol{x}=k_1\boldsymbol{\eta}_1+\cdots+k_{n-1}\boldsymbol{\eta}_{n-1}$$

其中 $k_1,\cdots,k_{n-1}$ 为任意常数.

当 $a=-\frac{1}{2}n(n+1)$ 时,对系数矩阵 $\boldsymbol{A}$ 作初等行变换,有

$$\boldsymbol{A}=\begin{pmatrix}1+a & 1 & 1 & \cdots & 1\\ 2 & 2+a & 2 & \cdots & 2\\ \vdots & \vdots & \vdots & & \vdots\\ n & n & n & \cdots & n+a\end{pmatrix}\to\begin{pmatrix}1+a & 1 & 1 & \cdots & 1\\ -2a & a & 0 & \cdots & 0\\ \vdots & \vdots & \vdots & & \vdots\\ -na & 0 & 0 & \cdots & a\end{pmatrix}\to$$

$$\begin{pmatrix}1+a & 1 & 1 & \cdots & 1\\ -2 & 1 & 0 & \cdots & 0\\ \vdots & \vdots & \vdots & & \vdots\\ -n & 0 & 0 & \cdots & 1\end{pmatrix}\to\begin{pmatrix}0 & 0 & 0 & \cdots & 0\\ -2 & 1 & 0 & \cdots & 0\\ \vdots & \vdots & \vdots & & \vdots\\ -n & 0 & 0 & \cdots & 1\end{pmatrix}$$

故方程组的同解方程组为

$$\begin{cases}-2x_1+x_2 & =0\\ -3x_1 \quad +x_3 & =0\\ \quad\vdots & \\ -nx_1 \qquad\quad +x_n & =0\end{cases}\tag{**}$$

由此得(**)基础解系为 $\boldsymbol{\eta}=(1,2,\cdots,n)^{\mathrm{T}}$，于是题设方程组的通解为 $\boldsymbol{x}=k\boldsymbol{\eta}$，其中 k 是为任意常数.

下面来看非齐次方程通解问题.

例 4 (1)证明线性方程组

$$\begin{cases}x_1-x_2 & =a_1\\ x_2-x_3 & =a_2\\ x_3-x_4 & =a_3\\ x_4-x_5 & =a_4\\ x_5-x_6 & =a_5\end{cases}$$

有解，则有 $\sum\limits_{k=1}^{5}a_k=0$.

(2)在有解的情形下求其通解.

解 (1)(与前文例类同)考虑方程组的增广矩阵

$$(\bar{\boldsymbol{A}})\xrightarrow{\text{行的等变换}}\left(\begin{array}{ccccc:c}1 & -1 & & & & \boldsymbol{a}_1\\ & 1 & -1 & & & \boldsymbol{a}_2\\ & & 1 & -1 & & \boldsymbol{a}_3\\ & & & 1 & -1 & \boldsymbol{a}_4\\ & & & & 0 & \sum\limits_{k=1}^{5}\boldsymbol{a}_k\end{array}\right)$$

由上式知 $\mathrm{r}(\boldsymbol{A})=4$，而

$$\mathrm{r}(\bar{\boldsymbol{A}})=4\Longleftrightarrow\sum_{k=1}^{5}a_k=0$$

即原方程组有解 $\Longleftrightarrow\sum\limits_{k=1}^{5}a_k=0$.

(2) 当 $\sum\limits_{k=1}^{5}a_k=0$ 时，原方程组与 $\begin{cases}x_1-x_2 & =a_1\\ x_2-x_3 & =a_2\\ x_3-x_4 & =a_3\\ x_4-x_5 & =a_4\end{cases}$ 同解，且其解为

$$\begin{cases}x_1=a_1+a_2+a_3+a_4+k\\ x_2=a_2+a_3+a_4+k\\ x_3=a_3+a_4+k\\ x_4=a_4+k\\ x_5=k\end{cases}$$

其中 k 为任意常数.

下面来看这类方程组中非齐次方程组通解问题.

下面的例子中也涉及范德蒙行列式问题.

例 5 求解方程组

$$\begin{cases} x_1 + x_2 + \cdots + x_n = 1 \\ a_1x_1 + a_2x_2 + \cdots + a_nx_n = b \\ \quad\vdots \\ a_1^{n-1}x_1 + a_2^{n-1}x_2 + \cdots + a_n^{n-1}x_n = b^{n-1} \end{cases}$$

其中 $a_i(i=1,2,\cdots,n)$各不相同.

解 方程组系数矩阵为范德蒙行列式

$$\Delta = \prod_{1\leqslant i<j\leqslant n}(a_i - a_j) \neq 0$$

故原方程组有唯一解.因而

$$x_k = \frac{\Delta_k}{\Delta} = \prod_{\substack{i=1\\ i\neq k}}(b-a_i) \Big/ \prod_{\substack{i=1\\ i\neq k}}(a_k - a_i)$$

其中 $k=1,2,\cdots,n$.

例 6 设线性方程组

$$\begin{cases} x_1 + a_1x_2 + a_1^2x_3 = a_1^3 \\ x_1 + a_2x_2 + a_2^2x_3 = a_2^3 \\ x_1 + a_3x_2 + a_3^2x_3 = a_3^3 \\ x_1 + a_4x_2 + a_4^2x_3 = a_4^3 \end{cases}$$

(1)试证 a_1,a_2,a_3,a_4 两两不等时,方程组无解;

(2)设 $a_1=a_2=k,a_3=a_4=-k(k\neq0)$,且 $\boldsymbol{\beta}_1=(-1,1,1)^{\mathrm{T}}$, $\boldsymbol{\beta}_2=(1,1,-1)^{\mathrm{T}}$ 是方程组的两个解,求其通解.

解 注意方程组有 3 个变元,但有 4 个方程,故其中之一若为其他方程线性组合时,方程组方有解;否则 $\mathrm{r}(\bar{\boldsymbol{A}})$与 $\mathrm{r}(\boldsymbol{A})$不等,方程组无解.

(1)注意到方程组系数矩阵的增广矩阵行列式系范德蒙行列式:

$$|\bar{\boldsymbol{A}}| = \prod_{1\leqslant i<j\leqslant 4}(a_i - a_j)$$

则 $a_1 \sim a_4$ 两两不等时,$|\bar{\boldsymbol{A}}| \neq 0$,则 $\mathrm{r}(\bar{\boldsymbol{A}})=4$,但 $\mathrm{r}(\boldsymbol{A})\leqslant 3$,故方程组无解.

(2)若 $a_1=a_3=k,a_2=a_4=-k$ 时,方程组等价于

$$\begin{cases} x_1 + kx_2 + k^2x_3 = k^3 \\ x_1 - kx_2 + k^2x_3 = -k^3 \end{cases}$$

由秩 $\mathrm{r}(\boldsymbol{A})=2,\mathrm{r}(\bar{\boldsymbol{A}})=2$,知方程组有解,且其导出组有含 1 个解向量的基础解系.

显然 $\boldsymbol{\eta}=\boldsymbol{\beta}_2-\boldsymbol{\beta}_1=(2,0,-2)^{\mathrm{T}}$ 是其解(导出组的非平凡解).

从而方程组通解 $\boldsymbol{x}=(-1,1,1)^{\mathrm{T}}+c(2,0,-2)^{\mathrm{T}}$,这里 $c\in\mathbf{R}$.

注 这里利用了 $\boldsymbol{Ax}=\boldsymbol{b}$ 的两个无关解给出其导出组 $\boldsymbol{Ax}=\boldsymbol{0}$ 的通解 $\boldsymbol{\eta}=\boldsymbol{\alpha}_1-\boldsymbol{\alpha}_2$,然后给出 $\boldsymbol{Ax}=\boldsymbol{b}$ 通解 $\boldsymbol{\alpha}_1+c\boldsymbol{\eta}$.

前面我们曾见过类似的例子,它只是本例的简化情形(亦涉及范德蒙得行列式):

问题 1 本例导出方程组中 $a_1\sim a_4$ 为何值时:(1)方程组仅有 0 解? (2)方程组有无穷多组解,且求之.

又下面的问题亦涉及范德蒙行列式:

问题 2 若矩阵 $\boldsymbol{A}=\begin{pmatrix} 1 & 1 & \cdots & 1 \\ a_1 & a_2 & \cdots & a_n \\ a_1^2 & a_2^2 & \cdots & a_n^2 \\ \vdots & \vdots & & \vdots \\ a_1^{n-1} & a_2^{n-1} & \cdots & a_n^{n-1} \end{pmatrix}$,其中 $a_i\neq a_j$,又 $\boldsymbol{x}=(x_1,x_2,\cdots,x_n)^{\mathrm{T}}$,$\boldsymbol{b}=(1,1,\cdots,1)^{\mathrm{T}}$.

求 $A^Tx=b$ 的解.

略解　由 $|A|=0$,知方程组有唯一解.令 A_i 表示 b 代换 A^T 的第 i 列后的矩阵,

由克莱姆(Gramer)规则有

$$x_i=\frac{|A_i|}{|A^T|}=\frac{|A_i|}{|A|}\quad(i=1,2,\cdots,n)$$

显然 $x_1=1,x_2=x_3=\cdots=x_n=0$.

与三对角方阵有关的线性方程组问题中,矩阵行列式计算,前文已有详细介绍,三对角下面来看关于这类方程组的例.

例 7　设 n 元线性方程组 $Ax=b$,其中矩阵

$$A=\begin{pmatrix}2a & 1 & & & \\ a^2 & 2a & 1 & & \\ & a^2 & 2a & \ddots & \\ & & \ddots & \ddots & 1 \\ & & & a^2 & 2a\end{pmatrix}_{n\times n}$$

且 $x=(x_1,x_2,\cdots,x_n)$,$b=(1,0,\cdots,0)^T$.(1)证明行列式 $|A|=(n+1)a^n$;(2)a 为何值时该方程组有唯一解,解之;(3)a 为何值时方程组有无穷多组解,求通解.

解　(1)题设矩阵为三对角阵,可用数学归纳法计算其行列式值:

①当 $n=2$ 时

$$D_2=\begin{vmatrix}2a & 1\\ a^2 & 2a\end{vmatrix}=3a^2=(2+1)a^2$$

②设 $n\leqslant k$,$D_k=(k+1)a^k$,则当 $n=k+1$ 时

$$D_{k+1}=2aD_k-a^2D_{k-1}=(k+2)a^{k+1}$$

从而对任何自然数皆有

$$|A|=D_n=(n+1)a^n$$

(2)由上,当 $a\neq0$ 时,$|A|=0$,方程有唯一解.

由克莱姆法可得

$$x_1=D_{n-1}/D_n=n/[(n+1)a]$$

注意当 b 替换 A 的第 1 列后的行列式值恰为 D_{n-1}.

(3)当 $a=0$ 时,$|A|=0$,方程组 $Ax=b$ 有无穷多组解.将 $a=0$ 代入方程组系数矩阵为

$$A=\begin{pmatrix}0 & 1 & & & \\ & 0 & 1 & & \\ & & \ddots & \ddots & \\ & & & 0 & 1\\ & & & & 0\end{pmatrix}$$

而相应齐次方程组 $Ax=0$ 基础解系为 $(1,0,\cdots,0)^T$.

又 $A(0,1,0,\cdots,0)^T=(1,0,0,\cdots,0)^T$,知 $(0,1,0,\cdots,0)^T$ 为 $Ax=b$ 的一个特解,则其通解为

$$x=k(1,0,0,\cdots,0)^T+(0,1,0,\cdots,0)^T\quad(k\text{ 为任意常数})$$

例 8　若 $a_{ij}(1\leqslant i,j\leqslant n)$ 均为整数,则方程组

$$\begin{cases}\dfrac{1}{2}x_1=a_{11}x_1+a_{12}x_2+\cdots+a_{1n}x_n\\ \dfrac{1}{2^2}x_2=a_{21}x_1+a_{22}x_2+\cdots+a_{2n}x_n\\ \qquad\vdots\\ \dfrac{1}{2^n}x_n=a_{n1}x_1+a_{n2}x_2+\cdots+a_{nn}x_n\end{cases}$$

仅有零解.

解 令 $f(x)=\begin{vmatrix} 2a_{11}-x & 2a_{12} & \cdots & 2a_{1n} \\ 4a_{21} & 4a_{22}-x & \cdots & 4a_{2n} \\ \vdots & \vdots & & \vdots \\ 2^n a_{n1} & 2^n a_{n2} & \cdots & 2^2 a_{nn}-x \end{vmatrix}$,则若题设方程组系数行列式为 D(化成标准形式后),有

$$f(1)=2^{\frac{n(n+1)}{2}}D \quad 或 \quad D=2^{\frac{n(n+1)}{2}}f(1)$$

但由设 $f(x)=(-1)^n x^n+b_1x^{n-1}+\cdots+b_n$,其中 $b_k(k=1,2,\cdots,n)$ 皆为偶数.

故 $f(1)=(-1)^n+(b_1+b_2+\cdots+b_n)$ 总是奇数,从而 $f(1)\neq 0$.

若 $D\neq 0$,原方程组有唯一零解.

注 下面的问题是上面问题的特例:

问题 证明方程组 $\begin{cases} \dfrac{1}{2}x_1=a_{11}x_1+a_{12}x_2+a_{13}x_3 \\ \dfrac{1}{2}x_2=a_{21}x_1+a_{22}x_2+a_{23}x_3 \\ \dfrac{1}{2}x_3=a_{31}x_1+a_{32}x_2+a_{33}x_3 \end{cases}$,只有零解,其中 $a_{ij}(i,j=1,2,3)$ 均为整数.

证 令 $\boldsymbol{A}=(a_{ij})_{3\times 3}$,且题设方程组化为标准形后的系数行列式为 D,则考虑

$$f(\lambda)=|\boldsymbol{A}-\lambda\boldsymbol{I}|=\begin{vmatrix} a_{11}-\lambda & a_{12} & a_{13} \\ a_{21} & a_{22}-\lambda & a_{23} \\ a_{31} & a_{32} & a_{33}-\lambda \end{vmatrix}$$

则

$$D=f\left(\frac{1}{2}\right)$$

但 $f(\lambda)=(-1)^3\lambda^3+b_1\lambda^2+b_2\lambda+b_3$,$b_i(i=1,2,3)$ 为整数. 若系数行列式

$$D=f\left(\frac{1}{2}\right)=(-1)^3\left(\frac{1}{2}\right)^3+b_1\left(\frac{1}{2}\right)^2+b_2\left(\frac{1}{2}\right)+b_3=0$$

即 $-1+2(b_1+2b_2+4b_3)=-1+2N=0$,其中 N 为某个整数,但这不可能.

故 $-1+2N\neq 0$,从而题设方程组系数行列式不为 0,故其仅有零解.

下面的方程组中涉及了组合数组.

例 9 解方程组(这里 C_m^n 为组合数)

$$\begin{cases} x_1+x_2+\cdots+x_n=2 \\ x_1+C_2^1x_2+\cdots+C_n^1x_n=2 \\ x_1+C_3^2x_2+\cdots+C_{n+1}^2x_n=2 \\ \quad\vdots \\ x_1+C_n^{n-1}x_2+\cdots+C_{2n-2}^{n-1}x_n=2 \end{cases}$$

解 题设方程组的系数行列式经行间相消且注意到组合等式有

$$D_n=\det\begin{pmatrix} 1 & 1 & 1 & \cdots & 1 \\ 1 & C_2^1 & C_3^1 & \cdots & C_n^1 \\ 1 & C_3^2 & C_4^2 & \cdots & C_{n+1}^2 \\ \vdots & \vdots & \vdots & & \vdots \\ 1 & C_n^{n-1} & C_{n+1}^{n-1} & \cdots & C_{2n-2}^{n-1} \end{pmatrix}=\det\begin{pmatrix} 1 & 1 & 1 & \cdots & 1 \\ 0 & C_1^1 & C_2^1 & \cdots & C_{n-1}^1 \\ 0 & C_2^2 & C_3^2 & \cdots & C_n^2 \\ \vdots & \vdots & \vdots & & \vdots \\ 0 & C_{n-1}^{n-1} & C_n^{n-1} & \cdots & C_{2n-3}^{n-1} \end{pmatrix}$$

将上式按第一行展开,且重复上面步骤可有(注意到 $C_k^k=1$)

$$D_n=D_{n-1}=\cdots=\det\begin{pmatrix}1 & C_{n-1}^{n-2}\\ 1 & C_n^{n-1}\end{pmatrix}=\begin{vmatrix}1 & C_{n-1}^{n-2}\\ 1 & C_n^{n-1}\end{vmatrix}=1$$

故 $\Delta_1=2D$，且 $\Delta_k=0(k=2,3,\cdots,n)$，这里 Δ_k 表示将常数列 $\boldsymbol{b}=(2,2,\cdots,2)^{\mathrm{T}}$ 代入 D 的第 k 列后所成的新行列式. 从而

$$x_1=\frac{\Delta_1}{D}=2,\quad x_2=x_3=\cdots=x_n=0$$

例 10　若 $|a|\neq|b|$，求解方程组

$$\begin{cases}ax_1+bx_{2n}=1\\ ax_2+bx_{2n-1}=1\\ \quad\vdots\\ ax_n+bx_{n+1}=1\\ bx_n+ax_{n+1}=1\\ \quad\vdots\\ bx_1+ax_{2n}=1\end{cases}$$

解　先将原方程组(有 $2n$ 个方程)两两配对成二元一次方程组，可有

$$\begin{cases}ax_i+bx_{2n-i}=1\\ bx_i+ax_{2n-i+1}=1\end{cases}\quad(i=1,2,\cdots,n)$$

因此有

$$x_i=\begin{vmatrix}1 & b\\ 1 & a\end{vmatrix}\Bigg/\begin{vmatrix}a & b\\ b & a\end{vmatrix}=\frac{1}{a+b},\quad x_{2n-i+1}=\frac{1}{a+b}$$

故原方程组的解为

$$x_k=\frac{1}{a+b}\quad(k=1,2,\cdots,n)$$

四、多个方程组解的关系问题

讨论两个乃至多个方程组之间的关系，包括解、基础解系、同解等诸多问题. 请看：

例 1　若四元方程组(Ⅰ)为 $\begin{cases}x_1+x_2=0,\\ x_2-x_4=0,\end{cases}$ 又 $k_1(0,1,1,0)^{\mathrm{T}}+k_2(-1,2,2,1)^{\mathrm{T}}$ 为某齐次方程组(Ⅱ)通解. (1)求(Ⅰ)的基础解系；(2)方程组(Ⅰ)、(Ⅱ)有无非 0 公共解？有，则求之；无，请说明理由.

解　(1)容易看出：$\boldsymbol{\alpha}_1=(0,0,1,0)^{\mathrm{T}}$，$\boldsymbol{\alpha}_2=(-1,1,0,1)^{\mathrm{T}}$ 是方程组(Ⅰ)的两个线性无关解，又由方程系数矩阵秩 $\mathrm{r}(\boldsymbol{A})=2$ 知其基础解系可为 $\boldsymbol{\alpha}_1,\boldsymbol{\alpha}_2$.

(2)若方程组(Ⅰ)、(Ⅱ)有非 0 公共解，只需令(Ⅰ)的通解为 $k_3\boldsymbol{\alpha}_1+k_4\boldsymbol{\alpha}_2$，这样可有

$$k_3(0,0,1,0)^{\mathrm{T}}+k_4(-1,1,0,1)^{\mathrm{T}}=k_1(0,1,1,0)^{\mathrm{T}}+k_2(-1,2,2,1)^{\mathrm{T}}$$

解得

$$k_1=-a,\quad k_2=k_3=k_4=a$$

即

$$a(0,0,1,0)^{\mathrm{T}}+a(-1,1,0,1)^{\mathrm{T}}=(-a,a,a,a)$$

其中当 $a\neq0$ 时为两方程组公共非 0 解.

另外(2)还可解如：

将方程组(Ⅱ)的通解表为 $(x_1,x_2,x_3,x_4)=(-k_2,k_1+2k_2,k_1+2k_2,k_2)$，并将它代入方程组(Ⅰ)得

$$\begin{cases}-k_2+4(k_1+2k_2)=0\\ (k_1+2k_2)-k_1=0\end{cases}$$

由此解得 $k_1=-k_2$.(如果只有零解 $k_1=k_2=0$,表明无非零公共解)当 $k_1=-k_2\neq 0$ 时,(Ⅱ)的通解化为

$$k_1(0,1,1,0)+k_2(-1,2,2,1)=k_2[(0,-1,-1,0)+(-1,2,2,1)]=k_2(-1,1,1,1)$$

此向量是(Ⅰ)与(Ⅱ)的非零公共解,故方程组(Ⅰ)、(Ⅱ)的所有非零公共解是

$$k(-1,1,1,1)\quad (k\text{ 是不为零的任意常数})$$

注 亦可直接将方程组(Ⅱ)的解代入方程组(Ⅰ),求得待定的 k_1,k_2 亦可.

例 2 方程组(Ⅰ)$\begin{cases}x_1+x_2-2x_4=-6\\4x_1-x_2-x_3-x_4=-1\\3x_1-x_2-x_3=3\end{cases}$和(Ⅱ)$\begin{cases}x_1+mx_2-x_3-x_4=-5\\nx_2-x_3-2x_4=-11\\x_3-2x_4=1-t\end{cases}$

(1)求解方程组(Ⅰ)(用其导出组基础解系表出);(2)m,n,t 为何值时,方程组(Ⅰ)、(Ⅱ)同解?

解 (1)设方程组(Ⅰ)的系数阵 $\boldsymbol{A}_1$,增广阵 $\overline{\boldsymbol{A}}_1$,对 $\overline{\boldsymbol{A}}_1$ 作行初等变换有

$$\overline{\boldsymbol{A}}\to\left(\begin{array}{cccc:c}1&&&-1&-2\\&1&&-1&-4\\&&1&-2&-5\end{array}\right)$$

由 $\mathrm{r}(\overline{\boldsymbol{A}})=\mathrm{r}(\boldsymbol{A})=3$,显然 $\boldsymbol{\alpha}=(1,1,1,2)^{\mathrm{T}}$ 是 $\boldsymbol{A}_1\boldsymbol{x}=\boldsymbol{0}$ 的解,且是基础解系.

而 $\boldsymbol{\beta}=(-2,-4,-5,0)^{\mathrm{T}}$ 是 $\boldsymbol{A}_1\boldsymbol{x}=\boldsymbol{b}$ 的一个解.这样 $\boldsymbol{x}=\boldsymbol{\beta}+k\boldsymbol{\alpha}(k\in\mathbf{R})$是 $\boldsymbol{A}_1\boldsymbol{x}=\boldsymbol{b}$ 的通解.

(2)将 x 代入方程组(Ⅱ)可有

$$\begin{cases}(-2+k)+m(-4+k)-(-5+2k)-k=5\\n(-4+k)-(-5+2k)-2k=-11\\(-5+2k)-2k=1-t\end{cases}$$

解得 $m=2,n=4,t=6$.

此时,方程组(Ⅰ)的解均为方程组(Ⅱ)的解.

当 $m=2,n=4,t=6$ 时,解方程组(Ⅱ)亦得 $\boldsymbol{x}=\boldsymbol{\beta}+k\boldsymbol{\alpha}$,此即说方程组(Ⅱ)的解亦均为方程组(Ⅰ)的解.

从而 $m=\lambda,n=4,t=6$ 时方程组(Ⅱ)与(Ⅰ)有共同通解

$$\boldsymbol{x}=\boldsymbol{\beta}+k\boldsymbol{\alpha}=(-2,-4,-5,0)^{\mathrm{T}}+k(1,1,2,1)^{\mathrm{T}},\quad k\in\mathbf{R}$$

例 3 设四元齐次线性方程组(Ⅰ)为

$$\begin{cases}2x_1+3x_2-x_3+=0\\x_1+2x_2+x_3-x_4=0\end{cases}$$

且已知另一四元齐次线性方程(Ⅱ)的一个基础解系为 $\boldsymbol{\alpha}_1=(2,-1,a+2,1)^{\mathrm{T}}$,$\boldsymbol{\alpha}_2=(-1,2,4,a+8)^{\mathrm{T}}$.

(1)求方程组(Ⅰ)的一个基础解系;(2)当 a 为何值时,方程组(Ⅰ)与(Ⅱ)有非零公共解?在有非零公共解时,求出全部非零公共解.

解 (1)对方程组(Ⅰ)的系数矩阵作行初等交换,有

$$A=\begin{pmatrix}2&3&-1&0\\1&2&1&-1\end{pmatrix}\to\begin{pmatrix}1&0&-5&3\\0&1&3&-2\end{pmatrix}$$

由此得方程组(Ⅰ)的同解方程组$\begin{cases}x_1=5x_3-3x_4\\x_2=-3x_3+2x_4\end{cases}$,则由该方程组得方程组(Ⅰ)的一个基础解系为

$$\boldsymbol{\beta}_1=(5,-3,1,0)^{\mathrm{T}},\quad \boldsymbol{\beta}_2=(-3,2,0,1)^{\mathrm{T}}$$

(2)为求方程组(Ⅰ)与(Ⅱ)的非零公共解,只需把(Ⅱ)的通解

$$\begin{pmatrix}x_1\\x_2\\x_3\\x_4\end{pmatrix}=k_1\boldsymbol{\alpha}_2+k_2\boldsymbol{\alpha}_2=\begin{pmatrix}2k_1-k_2\\-k_1+2k_2\\(a+2)k_1+4k_2\\k_1+(1+8)k_2\end{pmatrix}\quad (k_1,k_2\text{ 为任意常数})$$

代入方程组(Ⅰ)中经整理得

$$\begin{cases}(a+1)k_1 = 0\\ (a+1)k_1-(a+1)k_2=0\end{cases}$$

其系数行列式为

$$\begin{vmatrix}a+1 & 0\\ a+1 & -(a+1)\end{vmatrix}=-(a+1)^2$$

当 $a\neq -1$ 时,方程组(Ⅰ)与(Ⅱ)无非零公共解.

当 $a=-1$ 时,方程组(Ⅰ)与(Ⅱ)有非零公共解,其全部公共解为

$$(x_1,x_2,x_3,x_4)^{\mathrm T}=k_1(2,-1,1,1)^{\mathrm T}+k_2(-1,2,4,7)^{\mathrm T}\quad (k_1,k_2\text{ 为不全为零的任意常数})$$

例 4　设线性方程组

$$\begin{cases}x_1+x_2+x_3=0\\ x_1+2x_2+ax_3=0\\ x_1+4x_2+a^2x_3=0\end{cases}\tag{*}$$

与方程

$$x_1+2x_2+x_3=a-1\tag{**}$$

有公共解,求 a 的值及它们的所有公共解.

解　由题设知(**)的通解 (x_1,x_2,x_3) 为

$$c_1(-2,1,0)^{\mathrm T}+c_2(-1,0,1)^{\mathrm T}+(a-1,0,0)^{\mathrm T}=(-2c_1-c_2+a-1,c_1,c_2)^{\mathrm T}$$

即

$$x_1=-2c_1-c_2+a-1,x_2=c_1,x_3=c_2$$

代入方程组(*)可有

$$\begin{cases}c_1=a-1 & ①\\ (a-1)(c_2+1)=0 & ②\\ (a-1)[c_2(a+1)+3]=0 & ③\end{cases}$$

由②可得 $a=1$ 或 $c_2=-1$. 下面分情况讨论:

(1)当 $a=1$ 时,$c_1=0$,则式(*)与式(**)的公共解为 $x_1=-c_2,x_2=0,x_3=c_2$,其中 c_2 为任意常数.

(2)当 $a\neq 1$ 时,$c_2=-1$ 代入方程③得 $a=2$,再由方程①知 $c_1=1$. 此时(*)与(**)的公共解为 $x_1=0,x_2=1,x_3=-1$.

综上,当 $a=1$ 或 2 时,式(*)与式(**)有公共解,其解见上.

例 5　若 $\boldsymbol\beta_i=(b_{i1},b_{i2},\cdots,b_{i,2n})^{\mathrm T}(i=1,2,\cdots,n)$ 是方程组 $\boldsymbol{Ax}=\boldsymbol 0$ 的一个基础解系,其中 $\boldsymbol A=(a_{ij})_{n\times 2n}$. 试写出写方程组 $\boldsymbol{By}=\boldsymbol 0$ 的通解,其中 $\boldsymbol B=(b_{ij})_{n\times 2n}$.

解　若 $\boldsymbol{AB}^{\mathrm T}=\boldsymbol O$,则 $\boldsymbol{BA}^{\mathrm T}=\boldsymbol O$. 显然 $\boldsymbol B^{\mathrm T}=(\boldsymbol\beta_1,\boldsymbol\beta_2,\cdots,\boldsymbol\beta_n)$,由设知 $\boldsymbol{AB}^{\mathrm T}=\boldsymbol O$.

又 $(\boldsymbol{AB}^{\mathrm T})^{\mathrm T}=\boldsymbol{BA}^{\mathrm T}=\boldsymbol O$,知 $\boldsymbol A^{\mathrm T}$ 的列即 $\boldsymbol A$ 的行向量为 $\boldsymbol{By}=\boldsymbol 0$ 的 n 个解.

由设 $\boldsymbol{Ax}=\boldsymbol 0$ 有 n 个线性无关解(基本解系有 n 个解)即 $\mathrm r(\boldsymbol B)=n$.

从而 $\mathrm r(\boldsymbol A)=2n-n=n$,知 $\boldsymbol A$ 的 n 个行向量线性无关.

又 $\boldsymbol{By}=\boldsymbol 0$ 变元个数为 $2n$ 个,知 $\boldsymbol A$ 的 n 个行向量 $\boldsymbol\alpha_1,\boldsymbol\alpha_2,\cdots,\boldsymbol\alpha_n$ 是其基础解系,其通解为

$$\boldsymbol y=\sum_{i=1}^{n}k_i\boldsymbol\alpha_i,\text{这里 } k_i\in\mathbf R\quad (i=1,2,\cdots,n)$$

例 6　已知线性方程组

$$(\mathrm{I})\begin{cases}a_{11}x_1+a_{12}x_2+\cdots+a_{1,2n}x_{2n}=0\\ a_{21}x_1+a_{22}x_2+\cdots+a_{2,2n}x_{2n}=0\\ \vdots\\ a_{n1}x_1+a_{n2}x_2+\cdots+a_{n,2n}x_{2n}=0\end{cases}$$

的一个基础解系为$(b_{11},b_{12},\cdots,b_{1,2n})^{\mathrm T}$,$(b_{21},b_{22},\cdots,b_{2,2n})^{\mathrm T}$,$\cdots$,$(b_{n1},b_{n2},\cdots,b_{n,2n})^{\mathrm T}$.试写出线性方程组

$$(\text{Ⅱ})\begin{cases}b_{11}y_1+b_{12}y_2+\cdots+b_{1,2n}y_{2n}=0\\ b_{21}y_1+b_{22}y_2+\cdots+b_{2,2n}y_{2n}=0\\ \qquad\vdots\\ b_{n1}y_1+b_{n2}y_2+\cdots+b_{n,2n}y_{2n}=0\end{cases}$$

的通解,并说明理由.

解 方程组(Ⅰ)、(Ⅱ)的系数矩阵分别记为$\boldsymbol A,\boldsymbol B$.将(Ⅰ)的基础解系依次代入(Ⅰ)中,用矩阵形式可写成$\boldsymbol{AB}^{\mathrm T}=\boldsymbol O$.

两边取转置得$\boldsymbol{BA}=(\boldsymbol{AB}^{\mathrm T})^{\mathrm T}=\boldsymbol O$.此式表明$\boldsymbol A$的$n$个行向量的转置向量为(Ⅱ)的$n$个解向量.

因为$\mathrm r(\boldsymbol B)=n$,所以(Ⅱ)的解空间维数为$2n-n=n$.又$\mathrm r(\boldsymbol A)=2n-n=n$,表明$\boldsymbol A$的$n$个行向量线性无关,从而它们的转置向量构成(Ⅱ)的一个基础解系.

于是得到(Ⅱ)的通解($k_1,k_2,\cdots,k_n$为任意常数)

$$\boldsymbol y=\begin{pmatrix}y_1\\y_2\\\vdots\\y_4\end{pmatrix}=k_1\begin{pmatrix}a_{11}\\a_{12}\\\vdots\\a_{1,2n}\end{pmatrix}+k_2\begin{pmatrix}a_{21}\\a_{22}\\\vdots\\a_{2,2n}\end{pmatrix}+\cdots+k_2\begin{pmatrix}a_{n1}\\a_{n2}\\\vdots\\a_{n,2n}\end{pmatrix}$$

五、线性方程组解的性质及其他

判断方程组有无解、有多少组解的问题,以及多个方程组解间关系问题是线性方程的重要理论,这类问题我们前文已介绍过,特别是考研题中.这里再介绍几个稍抽象点的问题,从中也可看出它们与矩阵理论的一些关系.

例1 若矩阵$\boldsymbol A\in\mathbf R^{m\times n}$,又$\boldsymbol x=(x_1,x_2,\cdots,x_n)^{\mathrm T}$,$\boldsymbol b=(b_1,b_2,\cdots,b_n)^{\mathrm T}$,则$\boldsymbol A^{\mathrm T}\boldsymbol{Ax}=\boldsymbol A^{\mathrm T}\boldsymbol b$一定有解.

证 考察矩阵$\boldsymbol A^{\mathrm T}\boldsymbol A$增广矩阵$(\boldsymbol A^{\mathrm T}\boldsymbol A\vdots\boldsymbol A^{\mathrm T}\boldsymbol b)$.因为

$$\mathrm r(\boldsymbol A^{\mathrm T}\boldsymbol A)\leqslant\mathrm r(\boldsymbol A^{\mathrm T}\boldsymbol A\vdots\boldsymbol A^{\mathrm T}\boldsymbol b)=\mathrm r[\boldsymbol A^{\mathrm T}(\boldsymbol A\vdots\boldsymbol b)]\leqslant\mathrm r(\boldsymbol A^{\mathrm T})=\mathrm r(\boldsymbol A)=\mathrm r(\boldsymbol A^{\mathrm T}\boldsymbol A)$$

故$\mathrm r(\boldsymbol A^{\mathrm T}\boldsymbol A\vdots\boldsymbol A^{\mathrm T}\boldsymbol b)=\mathrm r(\boldsymbol A^{\mathrm T}\boldsymbol A)$,从而知方程组$\boldsymbol A^{\mathrm T}\boldsymbol{Ax}=\boldsymbol A^{\mathrm T}\boldsymbol b$定有解.

再来看一个与上例类同的例子,它涉及方程有解的充要条件.

例2 若矩阵$\boldsymbol A\in\mathbf R^{m\times n}$,又$\boldsymbol x\in\mathbf R^n$,$\boldsymbol b\in\mathbf R^n$,则$\boldsymbol{Ax}=\boldsymbol b$有解$\Longleftrightarrow$若$\boldsymbol A^{\mathrm T}\boldsymbol z=\boldsymbol 0$有$\boldsymbol b^{\mathrm T}\boldsymbol z=0$(其中$\boldsymbol z\in\mathbf R^n$).

证 $\Rightarrow$由$(\boldsymbol{Ax})^{\mathrm T}=\boldsymbol b^{\mathrm T}$,有$\boldsymbol x^{\mathrm T}\boldsymbol A^{\mathrm T}=\boldsymbol b^{\mathrm T}$.若$\boldsymbol A^{\mathrm T}\boldsymbol z=\boldsymbol 0$有$\boldsymbol x^{\mathrm T}\boldsymbol A^{\mathrm T}\boldsymbol z=0$,从而$\boldsymbol b^{\mathrm T}\boldsymbol z=0$.

$\Leftarrow$若由$\boldsymbol A^{\mathrm T}\boldsymbol z=\boldsymbol 0$,有$\boldsymbol b^{\mathrm T}\boldsymbol z=\boldsymbol 0$,则$\begin{pmatrix}\boldsymbol A^{\mathrm T}\\\boldsymbol b^{\mathrm T}\end{pmatrix}\boldsymbol z=\boldsymbol 0$与$\boldsymbol A^{\mathrm T}\boldsymbol z=\boldsymbol 0$同解,故

$$\mathrm r(\boldsymbol A)=\mathrm r(\boldsymbol A^{\mathrm T})=\mathrm r\left[\begin{pmatrix}\boldsymbol A^{\mathrm T}\\\boldsymbol b^{\mathrm T}\end{pmatrix}\right]=\mathrm r[(\boldsymbol A\vdots\boldsymbol b)^{\mathrm T}]=\mathrm r[(\boldsymbol A\vdots\boldsymbol b)]$$

从而知方程组$\boldsymbol{Ax}=\boldsymbol b$有解.

再来看几个与矩阵有关的线性方程组的例子.

例3 若$\boldsymbol A\in\mathbf R^{m\times n}$,$\boldsymbol R\in\mathbf R^{m\times n}$及$\boldsymbol B\in\mathbf R^{m\times m}$且可逆.又$\boldsymbol{BA}$的行向量皆为$\boldsymbol{Rx}=\boldsymbol 0$的解,则$\boldsymbol A$的每个行向量亦为它的解.

解 由设显然有$\boldsymbol R(\boldsymbol{BA})^{\mathrm T}=\boldsymbol O$,即

$$\boldsymbol{RA}^{\mathrm T}\boldsymbol B^{\mathrm T}=(\boldsymbol{RA}^{\mathrm T})\boldsymbol B^{\mathrm T}=\boldsymbol O$$

又$\boldsymbol B$非奇异,从而$\boldsymbol{RA}^{\mathrm T}=\boldsymbol O$.(注意$\boldsymbol B$右乘$\boldsymbol{RA}^{\mathrm T}$满秩不改变$\boldsymbol{RA}^{\mathrm T}$的秩)

注 此题若不用矩阵方法解较繁.

例4 若$\boldsymbol A\in\mathbf R^{n\times n}$,且$\mathrm r(\boldsymbol A)=r$,若$\boldsymbol A$的列向量是某线性齐次方程组的基础解系,又$\boldsymbol B$是一个$r$阶可逆矩阵.试证$\boldsymbol{AB}$的列向量也是该方程组的基础解系.

证　设 $\boldsymbol{A}$ 的列向量是齐次线性方程组 $\boldsymbol{Cx}=\boldsymbol{0}$ 的基础解系，则 $\boldsymbol{CA}=\boldsymbol{O}$，从而 $\boldsymbol{CAB}=\boldsymbol{O}$.

由题设 $\boldsymbol{B}$ 是一个 r 阶可逆矩阵，而 $\boldsymbol{A}$ 有 r 个线性无关的列向量.

则 $\boldsymbol{AB}$ 的 r 个列向量是也线性无关，因而也是方程组 $\boldsymbol{Cx}=\boldsymbol{0}$ 的基础解系.

注　下面的命题与例类同.

命题　若 $\boldsymbol{A}\in\mathbf{R}^{n\times n}$ 且 $\mathrm{r}(A)=r$，又其 r 个列向量为某一齐次线性方程组的基础解系，同时 $\boldsymbol{B}$ 是一个 r 阶可逆矩阵. 证明：$\boldsymbol{AB}$ 的 r 列向量也是该齐次线性方程组的基础解系.

例 5　若实系数线性方程组 $\boldsymbol{Ax}=\boldsymbol{b}$，其中 $\boldsymbol{A}\in\mathbf{R}^{m\times n}$，且 $m\geqslant n$，$\boldsymbol{b}\in\mathbf{R}^{m}$. 若已知方程有唯一解，求证 $\boldsymbol{A}^{\mathrm{T}}\boldsymbol{A}$ 可逆，且唯一解为 $\boldsymbol{x}=(\boldsymbol{A}^{\mathrm{T}}\boldsymbol{A})^{-1}\boldsymbol{A}^{\mathrm{T}}\boldsymbol{b}$.

解　由设 $\boldsymbol{Ax}=\boldsymbol{b}$ 有唯一解，且相应齐次方程组 $\boldsymbol{Ax}=\boldsymbol{0}$ 亦仅有零解，从而知 $|\boldsymbol{A}^{\mathrm{T}}\boldsymbol{A}|\neq 0$，即知矩阵 $\boldsymbol{A}^{\mathrm{T}}\boldsymbol{A}$ 可逆.

由 $\boldsymbol{Ax}=\boldsymbol{b}$ 两边左乘 $(\boldsymbol{A}^{\mathrm{T}}\boldsymbol{A})^{-1}\boldsymbol{A}^{\mathrm{T}}$，有 $\boldsymbol{x}=(\boldsymbol{A}^{\mathrm{T}}\boldsymbol{A})^{-1}\boldsymbol{A}^{\mathrm{T}}\boldsymbol{b}$，注意到

$$\text{式左}=(\boldsymbol{A}^{\mathrm{T}}\boldsymbol{A})^{-1}\boldsymbol{A}^{\mathrm{T}}\boldsymbol{Ax}=(\boldsymbol{A}^{\mathrm{T}}\boldsymbol{A})^{-1}(\boldsymbol{A}^{\mathrm{T}}\boldsymbol{A})\boldsymbol{x}=\boldsymbol{x}$$

下面例子涉及了矩阵方程，其实这种问题我们在“矩阵”一章中已有介绍.

例 6　若 $\boldsymbol{A}\in\mathbf{R}^{m\times p}$，$\boldsymbol{B}\in\mathbf{R}^{m\times p}$，试给出矩阵方程 $\boldsymbol{Ax}=\boldsymbol{b}$ 有解的充要条件，且证明之，又若 $\mathrm{r}(\boldsymbol{A})=r$，且 x_0 是方程的一个特解，试求其通解.

解　由题设知 $\boldsymbol{X}\in\mathbf{R}^{n\times p}$，即为 n 行 p 列矩阵. 设 $\boldsymbol{X}=(\boldsymbol{x}_1,\boldsymbol{x}_2,\cdots,\boldsymbol{x}_p)$，其中 $\boldsymbol{x}_2=(x_{1i},x_{2i},\cdots,x_{ni})^{\mathrm{T}}$，其中 $i=1,2,\cdots,p$.

再设 $\boldsymbol{B}=(\boldsymbol{b}_1,\boldsymbol{b}_2,\cdots,\boldsymbol{b}_p)$，则有

$$\begin{aligned}\boldsymbol{Ax}=\boldsymbol{B}\text{ 有解}&\Longleftrightarrow \boldsymbol{Ax}_i=\boldsymbol{b}_i\,(i=1,2,\cdots,p)\text{都有解}\\&\Longleftrightarrow \mathrm{r}(\boldsymbol{A})=\mathrm{r}(\boldsymbol{A}\,\vdots\,\boldsymbol{b}_i)\quad(i=1,2,\cdots,p)\\&\Longleftrightarrow \mathrm{r}(\boldsymbol{A})=\mathrm{r}(\boldsymbol{A}\,\vdots\,\boldsymbol{B})\end{aligned}$$

又若 $\boldsymbol{Ax}=\boldsymbol{0}$，其中 $\boldsymbol{x}\in\mathbf{R}^{m\times 1}$，且 $\boldsymbol{\beta}_1,\boldsymbol{\beta}_2,\cdots,\boldsymbol{\beta}_{n-1}$ 为该方程组的基础解系，同时 $\mathrm{r}(\boldsymbol{A})=r$.

而 $\boldsymbol{X}=(\boldsymbol{\alpha}_1,\boldsymbol{\alpha}_2,\cdots,\boldsymbol{\alpha}_p)$ 是 $\boldsymbol{AX}=\boldsymbol{B}$ 的特解，从而 $\boldsymbol{AX}=\boldsymbol{B}$ 的通解为

$$\boldsymbol{X}=\left(\boldsymbol{\alpha}_1+\sum_{i=1}^{n-r}k_i\boldsymbol{\beta}_i,\boldsymbol{\alpha}_2+\sum_{i=1}^{n-r}l_i\boldsymbol{\beta}_i,\cdots,\boldsymbol{\alpha}_p+\sum_{i=1}^{n-r}r_i\boldsymbol{\beta}_i\right)$$

其中 $k_i,l_i,\cdots,r_i\,(i=1,2,\cdots,n-r)$ 为任意实数.

例 7　若 $\boldsymbol{A},\boldsymbol{B}\in\mathbf{R}^{n\times n}$，方程组 $\boldsymbol{ABx}=\boldsymbol{0}$ 与 $\boldsymbol{Bx}=\boldsymbol{0}$ 同解 $\Longleftrightarrow \mathrm{r}(\boldsymbol{AB})=\mathrm{r}(\boldsymbol{B})$.

解　显然当 $\mathrm{r}(\boldsymbol{AB})=n$ 时，$\mathrm{r}(\boldsymbol{A})=\mathrm{r}(\boldsymbol{B})=n$，这时由 $\boldsymbol{ABx}=\boldsymbol{0}$ 有 $\boldsymbol{Bx}=\boldsymbol{0}$；反之，若 $\boldsymbol{Bx}=\boldsymbol{0}$，亦有 $\boldsymbol{ABx}=\boldsymbol{0}$.

今考虑 $\mathrm{r}(\boldsymbol{AB})<n$ 的情形.

$\Leftarrow$若 $\boldsymbol{ABx}=\boldsymbol{0}$ 与 $\boldsymbol{Bx}=\boldsymbol{0}$ 同解，它们的基础解系相同，因而其系数矩阵秩相同，即 $\mathrm{r}(\boldsymbol{AB})=\mathrm{r}(\boldsymbol{B})$.

$\Rightarrow$若 $\mathrm{r}(\boldsymbol{AB})=\mathrm{r}(\boldsymbol{B})=r$，则 $\boldsymbol{ABx}=\boldsymbol{0}$ 的基础解系中含 $n-r$ 个线性无关的向量；

因 $\boldsymbol{Bx}=\boldsymbol{0}$ 的解均为 $\boldsymbol{ABx}=\boldsymbol{0}$ 的解，知基础解系中 $n-r$ 个线性无关的解均为 $\boldsymbol{Bx}=\boldsymbol{0}$ 的解，从而亦构成 $\boldsymbol{ABx}=\boldsymbol{0}$ 的一个基础解系.

这样 $\boldsymbol{ABx}=\boldsymbol{0}$ 与 $\boldsymbol{Bx}=\boldsymbol{0}$ 同解.

例 8　线性方程组 $\boldsymbol{Ax}=\boldsymbol{0}$与 $\boldsymbol{Bx}=\boldsymbol{0}$同解$\Longleftrightarrow$矩阵 $\boldsymbol{A},\boldsymbol{B}$ 行向量可以互相表出(等价).

为证明例的结论，我们先来考虑下面两个命题：

命题 1　若矩阵 $\boldsymbol{A}=(a_{ij})_{m\times n}$ 经过行初等变换化为矩阵 $\boldsymbol{B}=(b_{ij})_{m\times n}$，且记 $\boldsymbol{A}=(\boldsymbol{\alpha}_1,\boldsymbol{\alpha}_2,\cdots,\boldsymbol{\alpha}_n)$，$\boldsymbol{B}=(\boldsymbol{\beta}_1,\boldsymbol{\beta}_2,\cdots,\boldsymbol{\beta}_n)$，若有 $k_1,k_2,\cdots,k_n$ 使

$$\sum_{i=1}^{n}k_i\boldsymbol{\alpha}_i=\boldsymbol{0}\qquad(*)$$

则

$$\sum_{j=1}^{n}\boldsymbol{\beta}_i=\mathbf{0} \qquad (**)$$

反之,若(**)式成立,则式(*)也成立.

命题 2 若两向量组$\{\boldsymbol{\alpha}_1,\boldsymbol{\alpha}_2,\cdots,\boldsymbol{\alpha}_s\}$与$\{\boldsymbol{\beta}_1,\boldsymbol{\beta}_2,\cdots,\boldsymbol{\beta}_t\}$同秩,且其中一组可被另一组线性表出,则它们等价.

只需注意到若$\boldsymbol{\beta}_i=\sum\limits_{k=1}^{r}a_ik\boldsymbol{\alpha}_k(i=1,2,\cdots,r)$,知方程组行数行列式$D=|a_{ij}|\neq 0$.用$D$的第$j$行余子式$A_{ij}$分别乘上方程组两边再相加,可得$\boldsymbol{\alpha}_j\rightarrow\{\boldsymbol{\beta}_1,\boldsymbol{\beta}_2,\cdots,\boldsymbol{\beta}_r\}$.

有了上面的两个命题,下面来证明例的结论.

证 $\Leftarrow$设$\sum\limits_{i=1}^{n}k_i\boldsymbol{\alpha}_i=\mathbf{0}$知$k_1,k_2,\cdots,k_n$是$\boldsymbol{Ax}=\mathbf{0}$的解.由题设知其$\boldsymbol{\beta}_j\leftarrow\{\alpha_1,\alpha_2,\cdots,\alpha_n\}$,故$\sum\limits_{i=1}^{n}k_i\boldsymbol{\beta}_i=\mathbf{0}$.反之,$\boldsymbol{Bx}=\mathbf{0}$的是$\boldsymbol{Ax}=\mathbf{0}$的解.

$\Rightarrow$由设$\boldsymbol{Ax}=\mathbf{0}$与$\boldsymbol{Bx}=\mathbf{0}$同解知方程组$\begin{cases}\boldsymbol{Ax}=\mathbf{0}\\ \boldsymbol{Bx}=\mathbf{0}\end{cases}$与$\boldsymbol{Ax}=\mathbf{0}$同解,故它们有相同的基础解系.

而$\mathrm{r}(\boldsymbol{A})+$基础解系个数$=n$,知$\mathrm{r}\begin{pmatrix}\boldsymbol{A}\\ \boldsymbol{B}\end{pmatrix}=\mathrm{r}(\boldsymbol{A})$,即

$$\boldsymbol{\beta}_j\leftarrow\{\boldsymbol{\alpha}_1,\boldsymbol{\alpha}_2,\cdots,\boldsymbol{\alpha}_n\}$$

同理,考虑方程组$\begin{cases}\boldsymbol{Ax}=\mathbf{0}\\ \boldsymbol{Bx}=\mathbf{0}\end{cases}$与$\boldsymbol{Bx}=\mathbf{0}$同解可得$\boldsymbol{\alpha}_i\leftarrow\{\boldsymbol{\beta}_1,\boldsymbol{\beta}_2,\cdots,\boldsymbol{\beta}_n\}$.

下面的例子是利用线性方程组的性质,证明与矩阵相关联的问题.

例 9 若$\boldsymbol{A}=(a_{ij})_{n\times n}$,且$\sum\limits_{j=1}^{n}|a_{ij}|<1(i=1,2,\cdots,n)$.试证矩阵$\boldsymbol{I}-\boldsymbol{A}$可逆.

证 只需证对任意非零向量$\boldsymbol{x}$,方程组$(\boldsymbol{I}-\boldsymbol{A})\boldsymbol{x}\neq\mathbf{0}$,或$(\boldsymbol{I}-\boldsymbol{A})\boldsymbol{x}=\mathbf{0}$时,仅有$\boldsymbol{x}=\mathbf{0}$解.

事实上,令$(\boldsymbol{I}-\boldsymbol{A})\boldsymbol{x}=\boldsymbol{y}$,且选$k$使$|x_k|=\max\limits_{1\leqslant i\leqslant n}\{|x_i|\}$,则

$$|y_k|=\left|x_k-\sum_{j=1}^{n}a_{kj}x_j\right|\geqslant|x_k|-\sum_{j=1}^{n}|a_{kj}||x_j|\geqslant$$

$$|x_k|-\sum_{j=1}^{n}|a_{kj}||x_k|=|x_k|\left(1-\sum_{j=1}^{n}|a_{kj}|\right)>0$$

这里注意到题设$\sum\limits_{j=1}^{n}|a_{kj}|<1(i=1,2,\cdots,n)$,从而$\boldsymbol{y}\neq\mathbf{0}$,而$(\boldsymbol{I}-\boldsymbol{A})\boldsymbol{x}=\mathbf{0}$仅有零解,则$\boldsymbol{I}-\boldsymbol{A}$可逆.

注 这其实是所谓对角优势阵(详见前文)问题的另一表述解法.

下面是一个可化为线性方程组的非线性方程组问题.这里蕴涵着数学问题转化的重要思想,转化思想也是解数学问题的一种重要技巧.

例 10 解方程组

$$\begin{cases}9xy-2xz-2yz=0\\ 36xy-12xz-5yz=xyz\\ 9xy-8xz-3yz=-4xyz\end{cases}$$

解 对于x,y,z可分情况讨论如下.

(1)$x=y=z=0$显然是方程组的一组解(平凡解).

(2)当$x\neq 0,y=0$时,解得$z=0$;当$x=0,y\neq 0$时,解得$z=0$;当$z\neq 0$时,$x=0$,解得$y=0$.

(3)当$xyz\neq 0$时,原方程组化为

$$\begin{cases} 9\cdot\dfrac{1}{z}-2\cdot\dfrac{1}{y}-2\cdot\dfrac{1}{x}=0 \\ 36\cdot\dfrac{1}{z}-12\cdot\dfrac{1}{y}-5\cdot\dfrac{1}{x}=1 \\ 9\cdot\dfrac{1}{z}-8\cdot\dfrac{1}{y}-3\cdot\dfrac{1}{x}=4 \end{cases}$$

解其视为$\dfrac{1}{x}$,$\dfrac{1}{y}$,$\dfrac{1}{z}$的线性方程组,可以解得

$$\frac{1}{x}=1,\quad \frac{1}{y}=\frac{1}{2},\quad \frac{1}{z}=\frac{1}{3}$$

即 $x=1,y=2,z=3$.

故原方程组有解(其中 x,y,z 为任意实数):$(0,0,z)$,$(x,0,0)$,$(0,y,0)$,$(1,2,3)$.

六、矩阵方程、方程组

矩阵方程(组)实际上是线性方程组的变形问题(或者说是线性方程组问题的拓广),有的可以根据矩阵性质及运算准则解决(前文已有叙述),有的可以根据线性方程组的理论解决.特别是涉及矩阵方程组解的讨论时.

例 1　已知非奇异矩阵 $\boldsymbol{A}=\begin{pmatrix} a & b \\ b & a \end{pmatrix}$及矩阵 $\boldsymbol{B}=\begin{pmatrix} 1 & 2 & 3 \\ -1 & -2 & -3 \end{pmatrix}$:

(1)证明有唯一矩阵 $\boldsymbol{X}=\begin{pmatrix} x_1 & x_3 & x_5 \\ x_2 & x_4 & x_6 \end{pmatrix}$满足 $\boldsymbol{AX}=\boldsymbol{B}$;

(2)把矩阵 $\boldsymbol{X}$ 求出来.

证　(1)由题设有$\begin{pmatrix} a & b \\ b & a \end{pmatrix}\begin{pmatrix} x_1 & x_3 & x_5 \\ x_2 & x_4 & x_6 \end{pmatrix}=\begin{pmatrix} 1 & 2 & 3 \\ -1 & -2 & -3 \end{pmatrix}$,依矩阵乘法及性质有

$$(*)\quad\begin{cases} ax_1+bx_2 & & & =1 & ① \\ bx_1+ax_2 & & & =-1 & ② \\ & ax_3+bx_4 & & =2 & ③ \\ & bx_3+ax_4 & & =-2 & ④ \\ & & ax_5+bx_6 & =3 & ⑤ \\ & & bx_5+ax_6 & =-3 & ⑥ \end{cases}$$

方程组($*$)的系数行列式(注意到 $\boldsymbol{A}$ 是非奇异阵,因而$|\boldsymbol{A}|=a^2-b^2\neq 0$)

$$D=\begin{vmatrix} a & b & & & & \\ b & a & & & & \\ & & a & b & & \\ & & b & a & & \\ & & & & b & a \\ & & & & b & a \end{vmatrix}=(a^2-b^2)^3\neq 0$$

故方程组($*$)有唯一解,从而有唯一 $\boldsymbol{X}$ 满足 $\boldsymbol{AX}=\boldsymbol{B}$.

解　(2)分别联立解①与②,③与④,⑤与⑥可得

$$x_1=\frac{1}{a-b},\quad x_2=\frac{1}{b-a},\quad x_3=\frac{2}{a-b},\quad x_4=\frac{2}{b-a},\quad x_5=\frac{3}{a-b},\quad x_6=\frac{3}{b-a}$$

故所求

$$X=\frac{1}{a-b}\begin{pmatrix}1 & -2 & 3\\ -1 & 2 & -3\end{pmatrix}$$

注 1 (2)还可由 $X=A^{-1}B$ 给出.

注 2 从解的过程可以看出:讨论矩阵方程 $AX=B$ 的解性质,可先由矩阵相等的判断将它化为线性方程组(显然方程组中方程的个数为矩阵阶数 $m\times n$),然后依线性方程组理论解决.

下面的例子关于矩阵方幂的,其实我们在矩阵一章已介绍过与之类似的问题.

例 2 求满足 $A^{100}=I_{2\times2}$ 的形如 $\begin{pmatrix}a & b\\ 0 & c\end{pmatrix}$ 的 2 阶矩阵.

解 由设及上三角矩阵乘法规律若 $\begin{pmatrix}a & b\\ 0 & c\end{pmatrix}^{100}=\begin{pmatrix}a^{100} & f(a,b,c)\\ 0 & c^{100}\end{pmatrix}=\begin{pmatrix}1 & 0\\ 0 & 1\end{pmatrix}$,首先可有 $a=\pm1,c=\pm1$. 下面分情况讨论:

(1)$a=c=1$ 时,$f(a,b,c)=100b=0$,知 $b=0$;

(2)$a=-c=1$ 或 $a=-c=-1$ 时,知 b 为任意数.

综上,题设要求的矩阵为 $\begin{pmatrix}1 & 0\\ 0 & 1\end{pmatrix}$,$\begin{pmatrix}1 & b\\ 0 & -1\end{pmatrix}$ 或 $\begin{pmatrix}-1 & b\\ 0 & 1\end{pmatrix}$,这里 $b\in\mathbf{R}$ 为任意常数.

注 这里若矩阵方幂指数为任意整数 m,还可以解如:

解 由题知 $A^m=\begin{pmatrix}a^m & *\\ 0 & c^m\end{pmatrix}$,其中 $*$ 为 a,b,c 运算的结果.

由此可知 $a=\pm1,c=\pm1$. 下面考虑 b 的取值.

(1)若 $A=\begin{pmatrix}1 & b\\ 0 & 1\end{pmatrix}$,则 $A^n=\begin{pmatrix}1 & nb\\ 0 & 1\end{pmatrix}$,知 $b=0$;

(2)若 $A=\begin{pmatrix}-1 & b\\ 0 & -1\end{pmatrix}=-\begin{pmatrix}1 & -b\\ 0 & 1\end{pmatrix}$,则 $A^n=(-1)^n\begin{pmatrix}1 & -nb\\ 0 & 1\end{pmatrix}$,知 $b=0$;

(3)若 $A=\begin{pmatrix}1 & b\\ 0 & -1\end{pmatrix}$,则 $A^{2k}=\begin{pmatrix}1 & 0\\ 0 & 1\end{pmatrix}$,$A^{2k+1}=\begin{pmatrix}1 & b\\ 0 & -1\end{pmatrix}$;

(4)若 $A=\begin{pmatrix}1- & b\\ 0 & 1\end{pmatrix}$,则 $A^{2k}=\begin{pmatrix}1 & 0\\ 0 & 1\end{pmatrix}$,$A^{2k+1}=\begin{pmatrix}-1 & b\\ 0 & 1\end{pmatrix}$.

故 A 有下面四种形式:$\begin{pmatrix}1 & 0\\ 0 & 1\end{pmatrix}$,$\begin{pmatrix}-1 & 0\\ 0 & -1\end{pmatrix}$,$\begin{pmatrix}1 & b\\ 0 & -1\end{pmatrix}$,$\begin{pmatrix}-1 & b\\ 0 & 1\end{pmatrix}$.

它的另外解法我们后文还将介绍. 下面是本例的变形与推广形式:

这是一则矩阵函数问题,同普通函数一样,矩阵也可 Taylor 展开.

例 3 若 $A\in\mathbf{R}^{n\times n}$,定义矩阵三角函数 $\sin A=\sum\limits_{k=0}^{\infty}\frac{(-1)^k}{(2k+1)!}A^{2k+1}$. 试问有矩阵无 $A\in\mathbf{R}^{2\times2}$ 使 $\sin A=\begin{pmatrix}1 & 2004\\ 0 & 1\end{pmatrix}$?

证 由 $(PAP^{-1})^k=PA^kP^{-1}$,及 $\sin A$ 定义(转化为 A 的多项式)易证得

$$\sin(PBP^{-1})=\sum_{n=0}^{\infty}\frac{(-1)^n}{(2n+1)!}(PBP^{-1})^{2n+1}=\sum_{n=0}^{\infty}\frac{(-1)^n}{(2n+1)!}PB^{2n+1}P^{-1}=$$

$$P\left(\sum_{n=0}^{\infty} B^{2n+1}\right)P^{-1} = P(\sin B)P^{-1}$$

又易知 $\sin\begin{pmatrix}\lambda & 0\\ 0 & \lambda\end{pmatrix} \sim \begin{pmatrix}\mu & 0\\ 0 & \mu\end{pmatrix}$，知 A 应为 $\begin{pmatrix}\lambda & c\\ 0 & \lambda\end{pmatrix}$ 形状. 令 $U = \begin{pmatrix}\lambda & c\\ 0 & \lambda\end{pmatrix}$，则 $U^2 = \begin{pmatrix}\lambda^3 & 3\lambda^2 c\\ 0 & \lambda^3\end{pmatrix}$，…，一般的

$$U^k = \begin{pmatrix}\lambda^{2k+1} & (2k+1)\lambda^{2k}c\\ 0 & \lambda^{2k+1}\end{pmatrix} = \begin{pmatrix}\sum_{k=0}^{\infty}\frac{(-1)^k\lambda^{2k+1}}{(2k+1)!} & \sum_{k=0}^{\infty}\frac{(-1)^k\lambda^{2k}}{(2k)!}\\ 0 & \sum_{k=0}^{\infty}\frac{(-1)^k\lambda^{2k+1}}{(2k+1)!}\end{pmatrix} = \begin{pmatrix}\sin\lambda & c\cos\lambda\\ 0 & \sin\lambda\end{pmatrix}$$

若

$$\begin{pmatrix}\sin\lambda & c\cos\lambda\\ 0 & \sin\lambda\end{pmatrix} \sim \begin{pmatrix}1 & 2004\\ 0 & 1\end{pmatrix}$$

知 $\sin\lambda = 1$，这样 $\cos\lambda = 0$. 故 $\sin U = \begin{pmatrix}1 & 0\\ 0 & 1\end{pmatrix}$，它不可能相似于 $\begin{pmatrix}1 & 2004\\ 0 & 1\end{pmatrix}$.

例 4　(1)求满足 $A^2 = O$ 的一切二阶矩阵 A；(2)求满足 $A^2 = I$ 的一切二阶矩阵 A.

解　(1)设 $A = \begin{pmatrix}a & b\\ c & d\end{pmatrix}$，由设 $A^2 = O$，即

$$\begin{pmatrix}a & b\\ c & d\end{pmatrix}\begin{pmatrix}a & b\\ c & d\end{pmatrix} = \begin{pmatrix}a^2+bc & ab+bd\\ ac+dc & bc+d^2\end{pmatrix} = \begin{pmatrix}0 & 0\\ 0 & 0\end{pmatrix}$$

a,b,c,d 满足下面方程组

$$\begin{cases}a^2+bc=0\\ b(a+d)=0\\ c(a+b)=0\\ bc+d^2=0\end{cases} \tag{*}$$

①若 $a+d\neq 0$，则有 $b=c=0$；进而 $a^2=d^2=0$，故 $A_1 = \begin{pmatrix}0 & 0\\ 0 & 0\end{pmatrix}$；

②若 $a+d=0$，则方程组(*)化为

$$\begin{cases}a^2+bc=0\\ a=-d\\ bc+d^2=0\end{cases} \Rightarrow \begin{cases}\text{若 } a=0, \Rightarrow d=0 \Rightarrow \begin{cases}b=0, c=0\\ b=0, c\neq 0\\ b\neq 0, c=0\end{cases}\\ \text{若 } a=-d\neq 0, \Rightarrow \begin{cases}c=-a^2/b \text{ 或 } -d^2/b\\ b=-a^2/c \text{ 或 } -d^2/c\end{cases}\end{cases}$$

即

$$A_2 = \begin{pmatrix}0 & 0\\ c & 0\end{pmatrix},\quad A_3 = \begin{pmatrix}0 & b\\ 0 & 0\end{pmatrix},\quad A_4 = \begin{pmatrix}a & b\\ -a^2/b & -a\end{pmatrix},\quad A_5 = \begin{pmatrix}a & -a^2/b\\ c & -a\end{pmatrix}$$

故适合 $A^2 = O$ 的二阶阵，共上面 $A_1 \sim A_5$ 五种形式.

(2)由(1)我们知道 $A^2 = \begin{pmatrix}a^2+bc & b(a+d)\\ c(a+d) & bc+d^2\end{pmatrix}$，故 $A^2 = I$ 与下面方程组等价

$$\begin{cases}a^2+bc=1\\ b(a+d)=0\\ c(a+d)=0\\ bc+d^2=1\end{cases} \tag{**}$$

下面分情况讨论：

①当 $b\neq 0$ 时解得

$$A_1=\begin{pmatrix} a & b \\ (1-a^2)/b & -a \end{pmatrix}$$

②当 $c\neq 0$ 时解得

$$A_2=\begin{pmatrix} a & (1-a^2)/b \\ c & -a \end{pmatrix}$$

③当 $b=0$ 时解得

$$A_3=\begin{pmatrix} 1 & 0 \\ 0 & 1 \end{pmatrix},\quad A_4=\begin{pmatrix} -1 & 0 \\ 0 & -1 \end{pmatrix},\quad A_5=\begin{pmatrix} 1 & 0 \\ c & -1 \end{pmatrix},\quad A_6=\begin{pmatrix} -1 & 0 \\ c & 1 \end{pmatrix}$$

④当 $c=0$ 时解得

$$A_7=\begin{pmatrix} 1 & b \\ 0 & -1 \end{pmatrix},\quad A_8=\begin{pmatrix} -1 & b \\ 0 & 1 \end{pmatrix}$$

故满足 $A^2=I$ 的二阶矩阵有上面 $A_1\sim A_8$ 八种.

例 5 若 $X\in \mathbf{R}^{n\times n}$，又 J 是元素全为 1 的 n 阶方阵. 试证 $X=XJ+JX$ 仅有零解(即矩阵 $X=O$).

证 注意到 $J^2=nJ$，将题设式左、右乘 J 有

$$JXJ=JXJ^2+J^2XJ=nJXJ+nJXJ=2nJXJ$$

从而 $JXJ=O$.

将 J 右乘题设式有 $JX=JXJ+nJX=nJZ$，由 $JXJ=O$，故 $JX=O$.

同理有 $XJ=O$. 故 $X=XJ+JX=O$.

例 6 设有方程 $A^{\mathrm T}P+PA-PBR^{-1}B^{\mathrm T}P+Q=O$，其中 $A=\begin{pmatrix} 0 & 1 \\ 0 & 0 \end{pmatrix}$，$B=\begin{pmatrix} 0 \\ 1 \end{pmatrix}$，$R=1$，$Q=\begin{pmatrix} 1 & 0 \\ 0 & \mu \end{pmatrix}$，这里 $\mu>0$. 求 $P=\begin{pmatrix} p_{11} & p_{12} \\ p_{21} & p_{22} \end{pmatrix}$，且使 $p_{11}>0$，$|P|>0$.

解 将 A,B,R,Q 代入题设式 $A^{\mathrm T}P+PA-PBR^{-1}B^{\mathrm T}P+Q=O$ 有

$$\begin{pmatrix} 0 & 0 \\ 1 & 0 \end{pmatrix}\begin{pmatrix} p_{11} & p_{12} \\ p_{21} & p_{22} \end{pmatrix}+\begin{pmatrix} p_{11} & p_{12} \\ p_{21} & p_{22} \end{pmatrix}\begin{pmatrix} 0 & 1 \\ 0 & 0 \end{pmatrix}-\begin{pmatrix} p_{11} & p_{12} \\ p_{21} & p_{22} \end{pmatrix}\begin{pmatrix} 0 \\ 1 \end{pmatrix}(1)(0,1)\begin{pmatrix} p_{11} & p_{12} \\ p_{21} & p_{22} \end{pmatrix}+\begin{pmatrix} 1 & 0 \\ 0 & \mu \end{pmatrix}=$$

$$\begin{pmatrix} 0 & 0 \\ p_{11} & p_{12} \end{pmatrix}+\begin{pmatrix} 0 & p_{11} \\ 0 & p_{12} \end{pmatrix}-\begin{pmatrix} p_{12}^2 & p_{11}p_{12} \\ p_{11}p_{12} & p_{22}^2 \end{pmatrix}+$$

$$\begin{pmatrix} 1 & 0 \\ 0 & \mu \end{pmatrix}\begin{pmatrix} 1-p_{12}^2 & p_{11}-p_{12}p_{22} \\ p_{11}-p_{12}p_{22} & 2p_{12}+\mu-p_{22}^2 \end{pmatrix}=\begin{pmatrix} 0 & 0 \\ 0 & 0 \end{pmatrix}$$

它等价于方程组

$$\begin{cases} p_{12}^2=1 \\ p_{11}=p_{12}p_{22} \\ 2p_{12}+\mu=p_{22}^2 \end{cases}$$

又依要求 $p_{11}>0$，$p_{12}p_{22}-p_{22}^2>0$，解得 $p_{12}=1$，$p_{22}=\sqrt{2+\mu}$($p_{12}=-1$ 舍去). 故

$$P=\begin{pmatrix} \sqrt{2+\mu} & 1 \\ 1 & \sqrt{2+\mu} \end{pmatrix}$$

注　显然 P 是正定矩阵. 不过若从题设等式中先验证 P 的对称性后，则所求结论可为求正定阵 P.

我们再来看看矩阵方程组.

例 7　求解联立矩阵方程组

$$\begin{cases}\begin{pmatrix}2&1\\1&1\end{pmatrix}X+\begin{pmatrix}3&2\\1&1\end{pmatrix}Y=\begin{pmatrix}9&4\\4&3\end{pmatrix} & (1)\\ \begin{pmatrix}0&-1\\1&3\end{pmatrix}X+\begin{pmatrix}1&0\\2&1\end{pmatrix}Y=\begin{pmatrix}1&-2\\5&4\end{pmatrix} & (2)\end{cases}$$

解　式(2)左乘 $\begin{pmatrix}0&-1\\1&3\end{pmatrix}^{-1}$ 减去式(1)左乘 $\begin{pmatrix}2&1\\1&1\end{pmatrix}^{-1}$ 得

$$\left(\begin{pmatrix}0&-1\\1&3\end{pmatrix}^{-1}\begin{pmatrix}1&0\\2&1\end{pmatrix}-\begin{pmatrix}2&1\\1&1\end{pmatrix}^{-1}\begin{pmatrix}3&2\\1&1\end{pmatrix}\right)Y=\begin{pmatrix}0&-1\\1&3\end{pmatrix}^{-1}\begin{pmatrix}1&-2\\5&4\end{pmatrix}-\begin{pmatrix}2&1\\1&1\end{pmatrix}^{-1}\begin{pmatrix}9&4\\4&3\end{pmatrix}$$

解得 $Y=\begin{pmatrix}1&-1\\2&3\end{pmatrix}$，代入式(1)可解得 $X=\begin{pmatrix}1&0\\0&1\end{pmatrix}$.

注　本命题若化为线性方程组去考虑，解法较复杂(它是一个八元一次方程组)这里是仿效线性方程组中“加减消元法”，使问题解法显得直接和简洁. 所用工具是逆矩阵. 不过此前须验证上两矩阵可逆方可.

习　　题

1. 求下面矩阵 A 的秩 $r(A)$，其中：

(1) $A=\begin{pmatrix}1&-1&2&1&0\\2&-2&4&-2&0\\3&0&6&-1&1\\2&1&4&2&1\end{pmatrix}$　　(2) $A=\begin{pmatrix}1&1&1\\2&-1&1\\1&2&0\end{pmatrix}$

且解方程 $Ax=\mathbf{0}$，其中对于(1) $x=(x_1,x_2,\cdots,x_5)^{\mathrm{T}}$，对于(2) $x=(x_1,x_2,x_3)^{\mathrm{T}}$.

2. 求下面线性方程组的通解：

(1) $\begin{cases}x_1+x_2-2x_3-x_4=1\\2x_1-x_2+x_3+2x_4=3\\x_1+4x_2-7x_3-5x_4=0\end{cases}$　　(2) $\begin{cases}x_1+x_2-2x_3-x_4=1\\2x_1-x_2+x_3+2x_4=3\\x_1-4x_2-7x_3-5x_4=0\end{cases}$

3. 解线性方程组

$$\begin{cases}2x_1-x_2+4x_3-3x_4=-4\\x_1+x_3-x_4=-3\\3x_1+x_2+x_3=1\\7x_1+7x_3-3x_4=3\end{cases}$$

4. (1)求下面方程组的基础解系：

$$\begin{cases}2x_1-4x_2+5x_3+3x_4=0\\3x_1-6x_2+4x_3+2x_4=0\\4x_1-8x_2+17x_3+11x_4=0\end{cases}$$

(2)已知线性方程组

$$\begin{cases}x_1+x_2+x_3+x_4+x_5=1\\x_2-x_3+2x_4-x_5=1\\2x_1+3x_2+x_3+4x_4+x_5=3\\3x_1+5x_2+x_3+7x_4+x_5=5\end{cases}$$

求(1)对应齐次方程组的基础解系;(2)方程组的通解.

5.(1)已知线性方程组

$$\begin{cases}\lambda x_1+x_2-3x_3=1\\x_1-3x_2+x_3=1\\x_1-x_2-x_3=1\end{cases}$$

①λ为何值时,方程组有解?有多少解?②若方程组有解求出它.

(2)λ为何值时方程组

$$\begin{cases}x_1+(\lambda^2+1)x_2+2x_3=\lambda\\\lambda x_1+\lambda x_2+(2\lambda+1)x_3=0\\x_1+(2\lambda+1)x_2+2x_3=2\end{cases}$$

有唯一组解、无穷多组解、无解?当方程组有解时试求其解.

6.已知线性方程组

$$\begin{cases}\lambda x_1+x_2+2x_3=1\\x_1+\lambda x_2+x_3=\lambda^2\\x_1+x_2+\lambda x_3=\lambda^2\end{cases}$$

(1)对λ的不同值,讨论方程组的解的情形;(2)对$\lambda=0$的情形,将方程组写成矩阵形式;(3)利用计算逆矩阵的方法,求$\lambda=0$时方程组的解.

7.问λ为何值时,线性方程组

$$\begin{cases}x_1+x_3=\lambda\\4x_1+x_2+2x_3=\lambda+2\\6x_1+x_2+4x_3=2\lambda+3\end{cases}$$

有解,并求出解的一般形式.

8.问k为何值时,线性方程组

$$\begin{cases}x_1+x_2+x_3=4\\-x_1+kx_2+x_3=k^2\\x_1-x_2+2x_3=-4\end{cases}$$

有唯一解、无解、有无穷多组解.在有解情况下,求出其全部解.

9.对于线性方程组

$$\begin{cases}\lambda x_1+x_2+x_3=\lambda-3\\x_1+\lambda x_2+x_3=-2\\x_1+x_2+\lambda x_3=-2\end{cases}$$

讨论λ取何值时,方程组无解.有唯一解和无穷多组解.在方程组有无穷多组解时,试用其导出组的基础解系表示全部解.

10.设线性方程组

$$\begin{cases}ax_1+2x_2+3x_3=8\\2ax_1+2x_2+3x_3=10\\x_1+x_2+bx_3=5\end{cases}$$

试问当 a,b 为何值时，方程组有无穷多组解？且求出它.

11. 问 a,b 为何值时，线性方程组

$$\begin{cases}x_1+x_2+x_3+x=0\\x_2+2x_3+2x_4=1\\-x_2+(a-3)x_3-2x_4=b\\3x_1+2x_2+x_3+ax_4=-1\end{cases}$$

有唯一解、无解、有无穷多组解？并求出有无穷多组解时的通解.

12. 求线性方程组

$$\begin{cases}(\lambda+3)x_1+x_2+2x_3=\lambda\\\lambda x_1+(\lambda-1)x_2+x_3=\lambda\\3(\lambda+1)x_1+\lambda x_2+(\lambda+3)x_3=3\end{cases}$$

有无穷多组解，惟一组解和无解时的 λ 值.

13. 已知 x_0,y_0,z_0 是线性方程组

$$\begin{cases}x+z=a\\2x-2y+z=b\\7x-2y+5z=c\end{cases}$$

的一组解，(1)讨论方程组的解是否唯一？(2)求此方程组的解.

14. 设线性方程组

$$\begin{cases}x_1+\lambda x_2+\mu x_3+x_4=0\\2x_1+x_2+x_3+2x_4=0\\3x_1+(2+\lambda)x_2+(4+\mu)x_3+4x_4=1\end{cases}$$

已知 $(1,-1,1,-1)^{\mathrm{T}}$ 是该方程组的一个解. 试求：(1)方程组的全部解，并用对应的齐次线性方程组的基础解系表示全部解；(2)该方程组满足 $x_1=x_3$ 的全部解.

15. 讨论线性方程组

$$\begin{cases}\lambda x_1+x_2+x_3+x_4=\lambda\\x_1+\lambda x_2+x_3+x_4=\lambda\\x_1+x_2+\lambda x_3+x_4=\lambda\\x_1+x_2+x_3+\lambda x_4=\lambda\end{cases}$$

当 λ 为何值时，方程组有唯一解？无穷多组解？无解？

16. 已知线性方程组：

$$(1)\begin{cases}2x_1-x_2+x_3+x_4=1,\\x_1+2x_2-x_3+4x_4=2,\\x_1+7x_2-4x_3+11x_4=\lambda;\end{cases}\qquad(2)\begin{cases}x_1+2x_2+x_3-\lambda x_4=4,\\3x_1+6x_2-x_3-3x_4=8,\\5x_1+10x_2+x_3-3x_4=17,\end{cases}$$

当 λ 为何值时方程组有解？并解之.

17. 已知线性方程组

$$\begin{cases}x_1+x_2+x_3+x_4+x_5=1\\3x_1+2x_2+x_3+x_4-3x_5=a\\x_3+2x_3+2x_4-3x_5=3\\5x_1+4x_2+3x_3+3x_4-x_5=b\end{cases}$$

(1)当 a,b 取何值时，此方程组有解？(2)求出其对应的齐次方程组的基础解系；(3)在有解的情况

下,求出方程组的一般解.

18.讨论方程组

$$\begin{cases}ax_1+bx_2+cx_3+dx_4=a\\bx_1-ax_2+dx_3-cx_4=b\\cx_1-dx_2-ax_3+bx_4=c\\dx_1+cx_2-bx_3-ax_4=d\end{cases}$$

是否有唯一解？为什么？

19.解矩阵方程 $\boldsymbol{Ax}=\boldsymbol{b}$(用逆矩阵法),其中

$$\boldsymbol{A}=\begin{pmatrix}1&2&3\\2&2&1\\3&4&3\end{pmatrix},\quad \boldsymbol{x}=\begin{pmatrix}x_1\\x_2\\x_3\end{pmatrix},\quad \boldsymbol{b}=\begin{pmatrix}1\\0\\1\end{pmatrix}$$

20.问 a,b 为何值时,矩阵方程 $\boldsymbol{Ax}=\boldsymbol{b}$ 有解？其中

$$\boldsymbol{A}=\begin{pmatrix}a&1&1\\1&b&1\\1&2b&1\end{pmatrix},\quad \boldsymbol{x}=\begin{pmatrix}x_1\\x_2\\x_3\end{pmatrix},\quad \boldsymbol{b}=\begin{pmatrix}4\\3\\5\end{pmatrix}$$

21.若 $\boldsymbol{A}=\begin{pmatrix}1&1&-1\\2&a+2&b-2\\0&-3a&a+2b\end{pmatrix}$, $\boldsymbol{b}=\begin{pmatrix}1\\3\\-1\end{pmatrix}$, $\boldsymbol{x}=\begin{pmatrix}x_1\\x_2\\x_3\end{pmatrix}$就 a,b 取值情形,讨论非齐次方程组 $\boldsymbol{Ax}=\boldsymbol{b}$ 的解的情况,如有解求之.

22.λ 为何值时,矩阵方程 $\boldsymbol{Ax}=\boldsymbol{b}$ 有唯一解？无穷多组解？无解？其中

$$\boldsymbol{A}=\begin{pmatrix}\lambda&1&1\\1&\lambda&1\\1&1&\lambda\end{pmatrix},\quad \boldsymbol{x}=\begin{pmatrix}x_1\\x_2\\x_3\end{pmatrix},\quad \boldsymbol{b}=\begin{pmatrix}1\\\lambda\\\lambda_2\end{pmatrix}$$

23.求解下列矩阵方程:

(1) $\begin{pmatrix}a+1&1\\a+4&a\end{pmatrix}\boldsymbol{X}=\begin{pmatrix}b-1&-b-a\\-b+a&b\end{pmatrix}$　　(2) $\begin{pmatrix}1&2\\3&4\end{pmatrix}\boldsymbol{X}\begin{pmatrix}2&4\\1&3\end{pmatrix}=\begin{pmatrix}0&2\\1&3\end{pmatrix}$

(3) $\begin{pmatrix}1&4\\-1&2\end{pmatrix}\boldsymbol{X}\begin{pmatrix}2&0\\-1&1\end{pmatrix}=\begin{pmatrix}3&1\\0&-1\end{pmatrix}$　　(4) $\begin{pmatrix}2&1\\3&2\end{pmatrix}\boldsymbol{X}=\boldsymbol{X}\begin{pmatrix}2&1\\3&2\end{pmatrix}$

24.求解下列矩阵方程

(1)$\boldsymbol{X}\begin{pmatrix}0&1&0\\1&2&0\\1&0&1\end{pmatrix}=\begin{pmatrix}1&0&-1\\0&3&2\\1&-2&0\end{pmatrix}$　　(2) $\begin{pmatrix}1&-1&1\\1&1&1\\3&2&1\end{pmatrix}\boldsymbol{X}\begin{pmatrix}1&-1&1\\1&1&0\\3&2&1\end{pmatrix}=\begin{pmatrix}4&2&3\\0&-1&5\\2&1&1\end{pmatrix}$

(3) $\begin{pmatrix}1&0&1\\2&1&0\\0&0&2\end{pmatrix}\boldsymbol{X}=\begin{pmatrix}1\\0\end{pmatrix}$　　(4) $\begin{pmatrix}1&1&1&1&1\\&1&1&1&1\\&&1&1&1\\&&&1&1\\&&&&1\end{pmatrix}\boldsymbol{X}=\begin{pmatrix}2&1&&&\\1&2&1&&\\&1&2&1&\\&&1&2&1\\&&&1&2\end{pmatrix}$

25.(1)设 $\boldsymbol{A}=\begin{pmatrix}1&2&1\\3&4&2\\1&2&2\end{pmatrix}$,求满足 $\boldsymbol{A}+\boldsymbol{B}=\boldsymbol{AB}$ 的矩阵 $\boldsymbol{B}$.

(2)若 $\boldsymbol{A}=\begin{pmatrix}0&0&1&2\\0&0&2&1\\2&1&0&0\\1&3&0&0\end{pmatrix}$, $\boldsymbol{B}=\begin{pmatrix}1\\2\\3\\4\end{pmatrix}$, $\boldsymbol{C}=(1,2)$, $\boldsymbol{D}=\begin{pmatrix}4&2\\-3&1\\2&0\\-1&4\end{pmatrix}$,求满足 $\boldsymbol{AX}+\boldsymbol{BC}=\boldsymbol{O}$ 的 $\boldsymbol{X}$.

(3)解矩阵方程组:$\begin{cases}\boldsymbol{AX}+\boldsymbol{BY}=\boldsymbol{F},\\\boldsymbol{CX}+\boldsymbol{DY}=\boldsymbol{G},\end{cases}$其中

$$\boldsymbol{A}=\begin{pmatrix}1&2\\0&1\end{pmatrix},\quad \boldsymbol{B}=\begin{pmatrix}3&1\\-1&0\end{pmatrix},\quad \boldsymbol{F}=\begin{pmatrix}13&8\\1&-1\end{pmatrix},\quad \boldsymbol{C}=\begin{pmatrix}2&1\\1&1\end{pmatrix},\quad \boldsymbol{D}=\begin{pmatrix}4&-5\\0&3\end{pmatrix},\quad \boldsymbol{F}=\begin{pmatrix}13&0\\4&9\end{pmatrix}$$

26. 证明矩阵 $\boldsymbol{X}=\begin{pmatrix}x&y\\y&x\end{pmatrix}$满足方程 $\boldsymbol{X}^2-2x\boldsymbol{X}+(x^2-y^2)\boldsymbol{I}=\boldsymbol{O}$.

第 5 章 矩阵的特征问题

矩阵特征问题是矩阵研究的精髓，它是数学家们从缤纷矩阵世界中凝练出的金子、挑选出的宝石.

1826 年，法国数学家柯西(A. L. Cauchy)在研究二次型在直角坐标变换下的形变问题时，首先使用了特征方程概念即 $|\boldsymbol{A}-\lambda\boldsymbol{I}|=0$，且证明了其不变性. 1892 年，他又从二次型入手研究了特征方程的一般问题，同时在 1851 年给出了 $|\boldsymbol{A}+\lambda\boldsymbol{B}|$ 的初等因子、不变因子概念，且证明了一些有关结论.

1852 年，希尔维斯特(J. J. Sylvester)给出 n 元二次型化成标准型的"惯性定律".

1870 年，约当(M. E. C. Jordan)证明了 n 阶复阵可通化相似变换化成约当标准形的结论.

尔后，弗罗比尼乌斯(F. G. Frobenius)引进了矩阵的最小多项式(由特征多项因子形成的满足矩阵化零的次数最低的多项式)概念，此外还证明凯莱一哈密顿(Cayley-Hamilton)定理.

内 容 提 要

一、矩阵的特征问题

1. 特征值与特征向量

若 $\boldsymbol{A}$ 是 n 阶矩阵，λ_0 是数，若存在非零列向量 $\boldsymbol{\alpha}$ 使 $\boldsymbol{A\alpha}=\lambda_0\boldsymbol{\alpha}$，则 λ_0 称为 $\boldsymbol{A}$ 的一个**特征值**(根)，$\boldsymbol{\alpha}$ 称 $\boldsymbol{A}$ 的相应于 λ_0 的**特征向量**.

2. 特征多项式和特征方程

多项式 $f(\lambda)=|\boldsymbol{A}-\lambda\boldsymbol{I}|$ 称为 $\boldsymbol{A}$ 的特征多项式；$f(\lambda)=0$ 称为**特征方程**.

3. 特征值、特征向量求法

特征值、特征向量的求法见下图.

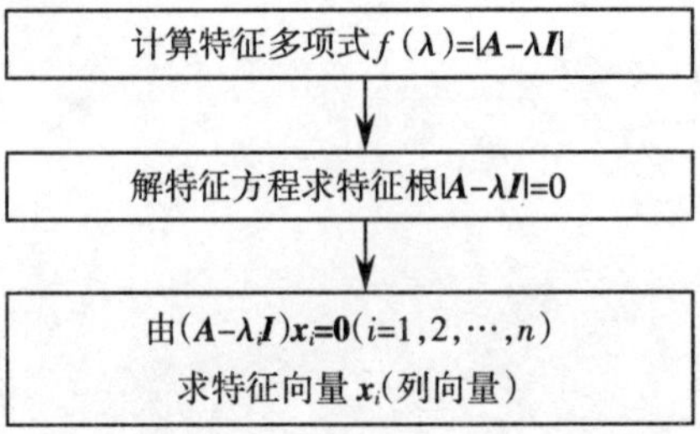

特征根性质如下：

① $\sum_{i=1}^{n}\lambda_i = \sum_{i=1}^{n}a_{ii} = \mathrm{Tr}(\boldsymbol{A})$；

② $\prod_{i=1}^{n}\lambda_i = |\boldsymbol{A}|$，这里 $\boldsymbol{A} = (a_{ij})_{n\times n}$.

注　一般讲来，对于 $\boldsymbol{A}\in\mathbf{R}^{n\times n}$，$\mathrm{r}(\boldsymbol{A})$不一定等于 $\boldsymbol{A}$ 的非 0 特征根个数. 这一点特别当心. 比如

$$\boldsymbol{A}=\begin{pmatrix}0 & 1\\ 0 & 0\end{pmatrix}$$

其仅有两个 0 特征根，但 $\mathrm{r}(\boldsymbol{A})=1$.

4. 矩阵化为对角型

若矩阵 $\boldsymbol{A}$ 有 n 个线性无关的特征向量 $\boldsymbol{x}_1,\boldsymbol{x}_2,\cdots,\boldsymbol{x}_n$，又记 $\boldsymbol{X}=(\boldsymbol{x}_1,\boldsymbol{x}_2,\cdots,\boldsymbol{x}_n)$则

$$\boldsymbol{X}^{-1}\boldsymbol{A}\boldsymbol{X}=\mathrm{diag}\{\lambda_1,\lambda_2,\cdots,\lambda_n\}$$

其中 $\lambda_i(i=1,2,\cdots,n)$为 $\boldsymbol{A}$ 相应于 $\boldsymbol{x}_i$ 的特征值.

注　结论的条件是充要(充分必要)的.

5. * 凯莱—哈密顿(Cayley-lamilton)定理

若 $\boldsymbol{A}\in\mathbf{R}^{n\times n}$，$f(\lambda)=\det(\boldsymbol{A}-\lambda\boldsymbol{I})$，则 $f(\boldsymbol{A})=\boldsymbol{O}$.

6. 特征向量的性质

①属于不同特征值的特征向量线性无关；

②属于同一特征值的向量的线性组合仍属于该特征值的特征向量；

③属于不同特征值的特征向量 $\boldsymbol{\alpha},\boldsymbol{\beta}$ 之和 $\boldsymbol{\alpha}+\boldsymbol{\beta}$ 不是其特征向量.

二、实对称矩阵的特征问题

(1)实对称矩阵的特征根(值)都是实根，且有 n 个线性无关的特征向量；

(2)属于不同特征值的特征向量彼此正交.

三、实对称矩阵的正交相似

定理　任何实对称矩阵 $\boldsymbol{A}$，总可找到一个正交矩阵 $\boldsymbol{T}$ 使

$$\boldsymbol{T}^{-1}\boldsymbol{A}\boldsymbol{T}=\boldsymbol{T}^{\mathrm{T}}\boldsymbol{A}\boldsymbol{T}=\mathrm{diag}\{\lambda_1,\lambda_2,\cdots,\lambda_n\}$$

其中 $\lambda_i(i=1,2,\cdots,n)$是 $\boldsymbol{A}$ 的 n 个特征值.

推论　实对矩阵可以相似于对角阵(称其可对角化).

四、相似矩阵性质

若矩阵 $\boldsymbol{A},\boldsymbol{B}$ 相似，即 $\boldsymbol{A}\sim\boldsymbol{B}$，则

①$\boldsymbol{A}^{\mathrm{T}}\sim\boldsymbol{B}^{\mathrm{T}}$；

②又若 $\boldsymbol{A},\boldsymbol{B}$ 可逆，则 $\boldsymbol{A}^{-1}\sim\boldsymbol{B}^{-1}$；

③行列式$|\boldsymbol{A}|=|\boldsymbol{B}|$；

④$f(\boldsymbol{A})\sim f(\boldsymbol{B})$，其中 $f(x)$为 x 的多项式($f(\boldsymbol{A}),f(\boldsymbol{B})$为矩阵多项式)，且$|f(\boldsymbol{A})|=|f(\boldsymbol{B})|$；

⑤$\mathrm{r}(\boldsymbol{A})=\mathrm{r}(\boldsymbol{B})$；

⑥特征多项式$|\lambda\boldsymbol{I}-\boldsymbol{A}|=|\lambda\boldsymbol{I}-\boldsymbol{B}|$，从而有相同的特征根；

⑦$\mathrm{Tr}(\boldsymbol{A})=\mathrm{Tr}(\boldsymbol{B})$；

⑧若 $\boldsymbol{B}=\boldsymbol{P}^{-1}\boldsymbol{A}\boldsymbol{P}$，又 $\boldsymbol{x}$ 是 $\boldsymbol{A}$ 属于 λ 的特征向量，则 $\boldsymbol{P}^{-1}\boldsymbol{x}$ 是 $\boldsymbol{B}$ 属于 λ 的特征向量；

⑨又若 $\boldsymbol{A}\sim\boldsymbol{C}$，则 $\boldsymbol{B}\sim\boldsymbol{C}$.

实对称矩阵正交相似的正交矩阵求法见下图.

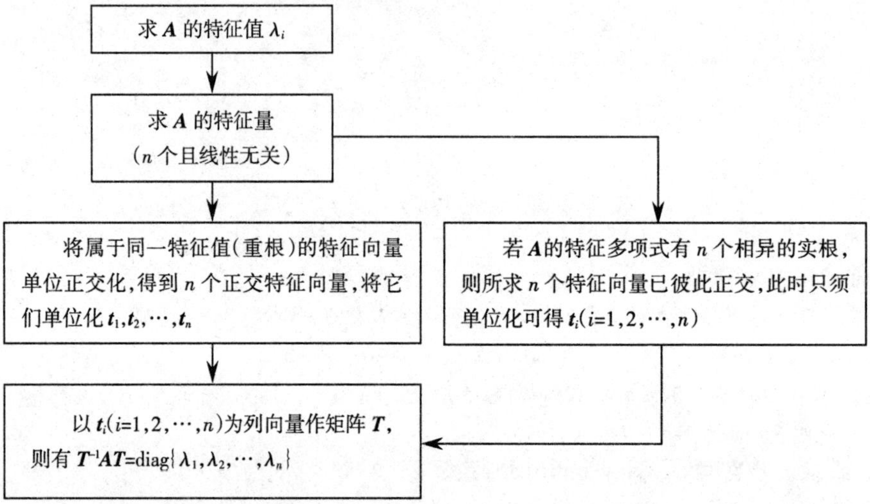

注 这里强调了实对称矩阵.对一般矩阵而言,不一定存在 n 个线性无关的特征向量,因而(在实数域)无法对角化.但它化为 Jordan 阵.

矩阵某些运算的特征值和特征向量见下表.

矩　阵	$\boldsymbol{A}$	$k\boldsymbol{A}$	$\boldsymbol{A}^m$	$f(\boldsymbol{A})$	$\boldsymbol{A}^{-1}$	$\boldsymbol{A}^*$	$\boldsymbol{A}^{\mathrm{T}}$	$\boldsymbol{P}^{-1}\boldsymbol{A}\boldsymbol{P}$
特征值	λ	$k\lambda$	λ^m	$f(\lambda)$	$\dfrac{1}{\lambda}$	$\dfrac{\lvert\boldsymbol{A}\rvert}{\lambda}$	λ	λ
特征向量	$\boldsymbol{x}$	$\boldsymbol{x}$	$\boldsymbol{x}$	$\boldsymbol{x}$	$\boldsymbol{x}$	$\boldsymbol{x}$		$\boldsymbol{P}^{-1}\boldsymbol{x}$

几种特殊矩阵的某些性质及特征根的形状见下表.

矩阵种类	矩阵性质	特征根
幂零阵($\boldsymbol{A}^k=\boldsymbol{O}$)	①$\boldsymbol{A}\pm\boldsymbol{I}$ 非奇异(即可逆或满秩); ②若 $\boldsymbol{A}^k=\boldsymbol{O}$,且 $\boldsymbol{A}\neq\boldsymbol{O}$,则 $\boldsymbol{A}$ 不相似于对角阵	全为 0
幂幺阵($\boldsymbol{A}^k=\boldsymbol{I}$)	均可相似于对角阵	k 次单位根
对合阵($\boldsymbol{A}^2=\boldsymbol{I}$)	①皆可相似于对角阵; ②$\mathrm{r}(\boldsymbol{I}-\boldsymbol{A})+\mathrm{r}(\boldsymbol{I}+\boldsymbol{A})=n$	±1
反对称阵	①$\boldsymbol{I}\pm\boldsymbol{A}$ 非奇异; ②特征根全为$\Leftrightarrow\boldsymbol{A}=\boldsymbol{O}$	0 或纯虚数
幂等阵($\boldsymbol{A}^2=\boldsymbol{A}$)	①皆可相似于对角阵; ②$\mathrm{r}(\boldsymbol{I}-\boldsymbol{A})+\mathrm{r}(\boldsymbol{A})=n$	0 或 1
正交矩阵	①$\lvert\boldsymbol{A}\rvert=\pm1$,且若 $\lvert\boldsymbol{A}\rvert=-1$,则 $\boldsymbol{A}$ 有特征根 -1;若 $\boldsymbol{A}$ 为奇数阶,且 $\lvert\boldsymbol{A}\rvert=1$,则 A 有特征根 1 ②若 λ 是 $\boldsymbol{A}$ 的特征根,则 λ^{-1} 亦为其特征根	$\lVert\lambda\rVert=1$

矩阵特征问题有二：一是其特征值(根)问题；二是其特向量问题. 前者涉及特征多项式，无非是行列式知识的应用；后者涉及线性方程组的求解理论及方法. 此外，由此可引发矩阵对角化的讨论，进而会涉及矩阵的分解问题.

矩阵特征问题与行列式、线性方程组

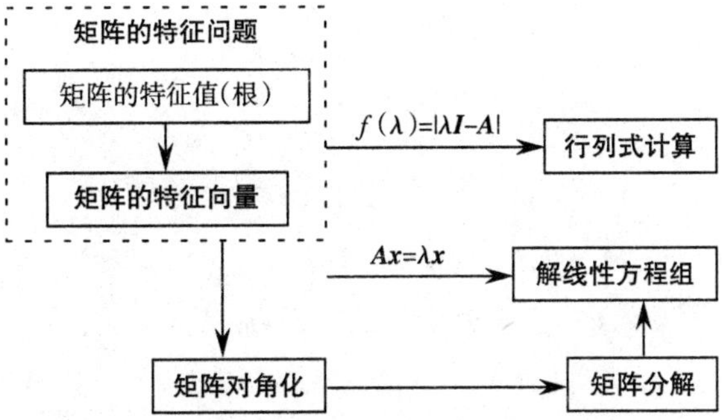

例　题　分　析

一、矩阵的特征值问题

1. A 的特征值问题

矩阵特征问题说穿了只是涉及(1)行列式计算；(2)解线性方程组问题的综合应用而已.

因而求矩阵的特征值问题，关键是计算行列式，其中典型的问题也正是我们在行列式一章中重点介绍的类型.

例 1　若矩阵 $\boldsymbol{A}\in\mathbf{R}^{n\times n}$，且 $\boldsymbol{A}$ 的元系全为 1，求 $\boldsymbol{A}$ 的全部特征根.

解 1　类似的问题我们在行列式计算中遇到过，这里用两种方法考虑：

①对 $\boldsymbol{A}$ 实施初等变换(行列实施同样的)化为对角型；

②直接计算 $|\lambda\boldsymbol{I}-\boldsymbol{A}|$. 显然 $\mathrm{r}(\boldsymbol{A})=1$. 又 $\boldsymbol{A}^{\mathrm{T}}=\boldsymbol{A}$(对称阵)，知 $\boldsymbol{A}$ 相似于对角线上有 $n-1$ 个 0 元的对角阵，换言之，$\boldsymbol{A}$ 有 $n-1$ 重 0 根.

再注意到 $\boldsymbol{A}(1,1,\cdots,1)^{\mathrm{T}}=n(1,1,\cdots,1)^{\mathrm{T}}$，则 $(1,1,\cdots,1)^{\mathrm{T}}$ 可视为 $\boldsymbol{A}$ 的对应于特征根 n 的特征向量(前文已有介绍).

综上，$\boldsymbol{A}$ 的全部特征根为：$n-1$ 重 0 根和一个值为 n 的特征根.

解 2　$$|\lambda\boldsymbol{I}-\boldsymbol{A}|=\begin{vmatrix}\lambda-1 & -1 & \cdots & -1\\ -1 & \lambda-1 & \cdots & -1\\ \vdots & \vdots & & \vdots\\ -1 & -1 & \cdots & \lambda-1\end{vmatrix}\xlongequal[\text{至第 1 列后提出 }\lambda-n]{\text{第 }2\sim n\text{ 列分别加}}$$

$$(\lambda-n)\begin{vmatrix}1 & -1 & \cdots & -1\\ 1 & \lambda-1 & \cdots & -1\\ \vdots & \vdots & & \vdots\\ 1 & -1 & \cdots & \lambda-1\end{vmatrix}\xlongequal[\text{至第 }2\sim n\text{ 列}]{\text{第 1 列分别加}}\begin{vmatrix}1 & 0 & \cdots & 0\\ 1 & \lambda & \cdots & 0\\ \vdots & \vdots & & \vdots\\ 1 & 0 & \cdots & \lambda\end{vmatrix}(\lambda-n)\xlongequal[\text{展开}]{\text{按第 1 行}}$$

$$(\lambda-n)\begin{vmatrix}\lambda & & & \\ & \lambda & & \\ & & \ddots & \\ & & & \lambda\end{vmatrix}_{(n-1)\times(n-1)}=\lambda^{n-1}(\lambda-n)$$

故 $\boldsymbol{A}$ 的特征根为 $0,0,\cdots,0(n-1$ 重$),n$.

注 解 1 较简单,但看出$(1,1,\cdots,1)^{\mathrm{T}}$ 是 $\boldsymbol{A}$ 的特征向量为此种解法之关键.解 2 中若记住了这类矩阵行列式值的表达式,则解法亦不难.

例 2 证明矩阵 $\boldsymbol{A}=\begin{pmatrix}0&5&1&0\\5&0&5&0\\1&5&0&5\\0&0&5&0\end{pmatrix}$ 有两正、两负四个特征根.

解 注意 $\sum_{i=1}^{n}\lambda_i=\mathrm{Tr}\boldsymbol{A},\prod_{i=1}^{n}\lambda_i=|\boldsymbol{A}|\cdot(-1)^n$.(证明详见后文)

由 $\boldsymbol{A}^{\mathrm{T}}=\boldsymbol{A}$ 知矩阵 $\boldsymbol{A}$ 对称,故其有 4 个实根.

由设又 $\mathrm{Tr}\boldsymbol{A}=0$,知 $\sum\lambda_i=0$.知其至少有一正、一负特征根(注意到 $|\boldsymbol{A}|\neq 0$).

又 $|\boldsymbol{A}|>0$,知 $\boldsymbol{A}$ 无 0 特征根,从而 $\boldsymbol{A}$ 的四特征根可能:①3 正 1 负;②2 正 2 负;③1 正 3 负.

由 $|\boldsymbol{A}|>0$,且 $\prod_{i=1}^{4}\lambda_i=|\boldsymbol{A}|$,从而 $\boldsymbol{A}$ 的特征根为两正、两负.

注 本题若直接计算亦可,但较繁.

例 3 若 $\boldsymbol{A}=(a_{ij})_{n\times n}\in\mathbf{R}^{n\times n}$,且 $a_{ij}\geqslant 0(i,j=1,2,\cdots,n)$,又 $\sum_{j=1}^{n}a_{ij}=1$,则 $\boldsymbol{A}$ 的特征根绝对值必不大于 1.

解 令 $\boldsymbol{x}=(x_1,x_2,\cdots,x_n)^{\mathrm{T}}$ 是 $\boldsymbol{A}$ 的属于特征值λ 的特征向量,又 x_i 是分量绝对值最大者,由 $\boldsymbol{Ax}=\lambda\boldsymbol{x}$,则有 $\lambda x_i=\sum_{j=1}^{n}a_{ij}x_j$,这样

$$|\lambda||x_i|\leqslant\sum_{j=1}^{n}a_{ij}|x_j|\leqslant|x_i|\sum_{j=1}^{n}a_{ij}=|x_i|$$

故 $|\lambda|\leqslant 1$.

注 题设条件中若 $\sum_{j=1}^{n}a_{ij}=1$ 改为 $\sum_{j=1}^{n}a_{ij}<1$,结论亦真.

这是一个求具体的特征问题,但它也与矩阵行列式有关,不过这个行列式我们一点也不陌生,因为我们前文曾重点介绍过,这里再次遇到,只是将问题换了种提法.

例 4 设 $n\times n$ 矩阵 $\boldsymbol{A}=\sigma\begin{pmatrix}1&\rho&\rho&\cdots&\rho\\\rho&1&\rho&\cdots&\rho\\\rho&\rho&1&\cdots&\rho\\\vdots&\vdots&\vdots&&\vdots\\\rho&\rho&\rho&\cdots&1\end{pmatrix}$,这里 $0<\rho\leqslant 1,\sigma>0$.试证它的最大特征值(根)$\lambda_{\mathrm{mnx}}=\sigma[1+(n-1)\rho]$.

证 所求矩阵特征多项式,实际上是计算行列式,这种矩阵的行列式计算方法,前文(行列式一章)已有介绍.注意到

$$|\lambda\boldsymbol{I}-\boldsymbol{A}|=\begin{vmatrix}\lambda-\sigma&-\sigma\rho&\cdots&&-\sigma\rho\\-\sigma\rho&\lambda-\sigma&\cdots&&-\sigma\rho\\-\sigma\rho&-\sigma\rho&\lambda-\sigma&\cdots&-\sigma\rho\\\vdots&\vdots&&&\vdots\\-\sigma\rho&-\sigma\rho&\cdots&&\lambda-\sigma\end{vmatrix}=[\lambda-\sigma+(n-1)(-\sigma\rho)][\lambda-\sigma+\sigma\rho]^{n-1}$$

故 $\boldsymbol{A}$ 的相异特征值为 $\sigma[1+(n-1)3]$ 和 $\sigma(1-\rho)$.

由设 $0<\rho\leqslant 1$，故 $1+(n-1)\rho>1-\rho$. 从而 $\boldsymbol{A}$ 的最大特征值为 $\lambda_{\max}=\sigma[1+(n-1)\rho]$.

关于特征值的大小我们还有下面的例子.

例 5 若 λ_1,λ_2 是 2 阶实对称矩阵 $\boldsymbol{A}=(a_{ij})_{2\times 2}$ 的两个特征根，试求元素 a_{12} 的最大、最小值.

解 由设 $\boldsymbol{A}$ 是实对称阵，则有正交矩阵 $\boldsymbol{P}$ 使 $\boldsymbol{P}^{\mathrm{T}}\boldsymbol{A}\boldsymbol{P}=\mathrm{diag}\{\lambda_1,\lambda_2\}$，即

$$\begin{pmatrix}\cos t & \sin t\\ -\sin t & \cos t\end{pmatrix}\begin{pmatrix}\lambda_1 & \\ & \lambda_2\end{pmatrix}\begin{pmatrix}\cos t & \sin t\\ -\sin t & \cos t\end{pmatrix}^{\mathrm{T}}=\begin{pmatrix}a_{11} & a_{12}\\ a_{21} & a_{22}\end{pmatrix}$$

注意到 2 阶正交矩阵即为 $\begin{pmatrix}\cos t & \sin t\\ -\sin t & \cos t\end{pmatrix}$ 形式. 将上式式左乘开，与式右 a_{12} 元素比较可有

$$a_{12}=(\lambda_2-\lambda_1)\cos t\sin t=\frac{1}{2}(\lambda_2-\lambda_1)\sin 2t$$

从而 $(a_{12})_{\max}=\frac{1}{2}|\lambda_2-\lambda_1|$，$(a_{12})_{\min}=-\frac{1}{2}|\lambda_2-\lambda_1|$.

下面的例子虽然是求矩阵特征值，但其他与特征向量有关系.

例 6 若 $\boldsymbol{\alpha}_1,\boldsymbol{\alpha}_2,\boldsymbol{\alpha}_3\in\mathbf{R}^{3\times 1}$，且它们线性无关. 又 $\boldsymbol{A}\in\mathbf{R}^{3\times 3}$，且 $\boldsymbol{A}\boldsymbol{\alpha}_1=\boldsymbol{0}$，$\boldsymbol{A}\boldsymbol{\alpha}_2=2\boldsymbol{\alpha}_2+\boldsymbol{\alpha}_2$，$\boldsymbol{A}\boldsymbol{\alpha}_3=-\boldsymbol{\alpha}_1+3\boldsymbol{\alpha}_2-\boldsymbol{\alpha}_3$. 求矩阵 $\boldsymbol{A}$ 的特征值.

解 由题设可有

$$\boldsymbol{A}(\boldsymbol{\alpha}_1,\boldsymbol{\alpha}_2,\boldsymbol{\alpha}_2)=(0,2\boldsymbol{\alpha}_1+\boldsymbol{\alpha}_2,-\boldsymbol{\alpha}_1+3\boldsymbol{\alpha}_2-\boldsymbol{\alpha}_3)=(\boldsymbol{\alpha}_1,\boldsymbol{\alpha}_2,\boldsymbol{\alpha}_3)\begin{pmatrix}0 & & \boldsymbol{O}\\ 2 & 1 & \\ -1 & 3 & -1\end{pmatrix}=(\alpha_1,\alpha_2,\alpha_3)P$$

从而

$$(\alpha_1,\alpha_2,\alpha_3)^{-1}A(\alpha_1,\alpha_2,\alpha_3)=P$$

故由 P 得知 A 的特征值为 $0,1,-1$.

例 7 设三对角矩阵 $\boldsymbol{A}=\begin{pmatrix}k & 1 & & & & \\ 1 & k & 1 & & & \\ & 1 & k & 1 & & \\ & & \ddots & \ddots & \ddots & \\ & & & 1 & k & 1\\ & & & & 1 & k\end{pmatrix}_{n\times n}$，其中 $k\in\mathbf{R}$，又 $\lambda_{\min}$ 和 $\lambda_{\max}$ 分别表示 $\boldsymbol{A}$ 的最小和最大特征值. 证明 $\lambda_{\min}\leqslant k-1$，且 $k+1\leqslant\lambda_{\max}$.

证 矩阵 $\boldsymbol{A}$ 的特征根计算，我们前文已经给出过，下面我们用另一种方法证明例的结论.

令 $\boldsymbol{v}=(1,1,0,\cdots,0)^{\mathrm{T}}$，则 $\boldsymbol{A}\boldsymbol{v}=(k+1,k+1,1,0,\cdots,0)^{\mathrm{T}}$，从而

$$\frac{\boldsymbol{v}^{\mathrm{T}}\boldsymbol{A}\boldsymbol{v}}{\boldsymbol{v}^{\mathrm{T}}\boldsymbol{v}}=k+1$$

类似地，令 $\boldsymbol{A}\boldsymbol{u}=(1,-1,0,\cdots,0)^{\mathrm{T}}$，则 $\boldsymbol{A}\boldsymbol{u}=(k-1,k-1,-1,0,\cdots,0)^{\mathrm{T}}$，从而 $\frac{\boldsymbol{u}^{\mathrm{T}}\boldsymbol{A}\boldsymbol{u}}{\boldsymbol{u}^{\mathrm{T}}\boldsymbol{u}}=k-1$.

由 Rayleigh 定理，若 $\boldsymbol{x}\neq\boldsymbol{0}$，总有 $\lambda_{\min}\leqslant\frac{\boldsymbol{x}^{\mathrm{T}}\boldsymbol{A}\boldsymbol{x}}{\boldsymbol{x}^{\mathrm{T}}\boldsymbol{x}}\leqslant\lambda_{\max}$，故结论得证.

例 8 求 n 阶矩阵 $\boldsymbol{A}=\begin{pmatrix}n-1 & -1 & \cdots & -1\\ -1 & n-1 & \cdots & -1\\ \vdots & \vdots & & \vdots\\ -1 & -1 & \cdots & n-1\end{pmatrix}$ 的特征根.

解 由前文我们重点介绍的行列式计算的结论有

$$|\lambda \boldsymbol{I}-\boldsymbol{A}|=\begin{vmatrix}\lambda-(n-1) & 1 & \cdots & 1\\ 1 & \lambda-(n-1) & \cdots & 1\\ \vdots & \vdots & & \vdots\\ 1 & 1 & \cdots & \lambda-(n-1)\end{vmatrix}=$$

$$[\lambda-(n-1)-1]^{n-1}[\lambda-(n-1)+(n-1)]=\lambda(\lambda-n)^{n-1}$$

从而 $\lambda_1=\lambda_2=\cdots=\lambda_{n-1}=n,\lambda_n=0$.

例 9 试求三对角矩阵 $\boldsymbol{A}=\begin{pmatrix}0 & -1 & & & & \\ 1 & 0 & -1 & & & \\ & 1 & 0 & -1 & & \\ & & \ddots & \ddots & \ddots & \\ & & & 1 & 0 & -1\\ & & & & 1 & 0\end{pmatrix}$ 的特征根.

解 由 $|\lambda \boldsymbol{I}-\boldsymbol{A}|=|(\lambda \boldsymbol{I}-\boldsymbol{A})^{\mathrm{T}}|=\begin{vmatrix}\lambda & -1 & & & \\ 1 & \lambda & -1 & & \\ & \ddots & \ddots & \ddots & \\ & & 1 & \lambda & -1\\ & & & 1 & \lambda\end{vmatrix}$(这是一个三对角矩阵行列式,关于它我们前文已有介绍),即

$$\begin{vmatrix}\alpha+\beta & \alpha\beta & & & & \\ 1 & \alpha+\beta & \alpha\beta & & & \\ & 1 & \alpha+\beta & \alpha\beta & & \\ & & \ddots & \ddots & \ddots & \\ & & & 1 & \alpha+\beta & \alpha\beta\\ & & & & 1 & \alpha+\beta\end{vmatrix}=\frac{\alpha^{n+1}-\beta^{n+1}}{\alpha-\beta}$$

令 $\alpha+\beta=\lambda,\alpha\beta=-1$,又 α,β 异号知 $\alpha-\beta\neq 0$. 故 $|\lambda \boldsymbol{I}-\boldsymbol{A}|=\dfrac{\alpha^{n+1}-\beta^{n+1}}{\alpha-\beta}=0$,则 $\alpha^{n+1}=\beta^{n+1}$,即 $\left(\dfrac{\alpha}{\beta}\right)^{n+1}=1$.

由二项方程根的公式有

$$\frac{\alpha}{\beta}=\cos\frac{2k\pi}{n+1}+\mathrm{i}\sin\frac{2k\pi}{n+1}\quad(k=1,2,\cdots,n)$$

由 $\alpha\beta=-1$,知

$$\alpha=\pm\mathrm{i}\left(\cos\frac{k\pi}{n+1}+\mathrm{i}\sin\frac{k\pi}{n+1}\right),\quad \beta=\pm\mathrm{i}\left(\cos\frac{k\pi}{n+1}-\mathrm{i}\sin\frac{k\pi}{n+1}\right)\quad(k=1,2,\cdots,n)$$

故 $\lambda=\alpha+\beta=\pm 2\mathrm{i}\cos\dfrac{k\pi}{n+1}(k=1,2,\cdots,n)$,即 $\boldsymbol{A}$ 的 n 个特征根为 $\lambda_k=2\mathrm{i}\cos\dfrac{k\pi}{n+1}(k=1,2,\cdots,n)$.

注 1 此矩阵满足 $\boldsymbol{A}^{\mathrm{T}}=-\boldsymbol{A}$ 称为负对称阵,由负对称阵性质知其无实的非零特征根,故 $\lambda=\pm 1$ 不是其特征根.

注 2 类似地可以求矩阵

$$\boldsymbol{A}=\begin{pmatrix}0 & -1 & & & & \\ -1 & 0 & -1 & & & \\ & -1 & 0 & -1 & & \\ & & \ddots & \ddots & \ddots & \\ & & & -1 & 0 & -1\\ & & & & -1 & 0\end{pmatrix}$$

的 n 个特征根为 $\lambda_k=2\cos\dfrac{k\pi}{n+1}(k=1,2,\cdots,n)$.

再来看一个例子.

例 10　已知 $A=\begin{pmatrix}0&1&0&0&\cdots&0&0\\0&0&1&0&\cdots&0&0\\0&0&0&1&\cdots&0&0\\\vdots&\vdots&\vdots&\vdots&&\vdots&\vdots\\0&0&0&0&\cdots&0&1\\0&0&0&0&\cdots&0&0\end{pmatrix}$.(1)计算 $A^2,A^3,\cdots,A^{n-1}$;(2)求 A 的特征根.

解　(1)用 I_k 表示 k 阶单位矩阵,由

$$A=\begin{pmatrix}&I_{n-1}\\I_1&\end{pmatrix},\quad A^2=\begin{pmatrix}&I_{n-2}\\I_2&\end{pmatrix},\quad A^3=\begin{pmatrix}&I_{n-3}\\I_3&\end{pmatrix}$$

用数学归纳法可证 $A^k=\begin{pmatrix}&I_{n-k}\\I_k&\end{pmatrix}$,其中 $2\leqslant k\leqslant n-1$. 故 $A^{n-1}=\begin{pmatrix}&I_1\\I_{n-1}&\end{pmatrix}$.

(2)由 $|\lambda I-A|=\det\begin{pmatrix}\lambda&-1&&&\\&\lambda&-1&&\\&&\ddots&\ddots&\\&&&\lambda&-1\\-1&&&&\lambda\end{pmatrix}=\begin{vmatrix}\lambda&-1&&&\\&\lambda&-1&&\\&&\ddots&\ddots&\\&&&\lambda&-1\\-1&&&&\lambda\end{vmatrix}$,知 A 的 n 个特征根为 n 个 n 次单位根

$$\omega_i=\cos\frac{2k\pi}{n}+\mathrm{i}\sin\frac{2k\pi}{n}\quad(k=0,1,2,\cdots,n-1)$$

可解得特征向量 $\boldsymbol{\alpha}_{2n-1}=(1,1,\cdots,1)$.

(3)同理可求得当 $\lambda=-n$ 时相应的特征向量 $\boldsymbol{\alpha}_{2n}=(1,1,\cdots,1,-1,-1,\cdots,-1)$.

例 11　求下面矩阵的特征值 $A=\begin{pmatrix}1&2&3&\cdots&n-1&n\\n&1&2&\cdots&n-2&n-1\\\vdots&\vdots&\vdots&&\vdots&\vdots\\3&4&5&\cdots&1&2\\2&3&4&\cdots&n&1\end{pmatrix}$.

解　仿上例解法及结论,令

$$C=\begin{pmatrix}0&1&0&0&\cdots&0\\0&0&1&0&\cdots&0\\\vdots&\vdots&\vdots&\vdots&&\vdots\\0&0&0&0&\cdots&1\\1&0&0&0&\cdots&0\end{pmatrix}$$

可以验证下面的等式

$$A=I+2C+3C^2+\cdots+nC^{n-1}=f(C)$$

又 $|\lambda I-C|=\lambda^n-1$,知 C 的特征根为 n 个 n 次单位根 $\omega_i(i=1,2,\cdots,n)$.

从而 A 的特征根为 $f(\lambda_i)=f(\omega_i)$,其中 $i=1,2,\cdots,n$.

注　其实例的结论及解法可以推广到一般循环矩阵的情形.

命题 若 n 阶矩阵 $A=\begin{pmatrix} a_1 & a_2 & a_3 & \cdots & a_n \\ a_n & a_1 & a_2 & \cdots & a_{n-1} \\ \vdots & \vdots & \vdots & & \vdots \\ a_3 & a_4 & a_5 & \cdots & a_2 \\ a_2 & a_3 & a_4 & \cdots & a_1 \end{pmatrix}$，则 A 的 n 个特征根为 $\lambda_i=f(\omega_i)(i=1,2,\cdots,n)$，其中 $f(x)=a_1+a_2x+a_3x^2+\cdots+a_nx^{n-1}$，而 ω_i 为 n 次单位根 $(i=1,2,\cdots,n)$.

略解 可以验证(其中矩阵 C 如例的解法中所设)

$$A=a_1I+a_2C+a_2C^2+\cdots+a_nC^{n-1}=f(C)$$

而 C 的特征根为 n 次单位根 ω_i，故 A 的特征根为 $f(\omega_i)(i=1,2,\cdots,n)$.

此外我们还可以有结论：A 的行列式为

$$|A|=\prod_{i=1}^{n}f(\omega_i)$$

其中 ω_i 为 n 次单位根 $(i=1,2,\cdots,n)$.

例 12 已知 $\sum_{i=1}^{n}a_i=0$，求下面 n 阶矩阵 A 的特征根，这里

$$A=\begin{pmatrix} a_1^2+1 & a_1a_2+1 & \cdots & a_1a_n+1 \\ a_2a_1+1 & a_2^2+1 & \cdots & a_2a_n+1 \\ \vdots & \vdots & & \vdots \\ a_na_1+1 & a_na_2+1 & \cdots & a_n^2+1 \end{pmatrix}$$

解 设 $B=\begin{pmatrix} a_1 & 1 \\ a_2 & 1 \\ \vdots & \vdots \\ a_n & 1 \end{pmatrix}$，$C=\begin{pmatrix} a_1 & a_2 & \cdots & a_n \\ 1 & 1 & \cdots & 1 \end{pmatrix}$，则 $A=BC$，故知 $r(A)\leqslant 2$.

又 $A^T=A$ 及 $|\lambda I-A|=|\lambda I-A^T|$，由前例可知

$$|\lambda I_n-A|=|\lambda I_n-BC|=\lambda^{n-2}|\lambda I_2-CB|$$

而

$$|\lambda I_2-CB|=\begin{vmatrix} \lambda-\sum_{i=1}^{n}a_i^2 & -\sum_{i=1}^{n}a_i \\ -\sum_{i=1}^{n}a_i & \lambda-n \end{vmatrix}=\begin{vmatrix} \lambda-\sum_{i=1}^{n}a_i^2 & 0 \\ 0 & \lambda-n \end{vmatrix}$$

故 A 的 n 个特征根分别为 $\underbrace{0,0,\cdots,0}_{n-2\text{重}}$ 和 $\sum_{i=1}^{n}a_i^2$ 及 n.

例 13 设 A 为 n 阶实对称阵，λ_1 为其最大特征值. 试证 $\lambda_1=\max\limits_{\|u\|=1}(Au,u)$. 其中 $u\in \mathbf{R}^n$；$\|u\|$ 表示向量 u 的模即长度；(a,b) 表示 a^Tb.

证 若 x 为 A 属于 λ_1 的长度为 1 的特征向量，则 $Ax=\lambda_1x$，且 $\|x\|=1$. 故

$$\lambda_1=(Ax,x)=x^TAx$$

又由 A 为 n 阶实对称阵，故存在正交阵 P 使

$$P^TAP=\begin{pmatrix} \lambda_1 & & & \\ & \lambda_2 & & \\ & & \ddots & \\ & & & \lambda_n \end{pmatrix}\quad(\lambda_2\geqslant\lambda_2\geqslant\cdots\geqslant\lambda_n)$$

作变换 $\boldsymbol{u}=\boldsymbol{P}\boldsymbol{y}$，其中 $\boldsymbol{u}\in\mathbf{R}^n$ 且 $\|\boldsymbol{u}\|=1$，这样首先有 $\|\boldsymbol{y}\|=1$，且

$$(\boldsymbol{A}\boldsymbol{u},\boldsymbol{u})=\boldsymbol{u}^{\mathrm{T}}\boldsymbol{A}\boldsymbol{u}=\boldsymbol{y}^{\mathrm{T}}\boldsymbol{P}^{\mathrm{T}}\boldsymbol{A}\boldsymbol{P}\boldsymbol{y}=\boldsymbol{y}^{\mathrm{T}}\begin{pmatrix}\lambda_1 & & & \\ & \lambda_2 & & \\ & & \ddots & \\ & & & \lambda_n\end{pmatrix}\boldsymbol{y}=\sum_{i=1}^{n}\lambda_i y_i^2=\lambda_1\|\boldsymbol{y}\|=\lambda_1$$

故

$$\lambda_1=\max_{\|\boldsymbol{u}\|=1}(\boldsymbol{A}\boldsymbol{u},\boldsymbol{u})$$

注　此例显然是 Rayleigh 定理的特例(详见后文). 又上例利用本例方法，亦不难求解.

例 14　若矩阵 $\boldsymbol{A}=(a_{ij})_{n\times n}$ 的元素满足 $0\leqslant a_{ij}\leqslant 1(i,j=1,2,\cdots,n)$，又 $\sum_{j=1}^{n}a_{ij}=1(i=1,2,\cdots,n)$，试证(1)$\boldsymbol{A}$ 的特征值 λ 满足 $|\lambda|\leqslant 1$；(2)1 是 $\boldsymbol{A}$ 的一个特征值.

证　(1) 设 $\boldsymbol{x}=(x_1,x_2,\cdots,x_n)^{\mathrm{T}}$ 是 $\boldsymbol{A}$ 属于特征值 λ 的特征向量，故 $\boldsymbol{x}\neq\boldsymbol{0}$.

令 $|x_k|=\max\{|x_1|,|x_2|,\cdots,|x_n|\}$，则 $|x_k|>0$.

由 $\boldsymbol{A}\boldsymbol{x}=\lambda\boldsymbol{x}$，取其第 k 个分是有 $\sum_{j=1}^{n}a_{kj}x_j=\lambda x_k$，由设 $0\leqslant a_{ij}\leqslant 1$，有

$$|\lambda-a_{kk}||x_k|=\left|\sum_{j\neq k}a_{ij}x_j\right|\leqslant\sum_{j\neq k}a_{ij}|x_j|\leqslant|x_k|\sum_{j\neq k}a_{kj}$$

故 $|\lambda-a_{kk}|\leqslant\sum_{j\neq k}a_{kj}$，又 $|\lambda|-a_{kk}\leqslant k|\lambda-a_{kk}|\leqslant\sum_{j\neq k}^{n}a_{kj}$，知

$$|\lambda|\leqslant\sum_{j\neq k}a_{kj}\leqslant\sum_{j=1}^{n}a_{kj}=1$$

(2) 取 $\boldsymbol{e}=(1,1,\cdots,1)^{\mathrm{T}}$，由

$$\boldsymbol{A}\boldsymbol{e}=\left(\sum_{j=1}^{n}a_{1j},\sum_{j=1}^{n}a_{2j},\cdots,\sum_{j=1}^{n}a_{nj}\right)^{\mathrm{T}}=(1,1,\cdots 1)^{\mathrm{T}}=1\boldsymbol{e}$$

知 $\lambda=1$ 是 $\boldsymbol{A}$ 的一个特征根.

注 1　这里证明中的方法我们在对角优势阵可逆等问题上使用过(见前文)，它也可视为同一问题的不同叙述而已.

注 2　例的证法及结论，与所谓**盖尔**(S. Gerschgorin)**圆盘定理**有关：

定理　若 $\boldsymbol{A}=(a_{ij})_{n\times n}$ 则 $\boldsymbol{A}$ 的每个特征根至少位于一个以 a_{ii} 为中心，半径为 $\sum_{j\neq i}|a_{ij}|$ 的圆盘中.

略证　设 $\boldsymbol{x}$ 为 $\boldsymbol{A}$ 的相应于 λ 的特征向量，即

$$\boldsymbol{A}\boldsymbol{x}=\lambda\boldsymbol{x}\tag{*}$$

将 $\boldsymbol{x}$ 规范化且使 $x_r=\max\{x_1,x_2,\cdots,x_n\}=1$，则 $|x_i|\leqslant 1(i\neq r)$. 考虑式(*)的第 r 个分量

$$\sum_{j=1}^{n}a_{rj}x_j=\lambda x_r=\lambda$$

故

$$|\lambda-a_{rr}|\leqslant\sum_{j\neq r}|a_{rj}x_j|\leqslant\sum_{j\neq r}|a_{rj}||x_j|\leqslant\sum_{j\neq r}|a_{rj|}|$$

定理得证.

利用该定理，可证明**对角占优阵非奇异或可逆**(见前文).

因为圆盘 $|z-a_{ij}|\leqslant\sum_{\substack{j=1\\ j\neq i}}|a_{ij}|$ 的并集不含原点，即 0 不是 $\boldsymbol{A}$ 的特征根.

关于矩阵特征值的界定，我们将在下一章例中给出.

最后，我们来看一个与微积分知识有关的(综合)问题，它是以函数求导形式出现的.

例 15 若 $\boldsymbol{A}\in\mathbf{R}^{n\times n}$，且 $\boldsymbol{A}=(a_{ij})_{n\times n}$，其中 $a_{ij}=ij(1\leqslant i\leqslant n,1\leqslant j\leqslant n)$. 令 $f(x)=|\boldsymbol{A}x-\boldsymbol{I}|$，求 $f'(0)$.

解 由题设 $f(x)$ 系 $\boldsymbol{A}$ 的特征多项式，若记 $f(x)=\sum\limits_{k=0}^{n}c_kx^k$，则 $f'(0)=c_1$.

显然 c_1 是 $f(x)=|\boldsymbol{A}x-\boldsymbol{I}|$ 中含 x 的一次幂项系数之和，它即为 $\boldsymbol{A}$ 的对角线元素之和，即 $\mathrm{Tr}(\boldsymbol{A})$.

$$\mathrm{Tr}(\boldsymbol{A})=\sum_{k=1}^{n}a_{kk}=\sum_{k=1}^{n}k^2=\frac{1}{6}n(n+1)(2n+1)$$

2. 涉及 $\boldsymbol{A}$(含 $\boldsymbol{A}^{-1}$，$\boldsymbol{A}^*$)的多项式的特征值和特征多项式问题

若 λ 是 $\boldsymbol{A}$ 的特征根，对于 $\boldsymbol{A}$ 的多项式而言，其特征根与 λ 有如下关系(这里再次给出)：

矩　阵	$k\boldsymbol{A}$	$a\boldsymbol{A}+b\boldsymbol{I}$	$\boldsymbol{A}^n$	$f(\boldsymbol{A})$	$\boldsymbol{A}^{-1}$	$\boldsymbol{A}^*$
特征根	$k\lambda$	$a\lambda+b$	λ^m	$f(\lambda)$	$\dfrac{1}{\lambda}$	$\dfrac{\|\boldsymbol{A}\|}{\lambda}$

当然对于某些问题来讲，上述关系不能看做公式，比如下面的命题中：

命题 1 若 $\boldsymbol{\lambda}$ 是矩阵 $\boldsymbol{A}\in\mathbf{R}^{n\times n}$ 的特征根，则 λ^n 是 $\boldsymbol{A}^n$ 的一个特征根.

命题 2 若矩阵 $\boldsymbol{A}\in\mathbf{R}^{n\times n}$ 非奇异，求证若 λ 是 $\boldsymbol{A}$ 的特征根，则 $\dfrac{1}{\lambda}$ 是 $\boldsymbol{A}^{-1}$ 的一个特征根.

命题 3 若 λ 为 n 阶可逆阵 $\boldsymbol{A}$ 的特征根，则 $\dfrac{|\boldsymbol{A}|}{\lambda}$ 为 $\boldsymbol{A}^*$ 的一个特征根.

它们一般来讲不能视为现成结论，因而它们会以问题形式出现在各类考题中，详见后文.

例 1 若 λ 是矩阵 $\boldsymbol{A}$ 的特征值，则(1)λ^2 是 $\boldsymbol{A}^2$ 的特征值；(2)又若 $\boldsymbol{A}$ 可逆，则 $\lambda\neq0$，且 $\dfrac{1}{\lambda}$ 是 $\boldsymbol{A}^{-1}$ 的特征值.

证 由设 λ 是 $\boldsymbol{A}$ 的特征值，再设 $\boldsymbol{\alpha}$ 为 $\boldsymbol{A}$ 的对应于 λ 的特征向量，这样有

$$\boldsymbol{A\alpha}=\lambda\boldsymbol{\alpha}\tag{$*$}$$

(1)以 $\boldsymbol{A}$ 左乘($*$)式两边得

$$\boldsymbol{A}^2\boldsymbol{\alpha}=\boldsymbol{A}\lambda\boldsymbol{\alpha}=\lambda\boldsymbol{A\alpha}=\lambda^2\boldsymbol{\alpha}$$

故 λ^2 是 $\boldsymbol{A}^2$ 的特征值.

(2)因 $\boldsymbol{A}$ 可逆，以 $\boldsymbol{A}^{-1}$ 左乘($*$)式两边得：

$$\boldsymbol{A}^{-1}\boldsymbol{A\alpha}=\boldsymbol{A}^{-1}\lambda\boldsymbol{\alpha}$$

即 $\boldsymbol{\alpha}=\lambda\boldsymbol{A}^{-1}\boldsymbol{\alpha}$.

又 $\boldsymbol{A}$ 是可逆阵，故 $\lambda\neq0$. 从而有 $\boldsymbol{A}^{-1}\boldsymbol{\alpha}=\dfrac{1}{\lambda}\boldsymbol{\alpha}$，即 $\dfrac{1}{\lambda}$ 是 $\boldsymbol{A}^{-1}$ 的特征值.

注 1 本命题可推广如：

命题 若 λ 是 $\boldsymbol{A}$ 的特征值，则 $f(\lambda)$ 是 $f(\boldsymbol{A})$ 的特征值，这里 $f(x)$ 是 x 的多项式.

注 2 下面命题只是注 1 结论的特例(证明见后文)：

问题 1 若 λ_0 是矩阵 $\boldsymbol{A}$ 的特征根，则 $(\lambda_0+1)^2$ 是 $(\boldsymbol{A}+\boldsymbol{I})^2$ 的特征根.

注 3 类似于解例的思路我们不难证明：

问题 2 若 $\boldsymbol{A}$ 非奇异，又 $\boldsymbol{x}_0$ 是 $\boldsymbol{A}$ 属于 λ_0 的特征向量，则①$|\boldsymbol{A}|/\lambda_0$ 是 $\boldsymbol{A}^*$ 的特征值；②$\boldsymbol{x}_0$ 是 $\boldsymbol{A}^*$ 对应于该特征值的特征向量.

略解 由 $\boldsymbol{A}^*=|\boldsymbol{A}|\boldsymbol{A}^{-1}$，又 $\dfrac{1}{\lambda}$ 是 $\boldsymbol{A}^{-1}$ 的特征根，故 $\dfrac{|\boldsymbol{A}|}{\lambda}$ 是 $|\boldsymbol{A}|\boldsymbol{A}^{-1}=\boldsymbol{A}^*$ 的一个特征根.

关于幂等阵、对合阵的特征问题可有下面的命题：

例 2 (1)若 $\boldsymbol{A}$ 是 n 阶方阵，且 $\boldsymbol{A}^2=\boldsymbol{I}$，则 $\boldsymbol{A}$ 的特征值只能是 ±1；

(2)又若 $\boldsymbol{A}^2=\boldsymbol{A}$，则 $\boldsymbol{A}$ 的特征值只能是 0 或 1.

(3)若 $\boldsymbol{A}^k=\boldsymbol{O}$($k$ 是正整数),则 $\boldsymbol{A}$ 无非零特征值.

证　(1)若 λ 是 $\boldsymbol{A}$ 的特征值,$\boldsymbol{x}$ 为 $\boldsymbol{A}$ 对应于 λ 的特征向量,则 $\boldsymbol{Ax}=\lambda\boldsymbol{x}$.

上式两边左乘 $\boldsymbol{A}$ 有 $\boldsymbol{AAx}=\boldsymbol{A}\lambda\boldsymbol{x}$,即 $\boldsymbol{A}^2\boldsymbol{x}=\lambda(\boldsymbol{Ax})=\lambda^2\boldsymbol{x}$.

由 $\boldsymbol{A}^2=\boldsymbol{I}$,故 $\boldsymbol{x}=\lambda^2\boldsymbol{x}$. $\boldsymbol{x}\neq\boldsymbol{0}$,故 $\lambda^2=1$,有 $\lambda=\pm1$.

(2)仿(1)可有 $\boldsymbol{A}^2\boldsymbol{x}=\lambda^2\boldsymbol{x}$,又 $\boldsymbol{A}^2=\boldsymbol{A}$,故又有 $\boldsymbol{A}^2\boldsymbol{x}=\boldsymbol{Ax}=\lambda\boldsymbol{x}$.

从而 $\lambda^2\boldsymbol{x}-\lambda\boldsymbol{x}=\boldsymbol{0}$,$\boldsymbol{x}\neq\boldsymbol{0}$,故 $\lambda^2\boldsymbol{x}-\lambda\boldsymbol{x}=\boldsymbol{0}$,即 $\lambda=0$ 或 $\lambda=1$.

(3)若 λ 是 $\boldsymbol{A}$ 的特征值,则 λ^k 是 $\boldsymbol{A}^k$ 的特征值.

而 $\boldsymbol{A}^k=\boldsymbol{O}$,其特征值全部是 0,故 $\lambda^k=0$,从而 $\lambda=0$.

注 1　上诸命题亦可用前面例注 1 的结论证明.

注 2　又利用(1)的结果,我们可以证明前文已介绍过的例的结论:

问题 1　若 $\boldsymbol{A}^2=\boldsymbol{I}$,则 $\mathrm{r}(\boldsymbol{I}+\boldsymbol{A})+\mathrm{r}(\boldsymbol{I}-\boldsymbol{A})=n$,这里 $\boldsymbol{A}$ 是 n 阶方阵.

此处,利用(1)结果,我们还可证明下面诸问题:

问题 2　若 $\boldsymbol{A}^k=\boldsymbol{I}$($k$ 是自然数),则 $\boldsymbol{A}$ 可相似于对角阵.

问题 3　若 $\boldsymbol{A}^2=\boldsymbol{A}$,则 $\mathrm{r}(\boldsymbol{A})+\mathrm{r}(\boldsymbol{I}-\boldsymbol{A})=n$,其中 $\boldsymbol{A}\in\mathbf{R}^{n\times n}$.

注 3　关于幂等阵除上面问题 3 的性质外,其特征问题还有下面的结论:

命题 1　若矩阵 $\boldsymbol{A}^2=\boldsymbol{A}$,则 $\boldsymbol{A}$ 可相似于对角阵,且 $\mathrm{r}(\boldsymbol{A})=\mathrm{Tr}(\boldsymbol{A})$.

略证　先证 $\mathrm{r}(\boldsymbol{A})=\mathrm{Tr}(\boldsymbol{\Lambda})$,其中 $\Lambda=\mathrm{diag}\{\lambda_1,\lambda_2,\cdots,\lambda_n\}$,$\lambda_i$ 为 $\boldsymbol{A}$ 的特征根($i=1,2,\cdots,n$).进而可有 $\mathrm{r}(\boldsymbol{A})=\mathrm{Tr}(\boldsymbol{A})$,注意到 $\mathrm{Tr}(\boldsymbol{A})=\mathrm{Tr}(\boldsymbol{\Lambda})$.(关于相似矩阵有相同迹的证明见后文)

命题 2　若矩阵 $\boldsymbol{A}^2=\boldsymbol{A}$,则(1)$\boldsymbol{I}+\boldsymbol{A}$ 是非奇异阵;(2)$(\boldsymbol{I}+\boldsymbol{A})^k=\boldsymbol{I}+(2^k-1)\boldsymbol{A}$.

略证　(1)由例证明知-1 不是 $\boldsymbol{A}$ 的特征值,它显然不是 $\boldsymbol{A}$ 的特征多项式(方程)$|\lambda\boldsymbol{I}-\boldsymbol{A}|=0$ 的根,即$|-\boldsymbol{I}-\boldsymbol{A}|\neq0$.

(2)用数学归纳法.又 $|-\boldsymbol{I}-\boldsymbol{A}|=(-1)^n|\boldsymbol{I}+\boldsymbol{A}|$,从而 $|\boldsymbol{I}+\boldsymbol{A}|\neq0$,即 $\boldsymbol{I}+\boldsymbol{A}$ 是可逆阵.

类似地,我们还可以通过矩阵特征根判断某些更复杂矩阵的可逆性.比如:

问题 4　若矩阵 $\boldsymbol{A}\in\mathbf{R}^{n\times n}$,且 $\boldsymbol{A}^3=2\boldsymbol{I}$,又 $\boldsymbol{B}=\boldsymbol{A}^2-2\boldsymbol{A}+2\boldsymbol{I}$.求证 $\boldsymbol{B}$ 可逆,且求之.

略解　由 $\boldsymbol{A}^3=2\boldsymbol{I}$,知 $0,1,-2$ 不是 $\boldsymbol{A}$ 的特征根,即不是 $f(\lambda)=|\lambda\boldsymbol{I}-\boldsymbol{A}|$的根.又

$$\boldsymbol{B}=\boldsymbol{A}^2-2\boldsymbol{A}+2\boldsymbol{I}=\boldsymbol{A}^3+\boldsymbol{A}^2-2\boldsymbol{I}=\boldsymbol{A}(\boldsymbol{A}-\boldsymbol{I})(\boldsymbol{A}+2\boldsymbol{A})$$

则

$$|\boldsymbol{B}|=|\boldsymbol{A}|\,|\boldsymbol{A}-\boldsymbol{I}|\,|\boldsymbol{A}+2\boldsymbol{A}|\neq0$$

知 $\boldsymbol{B}$ 可逆且 $\boldsymbol{B}^{-1}=a\boldsymbol{A}^2+b\boldsymbol{A}+c\boldsymbol{I}$.

由 $\boldsymbol{BB}^{-1}=\boldsymbol{I}$ 可有(比较两边系数)$a=\dfrac{1}{10}$,$b=\dfrac{3}{10}$,$c=\dfrac{2}{5}$.故

$$\boldsymbol{B}^{-1}=\frac{1}{10}\boldsymbol{A}^2+\frac{3}{10}\boldsymbol{A}+\frac{2}{5}\boldsymbol{I}$$

注 4　由(3)的结论我们还可证明:

命题 3　若矩阵 $\boldsymbol{A}\neq\boldsymbol{O}$,但 $\boldsymbol{A}^k=\boldsymbol{O}$($k$ 是自然数),则 $\boldsymbol{A}$ 不可以相似于对角阵.

略解　由题设若 $\boldsymbol{A}^k=\boldsymbol{O}$,则 $\boldsymbol{A}$ 的特征值只能是 0.

若 $\boldsymbol{A}$ 相似于对角阵,则只能相似于 $\boldsymbol{O}$ 阵,从而 $\boldsymbol{A}$ 也是 $\boldsymbol{O}$ 阵,与题设相抵!

类似地我们还可有:

命题 4　若 $\boldsymbol{A}$ 为实对称阵,且 $\boldsymbol{A}^2=\boldsymbol{O}$,则 $\boldsymbol{A}=\boldsymbol{O}$.

略解　由 $\boldsymbol{A}$ 为实对称阵则有 $\boldsymbol{P}$ 使 $\boldsymbol{P}^{-1}\boldsymbol{A}^2\boldsymbol{P}=\mathrm{diag}\{0,0,\cdots,0\}$,即 $\boldsymbol{A}^2$ 仅有 0 特征根(n 重).从而

$$\boldsymbol{P}^{-1}\boldsymbol{A}^2\boldsymbol{P}=(\boldsymbol{P}^{-1}\boldsymbol{AP})(\boldsymbol{P}^{-1}\boldsymbol{AP})=(\boldsymbol{P}^{-1}\boldsymbol{AP})^2=\mathrm{diag}\{0,0,\cdots,0\}$$

即 $P^{-1}AP=\operatorname{diag}\{0,0,\cdots,0\}$，从而

$$A=P\operatorname{diag}\{0,0,\cdots,0\}P^{-1}=O$$

我们再来看几个具体求特征根数值的例子.

例 3 若 $1,-1,2$ 为 3 阶矩阵 A 的特征根，求 $B=2A+I$ 的特征根.

解 其实结论是显然的：B 的特征根为 $2\lambda_A+1$，但这里不能直接用此结论. 由

$$|\lambda I-A|=\left|\lambda I-\frac{1}{2}(B-I)\right|=2^3|2\lambda I-B+I|=2^3|(2\lambda+1)I-B|=2^3|\mu I-B|$$

(注意 A 是 3 阶阵)显然 $\mu=2\lambda+1$ 是 B 的特征根，从而 B 有特征根 $3,-1,5$.

注 本例方法我们已经多次使用，它对于求矩阵的特征根和某些行列式计算是有效的. 再如：

问题 若矩阵 $A=\begin{bmatrix}-1&2&2\\2&-1&-2\\2&-2&-1\end{bmatrix}$. 求(1)$A$ 的特征根；(2)$I+A^{-1}$ 的特征根.

略解 由 $|\lambda I-A|=-(\lambda-1)^2(\lambda+5)=0$ 得 $\lambda_1=\lambda_2=1,\lambda_3=-5$. 又由

$$|\mu I-(I+A^{-1})|=|(\mu-1)I-A^{-1}|=|\lambda I-A^{-1}|$$

首先 $\frac{1}{\lambda}$ 为 A^{-1} 的特征根，故 $\frac{1}{\lambda}+1$ 是 $I+A^{-1}$ 的特根，从而它的 3 个特征根是 $\mu_1=\mu_2=2$，$\mu_3=\frac{4}{5}$.

例 4 若 $A\in\mathbf{R}^{4\times 4}$，且 $|\sqrt{2}I+A|=0$，又 $AA^{\mathrm{T}}=2I$，且 $|A|<0$. 求 A^* 的一个特征根.

解 由 $|A|<0$ 知 A 非奇异(可逆). 这样若求 $A^*=|A|A^{-1}$ 的一个特征根，显然只需知道①A 的一个特征根；②$|A|$ 的值.

由设 $|\sqrt{2}I+A|=0$，显然知 $-\sqrt{2}$ 是 A 的一个特征根.

又由 $|AA^{\mathrm{T}}|=|A||A^{\mathrm{T}}|=|A|^2$，再考虑题设 $|A|<0$，则 $|A|=-2^2$.

这样 A 可逆，且 $A^*=|A|A^{-1}$ 的一个特征根为 $-2^2\cdot\frac{1}{-\sqrt{2}}=2\sqrt{2}$.

注 如果了解 $|aI\pm A|$ 的含义，解答这一类问题的信手可得.

例 5 若 $A\in\mathbf{R}^{n\times n}$，且 $|A|=5$，又 A^* 为 A 的伴随矩阵. 求 $B=AA^*$ 的特征值及特征向量.

解 由题设可有设

$$B=AA^*=|A|I=A=\begin{pmatrix}5&&&\\&5&&\\&&\ddots&\\&&&5\end{pmatrix}$$

又

$$|B-\lambda I|=\begin{vmatrix}\lambda-5&&&\\&\lambda-5&&\\&&\ddots&\\&&&\lambda-5\end{vmatrix}=(\lambda-5)^n$$

故 $\lambda=5$ 是矩阵 B 的 n 重根. 而 B 的特征向量是方程组 $(B-5I)x=0$ 的全体非零解.

即 $Ox=0$ 的全体非零解，x 可为任意 n 维向量. 特别地可取

$$x=\sum_{i=1}^{m}k_ie_i\quad(e_i=(0,\cdots,0,1,0,\cdots0)，第\ i\ 个元素为\ 1)$$

上面问题涉及 A^* 的特征问题，下面问题中也涉及这类矩阵的特征问题.

例 6 若 $A\in\mathbf{R}^{n\times n}$ 且非奇异. 若 λ 为 A 的特征根，求 $(A^*)^2+I$ 的一个特征根.

解 由前知 $\frac{|A|}{\lambda}$ 是 A^* 的一个特征根，且 $f(\lambda)$ 是 $f(A)$ 的特征根.

若 λ 是 $\boldsymbol{A}$ 的特征根，$\dfrac{|\boldsymbol{A}|}{\lambda}$ 是 $\boldsymbol{A}^*$ 的一个特征根. 从而 $\dfrac{|\boldsymbol{A}|^2}{\lambda^2}+1$ 是 $(\boldsymbol{A}^*)^2+1$ 的一个特征根.

例 7　若 $\boldsymbol{A}\in\mathbf{R}^{n\times n}$，则 λ 是 $\boldsymbol{A}$ 的特征根 $\Longleftrightarrow \boldsymbol{A}-\lambda\boldsymbol{I}$ 不可逆.

证　设 $\boldsymbol{\xi}\neq\mathbf{0}$ 是 $\boldsymbol{A}$ 属于 λ 的特征向量，则由下面等价关系有：

λ 是 $\boldsymbol{A}$ 的特征根 $\Longleftrightarrow \boldsymbol{A\xi}=\lambda\boldsymbol{\xi}(\boldsymbol{\xi}\neq\mathbf{0})\Longleftrightarrow(\boldsymbol{A}-\lambda\boldsymbol{I})\boldsymbol{\xi}=\mathbf{0}(\boldsymbol{\xi}\neq\mathbf{0})\Longleftrightarrow\boldsymbol{A}-\lambda\boldsymbol{I}$ 不可逆.

例 8　若 $\boldsymbol{A}\in\mathbf{R}^{n\times n}$，且 $\mathrm{r}(\boldsymbol{A})<n$，则其伴随矩阵 $\boldsymbol{A}^*$ 的 n 个特征根中至少有 $n-1$ 个 0，且另一个非零特征根(如果存在的话) 等于 $\sum_{i=1}^{n}A_{ii}$，这里 A_{ii} 为 $\boldsymbol{A}$ 的代数余子式.

证　由设 $\mathrm{r}(\boldsymbol{A})<n$，知 $\mathrm{r}(\boldsymbol{A}^*)=0$，或 1.

当 $\mathrm{r}(\boldsymbol{A}^*)=0$ 时，即 $\boldsymbol{A}^*=\boldsymbol{O}$ 时，结论得证.

当 $\mathrm{r}(\boldsymbol{A}^*)=1$ 时，知有矩阵 $\boldsymbol{P}$ 使

$$\boldsymbol{P}^{-1}\boldsymbol{A}^*\boldsymbol{P}=\begin{pmatrix}\lambda_1 & & & \\ & \lambda_2 & & * \\ \boldsymbol{O} & & \ddots & \\ & & & \lambda_n\end{pmatrix}=\boldsymbol{B}$$

即 $\boldsymbol{A}$ 相似于上三角阵(确切地讲是 Jordan 阵)，由 $\mathrm{r}(\boldsymbol{A}^*)=1$，有 $\mathrm{r}(\boldsymbol{B})=1$，故知 $r_i(i=1,2,\cdots,n)$ 中有 $n-1$ 个 0.

又由 $\sum_{i=1}^{n}A_{ii}=\mathrm{Tr}\boldsymbol{A}^*=\mathrm{Tr}\boldsymbol{B}=\sum_{i=1}^{n}\lambda_i$，故知 $\boldsymbol{A}^*$ 的另一非零特征根为 $\lambda=\sum_{i=1}^{n}\boldsymbol{A}_{ii}$.

例 9　若矩阵 $\boldsymbol{S}\in\mathbf{R}^{n\times n}$，且 $\boldsymbol{S}^{\mathrm{T}}=-\boldsymbol{S}$，又 $\boldsymbol{I}+\boldsymbol{S}$ 可逆，则 $\boldsymbol{A}=(\boldsymbol{I}-\boldsymbol{S})(\boldsymbol{I}+\boldsymbol{S})^{-1}$ 无特征根 -1.

证　由前两例，若 $\boldsymbol{A}^{\mathrm{T}}\boldsymbol{A}=\boldsymbol{A}\boldsymbol{A}^{\mathrm{T}}=\boldsymbol{I}$，即 $\boldsymbol{A}$ 为正交阵，从而其特征根 λ_i 满足 $|\lambda_i|=1(i=1,2,\cdots,n)$. 又

$$\boldsymbol{I}+\boldsymbol{A}=(\boldsymbol{I}+\boldsymbol{S})(\boldsymbol{I}+\boldsymbol{S})^{-1}+(\boldsymbol{I}-\boldsymbol{S})(\boldsymbol{I}+\boldsymbol{S})^{-1}=[(\boldsymbol{I}+\boldsymbol{S})+(\boldsymbol{I}-\boldsymbol{S})](\boldsymbol{I}+\boldsymbol{S})^{-1}=2(\boldsymbol{I}+\boldsymbol{S})^{-1}$$

从而 $\boldsymbol{I}+\boldsymbol{A}$ 为可逆阵，即 $|\boldsymbol{I}+\boldsymbol{A}|\neq0$，亦可证

$$|-\boldsymbol{I}-\boldsymbol{A}|=(-1)^n|\boldsymbol{I}+\boldsymbol{A}|\neq0$$

故 -1 不是 $\boldsymbol{A}$ 的特征根.

例 10　若矩阵 $\boldsymbol{A}=(a_{ij})_{n\times n}$，且 $\sum_{j=1}^{n}|a_{ij}|<1(i=1,2,\cdots,n)$. 又 λ_i 为 $\boldsymbol{A}$ 的特征根(值)，则 $|\lambda_i|<1(i=1,2,\cdots,n)$.

证　设 λ 是 $\boldsymbol{A}$ 的任一特征根，且 $\boldsymbol{x}=(x_1,x_2,\cdots,x_n)$ 为其相应的特征向量，则由 $\boldsymbol{Ax}=\lambda\boldsymbol{x}$，有

$$\sum_{j=1}^{n}a_{ij}x_j=\lambda x_i\quad(i=1,2,\cdots,n)$$

设 $|x_k|=\max\limits_{1\leqslant i\leqslant n}\{|x_i|\}$，则有

$$|\lambda|=\left|\frac{\lambda x_k}{x_k}\right|=\left|\frac{\sum_{j=1}^{n}a_{kj}x_j}{x_k}\right|\leqslant\sum_{j=1}^{n}|a_{kj}|\frac{|x_j|}{|x_k|}\leqslant\sum_{j=1}^{n}|a_{kj}|<1$$

注 1　本例其实是所谓盖尔(Gerschgorin)圆盘定理的特例. 该定理前文已叙，即：

定理　矩阵 $\boldsymbol{A}=(a_{ij})_{n\times n}$ 的每个特征值至少位于一个以 a_{ii} 为中心，半径为 $\sum_{j\neq i}|a_{ij}|$ 的圆盘中.

注 2　此例可与前一节例作一下比较，它们本质上无差异.

下面的问题涉及矩阵多项式概念.

例 11　若 $\boldsymbol{A}\in\mathbf{R}^{n\times n}$，又 $f(x)$ 是一个常数项不为零的多项式，且 $f(\boldsymbol{A})=\boldsymbol{O}$. 则 $\boldsymbol{A}$ 的特征根全不为零.

证　设 $f(x)=a_0+a_1x+a_2x^2+\cdots+a_mx^m$，其中 $a_0\neq0$，则

$$f(\boldsymbol{A})=a_0\boldsymbol{I}+a_1\boldsymbol{A}+a_2\boldsymbol{A}^2+\cdots+a_m\boldsymbol{A}^m=\boldsymbol{O}$$

从而

$$A\left(\frac{a_1}{a_0}I+\frac{a_2}{a_0}A+\cdots+\frac{a_m}{a_0}A^{m-1}\right)=I \tag{*}$$

即矩阵 A 可逆,从而 $|A|\neq 0$.

若设 $\lambda_1,\lambda_2,\cdots,\lambda_n$ 为 A 的特征值,则由 $|A|=\lambda_1\lambda_2\cdots\lambda_n\neq 0$,知 $\lambda_i\neq 0(i=1,2,\cdots,n)$.

注 显然,由式(*)还可知

$$A^{-1}=\frac{a_1}{a_0}I+\frac{a_2}{a_0}A+\cdots+\frac{a_m}{a_0}A^{m-1}$$

这亦为我们进行矩阵求逆提供了方法.

例 12 设 $A,B\in\mathbf{R}^{n\times n}$,又 $f_B(x)$ 是 B 的特征多项式.证明 $f_B(A)$ 可逆 $\Longleftrightarrow A,B$ 无相同的特征值.

证 设 λ_i 和 $\mu_i(i=1,2,\cdots,n)$ 分别是矩阵 A,B 的特征根.

由设 $f_B(\lambda)=|\lambda I-B|=\prod_{i=1}^{n}(\lambda-\mu_i)$,则 $f_B(\lambda)=\prod_{i=1}^{n}(A-\mu_i I)$,从而

$$|A-\mu_i I|=(-1)^n|\mu_i I-A|=(-1)^n\prod_{i=1}^{n}(\mu_i-\lambda_k)=\prod_{i=1}^{n}(\lambda_k-\mu_i)\quad(i=1,2,\cdots,n)$$

故 $|f_B(A)|=\left|\prod_{k=1}^{n}(A-\mu_i I)\right|=\prod_{k=1}^{n}(\lambda_k-\mu_i)$,而

$$\prod_{k=1}^{n}(\lambda_k-\mu_i)\neq 0\Longleftrightarrow\lambda_i\neq\mu_j\quad(1\leqslant i,j\leqslant n)$$

例 13 试证相似矩阵有相同的特征多项式.

证 若矩阵 $A\sim B$,则有 P 使 $A=PBP^{-1}$,这样

$$|A-\lambda I|=|PBP^{-1}-\lambda I|=|P(B-\lambda I)P^{-1}|=|P||B-\lambda I||P^{-1}|=|P||B-\lambda I||P|^{-1}=|B-\lambda I|$$

即相似矩阵 A,B 有相同的特征多项式.

注 1 关于相似矩阵的特征向量,有如下关系:

命题 若 $A=PBP^{-1}$,又 x 是 B 属于 λ 的特征向量,则 $y=Px$ 是 A 属于 λ 的特征向量.

注 2 该命题逆命题一般不真,请看例:

取 $A=\begin{pmatrix}1&0\\0&1\end{pmatrix}$,$B=\begin{pmatrix}1&1\\0&1\end{pmatrix}$,则 $|A-\lambda I|=(1-\lambda)^2=|B-\lambda I|$.它们特征多项式相同.但 A 与 B 不相似(单位阵仅与自己相似).

但若 A,B 均为实对称阵时,逆命题成立(因为它们都可相似于对角线上元素皆为其特征值的对角阵,由相似阵自反性、传递性可得).

其实我们还可有更一般的结论,注意到解题过程显然是运用了行列式性质(巧用).

例 14 若 A 非奇异,则 AB 与 BA 有相同的特征多项式.

证 只需证得 $|\lambda I-AB|=|\lambda I-BA|$ 即可.注意到 A 的可逆性,则有

$$|\lambda I-AB|=|A^{-1}||\lambda I-AB||A|=|\lambda I-A^{-1}ABA|=|\lambda I-BA|$$

注 这里运用了 $|A^{-1}||A|=1$ 及 $|AB|=|A||B|$ 性质,此证法中 A 可逆是重要的条件.

命题的稍弱变形:AB 的每一个特征值也是 BA 的一个特征值;反之亦然.

其实 A 奇异(非可逆)时,命题结论依然成立.

命题 若矩阵 $A,B\in\mathbf{R}^{n\times n}$,则 AB 与 BA 有相同的特征多项式.

证 1 考虑矩阵等式,则

$$\begin{pmatrix}O&I\\I&O\end{pmatrix}\begin{pmatrix}I&B\\A&\lambda I\end{pmatrix}\begin{pmatrix}O&I\\I&O\end{pmatrix}=\begin{pmatrix}\lambda I&A\\B&I\end{pmatrix}$$

两边取行列式 $|\lambda I-AB|=|\lambda I-BA|$. 故 $f_{AB}(\lambda)=f_{BA}(\lambda)$.

证 2　若 $r(A)=r$, 则有非奇异阵 P,Q 使 $PAQ=\begin{pmatrix} I_r & \\ & O\end{pmatrix}$. 令 $Q^{-1}BP^{-1}=\begin{pmatrix} B_1 & B_2 \\ B_3 & B_4\end{pmatrix}$, 则

$$PABP^{-1}=PAQQ^{-1}BP^{-1}=(PAQ)(Q^{-1}BP^{-1})=\begin{pmatrix} B_1 & B_2 \\ O & O\end{pmatrix}$$

同理有

$$Q^{-1}BAQ=(Q^{-1}BP^{-1})(PAQ)=\begin{pmatrix} B_1 & O \\ B_3 & O\end{pmatrix}$$

从而

$$|\lambda I-AB|=\lambda^{n-r}|\lambda I-B_1|$$

且

$$|\lambda I-BA|=\lambda^{n-r}|\lambda I-B_1|$$

即 $|\lambda I-AB|=|\lambda I-BA|$.

证 3　若 A 可逆, 则如上面证明. 若 A 不可逆, 因 A 至多有 n 个特征根, 故必存在 t_0 使当 $t>t_0$ 时, $|A-tI|\neq 0$, 从而 $A-tI$ 可逆.

这样矩阵 $(A-tI)B=B(A-tI)$ 有相同的特征多项式, 即

$$|\lambda I-(A-tI)B|=|\lambda I-(A-tI)|$$

当 $t>t_0$ 时皆成立. 将上式改写为

$$|\lambda I-AB+tB|=|\lambda I-BA+tB|$$

对每个固定的 λ, 上式两端皆为 t 的多项式, 又它们当 $t>t_0$ 时总相等(多于 $n+1$ 个根, 其实是无穷多根), 由行列式一章例注知它们恒等.

从而可令 $t=0$, 便有 $|\lambda I-AB|=|\lambda I-BA|$. 从而 AB 与 BA 有相同的特征值.

其实命题对于一般 $m\times n$ 矩阵(长方阵)亦真, 且其推广形式为:

例 15　若 $A\in \mathbf{R}^{m\times n}$, $B\in \mathbf{R}^{n\times m}$, 试证, AB 的特征多项式 $f_{AB}(\lambda)$ 和 BA 的特征多项式 $f_{BA}(\lambda)$ 满足 $\lambda^n f_{AB}(x)=\lambda^m f_{BA}(\lambda)$.

证　分两种情形讨论.

(1) 当 $m=n$ 时, AB 与 BA 的特征多项式相同, 可由

$$\begin{pmatrix} O & I \\ I & O\end{pmatrix}\begin{pmatrix} I & B \\ A & \lambda I\end{pmatrix}\begin{pmatrix} O & I \\ I & O\end{pmatrix}=\begin{pmatrix} \lambda I & A \\ B & I\end{pmatrix}$$

两边取行列式有

$$|\lambda I-AB|=|\lambda I-BA|$$

从而 $f_{AB}(\lambda)=f_{BA}(\lambda)$.

(2) 当 $m\neq n$ 时, 无妨设 $m>n$. 考虑补上足够的 0 使它们成 m 阵方阵

$$\overline{A}=(A,O)_{m\times m},\quad \overline{B}=\begin{pmatrix} B \\ O\end{pmatrix}_{m\times m}$$

这时 $|\lambda I_m-\overline{A}\,\overline{B}|=|\lambda I_m-\overline{B}\,\overline{A}|$, 注意到　①

$$\overline{A}\,\overline{B}=AB,\quad \overline{B}\,\overline{A}=\begin{pmatrix} BA & O \\ O & O\end{pmatrix}$$

则

$$|\lambda I_m-\overline{A}\,\overline{B}|=|\lambda I_m-\overline{AB}|=f_{AB}(\lambda) \qquad ②$$

而

$$|\lambda I_m-\overline{B}\,\overline{A}|=\begin{vmatrix}\lambda I_n-BA & O\\ O & \lambda I_{m-n}\end{vmatrix}=\lambda^{m-n}|\lambda I_n-BA|=\lambda^{m-n}f_{AB}(\lambda) \qquad ③$$

由式①、②、③从而

$$\lambda^m f_{AB}(\lambda)=\lambda^n f_{AB}(\lambda)$$

本例在前文行列式一章例注中给出过一种解法. 又与例等价的叙述是:

命题 若 $A\in \mathbf{R}^{m\times n}$, $B\in \mathbf{R}^{n\times m}$, 这里 $m\leqslant n$. 在考虑重数时, AB 与 BA 的非零特征值相同.

证 考虑 $m+n$ 阶分块矩阵乘法

$$\begin{pmatrix}AB & O\\ B & O\end{pmatrix}\begin{pmatrix}I_m & A\\ O & I_n\end{pmatrix}=\begin{pmatrix}AB & ABA\\ B & BA\end{pmatrix}=\begin{pmatrix}I_m & A\\ O & I_n\end{pmatrix}\begin{pmatrix}O & O\\ B & BA\end{pmatrix}$$

及分块上三角阵 $\begin{pmatrix}I_m & A\\ O & I_n\end{pmatrix}$ 的可逆性知

$$\begin{pmatrix}AB & O\\ B & O\end{pmatrix}\sim\begin{pmatrix}O & O\\ B & BA\end{pmatrix}$$

又下三角分块阵 $\begin{pmatrix}AB & O\\ B & O\end{pmatrix}$ 其特征值为两个对角块 AB 和 O 的特征值的并(集).

类似的矩阵 $\begin{pmatrix}O & O\\ B & BA\end{pmatrix}$ 为矩阵 O 和 BA 的特征值的并(集).

从而 AB 和 BA 有同样非零特征值(算重数), 而 BA 的其余 $n-m$ 个特征值为 0.

注 由此结论亦可证明 $\mathrm{Tr}(AB)=\mathrm{Tr}(BA)$, 即 AB 与 BA 的迹相等. 注意到

$$\mathrm{Tr}(AB)=\mathrm{Tr}(BA)=\sum_{i=1}^{n}\lambda_i$$

其中 λ_i 为它们相同的非零特征根.

最后来一个复空间上矩阵特征根的问题.

例 16* 若 $A,B\in \mathbf{R}^{n\times n}$, 且 $A^{\mathrm{T}}=A$, $\overline{B}^{\mathrm{T}}=B$(或记 $B^{\mathrm{H}}=B$, 即转置共轭), 又 A 为正定矩阵, 证明 AB 所有特征根为实数.

证 由题设 A 正定, 则有满秩对称矩阵 C 使 $A=C^2$(详见下一章内容).

由

$$C^{-1}(AB)C=C^{-1}(C^2B)C=CBC$$

从而由

$$(CBC)^{\mathrm{H}}=C^{\mathrm{H}}B^{\mathrm{H}}C^{\mathrm{H}}=CBC$$

知其特特征根全部为实数. 而 $AB\sim CBC$, 故 AB 的特征根亦全部为实数.

二、矩阵的特征向量问题

与矩阵特征值、特征多项式攸关的问题, 便是特征向量问题. 它们合起来常称矩阵的"特征问题".

特征向量对于矩阵变换(化为对角阵等)来讲十分重要, 当然它还有其他用途. 下面来看例, 这个例子我们曾在前面介绍过, 不过那里的问题是求其特征根.

例 1 若 n 阶矩阵 A 的任一行中 n 个元素和均为 a, 试证 $\lambda=a$ 是 A 的特征值, 且 $(1,1,\cdots,1)^{\mathrm{T}}$ 是 A 属于 $\lambda=a$ 的特征向量.

证　设矩阵 $\mathbf{A}=\begin{pmatrix} a_{11} & \cdots & a_{1n} \\ \vdots & & \vdots \\ a_{n1} & \cdots & a_{nn} \end{pmatrix}$，且 $\mathbf{x}=\begin{pmatrix} 1 \\ \vdots \\ 1 \end{pmatrix}$. 注意到到下面的等式

$$\mathbf{A}\mathbf{x}=\begin{pmatrix} a_{11} & \cdots & a_{1n} \\ \vdots & & \vdots \\ a_{n1} & \cdots & a_{nn} \end{pmatrix}\begin{pmatrix} 1 \\ \vdots \\ 1 \end{pmatrix}=\begin{pmatrix} \sum_{k=1}^{n} a_{1k} \\ \vdots \\ \sum_{k=1}^{n} a_{nk} \end{pmatrix}=\begin{pmatrix} a \\ \vdots \\ a \end{pmatrix}=a\mathbf{x}$$

故 $\lambda=a$ 是 $\mathbf{A}$ 的特征值，且 $\mathbf{x}=(1,1,\cdots,1)$ 是 $\mathbf{A}$ 属于 $\lambda=a$ 的特征向量.

注 1　这里是根据矩阵特征值与特征向量定义直接去验证的. 此外，我们还有结论：

命题　若 $\mathbf{A}\in\mathbf{R}^{n\times n}$，且每行元素和皆为 a，对任意自然数 m，有 $\mathbf{A}^m$ 的每行元素之和皆为 a^m.

注 2　下面的问题与例类同，但可视为例的延申(亦属构造性求解)：

问题　若 $\mathbf{A}\in\mathbf{R}^{n\times n}$，知 A 有特征根 1，-3 和 0. 又有 $\mathbf{x}\in\mathbf{R}^n$ 且 $\mathbf{x}\neq\mathbf{0}$，使 $\mathbf{A}^3\mathbf{x}+2\mathbf{A}^2\mathbf{x}-3\mathbf{A}\mathbf{x}=\mathbf{0}$，求 $\mathbf{A}$ 的相应于特征根 $1,-3,0$ 的特征向量.

略解　由题设等式可有

$$\mathbf{A}[(\mathbf{A}^2+3\mathbf{A})\mathbf{x}]=1\cdot[(\mathbf{A}^2+3\mathbf{A})\mathbf{x}],\mathbf{A}[(\mathbf{A}^2-\mathbf{A})\mathbf{x}]=-3[(\mathbf{A}^2-\mathbf{A})\mathbf{x}]$$
$$\mathbf{A}[(\mathbf{A}^2+2\mathbf{A}-3\mathbf{I})\mathbf{x}]=\mathbf{0}$$

直接可得要求的特征向量.

例 2　若 $\boldsymbol{\alpha}=(a_1,a_2,\cdots,a_n)^{\mathrm{T}}$，$\boldsymbol{\beta}=(b_1,b_2,\cdots,b_n)^{\mathrm{T}}$，为非 0 向量，但 $\boldsymbol{\alpha}^{\mathrm{T}}\boldsymbol{\beta}=\mathbf{0}$. 记 $\mathbf{A}=\boldsymbol{\alpha}\boldsymbol{\beta}^{\mathrm{T}}$. 求(1)$\mathbf{A}^2$；(2)$\mathbf{A}$ 的特征根和特征向量.

解　若 $\boldsymbol{\alpha},\boldsymbol{\beta}$ 为列向量，注意 $\boldsymbol{\alpha}^{\mathrm{T}}\boldsymbol{\beta}$ 是数，而 $\boldsymbol{\alpha}\boldsymbol{\beta}^{\mathrm{T}}$ 是矩阵.

(1)由 $\mathbf{A}^2=(\boldsymbol{\alpha}^{\mathrm{T}}\boldsymbol{\beta})(\boldsymbol{\alpha}\boldsymbol{\beta}^{\mathrm{T}})=\boldsymbol{\alpha}(\boldsymbol{\beta}^{\mathrm{T}}\boldsymbol{\alpha})\boldsymbol{\beta}^{\mathrm{T}}=(\boldsymbol{\beta}^{\mathrm{T}}\boldsymbol{\alpha})\boldsymbol{\alpha}\boldsymbol{\beta}^{\mathrm{T}}=\mathbf{O}$.

(2)若 $\mathbf{x}\neq\mathbf{0}$ 是 $\mathbf{A}$ 属于 λ 的特征向量，则 $\mathbf{A}\mathbf{x}=\lambda\mathbf{x}$，而 $\mathbf{A}^2\mathbf{x}=\mathbf{A}(\mathbf{A}\mathbf{x})=\lambda\mathbf{A}\mathbf{x}=\lambda^2\mathbf{x}$.

但 $\mathbf{A}^2=\mathbf{O}$，又 $\mathbf{x}\neq\mathbf{0}$，知 $\lambda^2=0$，故 $\lambda=0$. 从而知 $\mathbf{A}$ 的全部特征根皆为 0.

由 $(\lambda\mathbf{I}-\boldsymbol{\alpha}\boldsymbol{\beta}^{\mathrm{T}})\mathbf{x}=\mathbf{0}$ 中用 $\lambda=0$ 代入可有 $-\boldsymbol{\alpha}\boldsymbol{\beta}^{\mathrm{T}}\mathbf{x}=\mathbf{0}$，即 $\boldsymbol{\alpha}(\boldsymbol{\beta}^{\mathrm{T}}\mathbf{x})=\mathbf{0}$，显然

$$\mathbf{x}_1=\left(-\frac{b_2}{b_1},1,0,\cdots,0\right)^{\mathrm{T}},\quad \mathbf{x}_2=\left(-\frac{b_3}{b_1},0,1,0,\cdots,0\right)^{\mathrm{T}},\quad \cdots,\quad \mathbf{x}_{n-1}=\left(-\frac{b_n}{b_1},0,\cdots,0,1\right)^{\mathrm{T}}$$

必满足 $\boldsymbol{\beta}^{\mathrm{T}}\mathbf{x}=\mathbf{0}$. 又 $\mathrm{r}(\mathbf{A})=1$，知 $\mathbf{A}$ 有 $n-1$ 个属于 $\lambda=0$(它有 $n-1$ 重)的无关特征向量.

从而，$\mathbf{A}$ 属于 $\lambda=0$ 的全部特征向量为 $\boldsymbol{\xi}=\sum_{i=1}^{n-1}c_i\mathbf{x}_i$，这里 $c_i(1\leqslant i\leqslant n-1)$ 不全为 0.

注 1　注意到 $\boldsymbol{\beta}^{\mathrm{T}}\boldsymbol{\alpha}$ 是数，由 $(\boldsymbol{\beta}^{\mathrm{T}}\boldsymbol{\alpha})^{\mathrm{T}}=\boldsymbol{\alpha}^{\mathrm{T}}\boldsymbol{\beta}$ 知 $\boldsymbol{\alpha}^{\mathrm{T}}\boldsymbol{\beta}=\boldsymbol{\beta}^{\mathrm{T}}\boldsymbol{\alpha}$.

又由 $\mathbf{A}^2=(\boldsymbol{\beta}^{\mathrm{T}}\boldsymbol{\alpha})\mathbf{A}$，即可有等式 $\mathbf{A}^2=\left(\sum_{i=1}^{n}a_ib_i\right)\mathbf{A}$.

注 2　上述两例的变形式引申可为：

问题　若 n 阶矩阵 $\mathbf{A}=\begin{pmatrix} a_1b_1 & a_1b_2 & \cdots & a_1b_n \\ a_2b_1 & a_2b_1 & \cdots & a_2b_n \\ \vdots & \vdots & & \vdots \\ a_nb_1 & a_nb_1 & \cdots & a_nb_n \end{pmatrix}$，求 $\mathbf{A}$ 的特征值和特征向量.

略解　注意若 $\boldsymbol{\alpha}=(a_1,a_2,\cdots,a_n)^{\mathrm{T}}$，$\boldsymbol{\beta}=(b_1,b_2,\cdots,b_n)^{\mathrm{T}}$，则 $\mathbf{A}=\boldsymbol{\alpha}\boldsymbol{\beta}^{\mathrm{T}}$，从而知 $\mathrm{r}(\mathbf{A})=1$.

故再由 $\mathbf{A}(a_1,a_2,\cdots,a_n)^{\mathrm{T}}=\left(\sum_{i=1}^{n}a_ib_i\right)(a_1,a_2,\cdots,a_n)^{\mathrm{T}}$，知 $\mathbf{A}$ 有 $n-1$ 重 0 特征根和一重非零特征根 $\sum_{i=1}^{n}a_ib_i$，且 $(a_1,a_2,\cdots,a_n)^{\mathrm{T}}$ 为其相应特征向量(其余的特征向量位于超平面 $\sum_{i=1}^{n}b_ix_i=0$ 上).

例 3　已知 $A=\begin{pmatrix}0&0&1\\x&1&y\\1&0&0\end{pmatrix}$ 有三个线性无关的特征向量，求 x,y 之间的关系.

解　从题设与所求之间关系看，A 似有多重特征根，具体情况若何，先从矩阵特征多项式入手看看. 由设有

$$|\lambda I-A|=\lambda^3-\lambda^2-\lambda+1=(\lambda-1)^2(\lambda+1)$$

从而 A 的特征根为 $\lambda_1=\lambda_2=1,\lambda_3=-1$.

对于重根 $\lambda_1=\lambda_2=1$ 而言，若其有两个线性无关的特征向量，只有

$$r(\lambda_1 I-A)=r(I-A)=1$$

而

$$I-A=\begin{pmatrix}1&0&-1\\-x&0&-y\\-1&0&1\end{pmatrix}\xrightarrow[\text{至第 3 行}]{\text{第一行加}}\begin{pmatrix}1&0&-1\\-x&0&-y\\0&0&0\end{pmatrix}$$

从而 $(-x):(-y)=1:(-1)$，即 $x+y=0$.

注　本题妙在 $|\lambda I-A|$ 中与 x,y 无涉，从而可求 λ 值.

下面矩阵特征问题涉及秩 1 矩阵问题.

例 4　若 $\alpha=(1,k,1)^{T}$ 是 $A=\begin{pmatrix}2&1&1\\1&2&1\\1&1&2\end{pmatrix}$ 的逆矩阵 A^{-1} 的特征向量，求 k.

解　从题设与所求来看，若先求 A^{-1} 或先求 $|\lambda I-A|$ 似乎均有绕远之嫌，尽管我们并不知道 α 中的 k 和 α 是属于 A^{-1} 的哪个特征值的特征向量，但有一点：若 $A^{-1}\alpha=\lambda\alpha$，则 $\alpha=\lambda A\alpha$. 由上分析知 $\alpha=\lambda A\alpha$，即

$$\begin{pmatrix}1\\k\\1\end{pmatrix}=\lambda\begin{pmatrix}2&1&1\\1&2&1\\1&1&2\end{pmatrix}\begin{pmatrix}1\\k\\1\end{pmatrix}$$

从而有

$$\begin{cases}\lambda(3+k)=1\\\lambda(2+2k)=k\end{cases}\Rightarrow\begin{cases}\lambda_1=1\\k_1=-2\end{cases}\quad\text{或}\quad\begin{cases}\lambda_2=1/4\\k_2=1\end{cases}$$

注　矩阵求逆决非轻松之举，不在不得已时，还是设法避开它为妙，办法挺简单：等式两边乘 A.

例 5　设 $A=\begin{pmatrix}a&-1&c\\5&b&3\\1-c&0&-a\end{pmatrix}$，且 $|A|=-1$. 又 $\alpha=(-1,-1,1)^{T}$ 是 A^* 属于 λ_0 的特征向量. 求 a,b,c 及 λ_0.

解　由 $|A|=-1$，知 A 可逆，只需注意到 $AA^*=|A|I$. 由 $AA^*=|A|I=-I$ 及 $A^*\alpha=\lambda_0\alpha$，则

$$AA^*\alpha=-I\alpha=-\alpha$$

又

$$AA^*\alpha=A(A^*\alpha)=A(\lambda_0\alpha)=\lambda_0 A\alpha$$

故 $\lambda_0 A\alpha=-\alpha$，即

$$\lambda_0\begin{pmatrix}a&-1&c\\5&b&3\\1-c&0&-a\end{pmatrix}\begin{pmatrix}-1\\-1\\1\end{pmatrix}=-\begin{pmatrix}-1\\-1\\1\end{pmatrix}$$

从而

$$\begin{cases}\lambda_0(-a+1+c)=1 & ①\\ \lambda_0(-5-b+3)=1 & ②\\ \lambda_0(-1+c-a)=-1 & ③\end{cases}$$

由式①、式③有 $\lambda_0=1$，代入式①、式②得 $b=-3, a=c$. 这样

$$\begin{vmatrix} a & -1 & c \\ 5 & b & 3 \\ 1-c & 0 & -a \end{vmatrix} = \begin{vmatrix} a & -1 & a \\ 5 & -3 & -3 \\ 1-a & 0 & -a \end{vmatrix} = a-3=-1$$

知 $a=2$.

综上 $a=c=2, b=-3, \lambda_0=1$.

注　若 $\boldsymbol{A}$ 非奇异，$\boldsymbol{A}^*$ 视为 $\boldsymbol{A}^{-1}$ 差一个常数是适当的.

上面的问题涉及了 $\boldsymbol{A}^*$，下面的问题系与 $\boldsymbol{A}^n$ 的特征向量有关.

例 6　若 $\boldsymbol{A}\in \mathbf{R}^{3\times 3}$，对应于 $\boldsymbol{A}$ 的特征值 $\lambda_1=1, \lambda_2=2, \lambda_3=3$ 的特征向量分别为 $\boldsymbol{\xi}_1=(1,1,1)^{\mathrm{T}}, \boldsymbol{\xi}_2=(1,2,4)^{\mathrm{T}}, \boldsymbol{\xi}_3=(1,3,9)^{\mathrm{T}}$，又 $\boldsymbol{\beta}=(1,1,3)^{\mathrm{T}}$. (1)用 $\boldsymbol{\xi}_i(i=1,2,3)$ 表示 $\boldsymbol{\beta}$；(2)求 $\boldsymbol{A}^n\boldsymbol{\beta}$(这里 $n\in \mathbf{Z}^+$).

解 1　(1)由题设 $\boldsymbol{\xi}_i(i=1,2,3)$ 为 $\boldsymbol{A}$ 的特征向量，则它们线性无关. 故可令

$$\boldsymbol{\beta}=k_1\boldsymbol{\xi}_1+k_2\boldsymbol{\xi}_2+k_3\boldsymbol{\xi}_3$$

即

$$k_1\begin{pmatrix}1\\1\\1\end{pmatrix}+k_2\begin{pmatrix}1\\2\\4\end{pmatrix}+k_3\begin{pmatrix}1\\3\\9\end{pmatrix}=\begin{pmatrix}1\\1\\3\end{pmatrix} \quad 或 \quad \begin{pmatrix}1&1&1\\1&2&3\\1&4&9\end{pmatrix}\begin{pmatrix}k_1\\k_2\\k_3\end{pmatrix}=\begin{pmatrix}1\\1\\3\end{pmatrix}$$

解得

$$\begin{pmatrix}k_1\\k_2\\k_3\end{pmatrix}=\begin{pmatrix}1&1&1\\1&2&3\\1&4&9\end{pmatrix}^{-1}\begin{pmatrix}1\\1\\3\end{pmatrix}=\begin{pmatrix}2\\-1\\1\end{pmatrix}$$

故 $\boldsymbol{\beta}=2\boldsymbol{\xi}_1-\boldsymbol{\xi}_2+\boldsymbol{\xi}_3$.

(2)由

$$\boldsymbol{A}^n\boldsymbol{\beta}=\boldsymbol{A}^n(2\boldsymbol{\xi}_1-\boldsymbol{\xi}_2+\boldsymbol{\xi}_3)=2\boldsymbol{A}^n\boldsymbol{\xi}_1-\boldsymbol{A}^n\boldsymbol{\xi}_2+\boldsymbol{A}^n\boldsymbol{\xi}_3=2\lambda_1^n\boldsymbol{\xi}_1-\lambda_2^n\boldsymbol{\xi}_2+\lambda_3^n\boldsymbol{\xi}_3=$$

$$2\cdot 1^n\cdot\boldsymbol{\xi}_1-2^n\boldsymbol{\xi}_2+3^n\boldsymbol{\xi}_3=\begin{pmatrix}2-2^{n+1}+3^n\\2-2^{n+2}+3^{n+1}\\2-2^{n+3}+3^{n+2}\end{pmatrix}$$

解 2　(1)设 $\boldsymbol{\beta}=x_1\boldsymbol{\xi}_1+x_2\boldsymbol{\xi}_2+x_3\boldsymbol{\xi}_3$，为求解该方程组，对增广矩阵作初等行变换：

$$(\boldsymbol{\xi}_1,\boldsymbol{\xi}_2,\boldsymbol{\xi}_3 \vdots \boldsymbol{\beta})=\left(\begin{array}{ccc:c}1&1&1&1\\1&2&3&1\\1&4&9&3\end{array}\right)\to\left(\begin{array}{ccc:c}1&0&0&2\\0&1&0&-2\\0&0&1&1\end{array}\right)$$

由此知 $x_1=2, x_2=-2, x_3=1$. 因此 $\boldsymbol{\beta}=2\boldsymbol{\xi}_1-2\boldsymbol{\xi}_2+\boldsymbol{\xi}_3$.

(2)由题设 $\boldsymbol{A}\boldsymbol{\xi}_1=\lambda_i\boldsymbol{\xi}_1(i=1,2,3)$，则 $\boldsymbol{A}^n\boldsymbol{\xi}_1=\lambda_i^n\boldsymbol{\xi}_1$. 于是

$$\boldsymbol{A}^n\boldsymbol{\beta}=\boldsymbol{A}^n(2\boldsymbol{\xi}_1-2\boldsymbol{\xi}_2+\boldsymbol{\xi}_3)=2(\boldsymbol{A}^n\boldsymbol{\xi}_1)-2(\boldsymbol{A}^n\boldsymbol{\xi}_2)+\boldsymbol{A}^n\boldsymbol{\xi}_3=2\begin{pmatrix}1\\1\\1\end{pmatrix}-2^{n+1}\begin{pmatrix}1\\2\\4\end{pmatrix}+3^n\begin{pmatrix}1\\3\\9\end{pmatrix}=\begin{pmatrix}2-2^{n+1}+3^n\\2-2^{n+2}+3^{n+1}\\2-2^{n+3}+3^{n+2}\end{pmatrix}$$

注　$\boldsymbol{\alpha}$ 是 $\boldsymbol{A}$ 的属于 λ 的特征向量，则 $\boldsymbol{A}^n\boldsymbol{\alpha}=\lambda^n\boldsymbol{\alpha}$.

例 7　若矩阵 $\boldsymbol{A}=\begin{pmatrix}3&2&2\\2&3&2\\2&2&3\end{pmatrix}$，$\boldsymbol{P}=\begin{pmatrix}0&1&0\\1&0&1\\0&0&1\end{pmatrix}$，$\boldsymbol{B}=\boldsymbol{P}^{-1}\boldsymbol{A}^*\boldsymbol{P}$，求 $\boldsymbol{B}+2\boldsymbol{I}$ 的特征值与特征向量($\boldsymbol{A}^*$ 为

$\boldsymbol{A}$ 的伴随矩阵).

解 1 设 $\boldsymbol{\eta}$ 为 $\boldsymbol{A}$ 的相应特征值 λ 的特征向量,则 $\boldsymbol{A\eta}=\lambda\boldsymbol{\eta}$. 由 $|\boldsymbol{A}|=7\neq 0$,知 $\lambda\neq 0$.

又 $\boldsymbol{A}^*\boldsymbol{A}=|\boldsymbol{A}|\boldsymbol{I}$,则 $\boldsymbol{A}^*\boldsymbol{A\eta}=\boldsymbol{A}^*\lambda\boldsymbol{\eta}$,且 $\boldsymbol{A}^*\boldsymbol{\eta}=\dfrac{|\boldsymbol{A}|}{\lambda}\boldsymbol{\eta}$. 故有

$$\boldsymbol{B}(\boldsymbol{P}^{-1}\boldsymbol{\eta})=\boldsymbol{P}^{-1}\boldsymbol{A}^*\boldsymbol{P}(\boldsymbol{P}^{-1}\boldsymbol{\eta})=\frac{|\boldsymbol{A}|}{\lambda}(\boldsymbol{P}^{-1}\boldsymbol{\eta})$$

从而

$$(\boldsymbol{B}+2\boldsymbol{I})\boldsymbol{P}^{-1}\boldsymbol{\eta}=\left(\frac{|\boldsymbol{A}|}{\lambda}+2\right)\boldsymbol{P}^{-1}\boldsymbol{\eta}$$

即 $\dfrac{|\boldsymbol{A}|}{\lambda}+2$ 为 $\boldsymbol{B}+2\boldsymbol{I}$ 的特征根,其相应特征向量为 $\boldsymbol{P}^{-1}\boldsymbol{\eta}$.

由 $|\lambda\boldsymbol{I}-\boldsymbol{A}|=(\lambda-1)^2(\lambda-7)$,知 $\lambda_1=\lambda_2=1,\lambda_3=7$.

相应地,$\lambda_1=\lambda_2=1$ 有无关特征向量 $\boldsymbol{\eta}_1=(-1,1,0)^{\mathrm{T}},\boldsymbol{\eta}_2=(-1,0,1)^{\mathrm{T}}$,

相应地,$\lambda_3=7$ 的特征向量 $\boldsymbol{\eta}_1=(1,1,1)^{\mathrm{T}}$. 又易算得

$$\boldsymbol{P}^{-1}=\begin{pmatrix}0&1&-1\\1&0&0\\0&0&1\end{pmatrix}$$

从而 $\boldsymbol{B}+2\boldsymbol{I}$ 的特征根及其相应的特征向量分别为:$\boldsymbol{B}+2\boldsymbol{I}$ 的特征根 $\dfrac{|\boldsymbol{A}|}{\lambda_i}+2$ 为 9,9,3.

其相应的特征向量:$\boldsymbol{\xi}_i=P^{-1}\boldsymbol{\eta}_i$:$(1,-1,0)^{\mathrm{T}},(-1,-1,1)^{\mathrm{T}}$ 和 $(0,1,1)^{\mathrm{T}}$.

解 2 经计算可得

$$\boldsymbol{A}^*=\begin{pmatrix}5&-2&-2\\-2&5&-2\\-2&-2&5\end{pmatrix},\quad \boldsymbol{P}^{-1}=\begin{pmatrix}0&1&-1\\1&0&0\\0&0&1\end{pmatrix},\quad \boldsymbol{B}=\boldsymbol{P}^{-1}\boldsymbol{A}^*\boldsymbol{P}=\begin{pmatrix}7&0&0\\-2&5&-4\\-2&-2&3\end{pmatrix}$$

从而

$$\boldsymbol{B}+2\boldsymbol{I}=\begin{pmatrix}9&0&0\\-2&7&-4\\-2&-2&5\end{pmatrix}$$

则

$$|\lambda\boldsymbol{I}-(\boldsymbol{B}+2\boldsymbol{I})|=\begin{vmatrix}\lambda-9&0&0\\2&\lambda-7&4\\2&2&\lambda-5\end{vmatrix}=(\lambda-9)^2(\lambda-3)$$

故 $\boldsymbol{B}+2\boldsymbol{I}$ 的特征值为 $\lambda_1=\lambda_2=9,\lambda_3=3$.

当 $\lambda_1=\lambda_2=9$ 时,解 $(9\boldsymbol{I}-\boldsymbol{A})\boldsymbol{x}=\boldsymbol{0}$,得线性无关的特征向量为

$$\boldsymbol{\eta}_1=(-1,-1,0)^{\mathrm{T}},\quad \boldsymbol{\eta}_2=(-2,0,1)^{\mathrm{T}}$$

则属于特征 $\lambda_1=\lambda_2=9$ 的所有特征向量为

$$k_1\boldsymbol{\eta}_1+k_2\boldsymbol{\eta}_2=k_1(-1,-1,0)^{\mathrm{T}}+k_2(-2,0,1)^{\mathrm{T}}$$

其中 k_1,k_2 是不全为零的任意常数.

当 $\lambda_3=3$ 时,解 $(3\boldsymbol{I}-\boldsymbol{A})\boldsymbol{x}=\boldsymbol{0}$,得 $\boldsymbol{\eta}_3=(0,1,1)^{\mathrm{T}}$,故属特征值 $\lambda_3=3$ 的所有特征向量为 $k_3\boldsymbol{\eta}_3=k_3(0,1,1)^{\mathrm{T}}$,其中 $k_3\neq 0$ 为任意常数.

注 1 本例解 2 直接计算 $\boldsymbol{A}^*,\boldsymbol{P}^{-1},\boldsymbol{B},\boldsymbol{B}+2\boldsymbol{I}$,求得 $\boldsymbol{B}+2\boldsymbol{I}$ 的特征问题,较解 1 稍繁.

类似地我们可以解下面涉及 $\boldsymbol{A}^*$ 的特征问题.

问题　设矩阵 $A=\begin{pmatrix}2&1&1\\1&2&1\\1&1&a\end{pmatrix}$ 可逆，向量 $\xi=\begin{pmatrix}1\\b\\1\end{pmatrix}$ 的矩阵 A^* 的一个特征向量，λ 是 ξ 对应的特征值，其中 A^* 是矩阵 A 的伴随矩阵，试求 a,b 和 λ 的值.

解　矩阵 A^* 属于特征值 λ 的特征向量为 ξ，由于矩阵 A 可逆，故 A^* 可逆. 于是 $\lambda\neq 0$，$|A|\neq 0$，且 $A^*\xi=\lambda\xi$. 两边同时左乘矩阵 A，得 $AA^*\xi=\lambda A\xi$，则 $A\xi=\frac{|A|}{\lambda}\xi$，即

$$\begin{pmatrix}2&1&1\\1&2&1\\1&1&a\end{pmatrix}\begin{pmatrix}1\\b\\1\end{pmatrix}=\frac{|A|}{\lambda}\begin{pmatrix}1\\b\\1\end{pmatrix}$$

由此，得方程组

$$\begin{cases}3+b=|A|/\lambda & (1)\\ 2+2b=|A|b/\lambda & (2)\\ a+b+1=|A|/\lambda & (3)\end{cases}$$

由式(1)式(2)解得 $b=1$ 或 $b=-2$；由式(1)式(3)解得 $a=2$.

由于 $|A|=\begin{vmatrix}2&1&1\\1&2&1\\1&1&a\end{vmatrix}=3a-2=4$，根据式(1)知，特征向量 ξ 所对应的特征值

$$\lambda=\frac{|A|}{3+b}=\frac{4}{3+b}$$

所以，当 $b=1$ 时，$\lambda=1$；当 $b=-2$ 时，$\lambda=4$.

例 8　若 J_n 为全部由 1 组成的 n 阶方阵，求矩阵 $A=\begin{pmatrix}O&J_n\\J_n&O\end{pmatrix}$ 的特征值和特征向量.

解　由分块矩阵的行列式计算公式且注意到 $J_n^2=nJ_n$ 有

$$|\lambda I-A|=\begin{vmatrix}\lambda I_n&-J_n\\-J_n&\lambda I_n\end{vmatrix}=|\lambda^2 I-J_n^2|=\begin{vmatrix}\lambda^2-n&-n&\cdots&-n\\-n&\lambda^2-n&\cdots&-n\\\vdots&\vdots&&\vdots\\-n&-n&\cdots&\lambda^2-n\end{vmatrix}=\lambda^{2n-2}(\lambda+n)(\lambda-n)$$

故 A 的特征根为 $\neq\pm n$；$0,0,\cdots,0(2n-2$ 重).

(1)$\lambda=0$ 时，由

$$\begin{cases}x_{n+1}+x_{n+2}+\cdots+x_{2n}=0\\x_1+x_2+\cdots+x_{n-1}+x_n=0\end{cases}$$

求出 $2n-2$ 个线性的特征向量.

$$\alpha_i=(1,0,\cdots,0,\underset{\uparrow\ \text{第 } i+1 \text{ 个数}}{-1},0,\cdots,0)\quad(i=1,2,\cdots,n-1)$$

$$\alpha_j=(0,\cdots,0,\underset{\uparrow\ \text{第 } n+1 \text{ 个数}}{1},0,\cdots,0,\underset{\uparrow\ \text{第 } j+2 \text{ 个数}}{-1},0,\cdots,0)\quad(j=n,n+1,\cdots,2n-2)$$

(2)$\lambda=n$ 时，由

$$\begin{cases} nx_1 \qquad\qquad -x_{n+1}-\cdots-x_{2n}=0 \\ \qquad\vdots \\ \qquad\qquad nx_n-x_{n+1}-\cdots-x_{2n}=0 \\ -x_1-\cdots-x_n+nx_{n+1} \qquad =0 \\ \qquad\vdots \\ -x_1-\cdots-x_n \qquad\qquad +nx_{2n}=0 \end{cases}$$

解得特征向量为 $\boldsymbol{\alpha}_{2n-1}=(1,1,\cdots,1)$.

同理，当 $\lambda=-n$ 时，也可求得相应的特征向量为 $\boldsymbol{\alpha}_{2n}=(1,\cdots,1,-1,\cdots,1)$.

利用矩阵特征根的值，去判断矩阵的可逆性我们前文已有述，下面再来看一个例子.

下面的例子涉及相似矩阵特征向量问题，它很重要.

例 9 若 $\boldsymbol{x}$ 是 $\boldsymbol{A}$ 属于特征根 λ 的特征向量，则 $\boldsymbol{P}^{-1}\boldsymbol{x}$ 是 $\boldsymbol{A}$ 的相似矩阵 $\boldsymbol{B}=\boldsymbol{P}^{-1}\boldsymbol{AP}$ 的特征向量.

证 因题设 $\boldsymbol{A}\sim\boldsymbol{B}$，故它们有相同的特征值. 又 $\boldsymbol{Ax}=\lambda\boldsymbol{x}$，则

$$\boldsymbol{B}(\boldsymbol{P}^{-1}\boldsymbol{x})=(\boldsymbol{BP}^{-1})\boldsymbol{x}=[(\boldsymbol{P}^{-1}\boldsymbol{AP})\boldsymbol{P}^{-1}]\boldsymbol{x}=\boldsymbol{P}^{-1}(\boldsymbol{Ax})=\boldsymbol{P}^{-1}(\lambda\boldsymbol{x})=\lambda(\boldsymbol{P}^{-1}\boldsymbol{x})$$

例 10 设 $\boldsymbol{x},\boldsymbol{y}$ 是矩阵 $\boldsymbol{A}$ 属于不同特征根 $\lambda_1,\lambda_2(\lambda_1\neq\lambda_2)$ 的特征向量，试证 $a\boldsymbol{x}+b\boldsymbol{y}$，且($a,b$ 为常数 $ab\neq0$,)必不是 $\boldsymbol{A}$ 的特征向量.

证 用反证法. 若 $a\boldsymbol{x}+b\boldsymbol{y}$ 是 $\boldsymbol{A}$ 的特征向量，则有 λ 使

$$\boldsymbol{A}(a\boldsymbol{x}+b\boldsymbol{y})=\lambda(a\boldsymbol{x}+b\boldsymbol{y})$$

而 $\boldsymbol{x},\boldsymbol{y}$ 是 $\boldsymbol{A}$ 属于 λ_1,λ_2 的特征向量，故

$$\boldsymbol{Ax}=\lambda_1\boldsymbol{x},\quad \boldsymbol{Ay}=\lambda_2\boldsymbol{y}$$

由以上三式可有

$$a\lambda_1\boldsymbol{x}+b\lambda_2\boldsymbol{y}=a\lambda\boldsymbol{x}+b\lambda\boldsymbol{y}$$

即

$$a(\lambda_1-\lambda)\boldsymbol{x}+b(\lambda_2-\lambda)\boldsymbol{y}=\boldsymbol{0}$$

由 $\lambda_1\neq\lambda_2$，故 $\boldsymbol{x},\boldsymbol{y}$ 线性无关. 又 $a\neq0,b\neq0$，则有

$$\lambda_1-\lambda=0,\quad \lambda_2-\lambda=0$$

即 $\lambda=\lambda_1=\lambda_2$，这与题设 $\lambda_1\neq\lambda_2$ 相抵！从而 $a\boldsymbol{x}+b\boldsymbol{y}(ab\neq0)$ 必不是 $\boldsymbol{A}$ 的特征向量.

注 下面问题显然是例的特殊情形：

问题 若 $\boldsymbol{x}_1,\boldsymbol{x}_2$ 是矩阵 $\boldsymbol{A}\in\mathbf{R}^{n\times n}$ 属于不同特征值 λ_1,λ_2 的两特征向量，则 $\boldsymbol{x}_1+\boldsymbol{x}_2$ 不是 $\boldsymbol{A}$ 的特征向量.

略证 (反证法)假设 $\boldsymbol{x}_1,\boldsymbol{x}_2$ 是 $\boldsymbol{A}$ 的特征向量，则存在数 λ，使

$$\boldsymbol{A}(\boldsymbol{x}_1+\boldsymbol{x}_2)=\lambda(\boldsymbol{x}_1+\boldsymbol{x}_2)$$

由题设，$\boldsymbol{Ax}_1=\lambda_1\boldsymbol{x}_1,\boldsymbol{Ax}_2=\lambda_2\boldsymbol{x}_2$，且 $\lambda_1\neq\lambda_2$，则有

$$\boldsymbol{A}(\boldsymbol{x}_1+\boldsymbol{x}_2)=\boldsymbol{Ax}_1+\boldsymbol{Ax}_2=\lambda_1\boldsymbol{x}_1+\lambda_2\boldsymbol{x}_2$$

比较以上两式，有

$$\lambda_1\boldsymbol{x}_1+\lambda_2\boldsymbol{x}_2=\lambda(\boldsymbol{x}_1+\boldsymbol{x}_2)$$

即

$$(\lambda_1-\lambda)\boldsymbol{x}_1+(\lambda_2-\lambda)\boldsymbol{x}_2=\boldsymbol{0}$$

由于 $\boldsymbol{x}_1,\boldsymbol{x}_2$ 线性无关，因此 $\lambda_1-\lambda=\lambda_2-\lambda=0$，即 $\lambda_1=\lambda_2$，矛盾. 故 $\boldsymbol{x}_1+\boldsymbol{x}_2$ 不是 $\boldsymbol{A}$ 的特征向量.

向量的正交是向量间的一种特殊关系，但它很重要，对于二维、三维空间来讲，向量正交的几何意义是它们垂直. 换言之，向量正交可视为垂直概念的推广.

例 11 试证属于实对称矩阵 $\boldsymbol{A}$ 的不同特征向量必正交.

证 设 $\boldsymbol{x}_1,\boldsymbol{x}_2$ 为 $\boldsymbol{A}$ 的属于不同特征值 λ_1,λ_2 的特征向量，则

$$\boldsymbol{x}_1\boldsymbol{A}=\lambda_1\boldsymbol{x}_1,\quad \boldsymbol{Ax}_2=\lambda_2\boldsymbol{x}_2$$

显然 $x_1^{\mathrm{T}}A^{\mathrm{T}}=\lambda_1 x_1^{\mathrm{T}}$，但 A 是实对称阵，故 $A^{\mathrm{T}}=A$. 所以

$$\lambda_1 x_1^{\mathrm{T}}x_2=(\lambda_1 x_1^{\mathrm{T}})x_2=(Ax_1)^{\mathrm{T}}x_2=x_1^{\mathrm{T}}A^{\mathrm{T}}x_2=x_1^{\mathrm{T}}Ax_2=x_1^{\mathrm{T}}(\lambda_2 x_2)=\lambda_2 x_1^{\mathrm{T}}x_2$$

即

$$(\lambda_1-\lambda_2)x_1^{\mathrm{T}}x_2=0$$

因为 $\lambda_1\neq\lambda_2$，故 $x_1^{\mathrm{T}}x_2=\mathbf{0}$，即 x_1,x_2 正交.

下面再来看几个有关矩阵多项式的特征向量问题.

例 12　若 $\boldsymbol{\alpha}$ 为方阵 A 的属于 λ_0 的特征向量，证明 $(A+I)^2$ 有特征值 $(\lambda+1)^2$，且 $\boldsymbol{\alpha}$ 为 $(A+I)^2$ 属于此特征值的特征向量.

证　由设 $|\lambda_0 I-A|=0$，故有

$$|(\lambda_0+1)I-(A+I)|=|\lambda_0 I-A|=0$$

从而

$$|(\lambda_0+1)I-(A+I)|\,|(\lambda_0+1)I+(A+I)|=0$$

即

$$|[(\lambda_0+1)I-(A+I)][(\lambda_0+1)I+(A+I)]|=0$$

故

$$|[(\lambda_0+1)^2 I-(A+I)^2]|=0$$

此即说 $(\lambda_0+1)^2$ 是 $(A+I)^2$ 的特征值.

又 $A\boldsymbol{\alpha}=\lambda_0\boldsymbol{\alpha}$，有

$$(A+I)\boldsymbol{\alpha}=A\boldsymbol{\alpha}+I\boldsymbol{\alpha}=\lambda\boldsymbol{\alpha}+\boldsymbol{\alpha}=(\lambda_0+1)\boldsymbol{\alpha}$$

而

$$(A+I)^2\boldsymbol{\alpha}=(A+I)[(A+I)\boldsymbol{\alpha}]=(A+I)(\lambda_0+1)\boldsymbol{\alpha}=(\lambda_0+1)[(A+I)\boldsymbol{\alpha}]=(\lambda_0+1)(\lambda_0+1)\boldsymbol{\alpha}=(\lambda_0+1)^2\boldsymbol{\alpha}$$

即 $\boldsymbol{\alpha}$ 是 $(A+I)^2$ 相应于 $(\lambda_0+1)^2$ 的特征向量.

注　*更一般的可有结论：若 $A\boldsymbol{\alpha}=\lambda\boldsymbol{\alpha}$，又 $\varphi(\lambda)$ 为多项式，则 $\varphi(A)\boldsymbol{\alpha}=\varphi(\lambda)\boldsymbol{\alpha}$.*

例 13　证明或否定命题：若 $A,B\in\mathbf{R}^{n\times n}$，则 AB 的每个特征向量皆是 BA 的特征向量.

解　前文已证 AB 与 BA 有相同的特征多项式，但特征多项式相同的矩阵表示不一定有相同的特征向量，比如 $\begin{pmatrix}1&0\\0&1\end{pmatrix}$ 和 $\begin{pmatrix}1&1\\0&1\end{pmatrix}$，它们的特征多项式相同，但特征向量却不一样.

考虑 $A=\begin{pmatrix}1&1\\1&1\end{pmatrix}$，$A=\begin{pmatrix}1&1\\0&1\end{pmatrix}$，则 $AB=\begin{pmatrix}1&2\\1&2\end{pmatrix}$，$BA=\begin{pmatrix}2&2\\1&1\end{pmatrix}$.

矩阵 AB 的特征向量 $x=(1,1)^{\mathrm{T}}$ 显然不是 BA 的特征向量.

注意到 $(AB)x=3(1,1)^{\mathrm{T}}=3x$，而 $(BA)x=(4,2)^{\mathrm{T}}\neq\lambda(1,1)^{\mathrm{T}}$.

例 14　若 $A\in\mathbf{R}^{n\times n}$，且任意 n 维向量皆为其特征向量，则 A 必可表示为 λI 的形式.

解　设 $A=(a_{ij})_{n\times n}$，令 $e_i=(0,0,\cdots,0,1,0,\cdots,0)^{\mathrm{T}}$，即第 i 元素是 1、其余元素是 0 的 n 维向量，且 λ_i 为其应的特征值($i=1,2,\cdots,n$).

由 $Ae_i=\lambda_i e_i$ 可知 $a_{ii}=1,a_{ij}=0,i\neq j;i,j=1,2,\cdots,n$. 即知 A 有形状 $\mathrm{diag}\{a_{11},a_{22},\cdots,a_{nn}\}$.

再取 $e=(1,1,\cdots,1)^{\mathrm{T}}$，设其相应的特征值为 λ，则由 $Ae=\lambda e$，知 $a_{11}=a_{22}=\cdots=a_{nn}=\lambda$. 从而 $A=\lambda I$.

例 15　若 $A,B\in\mathbf{R}^{n\times n}$，且 $\mathrm{r}(A)+\mathrm{r}(B)<n$，则 A,B 至少有一个公共特征向量.

证 1　设 $\mathrm{r}(A)=r_A$ 及 $\mathrm{r}(B)=r_B$，则由题设有 $\mathrm{r}(A)+\mathrm{r}(B)<n$，知矩阵 A,B 皆有 0 特征根，其个数分别为 $n-r_A$ 和 $n-r_B$ 个.

考虑 $Ax=\mathbf{0}$，$Bx=\mathbf{0}$，它们的非 0 解也是它们相应于 0 特征根的特征向量，这样可知方程组分别有

$n-r_A$，$n-r_B$ 个线性无关的解向量，分别记它们为组(Ⅰ)、组(Ⅱ)．但

$$(n-r_A)+(n-r_B)=2n-(r_A+r_B)>2n-n=n$$

故两向量组中解向量个数多于 n 个，它们必线性相关.

不妨设组(Ⅰ)中的某向量 $\boldsymbol{\alpha}\leftarrow$组(Ⅱ)(这里$\leftarrow$表示线性表出之意)，则 $\boldsymbol{\alpha}$ 即为它们同属于相应于 0 特征根的特征向量.

注意到齐次方程的解的线性组合，仍为其解.

证 2 设 $\mathrm{r}(\boldsymbol{A})=r_A$，$\mathrm{r}(\boldsymbol{B})=r_B$．又设 $\boldsymbol{\alpha}_1,\boldsymbol{\alpha}_2,\cdots,\boldsymbol{\alpha}_{n-r_A}$ 是 $\boldsymbol{Ax}=\boldsymbol{0}$ 的基础解系．即 $\boldsymbol{A}$ 属于 $\lambda=0$ 的特征向量(注意 $\boldsymbol{A},\boldsymbol{B}$ 均非可逆)．再设 $\boldsymbol{\beta}_1,\boldsymbol{\beta}_2,\cdots,\boldsymbol{\beta}_{n-r_B}$ 是 $\boldsymbol{B}$ 属于 $\lambda=0$ 的特征向量.

由关于矩阵乘积秩的 Sylvester 不等式有

$$\mathrm{r}(\boldsymbol{AB})\geqslant n-(r_A+r_B)$$

即

$$(n-r_A)+(n-r_B)\leqslant n$$

从而 $\boldsymbol{\alpha}_1,\boldsymbol{\alpha}_2,\cdots,\boldsymbol{\alpha}_{n-r_A}$；$\boldsymbol{\beta}_1,\boldsymbol{\beta}_2,\cdots,\boldsymbol{\beta}_{n-r_B}$ 线性相关.

若设 $\sum\limits_{i=1}^{n-r_A}k_i\boldsymbol{\alpha}_i+\sum\limits_{j=1}^{n-r_B}l_j\boldsymbol{\beta}_j=0$，注意到 $\{\alpha_i\}$，$\{\beta_j\}$ 线性无关，则 k_i,l_j 不全为 0，故 $r=\sum\limits_{i=1}^{n-r_A}k_i\boldsymbol{\alpha}_i=-\sum\limits_{j=1}^{n-r_B}l_j\boldsymbol{\beta}_j\neq 0$，它同是 $\boldsymbol{A},\boldsymbol{B}$ 关于 $\lambda=0$ 的特征向量.

证 3 由题设及分块矩阵乘法有

$$\begin{pmatrix}\boldsymbol{A}&\boldsymbol{O}\\\boldsymbol{O}&\boldsymbol{B}\end{pmatrix}\begin{pmatrix}\boldsymbol{I}\\\boldsymbol{I}\end{pmatrix}=\begin{pmatrix}\boldsymbol{A}\\\boldsymbol{B}\end{pmatrix}$$

而 $\mathrm{r}\begin{pmatrix}\boldsymbol{A}\\\boldsymbol{B}\end{pmatrix}\leqslant\mathrm{r}\begin{pmatrix}\boldsymbol{A}&\boldsymbol{O}\\\boldsymbol{O}&\boldsymbol{B}\end{pmatrix}=\mathrm{r}(\boldsymbol{A})+\mathrm{r}(\boldsymbol{B})<n$，

从而 $\begin{pmatrix}\boldsymbol{A}\\\boldsymbol{B}\end{pmatrix}\boldsymbol{x}=\boldsymbol{0}$ 有非零解，即 $\begin{cases}\boldsymbol{Ax}=\boldsymbol{0},\\\boldsymbol{Bx}=\boldsymbol{0}\end{cases}$，有非零解 $\boldsymbol{x}_0$，它即为矩阵 $\boldsymbol{A},\boldsymbol{B}$ 相应于特征值 0 的($\boldsymbol{A},\boldsymbol{B}$ 均不可逆，必有 0 特征值)的特征向量.

例 16 设 λ_0 为 n 阶方阵 $\boldsymbol{A}$ 的 k 重特征根，则与 λ_0 相应的 k 个特征向量 $\boldsymbol{x}_1,\boldsymbol{x}_2,\cdots,\boldsymbol{x}_k$ 线性无关$\Longleftrightarrow\mathrm{r}(\lambda_0\boldsymbol{I}-\boldsymbol{A})=n-k$.

证 $\Rightarrow$由题设 $\boldsymbol{x}_i(i=1,2,\cdots,k)$是线性方程组$(\lambda_0\boldsymbol{I}-\boldsymbol{A})\boldsymbol{x}=\boldsymbol{0}$ 的 k 个线性无关的解．故

$$\mathrm{r}(\lambda_0\boldsymbol{I}-\boldsymbol{A})=n-k$$

$\Leftarrow$若 $\mathrm{r}(\lambda_0\boldsymbol{I}-\boldsymbol{A})=n-k$，故线性方程$(\lambda_0\boldsymbol{I}-\boldsymbol{A})\boldsymbol{x}=\boldsymbol{0}$ 有 k 个线性无关的解 $\boldsymbol{x}_i(i=1,2,\cdots,k)$.

由$(\lambda_0\boldsymbol{I}-\boldsymbol{A})\boldsymbol{x}_i=\boldsymbol{0}$ 有 $\boldsymbol{Ax}_i=\lambda_0\boldsymbol{x}_i(i=1,2,\cdots,k)$，即 $\boldsymbol{A}$ 的相应于特征值 λ_0 的线性无关的特征向量有 k 个.

例 17 设 $\boldsymbol{A}$ 相似于 $\boldsymbol{D}$，其中 $\boldsymbol{D}$ 为对角阵．求证(1)若有 $\lambda\in\mathbf{R}$ 及 $\boldsymbol{x}\in\mathbf{R}^n$ 使$(\lambda\boldsymbol{I}-\boldsymbol{A})^2\boldsymbol{x}=\boldsymbol{0}$，则$(\lambda\boldsymbol{I}-\boldsymbol{A})\boldsymbol{x}=\boldsymbol{0}$；(2)若 $\boldsymbol{x}_0$ 是 $\boldsymbol{A}$ 属于某一特征值 λ_0 的特征向量，则不存在向量 $\boldsymbol{y}$ 使$(\lambda_0\boldsymbol{I}-\boldsymbol{A})\boldsymbol{y}=\boldsymbol{x}_0$.

证 (1)设有可逆阵 $\boldsymbol{P}$ 使 $\boldsymbol{A}=\boldsymbol{P}^{-1}\boldsymbol{DP}$，其中 $\boldsymbol{D}=\mathrm{diag}\{\boldsymbol{\alpha}_1,\boldsymbol{\alpha}_2,\cdots,\boldsymbol{\alpha}_n\}$，则

$$\lambda\boldsymbol{I}-\boldsymbol{A}=\lambda\boldsymbol{I}-\boldsymbol{P}^{-1}\boldsymbol{DP}=\boldsymbol{P}^{-1}\mathrm{diag}\{\lambda-d_1,\lambda-d_2,\cdots,\lambda-d_n\}\boldsymbol{P}$$

有

$$(\lambda\boldsymbol{I}-\boldsymbol{A})^2=\boldsymbol{P}^{-1}\mathrm{diag}\{(\lambda-d_1)^2,(\lambda-d_2)^2,\cdots,(\lambda-d_n)^2\}\boldsymbol{P}$$

从而

$$\mathrm{r}(\lambda\boldsymbol{I}-\boldsymbol{A})=\mathrm{r}(\lambda\boldsymbol{I}-\boldsymbol{A})^2$$

故方程组$(\lambda\boldsymbol{I}-\boldsymbol{A})\boldsymbol{x}=\boldsymbol{0}$ 与$(\lambda\boldsymbol{I}-\boldsymbol{A})^2\boldsymbol{x}=\boldsymbol{0}$ 同解．从而当$(\lambda\boldsymbol{I}-\boldsymbol{A})^2\boldsymbol{x}=\boldsymbol{0}$ 有解时，$(\lambda\boldsymbol{I}-\boldsymbol{A})\boldsymbol{x}=\boldsymbol{0}$ 亦有解.

(2) 用反证法．由设 $\boldsymbol{A}$ 与对角阵相似，则 $\boldsymbol{A}$ 有 n 个特征值 λ_i 及相应于它们的 n 个线性无关的特征向

量 $x_0, x_1, \cdots, x_{n-1}$ 使 $Ax_i = \lambda_i x_i \quad (i = 0,1,2\cdots,n-1)$. 若有 y_0 使$(\lambda_0 I - A)y_0 = x_0$,则

$$y_0 = \sum_{k=0}^{n-1} k_i x_i$$

$$x_0 = (\lambda_0 I - A)y_0 = \lambda_0 y_0 - Ay_0 = \lambda_0 \sum_{i=0}^{n-1} k_i x_i - \sum_{i=0}^{n-1} k_i \lambda_i x_i =$$
$$(k_1\lambda_0 - k_1\lambda_1)x_1 + (k_2\lambda_0 - k_2\lambda_2)x_2 + \cdots + (k_{n-1}\lambda_0 - k_{n-1}\lambda_{n-1})x_{n-1}$$

注意到 $x_0 \neq 0$,从而 $x_0, x_1, \cdots, x_n$ 线性相关,与前假设矛盾!

例 18　若矩阵 $A=(a_{ij})_{n\times n}$,且 $A^T=A$,又 $a_{ij}\geqslant 0(1\leqslant i,j\leqslant n)$. 试证 A 有一个元素非负的特征向量.

证　设 $\lambda_i(i=1,2,\cdots,n)$为 A 的特征根,且 $\lambda_0=\max\limits_{1\leqslant i\leqslant n}\{\lambda_i\}$. 则

$$\lambda_0=\max\{x^T Ax \mid x\in \mathbf{R}^n, \| x \| =1\} \tag{*}$$

当且仅当 u 是 A 属于 λ_0 的单位特征向量时,上式取最大值.

设 $u=(u_1,u_2,\cdots,u_n)^T$,又设 $v=(|u_1|,|u_2|,\cdots,|u_n|)^T$,注意到题设 $a_{ij}\geqslant 0(1\leqslant i,j\leqslant n)$,

则 $v^T Av \geqslant u^T Au=\lambda_0$,但由式(*)知 $v^T Av\leqslant u^T Au$,

从而 $v^T Av=u^T Au=\lambda_0$,即 v 是 A 对应于特征值 λ_0 的特征向量.

例 19　若 x 是矩阵 A 属于特征值 λ_0 的特征向量,试证 λ_0 是 $P^{-1}AP$ 的特征根,且求 $P^{-1}AP$ 属于 λ_0 的特征向量.

解　由 $A\sim P^{-1}AP$,故它们有相同的特征值,即 λ_0 亦为 $P^{-1}AP$ 的特征值.

又题设 $Ax=\lambda_0 x$,则 $P^{-1}Ax=\lambda_0 P^{-1}x$. 令 $y=P^{-1}x$,则 $x=Py$,代入前式,有

$$P^{-1}Ax=P^{-1}A(Py)=P^{-1}APy, \quad \lambda_0 P^{-1}x=\lambda_0 P^{-1}(Py)=\lambda_0 y$$

即$(P^{-1}AP)y=\lambda_0 y$. 由设 $x\neq 0$,又 P 可逆,知 $Px\neq 0$.

从而 $y=P^{-1}x$ 是 $P^{-1}AP$ 属于 λ_0 的特征向量.

其实更一般的还有下面的结论:

例 20　若 $A\in \mathbf{R}^{n\times n}$,又 $\varphi(\lambda)$是一 m 次多项式,则 A 的所有特征向量皆为矩阵多项式 $\varphi(A)$的特征向量.

证　设 α 是 A 属于特征值 λ 的特征向量,即 $A\alpha=\lambda\alpha$. 由题设可令 $\varphi(\lambda)=a_m\lambda^m+a_{m-1}\lambda^{m-1}+\cdots+a_1\lambda+a_0$,则

$$\varphi(A)\alpha=(a_m A^m+A_{m-1}A^{m-1}+\cdots+a_1 A+a_0 I)\alpha=a_m A^m\alpha+a_{m-1}A^{m-1}\alpha+\cdots+a_1 A\alpha+a_0 I\alpha=$$
$$a_m\lambda^m\alpha+a_{m-1}\lambda^{m-1}\alpha+\cdots+a_1\lambda\alpha_1+a_0\alpha=(a_m\lambda^m+a_{m-1}\lambda^{m-1}+\cdots+a_1\lambda+a_0)\alpha=\varphi(\lambda)\alpha$$

结论还可以进一步推广为:

例 21　若 $A\in \mathbf{R}^{n\times n}$,又 x_i 为 A 相应于特征值 λ_i 向量$(i=1,2,\cdots,n)$的特征向量. 又 $g(t)=a_k t^k+a_{k-1}t^{k-1}+a_1 t+a_0$. 试证:若 $g(A)$非奇异(可逆),则 $g(\lambda_i)\neq 0(i=1,2,\cdots,n)$,且求$[g(A)]^{-1}$的特征值和特征向量.

证　若 $\lambda_i(i=1,2,\cdots,n)$为 A 的特征值,则 $g(\lambda_i)$为 $g(A)$的特征值.

又 $g(A)$ 可逆,则 $|g(A)| = \prod\limits_{i=1}^{n} g(\lambda_i) \neq 0$,从而 $g(\lambda_i) \neq 0(i = 1,2,\cdots,n)$.

故$[g(A)]^{-1}$ 的特征值为$\dfrac{1}{g(\lambda_i)}(i = 1,2,\cdots,n)$.

若 $Ax_i = \lambda_i x_i \quad (i = 1,2,\cdots,n)$,则

$$g(A)x_i = g(\lambda_i)x_i \quad (i = 1,2,\cdots,n)$$

上式两边同乘$\dfrac{[g(A)]^{-1}}{g(\lambda_i)}$,有

$$[g(A)]^{-1}x_i=\frac{1}{g(\lambda_i)}x_i \quad (i=1,2,\cdots,n)$$

故 $\boldsymbol{x}_i$ 是$[g(\boldsymbol{A})]^{-1}$属于$\dfrac{1}{g(\lambda_i)}$的特征向量,其中 $i=1,2,\cdots,n$.

下面的例子是已知矩阵的特征向量,反求矩阵的具体形状问题.

例 22 若 $\boldsymbol{A}\in\mathbf{R}^{n\times n}$,且任意 n 维向量皆为其特征向量,则 $\boldsymbol{A}$ 必可表示为 $\lambda\boldsymbol{I}$ 的形式.

解 设 $\boldsymbol{A}=(a_{ij})_{n\times n}$,令 $\boldsymbol{e}_i=(0,0,\cdots,0,1,0\cdots,0)^{\mathrm{T}}$,即第 i 元素是 1 其余元素是 0 的 n 维向量,且 λ_i $(i=1,2,\cdots,n)$为其应的特征值.

由 $\boldsymbol{Ae}_i=\lambda_i\boldsymbol{e}_i$ 可知 $a_{ii}=1,a_{ij}=0(i\neq j;i,j=1,2,\cdots,n)$. 即知 $\boldsymbol{A}$ 有形状 $\mathrm{diag}\{a_{11},a_{22},\cdots,a_{nn}\}$.

再取 $\boldsymbol{e}=(1,1,\cdots,1)^{\mathrm{T}}$,设其相应的特征值为 λ,则由 $\boldsymbol{Ae}=\lambda\boldsymbol{e}$,知 $a_{11}=a_{22}=\cdots=a_{nn}=\lambda$. 从而 $\boldsymbol{A}=\lambda\boldsymbol{I}$.

例 23 若 $\boldsymbol{A},\boldsymbol{B}\in\mathbf{R}^{n\times n}$. 证明或否定:(1)$\boldsymbol{AB}$ 的特征值均是 $\boldsymbol{BA}$ 的特征值;(2)$\boldsymbol{AB}$ 的特征向量均为 $\boldsymbol{BA}$ 的特征向量.

解 (1)令 $\boldsymbol{x}$ 为 $\boldsymbol{AB}$ 对于特征值 λ 的特征向量,则 $\boldsymbol{BA}(\boldsymbol{Bx})=\boldsymbol{B}(\boldsymbol{ABx})=\boldsymbol{B}(\lambda\boldsymbol{x})=\lambda\boldsymbol{Bx}$.

故 λ 是 $\boldsymbol{BA}$ 的特征值($\boldsymbol{Bx}$ 为其特征向量).

(2)结论不一定成立(这个问题我们前文已有述及).

如设矩阵 $\boldsymbol{A}=\begin{pmatrix}1&1\\1&1\end{pmatrix}$,$\boldsymbol{B}=\begin{pmatrix}1&1\\0&1\end{pmatrix}$,则 $\boldsymbol{AB}=\begin{pmatrix}1&2\\1&2\end{pmatrix}$,$\boldsymbol{BA}=\begin{pmatrix}2&2\\1&1\end{pmatrix}$.

而由 $\begin{pmatrix}1&2\\1&2\end{pmatrix}\begin{pmatrix}1\\1\end{pmatrix}=3\begin{pmatrix}1\\1\end{pmatrix}$,知 $\boldsymbol{\alpha}=(1,1)^{\mathrm{T}}$ 是 $\boldsymbol{AB}$ 的特征向量,但它不是 $\boldsymbol{BA}$ 的特征向量.

例 24 若 $\boldsymbol{A}\in\mathbf{R}^{n\times n}(n\geqslant 2)$,试讨论 $\boldsymbol{A}$ 的伴随矩阵 $\boldsymbol{A}^*$ 的特征根、特征向量与 $\boldsymbol{A}$ 的特征根、特征向量的关系.

解 设 $\boldsymbol{A}=(a_{ij})_{n\times n}$,以 $\boldsymbol{A}$ 的秩的情况分三种情况讨论之.

(1)若 $\mathrm{r}(\boldsymbol{A})\leqslant n-2$,则 $\boldsymbol{A}^*=\boldsymbol{O}$,此时 $\boldsymbol{A}^*$ 的特征根全部为 0,任何非零向量皆为其特征向量. 此时 $\boldsymbol{A}$ 的特征向量为 $\boldsymbol{A}^*$ 的特征向量.

(2)若 $\mathrm{r}(\boldsymbol{A})=n-1$,由上例知 $\boldsymbol{A}^*$ 有特征值 $\sum\limits_{i=1}^{n}A_{ii};0,0,\cdots,0(n-1$ 重). 这里 A_{ij} 为 $\boldsymbol{A}$ 的相应代数余子式$(1\leqslant i,j\leqslant h)$

由于 $\mathrm{r}(\boldsymbol{A}^*)=1$,则 $\mu=\sum\limits_{i=1}^{n}A_{ii}\neq 0$.

又 $\mathrm{r}(\boldsymbol{A})=n-1$,则 $\boldsymbol{A}=(\boldsymbol{a}_1,\boldsymbol{a}_2,\cdots,\boldsymbol{a}_n)$ 中有 $n-1$ 个线性无关列向量,无妨设为 $\boldsymbol{a}_2,\boldsymbol{a}_3,\cdots,\boldsymbol{a}_n$. 注意到 $\mathrm{r}(\boldsymbol{A}^*)=1$,则

$$\boldsymbol{A}^*=\begin{pmatrix}A_{11}&A_{21}&\cdots&A_{n1}\\k_2A_{11}&k_2A_{21}&\cdots&k_2A_{n1}\\\vdots&\vdots&&\vdots\\k_nA_{11}&k_nA_{21}&\cdots&k_nA_{n1}\end{pmatrix}$$

故

$$\boldsymbol{A}^*\boldsymbol{a}_i=k_i\Big(\sum_{j=1}^{n}a_{ji}A_{ij}\Big)=\boldsymbol{0}\quad(i=2,3,\cdots,n)$$

从而 $\boldsymbol{A}^*\boldsymbol{a}_i=0\cdot\boldsymbol{a}_i$,其中 $i=2,3,\cdots,n$. 此即说 $\boldsymbol{a}_2,\boldsymbol{a}_3,\cdots,\boldsymbol{a}_n$ 是 $\boldsymbol{A}^*$ 属于特征根 0(它有 $n-1$ 重)的线性无关的特征向量.

再求 $\boldsymbol{A}^*$ 属于 μ 的特征向量,设其为 $\boldsymbol{x}=(x_1,x_2,\cdots,x_n)^{\mathrm{T}}$.

由 $\boldsymbol{A}^*\boldsymbol{x}=\mu\boldsymbol{x}$ 即$(\boldsymbol{A}^*-\mu\boldsymbol{I})\boldsymbol{x}=\boldsymbol{0}$,考虑矩阵及其初等变换可有

$$A^* - \mu I \longrightarrow \begin{pmatrix} A_{11}-\mu & A_{21} & \cdots & A_{n1} \\ k_2\mu & -c & \cdots & 0 \\ \vdots & \vdots & & \vdots \\ k_n\mu & 0 & \cdots & -c \end{pmatrix} \longrightarrow \begin{pmatrix} A_{11}-\mu+k_2A_{21}+\cdots+k_nA_{n1} & A_{21} & \cdots & A_{n1} \\ 0 & -c & \cdots & 0 \\ \vdots & \vdots & & \vdots \\ 0 & 0 & \cdots & -c \end{pmatrix}$$

又

$$\mu = \sum_{i=1}^{n} A_{ii} = A_{11} + k_2A_{21} + \cdots + k_nA_{n1}$$

故 $r(A^*-\mu I)=n-1$，则 A^* 属于 μ 的特征向量为 $x=(1,k_2,k_3,\cdots,k_n)$.

从而 A^* 的全部特征向量为 $x,a_2,a_3,\cdots,a_n$.

(3)若 $r(A)=n$，则 $A^*=|A|A^{-1}$. 如果 $\lambda_i\ (i=1,2,\cdots,n)$是 A 的特征根，则$\dfrac{|A|}{\lambda_i}$为 A^* 的特征根.

若 ξ_i 是 A 属于 λ_i 的特征向量，由 $A\xi_i=\lambda_i\xi_i$，则 $A^{-1}(A\xi_i)=\lambda_iA^{-1}\xi_i$，即 $\xi_i=\lambda_iA^{-1}\xi_i$ 或 $A^{-1}\xi_i=\dfrac{1}{\lambda_i}\xi_i$ $(i=1,2,\cdots,n)$，知 ξ_i 是 A^{-1}属于$\dfrac{1}{\lambda_i}$的特征向量.

从而 $\xi_i\ (i=1,2,\cdots,n)$亦是 A^* 的相应于特征根$\dfrac{|A|}{\lambda_i}$的特征向量.

例 25　若 $A,B\in\mathbf{R}^{n\times n}$，且 A 有 n 个相异的特征值，且 A 的特征向量皆为 B 的特征向量，则 A,B 可交换(即 $AB=BA$).

证　设 $\alpha_1,\alpha_2,\cdots,\alpha_n$ 为 A 的相应于 $\lambda_1,\lambda_2,\cdots,\lambda_n$ 的 n 个特征向量，记 $P=(\alpha_1,\alpha_2,\cdots,\alpha_n)$，知 P 可逆. 依题设知 $P^{-1}AP=\mathrm{diag}\{\lambda_1,\lambda_2,\cdots,\lambda_n\}$. 即 $AP=P\mathrm{diag}\{\lambda_1,\lambda_2,\cdots,\lambda_n\}$.

若设 $\mu_1,\mu_2,\cdots,\mu_n$ 为 B 的 n 个相应于 $\alpha_1,\alpha_2,\cdots,\alpha_n$ 的特征值，有 $BP=P\mathrm{diag}\{\mu_1,\mu_2,\cdots,\mu_n\}$.

这样

$$BAP=BP\mathrm{diag}\{\lambda_1,\lambda_2,\cdots,\lambda_n\}=P\mathrm{diag}\{\mu_1,\mu_2,\cdots,\mu_n\}\mathrm{diag}\{\lambda_1,\lambda_2,\cdots,\lambda_n\}=$$
$$P\mathrm{diag}\{\lambda_1,\lambda_2,\cdots,\lambda_n\}\mathrm{diag}\{\mu_1,\mu_2,\cdots,\mu_n\}=AP\mathrm{diag}\{\mu_1,\mu_2,\cdots,\mu_n\}=ABP$$

注意到对角阵乘积可以交换，又 P 为可逆阵，从而由

$$BAP=ABP\Rightarrow BA=AB$$

最后来看一道综合题，当然它与矩阵特征向量有关.

例 26　若 $A,B,C\in\mathbf{R}^{4\times 4}$，又 $AB=O,AC+2C=O$，且 $r(B)=r(C)=2$. 试求(1)$|A+I|$；(2)$r(A+2I)$；(3)$(A+I)^{100}$.

解　(1)由设 $AB=O$，又 $r(B)=2$，知 B 的两个线性无关列为矩阵 A 的相应于特征值 O,O 的特征向量(线性无关的).

又 $AC+2C=O$，即 $AC=-2C$，而 $r(C)=2$，知 C 的两个线性无关列为 A 相应于特征值 $-2,-2$ 的特征向量(线性无关的).

从而可从 B,C 线性无关列向量中找出组成矩阵 P 的线性无关向量使得

$$P^{-1}AP=\mathrm{diag}\{0,0,-2,-2\}$$

故 $|A+I|=|P[\mathrm{diag}\{0,0,-2,-2\}+I]P^{-1}|=|\mathrm{diag}\{1,1,-1,-1\}|=1$.

(2)$r(A+2I)=r\{P[\mathrm{diag}\{0,0,-2,-2\}+2I]P^{-1}\}=r\{P\mathrm{diag}\{2,2,0,0\}P^{-1}\}=2$.

(3)$(A+I)^{100}=[P^{-1}\mathrm{diag}\{1,1,-1,-1\}P]^{100}=P^{-1}IP=I$.

三、矩阵特征问题的反问题

下面的问题谈谈特征问题的"反问题"，所谓"反问题"是指给定矩阵的特征值或特征向量，反求具有某些性质的矩阵问题. 这类问题较多(前文或已有介绍)，这里仅举几例说明.

例 1　构造一个三阶实对称阵，使其特征值为 1,1,−1，且对应特征值 1,1 和 −1 的有特征向量分别

为$(1,1,1)^{\mathrm{T}}$和$(2,2,1)^{\mathrm{T}}$.

解 1 由 $\boldsymbol{A}$ 是实对称阵,则它们属于不同特征值的特征向量正交.

由$(1,1,1)(2,2,1)^{\mathrm{T}}\neq 0$,知它们均是 $\boldsymbol{A}$ 的属于特征值 1 的特征向量. 将它们正交标准化有

$$\boldsymbol{p}_1=\frac{1}{3}(2,2,1)^{\mathrm{T}},\quad \boldsymbol{p}_2=\frac{1}{\sqrt{18}}(-1,-1,4)$$

令 $\boldsymbol{P}=(\boldsymbol{p}_1,\boldsymbol{p}_2,\boldsymbol{x})$,其中 $\boldsymbol{x}=(x_1,x_2,x_3)^{\mathrm{T}}$,由 $\boldsymbol{P}$ 的正交性有

$$\begin{cases}2x_1+2x_2+x_3=0\\ x_1+x_2-4x_3=0\\ x_1^2+2x_2^2+x_3^2=1\end{cases}$$

解得 $x_1=\frac{\sqrt{2}}{2},x_2=-\frac{\sqrt{2}}{2},x_3=0$. 由 $\boldsymbol{P}^{\mathrm{T}}\boldsymbol{A}\boldsymbol{P}=\mathrm{diag}\{1,1,-1\}$,又 $\boldsymbol{P}^{\mathrm{T}}=\boldsymbol{P}^{-1}$,从而

$$\boldsymbol{A}=\boldsymbol{P}\mathrm{diag}\{1,1,-1\}\boldsymbol{P}^{\mathrm{T}}=\begin{pmatrix}0&1&0\\1&0&0\\0&0&1\end{pmatrix}$$

解 2 由设 $\boldsymbol{A}^{\mathrm{T}}=\boldsymbol{A}$,故 $\boldsymbol{A}$ 属于不同特征根的特征向量必正交. 先将题设特征向量归一或标准化(它们均属特征根 1),有

$$\frac{1}{3}(2,2,1)^{\mathrm{T}},\quad \frac{1}{3\sqrt{2}}(-1,-1,4)^{\mathrm{T}}$$

令正交矩阵 $\boldsymbol{P}=\begin{pmatrix}2/3&-1/3\sqrt{2}&x_1\\2/3&-1/3\sqrt{2}&x_2\\1/3&4/3\sqrt{2}&x_3\end{pmatrix}$,由 $\boldsymbol{P}$ 的正交性有

$$\begin{cases}2x_1+2x_2+x_3=0\\ x_1+x_2-4x_3=0\\ x_1^2+x_2^2+x_3^2=1\end{cases}$$

得方程组非零解 $x_1=\sqrt{2}/2,x_2=-\sqrt{2}/2,x_3=0$. 则

$$\boldsymbol{P}=\begin{pmatrix}2/3&-1/3\sqrt{2}&\sqrt{2}/2\\2/3&-1/3\sqrt{2}&-\sqrt{2}/2\\2/3&4/3\sqrt{2}&0\end{pmatrix}$$

又由上及题设有 $\boldsymbol{P}^{\mathrm{T}}\boldsymbol{A}\boldsymbol{P}=\begin{pmatrix}1&&\\&1&\\&&-1\end{pmatrix}$,且注意到 $\boldsymbol{P}^{\mathrm{T}}=\boldsymbol{P}^{-1}$,故

$$\boldsymbol{A}=\boldsymbol{P}\begin{pmatrix}1&&\\&1&\\&&-1\end{pmatrix}\boldsymbol{P}^{\mathrm{T}}=\begin{pmatrix}0&1&0\\1&0&0\\0&0&1\end{pmatrix}$$

解 3 只需找出一个正交矩阵 $\boldsymbol{P}$,使 $\boldsymbol{P}^{\mathrm{T}}$ 的第一列及第二列是 $\boldsymbol{A}$ 的对应于 1 的特征向量,而把第三列取作 $\boldsymbol{A}$ 的对应于 -1 的特征向量,则可由

$$\boldsymbol{P}\boldsymbol{A}\boldsymbol{P}^{\mathrm{T}}=\begin{pmatrix}1&&\\&1&\\&&-1\end{pmatrix}=\boldsymbol{B}$$

求出 $\boldsymbol{A}$. 这样,由上式可有 $\boldsymbol{A}=\boldsymbol{P}^{\mathrm{T}}\boldsymbol{B}\boldsymbol{P}$,故

$$\boldsymbol{A}^{\mathrm{T}}=(\boldsymbol{P}^{\mathrm{T}}\boldsymbol{B}\boldsymbol{P})^{\mathrm{T}}=\boldsymbol{P}^{\mathrm{T}}\boldsymbol{B}^{\mathrm{T}}\boldsymbol{P}=\boldsymbol{P}^{\mathrm{T}}\boldsymbol{B}\boldsymbol{P}=\boldsymbol{A}$$

即 $\boldsymbol{A}$ 是一个对称矩阵.

记 $\boldsymbol{\alpha}_1=(2,2,1)$，$\boldsymbol{\alpha}_2=(1,1,1)$，先求 $\boldsymbol{\alpha}_3$ 使 $\boldsymbol{\alpha}_1,\boldsymbol{\alpha}_2,\boldsymbol{\alpha}_3$ 线性无关.

因考虑 $\boldsymbol{\alpha}_1,\boldsymbol{\alpha}_2$ 组成的行列式 $\begin{vmatrix}2&1&1\\2&1&0\\1&1&0\end{vmatrix}\neq 0$，故取 $\boldsymbol{\alpha}_3=(1,0,0)$. 再将 $\boldsymbol{\alpha}_1,\boldsymbol{\alpha}_2,\boldsymbol{\alpha}_3$ 规范(标准)正交(又称正交归一)化或 Smith 正交化：

$$\boldsymbol{\beta}_1=\frac{\boldsymbol{\alpha}_1}{|\boldsymbol{\alpha}_1|}=1/3(2,2,1)$$

$$\boldsymbol{\beta}_2=\frac{\boldsymbol{\alpha}_2-(\boldsymbol{\alpha}_2,\boldsymbol{\beta}_1)\boldsymbol{\beta}_1}{|\boldsymbol{\alpha}_2-(\boldsymbol{\alpha}_2,\boldsymbol{\beta}_1)\boldsymbol{\beta}_1|}=1/3\sqrt{2}(-1,-1,4)$$

$$\boldsymbol{\beta}_3=\frac{\boldsymbol{\alpha}_3-(\boldsymbol{\alpha}_3,\boldsymbol{\beta}_2)\boldsymbol{\beta}_2-(\boldsymbol{\alpha}_3,\boldsymbol{\beta}_1)\boldsymbol{\beta}_1}{|\boldsymbol{\alpha}_3-(\boldsymbol{\alpha}_3,\boldsymbol{\beta}_2)\boldsymbol{\beta}_2-(\boldsymbol{\alpha}_3,\boldsymbol{\beta}_1)\boldsymbol{\beta}_1|}=\sqrt{2}(1/2,-1/2,0)$$

故得矩阵 $\boldsymbol{P}^{\mathrm{T}}=\begin{pmatrix}2/3&-1/3\sqrt{2}&\sqrt{2}/2\\2/3&-1/3\sqrt{2}&-\sqrt{2}/2\\1/3&4/3\sqrt{2}&0\end{pmatrix}$，由此可有 $\boldsymbol{A}=\boldsymbol{P}^{\mathrm{T}}\boldsymbol{B}\boldsymbol{P}=\begin{pmatrix}0&1&0\\1&0&0\\0&0&1\end{pmatrix}$.

注　解 2、解 3 两解法无本质差异，解法 3 似乎更自然(免去 Smith 正交化步骤及公式记忆). 当然我们也可用前面例注的方法来解此问题.

下面的问题与上例类同，也是矩阵特征问题的反问题，利用矩阵 $\boldsymbol{A}$ 的特征根、特征向量反求矩阵 $\boldsymbol{A}$.

例 2　若矩阵 $\boldsymbol{A}\in\mathbf{R}^{3\times 3}$，且 $\boldsymbol{A}^{\mathrm{T}}=\boldsymbol{A}$. 又 $\boldsymbol{A}$ 有特征根 $\lambda_1=-1,\lambda_2=\lambda_3=1$，而对 λ_1 其相应的特征向量 $\boldsymbol{\xi}_1=(0,1,1)^{\mathrm{T}}$，求 $\boldsymbol{A}$.

解　由设 $\boldsymbol{A}^{\mathrm{T}}=\boldsymbol{A}$，从而有 $\boldsymbol{P}$ 使 $\boldsymbol{P}^{-1}\boldsymbol{A}\boldsymbol{P}=\boldsymbol{\Lambda}$，其中 $\boldsymbol{\Lambda}$ 为 $\mathrm{diag}\{-1,1,1\}$ 即以其特征根为对角线元素的对角阵，因而 $\boldsymbol{A}=\boldsymbol{P}\boldsymbol{\Lambda}\boldsymbol{P}^{-1}$，故关键是求 $\boldsymbol{P}$. 另外，若 $\boldsymbol{P}$ 是正交阵，则 $\boldsymbol{P}^{-1}=\boldsymbol{P}^{\mathrm{T}}$.

由设 $\boldsymbol{\xi}_1=(0,1,1)^{\mathrm{T}}$ 是 $\boldsymbol{A}$ 属于 $\lambda_1=-1$ 的特征向量，而属于 $\lambda_2=\lambda_3=1$ 的特征向量 $\boldsymbol{\xi}=(x_1,x_2,x_3)^{\mathrm{T}}$ 与 $\boldsymbol{\xi}_1$ 正交或 $\boldsymbol{\xi}^{\mathrm{T}}\boldsymbol{\xi}_1=0$，即 $x_2+x_3=0$.

从而 $\boldsymbol{\xi}_2=(1,0,0)^{\mathrm{T}}$，$\boldsymbol{\xi}_3=(0,1,-1)^{\mathrm{T}}$. 故 $\boldsymbol{P}=(\boldsymbol{\xi}_1,\boldsymbol{\xi}_2,\boldsymbol{\xi}_3)$ 可使 $\boldsymbol{A}=\boldsymbol{P}\boldsymbol{\Lambda}\boldsymbol{P}^{-1}$.

若使 $\boldsymbol{\xi}_i$ 单位化后变为 $\boldsymbol{\eta}_i$，则 $\boldsymbol{P}_1=(\boldsymbol{\eta}_1,\boldsymbol{\eta}_2,\boldsymbol{\eta}_3)$ 是正交阵，从而 $\boldsymbol{P}_1^{\mathrm{T}}=\boldsymbol{P}_1^{-1}$，进而 $\boldsymbol{A}=\boldsymbol{P}_1\boldsymbol{\Lambda}\boldsymbol{P}_1^{\mathrm{T}}$. 这里

$$\boldsymbol{P}_1=\left(\frac{\boldsymbol{\xi}_1}{\|\boldsymbol{\xi}_1\|},\frac{\boldsymbol{\xi}_2}{\|\boldsymbol{\xi}_2\|},\frac{\boldsymbol{\xi}_3}{\|\boldsymbol{\xi}_3\|}\right)=\begin{pmatrix}0&1&0\\1/\sqrt{2}&0&1/\sqrt{2}\\1/\sqrt{2}&0&-1/\sqrt{2}\end{pmatrix}$$

故

$$\boldsymbol{A}=\boldsymbol{P}_1\boldsymbol{\Lambda}\boldsymbol{P}_1^{\mathrm{T}}=\boldsymbol{P}_1\begin{pmatrix}-1&&\\&1&\\&&1\end{pmatrix}\boldsymbol{P}_1^{\mathrm{T}}=\begin{pmatrix}1&0&0\\0&0&-1\\0&-1&0\end{pmatrix}$$

注　与上例不同，这里仅给出一个特征向量，因而更为灵活. 此外，这里对特征向量单位化后意义不可小视，这样一来可便于求正交矩阵 $\boldsymbol{P}$，由于 $\boldsymbol{P}^{\mathrm{T}}=\boldsymbol{P}^{-1}$，从而可避免求 $\boldsymbol{P}^{-1}$ 之繁. 因为计算 $\boldsymbol{P}^{-1}$ 显然不太轻松.

下面的问题亦属此类所谓反问题：

问题　若 3 阶实对称矩阵 $\boldsymbol{A}$ 有特征根 $\lambda_1=1,\lambda_2=2,\lambda_3=3$. 又 $\boldsymbol{\alpha}_1=(-1,-1,1)^{\mathrm{T}}$，$\boldsymbol{\alpha}_2=(1,-2,-1)^{\mathrm{T}}$ 分别是 $\boldsymbol{A}$ 属于 $\lambda_1=1,\lambda_2=2$ 的特征向量. 求(1) $\boldsymbol{A}$ 属于 $\lambda_3=3$ 的特征向量；(2)矩阵 $\boldsymbol{A}$.

略解　(1)设 $\boldsymbol{A}\boldsymbol{\alpha}_3=\lambda_3\boldsymbol{\alpha}_3$，由设知

$$\boldsymbol{\alpha}_1^{\mathrm{T}}\boldsymbol{\alpha}_3=0,\quad \boldsymbol{\alpha}_2^{\mathrm{T}}\boldsymbol{\alpha}_3=0$$

即

$$\begin{cases}-x_1-x_2+x_3=0\\ x_1\ -2x_2-x_3=0\end{cases}$$

这里 $\boldsymbol{\alpha}_3=(x_1,x_2,x_3)^{\mathrm T}$. 解得 $\boldsymbol{\alpha}_3=k(1,0,1)^{\mathrm T}$.

(2)取 $k=1$,得 $\boldsymbol{\alpha}_3=(1,0,1)^{\mathrm T}$,有 $\boldsymbol{P}=\left(\dfrac{\boldsymbol{\alpha}_1}{\|\boldsymbol{\alpha}_1\|},\dfrac{\boldsymbol{\alpha}_2}{\|\boldsymbol{\alpha}_2\|},\dfrac{\boldsymbol{\alpha}_3}{\|\boldsymbol{\alpha}_3\|}\right)$,且 $\boldsymbol{P}^{-1}=\boldsymbol{P}^{\mathrm T}$,从而

$$\boldsymbol{A}=\boldsymbol{P}\begin{pmatrix}1&&\\&2&\\&&3\end{pmatrix}\boldsymbol{P}^{\mathrm T}=\frac{1}{6}\begin{pmatrix}13&-2&5\\-2&10&2\\5&2&13\end{pmatrix}$$

注意 $\boldsymbol{A}$ 的对称性即 $\boldsymbol{A}^{\mathrm T}=\boldsymbol{A}$ 是保证该解法得以实施的前提.

例 3 设矩阵 $\boldsymbol{A}\in\mathbf{R}^{3\times3}$,且 $\boldsymbol{A}^{\mathrm T}=\boldsymbol{A}$. 又 $\lambda_1=1,\lambda_2=2,\lambda_3=-2$ 是 $\boldsymbol{A}$ 的特征值. 又 $\boldsymbol{\alpha}_1=(1,-1,1)^{\mathrm T}$ 是 $\boldsymbol{A}$ 属于 λ_1 的一个特征向量. 记 $\boldsymbol{B}=\boldsymbol{A}^5-4\boldsymbol{A}^3+\boldsymbol{I}$. (1)验证 $\boldsymbol{\alpha}_1$ 是 $\boldsymbol{B}$ 的特征向量,且求 $\boldsymbol{B}$ 的全部特征值和特征向量;(2)求矩阵 $\boldsymbol{B}$.

解 (1)由题设 $\boldsymbol{A}\boldsymbol{\alpha}_1=\lambda_1\boldsymbol{\alpha}_1=\boldsymbol{\alpha}_1$,可有 $\boldsymbol{A}^3\boldsymbol{\alpha}_1=\boldsymbol{A}^s\boldsymbol{\alpha}_1=\boldsymbol{\alpha}_1$. 从而

$$\boldsymbol{B}\boldsymbol{\alpha}_1=(\boldsymbol{A}^5-4\boldsymbol{A}^3+\boldsymbol{I})\boldsymbol{\alpha}_1=\boldsymbol{A}^5\boldsymbol{\alpha}_1-4\boldsymbol{A}^3\boldsymbol{\alpha}_1+\boldsymbol{I}\boldsymbol{\alpha}_1=\boldsymbol{\alpha}_1-4\boldsymbol{\alpha}_1+\boldsymbol{\alpha}_1=-2\boldsymbol{\alpha}_1$$

知 $\boldsymbol{\alpha}_1$ 是 $\boldsymbol{B}$ 属于特征值 $\eta_1=-2$ 的特征向量.

由矩阵多项式性质,设 $f(\boldsymbol{A})=\boldsymbol{A}^5-4\boldsymbol{A}^3+\boldsymbol{I}$,则 $\eta_i=f(\lambda_i)$ 为 $\boldsymbol{B}$ 的特征值,其中 $i=1,2,3$. 即

$$\eta_1=-2,\quad \eta_2=1,\quad \eta_3=1$$

由 $\boldsymbol{A}^{\mathrm T}=\boldsymbol{A}$,知 $\boldsymbol{B}^{\mathrm T}=\boldsymbol{B}$,知 $\boldsymbol{B}$ 亦对称. 设 $\boldsymbol{B}$ 属于特征值 $\eta_2=\eta_3=1$ 的特征向量为 $\boldsymbol{\beta}=(x,y,z)^{\mathrm T}$,则 $\boldsymbol{\alpha}_1^{\mathrm T}\boldsymbol{\beta}=0$ ($\boldsymbol{\alpha}_1$ 与 $\boldsymbol{\beta}$ 正负),即 $x-y+z=0$.

因此有 $\boldsymbol{\beta}_2=(1,1,0)^{\mathrm T}$,$\boldsymbol{\beta}_3=(-1,0,1)^{\mathrm T}$ 分别为 $\boldsymbol{B}$ 属于 η_2,η_3 的特征向量(它们是仅有一个方程的上方程组的基础解系),方程组也可认为是 $x_1=x_2-x_3,x_2=x_2,x_3=x_3$.

故 $c_1\boldsymbol{\alpha}_1(c_1\neq0),c_2\boldsymbol{\beta}_2+c_3\boldsymbol{\beta}_3(c_2,c_2$ 不全为 0)是 $\boldsymbol{B}$ 的全部特征向量.

(2)记 $\boldsymbol{P}=(\boldsymbol{\alpha}_1,\boldsymbol{\beta}_1,\boldsymbol{\beta}_2)$,注意到 $\boldsymbol{\alpha}_1$, $\boldsymbol{\beta}_1$, $\boldsymbol{\beta}_2$ 线性无关,故 $\boldsymbol{P}$ 可逆. 由 $\boldsymbol{P}^{-1}\boldsymbol{B}\boldsymbol{P}=\mathrm{diag}\{-2,1,1\}$,知

$$\boldsymbol{B}=\boldsymbol{P}(\mathrm{diag}\{-2,1,1\})\boldsymbol{P}^{-1}=\begin{pmatrix}0&1&-1\\1&0&1\\-1&1&0\end{pmatrix}$$

这里计算过程从略.

注 当然我们也可将 $\boldsymbol{\beta}_1,\boldsymbol{\beta}_2,\boldsymbol{\beta}_3$ 单位正交化得 $\bar{\boldsymbol{\beta}}_1,\bar{\boldsymbol{\beta}}_2,\bar{\boldsymbol{\beta}}_3$,令正交阵 $\boldsymbol{Q}=(\bar{\boldsymbol{\beta}}_1,\bar{\boldsymbol{\beta}}_2,\bar{\boldsymbol{\beta}}_2)$,这样可有 $\boldsymbol{B}=\boldsymbol{Q}(\mathrm{diag}\{-2,1,1\})\boldsymbol{Q}^{\mathrm T}$ 亦可求得 $\boldsymbol{B}$.

四、矩阵的特征问题与行列式及其他

利用矩阵的特征根去计算某些行列式值问题,我们前文已述及,这里再来看几个例子.

例 1 若矩阵 $\boldsymbol{A},\boldsymbol{B}\in\mathbf{R}^{4\times4}$,且它们相似. 又矩阵 $\boldsymbol{A}$ 的特征根为 2,3,4,5,求 $|\boldsymbol{B}-\boldsymbol{I}|$.

解 若 $\boldsymbol{A}\sim\boldsymbol{B}$,则它们有相同的特征根. 由设知 $\boldsymbol{B}$ 的特征根为 2,3,4,5,从而 $\boldsymbol{B}-\boldsymbol{I}$ 的特征根为 1,2,3,4.

又 $\boldsymbol{B}-\boldsymbol{I}$ 有 4 个不同的特征根,则它可由 $\boldsymbol{P}^{-1}(\boldsymbol{B}-\boldsymbol{I})\boldsymbol{P}$ 化为对角阵 $\mathrm{diag}\{1,2,3,4\}$.

故行列式 $|\boldsymbol{B}-\boldsymbol{I}|=|\mathrm{diag}\{1,2,3,4\}|=24$.

注 1 请注意:并非所有矩阵皆可与对角阵相似.

注 2 下面问题与例类同:

问题 设 $\boldsymbol{A}$ 是 n 阶方阵,$2,4,\cdots,2n$ 是 $\boldsymbol{A}$ 的 n 个特征值,$\boldsymbol{I}$ 是 n 阶单位阵. 计算行列式 $|\boldsymbol{A}-3\boldsymbol{I}|$ 的值.

略解 由于 $\boldsymbol{A}$ 的特征值为 $2,4,\cdots,2n$,因此 $\boldsymbol{A}-3\boldsymbol{I}$ 的特征值为 $-1,1,\cdots,2n-3$. 于是

$$|\boldsymbol{A}-3\boldsymbol{I}|=(-1)\cdot1\cdot3\cdot5\cdot\cdots\cdot(2n-3)=-(2n-3)!!$$

例 2　设实对称矩阵 $\boldsymbol{A}=\begin{pmatrix} a & 1 & 1 \\ 1 & a & -1 \\ 1 & -1 & a \end{pmatrix}$，求可逆矩阵 $\boldsymbol{P}$，使 $\boldsymbol{P}^{-1}\boldsymbol{AP}$ 为对角形矩阵，并计算行列式 $|\boldsymbol{A}-\boldsymbol{E}|$ 的值.

解　矩阵 $\boldsymbol{A}$ 的特征多项式

$$|\boldsymbol{A}-\lambda\boldsymbol{E}|=\begin{vmatrix} a-\lambda & 1 & 1 \\ 1 & a-\lambda & -1 \\ 1 & -1 & a-\lambda \end{vmatrix}=(1+a-\lambda)^2(a-2-\lambda)$$

故得矩阵 A 的特征值 $\lambda_1=\lambda_2=a+1,\lambda_3=a-2$. 进而可得与之相应的三个线性无关的特征向量

$$\boldsymbol{\alpha}_1=(1,1,0)^{\mathrm{T}},\quad \boldsymbol{\alpha}_2=(1,0,1)^{\mathrm{T}},\quad \boldsymbol{\alpha}_3=(-1,1,1)^{\mathrm{T}}$$

令矩阵 $\boldsymbol{P}=(\boldsymbol{\alpha}_1,\boldsymbol{\alpha}_2,\boldsymbol{\alpha}_3)=\begin{pmatrix} 1 & 1 & -1 \\ 1 & 0 & 1 \\ 0 & 1 & 1 \end{pmatrix}$. 则

$$\boldsymbol{P}^{-1}\boldsymbol{AP}=\begin{pmatrix} a+1 & & \\ & a+1 & \\ & & a+1 \end{pmatrix}$$

因此 $\boldsymbol{A}\sim\mathrm{diag}\{a+1,a+1,a+1\}$，所以它们具有相同的特征多项式. 故

$$|\boldsymbol{A}-\boldsymbol{I}|=|\mathrm{diag}\{a+1,a+1,a+1\}-\boldsymbol{I}|=\begin{vmatrix} a & 0 & 0 \\ 0 & a & 0 \\ 0 & 0 & a-3 \end{vmatrix}=a^2(a-3)$$

利用矩阵特征根计算矩阵行列式问题，我们在前文，特别是“行列式”一章已有介绍，因为将行列式所对应的矩阵共化为对角阵，可使行列式计算大为简便. 这也是矩阵对角化目的之一.

下面来看一个例子.

例 3　若 n 阶矩阵 $\boldsymbol{A}=\begin{pmatrix} 0 & 1 & 1 & \cdots & 1 \\ 1 & 0 & 1 & \cdots & 1 \\ 1 & 1 & 0 & \cdots & 1 \\ \vdots & \vdots & \vdots & & \vdots \\ 1 & 1 & 1 & \cdots & 0 \end{pmatrix}$，求 $\boldsymbol{A}$ 的特征根，且计算 $\det\boldsymbol{A}$.

解　由题设 $\boldsymbol{A}$ 可表示为 $\boldsymbol{A}=\boldsymbol{uu}^{\mathrm{T}}-\boldsymbol{I}$，其中 $\boldsymbol{u}=(1,1,\cdots,1)^{\mathrm{T}}$.

若 $\boldsymbol{x}$ 是 $\boldsymbol{A}$ 相应于特征值 λ 的特征向量，则 $\boldsymbol{Ax}=\lambda\boldsymbol{x}$，其中 $\boldsymbol{x}\neq\boldsymbol{0}$，这样

$$\boldsymbol{uu}^{\mathrm{T}}\boldsymbol{x}-\boldsymbol{x}=(\boldsymbol{u}^{\mathrm{T}}\boldsymbol{x})\boldsymbol{u}-\boldsymbol{x}=\lambda\boldsymbol{x}$$

故 $\boldsymbol{x}$ 与 $\boldsymbol{u}$ 或平行，或正交. 若设 $\boldsymbol{x}=\boldsymbol{u}$，注意到 $\boldsymbol{u}^{\mathrm{T}}\boldsymbol{u}=n$，则由

$$(\boldsymbol{u}^{\mathrm{T}}\boldsymbol{u})\boldsymbol{u}-\boldsymbol{u}=(n-1)\boldsymbol{u}=\lambda\boldsymbol{u}$$

知 $\lambda=n-1$. 又 $\mathrm{r}(\boldsymbol{A}+\boldsymbol{I})=1$，则 $|\boldsymbol{A}-(-1)\boldsymbol{I}|=0$，知 $\boldsymbol{A}$ 有 $n-1$ 重特征根 -1. 从而

$$\det\boldsymbol{A}=(-1)^{n-1}(n-1)$$

注 1　本例子又用第一章行列式中例题结论直接给出结果.

注 2　若 $\boldsymbol{u}_1,\boldsymbol{v}\in\mathbf{R}^{n\times1}$，则有 $\det|\boldsymbol{I}+\boldsymbol{uv}^{\mathrm{T}}|=1+\boldsymbol{u}^{\mathrm{T}}\boldsymbol{v}$. 注意到 $(\boldsymbol{uv}^{\mathrm{T}})\boldsymbol{u}=\boldsymbol{u}(\boldsymbol{v}^{\mathrm{T}}\boldsymbol{u})=(\boldsymbol{v}^{\mathrm{T}}\boldsymbol{u})\boldsymbol{u}$，则 $\boldsymbol{u}$ 是矩阵 $\boldsymbol{uv}^{\mathrm{T}}$ 相应于特征向量 $\boldsymbol{u}$ 的一个特征值.

又 $\mathrm{r}(\boldsymbol{uv}^{\mathrm{T}})=1$，故

$$\boldsymbol{uv}^{\mathrm{T}}=p^{-1}(\mathrm{diag}\{\boldsymbol{v}^{\mathrm{T}}\boldsymbol{u},\boldsymbol{J}_1,\boldsymbol{J}_2,\cdots,\boldsymbol{J}_m\})\boldsymbol{P}$$

其中矩阵 $J_k=\begin{pmatrix}0&1&&&\\&0&1&&\\&&\ddots&\ddots&\\&&&0&1\\&&&&0\end{pmatrix}$ 为 Jordan 阵.

从而

$$P^{-1}(I+uv^{\mathrm T})P=\mathrm{diag}\{1+v^{\mathrm T}u,\widetilde J_1,\widetilde J_2,\cdots,\widetilde J_m\}$$

这里矩阵

$$\widetilde J_k=\begin{pmatrix}1&1&&&\\&1&1&&\\&&\ddots&\ddots&\\&&&1&1\\&&&&1\end{pmatrix}$$

故

$$|I+uv^{\mathrm T}|=|P^{-1}(I+uv^{\mathrm T})P|=I+v^{\mathrm T}u$$

例 4 已知 3 阶矩阵 A 与三维向量 x,使得向量组 x,Ax,A^2x 线性无关,且满足 $A^3x=3Ax-2A^2x$.

(1)记 $P=(x,Ax,A^2x)$,求 3 阶矩阵 B,使 $A=PBP^{-1}$;

(2)计算行列式 $|A+I|$.

这个问题我们在第一章已经见过,下面给出其另一解法.

解 (1)由题设且注意到

$$AP=A(x,Ax,A^2x)=(Ax,A^2x,A^3x)=(Ax,A^2x,3Ax-2A^2x)=$$
$$(x,Ax,A^2x)\begin{pmatrix}0&0&0\\1&0&3\\0&1&-2\end{pmatrix}=P\begin{pmatrix}0&0&0\\1&0&3\\0&1&-2\end{pmatrix}$$

从而 $\begin{pmatrix}0&0&0\\1&0&3\\0&1&2\end{pmatrix}=P^{-1}AP$,即 $B=\begin{pmatrix}0&0&0\\1&0&3\\0&1&-2\end{pmatrix}$.

(2)由(1)及矩阵行列式性质有(注意 $|P||P^{-1}|=1$)

$$|A+I|=|P^{-1}||A+I||P|=P^{-1}(A+I)P=|P^{-1}AP+I|=|B+I|$$

而 $|B+I|=\begin{vmatrix}1&0&0\\1&1&3\\0&1&-1\end{vmatrix}=-4$,故 $|A+I|=-4$.

注 1 问题(1)还可用矩阵特征问题去解如:

由 $A^3x=3Ax-2A^2x$ 有 $A(A^2x-Ax)=-3(A^2x-Ax)$,知 -3 为 A 特征值,A^2x-Ax 为其相应的特征向量.

同理 $3Ax+A^2x$ 是 A 属于特征值 1 的特征向量.

且 $A^2x+2Ax-3x$ 是 A 属于特征值 O 的特征向量.

令 $Q=(x,Ax,A^2x)\begin{pmatrix}0&0&-3\\-1&3&2\\1&1&1\end{pmatrix}=P\begin{pmatrix}0&0&-3\\-1&3&2\\1&1&1\end{pmatrix}$,则

$$Q^{-1}AQ=\begin{pmatrix}0&0&-3\\-1&3&2\\1&1&1\end{pmatrix}^{-1}P^{-1}AP\begin{pmatrix}0&0&-3\\-1&3&2\\1&1&1\end{pmatrix}=\begin{pmatrix}0&0&-3\\-1&3&2\\1&1&1\end{pmatrix}^{-1}B\begin{pmatrix}0&0&-3\\-1&3&2\\1&1&1\end{pmatrix}=R^{-1}BR$$

另外 $Q^{-1}AP=\begin{pmatrix}-3 & & \\ & 1 & \\ & & 0\end{pmatrix}$，从而

$$B=k^{-1}Q^{-1}AQR=R^{-1}\begin{pmatrix}-3 & & \\ & 1 & \\ & & 0\end{pmatrix}R=\begin{pmatrix}0 & 0 & 0\\ 1 & 0 & 3\\ 0 & 1 & -2\end{pmatrix}$$

注 2 由设有 $(A^3+2A^2-3A+I)x=x$，知 x 是矩阵 $f(A)=A^3+2A^2-3A+I$ 的属于特征值 1 的特征向量.

由

$$f(\lambda)=\lambda^3+2\lambda^2-3\lambda+1=1\Rightarrow\lambda^3+2\lambda^2-3\lambda=0\Rightarrow\lambda_1=0,\lambda_2=1,\lambda_3=-3$$

此即为 A 的三个特征值.

例 5 若 $\alpha=(1,0,-1)^{\mathrm{T}}$，又 $A=\alpha\alpha^{\mathrm{T}}$，计算行列式 $|aI-A^n|$，这里 $a\in\mathbf{R}$.

解 问题显然是求 A^n 的特征多项式，只不过这里变元是 a 而非 λ. 如此，求出 A 的特征根是关键.

由题设知

$$A=\alpha\alpha^{\mathrm{T}}=\begin{pmatrix}1\\0\\-1\end{pmatrix}(1,0,-1)=\begin{pmatrix}1 & 0 & -1\\ 0 & 0 & 0\\ -1 & 0 & 1\end{pmatrix}$$

而

$$|\lambda I-A|=\begin{vmatrix}\lambda-1 & 0 & 1\\ 0 & \lambda & 0\\ 1 & 0 & \lambda-1\end{vmatrix}=\lambda^2(\lambda-2)$$

故得 $\lambda_1=\lambda_2=0,\lambda_3=2$. 从而 $0,0,2^n$ 是 A^n 的三个特征根，这样

$$|aI-A^n|=a^2(a-2^n)$$

注 若求 $|\lambda I-A^n|$ 似乎更容易被人接受，这里求 $|aI-A^n|$ 绕了点小“弯”，看透了结论显然.

这类问题还有如：

问题 1 若 10 阶矩阵 $A=\begin{pmatrix}0 & 1 & & & \\ & 0 & 1 & & \\ & & \ddots & \ddots & \\ & & & 0 & 1\\ 10^{10} & & & & 0\end{pmatrix}$，计算 $|A-\lambda I|$.

略解 依据行列式性质可有

$$|A-\lambda I|=\begin{vmatrix}-\lambda & 1 & & & \\ & -\lambda & 1 & & \\ & & \ddots & \ddots & \\ & & & -\lambda & 1\\ 10^{10} & & & & -\lambda\end{vmatrix}_{10\times 10}\text{（按第 1 列展开）}=$$

$$-\lambda\begin{vmatrix}-\lambda & 1 & & \\ & -\lambda & 1 & \\ & & \ddots & \ddots \\ & & & -\lambda & 1\end{vmatrix}_{9\times 9}+(-1)^{1+10}\cdot 10^{10}\begin{vmatrix}-\lambda & 1 & & \\ & -\lambda & 1 & \\ & & \ddots & \ddots \\ & & & -\lambda\end{vmatrix}_{9\times 9}=$$

$$\lambda^{10}-10^{10}$$

下面的问题稍有些综合题味道，也许要用到稍多些的知识或技巧.

问题 2 若 A 为 n 阶实对称幂等阵，且 $\mathrm{r}(A)=r$. 求 $|2I-A|$.

它的解法我们后文将有叙述,答案是:2^{n-r}.

其实这类问题的一般情形可见下面诸例:

例 6 若 $\boldsymbol{u},\boldsymbol{v}\in\mathbf{R}^{1\times n}$,试计算行列式 $|\boldsymbol{I}+\boldsymbol{u}\boldsymbol{v}^{\mathrm{T}}|$(用 $\boldsymbol{u},\boldsymbol{v}$ 表示).

略解 注意到 $(\boldsymbol{u}\boldsymbol{v})^{\mathrm{T}}\boldsymbol{u}=\boldsymbol{u}(\boldsymbol{v}^{\mathrm{T}}\boldsymbol{u})=(\boldsymbol{v}^{\mathrm{T}}\boldsymbol{u})\boldsymbol{u}$,即 $\boldsymbol{u}$ 是矩阵 $\boldsymbol{u}\boldsymbol{v}^{\mathrm{T}}$ 的属于特征值 $\boldsymbol{v}^{\mathrm{T}}\boldsymbol{u}$ 的特征向量.

又 $\mathrm{r}(\boldsymbol{u}\boldsymbol{v}^{\mathrm{T}})=1$,故若 $\boldsymbol{u}\boldsymbol{v}^{\mathrm{T}}$ 对角化有

$$\boldsymbol{P}(\boldsymbol{u}\boldsymbol{v}^{\mathrm{T}})\boldsymbol{P}^{-1}=\mathrm{diag}\{\boldsymbol{v}^{\mathrm{T}}\boldsymbol{u},J_1,J_2,\cdots,J_m\}$$

其中 $J_k=\begin{pmatrix}0&1&&\\&\ddots&\ddots&\\&&0&1\\&&&0\end{pmatrix}$ 是 Jordan 阵. 又 $\boldsymbol{v}^{\mathrm{T}}\boldsymbol{u}=\boldsymbol{u}^{\mathrm{T}}\boldsymbol{v}$,从而

$$|\boldsymbol{I}+\boldsymbol{u}\boldsymbol{v}|^{\mathrm{T}}=|\boldsymbol{P}^{-1}\mathrm{diag}\{\boldsymbol{v}^{\mathrm{T}}\boldsymbol{u},\boldsymbol{J}_1,\boldsymbol{J}_2,\cdots,\boldsymbol{J}_m\}\boldsymbol{P}|=1+\boldsymbol{v}^{\mathrm{T}}\boldsymbol{u}=1+\boldsymbol{u}^{\mathrm{T}}\boldsymbol{v}$$

注意这里 $\boldsymbol{u}^{\mathrm{T}}\boldsymbol{v}$ 或 $\boldsymbol{v}^{\mathrm{T}}\boldsymbol{u}$ 是数,而 $\boldsymbol{u}\boldsymbol{v}^{\mathrm{T}}$ 或 $\boldsymbol{v}\boldsymbol{u}^{\mathrm{T}}$ 是矩阵.

下面的问题显然是上面问题的再推广.

例 7 若 $\alpha\in\mathbf{R},\boldsymbol{x}\in\mathbf{R}^{n\times 1},\boldsymbol{y}\in\mathbf{R}^{1\times n}$,试证行列式 $|\boldsymbol{I}-\alpha\boldsymbol{x}\boldsymbol{y}|=1-\alpha\boldsymbol{y}\boldsymbol{x}$.

证 令 $\boldsymbol{x}^{\mathrm{T}}=(x_1,x_2,\cdots,x_n),\boldsymbol{y}=(y_1,y_2,\cdots,y_n)$. 则矩阵 $\alpha\boldsymbol{x}\boldsymbol{y}$ 的特征多项式

$$|\lambda\boldsymbol{I}-\alpha\boldsymbol{x}\boldsymbol{y}|=\lambda^n+a_{n-1}\lambda^{n-1}+\cdots+a_1\lambda+a_0 \qquad (*)$$

因矩阵 $\alpha\boldsymbol{x}\boldsymbol{y}$ 的秩 $\mathrm{r}(\alpha\boldsymbol{x}\boldsymbol{y})\leqslant 1$,知其二阶及二阶以上子式均为 0.

若 λ_i 是(*)的 n 个根,$\sum\limits_{i=1}^{n}\lambda_i=\mathrm{Tr}(\alpha\boldsymbol{x}\boldsymbol{y})$,这里 Tr 表示矩阵的迹. 又由韦达定理知

$$\sum_{i=1}^{n}\lambda_i=-a_{n-1}$$

故

$$-a_{n-1}=\mathrm{Tr}(\alpha\boldsymbol{x}\boldsymbol{y})=-\alpha\sum_{i=1}^{n}x_iy_i=-\alpha\boldsymbol{y}\boldsymbol{x}$$

且 $a_{n-2}=a_{n-3}=\cdots=a_1=a_0=0$. 因而

$$|\lambda\boldsymbol{I}-\alpha\boldsymbol{x}\boldsymbol{y}|=\lambda^n-\alpha\boldsymbol{y}\boldsymbol{x}\lambda^{n-1}$$

取 $\lambda=1$ 有

$$|\boldsymbol{I}-\alpha\boldsymbol{x}\boldsymbol{y}|=1-\alpha\boldsymbol{y}\boldsymbol{x}$$

例 8 设若矩阵 $\boldsymbol{A}\in\mathbf{R}^{n\times n}$,且 $|\boldsymbol{A}|=0$,试证对充分小的 $|\varepsilon|>0$,总有 $|\boldsymbol{A}+\varepsilon\boldsymbol{I}|\neq 0$.

证 设 $|\boldsymbol{A}-\lambda\boldsymbol{I}|=0$ 除 0 外的最小特征根为 σ,今考虑:

若 $\sigma=0$,取充分小的 ε 使 $-\varepsilon<\sigma=0$,则 $-\varepsilon$ 不是 $\boldsymbol{A}$ 的特征根;

若 $\sigma\neq 0$,取 $0<|\varepsilon|<|\sigma|$(取 ε 充分小),知 $-\varepsilon$ 不是 $\boldsymbol{A}$ 的特征根.

从而 $|-\varepsilon\boldsymbol{I}-\boldsymbol{A}|\neq 0$,故 $|\varepsilon\boldsymbol{I}+\boldsymbol{A}|\neq 0$,即 $|\boldsymbol{A}+\varepsilon\boldsymbol{I}|\neq 0$.

注 与例类似的问题有如:

问题 若矩阵 $\boldsymbol{A}\in\mathbf{R}^{n\times n}$,且 $\boldsymbol{A}^m=\boldsymbol{O}$,则 $\boldsymbol{I}\pm\boldsymbol{A}$ 可逆.

略解 实因 $\boldsymbol{A}^m=\boldsymbol{O}$,知 $\boldsymbol{A}$ 只有 0 特征根,从而亦知 ± 1 不是 $\boldsymbol{A}$ 的特征多项式 $f(\lambda)=|\lambda\boldsymbol{I}-\boldsymbol{A}|$ 的根,换言之 $|\pm\boldsymbol{I}-\boldsymbol{A}|\neq 0$. 故 $|\boldsymbol{I}\pm\boldsymbol{A}|\neq 0$,知 $\boldsymbol{I}\pm\boldsymbol{A}$ 可逆.

当然还可从 $\boldsymbol{A}^m=\boldsymbol{O}$,有 $\boldsymbol{A}^m\pm\boldsymbol{I}=\pm\boldsymbol{I}$ 去考虑,注意式左的分解.

利用矩阵特征多项式及根的性质计算行列式或证明行列式的某些性质. 前文我们已有述及,这里再看一例.

与矩阵特征问题有关,或利用矩阵特征理论去解行列式计算问题,是一类技巧性很强的题目. 请看下面的例题.

例 9　若矩阵 $A\in\mathbf{R}^{n\times n}$，又 $A^m=O$. 则(1) $I-A$ 可逆；(2) $|A+I|=1$.

证　(1)由 $A^m=O$，知 A 是幂零阵，其特征根全为 0，即 1 不是 A 的特征根，从而行列式 $|I-A|\neq 0$，故矩阵 $I-A$ 可逆.

(2)由设若 $A^m=O$，知 A 的特征根全为 0，则有可逆阵 T 使

$$T^{-1}AT=\begin{pmatrix} 0 & & & \\ & 0 & & * \\ & & \ddots & \\ O & & & 0 \end{pmatrix}\quad(\text{Jordan 标准形})$$

从而

$$T^{-1}(A+I)^{\mathrm{T}}=\begin{pmatrix} 1 & & & * \\ & 1 & & \\ & & \ddots & \\ O & & & 1 \end{pmatrix}$$

故

$$|A+I|=|T^{-1}(A+I)^{\mathrm{T}}|=1$$

注　该例的结论其实可以推广为：

命题　若矩阵 $A,B\in\mathbf{R}^{n\times n}$，且 $AB=BA$，又有 m 使 $A^m=O$，则 $|A+B|=|B|$.

仿例中(2)的解法，再结合数学归纳法可证得结论.

下面的问题可视为前面例的推广.

例 10　若 I 是 n 阵单位阵，又向量 $x,y,u,v\in\mathbf{R}^{n\times 1}$，则

$$\det(I+xy^{\mathrm{T}}+uv^{\mathrm{T}})=1+(x^{\mathrm{T}}y+v^{\mathrm{T}}u)$$

证　由题设且令 $I+xy^{\mathrm{T}}+uv^{\mathrm{T}}=A$，则其特征多项式为 $|A-\lambda I|=f(\lambda)$，即

$$|xy^{\mathrm{T}}+uv^{\mathrm{T}}-(\lambda-1)I|=0$$

则 λ_i-1 是 $xy^{\mathrm{T}}+uv^{\mathrm{T}}$ 的 n 个特征根($i=1,2,\cdots,n$).

$xy^{\mathrm{T}}+uv^{\mathrm{T}}$ 的特征根是 $y^{\mathrm{T}}x+v^{\mathrm{T}}u,0,0,\cdots,0$.

从而 A 的 n 个特征根为 $1+(y^{\mathrm{T}}x+v^{\mathrm{T}}u),1,1,\cdots,1$. 故

$$|I+xy^{\mathrm{T}}+uv^{\mathrm{T}}|=1+y^{\mathrm{T}}x+vu$$

顺便指出：行列式 $|I+xy^{\mathrm{T}}+uv^{\mathrm{T}}|$ 还可有表达式

$$|I+xy^{\mathrm{T}}+uv^{\mathrm{T}}|=(1+x^{\mathrm{T}}y)(1+u^{\mathrm{T}}v)-x^{\mathrm{T}}yu^{\mathrm{T}}v$$

例 11　若矩阵 $A\in\mathbf{R}^{3\times 3}$，且 $1,-1,2$ 是其特征根，又 $B=A^3-5A^2$. (1)试求 B 的特征值及相似标准形；(2)计算 $|B|$ 和 $|A-5I|$.

解　(1)由设知 B 的三个特征根分别为

$$1^3-5\cdot 1^2=-4,\quad (-1)^3-5\cdot(-1)^2=-6,\quad 2^3-5\cdot 2^2=-12$$

因 B 有三个相异特征根，则有可逆阵 P 使

$$P^{-1}BP=\operatorname{diag}\{-4,-6,-12\}$$

(2)由题设 $|A|=1\cdot(-1)\cdot 2=-2$，又由(1)有

$$|B|=(-4)\cdot(-6)\cdot(-12)=-288$$

又 $|B|=|A^3-5A^2|=|A|^2|A-5I|$，从而

$$|A-5I|=\frac{|B|}{|A|^2}=\frac{-288}{(-2)^2}=-72$$

例 12　若矩阵 $A\in\mathbf{R}^{n\times n}$，且矩阵 $I-A$ 的特征根的绝对值皆小于 1，求证 $0<|\det A|<2^n$.

证 由设$|\lambda \boldsymbol{I}-(\boldsymbol{I}-\boldsymbol{A})|=|(\lambda-1)\boldsymbol{I}-\boldsymbol{A}|=(-1)^n|(1-\lambda)\boldsymbol{I}-\boldsymbol{A}|$,则若$\lambda$为$\boldsymbol{I}-\boldsymbol{A}$的特征值,则$1-\lambda$为$\boldsymbol{A}$的特征值.

又$\det\boldsymbol{A}=\prod_{i=1}^{n}(1-\lambda_i)$.记$\lambda_i(i=1,2,\cdots,n)$为$\boldsymbol{I}-\boldsymbol{A}$的特征值.则

$$|\det\boldsymbol{A}|=\left|\prod_{i=1}^{n}(1-\lambda_i)\right|=\prod_{i=1}^{n}|1-\lambda_i|$$

又$|\lambda_i|\leqslant 1(i=1,2,\cdots,n)$,故

$$0<\prod_{i=1}^{n}(1-|\lambda_i|)\leqslant\prod_{i=1}^{n}|1-\lambda_i|=\prod_{i=1}^{n}(1+|\lambda_i|)<2^n$$

例 13 设$\boldsymbol{A}$是n阶正定阵,$\boldsymbol{I}$是n阶单位阵,证明$\boldsymbol{A}+\boldsymbol{I}$的行列式大于1.

证 设$\boldsymbol{A}$的n个特征值为$\lambda_1,\lambda_2,\cdots,\lambda_n$,由设$\boldsymbol{A}$是正定矩阵知$\lambda_i>0(i=1,2,\cdots n)$.

而$\boldsymbol{A}+\boldsymbol{I}$的$n$个特征值为$\lambda_1+1,\lambda_2+1,\cdots,\lambda_n+1$.于是

$$|\boldsymbol{A}+\boldsymbol{I}|=(\lambda_1+1)(\lambda_2+1)\cdots(\lambda_n+1)>0$$

例 14 若$\boldsymbol{A}=(a_{ij})_{n\times n}$,且$\boldsymbol{A}^2=\boldsymbol{A}$.(1)证明$\boldsymbol{A}$可相似于对角阵;(2)求$\boldsymbol{A}$的秩;(3)计算$|2\boldsymbol{I}-\boldsymbol{A}|$.

证 (1)这个问题我们在"矩阵"一章已有证明,这里再给出一个证法.设λ是$\boldsymbol{A}$(幂等阵)的任一特征值,$\boldsymbol{\alpha}$为其相应的特征向量,由题设

$$\boldsymbol{A\alpha}=\lambda\boldsymbol{\alpha},\quad \boldsymbol{A}^2\boldsymbol{\alpha}=\lambda^2\boldsymbol{\alpha}$$

故$(\lambda^2-\lambda)\boldsymbol{\alpha}=0$,又$\boldsymbol{\alpha}\neq0$,知$\lambda^2-\lambda=0$,从而$\lambda=0$或1.故有可逆阵$\boldsymbol{P}$使$\boldsymbol{P}^{-1}\boldsymbol{AP}=\boldsymbol{J}$,其中

$$\boldsymbol{J}=\begin{pmatrix}\boldsymbol{J}_1 & & & \\ & \boldsymbol{J}_2 & & \\ & & \ddots & \\ & & & \boldsymbol{J}_s\end{pmatrix},\quad \boldsymbol{J}_k=\begin{pmatrix}0 & 1 & & \\ & \ddots & \ddots & \\ & & \ddots & 1\\ & & & 0\end{pmatrix}\text{或}\begin{pmatrix}1 & 1 & & \\ & \ddots & \ddots & \\ & & \ddots & 1\\ & & & 1\end{pmatrix}\quad(k=1,2,\cdots,s)$$

即$\boldsymbol{J}_k(k=1,2,\cdots,s)$是所谓 Jordan 块.

又

$$\boldsymbol{J}^2=(\boldsymbol{P}^{-1}\boldsymbol{AP})(\boldsymbol{P}^{-1}\boldsymbol{AP})=\boldsymbol{P}^{-1}\boldsymbol{A}^2\boldsymbol{P}=\boldsymbol{P}^{-1}\boldsymbol{AP}=\boldsymbol{J}$$

从而

$$\boldsymbol{J}^2=\begin{pmatrix}\boldsymbol{J}_1^2 & & & \\ & \boldsymbol{J}_2^2 & & \\ & & \ddots & \\ & & & \boldsymbol{J}_s^2\end{pmatrix}=\begin{pmatrix}\boldsymbol{J}_1 & & & \\ & \boldsymbol{J}_2 & & \\ & & \ddots & \\ & & & \boldsymbol{J}_s\end{pmatrix}$$

则$\boldsymbol{J}_k=\boldsymbol{J}_k^2(k=1,2,\cdots,s)$,因而$\boldsymbol{J}_k$均为元素是1或0的对角块.

故$\boldsymbol{A}\sim\begin{pmatrix}\boldsymbol{I}_r & \\ & \boldsymbol{O}\end{pmatrix}$或$\boldsymbol{P}^{-1}\boldsymbol{AP}=\begin{pmatrix}\boldsymbol{I}_r & \\ & \boldsymbol{O}\end{pmatrix}$,其中$\boldsymbol{P}$可逆.

(2)由$\mathrm{Tr}(\boldsymbol{A})=\mathrm{Tr}(\boldsymbol{P}^{-1}\boldsymbol{AP})=\mathrm{r}(\boldsymbol{A})$,即$\mathrm{r}(\boldsymbol{A})=\mathrm{Tr}(\boldsymbol{A})$.

(3)由$|2\boldsymbol{I}-\boldsymbol{A}|=|\boldsymbol{P}^{-1}||2\boldsymbol{I}-\boldsymbol{A}||\boldsymbol{P}|=|\boldsymbol{P}^{-1}(2\boldsymbol{I}-\boldsymbol{A})\boldsymbol{P}|$,则

$$2|\boldsymbol{I}-\boldsymbol{A}|=\left|2\boldsymbol{I}-\begin{pmatrix}\boldsymbol{I}_r & \\ & \boldsymbol{O}\end{pmatrix}\right|=2^{n-r}$$

注 类似的问题还可见:

若对称矩阵$\boldsymbol{A}\in\mathbf{R}^{n\times n}$,且$\boldsymbol{A}^2=\boldsymbol{I}$,又$\mathrm{r}(\boldsymbol{A}-\boldsymbol{I})=m$,求$|\boldsymbol{A}-2\boldsymbol{I}|$.

下面的例子涉及矩阵的特征根与其行列式.

利用矩阵特征多项式及根的性质计算行列式或证明行列式的某些性质,前文我们已有述及,这里再

看一例,它还涉及整系数多项式性质.

例 15　若 $a_{ij}\in\mathbf{Z}$(即整数环或整数集)$(i,j=1,2,\cdots,n)$. 证明行列式

$$D=\begin{vmatrix} a_{11}-\frac{1}{2} & a_{12} & \cdots & a_{1n} \\ a_{21} & a_{22}-\frac{1}{2} & \cdots & a_{2n} \\ \vdots & \vdots & & \vdots \\ a_{n1} & a_{n2} & \cdots & a_{nn}-\frac{1}{2} \end{vmatrix}\neq 0$$

证　设 $\boldsymbol{A}=(a_{ij})_{n\times n}$,则 $\boldsymbol{A}$ 的特征多项式

$$f(\lambda)=|\lambda\boldsymbol{I}-\boldsymbol{A}|=\lambda^n+b_{n-1}\lambda^{n-1}+\cdots+b_0$$

是整系数多项式,而 D 的相应矩阵为 $\boldsymbol{A}-\frac{1}{2}\boldsymbol{I}$,从而 $D=(-1)^n f\left(\frac{1}{2}\right)$. 若 $f\left(\frac{1}{2}\right)=0$,则

$$\frac{1}{2^n}+b_{n-1}\frac{1}{2^{n-1}}+\cdots+b_0=0$$

两边乘以 2^n,即

$$1+2b_{n-1}+2^2b_{n-2}+\cdots+2^nb_0=0$$

令 $M=b_{n-1}+2b_{n-2}+\cdots+2^{n-1}b_0$,上式即为 $1+2M=0$,而 M 是整数,此式不可能成立.

从而 $f\left(\frac{1}{2}\right)\neq 0$,即 $D\neq 0$.

这是一个涉及矩阵特征问题的行列式性质,称对角占优或对角优势阵问题,类似的问题前文已多次提到且有介绍,这里再将它从另一角度列出.

例 16　设 $\boldsymbol{A}=(a_{ij})_{n\times n}$,若 $|a_{ii}|>\sum\limits_{\substack{j\neq i\\ j=1}}^{n}|a_{ij}|\ (i=1,2,\cdots,n)$,则 $\boldsymbol{A}$ 的行列式 $\det\boldsymbol{A}\neq 0$.

证　若 $\boldsymbol{x}$ 是属于 $\boldsymbol{A}$ 的特征根 λ 的特征向量,则 $\boldsymbol{Ax}=\lambda\boldsymbol{x}$,其第 i 个分量

$$(\lambda-a_{ii})x_i=\sum_{\substack{j\neq i\\ j=1}}^{n}a_{ij}x_j\quad(i=1,2,\cdots,n)$$

令 $|x_k|=\max\{|x_1|,|x_2|,\cdots,|x_n|\}$,由 $\boldsymbol{x}\neq\boldsymbol{0}$ 知 $x_k\neq 0$. 则

$$|\lambda-a_{kk}|=\left|\sum_{\substack{j\neq k\\ j=1}}^{n}a_{kj}x_j\right|\leqslant\sum_{\substack{j\neq k\\ j=1}}^{n}|a_{kj}|\,|x_k|=|x_k|\sum_{\substack{j\neq k\\ j=1}}^{n}|a_{kj}|$$

故

$$|\lambda-a_{kk}|\leqslant\sum_{\substack{j\neq k\\ j=1}}^{n}|a_{kj}|<|a_{kk}|$$

知 0 不是 $\boldsymbol{A}$ 的特征根. 从而 $\det\boldsymbol{A}\neq 0$.

注　满足题设矩阵称为**对角优势阵**. 此外,在题设条件下再加上一些条件还可以证明 $\det\boldsymbol{A}>0$. 显然对矩阵 $\boldsymbol{A}$ 来讲这里证明的是它可逆或非奇异的. 这些我们后文还将述及.

下面的例子也涉及矩阵的特征根与其行列式.

例 17　设 $\boldsymbol{A}=(a_{ij})_{n\times n}$,且 $a_{ij}\in\mathbf{Z}(i,j=1,2,\cdots,n)$. 试证(1)若整数 λ_0 是 $\boldsymbol{A}$ 的一个特征值,则 $\lambda_0\mid\det\boldsymbol{A}$,这里"|"表示整除之意;(2) 若 $\sum\limits_{j=1}^{n}a_{ij}=\lambda_0(1\leqslant i\leqslant n)$,则 $\lambda_0\mid\det\boldsymbol{A}$.

证　(1)设 $f(\lambda)=\det(\boldsymbol{A}-\lambda\boldsymbol{I})=(-1)^n\lambda^n+c_1\lambda^{n-1}+\cdots+c_{n-1}\lambda+c_n$.

由于 $\boldsymbol{A}$ 的元素皆为整数,故 c_i 皆为整数$(1\leqslant i\leqslant n)$,且 $c_n=\det\boldsymbol{A}$(在上式中令 $\lambda=0$ 即可).

若 λ_0 是 $f(\lambda)$的整特征值,则由 $\det(\boldsymbol{A}-\lambda_0\boldsymbol{I})=0$,有

$$\det \boldsymbol{A} = c_n = (-1)^{n-1}\lambda_0^n - \sum_{k=1}^{n-1} c_k \lambda_0^{n+k}$$

从而

$$\lambda_0 \mid \det \boldsymbol{A}$$

(2)由设知 λ_0 是一个有特征向量$(1,1,\cdots,1)$的特征值. 由(1)知 $\lambda_0 \mid \det \boldsymbol{A}$.

例 18 若 $\lambda_1,\lambda_2,\cdots,\lambda_n$ 为矩阵 $\boldsymbol{A}=(a_{ij})_{n\times n}$ 的 n 个特征值,试证:(1) $\prod_{i=1}^{n}\lambda_i = |\boldsymbol{A}|$;(2) $\sum_{i=1}^{n}\lambda_i = \mathrm{Tr}(\boldsymbol{A})$;(3) $\sum_{i=1}^{n}\lambda_i^2 = \sum_{i,k=1}^{n} a_{ik}a_{ki}$.

证 (1)由设 $\lambda_1,\lambda_2,\cdots,\lambda_n$ 为 $\boldsymbol{A}$ 的 n 个特征根,则

$$|\lambda\boldsymbol{I}-\boldsymbol{A}| \equiv (\lambda-\lambda_1)(\lambda-\lambda_2)\cdots(\lambda-\lambda_n) \equiv$$
$$\lambda^n-(\lambda_1+\lambda_2+\cdots\lambda_n)\lambda^{n-1}+\cdots+(-1)^n\lambda_1\lambda_2\cdots\lambda_n$$

故

$$(-1)^n\prod_{i=1}^{n}\lambda_i = |-\boldsymbol{A}| = (-1)^n\ |\boldsymbol{A}| \Rightarrow \prod_{i=1}^{n}\lambda_i = |\boldsymbol{A}|$$

(2)可由 $f(\lambda)=|\lambda\boldsymbol{I}-\boldsymbol{A}|$ 行列式展开,再比较 λ^{n-1} 项系数即可有 $\sum_{i=1}^{n}\lambda_i = \sum_{i=1}^{n}a_{ii} = \mathrm{Tr}(\boldsymbol{A})$.

(3)由前面例的结论知:$\boldsymbol{A}^2$ 的特征值为 $\lambda_1^2,\lambda_2^2,\cdots,\lambda_n^2$,故有

$$\sum_{i=1}^{m}\lambda_i^2 = \mathrm{Tr}(\boldsymbol{A}^2)$$

这里 $\mathrm{Tr}(\boldsymbol{A}^2)$表示 $\boldsymbol{A}^2$ 的迹,即 $\boldsymbol{A}^2$ 的主对角线元素和.

设 $\boldsymbol{A}^2=(b_{ij})_{n\times n}$,则

$$b_{ij} = \sum_{k=1}^{n}a_{ik}a_{kj} \quad (i,j=1,2,\cdots,n)$$

故

$$\mathrm{Tr}(\boldsymbol{A}^2) = \sum_{i=1}^{n}b_{ii} = \sum_{i=1}^{n}\sum_{k=1}^{n}a_{ik}a_{ki} \Rightarrow \sum_{i=1}^{n}\lambda_i^2 = \sum_{i,k=1}^{n}a_{ik}a_{ki}$$

注 1 利用(1)的结论,我们不难证明:

命题 若 n 阶矩阵 $\boldsymbol{A}$ 的行列式$|\boldsymbol{A}|=0$,则 $\boldsymbol{A}$ 定有 0 特征根.

注 2 关于矩阵的迹我们还有结论:

命题 对于矩阵 $\boldsymbol{A},\boldsymbol{B}\in\mathbf{R}^{n\times n}$;总有(1)$\mathrm{Tr}(\boldsymbol{AB})=\mathrm{Tr}(\boldsymbol{BA})$;(2)若 $\boldsymbol{A}=\boldsymbol{P}^{-1}\boldsymbol{BP}$,则 $\mathrm{Tr}(\boldsymbol{A})=\mathrm{Tr}(\boldsymbol{B})$.

略证 结论(1)可以直接验证,结论(2)可由(1)得到,注意到

$$\mathrm{Tr}(\boldsymbol{A})=\mathrm{Tr}[\boldsymbol{P}^{-1}(\boldsymbol{BP})]=\mathrm{Tr}[(\boldsymbol{BP})\boldsymbol{P}^{-1}]=\mathrm{Tr}(\boldsymbol{BPP}^{-1})=\mathrm{Tr}(\boldsymbol{B})$$

例 19 若 $\lambda_1,\lambda_2,\cdots,\lambda_n$ 是 $\boldsymbol{A}\in\mathbf{R}^{n\times n}$的 n 个特征值,又 $\varphi(x)$为 x 的多项式. 求 $\det\varphi(\boldsymbol{A})$.

解 前文已证若 λ_i 是 $\boldsymbol{A}$ 的特征值,则 $\mu_i=\varphi(\lambda_i)$是 $\varphi(\boldsymbol{A})$的特征值. 故

$$\det\varphi(\boldsymbol{A}) = \prod_{i=1}^{n}\mu_i = \prod_{i=1}^{n}\varphi(\lambda_i)$$

我们曾介绍过通过矩阵 $\boldsymbol{A}$ 的特征多项式及 Cayley-Hamilton 定理求 $\boldsymbol{A}^{-1}$的例子(虽然此法不常用,但其不乏新颖),下面再看一个利用矩特征多项式表示 $\boldsymbol{A}^{-1}$为 $\boldsymbol{A}$ 的多项式问题.

例 20 若矩阵 $\boldsymbol{A}=\begin{pmatrix}1 & 2\\ 1 & -1\end{pmatrix}$,试将 $\boldsymbol{A}^{-1}$表示为 $\boldsymbol{A}$ 的多项式.

解 1 由题设知 $f(\lambda)=|\boldsymbol{A}-\lambda\boldsymbol{I}|=\lambda^2-3$. 因 $f(\boldsymbol{A})=\boldsymbol{O}$(亦可直接验证),从而 $\boldsymbol{A}^2-3\boldsymbol{I}=\boldsymbol{O}$.

即 $A^2=3I$，有 $\left(\frac{1}{3}A\right)A=I$，则 $A^{-1}=\frac{1}{3}A$.

解 2 先直接求 $A^{-1}=\frac{A^*}{|A|}=\begin{pmatrix}1/3 & 2/3\\ 1/3 & -1/3\end{pmatrix}=\frac{1}{3}\begin{pmatrix}1 & 2\\ 1 & -1\end{pmatrix}=\frac{1}{3}A$.

注 这类问题正像函数的某些级数展开，重要性自不待言．例题的结论及方法皆可推广，如利用解法 1，可将例的结论推广至一般 n 阶非奇异阵的情形．

利用特征问题讨论矩阵秩或矩阵可逆与否问题，也是矩阵特征问题的一项应用．

例 21 若 $A\in\mathbf{R}^{n\times n}$，又 $\mathrm{r}(A-\alpha I)+\mathrm{r}(A-\beta I)+\mathrm{r}(A-\gamma I)=2n$，且常数 $\alpha\neq\beta\neq\gamma\neq 0$．则 A 可逆．

证 设 λ_i 为 A 的特征值．由题设知 $\{\lambda_i-\alpha,\lambda_i-\beta,\lambda_i-\gamma\}(i=1,2,\cdots,n)$ 中共有 $2n$ 个不为 0，且有 n 个为 0（一共 $3n$ 个数）．

换言之，对 λ_j 而言，$\lambda_j-\alpha,\lambda_j-\beta,\lambda_j-\gamma$ 之一为 0，从而 λ_j 或为 α 或为 β 或为 γ，而由题设 $\alpha\neq\beta\neq\gamma\neq 0$，则 A 有 n 个非零特征根，从而 A 可逆．

注 该例的结论其实可推广为：

命题 若 $\sum_{i=1}^{m}\mathrm{r}(A-\alpha_i I)=(m-1)n$，又 $\alpha_i\neq\alpha_j\neq 0$（$i\neq j$ 且 $1\leqslant i,j\leqslant m$），则 A 可逆．

五、矩阵的相似与对角化

利用相似或正交、合同、等价变换，往往可将矩阵对角化，矩阵对角化以后使得许多矩阵问题变得相对容易，这一点我们在前文行列式计算、矩阵求秩等问题中已经看到．此外，矩阵对角化还有其他用途．

下面来看一个例子，不过它是求变换矩阵 P 的，方法当然涉及了配方，这似乎是非主流方法．

例 1 求可逆阵 P 使 $(AP)^{\mathrm{T}}(AP)$ 化为对角形，其中 $A=\begin{pmatrix}0 & 1 & & \\ 1 & 0 & & \\ & & 2 & 1\\ & & 1 & 2\end{pmatrix}$.

解 由 $A^{\mathrm{T}}=A$，有 $(AP)^{\mathrm{T}}(AP)=P^{\mathrm{T}}A^2P$，再由分块矩阵运算性质有

$$A^2=\begin{pmatrix}0 & 1 & & \\ 1 & 0 & & \\ & & 2 & 1\\ & & 1 & 2\end{pmatrix}\begin{pmatrix}0 & 1 & & \\ 1 & 0 & & \\ & & 2 & 1\\ & & 1 & 2\end{pmatrix}\begin{pmatrix}1 & 0 & & \\ 0 & 1 & & \\ & & 5 & 4\\ & & 4 & 5\end{pmatrix}$$

显然 $f=x^{\mathrm{T}}A^2x=x_1^2+x_2^2+5x_3^2+5x_4^2+8x_3x_4$，注意到经配方

$$f=x_1^2+x_2^2+5\left(x_3+\frac{4}{5}x_4\right)^2+\frac{9}{5}x_4^2$$

则可令 $y_1=x_1,y_2=x_2,y_3=x_3+\frac{4}{5}x_4,y_4=x_4$．这样 f 化为

$$\tilde{f}=y_1^2+y_2^2+5y_3^2+\frac{9}{5}y_4^2$$

而变换矩阵

$$P=\begin{pmatrix}1 & & & \\ & 1 & & \\ & & 1+4/5 & \\ & & & 1\end{pmatrix}$$

相应的可有

$$(AP)^{\mathrm{T}}(AP)=\mathrm{diag}\{1,1,5,9/5\}$$

显然它较通过矩阵特征问题求 $\boldsymbol{P}$ 简便许多.当然,这要视问题的具体条件而定.

例 2 k 为何值时,对于矩阵 $\boldsymbol{A}=\begin{pmatrix}3&2&-2\\-k&-1&k\\4&2&-3\end{pmatrix}$,可有 $\boldsymbol{P}$ 使 $\boldsymbol{P}^{-1}\boldsymbol{AP}$ 化成对角阵?

解 若 $\boldsymbol{A}$ 有 3 个线性无关的特征向量,则 $\boldsymbol{A}$ 可对角化.

由 $|\lambda\boldsymbol{I}-\boldsymbol{A}|=(\lambda-1)(\lambda+1)^2$,故 $\lambda_1=\lambda_2=-1,\lambda_3=1$ 是 $\boldsymbol{A}$ 的特征根.

又 $\lambda_1=\lambda_2=-1$ 是重根,其相应的两个特征向量线性无关的条件是 $\mathrm{r}(-\boldsymbol{I}-\boldsymbol{A})=1$.而

$$-\boldsymbol{I}-\boldsymbol{A}=\begin{pmatrix}-4&-2&2\\k&0&-k\\-4&-2&2\end{pmatrix}$$

若 $\mathrm{r}(-\boldsymbol{I}-\boldsymbol{A})=1$,则有 $k=0$.将其代入矩阵 $\boldsymbol{A}$ 后,由 $\boldsymbol{Ax}=\lambda\boldsymbol{x}$ 可解得相应于特征值 $\lambda_1=\lambda_2=-1$ 和 $\lambda_3=1$ 的特征向量分别为

$$\boldsymbol{\alpha}_1=(-1,2,0)^{\mathrm{T}},\quad \boldsymbol{\alpha}_2=(1,0,2)^{\mathrm{T}},\quad \boldsymbol{\alpha}_3=(1,0,1)^{\mathrm{T}}$$

则

$$\boldsymbol{P}=\begin{pmatrix}-1&1&1\\2&0&0\\0&2&1\end{pmatrix}$$

且

$$\boldsymbol{P}^{-1}\boldsymbol{AP}=\begin{pmatrix}-1&&\\&-1&\\&&1\end{pmatrix}$$

注 1 巧得很 $|\lambda\boldsymbol{I}-\boldsymbol{A}|$ 中并不涉及 k,这样便可不受干扰地求得 $\boldsymbol{A}$ 的 3 个特征根.由于出现重根,便要涉及线性无关的特征向量,进而要讨论矩阵 $\lambda\boldsymbol{I}-\boldsymbol{A}$ 的秩.

反之,若 $|\lambda\boldsymbol{I}-\boldsymbol{A}|$ 中涉及 k,只需寻找使 $\boldsymbol{A}$ 有不同特征根的 k 值,或即便有重根但要求有足够的线性无关的特征向量即可.

注 2 类似的问题在"矩阵特征向量"一节的例中介绍过,又下面的问题与本例几乎无异:

问题 若 3 阶矩阵 $\boldsymbol{A}=\begin{pmatrix}2&2&0\\8&2&a\\0&0&6\end{pmatrix}$ 相似于对角阵 $\boldsymbol{\Lambda}$,试确定常数 a,且求可逆阵 $\boldsymbol{P}$ 使 $\boldsymbol{P}^{-1}\boldsymbol{AP}=\boldsymbol{\Lambda}$.

例 3 若 $\boldsymbol{\xi}=(1,1,-1)^{\mathrm{T}}$ 是矩阵 $\boldsymbol{A}=\begin{pmatrix}2&-1&2\\5&a&3\\-1&b&2\end{pmatrix}$ 的一个特征向量.(1)确定 a,b 及 $\boldsymbol{\xi}$ 所对应的特征值;(2)$\boldsymbol{A}$ 能否对角化?

解 只需按常规方法解此问题.

(1)由 $\boldsymbol{A\xi}=\lambda\boldsymbol{\xi}$,这里 λ 系 $\boldsymbol{A}$ 相应于特征向量 $\boldsymbol{\xi}$ 的特征根.即

$$\begin{cases}2-1-2=\lambda\\5+a-3=\lambda\\-1+b+2=-\lambda\end{cases}$$

解得 $\lambda=-1,a=-3,b=0$.

(2)由(1)知 $a=-3,b=0$,从而

$$\boldsymbol{A}=\begin{pmatrix}2&-1&2\\5&-3&3\\-1&0&2\end{pmatrix}$$

而 $|\lambda \boldsymbol{I}-\boldsymbol{A}|=(\lambda+1)^3$，知 $\lambda=-1$ 是 $\boldsymbol{A}$ 的 3 重特征根.

但 $\mathrm{r}(-\boldsymbol{I}-\boldsymbol{A})=2$，故 $\boldsymbol{A}$ 找不出与 3 重根 $\lambda=-1$ 相对的 3 个线性无关的特征向量，从而可知矩阵 $\boldsymbol{A}$ 无法对角化.

注　因 $\boldsymbol{A}$ 有 $\lambda=-1$ 的 3 重特征根，但仅有两个线性无关的特征向量，由 Jordan 定理知

$$\boldsymbol{A}\sim\begin{pmatrix}-1 & 1 & \\ & -1 & \\ & & -1\end{pmatrix}$$

此称 Jordan 标准形(详见前文)，且每个子块称 Jordan 块，注意它有两块.

对于 3 阶矩阵 $\boldsymbol{A}$ 有 3 重根 λ 而言，若其可以找到 3 个与其相应的特征向量，则矩阵可以对角化

$$\boldsymbol{A}\sim\begin{pmatrix}\lambda & & \\ & \lambda & \\ & & \lambda\end{pmatrix}$$

若仅能找到 2 个或 1 个与之相应的特征向量，则 $\boldsymbol{A}$ 可分别化成 Jordan 块

$$\boldsymbol{A}\sim\begin{pmatrix}\lambda & 1 & \\ & \lambda & \\ & & \lambda\end{pmatrix}\text{ 或 }\boldsymbol{A}\sim\begin{pmatrix}\lambda & 1 & \\ & \lambda & 1\\ & & \lambda\end{pmatrix}$$

以上事实告诉我们：有相同特征多项式的两矩阵不一定相似(这一点详见前文例).

除上面两例外，类似的问题还可见(前文已见过，只是问题提法不同而已)：

问题 1　$\boldsymbol{A}=\begin{pmatrix}1 & -1 & 1\\ x & 4 & y\\ -3 & -3 & 5\end{pmatrix}$ 有三个线性无关的特征向量，且 $\lambda_1=\lambda_2=2$. 求 $\boldsymbol{P}$ 使 $\boldsymbol{P}^{-1}\boldsymbol{AP}$ 为对角阵.

略解　由于 $\lambda_1=\lambda_2=2$，且矩阵 $\boldsymbol{A}$ 的无关向量有 3 个，换言之，对于 $\boldsymbol{A}$ 的此 2 重特征根 $\boldsymbol{A}$ 有两个线性无关的特征向量，从而 $\mathrm{r}(2\boldsymbol{I}-\boldsymbol{A})=1$. 注意到

$$2\boldsymbol{I}-\boldsymbol{A}=\begin{pmatrix}1 & 1 & -1\\ -x & -2 & -y\\ 3 & 3 & -3\end{pmatrix}$$

显然 $x:2:y=1:1:-1$ 时，即 $x=2,y=-2$ 时，$\mathrm{r}(2\boldsymbol{I}-\boldsymbol{A})=1$.

将 x,y 代入后由 $|\lambda\boldsymbol{I}-\boldsymbol{A}|=(\lambda-2)^2(\lambda-6)$，知 $\lambda_1=\lambda_2=2,\lambda_3=6$，其相应的特征向量分别为

$$\boldsymbol{\alpha}_1=(1,-1,0)^{\mathrm{T}},\quad \boldsymbol{\alpha}_2=(1,0,1)^{\mathrm{T}},\quad \boldsymbol{\alpha}_3=(1,-2,3)^{\mathrm{T}}$$

则矩阵 $\boldsymbol{P}=(\boldsymbol{\alpha}_1,\boldsymbol{\alpha}_2,\boldsymbol{\alpha}_3)$.

下面是一则带参数的矩阵对角化问题.

问题 2　若矩阵 $\boldsymbol{A}=\begin{pmatrix}1 & 2 & -3\\ -1 & 4 & -3\\ 1 & a & 5\end{pmatrix}$ 的特征方程有一个二重根，求 a 的值，并讨论 $\boldsymbol{A}$ 是否可相似对角化.

解　先求出 $\boldsymbol{A}$ 的特征值，再根据其二重根是否有两个线性无关的特征向量，以确定 $\boldsymbol{A}$ 是否可相似对角化. $\boldsymbol{A}$ 的特征多项式为

$$|\lambda\boldsymbol{I}-\boldsymbol{A}|=(\lambda-2)(\lambda^2-8\lambda+18+3a)$$

(1) 当 $\lambda=2$ 是特征方程的二重根时，2 为 $\lambda^2-8\lambda+18+3a=0$ 的根，有 $2^2-16+18+3a=0$，解得 $a=-2$.

当 $a=-2$ 时，$\boldsymbol{A}$ 的特征值为 2,2,6，此时矩阵 $2\boldsymbol{I}-\boldsymbol{A}$ 的秩为 1，故 $\lambda=2$ 对应的线性无关的特征向量有两个，从而 $\boldsymbol{A}$ 可相似对角化.

(2)若$\lambda=2$不是特征方程的二重根时,$\lambda^2-8\lambda+18+3a=0$有重根,则$\lambda^2-8\lambda+18+3a$为完全平方,从而由二次三项式判别式

$$\Delta=b^2-4ac=(-8)^2-4(18+3a)=0$$

有$18+3a=16$,解得$a=-2/3$.

当$a=-2/3$时,$\boldsymbol{A}$的特征值为2,4,4,此时矩阵$4\boldsymbol{I}-\boldsymbol{A}$秩为2,故$\lambda=4$对应的线性无关的特征向量仅一个,从而$\boldsymbol{A}$不可相似对角化.

其实矩阵对角化常与矩阵相似问题关联,请看:

例4 若矩阵$\boldsymbol{A}=\begin{pmatrix}-2&0&0\\2&x&2\\3&1&1\end{pmatrix}$,且$\boldsymbol{B}=\begin{pmatrix}-1&&\\&-2&\\&&y\end{pmatrix}$,又它们相似即$\boldsymbol{A}\sim\boldsymbol{B}$.(1)求$x,y$值;(2)求可逆阵$\boldsymbol{P}$使$\boldsymbol{P}^{-1}\boldsymbol{AP}=\boldsymbol{B}$.

解 由$\boldsymbol{A}\sim\boldsymbol{B}$知$|\lambda\boldsymbol{I}-\boldsymbol{A}|=|\lambda\boldsymbol{I}-\boldsymbol{B}|$,而$\boldsymbol{B}$有特征根$-1$,2和$y$,这样只需计算$|\lambda\boldsymbol{I}-\boldsymbol{A}|$,再与$|\lambda\boldsymbol{I}-\boldsymbol{B}|$比较.

(1)由题设可有

$$|\lambda\boldsymbol{I}-\boldsymbol{A}|=(\lambda+2)[\lambda^2-(x+1)\lambda+(x-2)]$$

又$\boldsymbol{A}\sim\boldsymbol{B}$,且知$\boldsymbol{B}$有特征根$-1$,2和$y$,而由上式知$\boldsymbol{A}$有$-2$的特征根,它亦是$\boldsymbol{B}$的特征根,从而有$y=-2$.

显然,-1,2适合$\lambda^2-(x+1)\lambda+(x-2)=0$,有$x=0$.

(2)易求得$\boldsymbol{A}$对应于-1,2,-2的特征向量分别为

$$\boldsymbol{\alpha}_1=(0,2,-1)^{\mathrm{T}},\quad \boldsymbol{\alpha}_2=(0,1,1)^{\mathrm{T}},\quad \boldsymbol{\alpha}_3=(1,0,-1)^{\mathrm{T}}$$

从而$\boldsymbol{P}=(\boldsymbol{\alpha}_1,\boldsymbol{\alpha}_2,\boldsymbol{\alpha}_3)$可使$\boldsymbol{P}^{-1}\boldsymbol{AP}=\boldsymbol{B}$.

注 这里$\boldsymbol{B}$是对角阵,已为我们的求解工作带来足够多的信息.显然下面的问题与本题无异:

问题 若矩阵$\boldsymbol{A}=\begin{pmatrix}1&-1&1\\2&4&-2\\-3&-3&a\end{pmatrix}$,且$\boldsymbol{B}=\begin{pmatrix}2&&\\&2&\\&&b\end{pmatrix}$,又$\boldsymbol{A}\sim\boldsymbol{B}$.(1)求$a,b$;(2)求$\boldsymbol{P}$使$\boldsymbol{P}^{-1}\boldsymbol{AP}=\boldsymbol{B}$.

略解 由$|\lambda\boldsymbol{I}-\boldsymbol{A}|=(\lambda-2)[\lambda^2-(a+3)\lambda+3(a-1)]$,又$\boldsymbol{B}$有特征根2,2,$b$,且知2适合

$$\lambda^2-(a+3)\lambda+3(a-1)=0$$

故$a=5$,进而当$a=5$时上方程解得$\lambda_1=2,\lambda_2=6$.从而$b=6$.

易求得$\boldsymbol{\alpha}_1=(1,-1,0)^{\mathrm{T}},\boldsymbol{\alpha}_2=(1,0,1)^{\mathrm{T}},\boldsymbol{\alpha}_3=(1,-2,3)^{\mathrm{T}}$中$\boldsymbol{A}$相应于特征根2,2,6的特征向量.从而所求矩阵

$$\boldsymbol{P}=(\boldsymbol{\alpha}_1,\boldsymbol{\alpha}_2,\boldsymbol{\alpha}_3)$$

由于$\boldsymbol{B}$系对角阵,这为求$\boldsymbol{P}$使$\boldsymbol{PAP}^{-1}=\boldsymbol{B}$亦带来方便,倘若$\boldsymbol{B}$非对角阵,如何求$\boldsymbol{P}$使$\boldsymbol{PAP}^{-1}=\boldsymbol{B}$?

此时,先有$\boldsymbol{P}_1$使$\boldsymbol{P}_1\boldsymbol{AP}_1^{-1}=\boldsymbol{\Lambda}$(特征根为对角元的对角阵),再有$\boldsymbol{P}_2$使$\boldsymbol{P}_2^{-1}\boldsymbol{BP}_2=\boldsymbol{\Lambda}$,

从而$\boldsymbol{P}_1\boldsymbol{AP}_1^{-1}=\boldsymbol{P}_2^{-1}\boldsymbol{BP}_2$,这样$\boldsymbol{P}_2\boldsymbol{P}_1\boldsymbol{AP}_1\boldsymbol{P}_2^{-1}=\boldsymbol{B}$,即$(\boldsymbol{P}_2\boldsymbol{P}_1)\boldsymbol{A}(\boldsymbol{P}_2\boldsymbol{P}_1)^{-1}=\boldsymbol{B}$,显然$\boldsymbol{P}=\boldsymbol{P}_2\boldsymbol{P}_1$.

此外,$\boldsymbol{P}^{-1}\boldsymbol{AP}=\boldsymbol{\Lambda}$的结果常用来计算$\boldsymbol{A}$的方幂$\boldsymbol{A}^n$.

例5 设$\boldsymbol{A}=\begin{pmatrix}a&b\\c&d\end{pmatrix}$,且$b\neq0$,又$\boldsymbol{A}$有两个相等的特征根$\lambda_0$,求非奇异阵$\boldsymbol{C}$使$\boldsymbol{CAC}^{-1}=\begin{pmatrix}\lambda_0&1\\0&\lambda_0\end{pmatrix}$.

解 令$\boldsymbol{C}^{-1}=\begin{pmatrix}x_1&x_2\\x_3&x_3\end{pmatrix}$,由题设有$\boldsymbol{AC}^{-1}=\boldsymbol{C}^{-1}\begin{pmatrix}\lambda_0&1\\0&\lambda_0\end{pmatrix}$,即

$$\begin{cases} ax_1+bx_3=\lambda_0 x_1 & ①\\ cx_1+dx_3=\lambda_0 x_3 & ②\\ ax_2+bx_4=x_1+\lambda_0 x_2 & ③\\ cx_2+dx_4=x_3+\lambda_0 x_4 & ④\end{cases}$$

由式①、式②得$\begin{cases}(a-\lambda_0)x_1+bx_3=0\\ cx_1+(d-\lambda_0)x_3=0\end{cases}$

其系数矩阵秩为 1，故知其与方程组$(a-\lambda_0)x_1+bx_3=0$同解.

令 $x_1=b$，得 $x_3=\lambda_0-a$.

将 $x_1=b$ 代入式③有$(a-\lambda_0)x_2+bx_4=b$. 令 $x_2=0$ 得 $x_4=1$.

从而可得 $\boldsymbol{C}^{-1}=\begin{pmatrix} b & 0\\ \lambda_0-a & 1\end{pmatrix}$，这样可有 $\boldsymbol{C}=\begin{pmatrix} 1/b & 0\\ (a-\lambda_0)/b & 1\end{pmatrix}$.

注　这里 $\boldsymbol{CAC}^{-1}$ 并非对角阵，而是 Jordan 阵.

下面的例子也是利用矩阵特征根进行矩阵其他运算的例子.

例 6　若矩阵 $\boldsymbol{A}\in\mathbf{R}^{2\times 2}$，且 $\boldsymbol{A}^2=\boldsymbol{B}^2=\boldsymbol{I}$，且 $\boldsymbol{AB}+\boldsymbol{BA}=\boldsymbol{O}$，证明存在非奇异阵 $\boldsymbol{T}$ 使

$$\boldsymbol{TAT}^{-1}=\begin{pmatrix}1 & 0\\ 0 & -1\end{pmatrix},\quad \boldsymbol{TBT}^{-1}=\begin{pmatrix}0 & 1\\ 1 & 0\end{pmatrix}$$

证　由 $\boldsymbol{A}^2=\boldsymbol{B}^2=\boldsymbol{I}$，知 $\boldsymbol{A},\boldsymbol{B}$ 的特征根均为± 1.

又由 $\boldsymbol{AB}+\boldsymbol{BA}=\boldsymbol{O}$，知 $\boldsymbol{A}\neq\pm\boldsymbol{I}$，$\boldsymbol{B}\neq\pm\boldsymbol{I}$(否则另一矩阵为 $\boldsymbol{O}$).

设有 $\boldsymbol{S}$ 使 $\boldsymbol{SAS}^{-1}=\begin{pmatrix}1 & 0\\ 0 & -1\end{pmatrix}$，考虑 $\boldsymbol{C}=\boldsymbol{SBS}^{-1}$，则

$$\boldsymbol{C}^2=(\boldsymbol{SBS}^{-1})(\boldsymbol{SBS}^{-1})=\boldsymbol{SB}^2\boldsymbol{S}^{-1}=\boldsymbol{I}$$

且由 $\boldsymbol{S}(\boldsymbol{AB}+\boldsymbol{BA})\boldsymbol{S}^{-1}=\boldsymbol{O}$，则

$$(\boldsymbol{SAS}^{-1})(\boldsymbol{SAS}^{-1})+(\boldsymbol{SBS}^{-1})(\boldsymbol{SAS}^{-1})=\boldsymbol{O}$$

即

$$\boldsymbol{C}(\boldsymbol{SAS}^{-1})=\boldsymbol{C}\begin{pmatrix}1 & 0\\ 0 & -1\end{pmatrix}=\boldsymbol{O}$$

故 $\boldsymbol{C}=\begin{pmatrix}1 & 1/c\\ c & 0\end{pmatrix}$，$c\neq 0$. 再取 $\boldsymbol{D}=\begin{pmatrix}ck & \boldsymbol{O}\\ \boldsymbol{O} & k\end{pmatrix}$，则 $\boldsymbol{T}=\boldsymbol{DS}$ 满足

$$\boldsymbol{TAT}^{-1}=\begin{pmatrix}1 & 0\\ 0 & -1\end{pmatrix},\quad \boldsymbol{TAT}^{-1}=\begin{pmatrix}0 & 1\\ 1 & 0\end{pmatrix}$$

注　问题的结论可以推到 n 阶矩阵的情形.

例 7　已知 $\boldsymbol{A}=\begin{pmatrix}2 & -1 & -2 & 1\\ -1 & 2 & 1 & -1\\ -1 & 1 & 2 & -1\\ 1 & -1 & -1 & 2\end{pmatrix}$，且有 $\boldsymbol{T}$ 使 $\boldsymbol{T}^{\mathrm{T}}\boldsymbol{AT}=\begin{pmatrix}1 & & & \\ & 1 & & \\ & & 1 & \\ & & & 5\end{pmatrix}$，其中矩阵

$$\boldsymbol{T}=\frac{1}{6}\begin{pmatrix}3\sqrt{2} & \sqrt{6} & \sqrt{3} & 3\\ 3\sqrt{2} & -\sqrt{6} & -\sqrt{3} & -3\\ 0 & 2\sqrt{6} & -\sqrt{3} & -3\\ 0 & 0 & -3\sqrt{3} & 3\end{pmatrix}$$

(1)求 $\boldsymbol{A}$ 的特征值和特征向量;(2)求 $2\boldsymbol{A}^2+\boldsymbol{I}$ 的特征值;(3)求把 $2\boldsymbol{A}^2+\boldsymbol{I}$ 化为对角形的变换矩阵.

解 (1)易于验证 $\boldsymbol{T}^{\mathrm{T}}\boldsymbol{T}=\boldsymbol{T}\boldsymbol{T}^{\mathrm{T}}=\boldsymbol{I}$,故 $\boldsymbol{T}^{\mathrm{T}}=\boldsymbol{T}^{-1}$.从而知 $\boldsymbol{A}$ 的特征值为 $\lambda_1=\lambda_2=\lambda_3=1,\lambda_4=5$.

而对应于 $\lambda_1,\lambda_2,\lambda_3$ 的特征向量分别为 $(1,0,0,-1),(0,1,0,1),(0,0,1,1)$;且对应于 λ_4 的特征向量为 $(1,-1,-1,1)$.

(2)设 $f(x)=2x^2+1$,则 $f(\boldsymbol{A})=2\boldsymbol{A}^2+\boldsymbol{I}$ 的特征值为 $\mu_1=\mu_2=\mu_3=f(\lambda_1)=3,\mu_4=f(\lambda_2)=51$.

(3)因 $\boldsymbol{T}^{\mathrm{T}}=\boldsymbol{T}^{-1}$,又 $\boldsymbol{T}^{-1}(2\boldsymbol{A}^2+\boldsymbol{I})\boldsymbol{T}=2(\boldsymbol{T}^{-1}\boldsymbol{A}\boldsymbol{T})^2+\boldsymbol{I}=\mathrm{diag}\{3,3,3,51\}$,故所求变换矩阵是 $\boldsymbol{T}$.

例 8 若矩阵 $\boldsymbol{A},\boldsymbol{B}\in\mathbf{R}^{3\times 3}$,且可逆.又 λ_i^{-1}(λ_i 是正整数)是 $\boldsymbol{A}$ 的特征值$(i=1,2,3)$,且 $-5,1,7$ 是 $\boldsymbol{B}$ 的特征值.若 $\boldsymbol{B}=(\boldsymbol{A}^{-1})^2-6\boldsymbol{A}$,求 $\lambda_1,\lambda_2,\lambda_3$,且写出 $\boldsymbol{A},\boldsymbol{A}^{-1},\boldsymbol{B}$ 的标准形.

解 1 由设有 $\boldsymbol{P}$ 使

$$\boldsymbol{P}^{-1}\boldsymbol{A}\boldsymbol{P}=\mathrm{diag}\{1/\lambda_1,1/\lambda_2,1/\lambda_3\}=\boldsymbol{\Lambda}$$

则 $\boldsymbol{A}=\boldsymbol{P}\boldsymbol{\Lambda}\boldsymbol{P}^{-1}$,而

$$\boldsymbol{A}^{-1}=(\boldsymbol{P}\boldsymbol{\Lambda}\boldsymbol{P}^{-1})=\boldsymbol{P}\boldsymbol{\Lambda}^{-1}\boldsymbol{P}^{-1}$$

又

$$(\boldsymbol{A}^{-1})^2=\boldsymbol{P}(\Lambda^{-1})^2\boldsymbol{P}^{-1}$$

以及

$$-6\boldsymbol{A}=\boldsymbol{P}(-6\Lambda)\boldsymbol{P}^{-1}$$

故

$$\boldsymbol{B}=\boldsymbol{P}\mathrm{diag}\left\{\lambda_1^2-\frac{6}{\lambda_1},\lambda_2^2-\frac{6}{\lambda_2},\lambda_3^2-\frac{6}{\lambda_3}\right\}\boldsymbol{P}^{-1}$$

注意到 $\boldsymbol{B}$ 的特征根分别为 $-5,1,7$,则有 $\lambda_1=1,\lambda_2=2,\lambda_3=3$.

故 $\boldsymbol{A}\sim\mathrm{diag}\{1,1/2,1/3\}$,从而 $\boldsymbol{A}^{-1}\sim\mathrm{diag}\{1,2,3\}$,且 $\boldsymbol{B}\sim\mathrm{diag}\{-5,1,7\}$.

解 2 由题设必有 3 阶可逆阵 $\boldsymbol{X}$,使

$$\boldsymbol{X}^{-1}\boldsymbol{A}\boldsymbol{X}=\mathrm{diag}\left\{\frac{1}{\lambda_1},\frac{1}{\lambda_2},\frac{1}{\lambda_3}\right\}\Rightarrow\boldsymbol{A}=\boldsymbol{X}\mathrm{diag}\left\{\frac{1}{\lambda_1},\frac{1}{\lambda_2},\frac{1}{\lambda_3}\right\}\boldsymbol{X}^{-1}$$

因而

$$\boldsymbol{A}^{-1}=\left[\boldsymbol{X}\mathrm{diag}\left\{\frac{1}{\lambda_1},\frac{1}{\lambda_2},\frac{1}{\lambda_3}\right\}\boldsymbol{X}^{-1}\right]^{-1}=\boldsymbol{X}\left[\mathrm{diag}\left\{\frac{1}{\lambda_1},\frac{1}{\lambda_2},\frac{1}{\lambda_3}\right\}\right]^{-1}\boldsymbol{X}^{-1}=\boldsymbol{X}\mathrm{diag}\{\lambda_1,\lambda_2,\lambda_3\}\boldsymbol{X}^{-1}$$

于是 $(\boldsymbol{A}^{-1})^2=\boldsymbol{X}\mathrm{diag}\{\lambda_1^2,\lambda_2^2,\lambda_3^2\}\boldsymbol{X}^{-1}$,又

$$-6\boldsymbol{A}=6\boldsymbol{X}\mathrm{diag}\left\{\frac{1}{\lambda_1},\frac{1}{\lambda_2},\frac{1}{\lambda_3}\right\}\boldsymbol{X}^{-1}=\boldsymbol{X}\mathrm{diag}\left\{-\frac{6}{\lambda_1},-\frac{6}{\lambda_2},-\frac{6}{\lambda_3}\right\}\boldsymbol{X}^{-1}$$

由题设 $\boldsymbol{B}=(\boldsymbol{A}^{-1})^2-6\boldsymbol{A}$,故有

$$\boldsymbol{X}^{-1}\boldsymbol{B}\boldsymbol{X}=\boldsymbol{X}^{-1}\left[\boldsymbol{X}\mathrm{diag}\{\lambda_1^2,\lambda_2^2,\lambda_3^2\}\boldsymbol{X}^{-1}+\boldsymbol{X}\mathrm{diag}\left\{-\frac{6}{\lambda_1},-\frac{6}{\lambda_2},-\frac{6}{\lambda_3}\right\}\boldsymbol{X}^{-1}\right]\boldsymbol{X}=$$

$$\mathrm{diag}\left\{\lambda_1^2-\frac{6}{\lambda_1},\lambda_2^2-\frac{6}{\lambda_2},\lambda_3^2-\frac{6}{\lambda_3}\right\}=\mathrm{diag}\{-5,1,7\}$$

由上于是可得方程组

$$\begin{cases}\lambda_1^3-5\lambda_1-6=0\\ \lambda_2^3-\lambda_2-6=0\\ \lambda_3^3-7\lambda_3-6=0\end{cases}$$

即

$$\begin{cases}(\lambda_1-1)(\lambda_1^2+\lambda_1+6)=0\\ (\lambda_2-2)(\lambda_2^2+2\lambda_2+3)=0\\ (\lambda_3-3)(\lambda_3^2+3\lambda_2+2)=0\end{cases}$$

因 $\lambda_1,\lambda_2,\lambda_3$ 是正整数，故 $\lambda_1=1,\lambda_2=2,\lambda_3=3$.

综上 $\boldsymbol{A},\boldsymbol{A}^{-1}$ 和 $\boldsymbol{B}$ 的标准形依次为

$$\begin{pmatrix}1&&\\&1/2&\\&&1/3\end{pmatrix},\quad\begin{pmatrix}1&&\\&2&\\&&3\end{pmatrix},\quad\begin{pmatrix}-5&&\\&1&\\&&7\end{pmatrix}$$

例 9　设 $\boldsymbol{A}\in\mathbf{R}^{3\times3}$，又 $\boldsymbol{\alpha}_1,\boldsymbol{\alpha}_2$ 分别为 $\boldsymbol{A}$ 属于特征值 -1 和 1 的特征向量，向量 $\boldsymbol{\alpha}_3$ 满足 $\boldsymbol{A\alpha}_3=\boldsymbol{\alpha}_2+\boldsymbol{\alpha}_3$. (1)证明 $\boldsymbol{\alpha}_1,\boldsymbol{\alpha}_2,\boldsymbol{\alpha}_3$ 线性无关；(2)若令 $\boldsymbol{P}=(\boldsymbol{\alpha}_1,\boldsymbol{\alpha}_2,\boldsymbol{\alpha}_3)$，求 $\boldsymbol{P}^{-1}\boldsymbol{AP}$.

解　首先由题设知 $\boldsymbol{\alpha}_1,\boldsymbol{\alpha}_2$ 线性无关（它们分属 $\boldsymbol{A}$ 的不同特征值），且 $\boldsymbol{A\alpha}_1=-\boldsymbol{\alpha}_1,\boldsymbol{A\alpha}_2=\boldsymbol{\alpha}_2$.

若有 k_1,k_2,k_3 使

$$k_1\boldsymbol{\alpha}_1+k_2\boldsymbol{\alpha}_2+k_2\boldsymbol{\alpha}_3=\boldsymbol{0}$$

则有

$$\boldsymbol{A}(k_1\boldsymbol{\alpha}_1+k_2\boldsymbol{\alpha}_2+k_2\boldsymbol{\alpha}_3)=-k_1\boldsymbol{\alpha}_1+(k_2+k_3)\boldsymbol{\alpha}+k_3\boldsymbol{\alpha}_3=\boldsymbol{0}$$

上两式两边相减又有 $2k_1\boldsymbol{\alpha}_1-k_3\boldsymbol{\alpha}_2=\boldsymbol{0}$，因 $\boldsymbol{\alpha}_1,\boldsymbol{\alpha}_2$ 线性无关，知 $k_1=k_3=0$. 代入前式可得 $k_2=0$（因 $\boldsymbol{\alpha}_2\neq\boldsymbol{0}$）.

令 $\boldsymbol{P}=(\boldsymbol{\alpha}_1,\boldsymbol{\alpha}_2,\boldsymbol{\alpha}_3)$，由 $\boldsymbol{\alpha}_1,\boldsymbol{\alpha}_2,\boldsymbol{\alpha}_3$ 线性无关，知 $\boldsymbol{P}$ 可逆. 又因

$$\boldsymbol{AP}=\boldsymbol{A}(\boldsymbol{\alpha}_1,\boldsymbol{\alpha}_2,\boldsymbol{\alpha}_3)=(\boldsymbol{A\alpha}_1,\boldsymbol{A\alpha}_2,\boldsymbol{A\alpha}_3)=(\boldsymbol{\alpha}_1,\boldsymbol{\alpha}_2,\boldsymbol{\alpha}_3)\begin{pmatrix}-1&&\\&1&1\\&&1\end{pmatrix}=\boldsymbol{P}\begin{pmatrix}-1&&\\&1&1\\&&1\end{pmatrix}$$

从而

$$\boldsymbol{P}^{-1}\boldsymbol{AP}=\begin{pmatrix}-1&&\\&1&1\\&&1\end{pmatrix}$$

下面的例子与上例类同，只是它与线性方程组问题有关联.

例 10　设矩阵 $\boldsymbol{A}\in\mathbf{R}^{3\times3}$，且 $\boldsymbol{A}^{\mathrm{T}}=\boldsymbol{A}$，又 $\boldsymbol{A}$ 的各行元素之和均为 3. 已知向量 $\boldsymbol{\alpha}_1=(-1,2,-1)^{\mathrm{T}}$，$\boldsymbol{\alpha}_2=(0,-1,1)^{\mathrm{T}}$ 是线性方程组 $\boldsymbol{Ax}=\boldsymbol{0}$ 的两个解. (1)求 $\boldsymbol{A}$ 的特征值和特征向量；(2)求正交阵 $\boldsymbol{Q}$ 和对角阵 $\boldsymbol{\Lambda}$ 使 $\boldsymbol{Q}^{T}\boldsymbol{AQ}=\boldsymbol{\Lambda}$.

解　(1)由题设 $\boldsymbol{A}(1,1,1)^{\mathrm{T}}=3(1,1,1)^{\mathrm{T}}$，故 3 是 $\boldsymbol{A}$ 的一个特征值，且 $(1,1,1)^{\mathrm{T}}$ 为其相应的特征向量.

由设 $\boldsymbol{\alpha}_1,\boldsymbol{\alpha}_2$ 是 $\boldsymbol{Ax}=\boldsymbol{0}$ 的两个解，即 $\boldsymbol{A\alpha}_1=\boldsymbol{0}=0\boldsymbol{\alpha}_1,\boldsymbol{A\alpha}_2=\boldsymbol{0}=0\boldsymbol{\alpha}_2$. 知 $\lambda=0$（二垂）是 $\boldsymbol{A}$ 的两个重特征根，它对应的特征向量为 $\boldsymbol{\alpha}_1,\boldsymbol{\alpha}_2$.

(2)记 $\boldsymbol{\xi}_1=(1,1,1)^{\mathrm{T}}$，则 $\boldsymbol{\xi}_1,\boldsymbol{\alpha}_1,\boldsymbol{\alpha}_2$ 是 $\boldsymbol{A}$ 的三个特征向量，现将它们正交化：

又 $\boldsymbol{\alpha}_1$ 与 $(1,1,1)^{\mathrm{T}}$ 已正交（因 $\boldsymbol{A}^{\mathrm{T}}=\boldsymbol{A}$，即 $\boldsymbol{A}$ 对称，又它们属于不同特征值），可取

$$\boldsymbol{\xi}_2=\boldsymbol{\alpha}_1,\quad \boldsymbol{\xi}_3=\boldsymbol{\alpha}_2-\frac{(\boldsymbol{\alpha}_2,\boldsymbol{\xi}_2)}{(\boldsymbol{\xi}_2,\boldsymbol{\xi}_2)}\boldsymbol{\xi}_2=\left(-\frac{1}{2},0,\frac{1}{2}\right)^{\mathrm{T}}$$

再将它们单位化后有

$$\bar{\boldsymbol{\xi}}_1=(1/\sqrt{3},1/\sqrt{3},1/\sqrt{3})^{\mathrm{T}},\quad \bar{\boldsymbol{\xi}}_2=(-1/\sqrt{6},2/\sqrt{6},-1/\sqrt{6})^{\mathrm{T}},\quad \bar{\boldsymbol{\xi}}_3=(-1/\sqrt{2},0,1/\sqrt{2})^{\mathrm{T}}$$

取 $\boldsymbol{Q}=(\boldsymbol{\beta}_1,\boldsymbol{\beta}_2,\boldsymbol{\beta}_3)$，则

$$\boldsymbol{Q}^{\mathrm{T}}\boldsymbol{AQ}=\mathrm{diag}\{3,0,0\}=\boldsymbol{\Lambda}$$

下面是一则稍复杂的矩阵对角化问题，这种矩阵我们在行列式一章已经遇到过，它有着奇特的性质. 请看：

例 11　设 $a_0,a_1,\cdots,a_{n-1}$ 是 n 个实数，$\boldsymbol{C}=(c_{ij})_{n\times n}$ 是 n 阶方阵：

$$C=\begin{pmatrix}0&1&\cdots&0&0\\0&0&\cdots&0&0\\\vdots&\vdots&&\vdots&\vdots\\0&0&\cdots&0&1\\-a_0&-a_1&\cdots&-a_{n-2}&-a_{n-1}\end{pmatrix}$$

(1)若 λ 是 $\boldsymbol{C}$ 的特征根,则 $(1,\lambda,\lambda^2,\cdots,\lambda^{n-1})^{\mathrm{T}}$ 是对应于 λ 的特征向量;

(2)若 $\boldsymbol{C}$ 的特征根两两相异且为已知,求满秩(可逆)矩阵 $\boldsymbol{P}$,使

$$\boldsymbol{P}^{-1}\boldsymbol{CP}=\mathrm{diag}\{\lambda_1,\lambda_2,\cdots,\lambda_n\}$$

解 1 (1)由前面行列式一章的例知 $\boldsymbol{C}$ 的特征多项式

$$|\boldsymbol{C}-\lambda\boldsymbol{I}|=(-1)^n(\lambda^n+a_{n-1}\lambda^{n-1}+\cdots+a_1\lambda+a_0)$$

若 λ 是 $\boldsymbol{C}$ 的特征值,则必有

$$\lambda^n=-(a_{n-1}\lambda^{n-1}+\cdots+a_1\lambda+a_0)$$

故

$$\boldsymbol{C}\begin{pmatrix}1\\\lambda\\\lambda^2\\\vdots\\\lambda^{n-1}\end{pmatrix}=\begin{pmatrix}\lambda\\\lambda^2\\\lambda^3\\\vdots\\-\sum_{k=0}^{n-1}a_k\lambda^k\end{pmatrix}=\begin{pmatrix}\lambda\\\lambda^2\\\lambda^3\\\vdots\\\lambda^n\end{pmatrix}=\lambda\begin{pmatrix}1\\\lambda\\\lambda^2\\\vdots\\\lambda^{n-1}\end{pmatrix}$$

即 $\boldsymbol{x}=(1,\lambda,\lambda^2,\cdots,\lambda^{n-1})^{\mathrm{T}}$ 为 $\boldsymbol{C}$ 相应于 λ 的特征向量.

(2)因 $\lambda_i(i=1,2,\cdots,n)$ 是 n 个两两相异的特征值,由(1)其相应特征向量

$$\boldsymbol{x}_i=(1,\lambda_i,\lambda_i^2,\cdots,\lambda_i^{n-1})\quad(i=1,2,\cdots,n)$$

是一个线性无关组,又 $\boldsymbol{Cx}_i=\lambda_i\boldsymbol{x}_i$,故有

$$\boldsymbol{C}(\boldsymbol{x}_1,\boldsymbol{x}_2,\cdots,\boldsymbol{x}_n)=(\boldsymbol{Cx}_1,\boldsymbol{Cx}_2,\cdots,\boldsymbol{Cx}_n)=(\lambda_1\boldsymbol{x}_1,\lambda_2\boldsymbol{x}_2,\cdots,\lambda_n\boldsymbol{x}_n)=$$

$$\begin{pmatrix}\lambda_1&\lambda_2&\cdots&\lambda_n\\\lambda_1^2&\lambda_2^2&\cdots&\lambda_n^2\\\vdots&\vdots&&\vdots\\\lambda_1^n&\lambda_2^n&\cdots&\lambda_n^n\end{pmatrix}=\begin{pmatrix}1&1&\cdots&1\\\lambda_1&\lambda_2&\cdots&\lambda_n\\\vdots&\vdots&&\vdots\\\lambda_1^{n-1}&\lambda_2^{n-1}&\cdots&\lambda_n^{n-1}\end{pmatrix}\begin{pmatrix}\lambda_1&&&\\&\lambda_2&&\\&&\ddots&\\&&&\lambda_n\end{pmatrix}$$

记

$$\boldsymbol{P}=(\boldsymbol{x}_1,\boldsymbol{x}_2,\cdots,\boldsymbol{x}_n)=\begin{pmatrix}1&1&\cdots&1\\\lambda_1&\lambda_2&\cdots&\lambda_n\\\vdots&\vdots&&\vdots\\\lambda_1^{n-1}&\lambda_2^{n-1}&\cdots&\lambda_n^{n-1}\end{pmatrix}$$

则

$$\boldsymbol{P}^{-1}\boldsymbol{CP}=\mathrm{diag}\{\lambda_1,\lambda_2,\cdots,\lambda_n\}$$

解 2 由设

$$0=|\lambda\boldsymbol{I}-\boldsymbol{C}|=\lambda^n+a_{n-1}\lambda^{n-1}+a_{n-2}\lambda^{n-2}+\cdots+a_1\lambda+a_0$$

则

$$-a_0-a_1\lambda-\cdots-a_{n-2}\lambda^{n-2}-a_{n-1}\lambda^{n-1}=\lambda^n$$

注意到

$$C\begin{pmatrix}1\\\lambda\\\lambda^2\\\vdots\\\lambda^{n-2}\\\lambda^{n-1}\end{pmatrix}=\begin{pmatrix}\lambda\\\lambda^2\\\lambda^3\\\vdots\\\lambda^{n-1}\\-\sum_{n=0}^{n-1}a_k\lambda^k\end{pmatrix}=\begin{pmatrix}\lambda\\\lambda^2\\\lambda^3\\\vdots\\\lambda^{n-1}\\\lambda^n\end{pmatrix}=\lambda\begin{pmatrix}1\\\lambda\\\lambda^2\\\vdots\\\lambda^{n-2}\\\lambda^{n-1}\end{pmatrix}$$

根据定义，$(1,\lambda,\lambda^2,\cdots,\lambda^{n-1})^{\mathrm T}$ 是 $\boldsymbol C$ 的对应于 λ 的特征向量.

(2)根据(1)有 $(1,\lambda,\lambda^2,\cdots,\lambda^{n-1})^{\mathrm T}$ 是 $\boldsymbol C$ 的对应于 λ_1 的特征向量.令

$$\boldsymbol P=\begin{pmatrix}1&1&\cdots&1\\\lambda_1&\lambda_2&\cdots&\lambda_n\\\lambda_1^2&\lambda_2^2&\cdots&\lambda_n^2\\\vdots&\vdots&&\vdots\\\lambda_1^{n-1}&\lambda_2^{n-1}&\cdots&\lambda_n^{n-1}\end{pmatrix}$$

由题设 $\lambda_i\neq\lambda_j(i\neq j)$，故 $\boldsymbol P$ 满秩(范德蒙矩阵).则

$$\boldsymbol P^{-1}\boldsymbol{CP}=\mathrm{diag}\{\lambda_1,\lambda_2,\cdots,\lambda_n\}$$

注　矩阵 $\boldsymbol C$ 我们在行列式一节中已有介绍，它被称为 Frobeius 矩阵，又称为 $a_0,a_1,\cdots,a_{n-1}$ 的友阵.

这是已知矩阵特征值反求矩阵的一种直接表示式，当然还要结合**韦达定理**：

定理　若 $x_1,x_2,\cdots,x_n$ 是 $f(x)=x^n+a_{n-1}x^{n-1}+\cdots+a_1x+a_0$ 的 n 个根，则 $x_1+x_2+\cdots+x_n=-a_{n-1},x_1x_2+x_1x_3+\cdots+x_nx_{n-1}=a_{n-2},\cdots,x_1x_2\cdots x_n=(-1)^na_0$.

命题证明可由等式 $\prod\limits_{k=1}^{n}(x-x_k)=f(x)$ 通过式左展开再比较两边系数完成.

下面的例子我们在行列式一章已有提及.请看：

例 12　设 n 阶矩阵

$$\boldsymbol A=\begin{pmatrix}1&b&\cdots&b\\b&1&\cdots&b\\\vdots&\vdots&&\vdots\\b&b&\cdots&1\end{pmatrix}$$

(1)求 $\boldsymbol A$ 的特征值和特征向量；(2)求可逆矩阵 $\boldsymbol P$，使得 $\boldsymbol P^{-1}\boldsymbol{AP}$ 为对角矩阵.

解　(1)该问题我们并不陌生(见前文例)，但这里要讨论参数 b.

①当 $b\neq0$ 时，注意到行列式

$$|\lambda\boldsymbol I-\boldsymbol A|=\begin{vmatrix}\lambda-1&-b&\cdots&-b\\-b&\lambda-1&\cdots&-b\\\vdots&\vdots&&\vdots\\-b&-b&\cdots&\lambda-1\end{vmatrix}=[\lambda-1-(n-1)b][\lambda-(1-b)]^{n-1}$$

故 $\boldsymbol A$ 的特征值为

$$\lambda_1=1+(n-1)b,\quad \lambda_2=\cdots=\lambda_n=1-b$$

对于 $\lambda_1=1+(n-1)b$，设 $\boldsymbol A$ 的属于特征值 λ_1 的一个特征向量为 $\boldsymbol\xi_1$，则

$$\begin{pmatrix}1&b&\cdots&b\\b&1&\cdots&b\\\vdots&\vdots&&\vdots\\b&b&\cdots&1\end{pmatrix}\boldsymbol\xi_1=[1+(n-1)b]\boldsymbol\xi_1$$

解得 $\boldsymbol{\xi}_1=(1,1,\cdots,1)^{\mathrm{T}}$. 故全部特征向量为

$$k\boldsymbol{\xi}_1==k(1,1,\cdots,1)^{\mathrm{T}}\quad (k\text{ 为任意非零常数})$$

对于 $\lambda_2=\cdots=\lambda_n=1-b$,解齐次线性方程组$[(1-b)\boldsymbol{I}-\boldsymbol{A}]\boldsymbol{x}=\boldsymbol{0}$,由其系数阵经初等变换可化为

$$\begin{pmatrix} -b & -b & \cdots & -b \\ -b & -b & \cdots & -b \\ \vdots & \vdots & & \vdots \\ -b & -b & \cdots & -b \end{pmatrix} \to \begin{pmatrix} 1 & 1 & \cdots & 1 \\ 0 & 0 & \cdots & 0 \\ \vdots & \vdots & & \vdots \\ 0 & 0 & \cdots & 0 \end{pmatrix}$$

解得基础解系

$$\boldsymbol{\xi}_2=(1,-1,0,\cdots,0)^{\mathrm{T}},\quad \boldsymbol{\xi}_3=(1,0,-1,\cdots,0)^{\mathrm{T}},\quad \cdots,\quad \boldsymbol{\xi}_n=(1,0,0,\cdots,-1)^{\mathrm{T}}$$

故全部特征向量为 $k_2\boldsymbol{\xi}_2+\cdots+k_2\boldsymbol{\xi}_n(k_2,\cdots,k_n$ 是不全为零的常数).

②当 $b=0$ 时,特征值 $\lambda_1=\cdots=\lambda_n=1$,任意非零列向量均为其特征向量.

(2)①当 $b\neq 0$ 时,$\boldsymbol{A}$ 有 n 个线性无关的特征向量,令 $P=(\boldsymbol{\xi}_1,\boldsymbol{\xi}_2,\cdots,\boldsymbol{\xi}_n)$,则

$$\boldsymbol{P}^{-1}\boldsymbol{AP}=\mathrm{ding}\{1+(n-1)b,1-b,\cdots,1-b\}$$

②当 $b=0$ 时,$\boldsymbol{A}=\boldsymbol{I}$,对任意可逆矩阵 $\boldsymbol{P}$,均有 $\boldsymbol{P}^{-1}\boldsymbol{AP}=\boldsymbol{I}$.

注 特征向量 $\boldsymbol{\xi}_1=(1,1,\cdots,1)^{\mathrm{T}}$ 也可由求解齐次线性方程组$(\lambda_1\boldsymbol{I}-\boldsymbol{A})\boldsymbol{x}=\boldsymbol{0}$ 得出.

再来看一个是关于幂等矩阵的例子,这里将要利用"幂等矩阵的特征值都只能是±1"的结论将它化为对角型处理.

例 13 若 $\boldsymbol{A}$ 为 n 阶实对称幂等矩阵,且 $\mathrm{r}(\boldsymbol{A})=r$. (1)试求矩阵 $\boldsymbol{A}$ 的相似标准形,且说明理由;(2)计算行列式$|2\boldsymbol{I}-\boldsymbol{A}|$.

解 (1)由前面的例知 $\boldsymbol{A}$ 的特征值只能是 0 或 1.

又因 $\boldsymbol{A}$ 是 n 阶实对称矩阵,则必存在正交阵 $\boldsymbol{P}$ 使

$$\boldsymbol{P}^{-1}\boldsymbol{AP}=\mathrm{diag}\{\lambda_1,\lambda_2,\cdots,\lambda_n\}$$

注意到相似矩阵的秩相等,故

$$\boldsymbol{P}^{-1}\boldsymbol{AP}=\mathrm{diag}\{\underbrace{1,1,\cdots,1}_{r\text{个}},0,\cdots,0\}\quad (r=\mathrm{r}(\boldsymbol{A}))$$

因此 $\boldsymbol{A}=\boldsymbol{P}\mathrm{diag}\{1,1,\cdots,1,0,0,\cdots,0\}\boldsymbol{P}^{-1}$,中间矩阵即为 $\boldsymbol{A}$ 的相似标准型.

(2)由(1)的结论及 $\boldsymbol{I}=a\boldsymbol{PAP}^{-1}$ 有

$$2\boldsymbol{I}-\boldsymbol{A}=2\boldsymbol{I}-\boldsymbol{P}\mathrm{diag}\{1,1,\cdots,1,0,0,\cdots,0\}\boldsymbol{P}^{-1}=\boldsymbol{P}[2I-\mathrm{diag}\{1,1,\cdots,1,0,0,\cdots,0\}]\boldsymbol{P}^{-1}=$$
$$\boldsymbol{P}\mathrm{diag}\{1,1,\cdots,1,2,2,\cdots,2\}\boldsymbol{P}^{-1}$$

故

$$|2\boldsymbol{I}-\boldsymbol{A}|=|\boldsymbol{P}\mathrm{diag}\{1,1,\cdots,1,2,2,\cdots,2\}\boldsymbol{P}^{-1}|=2^{n-r}$$

注 1 前文我们曾指出,幂等阵(不一定对称)可化为对称阵(相似于).

注 2 由命题结论,我们不难证明:

命题 1 设 $\boldsymbol{A}$ 为实对称矩阵,且 $\boldsymbol{A}$ 的秩为 r,证明 $\boldsymbol{A}$ 可表示为 r 个秩为 1 的对称方阵之和.

略证 这只需注意到:$\boldsymbol{A}$ 为实对称阵,则有 $\boldsymbol{P}$ 使 $\boldsymbol{P}^{\mathrm{T}}=\boldsymbol{P}^{-1}$,且

$$\boldsymbol{A}=\boldsymbol{P}\mathrm{diag}\{1,1,\cdots,1,0,0,\cdots,0\}\boldsymbol{P}^{-1}=\boldsymbol{P}\mathrm{diag}\{1,0,0,\cdots,0\}\boldsymbol{P}^{-1}+$$
$$\boldsymbol{P}\mathrm{diag}\{0,1,0,0\cdots,0\}\boldsymbol{P}^{-1}+\cdots+\boldsymbol{P}\mathrm{diag}\{\underbrace{0,\cdots,0}_{r-1\text{个}},1,0,\cdots,0\}\boldsymbol{P}^{-1}$$

即可. 又若 $\boldsymbol{A}$ 为一般矩阵,则有:

命题 2 若 $\boldsymbol{A}\in\mathbf{R}^{n\times n}$,且 $\mathrm{r}(\boldsymbol{A})=r$,则 $\boldsymbol{A}$ 可表为 r 个秩 1 矩阵的和.

这是一个矩阵化为对角阵的例子.

例 14 设 $\boldsymbol{B}=\boldsymbol{\alpha\alpha}^{\mathrm{T}}$,其中 $\boldsymbol{\alpha}=(\alpha_1,\alpha_2,\cdots,\alpha_n)^{\mathrm{T}}$,又 $\alpha_i\in\mathbf{R}(i=1,2,\cdots,n)$. (1)试证 $\boldsymbol{B}^k=c\boldsymbol{B}$($c$ 为常数),

且求 c;(2)求 $\boldsymbol{P}$ 使 $\boldsymbol{P}^{-1}\boldsymbol{B}\boldsymbol{P}$ 为对角阵.

解 1 注意到 $\boldsymbol{\alpha}\boldsymbol{\alpha}^{\mathrm{T}}$ 是矩阵而 $\boldsymbol{\alpha}^{\mathrm{T}}\boldsymbol{\alpha}$ 是数的事实(我们多次强调),则

(1) 由题设及向量运算性质可有

$$\boldsymbol{B}^k=(\boldsymbol{\alpha}\boldsymbol{\alpha}^{\mathrm{T}})^K=\boldsymbol{\alpha}(\boldsymbol{\alpha}^{\mathrm{T}}\boldsymbol{\alpha})\boldsymbol{\alpha}^{\mathrm{T}}\cdots\boldsymbol{\alpha}(\boldsymbol{\alpha}^{\mathrm{T}}\boldsymbol{\alpha})\boldsymbol{\alpha}^{\mathrm{T}}\cdots\boldsymbol{\alpha}(\boldsymbol{\alpha}^{\mathrm{T}}\boldsymbol{\alpha})\boldsymbol{\alpha}^{\mathrm{T}}=(\boldsymbol{\alpha}^{\mathrm{T}}\boldsymbol{\alpha})\boldsymbol{\alpha}\boldsymbol{\alpha}^{\mathrm{T}}=(\boldsymbol{\alpha}^{\mathrm{T}}\boldsymbol{\alpha})^{k-1}\boldsymbol{B}=\Big(\sum_{i=1}^{n}a_i^2\Big)^{k-1}\boldsymbol{B}=c\boldsymbol{B}$$

(2) 由

$$\boldsymbol{B}=\begin{pmatrix}a_1\\a_2\\\vdots\\a_n\end{pmatrix}(a_1,a_2,\cdots,a_n)=\begin{pmatrix}a_1^2&a_1a_2&\cdots&a_1a_n\\a_2a_1&a_2^2&\cdots&a_2a_n\\\vdots&\vdots&&\vdots\\a_na_1&a_na_2&\cdots&a_n^2\end{pmatrix}$$

则

$$|\lambda\boldsymbol{I}-\boldsymbol{B}|=\begin{vmatrix}\lambda-a_1^2&-a_1a_2&\cdots&-a_1a_n\\-a_2a_1&\lambda-a_2^2&\cdots&-a_2a_n\\\vdots&\vdots&&\vdots\\-a_na_1&-a_na_2&\cdots&\lambda-a_n^2\end{vmatrix}\text{(第一行乘}-\frac{a_1}{a_k}\text{加至第}k\text{行)}=$$

$$\begin{vmatrix}\lambda-a_1^2&-a_1a_2&-a_1a_3&\cdots&-a_1a_n\\-a_2\lambda/a_1&\lambda&0&&0\\-a_3\lambda/a_1&0&\lambda&&0\\\vdots&\vdots&\vdots&&\vdots\\a_n/a_1&0&0&&\lambda\end{vmatrix}\text{(第}k\text{行列乘}\frac{a_k}{a_1}\text{加至第 1 列)}=$$

$$\begin{vmatrix}\lambda-\sum_{i=1}^{n}a_i^2&-a_1a_2&-a_1a_3&\cdots&-a_1a_n\\0&\lambda&0&\cdots&0\\0&0&\lambda&\cdots&0\\\vdots&\vdots&\vdots&&\vdots\\0&0&0&\cdots&\lambda\end{vmatrix}=\Big(\lambda-\sum_{i=1}^{n}a_i^2\Big)\lambda^{n-1}$$

则有 $\boldsymbol{A}$ 特征根

$$\lambda_1=\sum_{i=1}^{n}a_i^2,\quad \lambda_2=\lambda_3=\cdots=\lambda_n=0$$

对应 λ_1 的特征向量 $\boldsymbol{\alpha}$ 可由 $\Big[\Big(\sum_{i=1}^{n}a_i^2\Big)\boldsymbol{I}-\boldsymbol{B}\Big]\boldsymbol{\alpha}=\boldsymbol{0}$ 求得,即 $\boldsymbol{\alpha}=(\alpha_1,\alpha_2,\cdots,\alpha_n)^{\mathrm{T}}$.

显然 $\boldsymbol{\xi}_1=\boldsymbol{\alpha}$ 是对应 λ_1 的特征向量,$\boldsymbol{\xi}_k=(-a_k,0,\cdots,\underset{\text{第}k\text{个数}}{a_1},\cdots,0)^{\mathrm{T}}$ 是对应 λ_k 的特征向量.这样可有

$$\boldsymbol{P}=\begin{pmatrix}a_1&-a_2&-a_3&\cdots&-a_n\\a_2&a_1&0&\cdots&0\\a_3&0&a_1&\cdots&0\\\vdots&\vdots&\vdots&&\vdots\\a_n&0&0&\cdots&a_1\end{pmatrix}$$

且

$$P^{-1}BP=\begin{pmatrix}\sum_{i=1}^{n}a_i^2 & & & \\ & 0 & & \\ & & \ddots & \\ & & & 0\end{pmatrix}$$

解 2 由设知 $r(B)=1$,知 B 的特征值仅有一个不为 0,其余 $n-1$ 个皆为 0.则若有 P 使

$$P^{-1}BP=\mathrm{diag}\{\lambda_1,\lambda_2,\cdots,\lambda_n\}$$

又由 $\mathrm{Tr}(B)=\mathrm{Tr}(P^{-1}BP)$,有 B 的非 0 特征根为 $\mathrm{Tr}(B)=\sum_{i=1}^{n}a_i^2$,这里 $\mathrm{Tr}(B)$ 为矩阵 B 的迹.余下解法同解 1.

类似地我们可以看一个稍抽象些的例子.

例 15 若单位向量 $\boldsymbol{\alpha},\boldsymbol{\beta}\in\mathbf{R}^n$,且 $\boldsymbol{\alpha}^{\mathrm{T}}\boldsymbol{\beta}=0$(注意它们是数),则矩阵 $\boldsymbol{\alpha}\boldsymbol{\beta}^{\mathrm{T}}+\boldsymbol{\beta}\boldsymbol{\alpha}^{\mathrm{T}}$ 相似于对角阵 $\mathrm{diag}\{1,-1,0,\cdots,0\}$.

证 由设 $\boldsymbol{\alpha}^{\mathrm{T}}\boldsymbol{\beta}=0$,则 $\boldsymbol{\beta}^{\mathrm{T}}\boldsymbol{\alpha}=(\boldsymbol{\alpha}^{\mathrm{T}}\boldsymbol{\beta})^{\mathrm{T}}=0$(注意它们是数).令 $A=\boldsymbol{\alpha}\boldsymbol{\beta}^{\mathrm{T}}=\boldsymbol{\beta}\boldsymbol{\alpha}^{\mathrm{T}}$,有

$$A\boldsymbol{\alpha}=\boldsymbol{\alpha}\boldsymbol{\beta}^{\mathrm{T}}\boldsymbol{\alpha}+\boldsymbol{\beta}\boldsymbol{\alpha}^{\mathrm{T}}\boldsymbol{\alpha}=\boldsymbol{\alpha}(\boldsymbol{\beta}^{\mathrm{T}}\boldsymbol{\alpha})+\boldsymbol{\beta}(\boldsymbol{\alpha}^{\mathrm{T}}\boldsymbol{\alpha})=\boldsymbol{\beta}$$

且

$$A\boldsymbol{\beta}=\boldsymbol{\alpha}\boldsymbol{\beta}^{\mathrm{T}}\boldsymbol{\beta}+\boldsymbol{\beta}\boldsymbol{\alpha}^{\mathrm{T}}\boldsymbol{\beta}=\boldsymbol{\alpha}(\boldsymbol{\beta}^{\mathrm{T}}\boldsymbol{\beta})+\boldsymbol{\beta}(\boldsymbol{\alpha}^{\mathrm{T}}\boldsymbol{\beta})=\boldsymbol{\alpha}$$

而

$$A(\boldsymbol{\alpha}+\boldsymbol{\beta})=\boldsymbol{\alpha}+\boldsymbol{\beta},A(\boldsymbol{\alpha}-\boldsymbol{\beta})=-(\boldsymbol{\alpha}-\boldsymbol{\beta})$$

由题设 $\boldsymbol{\alpha},\boldsymbol{\beta}$ 为正交单位向量,故 $\boldsymbol{\alpha},\boldsymbol{\beta}$ 进而 $\boldsymbol{\alpha}+\boldsymbol{\beta},\boldsymbol{\alpha}-\boldsymbol{\beta}$ 线性无关,且它们非零.

即 $\boldsymbol{\alpha}+\boldsymbol{\beta},\boldsymbol{\alpha}-\boldsymbol{\beta}$ 为 A 属于特征值 $1,-1$ 的特征向量.再注意到

$$r(A)=r(\boldsymbol{\alpha}\boldsymbol{\beta}^{\mathrm{T}}+\boldsymbol{\beta}\boldsymbol{\alpha}^{\mathrm{T}})\leqslant r(\boldsymbol{\alpha}\boldsymbol{\beta}^{\mathrm{T}})+r(\boldsymbol{\beta}\boldsymbol{\alpha}^{\mathrm{T}})=2$$

知 A 的非零特征值至多有 2 个.

又 $A^{\mathrm{T}}=(\boldsymbol{\alpha}\boldsymbol{\beta}^{\mathrm{T}}+\boldsymbol{\beta}\boldsymbol{\alpha}^{\mathrm{T}})^{\mathrm{T}}=\boldsymbol{\beta}\boldsymbol{\alpha}^{\mathrm{T}}+\boldsymbol{\alpha}\boldsymbol{\beta}^{\mathrm{T}}=A$,知 A 为对称矩阵,故 A 可相似于对角阵,从而

$$A\sim\mathrm{diag}\{1,-1,0,\cdots,0\}$$

注 前文已述 $\boldsymbol{\alpha}\boldsymbol{\beta}^{\mathrm{T}}$ 与 $\boldsymbol{\beta}\boldsymbol{\alpha}^{\mathrm{T}}$ 皆为秩 1 矩阵,换言之它们的秩都是 1.

下面我们来看一个涉及矩阵交换性的矩阵对角化的例子.

例 16 若 $A,B\in\mathbf{R}^{n\times n}$,且 A 有 n 个相异的特征根,又 $AB=BA$.则 B 可对角化(与对角阵相似).

证 由设 A 有 n 个相异特征根,则有矩阵 T 使

$$P^{-1}AP=\mathrm{diag}\{\lambda_1,\lambda_2,\cdots,\lambda_n\}=\Lambda$$

这里 λ_i 为 A 的 n 个特征根,且 $\lambda_i\neq\lambda_j(1\leqslant i,j\leqslant n)$.

又 $AB=BA$,这样可有

$$P^{-1}ABP=(P^{-1}AP)(P^{-1}BP)=\Lambda(P^{-1}BP)$$
$$P^{-1}BAP=(P^{-1}BP)(P^{-1}AP)=(P^{-1}BP)\Lambda$$

则由 $P^{-1}ABP=P^{-1}BAP$ 有

$$\Lambda(P^{-1}BP)=(P^{-1}BP)\Lambda$$

与对角阵可交换的矩阵只能是对角阵.即 B 可对角化.

注 此例在题设条件还可推得 A,B 可同时对角化.

最后我们来看一个矩阵相似的例子.

例 17 求所有只与自己相似的 n 阶矩阵 A.

证 由设对任意可逆阵 T 若使 $T^{-1}AT=A$,即 $AT=TA$,知 A 与任一可逆阵可交换.

设 S 为任一非可逆阵.注意到 $S=(S-aI)+aI$,其中 $a\neq0$,且使 $|S-aI|\neq0$,显然 $|aI|\neq0$.

故由前面已证结论有

$$AS=A[(S-aI)+aI]=A(S-aI)+aA=(S-aI)A+aA=SA$$

知 A 与任意 n 阶矩阵可交换，进而(过程略，方法见前文)知 A 为纯量矩阵 $A=\text{diag}\{\lambda,\lambda,\cdots,\lambda\}=\lambda I$. 而纯量阵总与自身相似，从而总和自身相似的矩阵为纯量阵.

习　　题

1. 求下列矩阵的特征值和特征向量：

(1)$A=\begin{pmatrix}0&0&1\\0&1&0\\1&0&0\end{pmatrix}$　　(2)$A=\begin{pmatrix}2&0&-2\\0&4&0\\-2&0&5\end{pmatrix}$

(3)$A=\begin{pmatrix}2&1&1&1\\1&2&1&1\\1&1&2&1\\1&1&1&2\end{pmatrix}$　　(4)$A=\begin{pmatrix}1&2&2&0\\2&1&2&0\\2&2&1&0\\1&0&-1&5\end{pmatrix}$

(5)若 $A=\begin{pmatrix}2&1&0\\1&3&1\\0&1&2\end{pmatrix}$，且验证这些特征向量是否正交

2. 对下列矩阵 A，求正交矩阵 T，使 $T^{-1}AT$(或 $T^{T}AT$)成为对角形：

(1)$A=\begin{pmatrix}3&1&1\\1&2&0\\1&0&2\end{pmatrix}$　　(2)$A=\begin{pmatrix}3&-1&0\\-1&-2&-1\\0&-1&3\end{pmatrix}$

(3)$A=\begin{pmatrix}2&0&4\\0&6&0\\4&0&2\end{pmatrix}$　　(4)$A=\begin{pmatrix}4&2&2\\2&4&2\\2&2&4\end{pmatrix}$

(5)$A=\begin{pmatrix}0&1/2&1/2\\1/2&0&1/2\\1/2&1/2&0\end{pmatrix}$　　(6)$A=\begin{pmatrix}3&2&4\\2&0&2\\4&2&3\end{pmatrix}$

(7)$A=\begin{pmatrix}-1&-3&3&-3\\-3&-1&-3&3\\3&-3&-1&-3\\-3&3&-3&-1\end{pmatrix}$

3. 已知 $\mathbf{R}^4$ 中，$\alpha_1=(1,-1,-1,1)^T$，$\alpha_2=(-1,1,-1,1)^T$，$\alpha_3=(-1,-1,1,1)^T$，$\alpha_4=(1,1,1,1)^T$. (1)求 $A=(\alpha_1,\alpha_2,\alpha_3,\alpha_4)$的特征值；(2)求证 $B=\frac{1}{2}A$ 为正交矩阵，且 B 与 B^{-1} 有相同的特征值.

4. (1)若 $A=\begin{pmatrix}2&-2\\-1&3\end{pmatrix}$，求 A^n(n 为正整数)；

(2)设 $A=\begin{pmatrix}0&1\\-1&0\end{pmatrix}$，试求 A^n($n=1,2,3,4,\cdots$)；

(3)若 $A=\begin{pmatrix}-1&1&0\\-4&3&0\\1&0&2\end{pmatrix}$，求 A^n，其中 n 为正整数；

(4)若 $\boldsymbol{A}=\begin{pmatrix}1 & 2\\ 3 & 4\end{pmatrix}$,求 $\boldsymbol{A}^{100}$;

(5)设 $\boldsymbol{A}=\begin{pmatrix}2 & 1\\ 2 & 3\end{pmatrix}$,(1)求可逆阵 $\boldsymbol{P}$ 使 $\boldsymbol{P}^{-1}\boldsymbol{AP}$ 成对角阵;(2)求 $\boldsymbol{A}^{100}$.

5. 若 $\boldsymbol{A}=\begin{pmatrix}-4 & -10 & 0\\ 1 & 3 & 0\\ 3 & 6 & 1\end{pmatrix}$,(1)求 $\boldsymbol{A}$ 的特征值和特征向量;(2)求 $\boldsymbol{A}^{100}$.

6. 若 $\boldsymbol{A}=\begin{pmatrix}2 & -2 & 0\\ -2 & 1 & -2\\ 0 & -2 & 0\end{pmatrix}$,求正交矩阵 $\boldsymbol{T}$ 使 $\boldsymbol{T}^{\mathrm{T}}\boldsymbol{AT}$ 为对角形,且求 $\boldsymbol{A}^{100}$.

7. (1)将 $\boldsymbol{A}=\begin{pmatrix}4 & 2 & 2\\ 0 & 4 & 0\\ 0 & -2 & 2\end{pmatrix}$ 化为对角形,且计算 $\boldsymbol{A}^k$(k 为自然数);

(2)将 $\boldsymbol{A}=\begin{pmatrix}0 & a & a^2\\ 1/a & 0 & a\\ 1/a^2 & 1/a & 0\end{pmatrix}$ 化为对角形,且计算 $\boldsymbol{A}^n$(n 是自然数).

8. (1)若 $\boldsymbol{A}=\begin{pmatrix}6 & 0\\ 0 & -1\end{pmatrix}$,证明不存在非奇异矩阵 $\boldsymbol{P}$,使 $\boldsymbol{PAP}^{-1}=\begin{pmatrix}1 & 1\\ 5 & 4\end{pmatrix}$.

(2)若 $\boldsymbol{A}=\begin{pmatrix}1 & 4\\ 3 & 2\end{pmatrix}$,求非奇异矩阵 $\boldsymbol{P}$,使 $\boldsymbol{PAP}^{-1}=\begin{pmatrix}5 & 0\\ 0 & -2\end{pmatrix}$.

9. (1)试证实矩阵 $\boldsymbol{A}=\begin{pmatrix}\alpha & \beta\\ \beta & \delta\end{pmatrix}$ 的特征值为实数;

(2)设 $\boldsymbol{A}=\begin{pmatrix}a & b\\ c & d\end{pmatrix}$,且 $b\neq 0$,求非奇异阵 $\boldsymbol{C}$ 使 $\boldsymbol{CAC}^{-1}=\begin{pmatrix}\lambda_0 & 1\\ 0 & \lambda_0\end{pmatrix}$,这里 λ_0 为 $\boldsymbol{A}$ 的两个特征根.

10. 若矩阵 $\boldsymbol{A}=\begin{pmatrix}2 & 2 & 0\\ 8 & 2 & a\\ 0 & 0 & 6\end{pmatrix}$ 相似于对角阵 $\boldsymbol{\Lambda}$,试确定常数 a 的值;并求可逆矩阵 $\boldsymbol{P}$ 使 $\boldsymbol{P}^{-1}\boldsymbol{AP}=\boldsymbol{\Lambda}$.

11. 若矩阵 $\boldsymbol{A}=\begin{pmatrix}0 & 1 & 0 & 0\\ 1 & 0 & 0 & 0\\ 0 & 0 & y & 1\\ 0 & 0 & 1 & 2\end{pmatrix}$.(1)已知 $\boldsymbol{A}$ 的一个特征值为 3,试求 y;(2)求矩阵 $\boldsymbol{P}$,使 $(\boldsymbol{AP})^{\mathrm{T}}(\boldsymbol{AP})$ 为对角矩阵.

12. 若矩阵 $\boldsymbol{A}=\begin{pmatrix}1 & 2 & -3\\ -1 & 4 & -3\\ 1 & a & 5\end{pmatrix}$ 的特征方程有一个二重根,求 a 的值,并讨论 $\boldsymbol{A}$ 是否可相似对角化.

13. 已知 $\boldsymbol{\xi}=(1,1,-1)^{\mathrm{T}}$ 是矩阵 $\boldsymbol{A}=\begin{pmatrix}2 & -1 & 2\\ 5 & a & 3\\ -1 & b & -2\end{pmatrix}$ 的一个特征向量.(1)试确定参数 a,b 及特征向量 $\boldsymbol{\xi}$ 所对应的特征值;(2)问 $\boldsymbol{A}$ 能否相似于对角阵?说明理由.

14. 设矩阵 $\boldsymbol{A}$ 与 $\boldsymbol{B}$ 相似,且

$$A=\begin{pmatrix}1 & -1 & 1\\ 2 & 4 & -2\\ -3 & -3 & a\end{pmatrix},\quad B=\begin{pmatrix}2 & 0 & 0\\ 0 & 2 & 0\\ 0 & 0 & b\end{pmatrix}$$

(1)求 a,b 的值;(2)求可逆阵 $\boldsymbol{P}$,使 $\boldsymbol{P}^{-1}\boldsymbol{AP}=\boldsymbol{B}$.

15. 若矩阵 $\boldsymbol{A}=\begin{pmatrix}-2 & 0 & 0\\ 2 & x & 2\\ 3 & 1 & 1\end{pmatrix}$ 与 $\boldsymbol{B}=\begin{pmatrix}-1 & 0 & 0\\ 0 & 2 & 0\\ 0 & 0 & y\end{pmatrix}$ 相似,(1)求 x,y;(2)求满足 $\boldsymbol{P}^{-1}\boldsymbol{AP}=\boldsymbol{B}$ 的可逆矩阵 $\boldsymbol{P}$.

16. 设矩阵 $\boldsymbol{A}=\begin{pmatrix}1 & 1 & a\\ 1 & a & 1\\ a & 1 & 1\end{pmatrix}$, $\boldsymbol{\beta}=\begin{pmatrix}1\\ 1\\ -2\end{pmatrix}$. 已知线性方程组 $\boldsymbol{Ax}=\boldsymbol{\beta}$ 有解但不唯一,试求:(1)a 的值;(2)正交矩阵 $\boldsymbol{Q}$,使 $\boldsymbol{Q}^{\mathrm{T}}\boldsymbol{AQ}$ 为对角矩阵.

17. 已知矩阵 $\boldsymbol{A}=\begin{pmatrix}0.9 & 0.2\\ 0.1 & 0.8\end{pmatrix}$,又 $\boldsymbol{S}^{-1}=\begin{pmatrix}1 & 1\\ 1 & -2\end{pmatrix}$,求 $\boldsymbol{S}\begin{pmatrix}\lambda_1 & 0\\ 0 & \lambda_2\end{pmatrix}\boldsymbol{S}^{-1}$,其中 λ_1,λ_2 为 $\boldsymbol{A}$ 的两特征值.

18. 设三阶实对称矩阵 $\boldsymbol{A}$ 的特征值是 1,2,3;矩阵 $\boldsymbol{A}$ 的属于特征值 1,2 的特征向量分别是 $\boldsymbol{a}_1=(-1,-1,1)^{\mathrm{T}}$, $\boldsymbol{a}_2=(1,-2,-1)^{\mathrm{T}}$. (1)求 $\boldsymbol{A}$ 的属于特征值 3 的特征向量;(2)求矩阵 $\boldsymbol{A}$.

19. 设三阶实对称矩阵 $\boldsymbol{A}$ 的秩为 2,又 $\lambda_1=\lambda_2=6$ 是 $\boldsymbol{A}$ 的二重特征值. 若 $\boldsymbol{a}_1=(1,1,0)^{\mathrm{T}}$, $\boldsymbol{a}_2=(2,1,1)^{\mathrm{T}}$, $\boldsymbol{a}_3=(-1,2,-3)^{\mathrm{T}}$ 都是 $\boldsymbol{A}$ 的属于特征值 6 的特征向量. (1)求 $\boldsymbol{A}$ 的另一特征值和对应的特征向量;(2)求矩阵 $\boldsymbol{A}$.

[**提示**　因 $\mathrm{r}(\boldsymbol{A})=2$,知 $|\boldsymbol{A}|=0$,从而 $\lambda_3=0$. 又 6 是 $\boldsymbol{A}$ 的二重特征根,故其至多有两个线性无关的特征向量]

20. 若三阶矩阵 $\boldsymbol{A}$ 的特征值为 $1,-1,2$,设 $\boldsymbol{B}=\boldsymbol{A}^3-5\boldsymbol{A}^2$. 试求(1)$\boldsymbol{B}$ 的特征值及相似标准形,说明理由;(2)$|\boldsymbol{B}|$ 和 $|\boldsymbol{A}-5\boldsymbol{I}|$.

21. 设矩阵 $\boldsymbol{A}=\begin{pmatrix}-4 & -10\\ 3 & 7\end{pmatrix}$,向量 $\begin{pmatrix}\boldsymbol{u}_n\\ \boldsymbol{v}_n\end{pmatrix}(n=1,2,\cdots)$ 满足 $\begin{pmatrix}\boldsymbol{u}_1\\ \boldsymbol{v}_1\end{pmatrix}=\begin{pmatrix}2\\ -3\end{pmatrix}$, $\begin{pmatrix}\boldsymbol{u}_{n+1}\\ \boldsymbol{v}_{n+1}\end{pmatrix}=\boldsymbol{A}\begin{pmatrix}\boldsymbol{u}_n\\ \boldsymbol{v}_n\end{pmatrix}$. 试回答下列问题:(1)当 $\boldsymbol{P}=\begin{pmatrix}2 & -5\\ -1 & 3\end{pmatrix}$ 时,求 $\boldsymbol{P}^{-1}\boldsymbol{AP}$;(2)求 $\boldsymbol{A}^n$;(3)求 $\boldsymbol{u}_n,\boldsymbol{v}_n$.

22. 若 $\boldsymbol{A}=\begin{pmatrix}1 & 0 & 0\\ 0 & 2 & 0\\ 0 & 0 & -1\end{pmatrix}$. 又 $\boldsymbol{B}=\begin{pmatrix}1 & -1 & 0\\ -1 & 2 & 0\\ 0 & 0 & 3\end{pmatrix}$, $\boldsymbol{C}=\begin{pmatrix}-2 & 0 & 0\\ 0 & 1 & 0\\ 0 & 0 & 1\end{pmatrix}$, $\boldsymbol{D}=\begin{pmatrix}0 & 1 & 0\\ 1 & 0 & 0\\ 0 & 0 & 2\end{pmatrix}$. 求:(1)矩阵 $\boldsymbol{B},\boldsymbol{C},\boldsymbol{D}$ 中与 $\boldsymbol{A}$ 等价者;(2)矩阵 $\boldsymbol{B},\boldsymbol{C},\boldsymbol{D}$ 中与 $\boldsymbol{A}$ 相似者;(3)矩阵 $\boldsymbol{B},\boldsymbol{C},\boldsymbol{D}$ 中与 $\boldsymbol{A}$ 合同者.

[**答**:(1)$\boldsymbol{B},\boldsymbol{C},\boldsymbol{D}$ 均与 $\boldsymbol{A}$ 等价,它们的秩均为 3;(2)$\boldsymbol{D}\sim\boldsymbol{A}$;(3)$\boldsymbol{C},\boldsymbol{D}$ 与 $\boldsymbol{A}$ 合同]

第 6 章 二次型

如第 5 章所述，二次型理论与行列式(确切地讲与矩阵)密切相关，人们对它的研究是从其系数矩阵的特征问题(人们从缤纷矩阵世界凝练出来的精髓)入手的，而这一问题系由柯西(A. L. Cauchy)首先系统地提出的.

1852 年，西尔维斯特(J. J. Sylvester)利用矩阵特征理论证明了二次型的惯性定律，此后，维尔斯特拉斯(K. Weirstrass)完成了二次型的一般理论(他利用了 J. J. Sylvester 的某些成果). 尔后，人们又找到了它们的几何应用.

由此可看出，二次齐次多项式(二次型)的研究与矩阵研究对应起来，这使得线性代数与解析几何两大数学分析找到了联系的纽带.

内 容 提 要

一、二次型(二次齐式)

1. 二次型及其矩阵表示

二次型 常系数 n 元二次齐次多项式 $f(x_1,x_2,\cdots,x_n)=\sum\limits_{i=1}^{n}\sum\limits_{j=1}^{n}a_{ij}x_ix_j$ 称为二次型或二次齐式，其中 $a_{ij}=a_{ji}$.

若令 $\boldsymbol{A}=(a_{ij})_{n\times n}$，且 $\boldsymbol{x}^{\mathrm{T}}=(x_1,x_2,\cdots,x_n)$，则二次型可表示为

$$f(x_1,x_2,\cdots,x_n)=\boldsymbol{x}^{\mathrm{T}}\boldsymbol{A}\boldsymbol{x} \qquad (*)$$

上面式(*)称为**二次型的矩阵形式**，$\boldsymbol{A}$ 称为二次型的矩阵. 显然 $\boldsymbol{A}^{\mathrm{T}}=\boldsymbol{A}$，即 $\boldsymbol{A}$ 是实对称矩阵.

2. 二次型化为标准形

由对称矩阵 $\boldsymbol{A}$ 有性质

对称矩阵 $\boldsymbol{A}$

$\xrightarrow{\text{有非奇异阵 } \boldsymbol{P}}$ $\boldsymbol{P}^{-1}\boldsymbol{A}\boldsymbol{P}=\mathrm{diag}\{\underbrace{1,\cdots,1}_{s},\underbrace{-1,\cdots,-1}_{t},0,0,\cdots,0\}$

$\xrightarrow[\boldsymbol{T}^{\mathrm{T}}=\boldsymbol{T}]{\text{有正交阵 } \boldsymbol{T}}$ $\boldsymbol{T}^{-1}\boldsymbol{A}\boldsymbol{T}=\boldsymbol{T}^{\mathrm{T}}\boldsymbol{A}\boldsymbol{T}=\mathrm{diag}\{\lambda_1,\lambda_2,\cdots,\lambda_n\}$

故相应的对于二次型可有

二次型 f $\xrightarrow[\text{线性变换}]{\text{非奇异}} y_1^2+y_2^2+\cdots+y_s^2-y_{s+1}^2-\cdots-y_{s+t}^2$（规范式）

二次型 f $\xrightarrow[\text{线性变换}]{\text{正　交}} \lambda_1 y_1^2+\lambda_2 y_2^2+\cdots+\lambda_n y_n^2$（标准形）

惯性定律　二次型经非退化线性变换化为规范式 $y_1^2+\cdots+y_s^2-y_{s+1}^2-\cdots-y_{s+t}^2$ 是唯一的，对二次型来讲它的规范式中正、负惯性指标 s,t 是定数.

而 $s-t$ 称为二次型 f 的符号差.

3. 二次型化为标准形的方法

（1）**配方法**

若二次型含有 x_i 的平方项，则把含 x_i 的项集中后配成完全平方项，如此逐个配方；

若二次型无 x_i 的平方项，但 $a_{ij}\neq 0(i\neq j)$，可做（非奇异）变换（即变换 $\boldsymbol{y}=p\boldsymbol{x}$ 中 p 可逆）

$$\begin{cases} x_i=y_i-y_j \\ x_j=y_i+y_j \quad (k\neq i,j;k=1,2,\cdots,n) \\ x_k=y_k \end{cases}$$

则将化二次为含有平方项的二次齐式，再按前面办法配方.

（2）**初等变换法**

$$\begin{pmatrix} \boldsymbol{A} & \boldsymbol{I} \\ \boldsymbol{I} & \boldsymbol{O} \end{pmatrix} \xrightarrow[\text{进行同样初等变换}]{\text{对行且对列}} \begin{pmatrix} \boldsymbol{P}^{\mathrm{T}}\boldsymbol{A}\boldsymbol{P} & \boldsymbol{P}^{\mathrm{T}} \\ \boldsymbol{P} & \boldsymbol{O} \end{pmatrix}$$

则 $\boldsymbol{P}^{\mathrm{T}}\boldsymbol{A}\boldsymbol{P}$ 为对角型矩阵.

（3）**特征向量法**

命题　对称阵 $\boldsymbol{A}$ 的相应于不同特征值的特征向量正交.

二次型化为典式程序框图如下：

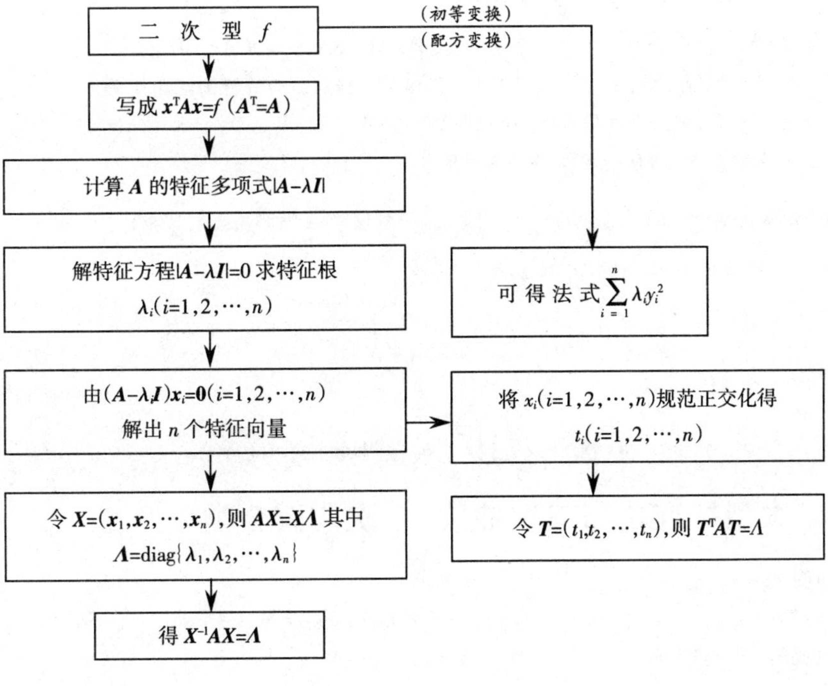

(4)Jacobi 法

若二次型 $f=\sum_{i=1}^{n}\sum_{j=1}^{n}a_{ij}x_ix_j$ 的矩阵 $\boldsymbol{A}=(a_{ij})_{n\times n}$，又 $\boldsymbol{A}$ 的顺序主子式 $|\boldsymbol{A}_i|\neq 0, i=1,2,\cdots,n-1$，则 f 可化为

$$|\boldsymbol{A}_1|\ y_1{}^2+\sum_{k=2}^{n}\frac{|\boldsymbol{A}_k|}{|\boldsymbol{A}_{k-1}|}y_k{}^2$$

注意：若对于某个 k 来讲 $|\boldsymbol{A}_{k-1}|\neq 0, |\boldsymbol{A}_k|=0$，则 $y_k{}^2$ 项系数为 0.

当然，若先将 $\boldsymbol{A}$ 通过行初等变换化为三角阵，则计算更为简便.

二、正定二次型

各类正定二次型的判断可见下表：

定	义		惯性指标	A 的各级主子式	A 的特征值	矩阵 A
二次型 $\boldsymbol{A}\in\mathbf{R}^{n\times n}$，对任意 $\boldsymbol{x}\in\mathbf{R}^n$，$\boldsymbol{x}\neq\boldsymbol{0}$，则 $f=\boldsymbol{x}^{\mathrm{T}}\boldsymbol{A}\boldsymbol{x}$	>0	正定	$s=n$	$A_k>0$	$\lambda_i>0\quad(i=1,2,\cdots,n)$	正定阵
	$\geqslant 0$	半正定(非负)	$s<n$ $t=0$	$A_k\geqslant 0$	$\lambda_i\geqslant 0\quad(i=1,2,\cdots,n)$	半正定阵
	<0	负定	$t=n$	$(-1)^kA_k<0$	$\lambda_i<0\quad(i=1,2,\cdots,n)$	负定阵
	$\leqslant 0$	半负定(非正)	$t<n$ $s=0$	$(-1)^kA_k\leqslant 0$	$\lambda_i\leqslant 0\quad(i=1,2,\cdots,n)$	半负定阵
	不定	不定	$s\neq 0$ $t\neq 0$	A_k 符号不定	λ_i 有正有负($i=1,2,\cdots,n$)	不定阵

三、正定矩阵的性质

(1)若 $\boldsymbol{A}$ 正定，则 $\boldsymbol{A}$ 的顺序主子式 $A_{ii}>0(i=1,2,\cdots,n)$.

(2)若 $\boldsymbol{A}$ 正定，则 $\boldsymbol{A}$ 的特征根全部为正值.

(3)若 $\boldsymbol{A},\boldsymbol{B}$ 为正定阵，则 $\boldsymbol{A}+\boldsymbol{B}$ 亦为正定阵；又若 $\boldsymbol{AB}=\boldsymbol{BA}$，则 $\boldsymbol{AB}$ 亦为正定阵.

(4)若 $\boldsymbol{A}$ 为正定阵，则 $\boldsymbol{A}^{\mathrm{T}},\boldsymbol{A}^*,\boldsymbol{A}^{-1},\boldsymbol{A}^m$($m$ 为正整数)，$l\boldsymbol{A}(l>0)$等皆为正定矩阵.

(5)若 $\boldsymbol{A}$ 为正定阵，则有满秩阵 $\boldsymbol{C}$ 使 $\boldsymbol{A}=\boldsymbol{C}^{\mathrm{T}}\boldsymbol{C}$.

(6)若 $\boldsymbol{A}$ 为正定矩阵，则有正定阵 $\boldsymbol{B}$ 使 $\boldsymbol{A}=\boldsymbol{B}^2$.

(7)若正定矩阵 $\boldsymbol{A}=(a_{ij})_{n\times n}$，则 $\det\boldsymbol{A}\leqslant\prod_{i=1}^{n}a_{ii}$，等号仅当 $\boldsymbol{A}$ 为对角阵时成立.

注 对于一般矩阵有：若 $\boldsymbol{A}=(a_{ij})_{n\times n}$，则

$$|\det\boldsymbol{A}|\leqslant\sqrt{\prod_{i=1}^{n}\sum_{j=1}^{n}a_{ij}^2}$$

并且

$$|\det\boldsymbol{A}|\leqslant\sqrt{\prod_{j=1}^{n}\sum_{i=1}^{n}a_{ij}^2}\quad\text{(Hadamard 不等式)}$$

四、二次型标准化与二次曲线、二次曲面分类

二次曲线

$$ax^2+bxy+cy^2+dx+ey+f=0\qquad(*)$$

系数组成的三个行列式：

$$\text{н}=a+c,\quad \delta=\begin{vmatrix} b & 2a \\ 2c & b \end{vmatrix},\quad \Delta=\begin{vmatrix} 2a & b & d \\ b & 2c & e \\ d & e & f \end{vmatrix}$$

决定着曲线的性状. 且 н,δ 与 Δ 是曲线经平移或旋转变换下的不变量,又 $\kappa=d^2+e^2-4af-4cf$ 是曲线在旋转变换下的不变量,但在平移变换时会变化,故称其为半不变量. 由它们可将平面二次曲线分类,具体的可见下表:

<table>
<tr><th>型　别</th><th colspan="2">判　定　条　件</th><th>类　别</th><th>简　化　后　方　程</th></tr>
<tr><td rowspan="3">$\delta>0$
(椭圆型)</td><td rowspan="2">$\Delta\neq0$</td><td>$\text{н}\Delta<0$</td><td>椭　圆</td><td rowspan="5">$a'x_1^2+c'y_1^2=\dfrac{\Delta}{2\delta}$
$b>$(或$<$)0 时,$a'>$(或$<$)c'
a',c' 是 $\lambda^2-\text{н}\lambda-\dfrac{\delta}{4}=0$ 的根</td></tr>
<tr><td>$\text{н}\Delta>0$</td><td>虚椭圆</td></tr>
<tr><td colspan="2">$\Delta=0$</td><td>点椭圆</td></tr>
<tr><td rowspan="2">$\delta<0$
(双曲型)</td><td colspan="2">$\Delta\neq0$</td><td>双曲线</td></tr>
<tr><td colspan="2">$\Delta=0$</td><td>两相交直线</td></tr>
<tr><td rowspan="4">$\delta=0$
(抛物型)</td><td colspan="2">$\Delta=0$</td><td>抛物线</td><td>$\text{н}y_2^2\pm\sqrt{-\dfrac{\Delta}{2\text{н}}}x_2=0\quad(b<0)$</td></tr>
<tr><td rowspan="3">$\Delta=0$</td><td>$\kappa>0$</td><td>两平等直线</td><td rowspan="3">$\text{н}y_2^2-\dfrac{\kappa}{4\text{н}}=0\quad(b<0)$</td></tr>
<tr><td>$\kappa=0$</td><td>两重合直线</td></tr>
<tr><td>$\kappa<0$</td><td>两虚直线</td></tr>
</table>

此外,从线性代数分支中二次型观点看,对于平面曲线 $\boldsymbol{x}^{\mathrm{T}}\boldsymbol{A}\boldsymbol{x}=0$(注意此时 $\boldsymbol{x}=(x,y,1)^{\mathrm{T}}$ 即是列向量),可依其系数矩阵

$$\boldsymbol{A}=\frac{1}{2}\begin{pmatrix} 2a & b & d \\ b & 2c & 3 \\ d & e & 2f \end{pmatrix}$$

特征根符号情况,通过正交变换也可化为下面九种曲线之一:

①椭圆　$\dfrac{x^2}{\lambda^2}+\dfrac{y^2}{\mu^2}-1=0$	②虚椭圆　$\dfrac{x^2}{\lambda^2}+\dfrac{y^2}{\mu^2}+1=0$
③点圆　$\dfrac{x^2}{\lambda^2}+\dfrac{y^2}{\mu^2}=0$	④双曲线　$\dfrac{x^2}{\lambda^2}-\dfrac{y^2}{\mu^2}-1=0$
⑤两条直线　$\dfrac{x^2}{\lambda^2}-\dfrac{y^2}{\mu^2}=0$	⑥抛物线　$x^2-2py=0$
⑦两条平行直线　$x^2-\mu^2=0$	⑧两条平行虚直线　$x^2+\mu^2=0$
⑨两条重合直线　$x^2=0$	

其中 λ,μ,p 皆为正整数,且 $\lambda\geqslant\mu$. 这里 $k\lambda,k\mu(k\neq0)$ 即为二次曲线二次型相应矩阵 $\boldsymbol{A}$ 的特征根. 再强调一下:这里 $\boldsymbol{A}$ 系下面的向量、矩阵写法里的矩阵

$$(x,y,1)\boldsymbol{A}(x,y,1)^{\mathrm{T}}=0$$

此外,空间二次面若 $f(x_1,x_2,x_3)=\boldsymbol{x}^{\mathrm{T}}\boldsymbol{A}\boldsymbol{x}$,这里 $\boldsymbol{x}\in\mathbf{R}^3$,$\boldsymbol{A}\in\mathbf{R}^{3\times3}$,且 $\boldsymbol{A}^{\mathrm{T}}=\boldsymbol{A}$,则 $f(x_1,x_2,x_3)=1$ 或 0 时,二次曲面依 $\boldsymbol{A}$ 的特征值符号分类如下:

$\boldsymbol{A}$ 的三个特征值符号	$f(x_1,x_2,x_3)=1$	$f(x_1,x_2,x_3)=0$
$+++$	椭球面	点
$---$	虚椭球面	点
$++-$	单叶双曲面	二次锥面
$+--$	双叶双曲面	二次锥面
$++0$	椭圆柱面	直线
$+-0$	双曲柱面	一对相交平面

对于 n 维 Euclid 空间二次型即为二次超曲面，二次型通过坐标变换化为标准形，即是化成超曲面的标准形.一般来讲二次超曲面方程由

$$\boldsymbol{x}^{\mathrm{T}}\boldsymbol{A}\boldsymbol{x}+2\boldsymbol{\alpha}^{\mathrm{T}}\boldsymbol{x}+a=(\boldsymbol{x},1)\widetilde{\boldsymbol{A}}(\boldsymbol{x},1)^{\mathrm{T}}=0 \qquad (*)$$

给出，其中 $\widetilde{\boldsymbol{A}}=\begin{pmatrix}\boldsymbol{A} & \boldsymbol{\alpha}^{\mathrm{T}}\\ \boldsymbol{\alpha} & a\end{pmatrix}$ 为 $n+1$ 阶实对称阵.

记 $\delta(\boldsymbol{A})$ 表示 $\boldsymbol{A}$ 的正、负特征根个数之差，且 $\mathrm{r}(\boldsymbol{A})=r,\mathrm{r}(\widetilde{\boldsymbol{A}})=\tilde{r},\delta(\boldsymbol{A})=t,\delta(\widetilde{\boldsymbol{A}})=\tilde{t}$，设 $t>0$ 或 $t=0,\tilde{t}\geqslant 0$，则 $\tilde{r}=r$ 或 $\tilde{r}=r+1$ 或 $\tilde{r}=r+2$，且 $t=\tilde{t}$ 或 $t=\tilde{t}\pm1$.

则二次超曲面化成各类标准形依下表结论：

条　　件		结　论(所化形状)
$\tilde{r}=r$ 或 $\tilde{t}=t$		$y_1^2+y_2^2+\cdots+y_p^2-y_{p+1}^2-\cdots-y_r^2=0$ 其中 $p=\dfrac{1}{2}(r+t)$
$\tilde{r}=r+1$	$\tilde{t}=t+1$	$y_1^2+y_2^2+\cdots+y_q^2-y_{q+1}^2-\cdots-y_r^2-1=0$ 其中 $q=\dfrac{1}{2}(r-t)\leqslant\dfrac{r}{2}$
	$\tilde{t}=t-1(t\geqslant1)$	形状同上，且 $q=\dfrac{1}{2}r-t>\dfrac{r}{2}$
$\tilde{r}=r+2,\tilde{t}=t$		$y_1^2+y_2^2+\cdots+y_p^2-y_{p+1}^2-\cdots-y_r^2+2y_n=0$ 其中 $q=\dfrac{1}{2}(r-t)$

二次型常涉及两类问题：一是二次型化为标准形；二是二次型正定性判别.

二次型化为标准形常与矩阵特征问题或矩阵对角化问题有关联；而二次型的正定性问题与矩阵正定性判别是互通的，或者可将它们视为同一问题的不同叙述或表现形式(见下图).矩阵特征问题与行列式性质等，将是处理这一问题的主要手段.

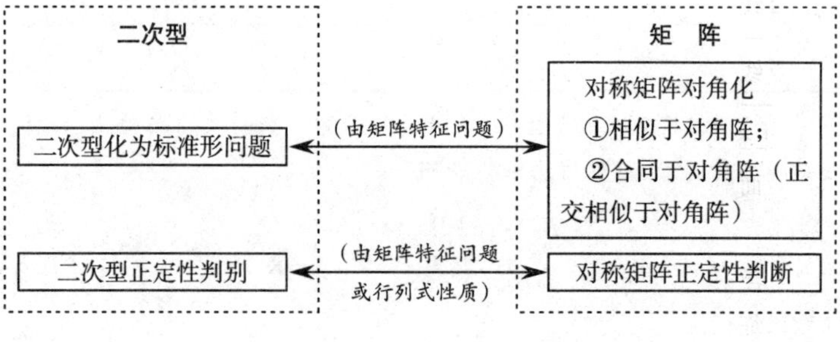

例 题 分 析

一、化二次型为标准形问题

与矩阵特征问题有关的，还有化二次型为标准形问题(在某种意义上讲，它们是属同一问题).

由于二次型对应一个对称矩阵.这样关于矩阵的许多结论可以平移到二次型问题中来.化二次型为标准形问题与对称矩阵对角化问题等同.

前文已述，二次型化为标准形通常有以下几种方法：

(1)配方法再通过非退化线性变换(即 $\boldsymbol{y}=\boldsymbol{P}\boldsymbol{x}$，其中 $\boldsymbol{P}$ 为可逆或非奇异阵)化为标准形；

(2)用相应矩阵的特征值、特征向量，再将该矩阵进而将二次型化为标准形；

(3)矩阵初等变换法；

(4)Jacobi 法.

例 1　求正交变换矩阵 $\boldsymbol{P}$ 使 $f=x_1^2+4x_2^2+4x_3^2-4x_1x_2+4x_1x_2-8x_2x_3$ 化成标准形.

解　先将 f 写成 $\boldsymbol{x}^{\mathrm{T}}\boldsymbol{A}\boldsymbol{x}$ 形式，其中，$\boldsymbol{x}=(x_1,x_2,x_3)^{\mathrm{T}}$ 再求 $\boldsymbol{A}$ 的特征问题.

由设知二次型对应矩阵 $\boldsymbol{A}=\begin{pmatrix}1&-2&2\\-2&4&-4\\2&-4&4\end{pmatrix}$，又由 $|\lambda\boldsymbol{I}-\boldsymbol{A}|=0$，得 $\lambda_1=\lambda_2=0,\lambda_3=9$.

对重根 $\lambda_1=\lambda_2=0$ 来讲

$$\boldsymbol{A}-\lambda\boldsymbol{I}=\boldsymbol{A}\xrightarrow{\text{行初等变换}}\begin{pmatrix}1&-2&2\\0&0&0\\0&0&0\end{pmatrix}$$

可得 $\boldsymbol{A}$ 的两个线性无关特征向量 $\boldsymbol{\alpha}_1=(0,1,1),\boldsymbol{\alpha}_2=(4,1,-1)^{\mathrm{T}}$，且它们正交.

对 $\lambda_3=9$，可由 $\boldsymbol{A}\boldsymbol{x}=\lambda\boldsymbol{x}$ 解得与 $\boldsymbol{\alpha}_1,\boldsymbol{\alpha}_2$ 正交的特征向量 $\boldsymbol{\alpha}_3=(1,-2,2)^{\mathrm{T}}$.

故所求正交阵

$$\boldsymbol{P}=\left(\frac{\boldsymbol{\alpha}_1}{\|\boldsymbol{\alpha}_1\|},\frac{\boldsymbol{\alpha}_2}{\|\boldsymbol{\alpha}_2\|},\frac{\boldsymbol{\alpha}_3}{\|\boldsymbol{\alpha}_3\|}\right)=\begin{pmatrix}0&4/3\sqrt{2}&1/3\\1/\sqrt{2}&1/3\sqrt{2}&-2/3\\1/\sqrt{2}&-1/3\sqrt{2}&2/3\end{pmatrix}$$

注　对于对称实阵而言，属于不同特征根的特征向量必正交，但对重根来说，为使其相应特征向量彼此正交，这往往需要遴选.下面的问题因特征根无重根，则所求特征向量彼此正交.

问题　求正交阵 $\boldsymbol{P}$ 使 $f=4x_2^2-3x_3^2+4x_1x_2-4x_1x_3+8x_2x_3$ 标准化.

略解　由设 $\boldsymbol{A}=\begin{pmatrix}0&2&-2\\2&4&4\\-2&4&-3\end{pmatrix}$，由 $|\lambda\boldsymbol{I}-\boldsymbol{A}|=0$ 得 $\lambda_1=1,\lambda_2=6,\lambda_3=-6$.

其相应的特征向量分别为

$$\boldsymbol{\alpha}_1=(2,0,-1)^{\mathrm{T}},\quad \boldsymbol{\alpha}_2=(1,5,2)^{\mathrm{T}},\quad \boldsymbol{\alpha}_3=(1,-1,2)^{\mathrm{T}}$$

将其标准化后，有

$$\boldsymbol{\beta}_1=\frac{\boldsymbol{\alpha}_1}{\|\boldsymbol{\alpha}_1\|}=\frac{\boldsymbol{\alpha}_1}{\sqrt{5}},\quad \boldsymbol{\beta}_2=\frac{\boldsymbol{\alpha}_2}{\|\boldsymbol{\alpha}_2\|}=\frac{\boldsymbol{\alpha}_2}{\sqrt{30}},\quad \boldsymbol{\beta}_3=\frac{\boldsymbol{\alpha}_3}{\|\boldsymbol{\alpha}_3\|}=\frac{\boldsymbol{\alpha}_3}{\sqrt{6}}$$

则 $\boldsymbol{P}=(\boldsymbol{\beta}_1,\boldsymbol{\beta}_2,\boldsymbol{\beta}_3)$ 且 $\boldsymbol{P}\boldsymbol{A}\boldsymbol{P}^{-1}=\mathrm{diag}\{1,6,-6\}$.

本例问题的上述解法是化二次型为标准形的最常用方法,仿上例配方法可求解下面类似的问题.

例 2 设二次型 $f(x_1,x_2,x_3)=3x_1^2+3x_2^2+5x_3^2+4x_1x_3-4x_2x_3$.(1)写出二次型的矩阵表示;(2)求正交阵 $\boldsymbol{P}$,作变换 $(x_1,x_2,x_3)^{\mathrm{T}}=\boldsymbol{P}(y_1,y_2,y_3)^{\mathrm{T}}$,化二次型为 y_1,y_2,y_3 的平方和.

解 (1)二次型的矩阵表示为

$$f(x_1,x_2,x_3)=(x_1,x_2,x_3)\begin{pmatrix}3&0&2\\0&3&-2\\2&-2&5\end{pmatrix}\begin{pmatrix}x_1\\x_2\\x_3\end{pmatrix}$$

(2)A 的特征方程为

$$|\boldsymbol{A}-\lambda\boldsymbol{I}|=(3-\lambda)(\lambda-7)(\lambda-1)=0$$

解得特征值为 $\lambda_1=1,\lambda_2=3,\lambda_3=7$.

由 $(\boldsymbol{A}-\lambda_i\boldsymbol{I})\boldsymbol{x}=\boldsymbol{0}(i=1,2,3,4)$,可求得相应于 $\lambda_1,\lambda_2,\lambda_3$ 的特征向量

$$\boldsymbol{x}_1=(-1,1,1)^{\mathrm{T}},\quad \boldsymbol{x}_2=(1,1,0)^{\mathrm{T}},\quad \boldsymbol{x}_3=(1,-1,2)^{\mathrm{T}}$$

将它们规范化(单位化)后,可得

$$\boldsymbol{P}=\begin{pmatrix}-1/\sqrt{3}&1/\sqrt{2}&1/\sqrt{6}\\1/\sqrt{3}&1/\sqrt{2}&-1/\sqrt{6}\\1/\sqrt{3}&0&2/\sqrt{6}\end{pmatrix}$$

且 $\boldsymbol{P}^{\mathrm{T}}\boldsymbol{AP}=\mathrm{diag}\{1,3,7\}=\boldsymbol{\Lambda}$,令 $\boldsymbol{x}=\boldsymbol{Py}$ 可有

$$f(x_1,x_2,x_3)=\boldsymbol{x}^{\mathrm{T}}\boldsymbol{Ax}=\boldsymbol{y}^{\mathrm{T}}\boldsymbol{P}^{\mathrm{T}}\boldsymbol{APy}=\boldsymbol{y}^{\mathrm{T}}\boldsymbol{\Lambda y}=y_1^2+3y_2^2+7y_3^2$$

将二次型化为标准形问题,除了运用矩阵特征问题方法外,还可用配方办法,不过使用此方法时变换(配方结果而得)必须是非奇异(可逆或满秩),否则将会出现错误.请看例子.

例 3 将二次型 $f=4x_1x_2-2x_1x_3-2x_2x_3+3x_3{}^2$ 化为标准形,且写出相应的线性变换.

解 原二次型变形为

$$f=3\left[x_3{}^2-2\left(\frac{1}{3}x_1+\frac{1}{3}x_2\right)+\left(\frac{1}{3}x_1+\frac{1}{3}x_2\right)^2\right]-\frac{1}{3}x_1{}^2-\frac{1}{3}x_2{}^2+\frac{10}{3}x_1x_2=$$

$$3\left(-\frac{1}{3}x_1-\frac{1}{3}x_2+x_3\right)^2-\frac{1}{3}[x_1{}^2-10x_1x_2+(5x_2)^2]+\frac{25}{3}x_2{}^2-\frac{1}{3}x_2{}^2$$

令

$$\begin{cases}y_1=-\dfrac{1}{3}x_1-\dfrac{1}{3}x_2+x_3\\y_2=x_1-x_2\\y_3=x_3\end{cases}\quad 或 \quad \begin{cases}x_1=y_2-5y_3\\x_2=y_2\\x_3=y_1+\dfrac{1}{3}y_2-\dfrac{4}{3}y_3\end{cases}$$

由于变换矩阵是满秩的,故变换是非退化的,则 $f=3y_1{}^2-\dfrac{1}{3}y_2{}^2+8y_3{}^2$.

注 注意到题解中的变换矩阵是满秩的,故变换是非退化的,否则这种变换不能实施.这一点务请当心!

因而用配方法化二次型为标准形问题,也必须先检验变换的退化与否,即变换相应矩阵可逆与否.

比如:二次型

$$f(x_1,x_2)=2(x_1-x_2)^2=(x_1-x_2)^2+(x_2-x_1)^2$$

若用变换

$$\begin{pmatrix}y_1\\y_2\end{pmatrix}=\begin{pmatrix}1&-1\\-1&1\end{pmatrix}\begin{pmatrix}x_1\\x_2\end{pmatrix}$$

则

$$f \xrightarrow{\text{化为}} y_1^2 + y_2^2$$

但若令 $y_1 = x_1 - x_2$ 代入 $f = 2(x_1 - x_2)^2$，则

$$f \xrightarrow{\text{化为}} y_1^2$$

显然前一解法(变换)不妥，因而变换矩阵 $\begin{pmatrix} 1 & -1 \\ -1 & 1 \end{pmatrix}$ 非可逆阵.

例 4　用非退化线性变换将二次型 $f = x_1x_2 + x_3x_4 + \cdots + x_{2n-1}x_{2n}$ 化为标准形.

解　考虑非退化线性变换

$$\begin{cases} x_1 = y_1 + y_2 \\ x_2 = y_1 - y_2 \\ \qquad\vdots \\ x_{2n-1} = y_{2n-1} + y_{2n} \\ x_{2n} = y_{2n-1} - y_{2n} \end{cases}$$

即 $\boldsymbol{x} = \boldsymbol{P}\boldsymbol{y}$，其中 $\boldsymbol{x} = (x_1, x_2, \cdots, x_n)^{\mathrm{T}}$，$\boldsymbol{y} = (x_1, y_2, \cdots, y_n)^{\mathrm{T}}$，其中

$$\boldsymbol{P} = \begin{pmatrix} 1 & 1 & & & & & \\ 1 & -1 & & & & & \\ & & 1 & 1 & & & \\ & & 1 & -1 & & & \\ & & & & \ddots & & \\ & & & & & 1 & 1 \\ & & & & & 1 & -1 \end{pmatrix}$$

注意到分块矩阵行列式 $|\boldsymbol{P}| = \begin{vmatrix} 1 & 1 \\ 1 & -1 \end{vmatrix}^n = (-2)^n \neq 0$，知其非奇异(可逆)，故

$$f = \sum_{i=1}^{n} x_{2i-1}x_{2i} = \sum_{i=1}^{n} (y_{2i-1}^2 - y_{2i}^2) = \sum_{i=1}^{n} y_{i-1}^2 - \sum_{i=1}^{n} y_{2i}^2$$

再来看一个例子. 它如前面例 2 也是求变换矩阵 $\boldsymbol{P}$ 的，不同的是解法中涉及了配方方法(这是化二次型为标准形的方法之一).

例 5　若二次型记 $f = \boldsymbol{x}^{\mathrm{T}}\boldsymbol{A}\boldsymbol{x}$，又 $g = \boldsymbol{x}^{\mathrm{T}}\boldsymbol{A}^{-1}\boldsymbol{x}$，试将它们同时化为标准形，其中 $\boldsymbol{A} = \begin{pmatrix} 0 & 1 & & \\ 1 & 0 & & \\ & & 2 & 1 \\ & & 1 & 2 \end{pmatrix}$.

解　首先由题设及分块矩阵求逆公式有

$$\boldsymbol{A}^{-1} = \begin{pmatrix} \begin{pmatrix} 0 & 1 \\ 1 & 0 \end{pmatrix}^{-1} & \\ & \begin{pmatrix} 2 & 1 \\ 1 & 2 \end{pmatrix}^{-1} \end{pmatrix} = \begin{pmatrix} 0 & 1 & & \\ 1 & 0 & & \\ & & 2/3 & -1/3 \\ & & -1/3 & 2/3 \end{pmatrix}$$

则

$$f = 2x_1x_2 + 2{x_3}^2 + 2x_3x_4 + 2{x_4}^2$$

而

$$g = 2x_1x_2 + \frac{2}{3}{x_3}^2 - \frac{2}{3}x_3x_4 + \frac{2}{3}{x_4}^2$$

令

$$x_1=y_1+y_2,\quad x_2=y_1-y_2,\quad x_3=y_3,\quad x_4=y_4$$

则

$$f=2y_1^{\ 2}-2y_2^{\ 2}+2y_3^{\ 2}+2y_3y_4+2y_4^{\ 2}=2y_1^{\ 2}-2y_2^{\ 2}+2\left[y_3^{\ 2}+y_3y_4+\left(\frac{y_4}{2}\right)^2\right]-\frac{y_4^{\ 2}}{2}+2y_4^{\ 2}$$

再令

$$z_1=y_1,\quad z_2=y_2,\quad z_3=y_3+\frac{y_4}{2},\quad z_4=y_4$$

容易算得此变换是满秩的,则

$$f=2z_1^{\ 2}-2z_2^{\ 2}+2z_3^{\ 2}+\frac{3}{2}z_4^{\ 2}$$

类似地可有

$$g=2z_1^{\ 2}-2z_2^{\ 2}+\frac{2}{3}z_3^{\ 2}+\frac{1}{2}z_4^{\ 2}$$

注 关于 f 化为标准形问题,上一章我们已给出一种解法,那里是以矩阵形式给出的.

下面介绍一个利用 Jacobi 方法化二次型为标准形的问题.这个方法并不常用(但对于变元个数较少的,此方法是方便的),这里仅举一例.请看

例 6 化二次 $f(x_1,x_2,x_3)=x_1^{\ 2}+2x_2^{\ 2}+10x_3^{\ 2}+2x_1x_2+8x_2x_3+2x_1x_3$ 为标准形.

解 1 由题设 f 相应的矩阵 $\boldsymbol{A}=\begin{pmatrix}1&1&1\\1&2&4\\1&4&10\end{pmatrix}$,则由 $\boldsymbol{A}$ 的各级顺序主子式分别为

$$|A_1|=1,\quad |A_2|=\begin{vmatrix}1&1\\1&2\end{vmatrix},\quad |A_3|=|A|=0$$

故由 Jacobi 公式原二次型可化为 $|A_1|y_1^{\ 2}+\frac{|\boldsymbol{A}_2|}{|\boldsymbol{A}_1|}y_2^{\ 2}=y_1^{\ 2}+y_2^{\ 2}$.

解 2 先对 $\boldsymbol{A}$ 实施行初变换有

$$\boldsymbol{A}\rightarrow\begin{pmatrix}1&1&1\\0&1&3\\0&3&9\end{pmatrix}\rightarrow\begin{pmatrix}1&1&1\\0&1&3\\0&0&0\end{pmatrix}$$

由变换后矩阵的各级顺序主子式依次为

$$|\boldsymbol{A}_1|=1,\quad |\boldsymbol{A}_2|=1,\quad |\boldsymbol{A}_3|=0$$

则由 Jacobi 公式二次型可化为

$$|\boldsymbol{A}_1|y_1^{\ 2}+\frac{|\boldsymbol{A}_2|}{|\boldsymbol{A}_1|}y_2^{\ 2}=y_1^{\ 2}+y_2^{\ 2}$$

注 例的解法也揭示了正定矩阵的判定法则:各级顺序主子式全大于 0.

二次型标准化的"反问题"是由二次型及其标准型反求变换矩阵.

例 7 若二次型 $f=2x_1^2+3x_2^2+3x_3^2+2ax_2x_3\,(a>0)$ 能过正交变换化为标准形 $\tilde{f}=y_1^2+2y_2^2+5y_3^2$,求 a 及该正交阵.

解 由设知 f 相应的矩阵特征根为 1,2,5.由之可反求 f 式中的 a.由 $\boldsymbol{A}=\begin{pmatrix}2&0&0\\0&3&a\\0&a&3\end{pmatrix}$,有

$$|\lambda\boldsymbol{I}-\boldsymbol{A}|=(\lambda-2)(\lambda^2-6\lambda+9-a^2)$$

由题设知 $\tilde{f}$ 有特征根 1,2,5,进而 f 亦然.故由 1,5 是 $\lambda^2-6\lambda+9-a^2=0$ 的根,从而 $a=\pm 2$.但 $a>$

0(题设),故 $a=2$.

$\boldsymbol{A}$ 的相应于特征根 1,2,5 的特征向量分别是

$$\boldsymbol{\alpha}_1=(0,1,-1)^{\mathrm{T}},\quad \boldsymbol{\alpha}_2=(1,0,0)^{\mathrm{T}},\quad \boldsymbol{\alpha}_3=(0,1,1)^{\mathrm{T}}$$

则所求的正交阵

$$\boldsymbol{P}=\left(\frac{\boldsymbol{\alpha}_1}{\|\boldsymbol{\alpha}_1\|},\frac{\boldsymbol{\alpha}_2}{\|\boldsymbol{\alpha}_2\|},\frac{\boldsymbol{\alpha}_3}{\|\boldsymbol{\alpha}_3\|}\right)=\begin{pmatrix}0&1&0\\1/\sqrt{2}&0&1/\sqrt{2}\\-1/\sqrt{2}&0&1/\sqrt{2}\end{pmatrix}$$

注　显然,下面诸问题与例无异:

问题 1　若二次型 $f=x_1^2+x_2^2+x_3^2+2ax_1x_2+2bx_2x_3+2x_1x_3$ 经正交变换 $\boldsymbol{x}=\boldsymbol{P}\boldsymbol{y}$ 可以化成 $\widetilde{f}=y_2^2+2y_3^2$,求 a,b.

略解　由题设知 $\boldsymbol{A}=\begin{pmatrix}1&a&1\\a&1&b\\1&b&1\end{pmatrix}$,$\widetilde{\boldsymbol{A}}=\begin{pmatrix}0&&\\&1&\\&&2\end{pmatrix}$,由 $|\lambda\boldsymbol{I}-\boldsymbol{A}|=|\lambda\boldsymbol{I}-\widetilde{\boldsymbol{A}}|$,注意到

$$|\lambda\boldsymbol{I}-\boldsymbol{A}|=\lambda^3-3\lambda^2+(2-a^2-b^2)\lambda+(a-b)^2 \tag{$*$}$$

$$|\lambda\boldsymbol{I}-\widetilde{\boldsymbol{A}}|=\lambda^3-3\lambda^2+2\lambda \tag{$**$}$$

比较两多项式($*$)、式($**$)的系数有

$$\begin{cases}2-a^2-b^2=2\\(a-b)^2=0\end{cases}$$

得

$$\begin{cases}a=0\\b=0\end{cases}$$

当然,还可从 0,1,2 代入式($*$)求得 a,b(注意到 0,1,2 亦为式($*$)的根).

问题 2　设二次型 $f=x_1^2+x_2^2+x_3^2+2\alpha x_1x_2+2\beta x_2x_3+2x_1x_3$ 经正交变换 $\boldsymbol{x}=\boldsymbol{P}\boldsymbol{y}$ 化成 $f=y_2^2+2y_3^2$.其中 $\boldsymbol{x}=(x_1,x_2,x_3)^{\mathrm{T}}$ 和 $\boldsymbol{y}=(y_1,y_2,y_3)^{\mathrm{T}}$ 都是三维列向量;$\boldsymbol{P}$ 是三阶正交矩阵,试求常数 α,β.

略解　变换前后二次型的矩阵分别为

$$\boldsymbol{A}=\begin{pmatrix}1&\alpha&1\\\alpha&1&\beta\\1&\beta&1\end{pmatrix},\quad \boldsymbol{B}=\begin{pmatrix}0&0&0\\0&1&0\\0&0&2\end{pmatrix}$$

由于 $\boldsymbol{P}$ 是正交矩阵,故 $\boldsymbol{P}^{\mathrm{T}}\boldsymbol{A}\boldsymbol{P}=\boldsymbol{P}^{-1}\boldsymbol{A}\boldsymbol{P}=\boldsymbol{B}$,即 $\boldsymbol{A}\sim\boldsymbol{B}$.

因此,$\boldsymbol{A}$ 和 $\boldsymbol{B}$ 具有相同的特征值:$\lambda_1=0,\lambda_2=1,\lambda_3=2$.这些特征值应满足 $|\boldsymbol{A}-\lambda\boldsymbol{I}|=0$.

令 $\lambda=\lambda_1=0$,则有

$$|\boldsymbol{A}-0\boldsymbol{I}|=\begin{vmatrix}1&\alpha&1\\\alpha&1&\beta\\1&\beta&1\end{vmatrix}=-(\beta-\alpha)^2=0 \tag{①}$$

令 $\lambda=\lambda_2=1$,则有

$$|\boldsymbol{A}-\boldsymbol{I}|=\begin{vmatrix}1&\alpha&1\\\alpha&0&\beta\\1&\beta&0\end{vmatrix}=2\alpha\beta=0 \tag{②}$$

由式①和式②即得 $\alpha=\beta=0$.

问题 3　已知二次型 $f(x_1,x_2,x_3)=2x_1^2+3x_2^2+3x_3^2+2ax_2x_3\ (a>0)$,通过正交变换化为标准形 $f=y_1^2+yf_2^2+5y_3^2$,求参数 a 及所用的正交变换矩阵.

略解 二次型 f 的矩阵 $\boldsymbol{A}=\begin{pmatrix}2&0&0\\0&3&a\\0&a&3\end{pmatrix}$,标准形的矩阵 $\boldsymbol{B}=\begin{pmatrix}1&0&0\\0&2&0\\0&0&5\end{pmatrix}$.

由于 $\boldsymbol{A}\sim\boldsymbol{B}$,因此 $|\boldsymbol{A}|=|\boldsymbol{B}|$,即 $2(9-a^2)=10$. 由此得 $a=\pm2$. 因为 $a>0$,所以 $a=2$.

代入上设矩阵 $\boldsymbol{A}=\begin{pmatrix}2&0&0\\0&3&2\\0&2&3\end{pmatrix}$,解得特征值为 $\lambda_1=1,\lambda_2=2,\lambda_3=5$. 依次求得相应的特征向量且将它们分别单位化后为

$$\boldsymbol{p}_1=\begin{pmatrix}0\\1\\-1\end{pmatrix},\quad \boldsymbol{p}_2=\begin{pmatrix}1\\0\\0\end{pmatrix},\quad \boldsymbol{p}_3=\begin{pmatrix}0\\1\\1\end{pmatrix}$$

$$\boldsymbol{\xi}_1=\frac{\boldsymbol{p}_1}{\|\boldsymbol{p}_1\|}=\begin{pmatrix}0\\1/\sqrt{2}\\-1/\sqrt{2}\end{pmatrix},\quad \boldsymbol{\xi}_2=\boldsymbol{p}_2=\begin{pmatrix}1\\0\\0\end{pmatrix},\quad \boldsymbol{\xi}_3=\frac{\boldsymbol{p}_3}{\|\boldsymbol{p}\|_3}=\begin{pmatrix}0\\1/\sqrt{2}\\1/\sqrt{2}\end{pmatrix}$$

故所用的正交变换矩阵 $\boldsymbol{P}=(\boldsymbol{\xi}_1,\boldsymbol{\xi}_2,\boldsymbol{\xi}_3)$

例 8 设二次型 $f(x_1,x_2,x_3)=\boldsymbol{x}^{\mathrm{T}}\boldsymbol{A}\boldsymbol{x}=ax_1^2+2x_2^2-2x_3^2+2bx_1x_3\,(b>0)$,其中二次型的矩阵 $\boldsymbol{A}$ 的特征值和为 1,特征值之积为 -12.(1)求 a,b 的值;(2)利用正交变换将二次型 f 化为标准形,并写出所用的正交变换和对应的正交矩阵.

解 1 (1)二次型 f 的矩阵为 $\boldsymbol{A}=\begin{pmatrix}a&0&b\\0&2&0\\b&0&-2\end{pmatrix}$. 设 $\boldsymbol{A}$ 的特征值为 $\lambda_i(i=1,2,3)$. 由题设有

$$\lambda_1+\lambda_2+\lambda_3=a+2+(-2)=1$$

$$\lambda_1\lambda_2\lambda_3=\begin{vmatrix}a&0&b\\0&2&0\\b&0&-2\end{vmatrix}=-4a-2b^2=-12$$

解得 $a=1,b=-2$.

(2)由矩阵 $\boldsymbol{A}$ 的特征多项式

$$|\lambda E-\boldsymbol{A}|=\begin{vmatrix}\lambda-1&0&-2\\0&\lambda-2&0\\-2&0&\lambda+2\end{vmatrix}=(\lambda-2)^2(\lambda+3)$$

得 $\boldsymbol{A}$ 的特征值为 $\lambda_1=\lambda_2=2,\lambda_3=-3$.

当 $\lambda_1=\lambda_2=2$,由 $(2\boldsymbol{I}-\boldsymbol{A})\boldsymbol{x}=\boldsymbol{0}$,得其基础解系

$$\boldsymbol{\xi}_1=(2,0,1)^{\mathrm{T}},\quad \boldsymbol{\xi}_2=(0,1,0)^{\mathrm{T}}$$

当 $\lambda_3=-3$,由 $(-3\boldsymbol{I}-\boldsymbol{A})\boldsymbol{x}=\boldsymbol{0}$,得其基础解系

$$\boldsymbol{\xi}_3=(1,0,-2)^{\mathrm{T}}$$

$\boldsymbol{\xi}_1,\boldsymbol{\xi}_2,\boldsymbol{\xi}_3$ 已是正交向量斜组,只需将 $\boldsymbol{\xi}_1,\boldsymbol{\xi}_2,\boldsymbol{\xi}_3$ 单位化,由此得

$$\boldsymbol{\eta}_1=\left(\frac{2}{\sqrt{5}},0,-\frac{2}{\sqrt{5}}\right)^{\mathrm{T}}$$

令

$$\boldsymbol{Q}=(\eta_1,\eta_2,\eta_3)=\begin{pmatrix}2/\sqrt{5}&0&1/\sqrt{5}\\0&1&0\\1/\sqrt{5}&0&-2/\sqrt{5}\end{pmatrix}$$

则

$$Q^{T}AQ=\begin{pmatrix}2&0&0\\0&2&0\\0&0&-3\end{pmatrix}$$

且二次型的标准形为

$$f=2y_1^2+2y_2^2-3y_3^2$$

解 2　求 a,b 也可先计算矩阵特征多项式，再利用根与系数的关系确定：二次型 f 的矩阵 $\boldsymbol{A}$ 对应特征多项式为

$$|\lambda E-\boldsymbol{A}|=\begin{vmatrix}\lambda-a&0&-b\\0&\lambda-2&0\\-b&0&\lambda+2\end{vmatrix}=(\lambda-2)[\lambda^2-(a-2)\lambda-(2a+b)^2]$$

设 $\boldsymbol{A}$ 的特征值为 $\lambda_1,\lambda_2,\lambda_3$，则

$$\lambda_1=2,\quad \lambda_2+\lambda_3=a-2,\quad \lambda_2\lambda_3=-(2a+b^2)$$

由题设得

$$\lambda_1+\lambda_2+\lambda_3=2+(a-2)=1,\quad \lambda_1\lambda_2\lambda_3=-2(2a+b^2)=-12$$

再由上解得 $a=1,b=2$.

下面是一道综合性问题，例中涉及了代数余子式等概念.

例 9　若 $\boldsymbol{A}\in\mathbf{R}^{n\times n}$，且 $\boldsymbol{A}^{T}=\boldsymbol{A}$ 满秩. 又 $f(x_1,x_2,\cdots,x_n)=\sum\limits_{i=1}^{n}\sum\limits_{j=1}^{n}\frac{A_{ij}}{|\boldsymbol{A}|}x_ix_j$，其中 A_{ij} 为 $\boldsymbol{A}=(a_{ij})_{n\times n}$ 的代数余子式.

(1)记 $\boldsymbol{x}=(x_1,x_2,\cdots,x_n)^{T}$，将 $f(x_1,x_2,\cdots,x_n)$ 写成向量矩阵形式，且证明 $f(\boldsymbol{x})$ 的矩阵为 $\boldsymbol{A}^{-1}$；

(2)$g(\boldsymbol{x})=\boldsymbol{x}^{T}\boldsymbol{A}\boldsymbol{x}$ 与 $f(\boldsymbol{x})$ 的标准型(规范)是否相同？说明理由.

解 1　(1)由题设 $f(\boldsymbol{x})=\boldsymbol{x}^{T}-\frac{(A_{ij})_{n\times n}}{|\boldsymbol{A}|}\boldsymbol{x}=\boldsymbol{x}^{T}\frac{\boldsymbol{A}^{*}}{|\boldsymbol{A}|}\boldsymbol{x}$，因 $\mathrm{r}(\boldsymbol{A})=n$，知 $\boldsymbol{A}$ 非奇异. 故 $\boldsymbol{A}^{-1}=\frac{\boldsymbol{A}^{*}}{|\boldsymbol{A}|}$，又

$$(\boldsymbol{A}^{-1})^{T}=(\boldsymbol{A}^{T})^{-1}=\left(\frac{\boldsymbol{A}^{*}}{|\boldsymbol{A}|}\right)^{T}=\frac{\boldsymbol{A}^{*T}}{|\boldsymbol{A}|}=\boldsymbol{A}^{-1}$$

知 $\boldsymbol{A}^{-1}$ 对称. 因而 $\boldsymbol{A}^{-1}$ 为 $f(\boldsymbol{x})$ 的矩阵.

(2)因上知 $f(\boldsymbol{x})$ 的矩阵为 $\boldsymbol{A}^{-1}$，从而 $\boldsymbol{A}$ 与 $\boldsymbol{A}^{-1}$ 合同，知 $f(\boldsymbol{x})$ 与 $g(\boldsymbol{x})$ 规范标准形相同.

解 2　(1)二次型 $f(x_1,x_2,\cdots,x_n)$ 的矩阵形式为 $f(\boldsymbol{x})=\boldsymbol{x}^{T}\boldsymbol{B}\boldsymbol{x}$，其中

$$\boldsymbol{B}=\frac{1}{|\boldsymbol{A}|}\begin{pmatrix}A_{11}&A_{21}&\cdots&A_{n1}\\A_{12}&A_{22}&\cdots&A_{n2}\\\vdots&\vdots&&\vdots\\A_{1n}&A_{2n}&\cdots&A_{nn}\end{pmatrix}$$

因秩 $\mathrm{r}(\boldsymbol{A})=n$，知 $\boldsymbol{A}$ 可逆，故

$$\boldsymbol{B}=\frac{1}{|\boldsymbol{A}|}\boldsymbol{A}^{*}=\boldsymbol{A}^{-1}$$

又因$(\boldsymbol{A}^{-1})^{T}=(\boldsymbol{A}^{T})^{-1}=\boldsymbol{A}^{-1}$，故 $\boldsymbol{A}^{-1}$ 也是实对称矩阵，因此二次型 $f(\boldsymbol{x})$ 的矩阵为 $\boldsymbol{A}^{-1}$.

(2)因为 $\boldsymbol{A}^{T}\boldsymbol{A}^{-1}\boldsymbol{A}=\boldsymbol{A}^{T}(\boldsymbol{A}^{-1}\boldsymbol{A})=\boldsymbol{A}^{T}=\boldsymbol{A}$，所以 $\boldsymbol{A}$ 与 $\boldsymbol{A}^{-1}$ 合同，于是 $g(\boldsymbol{x})=\boldsymbol{x}^{T}\boldsymbol{A}\boldsymbol{x}$ 与 $f(\boldsymbol{x})$ 有相同的标准形.

二、矩阵及二次型的正定性

在二次型问题中，还有所谓“正定”、“负定”等问题. 当然，它通常仍是通过矩阵本身变换去处理的. 我们先来看看关于矩阵正定判别的问题.

对于矩阵正定性的判别,除了可用二次型化为标准形后,判别二次型的恒定情况判别.

此外还可依据正定矩阵性质来判别,比如:

(1)用相应矩阵的顺序主子式符号判断;

(2)某些特殊定法(如:若 $\boldsymbol{A}=\boldsymbol{Q}^{\mathrm{T}}\boldsymbol{Q}$,且 $\boldsymbol{Q}$ 可逆,则 $\boldsymbol{A}$ 正定,反之亦然).

1. 正定矩阵的判定

我们先来看看矩阵正定的问题.它是由矩阵特征问题入手的,换言之,是将其化为矩阵特征问题来处理的.

例 1 设矩阵 $\boldsymbol{A}=\begin{pmatrix}1&0&1\\0&2&0\\1&0&1\end{pmatrix}$,又 $\boldsymbol{B}=(k\boldsymbol{I}+\boldsymbol{A})^2$,其中 $k\in\mathbf{R}$. 求(1)对角阵 $\boldsymbol{\Lambda}$,使 $\boldsymbol{B}\sim\boldsymbol{\Lambda}$;(2)$k$ 为何值时,矩阵 $\boldsymbol{B}$ 正定.

解 若 λ 为 $\boldsymbol{A}$ 的特征根,则 $(k+\lambda)^2$ 为 $(k\boldsymbol{I}+\boldsymbol{B})^2$ 的特征根.

(1)由 $|\lambda\boldsymbol{I}-\boldsymbol{A}|=\lambda-(\lambda-2)^2$,知 $\lambda_1=\lambda_2=2,\lambda_3=0$. 从而 $\boldsymbol{B}$ 的特征根分别为

$$(k+2)^2,\quad (k+2)^2,\quad k^2$$

从而

$$\boldsymbol{B}\sim\boldsymbol{\Lambda}=\mathrm{diag}\{(k+2)^2,(k+2)^2,k^2\}$$

(2)显然,当 $k\neq0$ 且 $k\neq-2$ 时,$\boldsymbol{B}$ 的特征根皆正,换言之,此时 $\boldsymbol{B}$ 正定.

注 类似的问题其实还在其他考题中出现,比如:

问题 若对称阵 $\boldsymbol{A}\in\mathbf{R}^{3\times3}$,且 $\boldsymbol{A}^2+2\boldsymbol{A}=\boldsymbol{O}$,又 $\mathrm{r}(\boldsymbol{A})=2$.(1)求 $\boldsymbol{A}$ 的特征值;(2)求 k 使 $\boldsymbol{A}+k\boldsymbol{I}$ 正定.

解 (1)设 $\boldsymbol{\alpha}$ 为 $\boldsymbol{A}$ 的属相应特征值 λ 的特征向量:$\boldsymbol{A\alpha}=\lambda\boldsymbol{\alpha}$. 因而

$$(\boldsymbol{A}^2+2\boldsymbol{A})\boldsymbol{\alpha}=(\lambda^2+2\lambda)\boldsymbol{\alpha}=\boldsymbol{0}$$

又 $\boldsymbol{\alpha}\neq\boldsymbol{0}$,从而 $\lambda^2+2\lambda=0$. 得 $\lambda_1=-2,\lambda_1=0$. 因 $\boldsymbol{A}^{\mathrm{T}}=\boldsymbol{A}$ 知 $\boldsymbol{A}$ 可对角化.

又 $\mathrm{r}(\boldsymbol{A})=2$,知 $\boldsymbol{A}\sim\begin{pmatrix}a&&\\&-2&\\&&0\end{pmatrix}$,由 $\boldsymbol{A}^2+2\boldsymbol{A}=\boldsymbol{O}$ 知 a 只能为 -2. 即 $\boldsymbol{A}\sim\begin{pmatrix}-2&&\\&-2&\\&&0\end{pmatrix}$.

(2)由 $\boldsymbol{A}+k\boldsymbol{I}$ 的特征值为 $-2+k,-2+k,k$,故当 $k>2$ 时,$\boldsymbol{A}+k\boldsymbol{I}$ 正定.

再来看一个关于矩阵正定性讨论的例子.这种例子中因为含有参数,故需讨论

例 2 讨论实数 a 的取值范围使下面矩阵 $\boldsymbol{A}$ 正定

$$\boldsymbol{A}=\begin{pmatrix}a+3&2&2&\cdots&2&2\\2&a&1&\cdots&1&1\\2&1&a&\cdots&1&1\\\vdots&\vdots&\vdots&&\vdots&\vdots\\2&1&1&\cdots&a&1\\2&1&1&\cdots&1&a\end{pmatrix}$$

证 记 $\boldsymbol{\alpha}=(2,1,\cdots,1)^{\mathrm{T}}\in\mathbf{R}^k$,则由 $|\boldsymbol{I}_n-\boldsymbol{AB}|=|\boldsymbol{I}_m-\boldsymbol{BA}|$(见前文)有

$$|\boldsymbol{A}_k|=|(a-1)\boldsymbol{I}_k+\boldsymbol{\alpha\alpha}^{\mathrm{T}}|=(a-1)^k\left|\boldsymbol{I}_k+\frac{1}{a-1}\boldsymbol{\alpha\alpha}^{\mathrm{T}}\right|=(a-1)^k\left|\boldsymbol{I}_1+\frac{1}{a-1}\boldsymbol{\alpha}^{\mathrm{T}}\boldsymbol{\alpha}\right|=$$

$$(a-1)^{k-1}(a-1+k+2)=(a-1)^{k-1}(a+k+2)$$

则矩阵 $\boldsymbol{A}$ 正定 $\Longleftrightarrow|\boldsymbol{A}_k|>0\Longleftrightarrow a>1$,且 $a>-k+2,k=1,2,\cdots,n$.

例 3 试证矩阵 $\boldsymbol{A}=\begin{pmatrix}n-1&-1&\cdots&-1\\-1&n-1&\cdots&-1\\\vdots&\vdots&&\vdots\\-1&-1&\cdots&n-1\end{pmatrix}$ 半正定.

证 1　令 $\boldsymbol{x}=(x_1,x_2,\cdots,x_n)$，考虑二次型

$$f(\boldsymbol{x})=\boldsymbol{x}\boldsymbol{A}\boldsymbol{x}^{\mathrm{T}}=(n-1)\sum_{i=1}^{n}x_i^2-2\sum_{1\leqslant i<j\leqslant n}x_ix_j=\sum_{1\leqslant i<j\leqslant n}(x_i-x_j)^2$$

故知 $\boldsymbol{A}$ 为半正定阵.

证 2　由设矩阵 $\boldsymbol{A}=\begin{pmatrix} n & & & \\ & n & & \\ & & \ddots & \\ & & & n\end{pmatrix}+\begin{pmatrix}-1 & -1 & \cdots & -1\\ -1 & -1 & \cdots & -1\\ \vdots & \vdots & & \vdots\\ -1 & -1 & & -1\end{pmatrix}=n\boldsymbol{I}+\boldsymbol{C}$. 这样 $\boldsymbol{A}$ 的特征多项式

$$|\boldsymbol{A}-\lambda\boldsymbol{I}|=|\boldsymbol{C}+(n-\lambda)\boldsymbol{I}|=|\boldsymbol{C}-(\lambda-n)\boldsymbol{I}|$$

由 $\mathrm{r}(\boldsymbol{C})=1$，知 $\boldsymbol{C}$ 的特征根为 $\mathrm{Tr}\boldsymbol{C},0,0,\cdots,0$. 即 $-n,0,0,\cdots,0$.（其中 $\mathrm{Tr}\boldsymbol{C}$ 为矩阵 $\boldsymbol{C}$ 的迹）

故 $\boldsymbol{A}$ 的特征根为 $0,n,n,\cdots,n$. 从而知 $\boldsymbol{A}$ 为半正定阵.

下面的例子也是由矩阵的特征根判断矩阵的正定性的.

例 4　若 $\boldsymbol{A}$ 为 n 阶实对称矩阵，且 $\boldsymbol{A}^3-3\boldsymbol{A}^2+5\boldsymbol{A}-3\boldsymbol{I}=\boldsymbol{O}$，试证 $\boldsymbol{A}$ 为正定矩阵.（**注**：若知 $f(\lambda)$ 是 $\boldsymbol{A}$ 的特征多项式，则 $f(\boldsymbol{A})=\boldsymbol{O}$）

证　设 λ 为 $\boldsymbol{A}$ 的特征根，由 Cayley-Hamilton 定理知 $\lambda^3-3\lambda^2+5\lambda-3$ 为 $\boldsymbol{A}$ 的化零多项式.

又 $(\lambda-1)(\lambda^2-2\lambda+3)=0$. 知其有根 $\lambda=1$ 或 $\lambda=1\pm\sqrt{2}\mathrm{i}$.

由 $\boldsymbol{A}$ 为 n 阶实对称阵，故 $\boldsymbol{A}$ 只有实特征根，这样 $\boldsymbol{A}$ 只能仅有特征根 1（n 重），从而 $\boldsymbol{A}$ 为正定矩阵.

下面的例子涉及 $\boldsymbol{A}^{-1},\boldsymbol{A}^*$ 的正定性讨论.

例 5　若 $\boldsymbol{A}$ 是 $\boldsymbol{n}$ 阶正定矩阵，证明：(1)$\boldsymbol{A}^{-1}$ 也是正定矩阵；(2)$\boldsymbol{A}^*$ 也是正定矩阵.

(1)**证**　由 $\boldsymbol{A}$ 是正定阵，则有非奇异阵 $\boldsymbol{P}$ 使 $\boldsymbol{P}^{\mathrm{T}}\boldsymbol{A}\boldsymbol{P}=\boldsymbol{I}$. 又

$$\boldsymbol{I}=\boldsymbol{I}^{-1}=(\boldsymbol{P}^{\mathrm{T}}\boldsymbol{A}\boldsymbol{P})^{-1}=\boldsymbol{P}^{-1}\boldsymbol{A}^{-1}(\boldsymbol{P}^{-1})^{\mathrm{T}}$$

故 $\boldsymbol{A}^{-1}$ 是正定阵.

(2)**证 1**　由设 $\boldsymbol{A}$ 是正定矩阵，故 $\boldsymbol{A}$ 的特征根 $\lambda_i>0(i=1,2,\cdots,n)$，知 $\boldsymbol{A}$ 非奇异.

又 $\boldsymbol{A}^*=|\boldsymbol{A}|\boldsymbol{A}^{-1}$，故 $\boldsymbol{A}^*$ 的全部特征根为

$$\lambda_i^*=\frac{|\boldsymbol{A}|}{\lambda_i}\quad(i=1,2,\cdots,n)$$

由 $\boldsymbol{A}$ 正定，故 $|\boldsymbol{A}|>0$，从而 $\lambda_i^*>0(i=1,2,\cdots,n)$，因此 $\boldsymbol{A}^*$ 正定.

(2)**证 2**　由设 $\boldsymbol{A}$ 正定，则有非奇异阵 $\boldsymbol{Q}$ 使 $\boldsymbol{A}=\boldsymbol{Q}\boldsymbol{Q}^{\mathrm{T}}$（条件是充要的，见后文）. 从而

$$\boldsymbol{A}^*=(\boldsymbol{Q}\boldsymbol{Q}^{\mathrm{T}})^*=(\boldsymbol{Q}^{\mathrm{T}})^*\boldsymbol{Q}^*=(\boldsymbol{Q}^*)^{\mathrm{T}}\boldsymbol{Q}^*$$

知 $\boldsymbol{A}^*$ 是正定阵.

(2)**证 3**　由 $\boldsymbol{A}\boldsymbol{A}^*=\boldsymbol{A}^*\boldsymbol{A}=|\boldsymbol{A}|\boldsymbol{I}$，又题设 $\boldsymbol{A}$ 正定，知 $\boldsymbol{A}^{-1}$ 正定，且 $|\boldsymbol{A}|>0$.

而 $\boldsymbol{A}^*=|\boldsymbol{A}|\boldsymbol{A}^{-1}$，知 $\boldsymbol{A}^*$ 正定（从式中也可从 $\boldsymbol{A}$ 对称知 $\boldsymbol{A}^{-1}$ 对称，得 $\boldsymbol{A}^*$ 亦对称）.

注 1　结论还可以用矩阵特征问题理论去证，注意到若 λ_i 为 $\boldsymbol{A}$ 的特征根，则 $1/\lambda_i$ 为 $\boldsymbol{A}^{-1}$ 的特征根即可，注意到 $\lambda_i>0(i=1,2,\cdots,n)$.

注 2　问题还可证如：由 $\boldsymbol{A}$ 是正定阵，则二次型 $\boldsymbol{x}^{\mathrm{T}}\boldsymbol{A}\boldsymbol{x}$ 是正定二次型.

作线性变换 $\boldsymbol{x}=\boldsymbol{A}^{-1}\boldsymbol{y}$，由 $\boldsymbol{A}$ 对称，则 $\boldsymbol{A}^{-1}$ 亦对称. 故

$$\boldsymbol{x}^{\mathrm{T}}\boldsymbol{A}\boldsymbol{x}=\boldsymbol{y}^{\mathrm{T}}(\boldsymbol{A}^{-1})^{\mathrm{T}}\boldsymbol{A}\boldsymbol{A}^{-1}\boldsymbol{y}=\boldsymbol{y}^{\mathrm{T}}\boldsymbol{A}^{-1}\boldsymbol{y}$$

从而 $\boldsymbol{y}^{\mathrm{T}}\boldsymbol{A}^{-1}\boldsymbol{y}$ 为正定二次型，故 $\boldsymbol{A}^{-1}$ 为正定矩阵.

注 3　注意到 $(\boldsymbol{A}\boldsymbol{B})^*=\boldsymbol{B}^*\boldsymbol{A}^*$ 及正定矩阵可表示为 $\boldsymbol{Q}\boldsymbol{Q}^{\mathrm{T}}$（充要条件）的事实.

注 4　$\boldsymbol{A}$ 为半正定时，$\boldsymbol{A}^*$ 亦为半正定阵.

例 6　设 $\boldsymbol{A}$ 是实对称矩阵，则存在实数 m，使当 $\mu\geqslant m$ 时，$\mu\boldsymbol{I}+\boldsymbol{A}$ 总是正定的.

证　由设 $\boldsymbol{A}$ 对称，则 $(\mu\boldsymbol{I}+\boldsymbol{A})^{\mathrm{T}}=\mu\boldsymbol{I}+\boldsymbol{A}^{\mathrm{T}}=\mu\boldsymbol{I}+\boldsymbol{A}$，知其也对称. 若记

$$A=\begin{pmatrix}a_{11}&a_{12}&\cdots&a_{1n}\\a_{21}&a_{22}&\cdots&a_{2n}\\\vdots&\vdots&&\vdots\\a_{n1}&a_{n2}&\cdots&a_{nn}\end{pmatrix}$$

考虑 $\mu A+A$ 的顺序主子式为

$$D_k(\mu)=\begin{vmatrix}a_{11}+\mu&a_{12}&\cdots&a_{1k}\\a_{21}&a_{22}+\mu&\cdots&a_{2n}\\\vdots&\vdots&&\vdots\\a_{k1}&a_{k2}&\cdots&a_{kk}+\mu\end{vmatrix}\quad(k=1,2,\cdots,n)$$

显然有 $m>0$,使当 $\mu\geqslant m$ 时,有

$$a_{ij}+\mu>\sum_{i\neq j}|a_{ij}|\quad(i=1,2,\cdots,n)(\text{对角占优阵})$$

从而 $D_k(\mu)>0$ $(k=1,2,\cdots,n)$. 即 $\mu\geqslant m$ 时, $\mu A+A$ 是正定的.

注 本题可解如:由 A 是实对称阵,有非奇异阵 P 使

$$P^{-1}AP=\operatorname{diag}\{\lambda_1,\lambda_2,\cdots,\lambda_n\}=\Lambda$$

又

$$P^{-1}(\mu I+A)P=P^{-1}(\mu I)P+P^{-1}AP=\mu I+\lambda=\operatorname{diag}\{\mu+\lambda_1,\mu+\lambda_2,\cdots,\mu+\lambda_n\}$$

取 $m>\min\{\lambda_1,\lambda_2,\cdots,\lambda_n\}$, 当 $\mu\geqslant m$ 时

$$\mu+\lambda_i>0\quad(i=1,2,\cdots,n)$$

知矩阵 $P^{-1}(\mu I+A)A$ 正定,从而矩阵 $\mu I+P$ 亦正定.

下面一则初等(变换)阵正定的问题,这类问题之所以为人们所关注,其原因有三:首先它是矩阵化简的重要工具(初等变换);二是它研究起来方便且出彩;三是它在“矩阵计算”和“最优化方法”研究中很有用.

例 7 若 $v\in\mathbf{R}^n$,又 $\sigma\in\mathbf{R}$,且 $1+\sigma v^{\mathrm T}v>0$,则(1) $I+\sigma vv^{\mathrm T}$ 正定;(2)若 A 为 n 阶正定矩阵,又 $1+\sigma v^{\mathrm T}Av>0$,则 $A+\sigma vv^{\mathrm T}$ 是正定矩阵.

证 (1)由 Cauchy 不等式,有

$$(x^{\mathrm T}y)^2\leqslant(x^{\mathrm T}x)(y^{\mathrm T}y)$$

故对任意 $x\in\mathbf{R}^n$ 且 $x\neq\mathbf{0}$,由 $x^{\mathrm T}x>0$,有

$$x^{\mathrm T}(I+\sigma vv^{\mathrm T})x=x^{\mathrm T}x+\sigma(x^{\mathrm T}v)(v^{\mathrm T}x)=x^{\mathrm T}x+\sigma(x^{\mathrm T}v)^2$$

当 $\sigma\geqslant0$ 时

$$x^{\mathrm T}(I+\sigma vv^{\mathrm T})x\geqslant x^{\mathrm T}x>0$$

当 $\sigma<0$ 时

$$x^{\mathrm T}(I+\sigma vv^{\mathrm T})x\geqslant\sigma(x^{\mathrm T}x)(v^{\mathrm T}v)=x^{\mathrm T}x(1+\sigma v^{\mathrm T}v)>0$$

由于 x 的任意性知 $I+\sigma vv^{\mathrm T}$ 正定.

(2)对任意非 0 的 $x\in\mathbf{R}^n$,当 $\sigma\geqslant0$ 时,有

$$x^{\mathrm T}(A+\sigma vv^{\mathrm T})x=x^{\mathrm T}Ax+\sigma(x^{\mathrm T}v)^2>0$$

知 $A+\sigma vv^{\mathrm T}$ 正定.

当 $\sigma<0$ 时,由 A 正定知 A^{-1} 正定,且有非奇异阵 P 使 $A=P^{\mathrm T}P$,这样 $A^{-1}=P^{-1}P^{-\mathrm T}$. 因而若 $x\neq\mathbf{0}$,则 $Px\neq\mathbf{0}$,可有

$$\begin{aligned}x^{\mathrm T}(A+\sigma vv^{\mathrm T})x&=x^{\mathrm T}Ax+\sigma(x^{\mathrm T}v)^2=x^{\mathrm T}P^{\mathrm T}Px=(Px)^{\mathrm T}(Px)+\sigma[(Px)^{\mathrm T}(P^{-\mathrm T}v)]^2\geqslant\\&(Px)^{\mathrm T}(Px)+\sigma(Px)^{\mathrm T}(Px)[(P^{-\mathrm T}v)^{\mathrm T}(P^{-\mathrm T}v)]=\\&(Px)^{\mathrm T}(Px)[1+\sigma v^{\mathrm T}P^{-1}P^{-\mathrm T}v]=(Px)^{\mathrm T}(Px)[1+\sigma v^{\mathrm T}A^{-1}v]>0\end{aligned}$$

故 $\sigma<0$ 时, $A+\sigma vv^{\mathrm T}$ 亦正定.

下面例子可以看作上例的引申或延拓.

例 8 若矩阵 $\boldsymbol{A}\in\mathbf{R}^{m\times n}$,且矩阵 $\boldsymbol{B}=\lambda\boldsymbol{I}+\boldsymbol{A}^{\mathrm{T}}\boldsymbol{A}$. 试证当 $\lambda>0$ 时,矩阵 $\boldsymbol{B}$ 为正定阵.

证 易知若 $\boldsymbol{A}\in\mathbf{R}^{m\times n}$,则 $\boldsymbol{A}^{\mathrm{T}}\boldsymbol{A}$ 与 $\boldsymbol{A}\boldsymbol{A}^{\mathrm{T}}$ 皆半正定阵,这只需注意到:

对任意 $\boldsymbol{x}\neq\boldsymbol{0}$ ($\boldsymbol{x}\in\mathbf{R}^{n}$),有

$$\boldsymbol{x}^{\mathrm{T}}(\boldsymbol{A}^{\mathrm{T}}\boldsymbol{A})\boldsymbol{x}=(\boldsymbol{A}\boldsymbol{x})^{\mathrm{T}}\boldsymbol{A}\boldsymbol{x}\geqslant 0$$

又对任意 $\boldsymbol{y}\neq\boldsymbol{0}(\boldsymbol{y}\in\mathbf{R}^{m})$,有

$$\boldsymbol{y}^{\mathrm{T}}(\boldsymbol{A}\boldsymbol{A}^{\mathrm{T}})\boldsymbol{y}=(\boldsymbol{y}^{\mathrm{T}}\boldsymbol{A})(\boldsymbol{y}^{\mathrm{T}}\boldsymbol{A}^{\mathrm{T}})\geqslant 0$$

由 $\boldsymbol{B}^{\mathrm{T}}=\lambda\boldsymbol{I}+(\boldsymbol{A}^{\mathrm{T}}\boldsymbol{A})^{\mathrm{T}}=\lambda\boldsymbol{I}+\boldsymbol{A}^{\mathrm{T}}\boldsymbol{A}=\boldsymbol{B}$,知 $\boldsymbol{B}$ 对称.

又当 $\lambda>0$ 时,对任意 $\boldsymbol{x}\in\mathbf{R}^{n}\neq\boldsymbol{0}$,总有

$$\boldsymbol{x}^{\mathrm{T}}(\lambda\boldsymbol{I}+\boldsymbol{A}^{\mathrm{T}}\boldsymbol{A})\boldsymbol{x}=\lambda\boldsymbol{x}^{\mathrm{T}}\boldsymbol{x}+\boldsymbol{x}^{\mathrm{T}}\boldsymbol{A}^{\mathrm{T}}\boldsymbol{A}\boldsymbol{x}=\lambda\boldsymbol{x}^{\mathrm{T}}\boldsymbol{x}+(\boldsymbol{A}\boldsymbol{x})^{\mathrm{T}}(\boldsymbol{A}\boldsymbol{x})$$

显然 $\lambda\boldsymbol{x}^{\mathrm{T}}\boldsymbol{x}>0$,而 $(\boldsymbol{A}\boldsymbol{x})^{\mathrm{T}}(\boldsymbol{A}\boldsymbol{x})\geqslant 0$,从而

$$\boldsymbol{x}^{\mathrm{T}}(\lambda\boldsymbol{I}+\boldsymbol{A}^{\mathrm{T}}\boldsymbol{A})\boldsymbol{x}>0$$

即矩阵 $\boldsymbol{B}=\lambda\boldsymbol{I}+\boldsymbol{A}^{\mathrm{T}}\boldsymbol{A}$ 正定.

注 首先本例是依照正定矩阵定义来判断的,注意 $\boldsymbol{x}^{\mathrm{T}}A\boldsymbol{x}$ 即为二次型. 此外我们依例的方法还有:

命题 1 若矩阵 $\boldsymbol{A}\in\mathbf{R}^{m\times n}$,且 $\mathrm{r}(\boldsymbol{A})=n$,则矩阵 $\boldsymbol{A}^{\mathrm{T}}\boldsymbol{A}$ 为正定阵.

略证 只需分 $m\geqslant n$ 和 $m<n$ 两种情形考虑即可.

事实上 $\boldsymbol{A}^{\mathrm{T}}\boldsymbol{A}$ 可视为正定矩阵的分解式,我们可以证明(简单的情形我们前文已有介绍):

命题 2 若矩阵 $\boldsymbol{A}\in\mathbf{R}^{n\times n}$ 是正定矩阵,(1)一定有矩阵 $\boldsymbol{B}$,使 $\boldsymbol{B}^{2}=\boldsymbol{A}$,且 $\boldsymbol{B}$ 为正定阵;(2)一定有矩阵 $\boldsymbol{Q}$,使 $\boldsymbol{Q}^{\mathrm{T}}\boldsymbol{Q}=\boldsymbol{A}$,且 $\boldsymbol{Q}$ 为正定阵.

简证 (1)若 $\boldsymbol{A}$ 正定,则有 $\boldsymbol{P}$ 使 $\boldsymbol{P}^{-1}\boldsymbol{A}\boldsymbol{P}=\mathrm{diag}\{\lambda_1,\lambda_2,\cdots,\lambda_n\}$,其中 $\lambda_i>0(i=1,2,\cdots,n)$. 故

$$\boldsymbol{A}=\boldsymbol{P}\begin{pmatrix}\lambda_1&&&\\&\lambda_2&&\\&&\ddots&\\&&&\lambda_n\end{pmatrix}\boldsymbol{P}^{-1}=\boldsymbol{P}\begin{pmatrix}\sqrt{\lambda_1}&&&\\&\sqrt{\lambda_2}&&\\&&\ddots&\\&&&\sqrt{\lambda_n}\end{pmatrix}\begin{pmatrix}\sqrt{\lambda_1}&&&\\&\sqrt{\lambda_2}&&\\&&\ddots&\\&&&\sqrt{\lambda_n}\end{pmatrix}\boldsymbol{P}^{-1}=$$

$$\boldsymbol{P}\begin{pmatrix}\sqrt{\lambda_1}&&&\\&\sqrt{\lambda_2}&&\\&&\ddots&\\&&&\sqrt{\lambda_n}\end{pmatrix}\boldsymbol{P}^{-1}\cdot\boldsymbol{P}\begin{pmatrix}\sqrt{\lambda_1}&&&\\&\sqrt{\lambda_2}&&\\&&\ddots&\\&&&\sqrt{\lambda_n}\end{pmatrix}\boldsymbol{P}^{-1}=\boldsymbol{B}\cdot\boldsymbol{B}=\boldsymbol{B}^{2}$$

其中

$$\boldsymbol{B}=\boldsymbol{P}\mathrm{diag}\{\sqrt{\lambda_1},\sqrt{\lambda_2},\cdots,\sqrt{\lambda_n}\}\boldsymbol{P}^{-1}$$

(2)若 $\boldsymbol{P}$ 是正交阵,则 $\boldsymbol{P}^{-1}=\boldsymbol{P}^{\mathrm{T}}$,此时 $\boldsymbol{Q}=\boldsymbol{P}\mathrm{diag}\{\sqrt{\lambda_1},\sqrt{\lambda_2},\cdots,\sqrt{\lambda_n}\}\boldsymbol{P}^{\mathrm{T}}$,则 $\boldsymbol{A}=\boldsymbol{Q}^{\mathrm{T}}\boldsymbol{Q}$.

由以上结论我们还可以从 $|\boldsymbol{A}|^{2}=|\boldsymbol{A}^{2}|=|\boldsymbol{A}^{\mathrm{T}}||\boldsymbol{A}|=|\boldsymbol{A}^{\mathrm{T}}\boldsymbol{A}|$,得

$$|\boldsymbol{A}|\leqslant\sqrt{\prod_{i=1}^{n}\sum_{j=1}^{n}a_{ij}^{2}}\quad\text{(Hadamard 不等式)}$$

等号当且仅当 $\boldsymbol{A}$ 为正交矩阵时成立. 这个不等式,我们后文还将介绍它的特殊情形.

此外,若 $\boldsymbol{A}\in\mathbf{R}^{m\times n}$ 亦有 $|\boldsymbol{A}^{\mathrm{T}}\boldsymbol{A}|\leqslant\prod\limits_{j=1}^{n}\sum\limits_{i=1}^{m}a_{ij}$. 此即 Hadamard 不等式推广.

矩阵 $\boldsymbol{I}-\boldsymbol{A},\boldsymbol{I}-\boldsymbol{\alpha}\boldsymbol{\beta}^{\mathrm{T}},\boldsymbol{I}-\boldsymbol{A}\boldsymbol{B}^{\mathrm{T}}$ 等这类问题总会有花样出现. 但解这类问题道理和方法往往是相同的,我们在“矩阵”一章曾专门讨论过为类问题. 我们知道,即便矩阵 $\boldsymbol{A},\boldsymbol{B}$ 皆正定,但 $\boldsymbol{A}\boldsymbol{B}$ 不一定正定,因为 $\boldsymbol{A}\boldsymbol{B}$ 不一定对称. 但下面的矩阵不然. 请看:

例 9 若 $A-I$ 与 $A+I$ 均为正定矩阵，则 A^2-I 亦为正定矩阵.

证 注意到：若 X,Y 为正定矩阵，则 XY 亦为

$$\text{正定矩阵} \Longleftrightarrow XY=YX \quad \text{(证明见后文例)}$$

又由

$$(A-I)(A+I)=A^2-I=(A+I)(A-I)$$

知 A^2-I 对称(因两因子可交换)，再由上结论及题设，故 $(A+I)(A-I)=A^2-I$ 为正定矩阵.

下面的例子看似与上例类同，但解法却相去甚远.

例 10 若 $A\in\mathbf{R}^{n\times n}$，且 $A^{\mathrm{T}}=-A$，试证 $I-A^2$ 为正定矩阵.

证 由 $(I-A^2)^{\mathrm{T}}=I^{\mathrm{T}}-(A^2)^{\mathrm{T}}=I-(A^{\mathrm{T}})^2=I-(-A)^2=I-A^2$，知 $I-A^2$ 为实对称阵.

又对任意向量 $x\neq 0$，总有

$$x^{\mathrm{T}}(I-A^2)x=x^{\mathrm{T}}(I+A^{\mathrm{T}}A)x=x^{\mathrm{T}}x+(Ax)^{\mathrm{T}}(Ax)>0$$

故矩阵 $I-A^2$ 是正定矩阵.

例 11 设 $x_0,x_1,\cdots,x_n$ 是两两相异的数，且 $k\leqslant n$，又

$$V=\begin{pmatrix} 1 & 1 & \cdots & 1 \\ x_0 & x_1 & \cdots & x_n \\ x_0^2 & x_1^2 & \cdots & x_n^2 \\ \vdots & \vdots & & \vdots \\ x_0^k & x_1^k & \cdots & x_n^k \end{pmatrix}$$

求证：矩阵 VV^{T} 为正定矩阵.

证 设 $\boldsymbol{\alpha}=(\alpha_1,\alpha_2,\cdots,\alpha_{k+1})^{\mathrm{T}}$ 是任意非零向量，则

$$\boldsymbol{\alpha}^{\mathrm{T}}VV^{\mathrm{T}}\boldsymbol{\alpha}=(V^{\mathrm{T}}\boldsymbol{\alpha})^{\mathrm{T}}(V^{\mathrm{T}}\boldsymbol{\alpha})=\Big(\sum_{i=1}^{k}x_0^i\alpha_{i+1}\Big)^2+\Big(\sum_{i=1}^{k}x_1^i\alpha_{i+1}\Big)^2+\cdots+\Big(\sum_{i=1}^{k}x_n^i\alpha_{i+1}\Big)^2\geqslant 0$$

今证 $\boldsymbol{\alpha}^{\mathrm{T}}VV^{\mathrm{T}}\boldsymbol{\alpha}\neq 0$. 用反证法. 若 $\boldsymbol{\alpha}^{\mathrm{T}}VV^{\mathrm{T}}\boldsymbol{\alpha}=0$，由上式应有

$$\sum_{i=1}^{k}x_j^i\alpha_{i+1}=0 \quad (j=1,2,\cdots,n)$$

上式可视为 $\alpha_i(i=1,2,\cdots,k+1)$ 的线性方程组，从中取任意 $k+1$ 个方程，无妨取前 $k+1$ 个方程组成方程组

$$\sum_{i=1}^{k}x_j^i\alpha_{i+1}=0 \quad (i=1,2,\cdots,k) \tag{$*$}$$

方程组系数矩阵行列式为范德蒙行列式，又由题设 $x_0,x_1,x_2,\cdots,x_n$ 两两相异有

$$\begin{vmatrix} 1 & x_0 & \cdots & x_0^k \\ 1 & x_1 & \cdots & x_1^k \\ \vdots & \vdots & & \vdots \\ 1 & x_k & \cdots & x_k^k \end{vmatrix}=\prod_{0\leqslant i<j\leqslant k}(x_i-x_j)\neq 0$$

故方程组($*$)仅有零解. 这与 $\boldsymbol{\alpha}$ 非零相抵！

因此 $\boldsymbol{\alpha}^{\mathrm{T}}VV^{\mathrm{T}}\boldsymbol{\alpha}>0$，由于 $\boldsymbol{\alpha}$ 是任意非零向量，故 VV^{T} 正定.

注 1 若 V 是方阵，则证明轻松多了.

首先由题设知 V 是满秩矩阵(注意到 $x_0,x_1,x_2,\cdots,x_n$ 两两相异).

又由 $(VV^{\mathrm{T}})^{\mathrm{T}}=(V^{\mathrm{T}})^{\mathrm{T}}V=VV^{\mathrm{T}}$，知其对称.

且对任意 $x\in\mathbf{R}^n$，若 $x\neq 0$，由 $x(VV^{\mathrm{T}})x^{\mathrm{T}}=(xV)(xV)^{\mathrm{T}}>0$，知 VV^{T} 为正定矩阵.

又由 A 为正定阵，其可表示为 VV^{T} 形式的结论是重要的，这里 V 为满秩阵.

注 2 由于 $k\leqslant n$，这里 V 是长方阵. 其实，这结论还可以推广(前文已有类似的结论或叙述)：

命题 若矩阵 $A\in\mathbf{R}^{m\times n}(m<n)$ 且行满秩，则 AA^{T} 为正定阵.

证　由$(AA^{T})^{T}=(A^{T})^{T}A^{T}=AA^{T}$知其对称. 又若$x\in \mathbf{R}^{m}$,有

$$x(AA^{T})x^{T}=xAA^{T}x^{T}=xA(xA)^{T}\geqslant 0$$

由$r(A)=m$,则$xA=0\Longleftrightarrow x=0$ (这里x为行向量).

故当$x\neq 0, x\in \mathbf{R}^{n}$时,$x(AA^{T})x^{T}>0$,即$AA^{T}$正定.

对于A为方阵的情形,上面命题条件与结论是充要的. 前文已述利用这个结论可证明许多命题,比如非奇异阵分解命题:

命题　若A为非奇异实阵,则A必可表示为SR,其中S为对称正定阵,R为正交矩阵.

证　由A非奇异知AA^{T}正定,故存在正定阵S使$AA^{T}=S^{2}$,则

$$A=S^{2}(A^{T})^{-1}=S[S(A^{-1})^{T}]$$

令$R=S(A^{T})^{-1}$,则R为可逆阵,且

$$RR^{T}=[S(A^{T})^{-1}][S(A^{T})^{-1}]^{T}=S(A^{T})^{-1}A^{-1}S^{T}=S(AA^{T})^{-1}S=S(S^{2})^{-1}S=SS^{-1}S^{-1}S=I$$

故R为正交矩阵,从而$A=SR$.

这里的证明也是构造性的,换言之,证明过程中具体指出了$R=S(A^{T})^{-1}$.

例 12　矩阵$A\in \mathbf{R}^{n\times n}$(对称)正定,$B\in \mathbf{R}^{n\times m}$,又$r(B)=m$. 试证$B^{T}AB$亦为正定阵.

证　由$(B^{T}AB)^{T}=B^{T}A^{T}B=B^{T}AB$,知其对称.

又任意$x\neq 0$,有$Bx\neq 0$,否则若$Bx=0$,有$B^{T}Bx=0$.

再由$r(B^{T}B)=r(B)=m$知$B^{T}B$可逆,故方程仅有零解与$x\neq 0$前设矛盾! 故$Bx\neq 0$.

进而$x^{T}(B^{T}AB)x=(Bx)^{T}A(Bx)>0$,从而$B^{T}AB$正定.

下面的例子与上例类同,不过条件换成了充要.

例 13　若矩阵$A\in \mathbf{R}^{n\times n}$且$A^{T}=A$. 试证$r(A)=n\Longleftrightarrow$存在$B\in \mathbf{R}^{n\times n}$使$AB+B^{T}A$正定.

解　$\Rightarrow$由$r(A)=n$,故取$B=A^{-1}$有$(B^{T})^{-1}=(B^{-1})^{T}$,这样

$$AB+B^{T}A=AA^{-1}+(A^{-1})^{T}A=I+(A^{T})^{-1}A=I+A^{-1}A=2I$$

知其为正定阵.

$\Leftarrow$取$a\neq 0$,由$AB+B^{T}A$正定$BA^{T}=A, B^{T}=B$有

$$a^{T}(AB+B^{T}A)a=(Aa)^{T}Ba+(Ba)^{T}Aa>0$$

显然$Aa\neq 0$,否则上式不成立.

由$a\neq 0$的任意性及$Aa\neq 0$知$Ax=0$仅有零解,从而$r(A)=n$.

下面一例似乎看上去与上例不同,实际上并无差异,但在证法上略有不同.

例 14　若S是实对称矩阵,则如果$AS+SA^{T}$是正定矩阵,则S为可逆矩阵.

证　由设$AS+SA^{T}$为正定矩阵,则对任何非零的$x\in \mathbf{R}^{n\times 1}$均有

$$x(AS+SA^{T})x^{T}>0$$

即

$$xASx^{T}+xSA^{T}x^{T}=(xA)(xS)^{T}+(xS)(xA)^{T}>0$$

亦即对任何非零的x,均有

$$xS\neq 0 \quad \text{或} \quad S^{T}x^{T}=0$$

即线性方程组$S^{T}x^{T}=0$仅有零解,从而$|S^{T}|=|S|\neq 0$,故S可逆.

注 1　若B为方阵(题中B非方阵),则例的结论几乎显然:此时由A正定有$A=Q^{T}Q$(其中Q可逆),则$B^{T}AB=B^{T}, Q^{T}QB=(QB)^{T}(QB)$,知其正定.

注 2　例中结论可推广为:

命题　若$A, B\in \mathbf{R}^{n\times n}$,且$A^{T}=A, B^{T}=B$. 又$r(A+B)=n$,则$A^{T}A+B^{T}B$正定.

证　由$(A^{T}A+B^{T}B)^{T}=(A^{T}A)^{T}+(B^{T}B)^{T}=A^{T}A+B^{T}B$知其对称. 又对$x\in \mathbf{R}^{n}$,有

$$x^{T}(A^{T}A+B^{T}B)x=x^{T}(A^{T}A)x+x^{T}(B^{T}B)x(Ax)^{T}Ax+(Bx)^{T}(Bx)\geqslant 0 \qquad (*)$$

由 $r(A+B)=n$,知 $(A+B)x=0$ 仅有 0 解. 即 $x\neq 0$,则 $(A+B)x\neq 0$.

因而 Ax 与 Bx 不能同时为 0(零向量).

从而式(*)只能大于 0,即 A^TA+B^TB 正定.

例 15 若 $A\in R^{n\times n}$ 且正定,$B\in R^{n\times m}$,则 B^TAB 为正定阵$\Longleftrightarrow$矩阵 B 的秩 $r(B)=n$.

证 1 $\Leftarrow$若 $r(B)=n$,注意到 $(B^TAB)^T=B^TA^TB=B^TAB$(因 A 对称),知其对称.

则对任意 $x\in R^n\neq 0$,则 $Bx\neq 0$(因 $r(B)=n$,从而 $Bx=0$ 仅有零解).

由 A 正定,知 $(Bx)^TA(Bx)>0$,即 $x^T(B^TAB)x>0$.

即对任意 $x\in R^n\neq 0$,总有 $x^T(B^TAB)x>0$,因而 B^TAB 正定.

$\Rightarrow$若 B^TAB 正定,且对任意 $x\in R^n\neq 0$,总有 $x^T(B^TAB)x>0$,即 $(Bx)^TA(Bx)>0$.

显然 $Bx\neq 0$(否则上式为 0),换言之 $Bx=0$ 仅有零解,从而 $r(B)=n$.

证 2 由设 A 正定,则有可逆阵 C 使 $A=C^TC$. 从而

$$B^TAB=B^TC^TCB=(CB)^TCB$$

$\Leftarrow$因 $r(B)=n$,则 $n\leqslant m$. 知 CB 列满秩,从而 $(CB)^TCB=B^TAB$ 正定.

$\Rightarrow$若 B^TAB 正定,则 CB 列满秩,又 C 可逆,则 B 列满秩,故 $r(B)=n$.

正定矩阵的乘积不一定是正定矩阵,但它们的元素之积组成的矩阵是否是正定矩阵?回答是肯定的,请看:

例 16 设 $A=(a_{ij})_{n\times n}$,$B=(b_{ij})_{n\times n}$ 均为正定矩阵,又 $C=(c_{ij})_{n\times n}$,其中 $c_{ij}=a_{ij}b_{ij}$ $(1\leqslant i,j\leqslant n)$,则 C 亦为正定矩阵.

证 设矩阵 C 对应的二次型为

$$f(x_1,x_2,\cdots,x_n)=x^TCx=\sum_{i,j=1}^{n}a_{ij}b_{ij}x_ix_j$$

其中 $x=(x_1,x_2,\cdots,x_n)^T$.

由设 B 为正定矩阵,则有可逆矩阵 $M=(m_{ij})_{n\times n}$ 使 $B=MM^T$,故

$$b_{ij}=\sum_{k=1}^{n}m_{ik}m_{kj}\ (1\leqslant i,j\leqslant n)$$

从而

$$x^TCx=\sum_{i,j=1}^{n}a_{ij}\Big(\sum_{k=1}^{n}m_{ik}m_{kj}\Big)x_ix_j=\sum_{i,j,k=1}^{n}a_{ij}(m_{ik}x_i)(m_{kj}x_j)$$

若 $x\neq 0$,则由 $x^TBx>0$,即

$$x^TMM^Tx=(x^TM)(x^TM)^T>0$$

从而向量 x^TM 的分量不全为 0. 由于 x 的任意性知 $x^TCx>0$ 总成立 $(x\neq 0)$,即 C 正定.

对于两正定矩阵乘积的正定性与否,我们有下面结论.

例 17 若 A,B 皆为 n 阶正定矩阵,且 $AB=BA$,证明 AB 亦为正定矩阵.

证 1 首先由 $(AB)^T=B^TA^T=BA=AB$,知 AB 对称,又由设 A 正定,则 A^{-1} 亦然.

于是有非奇异阵 Q,使

$$Q^TA^{-1}Q=I$$

又 B 正定,故 B 对称,进而 $Q^TBQ=G$ 对称,于是有正交阵 U 使

$$U^TGU=\mathrm{diag}\{\lambda_1,\lambda_2,\cdots,\lambda_n\}=D$$

令 $P=QU$,则

$$P^TA^{-1}P=U^TQ^TA^{-1}QU=U^T(Q^TA^{-1}Q)U=U^TIU=I$$

且

$$P^TBP=U^TQ^TBQQU=U^TGU=D$$

由 B 正定,故 P^TBP 亦正定. 因而 $\lambda_i>0(i=1,2,\cdots,n)$,知 D 正定.

又

$$|\lambda I-AB|=|A|\,|\lambda A^{-1}-B| \quad (|A|>0)$$

且

$$|P^{T}|\,|\lambda A^{-1}-B|\,|P|=|\lambda(P^{T}A^{-1}P)-P^{T}BP|=|\lambda I-D|$$

故 $|\lambda I-AB|$ 与 $|\lambda A^{-1}-B|$ 的特征根相同，亦即与 $|\lambda I-D|$ 的特征根相同.

由 D 正定，从而 AB 正定.（注意到 AB 对称）

证 2　如果知道命题“矩阵 A 正定$\Leftrightarrow$有非奇（可逆）阵 Q 使 $A=QQ^{T}$”，则例还可证如：

首先 $(AB)^{T}=B^{T}A^{T}=BA=AB$，知 AB 对称. 又由 A,B 正定，知有非奇异阵 R,S 使

$$A=RR^{T},\quad B=SS^{T}$$

则

$$AB=RR^{T}SS^{T}$$

又

$$R^{-1}ABR=R^{-1}(RR^{T}SS^{T})R=R^{T}SS^{T}R=R^{T}S(R^{T}S)^{T}$$

由 R,S 非奇异，知 RS 非奇异，从而 $R^{-1}ABR$ 正定. 又 $AB\sim R^{-1}ABR$，知 AB 正定.

证 3　由题设 $AB=BA$，则存在可逆阵 T，使 A,B 同时化为对角形

$$T^{-1}AT=\mathrm{diag}\{\lambda_1,\lambda_2,\cdots,\lambda_n\},\quad T^{T}BT=\mathrm{diag}\{\mu_1,\mu_2,\cdots,\mu_n\}$$

由于 A,B 正定，则 $\lambda_i>0,\mu_i>0\ (i=1,2,\cdots,n)$，又

$$T^{-1}ABT=T^{-1}ATT^{-1}BT=(T^{-1}AT)(T^{-1}BT)=\mathrm{diag}\{\lambda_1\mu_1,\lambda_2\mu_2,\cdots,\lambda_n\mu_n\}$$

由 $\lambda_i\mu_i>0\ (i=1,2,\cdots,n)$ 及 AB 对称（见证 2），知 AB 正定.

注 1　例中的条件与结论是充要的. 其充分性可证如：

若 A,B 正定，从而对称. 这样

$$(AB)^{T}=B^{T}A^{T}=BA$$

又 A,B 对称则 AB 亦对称. 即

$$(AB)^{T}=AB$$

综上

$$(AB)^{T}=BA=AB$$

注 2　本题还可用正定阵各顺序主子式大于 0 去证，如：

由设可知 $(AB)^{T}=(BA)^{T}=A^{T}B^{T}=AB$，则 AB 对称. 又由设 A 正定有正交阵 T 使

$$C=T^{T}AT=\begin{pmatrix}\lambda_1 & & & \\ & \lambda_2 & & \\ & & \ddots & \\ & & & \lambda_n\end{pmatrix}\quad(\lambda_i>0,i=1,2,\cdots,n)$$

又 B 正定，故 $T^{T}BT=D$ 亦正定，故

$$T^{T}(AB)T=(T^{T}AT)(T^{T}BT)=CD$$

用 C_k,D_k 表示 C,D 的 $k\ (1\leqslant k\leqslant n)$ 级顺序主子式（注意 C 为对角阵），有

$$CD=\begin{pmatrix}C_k & O\\ O & C_{22}\end{pmatrix}\begin{pmatrix}D_k & D_{12}\\ D_{21} & D_{22}\end{pmatrix}=\begin{pmatrix}C_kD_k & C_kD_{12}\\ C_{22}D_{21} & C_{22}D_{21}\end{pmatrix}$$

从而

$$|C_kD_k|=|C_k|\,|D_k|=\lambda_1\lambda_2\cdots\lambda_k|D_k|\quad(k=1,2,\cdots,n)$$

由 $\lambda_i>0\ (i=1,2,\cdots,k)$，$|D_k|>0$，从而 $|C_kD_k|>0$，其中 $k=1,2,\cdots,n$. 即矩阵 CD 正定.

关于正定矩阵乘法的一种推广即 $A*B$，华罗庚教授对此有下面结论：

命题 如果 $A=(a_{ij})_{n\times n}$，$B=(b_{ij})_{n\times n}$，记 $A\times B=(a_{ij}b_{ij})_{n\times n}$. 则若 A,B 为正定阵，则(1)$A\times B$ 亦为正定阵；(2)矩阵 $(a_{ij}^k)_{n\times n}=\underbrace{A\times A\times\cdots\times A}_{k个A}$ 亦为正定阵(**华罗庚定理**).

如果去掉 $AB=BA$ 条件，那么正定矩阵之乘积 AB 的特征根有下面性质：

例 18 若 A,B 均为同阶(对称)正定矩阵，试证 AB 的特征值均大于 0.

证 1 由设 A,B 为正定(对称)，则有可逆阵 P,Q 使

$$A=P^{\mathrm{T}}P,\quad B=Q^{\mathrm{T}}Q$$

有

$$AB=P^{\mathrm{T}}PQ^{\mathrm{T}}Q=(P^{\mathrm{T}}PQ^{\mathrm{T}}Q)P^{\mathrm{T}}(P^{\mathrm{T}})^{-1}=P^{\mathrm{T}}(PQ^{\mathrm{T}}QP^{\mathrm{T}})(P^{\mathrm{T}})^{-1}\tag{$*$}$$

即

$$AB\sim PQ^{\mathrm{T}}QP^{\mathrm{T}}=(QP^{\mathrm{T}})^{\mathrm{T}}(QP^{\mathrm{T}})$$

而 $PQ^{\mathrm{T}}QP^{\mathrm{T}}$ 正定，知其特征根皆为正值，从而矩阵 AB 的特征根(它们相等)也皆为正数.

证 2 由 $|\lambda I-AB|=|\lambda I-BA|$，再注意到(仿证 1)

$$AB=P^{\mathrm{T}}PQ^{\mathrm{T}}Q=P^{\mathrm{T}}(PQ^{\mathrm{T}}Q),\quad (PQ^{\mathrm{T}}Q)P^{\mathrm{T}}=(QP^{\mathrm{T}})^{\mathrm{T}}(QP^{\mathrm{T}})$$

而 $(PQ^{\mathrm{T}}Q)P^{\mathrm{T}}$ 正定，又由式($*$)知 AB 的特征值与 $PQ^{\mathrm{T}}QP^{\mathrm{T}}$ 的特征值相同，从而 AB 的特征值皆为正数.

证 3 由 A 正定则有非奇异阵 P 使 $PAP^{\mathrm{T}}=I$. 这样

$$PABP^{-1}=PAP^{\mathrm{T}}(P^{\mathrm{T}})^{-1}BP^{-1}=(P^{-1})^{\mathrm{T}}BP^{-1}$$

因 B 正定，故 $(P^{-1})^{\mathrm{T}}BP^{-1}$ 亦正定，又 $PABP^{-1}=(P^{-1})^{\mathrm{T}}BP^{-1}$，知 AB 与之相似，故它们有相同的特征多项式，因此有相同特征根.

由 $(P^{-1})^{\mathrm{T}}BP^{-1}$ 正定知其特征根皆正，从而 AB 的特征值均大于 0.

证 4 因设 B 正定，则有可逆阵 C 使 $B=C^2$，则

$$AB=AC^2=C^{-1}CACC=C^{-1}(C^{\mathrm{T}}AC)C$$

由 A 正定，则 $C^{\mathrm{T}}AC$ 正定，从而 AB 与正定阵 $C^{\mathrm{T}}AC$ 相似，则 AB 的特征值皆为正值.

证 5 若设 x 为 AB 属于特征值 λ 的特征向量，则

$$ABx=\lambda x\Rightarrow Bx=\lambda A^{-1}x\Rightarrow x^{\mathrm{T}}Bx=\lambda x^{\mathrm{T}}A^{-1}x$$

由 A 正定，则 A^{-1} 正定，从而 $x^{\mathrm{T}}A^{-1}x>0$ (因 $x\neq 0$). 又 B 正定，若 $x\neq 0$ 则 $x^{\mathrm{T}}Bx>0$. 从而 $\lambda>0$.

注 上面结论可拓广为：

命题 若 A,B 皆为 n 阶实对称阵，且 $AB=BA$. 又若 λ 是 AB 的一个特征根，则一定存在 A 的一个特征根 s 和 B 的一个特征根 t，使 $\lambda=st$.

略证 由设 A,B 是实对称阵，又 $AB=BA$. 则有正交阵 $P^{\mathrm{T}}=P^{-1}$ 使 A,B 同时化为对角阵

$$A=P^{-1}\begin{pmatrix}s_1&&&\\&s_2&&\\&&\ddots&\\&&&s_n\end{pmatrix}P,\quad B=P^{-1}\begin{pmatrix}t_1&&&\\&t_2&&\\&&\ddots&\\&&&t_n\end{pmatrix}P$$

这样

$$PABP^{-1}=PAP^{-1}PBP^{-1}=(PAP^{-1})(PBP^{-1})=\begin{pmatrix}s_1t_1&&&\\&s_2t_2&&\\&&\ddots&\\&&&s_nt_n\end{pmatrix}$$

由相似矩阵有相同的特征根，知 AB 与 $PABP^{-1}$ 的特征根相同. 若设 $\lambda_i(i=1,2,\cdots,n)$ 为 AB 的特征根，则 $\lambda_i=s_it_i(i=1,2,\cdots,n)$.

关于矩阵同时对角化我们有下面的命题.

命题 1 若矩阵 $A,B\in \mathbf{R}^{n\times n}$,且 $A^T=A,B^T=B$. 又 $AB=BA$,则有正交阵 P 使 P^TAP,P^TBP 同时化为对角阵.

命题 2 若矩阵 $A,B\in \mathbf{R}^{n\times n}$,又 A 为正定矩阵,B 为对称阵,则有非异阵 P 使 P^TBP 同时化为对角阵.(详见后文)

此外关于矩阵和的特征根问题我们还有更一般的结论(证明详见后文):

命题 3 若 A,B 为 n 阶实对称阵,又 A 的特征值皆大于 a,B 的特征值皆大于 b,则 $A+B$ 的特征值均大于 $a+b$.

下面例子中的条件和结论看上去并不显然,因而多少带有人工雕琢的痕迹,命题的证法当然显得独特——妙在分块阵的构造上.

例 19 若 $P,Q,B\in \mathbf{R}^{n\times n}$,且 P,Q 为正定阵. 试证: $P-B^TP^{-1}B$ 正定 $\Longleftrightarrow Q-BP^{-1}B^T$ 正定.

证 由题设 P 为正定矩阵,故 $P^T=P,(P^{-1})^T=P^{-1}$.

今设 $T=\begin{pmatrix} I & O \\ -P^{-1}B^T & I \end{pmatrix}$,则 $T^T=\begin{pmatrix} I & -BP^{-1} \\ O & I \end{pmatrix}$. 故

$$T^T\begin{pmatrix} Q & B \\ B^T & P \end{pmatrix}=T^T\begin{pmatrix} Q-BPB^T & O \\ O & P \end{pmatrix}$$

又设 $T_1=\begin{pmatrix} I & O \\ -Q^{-1}B & I \end{pmatrix}$,则 $T_1^T=\begin{pmatrix} I & -B^TQ^{-1} \\ O & I \end{pmatrix}$,且

$$T_1^T\begin{pmatrix} P & B^T \\ B & Q \end{pmatrix}T_1=\begin{pmatrix} P-B^TQ^{-1}B & O \\ O & Q \end{pmatrix}$$

即矩阵 $\begin{pmatrix} P & B^T \\ B & Q \end{pmatrix}$ 与矩阵 $\begin{pmatrix} P-B^TQ^{-1}B & O \\ O & Q \end{pmatrix}$ 合同.

又 $\begin{pmatrix} Q & B \\ B^T & P \end{pmatrix}$ 与 $\begin{pmatrix} P & B^T \\ B & Q \end{pmatrix}$ 合同,由合同关系的传递性,知 $\begin{pmatrix} Q-BP^{-1}B^T & O \\ O & P \end{pmatrix}$ 与 $\begin{pmatrix} Q-B^TQ^{-1}B & O \\ O & Q \end{pmatrix}$ 合同.

由 P,Q 正定,故 $P-B^TQ^{-1}B$ 正定 $\Longleftrightarrow Q-BP^{-1}B^T$ 正定.

关于矩阵正定性判定常与某些不等式有关联. 下面的分块或加边矩阵正定性的讨论就是属于这类问题. 请看(类似的问题我们曾经讨论过,详见矩阵一章的例):

例 20 若矩阵 $\widetilde{A}=\begin{pmatrix} A & \boldsymbol{\alpha} \\ \boldsymbol{\alpha}^T & b \end{pmatrix}$,其中 $A\in \mathbf{R}^{n\times n}$ 是正定阵,$\boldsymbol{\alpha}\in \mathbf{R}^{1\times n}$,$b\in \mathbf{R}$. 则 $\widetilde{A}$ 正定 $\Longleftrightarrow b>\boldsymbol{\alpha}^TA^{-1}\boldsymbol{\alpha}$.

证 若有矩阵 D 使 $D\widetilde{A}D$ 分块对角化,问题可解.

令矩阵 $D=\begin{pmatrix} I & A^{-1}\boldsymbol{\alpha} \\ 0 & 1 \end{pmatrix}$,则 $D^T\widetilde{A}D=\begin{pmatrix} A & \\ & b-\boldsymbol{\alpha}^TA^{-1}\boldsymbol{\alpha} \end{pmatrix}$,又 A 是正定阵,则

$$\widetilde{A} \text{ 正定} \Longleftrightarrow D^T\widetilde{A}D \text{ 正定} \Longleftrightarrow b-\boldsymbol{\alpha}^TA^{-1}\boldsymbol{\alpha}>0$$

注 构造矩阵是一种技巧,这通常很难有规律可循,比如解下面的问题:

问题 若矩阵 $B\in \mathbf{R}^{n\times k},C\in \mathbf{R}^{n\times(n-k)}$,且 $B^T=B,C^T=C$. 则行列式

$$\begin{vmatrix} B^TB & B^TC \\ C^TB & C^TC \end{vmatrix} \leqslant |B^TB|\cdot|C^TC|$$

简证 令 $A=(B,C)$,则 A^TA 为半正定. 又 $A^TA=\begin{pmatrix} B^TB & B^TC \\ C^TB & C^TC \end{pmatrix}$.

若$|\boldsymbol{A}|=0$,注意到$\boldsymbol{B}^{\mathrm{T}}\boldsymbol{B}$,$\boldsymbol{C}^{\mathrm{T}}\boldsymbol{C}$半正定,知$|\boldsymbol{B}^{\mathrm{T}}B|\geqslant 0$,$|\boldsymbol{C}^{\mathrm{T}}\boldsymbol{C}|\geqslant 0$.结论成立.

若$|\boldsymbol{A}|\neq 0$,由$\boldsymbol{A}^{\mathrm{T}}\boldsymbol{A}$正定,今设$\boldsymbol{A}^{\mathrm{T}}\boldsymbol{A}=\begin{pmatrix}\boldsymbol{A}_{11} & \boldsymbol{A}_{12}\\ \boldsymbol{A}_{21} & \boldsymbol{A}_{22}\end{pmatrix}$,其中$\boldsymbol{A}_{11}=\boldsymbol{B}^{\mathrm{T}}\boldsymbol{B}$,$\boldsymbol{A}_{12}=\boldsymbol{B}^{\mathrm{T}}\boldsymbol{C}$,$\boldsymbol{A}_{21}=\boldsymbol{C}^{\mathrm{T}}\boldsymbol{B}$,$\boldsymbol{A}_{22}=\boldsymbol{C}^{\mathrm{T}}\boldsymbol{C}$.

考虑$\boldsymbol{D}=\begin{pmatrix}\boldsymbol{I} & -\boldsymbol{A}_{11}^{-1}\boldsymbol{A}_{12}\\ \boldsymbol{O} & \boldsymbol{I}\end{pmatrix}$,则$\boldsymbol{D}^{\mathrm{T}}\boldsymbol{A}^{\mathrm{T}}\boldsymbol{A}\boldsymbol{D}=\begin{pmatrix}\boldsymbol{A}_{11} & \boldsymbol{O}\\ \boldsymbol{O} & \boldsymbol{A}_{22}-\boldsymbol{A}_{21}\boldsymbol{A}_{11}^{-1}\boldsymbol{A}_{12}\end{pmatrix}$.

从而

$$|\boldsymbol{A}^{\mathrm{T}}\boldsymbol{A}|=|\boldsymbol{A}_{11}|\cdot|\boldsymbol{A}_{22}-\boldsymbol{A}_{21}\boldsymbol{A}_{11}^{-1}\boldsymbol{A}_{12}|\leqslant|\boldsymbol{A}_{11}|\cdot|\boldsymbol{A}_{22}|$$

即

$$|\boldsymbol{A}^{\mathrm{T}}\boldsymbol{A}|\leqslant|\boldsymbol{B}^{\mathrm{T}}\boldsymbol{B}|\cdot|\boldsymbol{C}^{\mathrm{T}}\boldsymbol{C}|$$

下面的命题可视为上例的拓展:

例 21 设$\boldsymbol{D}=\begin{pmatrix}\boldsymbol{A} & \boldsymbol{C}\\ \boldsymbol{C}^{\mathrm{T}} & \boldsymbol{B}\end{pmatrix}$为正定矩阵,其中$\boldsymbol{A}\in\mathbf{R}^{m\times m}$,$\boldsymbol{B}\in\mathbf{R}^{n\times n}$,$\boldsymbol{C}\in\mathbf{R}^{m\times n}$.(1)试计算$\boldsymbol{P}^{\mathrm{T}}\boldsymbol{D}\boldsymbol{P}$,其中矩阵$\boldsymbol{P}=\begin{pmatrix}\boldsymbol{I}_m & -\boldsymbol{A}^{-1}\boldsymbol{C}\\ \boldsymbol{O} & \boldsymbol{I}_n\end{pmatrix}$;(2)判断$\boldsymbol{D}$的正定性.

解 (1)由设及分块矩阵乘法可有

$$\begin{pmatrix}\boldsymbol{I}_m & -\boldsymbol{A}^{-1}\boldsymbol{C}\\ \boldsymbol{O} & \boldsymbol{I}_n\end{pmatrix}^{\mathrm{T}}\begin{pmatrix}\boldsymbol{A} & \boldsymbol{C}\\ \boldsymbol{C}^{\mathrm{T}} & \boldsymbol{B}\end{pmatrix}\begin{pmatrix}\boldsymbol{I}_m & -\boldsymbol{A}^{-1}\boldsymbol{C}\\ \boldsymbol{O} & \boldsymbol{I}_n\end{pmatrix}=\begin{pmatrix}\boldsymbol{I}_m & \boldsymbol{O}\\ -\boldsymbol{C}^{\mathrm{T}}\boldsymbol{A}^{-1} & \boldsymbol{I}_n\end{pmatrix}\left[\begin{pmatrix}\boldsymbol{A} & \boldsymbol{C}\\ \boldsymbol{C}^{\mathrm{T}} & \boldsymbol{B}\end{pmatrix}\begin{pmatrix}\boldsymbol{I}_m & -\boldsymbol{A}^{-1}\boldsymbol{C}\\ \boldsymbol{O} & \boldsymbol{I}_n\end{pmatrix}\right]=$$

$$\begin{pmatrix}\boldsymbol{I}_m & \boldsymbol{O}\\ -\boldsymbol{C}^{\mathrm{T}}\boldsymbol{A}^{-1} & \boldsymbol{I}_n\end{pmatrix}\begin{pmatrix}\boldsymbol{A} & \boldsymbol{O}\\ \boldsymbol{C}^{\mathrm{T}} & \boldsymbol{B}-\boldsymbol{C}^{\mathrm{T}}\boldsymbol{A}^{-1}\boldsymbol{C}\end{pmatrix}=$$

$$\begin{pmatrix}\boldsymbol{A} & \boldsymbol{O}\\ \boldsymbol{O} & \boldsymbol{B}-\boldsymbol{C}^{\mathrm{T}}\boldsymbol{A}^{-1}\boldsymbol{C}\end{pmatrix}$$

(2)考虑非$\boldsymbol{O}$向量是$\boldsymbol{x}\in\mathbf{R}^{n\times 1}$,$\boldsymbol{y}=\begin{pmatrix}\boldsymbol{0}\\ \boldsymbol{x}\end{pmatrix}\in\mathbf{R}^{(m+n)\times 1}$,显然$\boldsymbol{y}$非$\boldsymbol{0}$,由$\boldsymbol{P}$可逆知$\boldsymbol{P}\boldsymbol{y}$非$\boldsymbol{0}$.这样

由$(\boldsymbol{P}\boldsymbol{y})^{\mathrm{T}}\boldsymbol{D}(\boldsymbol{P}\boldsymbol{y})>0$,又

$$(\boldsymbol{P}\boldsymbol{y})^{\mathrm{T}}\boldsymbol{D}(\boldsymbol{P}\boldsymbol{y})=\boldsymbol{y}^{\mathrm{T}}(\boldsymbol{P}^{\mathrm{T}}\boldsymbol{D}\boldsymbol{P})\boldsymbol{y}=(\boldsymbol{0}^{\mathrm{T}},\boldsymbol{x}^{\mathrm{T}})\begin{pmatrix}\boldsymbol{A} & \boldsymbol{O}\\ \boldsymbol{O} & \boldsymbol{B}-\boldsymbol{C}^{\mathrm{T}}\boldsymbol{A}^{-1}\boldsymbol{C}\end{pmatrix}\begin{pmatrix}\boldsymbol{0}\\ \boldsymbol{x}\end{pmatrix}=$$

$$(\boldsymbol{0}^{\mathrm{T}},\boldsymbol{x}^{\mathrm{T}})(\boldsymbol{B}-\boldsymbol{C}^{\mathrm{T}}\boldsymbol{A}^{-1}\boldsymbol{C})(\boldsymbol{0}^{\mathrm{T}},\boldsymbol{x}^{\mathrm{T}})=\boldsymbol{x}^{\mathrm{T}}(\boldsymbol{B}-\boldsymbol{C}^{\mathrm{T}}\boldsymbol{A}^{-1}\boldsymbol{C})\boldsymbol{x}$$

有

$$\boldsymbol{x}^{\mathrm{T}}(\boldsymbol{B}-\boldsymbol{C}^{\mathrm{T}}\boldsymbol{A}^{-1}\boldsymbol{C})\boldsymbol{x}>0$$

且由$\boldsymbol{A}^{\mathrm{T}}=\boldsymbol{A}$,$\boldsymbol{B}^{\mathrm{T}}=\boldsymbol{B}$,知$\boldsymbol{B}-\boldsymbol{C}^{\mathrm{T}}\boldsymbol{A}^{-1}\boldsymbol{C}$亦对称.再由$\boldsymbol{x}$的任意性,从而$\boldsymbol{B}-\boldsymbol{C}^{\mathrm{T}}\boldsymbol{A}^{-1}\boldsymbol{C}$为正定矩阵.

注 这实际上为我们提供了一种证明分块矩阵正定的方法,$\boldsymbol{P}$的给出已使问题难度大为降低.

再来看一个分块矩阵正定性判别的例子.它的证法颇多,比如用正定矩阵定义、用矩阵特征多项式理论、用分块矩阵等.

例 22 若$\boldsymbol{A}\in\mathbf{R}^{m\times m}$,$\boldsymbol{B}\in\mathbf{R}^{n\times n}$,且$\boldsymbol{A}$,$\boldsymbol{B}$均正定矩阵.试讨论矩阵$\boldsymbol{C}=\begin{pmatrix}\boldsymbol{A} & \boldsymbol{O}\\ \boldsymbol{O} & \boldsymbol{B}\end{pmatrix}$的正定性.

证 1 设$\boldsymbol{x}\in\mathbf{R}^m$,$\boldsymbol{y}\in\mathbf{R}^n$,则$\boldsymbol{z}=\begin{pmatrix}\boldsymbol{x}\\ \boldsymbol{y}\end{pmatrix}\in\mathbf{R}^{m+n}$.若$\boldsymbol{z}\neq\boldsymbol{0}$,则$\boldsymbol{x}$,$\boldsymbol{y}$之一不为$\boldsymbol{0}$,无妨设$\boldsymbol{x}\neq\boldsymbol{0}$,此时

$$z^{\mathrm{T}}Cz=(x^{\mathrm{T}},y^{\mathrm{T}})\begin{pmatrix}A & O\\ O & B\end{pmatrix}\begin{pmatrix}x\\ y\end{pmatrix}=x^{\mathrm{T}}Ax+y^{\mathrm{T}}By$$

因为 $x\neq 0$,又 A 正定,则 $x^{\mathrm{T}}Ax>0$,且由 B 为正定阵,则 $y^{\mathrm{T}}By\geqslant 0$.

从而任意 $z\neq 0$,皆有 $z^{\mathrm{T}}Cz>0$,即 C 正定阵.

证 2 考虑

$$|\lambda I_{m+n}-C|=\begin{vmatrix}\lambda I_m-A & \\ & \lambda I_n-B\end{vmatrix}=|\lambda I_m-A|\,|\lambda I_n-B|$$

若 $|\lambda I_{m+n}-C|=0$,则 $|\lambda I_m-A|=0$ 或 $|\lambda I_n-B|=0$.

由 A,B 的正定性,知 A 的特征根 $\lambda_1,\lambda_2,\cdots,\lambda_m>0$,$B$ 的特征根 $\lambda_{m+1},\lambda_{m+2},\cdots,\lambda_{m+n}>0$,但是的 λ_1,$\lambda_2,\cdots,\lambda_{m+n}$恰好为 C 的全部特征根而 $\lambda_i>0(i=1,2,\cdots,m+n)$,从而 C 是正定矩阵.

证 3 由 A,B 的正定性,有 P 使 $PAP=\Lambda$,且有 Q 使 $Q^{-1}BQ=\Lambda_2$,

这里 Λ_1,Λ_2 为对角阵,且其对角线上元素全为正值.若令 $R=\begin{pmatrix}P & O\\ O & Q\end{pmatrix}$,考虑

$$R^{-1}CR=\begin{pmatrix}P^{-1} & \\ & Q^{-1}\end{pmatrix}\begin{pmatrix}A & \\ & B\end{pmatrix}\begin{pmatrix}P & \\ & Q\end{pmatrix}=\begin{pmatrix}P^{-1}AP & \\ & Q^{-1}BQ\end{pmatrix}=\begin{pmatrix}\Lambda_1 & \\ & \Lambda_2\end{pmatrix}=\Lambda$$

其为对角上元素全正的对角阵.

换言之,$C\sim\Lambda$,而 Λ 是正定阵,知 C 亦为正定阵.

注 1 本例的几种证法基本囊括了正定矩阵的判别方法(如果矩阵是抽象,即没有具体给出);对于具体给定的矩阵正定性判别,还可用顺序主子式恒正等方法.

注 2 这个问题稍简单.问题稍加变换便会使问题相对复杂,比如要证:

命题 1 若 A 正定,B 正定阵,则 AB 是正定阵$\Longleftrightarrow AB=BA$.

这个命题证法之一(当然还有别的证法)就要用到下面命题(前文我们曾介绍过):

命题 2 若 A 是 n 阶正定阵,B 是 n 阶实对称阵,则有非奇异阵 P 使

$$P^{\mathrm{T}}AP=I,\quad P^{\mathrm{T}}BP=\mathrm{diag}\{\lambda_1,\lambda_2,\cdots,\lambda_n\}$$

这里 λ_i 是关于 λ 的多项式,即 $|\lambda A-B|=0$ 的根.

它的证明详见后文.

例 23 设 A 为 $m\times n$ 实矩阵,I 为 n 阶单位矩阵,已知 $B=\lambda I+A^{\mathrm{T}}A$,试证:当 $\lambda>0$ 时,矩阵 B 为正定矩阵.

证 因为 $B^{\mathrm{T}}=(\lambda I+A^{\mathrm{T}}A)^{\mathrm{T}}=\lambda I+A^{\mathrm{T}}A=B$,所以 B 为 n 阶对称矩阵.

对于任意的实 n 维向量 x,有

$$x^{\mathrm{T}}Bx=x^{\mathrm{T}}(\lambda I+A^{\mathrm{T}}A)x=\lambda x^{\mathrm{T}}x+x^{\mathrm{T}}A^{\mathrm{T}}Ax=\lambda x^{\mathrm{T}}x+(Ax)^{\mathrm{T}}(Ax)$$

当 $x\neq 0$ 时,有 $x^{\mathrm{T}}x>0$,$(Ax)^{\mathrm{T}}(Ax)\geqslant 0$.因此,当 $\lambda>0$ 时,对任意的 $x\neq 0$,有

$$x^{\mathrm{T}}Bx=\lambda x^{\mathrm{T}}x+(Ax)^{\mathrm{T}}Ax>0$$

即 B 为正定矩阵.

注 首先本例是依照正定矩阵定义来判断的,注意 $x^{\mathrm{T}}Ax$ 即为二次型.此外我们解例的方法还有:

命题 1 若 $A\in\mathbf{R}^{m\times n}$,且 $\mathrm{r}(A)=n$,则 $A^{\mathrm{T}}A$ 为正定阵.

略证 注意 A 非方阵,只需分 $m\geqslant n$ 和 $m<n$(由题设知不可能)两种情形考虑即可.事实上 $A^{\mathrm{T}}A$ 可视为正定矩阵的分解式,我们可以证明(简单的情形我们前文已有介绍):

命题 2 若 $A\in\mathbf{R}^{n\times n}$是正定矩阵,(1)一定有 B,使 $B^2=A$,且 B 为正定阵;(2)一定有 Q,使 $Q^{\mathrm{T}}Q=A$,且 Q 为正定阵.

2. 二次型正定问题

二次型正定问题归根到底还是讨论矩阵正定问题,这里略举两例.

例 1 已知二次型 $f=(x_1+a_1x_2)^2+(x_2+a_2x_3)^2+\cdots+(x_{n-1}+a_{n-1}x_n)^2+(x_n+a_nx_1)^2$,其中 $a_i\in\mathbf{R}(i=1,2,\cdots,n)$. 问 a_i 满足何种条件时,f 正定?

解 从形式上看 f 已是半正定,显然若 f 仅当 $x_1=x_2=\cdots=x_n=0$ 时才为 0,则 f 即正定,这只需 $x_i+a_ix_{i+1}=0(i=1,2,\cdots,n$,且令 $x_{n+1}=x_1)$仅有 0 解.

对任意的 $\boldsymbol{x}\in\mathbf{R}^n$,若 $f(\boldsymbol{x})\geqslant 0$,且 $f(x)=0$ 当且仅当方程组

$$\begin{cases} x_1+a_1x_2 & =0 \\ \qquad x_2+a_2x_3 & =0 \\ \qquad\qquad \vdots \\ a_nx_1 \qquad\qquad +x_n & =0 \end{cases} \tag{*}$$

仅有 0 解时成立. 方程组(*)仅有 0 解的充要条件是其系数行列式(该行列式我们并不陌生)

$$D=\begin{vmatrix} 1 & a_1 & & & \\ & 1 & a_2 & & \\ & & \ddots & \ddots & \\ & & & 1 & a_{n-1} \\ a_n & & & & 1 \end{vmatrix}=1+(-1)^{n+1}a_1a_2\cdots a_n\neq 0$$

故当上式不成立,即除$(-1)^n a_1a_2\cdots a_n\neq 1$ 外,二次型 f 正定.

即当 $1+(-1)^{n+1}a_1a_2\cdots a_n\neq 0$ 不成立时,对任意不全为零的 $x_1,x_2,\cdots x_n$,有 $f(x_1,x_2,\cdots,x_n)>0$,即二次型为正定.

注 下面问题虽与本例颇似,但解法须仿前面例的解法:

问题 若二次型 $f=\sum\limits_{i=1}^{n}(1-b_i)x_i^2+\sum\limits_{1\leqslant i<j\leqslant n}2x_iy_i$ 的矩阵为 $\boldsymbol{B}$,且 $b_i>0,(i=1,2,\cdots,n)$,又 $1-\sum\limits_{i=1}^{n}\dfrac{1}{b_i}>0$. 若 $\boldsymbol{A}$ 为 n 阶可逆阵,试判定 $\boldsymbol{x}^{\mathrm{T}}(\boldsymbol{B}-\boldsymbol{A}^{\mathrm{T}}\boldsymbol{A})\boldsymbol{x}$ 的正定性.

注意到由顺序主子式可判定 $\boldsymbol{B}$ 负定,当 $\boldsymbol{B}$ 的各级主子式满足

$$b_n>0,\quad \begin{vmatrix} b_{11} & b_{12} \\ b_{21} & b_{22} \end{vmatrix}<0,\quad \begin{vmatrix} b_{11} & b_{12} & b_{13} \\ b_{21} & b_{22} & b_{23} \\ b_{31} & b_{32} & b_{33} \end{vmatrix}>0,\quad \cdots,\quad (-1)^{n+1}\begin{vmatrix} b_{11} & \cdots & b_{1n} \\ \vdots & & \vdots \\ b_{n1} & \cdots & b_{nn} \end{vmatrix}>0$$

知 $\boldsymbol{B}$ 负定. 又 $\boldsymbol{A}^{\mathrm{T}}\boldsymbol{A}$ 正定,则 $\boldsymbol{B}-\boldsymbol{A}^{\mathrm{T}}\boldsymbol{A}$ 负定.

它的详细解答可见后文例 6.

例 2 试将二次型 $f(x_1,x_2,x_3)=ax_1^2+bx_2^2+ax_3^2+2cx_1x_3$ 化为标准型,求出变换矩阵,且指出 a,b,c 满足何条件时,$f(x_1,x_2,x_3)$为正定.

解 (1)当 $a=0$ 时

$$f(x_1,x_2,x_3)=bx_2^2+2cx_2x_2$$

今令变换 $\begin{pmatrix} x_1 \\ x_2 \\ x_3 \end{pmatrix}=\begin{pmatrix} 1 & 0 & 1 \\ 0 & 1 & 0 \\ 1 & 0 & -1 \end{pmatrix}\begin{pmatrix} y_1 \\ y_2 \\ y_3 \end{pmatrix}$,则 $f(x_1,x_2,x_3)$可化为

$$f=2cy_1^2+by_2^2-2cy_3^2$$

知二次型 $f(x_1,x_2,x_3)$非正定.

(2)当 $a\neq 0$ 时,令

$$\begin{cases} x_1 = y_1 - y_3 \\ x_2 = y_2 \\ x_3 = y_1 + y_3 \end{cases}$$

记 $\boldsymbol{x}=(x_1,x_2,x_3)^{\mathrm{T}}$，且 $\boldsymbol{y}=(y_1,y_2,y_3)^{\mathrm{T}}$，则

$$\boldsymbol{x}=\begin{bmatrix} 1 & 0 & -1 \\ 0 & 1 & 0 \\ 1 & 0 & 1 \end{bmatrix}\boldsymbol{y}=\boldsymbol{P}\boldsymbol{y}$$

代入 $f(x_1,x_2,x_3)$ 有(由 $|\boldsymbol{P}|\neq 0$，知 $\boldsymbol{P}$ 可逆)

$$f=(2a+2c)y_1^2+by_2^2+(2a-2c)y_3^2$$

其中变换矩阵为 $\boldsymbol{P}$.

又当 $2a+2c>0$，$b>0$，$2a-2c>0$，即 $a>|c|$，$b>0$ 时，f 为正定二次型.

含参数二次型正定性判别的例子较多，其实一般对二次型联系的正定性判定，多与参数讨论有关.

例 3　λ 为何值时，二次型 $f=x_1^2+4x_2^2+4x_3^2+2x_1x_2-2x_1x_3+4x_2x_3$ 正定？

解　由题设本例一者可用特征根方法去解；或者直接由二次型矩阵各顺序主子式恒正去判断.

由题设知 $\boldsymbol{A}=\begin{pmatrix} 1 & \lambda & -1 \\ \lambda & 4 & 2 \\ -1 & 2 & 4 \end{pmatrix}$，若其为正定阵，则它的各级顺序主子式恒正，即

$$|\boldsymbol{A}_1|=1>0 \qquad ①$$

$$|\boldsymbol{A}_2|=\begin{vmatrix} 1 & \lambda \\ \lambda & 4 \end{vmatrix}=4-\lambda^2>0 \qquad ②$$

$$|\boldsymbol{A}_3|=|\boldsymbol{A}|=\begin{vmatrix} 1 & \lambda & -1 \\ \lambda & 4 & 2 \\ -1 & 2 & 4 \end{vmatrix}=-4(\lambda-1)(\lambda+2)>0 \qquad ③$$

由式②得 $-2<\lambda<2$；由式③得 $-2<\lambda<1$，其公共部分为 $-2<\lambda<1$.

故当 $-2<\lambda<1$ 时，二次型 f 正定.

注　例题方法是标准的，类似的问题如：

问题　若二次型 $f=2x_1^2+x_2^2+x_3^2+2x_1x_2+tx_2x_3$ 正定，求 t 的值.

略解　由题设知二次型系数矩阵 $\boldsymbol{A}=\begin{pmatrix} 2 & 1 & 0 \\ 0 & 1 & t/2 \\ 0 & t/2 & 1 \end{pmatrix}$，而 $\boldsymbol{A}$ 的各级主子式

$$|\boldsymbol{A}_1|=2>0,\quad |\boldsymbol{A}_2|=2>0,\quad |\boldsymbol{A}_3|=|\boldsymbol{A}|=1-\frac{t^2}{2}$$

而由 $|\boldsymbol{A}_3|=|\boldsymbol{A}|=1-\dfrac{t^2}{2}>0$，得 $-\sqrt{2}<t<\sqrt{2}$. 即当 $-\sqrt{2}<t<\sqrt{2}$ 时，二次型 f 恒正(正定).

例 4　设二次型 $f(x_1,x_2,x_3)=ax_1^2+ax_2^7+(a-1)x_3^2+2x_1x_3-2x_2x_3$. (1)求 f 相应矩阵的特征值；(2)若 f 规范型为 $y_1^2+y_2^2$，求 a 值.

解　(1)由题设可知二次型 f 相应矩阵

$$\boldsymbol{A}=\begin{pmatrix} a & 0 & 1 \\ 0 & a & -1 \\ 1 & -1 & a-1 \end{pmatrix}$$

而

$$|\lambda\boldsymbol{I}-\boldsymbol{A}|=(\lambda-a)(\lambda-a+2)(\lambda-a-1)$$

得

$$\lambda_1=a,\quad \lambda_2=a-2,\quad \lambda_3=a+1$$

(2)若 f 的规范型为 $y_1^2+y_2^2$,知 a 的正惯性指标为 2,知 λ_i 中两正一零.

因 $\lambda_2<\lambda_1<\lambda_3$,令 $\lambda_2=a-2=0$,得 $a=2$ 即可.

下面也是一个含参二次型正定性的讨论问题,然而涉及的矩阵及其行列式我们并不陌生.

例5 设二次型 $f=a\sum\limits_{i=1}^{n}x_i{}^2+b\sum\limits_{i=1}^{n}x_ix_{n-i+1}$,其中 a,b 为待定实常数.问 a,b 满足何条件,二次型 f 为正定二次型?

解 (1)当 $n=2k$ 时由题设 f 对应的矩阵为

$$\mathbf{A}=\begin{pmatrix} a & & & & & b\\ & \ddots & & & \iddots & \\ & & a & b & & \\ & & b & a & & \\ & \iddots & & & \ddots & \\ b & & & & & a \end{pmatrix}_{n\times n}$$

其第 i 级顺序主子式 $|\mathbf{A}_i|$ $(1\leqslant i\leqslant 2k)$ 由 i 的不同取值分别为:

①当 $i=1\sim k$ 时

$$|\mathbf{A}_i|=a^i\quad (i=1,2,\cdots,k)$$

②当 $i=k+1\sim 2k$ 时

$$|\mathbf{A}_i|=a^{k-j}(a^2-b^2)^j\quad (j=1,2,\cdots,k)$$

故当 $a>0$,且 $a^2>b^2$ 时,f 正定.

(2)当 $n=2k+1$ 时,由题设 f 对应的矩阵为

$$\mathbf{A}=\begin{pmatrix} a & & & & & b\\ & \ddots & & & \iddots & \\ & & a & & b & \\ & & & a+b & & \\ & & b & & a & \\ & \iddots & & & & \ddots \\ b & & & & & a \end{pmatrix}_{n\times n}$$

其顺序主子式 $\mathbf{A}_i$ $(1\leqslant i\leqslant 2k+1)$依 i 的不同取值分别为:

① $|\mathbf{A}_i|=a^i$ $(i=1,2,\cdots,k)$;

② $|\mathbf{A}_{k+1}|=(a+b)a^m$;

③ $|\mathbf{A}_{k+1+j}|=(a+b)a^{k-j}(a^2-b^2)^j$ $(j=1,2,\cdots,k)$.

故当 $a>0,a^2>b^2,a+b>0$ 时,f 正定.

当然,类似的这种二次型问题还可见下例.

下面例子是我们前面例注中的问题,它涉及两矩阵间的运算及其正定性的判定.

例6 若 $\mathbf{B}$ 为二次型 $f=\sum\limits_{i=1}^{n}(1-b_i)x_i{}^2+\sum\limits_{1\leqslant i<j\leqslant n}2x_ix_j$ 的相应矩阵,其中 $b_i>0$ $(i=1,2,\cdots,n)$,$1-\sum\limits_{i=1}^{n}\dfrac{1}{b_i}>0$.若 $\mathbf{A}$ 为任意可逆矩阵,试讨论二次型 $g=\boldsymbol{x}^{\mathrm{T}}(\mathbf{B}-\mathbf{A}^{\mathrm{T}}\mathbf{A})\boldsymbol{x}$ 的正定性.

解 由题设二次型 f 的相应矩阵

$$B=\begin{pmatrix}1-b_1 & 1 & 1 & \cdots & 1\\ 1 & 1-b_2 & 1 & \cdots & 1\\ 1 & 1 & 1-b_3 & \cdots & 1\\ \vdots & \vdots & \vdots & & \vdots\\ 1 & 1 & 1 & \cdots & 1-b_n\end{pmatrix}$$

由 $\boldsymbol{B}$ 的各级顺序主子 $\boldsymbol{B}_k$ 为

$$|\boldsymbol{B}_k| = (-1)^k\prod_{i=1}^{k} b_i\cdot\left(1-\sum_{j=1}^{n}\frac{1}{b_j}\right)\quad (k=1,2,\cdots,n)$$

它们正负号相间，故知 $\boldsymbol{B}$ 为负定阵.

又由题设 $\boldsymbol{A}$ 可逆，则 $\boldsymbol{A}^{\mathrm{T}}\boldsymbol{A}$ 是正定阵，这样 $-\boldsymbol{A}^{\mathrm{T}}\boldsymbol{A}$ 为负定阵，从而 $\boldsymbol{B}-\boldsymbol{A}^{\mathrm{T}}\boldsymbol{A}$ 为负定阵.

故 $g=\boldsymbol{x}^{\mathrm{T}}(\boldsymbol{B}-\boldsymbol{A}^{\mathrm{T}}\boldsymbol{A})\boldsymbol{x}$ 为负定二次型.

下面是一道证明问题，其实它与不等式有关，或者说它是直接由二次型本身变化而得.

例 7　证明二次型 $f=n\sum\limits_{i=1}^{n}x_i^{\,2}-\left(\sum\limits_{i=1}^{n}x_i\right)^2$ 半正定.

证　注意到下面的式子变形

$$f=n\sum_{i=1}^{n}x_i^{\,2}-\left(\sum_{i=1}^{n}x_i^{\,2}+2\sum_{1\leqslant i<j\leqslant n}x_ix_j\right)=(n-1)\sum_{i=1}^{n}x_i^{\,2}-2\sum_{i<j}x_ix_j=$$
$$\sum_{1\leqslant i<j\leqslant n}(x_i^{\,2}-2x_ix_j+x_j^{\,2})=\sum_{1\leqslant i<j\leqslant n}(x_i-x_j)^2\geqslant 0$$

例 8　设矩阵 $\boldsymbol{A}=\begin{pmatrix}1 & 1 & & & \\ 1 & 3 & & \boldsymbol{O} & \\ & & a & a^2 & a^3\\ & \boldsymbol{O} & 0 & a & a^2\\ & & 0 & 0 & a\end{pmatrix}$，且 $\boldsymbol{x}=\begin{pmatrix}x_1\\x_2\\x_3\\x_4\\x_5\end{pmatrix}$.

(1)给出矩阵 $\boldsymbol{A}$ 可逆的条件，并求 $\boldsymbol{A}^{-1}$.

(2)当 $\boldsymbol{A}$ 不可逆时，二次型 $\boldsymbol{x}^{\mathrm{T}}\boldsymbol{A}\boldsymbol{x}$ 是否正定，说明理由.

解　设矩阵 $\boldsymbol{A}=\begin{pmatrix}\boldsymbol{A}_1 & \boldsymbol{O}\\ \boldsymbol{O} & \boldsymbol{A}_2\end{pmatrix}$，其中 $\boldsymbol{A}_1=\begin{pmatrix}1 & 1\\ 1 & 3\end{pmatrix}$，$\boldsymbol{A}_2=\begin{pmatrix}a & a^2 & a^3\\ 0 & a & a^2\\ 0 & 0 & a\end{pmatrix}$.

(1)由分块矩阵行列式性质知

$$|\boldsymbol{A}|=\begin{vmatrix}1 & 1\\ 1 & 3\end{vmatrix}\begin{vmatrix}a & a^2 & a^3\\ 0 & a & a^2\\ 0 & 0 & a\end{vmatrix}=2a^3$$

故若 $\boldsymbol{A}$ 可逆，则 $|\boldsymbol{A}|\neq 0$，即 $a\neq 0$. 则

$$\boldsymbol{A}^{-1}=\begin{pmatrix}\boldsymbol{A}_1^{\,-1} & \boldsymbol{O}\\ \boldsymbol{O} & \boldsymbol{A}_2^{\,-1}\end{pmatrix}$$

又

$$\boldsymbol{A}_1^{\,-1}=\frac{1}{|\boldsymbol{A}_1|}\boldsymbol{A}_1^{\,-1}=\frac{1}{2}\begin{pmatrix}2 & -1\\ -1 & 1\end{pmatrix}$$

用记录矩阵法可求 $\boldsymbol{A}_2^{\,-1}$，即

$$\left(\begin{array}{ccc:ccc}a & a^2 & a^3 & 1 & 0 & 0\\ 0 & a & a^2 & 0 & 1 & 0\\ 0 & 0 & a & 0 & 0 & 1\end{array}\right)\to\left(\begin{array}{ccc:ccc}1 & 0 & 0 & 1/a & -1 & 0\\ 0 & 1 & 0 & 0 & 1/a & -1\\ 0 & 0 & 1 & 0 & 0 & 1/a\end{array}\right)$$

故

$$A_2^{-1}=\begin{pmatrix}1/a & -1 & 0\\ 0 & 1/a & -1\\ 0 & 0 & 1/a\end{pmatrix}$$

从而

$$A^{-1}=\begin{pmatrix}1 & -1/2 & & & \\ -1/2 & 1/2 & & \boldsymbol{O} & \\ & & 1/a & -1 & 0\\ & \boldsymbol{O} & 0 & 1/a & -1\\ & & 0 & 0 & 1/a\end{pmatrix}$$

(2)当 $\boldsymbol{A}$ 不可逆时,$|\boldsymbol{A}|=0$,即 $a=0$,则此时二次型如

$$\boldsymbol{x}^{\mathrm{T}}\boldsymbol{A}\boldsymbol{x}=(x_1,x_2,x_3,x_4,x_5)\begin{pmatrix}1 & 1 & & & \\ 1 & 3 & & \boldsymbol{O} & \\ & & 0 & 0 & 0\\ \boldsymbol{O} & & 0 & 0 & 0\\ & & 0 & 0 & 0\end{pmatrix}\begin{pmatrix}x_1\\ x_2\\ x_3\\ x_4\\ x_5\end{pmatrix}=x_1^2+2x_1x_2+3x_2^2$$

它不是正定型.理由如下(三者任取其一):

①取 $\boldsymbol{x}=(0,0,1,0,0)^{\mathrm{T}}\neq 0$,得 $\boldsymbol{x}^{\mathrm{T}}\boldsymbol{A}\boldsymbol{x}=0$;

②由 $|\boldsymbol{A}|=0$,知 $\boldsymbol{A}$ 不是正定矩阵,即 $\boldsymbol{x}^{\mathrm{T}}\boldsymbol{A}\boldsymbol{x}$ 不是正定二次型;

③正定矩阵的主对角线上元素全为正,而 $\boldsymbol{A}$ 此时不是.

故 $\boldsymbol{A}$ 非正定,进而 $\boldsymbol{x}^{\mathrm{T}}\boldsymbol{A}\boldsymbol{x}$ 不是正定二次型.

注 构造矩阵是一种技巧,这通常很难有规律可循,比如解下面的问题.

问题 若矩阵 $\boldsymbol{B}\in\mathbf{R}^{n\times k}$,$\boldsymbol{C}\in\mathbf{R}^{n\times(n-k)}$,且 $\boldsymbol{B}^{\mathrm{T}}=\boldsymbol{B}$,$\boldsymbol{C}^{\mathrm{T}}=\boldsymbol{C}$,则行列式

$$\begin{vmatrix}\boldsymbol{B}^{\mathrm{T}}\boldsymbol{B} & \boldsymbol{B}^{\mathrm{T}}\boldsymbol{C}\\ \boldsymbol{C}^{\mathrm{T}}\boldsymbol{B} & \boldsymbol{C}^{\mathrm{T}}\boldsymbol{C}\end{vmatrix}\leqslant|\boldsymbol{B}^{\mathrm{T}}\boldsymbol{B}|\cdot|\boldsymbol{C}^{\mathrm{T}}\boldsymbol{C}|$$

简析 令 $\boldsymbol{A}=(\boldsymbol{B},\boldsymbol{C})$,则 $\boldsymbol{A}^{\mathrm{T}}\boldsymbol{A}$ 为半正定.又 $\boldsymbol{A}^{\mathrm{T}}\boldsymbol{A}=\begin{pmatrix}\boldsymbol{B}^{\mathrm{T}}\boldsymbol{B} & \boldsymbol{B}^{\mathrm{T}}\boldsymbol{C}\\ \boldsymbol{C}^{\mathrm{T}}\boldsymbol{B} & \boldsymbol{C}^{\mathrm{T}}\boldsymbol{C}\end{pmatrix}$.

若 $|\boldsymbol{A}|=0$,注意到 $\boldsymbol{B}^{\mathrm{T}}\boldsymbol{B}$,$\boldsymbol{C}^{\mathrm{T}}\boldsymbol{C}$ 半正定,知 $|\boldsymbol{B}^{\mathrm{T}}\boldsymbol{B}|\geqslant 0$,$|\boldsymbol{C}^{\mathrm{T}}\boldsymbol{C}|\geqslant 0$,结论成立.

若 $|\boldsymbol{A}|\neq 0$,由 $\boldsymbol{A}^{\mathrm{T}}\boldsymbol{A}$ 正定,今设 $\boldsymbol{A}^{\mathrm{T}}\boldsymbol{A}=\begin{pmatrix}\boldsymbol{A}_{11} & \boldsymbol{A}_{12}\\ \boldsymbol{A}_{21} & \boldsymbol{A}_{22}\end{pmatrix}$,其中

$$\boldsymbol{A}_{11}=\boldsymbol{B}^{\mathrm{T}}\boldsymbol{B},\quad \boldsymbol{A}_{12}=\boldsymbol{B}^{\mathrm{T}}\boldsymbol{C},\quad \boldsymbol{A}_{21}=\boldsymbol{C}^{\mathrm{T}}\boldsymbol{B},\quad \boldsymbol{A}_{22}=\boldsymbol{C}^{\mathrm{T}}\boldsymbol{C}$$

考虑 $\boldsymbol{D}=\begin{pmatrix}\boldsymbol{I} & -\boldsymbol{A}_{11}^{-1}\boldsymbol{A}_{12}\\ \boldsymbol{O} & \boldsymbol{I}\end{pmatrix}$,则

$$\boldsymbol{D}^{\mathrm{T}}\boldsymbol{A}^{\mathrm{T}}\boldsymbol{A}\boldsymbol{D}=\begin{pmatrix}\boldsymbol{A}_{11} & \boldsymbol{O}\\ \boldsymbol{O} & \boldsymbol{A}_{22}-\boldsymbol{A}_{21}\boldsymbol{A}_{11}^{-1}\boldsymbol{A}_{12}\end{pmatrix}$$

从而

$$|\boldsymbol{A}^{\mathrm{T}}\boldsymbol{A}|=|\boldsymbol{A}_{11}|\cdot|\boldsymbol{A}_{22}-\boldsymbol{A}_{21}\boldsymbol{A}_{11}^{-1}\boldsymbol{A}_{12}|\leqslant|\boldsymbol{A}_{11}|\cdot|\boldsymbol{A}_{22}|$$

即

$$|\boldsymbol{A}^{\mathrm{T}}\boldsymbol{A}|\leqslant|\boldsymbol{B}^{\mathrm{T}}\boldsymbol{B}|\cdot|\boldsymbol{C}^{\mathrm{T}}\boldsymbol{C}|$$

3. 正定矩阵性质及其他

例 1　若矩阵 $\boldsymbol{A},\boldsymbol{B}$ 均为正定阵. 试证(1)方程 $|\lambda\boldsymbol{A}-\boldsymbol{B}|=0$ 根均大于 0;(2)方程 $|\lambda\boldsymbol{A}-\boldsymbol{B}|=0$ 所有根皆为 1 的充要条件是 $\boldsymbol{A}=\boldsymbol{B}$.

证　(1)由设 $\boldsymbol{A},\boldsymbol{B}$ 皆正定矩阵,故有非奇异阵 T 使

$$\boldsymbol{T}^{\mathrm{T}}\boldsymbol{A}\boldsymbol{T}=\begin{bmatrix}\lambda_1 & & & \\ & \lambda_2 & & \\ & & \ddots & \\ & & & \lambda_n\end{bmatrix},\quad \boldsymbol{T}^{\mathrm{T}}\boldsymbol{B}\boldsymbol{T}=\begin{bmatrix}\mu_1 & & & \\ & \mu_2 & & \\ & & \ddots & \\ & & & \mu_n\end{bmatrix}$$

其中 $\lambda_i,\mu_i>0(i=1,2,\cdots,n)$. 这样

$$|\boldsymbol{T}^{\mathrm{T}}(\lambda\boldsymbol{A}-\boldsymbol{B})\boldsymbol{T}|=|\lambda(\boldsymbol{T}^{\mathrm{T}}\boldsymbol{A}\boldsymbol{T})-\boldsymbol{T}^{\mathrm{T}}\boldsymbol{B}\boldsymbol{T}|=\begin{vmatrix}\lambda\lambda_1-\mu_1 & & & \\ & \lambda\lambda_2-\mu_2 & & \\ & & \ddots & \\ & & & \lambda\lambda_n-\mu_n\end{vmatrix}$$

注意到 $|\boldsymbol{T}^{\mathrm{T}}(\lambda\boldsymbol{A}-\boldsymbol{B})^{\mathrm{T}}|=|\boldsymbol{T}^{\mathrm{T}}||\lambda\boldsymbol{A}-\boldsymbol{B}||\boldsymbol{T}|$,且 $|\boldsymbol{T}|\neq0$,知 $|\lambda\boldsymbol{A}-\boldsymbol{B}|=0$ 的根为 $\lambda=\dfrac{\mu_i}{\lambda_i}>0(i=1,2,\cdots,n)$.

(2) $|\lambda\boldsymbol{A}-\boldsymbol{B}|=0$ 的根皆为

$$1\Longleftrightarrow\frac{\mu_i}{\lambda_i}=1(i=1,2,\cdots,n)\Longleftrightarrow\lambda_i=\mu_i(i=1,2,\cdots,n)$$
$$\Longleftrightarrow\boldsymbol{T}^{\mathrm{T}}\boldsymbol{A}\boldsymbol{T}=\boldsymbol{T}^{\mathrm{T}}\boldsymbol{B}\boldsymbol{T}\Longleftrightarrow\boldsymbol{A}=\boldsymbol{B}$$

关于负定矩阵,我们前文曾有介绍. 对于一个对称矩阵 $\boldsymbol{A}\in\mathbf{R}^{n\times n}$ 来讲,若任何非零向量 $\boldsymbol{x}\in\mathbf{R}^n$ 均有 $\boldsymbol{x}^{\mathrm{T}}\boldsymbol{A}\boldsymbol{x}<0$,则 $\boldsymbol{A}$ 称为负定矩阵,显然,若 $\boldsymbol{A}$ 为正定阵,则 $-\boldsymbol{A}$ 为负定阵. 下面的例子涉及矩阵负定问题.

例 2　试证:若 n 阶矩阵 $\boldsymbol{A}=(a_{ij})_{n\times n}$ 是正定的,则 $a_{ii}>0$;若 $\boldsymbol{A}$ 是负定的,则 $a_{ii}<0,(i=1,2,\cdots,n)$.

证　若 $\boldsymbol{A}$ 是正定的,则恒有

$$f(x_1,x_2,\cdots,x_n)=\boldsymbol{x}^{\mathrm{T}}\boldsymbol{A}\boldsymbol{x}=\sum_{i=j=1}^{n}a_{ij}x_ix_j>0$$

且当且仅当 $x_1=x_2=\cdots=x_n=0$ 时,$f(x_1,x_2,\cdots,x_n)=0$.

今取 $x_j=0(j=1,2,\cdots,i-1,i+1,\cdots,n)$,$x_i=1(i=1,2,\cdots,n)$,则由

$$f(0,\cdots0,x_i,0,\cdots,0)=a_{ii}x_ix_i>0$$

有

$$a_{ii}>0\quad(i=1,2,\cdots,n)$$

若 $\boldsymbol{A}$ 是负定的,则 $g(x_1,x_2,\cdots,x_n)=\sum\limits_{i,j=1}^{n}(-a_{ij})x_ix_j$ 是正定的.

由上证明知 $-a_{ii}>0$,即 $a_{ii}<0(i=1,2,\cdots,n)$.

但若 $\boldsymbol{A}$ 可逆但非负定,亦有可能 $|\boldsymbol{A}|<0$,请看下列的命题:

例 3　设 $\boldsymbol{A}$ 是一个 n 阶实对称矩阵,且 $\det\boldsymbol{A}=|\boldsymbol{A}|<0$. 证明存在实 n 维向量 $\boldsymbol{\alpha}$,使得 $\boldsymbol{\alpha}^{\mathrm{T}}\boldsymbol{A}\boldsymbol{\alpha}<0$.

证　由设 $\boldsymbol{A}$ 是 n 阶实对称矩阵,且 $|\boldsymbol{A}|<0$,故二次型

$$f(x_1,x_2,\cdots,x_n)=\boldsymbol{x}^{\mathrm{T}}\boldsymbol{A}\boldsymbol{x}$$

的秩为 n,且不是正定的,其标准形中负惯性指标至少是 1.

若 f 可经过非奇异线性变换 $\boldsymbol{x}=\boldsymbol{C}\boldsymbol{y}$ 化成

$$f=\boldsymbol{x}^{\mathrm{T}}\boldsymbol{A}\boldsymbol{x}=\boldsymbol{y}^{\mathrm{T}}\boldsymbol{C}^{\mathrm{T}}\boldsymbol{A}\boldsymbol{C}\boldsymbol{y}=y_1^2+y_2^2+\cdots+y_s^2-y^2\,y_{s+1}-\cdots-y_n^2\qquad(*)$$

其中 $1\leqslant s<n$. 显然,当 $\boldsymbol{y}_0=\boldsymbol{e}_n^{\mathrm{T}}=(0,0,\cdots,0,1)^{\mathrm{T}}$ 时,式(*)右端小于零.

又在 $\boldsymbol{x}=\boldsymbol{C}\boldsymbol{y}$ 中,$\boldsymbol{C}$ 是非奇异矩阵,故 $\boldsymbol{y}_0\neq\boldsymbol{0}$,则 $\boldsymbol{\alpha}=\boldsymbol{C}\boldsymbol{y}_0\neq\boldsymbol{0}$,可使 $f=\boldsymbol{\alpha}^{\mathrm{T}}\boldsymbol{A}\boldsymbol{\alpha}<0$,这只需注意到

$$f(\boldsymbol{y}_0)=\boldsymbol{y}_0^{\mathrm{T}}(\boldsymbol{C}^{\mathrm{T}}\boldsymbol{A}\boldsymbol{C})\boldsymbol{y}_0=0^2+\cdots+0^2-1=-1<0$$

又

$$y_0^{\mathrm{T}}(C^{\mathrm{T}}AC)y_0=(Cy_0)^{\mathrm{T}}A(Cy_0)=\alpha^{\mathrm{T}}A\alpha$$

故 $f(\alpha)=-1<0$.

注 1 与例相较一个更强的命题是:

命题 A 为 n 阶实对称矩阵,x_1 和 x_2 为两个线性无关的 n 维向量,且 $x_1^{\mathrm{T}}Ax_2>0$,$x_2^{\mathrm{T}}Ax_2<0$. 试证:有且仅有两个与 x_1,x_2 线性相关的 n 维向量 $x_3,x_4(x_3\neq x_4)$使 $x_3^{\mathrm{T}}Ax_3=x_4^{\mathrm{T}}Ax_4=0$.

这只需令 $x_3=0$,且令 $f(x)=x^{\mathrm{T}}Ax$,由 $f(x_1)>0$,$f(x_2)<0$,由 f 的连续性知有 x_0 使 $f(x_0)=0$.

注 2 与之相似的问题还有:

问题 若对任意 $\alpha\in\mathbf{R}^n$ 恒有 $\alpha^{\mathrm{T}}A\alpha=0$,则 $A^{\mathrm{T}}=-A$.

略证 令 e_i 为 I 的第 i 列. 依次取 $\alpha=e_i$ 和 $\alpha=e_i+e_j$,可有(这里 $A=(a_{ij})_{n\times n}$)

$$e_i^{\mathrm{T}}Ae_i=a_{ij},(e_i+e_j)^{\mathrm{T}}A(e_i+e_j)=a_{ij}+a_{ji}=0$$

下面的例子涉及行列式不等式,这个问题我们前文已介绍过.

例 4 设 A 是 n 阶正定阵,I 是 n 阶单位阵,证明 $A+I$ 的行列式大于 1.

证 设 A 的 n 个特征值为 $\lambda_1,\lambda_2,\cdots,\lambda_n$,由设 A 是正定矩阵,$\lambda_i>0(i=1,2,\cdots,n)$.

而 $A+I$ 的 n 个特征值为

$$\lambda_1+1,\quad \lambda_2+1,\quad \cdots,\quad \lambda_n+1$$

于是

$$|A+I|=(\lambda_1+1)(\lambda_2+1)\cdots(\lambda_n+1)>0$$

这是一个从矩阵多项式判断矩阵正定问题,它巧妙地运用了 Cayley-Hamilton 定理.

例 5 若 A 是 3 阶实对称阵,且 $A^3-3A^2+5A-3I=O$. 试证 A 为正定阵.

证 设 λ 为 A 的特征根,由 Cayley-Hamilton 定理知 $f(\lambda)=\lambda^3-3\lambda^2+5\lambda-3$ 为 A 的化零多项式.

又$(\lambda-1)(\lambda^2-2\lambda+3)=0$. 知其有根 $\lambda=1$ 或 $\lambda=1\pm\sqrt{2}\mathrm{i}$.

由 A 为 3 阶实对称阵,故 A 只有实特征根,这样 A 只能仅有特征根 1(3 重),从而 A 为正定矩阵.

注 若 A 为 n 阶矩阵时,命题亦成立,证法与例类同.

4. 矩阵分解与普通矩阵对角化形式

正定矩阵可以表示为 QQ^{T} 其实蕴涵了关于矩阵分解(一个矩阵化为两个以某种矩阵乘积)的理念. 关于这一点很重要,特别是对于某些矩阵计算问题来说.

下面是一个矩阵分解的题目,这类问题我们前文已多有介绍,下面再看一个例子.

例 1 若矩阵 $A\in\mathbf{R}^{n\times n}$,且 A 可逆. 证明存在唯一正交矩阵 Q 和唯一正定矩阵 B 使 $A=QB$.

证 由设 A 可逆,则 $A^{\mathrm{T}}A$ 是正定矩阵,则有正定阵 B 使 $A^{\mathrm{T}}A=B^2$.

考虑 $P=BA^{-1}$,即 $PA=B$. 令 $Q=P^{-1}$,则 $A=QB$,又

$$P^{\mathrm{T}}P=(A^{\mathrm{T}})^{-1}B^{\mathrm{T}}BA^{-1}=(A^{\mathrm{T}})^{-1}B^2A^{-1}=(A^{\mathrm{T}})^{-1}A^{\mathrm{T}}AA^{-1}=I$$

知矩阵 P 进而矩阵 Q 为正交矩阵.

下证唯一性. 用反证法. 若不然,今 A 又可表示为 $A=Q_1B_1$,其中 Q_1 是正交矩阵,B_1 是正定矩阵,于是

$$B^2=A^{\mathrm{T}}A=B_1^{\mathrm{T}}Q_1^{\mathrm{T}}Q_1B_1=B_1^2$$

从而 $B=B_1$. 又 A 可逆,进而 B 可逆. 由 $A=QB=Q_1B$,可得 $Q=Q_1$.

注 矩阵的乘积分解,犹如整数的质因数分解、多项式的质因子分解一样重要,特别是对于某些矩阵的计算来讲更是如此. 类似的问题我们前文已有讨论.

下面是关于矩阵乘积分解的一些主要结果见下图:

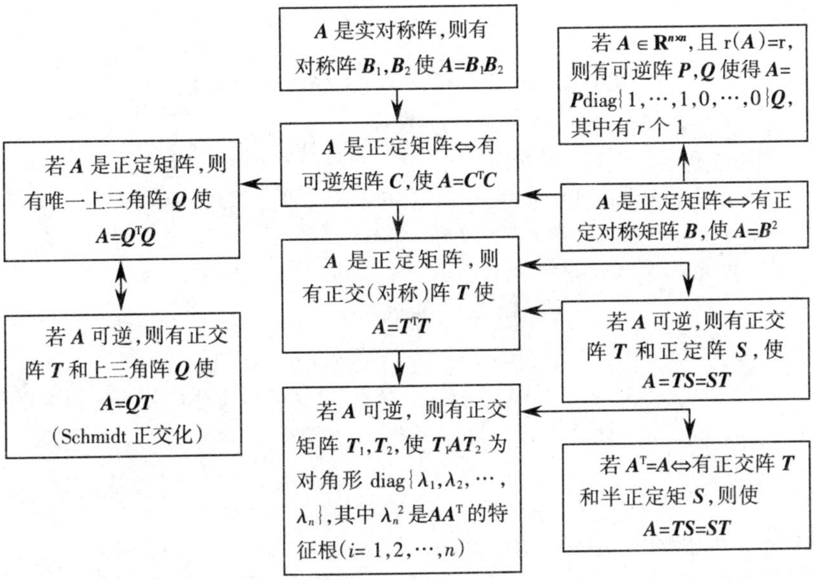

对于对称矩阵 A 来讲，总有可逆阵 P 使 PAP^{-1} 或 $P^{-1}AP$ 化为对角阵 Λ，而对于正定矩阵来讲，它化为对角阵的变换呈多样了.请看：

例 2　若矩阵 $A\in \mathbf{R}^{n\times n}$ 且满秩(可逆).试证存在正交阵 P_1,P_2 使 $P_1^{-1}AP_2=\text{diag}\{\lambda_1,\lambda_2,\cdots,\lambda_n\}$，且 $\lambda_i>0(i=1,2,\cdots,n)$.

证　由设 A 满秩，则 AA^T 为正定阵，故存在正交阵 P_1 使

$$P_1(AA^T)P_1=\text{diag}\{\mu_1,\mu_2,\cdots,\mu_n\}$$

其中 $\mu_i>0\ (i=1,2,\cdots,n)$.令 $\sqrt{\mu_i}=\lambda_i$，则

$$\lambda_i>0\quad(i=1,2,\cdots,n)$$

再令 $C=\text{diag}\{\lambda_1,\lambda_2,\cdots,\lambda_n\}$，则 $P_1^TAA^TP_1=C^2$.

又令 $P_2=A^TP_1C^{-1}$，知 P_2 为实矩阵且

$$P_2^TP_2=(A^TP_1C^{-1})^T(A^TP_1C^{-1})=(C^T)^{-1}P_1^TAA^TP_1C^{-1}=C^{-1}C^2C^{-1}=I$$

知 P_2 是正交阵.从而

$$P_1^{-1}AP_2=P_1^TA(A^TP_1C^{-1})=C^2C^{-1}=C=\text{diag}\{\lambda_1,\lambda_2,\cdots,\lambda_n\}$$

注　例的结论还可进一步加强为：

命题 1　若矩阵 A 为 n 阶满秩(可逆)矩阵，则存在正交阵 P_1,P_2 使

$$P_1^{-1}AP_2=\text{diag}\{\lambda_1,\lambda_2,\cdots,\lambda_n\}$$

且 $\lambda_1\geqslant\lambda_2\geqslant\cdots\geqslant\lambda_n>0$.

证明见后文例.其实我们还可以有更强的结论：

命题 2　若矩阵 $A\in\mathbf{R}^{m\times n}$，且 $r(A)=r$，则存在 n 阶正定矩阵 P 和 m 阶正交矩阵 Q 使

$$PAQ=\text{diag}\{\lambda_1,\lambda_2,\cdots,\lambda_r,0,\cdots,0\}$$

其中 $\lambda_i^2(i=1,2,\cdots,r)$ 是 AA^T 的非零特征根.

例 3　若矩阵 $A,B\in\mathbf{R}^{n\times n}$，且 A 对称，B 正定.则有可逆阵 P 使 $A=(P^{-1})^TDP^{-1}$，$B=(P^{-1})^TP^{-1}$，其中 D 为对角阵.

证　由设 B 为正定阵，则有矩阵 C_1 使 $C_1^TBC_1=I$.

又 A 对称，则 $C_1^TAC_1TB$ 为对称阵.故有正交阵 C_2 使

$$C_2^T(C_1^TAC_1)C_2=(C_1C_2)^TA(C_1C_2)=D$$

这里 $\boldsymbol{D}$ 是对角阵.

取 $\boldsymbol{P}=\boldsymbol{C}_1\boldsymbol{C}_2$，则 $\boldsymbol{P}^{\mathrm{T}}\boldsymbol{AP}=\boldsymbol{D}$. 又

$$\boldsymbol{P}^{\mathrm{T}}\boldsymbol{BP}=(\boldsymbol{C}_1\boldsymbol{C}_2)^{\mathrm{T}}\boldsymbol{B}(\boldsymbol{C}_1\boldsymbol{C}_2)=\boldsymbol{C}_2^{\mathrm{T}}(\boldsymbol{C}_2^{\mathrm{T}}\boldsymbol{BC}_1)\boldsymbol{C}_2=\boldsymbol{C}_2^{\mathrm{T}}\boldsymbol{C}_2=\boldsymbol{I}$$

故 $\boldsymbol{B}=(\boldsymbol{P}^{-1})^{\mathrm{T}}\boldsymbol{P}^{-1}$.

下面是一般矩阵对角化问题，它的解法运用了正定矩阵对角化的概念与方法.

例 4 已知 $\boldsymbol{A}\in\mathbf{R}^{n\times n}$，且秩 $\mathrm{r}(\boldsymbol{A})=n$. 求证：(1)存在正交阵 $\boldsymbol{P},\boldsymbol{Q}$ 使 $\boldsymbol{P}^{-1}\boldsymbol{AQ}=\mathrm{diag}\{\lambda_1,\lambda_2,\cdots,\lambda_n\}$，其中 $\lambda_i>0\ (i=1,2,\cdots,n)$；(2)存在正交阵 $\boldsymbol{T},\boldsymbol{U}$ 使 $\boldsymbol{TAU}=\mathrm{diag}\{\lambda_1',\lambda_2',\cdots,\lambda_n'\}$，其中 $\lambda_1'\geqslant\lambda_2'\geqslant\cdots\geqslant\lambda_n'>0$.

证 (1)由设 $\boldsymbol{A}$ 可逆，则 $\boldsymbol{AA}^{\mathrm{T}}$ 正定，故存在正交阵 $\boldsymbol{P}$ 使

$$\boldsymbol{P}^{\mathrm{T}}(\boldsymbol{AA}^{\mathrm{T}})\boldsymbol{P}=\mathrm{diag}\{\mu_1,\mu_2,\cdots,\mu_n\}$$

其中 $\mu_i>0\ (i=1,2,\cdots,n)$. 令 $\lambda_i=\sqrt{\mu_i}$，则 $\lambda_i>0\ (i=1,2,\cdots,n)$.

再令 $\boldsymbol{C}=\mathrm{diag}\{\lambda_1,\lambda_2,\cdots,\lambda_n\}$，则 $\boldsymbol{P}^{\mathrm{T}}\boldsymbol{AA}^{\mathrm{T}}\boldsymbol{P}=\boldsymbol{C}^2$，且令 $\boldsymbol{Q}=\boldsymbol{A}^{\mathrm{T}}\boldsymbol{PC}^{-1}$，知 $\boldsymbol{Q}$ 是实矩阵，再注意到

$$\boldsymbol{Q}^{\mathrm{T}}\boldsymbol{Q}=(\boldsymbol{C}^{\mathrm{T}})^{-1}\boldsymbol{P}^{\mathrm{T}}\boldsymbol{AA}^{\mathrm{T}}\boldsymbol{PC}^{-1}=\boldsymbol{C}^{-1}\boldsymbol{C}^2\boldsymbol{C}^{-1}=\boldsymbol{I}$$

故 $\boldsymbol{Q}$ 是正交矩阵，且

$$\boldsymbol{P}^{-1}\boldsymbol{AQ}=\boldsymbol{P}^{\mathrm{T}}\boldsymbol{A}(\boldsymbol{A}^{\mathrm{T}}\boldsymbol{PC}^{-1})=\boldsymbol{C}^2\boldsymbol{C}^{-1}=\boldsymbol{C}$$

(2)由(1)知有 $\boldsymbol{P},\boldsymbol{Q}$ 使 $\boldsymbol{P}^{-1}\boldsymbol{AQ}=\mathrm{diag}\{\lambda_1,\lambda_2,\cdots,\lambda_n\}$，其中 $\lambda_i>0\ (i=1,2,\cdots,n)$.

交换上式右矩阵的行列可使

$$\mathrm{diag}\{\lambda_1,\lambda_2,\cdots,\lambda_n\}\to\mathrm{diag}\{\lambda_1',\lambda_2',\cdots,\lambda_n'\}$$

其中 $\lambda_1'\geqslant\lambda_2'\geqslant\cdots\geqslant\lambda_n'>0$，而交换行列只相当于矩阵左、右乘初等阵 $\boldsymbol{P}(i,j)$，而 $\boldsymbol{P}(i,j)$ 左右乘正交阵后仍为正交阵.

注 矩阵对角化(相似于对角阵)的某些结果可见下图：

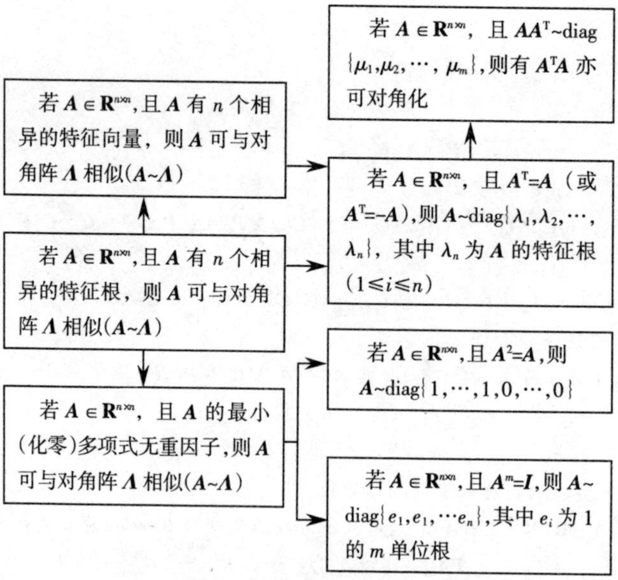

另外，若矩阵 $\boldsymbol{A}\in\mathbf{R}^{n\times n}$，且 $\mathrm{r}(\boldsymbol{A})=r$，则有可逆阵 $\boldsymbol{P},\boldsymbol{Q}$，使 $\boldsymbol{PAQ}=\mathrm{diag}\{1,\cdots,1,0,\cdots,0\}$($r$ 个 1).

又若矩阵 $\boldsymbol{A}\in\mathbf{R}^{n\times n}$，且 $\boldsymbol{A}^{\mathrm{T}}=\boldsymbol{A}$，则 $\boldsymbol{A}$ 可(正交)相似于对角阵，亦可合同于对角阵.

5. 加边矩阵的正定性讨论

下面是一些加边矩阵行列问题，其实，这个问题我们前文已有述及，从本质上讲，它们属于二次型问题. 请看：

例 1 若矩阵 $\boldsymbol{A}$ 为 n 阶正定矩阵，且记 $\boldsymbol{x}=(x_1,x_2,\cdots,x_n)^{\mathrm{T}}$，试证明二次型

$$f(x_1,x_2,\cdots,x_n)=\begin{vmatrix} \boldsymbol{A} & \boldsymbol{x} \\ \boldsymbol{x}^{\mathrm{T}} & 0 \end{vmatrix}$$

负定(即 $f(x_1,x_2,\cdots,x_n)$ 为负定二次型).

证　令 $\boldsymbol{Q}=\begin{pmatrix} \boldsymbol{I} & -\boldsymbol{A}^{-1}\boldsymbol{x} \\ \boldsymbol{0} & 1 \end{pmatrix}$,则 $|\boldsymbol{Q}|=1$. 对 $\boldsymbol{Q}^{\mathrm{T}}\begin{pmatrix} \boldsymbol{A} & \boldsymbol{x} \\ \boldsymbol{x}^{\mathrm{T}} & 0 \end{pmatrix}\boldsymbol{Q}=\begin{pmatrix} \boldsymbol{A} & \boldsymbol{0} \\ \boldsymbol{0} & -\boldsymbol{x}^{\mathrm{T}}\boldsymbol{A}^{-1}\boldsymbol{x} \end{pmatrix}$ 两边取行列式,则

$$f(x_1,x_2,\cdots,x_n)=\begin{vmatrix} \boldsymbol{A} & \boldsymbol{0} \\ \boldsymbol{0} & -\boldsymbol{x}^{\mathrm{T}}\boldsymbol{A}^{-1}\boldsymbol{x} \end{vmatrix}=|\boldsymbol{A}|(-\boldsymbol{x}^{\mathrm{T}}\boldsymbol{A}^{-1}\boldsymbol{x})<0$$

由上式对任意非 $\boldsymbol{0}$ 的 $\boldsymbol{x}$ 成立,知 $f(x_1,x_2,\cdots,x_n)$ 负定.

例 2　设 $\boldsymbol{A}=(a_{ij})_{n\times n}$,且 $\boldsymbol{x}=(x_1,x_2,\cdots,x_n)^{\mathrm{T}}$,$\boldsymbol{y}=(y_1,y_2,\cdots,y_n)^{\mathrm{T}}$,又 $\boldsymbol{A}^*$ 是 $\boldsymbol{A}$ 的伴随矩阵. 试证:
(1)行列式 $\begin{vmatrix} \boldsymbol{A} & -\boldsymbol{y} \\ \boldsymbol{x}^{\mathrm{T}} & 0 \end{vmatrix}=\boldsymbol{x}\boldsymbol{A}^*\boldsymbol{y}$;(2)若 $\boldsymbol{A}$ 是正定矩阵,则对 $\boldsymbol{x}\in\mathbf{R}^n$,且 $\boldsymbol{x}\neq\boldsymbol{0}$ 有 $\begin{vmatrix} \boldsymbol{A} & -\boldsymbol{x} \\ \boldsymbol{x}^{\mathrm{T}} & 0 \end{vmatrix}>0$.

证　(1)设 a_{ij} 的代数余子式为 $\boldsymbol{A}_{ij}$ $(1\leqslant i,j\leqslant n)$. 将题设行列式按末列(或末行)展开可有

$$\begin{vmatrix} \boldsymbol{A} & -\boldsymbol{y} \\ \boldsymbol{x}^{\mathrm{T}} & 0 \end{vmatrix}=\sum_{i,j=1}^{n}\boldsymbol{A}_{ij}x_jy_i=(x_1,x_2,\cdots,x_n)\begin{pmatrix} \boldsymbol{A}_{11} & \boldsymbol{A}_{21} & \cdots & \boldsymbol{A}_{n1} \\ \boldsymbol{A}_{12} & \boldsymbol{A}_{22} & \cdots & \boldsymbol{A}_{n2} \\ \vdots & \vdots & & \vdots \\ \boldsymbol{A}_{1n} & \boldsymbol{A}_{2n} & \cdots & \boldsymbol{A}_{nn} \end{pmatrix}\begin{pmatrix} y_1 \\ y_2 \\ \vdots \\ y_n \end{pmatrix}=\boldsymbol{x}^{\mathrm{T}}\boldsymbol{A}^{-1}\boldsymbol{y}$$

(2)若 $\boldsymbol{A}$ 正定,则 $\boldsymbol{A}^*$ 亦正定,从而对 $\boldsymbol{x}\neq\boldsymbol{0},\boldsymbol{x}\in\mathbf{R}^n$ 有

$$\begin{vmatrix} \boldsymbol{A} & -\boldsymbol{x} \\ \boldsymbol{x}^{\mathrm{T}} & 0 \end{vmatrix}=\boldsymbol{x}^{\mathrm{T}}\boldsymbol{A}^*\boldsymbol{x}>0$$

注　问题(2)亦可由上例结论得到.

例 3　设 $\boldsymbol{A}=(a_{ij})_{n\times n}$,且为正定矩阵,又 $\boldsymbol{A}_{n-1}$ 为 $\boldsymbol{A}$ 的 $n-1$ 阶主子式. 证明 $\boldsymbol{a}^{\mathrm{T}}\boldsymbol{A}_{n-1}^*\boldsymbol{a}<a_{nn}|\boldsymbol{A}_{n-1}|$,其中 $\boldsymbol{a}(a_{1n},a_{2n},\cdots,a_{n-1,n})^{\mathrm{T}}$.

证　由设及行列式性质有

$$|\boldsymbol{A}|=\begin{vmatrix} \boldsymbol{A}_{n-1} & \boldsymbol{a} \\ \boldsymbol{a}^{\mathrm{T}} & a_{nn} \end{vmatrix}=\begin{vmatrix} \boldsymbol{A}_{n-1} & \boldsymbol{0} \\ \boldsymbol{a}^{\mathrm{T}} & a_{nn} \end{vmatrix}+\begin{vmatrix} \boldsymbol{A}_{n-1} & \boldsymbol{a} \\ \boldsymbol{a}^{\mathrm{T}} & 0 \end{vmatrix}=\boldsymbol{a}_{nn}|\boldsymbol{A}_{n-1}|-\begin{vmatrix} \boldsymbol{A}_{n-1} & -\boldsymbol{a} \\ \boldsymbol{a}^{\mathrm{T}} & 0 \end{vmatrix}$$

由上例知 $\begin{vmatrix} \boldsymbol{A}_{n-1} & -\boldsymbol{a} \\ \boldsymbol{a}^{\mathrm{T}} & 0 \end{vmatrix}=\boldsymbol{a}^{\mathrm{T}}\boldsymbol{A}^*\boldsymbol{a}$,又由 $\boldsymbol{A}$ 正定知

$$|\boldsymbol{A}|=a_{nn}|\boldsymbol{A}_{n-1}|-\begin{vmatrix} \boldsymbol{A}_{n-1} & -\boldsymbol{a} \\ \boldsymbol{a}^{\mathrm{T}} & 0 \end{vmatrix}=a_{nn}|\boldsymbol{A}_{n-1}|-\boldsymbol{a}^{\mathrm{T}}\boldsymbol{A}_{n-1}^*\boldsymbol{a}>0$$

故

$$\boldsymbol{a}^{\mathrm{T}}\boldsymbol{A}_{n-1}^*\boldsymbol{a}<a_{nn}|\boldsymbol{A}_{n-1}|$$

关于矩阵正定性判定常与某些不等式有关联. 下面的分块矩阵正定性的讨论就是属于这类问题(我们前文已经讨论过,当然是从另外角度,这里不过是换一种提法). 请看:

例 4　若 $\widetilde{\boldsymbol{A}}=\begin{pmatrix} \boldsymbol{A} & \boldsymbol{\alpha} \\ \boldsymbol{\alpha} & b \end{pmatrix}$,其中 $\boldsymbol{A}\in\mathbf{R}^{n\times n}$ 是正定阵,$\boldsymbol{\alpha}\in\mathbf{R}^n$,$b\in\mathbf{R}$. 则 $\widetilde{\boldsymbol{A}}$ 正定 $\Leftrightarrow b>\boldsymbol{\alpha}^{\mathrm{T}}\boldsymbol{A}^{-1}\boldsymbol{\alpha}$.

简析　若能有矩阵 $\boldsymbol{D}$ 使 $\boldsymbol{D}\widetilde{\boldsymbol{A}}\boldsymbol{D}$ 对角化(或三角形化)问题可解.

证　令矩阵 $\boldsymbol{D}=\begin{pmatrix} \boldsymbol{I} & \boldsymbol{A}^{-1}\boldsymbol{\alpha} \\ \boldsymbol{0} & 1 \end{pmatrix}$,则考虑

$$\boldsymbol{D}^{\mathrm{T}}\widetilde{\boldsymbol{A}}\boldsymbol{D}=\begin{pmatrix} \boldsymbol{A} & \boldsymbol{0} \\ \boldsymbol{0} & b-\boldsymbol{\alpha}^{\mathrm{T}}A^{-1}\boldsymbol{\alpha} \end{pmatrix}$$

又 $\boldsymbol{A}$ 是正定阵，则

$$\widetilde{\boldsymbol{A}}\text{ 正定}\Longleftrightarrow \boldsymbol{D}^{\mathrm{T}}\widetilde{\boldsymbol{A}}\boldsymbol{D}\text{ 正定}\Longleftrightarrow b-\boldsymbol{\alpha}^{\mathrm{T}}\boldsymbol{A}^{-1}\boldsymbol{\alpha}>0$$

6. 与正定矩阵有关的不等式问题

与正(负)定或半定矩阵有关的不等式较多，但它们多是解析不等式的变形.

例 1 若 $\boldsymbol{a}_i\in\mathbf{R}^n$，且 $\boldsymbol{a}_i^{\mathrm{T}}\boldsymbol{a}_i=1$，又 $\boldsymbol{A}=(\boldsymbol{a}_1,\boldsymbol{a}_2,\cdots,\boldsymbol{a}_n)$ 为 n 阶矩阵. 求证 $|\det\boldsymbol{A}|\leqslant 1$，等号当且仅当 $\boldsymbol{a}_i$，$\boldsymbol{a}_2,\cdots,\boldsymbol{a}_n$ 两两正交时成立.

证 由设知 $\mathrm{r}(\boldsymbol{A})\geqslant 1$，故 $\boldsymbol{A}^{\mathrm{T}}\boldsymbol{A}$ 是半正定矩阵，注意到

$$\boldsymbol{A}^{\mathrm{T}}\boldsymbol{A}=\begin{pmatrix}\boldsymbol{a}_1^{\mathrm{T}}\boldsymbol{a}_1 & \boldsymbol{a}_1^{\mathrm{T}}\boldsymbol{a}_2 & \cdots & \boldsymbol{a}_1^{\mathrm{T}}\boldsymbol{a}_n\\ \boldsymbol{a}_2^{\mathrm{T}}\boldsymbol{a}_1 & \boldsymbol{a}_2^{\mathrm{T}}\boldsymbol{a}_2 & \cdots & \boldsymbol{a}_2^{\mathrm{T}}\boldsymbol{a}_n\\ \vdots & \vdots & & \vdots\\ \boldsymbol{a}_n^{\mathrm{T}}\boldsymbol{a}_1 & \boldsymbol{a}_n^{\mathrm{T}}\boldsymbol{a}_2 & \cdots & \boldsymbol{a}_n^{\mathrm{T}}\boldsymbol{a}_n\end{pmatrix}$$

由前例可有 $|\boldsymbol{A}|^2=|\boldsymbol{A}^{\mathrm{T}}\boldsymbol{A}|\leqslant\prod\limits_{k=1}^{n}a_k^{\mathrm{T}}a_k=1$，即 $|\det\boldsymbol{A}|\leqslant 1$.

又若 $|\det\boldsymbol{A}|=1$，则 $|\boldsymbol{A}^{\mathrm{T}}\boldsymbol{A}|=1$，知 $\mathrm{r}(\boldsymbol{A}^{\mathrm{T}}\boldsymbol{A})=n$，从而 $\boldsymbol{A}^{\mathrm{T}}\boldsymbol{A}$ 是正定矩阵.

又 $\boldsymbol{\alpha}_i$ 是单位向量，而 $|\boldsymbol{A}^{\mathrm{T}}\boldsymbol{A}|=\prod\limits_{k=1}^{n}a_k^{\mathrm{T}}a_k=1$. 用数学归纳法可证：

若 n 阶实正定对称矩阵 $\boldsymbol{A}=(a_{ij})_{n\times n}$，则 $|\boldsymbol{A}|=\prod\limits_{k=1}^{n}a_{kk}$，当且仅当 $\boldsymbol{A}$ 是对角阵. 从而

$$\boldsymbol{a}_i^{\mathrm{T}}\boldsymbol{a}_i=0\quad(i\neq j,1\leqslant i,j\leqslant n)$$

反之，若 $\boldsymbol{A}\boldsymbol{A}^{\mathrm{T}}$ 半正定，其只有有限多个特征根，故存在 $\lambda>0$ 使

$$|-\lambda\boldsymbol{I}-\boldsymbol{A}^{\mathrm{T}}\boldsymbol{A}|\neq 0\text{ 或 }|\lambda\boldsymbol{I}+\boldsymbol{A}^{\mathrm{T}}\boldsymbol{A}|\neq 0$$

由 $\boldsymbol{A}^{\mathrm{T}}\boldsymbol{A}$ 半正定，$\lambda\boldsymbol{I}$ 正定，则 $\lambda\boldsymbol{I}+\boldsymbol{A}^{\mathrm{T}}\boldsymbol{A}$ 正定. 而

$$\lambda\boldsymbol{I}+\boldsymbol{A}^{\mathrm{T}}\boldsymbol{A}=\begin{pmatrix}\lambda+\boldsymbol{a}_1^{\mathrm{T}}\boldsymbol{a}_1 & \boldsymbol{a}_1^{\mathrm{T}}\boldsymbol{a}_2 & \cdots & \boldsymbol{a}_1^{\mathrm{T}}\boldsymbol{a}_n\\ \boldsymbol{a}_2^{\mathrm{T}}\boldsymbol{a}_1 & \lambda+\boldsymbol{a}_2^{\mathrm{T}}\boldsymbol{a}_2 & \cdots & \boldsymbol{a}_2^{\mathrm{T}}\boldsymbol{a}_n\\ \vdots & \vdots & & \vdots\\ \boldsymbol{a}_n^{\mathrm{T}}\boldsymbol{a}_1 & \boldsymbol{a}_n^{\mathrm{T}}\boldsymbol{a}_2 & \cdots & \lambda+\boldsymbol{a}_n^{\mathrm{T}}\boldsymbol{a}_n\end{pmatrix}\tag{$*$}$$

由 $\boldsymbol{a}_i^{\mathrm{T}}\boldsymbol{a}_j=0\ (i\neq j;1\leqslant i,j\leqslant n)$ 及式($*$)知

$$|\lambda\boldsymbol{I}+\boldsymbol{A}^{\mathrm{T}}\boldsymbol{A}|\leqslant\prod_{k=1}^{n}(\lambda+\boldsymbol{a}_k^{\mathrm{T}}\boldsymbol{a}_k)$$

对无穷多个 λ 等式成立，特别地令 $\lambda=0$，则

$$|\boldsymbol{A}|^2=|\boldsymbol{A}^{\mathrm{T}}\boldsymbol{A}|=\prod_{k=1}^{n}\boldsymbol{a}_k^{\mathrm{T}}\boldsymbol{a}_k$$

例 2 若 $\boldsymbol{A}=(a_{ij})_{n\times n}$ 为 n 阶正定矩阵. 则(1) $\max\limits_{1\leqslant i,j\leqslant n}|a_{ij}|$ 必在 $\boldsymbol{A}$ 的主对角线上；(2) $|a_{ij}|<\sqrt{a_{ii}a_{jj}}$，其中 $i\neq j$.

证 (1)反证法. 若不然，设 $|a_{kl}|=\max\limits_{1\leqslant i,j\leqslant n}|a_{ij}|$，且 $k\neq l$，则

$$2|a_{kl}|\geqslant|a_{kk}|+|a_{ll}|$$

由设 $\boldsymbol{A}$ 正定，则意 $\boldsymbol{x}\in\mathbf{R}^n$ 且 $\boldsymbol{x}\neq\boldsymbol{0}$，有 $\boldsymbol{x}^{\mathrm{T}}\boldsymbol{A}\boldsymbol{x}>\boldsymbol{0}$. 取 $\boldsymbol{x}_1=\boldsymbol{e}_k+\boldsymbol{e}_l$，$\boldsymbol{x}_2=\boldsymbol{e}_k-\boldsymbol{e}_l$，则有

$$\boldsymbol{x}_1^{\mathrm{T}}\boldsymbol{A}\boldsymbol{x}_1=a_{kk}+a_{ll}+a_{kl}>0$$

$$\boldsymbol{x}_2^{\mathrm{T}}\boldsymbol{A}\boldsymbol{x}_2=a_{kk}+a_{ll}-2a_{kl}>0$$

故 $a_{kk}+a_{ll}>2a_{kl}$，由 $a_{kk}>0,a_{ll}>0$，

知 $2|a_{ll}|<|a_{kk}|+|a_{ll}|$，与前设矛盾！从而前设不真，命题真.

(2)由设 $\boldsymbol{A}$ 正定，从而主子式(注意到 $a_{ii}>0,a_{jj}>0$)

$$\begin{vmatrix} a_{ii} & a_{ij} \\ a_{ji} & a_{jj} \end{vmatrix} = a_{ii}a_{jj} - a_{ij}^2 > 0$$

这里注意到由 $\boldsymbol{A}^{\mathrm{T}}=\boldsymbol{A}$，有 $a_{ij}=a_{ji}$，从而 $|a_{ij}|<\sqrt{a_{ii}a_{jj}}$.

注　若例中结论(2)成立，则结论(1)还可证如(这当然要论证后方可)：

设 a_{kk} 为 $\boldsymbol{A}$ 的主对角线上的最大元素，由(2)有

$$|a_{ij}|<\sqrt{a_{ii}a_{jj}}\leqslant\sqrt{a_{kk}a_{kk}}=a_{kk}$$

例 3　已知向量 $\boldsymbol{x},\boldsymbol{y}\in\mathbf{R}^n$，矩阵 $\boldsymbol{A}\in\mathbf{R}^{n\times n}$. (1)若 $\boldsymbol{A}$ 半正定，则 $(\boldsymbol{x}^{\mathrm{T}}\boldsymbol{A}\boldsymbol{y})^2\leqslant(\boldsymbol{x}^{\mathrm{T}}\boldsymbol{A}\boldsymbol{x})(\boldsymbol{y}^{\mathrm{T}}\boldsymbol{A}\boldsymbol{y})$；(2)若 $\boldsymbol{A}$ 正定，则 $(\boldsymbol{x}^{\mathrm{T}}\boldsymbol{y})^2\leqslant(\boldsymbol{x}^{\mathrm{T}}\boldsymbol{A}\boldsymbol{y})(\boldsymbol{x}^{\mathrm{T}}\boldsymbol{A}^{-1}\boldsymbol{y})$.

证 1　为了方便，这里有时记内积或数积 $(\boldsymbol{x},\boldsymbol{y})=\boldsymbol{x}^{\mathrm{T}}\boldsymbol{y}$，易证

$$(\boldsymbol{x},\boldsymbol{y})^2\leqslant(\boldsymbol{x},\boldsymbol{x})(\boldsymbol{y},\boldsymbol{y})\quad(\text{三角不等式})$$

这里 $(\boldsymbol{x},\boldsymbol{y})$ 表示向量 $\boldsymbol{x},\boldsymbol{y}$ 的内积.

(1)若 A 半正定，则有 Q 使 $A=Q^{\mathrm{T}}\boldsymbol{Q}$. 故

$$(\boldsymbol{x}^{\mathrm{T}}\boldsymbol{A}\boldsymbol{y})^2=(\boldsymbol{x}^{\mathrm{T}}\boldsymbol{Q}^{\mathrm{T}}\boldsymbol{Q}\boldsymbol{y})^2=[(\boldsymbol{Q}\boldsymbol{x})^{\mathrm{T}}(\boldsymbol{Q}\boldsymbol{y})]^2=(\boldsymbol{Q}\boldsymbol{x},\boldsymbol{Q}\boldsymbol{y})^2\leqslant(\boldsymbol{Q}\boldsymbol{x},\boldsymbol{Q}\boldsymbol{x})(\boldsymbol{Q}\boldsymbol{y},\boldsymbol{Q}\boldsymbol{y})=$$
$$(\boldsymbol{x}^{\mathrm{T}}\boldsymbol{Q}^{\mathrm{T}}\boldsymbol{Q}\boldsymbol{x})(\boldsymbol{y}^{\mathrm{T}}\boldsymbol{Q}^{\mathrm{T}}\boldsymbol{Q}\boldsymbol{y})=(\boldsymbol{x}^{\mathrm{T}}\boldsymbol{A}\boldsymbol{x})(\boldsymbol{y}^{\mathrm{T}}\boldsymbol{A}\boldsymbol{y})$$

(2)若 $\boldsymbol{A}$ 正定，亦有 $\boldsymbol{Q}$ 使 $\boldsymbol{A}=\boldsymbol{Q}^{\mathrm{T}}\boldsymbol{Q}=\boldsymbol{Q}^2$，且 $\boldsymbol{Q}$ 正定. 这时

$$(\boldsymbol{x}^{\mathrm{T}}\boldsymbol{y})^2=(\boldsymbol{x}^{\mathrm{T}}\boldsymbol{Q}^{\mathrm{T}}\boldsymbol{Q}^{-1}\boldsymbol{y})^2=(\boldsymbol{Q}\boldsymbol{x},\boldsymbol{Q}^{-1}\boldsymbol{y})^2\leqslant(\boldsymbol{Q}\boldsymbol{x},\boldsymbol{Q}\boldsymbol{x})(\boldsymbol{Q}^{-1}\boldsymbol{y},\boldsymbol{Q}^{-1}\boldsymbol{y})=$$
$$(\boldsymbol{x}^{\mathrm{T}}\boldsymbol{Q}^{\mathrm{T}}\boldsymbol{Q}\boldsymbol{x})[\boldsymbol{y}^{\mathrm{T}}(\boldsymbol{Q}^{-1})^{\mathrm{T}}(\boldsymbol{Q}^{-1}\boldsymbol{y})]=[\boldsymbol{x}^{\mathrm{T}}(\boldsymbol{Q}^{\mathrm{T}}\boldsymbol{Q})\boldsymbol{x}][\boldsymbol{y}^{\mathrm{T}}(\boldsymbol{Q}^{\mathrm{T}}\boldsymbol{Q})^{-1}\boldsymbol{y}]=$$
$$(\boldsymbol{x}^{\mathrm{T}}\boldsymbol{A}\boldsymbol{x})(\boldsymbol{y}^{\mathrm{T}}\boldsymbol{A}^{-1}\boldsymbol{y})$$

这里注意到 $\boldsymbol{Q}^2=\boldsymbol{A}$ 及 $(\boldsymbol{Q}^{-1})^{\mathrm{T}}=(\boldsymbol{Q}^{\mathrm{T}})^{-1}$.

其实问题(1)还可以证如：

证 2　当 $\boldsymbol{y}=0$ 时，不等式显然成立. 当 $\boldsymbol{y}\neq0$ 时，考虑下面算式

$$(\boldsymbol{x}+t\boldsymbol{y})^{\mathrm{T}}\boldsymbol{A}(\boldsymbol{x}+t\boldsymbol{y})=\boldsymbol{x}^{\mathrm{T}}\boldsymbol{A}\boldsymbol{x}+t^2\boldsymbol{y}^{\mathrm{T}}\boldsymbol{A}\boldsymbol{y}+2t\boldsymbol{x}^{\mathrm{T}}\boldsymbol{A}\boldsymbol{y}$$

由 $(\boldsymbol{x}+t\boldsymbol{y})^{\mathrm{T}}\boldsymbol{A}(\boldsymbol{x}+t\boldsymbol{y})\geqslant0$，知上式对一切实数 t 皆成立，故其视为 t 的二次三项式，知其判别式

$$\Delta=b^2-4ac=4(\boldsymbol{x}^{\mathrm{T}}\boldsymbol{A}\boldsymbol{y})^2-4(\boldsymbol{x}^{\mathrm{T}}\boldsymbol{A}\boldsymbol{x})(\boldsymbol{y}^{\mathrm{T}}\boldsymbol{A}\boldsymbol{y})\leqslant0$$

从而

$$(\boldsymbol{x}^{\mathrm{T}}\boldsymbol{A}\boldsymbol{y})^2\leqslant(\boldsymbol{x}^{\mathrm{T}}\boldsymbol{A}\boldsymbol{x})(\boldsymbol{y}^{\mathrm{T}}\boldsymbol{A}\boldsymbol{y})$$

上式等号当且仅当 $\boldsymbol{x}+t\boldsymbol{y}=\boldsymbol{0}$，即 $\boldsymbol{x},\boldsymbol{y}$ 线性相关时成立.

以下几例不等式问题与矩阵的行列式有关，但其解法仍用矩阵特征问题考虑.

例 4　若矩阵 $\boldsymbol{A},\boldsymbol{B}\in\mathbf{R}^{n\times n}$，且 $\boldsymbol{A}$ 半正定，$\boldsymbol{B}$ 正定. 则(1) $|\boldsymbol{A}+\boldsymbol{I}|\geqslant0$，等号当且仅当 $\boldsymbol{A}=\boldsymbol{O}$ 时成立；(2) $|\boldsymbol{A}+\boldsymbol{B}|\geqslant|\boldsymbol{B}|$，等号当且仅当 $\boldsymbol{A}=\boldsymbol{O}$ 时成立.

证　(1)由设 $\boldsymbol{A}$ 半正定，则有正交阵 $\boldsymbol{P}$ 使

$$\boldsymbol{P}^{-1}\boldsymbol{A}\boldsymbol{P}=\mathrm{diag}\{\lambda_1,\lambda_2,\cdots,\lambda_n\}$$

其中 $\lambda_i\geqslant0(i=1,2,\cdots,n)$ 为 $\boldsymbol{A}$ 的特征根. 则

$$|\boldsymbol{A}+\boldsymbol{I}|=|\boldsymbol{P}^{-1}||\boldsymbol{A}+\boldsymbol{I}||\boldsymbol{P}|=|\boldsymbol{P}^{-1}(\boldsymbol{A}+\boldsymbol{I})\boldsymbol{P}|=|\boldsymbol{P}^{-1}\boldsymbol{A}\boldsymbol{P}+\boldsymbol{I}|=$$
$$|\mathrm{diag}\{\lambda_1+1,\lambda_2+1,\cdots,\lambda_{n+1}\}|\geqslant1$$

其中等号当且仅当 $\boldsymbol{A}=\boldsymbol{O}$ 时成立.

(2)由设 $\boldsymbol{A}$ 半正定，$\boldsymbol{B}$ 正定，则有 $\boldsymbol{P},\boldsymbol{Q}$ 使 $\boldsymbol{A}=\boldsymbol{P}^{\mathrm{T}}\boldsymbol{P},\boldsymbol{B}=\boldsymbol{Q}^{\mathrm{T}}\boldsymbol{Q}$. 再令 $\boldsymbol{C}=\begin{pmatrix}\boldsymbol{Q}\\\boldsymbol{P}\end{pmatrix}$，则有

$$|\boldsymbol{B}|=|\boldsymbol{Q}^{\mathrm{T}}\boldsymbol{Q}|\leqslant|\boldsymbol{C}^{\mathrm{T}}\boldsymbol{C}|=|\boldsymbol{Q}^{\mathrm{T}}\boldsymbol{Q}+\boldsymbol{P}^{\mathrm{T}}\boldsymbol{P}|=|\boldsymbol{A}+\boldsymbol{B}|$$

下面也是半正定矩阵不等式，显然不等号是≤或≥，如果换正定矩阵，不等号恐为<或>$\boldsymbol{j}$.

例 5　若 $\boldsymbol{A},\boldsymbol{B},\boldsymbol{A}-\boldsymbol{B}$ 均为半正定矩阵，证明 $|\boldsymbol{B}|\leqslant|\boldsymbol{A}|$.

证 若$|\boldsymbol{B}|=0$,由$\boldsymbol{A}$半正定,则$|\boldsymbol{A}|\geqslant 0$,故$|\boldsymbol{B}|\leqslant|\boldsymbol{A}|$.若$|\boldsymbol{B}|\neq 0$,则$\boldsymbol{B}$为正定矩阵.则有正定阵$\boldsymbol{G}$使$\boldsymbol{B}=\boldsymbol{G}^2$.

故$\widetilde{\boldsymbol{A}}=(\boldsymbol{G}^{-1})^{\mathrm{T}}\boldsymbol{A}\boldsymbol{G}^{-1}=\boldsymbol{G}^{-1}\boldsymbol{A}\boldsymbol{G}^{-1}$为正定阵,故而有正交阵$\boldsymbol{Q}$使

$$\boldsymbol{Q}^{\mathrm{T}}\widetilde{\boldsymbol{A}}\boldsymbol{Q}=\mathrm{diag}\{\lambda_1,\lambda_2,\cdots,\lambda_n\},\lambda_i\geqslant 0\quad(i=1,2,\cdots,n)$$

又$\boldsymbol{A}-\boldsymbol{B}$半定定,则$(\boldsymbol{G}^{-1})^{\mathrm{T}}(\boldsymbol{A}-\boldsymbol{B})\boldsymbol{G}^{-1}=\boldsymbol{G}^{-1}(\boldsymbol{A}-\boldsymbol{B})\boldsymbol{G}^{-1}$亦为半正定.而

$$\boldsymbol{Q}^{-1}[\boldsymbol{G}^{-1}(\boldsymbol{A}-\boldsymbol{B})\boldsymbol{G}^{-1}]\boldsymbol{Q}=\mathrm{daig}\{\lambda_1,\lambda_2,\cdots,\lambda_n\}-\boldsymbol{I}=\mathrm{daig}\{\lambda_1-1,\lambda_2-1,\cdots,\lambda_n-1\}$$

且$\lambda_2-1\geqslant 0$,即$\lambda_i\geqslant 1\ (i=1,2,\cdots,n)$.故

$$|\boldsymbol{B}|^{-1}|\boldsymbol{A}|=|\boldsymbol{G}^{-2}||\boldsymbol{A}|=|\boldsymbol{G}^{-1}\boldsymbol{A}\boldsymbol{G}^{-1}|=\prod_{i=1}^{n}\lambda_i\geqslant 1$$

由$|\boldsymbol{B}|^{-1}|\boldsymbol{A}|\geqslant 1$,有$|\boldsymbol{A}|\geqslant|\boldsymbol{B}|$.

下面是分块矩阵不等式问题.

例 6 若分块矩阵$\boldsymbol{A}=\begin{pmatrix}\boldsymbol{A}_{11} & \boldsymbol{A}_{12}\\ \boldsymbol{A}_{21} & \boldsymbol{A}_{22}\end{pmatrix}$是半正定矩阵,则$|\boldsymbol{A}|\leqslant|\boldsymbol{A}_{11}||\boldsymbol{A}_{22}|$.

证 若$|\boldsymbol{A}|=0$,由$\boldsymbol{A}$半正定,知其主子式$|\boldsymbol{A}_{11}|\geqslant 0$,$|\boldsymbol{A}_{22}|\geqslant 0$.则$|\boldsymbol{A}|\leqslant|\boldsymbol{A}_{11}||\boldsymbol{A}_{22}|$.

若$|\boldsymbol{A}|\neq 0$,知$\boldsymbol{A}$满秩,从而$\boldsymbol{A}$正定,这样其主子式$|\boldsymbol{A}_{11}|>0$,$|\boldsymbol{A}_{22}|>0$,且$\boldsymbol{A}_{11}$,$\boldsymbol{A}_{22}$皆正定.

若令$\boldsymbol{D}=\begin{pmatrix}\boldsymbol{I} & -\boldsymbol{A}_{11}^{-1}\boldsymbol{A}_{22}\\ \boldsymbol{O} & \boldsymbol{I}\end{pmatrix}$,则$\boldsymbol{D}^{\mathrm{T}}\boldsymbol{A}\boldsymbol{D}=\begin{pmatrix}\boldsymbol{A}_{11} & \boldsymbol{O}\\ \boldsymbol{O} & \boldsymbol{A}_{22}-\boldsymbol{A}_{21}\boldsymbol{A}_{11}^{-1}\boldsymbol{A}_{12}\end{pmatrix}$也是正定矩阵.

故$\boldsymbol{A}_{22}-\boldsymbol{A}_{21}\boldsymbol{A}_{11}^{-1}\boldsymbol{A}_{12}$为正定矩.又由$\boldsymbol{A}_{21}\boldsymbol{A}_{11}^{-1}\boldsymbol{A}_{12}=(\boldsymbol{A}_{12})\boldsymbol{A}_{11}^{\mathrm{T}}\boldsymbol{A}_{12}$半正定,则$\boldsymbol{A}_{22}-(\boldsymbol{A}_{22}-\boldsymbol{A}_{21}\boldsymbol{A}_{11}^{-1}\boldsymbol{A}_{12})$半正定.

由上例知

$$|\boldsymbol{A}_{22}|\geqslant|\boldsymbol{A}_{22}-\boldsymbol{A}_{21}\boldsymbol{A}_{11}^{-1}\boldsymbol{A}_{12}|$$

故

$$|\boldsymbol{A}|=|\boldsymbol{A}_{11}||\boldsymbol{A}_{22}-\boldsymbol{A}_{21}\boldsymbol{A}_{11}^{-1}\boldsymbol{A}_{12}|\leqslant|\boldsymbol{A}_{11}||\boldsymbol{A}_{22}|$$

注 用数学归纳法我们还以将结论推广为:

命题 若半正定阵$\boldsymbol{A}=\begin{pmatrix}\boldsymbol{A}_{11} & \boldsymbol{A}_{12} & \cdots & \boldsymbol{A}_{1n}\\ \boldsymbol{A}_{21} & \boldsymbol{A}_{22} & \cdots & \boldsymbol{A}_{2n}\\ \vdots & \vdots & & \vdots\\ \boldsymbol{A}_{n1} & \boldsymbol{A}_{n2} & \cdots & \boldsymbol{A}_{nn}\end{pmatrix}$,其中$\boldsymbol{A}_{ij}(1\leqslant i,j\leqslant n)$为子块阵,则$|\boldsymbol{A}|\leqslant\prod_{k=1}^{n}|\boldsymbol{A}_{kk}|$.

这样一来对于正定矩阵$\boldsymbol{A}=(a_{ij})_{n\times n}$的 Hadamard 不等式

$$|\boldsymbol{A}|\leqslant a_{11}a_{22}\cdots a_{nn}$$

只是它的特例(见后面的例子).

下面是我们在上例注中已说过的一个著名的不等式——Hadamard 不等式问题;这里给出另一种证法.

例 7 若n阶阵$\boldsymbol{A}=(a_{ij})_{n\times n}$对称正定,试证$|\boldsymbol{A}|=\det\boldsymbol{A}\leqslant a_{11}a_{22}\cdots a_{nn}$(Hadamard 不等式).

证 用数学归纳法.当$k=1$时命题当然真.

若设$k=n-1$时命题真,今考虑$k=n$的情形.令$\boldsymbol{A}_{n-1}$是$\boldsymbol{A}$的顺序主子式,又设$\boldsymbol{a}^{\mathrm{T}}=(a_{1n},a_{2n},\cdots,a_{n,n-1})$,则

$$\boldsymbol{A}=\begin{pmatrix}\boldsymbol{A}_{n-1} & \boldsymbol{a}\\ \boldsymbol{a}^{\mathrm{T}} & a_{nn}\end{pmatrix}$$

若$\boldsymbol{a}=\boldsymbol{0}$,则

$$|\boldsymbol{A}|=a_{nn}|\boldsymbol{A}_{n-1}|$$

由归纳假设知 $|\boldsymbol{A}_{n-1}|\leqslant a_{11}a_{22}\cdots a_{n-1,n-1}$，从而 $|\boldsymbol{A}|\leqslant a_{11}a_{22}\cdots a_{nn}$.

若 $\boldsymbol{a}\neq\boldsymbol{0}$，则

$$|\boldsymbol{A}|=\begin{vmatrix}\boldsymbol{A}_{n-1} & \boldsymbol{a}\\ \boldsymbol{a}^{\mathrm{T}} & 0\end{vmatrix}+\begin{vmatrix}\boldsymbol{A}_{n-1} & \boldsymbol{0}\\ \boldsymbol{a}^{\mathrm{T}} & a_{nn}\end{vmatrix}$$

又由设矩阵 $\boldsymbol{A}$ 正定，知 $\begin{vmatrix}\boldsymbol{A}_{n-1} & \boldsymbol{a}\\ \boldsymbol{a}^{\mathrm{T}} & 0\end{vmatrix}\leqslant 0$. 故 $|\boldsymbol{A}|\leqslant|\boldsymbol{A}_{n-1}|a_{nn}=a_{11}a_{22}\cdots a_{nn}$. 即 $k=n$ 时命题真，从而对任何自然数 n 命题真.

此外还有

$$\det\boldsymbol{A}=a_{11}a_{22}\cdots a_{nn}\Longleftrightarrow a_{ij}=0\quad(i\neq j;i,j=1,2,\cdots,n)$$

注 1 关于 $\begin{vmatrix}\boldsymbol{A}_{n-1} & \boldsymbol{a}\\ \boldsymbol{a}^{\mathrm{T}} & 0\end{vmatrix}\leqslant 0$ 的证明可见前文. 下面再给出另外一种证法：

由 $\boldsymbol{A}_{n-1}$ 是 $\boldsymbol{A}$ 的 $n-1$ 阶主子式，由 $\boldsymbol{A}$ 正定知 $\boldsymbol{A}_{n-1}$ 正定，且 $\boldsymbol{A}$ 可逆. 考虑

$$\begin{pmatrix}\boldsymbol{I}_{n-1} & \boldsymbol{0}\\ -\boldsymbol{a}^{\mathrm{T}}\boldsymbol{A}_{n-1}^{-1} & 1\end{pmatrix}\begin{pmatrix}\boldsymbol{A}_{n-1} & \boldsymbol{a}\\ \boldsymbol{a}^{\mathrm{T}} & 0\end{pmatrix}=\begin{pmatrix}\boldsymbol{A}_{n-1} & \boldsymbol{a}\\ \boldsymbol{0} & -\boldsymbol{a}^{\mathrm{T}}\boldsymbol{A}_{n-1}^{-1}\boldsymbol{a}\end{pmatrix}$$

两边取行列式，即

$$\begin{vmatrix}\boldsymbol{A}_{n-1} & \boldsymbol{a}\\ \boldsymbol{a}^{\mathrm{T}} & 0\end{vmatrix}=-\boldsymbol{a}^{\mathrm{T}}\boldsymbol{A}_{n-1}^{-1}\boldsymbol{a}|\boldsymbol{A}_{n-1}|$$

由题设可知 $|\boldsymbol{A}_{n-1}|>0$ 及 $-\boldsymbol{a}^{\mathrm{T}}\boldsymbol{A}_{n-1}^{-1}\boldsymbol{a}\leqslant 0$，故行列式 $\begin{vmatrix}\boldsymbol{A}_{n-1} & \boldsymbol{a}\\ \boldsymbol{a}^{\mathrm{T}} & 0\end{vmatrix}\leqslant 0$.

相对上面不等式，其实我们还可以有更强的结论：

命题 1 若 $\boldsymbol{A}=(a_{ij})_{n\times n}$ 是正定对称阵，则 $\det\begin{pmatrix}\boldsymbol{A} & \boldsymbol{y}\\ \boldsymbol{y}^{\mathrm{T}} & 0\end{pmatrix}$ 是 $\boldsymbol{y}=(y_1,y_2,\cdots,y_n)^{\mathrm{T}}$ 的负定二次型.

略证 由设知 $|\boldsymbol{A}|>0$，且 $\boldsymbol{A}$ 可逆. 取 $\boldsymbol{Q}=\begin{pmatrix}\boldsymbol{I}_n & -\boldsymbol{A}^{-1}\boldsymbol{y}\\ \boldsymbol{0} & 1\end{pmatrix}$，则 $|\boldsymbol{Q}|=1$. 注意到

$$\boldsymbol{Q}^{\mathrm{T}}\begin{pmatrix}\boldsymbol{A} & \boldsymbol{y}\\ \boldsymbol{y}^{\mathrm{T}} & 0\end{pmatrix}\boldsymbol{Q}=\begin{pmatrix}\boldsymbol{I}_n & \boldsymbol{0}\\ -\boldsymbol{y}^{\mathrm{T}}\boldsymbol{A}^{-1} & 1\end{pmatrix}\begin{pmatrix}\boldsymbol{A} & \boldsymbol{y}\\ \boldsymbol{y}^{\mathrm{T}} & 0\end{pmatrix}\begin{pmatrix}\boldsymbol{I}_n & -\boldsymbol{A}^{-1}\boldsymbol{y}\\ \boldsymbol{0} & 1\end{pmatrix}=\begin{pmatrix}\boldsymbol{A} & \boldsymbol{0}\\ \boldsymbol{0} & -\boldsymbol{y}^{\mathrm{T}}\boldsymbol{A}^{-1}\boldsymbol{y}\end{pmatrix}$$

两边取行列式

$$\begin{vmatrix}\boldsymbol{A} & \boldsymbol{y}\\ \boldsymbol{y}^{\mathrm{T}} & 0\end{vmatrix}=-(\boldsymbol{y}^{\mathrm{T}}\boldsymbol{A}^{-1}\boldsymbol{y})|\boldsymbol{A}|$$

因 $|\boldsymbol{A}|>0$，又 $\boldsymbol{A}$ 正定，故 $\boldsymbol{A}^{-1}$ 亦正定，从而若 $\boldsymbol{y}\neq 0$，则 $-\boldsymbol{y}^{\mathrm{T}}\boldsymbol{A}^{-1}\boldsymbol{y}<\boldsymbol{0}$.

即 $\det\begin{pmatrix}\boldsymbol{A} & \boldsymbol{y}\\ \boldsymbol{y}^{\mathrm{T}} & 0\end{pmatrix}=\begin{vmatrix}\boldsymbol{A} & \boldsymbol{y}\\ \boldsymbol{y}^{\mathrm{T}} & 0\end{vmatrix}$ 是负定二次型. 这里注意到行列式 $\begin{vmatrix}\boldsymbol{A} & \boldsymbol{y}\\ \boldsymbol{y}^{\mathrm{T}} & 0\end{vmatrix}$ 是关于 $\boldsymbol{y}$ 的二次型.

注 2 例还可以考虑下面证法：

令 $\boldsymbol{B}=\boldsymbol{DAD}$，其中 $\boldsymbol{D}=\mathrm{diag}\left\{\frac{1}{\sqrt{a_{11}}},\frac{1}{\sqrt{a_{22}}},\cdots,\frac{1}{\sqrt{a_{nn}}}\right\}$，可证 $\det\boldsymbol{B}\leqslant 1$.

这里因 $\boldsymbol{A}$ 为正定阵，则 $a_{ii}>0\ (i=1,2,\cdots,n)$，证明见下面注.

注 3 关于正定矩阵还有许多重要而有趣的不等式性质，比如(详见前文例)：

(1) 若矩阵 $\boldsymbol{A}=(a_{ij})_{n\times n}$ 为正定矩阵：$a_{ii}>0\ (i=1,2,\cdots,n)$.

只需考虑到 $a_{ii}=\boldsymbol{e}_i^{\mathrm{T}}\boldsymbol{A}\boldsymbol{e}_i>0\ (i=1,2,\cdots,n)$ 即可，其中 $\boldsymbol{e}_i$ 为单位阵的之列.

(2)若矩阵 $\boldsymbol{A},\boldsymbol{B}\in\mathbf{R}^{n\times n}$,且均为正定阵,则

$$\det[\lambda\boldsymbol{A}+(1-\lambda)\boldsymbol{B}]\geqslant(\det\boldsymbol{A})^{\lambda}(\det\boldsymbol{B})^{1-\lambda}\quad(0\leqslant\lambda\leqslant1)$$

证明见下面的例子.

注 4 此外我们还可以证明下面的命题.

命题 2 若矩阵 $\boldsymbol{M}=(m_{ij})_{n\times n}$ 为可逆矩阵,则 $|\boldsymbol{M}|^2\leqslant\prod\limits_{j=1}^{n}\left(\sum\limits_{i=1}^{n}m_{ij}^2\right)$.

这只需注意到若 $\boldsymbol{M}$ 可逆,则 $\boldsymbol{M}^{\mathrm{T}}\boldsymbol{M}$ 正定即可.

命题 3 若矩阵 $\boldsymbol{A}=(a_{ij})_{m\times n}$,则

$$\det(\boldsymbol{A}\boldsymbol{A}^{\mathrm{T}})\leqslant\sum_{k=1}^{n}a_{1k}^2\sum_{k=1}^{n}a_{2k}^2\cdots\sum_{k=1}^{n}a_{mk}^2$$

且由此还可以推出下面的命题:

命题 4 若矩阵 $\boldsymbol{A}(a_{ij})_{n\times n}$,且 $|a_{ij}|\leqslant\boldsymbol{M}(1\leqslant i,j\leqslant n)$,则

$$|\det\boldsymbol{A}|\leqslant n^{\frac{n}{2}}\boldsymbol{M}^n$$

在微积分研究中,凸函数及其与凸函数有关的不等式,我们并不陌生.把它用到矩阵问题中则颇为新鲜和富有创意.

例 8 若矩阵 $\boldsymbol{A},\boldsymbol{B}\in\mathbf{R}^{n\times n}$ 对称正定,又 $\alpha\in[0,1]$,则有 $\det[\alpha\boldsymbol{A}+(1-\alpha)\boldsymbol{B}]\geqslant(\det\boldsymbol{A})^{\alpha}(\det\boldsymbol{B})^{1-\alpha}$.

证 令 $\boldsymbol{C}\equiv\boldsymbol{B}^{-1}\boldsymbol{A}$,则 $\boldsymbol{C}$ 正定,且设 $\lambda_1,\lambda_2,\cdots,\lambda_n$ 为其特征根,则

$$\det[\alpha\boldsymbol{A}+(1-\alpha)\boldsymbol{B}]=\det\{\boldsymbol{B}[\alpha\boldsymbol{B}^{-1}\boldsymbol{A}+(1-\alpha)\boldsymbol{I}]\}=\det\boldsymbol{B}\det[\alpha\boldsymbol{C}+(1-\alpha)\boldsymbol{I}]$$

注意到 $\boldsymbol{B}$ 正定知 $\det\boldsymbol{B}>0$,故题设不等式等价于

$$\det[\alpha\boldsymbol{C}+(1-\alpha)\boldsymbol{I}]\geqslant(\det\boldsymbol{A})^{\alpha}(\det\boldsymbol{B})^{-\alpha}=[\det(\boldsymbol{B}^{-1}\boldsymbol{A})]^{\alpha}=(\det\boldsymbol{C})^{\alpha}$$

或

$$\prod_{i=1}^{n}(\alpha\lambda_i+1-\alpha)\geqslant\left(\prod_{i=1}^{n}\lambda_i\right)^{\alpha}=\prod_{i=1}^{n}\lambda_i^{\alpha}$$

这样只需证 $\alpha t+(1-\alpha)\geqslant t^{\alpha}$,这里 $\alpha\in[0,1]$.令 $f(\alpha)=t^{\alpha}$,这样只需证

$$\alpha f(1)+(1-\alpha)f(0)\geqslant f(\alpha),\quad\alpha\in[0,1]$$

由 $f(\alpha)=t^{\alpha}$ 是凸函数,上面不等式显然成立,等号当且仅当 $\alpha=0$ 或 1 时成立.

下面是两个涉及矩阵特征根根界的例子(前文我们曾提到过),结论甚耐人寻味,但其证明方法与矩阵正定性(正定矩阵)有关系.

例 9 若 $\boldsymbol{A},\boldsymbol{B}$ 均为 n 阶实对称矩阵.又 $\boldsymbol{A}$ 的特征根全大于 a,$\boldsymbol{B}$ 的特征根全大于 b,试证 $\boldsymbol{A}+\boldsymbol{B}$ 的特征根全大于 $a+b$.

证 设 λ 为 $\boldsymbol{A}+\boldsymbol{B}$ 的任一特征根,其相应特征向量 $\boldsymbol{x}\neq\boldsymbol{0}$ 且使 $(\boldsymbol{A}+\boldsymbol{B})\boldsymbol{x}=\lambda\boldsymbol{x}$.由

$$[(\boldsymbol{A}-a\boldsymbol{I})+(\boldsymbol{B}-b\boldsymbol{I})]\boldsymbol{x}=[(\boldsymbol{A}+\boldsymbol{B})-(a+b)\boldsymbol{I}]\boldsymbol{x}=[\lambda-(a+b)]\boldsymbol{x}$$

知 $\lambda-(a+b)$ 为实对称阵 $(\boldsymbol{A}-a\boldsymbol{I})+(\boldsymbol{B}-b\boldsymbol{I})$ 的特征根.

设 μ 为 $\boldsymbol{A}-a\boldsymbol{I}$ 的任一特征根,且有 $\boldsymbol{y}\neq\boldsymbol{0}$,使 $(\boldsymbol{A}-a\boldsymbol{I})\boldsymbol{y}=\mu\boldsymbol{y}$,即 $\boldsymbol{A}\boldsymbol{y}=(a+\mu)\boldsymbol{y}$.

从而 $a+\mu$ 为 $\boldsymbol{A}$ 的特征值.又由题设知 $a+\mu>a$,故 $\mu>0$.

即说 $\boldsymbol{A}-a\boldsymbol{I}$ 的任一特征根均为正值,故实对称阵 $\boldsymbol{A}-a\boldsymbol{I}$ 为正定阵.

同理,矩阵 $\boldsymbol{B}-b\boldsymbol{I}$ 为正定阵.

这样 $(\boldsymbol{A}-a\boldsymbol{I})+(\boldsymbol{B}-b\boldsymbol{I})$ 亦为正定矩阵,从而 $\lambda-(a+b)>0$.

即 $\boldsymbol{A}+\boldsymbol{B}$ 的任一特征根皆大于 $a+b$.

下面是关于矩阵特征根界的更一般的结论.

例 10 (1)若 $\boldsymbol{A}$ 为 n 阶实对称阵,其特征值在区间 $[a,b]$ 上的充要条件是:对 $\lambda_0<a$,有 $\boldsymbol{A}-\lambda_0\boldsymbol{I}$ 正定,对 $\lambda_0>b$,有 $\boldsymbol{A}-\lambda_0\boldsymbol{I}$ 负定;

(2)若 $\boldsymbol{A},\boldsymbol{B}$ 皆为 n 阶实对称阵,又 $\boldsymbol{A}$ 的特征值在区间$[a,b]$上,$\boldsymbol{B}$ 的特征值在区间$[c,d]$上,则 $\boldsymbol{A}+\boldsymbol{B}$ 的特征值在区间$[a+c,b+d]$上.

证 (1)设 $\boldsymbol{A}$ 有特征根 $\lambda_1,\lambda_2,\cdots,\lambda_n$,由

$$|\lambda\boldsymbol{I}-(\boldsymbol{A}-\lambda_0\boldsymbol{I})|=|(\lambda+\lambda_0)\boldsymbol{I}-\boldsymbol{A}|$$

知 $\lambda+\lambda_0=\lambda_i$,从而 $\lambda=\lambda_i-\lambda_0$ 是 $\boldsymbol{A}-\lambda_0\boldsymbol{I}$ 的特征值,其中 $1\leqslant i\leqslant n$. 这样

不等式 $a\leqslant\lambda_i\leqslant b\ (1\leqslant i\leqslant n)$成立

$\Longleftrightarrow$对任意 λ_0 有 $a-\lambda_0\leqslant\lambda_i-\lambda_0\leqslant b-\lambda_0\,(1\leqslant i\leqslant n)$

$\Longleftrightarrow$若 $\lambda_0<a,\lambda_i-\lambda_0>0$;若 $\lambda_0>b,\lambda_i-\lambda_0<0\ (1\leqslant i\leqslant n)$

$\Longleftrightarrow$若 $\lambda_0<a$,则 $\boldsymbol{A}-\lambda_0\boldsymbol{I}$ 是正定阵;若 $\lambda_0>b$,则 $\boldsymbol{A}-\lambda_0\boldsymbol{I}$ 是负定阵

对于问题(2)可以有下面两种证法:

证 1 对任意实数 λ_0 考虑矩阵 $\boldsymbol{A}+\boldsymbol{B}-\lambda_0\boldsymbol{I}$.

当 $\lambda_0<a+c$ 时,令 $\lambda_0=\lambda_1+\lambda_2$,其中 $\lambda_1<a,\lambda_2<c$.

由设 $\boldsymbol{A}$ 的特征值在$[a,b]$上,则由(1)知 $\boldsymbol{A}-\lambda_1\boldsymbol{I}$ 和 $\boldsymbol{B}-\lambda_2\boldsymbol{I}$ 是正定的.

故$(\boldsymbol{A}+\boldsymbol{B})-\lambda_0\boldsymbol{I}=(\boldsymbol{A}-\lambda_1\boldsymbol{I})+(\boldsymbol{B}-\lambda_2\boldsymbol{I})$是正定矩阵.

当 $\lambda_0>b+d$ 时,令 $\lambda_0=\mu_1+\mu_2$,其中 $\mu_1>b,\mu_2>d$,

由设及问题结论(1)知 $\boldsymbol{A}-\mu_1\boldsymbol{I}$ 和 $\boldsymbol{B}-\mu_1\boldsymbol{I}$ 是负定的.

故$(\boldsymbol{A}+\boldsymbol{B})-\lambda_0\boldsymbol{I}=(\boldsymbol{A}-\mu_1\boldsymbol{I})+(\boldsymbol{B}-\mu_2\boldsymbol{I})$是负定的.

再由问题结论(1)知,$\boldsymbol{A}+\boldsymbol{B}$ 的特征值位于区间$[a+c,b+d]$上.

证 2 (2)由 Reyleigh 定理有 $\lambda_{\min}\leqslant\dfrac{\boldsymbol{x}^{\mathrm{T}}\boldsymbol{A}\boldsymbol{x}}{\boldsymbol{x}^{\mathrm{T}}\boldsymbol{x}}\leqslant\lambda_{\max}$,这里 $\lambda_{\max},\lambda_{\min}$ 分别为 $\boldsymbol{A}$ 的最大、最小特征值.

故由题设 $a\leqslant\dfrac{\boldsymbol{x}^{\mathrm{T}}\boldsymbol{A}\boldsymbol{x}}{\boldsymbol{x}^{\mathrm{T}}\boldsymbol{x}}\leqslant b,\ c\leqslant\dfrac{\boldsymbol{x}^{\mathrm{T}}\boldsymbol{B}\boldsymbol{x}}{\boldsymbol{x}^{\mathrm{T}}\boldsymbol{x}}\leqslant d$,从而

$$a+c\leqslant\frac{\boldsymbol{x}^{\mathrm{T}}(\boldsymbol{A}+\boldsymbol{B})\boldsymbol{x}}{\boldsymbol{x}^{\mathrm{T}}\boldsymbol{x}}\leqslant b+d$$

又对矩阵 $\boldsymbol{A}+\boldsymbol{B}$ 而言,首先注意到$(\boldsymbol{A}+\boldsymbol{B})^{\mathrm{T}}=\boldsymbol{A}^{\mathrm{T}}+\boldsymbol{B}^{\mathrm{T}}=\boldsymbol{A}+\boldsymbol{B}$,知矩阵 $\boldsymbol{A}+\boldsymbol{B}$ 对称,故

$$\lambda_{\min}\geqslant a+c,\quad \lambda_{\max}\leqslant b+d$$

注 1 如此一来前例可视为本例的特殊情形,这只需注意到:

若实对称矩阵 $\boldsymbol{A},\boldsymbol{B}$ 的特征根分别大于 a 和 b,又它们个数有限,则有正实数 ε 和 δ,以及实数 m 使 $\boldsymbol{A},\boldsymbol{B}$ 的特征根分别落在区间$[a+\varepsilon,m]$和$[b+\delta,m]$上,从而 $\boldsymbol{A}+\boldsymbol{B}$ 的特征根落在$[a+b+\varepsilon+\delta,2m]$上,注意到 ε 和 δ 为正数,知 $\boldsymbol{A}+\boldsymbol{B}$ 的特根全都大于 $a+b$.

注 2 此题为美国加州大学 Berkeley 分校 1988 年博士水平测试题.

三、二次型的几何应用及其他

二次型化为标准形问题有着深刻的几何背景,说得简单一些,即是将某些几何图形(如曲线、曲面、几何体等)方程通过平移和旋转变换化成标准标方程.

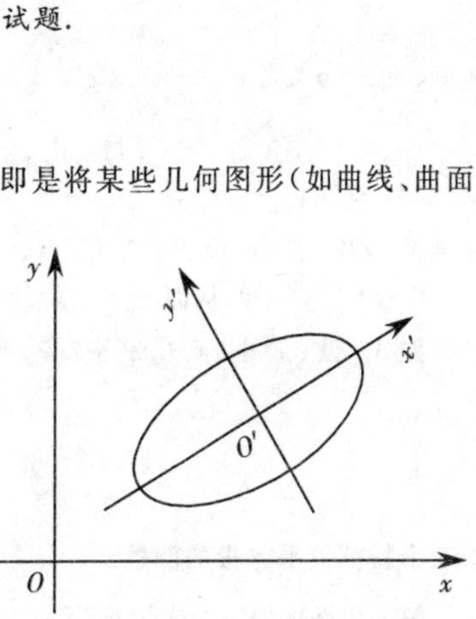

右图中的椭圆在$\{O;x,y\}$系下的方程

$$ax^2+bxy+cy^2+dx+ey+f=0$$

即为一般二次型,而在$\{O';x',y'\}$系下即为标准型

$$\frac{x'^2}{a^2}+\frac{x'^2}{b^2}=1$$

我们来看两个二次型在几何方面应用的例.

例 1 已知二次型 $f=5x_1^2+5x_2^2+cx_3^2-2x_1x_2+6x_1x_3-6x_2x_3$ 矩阵的秩为 2.(1)求 c 及其特征根值;(2)当 $f=1$ 时,

它是何种曲面?

解 (1)由设知 $A=\begin{pmatrix}5&-2&3\\-2&5&-3\\3&-3&c\end{pmatrix}$,且 $r(A)=2$,故 $|A|=0$ 得 $c=3$. 代入 A 且由

$$|\lambda I-A|=\lambda(\lambda-4)(\lambda-9)$$

得 A 的特征根分别为 $\lambda_1=0,\lambda_2=4,\lambda_3=9$.

(2)由 $f(x_1,x_2,x_3)=1$,可化为 $4y_2^2+9y_3^2=1$,其表示椭圆柱面.

注 正如上文所述,判断 $f=1$ 的曲面类型严格地讲应按前文所述方法进行,结论亦应依表中结论给出. 好在题设曲面方程系由实二次型给出(该曲面方程无变元的一次项),但对一般曲面方程

$$ax_1^2+bx_2^2+cx_3^2+2dx_1x_2+2ex_1x_3+2fx_2x_3+gx_1+hx_2+ix_3+j=0$$

须由前文本章开头所给结论判断其种类.

其实,微积分研究的问题类型,几乎可以全面平移到矩阵代数中,前例涉及凸函数概念. 下面我们来看一个涉及正定矩阵的极值问题(它是不等式问题的推广或引申),类似的例子,我们后文还将叙及.

例 2 若 $\boldsymbol{x}\in\mathbf{R}^n$,且 $\boldsymbol{x}=(x_1,x_2,\cdots,x_n)$,试证 $\sum\limits_{k=1}^{n}x_k^2-\sum\limits_{k=1}^{n-1}x_kx_{k+1}>0$,且求其最小值和在 $x_n=1$ 下的最小值.

证 由题设 $f(\boldsymbol{x})=\sum\limits_{k=1}^{n}x_k^2-\sum\limits_{k=1}^{n-1}x_kx_{k+1}=\boldsymbol{xAx}^{\mathrm{T}}$,则

$$A=\begin{pmatrix}1&-1/2&&&\\-1/2&1&&&\\&\ddots&\ddots&\ddots&\\&&-1/2&1&-1/2\\&&&-1/2&1\end{pmatrix}$$

其各阶顺序主子式 $A_m=\dfrac{m+1}{2^m}(m=1,2,\cdots,n)$ 知 A 正定. 从而 $f(\boldsymbol{x})=\boldsymbol{xAx}^{\mathrm{T}}$ 仅当 $\boldsymbol{x}=\boldsymbol{0}$ 时取最小值 $f_{\min}(\boldsymbol{x})=0$.

又当 $x_n=1$ 时,记 $A=\begin{pmatrix}A_{n-1}&\boldsymbol{\alpha}^{\mathrm{T}}\\\boldsymbol{\alpha}&1\end{pmatrix}$,其中 $\boldsymbol{\alpha}=(0,\cdots,0,-1/2)\in\mathbf{R}^{n-1}$,再取

$$P=\begin{pmatrix}I_{n-1}&\boldsymbol{0}\\-\boldsymbol{\alpha}A_{n-1}^{-1}&1\end{pmatrix},\text{可有 }PAP^{\mathrm{T}}=\begin{pmatrix}A_{n-1}&\\&a\end{pmatrix}$$

这里 $a=1-\boldsymbol{\alpha}A_{n-1}^{-1}\boldsymbol{\alpha}^{\mathrm{T}}$. 令 $\tilde{\boldsymbol{x}}=(x_1,x_2,\cdots,x_{n-1},1)$,从而

$$f(\boldsymbol{x})=\boldsymbol{xAx}^{\mathrm{T}}=\tilde{\boldsymbol{x}}P^{-1}\begin{pmatrix}A_{n-1}&\\&a\end{pmatrix}P\tilde{\boldsymbol{x}}^{\mathrm{T}}=\tilde{\boldsymbol{y}}\begin{pmatrix}A_{n-1}&\\&a\end{pmatrix}\tilde{\boldsymbol{y}}^{\mathrm{T}}$$

这里 $\tilde{\boldsymbol{y}}=\tilde{\boldsymbol{x}}P^{-1}=(\boldsymbol{y},1)$.

由 $\boldsymbol{y}A_{n-1}\boldsymbol{y}^{\mathrm{T}}\geqslant\boldsymbol{0}$,从而 $x_n=1$ 时 $f(\boldsymbol{x})$ 的最小值为 $a=1-\boldsymbol{\alpha}A_{n-1}^{-1}\boldsymbol{\alpha}^{\mathrm{T}}$.

例 3 设 $ax^2+by^2+cz^2+2exy+2fyz+2gzx=1$ 为一椭球面,试证其三个半轴的长恰为矩阵

$$A=\begin{pmatrix}a&e&g\\e&b&f\\g&f&c\end{pmatrix}$$

的三个特征值平方根的倒数.

解 由椭球的三个半轴恰为 $\rho=\sqrt{x^2+y^2+z^2}$ 的极值,又函数 $\rho=\sqrt{x^2+y^2+z^2}$ 与 $\varphi=x^2+y^2+z^2$ 有

相同的极值.记拉格朗日(Lagrange)函数为

$$F(x,y,z)=x^2+y^2+z^2-\frac{1}{\lambda}(ax^2+by^2+cz^2+2exy+2fyz+2gzx-1)$$

令函数 F 的偏导数 $F'_x=F'_y=F'_z=0$,有

$$(*)\quad\begin{cases}(a-\lambda)x+ey+gz=0 & ①\\ ex+(b-\lambda)y+fz=0 & ②\\ g(\lambda)+fy+(c-\lambda)z=0 & ③\end{cases}$$

易知:上面方程组(*)有非零解$\Longleftrightarrow\begin{vmatrix}a-\lambda & e & g\\ e & b-\lambda & f\\ g & f & c-\lambda\end{vmatrix}=0.$

此恰为矩阵 $\boldsymbol{A}$ 的特征(多项式)方程 $|\boldsymbol{A}-\lambda\boldsymbol{I}|=0$,故 λ 恰好为其 $\boldsymbol{A}$ 的特征根.

又题设椭球面有心且非退化二次曲线,则 $|\boldsymbol{A}|\neq 0$.

式①$\times x$+式②$\times y$+式③$\times z$,得

$$\lambda(x^2+y^2+z^2)=ax^2++by^2+cz^2+2exy+2fyz+2gzx=1$$

从而

$$x^2+y^2+z^2=\frac{1}{\lambda_i}$$

即

$$\sqrt{x^2+y^2+z^2}=\frac{1}{\sqrt{\lambda_i}}(i=1,2,3)$$

注　注意到题设椭球面方程实则为 $(x,y,z)\boldsymbol{A}(x,y,z)^{\mathrm{T}}=1$.

这是一道看上去似乎与几何问题类同,其实不过是化二次型为标准形问题的“变脸”题型,因而应无新意.

例 4　若设二次型 $x^2+ay^2+z^2+2bxy+2xz+2yz=4$ 经正交变换 $(x,y,z)^{\mathrm{T}}=\boldsymbol{P}(\xi,\eta,\zeta)^{\mathrm{T}}$ 化为椭圆柱面 $\eta^2+4\zeta^2=4$.求 a,b 的值及正交阵 $\boldsymbol{P}$.

解　由题设知二次型相应矩阵 $\boldsymbol{A}=\begin{pmatrix}1 & b & 1\\ b & a & 1\\ 1 & 1 & 1\end{pmatrix}$,又有 $\boldsymbol{P}$ 使

$$\boldsymbol{P}^{\mathrm{T}}\boldsymbol{AP}=\begin{pmatrix}0 & & \\ & 1 & \\ & & 4\end{pmatrix}=\boldsymbol{\Lambda}$$

由 $|\lambda\boldsymbol{I}-\boldsymbol{A}|=|\lambda\boldsymbol{I}-\boldsymbol{\Lambda}|$ 或 $|\lambda\boldsymbol{I}-\boldsymbol{A}|=0$ 有根 0,1,4,可得 $a=3,b=1$.

进而求得 $\boldsymbol{A}$ 的属于 0,1,4 的特征向量并将它们标准化后,有

$$\boldsymbol{\alpha}_1=\left(\frac{1}{\sqrt{2}},0,-\frac{1}{\sqrt{2}}\right)^{\mathrm{T}},\quad \boldsymbol{\alpha}_2=\left(\frac{1}{\sqrt{3}},-\frac{1}{\sqrt{3}},\frac{1}{\sqrt{3}}\right)^{\mathrm{T}},\quad \boldsymbol{\alpha}_3=\left(\frac{1}{\sqrt{6}},\frac{2}{\sqrt{6}},\frac{1}{\sqrt{6}}\right)^{\mathrm{T}}$$

从而所求正交矩阵 $\boldsymbol{P}=(\boldsymbol{\alpha}_1,\boldsymbol{\alpha}_2,\boldsymbol{\alpha}_3)$.

注　由若 $\boldsymbol{A}\sim\boldsymbol{B}$,有 $\mathrm{Tr}(\boldsymbol{A})=\mathrm{Tr}(\boldsymbol{B})$,且 $|\boldsymbol{A}|=|\boldsymbol{B}|$,亦可求得 a,b 的值,注意 $\mathrm{Tr}(\boldsymbol{\Lambda})=1+4=5$,$|\boldsymbol{\Lambda}|=4$ 即可.

例 5　任意实 n 元二次型 $f=\boldsymbol{x}^{\mathrm{T}}\boldsymbol{Ax}$,其中 $\boldsymbol{A}\in\mathbf{R}^{n\times n}$,$\boldsymbol{x}\in\mathbf{R}^{n\times 1}$,试证明该二次型 f 在条件(约束)$x_1^2+x_2^2+\cdots+x_n^2=1$ 下最大值,恰为矩 $\boldsymbol{A}$ 的最大特征值.

证　这个问题是前例的一般情形(提法不同).由 $\boldsymbol{A}$ 为实对称矩阵,故存在正交阵 $\boldsymbol{P}$ 使 $\boldsymbol{P}^{\mathrm{T}}\boldsymbol{AP}=\mathrm{diag}\{\lambda_1,\lambda_2,\cdots,\lambda_n\}$,其中 $\lambda_i(i=1,2,\cdots,n)$ 为 $\boldsymbol{A}$ 的特征值,且它们都为实数.

考虑变换 $\boldsymbol{x}=\boldsymbol{Py}$,其中 $\boldsymbol{y}=(y_1,y_2,\cdots,y_n)^{\mathrm{T}}$,则

$$f=x^{T}Ax=y^{T}P^{T}APy=\lambda_1 y_1^2+\lambda_2 y_2^2+\cdots+\lambda_n y_n^2$$

又

$$\sum_{i=1}^{n} x_i^2 = x^{T}x = (Py)^{T}(Py) = y^{T}P^{T}Py = y^{T}y = \sum_{i=1}^{n} y_i^2$$

故 $f = x^{T}Ax$ 在 $\sum_{i=1}^{n} x_i^2 = 1$ 下最大值即是 $f = \sum_{i=1}^{n}\lambda_i y_i^2$ 在 $\sum_{i=1}^{n} y_i^2 = 1$ 下最大特征值.

设 λ_i 为 A 的最大特征值,则一方面

$$f = \sum_{i=1}^{n}\lambda_i y_i^2 \leqslant \lambda_1\left(\sum_{i=1}^{n} y_i^2\right) = \lambda_1$$

另一方面,取 $(y_1,y_2,\cdots,y_n) = (1,0,\cdots,0)$,它显然满足 $\sum_{i=1}^{n} y_i^2 = 1$,但这时 $f = \lambda_1$.

故当 $\sum_{i=1}^{n} x_i^2 = 1$ 时,$f_{\max} = \lambda_1$.

注 1 该例我们在矩阵特征问题一章曾有介绍(只是问题提法不同,因而解法稍异).此外,本题还可解如(用拉格朗日乘子法):

解 设 $F(x_1,x_2,\cdots,x_n)=f(x_1,x_2,\cdots,x_n)-\lambda(x_1^2+x_2^2+\cdots+x_n^2)$,由条件(方程) $\frac{\partial F}{\partial x_i}=0(i=1,2,\cdots,n)$,即

$$\begin{cases}\frac{1}{2}\frac{\partial F}{\partial x_1}=(a_{11}-\lambda)x_1+a_{12}x_2+\cdots+a_{1n}x_n=0\\ \frac{1}{2}\frac{\partial F}{\partial x_2}=(a_{21}-\lambda)x_1+(a_{22}-\lambda)x_2+\cdots+a_{2n}x_n=0\\ \qquad\vdots\\ \frac{1}{2}\frac{\partial F}{\partial x_n}=(a_{n1}-\lambda)x_1+a_{n2}x_2+\cdots+(a_{nn}-\lambda)x_n=0\end{cases}\qquad (*)$$

消去 $x_1,x_2,\cdots,x_n$ 得关于 λ 的 n 次方程

$$\begin{vmatrix} a_{11}-\lambda & a_{12} & \cdots & a_{1n}\\ a_{21} & a_{22}-\lambda & \cdots & a_{2n}\\ \vdots & \vdots & & \vdots\\ a_{n1}-\lambda & a_{n2} & \cdots & a_{nn}-\lambda\end{vmatrix}=0 \qquad (**)$$

若 λ 是上面方程的根,则有不全为零的 $x_1,x_2,\cdots,x_n$ 满足(*).以 $x_1,x_2,\cdots,x_n$ 分别乘(*)中诸式再求和有

$$f(x_1,x_2,\cdots,x_n)-\lambda(x_1^2+x_2^2+\cdots+x_n^2)=0$$

由题设 $x_1^2+x_2^2+\cdots+x_n^2=1$,则有 $f=\lambda$.即若 λ 满足(**),则 λ 在对应点 $(x_1,x_2,\cdots,x_n)$ 的值为 λ.

注 2 与之类似的命题还可如:

命题 若 $x^0=(x_1^0,x_2^0,\cdots,x_n^0)$ 是实二次型 $f=x^{T}Ax$ 在 $\sum_{i=1}^{n} x_i^2 = 1$ 的极值点,则或者 $Ax^0 = 0$ 或者 x^0 是 A 的特征向量.

仿注 1 的证法由(*)式可有

$$A(x_1,x_2,\cdots,x_n)^{T}=\lambda(x_1+x_2+\cdots+x_n)^{T}$$

故 $Ax^0=\lambda x^0$,此即说 x^0 或为 $Ax=0$ 的根($\lambda=0$ 时)或为 A 的特征向量($\lambda\neq0$).

下面的极值问题则与所谓 Riyleige 商即 $\frac{x^{T}Ax}{x^{T}x}$ 有关(见前例).

例 6 若 $A,B\in \mathbf{R}^{n\times n}$,且 $A^{T}=A$,又 B 为正定矩阵.若 $x\neq0$,定义 $g(x)=\frac{x^{T}Ax}{x^{T}Bx}$.(1)求 $g(x)$ 的极大

值；(2)证明 $g(\boldsymbol{x})$的极大点是某个与 $\boldsymbol{A},\boldsymbol{B}$ 有关的矩阵的特征向量.

证　由题设 $\boldsymbol{B}$ 正定，则有可逆阵 $\boldsymbol{C}$ 使 $\boldsymbol{B}=\boldsymbol{C}^{\mathrm{T}}\boldsymbol{C}$. 对于 $\boldsymbol{x}\neq\boldsymbol{0}$，

由

$$\frac{\boldsymbol{x}^{\mathrm{T}}\boldsymbol{A}\boldsymbol{x}}{\boldsymbol{x}^{\mathrm{T}}\boldsymbol{B}\boldsymbol{x}}=\frac{\boldsymbol{x}^{\mathrm{T}}\boldsymbol{A}\boldsymbol{x}}{\boldsymbol{x}^{\mathrm{T}}\boldsymbol{C}^{\mathrm{T}}\boldsymbol{C}\boldsymbol{x}}=\frac{\boldsymbol{x}^{\mathrm{T}}\boldsymbol{A}\boldsymbol{x}}{(\boldsymbol{C}\boldsymbol{x})^{\mathrm{T}}(\boldsymbol{C}\boldsymbol{x})}$$

令 $\boldsymbol{y}=\boldsymbol{C}\boldsymbol{x}$，则

$$式右=\frac{(\boldsymbol{C}^{-1}\boldsymbol{y})^{\mathrm{T}}\boldsymbol{A}(\boldsymbol{C}^{-1}\boldsymbol{y})}{\boldsymbol{y}^{\mathrm{T}}\boldsymbol{y}}=\frac{\boldsymbol{y}^{\mathrm{T}}(\boldsymbol{C}^{-1})^{\mathrm{T}}\boldsymbol{A}\boldsymbol{C}^{-1}\boldsymbol{y}}{\boldsymbol{y}^{\mathrm{T}}\boldsymbol{y}}$$

由

$$[(\boldsymbol{C}^{-1})^{\mathrm{T}}\boldsymbol{A}\boldsymbol{C}^{-1}]^{\mathrm{T}}=(\boldsymbol{C}^{-1})^{\mathrm{T}}\boldsymbol{A}^{\mathrm{T}}\boldsymbol{C}^{-1}=(\boldsymbol{C}^{-1})^{\mathrm{T}}\boldsymbol{A}\boldsymbol{C}^{-1}$$

由前述 Riyleige 定理

$$\frac{\boldsymbol{y}^{\mathrm{T}}(\boldsymbol{C}^{-1})^{\mathrm{T}}\boldsymbol{A}\boldsymbol{C}^{-1}\boldsymbol{y}}{\boldsymbol{y}^{\mathrm{T}}\boldsymbol{y}}\leqslant\lambda_{\max}$$

且最大值在$(\boldsymbol{C}^{-1})^{\mathrm{T}}\boldsymbol{A}\boldsymbol{C}^{-1}$相应的特征向量处达到，令其为 $\boldsymbol{y}_0$，则 $g(\boldsymbol{x})$的最大值在 $\boldsymbol{x}=\boldsymbol{C}^{-1}\boldsymbol{y}_0$ 处达到. 而 $\boldsymbol{x}$ 是矩阵$(\boldsymbol{C}^{-1})^{\mathrm{T}}\boldsymbol{A}$ 的一个特征向量.

例 7　已知 $\boldsymbol{x},\boldsymbol{y}\in\mathbf{R}^n,\boldsymbol{A}\in\mathbf{R}^{n\times n}$. (1)若 $\boldsymbol{A}$ 半正定，则$(\boldsymbol{x}^{\mathrm{T}}\boldsymbol{A}\boldsymbol{y})^2\leqslant(\boldsymbol{x}^{\mathrm{T}}\boldsymbol{A}\boldsymbol{x})(\boldsymbol{y}^{\mathrm{T}}\boldsymbol{A}\boldsymbol{y})$；(2)若 $\boldsymbol{A}$ 正定，则$(\boldsymbol{x}^{\mathrm{T}}\boldsymbol{y})^2\leqslant(\boldsymbol{x}^{\mathrm{T}}\boldsymbol{A}\boldsymbol{y})(\boldsymbol{x}^{\mathrm{T}}\boldsymbol{A}^{-1}\boldsymbol{y})$.

证　为方便计，这里有时记内积或数积$(\boldsymbol{x},\boldsymbol{y})=\boldsymbol{x}^{\mathrm{T}}\boldsymbol{y}$，易证$(\boldsymbol{x},\boldsymbol{y})^2\leqslant(\boldsymbol{x},\boldsymbol{x})(\boldsymbol{y},\boldsymbol{y})$(三角形不等式).

(1)若 $\boldsymbol{A}$ 半正定，则有 $\boldsymbol{Q}$ 使 $\boldsymbol{A}=\boldsymbol{Q}^{\mathrm{T}}\boldsymbol{Q}$. 故

$$\begin{aligned}(\boldsymbol{x}^{\mathrm{T}}\boldsymbol{A}\boldsymbol{y})^2=(\boldsymbol{x}^{\mathrm{T}}\boldsymbol{Q}^{\mathrm{T}}\boldsymbol{Q}\boldsymbol{y})^2=[(\boldsymbol{Q}\boldsymbol{x})^{\mathrm{T}}(\boldsymbol{Q}\boldsymbol{y})]^2=(\boldsymbol{Q}\boldsymbol{x},\boldsymbol{Q}\boldsymbol{y})^2\leqslant(\boldsymbol{Q}\boldsymbol{x},\boldsymbol{Q}\boldsymbol{x})(\boldsymbol{Q}\boldsymbol{y},\boldsymbol{Q}\boldsymbol{y})=\\(\boldsymbol{x}^{\mathrm{T}}\boldsymbol{Q}^{\mathrm{T}}\boldsymbol{Q}\boldsymbol{x})(\boldsymbol{y}^{\mathrm{T}}\boldsymbol{Q}^{\mathrm{T}}\boldsymbol{Q}\boldsymbol{y})=(\boldsymbol{x}^{\mathrm{T}}\boldsymbol{A}\boldsymbol{x})(\boldsymbol{y}^{\mathrm{T}}\boldsymbol{A}\boldsymbol{y})\end{aligned}$$

(2)若 $\boldsymbol{A}$ 正定，亦有 $\boldsymbol{Q}$ 使 $\boldsymbol{A}=\boldsymbol{Q}^{\mathrm{T}}\boldsymbol{Q}=\boldsymbol{Q}^2$，且 $\boldsymbol{Q}$ 正定. 这时

$$\begin{aligned}(\boldsymbol{x}^{\mathrm{T}}\boldsymbol{y})^2=(\boldsymbol{x}^{\mathrm{T}}\boldsymbol{Q}^{\mathrm{T}}\boldsymbol{Q}^{-1}\boldsymbol{y})^2=(\boldsymbol{Q}\boldsymbol{x},\boldsymbol{Q}^{-1}\boldsymbol{y})^2\leqslant(\boldsymbol{Q}\boldsymbol{x},\boldsymbol{Q}\boldsymbol{x})(\boldsymbol{Q}^{-1}\boldsymbol{y},\boldsymbol{Q}^{-1}\boldsymbol{y})=\\(\boldsymbol{x}^{\mathrm{T}}\boldsymbol{Q}^{\mathrm{T}}\boldsymbol{Q}\boldsymbol{x})[\boldsymbol{y}^{\mathrm{T}}(\boldsymbol{Q}^{-1})^{\mathrm{T}}(\boldsymbol{Q}^{-1}\boldsymbol{y})]=[\boldsymbol{x}^{\mathrm{T}}(\boldsymbol{Q}^{\mathrm{T}}\boldsymbol{Q})\boldsymbol{x}][\boldsymbol{y}^{\mathrm{T}}(\boldsymbol{Q}^{\mathrm{T}}\boldsymbol{Q})^{-1}\boldsymbol{y}]=\\(\boldsymbol{x}^{\mathrm{T}}\boldsymbol{A}\boldsymbol{x})(\boldsymbol{y}^{\mathrm{T}}\boldsymbol{A}^{-1}\boldsymbol{y})\end{aligned}$$

这里注意到 $\boldsymbol{Q}^2=\boldsymbol{A}$ 及$(\boldsymbol{Q}^{-1})^{\mathrm{T}}=(\boldsymbol{Q}^{\mathrm{T}})^{-1}$.

下面的例子是利用正定二次型求解矩阵问题的.

例 8　设 $\boldsymbol{Q}$ 为 n 阶正定阵，$\boldsymbol{p}_1,\boldsymbol{p}_2,\cdots,\boldsymbol{p}_n$ 为非零 n 维向量，且 $\boldsymbol{P}_i{}^{\mathrm{T}}\boldsymbol{Q}\boldsymbol{P}_j=d_i\delta_{ij}\ (1\leqslant i,j\leqslant n)$，其 δ_{ij} 为 Kroneckeer 函数即

$$\delta_{ij}=\begin{cases}1, & 若\ i=j\\0, & 若\ i\neq j\end{cases}\quad(1\leqslant i,j\leqslant n)$$

记 $\boldsymbol{D}=\mathrm{diag}\{d_1,d_2,\cdots,d_n\}$，$\boldsymbol{P}=(\boldsymbol{p}_1,\boldsymbol{p}_2,\cdots,\boldsymbol{p}_n)$. 试证：$\boldsymbol{D},\boldsymbol{P}$ 非奇异，且 $\boldsymbol{P}^{\mathrm{T}}\boldsymbol{Q}\boldsymbol{P}=\boldsymbol{D},\boldsymbol{Q}^{-1}=\boldsymbol{P}\boldsymbol{D}^{-1}\boldsymbol{P}^{\mathrm{T}}$.

证 1　由题设注意到下面变形和运算

$$\boldsymbol{P}^{\mathrm{T}}\boldsymbol{Q}\boldsymbol{P}=\begin{pmatrix}\boldsymbol{p}_1{}^{\mathrm{T}}\\\boldsymbol{p}_2{}^{\mathrm{T}}\\\vdots\\\boldsymbol{p}_n{}^{\mathrm{T}}\end{pmatrix}\boldsymbol{Q}(\boldsymbol{p}_1,\boldsymbol{p}_2,\cdots,\boldsymbol{p}_n)=\begin{pmatrix}\boldsymbol{p}_1{}^{\mathrm{T}}\boldsymbol{Q}\boldsymbol{p}_1 & \boldsymbol{p}_1{}^{\mathrm{T}}\boldsymbol{Q}\boldsymbol{p}_2 & \cdots & \boldsymbol{p}_1{}^{\mathrm{T}}\boldsymbol{Q}\boldsymbol{p}_n\\\boldsymbol{p}_2{}^{\mathrm{T}}\boldsymbol{Q}\boldsymbol{p}_1 & \boldsymbol{p}_2{}^{\mathrm{T}}\boldsymbol{Q}\boldsymbol{p}_2 & \cdots & \boldsymbol{p}_2{}^{\mathrm{T}}\boldsymbol{Q}\boldsymbol{p}_n\\\vdots & \vdots & & \vdots\\\boldsymbol{p}_n{}^{\mathrm{T}}\boldsymbol{Q}\boldsymbol{p}_1 & \boldsymbol{p}_n{}^{\mathrm{T}}\boldsymbol{Q}\boldsymbol{p}_2 & \cdots & \boldsymbol{p}_n{}^{\mathrm{T}}\boldsymbol{Q}\boldsymbol{p}_n\end{pmatrix}=\begin{pmatrix}d_1 & & & \\ & d_2 & & \\ & & \ddots & \\ & & & d_n\end{pmatrix}$$

故

$$\boldsymbol{P}^{\mathrm{T}}\boldsymbol{Q}\boldsymbol{P}=\boldsymbol{D}$$

若 $\boldsymbol{D}$ 奇异(不可逆)，则至少有一个 $d_k=0$，从而 $\boldsymbol{p}_k{}^{\mathrm{T}}\boldsymbol{Q}\boldsymbol{p}_k{}^{\mathrm{T}}=d_k=0$，这与 $\boldsymbol{Q}$ 正定的题设相抵，故 $|\boldsymbol{D}|\neq0$，即 $\boldsymbol{D}$ 非奇异.

由$|\boldsymbol{P}^{\mathrm{T}}||\boldsymbol{Q}||\boldsymbol{P}|=|\boldsymbol{D}|\neq0$，知 $\boldsymbol{P}$ 非奇异. 从而 $\boldsymbol{D}^{-1}=\boldsymbol{P}^{-1}\boldsymbol{Q}^{-1}(\boldsymbol{P}^{\mathrm{T}})^{-1}$，故

$$Q^{-1}=PD^{-1}P^{\mathrm T}$$

证 2 设 $P=(p_{ij})_{n\times n}$，$Q=(q_{ij})_{n\times n}$，又记 $P^{\mathrm T}=(\tilde p_{ij})_{n\times n}$，故 $\tilde p_{ij}=p_{ij}$. 于是

$$p_i^{\mathrm T}Qp_i=(\tilde p_{i1},\tilde p_{i2},\cdots,\tilde p_{in})Q\begin{pmatrix}p_{1j}\\p_{2j}\\\vdots\\p_{nj}\end{pmatrix}=\sum_{k,l=1}^{n}\tilde p_{ik}q_{kl}p_{lj}=\sum_{k,l=1}^{n}p_{ki}q_{kl}p_{lj}=\delta_{ij}d_i\quad(i,j=1,2,\cdots,n)$$

其中 δ_{ij} 是 Kronecker 记号 $\delta_{ij}=\begin{cases}0, & 当\ i\neq j\ 时;\\1, & 当\ i=j\ 时,\end{cases}$ 则当 $i=j$ 时

$$\sum_{k,l=1}^{n}q_{kl}p_{ki}p_{lj}=d_i \tag{$*$}$$

因 Q 正定，上式左端 $\sum\limits_{k,l=1}^{n}q_{kl}x_kx_l$ 为正定二次型. 当 $x_k=p_{ki}$，$x_l=p_{li}(k,l=1,2,\cdots,n)$ 时的值，因 p_{ij} 不全为零，故($*$)左端大于零，即 $d_i>0$. 从而 $|D|=d_1d_2\cdots d_n>0$，故 D 非奇异.

由矩阵乘法及($*$)式知矩阵 $P^{\mathrm T}QP$ 的第 i 行第 j 列元素是

$$\sum_{k,l=1}^{n}\tilde p_{ik}q_{kl}p_{lj}=\sum_{k,l=1}^{n}p_{ki}q_{kl}p_{lj}=\delta_{ij}d_i$$

而 $\delta_{ij}d_i$ 是 D 的第 i 行第 j 列元素，故 $P^{\mathrm T}QP=D$. ($**$)

从而 $|P^{\mathrm T}||Q||P|=|D|$，即 $|P|^2|Q|=|D|$，又 $|P|\neq 0$，$|Q|\neq 0$，故 $|P|\neq 0$，因而 P 为非奇异阵. 将($**$)式两边取逆有

$$P^{-1}Q^{-1}(P^{\mathrm T})^{-1}=D^{-1}$$

即

$$Q^{-1}=PD^{-1}P^{\mathrm T}$$

利用矩阵正定性去判断其特征根符号也是常用的方法，而矩阵的正定性又与二次型正定有关，这样

$$矩阵特征根符号问题\xRightarrow{转化为}矩阵正定性问题\xRightarrow{转化为}二次型正定问题$$

反之亦然. 请看下面的例：

例 9 试证 n 阶矩阵 $A=\begin{pmatrix}2&-1&0&0\\-1&2&-1&0\\0&-1&2&-1\\\vdots&\vdots&\vdots&\vdots\\0&-1&2&-1\\0&0&-1&2\end{pmatrix}$ 的 n 个特征根皆正.

证 若能证明 A 正定，则可证得结论. 这只需验证其各级顺序主子式或直接由正定阵的定义证明.

考虑二次型 $f=xAx^{\mathrm T}$，令 $x=(x_1,x_2,\cdots,x_n)\neq 0$，则可有

$$xAx^{\mathrm T}=2x_1^2-x_1x_2-x_1x_2+2x_2^2-x_2x_3-\cdots-x_{n-1}x_n+2x_n^2=x_1^2+\sum_{k=2}^{n}(x_{k-1}-x_n)^2+x_n^2\geqslant 0$$

其中 $(x_{k-1}-x_n)^2$ 至少有一项大于 0；否则有 $x_1=x_2=\cdots=x_n$.

又 $x\neq 0$，知此时 x_1 或 x_n 皆不为 0，从而 $xAx^{\mathrm T}>0$. 即 A 为正定阵，从而其特征根皆正.

注 1 如前所说，题设矩阵称为三对角阵. 涉及这类矩阵的问题还有：

问题 1 试证 n 阶三对角矩阵 $\begin{pmatrix}a_1&b_1&&&&\\b_1&a_2&b_2&&&\\&b_2&a_3&b_3&&\\&&\ddots&\ddots&\ddots&\\&&&b_{n-2}&a_{n-1}&b_n\\&&&&b_{n-1}&a_n\end{pmatrix}_{n\times n}$ 有 n 个相异的特征根，这里 a_j 相

又

$$r(2\boldsymbol{I}-\boldsymbol{A})+r(\boldsymbol{I}-\boldsymbol{A})=r(2\boldsymbol{I}-\boldsymbol{A})+r(\boldsymbol{A}-\boldsymbol{I})\geqslant r(2\boldsymbol{I}-\boldsymbol{A}+\boldsymbol{A}-\boldsymbol{I})=r(\boldsymbol{I})=n$$

故

$$r(2\boldsymbol{I}-\boldsymbol{A})+r(\boldsymbol{I}-\boldsymbol{A})=n$$

又由 $(2\boldsymbol{I}-\boldsymbol{A})(\boldsymbol{I}-\boldsymbol{A})=\boldsymbol{A}^2-3\boldsymbol{A}+2\boldsymbol{I}=(\boldsymbol{I}-\boldsymbol{A})(2\boldsymbol{I}-\boldsymbol{A})$ 知，矩阵 $\boldsymbol{I}-\boldsymbol{A}$ 的列向量即为

$$(2\boldsymbol{I}-\boldsymbol{A})\boldsymbol{x}=\boldsymbol{0} \qquad (*)$$

的线性无关解.

矩阵 $2\boldsymbol{I}-\boldsymbol{A}$ 的列向量必为方程组

$$(\boldsymbol{I}-\boldsymbol{A})\boldsymbol{x}=\boldsymbol{0} \qquad (**)$$

的线性无关解.

从而方程组(*)式线性无关的解的个数 m_1 与(**)式线性无关解的个数 m_2 之和不小于

$$r(2\boldsymbol{I}-\boldsymbol{A})+r(\boldsymbol{I}-\boldsymbol{A})=n$$

又 $m_1+m_2\leqslant n$. 从而 $m_1+m_2=n$. 即 $\boldsymbol{A}$ 有 n 个线性无关的特征向量，从而 $\boldsymbol{A}$ 可与对角阵相似.

例 13 若矩阵 $\boldsymbol{A}^2=\boldsymbol{I}$(幂幺阵)，则 $\boldsymbol{A}$ 可相似于对角阵.

证 令 $\boldsymbol{B}=\boldsymbol{A}+\boldsymbol{I}$，则有可逆阵 $\boldsymbol{P},\boldsymbol{Q}$ 使 $\boldsymbol{B}=\boldsymbol{P}\begin{pmatrix}\boldsymbol{I}_r & \boldsymbol{O}\\ \boldsymbol{O} & \boldsymbol{O}\end{pmatrix}\boldsymbol{Q}$.

又由 $\boldsymbol{B}^2=\boldsymbol{A}^2+2\boldsymbol{A}+\boldsymbol{I}=\boldsymbol{I}+2\boldsymbol{A}+\boldsymbol{I}=2(\boldsymbol{A}+\boldsymbol{I})=2\boldsymbol{B}$，知

$$\boldsymbol{P}\begin{pmatrix}\boldsymbol{I}_r & \boldsymbol{O}\\ \boldsymbol{O} & \boldsymbol{O}\end{pmatrix}\boldsymbol{QP}\begin{pmatrix}\boldsymbol{I}_r & \boldsymbol{O}\\ \boldsymbol{O} & \boldsymbol{O}\end{pmatrix}\boldsymbol{Q}=2\boldsymbol{P}\begin{pmatrix}\boldsymbol{I}_r & \boldsymbol{O}\\ \boldsymbol{O} & \boldsymbol{O}\end{pmatrix}\boldsymbol{Q}$$

记 $\boldsymbol{QP}=\boldsymbol{R}=\begin{pmatrix}\boldsymbol{R}_1 & \boldsymbol{R}_2\\ \boldsymbol{R}_3 & \boldsymbol{R}_4\end{pmatrix}$，又

$$\begin{pmatrix}\boldsymbol{I}_r & \boldsymbol{O}\\ \boldsymbol{O} & \boldsymbol{O}\end{pmatrix}\begin{pmatrix}\boldsymbol{R}_1 & \boldsymbol{R}_2\\ \boldsymbol{R}_3 & \boldsymbol{R}_4\end{pmatrix}\begin{pmatrix}\boldsymbol{I}_r & \boldsymbol{O}\\ \boldsymbol{O} & \boldsymbol{O}\end{pmatrix}=\begin{pmatrix}2\boldsymbol{I}_r & \boldsymbol{O}\\ \boldsymbol{O} & \boldsymbol{O}\end{pmatrix},$$

有 $\boldsymbol{R}_1=2\boldsymbol{I}_r$. 注意到 $\boldsymbol{Q}=\boldsymbol{RP}^{-1}$，于是有

$$\boldsymbol{B}=\boldsymbol{P}\begin{pmatrix}\boldsymbol{I}_r & \boldsymbol{O}\\ \boldsymbol{O} & \boldsymbol{O}\end{pmatrix}\begin{pmatrix}2\boldsymbol{I}_r & \boldsymbol{R}_2\\ \boldsymbol{R}_3 & \boldsymbol{R}_4\end{pmatrix}\boldsymbol{P}^{-1}=\boldsymbol{P}\begin{pmatrix}2\boldsymbol{I}_r & \boldsymbol{R}_2\\ \boldsymbol{O} & \boldsymbol{O}\end{pmatrix}\boldsymbol{P}^{-1}$$

又记 $\boldsymbol{S}=\begin{pmatrix}2\boldsymbol{I}_r & -\boldsymbol{R}_2/2\\ \boldsymbol{O} & \boldsymbol{I}\end{pmatrix}\boldsymbol{P}^{-1}$，由 $\boldsymbol{S}^{-1}\boldsymbol{P}^{-1}\boldsymbol{BPS}=\begin{pmatrix}2\boldsymbol{I}_r & \boldsymbol{O}\\ \boldsymbol{O} & \boldsymbol{O}\end{pmatrix}$，从而

$$\boldsymbol{S}^{-1}\boldsymbol{P}^{-1}\boldsymbol{APS}=\boldsymbol{S}^{-1}\boldsymbol{P}^{-1}(\boldsymbol{B}-\boldsymbol{I})\boldsymbol{PS}=\begin{pmatrix}\boldsymbol{I}_r & \boldsymbol{O}\\ \boldsymbol{O} & -\boldsymbol{I}_r\end{pmatrix}$$

令 $\boldsymbol{T}=\boldsymbol{PS}$，则

$$\boldsymbol{T}^{-1}\boldsymbol{AT}=\begin{pmatrix}\boldsymbol{I}_r & \boldsymbol{O}\\ \boldsymbol{O} & -\boldsymbol{I}_r\end{pmatrix}$$

注 这个结论可推广至若 $\boldsymbol{A}^k=\boldsymbol{I}$($k$ 是自然数)，则 $\boldsymbol{A}$ 可相似于对角阵.

例 14 若矩阵方程 $\boldsymbol{AX}-\boldsymbol{XB}=\boldsymbol{C}$ 有唯一解，其中 $\boldsymbol{A}\in\mathbf{R}^{m\times n}$，$\boldsymbol{B}\in\mathbf{R}^{n\times n}$，$\boldsymbol{C}\in\mathbf{R}^{m\times n}$，则分块矩阵

$$\begin{pmatrix}\boldsymbol{AA} & \boldsymbol{C}\\ \boldsymbol{O} & \boldsymbol{B}\end{pmatrix}\sim\begin{pmatrix}\boldsymbol{A} & \boldsymbol{O}\\ \boldsymbol{O} & \boldsymbol{B}\end{pmatrix}$$

证 若 X 为满足题设方程的解，且令 $\boldsymbol{P}=\begin{pmatrix}\boldsymbol{I}_m & \boldsymbol{X}\\ \boldsymbol{O} & \boldsymbol{I}_n\end{pmatrix}$，则 $\boldsymbol{P}^{-1}=\begin{pmatrix}\boldsymbol{I}_m & -\boldsymbol{X}\\ \boldsymbol{O} & \boldsymbol{I}_n\end{pmatrix}$. 注意到

$$P\begin{pmatrix}A & C\\ O & B\end{pmatrix}P^{-1}=\begin{pmatrix}A & C+XB-AX\\ O & B\end{pmatrix}$$

又由题设 $C+XB-AX=O$,且 X 唯一,由上式故有

$$\begin{pmatrix}A & C\\ O & B\end{pmatrix}\sim\begin{pmatrix}A & O\\ O & B\end{pmatrix}$$

一般来讲,矩阵对角化后常用来计算行列式和矩阵方幂.对于前者我们前文已有不少介绍,下面来看矩阵方幂问题(这类问题我们前面章节中已有述及),即将矩阵化成对角阵后计算矩阵方幂的例.

例 15 设 3×3 矩阵

$$A=\begin{pmatrix}0 & a & a^2\\ 1/a & 0 & a\\ 1/a^2 & 1/a & 0\end{pmatrix}$$

(1)求出一个非奇异矩阵 P,使 $P^{-1}AP$ 成对角阵;

(2)计算 A^n(n 是自然数)

解 (1)由 $|A-\lambda I|=0$ 可解得 $\lambda_1=2,\lambda_2=\lambda_3=-1$.又由 $(A-\lambda_i I)x=0(i=1,2,3)$ 可解得:

对应于 $\lambda_1=2$ 的特征向量

$$x_1=(a^2,a,1)^{\mathrm T}$$

对应于 $\lambda_2=-1,\lambda_3=-1$ 的特征向量

$$x_2=(a,-1,0)^{\mathrm T},\quad x_3=(a^2,0,-1)^{\mathrm T}$$

故

$$P=\begin{pmatrix}a^2 & a & a^2\\ a & -1 & 0\\ 1 & 0 & -1\end{pmatrix}$$

又

$$P^{-1}=\begin{pmatrix}1/3a^2 & 1/3a & 1/3\\ 1/3a & -2/3 & a/3\\ 1/3a^2 & 1/3a & -2/3\end{pmatrix}$$

则

$$P^{-1}AP=\mathrm{diag}\{2,-1,-1\}=D$$

(2)由题设可有下面矩阵多项式变形

$$A^n=(PDP^{-1})^n=(PDP^{-1})(PDP^{-1})\cdots(PDP^{-1})=PD^nP^{-1}$$

而

$$D^n=\mathrm{diag}\{2^n,(-1)^n,(-1)^n\}=\begin{pmatrix}2^n & & \\ & (-1)^n & \\ & & (-1)^n\end{pmatrix}$$

故

$$A^n=\begin{pmatrix}\frac{2}{3}[2^{n-1}+(-1)^n] & \frac{a}{3}[2^n-(-1)^n] & \frac{a^2}{3}[2^n-(-1)^n]\\ \frac{1}{3a}[2^n-(-1)^n] & \frac{2}{3}[2^{n-1}-(-1)^n] & \frac{a}{3}[2^n-(-1)^n]\\ \frac{1}{3a^2}[2^n-(-1)^n] & \frac{1}{3a}[2^n-(-1)^n] & \frac{2}{3}[2^{n-1}+(-1)^n]\end{pmatrix}$$

注 1 注意 A 并非对称矩阵,且其特征多项式有重根.但好在其可以化为对角阵,这使得计算 A^n 变

得相对容易.

注2 顺便讲一句,同样我们可由 $\boldsymbol{A}^n$ 求 $\boldsymbol{A}^{-n}$,注意到 $\boldsymbol{A}^{-n}=(\boldsymbol{A}^n)^{-1}$ 即可.

当然对于不可对角化矩阵的方幂,除了一些可用归纳法找出规律的算题外,有些还须用矩阵特征多项式去考虑,比如下面的问题.

问题1 若矩阵 $\boldsymbol{A}=\begin{pmatrix}1/2 & 1/2\\ -1/2 & 1/2\end{pmatrix}$,求 $\boldsymbol{A}^{100}$ 和 $\boldsymbol{A}^{-7}$.

略解 由 $\boldsymbol{A}$ 的特征多项式 $f(x)=(\lambda-1)^2$,又由 λ^{100} 可表示为 $(\lambda-1)^2$ 的多项式

$$\lambda^{100}=g(\lambda)(\lambda-1)^2+a\lambda+b$$

两边微导,再令 $\lambda=1$ 代入可得 $a=100$,将 $a=100$ 代入上式,再在上式令 $\lambda=1$ 可得 $b=-99$.

从而由 $f(\boldsymbol{A})=(\boldsymbol{A}-\boldsymbol{I})^2=\boldsymbol{O}$ 得 $\boldsymbol{A}^{100}=100\boldsymbol{A}-99\boldsymbol{I}$. 进而可得

$$\boldsymbol{A}^{100}=\begin{pmatrix}50 & 50\\ -50 & -49\end{pmatrix}$$

类似地 $\boldsymbol{A}^7=\begin{pmatrix}9/2 & 7/2\\ -7/2 & 5/2\end{pmatrix}$,且 $\boldsymbol{A}^{-7}=(\boldsymbol{A}^7)^{-1}=\begin{pmatrix}-5/2 & -7/2\\ 7/2 & 9/2\end{pmatrix}$.

问题2 若矩阵 $\boldsymbol{A}=\begin{pmatrix}1 & 2\\ 3 & 4\end{pmatrix}$,求 $\boldsymbol{A}^{100}$.

答案 $\boldsymbol{A}=\boldsymbol{P}\begin{pmatrix}5 & \\ & -1\end{pmatrix}\boldsymbol{P}^{-1}$,$\boldsymbol{A}^{100}=\boldsymbol{P}\begin{pmatrix}5^{100} & \\ & -1\end{pmatrix}\boldsymbol{P}^{-1}$,其中 $\boldsymbol{P}=\begin{pmatrix}1 & -1\\ 2 & 1\end{pmatrix}$,$\boldsymbol{P}^{-1}=\frac{1}{3}\begin{pmatrix}1 & 1\\ -2 & 1\end{pmatrix}$.

问题3 若矩阵 $\boldsymbol{A}=\begin{pmatrix}3/2 & 1/2\\ -1/2 & 1/2\end{pmatrix}$,求 $\boldsymbol{A}^{100}$ 和 $\boldsymbol{A}^{-7}$.

解 由

$$f(\lambda)=|\lambda\boldsymbol{I}-\boldsymbol{A}|=\lambda^2-2\lambda+1=(\lambda-1)^2$$

又由 Euclid 除法,可设

$$t^{100}=g(t)(t-1)^2+at+b$$

两边求导得

$$100t^{99}=g'(t)(t-1)^2+2g(t)(t-1)+a$$

用 $t=1$ 代入上两方程可求得 $a=100$,$b=-99$.

注意到由 Cayly-Hamilton 定理 $f(\boldsymbol{A})=\boldsymbol{O}$,则 $\boldsymbol{A}^{100}=100\boldsymbol{A}-99\boldsymbol{I}$,从而

$$\boldsymbol{A}^{100}=\begin{pmatrix}51 & 50\\ -50 & -49\end{pmatrix}$$

类似地 $\boldsymbol{A}^7=7\boldsymbol{A}-6\boldsymbol{I}=\begin{pmatrix}9/2 & 7/2\\ -7/2 & -5/2\end{pmatrix}$,故 $\boldsymbol{A}^{-7}=\begin{pmatrix}-5/2 & -7/2\\ 7/2 & 9/2\end{pmatrix}$.

当然问题亦可先求出 $\boldsymbol{A}$ 的特征值和特征向量,然后将 $\boldsymbol{A}$ 化为对角阵,比如 $\boldsymbol{A}=\boldsymbol{P}\begin{pmatrix}\lambda_1 & \\ & \lambda_2\end{pmatrix}\boldsymbol{P}^{-1}$,再去计算 $\boldsymbol{A}^{100}$ 和 $\boldsymbol{A}^{-7}$.

下面的命题涉及矩阵方幂,它也是上面问题的反问题. 这个例子我们前文已有介绍,这里再用矩阵特征问题方法给出一个解法.

例16 设矩阵 $\boldsymbol{A}=\begin{pmatrix}a & b\\ 0 & c\end{pmatrix}$,其中 a,b,c 为实数. 试求使 $\boldsymbol{A}^{100}=\begin{pmatrix}1 & 0\\ 0 & 1\end{pmatrix}$ 的 a,b,c 一切可能值.

解 矩阵 $\boldsymbol{A}$ 的特征方程是 $\begin{vmatrix} a-\lambda & b \\ 0 & c-\lambda \end{vmatrix}=0$. 当 $a\neq c$ 时,解得 $\lambda_1=a,\lambda_2=c$. 而 λ_1,λ_2 对应的特征向量为

$$\boldsymbol{a}_1=(1,0)^{\mathrm{T}},\boldsymbol{a}_2=(b/(c-a),1)^{\mathrm{T}}$$

则可得变换矩阵 $\boldsymbol{P}=\begin{pmatrix} 1 & b/(c-a) \\ 0 & 1 \end{pmatrix}$,且其逆

$$\boldsymbol{P}^{-1}=\begin{pmatrix} 1 & -b/(a-c) \\ 0 & 0 \end{pmatrix}=\begin{pmatrix} 1 & b/(a-c) \\ 0 & 1 \end{pmatrix}$$

故 $\boldsymbol{P}^{-1}\boldsymbol{A}\boldsymbol{P}=\begin{pmatrix} a & 0 \\ 0 & c \end{pmatrix}$,即 $\boldsymbol{A}=\boldsymbol{P}\begin{pmatrix} a & 0 \\ 0 & c \end{pmatrix}\boldsymbol{P}^{-1}$. 今考虑 $\boldsymbol{A}^{100}=\begin{pmatrix} 1 & 0 \\ 0 & 1 \end{pmatrix}$ 的问题. 而由题设

$$\boldsymbol{A}^{100}=\boldsymbol{P}\begin{pmatrix} a & 0 \\ 0 & c \end{pmatrix}^{100}\boldsymbol{P}^{-1}=\begin{pmatrix} a^{100} & \dfrac{b(a^{100}-c^{100})}{a-c} \\ 0 & c^{100} \end{pmatrix}=\begin{pmatrix} 1 & 0 \\ 0 & 1 \end{pmatrix}$$

故 $a=-c=\pm 1$,而 b 为任意实数.

注 有些矩阵方幂的计算,可直接利用矩阵乘法进行,这可见前面的例.

又这里的 $\boldsymbol{A}$ 的指数 100 是系"陷阱之嫌",其实本例实则为 $\boldsymbol{A}^2=\boldsymbol{I}$ 即可,注意到

$$\boldsymbol{A}^2=\begin{pmatrix} a & b \\ 0 & c \end{pmatrix}\begin{pmatrix} a & b \\ 0 & c \end{pmatrix}=\begin{pmatrix} a^2 & ab+bc \\ 0 & c^2 \end{pmatrix}$$

因此 $a=\pm 1,c=\pm 1$,且 $ab+bc=0$,得 $a=-c=1$,且 b 任意.

注 2 对于阶方阵 $\boldsymbol{A}=\begin{pmatrix} a & b \\ c & d \end{pmatrix}$,其中 $a,b,c,d\in\mathbf{R}$,使 $\boldsymbol{A}^n=\boldsymbol{I}$,且当 $0<k<n$ 时,$\boldsymbol{A}^k\neq\boldsymbol{I}$($k<n$ 时 $\boldsymbol{A}^k\neq\boldsymbol{I}$)的 2 阶矩阵分别有下面四类:

n	2	3	4	6
A	$\begin{pmatrix} 1 & 0 \\ 0 & -1 \end{pmatrix}$	$\begin{pmatrix} 0 & 1 \\ -1 & -1 \end{pmatrix}$	$\begin{pmatrix} 0 & 1 \\ -1 & 0 \end{pmatrix}$	$\begin{pmatrix} 0 & 1 \\ -1 & 1 \end{pmatrix}$

关于幂零矩阵我们在矩阵一章已给出不少. 下面的一则问题则须化为矩阵特征问题来解.

例 17 若 n 阶实对称矩阵 $\boldsymbol{A}$ 的所有 1 阶主子式之和为 0,且 2 阶主子式之和亦为 0,求证 $\boldsymbol{A}^n=\boldsymbol{O}$.

证 由题设 $\boldsymbol{A}^{\mathrm{T}}=\boldsymbol{A}$,则 $\boldsymbol{A}$ 有 n 个实特征根 $\lambda_1,\lambda_2,\cdots,\lambda_n$,且存在可逆阵 $\boldsymbol{P}$ 使

$$\boldsymbol{P}^{-1}\boldsymbol{A}\boldsymbol{P}=\mathrm{diag}\{\lambda_1,\lambda_2,\cdots,\lambda_n\}$$

由 $\boldsymbol{A}\sim\mathrm{diag}\{\lambda_1,\lambda_2,\cdots,\lambda_n\}$,则若使 $A_{1i},A_{2j}(i,j=1,2,\cdots)$ 为 $\boldsymbol{A}$ 的 1,2 阶主子式,则

$$\sum_i A_{1j}=\sum_k\lambda_k,\quad \sum_j A_{2j}=\sum_{k\neq l}\lambda_k\lambda_l$$

由

$$\sum\lambda^2=\left(\sum\lambda_k\right)^2-2\sum\lambda_k\lambda_l=0$$

知 $\lambda_1=\lambda_2=\cdots=\lambda_n=0$,即 $\boldsymbol{P}^{-1}\boldsymbol{A}\boldsymbol{P}=\mathrm{diag}\{0,0,\cdots,0\}=\boldsymbol{O}$. 而

$$\boldsymbol{P}^{-1}\boldsymbol{A}^n\boldsymbol{P}=(\boldsymbol{P}^{-1}\boldsymbol{A}\boldsymbol{P})(\boldsymbol{P}^{-1}\boldsymbol{A}\boldsymbol{P})\cdots(\boldsymbol{P}^{-1}\boldsymbol{A}\boldsymbol{P})=\boldsymbol{O}$$

故

$$\boldsymbol{A}^n=\boldsymbol{O}$$

注 其实题设中"实对称阵"的条件去掉,结论仍成立.

下面的一个矩阵相似问题，与矩阵的特征问题有关，通常情况皆如此.

例 18　设矩阵 $\boldsymbol{A}=\begin{pmatrix} a & b \\ c & d \end{pmatrix}$，其中 $ad-bc=1$，又 $|a+b|>2$. 试证明 $\boldsymbol{A}$ 相似于 $\begin{pmatrix} \lambda_0 & \\ & \lambda_0^{-1} \end{pmatrix}$，且这里 $\lambda_0\neq 0,\pm 1$.

证　由题设有

$$|\lambda \boldsymbol{I}-\boldsymbol{A}|=\lambda^2-(a+d)\lambda+(ad-bc)=\lambda^2-(a+d)\lambda+1$$

若其特征根为 λ_0,λ_1，由韦达定理知

$$\lambda_0+\lambda_1=a+d,\quad \lambda_0\lambda_1=1$$

即有 $\lambda_1=\lambda_0^{-1}$. 显然 $\lambda_0\neq 0$，又由 $|a+d|>2$，知 $\lambda_0\neq\pm 1$. 从而

$$\boldsymbol{A}\sim\begin{pmatrix} \lambda_0 & \\ & \lambda_0^{-1} \end{pmatrix}\quad (\lambda_0\neq 0,\pm 1)$$

接下来是一个所谓"矩阵分解"的例子，这类问题矩阵计算中十分重要，正如整数的因子分解，多项式的因式分解一样. 这类问题一般也与相似矩阵，进而与矩阵问题有关.

例 19　若矩阵 $\boldsymbol{A}=\begin{pmatrix} 13 & 14 & 4 \\ 14 & 24 & 18 \\ 4 & 18 & 29 \end{pmatrix}$，求矩阵 $\boldsymbol{B}$ 使 $\boldsymbol{B}^2=\boldsymbol{A}$.

解　由设知 $\boldsymbol{A}$ 的对称阵. 又 $\boldsymbol{A}$ 的特征多项式为

$$|\lambda \boldsymbol{I}-\boldsymbol{A}|=(\lambda-1)(\lambda-16)(\lambda-49)$$

知其特征根为 $\lambda_1=1,\lambda_2=16,\lambda_3=49$. 易求得属于它们的特征向量分别为

$$\boldsymbol{a}_1=(2,-2,1)^{\mathrm{T}},\quad \boldsymbol{a}_2=(2,1,-2)^{\mathrm{T}},\quad \boldsymbol{a}_3=(1,2,2)^{\mathrm{T}}$$

故

$$\boldsymbol{P}=(\boldsymbol{a}_1,\boldsymbol{a}_2,\boldsymbol{a}_3)=\begin{pmatrix} 2 & 2 & 1 \\ -2 & 1 & 2 \\ 1 & -2 & 2 \end{pmatrix}$$

且

$$\boldsymbol{A}=\boldsymbol{P}\begin{pmatrix} 1 & & \\ & 16 & \\ & & 49 \end{pmatrix}\boldsymbol{P}^{-1}=\boldsymbol{P}\begin{pmatrix} 1 & & \\ & 4 & \\ & & 7 \end{pmatrix}\begin{pmatrix} 1 & & \\ & 4 & \\ & & 7 \end{pmatrix}\boldsymbol{P}^{-1}=$$

$$\boldsymbol{P}\begin{pmatrix} 1 & & \\ & 4 & \\ & & 7 \end{pmatrix}\boldsymbol{P}^{-1}\boldsymbol{P}\begin{pmatrix} 1 & & \\ & 4 & \\ & & 7 \end{pmatrix}\boldsymbol{P}^{-1}=[\boldsymbol{P}\mathrm{diag}\{1,4,7\}\boldsymbol{P}^{-1}]^2$$

从而 $\boldsymbol{B}=\boldsymbol{P}\mathrm{diag}\{1,4,7\}\boldsymbol{P}^{-1}$ 为所求，即 $\boldsymbol{A}=\boldsymbol{B}^2$.

注 1　该问题的一般情形可见后文正定矩阵中的例(注意到题设矩阵 $\boldsymbol{A}$ 是正定矩阵)，一般情形可有：

命题　$\boldsymbol{A}$ 是正定矩阵$\Longleftrightarrow$有非奇异阵 $\boldsymbol{D}$ 使 $\boldsymbol{D}^2=\boldsymbol{A}$.

注 2　下面的问题亦与例属同类，且解法基本无异.

问题 1　若 $\boldsymbol{A}=\begin{pmatrix} 1 & 3 & -1 \\ 0 & 4 & 5 \\ 0 & 0 & 9 \end{pmatrix}$，求满足 $\boldsymbol{B}^2=\boldsymbol{A}$ 的所有矩阵 $\boldsymbol{B}$.

解　由 $|\lambda \boldsymbol{I}-\boldsymbol{A}|=0$ 可求得矩阵 $\boldsymbol{A}$ 的特征根为 $\lambda_1=1,\lambda_2=4,\lambda_3=9$. 且由 $(\lambda \boldsymbol{I}-\boldsymbol{A})\boldsymbol{x}=\boldsymbol{0}$，可求得 $\boldsymbol{x}_1$，$\boldsymbol{x}_2$，$\boldsymbol{x}_3$ 使

$$P=(x_1,x_2,x_3)=\begin{pmatrix}1&1&1\\0&1&1\\0&0&1\end{pmatrix}\Rightarrow P^{-1}=\begin{pmatrix}1&-1&0\\0&1&-1\\0&0&1\end{pmatrix}$$

及

$$A=P\begin{pmatrix}1&&\\&4&\\&&9\end{pmatrix}P^{-1}=P\begin{pmatrix}\pm1&&\\&\pm2&\\&&\pm3\end{pmatrix}P^{-1}=P\begin{pmatrix}\pm1&&\\&\pm2&\\&&\pm3\end{pmatrix}P^{-1}P\begin{pmatrix}\pm1&&\\&\pm2&\\&&\pm3\end{pmatrix}P^{-1}$$

故可得矩阵 $B=P\begin{pmatrix}\pm1&&\\&\pm2&\\&&\pm3\end{pmatrix}P^{-1}$,由于±号取舍不同,共有 8 种情形.

问题 2 若矩阵 $A=\begin{pmatrix}20&-2&4\\-2&17&-7\\4&-2&20\end{pmatrix}$,求矩阵 B 使 $B^2=A$.

答 $B=P\begin{pmatrix}4&&\\&4&\\&&5\end{pmatrix}P^{\mathrm T}$,其中 $P=\begin{pmatrix}1/\sqrt5&-4/3\sqrt5&2/3\\2/\sqrt5&2/3\sqrt5&-1/3\\0&5/3\sqrt5&2/3\end{pmatrix}$

我们还想指出一点:实对称阵的特征根有许多性质,它们在矩阵计算中很有用.比如:

例 20 若 $\lambda_1\leqslant\lambda_2\leqslant\cdots\leqslant\lambda_n$ 是 n 阶实对称阵 A 的 n 个特征根,则

$$\lambda_1=\min_{x\neq0}\frac{x^{\mathrm T}Ax}{x^{\mathrm T}x},\quad \lambda_n=\max_{x\neq0}\frac{x^{\mathrm T}Ax}{x^{\mathrm T}x}$$

证 由设 $A^{\mathrm T}=A$,则有正交阵 P 使 $A=P^{\mathrm T}\Lambda P$,其中 $\Lambda=\mathrm{diag}\{\lambda_1,\lambda_2,\cdots,\lambda_n\}$.

且对 $x\in\mathbf R^n$,$x\neq0$ 有

$$x^{\mathrm T}Ax=x^{\mathrm T}(P^{\mathrm T}\Lambda P)x=(Px)^{\mathrm T}\Lambda(Px)$$

令 $Px=y=(y_1,y_2,\cdots,y_n)^{\mathrm T}$,则

$$x^{\mathrm T}Ax=\sum_{i=1}^n\lambda_iy_i^2$$

从而

$$\lambda_1\sum_{i=1}^ny_i^2\leqslant\sum_{i=1}^n\lambda_iy_i^2=x^{\mathrm T}Ax\leqslant\lambda_n\sum_{i=1}^ny_i^2$$

即

$$\lambda_1\leqslant\frac{x^{\mathrm T}Ax}{y^{\mathrm T}y}\leqslant\lambda_n$$

而 $y^{\mathrm T}y=(Px)^{\mathrm T}(Px)=x^{\mathrm T}P^{\mathrm T}Px=x^{\mathrm T}x$,再注意到 $P^{\mathrm T}P=I$,故

$$\lambda_1\leqslant\frac{x^{\mathrm T}Ax}{x^{\mathrm T}x}\leqslant\lambda_n$$

当 x 取 λ_1,λ_n 所对应的特征向量时,上一不等式左、右两边等号成立,从而

$$\lambda_1=\min_{x\neq\mathbf 0}\frac{x^{\mathrm T}Ax}{x^{\mathrm T}x},\quad \lambda_n=\max_{x\neq\mathbf 0}\frac{x^{\mathrm T}Ax}{x^{\mathrm T}x}$$

其中 $\frac{x^{\mathrm T}Ax}{x^{\mathrm T}x}$ 称为 Rayleigh 商(前文已有提及).

四、两个矩阵同时对角化

再来看几个使两个矩阵同时对角化的例子.

例 1　若 $\boldsymbol{A},\boldsymbol{B}\in\mathbf{R}^{3\times3}$，且 $\boldsymbol{AB}=\boldsymbol{A}-\boldsymbol{B}$. 又 $\boldsymbol{A}$ 有三个不同的特征值，试证有可逆阵 $\boldsymbol{P}$ 使 $\boldsymbol{PAP}^{-1}$，$\boldsymbol{PBP}^{-1}$ 同时化为对角阵.

证　由题设 $\boldsymbol{AB}=\boldsymbol{A}-\boldsymbol{B}$，即 $(\boldsymbol{A}+\boldsymbol{I})(\boldsymbol{I}-\boldsymbol{B})=\boldsymbol{I}$，从而 $\boldsymbol{A}+\boldsymbol{I}=(\boldsymbol{I}-\boldsymbol{B})^{-1}$，且 $\boldsymbol{B}=\boldsymbol{I}-(\boldsymbol{A}+\boldsymbol{I})^{-1}$. 又 $\boldsymbol{A}$ 有三个不同的特征值，则有可逆阵 $\boldsymbol{P}$ 使

$$\boldsymbol{PAP}^{-1}=\mathrm{diag}\{\lambda_1,\lambda_2,\lambda_3\}$$

而 $\boldsymbol{B}=\boldsymbol{I}-(\boldsymbol{A}+\boldsymbol{I})^{-1}$，则有

$$\boldsymbol{PBP}^{-1}=\mathrm{diag}\left\{1-\frac{1}{1+\lambda_1},1-\frac{1}{1+\lambda_2},1-\frac{1}{1+\lambda_3}\right\}$$

注意到 $(\boldsymbol{A}+\boldsymbol{I})(\boldsymbol{I}-\boldsymbol{B})=\boldsymbol{I}$，知 $\lambda_i\neq-1$.

注 1　在题设条件下可有 $\boldsymbol{AB}=\boldsymbol{BA}$.

实因由题设 $\boldsymbol{AB}=\boldsymbol{A}-\boldsymbol{B}$，有 $(\boldsymbol{A}+\boldsymbol{I})(\boldsymbol{I}-\boldsymbol{B})=\boldsymbol{I}$，从而可有

$$(\boldsymbol{A}+\boldsymbol{I})(\boldsymbol{I}-\boldsymbol{B})=\boldsymbol{I}=(\boldsymbol{I}-\boldsymbol{B})(\boldsymbol{A}+\boldsymbol{I})$$

（注意 $\boldsymbol{CC}^{-1}=\boldsymbol{C}^{-1}\boldsymbol{C}=\boldsymbol{I}$）由之可有 $\boldsymbol{AB}=\boldsymbol{BA}$（去括号化简）.

注 2　例的结论可推广至 $n\times n$ 矩阵情形.

注 3　若有多项式函数 $f(x)$，$g(x)$ 使 $f(\boldsymbol{A})g(\boldsymbol{B})=\boldsymbol{I}$，若 $\boldsymbol{A}$ 可相似于对角阵，则有 $\boldsymbol{P}$ 可使 $\boldsymbol{PAP}^{-1}$，$\boldsymbol{PBP}^{-1}$ 同时对角化. 其中 $\boldsymbol{A}$ 的特征值 λ 满足 $g(\lambda)\neq0$.

例 2　矩阵 $\boldsymbol{A},\boldsymbol{B}\in\mathbf{R}^{2\times2}$，且 $\boldsymbol{A}^2=\boldsymbol{B}^2=\boldsymbol{I}$，又 $\boldsymbol{AB}+\boldsymbol{BA}=\boldsymbol{O}$. 证明有非奇异阵 $\boldsymbol{T}$ 使 $\boldsymbol{TAT}^{-1}=\begin{pmatrix}1&0\\0&-1\end{pmatrix}$，且 $\boldsymbol{TBT}^{-1}=\begin{pmatrix}0&1\\1&0\end{pmatrix}$.

解　由 $\boldsymbol{A}^2=\boldsymbol{B}^2=\boldsymbol{I}$，知 $|\boldsymbol{A}|^2=|\boldsymbol{B}|^2=1$. 从而 $\boldsymbol{A},\boldsymbol{B}$ 的特征值均为 ±1.

但由 $\boldsymbol{AB}+\boldsymbol{BA}=\boldsymbol{O}$，知 $\boldsymbol{A}\neq\pm\boldsymbol{I}$；且 $\boldsymbol{B}\neq\pm\boldsymbol{I}$. 这样它们均有相异特征值，知其可以对角化.

令 $\boldsymbol{P}$ 使 $\boldsymbol{PAP}^{-1}=\begin{pmatrix}1&0\\0&-1\end{pmatrix}$，令 $\boldsymbol{C}=\boldsymbol{PBP}^{-1}$，则 $\boldsymbol{C}^2=\boldsymbol{I}$.

将 $\boldsymbol{AB}+\boldsymbol{BA}=\boldsymbol{O}$ 左乘 $\boldsymbol{P}$，右乘 $\boldsymbol{P}^{-1}$ 则有

$$(\boldsymbol{PAP}^{-1})(\boldsymbol{PBP}^{-1})+(\boldsymbol{PBP}^{-1})(\boldsymbol{PAP}^{-1})=\boldsymbol{O}$$

即

$$\begin{pmatrix}1&0\\0&-1\end{pmatrix}\boldsymbol{C}+\boldsymbol{C}\begin{pmatrix}1&0\\0&-1\end{pmatrix}=\boldsymbol{O}$$

故

$$\boldsymbol{C}=\begin{pmatrix}0&c\\c&0\end{pmatrix},\quad c\neq0$$

即 $\boldsymbol{Q}=\begin{pmatrix}ck&0\\0&k\end{pmatrix}$，这里 $k\in\mathbf{R}$，则 $\boldsymbol{T}=\boldsymbol{QP}$ 时有

$$\boldsymbol{TAT}^{-1}=\begin{pmatrix}1&0\\0&-1\end{pmatrix},\quad \boldsymbol{TBT}^{-1}=\begin{pmatrix}0&1\\1&0\end{pmatrix}$$

注 1　一般来讲关于使两矩阵同时对角化的问题有下面命题：

命题 1　若 $\boldsymbol{A}$ 是 n 阶正定矩阵，$\boldsymbol{B}$ 是 n 阶实对称矩阵，则必存在非奇异矩阵 $\boldsymbol{P}$ 使 $\boldsymbol{P}^{\mathrm{T}}\boldsymbol{AP}=\boldsymbol{I}$，且 $\boldsymbol{P}^{\mathrm{T}}\boldsymbol{BP}=\mathrm{diag}\{\lambda_1,\lambda_2,\cdots,\lambda_n\}$，其中 λ_i 是 $|\lambda\boldsymbol{A}-\boldsymbol{B}|=0$ 的 n 个实根.

命题 2　若 $\boldsymbol{A},\boldsymbol{B}\in\mathbf{R}^{n\times n}$，又 $\boldsymbol{A}^{\mathrm{T}}\boldsymbol{A}=\boldsymbol{AA}^{\mathrm{T}}$，$\boldsymbol{B}^{\mathrm{T}}\boldsymbol{B}=\boldsymbol{BB}^{\mathrm{T}}$ 且 $\boldsymbol{AB}=\boldsymbol{BA}$，则有 $\boldsymbol{P}$ 使 $\boldsymbol{P}^{\mathrm{T}}\boldsymbol{AP}$，$\boldsymbol{P}^{\mathrm{T}}\boldsymbol{BP}$ 同时化为对

角阵.

证明详见后文.

注 2 下面问题亦与例类同(或是其引申):

问题 若 $\boldsymbol{A},\boldsymbol{B}\in\mathbf{R}^{n\times n}$,且它们有 n 个相同的特征向量,则 $\boldsymbol{AB}=\boldsymbol{BA}$.

略证 由设知有 $\boldsymbol{P}$ 使 $\boldsymbol{PAP}^{-1}=\boldsymbol{\Lambda}_1$,$\boldsymbol{PBP}^{-1}=\boldsymbol{\Lambda}_2$,注意 $\boldsymbol{\Lambda}_1,\boldsymbol{\Lambda}_2$ 为对角阵,它们的乘积可交换.则

$$\boldsymbol{AB}=\boldsymbol{P}^{-1}\boldsymbol{\Lambda}_1\boldsymbol{P}\cdot\boldsymbol{P}^{-1}\boldsymbol{\Lambda}_2\boldsymbol{P}=\boldsymbol{P}^{-1}\boldsymbol{\Lambda}_1\boldsymbol{\Lambda}_2\boldsymbol{P}=\boldsymbol{P}^{-1}\boldsymbol{\Lambda}_2\boldsymbol{\Lambda}_1\boldsymbol{P}=\boldsymbol{P}^{-1}\boldsymbol{\Lambda}_2\boldsymbol{P}\cdot\boldsymbol{P}^{-1}\boldsymbol{\Lambda}_1\boldsymbol{P}=\boldsymbol{BA}$$

例 3 若 $\boldsymbol{A},\boldsymbol{B}\in\mathbf{R}^{n\times n}$,又 $\boldsymbol{A}^2=\boldsymbol{B}^2=\boldsymbol{I}$,且 $\boldsymbol{AB}=\boldsymbol{BA}$.试证有非奇异方阵 $\boldsymbol{P}$ 存在,使 $\boldsymbol{PAP}^{-1}$ 和 $\boldsymbol{PBP}^{-1}$ 同时对角化,且对角线上元素皆为 ±1.

证 由 $\boldsymbol{A}^2=\boldsymbol{I}$,即 $\boldsymbol{A}^2-\boldsymbol{I}=\boldsymbol{O}$,知 $\boldsymbol{A}$ 的最小(幂零)多项式

$$\lambda^2-1=(\lambda-1)(\lambda+1)$$

无重根,知 $\boldsymbol{A}$ 可以对角化,且 $\boldsymbol{A}$ 的特征值为 ±1.矩阵 $\boldsymbol{B}$ 亦然.

又 $\boldsymbol{AB}=\boldsymbol{BA}$,知有可逆阵 $\boldsymbol{P}$ 使(证明详见下文)

$$\boldsymbol{PAP}^{-1}=\mathrm{diag}\{\lambda_1,\lambda_2,\cdots,\lambda_n\},\quad \boldsymbol{PBP}^{-1}=\mathrm{diag}\{\mu_1,\mu_2,\cdots,\mu_n\}$$

其中 $\lambda_i=\pm1$, $\mu_i=\pm1(i=1,2,\cdots,n)$.

注 1 例的结论可以推广为下列命题.

命题 1 若 $\boldsymbol{A},\boldsymbol{B}\in\mathbf{R}^{n\times n}$,又 $\boldsymbol{A}^k=\boldsymbol{B}^k=\boldsymbol{I}$,且 $\boldsymbol{AB}=\boldsymbol{BA}$,则有非奇异阵 $\boldsymbol{P}$ 使 $\boldsymbol{PAP}^{-1}$ 和 $\boldsymbol{PBP}^{-1}$ 同时对角化,且对角线上元素为 1 的 k 次单位根.

命题 2 若 $\boldsymbol{A},\boldsymbol{B}\in\mathbf{R}^{n\times n}$,$\boldsymbol{A}^2=\boldsymbol{A}$,$\boldsymbol{B}^2=\boldsymbol{B}$,又 $\boldsymbol{AB}=\boldsymbol{BA}$,则有可逆矩阵 $\boldsymbol{P}$ 使 $\boldsymbol{PAP}^{-1}$ 和 $\boldsymbol{PBP}^{-1}$ 同时对角化.

命题 3 若 $\boldsymbol{A},\boldsymbol{B}\in\mathbf{R}^{n\times n}$,且 $\boldsymbol{A},\boldsymbol{B}$ 皆为对称阵,又 $\boldsymbol{AB}=\boldsymbol{BA}$,则有可逆阵 $\boldsymbol{P}$ 使 $\boldsymbol{PAP}^{-1}$,$\boldsymbol{PBP}^{-1}$ 同时对角化.

略证 若 $\boldsymbol{AB}=\boldsymbol{BA}$,且 $\boldsymbol{A}^{\mathrm{T}}=\boldsymbol{A}$,有正交阵 $\boldsymbol{P}$ 使

$$\boldsymbol{P}^{\mathrm{T}}\boldsymbol{AP}=\mathrm{diag}\{\lambda_1\boldsymbol{I}_1,\lambda_2\boldsymbol{I}_2,\cdots,\lambda_t\boldsymbol{I}_t\}$$

其中 $\lambda_1,\lambda_2,\cdots,\lambda_t$ 是 $\boldsymbol{A}$ 的相异特征根;$\boldsymbol{I}_i$ 为 $\lambda_i(1\leqslant i\leqslant t)$ 重数阶的单位阵.

由

$$(\boldsymbol{P}^{\mathrm{T}}\boldsymbol{AP})(\boldsymbol{P}^{\mathrm{T}}\boldsymbol{BP})=\boldsymbol{P}^{\mathrm{T}}\boldsymbol{ABP}=\boldsymbol{P}^{\mathrm{T}}\boldsymbol{BAP}=\boldsymbol{P}^{\mathrm{T}}\boldsymbol{BPP}^{\mathrm{T}}\boldsymbol{AP}=(\boldsymbol{P}^{\mathrm{T}}\boldsymbol{BP})(\boldsymbol{P}^{\mathrm{T}}\boldsymbol{AP})$$

即它们可交换,知 $\boldsymbol{P}^{\mathrm{T}}\boldsymbol{BP}$ 为准对角阵 $\mathrm{diag}\{\boldsymbol{B}_1,\boldsymbol{B}_2,\cdots,\boldsymbol{B}_t\}$.其中 $\boldsymbol{B}_k$ 与 $\boldsymbol{I}_k$ 同阶$(k=1,2,\cdots,t)$.

由 $\boldsymbol{B}^{\mathrm{T}}=\boldsymbol{B}$,知 $\boldsymbol{P}^{\mathrm{T}}\boldsymbol{BP}$ 亦对称,故 $\boldsymbol{B}_k$ 对称,有 $\boldsymbol{Q}_k$ 使 $\boldsymbol{Q}_k^{\mathrm{T}}\boldsymbol{B}_k\boldsymbol{Q}_k$ 对角化,从而有

$$\boldsymbol{Q}=\mathrm{diag}\{\boldsymbol{Q}_1,\boldsymbol{Q}_2,\cdots,\boldsymbol{Q}_t\}$$

使 $\boldsymbol{Q}^{\mathrm{T}}(\boldsymbol{P}^{\mathrm{T}}\boldsymbol{BP})\boldsymbol{Q}=\boldsymbol{Q}^{\mathrm{T}}\boldsymbol{P}^{\mathrm{T}}\boldsymbol{BPQ}$ 为对角阵,且

$$\boldsymbol{Q}^{\mathrm{T}}\mathrm{diag}\{\lambda_1\boldsymbol{I}_1,\lambda_2\boldsymbol{I}_2,\cdots,\lambda_t\boldsymbol{I}_t\}=\mathrm{diag}\{\lambda_1\boldsymbol{Q}_1^{\mathrm{T}}\boldsymbol{I}_1\boldsymbol{Q}_1,\lambda_2\boldsymbol{Q}_2^{\mathrm{T}}\boldsymbol{I}_2\boldsymbol{Q}_2,\cdots,\lambda_t\boldsymbol{Q}_t^{\mathrm{T}}\boldsymbol{I}_t\boldsymbol{Q}_t\}=\mathrm{diag}\{\lambda_1\boldsymbol{I}_2,\lambda_2\boldsymbol{I}_2,\cdots\lambda_t\boldsymbol{I}_t\}$$

令 $\boldsymbol{T}=\boldsymbol{PQ}$,则 $\boldsymbol{T}^{\mathrm{T}}\boldsymbol{AT}$,$\boldsymbol{T}^{\mathrm{T}}\boldsymbol{BT}$ 为对角阵,即 $\boldsymbol{T}$ 可使 $\boldsymbol{A},\boldsymbol{B}$ 同时对角化.

注 2 若 $\boldsymbol{PAP}^{-1}=\mathrm{diag}\{\lambda_1,\lambda_2,\cdots,\lambda_n\}$,则有

$$\boldsymbol{PA}^2\boldsymbol{P}^{-1}=(\boldsymbol{PAP}^{-1})(\boldsymbol{PAP}^{-1})=\mathrm{diag}\{\lambda_1^2,\lambda_2^2,\cdots,\lambda_n^2\}$$

又 $\boldsymbol{A}^2=\boldsymbol{I}$,知 $\boldsymbol{PA}^2\boldsymbol{P}^{-1}=\boldsymbol{I}$,故 $\lambda_i^2=1$,从而 $\lambda_i=\pm1(i=1,2,\cdots,n)$.

关于两矩阵同时化为对角形问题还有下面更为有趣的结论:

例 4 若 $\boldsymbol{A}$ 是 n 阶正定矩阵,B 是 n 阶实对称矩阵,则有非奇异矩阵 $\boldsymbol{P}$ 使 $\boldsymbol{P}^{\mathrm{T}}\boldsymbol{AP}=\boldsymbol{I}$,且 $\boldsymbol{P}^{\mathrm{T}}\boldsymbol{BP}=\mathrm{diag}\{\mu_1,\mu_2,\cdots,\mu_n\}$,其中 $\mu_i(i=1,2,\cdots,n)$是$|\mu\boldsymbol{A}-\boldsymbol{B}|=0$ 的 n 个实根.

证 由 $\boldsymbol{A}$ 正定,有 $\boldsymbol{Q}$ 使 $\boldsymbol{Q}^{\mathrm{T}}\boldsymbol{AQ}=\boldsymbol{I}$.又 $\boldsymbol{B}$ 对称,则 $\boldsymbol{Q}^{\mathrm{T}}\boldsymbol{BQ}$ 亦对称,则存在正交阵 $\boldsymbol{U}$ 使

$$\boldsymbol{U}^{\mathrm{T}}(\boldsymbol{Q}^{\mathrm{T}}\boldsymbol{BQ})\boldsymbol{U}=\mathrm{diag}\{\mu_1,\mu_2,\cdots,\mu_n\}$$

其中 μ_i 是 $\boldsymbol{Q}^{\mathrm{T}}\boldsymbol{BQ}$ 的特征值.

又 $\boldsymbol{U}^{\mathrm{T}}\boldsymbol{Q}^{\mathrm{T}}\boldsymbol{AQU}=\boldsymbol{U}^{\mathrm{T}}\boldsymbol{IU}=\boldsymbol{I}$,记 $\boldsymbol{P}=\boldsymbol{QU}$,则

$$\boldsymbol{P}^{\mathrm{T}}\boldsymbol{AP}=\boldsymbol{I},\quad \boldsymbol{P}^{\mathrm{T}}\boldsymbol{BP}=\mathrm{diag}\{\lambda_1,\lambda_2,\cdots,\lambda_n\}$$

注意到

$$P^{\mathrm{T}}(\mu A-B)P=\mathrm{diag}\{\mu-\mu_1, \mu-\mu_2, \cdots, \mu-\mu_n\}$$

故 $|P|^2|\mu A-B|=\prod_{i=1}^{n}(\mu-\mu_i)$，知 μ_i 是 $|\mu A-B|=0$ 的根.

注 1 这是一个十分重要的命题，用它可解决不少矩阵问题.

注 2 关于这类问题还有下面一些命题：

命题 1 $A,B\in\mathbf{R}^{n\times n}$，且 $A^{\mathrm{T}}=A,B^{\mathrm{T}}=B$，又 B 非奇异. 则有非奇异阵 P 使 $P^{\mathrm{T}}AP,P^{\mathrm{T}}BP$ 同时化为对角形 $\Longleftrightarrow B^{-1}A$ 有实特征值且能对角化.

略证 (必要性)若 $P^{\mathrm{T}}AP=\Lambda_1,P^{\mathrm{T}}BP=\Lambda_2$，则 $P^{-1}B^{-1}AP=(P^{-1}B^{-1}P)(P^{-1}AP)=\Lambda_2^{-1}\Lambda_1$.

(充要性)若 $P^{-1}B^{-1}AP=\Lambda$，且 $P^{-1}=P^{\mathrm{T}}$. 令 $A_1=P^{\mathrm{T}}AP,B_1=P^{\mathrm{T}}BP$，由前式有 $A_1=B_1\Lambda$，又 $A_1^{\mathrm{T}}=A_1$，$B_1^{\mathrm{T}}=B_1$，有 $B_1\Lambda=\Lambda B_1$.

命题 2 若对称矩阵 $A,B\in\mathbf{R}^{n\times n}$，又 B 正定，则 $C=AB$ 有实特征值且能对角化.

略证 由设 B 正定知有 D 使 $B=DD^{\mathrm{T}}$. 注意到 $D^{\mathrm{T}}C(D^{\mathrm{T}})^{-1}=D^{\mathrm{T}}AD$.

命题 3 若矩阵 $A,B\in\mathbf{R}^{n\times n}$，且 $A^{\mathrm{T}}=A,B^{\mathrm{T}}=B$，又 $AB=BA$，则必有正交阵 Q 使

$$Q^{\mathrm{T}}AQ=\mathrm{diag}\{\lambda_1,\lambda_2,\lambda_n\},\quad Q^{\mathrm{T}}BQ=\mathrm{diag}\{\mu_1, \mu_2, \cdots, \mu_n\}$$

这里 $\lambda_i,\mu_i(1\leqslant i\leqslant n)$ 分别为矩阵 A,B 的特征根.

接下来也是一则两矩阵同时对角化的例子.

例 5 设 $A,B\in\mathbf{R}^{n\times n}$，且 $AB=A-B$. 证明(1)$\lambda=1$ 不是 B 的特征值；(2)若 B 可相似于对角阵，则存在可逆阵 P 使 $P^{-1}AP$ 和 $P^{-1}BP$ 同时对角化.

证 (1)反证法. 若不然，今设 $\lambda=1$ 是 B 的特征值，且 $x\neq 0$ 为其相应的特征向量. 则由题设有

$$ABx=(A-B)x\Rightarrow A(Bx)=Ax-Bx\Rightarrow Ax=Ax-x\Rightarrow x=0$$

矛盾，从而 $\lambda=1$ 不是 B 的特征值.

(2)设可逆阵 P 使 $P^{-1}BP=\mathrm{diag}\{\lambda_1,\lambda_2,\cdots,\lambda_n\}$.

由 $AB=A-B$，有 $A(I-B)=B$，从而由 $\det(I-B)\neq 0$($\lambda=1$ 不是 B 的特征值)有

$$A=B(I-B)^{-1}$$

故

$$P^{-1}AP=P^{-1}[B(I-B)^{-1}]P=P^{-1}[BPP^{-1}(I-B)^{-1}]P=P^{-1}BP[P^{-1}(I-B)P]^{-1}=$$
$$P^{-1}BP[I-P^{-1}BP]^{-1}=\Lambda(I-\Lambda)^{-1}=\mathrm{diag}\left\{\frac{\lambda_1}{1-\lambda_1},\frac{\lambda_2}{1-\lambda_2},\cdots,\frac{\lambda_n}{1-\lambda_n}\right\}$$

五、矩阵特征问题杂例

利用矩阵特征问题去证明某些矩阵的性质，也是矩阵特征问题的一个重要应用，这方面例子我们在前文矩阵一章已有叙及，下面再看几个例子.

例 1 若矩阵 $A\in\mathbf{R}^{n\times n}$，且 $A^{\mathrm{T}}=A$. 又 $A^5+A^3+A=3I$，则 $A=I$.

证 设 $f(t)=t^5+t^3+t-3$，由题设知 $f(A)=O$.

由 A 的(最小)化零多项式 $u(t)\mid f(t)$，又 $A^{\mathrm{T}}=A$，知 A 的特征根皆为实数，故 $u(t)=0$ 仅有实根.

由 $f'(t)=5t^4+3t^2+1>0$，故 $f(t)$ 单增，从而 $f(t)=0$ 仅有一实根.

又 $f(1)=0$，且 $f'(t)\neq 0$，故 $f(t)=(t-1)g(t)$，这里 $g(t)$ 无实根.

从而 $u(t)\mid(t-1)$，即 A 的(最小)化零多项式 $u(t)=t-1$. 由此可知 $A-I=O$，即 $A=I$.

例 2 若矩阵 $A\in\mathbf{R}^{n\times n}$，且 $A^{\mathrm{T}}=A$. 又对所有 $v\in\mathbf{R}^n$ 有 $v^{\mathrm{T}}Av\geqslant 0$，且 $AB+BA=O$. 证明 $AB=BA=O$，且给出一个 $A\neq O,B\neq O$，的例子.

证 由设 $A^{\mathrm{T}}=A$，故有 Q 使 $A=QDQ^{-1}$，其中 $D=\mathrm{diag}\{d_1,d_2,\cdots,d_n\}$ 且 $d_i\geqslant 0(i=1,2,\cdots,n)$. 于是

由 $\boldsymbol{AB}+\boldsymbol{BA}=\boldsymbol{O}$,有

$$\boldsymbol{O}=\boldsymbol{Q}^{-1}(\boldsymbol{AB}+\boldsymbol{BA})\boldsymbol{Q}=\boldsymbol{DQ}^{-1}\boldsymbol{BQ}+\boldsymbol{Q}^{-1}\boldsymbol{BQD}$$

令 $\boldsymbol{C}=\boldsymbol{Q}^{-1}\boldsymbol{BQ}$,则上式化为

$$\boldsymbol{DC}+\boldsymbol{CD}=\boldsymbol{O}$$

从而矩阵各元素满足 $(d_i+d_j)c_{ij}=0$,故或 $c_{ij}=0$ 或 $d_i=d_j=0(1\leqslant i,j\leqslant n)$,从而 $d_ic_{ij}=d_jc_{ij}=0$,故 $\boldsymbol{DC}=\boldsymbol{CD}=\boldsymbol{O}$,从而

$$\boldsymbol{AB}=\boldsymbol{BA}=\boldsymbol{O}$$

这种例子如 $\boldsymbol{A}=\begin{pmatrix}1&0\\0&0\end{pmatrix}$,$\boldsymbol{B}=\begin{pmatrix}0&0\\0&1\end{pmatrix}$,显然 $\boldsymbol{A}\neq\boldsymbol{O}$,$\boldsymbol{B}\neq\boldsymbol{O}$,且 $AB=O$.

例 3 若矩阵 $\boldsymbol{A},\boldsymbol{B}$ 可逆,且 $\boldsymbol{A}^{-1}\boldsymbol{BAB}^{-1}$ 有一特征根为 1,则 $\boldsymbol{AB}-\boldsymbol{BA}$ 不可逆.

证 由设 $\boldsymbol{A}^{-1}\boldsymbol{BAB}^{-1}$ 有一特征根为 1,即有

$$|\boldsymbol{I}-\boldsymbol{A}^{-1}\boldsymbol{BAB}^{-1}|=0$$

故

$$|\boldsymbol{A}|\cdot|\boldsymbol{I}-\boldsymbol{A}^{-1}\boldsymbol{BAB}^{-1}|\cdot|\boldsymbol{B}|=0$$

即 $|\boldsymbol{AB}-\boldsymbol{BA}|=0$,知矩阵 $\boldsymbol{AB}-\boldsymbol{BA}$ 不可逆.

我们还想指出一点:实对称阵的特征根有许多性质,它们在矩阵计算中很有用.下面的例子我们前文已有介绍,这里再次给出它的一个证法.

例 4 设矩阵 $\boldsymbol{A}=(a_{ij})_{n\times n}$,且 $a_{ij}=a\neq0(1\leqslant i,j\leqslant n)$.求证:必有实系数多项式 $\varphi(x)$,使 $\varphi(\boldsymbol{A})$ 为 $\boldsymbol{A}+na\boldsymbol{I}$ 的逆矩阵.

证 由题设可有

$$f(\lambda\boldsymbol{I}-\boldsymbol{A})=\begin{vmatrix}\lambda-a&-a&\cdots&a\\-a&\lambda-a&\cdots&-a\\\vdots&\vdots&&\vdots\\-a&-a&\cdots&\lambda-a\end{vmatrix}=\lambda^{n-1}(\lambda-na)$$

知 $-na$ 不是 $f(\lambda)$ 的特征根,且

$$|-na\boldsymbol{I}-\boldsymbol{A}|=(-1)^n|\boldsymbol{A}+na\boldsymbol{I}|\neq0$$

由此故知 $\boldsymbol{A}+na\boldsymbol{I}$ 可逆.

从而知 $g(x)=b_mx^m+b_{m-1}x^{m-1}+\cdots+b_1x+b_0$,且 $b_0\neq0$,使

$$g(\boldsymbol{A}+na\boldsymbol{I})=\boldsymbol{O}$$

即

$$b_m(\boldsymbol{A}+na\boldsymbol{I})^m+b_{m-1}(\boldsymbol{A}+na\boldsymbol{I})^{m-1}+\cdots+b_1(\boldsymbol{A}+na\boldsymbol{I})+b_0\boldsymbol{I}=\boldsymbol{O}$$

或

$$\left[-\frac{b_m}{b_0}(\boldsymbol{A}+na\boldsymbol{I})^{m-1}-\frac{b_{m-1}}{b_0}(\boldsymbol{A}+na\boldsymbol{I})^{m-2}-\cdots-\frac{b_1}{b_0}\boldsymbol{I}\right]\boldsymbol{A}=\boldsymbol{I}$$

令 $\varphi(x)=-\frac{b_1}{b_0}x^{m-1}-\frac{b_{m-1}}{b_0}x^{m-2}-\cdots-\frac{b_2}{b_0}x-\frac{b_1}{b_0}$,则 $\varphi(\boldsymbol{A}+na\boldsymbol{I})$ 即为 $\boldsymbol{A}$ 的逆矩阵.

下面例子的问题的前半部分我们并不陌生,关键是看后半部分.

例 5 若 $\boldsymbol{A}$ 为反对称阵,则 $\boldsymbol{B}=(\boldsymbol{I}-\boldsymbol{A})(\boldsymbol{I}+\boldsymbol{A})^{-1}$ 是正交矩阵,且 -1 不是 $\boldsymbol{B}$ 的特征根;反之,若 $\boldsymbol{B}$ 是正交矩阵,且无 -1 的特征根,则存在反对称矩阵 $\boldsymbol{A}$,使 $\boldsymbol{B}=(\boldsymbol{I}-\boldsymbol{A})(\boldsymbol{I}+\boldsymbol{A})^{-1}$.

证 由题设 $\boldsymbol{A}$ 是反对称阵,$\boldsymbol{B}=(\boldsymbol{I}-\boldsymbol{A})(\boldsymbol{I}+\boldsymbol{A})^{-1}$ 是正交阵的证明见前文例.由

$$\boldsymbol{I}+\boldsymbol{B}=(\boldsymbol{I}+\boldsymbol{A})(\boldsymbol{I}+\boldsymbol{A})^{-1}+(\boldsymbol{I}-\boldsymbol{A})(\boldsymbol{I}+\boldsymbol{A})^{-1}=[(\boldsymbol{I}+\boldsymbol{A})+(\boldsymbol{I}-\boldsymbol{A})](\boldsymbol{I}+\boldsymbol{A})^{-1}=$$
$$2\boldsymbol{I}(\boldsymbol{I}+\boldsymbol{A})^{-1}=2(\boldsymbol{I}+\boldsymbol{A})^{-1}$$

知$|\boldsymbol{I}+\boldsymbol{B}|=2^n|(\boldsymbol{I}+\boldsymbol{A})^{-1}|\neq 0$,从而$-1$不是$\boldsymbol{B}$的特征根.

反之,若$\boldsymbol{B}$为正交阵且无特征根-1,则$|\boldsymbol{I}+\boldsymbol{B}|\neq 0$,从而$\boldsymbol{I}+\boldsymbol{B}$可逆.

取$\boldsymbol{A}=(\boldsymbol{I}+\boldsymbol{B})^{-1}(\boldsymbol{I}-\boldsymbol{B})$.注意到下面运算

$$\begin{aligned}\boldsymbol{A}^{\mathrm{T}}&=(\boldsymbol{I}-\boldsymbol{B})^{\mathrm{T}}[(\boldsymbol{I}+\boldsymbol{B})^{\mathrm{T}}]^{-1}=(\boldsymbol{I}-\boldsymbol{B}^{\mathrm{T}})(\boldsymbol{I}+\boldsymbol{B}^{\mathrm{T}})^{-1}=(\boldsymbol{I}-\boldsymbol{B}^{-1})(\boldsymbol{I}+\boldsymbol{B}^{-1})^{-1}=\\&\boldsymbol{I}(\boldsymbol{I}+\boldsymbol{B}^{-1})-\boldsymbol{B}^{-1}(\boldsymbol{I}+\boldsymbol{B}^{-1})^{-1}=(\boldsymbol{I}+\boldsymbol{B}^{-1})^{-1}-[(\boldsymbol{I}+\boldsymbol{B}^{-1})\boldsymbol{B}]^{-1}=\\&(\boldsymbol{I}+\boldsymbol{B}^{-1})^{-1}-(\boldsymbol{B}+\boldsymbol{I})^{-1}=[\boldsymbol{B}^{-1}(\boldsymbol{I}+\boldsymbol{B})]^{-1}-(\boldsymbol{B}+\boldsymbol{I})^{-1}=\\&(\boldsymbol{I}+\boldsymbol{B}^{-1})\boldsymbol{B}-(\boldsymbol{I}+\boldsymbol{B})^{-1}=(\boldsymbol{A}+\boldsymbol{B})^{-1}(\boldsymbol{B}-\boldsymbol{I})=-\boldsymbol{A}\end{aligned}$$

即$\boldsymbol{A}^{\mathrm{T}}=-\boldsymbol{A}$,知$\boldsymbol{A}$是反对称阵.又由

$$\begin{aligned}\boldsymbol{I}\pm\boldsymbol{A}&=\boldsymbol{I}\pm(\boldsymbol{I}+\boldsymbol{B})^{-1}(\boldsymbol{I}-\boldsymbol{B})=[(\boldsymbol{I}+\boldsymbol{B})^{-1}(\boldsymbol{I}+\boldsymbol{B})]\pm[(\boldsymbol{I}+\boldsymbol{B})^{-1}(\boldsymbol{I}-\boldsymbol{B})]=\\&(\boldsymbol{I}+\boldsymbol{B})^{-1}[(\boldsymbol{I}+\boldsymbol{B})\pm(\boldsymbol{I}-\boldsymbol{B})]\end{aligned}$$

故

$$(\boldsymbol{I}+\boldsymbol{A})(\boldsymbol{I}-\boldsymbol{A})^{-1}=2(\boldsymbol{I}+\boldsymbol{B})\boldsymbol{B}[2(\boldsymbol{I}+\boldsymbol{B})^{-1}]^{-1}=2(\boldsymbol{I}+\boldsymbol{B})^{-1}\boldsymbol{B}\cdot\frac{1}{2}(\boldsymbol{I}+\boldsymbol{B})=(\boldsymbol{I}+\boldsymbol{B})^{-1}(\boldsymbol{I}+\boldsymbol{B})\boldsymbol{B}=\boldsymbol{B}$$

例 6　设矩阵$\boldsymbol{A}=(a_{ij})_{n\times n}$,且$a_{ij}\in\mathbf{Z}(i,j=1,2,\cdots,n)$.试证:(1)若整数$\lambda_0$是$\boldsymbol{A}$的一个特征值,则$\lambda_0\mid\det\boldsymbol{A}$,这里"|"表示整除之意;(2)若$\sum\limits_{j=1}^{n}a_{ij}=\lambda_0(1\leqslant i\leqslant n)$,则$\lambda_0\mid\det\boldsymbol{A}$.

证　(1)设

$$f(\lambda)=\det(\boldsymbol{A}-\lambda\boldsymbol{I})=(-1)^n\lambda^n+c_1\lambda^{n-1}+\cdots+c_{n-1}\lambda+c_n$$

由于$\boldsymbol{A}$的元素皆为整数,故c_i皆为整数$(1\leqslant i\leqslant n)$,且$c_n=\det\boldsymbol{A}$(在上式中令$\lambda=0$即可).

若λ_0是$f(\lambda)$的整特征值,则由$\det(\boldsymbol{A}-\lambda_0\boldsymbol{I})=0$,有

$$\det\boldsymbol{A}=c_n=(-1)^{n-1}\lambda_0^n-\sum_{k=1}^{n-1}c_k\lambda_0^{n+k}$$

从而$\lambda_0\mid\det\boldsymbol{A}$.

(2)由设知λ_0是一个有特征向量$(1,1,\cdots,1)$的特征值.由(1)知$\lambda_0\mid\det\boldsymbol{A}$.

例 7　若$\boldsymbol{A}\in\mathbf{R}^{n\times n}$,且$\boldsymbol{A}^n=\boldsymbol{I}$,则$\boldsymbol{A}$相似于对角阵$\mathrm{diag}\{\mathrm{e}_{i1},\mathrm{e}_{i2},\cdots,\mathrm{e}_{in}\}$,其中$\mathrm{e}_{ik}(1\leqslant k\leqslant n)$为$n$次单位根.

证　令$f(\lambda)=\lambda^n-1$,则$f(\boldsymbol{A})=0$.若λ_k为$\boldsymbol{A}$的特征根,则有$\boldsymbol{A}\boldsymbol{x}=\lambda_k\boldsymbol{x}$,这样

$$\boldsymbol{A}^n\boldsymbol{x}=\lambda_k^n\boldsymbol{x}=\boldsymbol{x}$$

因$\boldsymbol{x}\neq 0$,故$\lambda_k^n-1=0$.即λ_k为1的n次单位根.

下面的问题甚有新意.请你仔细考虑一下.

例 8　若$\boldsymbol{A}\in\mathbf{R}^{3\times 3}$,且为正交阵,又$|\boldsymbol{A}|=1$,则存在$t\in[-1,3]$设$\boldsymbol{A}^3-t\boldsymbol{A}^2+t\boldsymbol{A}-\boldsymbol{I}=\boldsymbol{O}$.

证　设$\lambda_i(i=1,2,3)$为$\boldsymbol{A}$的特征值,则由$\boldsymbol{A}$的特征多项式

$$f(\lambda)=|\lambda\boldsymbol{I}-\boldsymbol{A}|=\lambda^3-(\lambda_1+\lambda_2+\lambda_3)\lambda^2+(\lambda_1\lambda_2+\lambda_2\lambda_3+\lambda_3\lambda_1)\lambda-\lambda_1\lambda_2\lambda_3$$

又由$\boldsymbol{A}$为正交阵,且$|\boldsymbol{A}|=1$.因$\boldsymbol{A}$为奇数阶(3 阶)故其有一特征值为1,无妨设为$\lambda_1=1$.则

$$\lambda_1\lambda_2\lambda_3=\lambda_2\lambda_3=|\boldsymbol{A}|=1$$

且

$$\lambda_1\lambda_2+\lambda_2\lambda_3+\lambda_3\lambda_1=1+\lambda_2+\lambda_3=\lambda_1+\lambda_2+\lambda_3$$

故$f(\lambda)=\lambda^3-t\lambda^2+t\lambda-1$,其中$t=1+\lambda_2+\lambda_3$.

又由$\boldsymbol{A}$的正交性知$|\lambda_i|=1$,故有

$$-(|\lambda_2|+|\lambda_3|)\leqslant\lambda_2+\lambda_3\leqslant|\lambda_2|+|\lambda_3|$$

即

$$-2\leqslant\lambda_2+\lambda_3\leqslant 2,\text{从而}-1\leqslant 1+\lambda_2+\lambda_3\leqslant 3$$

关于矩阵秩的问题与分析,我们介绍不少了,不过下面的例子仍让我们觉得新鲜.

例 9 若矩阵 $\boldsymbol{A}\in\mathbf{R}^{n\times n}$,又秩 $\mathrm{r}(\boldsymbol{A}-\alpha\boldsymbol{I})+\mathrm{r}(\boldsymbol{A}-\beta\boldsymbol{I})+\mathrm{r}(\boldsymbol{A}-\gamma\boldsymbol{I})=2n$,这里 α,β,γ 为互不相等的非 0 常数.求证矩阵 $\boldsymbol{A}$ 可逆.

证 设 λ_i 为 $\boldsymbol{A}$ 的特征值,由题设知$\{\lambda_i-\alpha,\lambda_i-\beta,\lambda_i-\gamma\}$,$i=1,2,\cdots,n$ 中共有 $2n$ 个不为 0,且有 n 个为 0.

换言之,对于 λ_j 而言,$\lambda_j-\alpha,\lambda_j-\beta,\lambda_j-\gamma$ 之一为 0.从而 λ_j 或为 α 或为 β 或为 γ.又它们互不相等且非 0,故知 $\boldsymbol{A}$ 有 n 个非 0 特征根.从而 $\boldsymbol{A}$ 可逆.

注 此结论可推为:若 $\boldsymbol{A}\in\mathbf{R}^{n\times n}$,又 $\sum\limits_{i=1}^{n}\mathrm{r}(\boldsymbol{A}-\boldsymbol{\alpha}_i\boldsymbol{I})=(m-1)n$,则 $\boldsymbol{A}$ 可逆,这里 $\boldsymbol{\alpha}_i$ 互不相等且非 0.

由矩阵特征根决定矩阵形状,可视为矩阵特征问题的反问题,请看例.

例 10 若矩阵 $\boldsymbol{A}\in\mathbf{R}^{n\times n}$,且 $\lambda_1,\lambda_2,\cdots,\lambda_k$ 是 $\boldsymbol{A}$ 的 k 个不同的特征值.试证:若矩阵 $\boldsymbol{A}$ 可对角化,则存在 k 个幂等阵 $\boldsymbol{B}_1,\boldsymbol{B}_2,\cdots,\boldsymbol{B}_k$ 使(1)$\boldsymbol{B}_i\boldsymbol{B}_j=\boldsymbol{O}(i\neq j)$;(2) $\sum\limits_{i=1}^{k}\boldsymbol{B}_i=\boldsymbol{I}$;(3)$\boldsymbol{A}=\sum\limits_{i=1}^{k}\lambda_i\boldsymbol{B}_i$.

证 由题设知存在可逆阵 $\boldsymbol{P}$ 使

$$\boldsymbol{A}=\boldsymbol{P}^{-1}\mathrm{diag}\{\lambda_1\boldsymbol{I}_1,\lambda_2\boldsymbol{I}_2,\cdots,\lambda_k\boldsymbol{I}_k\}\boldsymbol{P}$$

其中 $\boldsymbol{I}_i$ 是 λ_i $(i=1,2,\cdots,k)$的重数阶的单位矩阵.

令 $\boldsymbol{B}_i=\boldsymbol{P}^{-1}\mathrm{diag}\{\boldsymbol{O},\boldsymbol{I}_i,\cdots,\boldsymbol{O}\}\boldsymbol{P}$ $(i=1,2,\cdots,k)$.显然

$$\boldsymbol{B}_i^2=\boldsymbol{P}^{-1}\mathrm{diag}\{\boldsymbol{O},\boldsymbol{I}_i,\cdots,\boldsymbol{O}\}^2\boldsymbol{P}=\boldsymbol{B}_i\quad(i=1,2,\cdots,k)$$

且

$$\boldsymbol{B}_i\boldsymbol{B}_j=\boldsymbol{P}^{-1}\mathrm{diag}\{\boldsymbol{O},\boldsymbol{I}_i,\cdots,\boldsymbol{O}\}\boldsymbol{P}\cdot\boldsymbol{P}^{-1}\mathrm{diag}\{\boldsymbol{O},\boldsymbol{I}_j,\cdots,\boldsymbol{O}\}\boldsymbol{P}=\boldsymbol{O}\quad(i\neq j)$$

又

$$\sum_{i=1}^{k}\boldsymbol{B}_i=\boldsymbol{P}^{-1}\mathrm{diag}\{\boldsymbol{I}_1,\boldsymbol{I}_2,\cdots,\boldsymbol{I}_k\}\boldsymbol{P}=\boldsymbol{P}^{-1}\boldsymbol{I}\boldsymbol{P}=\boldsymbol{I}$$

且 $\boldsymbol{A}=\sum\limits_{i=1}^{k}\lambda_i\boldsymbol{I}_i$.

注 下面问题可视为例的推广情形:

命题 若矩阵 $\boldsymbol{A}\in\mathbf{R}^{n\times n}$,且 $\boldsymbol{A}^2=\boldsymbol{A}$,又有 $\boldsymbol{A}_i(i=1,2,\cdots,k)$使 $\boldsymbol{A}=\sum\limits_{i=1}^{k}\boldsymbol{A}_i$,且 $\mathrm{r}(\boldsymbol{A})=\sum\limits_{i=1}^{k}\mathrm{r}(\boldsymbol{A}_i)$.试证 $\boldsymbol{A}_i^2=\boldsymbol{A}_i(1\leqslant i\leqslant k)$.

$$\boldsymbol{A}_i\boldsymbol{A}_j=\boldsymbol{O}\quad(1\leqslant i,j\leqslant n;i\neq j)$$

例 11* 若 $\boldsymbol{A}$ 可以相似于子块形如 $\begin{pmatrix}a & 1 & & \\ & \ddots & \ddots & \\ & & a & 1\\ & & & a\end{pmatrix}$ 的上三角阵,则 $\boldsymbol{A}$ 可表示为 $\boldsymbol{A}=\boldsymbol{B}+\boldsymbol{C}$,其中 $\boldsymbol{C}$ 为幂零阵(即存在 k 使 $\boldsymbol{C}^k=\boldsymbol{O}$),$\boldsymbol{B}$ 相似于对角阵,且 $\boldsymbol{BC}=\boldsymbol{CB}$.

证 由设 $\boldsymbol{A}=\boldsymbol{T}^{-1}\mathrm{diag}\{\boldsymbol{J}_1,\boldsymbol{J}_2,\cdots,\boldsymbol{J}_s\}\boldsymbol{T}$,其中 $\boldsymbol{J}_i=\begin{pmatrix}\lambda_i & 1 & & \\ & \ddots & \ddots & \\ & & \lambda_i & 1\\ & & & \lambda_i\end{pmatrix}$,且 $\boldsymbol{J}_i$ 的阶数分别为 n_i $(i=1,2,\cdots,s)$.

令

$$\boldsymbol{C}_i=\boldsymbol{J}_i-\lambda_i\boldsymbol{I}_i=\begin{pmatrix}0 & 1 & & \\ & \ddots & \ddots & \\ & & 0 & 1\\ & & & 0\end{pmatrix}\quad(i=1,2,\cdots,s)$$

容易验证$(\boldsymbol{C}_i)^{n_i}=\boldsymbol{O}$，其中$i=1,2,\cdots,n$.

又令$\boldsymbol{C}=\boldsymbol{T}^{-1}\mathrm{diag}\{\boldsymbol{C}_1,\boldsymbol{C}_2,\cdots,\boldsymbol{C}_s\}\boldsymbol{T}$，取$k=\max\{n_1,n_2,\cdots,n_s\}$，则$\boldsymbol{C}^n=\boldsymbol{O}$.

再令$\boldsymbol{B}=\boldsymbol{T}^{-1}\mathrm{diag}\{\lambda_1\boldsymbol{I}_{n_1},\lambda_2\boldsymbol{I}_{n_2},\cdots,\lambda_s\boldsymbol{I}_{n_s}\}^{\mathrm{T}}\boldsymbol{I}$，知$\boldsymbol{B}$相似于对角阵，且

$$\boldsymbol{B}+\boldsymbol{C}=\boldsymbol{T}^{-1}\mathrm{diag}\{\boldsymbol{C}_1+\lambda_1\boldsymbol{I}_{n_1},\boldsymbol{C}_2+\lambda_2\boldsymbol{I}_{n_2},\cdots,\boldsymbol{C}_s+\boldsymbol{I}_{n_s}\}\boldsymbol{T}=\boldsymbol{T}^{-1}\mathrm{diag}\{\boldsymbol{J}_1,\boldsymbol{J}_2,\cdots,\boldsymbol{J}_s\}\boldsymbol{T}$$

$$\boldsymbol{BC}=\boldsymbol{T}^{-1}\mathrm{diag}\{\boldsymbol{C}_1+\lambda_1\boldsymbol{I}_{n_1},\boldsymbol{C}_2+\lambda_2\boldsymbol{I}_{n_2},\cdots,\boldsymbol{C}_s+\boldsymbol{I}_{n_s}\}\boldsymbol{T}\boldsymbol{T}^{-1}\mathrm{diag}\{\boldsymbol{C}_1,\boldsymbol{C}_2,\cdots,\boldsymbol{C}_s\}\boldsymbol{T}=$$
$$\boldsymbol{T}^{-1}\mathrm{diag}\{\lambda_1c_1,\lambda_2c_2,\cdots,\lambda_sc_s\}\boldsymbol{T}$$

故

$$\boldsymbol{BC}=\boldsymbol{CB}$$

注　例中题设"$\boldsymbol{A}$可相似于上三角阵"的假设可以去掉代之"$\boldsymbol{A}$是复数矩阵"，结论仍成立.

例 12*　若$\boldsymbol{A}$可以相似于子块形如$\begin{pmatrix} a & 1 & & & \\ & a & 1 & & \\ & & \ddots & \ddots & \\ & & & a & 1 \\ & & & & a \end{pmatrix}$的上三角分块阵，则$\boldsymbol{A}$可以表示为$\boldsymbol{A}=\boldsymbol{CD}$，其中$\boldsymbol{C},\boldsymbol{D}$是对称阵，且$\boldsymbol{C}$可逆.

证　设$\boldsymbol{A}=\boldsymbol{TJT}^{-1}$，其中$\boldsymbol{J}=\mathrm{diag}\{\boldsymbol{J}_1,\boldsymbol{J}_2,\cdots,\boldsymbol{J}_s\}$，则$\boldsymbol{J}=\boldsymbol{T}^{-1}\boldsymbol{AT}$，且

$$\boldsymbol{J}_i=\begin{pmatrix} \lambda_i & 1 & & \\ & \ddots & \ddots & \\ & & \lambda_i & 1 \\ & & & \lambda_i \end{pmatrix}\quad (i=1,2,\cdots,s)$$

则$\boldsymbol{A}^{\mathrm{T}}=(\boldsymbol{T}^{\mathrm{T}})^{-1}\boldsymbol{J}^{\mathrm{T}}\boldsymbol{T}^{\mathrm{T}}$. 令$\boldsymbol{H}_i=\begin{pmatrix} & & & 1 \\ & & 1 & \\ & \iddots & & \\ 1 & & & \end{pmatrix}$，其阶数与$\boldsymbol{J}_i$ $(i=1,2,\cdots,s)$一致.

容易验证$\boldsymbol{J}_i^{\mathrm{T}}=\boldsymbol{H}_i^{-1}\boldsymbol{J}_i\boldsymbol{H}_i$，又若令$\boldsymbol{H}=\mathrm{diag}\{\boldsymbol{J}_1,\boldsymbol{J}_2,\cdots,\boldsymbol{J}_s\}$，则$\boldsymbol{J}^{\mathrm{T}}=\boldsymbol{H}^{-1}\boldsymbol{JH}$，从而

$$\boldsymbol{A}^{\mathrm{T}}=(\boldsymbol{T}^{\mathrm{T}})^{-1}\boldsymbol{J}^{\mathrm{T}}\boldsymbol{T}^{\mathrm{T}}=(\boldsymbol{T}^{\mathrm{T}})^{-1}(\boldsymbol{H}^{-1}\boldsymbol{IH})\boldsymbol{T}^{\mathrm{T}}=(\boldsymbol{T}^{\mathrm{T}})^{-1}\boldsymbol{H}^{-1}\boldsymbol{T}^{-1}\boldsymbol{ATHT}^{\mathrm{T}}=\boldsymbol{C}^{-1}\boldsymbol{AC}$$

其中$\boldsymbol{C}=\boldsymbol{THT}^{\mathrm{T}}$.

因为$\boldsymbol{H}^{\mathrm{T}}=\boldsymbol{H}$，故$\boldsymbol{C}^{\mathrm{T}}=\boldsymbol{C}$，且$\boldsymbol{C}$可逆. 令$\boldsymbol{D}=\boldsymbol{C}^{-1}\boldsymbol{A}$，则$\boldsymbol{A}=\boldsymbol{CD}$，且

$$\boldsymbol{D}^{\mathrm{T}}=\boldsymbol{A}^{\mathrm{T}}\boldsymbol{C}^{-1}=(\boldsymbol{C}^{-1}\boldsymbol{AC})\boldsymbol{C}^{-1}=\boldsymbol{C}^{-1}\boldsymbol{A}=\boldsymbol{D}$$

注　例中"$\boldsymbol{A}$可相似于上三角阵"的题设可去掉，而换成"$\boldsymbol{A}$为n阶复数矩阵"即可.

下面的例子在某种程度上可看成求解方程组问题，又可视矩阵方幂计算的反问题. 这里涉及的矩阵是幂幺阵.

例 13　设$\boldsymbol{M}\in\mathbf{R}^{3\times3}$，且$\boldsymbol{M}^3=\boldsymbol{I}$，$\boldsymbol{M}\neq\boldsymbol{I}$. (1)求$\boldsymbol{M}$的实特征值；(2)给出一个这样的矩阵.

解　Cayley－Hamilton 定理知$\boldsymbol{M}$的最小化零多项式为

$$x^3-1=(x-1)(x^2+x+1)$$

而$x^2+x+1=0$无实根，从而$\boldsymbol{M}$仅有实特征根 1.

(2)由前文例知矩阵$\boldsymbol{J}=\begin{pmatrix} \cos(2\pi/3) & \sin(2\pi/3) \\ -\sin(2\pi/3) & \cos(2\pi/3) \end{pmatrix}$的特征多项式为$x^2+x+1$.

从而矩阵$\boldsymbol{M}=\begin{pmatrix} 1 & \\ & J \end{pmatrix}$满足$\boldsymbol{M}^3=\boldsymbol{I}$，且$\boldsymbol{M}\neq\boldsymbol{I}$.

再来看一个关于矩阵分解的例子，它利用了矩阵相似概念.

前文我们曾介绍过通过矩阵 A 的特征多项式及 Cayley-Hamilton 定理求 A^{-1} 的例子(此法虽然不常用,但不乏新颖),下面再看一个利用矩特征多项式表 A^{-1} 为 A 的多项式问题.

例 14 若 $A=\begin{pmatrix}1&2\\1&-1\end{pmatrix}$,试将 A^{-1} 表示为 A 的多项式.

解 1 由题设知 A 的特征多项式为

$$f(\lambda)=|A-\lambda I|=\lambda^2-3$$

因 $f(A)=O$(亦可直接验证),从而 $A^2-3I=O$. 即 $A^2=3I$,有 $\left(\frac{1}{3}A\right)A=I$,则 $A^{-1}=\frac{1}{3}A$.

解 2 先直接求 $A^{-1}=\frac{A^*}{|A|}=\begin{pmatrix}1/3&2/3\\1/3&-1/3\end{pmatrix}=\frac{1}{3}\begin{pmatrix}1&2\\1&-1\end{pmatrix}=\frac{1}{3}A$.

注 这类问题正像函数的某些级数展开,重要性自不待言. 例题的结论及方法皆可推广,如利用解法 1,可将例的结论推广至一般 n 阶非奇异阵的情形.

矩阵的迹 $\mathrm{Tr}(A)=\sum\limits_{i=1}^{n}a_{ii}$ 是一个有用的概念. 它不仅与某些矩阵行列式有关,它也与矩阵特征问题有联系.

例 15 若 $\lambda_1,\lambda_2,\cdots,\lambda_n$ 为矩阵 $A=(a_{ij})_{n\times n}$ 的 n 个特征值,试证:(1) $\prod\limits_{i=1}^{n}\lambda_i=|A|$;(2) $\sum\limits_{i=1}^{n}\lambda_i=\sum\limits_{i=1}^{n}a_{ii}=\mathrm{Tr}(A)$;(3) $\sum\limits_{i=1}^{n}\lambda_i^2=\sum\limits_{i,k=1}^{n}a_{ik}a_{ki}$.

证 (1)由设 $\lambda_1,\lambda_2,\cdots,\lambda_n$ 为 A 的 n 个特征根,则

$$|\lambda I-A|\equiv(\lambda-\lambda_1)(\lambda-\lambda_2)\cdots(\lambda-\lambda_n)\equiv$$
$$\lambda^n-(\lambda_1+\lambda_2+\cdots\lambda_n)\lambda^{n-1}+\cdots+(-1)^n\lambda_1\lambda_2\cdots\lambda_n \qquad (*)$$

令 $\lambda=0$ 有 $(-1)^n\prod\limits_{i=1}^{n}\lambda_i=|-A|=(-1)^n\ |A|$,从而 $\prod\limits_{i=1}^{n}\lambda_i=|A|$.

(2)由式$(*)$及 $|\lambda I-A|=|\lambda I-(a_{ij})_{n\times n}|$ 的行列式展开后,比较两边 λ^{n-1} 项系数可有

$$\sum_{i=1}^{n}\lambda_i=\sum_{i=1}^{n}a_{ii}=\mathrm{Tr}(A)$$

(3)由(2)的结论知:矩阵 A^2 的特征值为 $\lambda_1^2,\lambda_2^2,\cdots,\lambda_n^2$,故有

$$\sum_{i=1}^{m}\lambda_i^2=\mathrm{Tr}(A^2)$$

(如前文)这里 $\mathrm{Tr}(A^2)$ 表示 A^2 的迹,即 A^2 的主对角线元素和.

设矩阵 $A^2=(b_{ij})_{n\times n}$,则 $b_{ij}=\sum\limits_{k=1}^{n}a_{ik}a_{kj}\ (i,j=1,2,\cdots,n)$. 故

$$\mathrm{Tr}(A^2)=\sum_{i=1}^{n}b_{ii}=\sum_{i=1}^{n}\sum_{k=1}^{n}a_{ik}a_{ki}\Rightarrow\sum_{i=1}^{n}\lambda_i^2=\sum_{i,k=1}^{n}a_{ik}a_{ki}$$

注 1 利用(1)的结论,我们不难证明:

命题 若 n 阶矩阵 A 的行列式 $|A|=0$,则 A 定有 0 特征根.

注 2 关于矩阵的迹我们还有结论:

命题 对于矩阵 $A,B\in\mathbf{R}^{n\times n}$;总有(1) $\mathrm{Tr}(AB)=\mathrm{Tr}(BA)$;(2)若 $A=P^{-1}BP$,则 $\mathrm{Tr}(A)=\mathrm{Tr}(B)$.

略证 结论(1)可以直接验证,结论(2)可由(1)得到,注意到

$$\mathrm{Tr}(A)=\mathrm{Tr}[P^{-1}(BP)]=\mathrm{Tr}[(BP)P^{-1}]=\mathrm{Tr}(BPP^{-1})=\mathrm{Tr}(B)$$

下面也是关于矩阵迹的一个命题,它也须化为矩阵特征问题来解答.

例 16　设矩阵 $\boldsymbol{A}=(a_{ij})_{n\times n}$，且定义矩阵 $\boldsymbol{A}$ 的迹 $\mathrm{Tr}(\boldsymbol{A})=\sum_{i=1}^{n}a_{ii}$. 试证明：(1) $\mathrm{Tr}(\boldsymbol{A})=\mathrm{Tr}(\boldsymbol{B}^{-1}\boldsymbol{AB})$；(2) $\mathrm{Tr}(\boldsymbol{AA}^{\mathrm{T}})=\sum_{i=1}^{n}\sum_{j=1}^{n}a_{ij}^2$.

证　(1)设 $\boldsymbol{A}$ 的 n 个特征根为 $\lambda_1,\lambda_2,\cdots,\lambda_n$，由

$$|\lambda\boldsymbol{I}-\boldsymbol{B}^{-1}\boldsymbol{AB}|=|\boldsymbol{B}^{-1}||\lambda\boldsymbol{I}-\boldsymbol{A}||\boldsymbol{B}|=|\lambda\boldsymbol{I}-\boldsymbol{A}|=\prod_{i=1}^{n}(\lambda-\lambda\boldsymbol{I})$$

从而

$$\mathrm{Tr}(\boldsymbol{B}^{-1}\boldsymbol{AB})=\sum_{i=1}^{n}\lambda_i=\mathrm{Tr}(\boldsymbol{A})$$

(2)由题设可有

$$\boldsymbol{AA}^{\mathrm{T}}=\begin{pmatrix}\sum_{i=1}^{n}a_{1j}^2 & & & * \\ & \sum_{i=1}^{n}a_{2j}^2 & & \\ & & \ddots & \\ * & & & \sum_{i=1}^{n}a_{nj}^2\end{pmatrix}$$

故

$$\mathrm{Tr}(\boldsymbol{AA}^{\mathrm{T}})=\sum_{i=1}^{n}\sum_{j=1}^{n}a_{ij}^2.$$

注　仿上可解下面的命题：

命题　若矩阵 $\boldsymbol{A}\in\mathbf{R}^{n\times n}$，又 $\lambda_1,\lambda_2,\cdots,\lambda_n$ 为其特征根. 则 $\sum_{i=1}^{n}\lambda_i^2=\sum_{i=1}^{n}\sum_{j=1}^{n}a_{ij}a_{ji}$.

略证　若 $\boldsymbol{P}^{-1}\boldsymbol{AP}=\begin{pmatrix}\lambda_1 & & \\ & \lambda_2 & * \\ & \boldsymbol{O} & \ddots & \\ & & & \lambda_n\end{pmatrix}$，则 $\boldsymbol{P}^{-1}\boldsymbol{AP}=\begin{pmatrix}\lambda_1^2 & & \\ & \lambda_2^2 & * \\ & \boldsymbol{O} & \ddots & \\ & & & \lambda_n^2\end{pmatrix}$. 故

$$\sum_{i=1}^{n}\lambda_i^2=\mathrm{Tr}(\boldsymbol{A}^2)=\sum_{i=1}^{n}\sum_{j=1}^{n}a_{ij}a_{ji}$$

下例是一则关于二次型不等式的问题，尽管看上去很抽象，但实际上是具体的，因为它与矩阵特征值问题有关联.

例 17　若矩阵 $\boldsymbol{A}\in\mathbf{R}^{n\times n}$，且 $\boldsymbol{A}^{\mathrm{T}}=\boldsymbol{A}$，证明：存在正的实数 $c\in\mathbf{R}^+$ 使任意 $\boldsymbol{\alpha}\in\mathbf{R}^+$ 都有 $|\boldsymbol{\alpha}^{\mathrm{T}}\boldsymbol{A\alpha}|\leqslant c\boldsymbol{\alpha}^{\mathrm{T}}\boldsymbol{\alpha}$.

证 1　令 $\boldsymbol{A}=(a_{ij})$，且 $\boldsymbol{\alpha}=(a_1,a_2,\cdots,a_n)$，且令 $a=\max\limits_{1\leqslant i,j\leqslant n}\{|a_{ij}|\}$.

由绝对值性质及算术一几何平均值不等式有

$$|\boldsymbol{\alpha}^{\mathrm{T}}\boldsymbol{A\alpha}|=\left|\sum_{i=1}^{n}\sum_{j=1}^{n}a_{ij}a_ia_j\right|\leqslant\sum_{i=1}^{n}\sum_{j=1}^{n}|a_{ij}||a_i||a_j|\leqslant a\sum_{i=1}^{n}\sum_{j=1}^{n}|a_i||a_j|\leqslant$$
$$a\sum_{i=1}^{n}\sum_{j=1}^{n}\left[\frac{1}{2}(a_i^2a_j^2)\right]=an\sum_{i=1}^{n}a_i^2$$

故 $c=an$ 即为所求.

证 2　由设 $\boldsymbol{A}$ 为实对称阵，故有正交阵 $\boldsymbol{T}$ 使

$$\boldsymbol{T}^{\mathrm{T}}\boldsymbol{AT}=\mathrm{diag}\{\lambda_1,\lambda_2,\cdots,\lambda_n\}$$

其中 $\lambda_1,\lambda_2,\cdots,\lambda_n$ 为 $\boldsymbol{A}$ 的特征值.

考虑线性方程组 $\boldsymbol{Tx}=\boldsymbol{\alpha}$,有 $\boldsymbol{x}=\boldsymbol{T}^{-1}\boldsymbol{\alpha}=\boldsymbol{T}^{\mathrm{T}}\boldsymbol{\alpha}$,且令 $\lambda=\max\limits_{1\leqslant i\leqslant n}\{|\lambda_i|\}$,从而

$$|\boldsymbol{\alpha}^{\mathrm{T}}\boldsymbol{A\alpha}|=|(\boldsymbol{Tx})^{\mathrm{T}}\boldsymbol{A}(\boldsymbol{Tx})|=|\boldsymbol{x}^{\mathrm{T}}(\boldsymbol{T}^{\mathrm{T}}\boldsymbol{AT})\boldsymbol{x}|=|\boldsymbol{x}^{\mathrm{T}}\mathrm{diag}\{\lambda_1,\lambda_2,\cdots,\lambda_n\}\boldsymbol{x}|\leqslant$$
$$\lambda\boldsymbol{x}^{\mathrm{T}}\boldsymbol{x}=\lambda(\boldsymbol{T}^{\mathrm{T}}\boldsymbol{\alpha})^{\mathrm{T}}(\boldsymbol{T\alpha})=\lambda\boldsymbol{\alpha}^{\mathrm{T}}\boldsymbol{\alpha}$$

极限概念在矩阵问题中的推广,势必与矩阵特征问题有关,因为矩阵只是一个数表而非数,而矩阵特征值则不然.这样这类求极限问题多与矩阵特征问题有关.当然并非所有问题都是如此.利用矩阵乘法呈现的规律性,也可拟造一些极限问题.比如:

例 18 若矩阵 $\boldsymbol{A}\in\mathbf{R}^{n\times n}$,定义矩阵三角函数 $\sin\boldsymbol{A}=\sum\limits_{k=0}^{\infty}\dfrac{(-1)^k}{(2k+1)!}\boldsymbol{A}^{2k+1}$.问有无 $\boldsymbol{A}$ 矩阵 $\in\mathbf{R}^{2\times 2}$ 使 $\sin\boldsymbol{A}=\begin{pmatrix}1&1996\\0&1\end{pmatrix}$?

证 由 $(\boldsymbol{PAP}^{-1})^k=\boldsymbol{PA}^k\boldsymbol{P}^{-1}$,及 $\sin\boldsymbol{A}$ 定义(转化为 $\boldsymbol{A}$ 的多项式)易证得

$$\sin(\boldsymbol{PBP}^{-1})=\boldsymbol{P}(\sin\boldsymbol{B})\boldsymbol{P}^{-1}$$

又易知 $\sin\begin{pmatrix}\lambda&0\\0&\lambda\end{pmatrix}\sim\begin{pmatrix}\mu&0\\0&\mu\end{pmatrix}$,知 $\boldsymbol{A}$ 应类似 $\begin{pmatrix}\lambda&c\\0&\lambda\end{pmatrix}$.

令 $\boldsymbol{U}=\begin{pmatrix}\lambda&c\\0&\lambda\end{pmatrix}$,则 $\boldsymbol{U}^2=\begin{pmatrix}\lambda^3&3\lambda^2c\\0&\lambda^3\end{pmatrix}$,…,一般可有

$$\boldsymbol{U}^k=\begin{pmatrix}\lambda^{2k+1}&(2k+1)\lambda^{2k}c\\0&\lambda^{2k+1}\end{pmatrix}=\begin{pmatrix}\sum\limits_{k=0}^{\infty}\dfrac{(-1)^k\lambda^{2k+1}}{(2k+1)!}&\sum\limits_{k=0}^{\infty}\dfrac{(-1)^k\lambda^{2k}}{(2k)!}\\0&\sum\limits_{k=0}^{\infty}\dfrac{(-1)^k\lambda^{2k+1}}{(2k+1)!}\end{pmatrix}=\begin{pmatrix}\sin\lambda&c\cos\lambda\\0&\sin\lambda\end{pmatrix}$$

若依题要求矩阵 $\begin{pmatrix}\sin\lambda&c\cos\lambda\\0&\sin\lambda\end{pmatrix}\sim\begin{pmatrix}1&1996\\0&1\end{pmatrix}$,知 $\sin\lambda=1$,这样 $\cos\lambda=0$.故 $\sin\boldsymbol{U}=\begin{pmatrix}1&0\\0&1\end{pmatrix}$.但矩阵 $\begin{pmatrix}1&0\\0&1\end{pmatrix}$ 不可能相似于 $\begin{pmatrix}1&1996\\0&1\end{pmatrix}$.

前面我们说过,矩阵极限问题多涉及矩阵方幂运算,而这种运算又常与矩阵特征问题相关联(确切地讲是矩阵解析问题).

例 19 若 $d_n(n\geqslant 1)$ 是矩阵 $\boldsymbol{A}^n-\boldsymbol{I}$ 元素的最大公因子,这里

$$\boldsymbol{A}=\begin{pmatrix}3&2\\4&3\end{pmatrix},\quad \boldsymbol{I}=\begin{pmatrix}1&0\\0&1\end{pmatrix}$$

试证明 $\lim\limits_{n\to\infty}d_n=\infty$.

证 由

$$|\lambda\boldsymbol{I}-\boldsymbol{A}|=\begin{vmatrix}\lambda-3&-2\\-4&\lambda-3\end{vmatrix}=(\lambda-3)^2-8=\lambda^2-6\lambda+1$$

容易算得 $\boldsymbol{A}$ 的特征值分别为 $\lambda_1=3+2\sqrt{2}$,$\lambda_2=3-2\sqrt{2}$.

这样 $\boldsymbol{A}^n$ 的元素皆可表为 $\alpha_1\lambda_1^n+\alpha_2\lambda_2^n$ 形式.由

$$\boldsymbol{A}=\begin{pmatrix}\dfrac{1}{2}(\lambda_1+\lambda_2)&\dfrac{1}{2\sqrt{2}}(\lambda_1-\lambda_2)\\\dfrac{1}{\sqrt{2}}(\lambda_1-\lambda_2)&\dfrac{1}{2}(\lambda_1+\lambda_2)\end{pmatrix}\Rightarrow\boldsymbol{A}^2=\begin{pmatrix}\dfrac{1}{2}(\lambda_1^2+\lambda_2^2)&\dfrac{1}{2\sqrt{2}}(\lambda_1^2-\lambda_2^2)\\\dfrac{1}{\sqrt{2}}(\lambda_1^2-\lambda_2^2)&\dfrac{1}{2}(\lambda_1^2+\lambda_2^2)\end{pmatrix}$$

用数学归纳法可以证明：

$$A^n=\begin{pmatrix}\frac{1}{2}(\lambda_1^n+\lambda_2^n) & \frac{1}{2\sqrt{2}}(\lambda_1^n-\lambda_2^n)\\ \frac{1}{\sqrt{2}}(\lambda_1^n-\lambda_2^n) & \frac{1}{2}(\lambda_1^n+\lambda_2^n)\end{pmatrix}$$

又若 $\mu_1=1+\sqrt{2}$，$\mu_2=1-\sqrt{2}$，则 $\lambda_1=\mu^2$，$\lambda_2=\mu_2^2$.

又 $\frac{1}{2\sqrt{2}}(\mu_1^n+\mu_2^n)$ 和 $\frac{1}{2}(\mu_1^n+\mu_2^n)$ 均为有理数，则由 d_n 是 A^n-I 的最大公因子，可有

$$d_n=\left(\frac{\lambda_1^n+\lambda_2^n}{2}-1,\ \frac{\lambda_1^n-\lambda_2^n}{2\sqrt{2}}\right)=\left(\frac{\mu_1^{2n}+\mu_2^{2n}}{2}-1,\ \frac{\mu_1^{2n}-\mu_2^{2n}}{2\sqrt{2}}\right)=$$

$$\left(\frac{(\mu_1^n-\mu_2^n)^2}{2},\ \frac{(\mu_1^n-\mu_2^n)(\mu_1^n+\mu_2^n)}{2\sqrt{2}}\right)=\frac{\mu_1^n\pm\mu_2^n}{\sqrt{2}}\left(\frac{\mu_1^n\pm\mu_2^n}{\sqrt{2}},\ \frac{\mu_1^n\mp\mu_2^n}{2}\right)$$

这里 (x,y) 表示 x,y 的最大公因子，且注意到 $\mu_1\mu_2=-1$，则

$$\frac{\mu_1^{2n}+\mu_2^{2n}}{2}-1=\frac{\mu_1^{2n}+\mu_2^{2n}-2}{2}-1=\frac{\mu_1^{2n}+\mu_2^{2n}\pm2\mu_1^n\mu_2^n}{2}=\frac{1}{2}(\mu_1^n\pm\mu_2^n)^2$$

又 $|\mu_1|>1$，$|\mu_2|<1$，故 $\lim\limits_{n\to\infty}(\mu_1^n-\mu_2^n)=\infty$. 从而 $\lim\limits_{n\to\infty}d_n=\infty$，

注 结论又推广到下面情形.

命题 若 $A\in\mathbf{R}^{2\times2}$，其元素皆为整数，且 $\det A=1$，又 $\mathrm{Tr}(A)=\pm1$，若 d_n 是 A^n-I 元素的最大公因子，则 $\lim\limits_{n\to\infty}d_n=\infty$.

下面是一个向量序列问题(说穿了，只是将序列问题向量或矩阵化)，亦与矩阵特征问题有关.

例 20 设 $A=\begin{pmatrix}1&1\\1&0\end{pmatrix}$，又 $\begin{pmatrix}g_k\\f_k\end{pmatrix}=A^k\begin{pmatrix}1\\0\end{pmatrix}$，$k=1,2,3,\cdots$

(1)求 A 的特征值和特征向量.

(2)试证 $f_k=\frac{1}{\sqrt{5}}\left[\left(\frac{1+\sqrt{5}}{2}\right)^2-\left(\frac{1-\sqrt{5}}{2}\right)^2\right]$.

解 (1)A 的特征方程 $|\lambda I-A|=\lambda^2-\lambda-1=0$，得 A 的特征值

$$\lambda_1=\frac{1+\sqrt{5}}{2},\quad \lambda_2=\frac{1-\sqrt{5}}{2}$$

由 $(\lambda_i I-A)x=0\ (i=1,2)$ 可求得相应于 λ_1,λ_2 的特征向量

$$a_1=\left(1,\frac{-1+\sqrt{5}}{2}\right)^{\mathrm{T}},\quad a_2=\left(1,\frac{-1-\sqrt{5}}{2}\right)^{\mathrm{T}}$$

(2)由上知矩阵 $P=\begin{pmatrix}1&1\\ \frac{-1+\sqrt{5}}{2} & \frac{-1-\sqrt{5}}{2}\end{pmatrix}$ 使 $P^{-1}AP=\mathrm{diag}\left\{\frac{1+\sqrt{5}}{2},\frac{1-\sqrt{5}}{2}\right\}$.

故

$$A^k=P\begin{pmatrix}\frac{1+\sqrt{5}}{2}&0\\0&\frac{1-\sqrt{5}}{2}\end{pmatrix}^kP^{-1}=\frac{1}{\sqrt{5}}\begin{bmatrix}\lambda_1^{k+1}-\lambda_2^{k+1} & \lambda_1^k-\lambda_2^k\\ \lambda_1^k-\lambda_2^k & \lambda_1^{k+1}-\lambda_2^{k+1}\end{bmatrix}$$

这里 $\lambda_1=\frac{1+\sqrt{5}}{2}$，$\lambda_2=\frac{1-\sqrt{5}}{2}$.

由式 $\begin{pmatrix}g_k\\f_k\end{pmatrix}=A^k\begin{pmatrix}1\\0\end{pmatrix}$，可得 $f_k=\frac{1}{\sqrt{5}}\left[\left(\frac{1+\sqrt{5}}{2}\right)^k-\left(\frac{1-\sqrt{5}}{2}\right)^k\right]$.

注　这里 g_k 即为所谓斐波那契(Fibonacci)数列 1,1,2,3,5,8,13,…的通项,此种通项表示式又称比内(Biet)公式(它是用无理数方幂表示整数).

容易验证:$f_{k+1}=f_k+f_{k-1}$. 此外,g_k 还有许多有趣的性质.

其实它只是卡西尼(Cassini)于 1680 年发现的该数列的矩阵化等式

$$\begin{pmatrix}1&1\\1&0\end{pmatrix}^n=\begin{pmatrix}f_{n+1}&f_n\\f_n&f_{n-1}\end{pmatrix}$$

两边取行列式的结果,即有 $f_{n+1}f_{n-1}-f_n^2=(-1)^n$.

下面的例子是利用矩阵特征问题计算其方幂.

例 21　设 $\lambda_1,\lambda_2,\lambda_3$ 为三阶矩阵 $\boldsymbol{A}$ 的特征根,其相应的特征向量分别为(1,1,1),(0,1,1),(0,0,1).(1)求证

$$(\boldsymbol{A}^n)^{\mathrm T}=\begin{pmatrix}\lambda_1^n&\lambda_1^n-\lambda_2^n&\lambda_1^n-\lambda_2^n\\0&\lambda_2^n&\lambda_2^n-\lambda_3^n\\0&0&\lambda_3^n\end{pmatrix}$$

其中 n 为给定的正整数;(2)若 $0\leqslant\lambda_i<1(1\leqslant i\leqslant3)$,求 $\lim\limits_{n\to\infty}(\boldsymbol{A}^n)^{\mathrm T}$.

解　(1)以线性无关的特征向量(1,1,1),(0,1,1),(0,0,1)为列向量做满秩矩阵 $\boldsymbol{P}$.

即 $\boldsymbol{P}=\begin{pmatrix}1&0&0\\1&1&0\\1&1&1\end{pmatrix}$,又 $\boldsymbol{P}^{-1}=\begin{pmatrix}1&0&0\\-1&1&0\\0&-1&1\end{pmatrix}$,则 $\boldsymbol{P}^{-1}\boldsymbol{AP}=\begin{pmatrix}\lambda_1&0&0\\0&\lambda_2&0\\0&0&\lambda_3\end{pmatrix}=\boldsymbol{\Lambda}$.

其中 $\boldsymbol{\Lambda}=\mathrm{diag}\{\lambda_1,\lambda_2,\lambda_3\}$ 于是

$$\boldsymbol{A}=\boldsymbol{P\Lambda P}^{-1},\quad \boldsymbol{A}^n=\boldsymbol{P\Lambda}^n\boldsymbol{P}^{-1}$$

而 $\boldsymbol{\Lambda}^n=\begin{pmatrix}\lambda_1^n&0&0\\0&\lambda_2^n&0\\0&0&\lambda_3^n\end{pmatrix}$,故 $\boldsymbol{A}^n=\boldsymbol{P\Lambda}^n\boldsymbol{P}^{-1}=\begin{pmatrix}\lambda_1^n&0&0\\\lambda_1^n-\lambda_2^n&\lambda_2^n&0\\\lambda_1^n-\lambda_2^n&\lambda_2^n-\lambda_3^n&\lambda_3^n\end{pmatrix}$.

从而

$$(\boldsymbol{A}^n)^{\mathrm T}=\begin{pmatrix}\lambda_1^n&\lambda_1^n-\lambda_2^n&\lambda_1^n-\lambda_2^n\\0&\lambda_2^n&\lambda_2^n-\lambda_3^n\\0&0&\lambda_3^n\end{pmatrix}$$

(2)由(1)可有及 $0\leqslant\lambda_i\leqslant1(i=1,2,3)$,$\lim\limits_{n\to\infty}(\boldsymbol{A}^n)=\boldsymbol{O}$.

注　其实我们还可以根据 $(\boldsymbol{A}^n)^{\mathrm T}$ 的表达式,设出 λ_i 的值去求 $\lim\limits_{n\to\infty}(\boldsymbol{A}^n)^{\mathrm T}$.

下面的例子是属于微分方程组的,但它也与矩阵特征问题有关.

例 22　设 $x_1,x_2,\cdots,x_n$ 是 t 的可微实值函数($\dot{x}_k$ 表示 x_k 对 t 求导),且

$$\begin{cases}\dot{x}_1=a_{11}x_1+a_{12}x_2+\cdots+a_{1n}x_n\\\dot{x}_2=a_{21}x_1+a_{22}x_2+\cdots+a_{2n}x_n\\\qquad\vdots\\\dot{x}_n=a_{n1}x_1+a_{n2}x_1+\cdots+a_{nn}x_n\end{cases}$$

其中 $a_{ij}\geqslant0(1\leqslant i,j\leqslant n)$. 又对任何 i 当 $t\to\infty$ 时,$x_i(t)\to0$. 试讨论 $x_1,x_2,\cdots,x_n$ 的线性相关性.

解　令 $\boldsymbol{x}=(x_1,x_2,\cdots,x_n)^{\mathrm T}$,$\boldsymbol{A}=(a_{ij})_{n\times n}$,由题设有 $\dfrac{\mathrm d\boldsymbol{x}}{\mathrm dt}=\boldsymbol{Ax}$.

今考虑 $y=\sum\limits_{i=1}^n\alpha_ix_i$,其中 $\alpha_i(i=1,2,\cdots,n)$ 是待定常数.

又令 $\boldsymbol{v}=(\alpha_1,\alpha_2,\cdots,\alpha_n)^{\mathrm T}$,则 $y=\boldsymbol{v}^{\mathrm T}\boldsymbol{x}$,这样

$$\frac{\mathrm{d}\,y}{\mathrm{d}t}=\boldsymbol{v}^{\mathrm{T}}\,\frac{\mathrm{d}\boldsymbol{x}}{\mathrm{d}t}=\boldsymbol{v}^{\mathrm{T}}\boldsymbol{A}\boldsymbol{x}=(\boldsymbol{A}^{\mathrm{T}}\boldsymbol{v})^{\mathrm{T}}\boldsymbol{x}$$

特别地,若 $\boldsymbol{v}$ 是 $\boldsymbol{A}^{\mathrm{T}}$ 是 $\boldsymbol{A}$ 相应于特征值 λ 的特征向量则有

$$\frac{\mathrm{d}}{\mathrm{d}t}(\boldsymbol{A}^{\mathrm{T}}\boldsymbol{v})^{\mathrm{T}}\boldsymbol{x}(\lambda\boldsymbol{v})^{\mathrm{T}}\boldsymbol{x}=\lambda\boldsymbol{v}^{\mathrm{T}}\boldsymbol{x}=\lambda y$$

则 $y=c\mathrm{e}^{\lambda t}$,这里 c 为常数.

又 $a_{ij}\geqslant 0$,则 $\boldsymbol{A}^{\mathrm{T}}$ 的迹 $\mathrm{Tr}(\boldsymbol{A}^{\mathrm{T}})=\sum\limits_{k=1}^{n}a_{kk}>0$,知 $\boldsymbol{A}^{\mathrm{T}}$ 至少有一个特征值是非负的,设其为 λ.

令 $\boldsymbol{v}=(\alpha_1,\alpha_2,\cdots,\alpha_n)^{\mathrm{T}}$,是 $\boldsymbol{A}^{\mathrm{T}}$ 相应于 λ 的特征向量,由上讨论知 $y=c\mathrm{e}^{\lambda t}$,其中 $\mathrm{Re}(\lambda)>0$.

另一方面,当 $t\to\infty$ 时,$x_i(t)\to 0$,及 y 是 x_i 的线性组合,故 $t\to\infty$ 时,$y(t)\to 0$.

但当 $t\geqslant 0$ 时,$|\mathrm{e}^{\lambda t}|=\mathrm{e}^{\mathrm{Re}(\lambda)t}\geqslant 1$,这里 $\mathrm{Re}(\lambda)$ 表示 λ 的实部,故 $c\mathrm{e}^{\lambda t}\to 0$,从而 $c=0$.

由于 $\boldsymbol{v}=(\alpha_1,\alpha_2,\cdots,\alpha_n)^{\mathrm{T}}$ 是 $\boldsymbol{A}$ 的特征向量,知其非零,故由 $y=\boldsymbol{v}^{\mathrm{T}}\boldsymbol{x}=0$,知 x_i 是线性相关的.

注　这里问题中的"线性相关性",显然是在另一种意义下的.

习　　题

1. 已知矩阵 $\boldsymbol{A}=\begin{pmatrix}\alpha & \beta\\ \beta & -\alpha\end{pmatrix}$,其中 $\alpha>0,\beta>0$,且 $\alpha^2+\beta^2=1$.(1)$\boldsymbol{A}$ 是否是对称阵?可逆阵?正交阵?正定阵?为什么?(2)求 $\boldsymbol{A}$ 的特征值和特征向量.(3)求一线性变换,将 $\boldsymbol{A}$ 对应的二次型化为标准型.(4)若 $\boldsymbol{A}=\begin{pmatrix}2 & 1 & -1\\ 1 & 3 & 0\\ -1 & 0 & 1\end{pmatrix}$,且用两种方法证明它是正定矩阵.

2. 若矩阵 $\boldsymbol{B}=\begin{pmatrix}1 & -1 & 0\\ -1 & 2 & 1\\ 0 & 1 & 3\end{pmatrix}$,证明其为正定矩阵,且求其相应二次型的标准型.

3. 设矩阵 $\boldsymbol{A}=\begin{pmatrix}0 & 1 & 0 & 0\\ 1 & 0 & 0 & 0\\ 0 & 0 & 2 & 1\\ 0 & 0 & 1 & 2\end{pmatrix}$,(1)分别写出以 $\boldsymbol{A}$ 和 $\boldsymbol{A}^{-1}$ 为矩阵的二次型;(2)求 $\boldsymbol{A},\boldsymbol{A}^{-1},\boldsymbol{A}^2+\boldsymbol{A}$ 的特征值;(3)求相应于 $\boldsymbol{A},\boldsymbol{A}^{-1}$ 的二次型的法式(标准型).

4. 将下列二次型化为标准型,且写出正交变换矩阵:

(1)$f=3(x_1^2+x_2^2+x_3^2)+2x_1x_2-2x_2x_4+2x_1x_3+x^2x_4$

(2)$f=4x_1x_2-2x_1x_2+2x_2x_3+3x_3^2$

(3)$f=2x_1^2+5x_2^2+5x_3^2+4x_1x_2-4x_1x_3-8x_2x_3$

5. 试求一正交变换,将下面二次曲面化为标准型且指出曲面种类:

(1)$2x^2+5y^2+5z^2-4xy-4xz-8yz=1$

(2)$f=2x_1^2+5x_2^2+5x_3^2-4x_1x_2-4x_1x_2-8x_1x_2=1$

(3)$f=2x_1^2+6x_2^2+2x_3^2-8x_1x_3=1$

6. 化二次型 $f(x_1,x_2,x_3)=x_1x_2+x_1x_3-3x_1x_3$ 为平方和,且写出所用的线性变换.

7. 对于二次型 $f=x_1^2+3x_2^2-3x_3^2+2\sqrt{3}+x_1x_3$,(1)写出 f 的相应矩阵 $\boldsymbol{A}$ 及且求其秩;(2)求 $\boldsymbol{A}$ 的特征值和特征向量;(3)用正交变换把 f 化为标准型.

8. 已知二次型 $f=x_1^2+4x_{12}+6x_{13}+x_2^2+6x_{23}$,(1)将 f 写成 $\boldsymbol{x}^{\mathrm{T}}\boldsymbol{A}\boldsymbol{x}$ 形式;(2)求 $\boldsymbol{A}$ 的特征值,将 f 化

成标准型.

9.若二次型 $f=2(x^2+y^2+z^2+xy+yz+zx)$,(1)求 f 对应的矩阵 $\boldsymbol{A}$ 的特征值及全部特征向量;(2)用正交变换将 f 化为标准型;(3)试问 $f=1$ 在空间表示何种曲面?

10.将二次型 $f=2x_1x_2+2x_1x_3-2x_2x_4-2x_2x_3+2x_2x_4+2x_3x_4$ 化为法式,且求出正交(变换)矩阵和判定二次型是否正定.

11.试证二次型 $f=\sum\limits_{i=1}^{n}x_i^2+\sum\limits_{1\leqslant i<j\leqslant n}x_ix_j$ 为正定的.

12.(1)把二次型 $2x_1^2+4x_2^2+5x_3^2-4x_1x_3$ 写成矩阵形式 $\boldsymbol{x}^{\mathrm{T}}\boldsymbol{A}\boldsymbol{x}$;(2)求矩阵 $\boldsymbol{A}$ 的特征值和特征向量;(3)求一个从 x_1,x_2,x_3 到 y_1,y_2,y_3 的线性变换,它可以消去二次型中的交叉乘积项,并写出得到的 y_1,y_2,y_3 的标准二次型.

13.t 为何值时,二次型 $f=x_1^2+x_2^2+5x_3^2+2tx_1x_2-2x_1x_3+4x_2x_3$ 是正定的?

[**答:**当 $-\frac{4}{5}<t<0$ 时,二次 f 正定]

14. t 为何值时,二次型 $f=2x_1^2+x_2^2+x_3^2+2x_1x_2+tx_1x_3$ 是正定的?

[**提示:**因 $a_{11}=2>0$,$\begin{vmatrix}2&1\\1&1\end{vmatrix}>0$,而 $|\boldsymbol{A}|=1-\frac{t^2}{2}$.由 $|\boldsymbol{A}|>0$ 解得 $-\sqrt{2}<t<\sqrt{2}$,故当 $-\sqrt{2}<t<\sqrt{2}$ 时,f 正定]

15.(1)若 $\boldsymbol{A}=\begin{pmatrix}\boldsymbol{B}\\\boldsymbol{C}\end{pmatrix}\in\mathbf{R}^{m\times n}$,则 $\det(\boldsymbol{A}\boldsymbol{A}^{\mathrm{T}})\leqslant\det(\boldsymbol{B}\boldsymbol{B}^{\mathrm{T}})\det(\boldsymbol{C}\boldsymbol{C}^{\mathrm{T}})$;(2)若 $\boldsymbol{A}=\begin{pmatrix}\boldsymbol{B}\\\boldsymbol{C}\end{pmatrix}\in\mathbf{R}^{n\times n}$,则 $(\det\boldsymbol{A})^2\leqslant\det(\boldsymbol{B}\boldsymbol{B}^{\mathrm{T}})\det(\boldsymbol{C}\boldsymbol{C}^{\mathrm{T}})$.

专题1

线性代数中的填空题解法

数学中的填空题，往往是一类简单计算题(涉及定义、定理、概念描述者除外)，只要概念清楚、方法得当、计算准确，这类问题是不难获解的(相对于大题而言).

可俗称"麻雀虽小，五脏俱全"，此即说这类问题会涉及数学的方方面面，甚至犄角旮旯——它是对大的综合问题内容上的添补或完善，借以(与选择题一道)系统、全面考查考生的数学技能(包括概念理解、知识活用、计算技巧等). 换言之，此类问题与综合问题同等重要.

解答它们有时也需要一些方法和技巧，有了方法才能少走或不走弯路，有了技巧解答才能迅速而准确，方法技巧中最重要的莫过于对数学概念的理解、对解题技巧的把握、对解题方法的选择. 下面我们简单介绍一下线性代数中的填空题类型.

一、行列式计算

关于行列式的填空题型主要是计算行列式，其中多数是运用行列式性质，当然还包括与矩阵运算有关的行列式计算，包括与矩阵特征问题有关的行列式计算等.

(一)简单行列式计算

题1 行列式 $D=\begin{vmatrix}1&1&1&0\\1&1&0&1\\1&0&1&1\\0&1&1&1\end{vmatrix}=$______.

解 将该行列式第1,2,3行加到第4行后提取3，有

$$D=3\cdot\begin{vmatrix}1&1&1&0\\1&1&0&1\\1&0&1&1\\1&1&1&1\end{vmatrix}\xlongequal[\text{减第1列}]{\text{第2,3,4列}}3\begin{vmatrix}1&0&0&-1\\1&0&-1&0\\1&-1&0&0\\1&0&0&0\end{vmatrix}\xlongequal[\text{行展开}]{\text{按第4}}-3$$

注 交换行列式第1,4列，再交换2,3列可得到 $\begin{vmatrix}0&1&1&1\\1&0&1&1\\1&1&0&1\\1&1&1&0\end{vmatrix}$，即为 $\begin{vmatrix}a&x&x&x\\x&a&x&x\\x&x&a&x\\x&x&x&a\end{vmatrix}$ 型(注意两次交换行列变号两次)，此行列式我们前文曾重点介绍过.

下面是一个带有参数(或变元)的行列式计算问题，方法与普通行列式计算无异(有时要讨论参数).

题 2 行列式 $D=\begin{vmatrix}1&-1&1&x-1\\1&-1&x+1&1\\1&x-1&1&-1\\x+1&-1&1&-1\end{vmatrix}=$________.

解 将第 2,3,4 列加到第 1 列后提取 x,有

$$D=x\begin{vmatrix}1&-1&1&x-1\\1&-1&x+1&1\\1&x-1&1&-1\\1&-1&1&-1\end{vmatrix}\xlongequal[\text{列,第 3 列减第 1 列}]{\text{第 1 列分别加到第 2、4}}x\begin{vmatrix}1&0&0&x\\1&0&x&0\\1&x&0&0\\1&0&0&0\end{vmatrix}\xlongequal[\text{行展开}]{\text{按第 4}}x^4$$

注 1 上两题本质上无大异,但注意到即便将上面问题中行列式第 2,4 列各乘-1后,令 $x=-1$,亦无法化为前一问题.注意到此时行列变为

$$D_1=\begin{vmatrix}1&1&1&2\\1&1&0&1\\1&2&1&1\\0&1&1&1\end{vmatrix}$$

注 2 交换行列式第 1,4 列,再交换第 2,3 列可得到 $\begin{vmatrix}0&1&1&1\\1&0&1&1\\1&1&0&1\\1&1&1&0\end{vmatrix}$.

题 3 五阶行列式 $D=\begin{vmatrix}1-a&a&0&0&0\\-1&1-a&a&0&0\\0&-1&1-a&a&0\\0&0&-1&1-a&a\\0&0&0&-1&1-a\end{vmatrix}=$________.

解 为叙述方便,今记 $D_5=D$,按其第 1 行展开,可得递推关系式,然后反复使用之有

$$\begin{aligned}D_5&=(1-a)D_4+aD_3=(1-a)[(1-a)D_3+aD_2]+aD_3= \quad(\text{递推关系建立})\\&[(1-a)^2+a]D_3+a(1-a)D_2=\\&(1-a+a^2)[(1-a)D_2+a(1-a)]+a(1-a)D_2=\\&(1-a)\{(1-a+a^2)(1+a^2)+a[(1-a)^2-a]\}=\\&1-a+a^2-a^3+a^4-a^5.\end{aligned}$$

注 前文曾介绍,该行列式相应矩阵称为三对角阵.其实先将行列式第 2~5 列分别加到第 1 列,再按第 1 列展开亦可得一个简单递推式.

此题解法可用于问题推广到计算 n 阶行列式的情形.

题 4 设行列式 $D=\begin{vmatrix}3&0&4&0\\2&2&2&2\\0&-7&0&0\\5&3&-2&2\end{vmatrix}$,则其第四行各元素余子式之和的值为________.

解 1 直接写出第四行各元素余子式且相加,得

$$D=\begin{vmatrix}0&4&0\\2&2&2\\-7&0&0\end{vmatrix}+\begin{vmatrix}3&4&0\\2&2&2\\0&0&0\end{vmatrix}+\begin{vmatrix}3&0&0\\2&2&2\\0&-7&0\end{vmatrix}+\begin{vmatrix}3&0&4\\2&2&2\\0&-7&0\end{vmatrix}=-56+0+42-14=-28$$

解 2 设 M_{ij} 为 a_{ij} 的余子式,A_{ij} 为 a_{ij} 的代数余子式,则

$$M_{41}+M_{42}+M_{43}+M_{44}=-A_{41}+A_{42}-A_{43}+A_{44}=\begin{vmatrix}3&0&4&0\\2&2&2&2\\0&-7&0&0\\-1&1&-1&1\end{vmatrix}\xlongequal[\text{展开}]{\text{按第3行}}$$

$$7\begin{vmatrix}3&4&0\\2&2&2\\-1&-1&1\end{vmatrix}\xlongequal[\text{加到第3行}]{\text{第2行乘}\frac{1}{2}}7\begin{vmatrix}3&4&0\\2&2&2\\0&0&2\end{vmatrix}=-28$$

这里第三个等式是将原行列式第4行元素依次换为$-1,1,-1,1$，而其他行元素不变.该行列式值恰好为D的第四行余子式之和.

注 利用行列式性质"某行元素分别乘以其他行相应元素(同列)的代数余子式之和，其值为0"可以拟造一些概念性很强的题目.

(二)稍复杂的行列式计算

这类问题在填空中出现的不多，它们常出现在大的综合计算或证明题中.

题1 设n阶矩阵$\boldsymbol{A}=\begin{pmatrix}0&1&1&\cdots&1&1\\1&0&1&\cdots&1&1\\1&1&0&\cdots&1&1\\\vdots&\vdots&\vdots&&\vdots&\vdots\\1&1&1&\cdots&0&1\\1&1&1&\cdots&1&0\end{pmatrix}$，则$|\boldsymbol{A}|=$________.

解 把行列式$|\boldsymbol{A}|$的第$2,3,\cdots,n$行加到第1行，然后从第1行提出$(n-1)$，得

$$|\boldsymbol{A}|=(n-1)\begin{vmatrix}1&1&1&\cdots&1&1\\1&0&1&\cdots&1&1\\1&1&0&\cdots&1&1\\\vdots&\vdots&\vdots&&\vdots&\vdots\\1&1&1&\cdots&0&1\\1&1&1&\cdots&1&0\end{vmatrix}=(n-1)\begin{vmatrix}1&1&1&\cdots&1&1\\0&-1&0&\cdots&0&0\\0&0&-1&\cdots&0&0\\\vdots&\vdots&\vdots&&\vdots&\vdots\\0&0&0&\cdots&-1&0\\0&0&0&\cdots&0&-1\end{vmatrix}=(-1)^{n-1}(n-1)$$

上面第2式是将行列式第$2\sim n$行分别减第1行所得

注 此行列式即是$\begin{vmatrix}x&a&\cdots&a\\a&x&\cdots&a\\\vdots&\vdots&&\vdots\\a&a&\cdots&x\end{vmatrix}$的特殊情形，此问题我们前文已重点介绍过.

题2 n阶行列式$D_n=\begin{vmatrix}a&b&0&\cdots&0\\0&a&b&\cdots&0\\\vdots&\vdots&\vdots&&\vdots\\0&0&0&\cdots&b\\b&0&0&\cdots&a\end{vmatrix}=$________.

解 按第1列展开后，得到一个上三角、一个下三角行列式，即可计算出结果：

$$D_n=a\begin{vmatrix}a&b&0&\cdots&0&0\\0&a&b&\cdots&0&0\\\vdots&\vdots&\vdots&\vdots&\vdots&\vdots\\0&0&0&\cdots&a&b\\0&0&0&\cdots&0&a\end{vmatrix}+(-1)^{n+1}b\begin{vmatrix}b&0&\cdots&0&0\\a&b&\cdots&0&0\\0&a&\cdots&0&0\\\vdots&\vdots&\vdots&\vdots&\vdots\\0&0&\cdots&a&b\end{vmatrix}=a^n+(-1)^{n+1}b$$

题 3 n 阶行列式 $D_n=\begin{vmatrix}1&2&&&&\\1&3&2&&&\\&1&3&2&&\\&&\ddots&\ddots&\ddots&\\&&&\ddots&3&2\\&&&&1&3\end{vmatrix}=$________.

解 将 D_n 的第 1 行乘(-1)加到第 2 行、第 2 行乘(-1)加到第 3 行,…,第 $n-1$ 行乘(-1)加到第 n 行,有

$$D_n=\begin{vmatrix}1&2&&&\\&1&2&&\\&&\ddots&\ddots&\\&&&1&2\\&&&&1\end{vmatrix}=1$$

(三)涉及矩阵性质的行列式计算

题 1 行列式 $D=\begin{vmatrix}a&-b&-c&-d\\b&a&-d&c\\c&d&a&-b\\d&-c&b&a\end{vmatrix}=$__________.

解 设 D 的相应矩阵为 $\boldsymbol{A}$,注意到

$$D^2=|\boldsymbol{A}|^2=|\boldsymbol{A}^2|=|\boldsymbol{A}\boldsymbol{A}|=|\boldsymbol{A}|\,|\boldsymbol{A}|=|\boldsymbol{A}|\,|\boldsymbol{A}^{\mathrm{T}}|=|\boldsymbol{A}\boldsymbol{A}^{\mathrm{T}}|$$

则

$$D^2=(a^2+b^2+c^2+d^2)^4$$

故 $D=(a^2+b^2+c^2+d^2)^2$.

注 虽然这里的技巧不易想到.关于它的背景可见前文(行列式一章)例.

题 2 若行列式 $\Delta=\begin{vmatrix}1&\lambda&\lambda^2&\lambda^3\\1&\lambda^2&\lambda^4&\lambda\\1&\lambda^3&\lambda&\lambda^4\\1&\lambda^4&\lambda^3&\lambda^2\end{vmatrix}$,这里 $\lambda^5=1$,且 $\lambda\neq1$,则 $\Delta^2=$________.

解 设与 Δ 相应的矩阵为 $\boldsymbol{D}$,今考虑

$$\boldsymbol{D}^2=\begin{pmatrix}1&\lambda&\lambda^2&\lambda^3\\1&\lambda^2&\lambda^4&\lambda\\1&\lambda^3&\lambda&\lambda^4\\1&\lambda^4&\lambda^3&\lambda^2\end{pmatrix}\begin{pmatrix}1&\lambda&\lambda^2&\lambda^3\\1&\lambda^2&\lambda^4&\lambda\\1&\lambda^3&\lambda&\lambda^4\\1&\lambda^4&\lambda^3&\lambda^2\end{pmatrix}=\begin{pmatrix}-\lambda^4&-\lambda^4&-\lambda^4&-\lambda^4\\-\lambda^3&-\lambda^3&-\lambda^3&4\lambda^3\\-\lambda^2&-\lambda^2&4\lambda^2&-\lambda^2\\\lambda&4\lambda&-\lambda&-\lambda\end{pmatrix}=$$

$$\lambda^{10}\begin{pmatrix}1&1&1&1\\1&1&1&-4\\1&1&-4&1\\1&-4&1&1\end{pmatrix}=\begin{pmatrix}1&1&1&1\\1&1&1&-4\\1&1&-4&1\\1&-4&1&1\end{pmatrix}$$

这里注意到 $\lambda^5=1$,且 $\lambda^4+\lambda^3+\lambda^2+\lambda+1=0$.故

$$\Delta^2=|\boldsymbol{D}|^2=\begin{vmatrix}1&1&1&1\\1&1&1&-4\\1&1&-4&1\\1&-4&1&1\end{vmatrix}\begin{vmatrix}1&0&0&0\\1&0&0&-5\\1&0&-5&0\\1&-5&0&0\end{vmatrix}=125$$

题 3 设 $\boldsymbol{\alpha}_1,\boldsymbol{\alpha}_2,\boldsymbol{\alpha}_3\in\mathbf{R}^{3\times1}$，记矩阵 $\boldsymbol{A}=(\boldsymbol{\alpha}_1,\boldsymbol{\alpha}_2,\boldsymbol{\alpha}_3)$，且 $\boldsymbol{B}=(\boldsymbol{\alpha}_1+\boldsymbol{\alpha}_2+\boldsymbol{\alpha}_3,\boldsymbol{\alpha}_1+2\boldsymbol{\alpha}_2+4\boldsymbol{\alpha}_3,\boldsymbol{\alpha}_1+3\boldsymbol{\alpha}_2+9\boldsymbol{\alpha}_3)$. 如果行列式 $|\boldsymbol{A}|=1$，则行列式 $|\boldsymbol{B}|=$________.

解 由题设知 $\boldsymbol{B}=(\boldsymbol{\alpha}_1,\boldsymbol{\alpha}_2,\boldsymbol{\alpha}_3)\begin{pmatrix}1&1&1\\1&2&3\\1&4&9\end{pmatrix}=\boldsymbol{A}\begin{pmatrix}1&1&1\\1&2&3\\1&4&9\end{pmatrix}=\boldsymbol{AC}$，故 $|\boldsymbol{B}|=|\boldsymbol{A}||\boldsymbol{C}|=2$.

题 4 设 4×4 知阵 $\boldsymbol{A}=(\boldsymbol{\alpha},\boldsymbol{\gamma}_2,\boldsymbol{\gamma}_3,\boldsymbol{\gamma}_4)$，$\boldsymbol{B}=(\boldsymbol{\beta},\boldsymbol{\gamma}_2,\boldsymbol{\gamma}_3,\boldsymbol{\gamma}_4)$，其中，$\boldsymbol{\alpha}$，$\boldsymbol{\beta}$，$\boldsymbol{\gamma}_2$，$\boldsymbol{\gamma}_3$，$\boldsymbol{\gamma}_4$ 均为 4 维列向量，且已知行列式 $|\boldsymbol{A}|=4$，$|\boldsymbol{B}|=1$，则行列式 $|\boldsymbol{A}+\boldsymbol{B}|=$________.

解 由行列式性质可有

$$|\boldsymbol{A}+\boldsymbol{B}|=|(\boldsymbol{\alpha}+\boldsymbol{\beta},2\boldsymbol{\gamma}_2,2\boldsymbol{\gamma}_3,2\boldsymbol{\gamma}_4)|=8|(\boldsymbol{\alpha}+\boldsymbol{\beta},\boldsymbol{\gamma}_2,\boldsymbol{\gamma}_3,\boldsymbol{\gamma}_4)|=8(|\boldsymbol{A}|+|\boldsymbol{B}|)=40$$

题 5 若 $\boldsymbol{\alpha}_1,\boldsymbol{\alpha}_2\in\mathbf{R}^{1\times2}$，矩阵 $\boldsymbol{A}=(2\boldsymbol{\alpha}_1+\boldsymbol{\alpha}_2,\boldsymbol{\alpha}_1-\boldsymbol{\alpha}_2)$，且 $\boldsymbol{B}=(\boldsymbol{\alpha}_1,\boldsymbol{\alpha}_2)$. 若 $|\boldsymbol{A}|=6$，则 $|\boldsymbol{B}|=$________.

解 由题设知 $\boldsymbol{A}=(\boldsymbol{\alpha}_1,\boldsymbol{\alpha}_2)\begin{pmatrix}2&1\\1&-1\end{pmatrix}=\boldsymbol{B}\begin{pmatrix}2&1\\1&-1\end{pmatrix}$，从而 $|\boldsymbol{A}|=|\boldsymbol{B}|\begin{vmatrix}2&1\\1&-1\end{vmatrix}=-3|\boldsymbol{B}|$.

由 $|\boldsymbol{A}|=6$，知 $|\boldsymbol{B}|=-2$.

题 6 若 $\boldsymbol{A},\boldsymbol{B}\in\mathbf{R}^{3\times3}$，且 $|\boldsymbol{A}|=3$，$|\boldsymbol{B}|=2$，又 $|\boldsymbol{A}^{-1}+\boldsymbol{B}|=2$，则 $|\boldsymbol{A}+\boldsymbol{B}^{-1}|=$________.

解 由矩阵行列式性质 $|\boldsymbol{AB}|=|\boldsymbol{A}||\boldsymbol{B}|$，知

$$|\boldsymbol{A}+\boldsymbol{B}^{-1}||\boldsymbol{B}|=|\boldsymbol{AB}+\boldsymbol{I}|,\ |\boldsymbol{A}||\boldsymbol{A}^{-1}\boldsymbol{B}|=|\boldsymbol{AB}+\boldsymbol{I}|$$

故 $|\boldsymbol{A}+\boldsymbol{B}^{-1}||\boldsymbol{B}|=|\boldsymbol{A}||\boldsymbol{A}^{-1}+\boldsymbol{B}|$，即 $2|\boldsymbol{A}+\boldsymbol{B}^{-1}|=3|\boldsymbol{A}^{-1}+\boldsymbol{B}|$，从而 $|\boldsymbol{A}+\boldsymbol{B}^{-1}|=3$.

题 7 若 $\boldsymbol{A}=\begin{pmatrix}2&1\\-1&2\end{pmatrix}$，又 $\boldsymbol{BA}=\boldsymbol{B}+2\boldsymbol{I}$. 则 $|\boldsymbol{B}|=$________.

解 由题设知 $\boldsymbol{BA}-\boldsymbol{B}=2\boldsymbol{I}$，有 $\boldsymbol{B}(\boldsymbol{A}-\boldsymbol{I})=2\boldsymbol{I}$，两边取行列式 $|\boldsymbol{B}||\boldsymbol{A}-\boldsymbol{I}|=|2\boldsymbol{I}|=4$.

又 $|\boldsymbol{A}-\boldsymbol{I}|=2$，故 $|\boldsymbol{B}|=2$.

题 8 设 $\boldsymbol{A},\boldsymbol{B}$ 均为 n 阶矩阵，且 $|\boldsymbol{A}|=2$，$|\boldsymbol{B}|=-3$，则 $|2\boldsymbol{A}^*\boldsymbol{B}^{-1}|=$________.

解 注意到 $\boldsymbol{A}^*=|\boldsymbol{A}|\boldsymbol{A}^{-1}$（因 $|\boldsymbol{A}|=2$，知 $\boldsymbol{A}$ 可逆）的事实及行列式性质，则有

$$|2\boldsymbol{A}^*\boldsymbol{B}^{-1}|=2^n||\boldsymbol{A}|\boldsymbol{A}^{-1}\boldsymbol{B}^{-1}|=2^n|\boldsymbol{A}|^n|\boldsymbol{A}^{-1}||\boldsymbol{B}^{-1}|=2^n|\boldsymbol{A}|^n|\boldsymbol{A}|^{-1}|\boldsymbol{B}|^{-1}=$$

$$2^n\cdot2^n\cdot2^{-1}\cdot(-3)^{-1}=-\frac{2^{2n-1}}{3}$$

题 9 设 $\boldsymbol{A}$ 为 m 阶方阵，$\boldsymbol{B}$ 为 n 阶方阵，且 $|\boldsymbol{A}|=a$，$|\boldsymbol{B}|=b$，$\boldsymbol{C}=\begin{pmatrix}\boldsymbol{O}&\boldsymbol{A}\\\boldsymbol{B}&\boldsymbol{O}\end{pmatrix}$，则 $|\boldsymbol{C}|=$________.

解 不难用一系列行初等变换（行交换）把

$$\boldsymbol{C}=\begin{pmatrix}\boldsymbol{O}&\boldsymbol{A}\\\boldsymbol{B}&\boldsymbol{O}\end{pmatrix}\text{变为}\ \boldsymbol{D}=\begin{pmatrix}\boldsymbol{B}&\boldsymbol{O}\\\boldsymbol{O}&\boldsymbol{A}\end{pmatrix}$$

这相当于用一系列行交换矩阵 $\boldsymbol{E}(i,i)$ 左乘 $\boldsymbol{C}$.

今计算所乘初等矩阵即行交换矩阵的个数（即行交换的次数）.

把 $\boldsymbol{C}$ 中 $\boldsymbol{B}$ 的每行元素向上与 $\boldsymbol{O}$ 的第 m 行元素进行交换的次数是 n. 依此类推，因为要进行 m 次这样的交换（$\boldsymbol{O}$ 有 m 行），所以总交换次数为 mn.

又因为初等阵行列式 $|\boldsymbol{E}(i,j)|=-1$，故 $|\boldsymbol{C}|=(-1)^{mn}|\boldsymbol{B}||\boldsymbol{A}|=(-1)^{mn}ab$.

注 *我们也可以利用分块矩阵理论计算该行列式（见前文）. 此外广义 Laplace 展开可直接得到* $|\boldsymbol{C}|=(-1)^{mn}ab$.

题 10 若矩阵 $\boldsymbol{A}=\begin{pmatrix}2&1\\-1&2\end{pmatrix}$，且有 $\boldsymbol{B}$ 使之满足 $\boldsymbol{BA}=\boldsymbol{B}+2\boldsymbol{I}$，则 $|\boldsymbol{B}|=$________.

解 由题设有 $BA-B=B(A-I)=2I$,从而 $|B||A-I|=|B|\begin{vmatrix}1&1\\-1&1\end{vmatrix}=2^2\begin{vmatrix}1&0\\0&1\end{vmatrix}=4$,故 $|B|=2$.

题 11 设三阶方阵 A,B 满足关系式 $A^2B-A-B=I$,其中 I 为三阶单位矩阵,又若矩阵

$$A=\begin{pmatrix}1&0&1\\0&2&0\\-2&0&1\end{pmatrix}$$

则 B 的行列式 $|B|=$________.

解 由 $A^2B-A-B=I$ 知,$(A^2-I)B=A+I$,即 $(A+I)(A-I)B=A+I$.

因而 $(A+I)[(A-I)(B-I)]=I$,知矩阵 $A+I$ 可逆,于是有 $(A-I)B=I$.

上式两边取行列式,得 $|A-I||B|=1$.又 $|A-I|=\begin{vmatrix}0&0&1\\0&1&0\\-2&0&0\end{vmatrix}=2$,故 $|B|=\dfrac{1}{2}$.

题 12 设矩阵 $A=\begin{pmatrix}2&1&0\\1&2&0\\0&0&1\end{pmatrix}$,矩阵 B 满足 $ABA^*=2BA^*+I$,其中 A^* 为 A 的伴随矩阵,I 是单位矩阵,则 $|B|=$________.

解 1 利用伴随矩阵的性质及矩阵乘积的行列式性质求行列式的值.

由 $ABA^*=2BA^*+I\Longleftrightarrow ABA^*-2BA^*=I\Longleftrightarrow(A-2I)BA^*=I$,故 $|A-2I||B||A^*|=|I|=1$,从而可有 $|B|=\dfrac{1}{|A-2I||A^*|}$,而

$$|A-2I|=\begin{vmatrix}0&1&0\\1&0&0\\0&0&-1\end{vmatrix}=1,\ |A^*|=|A|^2=3^2$$

故 $|B|=\dfrac{1}{9}$.

解 2 由 $A^*=|A|A^{-1}$,$ABA^*=2BA^*+I$,得

$$AB|A|A^{-1}=2B|A|A^{-1}+AA^{-1}$$

则

$$|A|AB=2|A|B+A$$

即 $|A|(A-2I)B=A$,从而 $|A|^3|A-2I||B|=|A|$,故

$$|B|=\frac{1}{|A|^2|A-2I|}=\frac{1}{9}$$

题 13 设 A 是三阶方阵,A^* 是 A 的伴随矩阵,A 的行列式 $|A|=\dfrac{1}{2}$,则行列式 $|(3A)^{-1}-2A^*|$ 的值是________.

解 因为 $(3A)^{-1}=\dfrac{1}{3}A^{-1}$,则 $A^*=|A|A^{-1}=\dfrac{1}{2}A^{-1}$,所以有

$$|(3A)^{-1}-2A^*|=\left|\frac{1}{3}A^{-1}-A^{-1}\right|=\left|-\frac{2}{3}A^{-1}\right|=\left(-\frac{2}{3}\right)^3|A^{-1}|=-\frac{8}{27}\cdot\frac{1}{|A|}=-\frac{16}{27}$$

(四)涉及矩阵特征问题的行列式计算

题 1 若 $2,3,\lambda$ 是 $A\in\mathbf{R}^{3\times3}$ 的特征值,又 $|2A|=-48$.则 $\lambda=$________.

解 由题设 $|2A|=-48$,即 $2^3|A|=-48$,从而 $|A|=-6$.又 $|A|=2\cdot3\cdot\lambda$,故 $\lambda=-1$.

题 2 已知四阶矩阵 A 相似于 B,又 A 的特征值分别为 $2,3,4,5$.又若 I 为四阶单位矩阵,则行列式 $|B-I|=$________.

解　由题设 $\boldsymbol{A},\boldsymbol{B}$ 相似，知 $\boldsymbol{B}$ 的特征值亦为 2,3,4,5. 从而 $\boldsymbol{B}-\boldsymbol{I}$ 的特征值为 1,2,3,4.

故行列式 $|\boldsymbol{B}-\boldsymbol{I}|=1\cdot 2\cdot 3\cdot 4=24$.

题 3　若四阶矩阵 $\boldsymbol{A}$ 与 $\boldsymbol{B}$ 相似，矩阵 $\boldsymbol{A}$ 的特征值为 $\frac{1}{2},\frac{1}{3},\frac{1}{4},\frac{1}{5}$，则行列式 $|\boldsymbol{B}^{-1}-\boldsymbol{I}|=$ ________.

解　由 $\boldsymbol{A},\boldsymbol{B}$ 相似，知它们有相同的特征值，因此 $\boldsymbol{B}$ 的特征值为 $\frac{1}{2},\frac{1}{3},\frac{1}{4},\frac{1}{5}$.

这样 $\boldsymbol{B}^{-1}$ 的特征值为 2,3,4,5. 从而 $\boldsymbol{B}^{-1}-\boldsymbol{I}$ 的特征值为 1,2,3,4.

故行列式 $|\boldsymbol{B}^{-1}-\boldsymbol{I}|=1\cdot 2\cdot 3\cdot 4=24$.

题 4　若 1,2,2 是 $\boldsymbol{A}\in\mathbf{R}^{3\times 3}$ 的特征值，则 $|4\boldsymbol{A}^{-1}-\boldsymbol{I}|=$ ________.

解　由题设知 $\boldsymbol{A}^{-1}$ 的特征值分别为 $1,\frac{1}{2},\frac{1}{2}$. 从而 $4\boldsymbol{A}^{-1}-\boldsymbol{I}$ 的特征值是 3,1,1.

故行列式 $|4\boldsymbol{A}^{-1}-\boldsymbol{I}|=3\cdot 1\cdot 1=3$.

题 5　设 $\boldsymbol{\alpha}=(-1,0,-1)^{\mathrm{T}}$，又矩阵 $\boldsymbol{A}=\boldsymbol{\alpha}\boldsymbol{\alpha}^{\mathrm{T}}$，且 n 为正整数，则 $|a\boldsymbol{I}-\boldsymbol{A}^n|=$ ________.

解 1　由 $\boldsymbol{A}=\boldsymbol{\alpha}\boldsymbol{\alpha}^{\mathrm{T}}=\begin{pmatrix}1\\0\\-1\end{pmatrix}(1,0,-1)=\begin{pmatrix}1&0&-1\\0&0&0\\-1&0&1\end{pmatrix}$，令 $|\lambda\boldsymbol{E}-\boldsymbol{A}|=\lambda^2(\lambda-2)=0$，求得 $\boldsymbol{A}$ 的特征值为 0,0,2.

因此 $a\boldsymbol{I}-\boldsymbol{A}^n$ 的特征值为 $a,a,a,-2^n$. 故行列式 $|a\boldsymbol{I}-\boldsymbol{A}^n|=a^2(a-2^n)$.

解 2　由 $\boldsymbol{A}^n=(\boldsymbol{\alpha}\boldsymbol{\alpha}^{\mathrm{T}})(\boldsymbol{\alpha}\boldsymbol{\alpha}^{\mathrm{T}})\cdots(\boldsymbol{\alpha}\boldsymbol{\alpha}^{\mathrm{T}})=(\boldsymbol{\alpha}^{\mathrm{T}}\boldsymbol{\alpha})^{n-1}\boldsymbol{\alpha}\boldsymbol{\alpha}^{\mathrm{T}}=(\boldsymbol{\alpha}^{\mathrm{T}}\boldsymbol{\alpha})^{n-1}\boldsymbol{A}$，因此

$$|a\boldsymbol{I}-\boldsymbol{A}^n|=\begin{vmatrix}a-2^{n-1}&0&a-2^{n-1}\\0&a&0\\2^{n-1}&0&2^{n-1}\end{vmatrix}=a^2(a-2^n)$$

二、矩阵问题

涉及矩阵的填空问题常有：①求矩阵的秩；②矩阵求逆；③伴随矩阵问题；④求矩阵的方幂等.

(一)关于矩阵的秩

题 1　设 n 阶矩阵 $\boldsymbol{A}=\begin{pmatrix}a_1b_1&a_1b_2&\cdots&a_1b_n\\a_2b_1&a_2b_2&\cdots&a_2b_n\\\vdots&\vdots&&\vdots\\a_nb_1&a_nb_2&\cdots&a_nb_n\end{pmatrix}$，其中 $a_i\neq 0,b_i\neq 0(i=1,2,\cdots,n)$，则矩阵 $\boldsymbol{A}$ 的秩 $\mathrm{r}(\boldsymbol{A})=$ ________.

解 1　因为 $\boldsymbol{A}$ 是非零矩阵，且 $\boldsymbol{A}$ 的任意 2 阶子式皆为 0，所以秩 $\mathrm{r}(\boldsymbol{A})=1$.

解 2　对矩阵 $\boldsymbol{A}$ 施用初等行变换：第 1 行乘以 $\left(-\frac{a_i}{a_1}\right)$ 加到第 i 行去 $(i=2,\cdots,n)$，可把 $\boldsymbol{A}$ 化为除第 1 行元素不为 0 外，其余各行元素皆为 0 的矩阵. 故秩 $\mathrm{r}(\boldsymbol{A})=1$.

解 3　若令 $\boldsymbol{\alpha}=(a_1,a_2,\cdots,a_n)$，$\boldsymbol{\beta}=(b_1,b_2,\cdots,b_n)$，则 $\boldsymbol{A}=\boldsymbol{\alpha}\boldsymbol{\beta}^{\mathrm{T}}$，知 $\mathrm{r}(\boldsymbol{A})\leqslant 1$.

又 $a_i\neq 0,b_i\neq 0(i=1,2,\cdots,n)$，知 $\mathrm{r}(\boldsymbol{A})\geqslant 1$. 综上，$\mathrm{r}(\boldsymbol{A})=1$.

题 2　设四阶方阵 $\boldsymbol{A}$ 的秩为 2，则其伴随矩阵 $\boldsymbol{A}^*$ 的秩为________.

解　由于 $\boldsymbol{A}$ 的所有三阶子式均为 0，故 $\boldsymbol{A}^*$ 元素全为 0，即其为零阵，因此 $\boldsymbol{A}^*$ 的秩为 0.

注　记住前文曾指出：$\mathrm{r}(\boldsymbol{A}^*)=\begin{cases}n, & 若\ \mathrm{r}(\boldsymbol{A})=n;\\1, & 若\ \mathrm{r}(\boldsymbol{A})=n-1;\\0, & 若\ \mathrm{r}(\boldsymbol{A})<n-1.\end{cases}$ 结论，有时可方便地解许多问题.

题 3 设矩阵 $\boldsymbol{A}=\begin{pmatrix} k & 1 & 1 & 1 \\ 1 & k & 1 & 1 \\ 1 & 1 & k & 1 \\ 1 & 1 & 1 & k \end{pmatrix}$ 且秩 $r(\boldsymbol{A})=3$，则 $k=$ ________.

解 由题设知 $|\boldsymbol{A}|=0$，因而问题关键还是计算 $|\boldsymbol{A}|$. 将 $|\boldsymbol{A}|$ 的第 2～4 列加到第 1 列后提取 $k+3$ 有

$$|\boldsymbol{A}|=(k+3)\begin{vmatrix} 1 & 1 & 1 & 1 \\ 1 & k & 1 & 1 \\ 1 & 1 & k & 1 \\ 1 & 1 & 1 & k \end{vmatrix} \xlongequal[\text{减去第 1 列}]{\text{第 2～4 列分别}} (k+3)\begin{vmatrix} 1 & 0 & 0 & 0 \\ 1 & k-1 & 0 & 0 \\ 1 & 0 & k-1 & 0 \\ 1 & 0 & 0 & k-1 \end{vmatrix}=(k+3)(k-1)^3$$

令 $|\boldsymbol{A}|=0$，得 $k=-3$ 或是 $=1$. 但是，当 $k=1$ 时，秩 $r(\boldsymbol{A})=1$，与题设不符. 故 $k=-3$.

注 这里我们又一次遇到前文我们重点介绍的行列式：

$$D_n=\begin{vmatrix} a & x & x & \cdots & x \\ x & a & x & \cdots & x \\ x & x & a & \cdots & x \\ \vdots & \vdots & \vdots & & \vdots \\ x & x & x & \cdots & a \end{vmatrix}=[a+(n-1)x](a-x)^{n-1}$$

若能记住结论，可大大减少计算步骤.

题 4 设矩阵 $\boldsymbol{A}=\begin{pmatrix} 0 & 1 & & \\ & 0 & 1 & \\ & & 0 & 1 \\ & & & 0 \end{pmatrix}$，则 $\boldsymbol{A}^3$ 的秩 $r(\boldsymbol{A}^3)=$ ________.

解 通过直接验算可知 $\boldsymbol{A}^2,\boldsymbol{A}^3,\cdots$ 分别为

$$\boldsymbol{A}^2=\begin{pmatrix} 0 & 0 & 1 & 0 \\ & 0 & 0 & 1 \\ & & 0 & 0 \\ & & & 0 \end{pmatrix},\quad \boldsymbol{A}^3=\begin{pmatrix} 0 & 0 & 0 & 0 & 1 \\ & 0 & 0 & 0 & 0 \\ & & 0 & 0 & 0 \\ & & & 0 & 0 \end{pmatrix}$$

从而 $r(\boldsymbol{A}^3)=1$.

注 1 可以验算 $\boldsymbol{A}^4=\boldsymbol{O}$. 这个结论可推广至 n 的情形.

其实这与矩阵 Jordan 标准形有关. 由题设知 $\boldsymbol{A}$ 的特征值均为 0，但 $\boldsymbol{A}$ 不一定有四个线性无关的特征向量，这样 $\boldsymbol{A}$ 的标准形可能是下面四种之一(不计子块顺序)

$$\begin{pmatrix} 0 & 1 & & \\ & 0 & 1 & \\ & & 0 & 1 \\ & & & 0 \end{pmatrix},\quad \begin{pmatrix} 0 & 1 & & \\ & 0 & 1 & \\ & & 0 & \\ & & & 0 \end{pmatrix},\quad \begin{pmatrix} 0 & 1 & & \\ & 0 & & \\ & & 0 & \\ & & & 0 \end{pmatrix},\quad \begin{pmatrix} 0 & & & \\ & 0 & & \\ & & 0 & \\ & & & 0 \end{pmatrix}$$

无论哪种情形，都有 $\boldsymbol{A}^4=\boldsymbol{O}$.

注 2 本题亦可用分块矩阵考虑：

若令矩阵 $\boldsymbol{A}=\begin{pmatrix} \boldsymbol{A}_1 & \boldsymbol{A}_2 \\ \boldsymbol{O} & \boldsymbol{A}_1 \end{pmatrix}$，其中 $\boldsymbol{A}_1=\begin{pmatrix} 0 & 1 \\ 0 & 0 \end{pmatrix}$，$\boldsymbol{A}_2=\begin{pmatrix} 0 & 0 \\ 1 & 0 \end{pmatrix}$. 这样

$$\boldsymbol{A}^2=\begin{pmatrix} \boldsymbol{A}_1 & \boldsymbol{A}_2 \\ \boldsymbol{O} & \boldsymbol{A}_1 \end{pmatrix}\begin{pmatrix} \boldsymbol{A}_1 & \boldsymbol{A}_2 \\ \boldsymbol{O} & \boldsymbol{A}_1 \end{pmatrix}=\begin{pmatrix} \boldsymbol{O} & \boldsymbol{A}_1\boldsymbol{A}_2+\boldsymbol{A}_2\boldsymbol{A}_1 \\ \boldsymbol{O} & \boldsymbol{O} \end{pmatrix}=\begin{pmatrix} \boldsymbol{O} & \boldsymbol{I} \\ \boldsymbol{O} & \boldsymbol{O} \end{pmatrix}$$

而

$$A^3=\begin{pmatrix}O & I\\ O & O\end{pmatrix}\begin{pmatrix}A_1 & A_2\\ O & A_3\end{pmatrix}=\begin{pmatrix}O & A_1\\ O & O\end{pmatrix}$$

又 $r(A_1)=1$. 故 $r(A^3)=1$.

题 5　设 A 是 4×3 矩阵，且 A 的秩 $r(A)=2$，而 $B=\begin{pmatrix}1 & 0 & 2\\ 0 & 2 & 0\\ -1 & 0 & 3\end{pmatrix}$，则 $r(AB)=$________.

解　直接计算 $|B|=10\neq0$，因此 B 是满秩矩阵. 而满秩矩阵去乘某矩阵，不改变其秩. 故

$$r(AB)=r(A)=2$$

题 6　若矩阵 $Q=\begin{pmatrix}A & B\\ C & D\end{pmatrix}$，其中 $A\in\mathbf{R}^{n\times n}$，且可逆. 则当 $D=CA^{-1}B$ 时，$r(Q)=$________.

证　将 $-CA^{-1}$ 左乘 Q 第 1 行加到第 2 行有

$$\begin{pmatrix}A & B\\ O & D-CA^{-1}B\end{pmatrix}=\begin{pmatrix}A & B\\ O & O\end{pmatrix}$$

由 $r(A)=n$，知 $r(Q)=n$.

题 7　设 $A=\begin{pmatrix}1 & 2 & -2\\ 4 & t & 3\\ 3 & -1 & 1\end{pmatrix}$，$B$ 为 3 阶非零矩阵，且 $AB=O$，则 $t=$________.

解　由设 B 是非零矩阵，知 $Ax=0$ 有非零解，所以其系数行列式 $|A|=0$.

将 $|A|$ 的第 3 行 2 倍加到第 1 行，再按分块矩阵行列式计算方法有

$$\begin{vmatrix}1 & 2 & -2\\ 4 & t & 3\\ 3 & -1 & 1\end{vmatrix}=\begin{vmatrix}7 & 0 & 0\\ 4 & t & 3\\ 3 & -1 & 1\end{vmatrix}=7(t+3)$$

由 $7(t+3)=0$，得 $t=-3$.

(二)矩阵求逆

1. 简单的矩阵求逆问题

题 1　若矩阵 $A=\begin{pmatrix}0 & 0 & 0 & 1\\ 0 & 0 & 1 & 0\\ 0 & 1 & 0 & 0\\ 1 & 0 & 0 & 0\end{pmatrix}$，则 $A^{-1}=$________.

解　用记录矩阵法求逆. 在 $(A\,\vdots\,I)$ 中交换 A 的 1,4 行，交换 A 的 2,3 行且 I 同时交换有

$$(A\,\vdots\,I)\rightarrow(I\,\vdots\,A)\Rightarrow A^{-1}=A$$

另从矩阵初等变换去考虑单位矩阵交换 1,4 行，再交换 2,3 行得 A，其逆是将 A 的 1,4 和 2,3 行再换回来(注意初等矩阵乘矩阵的效果). 故 $A^{-1}=A$.

注　此题结论可以推广至 n 阶的情形(解法仿上).

题 2　设 $a_i\neq0$，$i=1,2,\cdots,n$，且 $A=\begin{pmatrix}0 & a_1 & 0 & \cdots & 0\\ 0 & 0 & a_2 & \cdots & 0\\ \vdots & \vdots & \vdots & & \vdots\\ 0 & 0 & 0 & \cdots & a_{n-1}\\ a_n & 0 & 0 & \cdots & 0\end{pmatrix}$，则 $A^{-1}=$________.

解 1　用记录矩阵法，先构造矩阵 $(A\,\vdots\,I)$，有

$$\left(\begin{array}{ccccc|cccc}0 & a_1 & 0 & \cdots & 0 & 1 & & & \\ 0 & 0 & a_2 & \cdots & 0 & & 1 & & \\ \vdots & \vdots & \vdots & & \vdots & & & \ddots & \\ 0 & 0 & 0 & \cdots & a_{n-1} & & & & 1 \\ a_n & 0 & 0 & \cdots & 0 & & & & & 1\end{array}\right)$$

再实施变换.先进行如下行交换:第 n 行与第 1 行,第 n 行与第 2 行,…,第 n 行与第 $n-1$ 行;再将第 1 行除以 a_n,第 2 行除以 a_1,…,第 n 行除以 a_{n-1}.最后即可得到

$$A^{-1}=\begin{pmatrix}0 & 0 & \cdots & 0 & 1/a_n \\ 1/a_1 & 0 & \cdots & 0 & 0 \\ 0 & 1/a_2 & \cdots & 0 & 0 \\ \vdots & \vdots & & \vdots & \vdots \\ 0 & 0 & \cdots & 1/a_{n-1} & 0\end{pmatrix}$$

解 2 用分块矩阵法把 $\boldsymbol{A}$ 分为 4 块;$(n-1)\times 1$ 零矩阵,$(n-1)\times(n-1)$ 对角方阵(记为 $\boldsymbol{B}$),1×1 方阵记为 $\boldsymbol{C}=(a_n)$,$1\times(n-1)$ 零矩阵.

再根据分块矩阵求逆公式 $\begin{pmatrix}\boldsymbol{O} & \boldsymbol{B} \\ \boldsymbol{C} & \boldsymbol{O}\end{pmatrix}^{-1}=\begin{pmatrix}\boldsymbol{O} & \boldsymbol{C}^{-1} \\ \boldsymbol{B}^{-1} & \boldsymbol{O}\end{pmatrix}$,即得 $\boldsymbol{A}^{-1}$.(可见下面的问题及解)

2. 分块矩阵的逆

下面涉及分块矩阵求逆的简单问题,其实这类问题我们前面已谈得很多了.请看:

题 3 设 4 阶方阵 $\boldsymbol{A}=\begin{pmatrix}5 & 2 & 0 & 0 \\ 2 & 1 & 0 & 0 \\ 0 & 0 & 1 & -2 \\ 0 & 0 & 1 & 1\end{pmatrix}$,则 $\boldsymbol{A}$ 的逆阵 $\boldsymbol{A}^{-1}=$________.

解 今设 $\boldsymbol{A}_1=\begin{pmatrix}5 & 2 \\ 2 & 1\end{pmatrix}$,$\boldsymbol{A}_2=\begin{pmatrix}1 & -2 \\ 1 & 1\end{pmatrix}$,则 $\boldsymbol{A}=\begin{pmatrix}\boldsymbol{A}_1 & \boldsymbol{O} \\ \boldsymbol{O} & \boldsymbol{A}_2\end{pmatrix}$.又

$$\boldsymbol{A}_1^{-1}=\begin{pmatrix}1 & -2 \\ -2 & 5\end{pmatrix},\quad \boldsymbol{A}_2^{-1}=\begin{pmatrix}1/3 & 2/3 \\ -1/3 & 1/3\end{pmatrix}$$

于是

$$\boldsymbol{A}^{-1}=\begin{pmatrix}\boldsymbol{A}_1^{-1} & \boldsymbol{O} \\ \boldsymbol{O} & \boldsymbol{A}_2^{-1}\end{pmatrix}=\begin{pmatrix}1 & -2 & 0 & 0 \\ -2 & 5 & 0 & 0 \\ 0 & 0 & 1/3 & 2/3 \\ 0 & 0 & -1/3 & 1/3\end{pmatrix}$$

题 4 设 $\boldsymbol{A}$ 和 $\boldsymbol{B}$ 为可逆矩阵,$\boldsymbol{X}=\begin{pmatrix}\boldsymbol{O} & \boldsymbol{A} \\ \boldsymbol{B} & \boldsymbol{O}\end{pmatrix}$ 为分块矩阵,则 $\boldsymbol{X}^{-1}=$________.

解 设 $\boldsymbol{X}$ 的逆矩阵为 $\boldsymbol{X}^{-1}=\begin{pmatrix}\boldsymbol{X}_{11} & \boldsymbol{X}_{12} \\ \boldsymbol{X}_{21} & \boldsymbol{X}_{22}\end{pmatrix}$,则由 $\boldsymbol{X}\boldsymbol{X}^{-1}=\begin{pmatrix}\boldsymbol{I}_1 & \boldsymbol{O} \\ \boldsymbol{O} & \boldsymbol{I}_2\end{pmatrix}$($\boldsymbol{I}_1,\boldsymbol{I}_2$ 为分块单位矩阵),可知

$$\begin{pmatrix}\boldsymbol{O} & \boldsymbol{A} \\ \boldsymbol{B} & \boldsymbol{O}\end{pmatrix}\begin{pmatrix}\boldsymbol{X}_{11} & \boldsymbol{X}_{12} \\ \boldsymbol{X}_{21} & \boldsymbol{X}_{22}\end{pmatrix}=\begin{pmatrix}\boldsymbol{I}_1 & \boldsymbol{O} \\ \boldsymbol{O} & \boldsymbol{I}_2\end{pmatrix}$$

即

$$\begin{pmatrix}\boldsymbol{A}\boldsymbol{X}_{21} & \boldsymbol{A}\boldsymbol{X}_{22} \\ \boldsymbol{B}\boldsymbol{X}_{11} & \boldsymbol{B}\boldsymbol{X}_{12}\end{pmatrix}=\begin{pmatrix}\boldsymbol{I}_1 & \boldsymbol{O} \\ \boldsymbol{O} & \boldsymbol{I}_2\end{pmatrix}$$

从而

$$AX_{21}=I_1,\quad BX_{11}=O,\quad BX_{12}=I_2$$

由于 A,B 可逆，则 $X_{21}=A^{-1},X_{12}=B^{-1}$，且 $X_{11}=O,X_{22}=O$. 故 $X^{-1}=\begin{pmatrix}O & B^{-1}\\ A^{-1} & O\end{pmatrix}$.

此外，本题用记录矩阵法亦可方便地求解(见前文).

3. 涉及矩阵多项式的求逆问题

题5　设矩阵 $A=\begin{pmatrix}3&0&0\\1&4&0\\0&0&3\end{pmatrix}$，又矩阵 $I=\begin{pmatrix}1&0&0\\0&1&0\\0&0&1\end{pmatrix}$. 则逆矩阵 $(A-2I)^{-1}=$________.

解　先计算 $A-2I=\begin{pmatrix}1&0&0\\1&2&0\\0&0&1\end{pmatrix}$，然后用记录矩阵法通过初等变换求逆：

$$\left(\begin{array}{ccc|ccc}1&0&0&1&&\\1&2&0&&1&\\0&0&1&&&1\end{array}\right)\xrightarrow[\text{再将第 2 行除以 2}]{\text{用第 2 行减去第 1 行}}\left(\begin{array}{ccc|ccc}1&&&1&0&0\\&1&&-1/2&1/2&0\\&&1&0&0&1\end{array}\right)$$

故

$$(A-2I)^{-1}=\begin{pmatrix}1&0&0\\0&-1/2&1/2\\0&0&1\end{pmatrix}$$

题6　设矩阵 $A=\begin{pmatrix}1&0&0&0\\-2&3&0&0\\0&-4&5&0\\0&0&-6&7\end{pmatrix}$，$I$ 为4阶单位矩阵，又若矩阵 $B=(I+A)^{-1}(I-A)$，则逆矩阵 $(I+B)^{-1}=$________.

解　由设 $B=(I+A)^{-1}(I-A)$ 有 $(I+A)B=I-A$，即 $B+AB+A=I$，

两边加 I 有 $I+B+A(I+B)=2I$，从而

$$(I+B)(I+A)=2I$$

故

$$(I+B)^{-1}=\frac{1}{2}(I+A)=\begin{pmatrix}1&0&0&0\\-1&2&0&0\\0&-2&3&0\\0&0&-3&4\end{pmatrix}$$

题7　设矩阵 A 满足 $A^2+A-4I=O$，其中 I 为单位矩阵，则 $(A-I)^{-1}=$________.

解1　设 a 和 b 为待定常数. 将题设方程化为

$$(A-I)(A+aI)=bI$$

即

$$A^2+(a-1)A-(a+b)I=O$$

与题设方程比较，得 $a-1=1,-(a+b)=-4$.

由此解得 $a=2,b=2$. 于是，题设方程化为

$$(A-I)(A+2I)=2I$$

即

$$(\boldsymbol{A}-\boldsymbol{I})\left[\frac{1}{2}(\boldsymbol{A}+2\boldsymbol{I})\right]=\boldsymbol{I}\Rightarrow(\boldsymbol{A}-\boldsymbol{I})^{-1}=\frac{1}{2}(\boldsymbol{A}+2\boldsymbol{I})$$

解 2 由题设有 $\boldsymbol{A}^2-\boldsymbol{A}-2\boldsymbol{I}=2\boldsymbol{I}$,即

$$(\boldsymbol{A}-\boldsymbol{I})(\boldsymbol{A}+2\boldsymbol{I})=2\boldsymbol{I}$$

从而

$$(\boldsymbol{A}-\boldsymbol{I})^{-1}=\frac{1}{2}(\boldsymbol{A}+2\boldsymbol{I})$$

题 8 设 $\boldsymbol{A},\boldsymbol{B}$ 均为 3 阶矩阵,$\boldsymbol{I}$ 是 3 阶单位矩阵.又若矩阵 $\boldsymbol{AB}=2\boldsymbol{A}+\boldsymbol{B}$,且 $\boldsymbol{B}=\begin{pmatrix}2&0&2\\0&4&0\\2&0&2\end{pmatrix}$,则矩阵 $(\boldsymbol{A}-\boldsymbol{I})^{-1}=$________.

解 由 $\boldsymbol{AB}=2\boldsymbol{A}+\boldsymbol{B}$.知 $\boldsymbol{AB}-\boldsymbol{B}=2\boldsymbol{A}-2\boldsymbol{I}+2\boldsymbol{I}$(等式两边加 $2\boldsymbol{I}$),即有

$$(\boldsymbol{A}-\boldsymbol{I})(\boldsymbol{B}-2\boldsymbol{I})=2\boldsymbol{I}$$

或

$$(\boldsymbol{A}-\boldsymbol{I})\cdot\frac{1}{2}(\boldsymbol{B}-2\boldsymbol{I})=\boldsymbol{I}\Rightarrow(\boldsymbol{A}-\boldsymbol{I})^{-1}=\frac{1}{2}(\boldsymbol{B}-2\boldsymbol{I})=\begin{pmatrix}0&0&1\\0&1&0\\1&0&0\end{pmatrix}$$

注 前文已述,且由上三题解法可见,这类问如同代数式变形,如上两题可分别与下面题目类比:

问题 1 若 $b=\frac{1-a}{1+a}$,求 $\frac{1}{1+b}$,即 $(1+b)^{-1}$;

问题 2 若 $a^2-a-4=0$,求 $\frac{1}{a-1}$,即 $(a-1)^{-1}$;

问题 3 若 $ab=2a+b$,且 b 已知,求 $\frac{1}{a-1}$,即 $(a-1)^{-1}$.

只需将 a,b 视为 $\boldsymbol{A},\boldsymbol{B}$;$(1+b)^{-1}$ 视为 $(\boldsymbol{I}+\boldsymbol{B})^{-1}$,$(a-1)^{-1}$ 视为 $(\boldsymbol{A}-\boldsymbol{I})^{-1}$ 即可.

题 9 设矩阵 $\boldsymbol{A}=\begin{pmatrix}1&-1\\2&3\end{pmatrix}$,$\boldsymbol{B}=\boldsymbol{A}^2-3\boldsymbol{A}+2\boldsymbol{I}$,则 $\boldsymbol{B}^{-1}=$________.

解 注意到 $\boldsymbol{A}^2-3\boldsymbol{A}+2\boldsymbol{I}=(\boldsymbol{A}-2\boldsymbol{I})(\boldsymbol{A}-\boldsymbol{I})$,则

$$\boldsymbol{B}^{-1}=(\boldsymbol{A}-\boldsymbol{I})^{-1}(\boldsymbol{A}-2\boldsymbol{I})^{-1}$$

直接代入计算得 $\boldsymbol{B}^{-1}=\begin{pmatrix}0&1/2\\-1&-1\end{pmatrix}$.

题 10 设 3 阶方阵 $\boldsymbol{A},\boldsymbol{B}$ 满足关系式 $\boldsymbol{A}^{-1}\boldsymbol{BA}=6\boldsymbol{A}+\boldsymbol{BA}$,且 $\boldsymbol{A}=\begin{pmatrix}1/3&0&0\\0&1/4&0\\0&0&1/7\end{pmatrix}$,则 $\boldsymbol{B}=$________.

解 由设 $\boldsymbol{A}^{-1}\boldsymbol{BA}-\boldsymbol{BA}=6\boldsymbol{A}$,即 $(\boldsymbol{A}^{-1}-\boldsymbol{I})\boldsymbol{BA}=6\boldsymbol{A}$,则 $(\boldsymbol{A}^{-1}-\boldsymbol{I})\boldsymbol{B}=6\boldsymbol{I}$.故

$$\boldsymbol{B}=6(\boldsymbol{A}^{-1}-\boldsymbol{I})^{-1}=6\left(\begin{pmatrix}3&&\\&4&\\&&7\end{pmatrix}-\begin{pmatrix}1&&\\&1&\\&&1\end{pmatrix}\right)^{-1}=\begin{pmatrix}3&&\\&2&\\&&1\end{pmatrix}$$

题 11 已知 $\boldsymbol{AB}-\boldsymbol{B}=\boldsymbol{A}$,其中 $\boldsymbol{B}=\begin{pmatrix}1&-2&0\\2&1&0\\0&0&2\end{pmatrix}$,则 $\boldsymbol{A}=$________.

解 由设 $\boldsymbol{AB}-\boldsymbol{B}=\boldsymbol{A}$,有 $\boldsymbol{AB}-\boldsymbol{A}-\boldsymbol{B}+\boldsymbol{E}=\boldsymbol{I}$,则 $(\boldsymbol{A}-\boldsymbol{I})(\boldsymbol{B}-\boldsymbol{I})=\boldsymbol{I}$.故

$$A=I+(B-I)^{-1}=I+\begin{pmatrix}1&-2&0\\2&0&0\\0&0&1\end{pmatrix}^{-1}=\begin{pmatrix}1&1/2&0\\-1/2&1&0\\0&0&2\end{pmatrix}$$

4. 涉及秩1矩阵求逆问题

题12 设n维向量$\boldsymbol{\alpha}=(a,0,\cdots,0,a)^{\mathrm T}$,其中$a<0$;又$\boldsymbol I$为$n$阶单位矩阵,且矩阵$\boldsymbol A=\boldsymbol I-\boldsymbol{\alpha\alpha}^{\mathrm T}$,$\boldsymbol B=\boldsymbol I+\frac{1}{a}\boldsymbol{\alpha\alpha}^{\mathrm T}$,其中$\boldsymbol A$的逆矩阵为$\boldsymbol B$,则$a=$________.

解 由题没$\boldsymbol{AB}=\boldsymbol I$,且注意到$\boldsymbol\alpha^{\mathrm T}\boldsymbol\alpha=2a^2$ 则

$$\boldsymbol{AB}=(I-\boldsymbol{\alpha\alpha}^{\mathrm T})(I+\frac{1}{a}\boldsymbol{\alpha\alpha}^{\mathrm T})=I-\boldsymbol{\alpha\alpha}^{\mathrm T}+\frac{1}{a}\boldsymbol{\alpha\alpha}^{\mathrm T}-\frac{1}{a}\boldsymbol{\alpha\alpha}^{\mathrm T}\cdot\boldsymbol{\alpha\alpha}^{\mathrm T}=I-\boldsymbol{\alpha\alpha}^{\mathrm T}+\frac{1}{a}\boldsymbol{\alpha\alpha}^{\mathrm T}-\frac{1}{a}\boldsymbol\alpha(\boldsymbol\alpha^{\mathrm T}\boldsymbol\alpha)\boldsymbol\alpha^{\mathrm T}=$$

$$I-\boldsymbol{\alpha\alpha}^{\mathrm T}+\frac{1}{a}\boldsymbol{\alpha\alpha}^{\mathrm T}-2a\boldsymbol{\alpha\alpha}^{\mathrm T}=I+(-1-2a+\frac{1}{a})\boldsymbol{\alpha\alpha}^{\mathrm T}$$

又$\boldsymbol{AB}=\boldsymbol I$,于是有$-1-2a+\frac{1}{a}=0$,即$2a^2+a-1=0$,解得$a=\frac{1}{2}$,$a=-1$.由于$a<0$,故$a=-1$.

注 我们再强调一下:对于列向量$\boldsymbol\alpha$来讲,必须清楚$\boldsymbol{\alpha\alpha}^{\mathrm T}$为矩阵,而$\boldsymbol\alpha^{\mathrm T}\boldsymbol\alpha$为数.又$\boldsymbol{\alpha\alpha}^{\mathrm T}$即为我们前文提到的秩1矩阵.

题13 设$\boldsymbol\alpha$为3维列向量,若$\boldsymbol{\alpha\alpha}^{\mathrm T}=\begin{pmatrix}1&-1&1\\-1&1&-1\\1&-1&1\end{pmatrix}$,则$\boldsymbol\alpha^{\mathrm T}\boldsymbol\alpha=$________.

解1 由题设直接计算有

$$(\boldsymbol{\alpha\alpha}^{\mathrm T})^2=\begin{pmatrix}1&-1&1\\-1&1&-1\\1&-1&1\end{pmatrix}^2=\begin{pmatrix}3&-3&3\\-3&3&-3\\3&-3&3\end{pmatrix}=3\begin{pmatrix}1&-1&1\\-1&1&-1\\1&-1&1\end{pmatrix}=3\boldsymbol{\alpha\alpha}^{\mathrm T}$$

又

$$(\boldsymbol{\alpha\alpha}^{\mathrm T})^2=(\boldsymbol{\alpha\alpha}^{\mathrm T})(\boldsymbol{\alpha\alpha}^{\mathrm T})=\boldsymbol\alpha(\boldsymbol\alpha^{\mathrm T}\boldsymbol\alpha)\boldsymbol\alpha^{\mathrm T}=\boldsymbol\alpha^{\mathrm T}\boldsymbol\alpha(\boldsymbol{\alpha\alpha}^{\mathrm T})=(\boldsymbol\alpha^{\mathrm T}\boldsymbol\alpha)\boldsymbol{\alpha\alpha}^{\mathrm T}$$

以上两式比较则$\boldsymbol\alpha^{\mathrm T}\boldsymbol\alpha=3$.

解2 由题设$\boldsymbol\alpha$是3维列向量,且$\boldsymbol{\alpha\alpha}^{\mathrm T}=\begin{pmatrix}1&-1&1\\-1&1&-1\\1&-1&1\end{pmatrix}$,故知$\boldsymbol\alpha=\begin{pmatrix}1\\-1\\1\end{pmatrix}$.则

$$\boldsymbol\alpha^{\mathrm T}\boldsymbol\alpha=(1,-1,1)(1,-1,1)^{\mathrm T}=(1,-1,1)\begin{pmatrix}1\\-1\\1\end{pmatrix}=3$$

题14 设矩阵$\boldsymbol B=\boldsymbol{a\alpha}^{\mathrm T}$,其中$\boldsymbol\alpha=(a_1,a_2,\cdots,a_n)^{\mathrm T}$,这里$a_i$ $(i=1,2,\cdots,n)$为非零实数.又若$\boldsymbol B^k=c\boldsymbol B$,则数$c$($k$为正整数)=________.

解 由题设考虑$\boldsymbol B$的方幂可有

$$\boldsymbol B^k=\underbrace{(\boldsymbol{\alpha\alpha}^{\mathrm T})(\boldsymbol{\alpha\alpha}^{\mathrm T})\cdots(\boldsymbol{\alpha\alpha}^{\mathrm T})}_{k个}=\boldsymbol\alpha\underbrace{(\boldsymbol\alpha^{\mathrm T}\boldsymbol\alpha)(\boldsymbol\alpha^{\mathrm T}\boldsymbol\alpha)\cdots(\boldsymbol\alpha^{\mathrm T}\boldsymbol\alpha)}_{k-1个}\boldsymbol\alpha^{\mathrm T}=(\boldsymbol\alpha^{\mathrm T}\boldsymbol\alpha)^{k-1}\boldsymbol{\alpha\alpha}^{\mathrm T}=\Big(\sum_{i=1}^n a_i^2\Big)^{k-1}\boldsymbol B$$

故

$$c=\sum_{i=1}^n {a_i}^2$$

注意到这里$\boldsymbol{\alpha\alpha}^{\mathrm T}$为矩阵,而$\boldsymbol\alpha^{\mathrm T}\boldsymbol\alpha$为数.

题15 设向量$\boldsymbol\alpha,\boldsymbol\beta\in\mathbf R^{3\times1}$,又矩阵$\boldsymbol{\alpha\beta}^{\mathrm T}\sim\mathrm{diag}\{2,0,0\}$,则$\boldsymbol\beta^{\mathrm T}\boldsymbol\alpha=$________。

解 注意到 $\boldsymbol{\beta}^{\mathrm{T}}\boldsymbol{\alpha}=\mathrm{Tr}(\boldsymbol{\alpha}\boldsymbol{\beta}^{\mathrm{T}})$,又相似矩阵对角线元素和相当,故

$$\boldsymbol{\beta}^{\mathrm{T}}\boldsymbol{\alpha}=\mathrm{Tr}(\boldsymbol{\alpha}\boldsymbol{\beta}^{\mathrm{T}})=\mathrm{Tr}(\mathrm{diag}\{2,0,0\})=2$$

(三)涉及伴随矩阵 A^* 的问题

题 1 设矩阵 $\boldsymbol{A}=\begin{pmatrix}1&0&0\\2&2&0\\3&4&5\end{pmatrix}$,$\boldsymbol{A}^*$ 是 $\boldsymbol{A}$ 的伴随矩阵,则$(\boldsymbol{A}^*)^{-1}=$________.

解 因为$|\boldsymbol{A}|=10\neq0$,所以 $\boldsymbol{A}$ 可逆,又 $\boldsymbol{A}^*=|\boldsymbol{A}|\boldsymbol{A}^{-1}$,则

$$(\boldsymbol{A}^*)^{-1}=(|\boldsymbol{A}|\boldsymbol{A}^{-1})^{-1}=\frac{\boldsymbol{A}}{|\boldsymbol{A}|}=\begin{pmatrix}1/10&0&0\\1/5&1/5&0\\3/10&2/5&1/2\end{pmatrix}$$

注 1 前文我们多次指出:对满秩矩阵而言,$\boldsymbol{A}^*$ 与 $\boldsymbol{A}^{-1}$ 仅差一个常数$|\boldsymbol{A}|$,故把它们视为等同.这样做对解题来讲会带来极大方便.

注 2 求$(\boldsymbol{A}^{-1})^{-1}$谁也不会先求 $\boldsymbol{A}$ 的逆 $\boldsymbol{A}^{-1}$,再求 $\boldsymbol{A}^{-1}$ 的逆$(\boldsymbol{A}^{-1})^{-1}$,若熟知 $\boldsymbol{A}^*=|\boldsymbol{A}|\boldsymbol{A}^{-1}$,这类问题便迎刃而解了.

下面的诸题与实质上本例无异(仿例的方法可解).

(1) 若矩阵 $\boldsymbol{A}=\begin{pmatrix}1&1&1\\1&2&1\\1&1&3\end{pmatrix}$,求$(\boldsymbol{A}^*)^{-1}$.

答案 仿例解法可有

$$(\boldsymbol{A}^*)^{-1}=(|\boldsymbol{A}|\boldsymbol{A}^{-1})^{-1}=\begin{pmatrix}5&-2&-1\\-2&2&0\\-1&0&1\end{pmatrix}$$

(2) 若 $\boldsymbol{A}=\frac{1}{2}\begin{pmatrix}2&0&0\\0&1&3\\0&2&5\end{pmatrix}$,求$(\boldsymbol{A}^*)^{-1}$.

题 2 设矩阵 $\boldsymbol{A},\boldsymbol{B}$ 满足 $\boldsymbol{A}^*\boldsymbol{B}\boldsymbol{A}=2\boldsymbol{B}\boldsymbol{A}-8\boldsymbol{I}$.其中 $\boldsymbol{A}=\begin{pmatrix}1&0&0\\0&-2&0\\0&0&1\end{pmatrix}$;$\boldsymbol{I}$ 为单位矩阵,又 $\boldsymbol{A}^*$ 为 $\boldsymbol{A}$ 的伴随矩阵,则 $\boldsymbol{B}=$________.

解 将题设式 $\boldsymbol{A}^*\boldsymbol{B}\boldsymbol{A}=2\boldsymbol{B}\boldsymbol{A}-8\boldsymbol{I}$ 两边右乘 $\boldsymbol{A}^{-1}$ 得 $\boldsymbol{A}^*\boldsymbol{B}=2\boldsymbol{B}-8\boldsymbol{A}^{-1}$,再左乘 $\boldsymbol{A}$ 有

$$|\boldsymbol{A}|\boldsymbol{B}-2\boldsymbol{A}\boldsymbol{B}=-8\boldsymbol{I}$$

即

$$(|\boldsymbol{A}|\boldsymbol{I}-2\boldsymbol{A})\boldsymbol{B}=8\boldsymbol{I}$$

注意到$|\boldsymbol{A}|=-2$,及对角阵求逆结论故有

$$\boldsymbol{B}=-8(|\boldsymbol{A}|\boldsymbol{I}-2\boldsymbol{A})^{-1}=-8\left(\begin{pmatrix}-2&&\\&-2&\\&&-2\end{pmatrix}-2\begin{pmatrix}1&&\\&-2&\\&&1\end{pmatrix}\right)^{-1}=$$

$$-8\begin{pmatrix}-4&&\\&2&\\&&-4\end{pmatrix}^{-1}=\begin{pmatrix}2&&\\&-4&\\&&2\end{pmatrix}$$

(四)关于矩阵的幂

这类问题上文已有介绍.再看几个具体的例子.

题 1　已知 $\boldsymbol{\alpha}=(1,2,3)$,$\boldsymbol{\beta}=(1,\frac{1}{2},\frac{1}{3})$,设 $\boldsymbol{A}=\boldsymbol{\alpha}^{\mathrm{T}}\boldsymbol{\beta}$,则 $\boldsymbol{A}^n=$________.

解　由题设且注意到 $\boldsymbol{\beta\alpha}^{\mathrm{T}}=3$(是数),同时 $\boldsymbol{\alpha}^{\mathrm{T}}\boldsymbol{\beta}=\begin{pmatrix}1&1/2&1/3\\2&1&2/3\\3&3/2&1\end{pmatrix}$(是矩阵),则

$$\boldsymbol{A}^n=\underbrace{(\boldsymbol{\alpha}^{\mathrm{T}}\boldsymbol{\beta})(\boldsymbol{\alpha}^{\mathrm{T}}\boldsymbol{\beta})\cdots(\boldsymbol{\alpha}^{\mathrm{T}}\boldsymbol{\beta})}_{\text{共}n\text{个}}=\boldsymbol{\alpha}^{\mathrm{T}}\underbrace{(\boldsymbol{\beta\alpha}^{\mathrm{T}})(\boldsymbol{\beta\alpha}^{\mathrm{T}})\cdots(\boldsymbol{\beta\alpha}^{\mathrm{T}})}_{\text{共}n\text{个}}\boldsymbol{\beta}=3^{n-1}(\boldsymbol{\alpha}^{\mathrm{T}}\boldsymbol{\beta})=3^{n-1}\begin{pmatrix}1&1/2&1/3\\2&1&2/3\\3&3/2&1\end{pmatrix}$$

题 2　若上三角矩阵 $\boldsymbol{A}=\begin{pmatrix}1&\alpha&\beta\\0&1&\alpha\\0&0&1\end{pmatrix}$,则 $\boldsymbol{A}^3=$________.

解　直接验算不难有

$$\boldsymbol{A}^2=\begin{pmatrix}1&\alpha&\beta\\0&1&\alpha\\0&0&1\end{pmatrix}\begin{pmatrix}1&\alpha&\beta\\0&1&\alpha\\0&0&1\end{pmatrix}=\begin{pmatrix}1&2\alpha&\alpha^2+2\beta\\0&0&2\alpha\\0&0&1\end{pmatrix}$$

$$\boldsymbol{A}^3=\boldsymbol{A}^2\cdot\boldsymbol{A}=\begin{pmatrix}1&2\alpha&\alpha^2+2\beta\\0&0&2\alpha\\0&0&1\end{pmatrix}=\begin{pmatrix}1&\alpha&\beta\\0&1&\alpha\\0&0&1\end{pmatrix}=\begin{pmatrix}1&3\alpha&3\alpha^2+3\beta\\0&1&3\alpha\\0&0&1\end{pmatrix}=$$

$$\begin{pmatrix}1&3\alpha&(1+2)\alpha^2+3\beta\\0&1&3\alpha\\0&0&1\end{pmatrix}=\begin{pmatrix}1&3\alpha&C_3^2\alpha^2+3\beta\\0&1&3\alpha\\0&0&1\end{pmatrix}$$

注　前文已述:由矩阵理论知,实矩阵皆可与约当 Jordan 分块对角矩阵相似,这为我们计算矩阵方幂带来方便.

特别的,当 $\boldsymbol{A}$ 是 Jordan 标准形:即当 $\boldsymbol{A}=\begin{pmatrix}\lambda&1&&&\\&\lambda&1&&\\&&\ddots&\ddots&\\&&&\lambda&1\\&&&&\lambda\end{pmatrix}_{k\times k}$ 时,可有

$$\boldsymbol{A}^k=\begin{pmatrix}\lambda^k&C_k^1\lambda^{k-1}&C_k^2\lambda^{k-2}&\cdots&C_k^{k-1}\lambda\\&\lambda^k&C_k^1\lambda^{k-1}&\cdots&C_k^{k-2}\lambda^2\\&&\ddots&\ddots&\vdots\\&&&\lambda^k&C_k^1\lambda^{k-1}\\&&&&\lambda^k\end{pmatrix}$$

上例是上三角矩阵方幂问题,下面来看一个下三角矩阵方幂计算的例.

题 3　若下三角矩阵 $\boldsymbol{A}=\begin{pmatrix}0&&\\1&0&\boldsymbol{O}\\1&1&1\end{pmatrix}$,则 $\boldsymbol{A}^{100}=$________.

解　由题设可算得 $\boldsymbol{A}^2=\begin{pmatrix}0&&\\0&0&\boldsymbol{O}\\0&1&1\end{pmatrix}$,且注意到

$$\boldsymbol{A}^4=(\boldsymbol{A}^2)^2=\boldsymbol{A}^2,\quad \boldsymbol{A}^{10}=(\boldsymbol{A}^2)^5=\boldsymbol{A}^2\cdot\boldsymbol{A}^4=\boldsymbol{A}^2$$

从而

$$A^{100}=(A^2)^{50}=\{[(A^2)^5]^5\}^2=A^2$$

注 这是一则普通矩阵方幂运算问题,化为矩阵特征问题则稍繁.

题 4 设矩阵 $A=\begin{pmatrix}1&0&1\\0&2&0\\1&0&1\end{pmatrix}$,而当 $n\geqslant 2$ 为正整数时,则 $f(A)=A^n-2A^{n-1}=$________.

解 注意到当 $n=2$ 时,有

$$A^2-2A=\begin{pmatrix}1&0&1\\0&2&0\\1&0&1\end{pmatrix}^2-2\begin{pmatrix}1&0&1\\0&2&0\\1&0&1\end{pmatrix}=\begin{pmatrix}0&0&0\\0&0&0\\0&0&0\end{pmatrix}=O$$

因而当 $n>2$ 时,有

$$f(A)=A^{n-2}(A^2-2A)=A^{n-2}\cdot O=O$$

故综上 $n\geqslant 2$ 时,有

$$f(A)=A^n-2A^{n-1}=O$$

如前文所说,矩阵的方幂计算,除了上面两种情况和方法外,还有一种就是利用相似变换,比如要计算 A^n,若 $A\sim B$ 即有 P 使 $A=P^{-1}BP$,而 B^n 容易计算,则

$$A^n=(P^{-1}BP)^n=(P^{-1}BP)(P^{-1}BP)\cdots(P^{-1}BP)=P^{-1}B^nP$$

总之计算 A 的方幂常有四种方法:

①若 $A=\alpha^T\beta$,则 $A^n=(\beta\alpha^T)^{n-1}\alpha^T\beta=(\beta\alpha^T)^{n-1}A$;

②若 $A^k=O$,则 $A^{k+m}=O$(m 非负整数);

③若 $A=P^{-1}BP$,则 $A^n=P^{-1}B^nP$;

④先试算总结一般规律,然后证明它(多用数学归纳法).

(五)矩阵相似

题 1 设 $\alpha=(1,1,1)^T$,$\beta=(1,0,k)^T$.若矩阵 $\alpha\beta^T$ 相似于矩阵 $\mathrm{diag}\{3,0,0\}$.则 $k=$________,$\beta^T\alpha=$________.

解 因相似矩阵迹 Tr 相等(特征根之和).故 $\mathrm{Tr}(\alpha\beta^T)=\beta^T\alpha=1+k=3$,从而 $k=2$,且 $\beta^T\alpha=3$.

三、向量空间

涉及向量问题的填空题型常有:①求向量组的秩;②判断向量的相关性;③求向量组的基底、在另外基下的坐标和过渡矩阵等.

(一)向量组的秩

题 1 已知向量组 $\alpha_1=(1,2,3,4)$,$\alpha_2=(2,3,4,5)$,$\alpha_3=(3,4,5,6)$,$\alpha_4=(4,5,6,7)$,则该向量组的秩是________.

解 向量组的秩化为矩阵处理是方便的.令 $A=(\alpha_1^T,\alpha_2^T,\alpha_3^T,\alpha_4^T)$,并对 A 施以行初等变换,有

$$A=\begin{pmatrix}1&2&3&4\\2&3&4&5\\3&4&5&6\\4&5&6&7\end{pmatrix}\to\begin{pmatrix}1&2&3&4\\0&-1&-2&-3\\0&-2&-4&-6\\0&-3&-6&-9\end{pmatrix}\to\begin{pmatrix}1&2&3&4\\0&-1&-2&-3\\0&0&0&0\\0&0&0&0\end{pmatrix}$$

由最后矩阵知 A 的秩为 $r(A)=2$,即向量组 $\alpha_1,\alpha_2,\alpha_3,\alpha_4$ 的秩为 2.

题 2 已知向量组 $\alpha_1=(1,2,-1,1)$,$\alpha_2=(2,0,t,0)$,$\alpha_3=(0,-4,5,-2)$的秩为 2,则 $t=$________.

解 由矩阵 $A=\begin{pmatrix}\alpha_1\\\alpha_2\\\alpha_3\end{pmatrix}=\begin{pmatrix}1&2&-1&1\\2&0&t&0\\0&-4&5&-2\end{pmatrix}$ 的一个二阶子式行列式 $D=\begin{vmatrix}1&2\\2&0\end{vmatrix}\neq 0$,

又含D的A的三阶子式的行列式$\begin{vmatrix}1&2&-1\\2&0&t\\0&-4&5\end{vmatrix}=0$,可得$4t-12=0$,

由此解得$t=3$.

(二)向量组的线性相关与无关

题1 设三阶矩阵$\boldsymbol{A}=\begin{pmatrix}1&2&-2\\2&1&2\\3&0&4\end{pmatrix}$,三维列向量$\boldsymbol{\alpha}=(a,1,1)^{\mathrm{T}}$.已知$\boldsymbol{A\alpha}$与$\boldsymbol{\alpha}$线性相关,则$a=$________.

解 由$\boldsymbol{A\alpha}=\begin{pmatrix}1&2&-2\\2&1&2\\3&0&4\end{pmatrix}\begin{pmatrix}a\\1\\1\end{pmatrix}=\begin{pmatrix}a\\2a+3\\3a+4\end{pmatrix}$与$\boldsymbol{\alpha}=\begin{pmatrix}a\\1\\1\end{pmatrix}$线性相关$\Longleftrightarrow$其相应分量成比例.这样有$\frac{a}{a}=\frac{2a+3}{1}=\frac{3a+4}{1}$,解得$a=-1$.

题2 设向量组$\boldsymbol{\alpha}_1=(a,0,c)$,$\boldsymbol{\alpha}_2=(b,c,0)$,$\boldsymbol{\alpha}_3=(0,a,b)$线性无关,则$a,b,c$必满足关系式________.

解 注意到$\det(\boldsymbol{\alpha}_1^{\mathrm{T}},\boldsymbol{\alpha}_2^{\mathrm{T}},\boldsymbol{\alpha}_3^{\mathrm{T}})=\begin{vmatrix}a&b&0\\0&c&a\\c&0&b\end{vmatrix}=2abc$,由题设$\boldsymbol{\alpha}_1,\boldsymbol{\alpha}_2,\boldsymbol{\alpha}_3$线性无关,故$abc\neq0$.

(三)向量空间

这类问题常涉及基底、坐标、过渡矩阵等.

题1 设$\boldsymbol{\alpha}_1=(1,2,-1,0)^{\mathrm{T}}$,$\boldsymbol{\alpha}_2=(1,1,0,2)^{\mathrm{T}}$,$\boldsymbol{\alpha}_3=(2,1,1,a)^{\mathrm{T}}$.若由$\boldsymbol{\alpha}_1,\boldsymbol{\alpha}_2,\boldsymbol{\alpha}_3$所形成的向量空间维数为2,则$a=$________.

解 若由$\boldsymbol{\alpha}_1,\boldsymbol{\alpha}_2,\boldsymbol{\alpha}_3$所形成的向量空间维数为2,即向量组$\boldsymbol{\alpha}_1,\boldsymbol{\alpha}_2,\boldsymbol{\alpha}_3$的秩为2,这样考虑由它们形成的矩阵经初等变换可化为

$$\begin{pmatrix}1&2&-1&0\\1&1&0&2\\2&1&1&a\end{pmatrix}\to\begin{pmatrix}1&0&0&0\\1&1&1&2\\2&3&3&a\end{pmatrix}\to\begin{pmatrix}1&0&0&0\\1&1&0&0\\2&3&a-6&0\end{pmatrix}$$

故当$a=6$时,上矩阵秩为2,从而$a=6$时由$\boldsymbol{\alpha}_1,\boldsymbol{\alpha}_2,\boldsymbol{\alpha}_3$形成的向量空间维数为2.

题2 已知向量组(Ⅰ):$\boldsymbol{\beta}_1=(0,1,-1)^{\mathrm{T}}$,$\boldsymbol{\beta}_2=(a,2,1)^{\mathrm{T}}$,$\boldsymbol{\beta}_3,=(b,1,0)^{\mathrm{T}}$;向量组(Ⅱ):$\boldsymbol{\alpha}_1=(1,2,-3)^{\mathrm{T}}$,$\boldsymbol{\alpha}_2=(3,0,1)^{\mathrm{T}}$,$\boldsymbol{\alpha}_3=(9,6,-7)^{\mathrm{T}}$.又两向量组的秩r(Ⅰ)=r(Ⅱ),若$\boldsymbol{\beta}_3$可由$\boldsymbol{\alpha}_1,\boldsymbol{\alpha}_2,\boldsymbol{\alpha}_3$线性表出,则$a,b$的值为________.

解 今考虑由$\boldsymbol{\alpha}_1,\boldsymbol{\alpha}_2,\boldsymbol{\alpha}_3$和$\boldsymbol{\beta}_1,\boldsymbol{\beta}_2,\boldsymbol{\beta}_3$组成的矩阵分别为$\boldsymbol{A},\boldsymbol{B}$,且设$\overline{\boldsymbol{A}}=(\boldsymbol{\alpha}_1,\boldsymbol{\alpha}_2,\boldsymbol{\alpha}_3 \vdots \boldsymbol{\beta}_3)$经行初等变换可化为

$$(\boldsymbol{\alpha}_1,\boldsymbol{\alpha}_2,\boldsymbol{\alpha}_3,\boldsymbol{\beta}_3)=\left(\begin{array}{ccc:c}1&3&9&b\\0&1&2&1\\0&0&0&0\end{array}\right)\to\left(\begin{array}{ccc:c}1&3&9&b\\0&1&2&(2b-1)/6\\0&0&0&(5-b)/10\end{array}\right)$$

若向量$\boldsymbol{\beta}\leftarrow\{\boldsymbol{\alpha}_1,\boldsymbol{\alpha}_2,\boldsymbol{\alpha}_3\}$,即$\boldsymbol{Ax}=\boldsymbol{\beta}$有非$\boldsymbol{0}$解,则$\mathrm{r}(\overline{\boldsymbol{A}})=\mathrm{r}(\boldsymbol{A})$.知$\frac{1}{10}(5-b)=0$,得$b=5$.

又由上推演知$|\boldsymbol{A}|=0$,从而知$|\boldsymbol{B}|=0$,得$a=3b$,故$a=15,b=5$.

题3 已知三维线性空间的一组基底为$\boldsymbol{\alpha}_1=(1,1,0)$,$\boldsymbol{\alpha}_2=(1,0,1)$,$\boldsymbol{\alpha}_3=(0,1,1)$,则向量$\boldsymbol{u}=(2,0,0)$在上述基底下的坐标是________.

解 设所求坐标为(u_1,u_2,u_3),则有$\boldsymbol{u}=u_1\boldsymbol{\alpha}_1+u_2\boldsymbol{\alpha}_2+u_3\boldsymbol{\alpha}_3$,即

$$\begin{cases}u_1+u_2=2 & ①\\ u_1+u_3=0 & ②\\ u_2+u_3=0 & ③\end{cases}$$

式②一式③得$u_1=u_2$,再由式①解得$u_1=u_2=1,u_3=-1$.故所求基底下向量$\boldsymbol{u}$的坐标是$(1,-1,1)$.

题 4 从$\mathbf{R}^2$的基$\boldsymbol{\alpha}_1=\begin{pmatrix}1\\0\end{pmatrix},\boldsymbol{\alpha}_2=\begin{pmatrix}1\\-1\end{pmatrix}$到基$\boldsymbol{\beta}_1=\begin{pmatrix}1\\1\end{pmatrix},\boldsymbol{\beta}_2=\begin{pmatrix}1\\2\end{pmatrix}$的过渡矩阵为________.

解 在n维向量空间$\mathbf{R}^n$中,从基$\boldsymbol{\alpha}_1,\boldsymbol{\alpha}_2,\cdots,\boldsymbol{\alpha}_n$到基$\boldsymbol{\beta}_1,\boldsymbol{\beta}_2,\cdots,\boldsymbol{\beta}_n$的过渡矩阵$\boldsymbol{P}$满足$(\boldsymbol{\beta}_1,\boldsymbol{\beta}_2,\cdots,\boldsymbol{\beta}_n)=(\boldsymbol{\alpha}_1,\boldsymbol{\alpha}_2,\cdots,\boldsymbol{\alpha}_n)\boldsymbol{P}$,因此过渡矩阵$\boldsymbol{P}$为

$$\boldsymbol{P}=(\boldsymbol{\alpha}_1,\boldsymbol{\alpha}_2,\cdots,\boldsymbol{\alpha}_n)^{-1}(\boldsymbol{\beta}_1,\boldsymbol{\beta}_2,\cdots,\boldsymbol{\beta}_n)$$

则从$\mathbf{R}^2$的基$\boldsymbol{\alpha}_1=\begin{pmatrix}1\\0\end{pmatrix},\boldsymbol{\alpha}_2=\begin{pmatrix}1\\-1\end{pmatrix}$到基$\boldsymbol{\beta}_1=\begin{pmatrix}1\\1\end{pmatrix},\boldsymbol{\beta}_2=\begin{pmatrix}1\\2\end{pmatrix}$的过渡矩阵为

$$\boldsymbol{P}=(\boldsymbol{\alpha}_1,\boldsymbol{\alpha}_2)^{-1}(\boldsymbol{\beta}_1,\boldsymbol{\beta}_2)=\begin{pmatrix}1&1\\0&-1\end{pmatrix}^{-1}\begin{pmatrix}1&1\\1&2\end{pmatrix}=\begin{pmatrix}1&1\\0&-1\end{pmatrix}\begin{pmatrix}1&1\\1&2\end{pmatrix}=\begin{pmatrix}2&3\\-1&-2\end{pmatrix}$$

题 5 设$\mathscr{T}$为$\mathbf{R}^3\to\mathbf{R}^3$的线性变换,又$\mathscr{T}$关于基$\boldsymbol{\varepsilon}_1,\boldsymbol{\varepsilon}_2,\boldsymbol{\varepsilon}_3$的矩阵为

$$\boldsymbol{A}=\begin{pmatrix}\alpha_{11}&\alpha_{12}&\alpha_{13}\\\alpha_{21}&\alpha_{22}&\alpha_{23}\\\alpha_{31}&\alpha_{32}&\alpha_{33}\end{pmatrix}$$

$\mathscr{T}$对于基$\boldsymbol{\varepsilon}_3,\boldsymbol{\varepsilon}_2,\boldsymbol{\varepsilon}_1$的矩阵是________.

解 (1)由$(\boldsymbol{\varepsilon}_3,\boldsymbol{\varepsilon}_2,\boldsymbol{\varepsilon}_1)=(\boldsymbol{\varepsilon}_1,\boldsymbol{\varepsilon}_2,\boldsymbol{\varepsilon}_3)\begin{pmatrix}0&0&1\\0&1&0\\1&0&0\end{pmatrix}$,可知所求过渡阵为$\boldsymbol{C}=\begin{pmatrix}0&0&1\\0&1&0\\1&0&0\end{pmatrix}$.由此可得$\boldsymbol{C}^{-1}=\begin{pmatrix}0&0&1\\0&1&0\\1&0&0\end{pmatrix}$,故$\mathscr{T}$对$\boldsymbol{\varepsilon}_3,\boldsymbol{\varepsilon}_2,\boldsymbol{\varepsilon}_1$的矩阵为

$$\boldsymbol{B}=\boldsymbol{C}^{-1}\boldsymbol{A}\boldsymbol{C}=\begin{pmatrix}\alpha_{33}&\alpha_{32}&\alpha_{31}\\\alpha_{23}&\alpha_{22}&\alpha_{21}\\\alpha_{13}&\alpha_{12}&\alpha_{11}\end{pmatrix}$$

四、线性方程组

线性方程组的填空题型常有:①方程组有无解的判定;②求方程组的特值或通解等.

(一)方程组有、无解及多解的判定

题 1 齐次线性方程组$\begin{cases}\lambda x_1+x_2+x_3=0,\\x_1+\lambda x_2+x_3=0,\\x_1+x_2+x_3=0\end{cases}$只有零解,则$\lambda$应满足的条件是________.

解 齐次线性方程组只有零解的充要条件是系数行列式不等于零,由行列式性质有

$$\begin{vmatrix}\lambda&1&1\\1&\lambda&1\\1&\lambda&1\end{vmatrix}=\begin{vmatrix}\lambda-1&0&0\\0&\lambda-1&0\\1&1&1\end{vmatrix}=(\lambda-1)^2\neq0$$

故当$\lambda\neq1$时,方程组只有零解.

题 2　若四元线性方程组$\begin{cases} x_1+x_2=-a_1 \\ x_2+x_3=a_2 \\ x_3+x_4=-a_3 \\ x_4+x_1=a_4 \end{cases}$有解，则题设常数 a_1,a_2,a_3,a_4 应满足条件________.

解　对增广矩阵 $\bar{\boldsymbol{A}}=[\boldsymbol{A}\vdots\boldsymbol{b}]$作初等行变换(第 4 行减去 1,3 行加上第 2 行)，使之化为阶梯形，其中 $\boldsymbol{A}$ 为方程组系数矩阵，$\boldsymbol{b}$ 为常数列.

$$\bar{\boldsymbol{A}}=\left(\begin{array}{cccc:c} 1 & 1 & 0 & 0 & -a_1 \\ 0 & 1 & 1 & 0 & a_2 \\ 0 & 0 & 1 & 1 & -a_3 \\ 1 & 0 & 0 & 1 & a_4 \end{array}\right) \longrightarrow \left(\begin{array}{cccc:c} 1 & 1 & 0 & 0 & -a_1 \\ 0 & 1 & 1 & 0 & a_2 \\ 0 & 0 & 1 & 1 & -a_3 \\ 0 & 0 & 0 & 0 & a_1+a_2+a_3+a_4 \end{array}\right)$$

依题意方程有解，则必有 $\mathrm{r}(\boldsymbol{A})=f(\bar{\boldsymbol{A}})$，因此 $a_1+a_2+a_3+a_4=0$.

题 3　设方程$\begin{pmatrix} a & 1 & 1 \\ 1 & a & 1 \\ 1 & 1 & a \end{pmatrix}\begin{pmatrix} x_1 \\ x_2 \\ x_3 \end{pmatrix}=\begin{pmatrix} 1 \\ 1 \\ -2 \end{pmatrix}$有无穷多个解，则 $a=$________.

解　方程组有无穷多解的充要条件是 $\mathrm{r}(\boldsymbol{A})=\mathrm{r}(\boldsymbol{A}\vdots\boldsymbol{b})<3$. 因此，令 $|\boldsymbol{A}|=0$，即

$$|\boldsymbol{A}|=\begin{vmatrix} a & 1 & 1 \\ 1 & a & 1 \\ 1 & 1 & a \end{vmatrix}\xlongequal[\text{第 1 列提}(a+2)]{2,3\text{ 列加到}}(a+2)\begin{vmatrix} 1 & 1 & 1 \\ 1 & a & 1 \\ 1 & 1 & a \end{vmatrix}\xlongequal[\text{减第 1 列}]{2,3\text{ 列}}(a+2)(a-1)^2=0$$

①当 $a=1$ 时，增广矩阵 $\bar{\boldsymbol{A}}$ 经第 2,3 行分别减去第 1 行后有

$$\bar{\boldsymbol{A}}=\left(\begin{array}{ccc:c} 1 & 1 & 1 & 1 \\ 1 & 1 & 1 & 1 \\ 1 & 1 & 1 & -2 \end{array}\right)\longrightarrow\left(\begin{array}{ccc:c} 1 & 1 & 1 & 1 \\ 0 & 0 & 0 & 0 \\ 0 & 0 & 0 & -3 \end{array}\right)$$

因为 $\mathrm{r}(\boldsymbol{A})=1\neq\mathrm{r}(\bar{\boldsymbol{A}})=2$，故方程组无解.

②当 $a=-2$ 时，$\bar{\boldsymbol{A}}$ 经第 2 行减第 1 行，第 3 行加 2 倍第 1 行，第 3 行再减去第 2 行后有

$$\bar{\boldsymbol{A}}=\left(\begin{array}{ccc:c} -2 & 1 & 1 & 1 \\ 1 & -2 & 1 & 1 \\ 1 & 1 & -2 & -2 \end{array}\right)\longrightarrow\left(\begin{array}{ccc:c} -2 & 1 & 1 & 1 \\ 3 & -3 & 0 & 0 \\ 0 & 0 & 0 & 0 \end{array}\right)$$

由此知 $\mathrm{r}(\boldsymbol{A})=\mathrm{r}(\bar{\boldsymbol{A}})=2$，方程组有无穷多解.

综上 $a=-2$ 时方程组有无穷解.

题 4　已知方程组$\begin{pmatrix} 1 & 2 & 1 \\ 2 & 3 & a+2 \\ 1 & a & 2 \end{pmatrix}\begin{pmatrix} x_1 \\ x_2 \\ x_3 \end{pmatrix}=\begin{pmatrix} 1 \\ 3 \\ 0 \end{pmatrix}$无解，则 $a=$________.

解　对增广矩阵 $\bar{\boldsymbol{A}}=(\boldsymbol{A}\vdots b)$作初等行变换，使之成为阶梯形

$$\bar{\boldsymbol{A}}=\left(\begin{array}{ccc:c} 1 & 2 & 1 & 1 \\ 2 & 3 & a+2 & 3 \\ 1 & a & -2 & 0 \end{array}\right)\rightarrow\left(\begin{array}{ccc:c} 1 & 2 & 1 & 1 \\ 0 & 1 & -a & -1 \\ 0 & 0 & a^2-2a-3 & a-3 \end{array}\right)$$

当 $a=-1$ 时，$a^2-2a-3=(a+1)(a-3)=0$，而 $a-3=-4$，则 $\mathrm{r}(\boldsymbol{A})=2\neq\mathrm{r}(\bar{\boldsymbol{A}})=3$，知方程组无解，故 $a=-1$.

题 5　已知 3 阶矩阵 $\boldsymbol{B}\neq\boldsymbol{O}$，且 $\boldsymbol{B}$ 的每一个列向量都是以下方程组的解

$$\begin{cases} x_1+2x_2-2x_3=0 \\ 2x_1-x_2+\lambda x_3=0 \\ 3x_1+x_2-x_3=0 \end{cases}$$

则 λ 的值为________.

解 将齐次线性方程组记为 $\boldsymbol{Ax}=\boldsymbol{0}$,并记 $\boldsymbol{B}=(\boldsymbol{\beta}_1,\boldsymbol{\beta}_2,\boldsymbol{\beta}_3)$,依题意 $\boldsymbol{\beta}_1,\boldsymbol{\beta}_2,\boldsymbol{\beta}_3$ 均为方程组的解,且不全为零,即 $\boldsymbol{Ax}=\boldsymbol{0}$ 有非零解.因而该方程组系数行列式为零,即

$$|\boldsymbol{A}|=\begin{vmatrix}1 & 2 & -2\\ 2 & -1 & \lambda\\ 3 & 1 & -1\end{vmatrix}=5(\lambda-1)=0$$

由之解得 $\lambda=1$.

(二)求方程组的特解和通解

题 1 n 阶矩阵 $\boldsymbol{A}$ 的各行元素之和均零,且 $\boldsymbol{A}$ 的秩为 $n-1$,则线性方程组 $\boldsymbol{Ax}=\boldsymbol{0}$ 的通解为______.

解 依题意,$\boldsymbol{Ax}=\boldsymbol{0}$ 解空间的维数为 $n-(n-1)=1$,并且 $(1,1,\cdots,1)^{\mathrm{T}}$ 是该线性齐次方程组的一个基础解系.则 $\boldsymbol{Ax}=\boldsymbol{0}$ 的通解为 $k(1,1,\cdots,1)^{\mathrm{T}}$.

题 2 设 $\boldsymbol{x}_1,\boldsymbol{x}_2,\boldsymbol{x}_3$ 是线性方程组 $\boldsymbol{Ax}=\boldsymbol{b}$ 的解,若 $c_1\boldsymbol{x}_1+c_2\boldsymbol{x}_2+c_3\boldsymbol{x}_3$ 也是 $\boldsymbol{Ax}=\boldsymbol{b}$ 的解,这里 $c_1,c_2,c_3\in\mathbf{R}$,则 $c_1+c_2+c_3=$________.

解 由题设及向量、矩阵、数乘规则,可有

$$\boldsymbol{A}(c_1\boldsymbol{x}_1+c_2\boldsymbol{x}_2+c_3\boldsymbol{x}_3)=c_1\boldsymbol{Ax}_1+c_2\boldsymbol{Ax}_2+c_3\boldsymbol{Ax}_3=c_1\boldsymbol{b}+c_2\boldsymbol{b}+c_3\boldsymbol{b}=(c_1+c_2+c_3)\boldsymbol{b}=\boldsymbol{b}$$

故 $c_1+c_2+c_3=1$.

注 *若题设改为 $c_1\boldsymbol{x}_1+c_2\boldsymbol{x}_2+c_3\boldsymbol{x}_3$ 是齐次方程组 $\boldsymbol{Ax}=\boldsymbol{0}$ 的解,则显然知 $c_1+c_2+c_3=0$.这个结还可推广到一般情形(即 k 个解的情形)*

题 3 设 $\boldsymbol{A}=(a_{ij})_{3\times3}$ 是实正交矩阵,且 $a_{11}=1$,$\boldsymbol{b}=(1,0,0)^{\mathrm{T}}$,则线性方程组 $\boldsymbol{Ax}=\boldsymbol{b}$ 的解是______.

解 利用正交矩阵的性质即可.由题设 $\boldsymbol{Ax}=\boldsymbol{b}$ 可有 $\boldsymbol{x}=\boldsymbol{A}^{-1}\boldsymbol{b}$.

而且 $\boldsymbol{A}=(a_{ij})_{3\times3}$ 是实正交矩阵,于是 $\boldsymbol{A}^{\mathrm{T}}=\boldsymbol{A}^{-1}$,$\boldsymbol{A}$ 的每一个行(列)向量均为单位向量,所以

$$\boldsymbol{x}=\boldsymbol{A}^{-1}\boldsymbol{b}=\boldsymbol{A}^{\mathrm{T}}\boldsymbol{b}=\begin{pmatrix}a_{11}\\ a_{12}\\ a_{13}\end{pmatrix}=\begin{pmatrix}1\\0\\0\end{pmatrix}$$

题 4 设 $\boldsymbol{A}=\begin{pmatrix}1 & 1 & 1 & \cdots & 1\\ a_1 & a_2 & a_3 & \cdots & a_n\\ a_1^2 & a_2^2 & a_3^2 & \cdots & a_n^2\\ \vdots & \vdots & \vdots & & \vdots\\ a_1^{n-1} & a_2^{n-1} & a_3^{n-1} & \cdots & a_n^{n-1}\end{pmatrix}$,又 $\boldsymbol{x}=\begin{pmatrix}x_1\\x_2\\x_3\\ \vdots\\ x_n\end{pmatrix}$,$\boldsymbol{b}=\begin{pmatrix}1\\1\\1\\ \vdots\\ 1\end{pmatrix}$,其中 $a_i\neq a_j(i\neq j;i,j=1,2,\cdots,n)$,则线性方程组 $\boldsymbol{A}^{\mathrm{T}}\boldsymbol{x}=\boldsymbol{b}$ 的解是 $\boldsymbol{x}=$________.

解 $|\boldsymbol{A}|$ 是范得蒙行列式,则 $|\boldsymbol{A}^{\mathrm{T}}|=|\boldsymbol{A}|\neq0$,故方程组有唯一解.

据克莱姆法则,知 $\boldsymbol{x}=(1,0,0,\cdots,0)^{\mathrm{T}}$.

五、矩阵的特征值与特征向量

填空题中的矩阵特征问题,通常是求一些简单的特征值或特征向量两类.

(一)矩阵的特征值

题 1 设 n 阶矩阵 $\boldsymbol{A}$ 的元素全为 1,则 $\boldsymbol{A}$ 的 n 个特征值是________.

解 显然 $|\boldsymbol{A}-\lambda\boldsymbol{I}|$ 是我们在行列式一章中重点介绍的题型(将第 2～n 列加至第 1 列后提公因子等),故

$$|\boldsymbol{A}-\lambda\boldsymbol{I}|=\begin{vmatrix}1-\lambda & 1 & \cdots & 1\\ 1 & 1-\lambda & \cdots & 1\\ \vdots & \vdots & & \vdots\\ 1 & 1 & \cdots & 1-\lambda\end{vmatrix}=(n-\lambda)\begin{vmatrix}1 & 1 & \cdots & 1\\ 1 & 1-\lambda & \cdots & 1\\ \vdots & \vdots & & \vdots\\ 1 & 1 & \cdots & 1-\lambda\end{vmatrix}=$$

$$(n-\lambda)\begin{vmatrix}1 & 0 & \cdots & 0\\ 1 & -\lambda & \cdots & 0\\ \vdots & \vdots & & \vdots\\ 1 & 0 & \cdots & -\lambda\end{vmatrix}=(-1)^{n-1}(n-\lambda)\lambda^{n-1}$$

令$|\boldsymbol{A}-\lambda\boldsymbol{I}|=0$,得$\boldsymbol{A}$的$n$个特征值$n,0,\cdots,0(n-1$重$0)$.

下面的问题是本题的特例与变形.问题另外的解法可见后文(计算矩阵特征向量问题)

题 2　矩阵$\boldsymbol{A}=\begin{pmatrix}3 & 3 & 3 & 3\\ 3 & 3 & 3 & 3\\ 3 & 3 & 3 & 3\\ 3 & 3 & 3 & 3\end{pmatrix}$的非零特征值是________.

解　仿上题计算知$\boldsymbol{A}$的特征方程为(计算方法见前文)

$$|\boldsymbol{A}-\lambda\boldsymbol{I}|=|\boldsymbol{A}-\lambda\boldsymbol{I}|=|\boldsymbol{PAP}^{-1}-\lambda\boldsymbol{I}|=\left|\begin{pmatrix}12 & 0 & 0 & 0\\ 0 & 0 & 0 & 0\\ 0 & 0 & 0 & 0\\ 0 & 0 & 0 & 0\end{pmatrix}-\lambda\boldsymbol{I}\right|=(-1)^3(12-\lambda)\lambda^3=0$$

这里$\boldsymbol{P}$是初等变换矩阵之积,由此知$\boldsymbol{A}$的非零特征值是 12.

注　显然下面的问题上例无异,它们均出现在考研试题中.

问题　矩阵$\boldsymbol{A}=\begin{pmatrix}1 & 1 & 1 & 1\\ 1 & 1 & 1 & 1\\ 1 & 1 & 1 & 1\\ 1 & 1 & 1 & 1\end{pmatrix}$的非零特征值是________.

解　$\boldsymbol{A}$的特征方程为

$$|\boldsymbol{A}-\lambda\boldsymbol{I}|=\begin{vmatrix}1-\lambda & 1 & 1 & 1\\ 1 & 1-\lambda & 1 & 1\\ 1 & 1 & 1-\lambda & 1\\ 1 & 1 & 1 & 1-\lambda\end{vmatrix}=0$$

用行元素相加法可求得$|\boldsymbol{A}-\lambda\boldsymbol{I}|=-(4-\lambda)\lambda^3$.由此知非零特征值是 4.

题 3　若$1,1,-5$是$\boldsymbol{A}\in\mathbf{R}^{3\times3}$的三个特征值,则$\boldsymbol{I}+\boldsymbol{A}^{-1}$的特征值分别是=________.

解　设$\boldsymbol{x}(\boldsymbol{x}\neq\boldsymbol{0})$是矩阵$\boldsymbol{A}$的特征值$\lambda$所对应的特征向量,则有$\boldsymbol{Ax}=\lambda\boldsymbol{x}$.这样可有$\boldsymbol{x}=\lambda\boldsymbol{A}^{-1}\boldsymbol{x}$,或$\boldsymbol{A}^{-1}\boldsymbol{x}=\dfrac{1}{\lambda}\boldsymbol{x}$,得

$$(\boldsymbol{I}+\boldsymbol{A}^{-1})\boldsymbol{x}=\left(1+\frac{1}{\lambda}\right)\boldsymbol{x}$$

由上式知,矩阵$\boldsymbol{I}+\boldsymbol{A}^{-1}$的特征值为$1+\dfrac{1}{\lambda}$,即$2,2,\dfrac{4}{5}$.

注　其实,结论由矩阵特征值的性质及判断,结果可以直接写出.

题 4　若向量$\boldsymbol{\alpha},\boldsymbol{\beta}\in\mathbf{R}^{3\times1}$,且$\boldsymbol{\alpha}^{\mathrm{T}}\boldsymbol{\beta}=2$,则矩阵$\boldsymbol{\beta\alpha}^{\mathrm{T}}$的非零特征值为________.

解　由题设$(\boldsymbol{\beta\alpha}^{\mathrm{T}})\boldsymbol{\beta}=\boldsymbol{\beta}(\boldsymbol{\alpha}^{\mathrm{T}}\boldsymbol{\beta})=2\boldsymbol{\beta}$,显然$\boldsymbol{\beta}$是$\boldsymbol{\beta\alpha}^{\mathrm{T}}$属于特征值 2 的特征向量.

又$\mathrm{r}(\boldsymbol{\beta\alpha}^{\mathrm{T}})=1$,故知$\boldsymbol{\beta\alpha}^{\mathrm{T}}$仅一个非零特征值,即$\lambda=2$.

注　若矩阵$\boldsymbol{A}\in\mathbf{R}^{n\times n}$,且$\mathrm{r}(\boldsymbol{A})=1$,则$\boldsymbol{A}$的特征多项式为$|\lambda\boldsymbol{I}-\boldsymbol{A}|=\lambda^n-\left(\sum\limits_{i=1}^{n}a_{ii}\right)\lambda^{n-1}$,故$\boldsymbol{A}$的非零特征值为$\lambda=\sum\limits_{i=1}^{n}a_{ii}=\mathrm{Tr}(\boldsymbol{A})$.

题 5 矩阵 $\boldsymbol{A}\in\mathbf{R}^{2\times2}$,又 $\boldsymbol{\alpha}_1,\boldsymbol{\alpha}_2\in\mathbf{R}^{2\times1}$,且 $\boldsymbol{A\alpha}_1=\boldsymbol{0},\boldsymbol{A\alpha}_2=2\boldsymbol{\alpha}_1+\boldsymbol{\alpha}_2$,则 $\boldsymbol{A}$ 的非零特征值为=________.

解 由题设 $\boldsymbol{A}(\boldsymbol{\alpha}_1,\boldsymbol{\alpha}_2)=\begin{pmatrix}0&0\\2&1\end{pmatrix}=(\boldsymbol{\alpha}_1,\boldsymbol{\alpha}_2)$知 $\mathrm{r}(\boldsymbol{A})=1$,从而 $\boldsymbol{A}$ 的非零特征值为 1.

下面也是一个求解具体矩阵非零特征值的例子.

题 6 矩阵 $\boldsymbol{A}=\begin{pmatrix}0&-2&-2\\2&2&-2\\-2&-2&2\end{pmatrix}$的非零特征值是________.

解 由题设矩阵的特征方程为$|\boldsymbol{A}-\lambda\boldsymbol{I}|$,再由行列式性质可有

$$|\boldsymbol{A}-\lambda\boldsymbol{I}|=\begin{vmatrix}-\lambda&-2&-2\\2&2-\lambda&-2\\-2&-2&2-\lambda\end{vmatrix}\xlongequal[\text{上第 3 列}]{\text{第 2 列加}}\begin{vmatrix}-\lambda&-2&-2\\0&-\lambda&-\lambda\\-2&-2&2-\lambda\end{vmatrix}\xlongequal[\text{第 2 列}]{\text{第 3 列减}}\begin{vmatrix}-\lambda&-2&0\\0&-\lambda&0\\-2&-2&4-\lambda\end{vmatrix}=$$

$$\lambda^2(4-\lambda)$$

故 $\boldsymbol{A}$ 的非零特征值 $\lambda=4$.

下面诸例也许是老生常谈,我们这里还是给它们一个有据的解答,因而应非多余.

题 7 若 λ 是矩阵 $\boldsymbol{A}$ 的特征值,则(1)$\boldsymbol{A}^2$ 的特征值是________;(2)又若 $\boldsymbol{A}$ 可逆,则 $\lambda\neq0$,$\boldsymbol{A}^{-1}$ 的特征值是________.

解 由设 λ 是 $\boldsymbol{A}$ 的特征值,再设 $\boldsymbol{\alpha}$ 为 $\boldsymbol{A}$ 的对应于 λ 的特征向量,这样有

$$\boldsymbol{A\alpha}=\lambda\boldsymbol{\alpha}\tag{$*$}$$

(1)以 $\boldsymbol{A}$ 左乘式($*$)两边得

$$\boldsymbol{A}^2\boldsymbol{\alpha}=\boldsymbol{A}\lambda\boldsymbol{\alpha}=\lambda\boldsymbol{A\alpha}=\lambda^2\boldsymbol{\alpha}$$

故 $\boldsymbol{A}^2$ 的特征值是 λ^2.

(2)因 $\boldsymbol{A}$ 可逆,以 $\boldsymbol{A}^{-1}$ 左乘式($*$)两边得:$\boldsymbol{A}^{-1}\boldsymbol{A\alpha}=\boldsymbol{A}^{-1}\lambda\boldsymbol{\alpha}$,即 $\boldsymbol{\alpha}=\lambda\boldsymbol{A}^{-1}\boldsymbol{\alpha}$.

又 $\boldsymbol{A}$ 是可逆阵,故 $\lambda\neq0$. 从而有 $\boldsymbol{A}^{-1}\boldsymbol{\alpha}=\dfrac{1}{\lambda}\boldsymbol{\alpha}$,即$\dfrac{1}{\lambda}$是 $\boldsymbol{A}^{-1}$ 的特征值.

题 8 (1)若 $\boldsymbol{A}$ 是 n 阶方阵,且 $\boldsymbol{A}^2=\boldsymbol{I}$,则 $\boldsymbol{A}$ 的特征值只能是________;(2)又若 $\boldsymbol{A}^2=\boldsymbol{A}$,则 $\boldsymbol{A}$ 的特征值只能是 0 或 1 ________;(3)若 $\boldsymbol{A}^k=\boldsymbol{O}$($k$ 是正整数),则 $\boldsymbol{A}$ 的特征值是________.

证 (1)若 λ 是 $\boldsymbol{A}$ 的特征值,$\boldsymbol{x}$ 为 $\boldsymbol{A}$ 对应于 λ 的特征向量,则 $\boldsymbol{Ax}=\lambda\boldsymbol{x}$.

上式两边左乘 $\boldsymbol{A}$ 有 $\boldsymbol{AAx}=\boldsymbol{A}\lambda\boldsymbol{x}$,即

$$\boldsymbol{A}^2\boldsymbol{x}=\lambda(\boldsymbol{Ax})=\lambda^2\boldsymbol{x}$$

由 $\boldsymbol{A}^2=\boldsymbol{I}$,故 $\boldsymbol{x}=\lambda^2\boldsymbol{x}$. $\boldsymbol{x}\neq\boldsymbol{0}$,故 $\lambda^2=1$,有 $\lambda=\pm1$.

(2)仿(1)可有 $\boldsymbol{A}^2\boldsymbol{x}=\lambda^2\boldsymbol{x}$,又 $\boldsymbol{A}^2=\boldsymbol{A}$,故又有 $\boldsymbol{A}^2\boldsymbol{x}=\boldsymbol{Ax}=\lambda\boldsymbol{x}$. 从而 $\lambda^2\boldsymbol{x}-\lambda\boldsymbol{x}=\boldsymbol{0}$. $\boldsymbol{x}\neq\boldsymbol{0}$,

故 $\lambda^2\boldsymbol{x}-\lambda\boldsymbol{x}=\boldsymbol{0}$,即 $\lambda=0$ 或 $\lambda=1$.

(3)若 λ 是 $\boldsymbol{A}$ 的特征值,则 λ^k 是 $\boldsymbol{A}^k$ 的特征值. 而 $\boldsymbol{A}^k=\boldsymbol{O}$,其特征值全部是 0,故 $\lambda^k=0$,从而 $\lambda=0$.

题 9 若 λ 为 n 阶可逆矩阵 $\boldsymbol{A}$ 的一个特征值,$\boldsymbol{A}$ 的伴随矩阵 $\boldsymbol{A}^*$ 的特征值是________.

证 由题设,存在非零向量 $\boldsymbol{\xi}$ 满足 $\boldsymbol{A\xi}=\lambda\boldsymbol{\xi}$. 又因为 $\boldsymbol{A}^{-1}\boldsymbol{\xi}=\dfrac{1}{\lambda}\boldsymbol{\xi}$,有 $|\boldsymbol{A}|\boldsymbol{A}^{-1}\boldsymbol{\xi}=\dfrac{|\boldsymbol{A}|}{\lambda}\boldsymbol{\xi}$,从而 $\boldsymbol{A}^*\boldsymbol{\xi}=\dfrac{|\boldsymbol{A}|}{\lambda}\boldsymbol{\xi}$,意即$\dfrac{|\boldsymbol{A}|}{\lambda}$为 $\boldsymbol{A}^*$ 的特征值.

下面两例涉及了伴随矩阵问题,通常若 $\boldsymbol{A}$ 可逆,则 $\boldsymbol{A}^*$ 可化为 $\boldsymbol{A}^{-1}$ 处理(仅差一个系数$|\boldsymbol{A}|$),这种思路应当牢记,因为我们对 $\boldsymbol{A}^{-1}$ 似乎要比 $\boldsymbol{A}^*$ 更为熟悉和了解,因而处理问题也较为方便和顺手.

题 10 设有 4 阶方阵 $\boldsymbol{A}$ 满足条件$|\sqrt{2}\boldsymbol{I}+\boldsymbol{A}|=0$,$\boldsymbol{AA}^{\mathrm{T}}=2\boldsymbol{I}$,$|\boldsymbol{A}|<0$,其中 $\boldsymbol{I}$ 是 4 阶单位阵. 则方阵 $\boldsymbol{A}$ 的伴随矩阵 $\boldsymbol{A}^*$ 的一个特征值是________.

解 由$|\sqrt{2}\boldsymbol{I}+\boldsymbol{A}|=|\boldsymbol{A}-(-\sqrt{2})\boldsymbol{I}|=0$知，$\lambda=-\sqrt{2}$是$\boldsymbol{A}$的一个特征值.

又由$\boldsymbol{A}\boldsymbol{A}^{\mathrm{T}}=2\boldsymbol{I}$得$|\boldsymbol{A}|^2=|2\boldsymbol{I}|=2^4=16$. 由题设$|\boldsymbol{A}|<0$，知$|\boldsymbol{A}|=-4$.

因此$\boldsymbol{A}^*$的一个特征值是$\dfrac{|\boldsymbol{A}|}{\lambda}=\dfrac{-4}{-\sqrt{2}}=2\sqrt{2}$.

题 11 设$\boldsymbol{A}$为n阶矩阵，$|\boldsymbol{A}|\neq 0$，$\boldsymbol{A}^*$为$\boldsymbol{A}$的伴随矩阵，$\boldsymbol{I}$为n阶单位矩阵，若$\boldsymbol{A}$有特征值λ，则$(\boldsymbol{A}^*)^2+\boldsymbol{I}$必有特征值________.

解 据"若$\boldsymbol{A}$有特征值λ，则矩阵多项式$f(\boldsymbol{A})$有特征值$f(\lambda)$"注意到$|\boldsymbol{A}|\neq 0$知$\boldsymbol{A}$可逆且$\lambda\neq 0$，又

$$(\boldsymbol{A}^*)^2+\boldsymbol{I}=(|\boldsymbol{A}|\boldsymbol{A}^{-1})^2+\boldsymbol{I}$$

故所求特征值为$(|\boldsymbol{A}|\lambda^{-1})^2+1=|\boldsymbol{A}|^2\lambda^{-2}+1$.

(二)矩阵的特征向量

题 1 若矩阵$\boldsymbol{A}=\begin{pmatrix}1&1&1\\1&1&1\\1&1&1\end{pmatrix}$，则与其非零特征值相对应的特征向量是________.

解 由$\boldsymbol{A}\begin{pmatrix}1\\1\\1\end{pmatrix}=\begin{pmatrix}1&1&1\\1&1&1\\1&1&1\end{pmatrix}\begin{pmatrix}1\\1\\1\end{pmatrix}=3\begin{pmatrix}1\\1\\1\end{pmatrix}$知 3 是$\boldsymbol{A}$的特征值，且$(1,1,1)^{\mathrm{T}}$是与之相对应的特征向量.

由$\mathrm{r}(\boldsymbol{A})=1$，知$\boldsymbol{A}$仅有一个非零特征值. 故$(1,1,1)^{\mathrm{T}}$是$\boldsymbol{A}$的与非零特征值相对应的特征向量.

注 此方法亦可求此类矩阵的特征根. 另外，结论可推广到n阶矩阵的情形，且矩阵元素均为a时，$(1,1,\cdots,1)^{\mathrm{T}}$仍是$\boldsymbol{A}$的对应于非零特征根$na$的特征向量. 只需直接代入验证即可.

题 2 若 1,0,0 是矩阵$\boldsymbol{A}=\begin{pmatrix}4&-5&2\\5&-7&3\\6&-9&4\end{pmatrix}$的三个特征值，则该矩阵的特征向量分别为________.

解 由$(1\cdot\boldsymbol{I}-\boldsymbol{A})\boldsymbol{x}=\boldsymbol{0}$的基础解系为$(1,1,1)^{\mathrm{T}}$，从而$\boldsymbol{A}$的属于 1 的特征向量为

$$k_1\boldsymbol{\xi}_1=k_1(\boldsymbol{e}_1+\boldsymbol{e}_2+\boldsymbol{e}_3)$$

其中$\boldsymbol{e}_i(i=1,2,3)$是 3 阶单位阵的 3 个列向量，$k_1$是任意常数.

又由$(0\cdot\boldsymbol{I}-\boldsymbol{A})\boldsymbol{x}=\boldsymbol{0}$的基础解系为$(1,2,3)^{\mathrm{T}}$，故$\boldsymbol{A}$属于特征根 0 的特征向量为

$$k_2\boldsymbol{\xi}_2=k_2(\boldsymbol{e}_1+2\boldsymbol{e}_2+3\boldsymbol{e}_3)$$

其中k_2是任意常数.

六、二次型及正定矩阵

这类问题一般有两种：①化二次型为标准形；②讨论矩阵的正定问题.

(一)化二次型为标准形

题 1 已知实二次型

$$f(x_1,x_2,x_3)=a(x_1^2+x_2^2+x_3^2)+4x_1x_2+4x_1x_3+4x_2x_3$$

经正交变换$\boldsymbol{x}=\boldsymbol{P}\boldsymbol{y}$可化成标准形$f=6y_1^2$，则$a=$________.

解 由题设二次型相对应的矩阵$\boldsymbol{A}=\begin{pmatrix}a&2&2\\2&a&2\\-2&2&a\end{pmatrix}$，又$\boldsymbol{P}\boldsymbol{A}\boldsymbol{P}^{\mathrm{T}}=\begin{pmatrix}6&0&0\\0&0&0\\0&0&0\end{pmatrix}$，其中$\boldsymbol{P}$为正交阵($\boldsymbol{P}^{\mathrm{T}}=\boldsymbol{P}^{-1}$). 正交变换亦为相似变换，变换前后$\boldsymbol{A}$的迹$\mathrm{Tr}\boldsymbol{A}$不变(详见前文).

由$\mathrm{Tr}(\boldsymbol{A})=\mathrm{Tr}(\boldsymbol{P}\boldsymbol{A}\boldsymbol{P}^{-1})=\mathrm{Tr}(\boldsymbol{P}\boldsymbol{A}\boldsymbol{P}^{\mathrm{T}})$有$3a=6$，知$a=2$.

题 2 二次型$f(x_1,x_2,x_3,x_4)=(x_1+x_2)^2+(x_2-x_3)^2+(x_3+x_1)^2$的秩为________.

解 1 将题设多项式展开(去括号)可有

$$f(x_1,x_2,x_3,x_4)=2x_1^2+2x_2^2+2x_3^2+2x_1x_2+2x_1x_3-2x_2x_3$$

于是二次型的矩阵为

$$\boldsymbol{A}=\begin{pmatrix}2&1&1\\1&2&-1\\1&-1&2\end{pmatrix}$$

由初等变换得

$$\boldsymbol{A}\to\begin{pmatrix}1&-1&2\\0&3&-3\\0&3&-3\end{pmatrix}\to\begin{pmatrix}1&-1&2\\0&3&-3\\0&0&0\end{pmatrix}$$

从而 $\mathrm{r}(\boldsymbol{A})=2$,即二次型的秩为其相应矩阵的秩,即其秩为 2.

解 2 注意下面的代数式变形

$f(x_1,x_2,x_3)=(x_1+x_2)^2+(x_2-x_3)^2+(x_3+x_1)^2=2x_1{}^2+2x_2{}^2+2x_3{}^2+2x_1x_2+2x_1x_3-2x_2x_3=$

$$2\left(x_1+\frac{1}{2}x_2+\frac{1}{2}x_3\right)^2+\frac{3}{2}(x_2-x_3)^2=2y_1{}^2+\frac{3}{2}y_2{}^2$$

其中 $y_1=x_1+\frac{1}{2}x_2+\frac{1}{2}x_3$,$y_2=x_2-x_3$.所以二次型的秩为 2.

注 显然若用变换 $y_1=x_1+x_2$,$y_2=x_2-x_3$,$y_3=x_3+x_1$,则 f 可化为 $y_1{}^2+y_2{}^2+y_3{}^2$,此时二次型的秩为 3,但这样并不能说 f 的秩是 3,因为上述变换不是满秩或非奇异的,这一点必须当心.

(二)矩阵(二次型)正定问题

题 1 若矩阵 $\boldsymbol{A}=\begin{pmatrix}1&\lambda&-1\\\lambda&1&2\\-1&2&5\end{pmatrix}$ 为正定矩阵,则 λ 的取值范围是________.

解 由 $\boldsymbol{A}$ 为正定阵,则

$$\begin{vmatrix}1&\lambda\\\lambda&1\end{vmatrix}=1-\lambda^2>0,\quad\begin{vmatrix}1&\lambda&-1\\\lambda&1&2\\-1&2&5\end{vmatrix}=-5\lambda^2-4\lambda>0$$

解不等式组 $\begin{cases}1-\lambda^2>0\\-5\lambda^2-4\lambda>0\end{cases}$,得 $-\frac{4}{5}<\lambda<0$.

题 2 若二次型 $f(x_1,x_2,x_3)=2x_1^2+x_2^2+x_3^2+2x_1x_2+tx_2x_3$ 是正定的,则 t 的取值范围是______.

解 由题设知二次型的矩阵 $\boldsymbol{A}=\begin{pmatrix}2&1&0\\1&1&t/2\\9&t/2&1\end{pmatrix}$ 为正定阵,则 $\boldsymbol{A}$ 的顺序主子式皆大于零.

显然 $D_1>0$,$D_2>0$.又 $D_3=|\boldsymbol{A}|=1-\frac{t^2}{2}>0$,解得 $-\sqrt{2}<t<\sqrt{2}$.

题 2 若 0,1,2 为 3 阶实对称阵的三个特征根,又若 $\boldsymbol{B}=(k\boldsymbol{I}+\boldsymbol{A})^2$ 为正定矩阵,则 k 的取值范围是________.

解 由设 $\boldsymbol{B}$ 为 $\boldsymbol{A}$ 的多项式矩阵,从而知 $\boldsymbol{B}$ 的三个特征根分别为

$$k^2,\quad (k+1)^2,\quad (k+2)^2$$

显然由于 $\boldsymbol{B}$ 正定,知 $k\neq0$,$k\neq-1$,$k\neq-2$.

专题2

线性代数中的选择题解法

如填空题一样，选择题也是当今数学各类试题中的一类重要题型，由于其概念性强，形式灵活，加之陷阱多多，这一切往往使不少应试者感到茫然，不知所措. 其实选择题有许多“绝招”——特殊技巧. 我们在后文[附录]中会有介绍. 不过粗略地有以下方法：

1. 直接推理或计算法；
2. 排除法（逐个除去不合题意的选择支）；
3. 特值法（用特殊值代入题设去否定某些结论）；
4. 逆推法（从结论逆推主题设）；
5. 图解法（借助图形，帮助分析思考）；
6. 综合法（综上几种同时使用）.

至于何种问题需要选用何种方法，这主要看你对问题的理解以及题目自身的特点而定了（也包括你的偏好）. 不过多看、常练则是解答这类问题必不可少的“法宝”. 当然还需要你概念清楚、定理（公式）使用灵活，计算便快捷.

下面请看例子，注意这里问题的出现是依知识点进行分类的.

一、行列式计算

关于行列式的选择题，多是一些简单行列式计算问题及某些简单变形（包括行列式性质以及与矩阵运算有关的性质）.

（一）简单行列式计算

题 1　4 阶行列式 $D=\begin{vmatrix} a_1 & 0 & 0 & b_1 \\ 0 & a_2 & b_2 & 0 \\ 0 & b_3 & a_3 & 0 \\ b_4 & 0 & 0 & a_4 \end{vmatrix}$ 的值等于（　　）.

(A) $a_1a_2a_3a_4-b_1b_2b_3b_4$.　　(B) $a_1a_2a_3a_4+b_1b_2b_3b_4$.

(C) $(a_1a_2-b_1b_2)(a_3a_4-b_3b_4)$.　　(D) $(a_2a_3-b_2b_3)(a_1a_4-b_1b_4)$.

解 1　（特值法＋排除法）令 $b_1=b_4=0$，可得 $D=a_1a_4(a_2a_3-b_2b_3)$.

经比较，选项(A)、(B)和(C)不真，只有(D)正确. 故选(D).

解 2　将行列式按第一行展开

$$D=a_1\begin{vmatrix} a_2 & b_2 & 0 \\ b_3 & a_3 & 0 \\ 0 & 0 & a_4 \end{vmatrix}-b_1\begin{vmatrix} 0 & a_2 & b_2 \\ 0 & b_3 & a_3 \\ b_4 & 0 & 0 \end{vmatrix}=(a_1a_4-b_1b_4)(a_2a_3-b_2b_3)$$

故选(D).

注 其实,本题只是下面结论(见前文例)的特例而已:

$$\begin{vmatrix} a & & & & & b \\ & \ddots & & & \iddots & \\ & & a & b & & \\ & & b & a & & \\ & \iddots & & & \ddots & \\ b & & & & & a \end{vmatrix}_{2n\times 2n}=(a^2-b^2)^n$$

此外,我们还可据前文中例的解法或用归纳法可总结出下面的等式

$$\begin{vmatrix} a_1 & & & & & b_1 \\ & \ddots & & & \iddots & \\ & & a_n & b_n & & \\ & & b_{n+1} & a_{n+1} & & \\ & \iddots & & & \ddots & \\ b_{2n} & & & & & a_{2n} \end{vmatrix}=\prod_{i=1}^{n}(a_ia_{2n+1-i}-b_ib_{2n+1-i})$$

题 2 设 $\boldsymbol{A}=(a_{ij})_{3\times3}$ 满足 $\boldsymbol{A}^{\mathrm{T}}=\boldsymbol{A}^*$,若 a_{11},a_{12},a_{13} 为三个相等的正数,则 a_{11} 等于(　　).

(A)$\sqrt{3}/3$.　　(B)3.　　(C)1/3.　　(D)$\sqrt{3}$.

解 由题设 $\boldsymbol{A}^{\mathrm{T}}=\boldsymbol{A}^*$,又 $\boldsymbol{A}\boldsymbol{A}^*=|\boldsymbol{A}|\boldsymbol{I}$,有 $\boldsymbol{A}\boldsymbol{A}^{\mathrm{T}}=|\boldsymbol{A}|\boldsymbol{I}$ 两边取行列式有 $|\boldsymbol{A}|^2=|\boldsymbol{A}|^3$,从而 $|\boldsymbol{A}|=0$ 或 1.再由 $\boldsymbol{A}\boldsymbol{A}^{\mathrm{T}}=|\boldsymbol{A}|\boldsymbol{I}$,得 $a_{11}^2+a_{12}^2+a_{13}^2=|\boldsymbol{A}|$.

再由题设 a_{11},a_{12},a_{13} 为三相等正数,从而 $3a_{11}^2=1$,有 $a_{11}=\sqrt{3}/3$.故选(A).

题 3 若 $\boldsymbol{\alpha}_1,\boldsymbol{\alpha}_2,\boldsymbol{\alpha}_3,\boldsymbol{\beta}_1,\boldsymbol{\beta}_2$ 都是四维列向量,且 4 阶行列式 $|(\boldsymbol{\alpha}_1,\boldsymbol{\alpha}_2,\boldsymbol{\alpha}_3,\boldsymbol{\beta}_1)|=m$,$|(\boldsymbol{\alpha}_1,\boldsymbol{\alpha}_2,\boldsymbol{\beta}_2,\boldsymbol{\alpha}_3)|=n$,则 4 阶行列式 $|(\boldsymbol{\alpha}_3,\boldsymbol{\alpha}_2,\boldsymbol{\alpha}_1,\boldsymbol{\beta}_1+\boldsymbol{\beta}_2)|$ 等于(　　).

(A)$m+n$.　　(B)$=-(m+n)$.　　(C)$n-m$.　　(D)$m-n$.

解 由行列式的性质,有

$$\begin{aligned}|(\boldsymbol{\alpha}_3,\boldsymbol{\alpha}_2,\boldsymbol{\alpha}_1,\boldsymbol{\beta}_1+\boldsymbol{\beta}_2)|&=|(\boldsymbol{\alpha}_3,\boldsymbol{\alpha}_2,\boldsymbol{\alpha}_1,\boldsymbol{\beta}_1)|+|(\boldsymbol{\alpha}_3,\boldsymbol{\alpha}_2,\boldsymbol{\alpha}_1,\boldsymbol{\beta}_2)|=\\&-|(\boldsymbol{\alpha}_1,\boldsymbol{\alpha}_2,\boldsymbol{\alpha}_3,\boldsymbol{\beta}_1)|+|(\boldsymbol{\alpha}_1,\boldsymbol{\alpha}_2,\boldsymbol{\beta}_2,\boldsymbol{\alpha}_3)|=n-m\end{aligned}$$

故选(C).

(二)涉及矩阵运算的行列式问题

下面是一些涉及矩阵运算的行列式问题.虽然问题形式是行列式,但运算依据却是矩阵性质.请看:

题 1 设 $\boldsymbol{A}$ 是 $m\times n$ 矩阵,$\boldsymbol{B}$ 是 $n\times m$ 矩阵,则(　　).

(A)当 $m>n$ 时,必有行列式 $|\boldsymbol{AB}|\neq0$.　　(B)当 $m>n$ 时,必有行列式 $|\boldsymbol{AB}|=0$.

(C)当 $n>m$ 时,必有行列式 $|\boldsymbol{AB}|\neq0$.　　(D)当 $n>m$ 时,必有行列式 $|\boldsymbol{AB}|=0$.

解 $\boldsymbol{AB}$ 是 $m\times m$ 矩阵,因此 $|\boldsymbol{AB}|$ 是否等于 0,取决于 AB 的秩是否小于 m.

因 $\mathrm{r}(\boldsymbol{AB})\leqslant\min\{\mathrm{r}(\boldsymbol{A}),\mathrm{r}(\boldsymbol{B})\}\leqslant n$,则当 $m>n$ 时 $\boldsymbol{AB}$ 的秩小于 m,必有 $|\boldsymbol{AB}|=0$.

故选(B).

题 2 设 $\boldsymbol{A}$ 为 n 阶方阵,且 $|\boldsymbol{A}|=a\neq0$,而 $\boldsymbol{A}^*$ 是 $\boldsymbol{A}$ 的伴随矩阵,则 $|\boldsymbol{A}^*|$ 等于(　　).

(A)a.　　(B)$1/a$.　　(C)a^{n-1}.　　(D)a^n.

解 由 $\boldsymbol{A}\boldsymbol{A}^*=|\boldsymbol{A}|\boldsymbol{I}$,两边取行列式得 $|\boldsymbol{A}\boldsymbol{A}^*|=|\boldsymbol{A}||\boldsymbol{A}^*|=\big||\boldsymbol{A}|\boldsymbol{I}\big|=|\boldsymbol{A}|^n$(依行列式性质).

由此知 $|\boldsymbol{A}^*|=|\boldsymbol{A}|^{n-1}$.

故选(C).

题 3 设 $\boldsymbol{A}$ 是 n 阶可逆矩阵,$\boldsymbol{A}^*$ 是 $\boldsymbol{A}$ 的伴随矩阵,则(　　).

(A) $|A^*|=|A|^{-1}$.　　(B) $|A^*|=|A|$.　　(C) $|A^*|=|A|^n$.　　(D) $|A^*|=|A^{-1}|$.

解　因为 A 可逆,仿上例有 $A^*=|A|A^{-1}$. 两边取行列式,得

$$|A^*|=||A|A^{-1}|=|A|^n|A^{-1}|=|A|^{n-1}$$

故选(A).

题 4　设 A,B 为 n 阶方阵,满足等式 $AB=O$,则必有(　　).

(A) $A=O$ 或 $B=O$.　　(B) $A+B=O$.　　(C) $|A|=0$ 或 $|B|=0$.　　(D) $|A|+|B|=0$.

解　对 $AB=O$ 两边取行列式,根据 $|AB|=|A|\cdot|B|$,有 $|A|\cdot|B|=0$,由此得知 $|A|=0$ 或 $|B|=0$. 故选(C).

题 5　设 A 和 B 均为 $n\times n$ 矩阵,则必有(　　).

(A) $|A+B|=|A|+|B|$.　(B) $AB=BA$.　(C) $|AB|=|BA|$.　(D) $(A+B)^{-1}=A^{-1}+B^{-1}$.

解　因为 $|AB|=|A|\cdot|B|=|B|\cdot|A|=|BA|$.

故选(C).

题 6　设 n 阶矩阵 A 和 B 等价,则必有(　　).

(A) 当 $|A|=a(a\neq0)$ 时,$|B|=a$.　　(B) 当 $|A|=a(a\neq0)$ 时,$|B|=-a$.

(C) 当 $|A|\neq0$ 时,$|B|=0$.　　(D) 当 $|A|=0$ 时,$|B|=0$.

解　利用同形(阶)矩阵 A 与 B 等价的充要条件: $r(A)=r(B)$ 即可.

因为当 $|A|=0$ 时,$r(A)<n$,又 A 与 B 等价,故 $r(B)<n$,即 $|B|=0$.

故选(D).

(三)行列式方程

关于行列式方程我们并不陌生,因为矩阵的特征方程就是以此形式出现的. 此外我们前文曾提到直线、平面、曲线、曲面方程等皆可因行列式形式给出. 下面来看个例子.

题 1　记行列式 $\begin{vmatrix} x-2 & x-1 & x-2 & x-3 \\ 2x-2 & 2x-1 & 2x-2 & 2x-3 \\ 3x-3 & 3x-2 & 4x-5 & 3x-5 \\ 4x & 4x-3 & 5x-7 & 4x-3 \end{vmatrix}$ 为 $f(x)$,则方程 $f(x)=0$ 的根的个数为(　　).

(A) 1.　　(B) 2.　　(C) 3.　　(D) 4.

解　依行列式运算性质有

$$f(x)=\begin{vmatrix} x-2 & 1 & 0 & -1 \\ 2x-2 & 1 & 0 & -1 \\ 3x-3 & 1 & x-2 & -2 \\ 4x & -3 & x-7 & -3 \end{vmatrix} \xlongequal[\text{加到第 4 列}]{\text{第 2 列}} \begin{vmatrix} x-2 & 1 & 0 & 0 \\ 2x-2 & 1 & 0 & 0 \\ 3x-3 & 1 & x-2 & -1 \\ 4x & -3 & x-7 & -6 \end{vmatrix}=$$

$$\begin{vmatrix} x-2 & 1 \\ 2x-2 & 1 \end{vmatrix}\cdot\begin{vmatrix} x-2 & 1 \\ x-7 & 6 \end{vmatrix}=5x(x-1)$$

由此可知 $f(x)=0$ 有 2 个根.

故选(B).

注 1　一般说来如题设形 4 阶行列式 $f(x)$ 的最高次数应为 4,但由于行列式中行、列的相关性,常会使 $f(x)$ 次数低于 4,这里 $f(x)$ 的次数为 2.

注 2　用行列式表示某些直线、曲线、平面、曲面……的方程,有时是方便的,这个问题前文已述及. 再如有些结论利用行列式描述是规则的. 如:

$f(x)$ 在 $[a,b]$ 上为凸函数 $\Longleftrightarrow$ 对 $x_i\in[a,b]$,$i=1,2,3$,且 $x_1<x_2<x_3$ 总有

$$A=\begin{vmatrix} x_1 & f(x_1) & 1 \\ x_2 & f(x_2) & 1 \\ x_3 & f(x_3) & 1 \end{vmatrix}\geqslant 0$$

这是凸函数满足的不等式条件的行列式形式.其证明只需注意到若 $x_2=\alpha x_1+(1-\alpha)x_3$，$0\leqslant\alpha\leqslant 1$，则有

$$f(\alpha x_1+(1-\alpha)x_3)\leqslant\alpha f(x_1)+(1-\alpha)f(x_3)$$

此外，$\frac{1}{2}A$(的绝对值)还表示以 $(x_i,f(x_i))(i=1,2,3)$ 为顶点的三角形有向面积(或几何面积).

又在经济学中的效用函数 U 有许多性质，比如：若 U_1，U_2 是 Ω 上的两个效用函数，则对任意 $\omega_i\in\Omega$ $(i=1,2,3)$ 总有

$$\begin{vmatrix} 1 & 1 & 1 \\ U_1(\omega_1) & U_2(\omega_2) & U_3(\omega_3) \\ U_1(\omega_1) & U_2(\omega_2) & U_3(\omega_3) \end{vmatrix}=0$$

这是表述效用函数性质的直观、整式的形式.

二、矩阵问题

矩阵问题中的选择题多涉及矩阵的初等变换、矩阵的秩、伴随矩阵问题以及矩阵求逆等.此外还有一些几何应用问题.

(一)矩阵初等变换

题 1 设三阶矩阵 $\boldsymbol{A}=\begin{pmatrix} a_{11} & a_{12} & a_{13} \\ a_{21} & a_{22} & a_{23} \\ a_{31} & a_{32} & a_{33} \end{pmatrix}$，$\boldsymbol{B}=\begin{pmatrix} a_{21} & a_{22} & a_{23} \\ a_{11} & a_{12} & a_{13} \\ a_{31}+a_{11} & a_{32}+a_{12} & a_{33}+a_{13} \end{pmatrix}$，又矩阵

$$\boldsymbol{P}_1=\begin{pmatrix} 0 & 1 & 0 \\ 1 & 0 & 0 \\ 0 & 0 & 1 \end{pmatrix},\quad \boldsymbol{P}_2=\begin{pmatrix} 1 & 0 & 0 \\ 0 & 1 & 0 \\ 1 & 0 & 1 \end{pmatrix}$$

则必有(　　).

(A)$\boldsymbol{AP}_1\boldsymbol{P}_2=\boldsymbol{B}$.　　(B)$\boldsymbol{AP}_2\boldsymbol{P}_1=\boldsymbol{B}$.　　(C)$\boldsymbol{P}_1\boldsymbol{P}_2\boldsymbol{A}=\boldsymbol{B}$.　　(D)$\boldsymbol{P}_2\boldsymbol{P}_1\boldsymbol{A}=\boldsymbol{B}$.

解 $\boldsymbol{B}$ 是由 $\boldsymbol{A}$ 依次通过两次行初等变换而得到的：

把 $\boldsymbol{A}$ 的第 1 行加到第 3 行，相当于用初等矩阵 $\boldsymbol{P}_2$ 左乘 $\boldsymbol{A}$；

把 $\boldsymbol{P}_2\boldsymbol{A}$ 的第 1、3 行对调，这相当于用 $\boldsymbol{P}_1$ 左乘 $\boldsymbol{P}_2\boldsymbol{A}$，这样则有 $\boldsymbol{P}_1\boldsymbol{P}_2\boldsymbol{A}=\boldsymbol{B}$.

故选(C).

题 2 设四阶矩阵 $\boldsymbol{A}=\begin{pmatrix} a_{11} & a_{12} & a_{13} & a_{14} \\ a_{21} & a_{22} & a_{23} & a_{24} \\ a_{31} & a_{32} & a_{33} & a_{34} \\ a_{41} & a_{42} & a_{43} & a_{44} \end{pmatrix}$，$\boldsymbol{B}=\begin{pmatrix} a_{14} & a_{13} & a_{12} & a_{11} \\ a_{24} & a_{23} & a_{22} & a_{21} \\ a_{34} & a_{33} & a_{32} & a_{31} \\ a_{44} & a_{43} & a_{42} & a_{41} \end{pmatrix}$，又设矩阵

$$\boldsymbol{P}_1=\begin{pmatrix} 0 & 0 & 0 & 1 \\ 0 & 1 & 0 & 0 \\ 0 & 0 & 1 & 0 \\ 1 & 0 & 0 & 0 \end{pmatrix},\quad \boldsymbol{P}_2=\begin{pmatrix} 1 & 0 & 0 & 0 \\ 0 & 0 & 1 & 0 \\ 0 & 1 & 0 & 0 \\ 0 & 0 & 0 & 1 \end{pmatrix}$$

其中 $\boldsymbol{A}$ 可逆，则 $\boldsymbol{B}^{-1}$ 等于(　　).

(A)$\boldsymbol{A}^{-1}\boldsymbol{P}_1\boldsymbol{P}_2$.　　(B)$\boldsymbol{P}_1\boldsymbol{A}^{-1}\boldsymbol{P}_2$.　　(C)$\boldsymbol{P}_1\boldsymbol{P}_2\boldsymbol{A}^{-1}$.　　(D)$\boldsymbol{P}_2\boldsymbol{A}^{-1}\boldsymbol{P}_1$.

解 矩阵 $\boldsymbol{B}$ 是由 $\boldsymbol{A}$ 交换第 2,3 列且交换第 1,4 列后得到的，因而

$$B=AP_2P_1\text{(或 }B=AP_1P_2\text{)}$$

于是 $B^{-1}=P_1^{-1}P_2^{-1}A^{-1}=P_1P_2A^{-1}$(或 $B^{-1}=P_2^{-1}P_1^{-1}A^{-1}=P_2P_1A^{-1}$).

故选(C).

题 3 设 n 阶方阵 A,B,C 满足关系式 $ABC=I$,其中 I 是 n 阶单位矩阵,则必有(　　).

(A)$ACB=I$.　　(B)$CBA=I$.　　(C)$BAC=I$.　　(D)$BCA=I$.

解 由 $ABC=I$ 知 A 与 BC,或 AB 与 C 两者之积为单位矩阵,故它们是互逆矩阵,且可交换.

因而 $BCA=(BC)A=A(BC)=ABC$.

故选(D).

题 4 设 A 是 3 阶方阵,将 A 的第 1 列与第 2 列交换得 B,再把 B 的第 2 列加到第 3 列得 C,则满足 $AQ=C$ 的可逆矩阵 Q 为(　　).

(A)$\begin{pmatrix}0&1&0\\1&0&0\\1&0&1\end{pmatrix}$.　　(B)$\begin{pmatrix}0&1&0\\1&0&1\\0&0&1\end{pmatrix}$.　　(C)$\begin{pmatrix}0&1&0\\1&0&0\\0&1&1\end{pmatrix}$.　　(D)$\begin{pmatrix}0&1&1\\1&0&0\\0&0&1\end{pmatrix}$.

解 根据矩阵的初等变换与初等矩阵之间的关系,对题中给出的行(列)变换可通过左(右)乘一相应的初等矩阵来实现:

依题意 $B=A\begin{pmatrix}0&1&0\\1&0&0\\0&0&1\end{pmatrix}$,$C=B\begin{pmatrix}1&0&0\\0&1&1\\0&0&1\end{pmatrix}$,故 $C=A\begin{pmatrix}0&1&0\\1&0&0\\0&0&1\end{pmatrix}\begin{pmatrix}1&0&0\\0&1&1\\0&0&1\end{pmatrix}=A\begin{pmatrix}0&1&1\\1&0&0\\0&0&1\end{pmatrix}=AQ$,故

$Q=\begin{pmatrix}0&1&1\\1&0&0\\0&0&1\end{pmatrix}$.

故选(D).

题 5 设矩阵 $A\in\mathbf{R}^{3\times3}$,将 A 的第 2 行加到第 1 行得矩阵 B,再将矩阵 B 第 1 列的 -1 倍加到第 2 列得矩阵 C. 且记矩阵 $P=\begin{pmatrix}1&1&0\\0&1&0\\0&0&1\end{pmatrix}$,则(　　).

(A)$C=P^{-1}AP$.　　(B)$C=PAP^{-1}$.　　(C)$C=P^{\mathrm{T}}AP$.　　(D)$C=PAP^{\mathrm{T}}$.

解 由题设及初等阵的乘法知 $B=\begin{pmatrix}1&1&0\\0&1&0\\0&0&1\end{pmatrix}A$,$C=B\begin{pmatrix}1&-1&0\\0&1&0\\0&0&1\end{pmatrix}$,从而

$$C=\begin{pmatrix}1&1&0\\0&1&0\\0&0&1\end{pmatrix}A\begin{pmatrix}1&-1&0\\0&1&0\\0&0&1\end{pmatrix}.$$

由 $\begin{pmatrix}1&1&0\\0&1&0\\0&0&1\end{pmatrix}\begin{pmatrix}1&-1&0\\0&1&0\\0&0&1\end{pmatrix}=\begin{pmatrix}1&&\\&1&\\&&1\end{pmatrix}$. 知 $C=PAP^{-1}$.

故选(B).

注 从初等变换阵观点看,矩阵 B 是将 A 第 2 行加到第 1 行而得,而矩阵 C 是将 B 第 1 列的 -1 倍至第 2 列而得,又初等阵乘矩阵"左行右列"之效看,两次变换的初等阵恰好互逆.

题 6 若 $A,P\in\mathbf{R}^{3\times3}$,又 $P^{\mathrm{T}}AP=\begin{pmatrix}1&&\\&1&\\&&2\end{pmatrix}$. 若 $P=(\alpha_1,\alpha_2,\alpha_3)$,$Q=(\alpha_1+\alpha_2,\alpha_2,\alpha_3)$,则 $Q^{\mathrm{T}}AQ=$

(A) $\begin{pmatrix}2&1&0\\0&1&2\\0&0&2\end{pmatrix}$.　　(B) $\begin{pmatrix}1&1&0\\1&2&0\\0&0&2\end{pmatrix}$.　　(C) $\begin{pmatrix}2&0&0\\0&1&0\\0&0&2\end{pmatrix}$.　　(D) $\begin{pmatrix}1&0&0\\0&2&0\\0&0&2\end{pmatrix}$.

解　由题设及向量、矩阵运算性质知

$$\boldsymbol{Q}=(\boldsymbol{\alpha}_1+\boldsymbol{\alpha}_2,\boldsymbol{\alpha}_2,\boldsymbol{\alpha}_3)=(\boldsymbol{\alpha}_1,\boldsymbol{\alpha}_2,\boldsymbol{\alpha}_3)\begin{pmatrix}1&0&0\\1&1&0\\0&0&1\end{pmatrix}=\boldsymbol{P}\begin{pmatrix}1&0&0\\1&1&0\\0&0&1\end{pmatrix}=\boldsymbol{PR}$$

故

$$\boldsymbol{Q}^{\mathrm{T}}\boldsymbol{AQ}=\boldsymbol{R}^{\mathrm{T}}\boldsymbol{P}^{\mathrm{T}}\boldsymbol{APR}=\boldsymbol{R}^{\mathrm{T}}(\boldsymbol{P}^{\mathrm{T}}\boldsymbol{AP})\boldsymbol{R}=\boldsymbol{R}^{\mathrm{T}}\begin{pmatrix}1&&\\&1&\\&&2\end{pmatrix}\boldsymbol{R}=\begin{pmatrix}2&1&0\\1&1&0\\0&0&2\end{pmatrix}$$

故选(A).

注　本题亦可从矩阵初等变换去考虑由 $\boldsymbol{P}$ 到 $\boldsymbol{Q}$ 是将第 2 列加到第 1 列,即相当于 $\boldsymbol{R}$ 右乘 $\boldsymbol{P}$,即 $\boldsymbol{Q}=\boldsymbol{PR}$,而 $\boldsymbol{Q}^{\mathrm{T}}=\boldsymbol{R}^{\mathrm{T}}\boldsymbol{P}^{\mathrm{T}}$,又 $\boldsymbol{R}^{\mathrm{T}}$ 仍为初等阵.这样 $\boldsymbol{Q}^{\mathrm{T}}\boldsymbol{AQ}=(\boldsymbol{R}^{\mathrm{T}}\boldsymbol{P}^{\mathrm{T}})\boldsymbol{A}(\boldsymbol{PR})=\boldsymbol{R}^{\mathrm{T}}(\boldsymbol{P}^{\mathrm{T}}\boldsymbol{AP})\boldsymbol{R}$ 即相当把 $\mathrm{diag}\{1,1,2\}$ 第 2 列加到第 1 行后,再将第二列加到第 1 列.

(二)矩阵的秩

题 1　已知矩阵 $\boldsymbol{Q}=\begin{pmatrix}1&2&3\\2&4&t\\3&6&9\end{pmatrix}$,$\boldsymbol{P}$ 为 3 阶非零矩阵,且满足 $\boldsymbol{PQ}=\boldsymbol{O}$,则(　　).

(A) $t=6$ 时 $\boldsymbol{P}$ 的秩必为 1.　　(B) $t=6$ 时 $\boldsymbol{P}$ 的秩必为 2.

(C) $t\neq6$ 时 $\boldsymbol{P}$ 的秩必为 1.　　(D) $t\neq6$ 时 $\boldsymbol{P}$ 的秩必为 2.

解　显然,当 $t=6$ 时,矩阵 $\boldsymbol{Q}$ 的秩 $\mathrm{r}(\boldsymbol{Q})=1$.

又 $\boldsymbol{PQ}=\boldsymbol{O}$,有 $\mathrm{r}(\boldsymbol{P})+\mathrm{r}(\boldsymbol{Q})\leqslant3$,而 $\boldsymbol{P}$ 为非零矩阵,则 $1\leqslant\mathrm{r}(\boldsymbol{P})\leqslant3-1=2$.

今取矩阵 $\boldsymbol{P}=\begin{pmatrix}0&0&0\\-3&0&1\\0&0&0\end{pmatrix}$,知 $\boldsymbol{P}$ 的秩 $\mathrm{r}(\boldsymbol{P})=1$,有 $\boldsymbol{PQ}=\boldsymbol{O}$.

又取矩阵 $\boldsymbol{P}=\begin{pmatrix}0&0&0\\-3&0&1\\-2&1&0\end{pmatrix}$,由秩 $\mathrm{r}(\boldsymbol{P})=2$,且亦有 $\boldsymbol{PQ}=\boldsymbol{O}$.

因此排除(A)和(B).

又当 $t\neq6$ 时,矩阵 $\boldsymbol{Q}$ 的秩 $\mathrm{r}(\boldsymbol{Q})=2$.再由 $\boldsymbol{PQ}=\boldsymbol{O}$,知 $\mathrm{r}(\boldsymbol{P})+\mathrm{r}(\boldsymbol{Q})\leqslant3$,故 $\mathrm{r}(\boldsymbol{P})=1$.

故选(C).

题 2　设 $\boldsymbol{A}$ 是 $m\times n$ 矩阵,$\boldsymbol{C}$ 是 n 阶可逆矩阵,矩阵 $\boldsymbol{A}$ 的秩为 r,矩阵 $\boldsymbol{B}=\boldsymbol{AC}$ 的秩为 r_1,则(　　).

(A) $r>r_1$.　　(B) $r<r_1$.　　(C) $r=r_1$.　　(D) r 与 r_1 的关系依 $\boldsymbol{C}$ 而定.

解　因为满秩矩阵去乘某矩阵,不改变该矩阵的秩,又 $\boldsymbol{C}$ 为满秩(可逆)矩阵,所以

$$r_1=\mathrm{r}(\boldsymbol{AC})=\mathrm{r}(\boldsymbol{A})=r$$

故选(C).

题 3　设 $\boldsymbol{A},\boldsymbol{B}$ 都是 n 阶非零矩阵,且 $\boldsymbol{AB}=\boldsymbol{O}$,则 $\boldsymbol{A}$ 和 $\boldsymbol{B}$ 的秩(　　).

(A)必有一个等于零.　　(B)都小于 n.　　(C)一个小于 n,一个等于 n.　　(D)都等于 n.

解　因为 $\boldsymbol{A}$ 和 $\boldsymbol{B}$ 都是非零矩阵,所以 $\mathrm{r}(\boldsymbol{A})\geqslant1$,$\mathrm{r}(\boldsymbol{B})\geqslant1$.排除(A)

若 $\boldsymbol{A}$ 和 $\boldsymbol{B}$ 中至少有一个矩阵的秩为 n,无妨设 $\mathrm{r}(\boldsymbol{A})=n$,则 $\boldsymbol{A}^{-1}$ 存在.于是

$$\boldsymbol{B}=\boldsymbol{A}^{-1}(\boldsymbol{AB})=\boldsymbol{A}^{-1}\boldsymbol{O}=\boldsymbol{O}$$

这与 $\boldsymbol{B}$ 是非零矩阵矛盾. 因此 $r(\boldsymbol{A})<n$, $r(\boldsymbol{B})<n$.

故选(B).

注　注意到满秩矩阵乘另外矩阵不改变其秩,亦可知 $\boldsymbol{A},\boldsymbol{B}$ 皆非满秩阵.

题 4　设 $\boldsymbol{A}\in\mathbf{R}^{m\times n}$,又 $\boldsymbol{B}\in\mathbf{R}^{n\times m}$,且 $\boldsymbol{I}$ 为 m 阶单位阵. 若 $\boldsymbol{AB}=\boldsymbol{I}$,则(　　).

(A) $r(\boldsymbol{A})=m$, $r(\boldsymbol{B})=m$.　　(B) $r(\boldsymbol{A})=m$, $r(\boldsymbol{B})=n$.

(C) $r(\boldsymbol{A})=n$, $r(\boldsymbol{B})=m$.　　(D) $r(\boldsymbol{A})=n$, $r(\boldsymbol{B})=n$.

解 1　注意到 $r(\boldsymbol{AB})\leqslant\min\{r(\boldsymbol{A}),r(\boldsymbol{B})\}$,及 $r(\boldsymbol{A}_{m\times n})\leqslant\min\{m,n\}$,则由题设有 $m=r(\boldsymbol{AB})\leqslant\min\{r(\boldsymbol{A}),r(\boldsymbol{B})\}$,从而 $r(\boldsymbol{A})\geqslant m$, $r(\boldsymbol{B})\geqslant m$.

又 $\boldsymbol{A}\in\mathbf{R}^{m\times n}$, $\boldsymbol{B}\in\mathbf{R}^{n\times m}$,从而 $r(\boldsymbol{A})\leqslant m$, $r(\boldsymbol{B})\leqslant m$. 综上 $r(\boldsymbol{A})=m$, $r(\boldsymbol{B})=m$.

故选(A).

解 2　根据矩阵乘法形状图,有

(1)当 $m<n$ 时 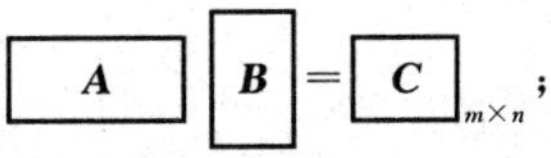 ;

(2)当 $m>n$ 时 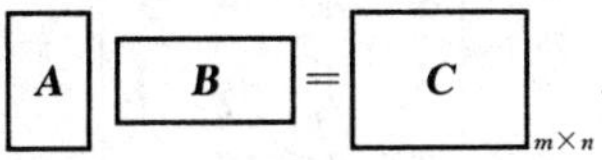 .

显然第(2)种情况不会出现,因为它不会满秩(可逆),注意到因而矩阵 $\boldsymbol{C}$ 是单位阵,注意到 $\boldsymbol{A},\boldsymbol{B}$ 的秩皆不会超过 n,故 $\boldsymbol{C}$ 的秩不会超过 n.

故选(A).

题 5　设 $\boldsymbol{A}$ 为 n 阶非零阵,若 $\boldsymbol{A}^3=\boldsymbol{O}$,则(　　).

(A) $\boldsymbol{I}-\boldsymbol{A}$ 不可逆, $\boldsymbol{I}+\boldsymbol{A}$ 不可逆.　　(B) $\boldsymbol{I}-\boldsymbol{A}$ 不可逆, $\boldsymbol{I}+\boldsymbol{A}$ 可逆.

(C) $\boldsymbol{I}-\boldsymbol{A}$ 可逆, $\boldsymbol{I}+\boldsymbol{A}$ 可逆.　　(D) $\boldsymbol{I}-\boldsymbol{A}$ 可逆, $\boldsymbol{I}+\boldsymbol{A}$ 不可逆.

解　由设 $\boldsymbol{A}^3=\boldsymbol{O}$ 则有 $\boldsymbol{A}^3+\boldsymbol{I}=\boldsymbol{I}$,而 $\boldsymbol{A}^3+\boldsymbol{I}=(\boldsymbol{A}+\boldsymbol{I})(\boldsymbol{A}^2-\boldsymbol{A}+\boldsymbol{I})$,知 $\boldsymbol{A}+\boldsymbol{I}$ 可逆.

又由 $\boldsymbol{A}^3=\boldsymbol{O}$ 有 $\boldsymbol{A}^3-\boldsymbol{I}=-\boldsymbol{I}$,而 $\boldsymbol{A}^3-\boldsymbol{I}=(\boldsymbol{A}-\boldsymbol{I})(\boldsymbol{A}^2+\boldsymbol{A}+\boldsymbol{I})$,知 $\boldsymbol{I}-\boldsymbol{A}$ 可逆.

故选(C).

题 6　若 $\boldsymbol{A},\boldsymbol{B}\in\mathbf{R}^{m\times n}$,又 $r(\boldsymbol{A})=p$, $r(\boldsymbol{B})=q$,则 $\begin{pmatrix}\boldsymbol{A}&\boldsymbol{O}\\\boldsymbol{O}&\boldsymbol{B}\end{pmatrix}$ 的秩 $r\begin{pmatrix}\boldsymbol{A}&\boldsymbol{O}\\\boldsymbol{O}&\boldsymbol{B}\end{pmatrix}=$(　　).

(A)不小于 $p+q$.　(B)不大于 $p+q$.　(C)等于 $p+q$.　(D)无法确定.

解　由设可有 $\boldsymbol{P}_1,\boldsymbol{P}_2,\boldsymbol{Q}_1,\boldsymbol{Q}_2$ 使 $\boldsymbol{P}_1\boldsymbol{A}\boldsymbol{Q}_1=\begin{pmatrix}\boldsymbol{I}_p&\boldsymbol{O}\\\boldsymbol{O}&\boldsymbol{O}\end{pmatrix}$, $\boldsymbol{P}_1\boldsymbol{A}\boldsymbol{Q}_1=\begin{pmatrix}\boldsymbol{I}_q&\boldsymbol{O}\\\boldsymbol{O}&\boldsymbol{O}\end{pmatrix}$. 则

$$\begin{pmatrix}\boldsymbol{P}_1&\boldsymbol{O}\\\boldsymbol{O}&\boldsymbol{P}_2\end{pmatrix}\begin{pmatrix}\boldsymbol{A}&\boldsymbol{O}\\\boldsymbol{O}&\boldsymbol{B}\end{pmatrix}\begin{pmatrix}\boldsymbol{Q}_1&\boldsymbol{O}\\\boldsymbol{O}&\boldsymbol{Q}_2\end{pmatrix}=\begin{pmatrix}\boldsymbol{P}_1\boldsymbol{A}\boldsymbol{Q}_1&\boldsymbol{O}\\\boldsymbol{O}&\boldsymbol{P}_2\boldsymbol{B}\boldsymbol{Q}_2\end{pmatrix}=\begin{pmatrix}\boldsymbol{I}_p&&&\\&\boldsymbol{O}&&\\&&\boldsymbol{I}_q&\\&&&\boldsymbol{O}\end{pmatrix}$$

注意到 $\begin{pmatrix}\boldsymbol{P}_1&\boldsymbol{O}\\\boldsymbol{O}&\boldsymbol{P}_2\end{pmatrix}$, $\begin{pmatrix}\boldsymbol{Q}_1&\boldsymbol{O}\\\boldsymbol{O}&\boldsymbol{Q}_2\end{pmatrix}$ 非奇异(可逆),它们的秩和即题设矩阵的秩等于 $p+q$.

故选(C).

题 7　设 $n(n\geqslant3)$ 阶矩阵 $\boldsymbol{A}=\begin{pmatrix}1&a&\cdots&a\\a&1&\cdots&a\\\vdots&\vdots&&\vdots\\a&a&\cdots&1\end{pmatrix}$,又若矩阵 A 的秩为 $n-1$,则 a 的值必为(　　).

(A)1.　　(B)$\dfrac{1}{1-n}$.　　(C)-1.　　(D)$\dfrac{1}{n-1}$.

解　把行列式$|\boldsymbol{A}|$的第 2,3,…,n 列加到第 1 列去,提出公因式$[(n-1)a+1]$,即

$$|\boldsymbol{A}|=[(n-1)a+1]\begin{vmatrix}1 & a & \cdots & a\\ 1 & 1 & \cdots & a\\ \vdots & \vdots & & \vdots\\ 1 & a & \cdots & 1\end{vmatrix}=[(n-1)a+1]\begin{vmatrix}1 & 0 & \cdots & 0\\ 1 & 1-a & \cdots & 0\\ \vdots & \vdots & & \vdots\\ 1 & 0 & \cdots & 1-a\end{vmatrix}=(1-a)^{n-1}[(n-1)a+1]$$

其中第 2 步是将行列式第 2～n 列分别减去第 1 列的 a 倍所得.令$|\boldsymbol{A}|=0$,得 $a=1$ 或 $a=\dfrac{1}{1-n}$.

但当 $a=1$ 时,$r(\boldsymbol{A})=1$,这与 $r(\boldsymbol{A})=n-1\geqslant 2$ 相抵,不妥.因而只有 $a=\dfrac{1}{1-n}$.

故选(B).

注　我们再一次遇到了我们前文曾重点关照的行列式$\begin{vmatrix}a & x & \cdots & x\\ x & a & \cdots & x\\ \vdots & \vdots & & \vdots\\ x & x & \cdots & a\end{vmatrix}$.如果熟悉,可直接将行列式值写出来,这样又免去繁琐的计算.

题 8　设三阶矩阵 $A=\begin{pmatrix}a & b & b\\ b & a & b\\ b & b & a\end{pmatrix}$,若 $\boldsymbol{A}$ 的伴随矩阵的秩为 1 即 $r(\boldsymbol{A}^*)=1$,则必有(　　).

(A)$a=b$ 或 $a+2b=0$.　(B)$a=b$ 或 $a+2b\neq 0$.　(C)$a\neq 6$ 且 $a+2b=0$.　(D)$a\neq b$ 且 $a+2b\neq 0$.

解　根据 $\boldsymbol{A}$ 与其伴随矩阵 $\boldsymbol{A}^*$ 秩之间的关系知 $r(\boldsymbol{A})=2$,故有

$$\begin{vmatrix}a & b & b\\ b & a & b\\ b & b & a\end{vmatrix}=(a+2b)(a-b)^2=0$$

即有 $a+2b=0$ 或 $a=b$.但当 $a=b$ 时,$r(\boldsymbol{A})\neq 2$,因而必有 $a\neq b$ 且 $a+2b=0$.

故选(C).

注　再次提醒你注意:$n(n\geqslant 2)$阶矩阵 $\boldsymbol{A}$ 与其伴随矩阵 $\boldsymbol{A}^*$ 的秩之间有下列关系

$$r(\boldsymbol{A}^*)=\begin{cases}n, & \text{当 } r(\boldsymbol{A})=0 \text{ 时}\\ n, & \text{当 } r(\boldsymbol{A})=n-1 \text{ 时}\\ n, & \text{当 } r(\boldsymbol{A})<n-1 \text{ 时}\end{cases}$$

(三)涉及伴随矩阵的问题

上面问题中已经涉及了 $\boldsymbol{A}^*$ 的问题.下面的诸题皆为这类涉及 $\boldsymbol{A}^*$ 的问题.

题 1　若矩阵 $\boldsymbol{A}\in\mathbf{R}^{3\times 3}$,且 $\boldsymbol{A}^*=\boldsymbol{A}^{\mathrm{T}}$,又 $a_{11}=a_{12}=a_{13}>0$,则 $a_{11}=$(　　).

(A)$\sqrt{3}/3$.　　(B)3.　　(C)1/3.　　(D)$\sqrt{3}$.

解　由题设 $\boldsymbol{A}^*=\boldsymbol{A}^{\mathrm{T}}$,则 $\boldsymbol{A}^*\boldsymbol{A}=\boldsymbol{A}\boldsymbol{A}^*=|\boldsymbol{A}|\boldsymbol{I}$,得 $\boldsymbol{A}\boldsymbol{A}^{\mathrm{T}}=|\boldsymbol{A}|\boldsymbol{I}$.从而$|\boldsymbol{A}|^2=|\boldsymbol{A}|^3$,知$|\boldsymbol{A}|=0$ 或 1 或-1.

又由上式 $\boldsymbol{A}\boldsymbol{A}^{\mathrm{T}}=|\boldsymbol{A}|\boldsymbol{I}$ 知 $a_{11}^2+a_{12}^2+a_{13}^2=|\boldsymbol{A}|$,即 $3a_{11}^2=1$($|\boldsymbol{A}|=0$ 与-1 不合题意),因而 $a_{11}=\sqrt{3}/3$.

故选(A).

题 2　若矩阵 $\boldsymbol{A}\in\mathbf{R}^{n\times n}$ 且可逆($n\geqslant 2$),交换矩阵 $\boldsymbol{A}$ 的 1,2 行元素得矩阵 $\boldsymbol{B}$,对 $\boldsymbol{A}$,$\boldsymbol{B}$ 的伴随矩阵 $\boldsymbol{A}^*$,$\boldsymbol{B}^*$ 来讲,它们之间的关系是(　　).

(A)交换 $\boldsymbol{A}^*$ 的第 1 列与第 2 列得 $\boldsymbol{B}^*$.　　(B)交换 $\boldsymbol{A}^*$ 的第 1 行与第 2 行得 $\boldsymbol{B}^*$.

(C)交换 A^* 的第 1 列与第 2 列得 $-B^*$.　　(D)交换 A^* 的第 1 行与第 2 行得 $-B^*$.

解 1　由题设及初等变换与初等阵间的关系知 $B=\begin{pmatrix}0&1&0\\1&0&0\\0&0&1\end{pmatrix}A$,又由 $(PQ)^*=Q^*P^*$ 有

$$B^*=A^*\begin{pmatrix}0&1&0\\1&0&0\\0&0&1\end{pmatrix}^*=A^*\begin{pmatrix}0&1&0\\1&0&0\\0&0&1\end{pmatrix}\begin{pmatrix}0&1&0\\1&0&0\\0&0&1\end{pmatrix}^{-1}=A^*(-1)\begin{pmatrix}0&1&0\\1&0&0\\0&0&1\end{pmatrix}=-A^*\begin{pmatrix}0&1&0\\1&0&0\\0&0&1\end{pmatrix}$$

即交换 A^* 的第 1 列与第 2 列得 $-B^*$.

故选(C).

解 2　用特值法. 取 $A=\begin{pmatrix}a&\\&b\end{pmatrix}$,则 $B=\begin{pmatrix}&b\\a&\end{pmatrix}$,从而 $A^*=\begin{pmatrix}b&\\&a\end{pmatrix}$,$B^*=\begin{pmatrix}&-b\\-a&\end{pmatrix}$.

将 A^* 与 B^* 比较知选项(C)正确.

故选(C).

题 3　设 n 阶矩阵 A 非奇异($n\geqslant 2$),A^* 是 A 的伴随矩阵,则(　　).

(A)$(A^*)^*=|A|^{n-1}A$.　(B)$(A^*)^*=|A|^{n+1}A$.　(C)$(A^*)^*=|A|^{n-2}A$.　(D)$(A^*)^*=|A|^{n+2}A$.

解　由于 $|A|\neq 0$,有 $A^*=|A|A^{-1}$. 这样便有

$$(A^*)^*=|A^*|(A^*)^{-1}=||A|A^{-1}|(|A|A^{-1})^{-1}=(|A|^n\cdot|A^{-1}|)(|A|^{-1}A)=|A|^{n-2}A$$

故选(C).

题 4　设矩阵 A 任一 $n(n\geqslant 3)$ 阶方阵,矩阵 A^* 是其伴随矩阵,又 k 为常数,且 $k\neq 0,\pm 1$,则必有 $(kA)^*=$(　　).

(A)kA^*.　　(B)$k^{n-1}A^*$.　　(C)k^nA^*.　　(D)$k^{-1}A^*$.

解 1　设 $A=(a_{ij})_{n\times n}$,a_{ij} 的代数余子式为 A_{ij},则由定义,$A^*=(A_{ji})_{n\times n}$.

因为 A_{ij} 是 $n-1$ 阶行列式(不计系数 $(-1)^{i+j}$),所以矩阵 $kA=(ka_{ij})_{n\times n}$ 的伴随矩阵

$$(kA)^*=(k^{n-1}A_{ji})_{n\times n}=k^{n-1}(A_{ji})_{n\times n}=k^{n-1}A^*$$

故选(B).

解 2　(特值法)设 $A=I$,则注意到

$$(kA)^*=(kI)^*=|kI|(kI)^{-1}=k^n|I|I^{-1}k^{-1}=k^{n-1}(|I|I)^{-1}=k^{n-1}I^*=k^{n-1}A^*$$

故选(B).

题 5　设 A,B 为 n 阶矩阵,A^*,B^* 分别为 A,B 对应的伴随矩阵. 分块矩阵 $C=\begin{pmatrix}A&O\\O&B\end{pmatrix}$,则 C 的伴随矩阵 $C^*=$(　　).

(A)$\begin{pmatrix}|A|A^*&O\\O&|B|B^*\end{pmatrix}$.　　(B)$\begin{pmatrix}|B|B^*&O\\O&|A|A^*\end{pmatrix}$.

(C)$\begin{pmatrix}|A|B^*&O\\O&|B|A^*\end{pmatrix}$.　　(D)$\begin{pmatrix}|B|A^*&O\\O&|A|B^*\end{pmatrix}$.

解　(逆推法)因为 $CC^*=|C|I=|A||B|I$,故只需对四个选项据题设计算 C 与 C^* 的乘积,检验它是否等于 $|A||B|I$. 由于

$$CC^*=\begin{pmatrix}A&O\\O&B\end{pmatrix}\begin{pmatrix}|B|A^*&O\\O&|A|B^*\end{pmatrix}=\begin{pmatrix}|B|AA^*&O\\O&|A|BB^*\end{pmatrix}=|A||B|I$$

故选(D).

题 6 若矩阵 $A,B\in\mathbf{R}^{2\times2}$,且 $|A|=2,|B|=3$. 则矩阵 $\begin{pmatrix} O & A \\ B & O \end{pmatrix}$ 的伴随矩阵是(　　).

(A) $\begin{pmatrix} & 3B^* \\ 2A^* & \end{pmatrix}$.　(B) $\begin{pmatrix} & 2B^* \\ 3A^* & \end{pmatrix}$.　(C) $\begin{pmatrix} & 3A^* \\ 2B^* & \end{pmatrix}$.　(D) $\begin{pmatrix} & 2A^* \\ 3B^* & \end{pmatrix}$.

解 1 由题设知矩阵 A,B $\begin{pmatrix} & A \\ B & \end{pmatrix}$,及皆可逆. 由

$$\begin{pmatrix} & A \\ B & \end{pmatrix}^* = \begin{vmatrix} & A \\ B & \end{vmatrix}\begin{pmatrix} & A \\ B & \end{pmatrix}^{-1} = |A||B|\begin{pmatrix} & B^{-1} \\ A^{-1} & \end{pmatrix} = \begin{pmatrix} & |A||B|B^{-1} \\ |A||B|A^{-1} & \end{pmatrix} =$$

$$\begin{pmatrix} & |A|B^* \\ |B|A^* & \end{pmatrix} = \begin{pmatrix} & 2B^* \\ 3A^* & \end{pmatrix}$$

故选(B).

解 2 考虑下面矩阵乘法

$$\begin{pmatrix} & A \\ B & \end{pmatrix}\begin{pmatrix} & 3B^* \\ 2A^* & \end{pmatrix}\begin{pmatrix} 2|A|I & \\ & 3|B|I \end{pmatrix} = \begin{pmatrix} |A|^2 I & \\ & |B|^2 I \end{pmatrix}$$

又

$$\begin{pmatrix} & A \\ B & \end{pmatrix}\begin{pmatrix} & 2B^* \\ 3A^* & \end{pmatrix} = \begin{pmatrix} 3|A|I & \\ & 2|B|I \end{pmatrix} = \begin{pmatrix} |A||B|I & \\ & |A||B|I \end{pmatrix} = |A||B|\begin{pmatrix} I & \\ & I \end{pmatrix}$$

再注意到 $\begin{vmatrix} & A \\ B & \end{vmatrix} = |A||B|$.

故选(B).

(四)与秩 1 矩阵有关的问题

若 $\boldsymbol{\alpha}\in\mathbf{R}^n$,且为行向量,则 $\boldsymbol{\alpha}^{\mathrm{T}}\boldsymbol{\alpha}$ 是一个矩阵,且其秩为 1,如前文所述我们称之为秩 1 矩阵. 下面的题目与之有关.

题 设 n 维行向量 $\boldsymbol{\alpha}=\left(\frac{1}{2},0,\cdots,0,\frac{1}{2}\right)$,矩阵 $A=I-\boldsymbol{\alpha}^{\mathrm{T}}\boldsymbol{\alpha}, B=I+2\boldsymbol{\alpha}^{\mathrm{T}}\boldsymbol{\alpha}$,其中 I 为 n 阶单位矩阵,则 AB 等于(　　).

(A)O.　　(B)$-I$.　　(C)I.　　(D)$I+\boldsymbol{\alpha}^{\mathrm{T}}\boldsymbol{\alpha}$.

解 注意到 $\boldsymbol{\alpha}\boldsymbol{\alpha}^{\mathrm{T}}=\frac{1}{2}$,再注意到

$$AB=(I-\boldsymbol{\alpha}^{\mathrm{T}}\boldsymbol{\alpha})(I+2\boldsymbol{\alpha}^{\mathrm{T}}\boldsymbol{\alpha})=I-\boldsymbol{\alpha}^{\mathrm{T}}\boldsymbol{\alpha}+2\boldsymbol{\alpha}^{\mathrm{T}}\boldsymbol{\alpha}-2\boldsymbol{\alpha}^{\mathrm{T}}(\boldsymbol{\alpha}\boldsymbol{\alpha}^{\mathrm{T}})\boldsymbol{\alpha}=I$$

故选(C).

(五)矩阵的逆

题 1 设 $A,B,A+B,A^{-1}+B^{-1}$ 均为 n 阶可逆矩阵,则 $(A^{-1}+B^{-1})^{-1}$ 等于(　　).

(A)$A^{-1}+B^{-1}$.　　(B)$A+B$.　　(C)$A(A+B)^{-1}B$.　　(D)$(A+B)^{-1}$.

解 1 设 $X=(A^{-1}+B^{-1})^{-1}$,则 $X^{-1}=A^{-1}+B^{-1}$,上式两边左乘 B,右乘 A 有 $BX^{-1}A=B+A$. 这样 $(BX^{-1}A)^{-1}=(A+B)^{-1}$,即 $A^{-1}XB^{-1}=(A+B)^{-1}$,从而 $X=A(A+B)^{-1}B$.

故选(C).

解 2 注意到下面的式子变形

$$(A^{-1}+B^{-1})^{-1}=[B^{-1}(BA^{-1})+B^{-1}AA^{-1}]^{-1}=[B^{-1}(B+A)A^{-1}]^{-1}=A(A+B)^{-1}B$$

故选(C).

注　关于这个问题的讨论可见前文"矩阵"一章的例. 又在题设条件下还可有

$$(\boldsymbol{A}+\boldsymbol{B})^{-1}=\boldsymbol{A}^{-1}-\boldsymbol{A}^{-1}(\boldsymbol{A}^{-1}+\boldsymbol{B}^{-1})\boldsymbol{A}^{-1}$$

题 2　若 $\boldsymbol{A},\boldsymbol{A}+3\boldsymbol{I},\boldsymbol{A}^2-9\boldsymbol{I}$ 皆可逆矩阵. 则 $(\boldsymbol{A}+3\boldsymbol{I})^{-1}(\boldsymbol{A}^2-9\boldsymbol{I})$ 等于(　　).

(A) $\boldsymbol{A}+3\boldsymbol{I}$.　(B) $\boldsymbol{A}-3\boldsymbol{I}$.　(C) $(\boldsymbol{A}+3\boldsymbol{I})(\boldsymbol{A}^2-9\boldsymbol{I})^{-1}$.　(D) $(\boldsymbol{A}-3\boldsymbol{I})(\boldsymbol{A}^2-9\boldsymbol{I})^{-1}$.

解　注意到下面式子的变形

$$(\boldsymbol{A}+3\boldsymbol{I})^{-1}(\boldsymbol{A}^2-9\boldsymbol{I})=(\boldsymbol{A}+3\boldsymbol{I})^{-1}(\boldsymbol{A}+3\boldsymbol{I})(\boldsymbol{A}-3\boldsymbol{I})=\boldsymbol{A}-3\boldsymbol{I}$$

故选(B).

(六)几何应用

题 1　设矩阵 $\boldsymbol{A}=\begin{pmatrix} a_1 & b_1 & c_1 \\ a_2 & b_2 & c_2 \\ a_3 & b_3 & c_3 \end{pmatrix}$ 是满秩的，则空间直线 $\dfrac{x-a_3}{a_1-a_2}=\dfrac{y-b_3}{b_1-b_2}=\dfrac{z-c_3}{c_1-c_2}$ 与 $\dfrac{x-a_1}{a_2-a_3}=\dfrac{y-b_1}{b_2-b_3}=\dfrac{z-c_1}{c_2-c_3}$(　　).

(A)相交于一点.　(B)重合.　(C)平行但不重合.　(D)异面.

解 1　令 $\boldsymbol{l}_1=\{a_1-a_2,b_1-b_2,c_1-c_2\}$，$\boldsymbol{l}_2=\{a_2-a_3,b_2-b_3,c_2-c_3\}$. 假设两条直线平行即 $\boldsymbol{l}_1/\!/\boldsymbol{l}_2$，则

$$\frac{a_1-a_2}{a_2-a_3}=\frac{b_1-b_2}{b_2-b_3}=\frac{c_1-c_2}{c_2-c_3}$$

因此

$$|\boldsymbol{A}|=\begin{vmatrix} a_1 & b_1 & c_1 \\ a_2 & b_2 & c_2 \\ a_3 & b_3 & c_3 \end{vmatrix}=\begin{vmatrix} a_1-a_2 & b_1-b_2 & c_1-c_2 \\ a_2-a_3 & b_2-b_3 & c_2-c_3 \\ a_3 & b_3 & c_3 \end{vmatrix}=0$$

这与题设 $\boldsymbol{A}$ 为满秩矩阵相矛盾，表明两直线不平行，故排除(B)和(C).

设点 $M_1=(a_1,b_1,c_1)$，点 $M_3=(a_3,b_3,c_3)$. 因为"两条直线为异面直线的充要条件是混合积 $(\boldsymbol{l}_1\times\boldsymbol{l}_2)\cdot\overrightarrow{M_1M_3}\neq 0$"，注意到

$$(\boldsymbol{l}_1\times\boldsymbol{l}_2)\cdot\overrightarrow{M_1M_3}=\begin{vmatrix} a_1-a_2 & b_1-b_2 & c_1-c_2 \\ a_2-a_3 & b_2-b_3 & c_2-c_3 \\ a_3-a_1 & b_3-b_1 & c_3-c_1 \end{vmatrix}=0$$

知两直线非异面，所以两条直线共面，又因不平行，则必相交于一点.

故选(A).

解 2　(特值法)取 $\boldsymbol{A}=\begin{pmatrix} 1 & 0 & 0 \\ 0 & 1 & 0 \\ 0 & 0 & 1 \end{pmatrix}$，则两直线方程分别为

$$\frac{x-1}{0}=\frac{y}{1}=\frac{z}{-1},\quad \frac{x}{1}=\frac{y}{-1}=\frac{z-1}{0}$$

即

$$\begin{cases} x-1=0, \\ y=-z; \end{cases}\text{和}\begin{cases} x=-y, \\ z-1=0. \end{cases}$$

由两方程组解得唯一交点 $(1,-1,1)$. 故选(A).

注　从上诸例可见，有的特值法对支的选取甚为便捷，但须注意的是，这些特值应符合题设，且选后计算简便. 这往往也要靠经验.

三、向量空间

由于向量空间较抽象且其概念不易区分,因而在选择题中这类问题出现的题型较多.它们常涉及向量组的相关性、向量的线性表出、向量与矩阵以及向量组的极大无关组等.

(一)向量组的线性相关与无关

题 1 n 维向量组 $\boldsymbol{\alpha}_1,\boldsymbol{\alpha}_2,\cdots,\boldsymbol{\alpha}_s(3\leqslant s\leqslant n)$ 线性无关的充分必要条件是(   ).

(A)$\boldsymbol{\alpha}_1,\boldsymbol{\alpha}_2,\cdots,\boldsymbol{\alpha}_s$ 中任意两个向量都线性无关.

(B)$\boldsymbol{\alpha}_1,\boldsymbol{\alpha}_2,\cdots,\boldsymbol{\alpha}_s$ 中存在一个向量它不能用其余向量线性表出.

(C)$\boldsymbol{\alpha}_1,\boldsymbol{\alpha}_2,\cdots,\boldsymbol{\alpha}_s$ 中存在一个向量它不能用其余向量线性表出.

(D)$\boldsymbol{\alpha}_1,\boldsymbol{\alpha}_2,\cdots,\boldsymbol{\alpha}_s$ 中任意一个向量都不能用其余向量线性表出.

解 因为命题"$\boldsymbol{\alpha}_1,\boldsymbol{\alpha}_2,\cdots,\boldsymbol{\alpha}_s$ 线性相关的充要条件是至少存在一个向量可以用其余向量线性表出"的逆否命题(它与原命题同真同假)是"$\boldsymbol{\alpha}_1,\boldsymbol{\alpha}_2,\cdots,\boldsymbol{\alpha}_s$ 线性无关的充要条件是 $\boldsymbol{\alpha}_1,\boldsymbol{\alpha}_2,\cdots,\boldsymbol{\alpha}_s$ 中任意一个向量都不能用其余线性表出",所以(D)是向量组线性无关的条件.

故选(D).

题 2 假设 $\boldsymbol{A}$ 是 n 阶方阵,其秩 $\mathrm{r}(\boldsymbol{A})=r<n$,那么 $\boldsymbol{A}$ 的 n 个行向量中(   ).

(A)必有 r 个行向量线性无关.

(B)任意 r 个行向量线性无关.

(C)任意 r 个行向量都构成最大线性无关向量组.

(D)任何一个行向量都可以由其他 r 个行向量线性表出.

解 由矩阵秩的定义,$\boldsymbol{A}$ 的 n 个行向量构成的向量组的秩也为 r,则必存在(但非任意)r 个线性无关的行向量.

故选(A).

题 3 向量组 $\boldsymbol{\alpha}_1,\boldsymbol{\alpha}_2,\cdots,\boldsymbol{\alpha}_s$ 线性无关的充分条件是(   ).

(A)$\boldsymbol{\alpha}_1,\boldsymbol{\alpha}_2,\cdots,\boldsymbol{\alpha}_s$ 均不为零向量.

(B)$\boldsymbol{\alpha}_1,\boldsymbol{\alpha}_2,\cdots,\boldsymbol{\alpha}_s$ 中任意两个向量的分量成正比例.

(C)$\boldsymbol{\alpha}_1,\boldsymbol{\alpha}_2,\cdots,\boldsymbol{\alpha}_s$ 中任意一个向量均不能由其余 $s-1$ 个向量线性表示.

(D)$\boldsymbol{\alpha}_1,\boldsymbol{\alpha}_2,\cdots,\boldsymbol{\alpha}_s$ 中有一部分向量线性无关.

解 (用逆推法)考虑选项(C).(用反证法证其真)

若 $\boldsymbol{\alpha}_1,\boldsymbol{\alpha}_2,\cdots,\boldsymbol{\alpha}_s$ 任一向量均不能由其余$s-1$个向量线性表出,今假设 $\boldsymbol{\alpha}_1,\boldsymbol{\alpha}_2,\cdots,\boldsymbol{\alpha}_s$ 线性相关,这样在 $\boldsymbol{\alpha}_1,\boldsymbol{\alpha}_2,\cdots,\boldsymbol{\alpha}_s$ 至少有一个向量可用其余 $s-1$ 个向量线性表示.

而这与(C)的前提矛盾.因而前设不真,从而(C)正确.

故选(C).

注 1 顺便指出,其余三个选项不正确的原因分别是:

取 $\boldsymbol{\alpha}_1=\boldsymbol{\alpha}_2=(1,0)^{\mathrm{T}}\neq\boldsymbol{0}$,但 $\boldsymbol{\alpha}_1$ 与 $\boldsymbol{\alpha}_2$ 线性相关,故选项(A)不真.

凡满足选项(B)的向量组 $\boldsymbol{\alpha}_1,\boldsymbol{\alpha}_2,\cdots,\boldsymbol{\alpha}_s$ 必线性相关,故(B)错误.

设 $\boldsymbol{\alpha}_1,\boldsymbol{\alpha}_2,\cdots,\boldsymbol{\alpha}_{s-1}$ 线性无关,又设 $\boldsymbol{\alpha}_s=\boldsymbol{\alpha}_1$,则 $\boldsymbol{\alpha}_1,\boldsymbol{\alpha}_2,\cdots,\boldsymbol{\alpha}_{s-1},\boldsymbol{\alpha}_s$ 线性相关,因此(D)也不真.

注 2 请注意这里指向量组线性无关的"充分条件"而非必要.

题 4 设 $\boldsymbol{\alpha}_1,\boldsymbol{\alpha}_2,\cdots,\boldsymbol{\alpha}_s$ 均为 n 维向量,下列结论不正确的是(   ).

(A)若对于任意一组不全为零的数 $k_1,k_2,\cdots,k_s$,都有 $k_1\boldsymbol{\alpha}_1+k_2\boldsymbol{\alpha}_2+\cdots+k_s\boldsymbol{\alpha}_s\neq\boldsymbol{0}$,则 $\boldsymbol{\alpha}_1,\boldsymbol{\alpha}_2,\cdots,\boldsymbol{\alpha}_s$ 线性无关.

(B)若 $\boldsymbol{\alpha}_1,\boldsymbol{\alpha}_2,\cdots,\boldsymbol{\alpha}_s$ 线性相关,则对于任意一组不全为零的数 $k_1,k_2,\cdots,k_s$,都有 $k_1\boldsymbol{\alpha}_1+k_2\boldsymbol{\alpha}_2+\cdots+k_s\boldsymbol{\alpha}_s=\boldsymbol{0}$.

(C)$\boldsymbol{\alpha}_1,\boldsymbol{\alpha}_2,\cdots,\boldsymbol{\alpha}_s$ 线性无关的充分必要条件是此向量组的秩为 s.

(D)$\boldsymbol{\alpha}_1,\boldsymbol{\alpha}_2,\cdots,\boldsymbol{\alpha}_s$ 线性无关的必要条件是其中任意两个向量线性无关.

解 对于选项(A)若对于任意一组不全为零的数 $k_1,k_2,\cdots,k_s$,都有 $k_1\boldsymbol{\alpha}_1+k_2\boldsymbol{\alpha}_2+\cdots+k_s\boldsymbol{\alpha}_s\neq\mathbf{0}$,则 $\boldsymbol{\alpha}_1,\boldsymbol{\alpha}_2,\cdots,\boldsymbol{\alpha}_s$ 必线性无关.因为若 $\boldsymbol{\alpha}_1,\boldsymbol{\alpha}_2,\cdots,\boldsymbol{\alpha}_s$ 线性相关,则存在一组不全为零的数 $k_1,k_2,\cdots,k_s$,使得 $k_1\boldsymbol{\alpha}_1+k_2\boldsymbol{\alpha}_2+\cdots+k_s\boldsymbol{\alpha}_s=\mathbf{0}$,与之矛盾.可见(A)成立.

对于选项(B)若 $\boldsymbol{\alpha}_1,\boldsymbol{\alpha}_2,\cdots,\boldsymbol{\alpha}_s$ 线性相关,则存在一组不全为零的数 $k_1,k_2,\cdots,k_s$,使 $k_1\boldsymbol{\alpha}_1+k_2\boldsymbol{\alpha}_2+\cdots+k_s\boldsymbol{\alpha}_s=\mathbf{0}$,而不是对任意一组.知(B)不成立.

对于选项(C)若 $\boldsymbol{\alpha}_1,\boldsymbol{\alpha}_2,\cdots,\boldsymbol{\alpha}_s$ 线性无关,则此向量组的秩为 s;反过来,若向量组 $\boldsymbol{\alpha}_1,\boldsymbol{\alpha}_2,\cdots,\boldsymbol{\alpha}_s$ 的秩为 s,则 $\boldsymbol{\alpha}_1,\boldsymbol{\alpha}_2,\cdots,\boldsymbol{\alpha}_s$ 线性无关,因此选项(C)成立.

对于选项(D)若 $\boldsymbol{\alpha}_1,\boldsymbol{\alpha}_2,\cdots,\boldsymbol{\alpha}_s$ 线性无关,则其任一部分组线性无关,当然其中任意两个向量线性无关,可见选项(D)也成立.

综上,故选(B).

注 注意题中要求结论"不正确"者,因而在得到(B)不成立后,余下(C)、(D)两项无须再考虑.

题5 设 $\boldsymbol{\alpha}_1,\boldsymbol{\alpha}_2,\cdots,\boldsymbol{\alpha}_m$ 均为 n 维向量,那么,下列结论正确的是(　　).

(A)若 $k_1\boldsymbol{\alpha}_1+k_2\boldsymbol{\alpha}_2+\cdots+k_m\boldsymbol{\alpha}_m=\mathbf{0}$,则 $\boldsymbol{\alpha}_1,\boldsymbol{\alpha}_2,\cdots,\boldsymbol{\alpha}_m$ 线性相关.

(B)若对任意一组不全为零的数 $k_1,k_2,\cdots,k_m$,都有 $k_1\boldsymbol{\alpha}_1+k_2\boldsymbol{\alpha}_2+\cdots+k_m\boldsymbol{\alpha}_m\neq\mathbf{0}$,则 $\boldsymbol{\alpha}_1,\boldsymbol{\alpha}_2,\cdots,\boldsymbol{\alpha}_m$ 线性无关.

(C)若 $\boldsymbol{\alpha}_1,\boldsymbol{\alpha}_2,\cdots,\boldsymbol{\alpha}_m$ 线性相关,则对任意一组不全为零的数 $k_1,k_2,\cdots,k_m$,都有 $k_1\boldsymbol{\alpha}_1+k_2\boldsymbol{\alpha}_2+\cdots+k_m\boldsymbol{\alpha}_m=\mathbf{0}$.

(D)若 $0\boldsymbol{\alpha}_1+0\boldsymbol{\alpha}_2+\cdots+0\boldsymbol{\alpha}_m=\mathbf{0}$,则 $\boldsymbol{\alpha}_1,\boldsymbol{\alpha}_2,\cdots,\boldsymbol{\alpha}_m$ 线性无关.

解 考虑选项(B).(下面考虑其逆否命题)假设 $\boldsymbol{\alpha}_1,\boldsymbol{\alpha}_2,\cdots,\boldsymbol{\alpha}_m$ 线性相关,则必存在一组不全为零的数 $k_1,k_2,\cdots,k_m$,使得 $k_1\boldsymbol{\alpha}_1+k_2\boldsymbol{\alpha}_2+\cdots+k_m\boldsymbol{\alpha}_m=\mathbf{0}$.它显然真.

又选项(B)为其逆否命题,它们同真同假.知(B)真,故选(B).

注 顺便指出,其余三个选项不正确的原因分别是:

选项(A)中没有指明 $k_1,k_2,\cdots,k_m$ 不全为0;

选项(C)中须将"对任意"改为"存在"(同时把"都"字去掉)才正确;

选项(D)中的结论对于线性相关的向量组亦成立,从而不真.

题6 已知向量组 $\boldsymbol{\alpha}_1,\boldsymbol{\alpha}_2,\boldsymbol{\alpha}_3,\boldsymbol{\alpha}_4$ 线性无关,则向量组(　　).

(A)$\boldsymbol{\alpha}_1+\boldsymbol{\alpha}_2,\boldsymbol{\alpha}_2+\boldsymbol{\alpha}_3,\boldsymbol{\alpha}_3+\boldsymbol{\alpha}_4,\boldsymbol{\alpha}_4+\boldsymbol{\alpha}_1$ 线性无关.　(B)$\boldsymbol{\alpha}_1-\boldsymbol{\alpha}_2,\boldsymbol{\alpha}_2-\boldsymbol{\alpha}_3,\boldsymbol{\alpha}_3-\boldsymbol{\alpha}_4,\boldsymbol{\alpha}_4-\boldsymbol{\alpha}_1$ 线性无关.

(C)$\boldsymbol{\alpha}_1+\boldsymbol{\alpha}_2,\boldsymbol{\alpha}_2+\boldsymbol{\alpha}_3,\boldsymbol{\alpha}_3+\boldsymbol{\alpha}_4,\boldsymbol{\alpha}_4-\boldsymbol{\alpha}_1$ 线性无关.　(D)$\boldsymbol{\alpha}_1+\boldsymbol{\alpha}_2,\boldsymbol{\alpha}_2+\boldsymbol{\alpha}_3,\boldsymbol{\alpha}_3-\boldsymbol{\alpha}_4,\boldsymbol{\alpha}_4-\boldsymbol{\alpha}_1$ 线性无关.

解1 将各选项中的4个向量依次乘以 k_1,k_2,k_3,k_4 后相加,并令其为 $\mathbf{0}$.对于选项(C),有

$$k_1(\boldsymbol{\alpha}_1+\boldsymbol{\alpha}_2)+k_2(\boldsymbol{\alpha}_1+\boldsymbol{\alpha}_2)+k_3(\boldsymbol{\alpha}_3+\boldsymbol{\alpha}_4)+k_4(\boldsymbol{\alpha}_4-\boldsymbol{\alpha}_1)=\mathbf{0}$$

即

$$(k_1-k_4)\boldsymbol{\alpha}_1+(k_1+k_2)\boldsymbol{\alpha}_2+(k_2+k_3)\boldsymbol{\alpha}_3+(k_3+k_4)\boldsymbol{\alpha}_4=\mathbf{0}$$

令 $k_1-k_4=k_1+k_2=k_2+k_3=k_3+k_4=0$.

此方程组只有零解 $k_1=k_2=k_3=k_4=0$.

由此可知,选项(C)中的向量组线性无关.

解2 对于选项(A)组四个向量(分别记为①,②,③,④,下同)有关系①－②＋③－④$=\mathbf{0}$;

对于选项(B)组四个向量有关系①＋②＋③＋④$=\mathbf{0}$;

对于选项(D)组四个向量①－②＋③＋④$=\mathbf{0}$;

换言之它们都线性相关.故选(C).

题7 设向量 $\boldsymbol{\alpha}_1,\boldsymbol{\alpha}_2,\boldsymbol{\alpha}_3$ 线性无关,则下列向量组中线性无关的是(　　).

(A)$\boldsymbol{\alpha}_1+\boldsymbol{\alpha}_2,\boldsymbol{\alpha}_2+\boldsymbol{\alpha}_3,\boldsymbol{\alpha}_3-\boldsymbol{\alpha}_1$.　　(B)$\boldsymbol{\alpha}_1+\boldsymbol{\alpha}_2,\boldsymbol{\alpha}_2+\boldsymbol{\alpha}_3,\boldsymbol{\alpha}_1+2\boldsymbol{\alpha}_2+\boldsymbol{\alpha}_3$.

(C)$\boldsymbol{\alpha}_1+2\boldsymbol{\alpha}_2,2\boldsymbol{\alpha}_2+3\boldsymbol{\alpha}_3,3\boldsymbol{\alpha}_3+\boldsymbol{\alpha}_1$.　　(D)$\boldsymbol{\alpha}_1+\boldsymbol{\alpha}_2+\boldsymbol{\alpha}_3,2\boldsymbol{\alpha}_1+3\boldsymbol{\alpha}_3-2\boldsymbol{\alpha}_3,3\boldsymbol{\alpha}_1+5\boldsymbol{\alpha}_2-5\boldsymbol{\alpha}_3$.

解 1　将各选项的 3 个向量依次乘以 k_1,k_2,k_3 后相加,并令其为 $\mathbf{0}$.对于选项(C)有

$$k_1(\boldsymbol{\alpha}_1+2\boldsymbol{\alpha}_2)+k_2(2\boldsymbol{\alpha}_2+3\boldsymbol{\alpha}_3)+k_3(3\boldsymbol{\alpha}_3+\boldsymbol{\alpha}_1)=\mathbf{0}$$

即

$$(k_1+k_3)\boldsymbol{\alpha}_1+2(k_1+k_2)\boldsymbol{\alpha}_2+3(k_2+k_3)\boldsymbol{\alpha}_3=\mathbf{0}$$

今若令

$$\begin{cases}k_1+k_3=0,\\2(k_1+k_2)=0\\3(k_2+k_3)=0\end{cases}\Rightarrow\begin{cases}k_1+k_3=0,\\k_1+k_2=0\\k_2+k_3=0\end{cases}\Rightarrow\begin{cases}k_1=0\\k_2=0\\k_3=0\end{cases}$$

此方程组只有零解 $k_1=k_2=k_3=0$.知选项(C)中的向量组线性无关.

解 2　(特值法)令 $\boldsymbol{\alpha}_1=(1,0,0)^{\mathrm{T}},\boldsymbol{\alpha}_2=(0,1,0)^{\mathrm{T}},\boldsymbol{\alpha}_3=(0,0,1)^{\mathrm{T}}$.则选项(A),(B),(C),(D)的向量组可依次写成如下矩阵

$$\begin{bmatrix}1&0&-1\\1&1&0\\0&1&1\end{bmatrix},\quad\begin{bmatrix}1&0&1\\1&1&2\\0&1&1\end{bmatrix},\quad\begin{bmatrix}1&0&1\\2&2&0\\0&3&3\end{bmatrix},\quad\begin{bmatrix}1&2&3\\1&3&5\\1&-2&-5\end{bmatrix}$$

这四个矩阵的行列式的值依仅第 3 个不为 0.因此(C)组向量线性无关.故选(C).

解 3　选项(A)中的 3 个向量(仿上题分别记为①,②,③,④)有关系①－②＋③＝$\mathbf{0}$;

选项(B)组中 3 个向量有关系①＋②－③＝$\mathbf{0}$;

选项(D)组的三个向量有关系①－2×②＋③＝$\mathbf{0}$.

因此知它们均线性相关.由上故选(C).

题 8　设向量组 $\boldsymbol{\alpha}_1,\boldsymbol{\alpha}_2,\boldsymbol{\alpha}_3$ 线性无关,则下列向量组线性相关的是(　　).

(A)$\boldsymbol{\alpha}_1-\boldsymbol{\alpha}_2,\boldsymbol{\alpha}_2-\boldsymbol{\alpha}_3,\boldsymbol{\alpha}_3-\boldsymbol{\alpha}_1$.　　(B)$\boldsymbol{\alpha}_1+\boldsymbol{\alpha}_2,\boldsymbol{\alpha}_2+\boldsymbol{\alpha}_3,\boldsymbol{\alpha}_3+\boldsymbol{\alpha}_1$.

(C)$\boldsymbol{\alpha}_1-2\boldsymbol{\alpha}_2,\boldsymbol{\alpha}_2-2\boldsymbol{\alpha}_3,\boldsymbol{\alpha}_3-2\boldsymbol{\alpha}_1$.　　(D)$\boldsymbol{\alpha}_1+2\boldsymbol{\alpha}_1,\boldsymbol{\alpha}_2+2\boldsymbol{\alpha}_3,\boldsymbol{\alpha}_3+2\boldsymbol{\alpha}_1$.

解　注意到

$$\boldsymbol{\alpha}_1-\boldsymbol{\alpha}_2=(\boldsymbol{\alpha}_1-\boldsymbol{\alpha}_3)+(\boldsymbol{\alpha}_3-\boldsymbol{\alpha}_2)=-(\boldsymbol{\alpha}_3-\boldsymbol{\alpha}_1)-(\boldsymbol{\alpha}_2-\boldsymbol{\alpha}_3)$$

知向量组 $\boldsymbol{\alpha}_1-\boldsymbol{\alpha}_2,\boldsymbol{\alpha}_2-\boldsymbol{\alpha}_3,\boldsymbol{\alpha}_3-\boldsymbol{\alpha}_1$ 线性相关.

故选(A).

题 9　设向量 $\boldsymbol{\alpha}_1,\boldsymbol{\alpha}_2,\cdots,\boldsymbol{\alpha}_s\in\mathbf{R}^{n\times1}$,又矩阵 $\boldsymbol{A}\in\mathbf{R}^{m\times n}$,则(　　).

(A)若 $\boldsymbol{\alpha}_1,\boldsymbol{\alpha}_2,\cdots,\boldsymbol{\alpha}_s$ 线性相关,则 $\boldsymbol{A\alpha}_1,\boldsymbol{A\alpha}_2,\cdots,\boldsymbol{A\alpha}_n$ 线性相关.

(B)若 $\boldsymbol{\alpha}_1,\boldsymbol{\alpha}_2,\cdots,\boldsymbol{\alpha}_s$ 线性相关,则 $\boldsymbol{A\alpha}_1,\boldsymbol{A\alpha}_2,\cdots,\boldsymbol{A\alpha}_n$ 线性无关.

(C)若 $\boldsymbol{\alpha}_1,\boldsymbol{\alpha}_2,\cdots,\boldsymbol{\alpha}_s$ 线性无关,则 $\boldsymbol{A\alpha}_1,\boldsymbol{A\alpha}_2,\cdots,\boldsymbol{A\alpha}_n$ 相线相关.

(D)若 $\boldsymbol{\alpha}_1,\boldsymbol{\alpha}_2,\cdots,\boldsymbol{\alpha}_s$ 线性相关,则 $\boldsymbol{A\alpha}_1,\boldsymbol{A\alpha}_2,\cdots,\boldsymbol{A\alpha}_n$ 线性无关.

解　设 $\boldsymbol{\alpha}_1,\boldsymbol{\alpha}_2,\cdots,\boldsymbol{\alpha}_s$ 线性相关,则存在不全为 0 的数 $k_i(1\leqslant i\leqslant s)$,使 $\sum\limits_{i=1}^{s}k_i\boldsymbol{\alpha}_i=\mathbf{0}$.又

$$\boldsymbol{A}\sum_{i=1}^{s}k_i\boldsymbol{\alpha}_i=\sum_{i=1}^{s}k_i(\boldsymbol{A\alpha}_i)=\mathbf{0}$$

知$\{\boldsymbol{A\alpha}_i\}(i=1,2,\cdots s)$线性相关.

故选(A).

注　当向量组$\{\boldsymbol{\alpha}_i\}$线性无关时,向量组$\{\boldsymbol{A\alpha}_i\}$也有可能线性相关(若矩阵 $\boldsymbol{A}$ 不满秩时).本例中:

若记 $\boldsymbol{B}=(\boldsymbol{\alpha}_1,\boldsymbol{\alpha}_2,\cdots,\boldsymbol{\alpha}_s)$,由 $\mathrm{r}[\boldsymbol{A}(\boldsymbol{\alpha}_1,\boldsymbol{\alpha}_2,\cdots,\boldsymbol{\alpha}_s)]=\mathrm{r}(\boldsymbol{AB})\leqslant\min\{\mathrm{r}(\boldsymbol{A}),\mathrm{r}(\boldsymbol{\alpha}_1,\boldsymbol{\alpha}_2,\cdots,\boldsymbol{\alpha}_s)\}$

当 $\mathrm{r}(\boldsymbol{A})<\mathrm{r}(\alpha_1,\alpha_2,\cdots,\alpha_s)$时,$\{\boldsymbol{A\alpha}_i\}$便线性相关.

若$\{\boldsymbol{\alpha}_i\}$线性相关则 $\mathrm{r}(\boldsymbol{B})<s$,则 $\mathrm{r}(\boldsymbol{AB})<s$,则$\{\boldsymbol{A\alpha}_i\}$线性相关;

若$\{\boldsymbol{\alpha}_i\}$线性无关则$r(\boldsymbol{B})=s$，此时$r(\boldsymbol{AB})\leqslant s$，则$\{\boldsymbol{A\alpha}_i\}$相关性无法确定.

例如，$\boldsymbol{\alpha}_1=(1,0)^{\mathrm{T}}$，$\boldsymbol{\alpha}_2=(0,1)^{\mathrm{T}}$，$\boldsymbol{A}=\begin{pmatrix}0&1\\0&0\end{pmatrix}$，此时$\boldsymbol{A\alpha}_1=0$. 便知$\boldsymbol{A\alpha}_1$，$\boldsymbol{A\alpha}_2$线性相关.

若取$\boldsymbol{A}=\boldsymbol{I}$可否选项(C)、(D).

(二)向量的线性表出问题

向量的线性表现问题与向量组线性相关、线性无关有密切关联，某个向量可由一些向量线性表出，则这些("某个"和"一些")向量肯定线性相关，但相关向量组，并非每个向量皆可由其他向量线性表出.

题1　设向量组$\boldsymbol{\alpha}_1,\boldsymbol{\alpha}_2,\boldsymbol{\alpha}_3$线性无关，向量$\boldsymbol{\beta}_1$可由$\boldsymbol{\alpha}_1,\boldsymbol{\alpha}_2,\boldsymbol{\alpha}_3$线性表示，而向量$\boldsymbol{\beta}_2$不能由$\boldsymbol{\alpha}_1,\boldsymbol{\alpha}_2,\boldsymbol{\alpha}_3$线性表示，则对于任意常数$k$，必有(　　).

(A)$\boldsymbol{\alpha}_1,\boldsymbol{\alpha}_2,\boldsymbol{\alpha}_3,k\boldsymbol{\beta}_1+\boldsymbol{\beta}_2$线性无关.　　(B)$\boldsymbol{\alpha}_1,\boldsymbol{\alpha}_2,\boldsymbol{\alpha}_3,k\boldsymbol{\beta}_1+\boldsymbol{\beta}_2$线性相关.

(C)$\boldsymbol{\alpha}_1,\boldsymbol{\alpha}_2,\boldsymbol{\alpha}_3,\boldsymbol{\beta}_1+k\boldsymbol{\beta}_2$线性无关.　　(D)$\boldsymbol{\alpha}_1,\boldsymbol{\alpha}_2,\boldsymbol{\alpha}_3,\boldsymbol{\beta}_1+k\boldsymbol{\beta}_2$线性相关.

解　取$k=0$，选项(B)和(C)不真；取$k=1$选项(D)不真.

故选(A).

题2　若向量组$\boldsymbol{\alpha},\boldsymbol{\beta},\boldsymbol{\gamma}$线性无关，$\boldsymbol{\alpha},\boldsymbol{\beta},\boldsymbol{\delta}$线性相关，则选项(　　).

(A)$\boldsymbol{\alpha}$必可由$\boldsymbol{\beta},\boldsymbol{\gamma},\boldsymbol{\delta}$线性表示.　　(B)$\boldsymbol{\beta}$必不可由$\boldsymbol{\alpha},\boldsymbol{\gamma},\boldsymbol{\delta}$线性表示.

(C)$\boldsymbol{\delta}$必可由$\boldsymbol{\alpha},\boldsymbol{\beta},\boldsymbol{\gamma}$的线性表示.　　(D)$\boldsymbol{\delta}$必不可由$\boldsymbol{\alpha},\boldsymbol{\beta},\boldsymbol{\gamma}$线性表示.

解1　由$\boldsymbol{\alpha},\boldsymbol{\beta},\boldsymbol{\gamma}$的线性无关性知，$\boldsymbol{\alpha}$和$\boldsymbol{\beta}$线性无关.

又由$\boldsymbol{\alpha},\boldsymbol{\beta},\boldsymbol{\delta}$线性相关性知，$\boldsymbol{\delta}$可用$\boldsymbol{\alpha}$和$\boldsymbol{\beta}$线性表示，从而可由$\boldsymbol{\alpha},\boldsymbol{\beta},\boldsymbol{\gamma}$线性表示.

故选(C).

解2　由$\boldsymbol{\alpha},\boldsymbol{\beta},\boldsymbol{\gamma}$线性无关且$\boldsymbol{\alpha},\boldsymbol{\beta},\boldsymbol{\delta}$线性相关，可否选项(B)，(D).

取$\boldsymbol{\alpha}=(1,0,0,0)^{\mathrm{T}}$，$\boldsymbol{\beta}=(0,1,0,0)^{\mathrm{T}}$，$\boldsymbol{\gamma}=(0,0,1,0)^{\mathrm{T}}$，$\boldsymbol{\delta}=(0,1,0,0)^{\mathrm{T}}$可否选项(A).

故选(C).

题3　设向量组Ⅰ：$\boldsymbol{\alpha}_1,\boldsymbol{\alpha}_2,\cdots,\boldsymbol{\alpha}_r$可由向量组Ⅱ：$\boldsymbol{\beta}_1,\boldsymbol{\beta}_2,\cdots,\boldsymbol{\beta}_s$线性表示，则(　　).

(A)当$r<s$时，向量组Ⅱ必线性相关.　　(B)当$r>s$时，向量组Ⅱ必线性相关.

(C)当$r<s$时，向量组Ⅰ必线性相关.　　(D)当$r>s$时，向量组Ⅰ必线性相关.

解　由命题：若向量组Ⅰ：$\boldsymbol{\alpha}_1,\boldsymbol{\alpha}_2,\cdots,\boldsymbol{\alpha}_r$可由向量组Ⅱ：$\boldsymbol{\beta}_1,\boldsymbol{\beta}_2,\cdots,\boldsymbol{\beta}_s$线性表示，则当$r>s$时，向量组Ⅰ必线性相关. 知选项(D)真且可否选项(C).

由其逆否命题：若向量组Ⅰ：$\boldsymbol{\alpha}_1,\boldsymbol{\alpha}_2,\cdots,\boldsymbol{\alpha}_r$可由向量组Ⅱ：$\boldsymbol{\beta}_1,\boldsymbol{\beta}_2,\cdots,\boldsymbol{\beta}_s$线性表示，且向量组Ⅰ线性无关，则必有$r\leqslant s$，可否选项(A)，(B).

故选(D).

题4　设向量$\boldsymbol{\beta}$可由向量组$\boldsymbol{\alpha}_1,\boldsymbol{\alpha}_2,\cdots,\boldsymbol{\alpha}_m$线性表示，但不能由向量组(Ⅰ)：$\boldsymbol{\alpha}_1,\boldsymbol{\alpha}_2,\cdots,\boldsymbol{\alpha}_{m-1}$线性表示，记向量组(Ⅱ)：$\boldsymbol{\alpha}_1,\boldsymbol{\alpha}_2,\cdots,\boldsymbol{\alpha}_{m-1},\boldsymbol{\beta}$，则(　).

(A)$\boldsymbol{\alpha}_m$不能由(Ⅰ)线性表示，也不能由(Ⅱ)线性表示.

(B)$\boldsymbol{\alpha}_m$不能由(Ⅰ)线性表示，但可由(Ⅱ)线性表示.

(C)$\boldsymbol{\alpha}_m$可由(Ⅰ)线性表示，也可由(Ⅱ)线性表示.

(D)$\boldsymbol{\alpha}_m$可由(Ⅰ)线性表示，但不可由(Ⅱ)线性表示.

解　由题设，存在数是$k_1,k_2,\cdots,k_m$使得

$$\boldsymbol{\beta}=k_1\boldsymbol{\alpha}_1+k_2\boldsymbol{\alpha}_2+\cdots+k_m\boldsymbol{\alpha}_m \qquad (*)$$

且$k_m\neq 0$. 如$k_m=0$，上式表明$\boldsymbol{\beta}$可用向量组(Ⅰ)线性表示，这与已知条件矛盾.

将式(*)两边除以k_m，表明$\boldsymbol{\alpha}_m$可用向量组(Ⅱ)线性表示，故可排除选项(A)和(D).

假设$\boldsymbol{\alpha}_m$又可用向量组(Ⅰ)表示，即

$$\boldsymbol{\alpha}_m=\lambda_1\boldsymbol{\alpha}_1+\lambda_2\boldsymbol{\alpha}_2+\cdots+\lambda_{m-1}\boldsymbol{\alpha}_{m-1}$$

将此式代入式(*)得知,$\boldsymbol{\beta}$ 也可用(Ⅰ)线性表示,而这与已知条件矛盾.

因此 $\boldsymbol{\alpha}_m$,不能由向量组(Ⅰ)线性表示,应排除选项(C).

故选(B).

题 5 若向量组(Ⅰ):$\boldsymbol{\alpha}_1,\boldsymbol{\alpha}_2,\cdots,\boldsymbol{\alpha}_r$ 可由向量组(Ⅱ):$\boldsymbol{\beta}_1,\boldsymbol{\beta}_2,\cdots,\boldsymbol{\beta}_3$ 线性表出,则( ).

(A)若向量组(Ⅰ)线性无关,则 $r\leqslant s$. (B)若向量组(Ⅰ)线性相关,则 $r>s$.

(C)若向量组(Ⅱ)线性无关,则 $r\leqslant s$. (D)若向量组(Ⅱ)线性相关,则 $r>s$.

解 设矩阵 $\boldsymbol{A}=\begin{pmatrix}\boldsymbol{\alpha}_1\\ \boldsymbol{\alpha}_2\\ \vdots\\ \boldsymbol{\alpha}_r\end{pmatrix}$,矩阵 $\boldsymbol{B}=\begin{pmatrix}\boldsymbol{\beta}_1\\ \boldsymbol{\beta}_2\\ \vdots\\ \boldsymbol{\beta}_s\end{pmatrix}$,这里是将题设向量组中向量看成行向量.

由设向量组(Ⅰ)←向量组(Ⅱ),即

$$\begin{pmatrix}\boldsymbol{A}\\ \boldsymbol{B}\end{pmatrix}\xrightarrow{\text{行初等变换}}\begin{pmatrix}\boldsymbol{O}\\ \boldsymbol{B}\end{pmatrix}$$

又

$$\mathrm{r}(\boldsymbol{A})\leqslant\mathrm{r}\begin{pmatrix}\boldsymbol{A}\\ \boldsymbol{B}\end{pmatrix}=\mathrm{r}\begin{pmatrix}\boldsymbol{O}\\ \boldsymbol{B}\end{pmatrix}=\mathrm{r}(\boldsymbol{B})$$

题设中 r,s 系向量组向量个数,而非它们的秩.这样若(Ⅰ)线性无关,即 $\mathrm{r}(\boldsymbol{A})\leqslant\mathrm{r}(\boldsymbol{B})$,则 $r\leqslant s$.

注 选项(C)不真的例:向量组(Ⅱ)无关线性,且向量组(Ⅰ)←向量组(Ⅱ):

向量组(Ⅰ)$(0,1)$,$(1,0)$,$(1,1)$;向量组(Ⅱ)$(0,1)$,$(1,0)$.

向量组(Ⅰ)组个数为 $r=3$,向量组(Ⅱ)的个数为 $s=2$,换言之向量组(Ⅰ)可能线性相关.此时 $r>s$.

题 6 设 n 维列向量组 $\boldsymbol{\alpha}_1,\boldsymbol{\alpha}_2,\cdots,\boldsymbol{\alpha}_m(m<n)$线性无关,则 n 维列向量组 $\boldsymbol{\beta}_1,\boldsymbol{\beta}_2,\cdots,\boldsymbol{\beta}_m$ 线性无关的充分必要条件为( ).

(A)向量组 $\boldsymbol{\alpha}_1,\boldsymbol{\alpha}_2,\cdots,\boldsymbol{\alpha}_m$ 可由向量组 $\boldsymbol{\beta}_1,\boldsymbol{\beta}_2,\cdots,\boldsymbol{\beta}_m$ 线性表示.

(B)向量组 $\boldsymbol{\beta}_1,\boldsymbol{\beta}_2,\cdots,\boldsymbol{\beta}_m$ 可由向量组 $\boldsymbol{\alpha}_1,\boldsymbol{\alpha}_2,\cdots,\boldsymbol{\alpha}_m$ 线性表示.

(C)向量组 $\boldsymbol{\alpha}_1,\boldsymbol{\alpha}_2,\cdots,\boldsymbol{\alpha}_m$ 与向量组 $\boldsymbol{\beta}_1,\boldsymbol{\beta}_2,\cdots,\boldsymbol{\beta}_m$ 等价.

(D)矩阵 $A=(\boldsymbol{\alpha}_1,\boldsymbol{\alpha}_2,\cdots,\boldsymbol{\alpha}_m)$与矩阵 $B=(\boldsymbol{\beta}_1,\boldsymbol{\beta}_2,\cdots,\boldsymbol{\beta}_m)$等价.

解 选项(A),(B),(C)都不是向量组 $\boldsymbol{\beta}_1,\boldsymbol{\beta}_2,\cdots,\boldsymbol{\beta}_m$ 线性无关的必要条件.

由矩阵 A,B 等价的充要条件是 $\mathrm{r}(\boldsymbol{A})=\mathrm{r}(\boldsymbol{B})$,这样

$$\boldsymbol{\alpha}_1,\boldsymbol{\alpha}_2,\cdots,\boldsymbol{\alpha}_m\text{ 线性无关}\Longleftrightarrow\mathrm{r}(\boldsymbol{\alpha}_1,\boldsymbol{\alpha}_2,\cdots,\boldsymbol{\alpha}_m)=m\Longleftrightarrow\mathrm{r}(\boldsymbol{A})=m$$

$$\boldsymbol{\beta}_1,\boldsymbol{\beta}_2,\cdots,\boldsymbol{\beta}_m\text{ 线性无关}\Longleftrightarrow\mathrm{r}(\boldsymbol{\beta}_1,\boldsymbol{\beta}_2,\cdots,\boldsymbol{\beta}_m)=m\Longleftrightarrow\mathrm{r}(\boldsymbol{B})=m$$

所以 $\boldsymbol{\beta}_1,\boldsymbol{\beta}_2,\cdots,\boldsymbol{\beta}_m$ 线性无关的充要条件是 $\mathrm{r}(\boldsymbol{A})=\mathrm{r}(\boldsymbol{B})$,即 $\boldsymbol{A}$ 和 $\boldsymbol{B}$ 等价.

故选(D).

题 7 设有任意两个 n 维向量组 $\boldsymbol{\alpha}_1,\boldsymbol{\alpha}_2,\cdots,\boldsymbol{\alpha}_m$ 和 $\boldsymbol{\beta}_1,\boldsymbol{\beta}_2,\cdots,\boldsymbol{\beta}_m$,如果存在两组不全为零的数 $\lambda_1,\lambda_2,\cdots,\lambda_m$ 和 $k_1,k_2,\cdots,k_m$,使得 $(\lambda_1+k_1)\boldsymbol{\alpha}_1+(\lambda_2+k_2)\boldsymbol{\alpha}_2+\cdots+(\lambda_m+k_m)\boldsymbol{\alpha}_m+(\lambda_1-k_1)\boldsymbol{\beta}_1+(\lambda_2-k_2)\boldsymbol{\beta}_2+\cdots+(\lambda_m-k_m)\boldsymbol{\beta}_m=\boldsymbol{0}$,则( ).

(A)$\boldsymbol{\alpha}_1,\boldsymbol{\alpha}_2,\cdots,\boldsymbol{\alpha}_m$ 和 $\boldsymbol{\beta}_1,\boldsymbol{\beta}_2,\cdots,\boldsymbol{\beta}_m$ 都线性相关.

(B)$\boldsymbol{\alpha}_1,\boldsymbol{\alpha}_2,\cdots,\boldsymbol{\alpha}_m$ 和 $\boldsymbol{\beta}_1,\boldsymbol{\beta}_2,\cdots,\boldsymbol{\beta}_m$ 都线性无关.

(C)$\boldsymbol{\alpha}_1+\boldsymbol{\beta}_1,\boldsymbol{\alpha}_2+\boldsymbol{\beta}_2,\cdots,\boldsymbol{\alpha}_m+\boldsymbol{\beta}_m,\boldsymbol{\alpha}_1-\boldsymbol{\beta}_1,\boldsymbol{\alpha}_2-\boldsymbol{\beta}_2,\cdots,\boldsymbol{\alpha}_m-\boldsymbol{\beta}_m$ 线性无关.

(D)$\boldsymbol{\alpha}_1+\boldsymbol{\beta}_1,\boldsymbol{\alpha}_2+\boldsymbol{\beta}_2,\cdots,\boldsymbol{\alpha}_m+\boldsymbol{\beta}_m,\boldsymbol{\alpha}_1-\boldsymbol{\beta}_1,\boldsymbol{\alpha}_2-\boldsymbol{\beta}_2,\cdots,\boldsymbol{\alpha}_m-\boldsymbol{\beta}_m$ 线性相关.

解 把题设等式改写为

$$\lambda_1(\boldsymbol{\alpha}_1+\boldsymbol{\beta}_1)+\cdots+\lambda_m(\boldsymbol{\alpha}_m+\boldsymbol{\beta}_m)+k_1(\boldsymbol{\alpha}_1-\boldsymbol{\beta}_1)+\cdots+k_m(\boldsymbol{\alpha}_m+\boldsymbol{\beta}_m)=\mathbf{0}$$

由于数组 $\lambda_1,\cdots,\lambda_m,k_1,\cdots,k_m$ 不全为零，即可知选项(D)正确.

故选(D).

(三)向量组与矩阵

题 1　设 $\boldsymbol{A}$ 是 n 阶矩阵，且 $\boldsymbol{A}$ 的行列式 $|\boldsymbol{A}|=0$，则 $\boldsymbol{A}$ 中(　　).

(A)必有一列元素全为 0.　　(B)必有两列元素对应成比例.

(C)必有一列向量是其余列向量的线性组合.　　(D)任一列向量是其余列向量的线性组合.

解　由 $|\boldsymbol{A}|=0$ 知 $\boldsymbol{A}$ 非可逆，或 $\boldsymbol{A}$ 的 n 个列向量必线性相关，因此必有一列向量是其余列向量的线性组合.

故选(C).

题 2　设 $\boldsymbol{A}$ 为 n 阶方阵且 $|\boldsymbol{A}|=0$，则(　　).

(A)$\boldsymbol{A}$ 中必有两行(列)的元素对应成比例.

(B)$\boldsymbol{A}$ 中任意一行(列)向量是其余各行(列)向量的线性组合.

(C)$\boldsymbol{A}$ 中必有一行(列)向量是其余各行(列)向量的线性组合.

(D)$\boldsymbol{A}$ 中至少有一行(列)的元素全为 0.

解　由 $|\boldsymbol{A}|=0$ 知 $\boldsymbol{A}$ 非可逆，或 $\boldsymbol{A}$ 的 n 个行向量必线性相关，因此必有一行向量是其余行向量的线性组合.

故选(C).

注　*以上两题本质上无异，只需注意 $|\boldsymbol{A}|=0$ 说明 $\boldsymbol{A}$ 非可逆即可.*

题 3　若向量组 $\boldsymbol{\alpha}_1,\boldsymbol{\alpha}_2,\cdots,\boldsymbol{\alpha}_s\in\mathbf{R}^{n\times 1}$，又矩阵 $\boldsymbol{A}\in\mathbf{R}^{m\times n}$，则(　　).

(A)若 $\{\boldsymbol{\alpha}_i\}(i=1,2,\cdots,s)$ 线性相关，则 $\{\boldsymbol{A\alpha}_i\}(i=1,2,\cdots,s)$ 线性相关.

(B)若 $\{\boldsymbol{\alpha}_i\}(i=1,2,\cdots,s)$ 线性相关，则 $\{\boldsymbol{A\alpha}_i\}(i=1,2,\cdots,s)$ 线性无关.

(C)若 $\{\boldsymbol{\alpha}_i\}(i=1,2,\cdots,s)$ 线性无关，则 $\{\boldsymbol{A\alpha}_i\}(i=1,2,\cdots,s)$ 线性相关.

(D)若 $\{\boldsymbol{\alpha}_i\}(i=1,2,\cdots,s)$ 线性无关，则 $\{\boldsymbol{A\alpha}_i\}(i=1,2,\cdots,s)$ 线性无关.

解　令 $\boldsymbol{B}=(\boldsymbol{\alpha}_1,\boldsymbol{\alpha}_2,\cdots,\boldsymbol{\alpha}_s)$. 由矩阵秩 $\mathrm{r}(\boldsymbol{AB})\leqslant\min\{\mathrm{r}(\boldsymbol{A}),\mathrm{r}(\boldsymbol{B})\}$ 知若 $\{\boldsymbol{\alpha}_i\}$ 线性相关，则 $\{\boldsymbol{A\alpha}_i\}$ 也线性相关. 故选(A).

注　*将某些向量问题化为矩阵考虑是重要和方便的，此例正好说明了这一点.*

题 4　设矩阵 $\boldsymbol{A}\in\mathbf{R}^{m\times n}$，又 $\boldsymbol{A}$ 的秩 $\mathrm{r}(\boldsymbol{A})=m<n$，若 $\boldsymbol{I}_m$ 为 m 阶单位矩阵，则下述结论中正确的是(　　).

(A)$\boldsymbol{A}$ 的任意 m 个列向量必线性无关.　　(B)$\boldsymbol{A}$ 的任意一个 m 阶子式不等于零.

(C)若矩阵 $\boldsymbol{B}$ 满足 $\boldsymbol{BA}=\boldsymbol{O}$，则 $\boldsymbol{A}=\boldsymbol{O}$.　　(D)$\boldsymbol{A}$ 通过行初等变换，必可以化为 $(\boldsymbol{I}_m\ \vdots\ \boldsymbol{O})$ 的形式.

解　选项(A)和(B)中的“任意”改为“存在”结论才正确. 选项(D)中“通过行初等变换”改为“通过行列初等变换”才正确. 因此排除(A),(B),(D).

故选(C).

注　*顺便指出，选项(C)正确性可用如下方法证明：*

假设 $\boldsymbol{B}\neq\boldsymbol{O}$，取 $\boldsymbol{B}$ 的 m 维行向量 $\boldsymbol{x}\neq\mathbf{0}$. 由条件 $\boldsymbol{BA}=\boldsymbol{O}$ 可知 $\boldsymbol{xA}=\mathbf{0}$.

两边转置得方程组 $\boldsymbol{A}^{\mathrm{T}}\boldsymbol{x}^{\mathrm{T}}=\mathbf{0}^{\mathrm{T}}$. 因为 $\mathrm{r}(\boldsymbol{A}^{\mathrm{T}})=m$ 恰好等于未知数个数，所以其仅有零解，即 $\boldsymbol{x}=\mathbf{0}$. 这与前提矛盾.

题 5　设矩阵 $\boldsymbol{A},\boldsymbol{B}$ 为满足 $\boldsymbol{AB}=\boldsymbol{O}$ 的任意两个非零矩阵，则必有(　　).

(A)$\boldsymbol{A}$ 的列向量组线性相关，$\boldsymbol{B}$ 的行向量组线性相关.

(B)$\boldsymbol{A}$ 的列向量组线性相关，$\boldsymbol{B}$ 的列向量组线性相关.

(C)$\boldsymbol{A}$ 的行向量组线性相关,$\boldsymbol{B}$ 的行向量组线性相关.

(D)$\boldsymbol{A}$ 的行向量组线性相关,$\boldsymbol{B}$ 的列向量组线性相关.

解 将 $\boldsymbol{A}$ 写成行向量组成的矩阵,可讨论 $\boldsymbol{A}$ 列向量组的线性相关性,将 $\boldsymbol{B}$ 写成列向量组成的矩阵,可讨论 $\boldsymbol{B}$ 行向量组的线性相关性.

设 $\boldsymbol{A}=(a_{ij})_{l\times m}$,$\boldsymbol{B}=(b_{ij})_{m\times n}$,记 $\boldsymbol{A}=(\boldsymbol{a}_1,\boldsymbol{a}_2,\cdots,\boldsymbol{a}_m)$,则题设 $\boldsymbol{AB}=\boldsymbol{O}$ 即

$$(\boldsymbol{a}_1,\boldsymbol{a}_2,\cdots,\boldsymbol{a}_m)\begin{pmatrix}b_{11}&b_{12}&\cdots&b_{1n}\\b_{21}&b_2&\cdots&b_{2n}\\\vdots&\vdots&&\vdots\\b_{m1}&b_{m2}&\cdots&b_{mn}\end{pmatrix}=(b_{11}\boldsymbol{a}_1+\cdots+b_{m1}\boldsymbol{a}_m,\cdots,b_{1n}\boldsymbol{a}_1+\cdots+b_{mn}\boldsymbol{a}_m)=\boldsymbol{O}$$

(1)由于 $\boldsymbol{B}\neq\boldsymbol{O}$,所以至少有一 $b_{ij}\neq 0(1\leqslant i\leqslant m,1\leqslant j\leqslant n)$,从而由(1)知

$$b_{1j}\boldsymbol{a}_1+b_{2j}\boldsymbol{a}_2+\cdots+b_{ij}\boldsymbol{a}_i+\cdots+b_{mj}\boldsymbol{a}_m=\boldsymbol{0}$$

于是 $\boldsymbol{a}_1,\boldsymbol{a}_2,\cdots,\boldsymbol{a}_m$ 线性相关.

又若记矩阵 $\boldsymbol{B}=\begin{pmatrix}\boldsymbol{b}_1\\\boldsymbol{b}_2\\\vdots\\\boldsymbol{b}_m\end{pmatrix}$,则由题设 $\boldsymbol{AB}=\boldsymbol{O}$,可有

$$\begin{pmatrix}a_{11}&a_{12}&\cdots&a_{1m}\\a_{21}&a_{22}&\cdots&a_{2m}\\\vdots&\vdots&&\vdots\\a_{l1}&a_{l1}&\cdots&a_{lm}\end{pmatrix}\begin{pmatrix}\boldsymbol{b}_1\\\boldsymbol{b}_2\\\vdots\\\boldsymbol{b}_m\end{pmatrix}=\begin{pmatrix}a_{11}\boldsymbol{b}_1+a_{12}\boldsymbol{b}_2+\cdots+a_{1m}\boldsymbol{b}_m\\a_{21}\boldsymbol{b}_1+a_{22}\boldsymbol{b}_2+\cdots+a_{2m}\boldsymbol{b}_m\\\vdots\\a_{l1}\boldsymbol{b}_1+a_{l2}\boldsymbol{b}_2+\cdots+a_{lm}\boldsymbol{b}_m\end{pmatrix}=\boldsymbol{O}$$

由于 $\boldsymbol{A}\neq\boldsymbol{O}$,则至少存在一 $a_{ij}\neq 0(1\leqslant i\leqslant l;1\leqslant j\leqslant m)$,使

$$a_{i1}\boldsymbol{b}_1+a_{i2}\boldsymbol{b}_2+a_{ij}\boldsymbol{b}_j+\cdots+a_{im}\boldsymbol{b}_m=\boldsymbol{0}$$

从而 $\boldsymbol{b}_1,\boldsymbol{b}_2,\cdots,\boldsymbol{b}_m$ 线性相关.

故应选(A).

(四)向量组的极大无关组

题 1 向量组 $\boldsymbol{\alpha}_1=(1,-1,2,4)$,$\boldsymbol{\alpha}_2=(0,3,1,2)$,$\boldsymbol{\alpha}_3=(3,0,7,14)$,$\boldsymbol{\alpha}_4=(1,-2,2,0)$,$\boldsymbol{\alpha}_5=(2,1,5,10)$的极大线性无关组是( ).

(A)$\boldsymbol{\alpha}_1,\boldsymbol{\alpha}_2,\boldsymbol{\alpha}_3$. (B)$\boldsymbol{\alpha}_1,\boldsymbol{\alpha}_2,\boldsymbol{\alpha}_4$. (C)$\boldsymbol{\alpha}_1,\boldsymbol{\alpha}_2,\boldsymbol{\alpha}_5$. (D)$\boldsymbol{\alpha}_1,\boldsymbol{\alpha}_2,\boldsymbol{\alpha}_4,\boldsymbol{\alpha}_5$.

解 用题设向量为列作矩阵 $\boldsymbol{A}$,并对其作初等行变换,将其化为阶梯形矩阵.

$$\boldsymbol{A}=(\boldsymbol{\alpha}_1^{\mathrm T},\boldsymbol{\alpha}_2^{\mathrm T},\boldsymbol{\alpha}_3^{\mathrm T},\boldsymbol{\alpha}_4^{\mathrm T},\boldsymbol{\alpha}_5^{\mathrm T})=\begin{pmatrix}1&0&3&1&2\\-1&3&0&-2&1\\2&1&7&2&5\\4&2&14&0&10\end{pmatrix}\to\begin{pmatrix}1&0&3&1&2\\0&3&3&-1&3\\0&1&1&0&1\\0&2&2&-4&2\end{pmatrix}\to$$

$$\begin{pmatrix}1&0&3&1&2\\0&1&1&0&1\\0&1&1&-2&1\\0&3&3&-1&3\end{pmatrix}\to\begin{pmatrix}1&0&3&1&2\\0&1&1&0&1\\0&0&0&-2&0\\0&0&0&0&0\end{pmatrix}$$

知 $\boldsymbol{\alpha}_1,\boldsymbol{\alpha}_2,\boldsymbol{\alpha}_4$ 是极大线性无关组.

故选(B).

注 由计算过程可看出:向量组 $\boldsymbol{\alpha}_1,\boldsymbol{\alpha}_3,\boldsymbol{\alpha}_4$ 或 $\boldsymbol{\alpha}_1,\boldsymbol{\alpha}_4,\boldsymbol{\alpha}_5$ 亦为极大线性无关组.

(五)向量空间

题　若 $\boldsymbol{\alpha}_1,\boldsymbol{\alpha}_2,\boldsymbol{\alpha}_3$ 是 3 维向量空间 $\mathbf{R}_3$，的一组基，则由基 $\boldsymbol{\alpha}_1,\boldsymbol{\alpha}_2/2,\boldsymbol{\alpha}_3/3$ 则 $\boldsymbol{\alpha}_1+\boldsymbol{\alpha}_2,\boldsymbol{\alpha}_2+\boldsymbol{\alpha}_3,\boldsymbol{\alpha}_3+\boldsymbol{\alpha}_1$ 的过渡矩阵为(　　).

(A) $\begin{pmatrix}1&0&1\\2&2&0\\0&3&3\end{pmatrix}$.　(B) $\begin{pmatrix}1&2&0\\0&2&3\\1&0&3\end{pmatrix}$.　(C) $\begin{pmatrix}1/2&1/4&-1/6\\-1/2&1/4&1/6\\1/2&-1/4&1/6\end{pmatrix}$.　(D) $\begin{pmatrix}1/2&-1/2&1/2\\1/4&1/4&1/4\\-1/6&1/6&1/6\end{pmatrix}$.

解　设 $\boldsymbol{\alpha}_1,\boldsymbol{\alpha}_2/2,\boldsymbol{\alpha}_3/3$ 到 $\boldsymbol{\alpha}_1,\boldsymbol{\alpha}_2,\boldsymbol{\alpha}_3$ 过渡阵为 $\boldsymbol{P}_1$，$\boldsymbol{\alpha}_1,\boldsymbol{\alpha}_2,\boldsymbol{\alpha}_3$ 到 $\boldsymbol{\alpha}_1+\boldsymbol{\alpha}_2,\boldsymbol{\alpha}_2+\boldsymbol{\alpha}_3,\boldsymbol{\alpha}_3+\boldsymbol{\alpha}_1$ 过渡阵为 $\boldsymbol{P}_2$. 则由题设有

$$(\boldsymbol{\alpha}_1+\boldsymbol{\alpha}_2,\boldsymbol{\alpha}_2+\boldsymbol{\alpha}_3,\boldsymbol{\alpha}_3+\boldsymbol{\alpha}_1)=(\boldsymbol{\alpha}_1,\boldsymbol{\alpha}_2,\boldsymbol{\alpha}_3)\boldsymbol{P}_2=(\boldsymbol{\alpha}_1,\frac{1}{2}\boldsymbol{\alpha}_2,\frac{1}{3}\boldsymbol{\alpha}_3)\boldsymbol{P}_1\boldsymbol{P}_2$$

容易看出

$$(\boldsymbol{\alpha}_1,\boldsymbol{\alpha}_2,\boldsymbol{\alpha}_3)=(\boldsymbol{\alpha}_1,\frac{1}{2}\boldsymbol{\alpha}_2,\frac{1}{3}\boldsymbol{\alpha}_3)\begin{pmatrix}1&&\\&2&\\&&3\end{pmatrix}$$

又

$$(\boldsymbol{\alpha}_1+\boldsymbol{\alpha}_2,\boldsymbol{\alpha}_2+\boldsymbol{\alpha}_3,\boldsymbol{\alpha}_3+\boldsymbol{\alpha}_1)=(\boldsymbol{\alpha}_1,\boldsymbol{\alpha}_2,\boldsymbol{\alpha}_3)\begin{pmatrix}1&0&1\\1&1&0\\0&1&1\end{pmatrix}$$

故由基 $\boldsymbol{\alpha}_1,\boldsymbol{\alpha}_2/2,\boldsymbol{\alpha}_3/3$ 到 $\boldsymbol{\alpha}_1+\boldsymbol{\alpha}_2,\boldsymbol{\alpha}_2+\boldsymbol{\alpha}_3,\boldsymbol{\alpha}_3+\boldsymbol{\alpha}_1$ 的过渡矩阵为

$$\boldsymbol{P}=\boldsymbol{P}_1\boldsymbol{P}_2=\begin{pmatrix}1&&\\&2&\\&&3\end{pmatrix}\begin{pmatrix}1&0&1\\1&1&0\\0&1&1\end{pmatrix}=\begin{pmatrix}1&0&1\\2&2&0\\0&3&3\end{pmatrix}$$

故选(A).

四、线性方程组

(一)线性方程组有无解判定

题 1　设 n 元齐次线性方程组 $\boldsymbol{Ax}=\boldsymbol{0}$ 的系数矩阵 $\boldsymbol{A}$ 的秩为 r，则 $\boldsymbol{Ax}=\boldsymbol{0}$ 有非零解的充分必要条件是(　　).

(A)$r=n$.　　(B)$r>n$.　　(C)$r\geqslant n$.　　(D)$r>n$.

解　由 $\mathrm{r}(\boldsymbol{A})=r$ 必有 $r\leqslant n$，因此排除选项(C)和(D).

若 $r=n$，则 $\boldsymbol{Ax}=\boldsymbol{0}$ 只有零解，但题设 $\boldsymbol{Ax}=\boldsymbol{0}$ 有非零解，知选项(A)不真.

故选(B).

题 2　非齐次线性方程 $\boldsymbol{Ax}=\boldsymbol{b}$ 中未知量个数为 n，方程矩阵 $\boldsymbol{A}$ 的秩为 r，则(　　).

(A)$r=m$ 时，方程组 $\boldsymbol{Ax}=\boldsymbol{b}$ 有解.　　(B)$r=n$ 时，方程组 $\boldsymbol{Ax}=\boldsymbol{b}$ 有唯一解.

(C)$m=n$ 时，方程组 $\boldsymbol{Ax}=\boldsymbol{b}$ 有唯一解.　　(D)$r<n$ 时，方程组 $\boldsymbol{Ax}=\boldsymbol{b}$ 有无穷多解.

解　取 $\boldsymbol{A}=\begin{pmatrix}1\\1\end{pmatrix}$，$\boldsymbol{x}=x$，$\boldsymbol{b}=\begin{pmatrix}1\\2\end{pmatrix}$，则 $r=n=1$，但 $\boldsymbol{Ax}=\boldsymbol{b}$ 无解，排除(B).

取 $\boldsymbol{A}=\begin{pmatrix}1&1\\1&1\end{pmatrix}$，$\boldsymbol{x}=\begin{pmatrix}x_1\\x_2\end{pmatrix}$，$\boldsymbol{b}=\begin{pmatrix}1\\2\end{pmatrix}$，则 $m=n$，且 $r<n$，但 $\boldsymbol{Ax}=\boldsymbol{b}$ 无解，排除(C)和(D).

又若 $\mathrm{r}(\boldsymbol{A})=r=m$，必有 $\mathrm{r}(\boldsymbol{A}\vdots\boldsymbol{b})\geqslant m=r$，且 $\mathrm{r}(\boldsymbol{A}\vdots\boldsymbol{b})\leqslant\min\{m,n+1\}=\min\{r,n+1\}=r$，因此 $\mathrm{r}(\boldsymbol{A}\vdots\boldsymbol{b})=\mathrm{r}(\boldsymbol{A})=r$，故 $\boldsymbol{Ax}=\boldsymbol{b}$ 有解，知(A)真.

故选(A).

题 3 设矩阵 $A\in\mathbf{R}^{m\times n}$ 的秩为 $r(\boldsymbol{A})=m<n$,又 $\boldsymbol{I}_m$ 为 m 的阶单位矩阵,则下述结论中正确的是(　　).

(A)$\boldsymbol{A}$ 的任意 m 个列向量必线性无关.

(B)$\boldsymbol{A}$ 的任意一个 m 的阶子式不等于零.

(C)$\boldsymbol{A}$ 通过初等行变换,必可以化为$(\boldsymbol{I}_m\ \vdots\ \boldsymbol{O})$的形式.

(D)非齐次线性方程组 $\boldsymbol{Ax}=\boldsymbol{b}$ 一定有无穷多解.

解 选项(A)和(B)中的"任意"改为"存在",结论才正确.选项(C)中"通过初等行变换"改为"通过初等行、列变换"才正确.故(A),(B),(C)不真.

由于 $\boldsymbol{A}$ 有 m 行且 $r(\boldsymbol{A})=m<n$,因此 $r(\boldsymbol{A}\ \vdots\ \boldsymbol{b})\geqslant r(\boldsymbol{A})=m$.

又 $r(\boldsymbol{A}\ \vdots\ \boldsymbol{b})\leqslant\min\{m,n\}=m$,因而 $r(\boldsymbol{A}\ \vdots\ \boldsymbol{b})=r(\boldsymbol{A})=m$.从而知 $\boldsymbol{Ax}=\boldsymbol{b}$ 有无穷多解.

故选(D).

注 此问题与上一节题 3 无异,只是选择支(D)不同而已.

题 4 设 $\boldsymbol{A}$ 为 $m\times n$ 矩阵,齐次线性方程组 $\boldsymbol{Ax}=\boldsymbol{0}$仅有零解的充分条件是(　　).

(A)$\boldsymbol{A}$ 的列向量线性无关.　　(B)$\boldsymbol{A}$ 的列向量线性相关.

(C)$\boldsymbol{A}$ 的行向量线性无关.　　(D)$\boldsymbol{A}$ 的行向量线性相关.

解 方程组 $\boldsymbol{Ax}=\boldsymbol{0}$ 仅有零解的充分条件是 $r(\boldsymbol{A})=n\leqslant m$,即 $\boldsymbol{A}$ 的列向量组的秩等于 n 即变元个数,故应选(A).

事实上,若 $\boldsymbol{A}$ 的行向量线性无关,即 $r(\boldsymbol{A})=m$,当 $m<n$ 时(注意 n 为变元个数)$\boldsymbol{Ax}=\boldsymbol{0}$有非零解,故选项(C)不真;而在选项(B)和选项(D)的条件下,都有 $r(\boldsymbol{A})<n$.因此选项(B)和选项(D)都不真.

题 5 设 $\boldsymbol{A}$ 是 $m\times n$ 矩阵,$\boldsymbol{B}$ 是 $n\times m$ 矩阵,则线性方程组$(\boldsymbol{AB})\boldsymbol{x}=\boldsymbol{0}$(　　).

(A)当 $n>m$ 时仅有零解.　　(B)当 $n>m$ 时必有非零解.

(C)当 $m>n$ 时仅有零解.　　(D)当 $m>n$ 时必有非零解.

解 注意到变元 $\boldsymbol{x}$ 为 m 维,当 $m>n$ 时

$$r(\boldsymbol{AB})\leqslant\min\{r(\boldsymbol{A}),r(\boldsymbol{B})\}\leqslant\min\{m,n\}=n<m$$

而 $\boldsymbol{AB}$ 是 $m\times m$ 矩阵,此时方程组$(\boldsymbol{AB})\boldsymbol{x}=\boldsymbol{0}$ 必有非零解.

故选(D).

题 6 设 $\boldsymbol{A}$ 是 n 阶矩阵,$\boldsymbol{\alpha}$ 是 n 维列向量,若 $r\begin{pmatrix}\boldsymbol{A}&\boldsymbol{\alpha}\\ \boldsymbol{\alpha}^{\mathrm{T}}&0\end{pmatrix}=r(\boldsymbol{A})$,则线性方程组

(A)$\boldsymbol{Ax}=\boldsymbol{\alpha}$ 必有无穷多解.　　(B)$\boldsymbol{Ax}=\boldsymbol{\alpha}$ 必有唯一解.

(C) $\begin{pmatrix}\boldsymbol{A}&\boldsymbol{\alpha}\\ \boldsymbol{\alpha}^{\mathrm{T}}&0\end{pmatrix}\begin{pmatrix}\boldsymbol{x}\\ \boldsymbol{y}\end{pmatrix}=\boldsymbol{0}$ 仅有零解.　　(D) $\begin{pmatrix}\boldsymbol{A}&\boldsymbol{\alpha}\\ \boldsymbol{\alpha}^{\mathrm{T}}&0\end{pmatrix}\begin{pmatrix}\boldsymbol{x}\\ \boldsymbol{y}\end{pmatrix}=\boldsymbol{0}$ 必有非零解.

解 因为向量 $\boldsymbol{\alpha}$ 是与 $\boldsymbol{A}$ 并无关系,一般情况下可能 $r(\boldsymbol{A}\ \vdots\ \boldsymbol{\alpha})\neq r(\boldsymbol{A})$,则选项(A),(B)不真.

又 $\boldsymbol{A}$ 是 n 阶矩阵,所以 $r\begin{pmatrix}\boldsymbol{A}&\boldsymbol{\alpha}\\ \boldsymbol{\alpha}^{\mathrm{T}}&0\end{pmatrix}=r(\boldsymbol{A})\leqslant n<n+1$.于是,选项(C)和(D)中的齐次线性方程组的系数矩阵的秩小于未知数的个数,从而不会仅有 0 解,故该方程组必有非零解.

故选(D).

题 7 设 n 阶矩阵 $\boldsymbol{A}$ 的伴随矩阵 $\boldsymbol{A}^*\neq\boldsymbol{O}$,若 $\boldsymbol{\alpha}_1,\boldsymbol{\alpha}_2,\boldsymbol{\alpha}_3,\boldsymbol{\alpha}_4$ 是非齐次线性方程组 $\boldsymbol{Ax}=\boldsymbol{b}$ 的互不相等的解,则对应的齐次线性方程组 $\boldsymbol{Ax}=\boldsymbol{0}$ 的基础解系(　　).

(A)不存在.　　(B)仅含一个非零解向量.

(C)含有两个线性无关的解向量.　　(D)含有三个线性无关的解向量.

解 要确定基础解系含向量的个数,实际上只要确定未知数的个数和系数矩阵的秩.

因为方程组 $\boldsymbol{A}\boldsymbol{x}=\boldsymbol{b}$ 基础解系含向量的个数为 $n-\mathrm{r}(\boldsymbol{A})$，而且

$$\mathrm{r}(\boldsymbol{A}^*)=\begin{cases}n, & \text{当 } \mathrm{r}(\boldsymbol{A})=n \text{ 时}\\ 1, & \text{当 } \mathrm{r}(\boldsymbol{A})=n-1 \text{ 时}\\ 0, & \text{当 } \mathrm{r}(\boldsymbol{A})<n-1 \text{ 时}\end{cases}$$

据题设 $\boldsymbol{A}^*\neq\boldsymbol{O}$，于是 $\mathrm{r}(\boldsymbol{A})$ 等于 n 或 $n-1$.

又 $\boldsymbol{A}\boldsymbol{x}=\boldsymbol{b}$ 有互不相等的解，即解不唯一，故 $\mathrm{r}(\boldsymbol{A})=n-1$. 知其基础解系仅含有一个解向量. 即选(B).

(二)两个方程组解间关系

这里面既包含线性方程组和它相对应的线性齐次方程组(导出组)解间关系问题，也包含两个普通线性方程组解间关系问题.

题 1　设 $\boldsymbol{A}$ 为 n 阶实矩阵，则对于线性方程组(Ⅰ)：$\boldsymbol{A}\boldsymbol{x}=\boldsymbol{0}$ 和(Ⅱ)：$\boldsymbol{A}^{\mathrm{T}}\boldsymbol{A}\boldsymbol{x}=\boldsymbol{0}$，必有(　　).

(A)(Ⅱ)的解是(Ⅰ)的解，(Ⅰ)的解也是(Ⅱ)的解.

(B)(Ⅱ)的解是(Ⅰ)的解，但(Ⅰ)的解不是(Ⅱ)的解.

(C)(Ⅰ)的解不是(Ⅱ)的解，(Ⅱ)的解也不是(Ⅰ)的解.

(D)(Ⅰ)的解是(Ⅱ)的解，但(Ⅱ)的解不是(Ⅰ)的解.

解　设 $\boldsymbol{x}_0$ 是(Ⅰ)的解，则 $\boldsymbol{A}\boldsymbol{x}_0=\boldsymbol{0}$，且 $\boldsymbol{A}^{\mathrm{T}}\boldsymbol{A}\boldsymbol{x}_0=\boldsymbol{A}^{\mathrm{T}}\boldsymbol{0}=\boldsymbol{0}$，表明 $\boldsymbol{x}_0$ 也是(Ⅱ)的解.

反之，设 $\boldsymbol{x}_0$ 是(Ⅱ)的解，则 $\boldsymbol{A}^{\mathrm{T}}\boldsymbol{A}\boldsymbol{x}_0=\boldsymbol{0}$，有 $\boldsymbol{x}_0^{\mathrm{T}}\boldsymbol{A}^{\mathrm{T}}\boldsymbol{A}\boldsymbol{x}_0=\boldsymbol{0}$，即 $(\boldsymbol{A}\boldsymbol{x}_0)^{\mathrm{T}}(\boldsymbol{A}\boldsymbol{x})=\boldsymbol{0}$，得 $\boldsymbol{A}\boldsymbol{x}_0=\boldsymbol{0}$. 表明 $\boldsymbol{x}_0$ 也是(Ⅰ)的解.

从而(Ⅰ)，(Ⅱ)同解.

故选(A).

注　其实结论是显然的，这个问题我们前文已有详述.

题 2　设 $\boldsymbol{A}$ 是 $m\times n$ 矩阵，$\boldsymbol{A}\boldsymbol{x}=\boldsymbol{0}$ 是非齐次线性方程组 $\boldsymbol{A}\boldsymbol{x}=\boldsymbol{b}$ 所对应的齐次线性方程组(导出组)，则下列结论正确的是(　　).

(A)若 $\boldsymbol{A}\boldsymbol{x}=\boldsymbol{0}$ 仅有零解，则 $\boldsymbol{A}\boldsymbol{x}=\boldsymbol{b}$ 有唯一解.

(B)若 $\boldsymbol{A}\boldsymbol{x}=\boldsymbol{0}$ 有非零解，则 $\boldsymbol{A}\boldsymbol{x}=\boldsymbol{b}$ 有无穷多个解.

(C)若 $\boldsymbol{A}\boldsymbol{x}=\boldsymbol{b}$ 有无穷多个解，则 $\boldsymbol{A}\boldsymbol{x}=\boldsymbol{0}$ 仅有零解.

(D)若 $\boldsymbol{A}\boldsymbol{x}=\boldsymbol{b}$ 有无穷多个解，则 $\boldsymbol{A}\boldsymbol{x}=\boldsymbol{0}$ 有非零解.

解　首先，选项(A)和(B)的题设条件推导不出 $\mathrm{r}(\boldsymbol{A}\vdots\boldsymbol{b})=\mathrm{r}(\boldsymbol{A})$，因此排除(A)和(B).

又选项(C)和(D)的题设条件均为 $\mathrm{r}(\boldsymbol{A}\vdots\boldsymbol{b})=\mathrm{r}(\boldsymbol{A})<n$，知(C)不真，(D)正确.

故选(D).

题 3　设有齐次性方程组 $\boldsymbol{A}\boldsymbol{x}=\boldsymbol{0}$ 和 $\boldsymbol{B}\boldsymbol{x}=\boldsymbol{0}$，其中 $\boldsymbol{A},\boldsymbol{B}$ 均为 $m\times n$ 矩阵，现有 4 个命题：

①若 $\boldsymbol{A}\boldsymbol{x}=\boldsymbol{0}$ 的解均是 $\boldsymbol{B}\boldsymbol{x}=\boldsymbol{0}$ 的解，则 $\mathrm{r}(\boldsymbol{A})\geqslant\mathrm{r}(\boldsymbol{B})$；

②若 $\mathrm{r}(\boldsymbol{A})\geqslant\mathrm{r}(\boldsymbol{B})$，则 $\boldsymbol{A}\boldsymbol{x}=\boldsymbol{0}$ 的解均是 $\boldsymbol{B}\boldsymbol{x}=\boldsymbol{0}$ 的解；

③若 $\boldsymbol{A}\boldsymbol{x}=\boldsymbol{0}$ 与 $\boldsymbol{B}\boldsymbol{x}=\boldsymbol{0}$ 同解，则 $\mathrm{r}(\boldsymbol{A})=\mathrm{r}(\boldsymbol{B})$；

④若 $\mathrm{r}(\boldsymbol{A})=\mathrm{r}(\boldsymbol{B})$，则 $\boldsymbol{A}\boldsymbol{x}=\boldsymbol{0}$ 与 $\boldsymbol{B}\boldsymbol{x}=\boldsymbol{0}$ 同解.

以上命题中正确的是(　　).

(A)①②.　　(B)①③.　　(C)②④.　　(D)③④.

解　若 $\boldsymbol{A}\boldsymbol{x}=\boldsymbol{0}$ 与 $\boldsymbol{B}\boldsymbol{x}=\boldsymbol{0}$ 同解，则 $n-\mathrm{r}(\boldsymbol{A})=n-\mathrm{r}(\boldsymbol{B})$，即 $\mathrm{r}(\boldsymbol{A})=\mathrm{r}(\boldsymbol{B})$，知命题③真，故可排除选项(A)，(C)；但反过来，若 $\mathrm{r}(\boldsymbol{A})=\mathrm{r}(\boldsymbol{B})$，则不能推出 $\boldsymbol{A}\boldsymbol{x}=0$ 与 $\boldsymbol{B}\boldsymbol{x}=\boldsymbol{0}$ 同解.

如果 $\boldsymbol{A}=\begin{pmatrix}1&0\\0&0\end{pmatrix}$，$\boldsymbol{B}=\begin{pmatrix}0&0\\0&1\end{pmatrix}$，则 $\mathrm{r}(\boldsymbol{A})=\mathrm{r}(\boldsymbol{B})=1$，但 $\boldsymbol{A}\boldsymbol{x}=\boldsymbol{0}$ 与 $\boldsymbol{B}\boldsymbol{x}=\boldsymbol{0}$ 不同解.

可知命题④不成立,应排除选项(D).

故选(B).

(三)线性方程组解的验证和待定系数

题1 要使 $\boldsymbol{\xi}_1=(1,0,2)^T$, $\boldsymbol{\xi}_2=(0,1,-1)^T$ 都是线性方程组 $\boldsymbol{Ax}=\boldsymbol{0}$ 的解,只要系数矩阵 $\boldsymbol{A}$ 为(   ).

(A)$(-2,1,1)$. (B)$\begin{pmatrix}2&0&-1\\0&1&1\end{pmatrix}$. (C)$\begin{pmatrix}-1&0&2\\0&1&-1\end{pmatrix}$. (D)$\begin{pmatrix}0&1&-1\\4&-2&-2\\0&1&1\end{pmatrix}$.

解 依题意,$\boldsymbol{\xi}_1,\boldsymbol{\xi}_2$ 与 $\boldsymbol{A}$ 的行向量是正交的,因此只需对各选项逐一验算.

因为$(-2,1,1)\boldsymbol{\xi}_1=0$,$(-2,1,1)\boldsymbol{\xi}_2=0$. 知 $\boldsymbol{A}=(-2,1,1)$.

故选(A).

题2 齐次线性方程组

$$\begin{cases}\lambda x_1+x_2+\lambda^2x_3=0\\x_1+\lambda x_2+x_3=0\\x_1+x_2+\lambda x_3=0\end{cases}$$

的系数矩阵记为 $\boldsymbol{A}$. 若存在三阶矩阵 $\boldsymbol{B}\neq\boldsymbol{O}$ 使得 $\boldsymbol{AB}=\boldsymbol{O}$,则

(A)$\lambda=-2$ 且$|\boldsymbol{B}|=0$. (B)$\lambda=-2$ 且$|\boldsymbol{B}|\neq0$. (C)$\lambda=1$ 且$|\boldsymbol{B}|=0$. (D)$\lambda=1$ 且$|\boldsymbol{B}|\neq0$.

解 由于 $\boldsymbol{AB}=\boldsymbol{O}$ 且 $\boldsymbol{B}\neq\boldsymbol{O}$,表明 $\boldsymbol{Ax}=\boldsymbol{0}$ 有非零解,则必有$|\boldsymbol{A}|=0$,即

$$|\boldsymbol{A}|=\begin{vmatrix}\lambda&1&\lambda^2\\1&\lambda&1\\1&1&\lambda\end{vmatrix}=\begin{vmatrix}0&1-\lambda&0\\0&\lambda-1&1-\lambda\\1&1&\lambda\end{vmatrix}=(1-\lambda)^2=0$$

解得 $\lambda=1$. 排除选项(A)和选项(B).

若行列式$|\boldsymbol{B}|\neq0$,则矩阵 $\boldsymbol{B}$ 可逆,用 $\boldsymbol{B}^{-1}$ 右乘 $\boldsymbol{AB}=\boldsymbol{O}$,得 $\boldsymbol{ABB}^{-1}=\boldsymbol{OB}^{-1}$,即 $\boldsymbol{A}=\boldsymbol{O}$,而这与题设 $\boldsymbol{A}$(方程组系数矩阵)为非零矩阵相矛盾,从而行列式$|\boldsymbol{B}|=0$.

故选(C).

(四)线性方程组的通解

题1 设 $\boldsymbol{\alpha}_1,\boldsymbol{\alpha}_1,\boldsymbol{\alpha}_3$,是四元非齐次线性方程组 $\boldsymbol{Ax}=\boldsymbol{b}$ 的三个解向量,且矩阵 $\boldsymbol{A}$ 的秩 $\mathrm{r}(\boldsymbol{A})=3$,又 $\boldsymbol{\alpha}_1=(1,2,3,4)^T$, $\boldsymbol{\alpha}_2+\boldsymbol{\alpha}_3=(0,1,2,3)^T$, c 为任意常数,则线性方程组 $\boldsymbol{Ax}=\boldsymbol{b}$ 的通解 $\boldsymbol{x}=$(   ).

(A)$\begin{pmatrix}1\\2\\3\\4\end{pmatrix}+c\begin{pmatrix}1\\1\\1\\1\end{pmatrix}$. (B)$\begin{pmatrix}1\\2\\3\\4\end{pmatrix}+c\begin{pmatrix}0\\1\\2\\3\end{pmatrix}$. (C)$\begin{pmatrix}1\\2\\3\\4\end{pmatrix}+c\begin{pmatrix}2\\3\\4\\5\end{pmatrix}$. (D)$\begin{pmatrix}1\\2\\3\\4\end{pmatrix}+c\begin{pmatrix}3\\4\\5\\6\end{pmatrix}$.

解 由题设,有如下等式成立:

$$\begin{cases}\boldsymbol{A\alpha}_1=\boldsymbol{b} & ①\\\boldsymbol{A\alpha}_2=\boldsymbol{b} & ②\\\boldsymbol{A\alpha}_3=\boldsymbol{b} & ③\end{cases}$$

由上面式①知,$\boldsymbol{\alpha}_1$ 是原方程组的一个特解.

又由式①×2−(②+③)得 $\boldsymbol{A}(2\boldsymbol{\alpha}_1-(\boldsymbol{\alpha}_2+\boldsymbol{\alpha}_3))=\boldsymbol{0}$,即知

$$\boldsymbol{\alpha}=2\boldsymbol{\alpha}_1-(\boldsymbol{\alpha}_2+\boldsymbol{\alpha}_3)=2(1,2,3,4)^T-(0,1,2,3)^T=(2,3,4,5)^T$$

为方程组的基础解. 又 $\mathrm{r}(\boldsymbol{A})=3$ 知方程组通解为 $\boldsymbol{x}=\boldsymbol{\alpha}_1+c\boldsymbol{\alpha}$.

故选(C).

题2 已知 $\boldsymbol{\beta}_1,\boldsymbol{\beta}_2$ 是非齐次线性方程组 $\boldsymbol{Ax}=\boldsymbol{b}$ 的两个不同的解,$\boldsymbol{\alpha}_1,\boldsymbol{\alpha}_2$ 是对应齐次线性方程组$\boldsymbol{Ax}=$

$\mathbf{0}$ 的基础解系，k_1，k_2 为任意常数，则方程组 $\boldsymbol{A}\boldsymbol{x}=\boldsymbol{b}$ 的通解(一般解)必是

(A) $k_1\boldsymbol{\alpha}_1+k_2(\boldsymbol{\alpha}_1+\boldsymbol{\alpha}_2)+\frac{1}{2}(\boldsymbol{\beta}_1-\boldsymbol{\beta}_2)$.　　(B) $k_1\boldsymbol{\alpha}_1+k_2(\boldsymbol{\alpha}_1-\boldsymbol{\alpha}_2)+\frac{1}{2}(\boldsymbol{\beta}_1+\boldsymbol{\beta}_2)$.

(C) $k_1\boldsymbol{\alpha}_1+k_2(\boldsymbol{\beta}_1+\boldsymbol{\beta}_2)+\frac{1}{2}(\boldsymbol{\beta}_1-\boldsymbol{\beta}_2)$.　　(D) $k_1\boldsymbol{\alpha}_1+k_2(\boldsymbol{\beta}_1-\boldsymbol{\beta}_2)+\frac{1}{2}(\boldsymbol{\beta}_1+\boldsymbol{\beta}_2)$.

解　由题设有 $\boldsymbol{A}\boldsymbol{\alpha}_1=\mathbf{0}$，$\boldsymbol{A}\boldsymbol{\alpha}_2=\mathbf{0}$，$\boldsymbol{A}\boldsymbol{\beta}_1=\boldsymbol{b}$，$\boldsymbol{A}\boldsymbol{\beta}_2=\boldsymbol{b}$，将各选项中的表达式代入方程组 $\boldsymbol{A}\boldsymbol{x}=\boldsymbol{b}$ 中，容易检验选项(A)和(C)中的向量不是解，因此排除(A)和(C).

由于 $\boldsymbol{\alpha}_1$，$\boldsymbol{\alpha}_1-\boldsymbol{\alpha}_2$ 线性无关，因此它们是 $\boldsymbol{A}\boldsymbol{x}=\mathbf{0}$ 的基础解系，故 $k_1\boldsymbol{\alpha}_1+k_2(\boldsymbol{\alpha}_1-\boldsymbol{\alpha}_2)$ 是 $\boldsymbol{A}\boldsymbol{x}=\mathbf{0}$ 的通解.

注意到 $\boldsymbol{\beta}_1-\boldsymbol{\beta}_2$ 是 $\boldsymbol{A}\boldsymbol{\alpha}=\mathbf{0}$ 的解而非 $\boldsymbol{A}\boldsymbol{x}=\boldsymbol{b}$ 的解. 而 $\frac{1}{2}(\boldsymbol{\beta}_1+\boldsymbol{\beta}_2)\neq\mathbf{0}$ 是 $\boldsymbol{A}\boldsymbol{x}=\boldsymbol{b}$ 的一个特解，知选项(B)中的向量是 $\boldsymbol{A}\boldsymbol{x}=\boldsymbol{b}$ 的通解.

故选(B).

(五)线性方程组的几何应用

线性方程组的理论与解析几何有着密切的关联，特别是二元、三元线性方程组与平面和空间坐标系中的直线和平面方程对应，这样它们彼此间的性质的交融可提供一批命题.

题 1　设 3 维向量组 $\boldsymbol{\alpha}_1=(a_1,a_2,a_3)^{\mathrm{T}}$，$\boldsymbol{\alpha}_2=(b_1,b_2,b_3)^{\mathrm{T}}$，$\boldsymbol{\alpha}_3=(c_1,c_2,c_3)^{\mathrm{T}}$，那么(平面上)三条直线 $a_ix+b_iy+c_i=0(i=1,2,3)$(其中 $a_i^2+b_i^2\neq0$，$i=1,2,3$)交于一点的充要条件是(　　).

(A) $\boldsymbol{\alpha}_1$，$\boldsymbol{\alpha}_2$，$\boldsymbol{\alpha}_3$ 线性相关.　　(B) $\boldsymbol{\alpha}_1$，$\boldsymbol{\alpha}_2$，$\boldsymbol{\alpha}_3$ 线性无关.

(C) 秩 $\mathrm{r}(\boldsymbol{\alpha}_1,\boldsymbol{\alpha}_2,\boldsymbol{\alpha}_3)=$ 秩 $\mathrm{r}(\boldsymbol{\alpha}_1,\boldsymbol{\alpha}_2)$.　　(D) $\boldsymbol{\alpha}_1$，$\boldsymbol{\alpha}_2$，$\boldsymbol{\alpha}_3$ 线性相关，$\boldsymbol{\alpha}_1$，$\boldsymbol{\alpha}_2$ 线性无关.

解　三条直线交于一点，即齐次线性方程组

$$\begin{cases}a_1x+b_1y+c_1z=0\\a_2x+b_2y+c_2z=0\\a_3x+b_3y+c_3z=0\end{cases}$$

有非零解 $(x_0,y_0,1)$，则系数行列式等于零，该方程组系数列向量必线性相关，排除选项(B).

因为有可能 $\mathrm{r}(\boldsymbol{\alpha}_1,\boldsymbol{\alpha}_2,\boldsymbol{\alpha}_3)=\mathrm{r}(\boldsymbol{\alpha}_1,\boldsymbol{\alpha}_2)=1$，即 $\boldsymbol{\alpha}_1$ 和 $\boldsymbol{\alpha}_2$ 线性相关，故知选项(C)不真.

若 $\boldsymbol{\alpha}_1$，$\boldsymbol{\alpha}_2$，$\boldsymbol{\alpha}_3$ 线性相关，且 $\boldsymbol{\alpha}_1$，$\boldsymbol{\alpha}_2$ 线性相关，则 $\boldsymbol{\alpha}_1$ 和 $\boldsymbol{\alpha}_2$ 的对应分量成正比例，在几何上该两条直线平行或重合，与三直线交于一点相矛盾，故 $\boldsymbol{\alpha}_1$，$\boldsymbol{\alpha}_2$ 线性无关.

这可否定选项(A)，因为选项(A)的条件中并不保证 $\boldsymbol{\alpha}_1$，$\boldsymbol{\alpha}_2$ 线性无关.

故选(D).

题 2　设有三张不同平面的方程 $a_{i1}x+a_{i2}y+a_{i3}z=b(i=1,2,3)$ 它们所组成的线性方程组的系数矩阵与增广矩阵的秩都为 2，则这三张平面可能的位置关系为(　　).

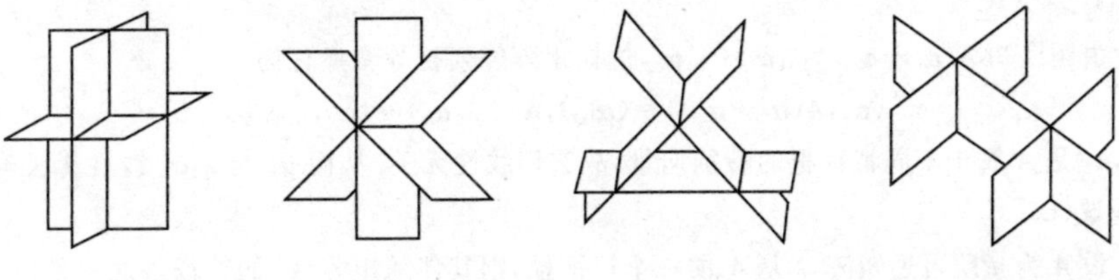

(A).　　(B).　　(C).　　(D).

解 1　设 $\boldsymbol{A}$ 表示线性方程组的系数矩阵，$\overline{\boldsymbol{A}}$ 表示其增广矩阵.

$$\begin{cases}a_{11}x+a_{12}y+a_{13}z=b_1 & ①\\a_{21}x+a_{22}y+a_{23}z=b_2 & ②\\a_{31}x+a_{32}y+a_{33}z=b_3 & ③\end{cases}$$

由题设 $r(\overline{A})=2$. 不妨设 $\overline{A}$ 的前两行向量线性无关,则第 3 行是前两行的线性组合.

在几何上,相当于平面①和平面②有一条交线. 因为方程③可由方程①和②的线性组合而得到,所以交线上的任一点必在平面③上,意即三平面共线.

故选(B).

解 2 由空间解析几何知识可有:方程组中每个方程代表一张平面,则三平面关系中:

$$若\ r(\overline{A})=r(A)=\begin{cases}3,\ 知方程组有唯一解即三平面有唯一交点;\\2,\ 知方程组有解空间维数为\ 2\ 的(一条直线)无穷多解;\\1,\ 知方程组有解空间维数为\ 1\ 的(一张平面)无穷多解.\end{cases}$$

显然选项(A)表示方程组有唯一解,选项(C)和选项(D)表示方程组无解,此时 $r(\overline{A})\neq r(A)$.

故选(B).

五、矩阵的特征问题

在选择问题中,矩阵的特征问题有求矩阵的特征值和特征向量问题、矩阵相似问题等.

(一)矩阵的特征值和特征向量

题 1 设 $\lambda=2$ 是非奇异矩阵 A 的一个特征值,则矩阵 $\left(\frac{1}{3}A^2\right)^{-1}$ 有一特征值等于(　　).

(A) $\frac{4}{3}$.　　(B) $\frac{3}{4}$.　　(C) $\frac{1}{2}$.　　(D) $\frac{1}{4}$.

解 若 λ 是 A 的一个特征值则 $f(\lambda)$ 是矩阵多项式 $f(A)$ 的一个特征值.

所以 $\left(\frac{1}{3}\cdot 2^2\right)^{-1}=\frac{3}{4}$ 是 $\left(\frac{1}{3}A^2\right)^{-1}$ 的一个特征值.

故选(B).

题 2 若 $\boldsymbol{\alpha}_1,\boldsymbol{\alpha}_2$ 是相应于 A 的不同特征根 λ_1,λ_2 的特征向量,则 $\boldsymbol{\alpha}_1$ 与 $A(\boldsymbol{\alpha}_1+\boldsymbol{\alpha}_2)$ 线性无关的充要条件是(　　).

(A) $\lambda_1=0$.　　(B) $\lambda_2=0$.　　(C) $\lambda_1\neq 0$.　　(D) $\lambda_2\neq 0$.

解 1 由设若有 $k_1,k_2\in\mathbf{R}$ 使

$$k_1\boldsymbol{\alpha}_1+k_1A(\boldsymbol{\alpha}_1+\boldsymbol{\alpha}_2)=k_1\boldsymbol{\alpha}_1+k_2\lambda_1\boldsymbol{\alpha}_1+k_2\lambda_2\boldsymbol{\alpha}_2=(k_1+k_2\lambda_1)\boldsymbol{\alpha}+\lambda_2k_2=0$$

由 $\boldsymbol{\alpha}_1,\boldsymbol{\alpha}_2$ 线性无关,则 $\begin{cases}k_1+\lambda_1k_2=0,\\ \lambda_2k_2=0.\end{cases}$ 故若向量 $\boldsymbol{\alpha}_1,A(\boldsymbol{\alpha}_1+\boldsymbol{\alpha}_2)$ 线性无关,则上面关于 k_1,k_2 的方程组仅有 0 解,故其系数行列式 $\begin{vmatrix}1&\lambda_1\\0&\lambda_2\end{vmatrix}\neq 0$,即 $\lambda_2\neq 0$.

故选(D).

解 2 由题设知 $A(\boldsymbol{\alpha}_1+\boldsymbol{\alpha}_2)=\lambda_1\boldsymbol{\alpha}_1+\lambda_2\boldsymbol{\alpha}_2$,这样矩阵经列初等变换化为

$$(\boldsymbol{\alpha}_1,A(\boldsymbol{\alpha}_1+\boldsymbol{\alpha}_2))=(\boldsymbol{\alpha}_1,\lambda_1\boldsymbol{\alpha}_1+\lambda_2\boldsymbol{\alpha}_2)\to(\boldsymbol{\alpha}_1,\lambda_2\boldsymbol{\alpha}_2)$$

由 $\boldsymbol{\alpha}_1,\boldsymbol{\alpha}_2$ 是 A 属于不同特征根的特征向量,故它们线性无关. 从而 $\boldsymbol{\alpha}_1$ 与 $\lambda_2\boldsymbol{\alpha}_2$ 线性无关充要条件是 $\lambda_2\neq 0$. 故应选(B).

题 3 设 A 为 n 阶可逆矩阵,λ 是 A 的一个特征根,则其伴随矩阵 A^* 的特征根之一是(　　).

(A) $\lambda^{-1}|A|^n$.　　(B) $\lambda^{-1}|A|$.　　(C) $\lambda|A|$.　　(D) $\lambda|A|^n$.

解 设 $\boldsymbol{x}(\boldsymbol{x}\neq\mathbf{0})$ 是 A 的与 λ 相对应的特征向量,则有 $A\boldsymbol{x}=\lambda\boldsymbol{x}$,这样 $A^{-1}\boldsymbol{x}=\frac{1}{\lambda}\boldsymbol{x}$,

从而 $|A|A^{-1}\boldsymbol{x}=\frac{|A|}{\lambda}\boldsymbol{x}$,即 $A^*\boldsymbol{x}=\frac{|A|}{\lambda}\boldsymbol{x}$. 即 $\frac{|A|}{\lambda}$ 是 A^* 的一个特征值.

故选(B).

题4　设 $\boldsymbol{A}$ 是 n 阶实对称矩阵，$\boldsymbol{P}$ 是 n 阶可逆矩阵. 已知 n 维列向量 $\boldsymbol{\alpha}$ 是 $\boldsymbol{A}$ 的属于特征值 λ 的特征向量，则矩阵 $(\boldsymbol{P}^{-1}\boldsymbol{AP})^{\mathrm{T}}$ 属于特征值 λ 的特征向量是(　　).

(A) $\boldsymbol{P}^{-1}\boldsymbol{\alpha}$.　　(B) $\boldsymbol{P}^{\mathrm{T}}\boldsymbol{\alpha}$.　　(C) $\boldsymbol{P\alpha}$.　　(D) $(\boldsymbol{P}^{-1})^{\mathrm{T}}\boldsymbol{\alpha}$.

解　设 $\boldsymbol{\beta}$ 是 $(\boldsymbol{P}^{-1}\boldsymbol{AP})^{\mathrm{T}}$ 属于 λ 的特征向量，由题设 $\boldsymbol{A}$ 是实对称矩阵，且 $\boldsymbol{A\alpha}=\lambda\boldsymbol{\alpha}$，则

$$(\boldsymbol{P}^{-1}\boldsymbol{AP})^{\mathrm{T}}\boldsymbol{\beta}=\lambda\boldsymbol{\beta}\Rightarrow \boldsymbol{P}^{\mathrm{T}}\boldsymbol{A}(\boldsymbol{P}^{-1})^{\mathrm{T}}\boldsymbol{\beta}=\lambda\boldsymbol{\beta}$$

把各选项中的向量依次代入上式 $\boldsymbol{\beta}$ 中，选项(B)真，实因：

由 $\boldsymbol{P}^{\mathrm{T}}\boldsymbol{A}(\boldsymbol{P}^{-1})^{\mathrm{T}}(\boldsymbol{P}^{\mathrm{T}}\boldsymbol{\alpha})=P^{\mathrm{T}}\boldsymbol{A\alpha}=\lambda P^{\mathrm{T}}\boldsymbol{\alpha}$，其与 $\boldsymbol{A\alpha}=\lambda\boldsymbol{\alpha}$ 等价.

故选(B).

(二)矩阵相似问题

题1　n 阶方阵 $\boldsymbol{A}$ 具有 n 个不同的特征值是 $\boldsymbol{A}$ 与对角阵相似的(　　).

(A)充分必要条件.　　(B)充分而非必要条件.

(C)必要而非充分条件.　　(D)既非充分也非必要条件.

解　$\boldsymbol{A}$ 具有 n 个不同的特征值是 $\boldsymbol{A}$ 与对角阵相似的充分条件(有它一定成立，无它未必不成立)，而不是必要条件. 例如取 $\boldsymbol{A}=\boldsymbol{I}$，则有 $\boldsymbol{A}\sim\boldsymbol{I}$，但 $\boldsymbol{A}$ 的特征值仅有 n 重 1.

故选(B).

题2　设 $\boldsymbol{A},\boldsymbol{B}$ 为 n 阶矩阵，且 $\boldsymbol{A}$ 与 $\boldsymbol{B}$ 相似，$\boldsymbol{I}$ 为 n 阶单位矩阵，则(　　).

(A)矩阵 $\lambda\boldsymbol{I}-\boldsymbol{A}=\lambda\boldsymbol{I}-\boldsymbol{B}$.　　(B) $\boldsymbol{A}$ 与 $\boldsymbol{B}$ 有相同的特征值和特征向量.

(C) $\boldsymbol{A}$ 与 $\boldsymbol{B}$ 都相似于一个对角矩阵.　　(D)对任意常数 t，矩阵 $t\boldsymbol{I}-\boldsymbol{A}$ 与 $t\boldsymbol{I}-\boldsymbol{B}$ 相似.

解　(1) $\boldsymbol{A}\sim\boldsymbol{B}$ 推导不出 $\boldsymbol{A}=\boldsymbol{B}$，例如 $\boldsymbol{A}=\begin{pmatrix}1&1\\0&2\end{pmatrix}\sim\begin{pmatrix}1&0\\0&2\end{pmatrix}=\boldsymbol{B}$，但 $\boldsymbol{A}\neq\boldsymbol{B}$.

故 $\lambda\boldsymbol{I}-\boldsymbol{A}\neq\lambda\boldsymbol{I}-\boldsymbol{B}$，因而可排除选项(A).

(2)若 $\boldsymbol{A}\sim\boldsymbol{B}$，则 $\boldsymbol{A}$ 与 $\boldsymbol{B}$ 有相同的特征值，但不一定有相同的特征向量. 可排除选项(B).

(3)因为并非所有矩阵都与对角阵相似，所以排除选项(C).

(4)设 $\boldsymbol{P}^{-1}\boldsymbol{AP}=\boldsymbol{B}$，则对任意常数 t 可有，

$$\boldsymbol{P}^{-1}(t\boldsymbol{I}-\boldsymbol{A})\boldsymbol{P}=t\boldsymbol{I}-\boldsymbol{P}^{-1}\boldsymbol{AP}=t\boldsymbol{I}-\boldsymbol{B}$$

因此 $t\boldsymbol{I}-\boldsymbol{A}\sim t\boldsymbol{I}-\boldsymbol{B}$.

故选(D).

题3　若 $\boldsymbol{A}\in\mathbf{R}^{4\times4}$，又 $\boldsymbol{A}^2+\boldsymbol{A}=\boldsymbol{O}$，同时 $\mathrm{r}(\boldsymbol{A})=3$. 则 $\boldsymbol{A}$ 相似于上三角阵(　　).

(A) $\begin{pmatrix}1&a_{12}&a_{13}&a_{14}\\&1&a_{23}&a_{24}\\&&1&a_{34}\\&&&0\end{pmatrix}$.　　(B) $\begin{pmatrix}-1&a_{12}&a_{13}&a_{14}\\&-1&a_{23}&a_{24}\\&&-1&a_{34}\\&&&0\end{pmatrix}$.

(C) $\begin{pmatrix}1&a_{12}&a_{13}&a_{14}\\&-1&a_{23}&a_{24}\\&&-1&a_{34}\\&&&0\end{pmatrix}$.　　(D) $\begin{pmatrix}-1&a_{12}&a_{13}&a_{14}\\&1&a_{23}&a_{24}\\&&-1&a_{34}\\&&&0\end{pmatrix}$.

解　由题设 4 阶阵 $\boldsymbol{A}$ 的秩 $\mathrm{r}(\boldsymbol{A})=3$. 知 $\boldsymbol{A}$ 有 0 特征根，可否定选项(B).

再直接从 $\boldsymbol{A}^2+\boldsymbol{A}=\boldsymbol{O}$ 验算(注意只需算其主对角上元素是否满足即可)，知应选(D).

注　仅从多项式特征问题，无法断定选项取舍，这里面涉及矩阵最小化零多项式问题. $\lambda^2+\lambda$ 是 $\boldsymbol{A}$ 的(最小)化零多项式，若知其为最小化零多项式，方可断定选(D). 否则只能从题设直接验算得.

又既使矩阵 $\boldsymbol{A}$ 满足 $\boldsymbol{A}^2+\boldsymbol{A}=\boldsymbol{O}$,也不一定能断定 $\boldsymbol{A}$ 有 0 或 -1 的特征根,比如 $\boldsymbol{A}=\begin{pmatrix}-1 & \\ & -1\end{pmatrix}$,则 $\boldsymbol{A}$ 满足 $\boldsymbol{A}^2+\boldsymbol{A}=\boldsymbol{O}$,但 $\boldsymbol{A}$ 并无 0 特征根(两特征根皆为 -1).

又如 $\boldsymbol{A}=\begin{pmatrix}0 & \\ & 0\end{pmatrix}$,则 $\boldsymbol{A}$ 也满足 $\boldsymbol{A}^2+\boldsymbol{A}=\boldsymbol{O}$,但 $\boldsymbol{A}$ 仅有两个 0 特征根,其并无特征根 -1.

以上两例证明 $\lambda^2+\lambda$ 都不是它们的特征多项式. Cayley-Hamiltou 定理是证:

若 $\boldsymbol{A}$ 的特征多项式为 $f(\lambda)$,则 $f(\boldsymbol{A})=\boldsymbol{O}$.

反之,并不真.但结合矩阵(最小)化零多项式始可判定其特征多项式形状,进尔判定其特征根.

题 4 设矩阵 $\boldsymbol{B}=\begin{pmatrix}0 & 0 & 1\\ 0 & 1 & 0\\ 1 & 0 & 0\end{pmatrix}$. 又矩阵 $\boldsymbol{A}$ 相似于 $\boldsymbol{B}$,则秩 $r(\boldsymbol{A}-2\boldsymbol{I})$ 与 $r(\boldsymbol{A}-\boldsymbol{I})$ 之和为(　　).

(A)2.　　(B)3.　　(C)4.　　(D)5.

解 因为矩阵 $\boldsymbol{A}\sim\boldsymbol{B}$,于是有矩阵 $\boldsymbol{A}-2\boldsymbol{I}\sim\boldsymbol{B}-2\boldsymbol{I}$,矩阵 $\boldsymbol{A}-\boldsymbol{I}\sim\boldsymbol{B}-\boldsymbol{I}$. 又相似矩阵有相同的秩,而

$$r(\boldsymbol{B}-2\boldsymbol{I})=r\begin{pmatrix}-2 & 0 & 1\\ 0 & -1 & 0\\ 1 & 0 & -2\end{pmatrix}=3,\quad r(\boldsymbol{B}-\boldsymbol{I})=r\begin{pmatrix}-1 & 0 & 1\\ 0 & 0 & 0\\ 1 & 0 & -1\end{pmatrix}=1$$

则有

$$r(\boldsymbol{A}-2\boldsymbol{I})+r(\boldsymbol{A}-\boldsymbol{I})=r(\boldsymbol{B}-2\boldsymbol{I})+r(\boldsymbol{B}-\boldsymbol{I})=4$$

故选(C).

(三)矩阵等价、合同与相似

题 1 设 $\boldsymbol{A},\boldsymbol{B}$ 为同阶可逆矩阵,则(　　).

(A)$\boldsymbol{AB}=\boldsymbol{BA}$.　　(B)存在可逆阵 $\boldsymbol{P}$,使 $\boldsymbol{P}^{-1}\boldsymbol{AP}=\boldsymbol{B}$.

(C)存在可逆阵 $\boldsymbol{C}$,使 $\boldsymbol{C}^{\mathrm{T}}\boldsymbol{AC}=\boldsymbol{B}$.　　(D)存在可逆阵 $\boldsymbol{P}$ 和 $\boldsymbol{Q}$,使 $\boldsymbol{PAQ}=\boldsymbol{B}$.

解 因为矩阵乘法不具交换性,所以排除选项(A).

若取矩阵 $\boldsymbol{A}=\begin{pmatrix}1 & 0\\ 0 & -1\end{pmatrix}$,$\boldsymbol{B}=\begin{pmatrix}1 & 0\\ 0 & 1\end{pmatrix}$,它们都可逆,但它们的特征值不全相同,所以 $\boldsymbol{A}$ 与 $\boldsymbol{B}$ 不相似,故可以排除选项(B).

虽然矩阵 $\boldsymbol{A}$ 与 $\boldsymbol{B}$ 可逆,但它们不一定合同,故排除选项(C).

同阶可逆矩阵是等价的(即秩相等),即若 $\boldsymbol{A}$ 和 $\boldsymbol{B}$ 是同阶可逆(满秩)矩阵,则存在可逆矩阵 $\boldsymbol{P}$ 和 $\boldsymbol{Q}$,使 $\boldsymbol{PAQ}=\boldsymbol{B}$.

故选(D).

题 2 设矩阵 $\boldsymbol{A}=\begin{pmatrix}1 & 1 & 1 & 1\\ 1 & 1 & 1 & 1\\ 1 & 1 & 1 & 1\\ 1 & 1 & 1 & 1\end{pmatrix}$,且 $\boldsymbol{B}=\begin{pmatrix}4 & 0 & 0 & 0\\ 0 & 0 & 0 & 0\\ 0 & 0 & 0 & 0\\ 0 & 0 & 0 & 0\end{pmatrix}$,则矩阵 $\boldsymbol{A}$ 与 $\boldsymbol{B}$(　　).

(A)合同且相似.　　(B)合同但不相似.　　(C)不合同但相似.　　(D)不合同且不相似.

解 1 因

$$|\boldsymbol{A}-\lambda\boldsymbol{I}|=(4-\lambda)\begin{vmatrix}1 & 1 & 1 & 1\\ 1 & 1-\lambda & 1 & 1\\ 1 & 1 & 1-\lambda & 1\\ 1 & 1 & 1 & 1-\lambda\end{vmatrix}=-(4-\lambda)\lambda^3$$

故 $\boldsymbol{A}$ 的特征值为 $\lambda_1=4,\lambda_2=\lambda_3=\lambda_4=0$.

又因 $\boldsymbol{A}$ 为实对称矩阵，所以必存在正交矩阵 $\boldsymbol{P}$ 使其化为对角阵，即

$$\boldsymbol{P}^{\mathrm{T}}\boldsymbol{A}\boldsymbol{P}=\boldsymbol{P}^{-1}\boldsymbol{A}\boldsymbol{P}==\mathrm{diag}\{4,0,0,0\}=\boldsymbol{B}$$

知 $\boldsymbol{A}$ 与 $\boldsymbol{B}$ 既合同且相似.

故选(A).

解 2　由 $\boldsymbol{A}(1,0,0,0)^{\mathrm{T}}=4(1,0,0,0)^{\mathrm{T}}$，知 $(1,0,0,0)^{\mathrm{T}}$ 是 $\boldsymbol{A}$ 的对应于特征值 4 的特征向量(显然 4 是特征值).

又 $\mathrm{r}(\boldsymbol{A})=1$，知其仅有一个非零特征值. 又由 $\boldsymbol{A}$ 为实对称阵知有正交阵 $\boldsymbol{P}$ 使

$$\boldsymbol{P}^{\mathrm{T}}\boldsymbol{A}\boldsymbol{P}=\boldsymbol{P}^{-1}\boldsymbol{A}\boldsymbol{P}=\mathrm{diag}\{4,0,0,0\}=\boldsymbol{B}$$

故选(A).

题 3　设矩阵 $\boldsymbol{A}=\begin{pmatrix}2&-1&-1\\-1&2&-1\\-1&-1&2\end{pmatrix}$，矩阵 $\boldsymbol{B}=\begin{pmatrix}1&0&0\\0&1&0\\0&0&0\end{pmatrix}$，则矩阵 $\boldsymbol{A}$ 与 $\boldsymbol{B}$(　　).

(A)合同且相似.　(B)合同但不相似.　(C)不合同，但相似.　(D)既不合同，也不相似.

解　考虑 $|\lambda\boldsymbol{I}-\boldsymbol{A}|=\lambda(\lambda-3)^2=0$，故 $\boldsymbol{A}$ 的特征根 3,3,0. 又 $\boldsymbol{B}$ 的特征根为 1,1,0. 从而知 $\boldsymbol{A}$ 与 $\boldsymbol{B}$ 不相似.

注意到 $\boldsymbol{A}^{\mathrm{T}}=\boldsymbol{A},\boldsymbol{B}^{\mathrm{T}}=\boldsymbol{B}$，则以它们为矩阵的二次型 f,g 都有相同的正、负惯性指标 2 和 0.

它们可通过正交变换化 $y_1^2+y_2^2$，即有正交阵 $\boldsymbol{Q}_1,\boldsymbol{Q}_2$ 使

$$\boldsymbol{Q}_1^{\mathrm{T}}\boldsymbol{A}\boldsymbol{Q}_1=\boldsymbol{Q}_2^{\mathrm{T}}\boldsymbol{B}\boldsymbol{Q}_2=\mathrm{diag}\{1,1,0\}$$

从而 $(\boldsymbol{Q}_1\boldsymbol{Q}_2^{\mathrm{T}})^{\mathrm{T}}\boldsymbol{A}(\boldsymbol{Q}_1\boldsymbol{Q}_2^{\mathrm{T}})=\boldsymbol{B}$. 从而 $\boldsymbol{A}$ 与 $\boldsymbol{B}$ 合同. 故选(B).

注　我们前文已申明矩阵“相似”与“合同”是两个不同概念，这就是说即存在相似而不合同，也存在合同而不相似的矩阵. 比如：

①矩阵 $\boldsymbol{A},\boldsymbol{B}$ 相似，但不合同

$$\boldsymbol{A}=\begin{pmatrix}1&0\\0&2\end{pmatrix},\quad \boldsymbol{B}=\begin{pmatrix}1&-\frac{1}{2}\\0&2\end{pmatrix},\quad \boldsymbol{P}=\begin{pmatrix}2&1\\0&3\end{pmatrix}$$

有 $\boldsymbol{B}=\boldsymbol{P}^{-1}\boldsymbol{A}\boldsymbol{P}$. 但可证 $\boldsymbol{A},\boldsymbol{B}$ 不合同(反证法).

②矩阵 $\boldsymbol{A},\boldsymbol{B}$ 合同，但不相似

$$\boldsymbol{A}=\begin{pmatrix}1&0\\0&1\end{pmatrix},\quad \boldsymbol{B}=\begin{pmatrix}1&0\\0&4\end{pmatrix},\quad \boldsymbol{P}=\begin{pmatrix}1&0\\0&2\end{pmatrix}$$

显然 $\boldsymbol{B}=\boldsymbol{P}^{\mathrm{T}}\boldsymbol{A}\boldsymbol{P}$，但 $\boldsymbol{A},\boldsymbol{B}$ 不相似(反证法，因它们的特征值不同)

但对实对称矩阵而言，若它们相似，则它们必合同.

题 4　设 $\boldsymbol{A}=\begin{pmatrix}1&2\\2&1\end{pmatrix}$，则在实数域上与 $\boldsymbol{A}$ 合同的矩阵为(　　).

(A) $\begin{pmatrix}-2&1\\1&-2\end{pmatrix}$.　(B) $\begin{pmatrix}2&-1\\-1&2\end{pmatrix}$.　(C) $\begin{pmatrix}2&1\\1&2\end{pmatrix}$.　(D) $\begin{pmatrix}-1&-2\\-2&1\end{pmatrix}$.

解 1　由设知 $\boldsymbol{A}^{\mathrm{T}}=\boldsymbol{A}$，且由 $f(\lambda)=|\boldsymbol{A}-\lambda\boldsymbol{I}|=0$ 得 $\lambda_1=3,\lambda_2=-1$.

而对称矩阵 $\begin{pmatrix}-1&-2\\-2&1\end{pmatrix}$ 的特征值亦为 3 和 -1.

故选(D).

解 2　由题设直接验算有

$$\begin{pmatrix}1 & \\ & -1\end{pmatrix}A\begin{pmatrix}1 & \\ & -1\end{pmatrix}^{T}=\begin{pmatrix}1 & -2\\ -2 & 1\end{pmatrix}$$

故选(D).

六、二次型与矩阵正定

二次型与正定矩阵的选择题型不丰,下面的题目也许属于典型题型.

题 1 下面结论中:

①若 $\boldsymbol{A}\in\mathbf{R}^{n\times n}$ 有 n 个正的特征根,则 $\boldsymbol{A}$ 是正定矩阵.

②若 $\boldsymbol{A},\boldsymbol{B}$ 为 n 阶正定矩阵,则对任意 $a,b\in\mathbf{R}$,矩阵 $a\boldsymbol{A}+b\boldsymbol{B}$ 正定.

③若 $\boldsymbol{A},\boldsymbol{B}$ 为 n 阶正定矩阵,则 $\boldsymbol{AB}$ 也是正定矩阵.

④若 $\boldsymbol{A}$ 为 n 阶正定矩阵,则 $\boldsymbol{A}^{-1}$ 也是正定矩阵.

正确的有

(A)1 个.　　(B)2 个.　　(C)3 个.　　(D)4 个.

解 考虑 $\begin{pmatrix}1 & 3\\ 0 & 2\end{pmatrix}$ 的特征根为 1,2 皆可正,但矩阵不对称,故非正定矩阵,知①不真.

令 $\boldsymbol{A}=\begin{pmatrix}1 & \\ & 1\end{pmatrix}$,$\boldsymbol{B}=\begin{pmatrix}2 & \\ & 2\end{pmatrix}$,$a=1,b=-2$,则 $a\boldsymbol{A}+b\boldsymbol{B}=-\boldsymbol{A}=\begin{pmatrix}-1 & \\ & -1\end{pmatrix}$ 不是正定矩阵,知②不真.

令 $\boldsymbol{A}=\begin{pmatrix}1 & 1\\ 1 & 2\end{pmatrix}$,$\boldsymbol{B}=\begin{pmatrix}1 & -1\\ -1 & 2\end{pmatrix}$ 它们都是正定矩阵,但 $\boldsymbol{AB}=\begin{pmatrix}0 & 1\\ -1 & 3\end{pmatrix}$ 不是,知③不真.

由 $\boldsymbol{A}$ 为正定矩阵,则 $\boldsymbol{A}^{T}=\boldsymbol{A}$,从而 $(\boldsymbol{A}^{-1})^{T}=(\boldsymbol{A}^{T})^{-1}=\boldsymbol{A}^{-1}$,知 $\boldsymbol{A}^{-1}$ 对称.

且若 $\boldsymbol{A}$ 的 n 个特征根 $\lambda_1,\lambda_2,\cdots,\lambda_n$ 均为正,则 $\boldsymbol{A}^{-1}$ 的 n 个特征根 $\frac{1}{\lambda_1},\frac{1}{\lambda_2},\cdots,\frac{1}{\lambda_n}$ 亦为正. 故 $\boldsymbol{A}^{-1}$ 是正定矩阵.

综上,正确结论仅 1 个,故选(A).

注 对于结论③来讲其不真的理由,若 $\boldsymbol{A},\boldsymbol{B}$ 为正定矩阵,当 $\boldsymbol{AB}=\boldsymbol{BA}$ 时,$\boldsymbol{AB}$ 亦为正定矩阵. 但一般情况下 $\boldsymbol{AB}=\boldsymbol{BA}$ 不一定成立(此时 $\boldsymbol{AB}$ 不一定对称).

而结论④一般可认为它是真命题而无须再验证.

对结论②若将“$a,b\in\mathbf{R}$”改为“$a,b\in\mathbf{R}^{+}$”,则 $a\boldsymbol{A}+b\boldsymbol{B}$ 为正定矩阵的命题成立.

题 2 若 $\boldsymbol{A}$ 为 3 阶实对称阵,又二次曲面方程 $f(x,y,z)=(x,y,z)\boldsymbol{A}(x,y,z)^{T}=1$,在正交变换下的标准方程如图所示,则 $\boldsymbol{A}$ 的正特征根个数为(　　).

(A)0.　　(B)1.　　(C)2.　　(D)3.

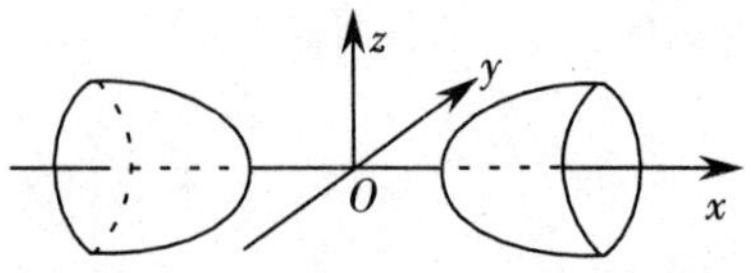

解 题设图形为旋转双叶双曲面其标准方程为 $\frac{x^2}{a^2}-\frac{y^2}{b^2}-\frac{z^2}{c^2}=1$,故知 $\boldsymbol{A}$ 的正特征根个数为 1.

故选(B).

附录1　从几道线性代数考研题变化看其转化关系

考研辅导专家们曾对报考研究生的考生提出过忠告，且给出了“法宝”（或经验），数学复习应采取的方法：一是认真领会掌握基本概念；二是看、做考研真题；三是多动手训练（做题）.

其实更重要的是要对各类试卷去做分析、比较，看看能否找到规律性的东西，因为数学是相通的，因而各种数学试卷总会有交叉、重复；再者注意问题的演化规律，这里想以下面一道行列式计算为例，看看近年来这类问题在考研试题中的演化及变形.

1997年数学（四）中（以下简记如1997④，余类同）有（填空题）：

问题★　（1997④）设 n 阶矩阵 $\boldsymbol{A}=\begin{pmatrix}0&1&1&\cdots&1&1\\1&0&1&\cdots&1&1\\1&1&0&\cdots&1&1\\\vdots&\vdots&\vdots&&\vdots&\vdots\\1&1&1&\cdots&0&1\\1&1&1&\cdots&1&0\end{pmatrix}$，则 $|\boldsymbol{A}|=($　　$)$.

其实它是行列式

$$D=\begin{vmatrix}a&b&b&\cdots&b&b\\b&a&b&\cdots&b&b\\b&b&a&\cdots&b&b\\\vdots&\vdots&\vdots&&\vdots&\vdots\\b&b&b&\cdots&a&b\\b&b&b&\cdots&b&a\end{vmatrix}\qquad(*)$$

或它的推广

$$\widetilde{D}=\begin{vmatrix}a_1&b&b&\cdots&b&b\\c&a_2&b&\cdots&b&b\\c&c&a_3&\cdots&b&b\\\vdots&\vdots&\vdots&&\vdots&\vdots\\c&c&c&\cdots&a_{n-1}&b\\c&c&c&\cdots&c&a_n\end{vmatrix}\qquad(**)$$

或其他变形的特例（它们的解答可见前文，这里从略. 以下类同）.

该行列式是线性代数中较典型的一个，其计算方法有四五种之多（见前文）. 此前或尔后的试题中与该行列式计算有关的命题很多，比如下面的例子.

1. 涉及矩阵运算的问题

问题1　（1993④）已知三阶矩阵 $\boldsymbol{A}$ 的逆矩阵 $\boldsymbol{A}^{-1}=\begin{pmatrix}1&1&1\\1&2&1\\1&1&3\end{pmatrix}$，试求其伴随矩阵的逆.

它的变形或引申问题是：

问题2　（2003③）设三阶矩阵 $\boldsymbol{A}=\begin{pmatrix}a&b&b\\b&a&b\\b&b&a\end{pmatrix}$，若 $\boldsymbol{A}$ 的伴随矩阵的秩为1，则必有（　　）.

(A)$a=b$ 或 $a+2b=.0$　(B)$a=b$ 或 $a+2b\neq0$.　(C)$a\neq b$ 且 $a+2b=0$.　(D)$a\neq b$ 且 $a+2b\neq0$.

问题再推广或引申：

问题 3 (2001①)设矩阵 $\boldsymbol{A}=\begin{pmatrix}k&1&1&1\\1&k&1&1\\1&1&k&1\\1&1&1&k\end{pmatrix}$，且秩 $r(\boldsymbol{A})=3$，则 $k=($ $)$.

该命题的又一次引申或推广形式为(从 3 阶、4 阶，终于推广到了 n 阶的情形，如果命题年份上看，前者例是后者的特例)：

问题 4 (1998③)设 $n(n\geqslant 3)$ 阶矩阵

$$\boldsymbol{A}=\begin{pmatrix}1&a&a&\cdots&a&a\\a&1&a&\cdots&a&a\\a&a&1&&a&a\\\vdots&\vdots&\vdots&&\vdots&\vdots\\a&a&a&\cdots&1&a\\a&a&a&\cdots&a&1\end{pmatrix}$$

若矩阵 $\boldsymbol{A}$ 的秩为 $n-1$，则 a 必为( ).

(A)1. (B)$\dfrac{1}{1-n}$. (C)-1. (D)$\dfrac{1}{n-1}$.

2. 涉及向量空间

问题 (2006③)设 4 维向量 $\boldsymbol{\alpha}_1=(1+a,1,1,1)^{\mathrm{T}}$，$\boldsymbol{\alpha}_2=(2,2+a,2,2)^{\mathrm{T}}$，$\boldsymbol{\alpha}_3=(3,3,3+a,3)^{\mathrm{T}}$，$\boldsymbol{\alpha}_4=(4,4,4,4+a)^{\mathrm{T}}$. 问 a 为何值时 $\boldsymbol{\alpha}_1,\boldsymbol{\alpha}_2,\boldsymbol{\alpha}_3,\boldsymbol{\alpha}_4$ 线性相关？

显然问题是要讨论矩阵 $\boldsymbol{A}$ 的秩：

$$\boldsymbol{A}=\begin{pmatrix}1+a&2&3&4\\1&2+a&3&4\\1&2&3+a&4\\1&2&3&4+a\end{pmatrix}$$

或者是计算行列式 $|\boldsymbol{A}|$.

3. 涉及方程组的问题

问题 5 (1989③)齐次线性方程组

$$\begin{cases}\lambda x_1+x_2+x_3=0\\x_1+\lambda x_2+x_3=0\\x_1+x_2+\lambda x_3=0\end{cases}$$

仅有零解，则 λ 应满足的条件是______.

显然，方程组的系数矩阵为 $A=\begin{pmatrix}\lambda&1&1\\1&\lambda&1\\1&1&\lambda\end{pmatrix}$.

而下面的问题则与问题 5 几乎无异，只不过由齐次方程组改变成非齐次方程组而已.

问题 6 (1997②)设方程组 $\begin{pmatrix}a&1&1\\1&a&1\\1&1&a\end{pmatrix}\begin{pmatrix}x_1\\x_2\\x_3\end{pmatrix}=\begin{pmatrix}1\\1\\-2\end{pmatrix}$ 有无穷多组解，则 $a=$______.

问题 7 (1995④)对于线性方程组

$$\begin{cases}\lambda x_1+x_2+x_3=\lambda-3\\x_1+\lambda x_2+x_3=-2\\x_1+x_2+\lambda x_3=-2\end{cases}$$

讨论 λ 取何值时，方程组无解、有唯一解和无穷多组解. 在方程组有无穷多组解时，试用其导出组的基础解系表示全部解.

此问题是前面问题的再度引申或推广(变形)，下面的问题终于从 3 元推广到了 n 元(相应的行列式或矩阵也由 3 阶推广到 n 阶).

问题 8 (2002③)设齐次线性方程组

$$\begin{cases} ax_1+bx_2+bx_3+\cdots+bx_n=0 \\ bx_1+ax_2+bx_3+\cdots+bx_n=0 \\ \qquad\qquad\vdots \\ bx_1+bx_2+bx_3+\cdots+ax_n=0 \end{cases}$$

其中 $a\neq0,b\neq0,n\geqslant2$. 试讨论 a,b 为何值时，方程组仅有零解、有无穷多组解？在有无穷多组解时，求出其全部解，并用基础解系表示全部解.

显然方程组的系数矩阵 $\boldsymbol{A}=\begin{pmatrix} a & b & b & \cdots & b \\ b & a & b & \cdots & b \\ b & b & a & & b \\ \vdots & \vdots & \vdots & & \vdots \\ b & b & b & \cdots & a \end{pmatrix}$，问题的实质是将它可化为计算 $|\boldsymbol{A}|$ 的问题. 即计算前面行列式(*)的问题. 问题再引申为：

问题 9 (2003③)已知齐次线性方程组

$$\begin{cases} (a_1+b)x_1+a_2x_2+a_3x_3+\cdots+a_nx_n=0 \\ a_1x_1+(a_2+b)x_2+a_3x_3+\cdots+a_nx_n=0 \\ a_1x_1+a_2x_2+(a_3+b)x_3+\cdots+a_nx_n=0 \\ \qquad\qquad\vdots \\ a_1x_1+a_2x_2+a_3x_3+\cdots+(a_n+b)x_n=0 \end{cases}$$

其中 $\sum\limits_{i=1}^{n}a_i\neq0$. 试讨论 $a_1,a_2,\cdots,a_n$ 和 b 满足何种关系时：

(1)方程组仅有零解；

(2)方程组有非零解. 在有非零解时，求此方程组的一个基础解系.

显然它是问题 8 的变形，其关键仍是要计算行列式(它们是行列式(**)的引申)

$$|\boldsymbol{A}|=\begin{vmatrix} a_1+b & a_2 & a_3 & \cdots & a_n \\ a_1 & a_2+b & a_3 & \cdots & a_n \\ a_1 & a_2 & a_3+b & \cdots & a_n \\ \vdots & \vdots & \vdots & & \vdots \\ a_1 & a_2 & a_3 & \cdots & a_n+b \end{vmatrix}=b^{n-1}\left(b+\sum_{i=1}^{n}a_i\right)$$

接下来的问题几乎与上面的问题无异(或者应为它的特例).

问题 10 (2004①)设有齐次线性方程组

$$\begin{cases} (1+a)x_1+x_2+\cdots+x_n=0 \\ 2x_1+(2+a)x_2+\cdots+2x_n=0 \\ \qquad\qquad\vdots \\ nx_1+nx_2+\cdots+(n+a)x_n=0 \end{cases}$$

$(n\geqslant2)$试问 a 取何值时，该方程组有非零解，并求出其通解.

显然，这也是要考虑矩阵或其行列式

$$A=\begin{pmatrix}1+a & 1 & 1 & \cdots & 1\\ 2 & 2+a & 2 & \cdots & 2\\ 3 & 3 & 3+a & \cdots & 3\\ \vdots & \vdots & \vdots & & \vdots\\ n & n & n & \cdots & n+a\end{pmatrix}$$

$$|A|=\begin{vmatrix}1+a & 1 & 1 & \cdots & 1\\ 2 & 2+a & 2 & \cdots & 2\\ 3 & 3 & 3+a & \cdots & 3\\ \vdots & \vdots & \vdots & & \vdots\\ n & n & n & \cdots & n+a\end{vmatrix}=\left[a+\frac{n(n+1)}{2}\right]a^{n-1}$$

注意该问题只是问题 9 的特例或变形而已(注意它们的系数矩阵间转置关系).

下面是 2004 年数学(二)中的问题:

问题 (2004②)设有齐次线性方程组

$$\begin{cases}(1+a)x_1+x_2+x_3+x_4=0\\ 2x_1+(2+a)x_2+2x_3+2x_4=0\\ 3x_1+3x_2+(3+a)x_3+3x_4=0\\ 4x_1+4x_2+4x_3+(4+a)x_4=0\end{cases}$$

试问 a 取何值时,该方程组有非零解,并求出其通解.

4. 涉及矩阵特征问题

问题 11 (1992④)矩阵 $A=\begin{pmatrix}1 & 1 & 1 & 1\\ 1 & 1 & 1 & 1\\ 1 & 1 & 1 & 1\\ 1 & 1 & 1 & 1\end{pmatrix}$ 的非零特征值是(　　).

注意到 $|A-\lambda I|=\det\begin{pmatrix}1-\lambda & 1 & 1 & 1\\ 1 & 1-\lambda & 1 & 1\\ 1 & 1 & 1-\lambda & 1\\ 1 & 1 & 1 & 1-\lambda\end{pmatrix}$,它亦化为前述行列式(*)的计算.

这个问题稍稍推广又出现在了 1999 年数学(一)试题中.请看:

问题 12 (1999①)设 n 阶矩阵 A 的元素全为 1,则 A 的 n 个特征值是______.

显然该问题是问题 11 的推广(由 4 阶推广至 n 阶),当然关键还是计算行列式(*).

五年之后,同样的问题(只是稍加推广与引申)又出现在了 2004 年数学(三)试卷中.

问题 13 (2004③)设 n 阶矩阵

$$A=\begin{pmatrix}1 & b & \cdots & b\\ b & 1 & \cdots & b\\ \vdots & \vdots & & \vdots\\ b & b & \cdots & 1\end{pmatrix}$$

(1)求 A 的特征值和特征向量;

(2)求可逆矩阵 P,使得 $P^{-1}AP$ 为对角矩阵.

其实它的解答无非是计算行列式(*)而已.我们简单回顾或复述一下这个问题的解法.讨论 b 的取值:

(1)当 $b\neq 0$ 时,考虑

$$|\lambda \boldsymbol{E}-\boldsymbol{A}|=\begin{vmatrix}\lambda-1 & -b & \cdots & -b\\ -b & \lambda-1 & \cdots & -b\\ \vdots & \vdots & & \vdots\\ -b & -b & \cdots & \lambda-1\end{vmatrix}=[\lambda-1-(n-1)b][\lambda-(1-b)]^{n-1}$$

得 $\boldsymbol{A}$ 的特征值为 $\lambda_1=1+(n-1)b,\lambda_2=\cdots=\lambda_n=1-b$. 然后再解线性方程组求解特征向量.

(2)当 $b=0$ 时,则由

$$|\lambda \boldsymbol{E}-\boldsymbol{A}|=\begin{vmatrix}\lambda-1 & 0 & \cdots & 0\\ 0 & \lambda-1 & \cdots & 0\\ \vdots & \vdots & & \vdots\\ 0 & 0 & \cdots & \lambda-1\end{vmatrix}=(\lambda-1)^n$$

知 $\boldsymbol{A}$ 的特征值为 $\lambda_1=\cdots=\lambda_n=1$,此时任意非零向量均为其特征向量.

5. 涉及二次型问题

熟悉了上面诸问题,下面的问题你当然不会感到陌生.

问题 14 (2001①)设 $\boldsymbol{A}=\begin{pmatrix}1&1&1&1\\1&1&1&1\\1&1&1&1\\1&1&1&1\end{pmatrix}$,$\boldsymbol{B}=\begin{pmatrix}4&0&0&0\\0&0&0&0\\0&0&0&0\\0&0&0&0\end{pmatrix}$,则 $\boldsymbol{A}$ 与 $\boldsymbol{B}$( ).

(A)合同且相似. (B)合同但相似. (C)不合同但相似. (D)不合同且不相似.

问题显然是要讨论它们的特征值情况,因而最终还是化归计算.

由上可以看到,该类型的行列式问题,已演化渗透到线性代数全部内容中,然而万变不离其宗,掌握这一点,无论题目花样如何,你都会一眼看穿,问题也就迎刃而解了.

附录 2　国外博士水平考试线性代数试题选录

1. 美国加州大学洛杉矶分校(UCLA)博士资格考题选录

(线性代数部分)

这里选录美国加州大学洛杉矶分校(UCLA)博士资格考试试题中有关线性代数的题目.

1. 设矩阵 $\boldsymbol{A}\in\mathbf{C}^{9\times 9}$($\mathbf{C}$ 表示复数域),且 $\boldsymbol{A}$ 的特征多项式为 $(x-1)^5(x-2)^4$,它的极小多项式为 $(x-1)^2(x-2)^2$. 试给出 $\boldsymbol{A}$ 的所有可能的 Jordan 标准形.(UCLA,1981)

2. 试求正交阵 $\boldsymbol{U}$ 使 $\boldsymbol{U}^{\mathrm{T}}\boldsymbol{A}\boldsymbol{U}$ 为对角阵,其中

$$\boldsymbol{A}=\begin{pmatrix} 9 & \sqrt{2} & 3 \\ \sqrt{3} & 6 & -\sqrt{2} \\ 3 & -\sqrt{2} & 9 \end{pmatrix}$$

[**提示**:$\boldsymbol{A}$ 有一特征根为 4](UCLA,1982)

3. 设 $f(x)$ 为多项式环 $\mathbf{R}[x]$ 中的一个奇次多项式,试证:对每个实对称方阵 $\boldsymbol{A}$,皆存在一个实对称方程 $\boldsymbol{B}$,使 $f(\boldsymbol{B})=\boldsymbol{A}$.(UCLA,1983)

4. 对于实矩阵,请叙述并证明 Cayley-Hamilton 定理.(UCLA,1983)

5. 设 $\boldsymbol{V}$ 为实内积空间,又 $\boldsymbol{W}\subseteq\boldsymbol{V}$ 为子空间. 设 $\boldsymbol{v}\in\boldsymbol{V}$ 适合 $2|(\boldsymbol{v},\boldsymbol{w})|\leqslant(\boldsymbol{w},\boldsymbol{w})$,其中 $\boldsymbol{w}\in\boldsymbol{W}$ 为任意. 试证:内积 $(\boldsymbol{v},\boldsymbol{w})=0$,对任意 $\boldsymbol{w}\in\boldsymbol{W}$.(UCLA,1984)

6. 设 $\boldsymbol{A}$ 为特征是 2 的域上 5×5 矩阵,且 $\boldsymbol{A}^4=\boldsymbol{I}$,$\boldsymbol{A}^k\neq\boldsymbol{I}$ $(1\leqslant k\leqslant 3)$. 试确定在相似意义下所有可能的 $\boldsymbol{A}$.(UCLA,1984)

7. 设 $\mathbf{V}$ 为 $m\times m$ 实矩阵全体构成的线性空间,记

$$\langle\boldsymbol{A},\boldsymbol{B}\rangle=\mathrm{Tr}(\boldsymbol{A}^{\mathrm{T}}\boldsymbol{B})\quad(\boldsymbol{A},\boldsymbol{B}\in\boldsymbol{V})$$

(1)试证 $\langle\,,\rangle$ 为 $\boldsymbol{V}$ 上正定对称内积;

(2)算子 $\mathscr{L}:\boldsymbol{V}\to\boldsymbol{V}$,若 $\langle\mathscr{L}\boldsymbol{v},\mathscr{L}\boldsymbol{w}\rangle=\langle\boldsymbol{v},\boldsymbol{w}\rangle$,对任意 $\boldsymbol{v},\boldsymbol{w}$ 成立,则称之为等度量的. 试证算子 $\mathscr{L}_{\boldsymbol{A}}:\boldsymbol{m}\to\boldsymbol{A}\boldsymbol{m}$,$\boldsymbol{m}\in\boldsymbol{V}$ 是等度量的充分必要条件是 $\boldsymbol{A}^{\mathrm{T}}\boldsymbol{A}=\boldsymbol{I}$.(UCLA,1985)

8. 设 $(\boldsymbol{x},\boldsymbol{y})$ 为 $\mathbf{R}$ 上向量空间 $\mathbf{V}$ 上正定内积,试证 $\mathbf{V}$ 中向量 $\boldsymbol{x}_1,\boldsymbol{x}_2,\cdots,\boldsymbol{x}_r$ 线性无关的充要条件是 $r\times r$ 矩阵 $\boldsymbol{X}=(x_{ij})_{r\times r}$ 可逆,其中 $x_{ij}=(\boldsymbol{x}_i,\boldsymbol{x}_j)$ 即 $\boldsymbol{x}_i^{\mathrm{T}}\boldsymbol{x}_j$.(UCLA,1985)

9. 设矩阵 $\boldsymbol{A}=\begin{pmatrix} \frac{3}{2} & \frac{1}{2} \\ -\frac{1}{2} & \frac{1}{2} \end{pmatrix}$,计算 $\boldsymbol{A}^{100}$ 和 $\boldsymbol{A}^{-7}$.(UCLA,1987)

10. 设 $\boldsymbol{A},\boldsymbol{B}$ 是两个 n 阶实对称矩阵,且矩阵 $\boldsymbol{B}$ 正定. 对 $x\neq\boldsymbol{0}$ 定义函数

$$G(x)=\frac{\boldsymbol{x}^{\mathrm{T}}\boldsymbol{A}\boldsymbol{x}}{\boldsymbol{x}^{\mathrm{T}}\boldsymbol{B}\boldsymbol{x}}=\frac{(\boldsymbol{A}\boldsymbol{x},\boldsymbol{x})}{(\boldsymbol{B}\boldsymbol{x},\boldsymbol{x})}$$

(1)证明 G 可以取到它的极大值;

(2)证明对 G 的每个极大值点 $\boldsymbol{y}$,则 $\boldsymbol{y}$ 必是某个与 $\boldsymbol{A},\boldsymbol{B}$ 有关的特征向量,并给出该矩阵.(UCLA,1987)

2. 美国加州大学贝克利分校攻读数学博士水平测试试题选录

（线性代数部分）

1. 设矩阵 $\boldsymbol{A}=\begin{pmatrix}6 & 2\\ 3 & 7\end{pmatrix}$，试证：(1)存在两个以上的复矩阵 $\boldsymbol{B}$ 使之满足 $\boldsymbol{B}^2=\boldsymbol{A}$；(2)求一个这种矩阵 $\boldsymbol{B}$（答案可用矩阵之积表示）.（UCBM，1987）

2. 设 $\boldsymbol{u},\boldsymbol{v}$ 是 $\mathbf{R}^n$ 上两正交的单位向量，设 $\boldsymbol{A}=\boldsymbol{u}\boldsymbol{v}^{\mathrm{T}}-\boldsymbol{I}$，试用 n 表示 $\det\boldsymbol{A}$.（UCBM，1987）

3. 给定两个 n 阶实矩阵 $\boldsymbol{A},\boldsymbol{B}$，若存在一个满秩的 n 阶复矩阵 $\boldsymbol{C}$ 使 $\boldsymbol{CAC}^{-1}=\boldsymbol{B}$，证明存在具有同样性质的满秩实 n 阶矩阵.（UCBM，1987）

4. 设矩阵 $\boldsymbol{A}=\begin{pmatrix}3 & 1 & 1\\ 2 & 4 & 2\\ -1 & -1 & 1\end{pmatrix}$，计算 $\boldsymbol{A}^{10}$.（UCBM，1987）

5. 设矩阵 $\boldsymbol{A}=\begin{pmatrix}a & b\\ c & d\end{pmatrix}$，其中 a,b,c,d 为整数，求满足 $\boldsymbol{A}^n=\boldsymbol{I},\boldsymbol{A}^k\neq\boldsymbol{I}\ (0<k<n)$ 的 n.（UCBM，1987）

6. 设 $\boldsymbol{A}$ 为元素是有理数的 $m\times n$ 矩阵，$\boldsymbol{b}$ 是 m 维有理元素的列向量.证明或否定：若方程 $\boldsymbol{Ax}=\boldsymbol{b}$ 在 n 维复空间 $\mathbf{C}^n$ 上有一解，则它在 n 维有理空间 $\mathbf{Q}^n$ 上也有一解.（UCBM，1988）

7. 若复 n 阶可对角化矩阵 $\boldsymbol{A},\boldsymbol{B}$ 满足 $\boldsymbol{AB}=\boldsymbol{BA}$.证明：在 n 维复空间 $\mathbf{C}^n$ 上有一组基，使 $\boldsymbol{A},\boldsymbol{B}$ 同时对角化.（UCBM，1988）

8. 若 $\boldsymbol{A}$ 为 n 阶实上三角形矩阵，又 $\boldsymbol{AA}^{\mathrm{T}}=\boldsymbol{A}^{\mathrm{T}}\boldsymbol{A}$，证明 $\boldsymbol{A}$ 为对角阵.（UCBM，1988）

9. 若矩阵 $\boldsymbol{A}\in\mathbf{R}^{n\times n}$，给定 $\boldsymbol{y}$，证明：方程 $\boldsymbol{y}=\boldsymbol{A}^{\mathrm{T}}\boldsymbol{Ax}$ 有解 $\boldsymbol{x}$ 的充要条件为 $\boldsymbol{y}=\boldsymbol{A}^{\mathrm{T}}\boldsymbol{z}$ 有解 $\boldsymbol{z}$.（UCBM，1989）

10. 若矩阵 $\boldsymbol{A}\in\mathbf{C}^{n\times n}$，又存在正整数 k 使 $\boldsymbol{A}^k=\boldsymbol{I}$.证明 $\boldsymbol{A}$ 可对角化.（UCBM，1990）

11. 若矩阵

$$\boldsymbol{A}=\begin{pmatrix}2 & -1 & & & & \\ -1 & 2 & -1 & & & \\ & -1 & 2 & -1 & & \\ & & \ddots & \ddots & \ddots & \\ & & & -1 & 2 & 1\\ & & & & -1 & 2\end{pmatrix}$$

试证 $\boldsymbol{A}$ 的特征值皆为正实数.（UCBM，1991）

12. 若矩阵 $\boldsymbol{A},\boldsymbol{B}\in\mathbf{R}^{n\times n}$，且 $\boldsymbol{A}^{\mathrm{T}}=\boldsymbol{A},\boldsymbol{B}^{\mathrm{T}}=\boldsymbol{B}$，又 $\boldsymbol{A}$ 的所有特征值位于区间 $[a_1,a_2]$ 中，$\boldsymbol{B}$ 的所有特征值位于 $[b_1,b_2]$ 中.证明：$\boldsymbol{A}+\boldsymbol{B}$ 的所有特征值均位于 $[a_1+b_1,a_2+b_2]$ 中.（UCBM，1988）

13. 若 $\mathbf{K}$ 为一域，$\boldsymbol{A}$ 是域 $\mathbf{K}$ 上的 n 阶矩阵，且 $\boldsymbol{A}^m=\boldsymbol{O}$（$m$ 是正整数），证明 $\boldsymbol{A}^n=\boldsymbol{O}$.（UCBM，1989）

14. 若矩阵 $\boldsymbol{A},\boldsymbol{B},\boldsymbol{C},\boldsymbol{D}\in\mathbf{R}^{n\times n}$，它们彼此可交换，又矩阵 $\boldsymbol{X}=\begin{pmatrix}\boldsymbol{A} & \boldsymbol{B}\\ \boldsymbol{C} & \boldsymbol{D}\end{pmatrix}$，证明：$\boldsymbol{X}$ 可逆的充要条件是矩阵 $\boldsymbol{AD}-\boldsymbol{BC}$ 可逆.（UCBM，1989）

15. 设 20 阶矩阵 $\boldsymbol{B}=(b_{ij})_{20\times 20}$，其中

$$b_{ij}=\begin{cases}0, & 1\leqslant i\leqslant 20\\ \pm 1, & 1\leqslant i\leqslant 20,1\leqslant j\leqslant 20,i\neq j\end{cases}$$

证明 $\boldsymbol{A}$ 非奇异.(UCBM,1989)

16. 给定矩阵 $\boldsymbol{A},\boldsymbol{B}$,其中

$$\boldsymbol{A}=\begin{pmatrix}0&0&0&0\\1&0&0&0\\0&1&0&0\\0&0&1&0\end{pmatrix},\quad \boldsymbol{B}=\begin{pmatrix}0&1&0&0\\0&0&1&0\\0&0&0&1\\0&0&0&0\end{pmatrix}$$

求满足矩阵微分方程 $\dfrac{\mathrm{d}\boldsymbol{X}}{\mathrm{d}t}=\boldsymbol{AXB}$ 的未知函数矩阵 $\boldsymbol{X}(t)$.(UCBM,1989)

17. 写出 3 阶矩阵 $\begin{pmatrix}1&2&3\\0&4&5\\0&0&4\end{pmatrix}$ 的 Jordan 形式.(UCBM,1990)

18. 若 $\boldsymbol{A}=(a_{ij})_{r\times r}$ 的元素均为整数.(1)证明:若 λ 是 $\boldsymbol{A}$ 的特征值,则 λ 必为行列式 $\det\boldsymbol{A}$ 的因子;(2)若 $\sum\limits_{j=1}^{r}a_{ij}=n(1\leqslant i\leqslant r)$,则 n 为 $\det\boldsymbol{A}$ 的因子.(UCBM,1990)

19. 若 n 阶矩阵 $\boldsymbol{T}=\begin{pmatrix}a_1&b_1&&&&\\b_1&a_2&b_2&&&\\&b_2&a_3&b_3&&\\&&\ddots&\ddots&\ddots&\\&&&b_{n-2}&a_{n-1}&b_{n-1}\\&&&&b_{n-1}&a_n\end{pmatrix}$,证明:(1)$\mathrm{r}(\boldsymbol{T})\geqslant n-1$;(2)$\boldsymbol{T}$ 有 n 个不同的特征值.(UCBM,1991)

20. 若设 $\boldsymbol{A}$ 是复数域 $\mathbf{C}$ 上的 n 维向量空间中的一个线性变换,且行列式 $\det(x\boldsymbol{I}-\boldsymbol{A})=(x-1)^n$.证明 $\boldsymbol{A}\sim\boldsymbol{A}^{-1}$.(UCBM,1991)

21. 设 $\boldsymbol{x}(t)$ 为方程组 $\dfrac{\mathrm{d}\boldsymbol{x}}{\mathrm{d}t}=\boldsymbol{Ax}$ 的非平凡解,其中

$$\boldsymbol{A}=\begin{pmatrix}1&6&1\\-4&4&11\\-3&-9&8\end{pmatrix}$$

证明 $\|\boldsymbol{x}(t)\|$ 是 t 的增函数,这里 $\|\cdot\|$ 为 Euclid 范数.

◎编辑手记

在大陆颇有争议的作家林语堂先生对读书曾有一番妙论，他说："读书必以气质相近，而凡人读书必找一位同调的先贤，一位气质与你相近的作家，作为老师，这是所谓读书必须得力一家．因为气质性灵相近，所以乐此不疲，流连忘返，流连忘返，始可深入，深入后，如受春风化雨之赐，欣欣向荣，学业大进．"

虽林氏所论指向文学，但笔者认为所论对数学亦然．笔者自认吴先生是气质相近之作者．吴先生早年毕业于南开大学数学系，一直在高校从事基础数学的教学工作．在承担大量教学工作的同时，几十年利用业余时间坚持为青年学子写作着实令人钦佩．

美国前总统卡特主政时期手下有一位干将就是他的国家安全顾问布热津斯基．卡特下台后曾说："我想，如果我过去再多听布热津斯基的话，我这个总统会做得更好……"布热津斯基从政前曾在哈佛大学和哥伦比亚大学从事学术研究．他对自己从政的解释是："我不敢想象自己穿一件穿了 25 年的花呢上衣坐在大学教员公用室里，预备反反复复讲了 120 次的课，说说别的学人的闲话，倒不如拿出我多多少少的才能，用真正有效的方法去影响世事．我觉得这才是最大心愿．"

一个数学工作者在大学很容易沦为一个教书匠，想成为一个数学畅销书作者必须耗费超出常人想象的努力．吴先生常年身居斗室，超负荷劳作，颈椎病时常发作，但他一直坚持．

清华大学教育基金会理事长贺美英教授曾经听杨绛先生说起，钱钟书先生写的外文读书笔记有 178 本 34000 多页，中文笔记和外文笔记差不多，还有 23 本读书心得．天才如钱钟书，成功都非仅靠天资，况常人乎．在吴先生家笔者看到了很多的有关高等数学藏书及吴先生多年笔耕的成果．所以当有读者希望我在书前、书后写一点文字东西时，我想到了世界管理学大师德鲁克评价乔布斯的一句话："怀疑史蒂夫・乔布斯就是怀疑成功．"套用一下，笔者想告诉读者："放弃了吴先生的《吴振奎高等数学解题真经》，你可能就会放弃考研的成功．"

刘培杰

2011.12 于哈工大

参考文献

[1]许以超.代数学引论[M].上海:上海科学技术出版社,1996.

[2]甘特马赫尔 Φ P.矩阵论(上、下册)[M].柯召,译.北京:高等教育出版社,1995.

[3]倪国熙.常用的矩阵理论和方法[M].上海:上海科学技术出版社,1984.

[4]斯图尔特 G W.矩阵计算引论[M].王国荣,译.上海:上海科学技术出版社,1980.

[5]屠伯埙,徐诚浩,王芬.高等代数[M].上海:上海科学技术出版社,1987.

[5]屠伯埙.线性代数——方法导引[M].上海:复旦大学出版社,1986.

[7]北京大学数学系几何与代数教研室前代数小组.高等代数[M].3 版.北京:高等教育出版社,2003.

[8]上海交通大学线性代数编写组.线性代数[M].北京:高等教育出版社,1991.

[9]吴振奎.高等数学复习及试题选讲[M].沈阳:辽宁科学技术出版社,1982.

[10]吴振奎.1985－2006 历年考研数学试题详解[数学(一)～数学(四)][M].北京:中国财政经济出版社,2006.

[11]吴振奎.高等数学解题方法和技巧[M].沈阳:辽宁教育出版社,1985.

[12]吴振奎,吴旻.数学的创造[M].哈尔滨:哈尔滨工业大学出版社,2011.

[13]吴振奎,吴旻.数学中的美[M].哈尔滨:哈尔滨工业大学出版社,2011.

[14]孙继广.矩阵挠动分析[M].北京:科学出版社,1987.

[15]侯国荣.高等代数[M].天津:天津科学技术出版社,1986.

[16]沙钰.工程数学解题分析 1300 例[M].长沙:湖南科学技术出版社,1985.

[17]孙瓛.数值线代数讲义[M].天津:南开大学出版社,1987.

[18]威尔金森 J H.代数特征值问题[M].石钟慈,译.北京:科学出版社,1987.

[19]黄有度,狄成恩,朱士信.矩阵论及其应用[M].北京:中国科技大学出版社,1995.

[20]程云鹏.矩阵论[M].西安:西北工业大学出版社,2000.

[21]陈向晖,陈景良.特殊矩阵[M].北京:清华大学出版社,2001.

[22]戈卢布 G H.矩阵计算[M].袁亚湘,译.北京:科学出版社,2001.

[23]德苏泽 P,席尔瓦 J.伯克利数学问题集[M].包雪松,林应举,译.北京:科学出版社,2003.

[24]戴华.矩阵论[M].北京:科学出版社,2003.

[25]法杰耶夫 Д K,索明斯基 И C.高等代数习题[M].丁寿田,译.北京:高等教育出版社,1987.

[26]普罗斯康烈柯夫 И B.线性代数习题集[M].周晓钟,译.北京:人民教育出版社,1981.

[27]吴振奎.高等数学复习纲要[M].北京:中国财政经济出版社,2005.

[28]冯贝叶.历届 PIN 美国大学生数学竞赛试题集(1938－2007)[M].哈尔滨:哈尔滨工业大学出版社,2009.

哈尔滨工业大学出版社刘培杰数学工作室已出版(即将出版)图书目录

书　　名	出版时间	定　价	编号
新编中学数学解题方法全书(高中版)上卷	2007－09	38.00	7
新编中学数学解题方法全书(高中版)中卷	2007－09	48.00	8
新编中学数学解题方法全书(高中版)下卷(一)	2007－09	42.00	17
新编中学数学解题方法全书(高中版)下卷(二)	2007－09	38.00	18
新编中学数学解题方法全书(高中版)下卷(三)	2010－06	58.00	73
新编中学数学解题方法全书(初中版)上卷	2008－01	28.00	29
新编中学数学解题方法全书(初中版)中卷	2010－07	38.00	75
新编平面解析几何解题方法全书(专题讲座卷)	2010－01	18.00	61
数学眼光透视	2008－01	38.00	24
数学思想领悟	2008－01	38.00	25
数学应用展观	2008－01	38.00	26
数学建模导引	2008－01	28.00	23
数学方法溯源	2008－01	38.00	27
数学史话览胜	2008－01	28.00	28
从毕达哥拉斯到怀尔斯	2007－10	48.00	9
从迪利克雷到维斯卡尔迪	2008－01	48.00	21
从哥德巴赫到陈景润	2008－05	98.00	35
从庞加莱到佩雷尔曼	2011－08	138.00	136
从比勃巴赫到德·布朗斯	即将出版		
数学解题中的物理方法	2011－06	28.00	114
数学解题的特殊方法	2011－06	48.00	115
中学数学计算技巧	2012－01	48.00	116
中学数学证明方法	2012－01	58.00	117
数学奥林匹克与数学文化(第一辑)	2006－05	48.00	4
数学奥林匹克与数学文化(第二辑)(竞赛卷)	2008－01	48.00	19
数学奥林匹克与数学文化(第二辑)(文化卷)	2008－07	58.00	36
数学奥林匹克与数学文化(第三辑)(竞赛卷)	2010－01	48.00	59
数学奥林匹克与数学文化(第四辑)(竞赛卷)	2011－08	58.00	87

哈尔滨工业大学出版社刘培杰数学工作室已出版(即将出版)图书目录

书　　名	出版时间	定　价	编号
发展空间想象力	2010－01	38.00	57
走向国际数学奥林匹克的平面几何试题诠释(上、下)(第2版)	2010－02	98.00	63,64
平面几何证明方法全书	2007－08	35.00	1
平面几何证明方法全书习题解答(第2版)	2006－12	18.00	10
最新世界各国数学奥林匹克中的平面几何试题	2007－09	38.00	14
数学竞赛平面几何典型题及新颖解	2010－07	48.00	74
初等数学复习及研究(平面几何)	2008－09	58.00	38
初等数学复习及研究(立体几何)	2010－06	38.00	71
初等数学复习及研究(平面几何)习题解答	2009－01	48.00	42
世界著名平面几何经典著作钩沉——几何作图专题卷(上)	2009－06	48.00	49
世界著名平面几何经典著作钩沉——几何作图专题卷(下)	2011－01	88.00	80
世界著名平面几何经典著作钩沉(民国平面几何老课本)	2011－03	38.00	113
世界著名数论经典著作钩沉(算术卷)	2012－01	28.00	125
世界著名数学经典著作钩沉——立体几何卷	2011－02	28.00	88
世界著名三角学经典著作钩沉(平面三角卷Ⅰ)	2010－06	28.00	69
世界著名三角学经典著作钩沉(平面三角卷Ⅱ)	2011－01	28.00	78
世界著名初等数论经典著作钩沉(理论和实用算术卷)	2011－07	38.00	126
几何学教程(平面几何卷)	2011－03	68.00	90
几何学教程(立体几何卷)	2011－07	68.00	130
几何变换与几何证题	2010－06	88.00	70
几何瑰宝——平面几何500名题暨1000条定理(上、下)	2010－07	138.00	76,77
三角形的五心	2009－06	28.00	51
俄罗斯平面几何问题集	2009－08	88.00	55
俄罗斯平面几何5000题	2011－03	58.00	89
计算方法与几何证题	2011－06	28.00	129
463个俄罗斯几何老问题	2012－01	28.00	152
近代欧氏几何学	2012－1		162

哈尔滨工业大学出版社刘培杰数学工作室已出版(即将出版)图书目录

书 名	出版时间	定 价	编号
超越吉米多维奇——数列的极限	2009-11	48.00	58
初等数论难题集(第一卷)	2009-05	68.00	44
初等数论难题集(第二卷)(上、下)	2011-02	128.00	82,83
谈谈素数	2011-03	18.00	91
平方和	2011-03	18.00	92
数论概貌	2011-03	18.00	93
代数数论	2011-03	48.00	94
初等数论的知识与问题	2011-02	28.00	95
超越数论基础	2011-03	28.00	96
数论初等教程	2011-03	28.00	97
数论基础	2011-03	18.00	98
数论入门	2011-03	38.00	99
解析数论引论	2011-03	48.00	100
基础数论	2011-03	28.00	101
超越数	2011-03	18.00	109
三角和方法	2011-03	18.00	112
谈谈不定方程	2011-05	28.00	119
整数论	2011-05	38.00	120
初等数论 100 例	2011-05	18.00	122
最新世界各国数学奥林匹克中的初等数论试题(上、下)	2012-01	138.00	144,145
算术探索	2011-12	158.00	148
初等数论(Ⅰ)	2012-01	18.00	156
初等数论(Ⅱ)	2012-01	18.00	157
初等数论(Ⅲ)	2012-01	28.00	158
组合数学浅谈	2012-01		159
同余理论	2012-01		163

哈尔滨工业大学出版社刘培杰数学工作室已出版(即将出版)图书目录

书　　名	出版时间	定　价	编号
历届 IMO 试题集(1959—2005)	2006—05	58.00	5
历届 CMO 试题集	2008—09	28.00	40
历届国际大学生数学竞赛试题集(1994－2010)	2012—01	28.00	143
全国大学生数学夏令营数学竞赛试题及解答	2007—03	28.00	15
历届美国大学生数学竞赛试题集	2009—03	88.00	43
前苏联大学生数学竞赛试题集	2011—09	68.00	128

整函数	2012—1		161
俄罗斯函数问题集	2011—03	38.00	103
俄罗斯组合分析问题集	2011—01	48.00	79
博弈论精粹	2008—03	58.00	30
多项式和无理数	2008—01	68.00	22
模糊数据统计学	2008—03	48.00	31
受控理论与解析不等式	2012—02		165
解析不等式新论	2009—06	68.00	48
反问题的计算方法及应用	2011—11	28.00	147
建立不等式的方法	2011—03	98.00	104
数学奥林匹克不等式研究	2009—08	68.00	56
不等式研究(第二辑)	2011—12	68.00	153
初等数学研究(Ⅰ)	2008—09	68.00	37
初等数学研究(Ⅱ)(上、下)	2009—05	118.00	46,47
中国初等数学研究　2009 卷(第 1 辑)	2009—05	20.00	45
中国初等数学研究　2010 卷(第 2 辑)	2010—05	30.00	68
中国初等数学研究　2011 卷(第 3 辑)	2011—07	60.00	127
数阵及其应用	2012—01		164
不等式的秘密(上卷)	2012—01	28.00	154
初等不等式的证明方法	2010—06	38.00	123
数学奥林匹克不等式散论	2010—06	38.00	124
数学奥林匹克不等式欣赏	2011—09	38.00	138
数学奥林匹克超级题库(初中卷上)	2010—01	58.00	66
数学奥林匹克不等式证明方法和技巧(上、下)	2011—08	158.00	134,135

哈尔滨工业大学出版社刘培杰数学工作室
已出版(即将出版)图书目录

书　名	出版时间	定　价	编号
500个最新世界著名数学智力趣题	2008－06	48.00	3
400个最新世界著名数学最值问题	2008－09	48.00	36
500个世界著名数学征解问题	2009－06	48.00	52
400个中国最佳初等数学征解老问题	2010－01	48.00	60
500个俄罗斯数学经典老题	2011－01	28.00	81
数学 我爱你	2008－01	28.00	20
精神的圣徒　别样的人生——60位中国数学家成长的历程	2008－09	48.00	39
数学史概论	2009－06	78.00	50
斐波那契数列	2010－02	28.00	65
数学拼盘和斐波那契魔方	2010－07	38.00	72
斐波那契数列欣赏	2011－01	28.00	160
数学的创造	2011－02	48.00	85
数学中的美	2011－02	38.00	84
最新全国及各省市高考数学试卷解法研究及点拨评析	2009－02	38.00	41
高考数学的理论与实践	2009－08	38.00	53
中考数学专题总复习	2007－04	28.00	6
向量法巧解数学高考题	2009－08	28.00	54
新编中学数学解题方法全书(高考复习卷)	2010－01	48.00	67
新编中学数学解题方法全书(高考真题卷)	2010－01	38.00	62
新编中学数学解题方法全书(高考精华卷)	2011－03	68.00	118
高考数学核心题型解题方法与技巧	2010－01	28.00	86
数学解题——靠数学思想给力(上)	2011－07	38.00	131
数学解题——靠数学思想给力(中)	2011－07	48.00	132
数学解题——靠数学思想给力(下)	2011－07	38.00	133
2011年全国及各省市高考数学试题审题要津与解法研究	2011－10	48.00	139
新课标高考数学——五年试题分章详解(2007～2011)(上、下)	2011－10	78.00	140,141
30分钟拿下高考数学选择题、填空题	2012－01	48.00	146
高考数学压轴题解题诀窍(上)	2012－01		166
高考数学压轴题解题诀窍(下)	2012－01		167
300个日本高考数学题	2012－02		142

哈尔滨工业大学出版社刘培杰数学工作室
已出版(即将出版)图书目录

书　　名	出版时间	定　价	编号
中等数学英语阅读文选	2006－12	38.00	13
统计学专业英语	2007－03	28.00	16
方程式论	2011－03	38.00	105
初级方程式论	2011－03	28.00	106
Galois 理论	2011－03	18.00	107
代数方程的根式解及伽罗瓦理论	2011－03	28.00	108
线性偏微分方程讲义	2011－03	18.00	110
N 体问题的周期解	2011－03	28.00	111
代数方程式论	2011－05	28.00	121
动力系统的不变量与函数方程	2011－07	48.00	137
闵嗣鹤文集	2011－03	98.00	102
吴从炘数学活动三十年(1951～1980)	2010－07	99.00	32
吴振奎高等数学解题真经(概率统计卷)	2012－01	38.00	149
吴振奎高等数学解题真经(微积分卷)	2012－01	68.00	150
吴振奎高等数学解题真经(线性代数卷)	2012－01	58.00	151
钱昌本教你快乐学数学(上)	2011－12	48.00	155

联系地址:哈尔滨市南岗区复华四道街 10 号　哈尔滨工业大学出版社刘培杰数学工作室
网　　址:http://lpj.hit.edu.cn/
邮　　编:150006
联系电话:0451－86281378　　13904613167
E-mail:lpj1378@yahoo.com.cn